D1724933

Kommission für Allgemeine und Vergleichende Archäologie
des Deutschen Archäologischen Instituts Bonn

AVA-Materialien

Band 39

Materialien zur
Allgemeinen und Vergleichenden Archäologie

Band 39

Die Ausgrabungen in der formativzeitlichen Siedlung Montegrande, Jequetepeque-Tal, Nord-Peru

Las excavaciones en el asentamiento formativo de Montegrande, Valle de Jequetepeque en el Norte del Perú

von

Michael Tellenbach

Verlag C. H. Beck · München 1986

Mit 175 Tafeln und 2 Beilagen

Die spanische Übersetzung wurde angefertigt von Markus Reindel und überarbeitet von Graciela García Montaño.

Die Flächen und Profile wurden nach den kolorierten Planumszeichnungen ins Reine gezeichnet von Jan Heinrich Steinhöfel, der an mehreren Grabungskampagnen teilgenonmmen hat. Ergänzungen lieferte Peter Wittersheim. Die isometrischen Darstellungen Taf. 172–174 fertigte der Architekt Adrían Velasco an. Tafel 1 wurde angefertigt im Kartographischen Büro Ursula Becker, Wachtberg-Niederbachem.

Die Vorlagen zu den Tafeln 3,2 und 175 stellten zur Verfügung der Servicio Aerográfico Nacional, Lima und das Instituto Geográfico Militar, Lima.

ISSN 0176–7496

ISBN 3 406 31933 5

Kommission für Allgemeine und Vergleichende Archäologie des Deutschen Archäologischen Instituts Bonn 1986
Gesamtherstellung: Fieseler Druck GmbH, 5309 Meckenheim
Printed in Germany

VORWORT

Die Kommission für Allgmeine und Vergleichende Archäologie läßt bei ihren Bemühungen, an der archäologischen Erforschung der frühandinen Kulturen mitzuarbeiten, sich von drei Gesichtspunkten leiten, zum einen, diese Forschungsbeiträge in engem Zusammenwirken mit den betreffenden Landesinstitutionen und den dort tätigen Kollegen durchzuführen, zum zweiten, Themen und Probleme anzugehen, denen in umfassenderer Hinsicht eine historische Bedeutung zukommt, und drittens, dabei archäologische Methoden, Darstellungs- und Betrachtungweisen anzuwenden, die in anderen Erdgebieten erprobt, in Südamerika aber bislang noch nicht voll zur Geltung gebracht worden sind. Ihm Rahmen fester Vereinbarungen mit dem Instituto Nacional de Cultura und in freundschaftlicher Verbindung mit peruanischen Kollegen der Staatsuniversität San Marcos (Prof. L. G. Lumbreras, Prof. R. Fung), dem Nationalmuseum (Prof. V. Pimentel, Dr. R. Shady) und dem Museum Brüning in Lambayeque (Direktor W. Alva) richtete sich unser Blick vor allem auf das nordperuanische Formativum. Im derzeitigen Forschungsstand, der wesentlich geprägt ist von Surveyunternehmungen und darauf gegründeten theoretischen Überlegungen, war es unsere Absicht, durch eine großflächige Ausgrabung in einer formativzeitlichen Siedlung sowie eine möglichst systematische Erfassung einschlägiger Fundgattungen die archäologische Quellenbasis für eine historische Erhellung dieser Kultur zu erweitern und zu vertiefen. Unser anfänglicher Wunsch, einen Siedlungsplatz im Sechín-Tal zu untersuchen, wurde aufgegeben, nachdem uns das Instituto Nacional de Cultura wissen ließ, daß im weiter nördlich davon gelegenen Jequetepeque-Tal durch die geplante Anlage eines großen Stausees eine Reihe archäologischer Fundplätze zerstört würde, worunter sich wohl auch formativzeitliche befänden. Zumal dieses Staudammprojekt mit deutschen Entwicklungsgeldern finanziert wurde und deutsche Baufirmen daran beteiligt waren, so daß in der peruanischen Öffentlichkeit die Gefährdung der Ruinenstätten den Deutschen angelastet zu werden drohte, schien es uns angebracht, eine Ausgrabung in diesem bedrohten Abschnitt des Jequetepeque-Tales ins Auge zu fassen, selbst wenn die Erhaltungsbedingungen an den dafür in Betracht kommenden Plätzen zwischen Tembladera und Montegrande vergleichsweise schlecht zu sein schienen, was sich im Laufe der Ausgrabung dann auch bestätigte. Erste diesbezügliche Verhandlungen in Lima mit dem Instituto Nacional de Cultura führte in meinem Auftrag W. W. Wurster im Sommer 1980.

Mit der örtlichen Leitung dieser Ausgrabung wurde M. Tellenbach betraut. Vom Instituto Nacional de Cultura wurde uns ein Areal von 2 km^2 zur Untersuchung zugewiesen, in dem vor allem die sog. ‚Meseta 2' großflächig Architekturreste und künstliche Terrassierungen als Besiedlungsspuren zeigte. Während diese Fläche außerhalb des (heutigen und einstigen) Fruchtlandes in der vegetationslosen Wüstenzone der das Jequetepeque-Tal auf seiner Nordseite begrenzenden Berghänge lag, gehörten zu dem uns zugewiesenen Untersuchungsgebiet noch ein Ruinenhügel (Huaca Campos) inmitten des Fruchtlandes dicht am Fluß. An unser Untersuchungsareal schloß östlich ein etwa ebenso großes an, in dem unter Leitung von R. Ravines Ausgrabungen durchgeführt wurden (abschließende Publikation darüber: Ravines 1982). Die von peruanischer Seite gehegte Absicht, außer diesen beiden Ausgrabungsunternehmen in dem durch den Staudamm gefährdeten Jequetepeque-Gebiet noch andere Nationen an Rettungsgrabungen zu beteiligen, ließ sich nicht verwirklichen. So blieben die archäologischen Untersuchungen auf einen relativ kleinen Abschnitt dieses seit alters besiedelten und mit Fundplätzen übersäten Gebietes beschränkt. In den beiden nebeneinanderliegenden Grabungsarealen erwiesen sich die Erhaltungsverhältnisse des angetroffenen Denkmälerbestandes und die darauf bezogenen Forschungsinteressen als so unterschiedlich, daß die Ausgrabungsergebnisse sich nicht zu ergänzen vermögen.

Die für unsere Ausgrabungen zur Verfügung stehende Zeitspanne hing mit der geplanten Fertigstellung des Staudammes zusammen. Das Unternehmen begann im Oktober 1980 und lief in fünf Kampagnen mit insgesamt 20 Monaten bis September 1983. Die Finanzierung von drei Kampagnen übernahm großenteils die Deutsche Forschungsgemeinschaft, der dafür gedankt sei; im übrigen kam die KAVA dafür aus eigenen Mitteln auf. M. Tellenbach leitete die Ausgrabung mit Umsicht, Tatkraft und Geschick, indem er stets gleicherweise die wissenschaftliche Zielsetzung wie auch die damit intendierte kollgiale Zusammenarbeit mit peruanischen Archäologen im Auge behielt. Dies verdient gerade in Anbetrachtung mannigfacher sich ihm entgegenstellender Widrigkeiten und Schwierigkeiten volle Anerkennung. Durch M. Tellenbachs unermüdlichen Einsatz wurde die Ausgrabung auf der Meseta 2 von Montegrande zu einem bedeutenden Gewinn für die peruanische Archäologie, sowohl hinsichtlich der unmittelbaren Ausgrabungsbefunde, ihrer Dokumentation und Interpretation als auch der davon ausgehenden bzw. darauf bezogenen flankierenden Arbeiten. Hatte die Forschung bisher ihre Aufmerksamkeit einseitig auf die monumentalen Zeremonialbauten gerichtet und dem Problem der Wohnareale der breiten Bevölkerung kaum Beachtung geschenkt, so war es von vornherein das Anliegen unserer Ausgrabung, im Umkreis von frühen Zeremonialbauten nach Resten von Wohnhäusern oder -hütten Ausschau zu halten. Dies hatte in wünschenswert eindrucksvoller Weise Erfolg. Damit wurde erstmalig klar, daß diese Zeremonialanlagen nicht isoliert, entfernt von weilerartigen Wohnbezirken, lagen, sondern inmitten geschlossener großflächiger Siedlungen, bei denen die leichte Bauweise der Wohnhäuser und die geringen, von ihnen erhaltenen Reste ihre Auffindung bisher verhindert haben. Erst bei sorgsamer Flächenabdeckung werden sie der archäologischen Erfassung zugänglich. Diese Ausgrabungsergebnisse ließen auf das frühandine Siedlungswesen in wichtigen Aspekten neues Licht fallen. Wenngleich die Annahme nahelag, daß diese Befunde nur wegen der hier angewandten Ausgrabungsmethode singulär waren und daß entsprechende Befunde auch anderwärts erwartet werden könnten, mußte uns doch viel daran liegen, einen Vergleichsbefund in einer formativzeitlichen Siedlung verfügbar zu haben. W. Alva, der als peruanischer Partner an den Montegrande-Ausgrabungen teilnahm, führte daraufhin mit Unterstützung der KAVA im Bereich der Zeremonialanlagen von Purulén, ca. 50 km von Montegrande entfernt, Ausgrabungen nach Art der Montegrande-Grabungen durch mit dem Ergebnis, daß dort ganz entsprechende Wohnhäuser in ganz entsprechenden Spuren zum Vorschein kamen wie im Jequetepeque-Tal (soll publiziert werden in AVA-Beiträge 8). Dies ist eine Bestätigung unserer Ansicht, daß der in Montegrande angetroffene Befund tatsächlich als typisch für die formativzeitlichen Siedlungen des nordperuanischen Raumes gelten kann.

Diese Befunde in extenso vorzulegen, ist das Ziel dieses AVA-Materialien-Bandes (vgl. M. Tellenbachs Vorberichte in AVA-Beiträge 3,1981,415–435;4,1982,191–201;6,1984,483–557). Die dabei zutage geförderten Funde, vor allem die reichlich geborgene Keramik, wird von C. Ulbert bearbeitet, der an der Ausgrabung mitgewirkt und sich dabei in besonderer Weise des Fundstoffes angenommen hat. Die Bearbeitung ist inzwischen weit fortgeschritten und soll in einem späteren AVA-Materialien-Band publiziert werden. Um das durch die Keramik der Montegrande-Grabung gewonnene Bild in einem größeren Rahmen beurteilen zu können, wird eine systematische Aufnahme der aus formativzeitlichen Gräbern des Jequetepeque-Tales stammenden Gefäße durch W. Alva als AVA-Materialien-Band 32 publiziert. Andererseits waren die oberhalb der Montegrande-Siedlung entdeckten Felszeichnungen Anlaß zu einer systematischen Aufnahme der Felszeichnungen im unteren und mittleren Jequetepque-Tal durch V. Pimentel (jr.), der als Student ebenfalls während mehrerer Kampagnen zur Grabungsmannschaft von Montegrande gehörte (AVA-Materialien 31).

Außer der im vorliegenden Band von M. Tellenbach behandelten formativzeitlichen Siedlung von der Meseta 2 von Montegrande wurden dort, unmittelbar südlich dieser Grabungsfläche, Reste von Sakralbauten aus jüngerer Zeit festgestellt und untersucht (inzwischen im Rahmen von M. Tellenbachs 3. Vorbericht publiziert, von M. I. Paredes Abad, M. Tam und I. Aguirre, Mitgliedern der Grabungsmannschaft: AVA-Beiträge 6, 1984, 491ff.505ff.). Ebenfalls nicht im vorliegenden Band behandelt wird die im Untersuchungsareal der KAVA gelegene Huaca Campos dicht am Jequetepeque-Fluß, deren ca. 25 m mächtige Baureste im Rahmen unserer Ausgrabungen nicht vollständig erforscht werden konnten. Testgrabungen ergaben, daß unter jüngeren Bauschichten eine formativzeitliche Primäranlage verborgen ist (darüber berichtet im Rahmen von M. Tellenbachs 3. Vorbericht J. Carcelén Silva, AVA-Beiträge 6, 1984, 496ff.520ff.).

Unsere Absicht, (1.) diese Huaca Campos größerflächig zu untersuchen, um die Frage einer eventuellen Bautradition von der formativen in die Chimú-Zeit zu beantworten und die Form des formativzeitlichen Primärbaues zu klären sowie (2.) die formativzeitliche Besiedlung auf der Meseta 2, deren einstige Begrenzung nach Westen, Süden und Osten erfaßt wurde, auch in ihrer Erstreckung nach Norden zu verfolgen, konnten wir leider nicht verwirklichen. Die haushaltsrechtlichen Voraussetzungen für eine weitere Tätigkeit von M. Tellenbach ließen sich nicht schaffen. So mußte dieses mit so bedeutenden Ergebnissen begonnene Forschungsunternehmen abgebrochen werden, was wir sehr bedauern. Aber auch in der nicht wünschenswert abgerundeten Form stellen die hier von M. Tellenbach vorgelegten Grabungsergebnisse einen wertvollen Forschungsbeitrag dar.

Unser Dank gilt allen, die im Umfeld des Forschungsunternehmens uns durch ihr verständnisvolles, hilfreiches Wirken wertvolle Unterstützung zuteil werden ließen: Herrn Bundesminister a. D. Prof. Dr. H. Leussink, Herrn Botschafter H. W. Loeck, Herrn Dr. J. Briegleb als Fachreferent der DFG, Herrn H. Möller, Salzgitter Consult, für die Förderung im Rahmen des Staudammprojektes und Herrn M. Braun, Kreditanstalt für Wiederaufbau in Frankfurt, dann aber allen unmittelbar an den Ausgrabungen Beteiligten, den peruanischen und deutschen Kollegen und Mitarbeitern, auch den Mitgliedern der KAVA, die ihre Hilfe zur Verfügung stellten, insbesondere Frau Dr. L. Craisberg-Kill, Prof. Dr. G. Kossack, Dr. H.-G. Hüttel und Dr. E. F. Mayer. Daß die Bearbeitung der Grabungsergebnisse in der vorliegenden Form abgeschlossen werden konnte, wurde durch eine finanzielle Unterstützung der Alfried Krupp von Bohlen und Halbach-Stiftung ermöglicht; dafür wird Herrn Dr. h. c. Berthold Beitz gedankt.

Bonn, Sommer 1986 *Hermann Müller-Karpe*

INHALT

Einleitung

Forschungsgeschichte 11
Lage, Topographie und Klima 20
Der Grabungsplatz 23
Die Grabung 26

Grabungsbefunde

Wohnsiedlung 29
Ergrabene Flächen im Westteil der Siedlung 29
Ergrabene Flächen im Ostteil der Siedlung neben und vor Huaca Chica 43
Ergrabene Flächen im Südteil der Siedlung 62
Ergrabene Flächen im Nordostteil der Siedlung 66
Form und Bauweise der Häuser 72
Zur Bebauungsstruktur der Wohnsiedlung 81
Ältere Siedlungsphase 81
Jüngere Siedlungsphase 86
Bereich der Plattformanlagen 94
Zentraler Plattformen-Komplex 94
Freier Platz südlich vor der großen, L-förmigen Terrasse 94
Freier Platz östlich der großen, L-förmigen Terrasse 96
Bebauung der großen, L-förmigen Terrasse 98
Bebauung westlich und östlich des eingetieften Rechteckplatzes 116
Großer Plattformbau, Huaca Grande 122
Treppenbau und eingetiefter Rechteckplatz 129
Im Norden gelegener Plattformbau, Huaca Antigua 131
Verhältnis der zentralen Plattformbauten zu den in unmittelbarer Nähe gelegenen Häusern 134
Ältere Siedlungsphase 134
Jüngere Siedlungsphase 139
Weitere Plattform- und Terrassenanlagen im Siedlungsbereich 144
Östlicher Plattformbau, Huaca Chica 144
Terrassenfolgen im Südostteil der Siedlung 146

Die Siedlung von Montegrande und ihre Entwicklung 148

Literatur 297

Verzeichnis der Flächen mit Verweis auf die Beschreibung im Text 301

Tafeln

Karten Taf. 1 - 3
Formativzeitliche Fundstellen im Jequetepeque-Tal Taf. 1
Tachymeteraufnahme der Meseta 2 von Montegrande Taf. 2
Lage der Grabungsfläche in der Talerweiterung von Tembladera/Montegrande Taf. 3

Flächenpläne Taf. 4 - 115
Westteil der Siedlung von Montegrande, Taf. 4 - 18
Flächen III - IV B, III - IV C, III - IV D, II - IV E, II - V F, II - III G, II - III H, I I
Ostteil der Siedlung von Montegrande, Taf. 19 - 57
Flächen XIII - XIII B, XII - XIII C, XII - XIII D, XII - XIII E, XII - XV F, X - XIV G, X - XIV H, XI - XIV I, XI - XIII J, XVI J, XI - XIII K, XV - XVI K, X - XIII L
Südteil der Siedlung von Montegrande, Taf. 58 - 67
Flächen VI – VIII M, IX - L - M, VI - IX N, VI - VII O
Nordostteil der Siedlung von Montegrande, Taf. 68 - 76
Flächen XIV - XV C, XIV - XV B, XV A, XV - XVII Z, XVII Y
Nordweststeil der Siedlung von Montegrande, Taf. 77 - 78
Flächen X O, XIII R
Zentraler Plattformbauten-Komplex von Montegrande, Taf. 79 - 112
Flächen VIII - IX X, VIII - XI Y, VII - XI Z, VIII - X A, XII A, VI - XI B, VI - XI C, V D, VIIII - XI D, VIII F
Östlicher Plattformbau Huaca Chica, Taf. 113 - 117
Flächen XIV - XVI D, XV - XVI E

Profile Taf. 118 - 131
Profile von Schnitten durch Häuser und eingetiefte Räume Taf. 118 - 120
Profile von Pfostenlöchern und Feuerstellen Taf. 121
Ansichten von Mauern Taf. 122 - 123
Profile von Schnitte vor und in der Huaca Grande Taf. 124 - 131

Fundstücke aus Architekturzusammenhang Taf. 132
(Grabbeigaben, Bauopfer und Reliefstein)

Farbphotos Taf. 133 - 152
Übersichten Taf. 133 - 137
Häuser und Räume: Grundrisse, Bauweise, Feuerstellen Taf. 138 - 145
Terrassen, Treppen und Plattformen Taf. 146 - 152

Hausgrundrisse Taf. 153 - 159
Quadratische, einräumige Häuser Taf. 153 - 154
Quadratische Häuser, unterteilt oder mit langschmalem Nebenraum Taf. 155
Rechteckige, einräumige Häuser Taf. 156
Zweiräumige und runde Häuser Taf. 157
Mehrräumige Häuser Taf. 158 - 159

Plattformbauten und Terrassenanlagen Taf. 160 - 167
Huaca Chica Taf. 160 - 161
Huaca Grande Taf. 162 - 163
Terrassenanlagen Taf. 164 - 167

Pläne von Siedlung und Plattformanlagen Taf. 168 - 174
Schematische Darstellungen der Bebauungsstruktur Taf. 168 - 171
Isometrische Darstellungen der Hauptplattformenanlage Taf. 172 - 173
Isometrische Darstellung der Siedlung in der jüngeren Phase Taf. 174

Luftbild der Einmündung der Quebrada Montegrande ins Jequetepeque-Tal Taf. 175

Gesamtpläne der Siedlung von Montegrande Beilagen 1, 2

INDICE

Introducción

Arquitectura doméstica y ceremonial en el formativo peruano 153
Ubicación, topografía y clima 161
El sitio 164
La excavación 167

Evidencias observadas en la excavación

La parte habitacional del asentamiento 171
Los cuadrángulos excavados en la parte oeste del asentamiento 172
Los cuadrángulos excavados en la parte este del asentamiento al lado
y delante de la Huaca Chica 185
Los cuadrángulos excavados en la parte sur del asentamiento 205
Los cuadrángulos excavados en la parte noreste del asentamiento 209
Las formas y el tipo de construcción de la casas 215
Observaciones acerca de la estructura de la parte habitacional 224
La fase de ocupación más antigua 225
La fase de ocupación más reciente 230
Los conjuntos de plataformas 237
Las plataformas centrales 237
La plaza abierta al sur delante de la gran terraza en forma de "L" 237
La plaza abierta al este de la gran terraza en forma de "L" 240
La gran terraza en forma de "L" 241
Las construcciones al oeste y este de la plaza rectangular hundida 259
La gran plataforma, Huaca Grande 266
El edificio de las escaleras y la plaza rectangular hundida 273
La plataforma septentrional, Huaca Antigua 275
La relación entre las plataformas centrales y las casas ubicadas en su inmediata cercanía . . . 278
La fase de ocupación más antigua 278
La fase de ocupación más reciente 283
Otros conjuntos de plataformas y terrazas en el área del asentamiento 287
La plataforma oriental Huaca Chica 287
Las sucesiones de terrazas en la parte sureste del asentamiento 289

En asentamiento de Montegrande, desarrollo y caracter 291

Bibliografía 297

Lista de los cuadrángulos con indicación de las descripciones en el texto 301

Indice

Laminas

Mapas	láms. 1 - 3
Sitios formativos en el Valle de Jequetepeque	lám. 1
Levantamiento taquimétrico de la Meseta 2 de Montegrande	lám. 2
Ubicación de la excavación en el ensanchamiento de Tembladera/Montegrande del Valle	lám. 3
Planos de los cuadrángulos	láms. 4 - 115
La parte Oeste del asentamiento de Montegrande, cuadrángulos III - IV B, III - IV C, III - IV D, II - IV F, II - III G, II - II G, II - II H, I I	láms. 4 - 18
La parte Este del asentamiento de Montegrande, cuadrángulos XII - XIII B, XII - XIII C, XII - XIII D, XII - XIII E, XII - XV F, X - XVI G, X - XIV H, XI - XIV I, XI - XIV J, XVI J, XI - XIII K, XV - XVI K, X - XIII L	láms. 19 - 57
La parte Sur del asentamiento de Montegrande, cuadrángulos VI - VIII M, IX L - M, VI - IX N, VI - VII O	láms. 58 - 67
La parte Noreste del asentamiento de Montegrande, cuadrángulos XIV - XV C, XIV - XV B, XV A, XV - XVII Z, XVII Y	láms. 68 - 76
La parte Noroeste del asentamiento de Montegrande, cuadrángulos X O, XIII R	láms. 77 - 78
El complejo central de plataformas de Montegrande, cuadrángulos VIII - IX X, VIII - XI Y, VII - XI Z, VIII - X A, XII A, VI - XI B, VI - XI C, V D, VIII - XI D, VIII F	láms 79 - 112
La plataforma oriental, Huaca Chica, cuadrángulos XIV - XVI D, XV - XVI E	láms. 113 - 117
Perfiles	láms. 118 - 131
Perfiles de cortes de casas y cuartos hundidos	láms. 118 - 120
Perfiles de cortes de huecos de poste y fogones	lám. 121
Vista de muros	láms. 122 - 123
Perfiles de cortes al exterior e interior de la Huaca Grande	láms. 124 - 131
Hallazgos de contexto arquitectónicos (Ofrendas de entierros, ofrendas a la construcción, laja esculpida)	lám. 132
Fotografías a color	láms. 133 - 152
Vistas generales	láms. 133 - 137
Casas y cuartos: plantas, forma de construcción, fogones	láms. 138 - 145
Terrazas, escaleras y plataformas	láms. 146 - 152
Plantas de casas	láms. 153 - 159
Casas cuadradas de un sólo cuarto	láms. 153 - 154
Casas cuadradas subdivididas o con cuarto lateral	lám. 155
Casas rectangulares de un sólo cuarto	lám. 156
Casas de dos cuartos y casas circulares	lám. 157
Casas de varios cuartos	láms. 158 - 159
Plataformas y conjuntos de terrazas	láms. 160 - 167
Huaca Chica	láms. 160 - 161
Huaca Grande	láms. 162 - 163
Conjuntos de terrazas	láms. 164 - 167
Planos del asentamiento y de los conjuntos de plataformas	láms. 168 - 174
Representaciones esquemáticas de la estructura de construcción	láms. 168 - 171
Representationes isométricas del conjunto principal de plataformas	láms. 172 - 173
Representación isométrica del asentamiento en la fase más reciente	lám. 174
Foto aerea de la desembocadura de la Quebrada Montegrande en el Valle de Jequetepeque	lám. 175
Planos generales del asentamiento de Montegrande	anexos 1, 2

EINLEITUNG

FORSCHUNGSGESCHICHTE

Es gibt gute Gründe, eine Siedlung der peruanischen Frühzeit auszugraben, es dort zu tun, wo wir es getan haben und dabei so zu verfahren, wie wir verfahren sind. Dennoch stößt der Versuch, die Bedeutung unserer Ausgrabung für die Siedlungsarchäologie des Zentralandenraumes darzulegen, auf Schwierigkeiten. Diese hängen mit der allgemeinen Forschungssituation in diesem Gebiet zusammen.

Die archäologischen Forschungen im Andenraum sind in den letzten vier Jahrzehnten mehr auf die Erstellung und Überprüfung sinnvoller Hypothesen ausgerichtet als auf die Gewinnung gesicherter Daten als Grundlage historischer Rekonstruktionen. Auf diese Weise entstand eine Diskrepanz zwischen relativ wenig publizierten Befunden von ausgegrabenen Siedlungen und zahlreichen theoretischen Untersuchungen über das Siedlungswesen. Es ist oft nicht leicht, bei Publikationen dieser Art eindeutig zu beurteilen, auf welchen Befunden die einzelnen Schlüsse und Annahmen beruhen.

Jede Forschung über Siedlungs- und Hausformen im frühandinen Kulturraum muß Bezug nehmen auf das Unternehmen nordamerikanischer Universitäten im Virú-Tal, das sich in den vierziger Jahren unseres Jahrhunderts eine systematische Erforschung dieses Küstentales zum Ziel setzte. G. Willey, einer der Initiatoren dieses Großprojekts, hatten auf Anregung von J. Steward die Erforschung von Siedlungstypen der vorspanischen Epochen als Thema gewählt. Bereits wenige Jahre nach Beginn dieser Forschungen konnte G. Willey die Ergebnisse seiner fünf bzw. sieben Monate dauernden Untersuchungen vorlegen (Willey 1953). Seine Unterteilung der Siedlungen umfaßt: verstreute Einzelhäuser, Dörfer in agglutinierender Bauweise, große Einzelhäuser und „compound villages". Weiterhin erschloß er die Existenz von Gemeinschaftsbauten, Pyramidenhügeln und Wohnpyramiden sowie von verschiedenen Befestigungs- oder Fluchtburgtypen. Diese Siedlungstypologie dehnte er auf die sogenannten Wohnhügel, Erd-Abfall-Hügel, Muschelhaufen und Wohnfundplätze aus. Seiner Systematik lagen 315 Fundorte zugrunde, die mit Hilfe von Luftphotos geortet und in vier Monaten begangen worden waren, verbunden mit Aufsammlungen von Keramik (Willey 1953, 2 – 6). Die zeitliche Einordnung stützte sich auf die von Forschungsgruppen anderer Universitäten aufgrund von kleinflächigen Grabungen und Sondagen erstellten Seriationen, wobei zur Datierung der Fundorte die jeweils jüngste Serie herangezogen wurde.

Die Ausgrabungen von J. Bird in Huaca Prieta, Chicama-Tal, und seine Beschreibung präkeramischer Kulturen aufgrund dieser und weiterer Grabungen in Huaca Negra, Virú-Tal (Bird 1948), führten zur Definition der „Cerro-Prieto-Periode" als einer „präkeramischen" Phase am Anfang der Siedlungsentwicklung des Virú-Tals. Aufgrund von stratigraphischen Überlagerungen an beiden Fundorten wurde als nachfolgende Stufe die Guañape-Periode umrissen. In ihrem mittleren Abschnitt soll diese zeitgleich mit dem „Chavín-Horizont" sein, während ihre Frühstufe durch Keramik mit gelegentlicher Appliken- und Ritzverzierung charakterisiert werde.

Die fünf der „Cerro-Prieto-Periode" zugewiesenen Fundorte im Virú-Tal wurden als Muschel- oder Abfallhaufen beschrieben und liegen in Küstennähe. Bei zwei Fundorten handelt es sich um Hügel ohne Keramik; bei zwei weiteren wurden auf kleiner Fläche freigelegte, keramik- und artefaktfreie Schichten mit Gegenständen aus organischem Material als präkeramisch bezeichnet. Einzig in dem ca. 9 m hohen Hügel V – 71, „Huaca Negra de Virú" wurden von W. Strong und C. Evans zwei Sondagen (Test-Pits) vorgenommen (Strong/Evans 1952). Den veröffentlichten Befunden nach könnte dieser Hügel künstlich aufgeschüttet worden sein, um darauf einen Tempel zu errichten. Sollte es sich jedoch um verschiedene, übereinander geschichtete Siedlungen handeln, so würde hier eine Siedlungsabfolge von „präkeramischer" Zeit bis ins frühe Formativum vorliegen. Die von Strong und Evans publizierten Beobachtungen: ein eingetiefter Rechteckraum ohne Herdstelle, zugefüllt mit feuergeborstenen Kieseln (in der ersten Sondage) sowie 13 Bodenniveaus auf geschichteten Ablagerungen, großteils Kiesel mit Hitzesprüngen (in der zweiten Sondage) lassen die Wohn-Siedlungs-Hypothese unwahrscheinlich erscheinen, denn der Bau von Räumen mit nachfolgender Zuschüttung ist ein Konstruktionsprinzip von Plattformbauten der peruanischen Frühzeit, wie die Grabungen von E. Lanning in Río Seco erwiesen haben (s. u.). Die Beobachtungen Birds, der in Huaca Negra (V – 71) weitere Grabungen durchführte und eingetiefte Räume, z. T. mit Nischen feststellte (unpubliziert, Erwähnungen in Bird 1948 und Strong/Evans 1952), deuten gleichfalls auf einen Plattformbau hin, da Räume mit Nischen, eingetieft in Plattformbauten, in der zentralandinen Frühzeit häufig belegt sind. Der „Tempel" auf der Oberfläche des Hügels, ein Steinbau, genannt „templo de las llamas", da man in seinem Inneren Lamagräber fand, wurde aufgrund von Keramikfunden in die Mittlere Guañape-Phase datiert.

Sollte es sich bei der Huaca Negra um einen Plattformbau handeln, so wären die vergesellschafteten Keramikfunde aus dem „templo de las llamas" für die chronologische Einordnung der Gesamtanlage von entscheidender Bedeutung, desgleichen die Beobachtung, daß im Eingangsbereich des „Tempels" konische Lehmziegel verbaut waren, wie sie auch aus Chavín-Zusammenhang bekannt sind (R. Larco 1941, 115ff.). Keramikfunde stammen weiterhin von der Oberfläche des Hügels und wurden in Sondagen an den Seiten bis in eine beträchtliche Tiefe (3,5 m) angetroffen.

Zusammenfassend läßt sich feststellen, daß sich aus der publizierten Dokumentation von Huaca Negra nicht entscheiden läßt, ob es sich um Plattformbauten mit eingetieften Räumen oder um einen Siedlungshügel handelt. Daher ist die Bedeutung dieses Fundortes für die Beurteilung des Siedlungswesens und der Chronologie der peruanischen Frühzeit stark eingeschränkt. Gleiches gilt für die erwähnten anderen Fundstellen der „Cerro-Prieto-Periode."

Aufgrund der Oberflächenbeobachtungen erschloß Willey eine Spät-Guañape-Zeitstellung von Konzentrationen kantiger Steine von zwei Fundstellen (V 83 und V 85), die in 2 m bis 20 m Abstand voneinander entfernt lagen. Sie wurden als Fundamente von Zweischalenmauern von Häusern mit quadratischem, rechteckigem oder ovalem Grundriß, z. T. mit Querliegern interpretiert; jedoch wurden weder Böden noch Hinweise auf aufgehende Wände beobachtet (Willey 1953 Plan 7, Abb. 8). In der Nähe dieser Häuser gelegen und zugehörig sollen zwei „Gemeinschaftsbauten" oder „Tempel" sein, niedrige Rechteckplattformen geringer Größe (30 cm – 1 m hoch; 3 m^2 – 8 m^2 groß) aus Erde mit Steinstützmauern. An einer weiteren Fundstelle (V 84) weisen entsprechende Plattformen zwei kleine Räume mit abgerundeten Ecken auf. Diese Survey-Beobachtungen reichen nicht aus, um eine nähere Aussage über die Siedlungsweise in der Guañape-Periode zu machen.

Über die Baubefunde der Grabungen Birds in Huaca Prieta, Chicama-Tal, ist aus seinen Vorberichten nur wenig zu entnehmen (Bird 1948; 1963). Es wird berichtet von kleinen, eingetieften, ein- bis zweiräumigen Oval- und Rechteckhäusern oder Herdstellen, mit Kieselsteinwänden und Holzbalken-bzw. Walknochendächern. Sie waren sämtlich mit Abfall und Steinmaterial verfüllt. In dem großen Profil der Grabung dieses mächtigen Hügels wurden Stützmauern aus Geröllen von 8 m Höhe beobachtet (Engel 1957a, 86); Hinweise auf größere Veränderungen im Inventar in den Ablagerungen waren nach Bird nicht zu erkennen („no evidence of major cultural change from top to bottom"; Bird 1948, 23). Auch für Huaca Prieta de Chicama kann nach den veröffentlichten Daten nicht entschieden werden, ob es sich um einen „Siedlungshügel" oder um (eventuell mehrphasige) Zeremonialarchitektur handelt.

Bereits in den Jahren 1941–42 hatten Strong und Willey in Ancón und Supe kleinere Grabungen durchgeführt. Im Bereich der „Muschelhaufen" von Aspero (Supe) wurden Siedlungsbeobachtungen gemacht: Man zog die Möglichkeit in Betracht, daß es sich bei Steinreihen um Wände von Häusern handeln könne (Willey/Corbett 1954, 23). Nur über die Freilegung eines „Tempels" wurde ausführlich berichtet. Über und neben einer Fläche von mehreren Hektar keramikfreier Muschelablagerungen und Kulturschutt fanden sich Lehmböden sowie niedriges, z. T. zweischaliges Geröllmauerwerk. Der Gesamtbefund ergab auf einer freigelegten Fläche von ca. 14 m x 10 m teilweise unregelmäßige, viereckige Grundrisse aneinander gebauter Räume. Im Zusammenhang hiermit standen niedrige Plattformen aus Steinen und Lehm. Sie wurden als Altäre bezeichnet und waren bedeckt mit Lehmverputz, auf dem sich Brandspuren abzeichneten. Ein dicker Pfosten hatte sich erhalten und wurde als Hinweis auf eine Überdachung interpretiert. Fehlende Abfallreste im Bereich der Anlage wurden als Hinweis auf eine Zeremonial- oder Tempel-Funktion gedeutet. Die Zeitstellung der Ablagerungen von Supe-Aspero (gleichzeitig oder älter als die keramikführenden Muschelhaufen von Supe und Ancón) wurde diskutiert, ohne daß man zu einer endgültigen Entscheidung hätte gelangen können. Der unbefangene Eindruck der Befunde in Aspero vermittelte den Ausgräbern das Bild einer großen dörflichen Anlage mit einem Tempel. Die publizierten Angaben reichen jedoch nicht aus, um diesen Eindruck zu bestätigen oder zu widerlegen.

Von Birds Konzeption einer präkeramischen Siedlungsphase angeregt, untersuchte F. Engel in den fünfziger Jahren die peruanische Küste auf einer Länge von ca. 1300 km zwischen dem Cupisnique-Tal und dem Camaná-Fluß. Er entdeckte und beschrieb mehr als 32 keramikfreie Fundplätze (Engel 1957a, 67–180; Ergänzungen und Erweiterungen in Engel 1963, 11). Über Grabungen und Sondagen an einigen dieser Fundplätze berichteten sowohl Engel als auch zwei seiner Mitarbeiter (Engel 1957a, b; 1958; 1959; 1963; Wendt 1963; Lanning 1967). Mit Ausnahme der Berichte über Culebras an der nördlichen Zentralküste, den Dokumentationen von Río Seco an der Zentralküste und Asia 1 an der südlichen Zentralküste, sind aus diesen Publikationen keine Angaben über Hausgrundrisse zu entnehmen, jedoch z. T. Beobachtungen zur Monumentalarchitektur, die zur Bewertung solcher Befunde bedeutsam sind, die als Hausarchitektur interpretiert wurden. Pläne von derartigen Baubefunden liegen von Las Haldas und El Paraiso-Chuquitanta vor, wobei die zeitliche Zuordnung der erstgenannten Anlage umstritten ist (Engel 1957a, 76–77; Fung 1972; Lanning 1967, 65; Matsuzawa 1974, 3–44; Engel 1970, 31–59; Grieder 1975, 99–112).

Nach Engels Angaben gibt es an neun größeren Fundplätzen „Chavín-Überlagerungen", während weitere fünf kleinere Fundstellen nicht zu dauerhaftem Wohnen gedient hätten („stations saisonnières"). In späteren Berichten Engels und anderer Autoren werden von einigen Fundstellen Belegungen aus der Zeit der frühesten keramikführenden Kulturen („Initialkeramik") erwähnt: So hält z. B. Lanning im Gegensatz zu Engel bedeutende Baureste von Culebras für „initialzeitlich" (Engel 1957a, 87; Lanning 1967, 91). Engel spricht von einer Wiederverwendung von Häusern durch eine Keramik benutzende Bevölkerung (Engel 1963, 11). Näheres über eine „präkeramische Siedlungsperiode" in Erfahrung zu bringen, ist wegen des weitgehenden Fehlens von gut dokumentierten Grabungsberichten, die das Verhältnis von Funden und Befunden erkennen ließen, schwierig. Mit Sicherheit bestanden ausgedehnte Anlagen, in denen nicht Keramik, jedoch weitgehend Flaschenkürbisse als Behältnisse benutzt wurden.

Die erste ausführliche Darstellung einer keramikfreien Fundstelle der Frühzeit ist F. Engels Publikation der Einheit 1 von Asia, 100 km südlich von Lima (Engel 1963). Von dieser Fundstelle liegt der bisher einzige Plan ergrabener Befunde von Bauten der peruanischen Frühzeit aus organischem Material vor.

Einheit 1 besteht aus einem niedrigen Hügel inmitten gleichartiger Erhebungen, bedeckt von Mesodesma-Muscheln, am Rande eines früheren Flußbettes des Omas. Sie umfaßt eine Fläche von 39 m x 11 m. Nach Engel (1963, 18 – 20) lassen sich vier Siedlungsphasen feststellen. Von der ältesten waren lediglich schwärzliche Ablagerungen erhalten, die von einer kalkigen Lage bedeckt und von eingetieften Pfosten und Gruben durchstoßen waren, Reste von „Hütten der ersten Siedler", deren Grundrißform nicht ermittelt werden konnte. Die geringmächtigen Reste der zweiten Besiedlung bestehen aus dünnen Lagen unter und über einem Plattformboden. Auch hier ließ sich aus den wenigen Spuren kein Gesamtbild gewinnen. Umbauten und Ergänzungen, neu errichtete Mauern und Böden, zahlreiche Gruben und Pfostenlöcher gehören nach Engel zu einem dritten Besiedlungsstadium und ergeben nach ihm folgendes Gesamtbild: drei kleine Rechteckräume, unabhängig voneinander erbaut, teilweise von Mauern umzogen. Ein viertes Stadium ist faßbar in einer Ergänzung älterer Wände mit gemagertem Lehm (earth-plaster-mixture) und der Errichtung neuer Wände ohne Fundamentgräbchen aus Steinen in Lehmmörtel. Erkennbar ist ein Komplex aus gewinkelten, aneinandergereihten Räumen mit teilweise doppelten Umfassungsmauern. Ein neues Element sind Pfostenlöcher (Oftmals hat sich das untere, 4 – 5 cm dicke Ende der Pfosten erhalten). Engels Nachweis von Architektur aus organischem Material bedeutet, daß Siedlungen bestanden haben können, deren Spuren der „Survey-Archäologie" nicht zugänglich sind, da sie nur durch Grabungen nachgewiesen werden können. Engel erwähnt in diesem Zusammenhang, es sei ihm im Falle einer chavínzeitlichen Siedlung in Paracas gelungen, durch Verfolgen der Pfostenreihen und -gräbchen die Siedlungsform festzustellen. Dieser Befund wurde bislang nur in einem unkommentierten Flächenplan veröffentlicht (Engel 1966b, 129 Abb. 32).

Aus keinem der beschriebenen und im Plan wiedergegebenen Räume von Asia 1 sind Feuerstellen bekannt, in keinen der Räume führt ein Eingang, d. h. auch hier ist ungeklärt, ob die Räume Konstruktionsteile eines Plattformbaus oder Wohnhäuser waren. Nach der Auflassung wurden in einem fünften Stadium zahlreiche Gräber und Depots in die Anlage eingetieft. Die Frage, ob die Anlage zu Wohn- oder Kultzwecken gedient hat, ist nach Engel nicht beantwortet. Man kann also auch im Fall von Asia 1 nicht ohne weiteres von Hausarchitektur sprechen. Engel vermutet eine Gleichzeitigkeit der Anlage von Asia mit keramikführenden Gruppen, da man eine Spiegelfassung aus gebranntem Ton fand (Engel 1963, 82 Abb. 195, 116).

Im gleichen Jahr, in dem Engel die Grabungen von Asia publizierte, legte W. Wendt die Ergebnisse seiner Grabungen in Río Seco vor (Wendt 1963). An dieser von Engel beschriebenen Fundstelle (Engel 1957a, 79) hatte E. Lanning 1957 bereits Untersuchungen durchgeführt, über die Engel kurz berichtete (Engel 1957a, 89; ders. 1963, 12). Lannings Grabungen hatten die Untersuchung von zwei der sechs bis zu 3 m hohen, konischen Erhebungen zum Gegenstand. In Stein-, Walknochen- und Korallenblock-Ablagerungen waren übereinander jeweils mehrere, miteinander verbundene Räume eingetieft und zugeschüttet, jedoch ohne erkennbare Feuerstellen und sonstige Hinweise auf Nutzung. Die Einrichtung und die Zuschüttung von Räumen war offensichtlich hier Konstruktionsprinzip für Plattformbauten (Engel 1963, 12). Die Räume wurden zugeschüttet und darüber große Steinplatten aufgestellt. Wendt überzog den gesamten Bereich mit kleinen Sondagen in regelmäßigen, 15 m voneinander entfernten Abständen und ermittelte auf einer Fläche von mehreren Hektar durchschnittlich 1,5 m starken Kulturschutt. Eine kleine Flächengrabung ergab die Reste von vier selbständigen Baueinheiten, möglicherweise Häusern. 30 m^2 – 50 m^2 große, ebene Lehmböden, z. T. abgestuft, durch steingesetzte Terrassenkanten und Steinsetzungen begrenzt, gehen an den Rändern in Wandverputz über, der manchmal noch in Ansätzen vorhanden ist. Versturz auf den Boden, kleine Lehmziegel und Lehmmaterial deuten auf Wände hin, deren Bauweise nicht geklärt werden konnte. Nur in einem Fall wurden drei kleine Pfosten zwischen den randlichen Steinen einer Terrassierung beobachtet. Wendt erwähnt, an einer Stelle sei eine (bis zu 60 cm hohe) Wand beobachtet worden, die jedoch an der Oberkante glatt abgestrichen gewesen sei.

Die beiden publizierten Fotos lassen erkennen, daß es sich bei den erwähnten Befunden um verputzte Terrassierungen handelt. Aus diesen Fotos und der Beschreibung des Ausgräbers läßt sich ersehen, daß mehrere Bauphasen im Befund offenbar nicht getrennt worden sind. Das Gelände war nach Angaben von Wendt (1963, 240ff) für weitere Terrassenböden nivelliert worden. Es ergibt sich ein Bild teilweise eingetiefter Räume im Zusammenhang mit Terrassen, die sich bis zu einem der erwähnten künstlichen Hügel erstrecken. In die Böden waren runde Gruben eingetieft, zum Teil oben mit Steinen eingefaßt. Innerhalb und außerhalb der Räume lagen verschiedentlich muldenförmige, mit Asche verfüllte Feuerstellen. In Río Seco fanden sich, ebenso wie in Asia, zahlreiche in die Ablagerungen eingetiefte Gräber.

Die wohl bedeutendste Erkenntnis aus den Grabungen in Río Seco war die Beobachtung, daß jene „Muschelhaufen frühester Siedler" Monumentalarchitektur bergen. Aus der Beobachtung der Bauweise dieser Anlagen ergeben sich ungeahnte Perspektiven für die Interpretation der publizierten Räume und „Häuser", zumal da die als „Häuser" interpretierten Befunde zumeist in kleinflächigen Grabungen oder gar Sondagen beobachtet wurden. In diesem Zusammenhang ist das häufige Fehlen von Feuerstellen in den Räumen auffällig.

M. Moseley und G. Willey hatten im Jahre 1971 Río Seco besucht, und Willey erkannte daraufhin in den „Muschelhaufen" von Aspero (Supe) unmittelbar vergleichbare Bauten (Moseley/Willey 1973, 455 unten). Der Höhenschichtlinienplan von Aspero (ebd. 454 Abb. 1) zeigt sechs große und elf kleinere Hügel, Muschelreste und Abfälle auf Terrassen und in kleinen steingefaßten Gruben in einem über 13 Hektar großen, teilweise steilen Hanggebiet (geringste Steigung: ca. 22 m Höhenunterschied auf ca. 360 m Abstand, steilste Stelle: ca. 16 m Höhendifferenz auf einer Entfernung von 80 m). Die Untersuchungen und Grabungen von R. Feldman in Aspero in den Jahren 1973 und 1974 (Feldman, Ms.) ergänzten und erweiterten das Bild um Beobachtungen, die für die Frage nach der Siedlungsweise von Bedeutung sind. Die Hänge zwischen den sieben Hauptplattformbauten verschiedener Ausrichtung sind durch Terrassen mit oder ohne Steinstützmauern gegliedert. Letztere weisen teilweise keinen Bezug zu den Plattformbauten auf und dienten nach Moseley zu Wohnzwecken; es gelang allerdings nicht, Bauten zu erkennen (Moseley/Willey 1973). Feldman beschrieb diese Bereiche aufgrund seiner Oberflächenbegehungen als große, terrassierte Plätze und Gruppen kleiner Rechteckräume, die möglicherweise zu Wohnzwecken dienten. Er zog aus seinen Beobachtungen den Schluß, daß der in früheren Untersuchungen beschriebene „Aspero-Tempel" wahrscheinlich Wohnzwecken gedient habe. Die dort ebenfalls erwähnten kleinen, steingefaßten Gruben (1 m x 1 m x 1 – 2 m) hielt er für jünger als die übrigen Strukturen.

Wie schon bei den ersten Untersuchungen in Aspero, erbrachte die neuerliche, detailliertere Beschreibung des Fundortes Hinweise auf eine Siedlung in Hanglage, gruppiert um Plattformbauten. Unbestimmt blieb jedoch der Bezug zwischen Terrassierungen, Häusern und Plattformen, offen die Frage nach ihrem zeitlichen Verhältnis zueinander. Die Grabungen von Feldman in Aspero bestätigten Willeys Annahme, daß die „Hügel" in Wirklichkeit Plattformbauten seien. Drei dieser Bauten wurden in Gräben und Tiefsondagen untersucht. Hierbei wurden in diesen gestuften, mit verputzten Zweischalenmauern aus rundlichen, länglichen Geröllblöcken oder kantigen Basaltblöcken und Lehmziegeln umzogenen Plattformen Räume erkennbar. Sie waren in mehreren Bauphasen eingetieft worden, wobei die jeweils älteren Räume verfüllt und eingeebnet wurden. Aus den wenigen beobachteten Pfosten konnten Wandhöhe und Dachkonstruktion dieser Räume nicht erschlossen werden.

Über Hauskonstruktionen der peruanischen Frühzeit vom Fundort Culebras an einem Berghang nahe dem Meer liegen keine Dokumentationen, jedoch einige Berichte vor. Zuerst sprach man von rechteckigen Häusern mit Gräbern unter den Böden, die in Zusammenhang gestanden hätten mit bis zu vier Meter hohen Stützmauern „mit dekorativen Effekten", Terrassen, verbunden mit Treppen und einer Plattform mit monumentalem Treppenaufgang (Engel 1957a, 7. 87). Später erwähnte Engel eingetiefte, in agglutinierender Bauweise errichtete Steinhäuser einer akeramischen Siedlung. In jüngerer Zeit seien sie durch Keramik nutzende Siedler zu Begräbniszwecken benutzt worden. Diese Siedler hätten auch neue Bauten errichtet (Engel 1963, 11). Lanning erwähnt Terrassen mit teilweise nischengegliederten Stützmauern, in die zwei- bis dreiräumige Häuser mit tunnelartigen Meerschweinchenställen (Lanning 1967, 70) eingebaut worden seien, ein keramikfreier Komplex, der später von einer Keramik nutzenden Bevölkerung überbaut worden sei. Im Zusammenhang mit dieser jüngeren Besiedlungsphase stehe die Monumentalarchitektur (Lanning 1967, 91f.). Die Widersprüche in diesen Berichten schränken Aussagen über Charakter und Zeitstellung der Anlagen von Culebras erheblich ein. Eine Beurteilung der Befunde kann erst nach Vorlage der Dokumentation erfolgen.

Die verhältnismäßig zahlreichen Berichte über „präkeramische" oder keramikfreie „Siedlungen" an der peruanischen Küste stehen in einem eigenartigen Gegensatz zum vollständigen Fehlen von publizierten Berichten und Dokumentationen von ergrabenen Siedlungen jener frühen Epoche, die nach der weiten Verbreitung des Chavín-Stils in Keramik, Skulptur, Textilien und Kleinfunden „Früher Horizont" (Rowe 1960) oder allgemeiner „Formativzeit" (Willey 1953) genannt wird. Diese Diskrepanz macht den Vergleich der publizierten Beobachtungen und Funde aus beiden „Stufen" oder „Epochen" weitgehend unmöglich. Die Ursache liegt in der Wahl der Forschungsschwerpunkte, für die die folgende forschungsgeschichtliche Entwicklung von entscheidender Bedeutung war: W. Bennett und J. Bird hatten die „Chavín-Epoche" der peruanischen Frühzeit als „Cultist Period" bezeichnet (Bennett/Bird 1949). Im Gegensatz zu den damals gerade entdeckten Muschelhaufen und geringen Hinterlassenschaften von Sammlern, Jägern und Fischern „mit nur begrenzter Ackerbaufähigkeit", erschienen die weitverbreitete komplizierte Ikonographie und die monumentale Architektur der Chavín-Kultur als plötzlich auftretende Erscheinungen, deren sozialer und wirtschaftlicher Hintergrund nicht erkennbar war. Die bekannteste und namengebende Anlage, Cavín de Huántar, ein gutes Beispiel für komplexe, spezialisierte Sakralarchitektur, liegt in einem engen Tal. Das Modell von Bennett und Bird deutet Anlagen wie Chavín de Huántar als Pilgerzentren, die in Wallfahrtszeiten von großen Bevölkerungsmassen erbaut und zu Markt- und Ideenaustausch genutzt, später von Spezialisten ausgeschmückt und fertiggestellt worden seien (Bennett/Bird 1949, 137). Dieses Modell hat in den vergangenen 30 Jahren die Forschung wohl mehr behindert als gefördert, geht es doch von einer höchst unwahrscheinlichen Voraussetzung aus: Der Tempelbau durch Pilger wäre eine religionsgeschichtliche Einmaligkeit.

Im Zuge der Auswertung von Begehungen an der peruanischen Nordküste sprach R. Schaedel von „Zeremonialzentren" („Pyramiden-Tempel" mit wenigen umliegenden Häusern). Gemeint waren große Architekturanlagen, in deren unmittelbarer Umgebung bei Oberflächenbegehungen kein Siedlungskontext erkannt wurde (Schaedel 1951, 232). Willey schloß aus seinen Beobachtungen im Virú-Tal, daß es in den frühen peruanischen „stages" („Early Agricultural", „Early und Late Formative") neben derartigen großen religiösen Zentren nur kleine, „ungeplante" Dörfer gegeben habe (Willey 1953, 196f.).

Die archäologische Erforschung dieser Phasen hat sich im Hochland und an der Küste seitdem fast ausschließlich der Erforschung von Monumentalarchitektur zugewandt. Im Falle der Hügel und Anlagen in Küstennähe hat man von Abfallhaufen („basurales") gesprochen, wobei eine Siedlungsweise ähnlich derjenigen der vorderorientalischen und europäischen Tell-Kulturen unterstellt wurde. Die meist kleinen stratigraphischen Aufschlüsse mit Böden, Brandstellen und Abfallresten legten dies nahe. Es ist jedoch fraglich, ob es sich hier nicht um mehrfach überbaute Tempelanlagen mit entsprechenden Zwischenfüllungen handelt, wie es u. a. die Befunde der Siedlung und der Huaca Campos von Montegrande (Tellenbach u. a. 1984) sowie die Stratigraphie von Pandanche (Kaulicke 1981) vermuten lassen. Der Siedlungstypus Tell ist bis heute in Altperu nicht nachgewiesen, der Typus der „Kjökkenmöddinger" oder Muschelhaufen ist nicht klar ausgegrenzt.

Jenes Vertrauen in die Repräsentativität der Stichproben, die R. Schaedel und G. Willey veranlaßten, für die frühformative Zeit eine verstreute Siedlungsstruktur mit weilerartigen Hausgruppen einerseits und Zeremonialzentren andererseits zu postulieren, war offenbar bei W. Strong und C. Evans nicht gegeben. Sie betonten, daß keine hinreichenden Grundlagen für eine Untersuchung der Wohnsiedlungen der Guañape-Periode gegeben seien – „treatment of domestic architecture ... must await ..." (Strong/Evans 1952, 34). Erst zwölf Jahre später gelang es John H. Rowe, die Grenzen und Mängel des Modells von Bennett, Schaedel und Willey aufzuzeigen (Rowe 1963). Er wies darauf hin, daß das kleine Virú-Tal nicht repräsentativ für alle Küstentäler Perus sein könne, da hier auch aus keiner der jüngeren vorspanischen Epochen größere Siedlungen bekannt geworden seien, nicht einmal aus solchen Epochen, die in benachbarten Tälern durch städtisches Siedlungswesen charakterisiert seien. Rowe zeigte auch auf, daß Schaedels *Survey-Verfahren* – Lokalisierung von Siedlungen durch Luftphotos und nachfolgende Begehung – zwar *zum Auffinden von Monumentalarchitektur geeignet* sei, *nicht aber zur Erforschung von Siedlungsstrukturen* (Rowe 1963, 13).

Die aufgrund der klimatischen Situation einzigartigen Erhaltungsbedingungen besonders im Südteil der peruanischen Küstenzone, erlaubten Rowe, mehrere große stadtartige Siedlungen der Frühzeit mit teilweise noch aufgehenden Hausmauern in den Südküstentälern (besonders Ica, Acarí und Pisco) festzustellen, eine davon sogar mit eindeutigen Befestigungsspuren. Den Oberflächenfunden nach seien diese Siedlungen nach kurzer Benutzung aufgelassen worden.

Nach Auffassung von Rowe haben die langjährigen Forschungen von Marino González in Chavín de Huántar zu einer Revision des Bildes von Bennett geführt, da sich im gesamten Bereich des modernen Städtchens Chavín, d. h. auf einer Fläche von mehr als einem halben km^2, chavínzeitlicher Kulturschutt und entsprechende Baureste gefunden hätten. Die (kleinflächigen) Grabungen R. Burgers haben dieses Bild leider weder bestätigt noch widerlegen können. Burger beginnt das Kapitel über die Siedlungsweise mit dem Hinweis auf den spekulativen Charakter seiner Überlegungen (Burger, 1986).

Für zahlreiche Gebiete der Zentralanden erschloß Rowe stadtartige Siedlungen aufgrund der Ausdehnung von offenbar zeitgleichem Kulturschutt in natürlichen oder künstlichen stratigraphischen Aufschlüssen und auf der Oberfläche. Bei Rowe klingt folgerichtig auch eine andere Konzeption von Zeremonialzentren an, die sich von jener Bennetts in wesentlichen Aspekten unterscheidet. So weist er darauf hin, daß Chavín de Huántar nach dem Ende der Chavín-Zeit den Funden und Befunden nach durchaus ein Pilgerzentrum gewesen sein könnte. Diese Hypothese wurde weitgehend bestätigt durch die großflächigen Ausgrabungen von L. G. Lumbreras im Bereich der Plattform- und Tempelanlagen von Chavín de Huántar (Lumbreras 1974; 1977).

Rowes Darstellung der Siedlungen in Altperu beruht indes ebenfalls weitgehend auf Begehungen. Bis jetzt liegt kein Plan einer großflächig ergrabenen Siedlung der Frühzeit im Zentralandengebiet vor. Die wenigen oben erwähnten Grundrisse stammen von Bauten, deren Funktion (Hausbauten oder

Sakralplattformen) nicht eindeutig geklärt ist. Die in Montegrande beobachtete extreme Reinhaltung der Sakralplattformen von Keramik und organischen Resten läßt kulturelle und chronologische Zuweisungen von funktionell unklaren Anlagen allein aufgrund des Fehlens einzelner Elemente, wie z. B. Keramik, fragwürdig erscheinen. Vor diesem Hintergrund erstaunt es nicht, daß Engel die Anlage von Garagay für präkeramisch hielt (Engel 1966, 61 Anm. 1). Erst W. Isbell und R. Ravines konnten den Nachweis erbringen, daß letztere der „Formativ"-Zeit zugehört.

In neuerer Zeit lassen Befunde der Anlage von Salinas im Chao-Tal (Alva 1986) vermuten, daß akeramische Fundorte an der Küste in engerem wirtschaftlichem Kontext mit keramikführenden Komplexen im submontanen Talbereich standen, also mit diesen gleichzeitig gewesen sein dürften. Die Architektur von Salinas de Chao ist in jeder Hinsicht eng verwandt mit jener von Fundstellen mit Chavín-Ikonographie. Es ist denkbar und vernünftig anzunehmen, daß man z. B. in Gebieten mit geringem Brennstoff- und Tonvorkommen Keramik durch vegetabilische Behältnisse wie den Flaschenkürbis ersetzte. Einem solchen Bild des „späten Präkeramikums" stehen indes zahlreiche, z. T. einander widersprechende C^{14}-Bestimmungen gegenüber, ferner konventionelle Chronologieschemata, die sich für die peruanische Frühzeit in keinem Fall auf hinreichende Mengen geschlossener Fundvergesellschaftungen stützen. Als Paradigma der zeitlichen Gliederung dient seit den vierziger Jahren der panandine Chavín-„Horizont" (Tello 1943; Bennett 1944; Willey 1948; 1953; Rowe 1960). Die „Chavín-Kultur" ist jedoch ein zeitlich und verbreitungsmäßig komplexes Phänomen. Das Auftreten von „Chavín"-Formen und -Funden im Zentralandengebiet kann nicht als chronologischer Hinweis im engeren Sinn verstanden werden. Die Mehrphasigkeit des namengebenden Fundorts wurde vor allem durch die grundlegende Arbeit von John H. Rowe über den Tempelkomplex von Chavín de Huántar aufgrund der mit einzelnen Bauhorizonten verknüpften Steinskulpturen (Rowe 1962) erwiesen. Die Gesamtentwicklung dieser Kultur wurde indes in ihrem gesamten Verbreitungsgebiet kaum erarbeitet, ihre Ursprünge konnten noch nicht hinreichend erhellt werden.

Der Chavín-Stil ist durch stilistische und ikonograpische Merkmale definiert (Tello 1943; Bennett 1944; Willey 1949; Rowe 1962). Ein breites Spektrum chavínzeitlicher Monumentalarchitektur ist im Hochland z. B. von Chavín sowie von Kuntur Wasi in eindeutiger Verbindung mit Zeugnissen des Chavín-Stils bekannt. In Pacopampa sind eindeutige Chavín-Motive in Verbindung mit Großarchitektur belegt, doch liegen weder eine ausführliche Architekturbeschreibung noch ein Plan vor. Monumentalarchitektur in Verbindung mit Chavín-Ornamentik ist an der Küste von Caballo Muerto, Mojeque, Garagay und Cerro Blanco bekannt (Pläne wurden nur von Caballo Muerto [Pozorski 1975], Mojeque [Tello 1956] und Garagay [Ravines/Isbell 1975] publiziert). Die frühe Monumentalarchitektur ohne eindeutige Verbindung mit Chavín-Ornamentik fügt sich weitgehend in das von den erwähnten Fundorten bekannte Spektrum chavínzeitlicher Monumentalarchitektur ein. Es läßt sich keine Gruppe von Anlagen mit einheitlich anderen Merkmalen aussondern. Eine Chavín vorausgehende, in Ikonographie, Architektur, Siedlungsweise etc. durchgehend unterschiedliche Kultur ist bisher im Zentral-Andenraum nicht nachgewiesen worden, wenn wir von den paläoindianischen Fundkomplexen absehen, die aus Höhlensedimenten (Cardich 1960; Muelle 1969; González 1960 u. a., neuerdings liegt die Publikation großflächiger Untersuchungen vor: D. Lavallée 1986) und Freilandstationen (Donnan 1964; Quilter, Ms.) bekannt sind.

Zwar sind zahlreiche unterschiedliche Keramikgruppen aus Ablagerungen bekannt, die von Schichten mit Chavín-Keramik überlagert waren (zusammenfassend als Initialkeramik bezeichnet: Rowe 1960; Lanning 1967; Kaulicke 1981). Da jedoch noch keine umfassende Chronologie der Chavín-Kultur erarbeitet ist, kann nicht entschieden werden, ob es sich um Spuren einer älteren Kultur oder um regional verbreitete Keramikgruppen handelt, die zeitgleich mit frühen Stufen der Chavín-Kultur bestanden haben.

In der derzeitigen Forschungssituation kann auch nicht entschieden werden, ob in Frühstufen der Chavín-Kultur Keramik selten oder gar nicht benutzt wurde, bzw. überhaupt in Gebrauch war. Hinweise auf die letztere Möglichkeit sind z. B. ein skulptierter Gerätegriff aus der „präkeramischen" Anlage von El Paraiso-Chuquitanta: ein Kopf mit „geflügeltem Auge" (Engel 1966a, 67 Abb. 4) sowie Wandmalereien aus möglicherweise „präkeramischem" Kontext von Cerro Sechín (Bischof/Samaniego/Vergara 1985), ebenfalls mit ikonographischen Elementen des Chavín-Stils.

Der Überblick über die publizierten Befunde zum Siedlungswesen im frühen Zentral-Andenraum ließ uns eine großflächige Ausgrabung dringend notwendig erscheinen:

1. Aus den vorliegenden Dokumentationen und Plänen von zahlreichen Grabungen läßt sich in keinem Fall erkennen, ob es sich um übereinander geschichtete Siedlungen nach Art eines „Tells" handelt oder um mehrphasige Plattformbauten. Die Befunde von Río Seco z. B. machen deutlich, daß eine Verwechslung durchaus möglich ist. Tell-Siedlungen sind im Zentral-Andenraum bislang nicht eindeutig nachgewiesen oder dokumentiert worden.

2. Die Interpretation von Grabungsbefunden mit Hilfe von modellhaften Konzeptionen wie „Zeremonialzentrum", „Abfallhaufen" („basural") und „Siedlungshügel" hat zu Schlußfolgerungen über Siedlungsweise und Zeitstellung geführt, die aufgrund der publizierten Befunde nicht überprüfbar sind. Es ergibt sich die Notwendigkeit, auf dem Hintergrund von Ergebnissen einer großflächigen Grabung bislang publizierte Grabungsbefunde neu zu interpretieren.

3. Sowohl die kleinflächigen Grabungen Wendts in Río Seco als auch Surveys und Oberflächenbeobachtungen von Rowe in den Tälern von Ica, Pisco und Acarí, von Willey, Moseley und Feldman in Aspero, oder von Lanning, Fung und Engel in Las Haldas, deuten auf dörfliche Hangsiedlungen (z. T. oberhalb des Fruchtlandes) hin. Die Form und Bauweise der Häuser, ihre Verteilung und ihr Verhältnis zu Monumentalbauten ist indes unbestimmt, da entsprechende Grabungen nicht durchgeführt wurden.

4. Die von Engel in Asia 1 und Puerto Nuevo nachgewiesene Verwendung von organischem Material zum Haus- (und Plattform?-) bau legt nahe, auch an Stellen zu graben, an denen infolge feuchterer Klimata obertätig nur sehr geringe Hinterlassenschaften zu beobachten sind.

Das Jequetepeque-Tal bildet eine der günstigen natürlichen Verbindungswege Nordperus von der Küste zum Hochland und in das jenseits gelegene Amazonasbecken. Jenseits der hier besonders schmalen Kordillere liegt die Hochebene von Cajamarca, die sich zum Amazonasbecken hin öffnet und nach dorthin entwässert (*Taf. 1*). Am Oberlauf des Jequetepeque ist jahreszeitlicher Regenfeldbau möglich, hier sind die Hänge des Tals nutzbar, während aufgrund des starken Gefälles Schotterbänke den Talboden ausfüllen. Zwischen Chilete und Magdalena beginnt in ca. 80 km Entfernung von der Küste der mittlere Talbereich. Auch hier trennen starke Abbrüche die Alluvialkegel und Hangschuttfächer der Talränder vom Talboden, der jedoch in ausgeprägten, durch klammartige Verengungen getrennten Talerweiterungen erheblich breiter wird. Fruchtbare, jahreszeitlich angereicherte Schwemmböden bedecken in diesen Bereichen die Talaue, in der der Jequetepeque mäandriert. In diesen Verbreiterungen des Tals, die sich aus dem Relief und den Mündungsbereichen von Nebenflüssen und Trockentälern ergeben, sind die Talauen sumpfig, bieten jedoch bei geringer Drainage- und Bewässerungstätigkeit hervorragende Ackerbaumöglichkeiten. Klima und Böden erlauben bis zu 3 Ernten im Jahr. Bis Ventanillas, wo ca. 35 km vom Meer entfernt die letzte Talverengung liegt, zieht sich die ca. 25 km breite Küstenebene auf einem langschmalen Bereich ins Gebirge. In diese Küstenebene schneidet der breite Talboden des Jequetepeque 15 m bis 30 m tief ein, oberhalb der beidseitigen abrupten Geländeabfälle ist Ackerbau nur auf der Grundlage von künstlicher Bewässerung möglich; entsprechende Kanäle müssen oberhalb von Ventanillas ihren Ausgang nehmen.

Die mit Abstand ausgedehnteste Talerweiterung des Jequetepeque liegt im unteren Mittelteil des Tals, zwischen den 15 km voneinander entfernten Talengen von Yonán und Gallito Ciego. In diesem Bereich umfaßt die Talaue ca. 500 ha. Hier liegen neben der größten Siedlung des Tals, Tembladera, die beiden Dörfer Chungal und Montegrande. Ungefähr in der Mitte dieses Bereiches treten die Berge nach Norden zurück (*Taf. 3*). Eine niedrige, schmale Bergkette trennt hier das Jequetepeque- vom Río-Loco-Chamán-Tal, einem Trockental zwischen Zaña und Jequetepeque. An dieser Stelle mündet ein gleichfalls wasserloses Tal von Norden in das Jequetepeque-Tal, „Quebrada Cerro Zapo" oder „Quebrada Montegrande" genannt. Auf der gegenüberliegenden Südseite des Jequetepeque-Tals fallen die Berghänge relativ sanft zum Fluß ab. Die „Quebrada Cerro Zapo" wendet sich in ca. 3 km Abstand vom Fluß nach Osten, in Richtung auf einen nordöstlich gelegenen, über 2000 m hohen Berg gleichen Namens, wo sie ihren Ausgang nimmt. Die Gipfelebene dieses Berges liegt in einer feuchteren Klimazone, sie weist heute dichten Bewuchs und eine Fauna von Waschbär und Rotwild auf (persönliche Mitteilung W. Alva). Noch vor einer Generation führte dieses Trockental jahreszeitlich regelmäßig Wasser. Heute ist der gesamte Talbereich oberhalb der Flußaue wüstenartig. Nur einzelne Baumkakteen sowie seltene Sauce- und Zapote-Sträucher (capparis angulata) konzentrieren sich am Rande von Auswaschungen und Erosionsrinnen, während in der Flußaue zwischen den Feldern tropische Vegetation mit Rohrdickichten (Caña Brava, Totora etc.) wuchert. Dieser Bereich war noch vor wenigen Jahrzehnten Sumpfgebiet, bis seit Anfang dieses Jahrhunderts hier systematische Drainage- und Bewässerungsarbeiten zugleich mit der Anlage der Siedlung Tembladera erfolgten. (Diese Benennung steht wahrscheinlich mit dem häufigen Auftreten von Schüttelfrost – temblar = zittern – in Zusammenhang, die Gegend war malariaverseucht). Im achtzehnten und neunzehnten Jahrhundert war dieser Talbereich unbewohnt.

Der Hangschuttfächer besteht aus schluffigen Quarzitsanden und Schiefersplitt mit seltenen Bergsturzelementen, ein feinkörniger Boden mit extrem geringfügigen humosen Oberflächenresten (D. Mietens 1973). Die spornartigen Flächen zwischen den tiefen Erosionsrinnen, von uns als „Mesetas" bezeichnet und von West nach Ost numeriert, weisen ein fast regelmäßiges, geringes Gefälle auf (ungefähr 4,5° Grad). Sie sind durch kleinere Erosionsrinnen gegliedert.

Unter den zahlreichen Taloasen der peruanischen Küstenwüste ist das Jequetepeque-Tal eines der wasserreichsten. Der Santa an der Zentralküste und der Jequetepeque an der Nordküste sind heutzutage die einzigen Flüsse Perus, deren Wasser das ganze Jahr hindurch den Pazifik erreicht. Hinweis darauf, daß in antiker Zeit ähnliche Bedingungen bestanden, sind die klimatischen Rahmenbedingungen. Die ausgeprägte Trockenheit der peruanischen Küste ist begründet im sog. Humboldtstrom, dem Ergebnis der kreisförmigen Bewegung des Südpazifiks. Diese wird wesentlich verursacht von den äquatorialen Passatwinden, wobei kaltes Wasser aus tieferen Schichten im Süden und am Kontinentalrand nach oben gedrückt wird. Diese Klimakonstante ist feststehend, denn die verursachenden Faktoren, die Passatwinde, stehen mit der Erddrehung in direktem Zusammenhang.

Die geringe Verdunstung des kalten Meeres bewirkt, daß trotz der tropischen Breite und des günstigen Reliefs nur in geringem Maße Niederschläge fallen. Sie nehmen gemäß Höhe und Entfernung von der Küste zu. Erst ab einer Höhe von ca. 2000 m erlauben die jahreszeitlich, d. h. in den Monaten stärkster Sonneneinstrahlung (im Südsommer) niedergehenden Regenfälle Pflanzenanbau ohne künstliche Bewässerung. Diese Niederschläge speisen die Flüsse der andinen Kordilleren-Westseite und ihre Taloasen. Die günstige Wasserversorgung des Jequetepeque ist jedoch, ähnlich jener des Santa-Flusses dadurch gewährleistet, daß sein Einzugsgebiet Regionen umfaßt, die teilweise durch Niederschläge der östlichen, dem Amazonasbecken zugewandten Kordillerenseite beregnet werden. Dies gilt für die Quellflüsse des wichtigsten Jequetepeque-Nebenflußes, des Río San Miguel, die in der Kordillere nördlich des Cajamarca-Beckens entspringen. Einen auch im Hinblick auf die Erhaltungsbedingungen wesentlichen klimatischen Faktor stellt der sog. Niño-Effekt dar: In unregelmäßigen Abständen entfernt sich die kalte Meeresströmung von der Küste, und für einige Wochen setzt sich in Küstennähe eine warme äquatoriale Strömung durch, so daß kurzfristig tropische Regenfälle katastrophenartige Überschwemmungen an der Küste und Zerstörungen im Bergland verursachen. Die überkommenen Berichte seit der spanischen Eroberung lassen darauf schließen, daß der Niño-Effekt mindestens viermal in einem Jahrhundert auftritt.

Die erwähnten Konstanten, Humboldtstrom und Andenrelief, bieten feststehende Rahmenbedingungen hinsichtlich Klima und Wasserversorgung seit antiker Zeit. Unterschiede im Verhältnis zur gegenwärtigen Situation können demnach nur von Faktoren wie Vegetationsdichte und Tektonik bedingt sein. Eingriffe in den Bewuchs (Holzabbau) seitens der Bewohner hatten allein in den letzten hundert Jahren spürbare mesoklimatische Veränderungen zur Folge, wie aus den Berichten älterer Bewohner des Tals hervorgeht. Es liegt deshalb nahe, für die Frühzeit der andinen Hochkultur feuchteres Mesoklimata zu vermuten. Das würde im Jequetepeque-Tal bedeuten, daß die begrenzenden Berge, die z. T. aufgrund ihrer Höhe in andere Klimazonen hineinragen, im stärkerem Maße Pflanzenbewuchs in der Höhe und Quellen an ihren Hängen besaßen. Durch botanische Untersuchungen in Tälern der peruanischen Nordküste hat man entsprechende Vegetationsrelikte nachweisen können (H. u. W. Koepcke 1958, siehe hierzu vor allem die archäologischen Entdeckungen im benachbarten Zaña-Tal: W. Alva, Ms).

Bedeutende tektonische Veränderungen im Andenraum (Anhebung der Küste) konnten in neuerer Zeit durch archäologische Untersuchungen relativ-chronologisch mit der Frühzeit andiner Hochkultur in Zusammenhang gebracht werden (W. Alva 1986). Die Auswirkung solcher tektonischer Ereignisse, z. B. auf Quellhorizonte, ist beträchtlich. Vegetationsveränderungen einerseits, andererseits die Wirkung tektonischer Vorgänge schränkt vor allem auf lokaler Ebene die Möglichkeit von Rückschlüssen von der gegenwärtigen Topographie und Wasserversorgungslage auf antike Verhältnisse ein.

DER GRABUNGSPLATZ

Die Siedlungsgrabung im Jequetepeque-Tal ging auf eine Einladung des damaligen Technischen Direktors des peruanischen Antikendienstes, Dr. F. Kauffmann Doig, an den Direktor der Kommission für Allgemeine und Vergleichende Archäologie des Deutschen Archäologischen Instituts, Prof. Dr. H. Müller-Karpe, zurück, an den Rettungsarbeiten anläßlich des Staudammbaus von Gallito Ciego bei Tembladera im mittleren Talbereich des Jequetepeque teilzunehmen. Im Auftrag des Direktors der KAVA führte ich im September 1980, teilweise gemeinsam mit dem Direktor des regionalen Museums Brüning, Lambayeque, Lic. Walter Alva, eine Begehung des vom Bau des Staudamms betroffenen Gebietes durch.

Auf den Hangschuttfächern und Alluvialkegeln oberhalb des Fruchtlandes in der Talerweiterung von Montegrande waren allenthalben dichte Besiedlungsspuren zu erkennen (*Taf. 2;3*). Zahlreiche Mauern, künstlich aufgeschüttete Hügel und Terrassierungen überziehen die sanft abfallenden Ebenen und ziehen sich teilweise die Hänge hinauf. Die intensive Tätigkeit der „huaqueros" (Raubgräber) seit den sechziger Jahren hatte jedoch keine einzige Anlage verschont. Die Raubgräbertrichter in den Hügeln und ihre Konzentration in bestimmten Bereichen, in denen keine Spuren von Bautätigkeit auf der Oberfläche feststellbar waren, wiesen auf zahlreiche kleine Gräberfelder hin, sowie darauf, daß die Hügel großenteils mit dem Totenkult in Verbindung standen. Hinweise auf Siedlungen der Frühzeit waren jedoch weder aufgrund von Oberflächenfunden noch von Bebauungsspuren zu erkennen, da sich in wenigen Bereichen mit Resten von Trockenmauerwerk stets charakteristische Scherben späterer Perioden mit Stempeleindrücken oder Bemalung fanden.

Der Staudamm wird am unteren Ende der Talerweiterung gebaut. Sein Stauraum erfaßt den gesamten Bereich der Talaue; sein Erdkern wird aus dem schluffigen Material der Hangschuttfächer auf der nördlichen Seite der Talerweiterung gewonnen. Erstes Bauvorhaben im Staubeckenbereich war die Verlegung der Straße, die das Hochland von Cajamarca mit der Küste verbindet und hier am Nordrand des Fruchtlandes entlangführte, auf derselben Talseite höher, oberhalb des maximalen Stauniveaus. Gemäß der ursprünglichen Planung sollte sie an drei Stellen Gruppen künstlich aufgeschütteter Hügel durchqueren. Die größte davon liegt auf einer Hangschuttoberfläche im Gleitwinkel einer Trockentaleinmündung, oberhalb des Mittelteils der Talerweiterung, in ca. 1 km Abstand vom heutigen Fruchtland (*Taf. 3*). Die Hangschuttfächer werden von drei tiefen, wannenförmigen Erosionsrinnen durchzogen, von denen die mittlere Erosionsrinne, „Quebrada Honda" genannt, am tiefsten ist (ca. 25 km tief, im Durchschnitt 50 m breit). Die Hügelgruppe liegt östlich oberhalb der Quebrada Honda auf der Meseta 2 (*Taf. 2*). Sie besteht aus drei bis zu 6 m hohen Hügeln. Vor dem größten Hügel, Huaca Grande, erstreckt sich eine L-förmige Terrasse, deren südliche und westliche Begrenzungsmauer sich in Steinfluchten und Versturz andeutet. Jenseits einer ebenen Fläche, an deren Ost- und Westseite sich leichte Erhebungen andeuten, schließt sich im Norden wiederum ein Hügel an, neben dem ein weiterer langschmaler Bereich, im Osten begrenzt von einem kleineren Hügel, sichtbar wird. Dieser Hauptkomplex, nahe der Westseite von Meseta 2 gelegen, ist beidseitig von flacheren Erosionsrinnen begrenzt, die sich weiter südlich vereinen und sich hangabwärts immer tiefer in die Meseta einschneiden. Jenseits der östlichen Erosionsrinne liegt ein kleiner Hügel, Huaca Chica, dem zwei oberflächlich deutlich erkennbare Terrassen vorgelagert sind.

Ein Blick auf Luftbilder aus der Zeit vor der starken Zerstörung durch Raubgräber zeigt, daß es sich bei all diesen Hügeln um rechteckige Plattformbauten handelt, deren Längsachse quer zum Hügel verläuft (*Taf. 2*). Ihnen allen sind ein oder mehrere rechteckige Plätze vorgelagert bzw. seitlich angegliedert. Eine genauere Betrachtung der Raubgräberloch-Profile erweist, daß die Bauten des Hauptkomplexes aus Steinblöcken mit Lehmmörtel errichtet wurden. An einigen Stellen war erkennbar, daß die Mauern ursprünglich sorgfältig mit fein gemagertem Verputz überzogen waren. In den Profilen waren auch Massierungen von mächtigen Blöcken und mittelstückigen Steinen erkennbar, die auf massive Füllungen hinweisen. Auffälligerweise fehlen jegliche Hinweise auf Lehmziegelbauweise.

Dieser erste Überblick über die obertägig sichtbaren Architekturreste ließ keine Schlüsse auf ihre Zeitstellung zu, finden sich doch ähnlich verteilte Bauten und Plätze mehrfach im Virú-Tal, wo sie verschiedenen Epochen zugewiesen worden sind (z. B. Huaca El Gallo, V-149, Willey 1953, 210–213 u. Abb. 45).

Im Bereich der Plattformbauten fanden sich nur in sehr geringer Anzahl Scherben auf der Oberfläche nahe Raubgräberlöchern. Zumeist handelt es sich um größere unverzierte Stücke, die wohl von Raubgräbern weggeworfen wurden. Im Gegensatz zu den zahlreichen, ähnlichen Gruppierungen rechteckiger Plattformbauten mit dazwischenliegenden Plätzen auf den benachbarten Mesetas, die zumeist stärker zerstört waren, fehlten hier eindeutige Besiedlungsspuren der Spätzeit, wie z. B. stempelverzierte und bemalte Keramik. Der Komplex im Nordteil der Meseta 2 bot Gelegenheit, eine in jüngerer Zeit nicht überbaute Anlage zu untersuchen, die zugleich relativ gut erhalten war. Eine frühe Zeitstellung des Komplexes schien nahezuliegen aufgrund der reichen Funde der Chavínzeit, die durch intensive Raubgräbertätigkeit vor allem aus Nekropolen in unserem Talabschnitt, z. T. im Bereich der Meseta, nahe dem Fruchtland, seit den späten sechziger Jahren aus Licht gekommen waren. Wenn es zeitgleiche Bauten gab, so mußten es diese Plattformbauten sein.

Es war anzunehmen, daß es zeitgleich mit diesen Gräberfeldern Siedlungen in der Nähe gegeben hatte. Nur im Aushub der weit verstreuten Raubgräberlöcher im Umfeld der Plattformbauten und Terrassen fielen zahlreiche kleinere, mehr oder weniger gerollte Scherben auf, sonst fehlten jegliche Siedlungsfunde. In den nahegelegenen Dörfern Tembladera, Chungal und Montegrande ließ sich jedoch in Erfahrung bringen, daß man traditionell Mahl- und Reibsteine von den Mesetas geholt habe. Eine eingehende Untersuchung der Meseta-Oberfläche im Umkreis der Plattformbauten ergab kaum Hinweise auf eine Siedlung. Nur zu bestimmten Tageszeiten, etwa morgens zwischen 5 und 6 Uhr, deuteten sich aufgrund des Lichteinfalls leichte Terrassierungen und ebene Flächen im Zusammenhang mit Steinen, die in Fluchten lagen, an.

Diese Beobachtung erinnert an M. Moseleys und R. Feldmans Beschreibung der Umgebung von Huaca de los Idolos, Huaca de los Sacrificios etc. in Aspero, Supe (Moseley/Willey 1973 Abb. 7; Feldman, Ms. 1980, 33f.). Die Lage von Montegrande auf der sanft abfallenden Meseta 2 und in einem feuchteren Klima als jenem Fundort Aspero, der sich in unmittelbarer Küstennähe und an einem viermal so steilen Hang befindet, läßt jedoch anders geartete Anlagen und Erhaltungsbedingungen vermuten. So dürften sich Terrassierungen in Montegrande heutzutage sehr viel weniger deutlich absetzen als in Aspero. M. Moseleys Vermutung, daß die Terrassen in Aspero zur Errichtung von Wohnbauten dienten, hat durch seine Grabungen jedoch keine entsprechende Bestätigung erfahren (Moseley/-Willey 1973).

Die spärlichen Oberflächenfunde und die wenigen obertägig sichtbaren Spuren im Umkreis der Plattformbauten hatten auf der Meseta die Existenz einer Siedlung relativ unsicher erscheinen lassen, zumal sich in anderen peruanischen Küstenoasen, z. B. in den Tälern von Pisco, Acarí und Ica, offenbar Siedlungsbereiche der Frühzeit teilweise sogar in einzelnen Hausgrundrissen erkennen lassen (Rowe 1963, 5ff.).

Die Notwendigkeit, den vom Straßenbau bedrohten Bereich zu untersuchen, ergab sich andererseits unmittelbar; die Wahrscheinlichkeit, vor einer nicht in jüngerer Zeit überbauten Anlage der Frühzeit zu stehen, bestand; die Möglichkeit, daß sich im Umkreis der Plattformbauten eine Siedlung befand, war nicht auszuschließen. Den Anträgen auf Grabungslizenz seitens des Direktors der KAVA, Prof. Dr. H. Müller-Karpe, wurde jeweils mit Resolución Suprema entsprochen: No. 0202-80-ED, No. 0254-81-ED, No. 419-82-ED, No. 407-83-ED in den Jahren 1980 (7. 10.), 1981 (7. 10.), 1982 (1. 12.) und 1983 (28. 12.).[1]

---

1) Für Unterstützung und Hilfe bei der Antragstellung und Lizenzerteilung danken wir den Herren: Architekt Víctor Pimentel Gurmendi, Dr. Hugo Ludeña, Dr. Carlos Guzmán, Dr. Rogger Ravines, Dr. Ing. Ricardo Roca Rey und Dr. Luis Enrique Tord.

Zu Anfang beschränkten sich die Grabungen auf den Frontteil der L-förmigen Terrasse und die vorgelagerte Fläche (Quadrate VI B/C, VII B/C/D/E/, IX C/D/E), da hier die Straße verlaufen sollte. In Verhandlungen mit der Consulting Firma (Salzgitter GmbH, örtlicher Repräsentant Herr H. W. Kühn) konnte jedoch erreicht werden, daß die Straßentrasse etwas weiter südlich geführt wurde, so daß die Großarchitektur nicht betroffen wurde. Die Quadrate südlich der L-förmigen Terrasse hatten nur zwei Pfostenreihen, zwei zugeschüttete Erosionsrinnen und Reste einer ausgeraubten Terrassierungsmauer im Südteil erbracht, Hinweise auf einen unbebauten Platz. Dennoch entschlossen wir uns, die gesamten Flächen im Bereich der neuen Straßentrasse zu untersuchen, d. h. in der ersten Kampagne mußte eine Fläche von nahezu 4000 m^2 innerhalb von drei Monaten (20. 10. 1980 – 20. 1. 1981) dokumentiert werden.

An der Grabung nahmen in der ersten Kampagne, außer dem Verfasser, teil: Lic. W. Alva, Direktor des Brüning-Museums, Lambayeque, die beiden deutschen Studenten Christian Hirte (Univ. Kiel) und Ricardo Eichmann (Univ. Heidelberg), die peruanischen Studenten Carlos Elera (Univ. San Marcos, Lima), Jośe Carcelén (Univ. Trujillo), Alfredo Melly (Univ. Trujillo) und María Elena Castañeda (Univ. Trujillo, aus Tembladera gebürtig), im letzten Monat noch zwei weitere peruanische Studenten, Luis Lumbreras und María Montalván (beide Univ. San Marcos, Lima).

Mit den topographischen Arbeiten war José Guarniz (Univ. Lambayeque) betraut. In den letzten drei Wochen leitete aufgrund einer Erkrankung des Verfassers Herr Alva die Grabung allein. Frau Dr. Ruth Shady beteiligte sich einige Zeit an den Arbeiten. Ihrer reichen Erfahrung verdankt die Grabung wesentliche Beobachtungen. Kürzere Besuche machten Dr. Rogger Ravines und Dr. Ramiro Matos. Die Inspektionen seitens des peruanischen Antikendienstes führte Frau Dr. Isabel Flores durch.

Die Grabungen der ersten Kampagne ergaben die Existenz von Herdstellen, Pfostengräbchen von Häusern und den Nachweis von Pfostenbauweise im gesamten ergrabenen Bereich. Es fand sich Keramik, verwandt mit der sog. Initialkeramik Nordperus (Guañape, Pandanche). Diese weist in Formen, Verzierungen und Machart mit der ältesten, kurz vorher im Hochland von Cajamarca ergrabenen charakteristischen Ware von Huaca Loma Früh (Terada/Onuki 1982) starke Verwandtschaft auf. Einzelne Formen erinnern an Stücke aus der sog. Cupisnique-Kultur des benachbarten Chicama-Tals (Larco 1948, 65, Abb. 85; 72 Abb. 101. 102 etc.). Weiterhin entsprechen Fragmente nach Form, Machart und Verzierung der Chavín-Keramik von Ancón (peruanische Zentralküste). Es bestand demnach kein Zweifel an dem Vorhandensein von Räumen und Häusern aus formativer Zeit im Umkreis der Plattformbauten im Nordteil der Meseta 2.

Die raschen Baufortschritte des Staudamms und die Tatsache, daß das 1 km^2 große Lizenzgebiet einen Teil der Meseta umfaßt, aus der das Kernmaterial für den Staudamm entnommen werden sollte, erforderte eine Entscheidung, ob man durch Reinigungsarbeiten und begrenzte Grabungen an ausgewählten Stellen das Gesamtgebiet untersuchen oder die begonnenen Untersuchungen im Nordkomplex der Meseta fortsetzen sollte, um so ein repräsentatives Muster der Besiedlung in diesem Talbereich zu gewinnen. Die letztere Option schien im Hinblick auf die Forschungssituation zur andinen Frühzeit angemessen. Ergänzend zu der großflächigen Grabung von Siedlung und Plattformbauten sollten auf derselben Meseta in zwei Komplexen Reinigungsarbeiten und Sondagen durchgeführt werden, weiterhin eine größere Tiefsondage auf der Huaca Campos, dem größten Hügel des Talbereichs, in ca. 2 km Entfernung südwestlich vom Hauptgrabungsgebiet, auf dessen Oberfläche sich u. a. auch Keramik der von den Häusern auf der Meseta 2 bekannten Art gefunden hatte.

Der Direktor des Projekts, Prof. Dr. H. Müller-Karpe, beauftragte den Autor mit der örtlichen Grabungsleitung und besprach mit ihm die Vorgehensweise sowie die einzelnen Schritte der Ausgrabung. Für das Projekt wesentliche Entscheidungen traf er bei einem Aufenthalt auf der Grabung im Jahre 1982. Verfasser möchte sich bei ihm für sein großzügiges Vertrauen bedanken, insbesondere auch für seine Bereitschaft, im Rahmen des Projekts die Forschungen engagierter peruanischer Kollegen zu fördern. Die großflächige Grabung wurde in zwanzig Monaten (3 Kampagnen: 15. 6. 81 – 30. 6. 82; 15. 7. 82 – 15. 12. 82; 10. 1. 83 – 1. 3. 83) durchgeführt. An der Grabungsdokumentation wirkten insgesamt zwanzig peruanische, zehn deutsche und zwei nordamerikanische Studenten und zwei deutsche Grabungstechniker mit, die tachymetrische Vermessung führte teilweise ein deutscher Vermessungstechniker durch, ein deutscher und vier peruanische Zeichner erstellten im wesentlichen die Vorzeichnungen von Keramik und Kleinfunden. Kurzfristig waren ein deutscher und ein peruanischer Restaurator tätig.[2] Im Durchschnitt waren 20 bis 30 Arbeiter beschäftigt. W. Alva leitete wiederum über einen Monat lang in meiner Abwesenheit die Grabung, seinen Beobachtungen und der Besprechung von Plänen und Befunden mit ihm verdankt die Grabung viel. Die Geophysiker und Archäologen Dr. Wolffmann und Dr. Dodson (Univ. Berkeley) entnahmen C^{14}-Proben und führten paläomagnetische Messungen durch. Dr. Ruth Shady und Dr. Rosa Fung statteten der Grabung längere Arbeitsbesuche ab. Inspektionen seitens des INC führten Dr. Isabel Flores, Dr. Hugo Ludeña (beide Zentrale INC, Lima) und don Oscar Lostaunau (Centro Regional del INC, Pacatnamú-Valle de Jequetepeque) durch, wobei sich ausführliche Diskussionen der Grabungsbefunde ergaben. Die Grabungen besuchten weiterhin Richard Burger und Lucy Salazar de Burger, Yale, Dr. William Isbell mit einer Studentengruppe der Universität Ayacucho, Dr. Izumi Shimada, Princeton, Dr. Federico Kauffmann-Doig, Lima, Dr. Henning Bischof, Mannheim, Dr. Peter Kaulicke, Lima, Dr. Yoshio Onuki, Tokio, Dr. Ryuzo Matsumoto, Tokio, Dr. John Topic, Toronto, Dr. Alberto Rex González, Buenos Aires, Gisela und Wolfgang Hecker, Berlin, Dr. Mercedes Cárdenas, Lima, Arqu. Carlos Milla, Lima, Dr. Jorge Zevallos Quiñones, Trujillo, Lorenzo Samaniego, Casma, Dr. Rogger Ravines, Lima, Dr. Ramiro Matos, Lima, Arqu. Víctor Pimentel, Lima, Dr. Ing. Ricardo Roca Rey, Lima, und don Andrés Zevallos de la Puente, Cajamarca.

Wir bemühten uns, in der örtlichen Bevölkerung Verständnis für unsere Tätigkeit zu wecken. Gerade nach den Jahren intensiver Raubgräbertätigkeit war ein neues Verhältnis der Bevölkerung zu den archäologischen Zeugnissen ein wichtiges Anliegen. Diavorträge in den Schulen und vor der Bevölkerung des Dorfes Tembladera, Führungen von Lehrergruppen, später von Schulklassen durch die Grabung galten diesem Ziel. Insgesamt wurden im Verlauf der Grabung ca. 650 Schüler durch die Grabung geführt.[3] Unter Leitung von Herrn Luis Julca Díaz aus Tembladera bildete sich ein Komitee für den Bau eines Museums. Es bestand aus den Friedensrichtern, Schuldirektoren und Vertrauenslehrern, Bügermeistern, dem Pfarrer und ausgewählten, verdienstvollen Bürgern des Dorfes sowie dem Verfasser als archäologischem Beirat. Mit Hilfe von Veranstaltungen und Spendensammlungen bei

---

[2] Studentische Teilnehmer während mehrerer Kampagnen: Daisy Barreto, José Carcelén, María Elena Castañeda, Alfredo Narvaes, Hugo Navarro, Arturo Paredes, María Isabel Paredes, Víctor Pimentel, Wilhelm Schuster, Cornelius Ulbert, Heriberto Valverde. Während einer Kampagne: Elke Birk, José Antonio Chávez, Luis Chero, Manuel Curo, Yaqueline Deza, Barbara Dolan, Kordula Eibl, Silvia de la Fuente, Joachim Grasser, Annemarie Häusser, Lucy Linares, Julio Matsuda, Nelly Nieto, Christina Pickett, Hugo Ríos, Ruth Salas, Helmut Spatz, Ulrich Stodiek, Andreas Tillmann, Fanny Urteaga, Pablo de la Vera Cruz. Grabungstechniker: Peter Pahlen (während mehrerer Kampagnen), Hans Lang. Zeichner: Jan Steinhöfel, Roberto Horna, Jorge Sisniegas, Galo Sisniegas, Angélica Valdez, Restauration: Henry Ledgard, Christa Marek. Topograph: Uwe Sowa, José Guarniz.

[3] Besonders ist hierbei auf die freiwillige Mitwirkung der studentischen Mitarbeiterin des Projekts, Angélica Valdez hinzuweisen, die zusammen mit anderen Kommilitonen einen großen Teil ihrer Freizeit diesem Anliegen widmete.

Bürgern des Dorfes wurde ein Materialgrundstock gekauft für den Museumsbau auf dem Grundstück der Hauptschule. Der damalige Direktor des Nationalmuseums für Archäologie und Geschichte in Lima, Architekt Víctor Pimentel Gurmendi, ließ durch einen Museographen Vermessungen durchführen und erstellte Pläne und Aufrisse. Die Staudammfirmen, die Zementfabrik, deren Steinbruch außerhalb von Tembladera liegt, und später auch staatliche Institutionen stellten weitere Materialien für Bau und Einrichtung und Gelder für museographische Arbeiten zur Verfügung; die Bauarbeiten wurden weitgehend in unbezahlter Arbeit von Bürgern des Dorfes an Feiertagen durchgeführt, in der traditionellen Arbeitsweise, im Andengebiet „mita" genannt. Mit den museographischen Arbeiten waren studentische Mitarbeiter, beraten durch den Direktor des Regionalmuseums Brüning, Lambayeque, betraut. Das Museum Tembladera wurde am 15. 3. 1985 eröffnet (Ausstellungsfläche ca. 200 m^2).

Zugleich mit unserem Grabungsprojekt führte das INC, finanziert von der Staudammgesellschaft, ein groß angelegtes Rettungsprojekt im gesamten Staudammbereich durch. Die Leitung dieses Projektes lag bei Dr. Rogger Ravines. Eine Geländeaufnahme mit Einzeichnung der obertägig sichtbaren Bauten wurde vorgelegt (Ravines 1981), großflächige Reinigungsarbeiten und die Anlage von langschmalen Grabungsschnitten durch Plattformbauten vermitteln einen Überblick über das reiche Spektrum von Bauten und Anlagen in diesem Talbereich (Ravines 1982). Bemerkenswert ist die Beobachtung von zahlreichen Pfostenlöchern im Umfeld der zahlreichen Plattformbauten auf den anderen Mesetas von Montegrande (Ravines 1982, 106, Abb. 87. 131; Abb. 101. 145; Abb. 108), ein Hinweis darauf, daß anscheinend auch hier Siedlungen mit Pfostenbauten die Plattform umgaben.

Parallel zur Grabung der Siedlung und im Anschluß daran wurden die beiden Anlagen auf der Meseta (Süd- und Südost-Komplex) in der vorgesehenen Weise untersucht. Beauftragt waren hiermit peruanische und deutsche, auf der Hauptgrabung eingearbeitete Studenten: María Isabel Paredes Abad (Südkomplex: Paredes 1984), Manuel Tam Chang und Iris Aguirre de Tam (Südostkomplex: Tam/Aguirre 1984); die Arbeiten auf der Huaca Campos übernahm José Carcelén Silva (Carcelén 1984), außerdem wurden von Daisy Barreto Cedamanos, Cornelius Ulbert und Kordula Eibl die Architekturanlagen Limoncarro am Talausgang (Barreto 1984) und Kuntur Wasi über dem Oberlauf des Jequetepeque (Ulbert/Eibl 1984) tachymetrisch vermessen, Profile von Raubgräberlöchern gereinigt und gezeichnet. Die teilweise monumentalen Petroglyphen des mittleren und unteren Jequetepeque Tals wurden ebenfalls in Zusammenhang der Grabung dokumentiert (Pimentel 1986).

Die gesamte Oberfläche der Meseta wurde tachymetrisch für die Wiedergabe in 25 cm-Höhenschichtenlinien vermessen, wobei es gelang, die sich andeutenden leichten Terrassierungen und Ebenen auf der Meseta-Oberfläche einzumessen und darzustellen (*Taf. 2*) Die gesamte, ca. 12 000 qm umfassende Grabungsfläche wurde in 10 m x 10 m große Quadrate unterteilt, von denen je nach Befunden bis drei kolorierte Plana im Maßstab 1:20 gezeichnet wurden. Die Grabungen wurden mit Wolfskratzer und Kehrschaufel durchgeführt, wobei sich die Tiefe der Abstiche nach den Befunden richtete. Waren jedoch keine Böden, Banketten etc. faßbar, so überschritt sie in keinem Fall 8 cm. Ein „Fototurm", bestehend aus einer Metalleiter mit Stahlrohrstützen (maximale Höhe 3,5 m) konnte bei einem Schmied in einer nahegelegenen Ortschaft angefertigt und von der zweiten Kampagne an zur Dokumentation genutzt werden. Die Scherben wurden nach einzelnen Quadratmetern und Abstichen registriert und während der Grabung beschriftet sowie auf Zusammengehörigkeit (Restaurationsmöglichkeiten) durchgesehen. Alle Randscherben und verzierten Stücke liegen in Vorzeichnungen vor, die Verteilung der einzelnen Grundformen nach Gewicht und Stückzahl wurde in einem Teil der Flächen während der Grabung kartiert.[4]

[4]) Vorgesehen ist die Untersuchung und Vorlage dieses Materials im Rahmen einer Dissertation durch C. Ulbert.

GRABUNGSBEFUNDE

WOHNSIEDLUNG

Die Grabungsbefunde im Umfeld der Sakralplattform im Norden der Meseta 2 von Montegrande zeigten, daß hier eine Siedlung bestanden hatte. Die spärlichen Oberflächenfunde und die wenigen obertägig sichtbaren Spuren in diesem Bereich hatten ein derartiges Grabungsergebnis nicht mit Sicherheit erwarten lassen.

Der ungünstige Erhaltungszustand von Funden und Befunden von Montegrande ist in den katastrophenartigen Regenfällen im Gefolge des Niño-Effekts begründet, der sich an der Nordküste Perus stärker auswirkt als in den südlichen Teilen der amerikanischen Pazifikküstenzone. Beträchtliche Zerstörungen rufen diese unregelmäßig auftretenden Regengüsse bei Siedlungen in Hanglage hervor, zumal wenn außer Lehm organisches Material verarbeitet wurde. In Montegrande kommen zu dem erwähnten Zerstörungsfaktor jahreszeitlich stark ansteigende Luftfeuchtigkeit und gelegentliche Niederschläge hinzu, bedingt durch die Lage im mittleren Bereich des Jequetepeque-Tals. Das Ergebnis sind zahlreiche Auswaschungen sowie schmale und breitere Erosionsrinnen, die den Hangschuttfächer der Meseta durchziehen. Erst die Tachymeteraufnahme der Meseta für 25 cm-Höhenschnittlinien veranschaulichen ihre Oberflächenstruktur (*Taf. 2*). Die aufgrund von Auswaschungen und Erosionsrinnen kaum erkennbaren Terrassierungen und Planierungen konzentrieren sich in der Umgebung der Plattformbauten im Norden in einem Umkreis von ca. 100 m südlich und östlich, lassen sich jedoch nördlich etwa dreimal so weit entfernt beobachten. Im Süden davon setzen die Terrassierungsspuren auf der gesamten Breite des Hangschuttfächers aus, nur auf dem durch eine Erosionsrinne abgeteilten Sporn auf der Ostseite ziehen sie sich weit nach Süden hinunter.

Die Grabungen erwiesen, daß sich in diesem gesamten Bereich zahlreiche Feuerstellen und Verfärbungen aus organischem Material befinden. Sie wurden einerseits auf kleineren und größeren Terrassierungen beobachtet, andererseits in Bereichen, die an größere Terrassen anschließen, auf welchen derartige Verfärbungen und Brandspuren nicht gefunden wurden. Die Verfärbungen bilden in zahlreichen Fällen Fluchten und Reihen und können, wie im folgenden dargestellt, als Pfostenlöcher, Pfostenverfärbungen und Pfostengräbchen einer zweiphasigen Wohnsiedlung interpretiert werden.

Unsere Beschreibung der Siedlungsbefunde (*Beilage 1*) beginnt mit den ergrabenen Flächen im Westteil der Siedlung (Flächen IV B bis I I, *Taf. 4 - 18*) von Norden bis zum südwestlichen Rand der Siedlung. Es schließt die Darstellung der ergrabenen Flächen jenseits des Hauptplattformen- und Terrassenkomplexes an: des Ostteils der Siedlung zwischen diesem und dem kleinen Plattformbau, Huaca Chica im Osten sowie der südlich anschließenden Flächen bis zur Siedlungsgrenze im Südosten (*Taf. 19 - 57*). Die Grabungsflächen, in denen der Südteil der Siedlung erfaßt ist, Flächen VI bis IX M bis O (*Taf. 58 - 67*), folgen. Die Darstellung schließt ab mit den nördlich von Huaca Chica gelegenen Flächen bis zum nordöstlichen Siedlungsrand (Flächen XIV C bis XVII Y; *Taf. 68 - 76*).

Ergrabene Flächen im Westteil der Siedlung

Die Grabungen im Bereich der Straßentrasse ergaben im Westteil ein kompliziertes Bild. Im Verlauf der ersten Kampagne wurden die Flächen II/IV B, III/IV C sowie IV D ergraben. Nach der Abtragung der ersten 5 cm ließen sich zahlreiche Verfärbungen von Pfostenlöchern, Feuerstellen, Pfostengräbchen und Bodenflecken sowie Steinmassierungen erkennen, die sich erst nach der zweiten Abtragung im rötlich anstehenden Boden relativ klar zu miteinander zusammenhängenden Pfostenreihen fügten; zuweilen sind sie auch durch Pfostengräbchen miteinander verbunden. Die Untersuchung dieser Flächenbefunde erlaubt in begrenztem Maße eine relativchronologische Ordnung der erschlossenen Baubefunde.

Auf den ersten Blick fügen sich Pfostengräbchen und Pfostenstellungen der Fläche IV B (*Taf. 5*) zum Eindruck einer mehrräumigen Anlage (Haus 40) zusammen. Diese Anlage überschneidet sich mit anders ausgerichteten Räumen. Deutlich ist zu erkennen, daß ein Pfostengräbchen von einer Feuerstelle überlagert wird. Dieses Pfostengräbchen ist erst unter den begrenzenden Platten und der rötlich angebrannten Lehmverkleidung dieser Feuerstelle im zweiten Planum sichtbar. Es ist somit folgerichtig, die Pfostenreihen und -gräbchen zunächst nach ihrer Ausrichtung zu unterscheiden. Zu der Anlage Haus 40 gehört der Ausrichtung nach jenes Pfostengräbchen, das von der Herdstelle des einräumigen Hausses 33 geschnitten wird. Haus 33 wies eine Ausrichtung von 20° NNO auf, Haus 40 lag 27° NNO. Dies ist eine der stratigraphischen Beobachtungen im Bereich der Wohnsiedlung, die, analog zu den Befunden im Plattformbaubereich (siehe unten), auf ein zeitliches Nacheinander von Bauten verschiedener Ausrichtung hinweisen. Wir sprechen in diesem Zusammenhang von einer zweiten (jüngeren) und einer ersten (älteren) Ausrichtung.

Bereits nach dem ersten Abstich zeichneten sich im Boden Teile der Nord- und Westwand als Pfostengräbchenverfärbungen des jüngeren Hauses 33 ab. Innerhalb dieser Verfärbung hoben sich die Pfostenlöcher im zweiten Planum zum Teil ab. Im zweiten Planum waren stellenweise Reste des westlichen Pfostengräbchens nicht näher zu erkennen (in den Quadraten 41 und 51 der Fläche IV B), auch fehlten zwei oder drei Pfostenlöcher im Westteil der Südwand, obwohl man in der hellgelblichen Lehmlinse in diesem Bereich vorhandene Verfärbungen klar hätte erkennen können. Offensichtlich besteht diese Lehmlinse aus Verfüllungsmaterial einer Auswaschung, Pfostenloch- und Verfärbungsreste der Bauten sind hier weggeschwemmt worden. Für diese Interpretation spricht auch das heutige Oberflächenrelief. Im zweiten Planum ließ sich deutlich erkennen, daß die Verteilung der mittelstückigen Steinkompenente in der Fläche mit dem Verlauf der Wände in Zusammenhang zu bringen ist. Dies wird deutlicher, wenn man einerseits die unregelmäßige Verteilung von Steinmaterial im Anstehenden berücksichtigt, andererseits die Abweichungen der Steinmassierungen vom Verlauf der Hausgrundrisse mit dem jeweiligen Gefälle der Geländeoberfläche in Zusammenhang bringt. Analog zur Mauerkonstruktion bei den besser erhaltenen Häusern auf den ebenen Flächen bei den Plattformbauten ist anzunehmen, daß diese Steine auch hier Teile der Mauerkonstruktion waren. Leicht nördlich von der Mitte des Hauses 33 versetzt liegt die eingetiefte quadratische Feuerstelle, erkennbar an den senkrecht gestellten Steinplatten und Resten des verbrannten Lehmverputzes. Der Eingang des Raumes dürfte im Osten gelegen haben, darauf deutet eine schmale Lücke (80 cm) in der Pfostenstellung hin. Haus 33 mißt 3 m x 3,2 m.

An Haus 33 schließt sich etwas versetzt im Südosten, im mittleren südlichen Drittel der Fläche IV B, Haus 37, ein Haus gleicher Ausrichtung an. Auch hier hängt wahrscheinlich die Massierung mittelgroßer Steine mit dem Verlauf der Pfostenreihe zusammen. Die Pfostengräbchenspur der Westwand ist, ebenso wie bei Haus 33, nur im oberen Planum erkennbar, im zweiten Planum treten die teilweise doppelt gereihten Pfosten stärker hervor. Auch im Süden ist die Pfostenreihung zum Teil doppelt. Die Pfostenreihen der Nord- und Westwand sind an keiner Stelle derart unterbrochen, daß man auf einen Eingang schließen kann. Nördlich von der Mitte des Raumes versetzt, befinden sich Reste der Feuerstelle. Haus 37 ist klein (1,8 m x 2,6 m), der Bereich scheint nicht mit Häusern der ersten Ausrichtung bebaut gewesen zu sein.

Ebenso wie Haus 33 und 37 ist Haus 35 ausgerichtet. Es bestand aus zwei Räumen und lag nördlich von Haus 33. Raum 35 a liegt im Nordwesten der Fläche IV B. Zwischen der Nordwand von Haus 33 und der Südwand von Raum 35 a bestand ein schmaler Durchgang. Im Gegensatz zur Nordwand von Haus 33 wurde kein Pfostengräbchen der Südwand von Raum 35 a beobachtet. Die Pfostenverfärbungen sind durchweg von sehr geringem Durchmesser (10 cm). Ausnahmen bilden Eckpfosten oder solche, die in verschiedenen Phasen benutzt worden sind (bis 20 cm Dm.). Die Westwand zeichnet sich in Pfostenstellungen und teilweise in Pfostenlöchern ab. Es sind fast durchweg größere Pfostenverfärbungen; ihre Größe dürfte dadurch bedingt sein, daß hier die Wand der älteren Phase wiederbenutzt worden ist. Eine Lücke in der Reihe der beobachteten Verfärbungen ist darauf zurückzuführen, daß man im Anstehenden hier nur sehr schwer

Verfärbungen erkennen kann: Ein Grund dafür ist die Häufung von kleineren Steinen in diesem Bereich, möglicherweise Resten der Wandkonstruktion, vergleichbar mit der Situation im westlichen Teil der Nordwand. Die Nordwestecke liegt im Bereich des Steges und wurde nicht ergraben. Etwa in der Mitte der Ostwand ist die Pfostenreihe ebenfalls unterbrochen. Da in diesem Bereich Verfärbungen im Anstehenden klar zu erkennen waren, und sich auch bei dem Vorgängerbau in der Mitte der Ostwand ein Eingang befand, lag es nahe, hier den Eingang von Raum 35 a zu vermuten. Raum 35 a mißt 2,7 m x 2,6 m. Eine senkrecht gestellte Einfassungsplatte der Feuerstelle dieses Raumes befindet sich in situ. Der Aschenstreuung nach lag im selben Bereich, etwas weiter südlich, die Feuerstelle des Vorgängerbaus. Es handelt sich ebenfalls um eine ursprünglich eingetiefte, rechteckige Feuerstelle.

Verbindet man die wenigen beobachteten Pfostenverfärbungen im Bereich östlich von Raum 35 a miteinander, die nicht zum Vorgängerbau gehören, so ergibt sich der Grundriß von Raum 35 b. Diese Pfosten setzen die Nord- und Südwand von Raum 35 a fort, senkrecht hierzu (in 2,4 m Entfernung) schließt eine Pfostenreihe den rechteckigen Grundriß von Raum 35 b (3 m x 2,4 m). Ein Feuerstellenrest, der beträchtlich vom Mittelpunkt des Raumes nach Süden versetzt ist, gehört wohl zum Vorgängerbau. Eine Lücke in der Pfostenstellung im Westteil der Südwand ist möglicherweise als Eingang zu interpretieren.

Die Häuser, deren Ausrichtung weniger von der Nordachse abweicht, d. h. solche, die der zweiten Ausrichtung folgen, lagen hier, im nördlichsten ergrabenen Bereich des Westteils der Siedlung, auf sanft abfallenden Terrassierungen, deren Grenzen aufgrund der Erosion nicht mehr klar zu unterscheiden sind. Es ist jedoch aufgrund des Verhältnisses der Dichte beobachteter Pfostenlöcher sowie verschiedener dokumentierter Verfärbungen zum heutigen Oberflächenrelief wahrscheinlich, daß das nördliche zweiräumige Haus 35 und das an seinen westlichen Teil (Raum 35 a) südlich anschließende Haus 33 unterschiedliche Bodenhöhen aufwiesen, so daß zwischen Haus 35 und den westlich und südlich gelegenen Häusern 33 und 37 eine Abstufung von ca. 20 cm bestand. Dies wird durch die unterschiedliche Höhe der Steinplattenbegrenzungen der in den Boden eingelassenen Herdstellen bestätigt. Zwischen den Räumen bestanden schmale Durchgänge.

Die Häuser 33 und 35 überlagern ein mehrräumiges Haus, das der ersten Ausrichtung folgt (Haus 40). Seine zentrale südliche Eingangsanlage zeichnet sich deutlich in Pfostengräbchenverfärbungen ab. Die von West-Nordwest nach Ost-Südost verlaufende Südwand des Hauses 40 wird vom Boden des Hauses 33 bedeckt und von der Feuerstelle dieses Hauses überlagert.

Raum 40 a umfaßt die gesamte Fläche des jüngeren Hauses 35. Die Feuerstelle lag weiter im Süden. Im Westen verläuft eine doppelte Pfostenreihe. Die regelmäßigen Pfostenverfärbungen der Nord- und Ostwand weisen in der südwestlichen Ecke der Nordwand und in der Mitte der Ostwand Lücken auf: Der Eingang befand sich mit großer Wahrscheinlichkeit im Osten. Im südlichen Teil verlief eine Querwand, die die Nordwand von Haus 33 überlagerte; sie trennte den rechteckigen Raum 40 a (2,9 m x 2,3 m) von dem schmalen korridorartigen Bereich 40 d (2,9 m x 1 m).

Raum 40 b schloß östlich an Raum 40 a an, die Nordwand beider Räume war fluchtgleich. Die Pfostenreihe der Ostwand ist unterbrochen. Es ist wegen der Bodenbeschaffenheit wahrscheinlich, daß hier Verfärbungen nicht erkannt wurden. Raum 40 b erstreckte sich bis zum Eingang des Komplexes. In der Mitte dieses langgestreckten Raumes lag eine eingetiefte Feuerstelle, deren verbrannte Lehmumgrenzung teilweise erhalten ist. Raum 40 b maß 3,9 m x 2,9 m. Östlich schloß sich Raum 40 c an, dessen Nordwand leicht nach Süden versetzt war, die Ostwand ist an dem Pfostengräbchen, das den gesamten Komplex im Osten und Süden umschließt, zu erkennen. Eine Pfostenstellung im Süden deutet auf die Begrenzung zwischen den Räumen 40 c und 40 e hin und erweist, daß 40 c nur 2 m x 1,8 m maß. Reste der Feuerstelle sind in der Mitte von Raum 40 c zu erkennen.

Raum 40 e lag in der Südostecke des Hauses 40, er grenzte im Westen an Raum 40 b. Es war der kleinste Raum des Hauses (1,85 m x 1,3 m) und besaß keine Feuerstelle. Der Pfostengräbchenverlauf in der Mitte der Südwand spiegelt die Eingangskonstruktion des Hauses 40. Das Ost-West verlaufende Pfostengräbchen teilt sich im Quadrat 54: Ein Teil biegt nach Südwesten aus der Front des Hauses und ca. 60 cm weiter nach Süden, der andere Teil verläuft nach Norden und biegt nach Nordosten ab, d. h. die östliche Begrenzung besteht aus zwei Teilen, die jeweils nach außen und innen gewendet sind. Die westliche Eingangsbegrenzung zieht sich in den Innenraum hinein, das Pfostengräbchen biegt nach Nordosten ab und wendet sich kurz darauf nach Nordwesten. Alle Beobachtungen weisen darauf hin, daß sich in dem 1,4 m breiten Eingangsbereich ein Tor befand, dessen Angelpunkt im Westen gelegen haben dürfte. Es hätte sich nach innen und in den Winkel der beiden östlichen Gräbchenteile hin geöffnet. Bisher sind aus dem vorspanischen Andenraum jedoch keine Türen bekannt, die diese Hypothese bestätigen würden. Die Eingangskonstruktion war im Osten verstärkt: Eine Pfostengräbchenverfärbung zieht sich von der Ecke, an der sich die Eingangskonstruktion in das Haus hineinzieht, nach Nordwesten. Man trat durch den Eingang in den langgestreckten Raum 40 b, von dem man westlich in den Raum 40 a gelangte. Wahrscheinlich waren auch die Räume 40 c und e von Raum 40 a her zu betreten, hier waren allerdings die Eingänge nicht nachzuweisen. Direkt hinter dem Haupteingang des Hauses befand sich der Zugang zu Raum 40 d. Pfostenverfärbungen, die von Süden auf beide Portalseiten zuführen, sind Reste der Begrenzungen eines ca. 3 m langen Eingangskorridors, der ähnlich dem Weg zum Aufgang auf die Hauptplattform der jüngeren Phase eingegrenzt wird. Diese Begrenzung diente offensichtlich als Windfang. Ein solcher ist notwendig, weil ein heftiger Wind tagsüber (vom kalten Meer – Humboldtstrom – auf das Land, beschleunigt durch die Talengen) von Südwest nach Nordwest, weht, d. h. unmittelbar in den Eingang von Haus 40.

Das Pfostengräbchen, das die Südwand des Hauses 40 definiert, setzt sich nach Westen fort bis zur Fläche III B (*Taf. 4*). In diesem Bereich waren wegen des Gefälles nur wenige Befunde zu erkennen. Die wenigen Pfostenverfärbungen lassen vermuten, daß sich hier noch ein schmaler (1,8 m), langgestreckter (über 4 m) Raum 40 f (?) befand, dessen Nordwand außerhalb der ergrabenen Fläche lag. Das Haus 40 wies demnach einen nahezu regelmäßigen Grundriß auf, in dessen Mitte die etwa gleichgroßen Haupträume 40 a und b nebeneinander liegen. Davor befand sich ein schmaler Eingangsbereich, in den man durch den Eingangskorridor gelangte. Östlich der Haupträume und wohl auch westlich gliederten sich langschmale Seitenräume an. Es ist wahrscheinlich, daß zwischen dem schmalen Eingangsbereich und den Haupträumen eine Abstufung bestand, die ähnlich jener der jüngeren Phase verlief. Diese Hypothese läßt sich allerdings nicht beweisen, da sich keine Hinweise auf die ursprünglichen Bodenhöhen (z. B. Herdeinfassungsplatten in situ, wie sie in der jüngeren Phase beobachtet worden sind) erhalten haben.

Pfostenstellungen, die der ersten Ausrichtung folgen (Fläche IV B; *Taf. 5*), belegen, daß vor oder nach der Errichtung von Haus 40 ein Haus 42 bestand, das vom Südteil des Hauses 33 überlagert wird. Haus 42 kann, obwohl gleich ausgerichtet wie Haus 40, nicht gleichzeitig mit diesem sein, da seine Ostwand mitten im Eingangsbereich des Hauses 40 verlief. Es ist nicht jünger als Haus 33, da ein Pfosten einer Querwand, welche die Räume 42 a und b trennte, von den aschigen, verstreuten Resten der Feuerstelle von Haus 33 überlagert wird. Die Nordwand von Haus 42 verlief im Bereich von westlichen Teilen der Südwand von Haus 40.

Den größeren Teil des Hauses 42 bildet der Westteil des Hauses, Raum 42 a. Eine (90 cm breite) Lücke in den Pfostenverfärbungen der Südwand dürfte als Eingang von Raum 42 a interpretiert werden. Aus den Pfosten ist kein Hinweis auf einen Durchgang zwischen den Räumen 42 a und b zu entnehmen. Die Innenfläche von Raum 42 a (1,8 m x 3,2 m) weist keine Spuren einer Feuerstelle auf. Jedoch verläuft in diesem Bereich eine Erosionsrinne, die entweder zugeschwemmt oder zugeschüttet wurde. Das Fehlen einer Feuerstelle steht hiermit in Zusammenhang. Auch in Raum 42 b wurde keine Feuerstelle beobachtet. Dieser Raum ist langschmal, er schließt an die westliche Schmalseite von 42 a an (1,8 m x 1 m).

Zur selben Ausrichtungsgruppe gehören Pfostenstellungen, die im Südwestteil der Fläche IV B den Nordostteil eines zweiräumigen Hauses spiegeln. Dieses Haus 44 liegt größtenteils in der Fläche III B (*Taf. 4*), in der nur sehr wenige Verfärbungen beobachtet wurden. Da diese Fläche stark aberodiert ist, war die Beobachtung erschwert. Nur die Pfostengräbchenverfärbungen der Westwand wurden festgestellt: Im Bereich der Fläche III B fanden sich die Fortsetzungen der Süd- und Nordwand-Pfostenreihen nicht. Ein Querlieger unterteilt Haus 44 in einen schmalen, kleinen Raum im Nordwesten, Raum 44 b (3 m x 1 m), und einen breiteren Raum 44 a (3 m x 2,5 m). Die Auswaschung im Westteil der Fläche IV B schneidet die Nordwand von Raum 44 b. Hier besteht eine Lücke in der Pfostensetzung. Die Auswaschung schneidet auch das Zentrum von Raum 44 a, wo sie sich teilt, so daß in Raum 44 a kein Hinweis auf eine Feuerstelle gefunden wurde. Aus diesem Grund sind auch von der Südwand kaum Reste erhalten. Die Pfostenverfärbungsreihe der westlichen Begrenzungswand des Eingangskorridors von Haus 40 läßt sich bis zur Nordwand von Haus 44 deutlich verfolgen. Die Häuser 40, 42 und 44 folgen derselben ersten Ausrichtung. Aufgrund der Verteilung dürfte Haus 40 zeitgleich mit Haus 44 sein, nicht jedoch mit Haus 42, das sowohl aufgrund der Überschneidung mit dem Eingangskorridor, wie auch aus anderen, oben genannten Gründen (Lage der Ostwand von Raum 42 b im Eingangsbereich der Toranlage von Haus 40) nicht gleichzeitig mit Haus 40 bestanden haben kann.

An die südöstliche Ecke von Haus 44 schließt sich in geringem Abstand das ebenfalls der ersten Ausrichtung folgende Haus 46 an. Pfostenverfärbungen und -gräbchen von Haus 46 finden sich in der Südwestecke der Fläche IV B, der Nordostecke von III C und im

Nordwestteil der Fläche IV C (*Taf. 6. 7*). Eine Querwand unterteilt Haus 46 in einen nahezu quadratischen Raum 46 a im Süden (2,2 m x 2,2 m) und einen schmalen Raum 46 b im Norden (2,2 m x 1,0 m). Die West-, Süd- und Ostwand von Raum 42 a sind durch kleine, dicht gesetzte Pfosten (Abstand max. 15 cm) klar definiert. Die Pfostenverfärbungen der Querwand waren im Nordwesten teilweise nicht zu erkennen.

Die Ost- und Westwand von Raum 46 a setzen sich nach Norden fort und begrenzen Raum 46 b, dessen Nordwand durch ein Pfostengräbchen mit Pfostenlöchern widergespiegelt wird. Das Pfostengräbchen setzt sich nach Westen fort und bildet in etwa 1 m Entfernung einen kleinen, sichelförmigen Halbkreis nach Süden. Dieser Verlauf ist im ergrabenen Bereich der Siedlung von Montegrande ohne Parallele. In der Mitte von Raum 46 b lassen sich die Reste einer eingetieften Feuerstelle beobachten.

Auf der Innenfläche von Raum 46 a deutet sich eine rundliche, eingetiefte Feuerstelle an, deren begrenzende Steinplatten im Norden und Osten umgekippt angetroffen wurden. Ihre Lage in der Nordostecke von Haus 46 b legt nahe, daß sie nicht zu diesem Raum gehört. Sie liegt etwa im Zentrum von Rundbau 50, dessen Grundfläche sich teilweise mit der von Haus 46 überschneidet. Somit ist die Feuerstelle dieses Rundbaus teilweise erhalten, während die Feuerstelle von Raum 46 a nicht mehr zu finden war. Es läßt sich nicht feststellen, ob der Rundbau oder Haus 46 jünger ist. Entweder haben sich die Reste der Feuerstelle des Rundbaus erhalten, weil sie durch den überlagerten Boden von Haus 46 geschützt waren, während die Feuerstelle von Haus 46 aberodiert ist. In diesem Fall wäre der Rundbau 50 älter als Haus 46, oder die Feuerstelle von Haus 46 wurde bei der Anlage des Rundbaus abgebaut, während sich die Feuerstelle des Rundbaus teilweise erhalten hat. In einem solchen Fall wäre der Rundbau jünger als Haus 46. Das Zentrum des Rundbaus liegt westlich der Feuerstelle. Sein Umriß ist von regelmäßig gesetzten Pfostenlöchern definiert, die nur im Nordostteil auf einem Kreissegment von ca. 1,5 m unterbrochen ist. Sein Durchmesser beträgt 4,8 m. Er ist sowohl hinsichtlich der runden Feuerstelle als auch der Größe dem Rundbau 212 auf der L-förmigen Terrasse vor der Hauptplattform vergleichbar.

Die Nordwestecke des langschmalen Raumes 48 b (1 m x 1,2 m) des zweiräumigen Hauses 48 überschneidet den Südostteil von Rundbau 50. Seine Nord-Süd gerichtete Längsseite schließt im Osten an den fast quadratischen Raum 48 a an (2,2 m x 2,3 m). Das Haus weist eine durchgehende Südwand auf, während die gegenüberliegende Wand des Raumes 48 a weiter nördlich verläuft als die von Raum 48 b.

Keine der beiden Feuerstellenreste von Raum 48 a befinden sich in der Mitte des Raumes. Da in allen eindeutigen Fällen Herdstellen etwa in der Mitte der Häuser liegen, dürften die beiden Feuerstellen nicht gleichzeitig mit Haus 46 sein. Aus dem gleichen Grunde gehören sie wohl auch kaum zu dem Hauptraum des Folgebaus, Raum 39 a. Die Feuerstellen weisen auf ältere oder jüngere Häuser in diesem Bereich hin, von denen keine weiteren Spuren erhalten sind.

Die Feuerstelle im südöstlichen Teil der Innenfläche der Räume 48 a und 39 a ist geradezu charakteristisch für bestimmte freie Plätze im Siedlungsbereich: Es handelt sich um eine rundliche Feuerstelle mit starken Brandresten im Boden und dunkler Holzkohlenfüllung. Sie hat entweder vor den beiden Räumen oder nachher bestanden, jedoch nicht in der Zwischenzeit, denn Haus 39 scheint kurz nach der Auflassung von Haus 48 gebaut worden zu sein. Es liegt direkt über Haus 48 und ist bis auf die veränderte Ausrichtung identisch.

Haus 39 folgt der zweiten Ausrichtung. Der Boden dieses Hauses dürfte erheblich oberhalb der rezenten Oberfläche liegen, denn die Pfostenlöcher der Querwand, die die Räume 39 a und b trennt, und jene der Ostwand von Raum 39 a sind nur im oberen, ersten Planum der Fläche IV C zu erkennen. Raum 39 a war 2,9 m x 3,1 m groß. Seine Nordwand verlief fluchtgleich mit der von Raum 39 b; die Südwand von Raum 39 b (2,2 m x 1,4 m) war etwas nach Norden versetzt.

Die Häuser 40 und 44 lagen in Form eines Γ zueinander; sie begrenzten nördlich und westlich einen Platz, der sich nach Osten öffnete. Das an Haus 44 anschließende Haus 46 bildete die Südseite dieser freien Fläche, die sich im Südosten erweiterte bis zur Nordwand von Haus 48. Aus dieser Verteilung erhellt die Bedeutung der erwähnten Verlängerung der Nordwand von Raum 46 b: Sie begrenzte den freien Platz von dort an, wo die Hauswand endete, bis zur Höhe der Nordwestecke des südlich gelegenen Hauses 48. Es handelt sich offensichtlich um Spuren einer freistehenden Wand. Der kleine, sichelförmige Halbkreis am Ende der Verlängerungswand deutet wohl auf eine stabilisierende Konstruktion in ihrem Endpunkt hin. Die vier diesen Hof begrenzenden Häuser lagen sicherlich nicht alle auf derselben Höhe, die Pfostenreihen sind auf Planumsflächen zu erkennen, die aufgrund des heutigen Oberflächengefälles über 50 cm Höhendifferenz aufweisen. Den Höhenschichtenlinien nach lag der größte Teil des Hofbereichs höher.

Der zweiten Ausrichtung folgte auch das einräumige Haus 41 im Südwestteil der Fläche IV C (*Taf. 7*).

Die Nord- und Ostwand dieses Raumes ist durch Pfostenlochverfärbungsreihen klar definiert, die allerdings erst im zweiten Planum sichtbar wurden. Von der Süd-und Westwand sind nur jeweils zwei bzw. drei Verfärbungen erkennbar, außerdem das 20 cm mächtige Pfostenloch der Südwestecke. Nahe der Südostecke liegt ein großer Felsblock im Bereich der sich andeutenden Südwand. Haus 41 mißt 2,8 x 2 m.

Im Nordosten der Fläche IV C deuten klar erkennbare Pfostenreihen auf ein Haus 49, dessen Grundriß und Ausrichtung sich von den anderen Anlagen der Siedlung von Montegrande unterscheiden. Ost-, Nord- und Westwand spiegeln sich in klar definierten Pfostenreihen, die nahezu genau auf die magnetische Nordrichtung, bzw. im rechten Winkel dazu, ausgerichtet sind. Die wenigen, wohl der Südwand zuweisbaren Pfostenlöcher weichen allerdings von diesem rechteckigen Grundriß ab. In keinem der beiden Plana fanden sich Pfostenlöcher, die eine Zuordnung dieser einzelnen Verfärbungen zu einem anderen Haus nahelegten. Zahlreiche, verstreute, stark verbrannte Lehmbrocken umgaben etwa in der Mitte des Raumes eine große Verfärbung graublauer Asche. Weder in Form noch Verfüllung ist diese Feuerstelle mit den sonst in Montegrande üblichen Feuerstellen zu vergleichen. Die Wände von Haus 49 maßen 2,6 m (Westwand) und 3,6 m (Ostwand) und hatten eine Breite von 2,4 m.

In 1,2 m Entfernung von Haus 49 verläuft parallel zu seiner Ostwand eine Reihe großer Pfostenlöcher (durchschnittlich 25 cm dick), ebenfalls genau in Nord-Süd-Richtung. Sie bilden gleichsam eine Abgrenzung, da parallel dazu, etwas weiter östlich, das Gelände zu einer etwa 75 cm tiefen Erosionsrinne abfällt. Jenseits dieser Erosionsrinne liegt ein großer, seitlich umgrenzter, freier Platz.

Die Fläche III C (*Taf. 6*) weist dichte Bebauungsspuren auf. Aufgrund der äußeren Umstände (Zeitknappheit wegen Straßenbau) konnte von dieser Fläche nur ein Planum gegraben und dokumentiert werden. Die Erosion war hier, nahe dem westlichen Geländeabfall der Meseta, besonders wirksam. Eine Auswaschung durchzieht die Fläche von der Nordostecke her bis etwa zur Mitte der Fläche, wo sie dem Gefälle entsprechend nach Westen abbiegt. Diese Auswaschung hat die Spuren der Südwand sowie die Nordostecke des Hauses 43 zerstört.

Haus 43 liegt im Nordteil der Fläche III C. Der Grundriß ist an Pfostenstellungen der West- und Nordwand sowie an den Pfostengräbchen- und Pfostenverfärbungen der Ostwand zu erkennen. Er folgt der zweiten Ausrichtung. Sowohl aufgrund der Länge Pfostenreihe der Westwand sowie aufgrund der Wahrscheinlichkeit, daß seine Proportionen ungefähr jenen anderer, klarer definierter Häuser der Siedlung entsprechen, dürfte es bei einer Breite von 1,6 m etwa 3,2 m lang gewesen sein. Eine Feuerstelle wurde nicht gefunden.

Der zweiten Ausrichtung folgt auch eine Pfostenreihe, die die Quadrate 37, 48 und 58 dieser Fläche durchzieht. In Richtung auf das östliche Ende dieser Pfostenreihe verläuft im rechten Winkel eine Pfostenfolge, die in 1,6 m Abstand endet, offenbar die Ecke eines Hauses 45. Verschiedene Pfostenverfärbungen weiter südlich und östlich dürften ihrer Ausrichtung nach zur Süd- bzw. Ostwand dieses Hauses gehören. Die gleiche Ausrichtung von Haus 45 und Haus 43 legt nahe, daß beide Räume gleichzeitig sind. Wahrscheinlich grenzte die Westwand von Haus 45 an die Ostwand von Haus 43.

Genau in der Mitte zwischen den Pfostenreihen der Ostwand von Haus 43 und der vermuteten gemeinsamen Wand von Haus 43 und 45 befinden sich in ca. 1 m Abstand von der Nordwand die Reste einer Feuerstelle. Die Feuerstellen unserer Siedlung liegen immer etwa in der Mitte der Räume, so daß diese Feuerstelle ein Argument für die vorgeschlagene Grundrißkonstruktion von Haus 45 ist. Im Süden verläuft eine Reihe von Pfostenverfärbungen etwa in gleichem Abstand von der Feuerstelle wie die Pfostenreihe der Nordwand, mit großer Wahrscheinlichkeit handelt es sich hierbei um Reste der Südwand. Im Quadrat 56 der Fläche III C, in dem sich die SW-Ecke von Haus 45 befinden müßte, waren aufgrund einer großen, dunklen, aschigen Verfärbung keine Pfostenlöcher zu erkennen. Auch im Bereich der SO-Ecke von Haus 45 wurden keine Pfostenverfärbung oder -gräbchen gefunden. Haus 45 wies einen nahezu quadratischen Grundriß auf (2,4 m x 2,35 m). Das im Südosten anschließende Haus 47 folgte ebenfalls der zweiten Ausrichtung und grenzte seinerseits an die östliche Hälfte der Südwand von Haus 45. Wie im gesamten Südbereich der Fläche III C sind auch hier nur wenige durchgehende Pfostenreihen beobachtet worden. Auch von diesem Haus 47 sind mehrere Pfosten der Süd- und Nordwand nicht erkannt worden, zudem fehlen Feuerstellenreste. Trotzdem kann man den Grundriß dieses Rechteckhauses erschließen (2,5 m x 3,3, m).

Die Feuerstelle von Haus 45 liegt im Mittelpunkt eines Rundbaus, dessen Durchmesser etwa 5,3 m beträgt. Von diesem Bau fehlen zahlreiche Pfostenlochverfärbungen: Nur im Süden wurden Reste von zwölf in Bogenform verlaufenden, regelmäßigen Pfosten (10 cm Dm., Abstand ca. 12 cm) erkannt. Im Bereich der Auswaschung fehlen sie, im Osten waren sie im Bereich der Estrichreste des Hauses 43 großteils nicht zu beobachten. Im Norden befinden sich ein exakt entsprechend verlaufendes Pfostengräbchen von etwa 1 m Länge sowie einzelne Pfostenlöcher. Möglicherweise wurden die Pfostenlöcher von Haus 54 durch die Bodenreste von Haus 43 überlagert, war Haus 54 also älter.

Von Haus 52 sind nur die Pfostenverfärbungen des langschmalen Raumes 52 b im Norden vollständig dokumentiert. Die Pfostenreihen von Haus 54 und 52 überschneiden sich in den Quadraten 28, 29 und 39. Der Grundriß des langschmale Raum 52 b (2,8 m x 0,9 m) zieht sich in die Quadrate 30 und 40 der Fläche IV C (*Taf. 7*) hinein. Ein Teil der Ostwand von Raum 52 a ist im Osten der Fläche IV C und in der Fläche III C (*Taf. 6*) an Pfostengräbchen und -löchern zu erkennen. Das Pfostengräbchen, das die Westwand von 52 b spiegelt, setzt sich noch ca. 1 m südlich des Querliegers fort. Somit entspricht die Breite von Raum 52 a der von Raum 52 b (2,8 m). Die Länge des Raums 52 a ist nicht definierbar.

Die Grabungen im Westteil südlich der Straßentrasse mußten ebenfalls beschleunigt durchgeführt werden, da aus diesem Bereich das anstehende Material für den Bau des Straßendamms in der Quebrada Honda, dem Trockental westlich der Meseta 2, benötigt wurde. Die ergrabenen Siedlungsspuren aus diesem Teil der Meseta deuten auf eine dichte und mehrphasige Bebauung hin. Der Bereich umfaßt die Flächen III und IV D; II, III und IV E; II, III und IV F; II und III G; II und III H; I J (*Taf. 8–18*).

In dem gesamten Bereich waren bereits nach dem ersten Abstich zahlreiche verbrannte Lehmreste, charakteristische Teile von Herdstellenrändern, zu sehen. Sie liegen allerdings nicht in situ, denn beim Tiefergehen fanden sich unterhalb keine Herdstellen. Andererseits wurden jedoch im zweiten Abstich mehrfach quadratische, in den Boden eingetiefte Feuerstellen in der Fläche gefunden. Nicht nur aufgrund dieser Beobachtung, sondern auch weil in der jeweiligen Höhe der Umrandungsreste von Feuerstellen kaum Bodenreste gefunden wurden, ergibt sich, daß die Oberfläche fast durchgehend bis unter das ehemalige Bodenniveau abgewittert ist und das darüberliegende Material (von oberhalb gelegenen Bereichen der Meseta) im Laufe der Jahrhunderte darüber geschwemmt wurde. Die unterschiedliche Höhe dieser Umrandung ist allerdings in einigen Fällen auch Hinweis auf die relative Zeitstellung jener einander überlagernder Bauten zueinander, die aus Pfostenstellungen erschlossen werden können.

Die Pfostenreihe in der Fläche IV D (*Taf. 9*), die bereits nach der ersten Teilabhebung der Fläche sichtbar war, ließ sich auch im zweiten Planum noch nicht eindeutig zu einem Grundriß ergänzen. Aus vereinzelten Verfärbungen im Nordwesten ergaben sich keine entsprechenden Pfostenreihen. Wir vermuten jedoch, daß sich hier tatsächlich ein Haus befand, denn östlich und südlich der Pfostenreihe zeichnen sich im Planum deutlich parallel zu dieser Verputz- und Lehmkonzentrationen ab, wahrscheinlich Reste der nach außen verstürzten Wände. Somit dürfte die Pfostenreihe Rest der Ostwand von Haus 2 sein. Ihre Ausrichtung stimmt mit jener der stärker von Norden abweichenden Bauten überein; demnach folgt dieses Haus der ersten Ausrichtung.

Der Bereich der Fläche III D (*Taf. 8*) liegt auf dem höchsten Teil des westlichen Mesetarückens, weiter östlich schneidet sich eine Erosionsrinne ein. Deshalb ist diese Fläche der vornehmlich durch den Westwind verursachten Erosion besonders stark ausgesetzt, und im gesamten Nordostbereich von Fläche III D ist nur ein sehr kleiner Rest zerfallenen Fußbodens an der Flächengrenze in Quadrat 7 erhalten, der den Abwitterungsvorgang in diesem Bereich verlangsamt haben könnte.

In der Mitte der nördlichen Hälfte von Fläche III D weisen kreisförmige Pfostenstellungen auf einen Rundbau 1 von ca. 5,2 m Dm. mit zentral gelegener rechteckiger Feuerstelle hin. Hinsichtlich ihrer Größe gleichen die Pfostenlöcher jenen der Rundbauten 55 und 212 (letzterer befand sich auf der L-förmigen Terrasse vor der Hauptplattform). Dreißig Pfostenlöcher (mit 10–16 cm mächtigem Dm. jeweils ca. 25 cm voneinander entfernt) bilden einen Kreis, der in den Quadraten 26 und 36 teilweise unterbrochen ist. Es ist ungeklärt, ob sich hier ein Osteingang befand, oder ob die Pfostenlöcher hier nur nicht beobachtet wurden. Möglicherweise ist letzteres der Fall, weil – aufgrund der Bodenverhältnisse in diesem Bereich (eine lehmig-steinige Konzentration) – Pfostenverfärbungen schwerer zu erkennen sind als im restlichen Bereich. Hier liegt allenthalben das im Anstehenden vorherrschende rötliche, steinig-schluffige Material vor. Etwa im Zentrum des Pfostenverfärbungskreises liegt die rechteckige Feuerstelle, z. T. mit weißlicher Asche, deren nordöstliche verbrannte Begrenzung aus den Resten erkennbar ist.

Innerhalb dieses Kreises weisen Pfostenreihen auf Haus 4, ein mehrräumiges Rechteckhaus, hin. Es folgte der ersten Ausrichtung. Der südliche Raum (4 a) dieses Hauses (2,8 m x 2 m) ist aufgrund der Bodenbedingungen sehr klar aus den dicht gesetzten (weniger als 20 cm Abstand) kleinen Pfostenverfärbungen (Dm. max. 10 cm) zu erkennen. Seine Nordwand wird von der Südbegrenzung der dem jüngeren Rundbau (1) zugehörigen Feuersstelle überlagert. Der Zugang zu diesem Raum kann aufgrund des Aussetzens von Pfostenverfärbungen erschlossen werden. In der Nordwestecke der Westwand und fast in der Mitte der Südwand sind jeweils auf einer Breite von ca. 65 cm keine Pfosten gefunden worden: Da aus den eindeutigeren Befunden hervorgeht, daß jeweils immer nur ein Eingang etwa in der Mitte einer der Wände jedes Raums vorhanden war, ist in unserem Fall ein Südeingang anzunehmen, auf den auch Pfosten hinweisen, die an beiden Seiten des vermutlichen Eingangs leicht in den Raum hinein versetzt sind. Ein dunkler aschiger Fleck ist der einzige Hinweis auf eine zentrale Feuerstelle von Raum 4 a, die wohl im Zuge der Anlage des jüngeren Rundbaus 1 zerstört wurde.

Die Pfostenreihe zwischen Raum 4 a und dem nördlich anschließenden Raum 4 b wird von der zentralen Feuerstelle des Rundbaus 1 überlagert. Im übrigen sind die Befunde von Raum 4 b kaum gestört. Aufgrund der klar erkennbaren, gereihten Pfostenverfärbungen sind seine westlichen und nördlichen Wände verfolgbar. Dieser Raum zog sich nicht so weit nach Westen wie der Rundbau 1, während die gegenüberliegende Wand scheinbar 20 cm nach Osten verzogen ist. Er war insgesamt kleiner als der Südraum (2,6 m x 2,4 m). Die gelblich graue, schluffige Steinlage im Osten läßt ebenso wie beim Rundbau nur wenige Pfostenlöcher der Ostwand des Nordraumes erkennen. Es ist zu vermuten, daß sich auf dieser Seite der Eingang des Raumes befand. Etwas östlich von der Mitte des Raumes befindet sich eine große aschige Verfärbung, die verlagerten Reste einer Feuerstelle, deren Begrenzungsreste, verbrannter Verputz, zu beobachten sind. Eine parallel zu den Westwänden der beiden beschriebenen Räume außerhalb verlaufende Pfostenreihe deutet darauf hin, daß sich hier ein schmaler (1,1 m bzw. 1,5 m x 4,4 m) Raum 4 c befand, der sich über die gesamte Länge beider Räume erstreckte. Unklar ist allerdings die Nordwestecke dieser Pfostensetzungen; in den entsprechenden Quadraten der Fläche (1 und 2) findet sich eine gelblich-lehmige Komponente im Anstehenden, so daß nicht ausgeschlossen ist, daß die ursprünglichen Ablagerungen hier aberodiert sind und sich sekundär Material ablagerte.

Die beiden östlichen Räume 4 a und b (mit ostwestlicher Längsachse) wiesen jeweils zentrale Herdstellen auf, nicht jedoch der langgestreckte Raum 4 c mit veränderter Längsachse (von N nach S). Ein Anbau östlich vor dem Südraum 4 a wird durch Pfostenreihen angedeutet; es scheint sich um einen schmalen (65 cm x 2 m) Raum (4 d ?) zu handeln.

Im südlichen Teil der Fläche III D sind zahlreiche Pfostenreihen, die in der Ausrichtung jenen des beschriebenen Hauses gleichen, zu erkennen. Zum Grundriß eines Hauses, das der ersten Ausrichtung folgte, fügen sie sich allerdings nur im Südosten der Fläche. Weitere Teile dieses Hauses 6 zeichnen sich in der südlich anschließenden Fläche III E ab (*Taf. 11*). Es bestand aus einem länglichen Raum (3,2 m x 2,3 m) und wies auf der südlichen Längsseite bei einer Pfostenverfärbungs-Lücke eine nach außen gebogen verlaufende Pfostensetzung auf: Die Anordnung erinnert an die Eingangskonstruktion des Hauses 40 in der Fläche IV B. Bodenreste dieses Raumes sind erhalten, jedoch keine Feuerstelle.

Der Haus 4 überlagernde Rundbau 1 stammt aus einer jüngeren Phase. Mit Mauern, die der zweiten Ausrichtung folgen, wurde auch das Haus 6 überbaut. In diesem Bereich befanden sich in der jüngeren Siedlungsphase die Häuser 3 und später 5. Sie stehen jeweils im Zusammenhang mit anderen, weiter südlich anschließenden Häusern.

In der Südostecke der Fläche III D (*Taf. 8*) überschneiden sich die Nordwand von Haus 6 und die Pfostenreihe der Südwand von Haus 5. Zudem schneidet eine mit dieser Wandspur nicht gleichzeitige, zu Haus 3 gehörige Feuerstelle die Pfostenreihe der Nordwand von Haus 6. Die Feuerstelle von Haus 5 überschneidet die Pfostenreihe der Nordwand von Haus 3. Der Verlauf der Wände von Haus 5 ist aus dem Flächenbefund eindeutig zu ersehen, denn die Nordwand und die nördlichen Viertel der östlichen und westlichen Querwand sind durch Pfostengräbchen und einzelne Pfostenverfärbungen klar definiert; die Nordwand wird durch eine mit Asche verfüllte, 60 cm breite Erosionsrinne unterbrochen. Haus 5 ist ein rechteckiger Raum, der der zweiten Ausrichtung folgt (3,1 m x 2,6 m). Teile des Bodens sind im Nordostteil erhalten. Eine südöstlich der Raummitte gelegene quadratische Herdstelle ist in den Boden eingetieft. Ihre Form läßt sich klar abgrenzen, und ihre Ausrichtung stimmt mit jener des Hauses überein. Dem Haus 3 (zweite Ausrichtung) ist die quadratische Feuerstelle zuzuordnen, welche die Nordwand des Hauses 6 (erste Ausrichtung) schneidet. Dies spricht für die chronologisch signifikanten Ausrichtungen der Wohnhäuser, entsprechend dem Befund der Monumentalarchitektur. Eine rechtwinklig verlaufende Pfostenreihe, die die Westwand von Haus 5 schnitt, bildete die Nordwand dieses Raumes. Sie wird von der Feuerstelle des Hauses 5 überlagert. Das Fehlen von eindeutig gereihten Pfosten im

Westen, die die Pfostenstellung zu einem rechteckigen Grundriß ergänzte, dürfte dadurch zu erklären sein, daß in diesem Bereich die zahlreichen kleineren Steine das Erkennen von Verfärbungen erheblich erschweren; andererseits läßt sich das massive Vorkommen dieser Steine gerade im Bereich der vermuteten Westwand als Hinweis auf eine Rohr-, Lehm- und Steinwand verstehen. Haus 3 überlagert Haus 6, den beschriebenen Bau der ersten Ausrichtung. Seine NO-Ecke wird von der Feuerstelle von Haus 5 überlagert. Die Häuser 3 und 5 folgten der zweiten Ausrichtung, sind jedoch nicht gleichzeitig.

Im Südwesten der Fläche III D deutet eine halbkreisförmig verlaufende Pfostenreihe möglicherweise auf einen Rundbau hin, von dessen Nordhälfte jedoch keine Spuren zu erkennen waren.

In der Mitte der Fläche III E (*Taf. 11*) befinden sich Pfostenreihen, die parallel, bzw. im rechten Winkel zueinander verlaufen. Aus ihnen läßt sich fast vollständig der Grundriß eines unterteilten Hauses (9) erkennen, das der zweiten Ausrichtung folgte. Seine Westwand sowie Westteile von Nord- und Südwand fehlen. Ein Blick auf das Oberflächenrelief läßt erkennen, daß hier eine schmale Auswaschung in das Gelände einschneidet und den Befund stört. Nur ein sehr tiefer, mit Steinen verkeilter Pfosten der Westwand ist aus seiner großen Verfärbung erschließbar. Eine Massierung von Steinen ist als Wandspur zu interpretieren. Demnach betrugen die Maße von Raum 9 a 2,4 m x 2,4 m. Raum 9 b, der östliche Nebenraum mit der schräg versetzten Ostwand, war schmal (ca. 1,3 m). Etwa in der Mitte von Raum 9 a liegt eine eingetiefte Herdstelle der bekannten Form. Die Lage des Eingangs ist ungeklärt.

Westlich der den Befund der Westwand von Haus 9 störenden Auswaschung verläuft eine weitere Pfostenreihe der jüngeren Ausrichtungsgruppe in Nord-Süd-Richtung, die südlich und nördlich der Wände von Haus 9 nach Westen umbiegt. Sie ist Teil eines Hauses 7, dessen Westwand offensichtlich teilweise im Bereich des Steges II/III E verlief, denn innerhalb der westlich anschließenden Fläche II E (*Taf. 10*) befinden sich keine entsprechenden Verfärbungen. Haus 7 ist ca. 3 m lang.

Die Pfostenreihen des Südostteils von Haus 9 schneiden sich mit einer Pfostenstellung, die auf die magnetische Nordrichtung orientiert ist und innerhalb des Hauses 9 nach Osten im rechten Winkel umbiegt. Sie setzt sich auf einer Länge von 3,1 m nach Süden fort. Die Ausrichtung erinnert an jene des isoliert gelegenen Hauses 49 in der Fläche IV C (*Taf. 7*), dessen Südwand nicht im rechten Winkel zur Ost- und Westwand verläuft, sondern schräg nach Südosten umbiegt. Analog zu jenem Grundriß ist derjenige des Hauses in der Fläche III E (*Taf. 11*) vorstellbar. In der angenommenen Flucht reihen sich in der Innenfläche der südlich liegenden Häuser beider Ausrichtungsgruppen, 10 und 11, ausgerichtet auf das Südende der Pfostenreihe der Ostwand, regelmäßig gesetzte Pfosten, die unsere Vermutung eines ähnlichen Grundrisses jenes Hauses wie Haus 49 bestätigen. Nur wenige Pfosten der Ostwand des ersten wurden beobachtet. Die Überschneidungen erweisen, daß dieses Haus nicht zeitgleich ist mit den Häusern beiser Ausrichtungsgruppen. Dies wirft auch ein Licht auf die relative Zeitstellung von Haus 49.

Östlich von Haus 9 (in der Fläche III E; *Taf. 11*) verläuft eine Pfostenreihe (die ebenfalls der zweiten Ausrichtung folgt). Sie biegt an ihrem Südende (im Quadrat 48) rechtwinklig nach Osten ab und setzt sich scheinbar im Norden unter dem Steg (im Quadrat 9) fort. In der östlich anschließenden Fläche IV E (*Taf. 12*) finden sich Pfostenreihen, die parallel und im rechten Winkel hierzu verlaufen. Eine Pfostenreihe befindet sich in der Verlängerung der südlichen Umbiegung nach Osten (im Quadrat 48). Sie verläuft in geringem Abstand von der Flächengrenze im rechten Winkel nach Norden. Parallel zur Südwand verläuft die Nordwand, z. T. sind hier die Pfosten durch Gräbchen miteinander verbunden. Diese Pfostenreihen scheinen ein rechteckiges, zweiräumiges Haus 13 zu umschließen. Eine Pfostenreihe in der Fläche IV E (*Taf. 12*) dürfte auf eine Querwand hindeuten, die Raum 13 a im Westen (3,4 m x 2,5 m) von Raum 13 b im Osten (3,4 m x 2,65 m) trennte.

Im ausgegrabenen westlichen Teil (9 m x 5 m) der Fläche IV E (*Taf. 12*) lassen sich aufgrund mehrfacher Überbauung weitere vollständige Hausgrundrisse aus zahlreichen, verschiedenartig ausgerichteten Pfostenreihen erkennen. Der Ausrichtung nach dürfte Haus 14 älter als Haus 13 sein. Der Bodenbereich dieses Raumes ist z. T. als große, graue, regelmäßige Verfärbung im mittleren Bereich des ergrabenen Teils von Fläche IV E erkennbar. Eine entsprechende Feuerstelle wurde innerhalb der Verfärbung festgestellt. Teile ihrer angebrannten Lehmmörtel-Einfassung sind erkennbar und deuten auf eine rechteckige, eingetiefte Feuerstelle mit entsprechender weißlicher Füllung hin. Schwärzliche Zonen an den Rändern der grauen Verfärbung stimmen nur zum geringen Teil mit der Lage der gereihten Pfostenverfärbungen überein, die Abweichungen lassen sich jeweils mit dem Gefälle korrelieren. Im Südosten erscheinen gereihte Pfosten in relativ genauer Übereinstimmung mit der dunklen Verfärbung, die sich hier ebenfalls nach Norden wendet. In dieser Flucht liegt weiter westlich eine große Pfostenverfärbung, der Abschluß einer Nord-Nordost – Süd-Südwest orientierten Pfostenreihe, den Spuren der Westwand des Hauses 14. Ihr Abschluß im Norden ist ungeklärt, da hier im Bereich der grauen Verfärbung Pfostenverfärbungen nicht erkannt wurden. Die Nordwand kann allerdings nicht viel nördlicher als Punkt 22 der Fläche IV E gelegen haben, da jenseits dieses Punktes im rötlichen Untergrund Verfärbungen erkannt worden wären. Haus 14 war demnach 4,7 m lang und breiter als 3 m, die Feuerstelle lag offensichtlich auf der Mittelachse des Hauses, leicht nördlich vom Mittelpunkt versetzt.

In eine jüngere Phase als Haus 14 dürfte Haus 15 gehören. Eine Pfostenstellung entspricht Teilen der Nord- und Westwand. Der Ausrichtung nach entspricht eine Pfostenreihe im südlichen Mittelteil der grauen Verfärbung der Südostecke dieses Raumes. Eine schwarze Verfärbung innerhalb der grauen weist auf die Lage der Herdstelle von Haus 15 hin.

Im Süden des ergrabenen Teils der Fläche IV E (*Taf. 12*) lag Haus 21; klar erkennbar sind die Pfostenreihen im Norden, Westen und Osten. Es entstand wohl in der jüngeren Phase, seine rechteckige, eingetiefte Feuerstelle kann aus den verbrannten Resten der Einfassung erschlossen werden. Teile des Bodens haben sich erhalten. Haus 21 folgte der zweiten Ausrichtung, die Südostecke wurde nicht ergraben (Länge 3,6 m; Breite 2,7 m). Von der Südwand sind nur wenige Pfosten erkennbar, eine Lücke in ihrer Mitte deutet auf die Lage des Eingangs im Süden hin.

Im südwestlichen Teil der Fläche III D (*Taf. 8*) fanden sich zahlreiche pfostenlochartige Verfärbungen, deren Zusammenhang erst aus dem Befund der südlich anschließenden Fläche III E (*Taf. 11*) erhellt. Es überlagern sich hier zwei Räume (8 und 12), die beide der ersten Ausrichtung folgten und von der Pfostenreihe des erwähnten Hauses 7, das der zweiten Ausrichtung folgt, geschnitten werden.

Das etwas nördlich gelegene Haus 8 ist jünger, da seine Feuerstelle das Wandgräbchen (Nordwand) des Raumes 12 a überlagert. Der Grundriß dieses Hauses war fast quadratisch (2,6 m x 2,55 m), die Pfostenstellungen wurden im Norden und Westen nicht vollständig beobachtet, Pfostengräbchen sind nicht enthalten. Das mag damit zusammenhängen, daß die ursprüngliche Oberflächenschicht weit aberodiert ist. Von der Südwand sind wenige dickere (25 cm) Pfostenverfärbungen erhalten, in deren Mitte eine Lücke einen Hinweis auf den Eingang gibt. In diesem Bereich liegen die Reste der Feuerstelle des älteren Raumes 12 a.

Raum 12 a hat ebenfalls einen rechteckigen Grundriß. Obwohl ein Teil der Südwand und fast die gesamte Westwand unter dem Steg II/III E liegen, lassen sich Länge und Breite feststellen (2,7 m x 2,65 m). Die Nordwand weist jenseits des Pfostengräbchens in 15 cm Abstand noch eine Pfostenreihe auf, die Raum 12 a als Teil eines größeren Komplexes erscheinen läßt. Die Ostwand bestand aus regelmäßig gesetzten, 10 cm mächtigen Pfosten, nur an der Südostecke von Haus 12 a befand sich ein mächtigerer Pfosten (Dm. 25 cm). Die Südwand wurde dem Grabungsbefund nach aus ähnlich dicken Pfosten, z. T. mit Steinen verkeilt, errichtet. Eine Lücke in der Mitte der Südwand und leicht nach innen bzw. nach außen versetzte Pfosten sind Reste des Eingangs. Die Pfostenreihe der Ostwand von Raum 12 a setzt sich jenseits der Südostecke dieses Raumes 1,5 m weit fort. 30 cm nach Osten versetzt zieht sich eine parallele Pfostenreihe ebenfalls 1,5 m nach Süden, wo sie nach Westen umbiegt: Sie begrenzt den schmalen Koridorraum 12 b im Süden von Raum 12 a. Die Südwand des Korridorraumes 12 b verläuft ebenso wie die Westwand z. T. unter dem Steg II/III E.

Die Westwand von Haus 12 ist 3 m weiter westlich, in der Fläche II E (*Taf. 10*), jenseits einer Auswaschung klar erkennbar. Letztere erlaubt es nicht, die Pfostenlöcher der Südwand von Haus 12 zu erkennen, auch die Terrassierungsmauer, die südlich von Haus 12 verlief und das Podium hangwärts abstützte, ist hier bis in die Fundamente zerstört.

Die Blöcke der untersten Lage der Terrassierungsmauer liegen im übrigen noch soweit in situ, daß man den Verlauf dieser Mauer erschließen kann: Sie zieht sich von Nord-Nord-West nach Süd-Süd-Ost durch die Nordhälfte der Fläche II E und 2 m weit in die Fläche III E (*Taf. 11*) hinein. Etwa bei Punkt 62 dieser Fläche biegt der östliche Teil der Terrassierungsmauer im rechten Winkel nach Süd-Süd-West ab. Sie war ursprünglich, wie an der Höhe der Blöcke zu erkennen, mehr als 30 cm hoch und entspricht in ihrer Ausrichtung der älteren Gruppe.

Auf der Terrassierung, fast unmittelbar an ihrem südlichen Rand lassen sich in den Flächen III E und F Pfostenreihen von zwei einander überlagernden, mehrräumigen Häusern verschiedenartiger Ausrichtung erkennen (*Taf. 11; 14*).

Haus 10 folgte der ersten Ausrichtung, Raum 10 a (*Taf. 11*), der Nordwestraum dieses Hauses, war nahezu quadratisch (3,2 m x 3,1 m). Aus Reihen von Pfosten mit ca. 10 cm und 20 cm Dm. lassen sich seine Nord-und Westwand erschließen. Offensichtlich sind zwei oder drei Pfosten der Nordwand nicht beobachtet worden, denn die entsprechenden Lücken sind zu schmal (bis zu 40 cm), um als Eingänge gedeutet werden zu können. Die Lücke in der Ostwand liegt hingegen zentral und ist ca. 1 m breit, so daß man von

Raum 10 a in den östlich gelegenen, schmalen Raum 10 b (3,2 m x 2,3 m) gelangen konnte.

Die Pfostenreihen der West- und Ostwand wurden nahe der Südwand ebenfalls nur unvollständig beobachtet, was auf die Bodenbeschaffenheit – Steinkomponente und Lehm – zurückzuführen ist. In der Südwestecke von Raum 10 a befindet sich ein 30 cm mächtiges Pfostenloch. Hier schloß sich in südlicher Richtung, leicht versetzt nach Osten, die Westwand von Raum 10 c an, einem Raum, der sich weit in die Fläche III F (*Taf. 14*) hineinzieht. Die Pfostenverfärbungen dieser Wand sind sämtlich mächtiger als 15 cm und liegen in regelmäßigen Abständen. Eine vergleichbare Pfostenreihe bildet die gemeinsame Westwand der Räume 10 a und b. Die Fortsetzung der Pfostenreihe, die die Trennwand zwischen den Räumen 10 a und b erkennen läßt, deutet auf die Ostwand von Raum 10 c hin. Der Grundriß von Raum 10 c ist demnach quadratisch (ca. 3 m x 3 m). Ein Teil des Bodens von Raum 10 c ist beobachtet worden. Sein Erhaltungszustand erlaubte allerdings nicht zu unterscheiden, welche Pfostenlöcher zu ihm gehören und welche ihn durchschlagen. Jedoch läßt sich aufgrund der Ausrichtung der Pfostenreihen ein mehrräumiges, Haus 10 überlagerndes Haus 11 feststellen.

Haus 11 gehört der jüngeren Ausrichtungsgruppe an (*Taf. 11; 14*). Seine Westwand, die fluchtgleich laufend die Räume 11 a und c begrenzt, läßt sich durchgehend in großen, regelmäßig gelegenen Pfostenverfärbungen verfolgen. Sie liegt noch näher an der früheren (heute aufgrund der Blöcke rekonstruierbaren) Terrassenkante der alten Ausrichtung. Die zentrale Feuerstelle des Vorgängerbaus ist, etwas verlagert, wieder benutzt worden. Auch die Nordwand begrenzte klar erkennbar die Räume 11 a und b. Ihre Südwände trennten sie von den Räumen 11 c und d.

Raum 11 c ist schmal, seine Längsachse erstreckt sich in Nord-Süd-Richtung (3 m x 1 m). Raum 11 d schließt östlich an Raum 11 c an (3,2 m x 3 m). Er ist in seinen Nord- und Ostbegrenzungen klar durch Pfostenverfärbungen definiert, auf der Ostseite schließt Raum 11 d mit einer doppelten Pfostenwand ab. Die Südwand von Raum 11 d (*Taf. 14*) ist nur durch wenige Pfostenverfärbungen definiert. Einige große Pfostenlöcher deuten eine Fortsetzung dieser Wand nach Osten an. Die geringen Spuren dieser Südwand in der jüngeren Phase sind dadurch bedingt, daß bereits bei Grabungsbeginn die ursprüngliche Terrassenkante verschliffen war. Sie war von den großen Pfosten der Südwand des Vorgängerbaus 10 gehalten worden und mit dem Verfall dieser Pfosten zusammengebrochen, d. h. die Ablagerungen, in denen sich die Pfostenlöcher dieser Südwand befunden haben, sind fast vollständig aberodiert. Reste von Herdstellen wurden im südlichen Teil des Hauses 11, den Räumen 11 c und d, nicht gefunden.

In dieser Flucht mit dieser Terrassenkante zeichnet sich in der östlich anschließenden Fläche IV F (*Taf. 15*) das quadratische Haus 16 (3,8 m x 3,8 m) sehr deutlich in Pfostengräbchen ab. Es folgte der ersten Ausrichtung. Hier sind innerhalb der „Pfostengräbchen" in keinem Fall Pfostenlochverfärbungen erkennbar. Die Füllung besteht aus lehmigem Material, wohl den Resten des abgeschwemmten Verputzes, der die Wand bedeckte. Das Fehlen von Pfostenlöchern legt nahe, für Haus 16 eine andere Bauweise als die der anderen beschriebenen Häuser und Räume anzunehmen. Die Verputzmaterial verfüllten Gräbchen lassen auf Wände aus Rohrgeflecht schließen, die in den Boden eingelassen waren. Eine derartige Bauweise erfordert zur Stabilisierung den Zusammenhalt durch eine Rohrbalkendecke. Vergleichbar ist dies der sogenannten „Quincha"-Bauweise, die heute noch im Jequetepeque-Tal praktiziert wird. Haus 16 unterschied sich auch im Hinblick auf das Fehlen jeglicher Reste einer Feuerstelle von den meisten anderen Häusern der Siedlung.

Nordwestlich von Haus 16 lag Haus 18, der älteren Ausrichtungsgruppe zugehörig. Seine Südostecke ist im Nordwestbereich der Fläche IV F (*Taf. 15*) in Pfostengräbchen und -verfärbungen zu erkennen. Weiterhin zeichnet sich hier eine Querwand ab, die Raum 18 a im Westen von Raum 18 b im Osten trennte. In den anschließenden Flächen IV/III E und III F (*Taf. 11; 12; 14*) lassen sich jenseits der Stege Nord- und Ostwand in Pfostenreihen erkennen. Raum 18 a war demnach größer, von quadratischem Grundriß (2,5 m x 2,5 m), der Ostraum 18 b jedoch schmaler (2,5 m x 1,8 m). Der Mittelteil von Raum 18 a liegt unter den nicht gegrabenen Stegen. Hier dürfte sich die Feuerstelle dieses Raumes befinden.

In der Fläche IV F (*Taf. 15*) überlagert eine Feuerstelle die Stelle, an der die Querwand von Haus 18 an die Südwand dieses Hauses stieß. Diese Feuerstelle ist wohl in Verbindung zu bringen mit einer Pfostenreihe in 1,2 m Abstand. Diese folgt der zweiten Ausrichtung und läßt den Verlauf der Ostwand von Haus 23 erkennen. Lehmreste dieser Wand sind etwas nach Südosten verlagert und überschneiden die Südwand von Raum 18 b. Die Pfostenreihe und Verfärbungen dieser Ostwand biegen im Bereich der Fläche IV F im Norden und Süden nach Westen ab. Daran läßt sich die Breite von Haus 23 erkennen (3 m). Seine Länge ist unbekannt, denn der Westwand entsprechende Pfosten müssen sich jenseits des Steges im Bereich der Flächen III E/F befinden. Hier sind jedoch beträchtliche

Ablagerungen abgeschwemmt worden, da, wie bereits erwähnt, die Terrassenkante nur durch Pfosten der älteren Ausrichtungsgruppe gestützt war.

Die beschriebenen Befunde der Flächen IV E/F, III E/F und der Nordostecke der Fläche II E liegen oberhalb einer Terrassierung, die schräg durch die nördliche Hälfte von Fläche II E verläuft, in der südlichen Hälfte von Fläche III E nach Süd-Südwest biegt und sich nahe der Südwestecke wiederum nach Ost-Südost wendet. Unterhalb dieser Terrassierungsmauer liegen in der Fläche II E (*Taf. 10*) Pfostenreihen, die Hausgrundrisse verschiedener Phasen erkennen lassen. Zunächst fallen Pfostenreihen und -gräbchen auf, die im Nordosten der Fläche den rechteckigen Grundriß (ca. 3,1 m x 3,5 m) von Haus 17 bilden. In der Nordwestecke sind kaum eindeutige Pfostenverfärbungen zu erkennen, da Auswaschung und Verschwemmung die nördlich oberhalb verlaufende Terrassierungsmauer bis zur untersten Steinlage zerstört haben. Von der Einfassung der in den Boden eingetiefte Feuerstelle, die etwa in der Mitte lag, ist nur noch eine der ursprünglich senkrecht in den Boden gesetzten Steinplatten vorhanden. Da der Estrich ungefähr mit der Oberkante der Steinplatten übereinstimmte, muß der Fußboden ursprünglich beträchtlich höher gelegen haben. Haus 17 folgte der zweiten Ausrichtung.

Eine plattengesetzte Feuerstelle liegt in der Mitte der Westwand von Haus 17, zwei Pfostenlöcher dieser Wand zeichnen sich in einem Bereich verstreuter Asche ab, ungefähr dort, wo sich ursprünglich die Platten der westlichen Seite der Feuerstelle befunden haben müssen. Ihrer Ausrichtung nach scheint sie zu einem Raum zu gehören, der der ersten Ausrichtung folgt. Wohl aufgrund der Bodenbeschaffenheit sind entsprechende Pfostenreihen nicht beobachtet worden.

Der zweiten Ausrichtung folgte das im Südwesten der Fläche gelegene Haus 19, dessen Grundriß sich vor allem im Osten aus Bodenfragmenten und Pfostenreihen erkennen läßt. Im Süden wurden nur wenige der großen Pfostenverfärbungen beobachtet, eine Lücke in ihrer Mitte dürfte auf den Eingang hinweisen. Haus 19 maß 3 m x 3,1 m.

Östlich von Haus 19 überlagern sich die Spuren zweier Häuser, die aufgrund der Bodenverhältnisse nur unvollständig dokumentiert werden konnten. Haus 25, das der zweiten Ausrichtung folgte, ist etwa gleich orientiert wie Haus 19. Es ist hauptsächlich aufgrund von Pfostenreihen gleicher Ausrichtung identifizierbar, die einen schmalen (1,4 m), langgestreckten (6 m) Raum 25 a begrenzten, an den sich im Osten zwei Räume, von einer Querwand getrennt, angliedern. Der südliche Raum 25 b besaß etwa in der Mitte eine Feuerstelle. Die Pfostenlochreihe der Südwand dürfte sich unter dem Steg II E/F fortsetzen. Die Querwand befand sich nördlich, in 4 m Abstand. Hier schloß sich Raum 25 c an, dessen Nordwandpfosten nicht erkannt wurden. Er dürfte nicht breiter als 2 m gewesen sein. Reste von verbranntem Lehm, rechtwinklig in situ liegend, deuten darauf hin, daß auch dieser Raum eine eigene Feuerstelle besaß.

Haus 25 überlagert das ebenfalls dreiräumige Haus 20. Es war der Größe und Gliederung nach gleichsam ein kleiner Vorläuferbau. Aus den erkennbaren Pfostenlöchern läßt sich Raum 20 a nur wenig, die Räume 20 b und c klar erkennen. Der Verlauf der Wände im Südostteil von Raum 20 b ist in Pfostenlöchern und -gräbchen zu verfolgen, offensichtlich lag die Feuerstelle an etwa derselben Stelle wie die von Raum 25 b. Dies erklärt die große Dichte von Aschen- und Kohlenresten. Der Raum maß 2,6 m x 2,8 m. Lücken in den Pfostenstellungen der Nord- und Westwand finden sich durchweg an Stellen, an denen aufgrund der Bodenverhältnisse Verfärbungen nur schwer zu erkennen sind, so daß man hier wohl kaum auf Eingänge etc. schließen kann. Pfosten oder Pfostenlöcher, die für den Nachfolgebau wiederbenutzt wurden, haben einen größeren Durchmesser.

Der Ostteil von Raum 20 c wurde nicht ergraben, er liegt unter dem Steg II/III E und dürfte ebenfalls 2,6 m lang sein. Er war, wie aus den teilweise verschwemmten Spur der Pfostenlöcher im Norden zu ersehen ist, nur 2,2 m breit und stimmte in der Ausrichtung mit der Terrassenmauer überein.

In der südlich anschließenden Fläche II F (*Taf. 13*) waren die Erhaltungsbedingungen ungünstig, da man mit Baumaschinen an dieser Stelle lange vor Grabungsbeginn begonnen hatte, für Bauzwecke Material abzuschieben. Obwohl dadurch vor allem im Nordteil der Fläche nahezu alle Spuren zerstört waren, lassen sich einige Grundrisse erschließen. Schon der erste Blick auf die Verteilung der beobachteten Pfostenlöcher deutet auf eine Anordnung von Räumen in zwei leicht versetzten Reihen hin.

Der Grundriß eines Hauses der älteren Ausrichtungsgruppe läßt sich aus der Pfostenstellung im Südostteil der Fläche erschließen. Im Süden ist ein Teil des Bodens erhalten. In der Mitte dieses Hauses 22 bezeugen Kohle-und Aschepartikel eine ehemalige Herdstelle. Die Südwand des Raumes wird aus dem Verhältnis der anderen Wände zu den Feuerstellenresten erschlossen, da die Reste hier nicht mit Sicherheit als Pfostenverfärbungen identifiziert werden können. Die Südwand verläuft weitgehend unter dem Steg II F/G. Das zum Rauminneren versetzte Pfostenloch dürfte zur Eingangskonstruktion gehören. Haus 22 war mit 2,3 m x 2,7 m klein.

Zwei weitere Pfostenreihen im Südwesten der Fläche II F weisen darauf hin, daß sich hier das ebenfalls der älteren Ausrichtungsgruppe angehörende Haus 24 befindet. Mehrere Asche-Kohleflecken im Bereich zwischen diesen Pfostenverfärbungen deuten an, daß dieser Bereich in einer oder in mehreren Phasen der Innenraum eines Hauses liegt. Keine der Konzentrationen befindet sich allerdings in der Mitte zwischen den beiden Pfostenreihen. Der Bereich ist teilweise aufgeschüttet mit dem feinkörnigen Material, das auf der Meseta, z. T. mit gröberer Komponente vermischt, ansteht. Derartige Aufschüttungen lassen sich an der Bodenoberfläche zuweilen daran erkennen, daß dieses Material in polygonalen Strukturen aufbricht. Die Nordwand von Haus 24 spiegelt sich nur andeutungsweise in den Verfärbungen, die in diesem Bereich schwer zu erkennen sind. Die Südwand zeichnet sich durch eine Pfostengräbchenverfärbung und zwei Pfostenlöcher ab, die Südwestecke liegt außerhalb des Flächenbereichs. Haus 24 maß 2,6 m x 3,6 m.

Auch der Bereich zwischen den Häusern 22 und 24 ist teilweise aufgeschüttet. Die Nordwände von beiden Häusern lagen in einer Flucht. Ihre Orientierung entsprach der ersten Ausrichtung. In einem Abstand von ca. 1,2 m von Haus 24 läuft parallel zu dessen Nordwand eine Pfostenreihe, die wahrscheinlich den Hinweis auf die Südwand eines Hauses 28 bildet. Gegenüber von Haus 22, ein Stück weiter nach Norden versetzt, verläuft ein Pfostengräbchen in derselben Flucht; es weist auf die Südwand von Haus 26 hin. Der Befund von Haus 28 ist sehr gestört, so daß die Ergänzung zu einem quadratischen Grundriß (3,5 m x 3,5 m) weitgehend hypothetisch bleibt. Betrachtet man jedoch den Gesamtplan der Siedlung, ist zu vermuten, daß Verfärbungen, Ascheflecken und Oberflächenrelief in diesem Bereich auf ein Haus hinweisen. Auch die Tatsache, daß sich die wenigen Pfostenlöcher in diesem Bereich in das Ausrichtungsschema der älteren Gruppe einordnen lassen, spricht dafür, daß sie Spuren eines solchen Hauses sind, dessen Überreste durch die Baumaschinentätigkeit zerstört wurden.

Haus 26 zeichnet sich sehr viel deutlicher ab, die Pfostengräbchen der Süd- und Westwand lassen sich klar abgrenzen. Im Norden ist die Störung des Befundes schwerwiegender. Die Ostwand, obwohl fast vollständig unter dem Steg II/III F gelegen, läßt sich nur definieren, weil das Pfostengräbchen an der Südostekke umbiegt. So ergeben sich für Haus 26 die Maße 3,4 m x 2,8 m. Reste der zentralen Feuerstelle sind ebenso wie die Südwand zu erkennen, weil beides in dem Bereich liegt, der von Haus 27 bedeckt war, das der zweiten Ausrichtung folgte. Von diesem Haus wurde nur die Pfostenreihe der Südwand gefunden. Aufgrund der Störung durch Baumaschinen kann nur die Lage der Westwand aus wenigen Spuren erschlossen werden.

Die Hinweise auf bebaute Bereiche, d. h. einerseits die leichten Terrassierungen, welche vor dem Ausgraben auf der Oberfläche zu erkennen sind, andererseits die Pfostenreihen und Herdstellen, die sich nach dem ersten Abstich abzeichnen, dünnen im Südteil der Fläche III F aus. Auch in der anschließenden Fläche III G (*Taf. 17,1*) sind nur noch wenige Reste des Hauses 30, das der ersten Ausrichtung folgte, zu beobachten. Jedoch ließ sich eine terrassenartige Stufung im Südwesten, in der Fläche II G (*Taf. 16*), bereits vor der Grabung erkennen. Die Abgrabung dieser Fläche erweist wiederum, daß gerade im Bereich solcher modifizierten Geländeoberflächen Siedlungsbefunde besonders reich sind. Die vier Häuser der älteren Ausrichtungsgruppe (32, 34, 36 und 38) waren in zwei Reihen angeordnet und lassen sich aus Pfostenreihen erkennen. Sie sind überlagert von dem großen mehrräumigen Haus 29, das der jüngeren Ausrichtungsgruppe angehörte.

Haus 32, im Nordostteil der Fläche gelegen, zeichnet sich in Pfostenlöchern und -gräbchen ab (2,8 m x 2,8 m). Reste einer Feuerstelle waren etwas westlich von der Raummitte versetzt zu beobachten. Am deutlichsten erkennbar ist die Westwand mit bis zu 20 cm mächtigen Pfosten. Nord- und Südwand weisen bis zu 40 cm breite Lücken zwischen den Pfostenlöchern auf. Die Ostwand liegt fast bis zur Hälfte unter dem Steg. Die Pfostenreihen der Nordwände der Häuser 36 und 38 im Südteil der Fläche II G (*Taf. 16*) verlaufen in derselben Flucht. Von Haus 38 kann nur die West- und teilweise die Nordwand aus den Pfostenverfärbungsreihen erschlossen werden. Die Pfosten der Nordwand, durch Verfärbungen miteinander verbunden, sind auf einer Länge von ca. 2 m erkennbar und dürften sich unter dem Steg auf der Ostseite fortsetzen. Diese Wand war maximal 3,2 m lang, denn im Raum der anschließenden Fläche III G (*Taf. 17,1*) sind keine entsprechenden Verfärbungen zu sehen. Die Westwand läßt sich anhand der Pfostenverfärbungen 3 m weit nach Süden verfolgen, die Südwestecke des Hauses ist nicht zu erkennen. Im Südteil, nahe der Wand, fanden sich Reste einer Feuerstelle, die jedoch aufgrund ihrer Lage wohl kaum zu diesem Raum gehören dürfte. Drei gereihte Pfosten im Südostteil der Fläche könnten auf eine 2 m von der Nordwand entfernte Querwand hindeuten.

Haus 36 ist vollständig erkennbar. Seine Ostwand verläuft in 1,4 m Abstand parallel zur Westwand von

Haus 38 und ist 3 m lang. Eine etwa in der Mitte dieser Wand auffallende Pfostenlücke von 60 cm Breite ist möglicherweise als Eingang zu interpretieren. Haus 36 ist 2,4 m breit. Eine pfostenlochartige Verfärbung in der Mitte des Raumes könnte auf die frühere Herdstelle hinweisen. Der Boden von Haus 36 dürfte beträchtlich oberhalb der erhaltenen Oberfläche gelegen haben, da sich die Terrassierungskante der jüngeren Phase etwas nördlich der Feuerstelle befindet und hier offensichtlich Erde abgegraben worden ist. Aus diesem Grund sind die Pfostenverfärbungen im Nordteil von Haus 36 sehr viel größer und deutlicher zu erkennen als im Südteil.

Ähnlich ist der Befund bei Haus 34, das in 1,7 m Abstand von Haus 36 liegt. Von seinen Pfostenverfärbungen sind im Südteil nur wenige zu erkennen; trotzdem scheint die Pfostenlücke von 1 m Breite in der Ostwand auf einen Eingang hinzuweisen. Die Ostwand war 3,4 m lang, die Nordwand ca. 3 m. Letztere ist im Verhältnis zur Nordseite der Häuser 36 und 38 einen halben Meter nach Norden versetzt. Hinweise auf eine Feuerstelle fehlen. Die Westwand von Haus 34 sowie Teile der Südwand liegen außerhalb der Fläche II G, die entsprechenden Bereiche sind nicht ergraben.

Teile der Häuser 38, 36 und 34 werden von dem großen mehrräumigen Haus 29, das der zweiten Ausrichtung folgt, überlagert. Ein deutlich abgesetztes Pfostengräbchen begrenzt den Komplex im Süden und weitgehend im Osten. Das Pfostengräbchen im Süden verläuft entlang einer Terrassenkante, die aus dem Relief der Oberfläche vor der Grabung erschlossen werden konnte. Es ist zum Teil nach Süden verschwemmt. Im Gegensatz zu seiner klaren Abgrenzung im Anstehenden sind die entsprechenden Pfostenlöcher nur zum geringen Teil in dem kleinstückigen Steinmaterial zu erkennen. Zwei in Ost-West-Richtung gestreckte und hintereinander gereihte Räume, 29 e (3 m x 1 m) und d (3,2 m x 1,2 m), grenzten die dahinter liegenden Räume von der Vorderfront ab. An den westlichen Raum 29 e schloß sich nördlich auf der gesamten Westfront der langschmale Raum 29 a (4,1 m x 1,2 m) an. Die teilweise doppelten Pfostenreihen der Westwand konnten aufgrund der Bodenverhältnisse nicht vollständig erkannt werden. Eine größere lehmige Verfärbung, wohl Teil des Estrichs, erschwert es, die Pfosten der Trennwand zwischen Raum 29 a und dem ebenfalls langgestreckten, jedoch breiteren östlich anschließenden Raum 29 b (4,1 m x 1,9 m), klar zu erkennen. In der nördlichen Hälfte von Raum 29 b fanden sich in der Mitte die Reste einer Feuerstelle, jedoch fehlen die begrenzenden Platten und Verputzreste. Raum 29 c im Nordteil des Hauses maß 3 m x 3,8 m und war wohl der Hauptraum des Hauses. Seine Nordwand überschneidet die Feuerstelle von Haus 32. Etwa im Zentrum von Raum 29 c befinden sich die Reste der Herdstelle. Eine Reihe von Pfosten im westlichen Drittel des Raumes deutet auf eine Unterteilung dieses Raumes hin. Es fand sich in den freigelegten Teilen der Siedlung keine Parallele zu der dargestellten Raumaufteilung von Haus 29.

Südlich unterhalb der Terrassierung zeichnen sich im Anstehenden die Spuren des Hauses 31 ab, das ebenfalls der zweiten Ausrichtung folgte. Sie lassen in vieler Hinsicht auf eine Haus 16 ähnliche Bauweise schließen. Auch hier ist weder ein Pfostenloch im Bereich der Wandverfärbungen noch der Verlauf der Südwand erschließbar, da eine entsprechende Wandverfärbung fehlt.

Der Befund erhellt, daß in den südlich anschließenden Flächen (*Taf. 17, 2; 18, 1. 2*) der südwestliche Rand der Siedlung erreicht ist. Häuser offensichtlich anderer Bauart, die fast ausschließlich aus Pfostengräbchen zu erkennen sind und keine Feuerstellen aufweisen – Haus 16 in der Fläche IV F (*Taf. 15*) und ein kleineres Haus in der Fläche II (*Taf. 18, 2*) –, lagen etwas abgesetzt vom zusammenhängend bebauten Bereich. Dem Ausdünnen der Befunde entspricht das Fehlen der oben erwähnten Terrassierungen, die vor der Grabung erkennbar waren. Auf der Mesetaoberfläche fanden sich ca. 200 m weiter südlich zahlreiche derartige Terrassierungen. Sie wurden im Zusammenhang mit der tachymetrischen Gesamtaufnahme des gesamten Hangschuttfächers (*Taf. 3*) vermessen und dürften Spuren einer weiter südlich gelegenen Siedlung sein.

Das Bild der jüngeren Phase im Südwestteil der Siedlung von Montegrande (*Taf. 159*) wirkt im Überblick des Grabungsbefundes eigenartig unterbrochen. Während in der Fläche II E ein komplexes, mehrräumiges Haus und zwei kleinere Räume lagen, wurde erst etwa 11 m weiter südlich das große Haus 29 angetroffen. In der dazwischenliegenden Fläche II F deuten sich Teile der Wandspuren eines Hauses an, das der zweiten Ausrichtung folgte. Es ist der einzige Hinweis darauf, daß diese Unterbrechung im Befund nur auf die Tätigkeit der Baumaschinen zurückzuführen ist und nicht die ursprüngliche Situation widerspiegelt. Es fällt auf, daß hier, an der Südwestgrenze der Siedlung, die Bebauung in der jüngeren Siedlungsphase anders strukturiert war als in der älteren. Gemeinsam scheint jedoch beiden Siedlungsphasen die Anlage von Häusern wohl besonderer Funktion (in der jüngeren Phase Haus 31 südlich von Haus 29) nahe der Siedlungsgrenze. Sie lag offensichtlich auch in der älteren Siedlungsphase im Bereich dieser Flächen.

Ergrabene Flächen im Ostteil der Siedlung neben und vor Huaca Chica

Die Fläche XII B (*Taf. 19*) umfaßt einen Geländevorsprung, der im Westen und Südosten von zwei Erosionsrinnen eingegrenzt wird. Im Nordosten stützt eine nur in der untersten Steinreihe erhaltene Terrassierungsmauer, die auch die östlich anschließende Fläche XIII B (*Taf. 20*) durchquert, das oberhalb des Sporns anschließende Areal ab. Die Planierung wird südlich ebenfalls durch eine Stützmauer begrenzt, wie aus wenigen in situ befindlichen Blöcken zu erkennen ist.

Auf dem planierten Sporn (*Taf. 19*) ist ein ca. 6 m^2 großer Bereich von einer grauen, estrichartigen Lage bedeckt; diese Verfärbung ist relativ klar begrenzt, im Nordwesten von einer pfostengräbchenartigen Rinne, die sich von der Flächengrenze 4,65 m weit in das Planum hineinzieht. 60 cm weiter südwestlich durchzieht eine gleichartige, parallel zur ersteren verlaufende Rinne die Fußbodenreste; sie beginnt nördlich der Bodenverfärbung und setzt sich ebenfalls 2 m weiter südlich von ihr in das Planum hinein fort. Das Südwestende der Pfostengräbchen läßt sich nur vage erkennen, denn in diesem Teil des Geländevorsprungs ist das Gelände bereits stark aberodiert. Wohl aus diesem Grund wurden nur wenige Verfärbungen einer senkrecht hierzu verlaufenden Pfostenreihe beobachtet: Selbst 20 cm tiefe Verfärbungen wären hier nicht zu erkennen gewesen, da in einem Abstand von 1,5 m südlich des Estrichfragments der Boden bei Grabungsbeginn bereits 25 cm tiefer lag, d. h. hier mächtige Ablagerungen wegerodiert sind.

Der Verlauf der Südwand des Hauses 51 läßt sich jedoch ungefähr aus der Lage der zum Boden gehörenden rechteckigen Feuerstelle (90 cm x 65 cm, Längsachse SO-NW) und deren Verhältnis zur klar erkennbaren Nordgrenze des Bodens – sie verläuft rechtwinklig zu den beiden Pfostengräbchen – erschließen. Ungefähr in diesem Bereich verlief die Südwand des Hauses. Ein paar Verfärbungen in diesem Bereich gehören wohl zu zwei (ebenfalls in 60 cm Entfernung voneinander verlaufenden) Pfostenreihen und verlieren sich an der Abbruchkante zur südöstlichen Erosionsrinne. Nur eine Verfärbung wurde in der Flucht gefunden, die rechtwinklig zum Ende der beiden Wandgräbchen nach Südosten verläuft. 60 cm weiter nördlich reihen sich parallel dazu 9 zu einer Innenwand gehörende Pfostenlöcher. Analog zu zahlreichen besser erhaltenen Hausbefunden der Siedlung lag wahrscheinlich die Ostwand des Hauses 51 etwa gleich entfernt von der Feuerstelle wie die Westwand. Auch hier befinden sich in der Nähe der Abbruchkante nur wenige Pfostenverfärbungen, die ebenfalls innerhalb des vermuteten Wandverlaufs liegen. Demnach besaß Haus 51 mit fast quadratischem Grundriß (3,6 m x 3,4 m) umlaufende Korridore von ca. 60 cm Breite, und zwar mit Sicherheit im Westen, wahrscheinlich auch im Süden und möglicherweise im Osten.

Im Bereich der erwähnten Feuerstelle ist eine stärker von der Nord-Süd-Richtung abweichende Pfostenreihe unterbrochen. Rechtwinklig zu ihr in südöstlicher Richtung verlaufen drei weitere Pfostenreihen, deren mittlere ebenfalls von der Feuerstelle überlagert wird. Scheinbar gehören diese Verfärbungen zu Pfostenreihen zweier Räume des etwas anders ausgerichteten Hauses 54. Sie wurden von den jüngeren Räumen des Hauses 51 überlagert. Der nördliche Raum 54b war etwas kleiner (2,2 m x 1,4 m) als der südliche (2,2 m x 2,1 m). Eine Reihe regelmäßiger, großer Pfostenverfärbungen (Dm. bis zu 20 cm) westlich der Außenwand von Haus 51 entspricht in ihrer Ausrichtung den Räumen des älteren Hauses 54. Rechtwinklig dazu verläuft eine Pfostenreihe unmittelbar vor der nördlichen oberen Terrassenkante. Obwohl Pfostenverfärbungen einer Südwand nicht beobachtet wurden – in diesem Bereich fehlen jegliche Pfostenverfärbungen aufgrund der Erosion – waren die Räume 54b und c wahrscheinlich Teile eines größeren Hauses. Auch ein großer Raum im Westen von Haus 54 (54a: 5 m x 3 m) wird von Haus 51 zum großen Teil überlagert. Der Nachweis für dies relativchronologische Verhältnis ist die überlagernde Feuerstelle von Haus 51. Die Ostwand des älteren Hauses 54 ist von der Erosionsrinne zerstört worden.

Während das ältere Haus stärker von der Nordrichtung abweichend orientiert ist, nähert sich das jüngere in seiner Ausrichtung stärker dem Norden. Vergleicht man die Orientierung der Häuser 51 und 54 mit den beiden Ausrichtungen im Westteil der Siedlung, so entsprächen beide Häuser eher der älteren Ausrichtungsgruppe. Andererseits ist auch hier das stärker von der Nordrichtung abweichende Haus 54 unzweifelhaft das ältere. In den verschiedenen Teilen der Siedlung sind die Ausrichtungen demnach nicht an der „absoluten" Ausrichtung zu erkennen, sondern nur aufgrund von Überlagerungen.

Die obere (nördliche) Terrassenkante verläuft parallel zu Haus 54. Sie dürfte deshalb aus der Zeit dieses älteren Baus stammen. Diese Terrassenkante setzt sich jenseits der Erosionsrinne in der östlich anschließenden Fläche XIII B fort.

Fläche XIII B (*Taf. 20*) wird diagonal von Nordost nach Südwest von der Erosionsrinne durchzogen, die

die Terrassierungsmauer auf einer Länge von 4 m zerstörte. Am Fuß dieser Mauer fanden sich Estrichreste auf einem bis zu 80 cm breiten Streifen. Etwa 40 cm weiter südlich zeichnet sich im Anstehenden eine parallel dazu verlaufende Pfostenreihe ab, deren Pfosten durch Gräbchen miteinander verbunden sind. Rechtwinklig hierzu verlaufen 60 cm voneinander entfernt zwei Reihen von Verfärbungen nach Süden. Es handelt sich hierbei um die Nord- und Westwand von Haus 56, wobei wiederum ein 60 cm breiter Korridor im Westen verläuft. Die Pfostenverfärbungen der Ostwand sind hier in einer steinigen, graulehmigen Verfärbung nicht beobachtet worden. Teile des Estrichs haben sich jedoch erhalten: Außerhalb dieses Bereichs dürfte die Ostwand verlaufen. Die Südwand spiegelt sich in einigen dicken Pfostenverfärbungen. Der Hauptraum 56a im Osten wies einen fast quadratischen Grundriß auf (2,4 m x 2,3[?] m), der schmale Westraum 56b hatte die Form eines Korridors (2,4 m x 0,6 m). Die Südostecke von Raum 56a ist vom Steg bedeckt.

Die Pfostenreihe der Westwand von Raum 56b wird in ihrem südlichen Drittel von den Resten einer Feuerstelle überlagert, in deren Umkreis sich Reste eines Fußbodens erhalten haben, der ca. 5 cm höher liegt als die Estrichreste von Raum 56b. Die Feuerstelle liegt in der Mitte eines Raumes, dessen Wände sich als Pfostenreihen, die der zweiten Ausrichtung folgen, abzeichnen. Dieser Raum 53a ist ebenfalls von fast quadratischer Grundrißform (2,2 m x 2,3 m). Seine Westwand ist am deutlichsten zu erkennen, nur die Nordwestecke liegt im Bereich des Geländeabfalls der Erosionsrinne, hier fehlen die Spuren von Pfostensetzungen. Die Pfosten der Nordwand sind nicht so zahlreich und groß wie die entsprechenden des Vorgängerbaus, weil in diesem Bereich ca. 10 cm der ehemaligen Oberfläche abgewittert sind, d h. nur die Spitzen der Pfostenverfärbungen erkennbar sind. Von der Ostwand wurden nur wenige, jedoch große Pfostenverfärbungen beobachtet. Eine Lücke in der Mitte dieser Ostwand-Pfostenreihe erweist, daß der Eingang auf dieser Seite lag. Südlich schloß sich Raum 53b an, von dem nur die Nordwestecke im Bereich der Fläche XIII B liegt. Bodenreste und einzelne Pfostenverfärbungen der Süd- und Ostwand dieses Raumes finden sich in der anschließenden Fläche XIII C (*Taf. 22*). Raum 53b ist demnach ebenso breit wie Raum 53a, jedoch etwas länger (2,4 m x 2,3 m).

Die nordwestliche Ecke der Fläche XIII B (*Taf. 20*) oberhalb der Terrasse wird durch ein großes Raubgräberloch beeinträchtigt. Nordöstlich hiervon lassen im kiesigen, grauen Anstehenden wenige Pfostenlöcher, die nahe der Erosionsrinne nach Norden abbiegen, vermuten, daß hier die Südwand eines Hauses der ersten Ausrichtung (Haus 58) verlief. Der Estrich konnte, soweit innerhalb der Fläche XIII B gelegen, zum Großteil herauspräpariert werden. Von der Ostwand ist kaum eine Verfärbung beobachtet worden, sie liegt im Bereich des Geländeabfalls zur Erosionsrinne.

Jenseits der Erosionsrinne befindet sich auf der Terrasse nur eine regelmäßige Pfostenreihe, die im Bereich einer großen, grauen Verfärbung im Osten nicht verfolgt werden konnte: Dies sind die Reste der Südwand des Hauses 60. Es folgte der ersten Ausrichtung, seine Westwand lag im Bereich des Geländeabfalls zur Erosionsrinne hin.

Die Fläche XIII C (*Taf. 22*) wird von einer von Ost nach West verlaufenden Erosionsrinne durchquert. Nördlich davon zeichnet sich in Pfostenstellungen der Südteil des Hauses 53 ab. Sein Nordteil ist in der Südwestecke der nördlich anschließenden, oben dargestellten Fläche XIII B zu erkennen. Teile des Bodens sind erhalten. Südlich der Erosionsrinne befindet sich die viereckige Feuerstelle von Haus 55 (zweite Ausrichtung). Obwohl durch ein Raubgräberloch zum Teil zerstört, ließen sich noch zwei senkrecht gestellte Steinplatten der Südostecke und Teile des hartgebrannten Lehmverputzes der Nordecke und Nordseite in situ dokumentieren. Die Südwand von Haus 55 spiegelt sich deutlich in einer Pfostenreihe, die Südostecke des Hauses ist von einem Raubgräberloch gestört. An der Ostseite des Hauses ist auf einem Streifen von bis zu 70 cm Breite der Boden erhalten, der zur Wand hin nach oben biegt. Deutlich sind Spuren der letzteren zu erkennen, feinstückige Steinkonzentrationen finden sich an den Stellen der Pfostenlöcher. Auch nach Norden zieht sich der Boden zum Wandverputz hinauf. Hauptsächlich daran ist der Verlauf der Nordwand von Haus 55 zu erkennen, denn nur wenige Pfostenlöcher dieser Wand lassen sich aus den erwähnten Steinchenkonzentrationen erschließen. Die Pfostenlöcher sind offensichtlich mit der rötlichen Erde verfüllt, die hier ansteht. Aus der Lage der Feuerstelle im Zentrum des Hauses läßt sich der Verlauf der großenteils von der Erosionsrinne zerstörten Westwand erschließen. Das einzige Pfostenloch in diesem Areal liegt innerhalb des vermuteten Wandverlaufs. Haus 55 wies einen rechteckigen Grundriß auf (2,9 m x 3,8 m).

Im Südosten der Fläche XIII C zeichnen sich Pfostenreihen verschiedener Ausrichtung ab, die zu zwei einander überlagernden Räumen gehörten. Haus 62 folgte der ersten Ausrichtung. Die 3,7 m lange Nordwand läßt sich bis zum südlichen Steg verfolgen. Aus der in der südlich anschließenden Fläche XIII D (*Taf. 24*) umbiegenden Südwand von Haus 62 sind die Südostecke dieses Hauses und der Verlauf seiner Ostwand zu erschließen, von der nur wenige Pfostenverfärbungen zu erkennen sind. Spuren der Südwand sind Pfostengräbchen und Pfostenlöcher. Im Bereich der Südwestecke ist das Gelände aberodiert, die heutige Oberfläche liegt bis zu 50 cm tiefer als der ursprüngliche Estrich des Hauses. Eine Querwand unterteilt das Haus in einen langschmalen Raum 62a im Norden (1 m x 3,7 m) und einen großen Südraum 62b (2,9 m x 3,7 m).

Das überlagernde Haus 57 bestand aus den Räumen 57a und b, die nord-südlich aufeinander folgten, und einem westlich vorgelagerten langschmalen Korridorraum 57c. Der nördliche Raum 57a befand sich großteils unter dem Steg zwischen XIII C und D, der südliche (57b) vollständig in der Fläche XIII D. Die Estriche beider Räume lagen jedoch offensichtlich in unterschiedlicher Höhe, denn das unter dem ursprünglichen Fußboden anstehende Material im Bereich des nördlichen Raumes (2,6 m x 4,6 m) liegt bis zu 20 cm höher als die Reste des Bodens vom Südraum (4,5 m x 4,6 m). Die Pfosten der Nordwände beider Räume sind gut aus den Verfärbungen zu erkennen, während jeweils die Ablagerungen, in denen die Pfosten der Südostecke steckten, fast völlig aberodiert sind. Auf die Abstufung zwischen den Räumen 57a und b weist sonst nur eine dichte Stein- und Lehmmörtelmassierung im Südteil von Raum 57a hin. Der langschmale Grundriß von Raum 57c im Osten (1,5 m x 7 m) ist aus einer regelmäßigen Pfostenreihe (Ostwand) sowie aus Estrichfragmenten zu erkennen. Letztere deutet darauf hin, daß dieser Raum ebenfalls tiefer lag als der Nordostteil des Hauses. Die südliche Hälfte des großen Raumes 57b läßt sich nur aus dem Pfostengräbchenverlauf der Westwand und einigen Pfostenverfärbungen der Südwand erschließen. Grund dafür ist zum einen die Erosion – die heutige Oberfläche liegt im Bereich der Südwestecke ca. 30 cm unter dem Niveau der erhaltenen Bodenfragmente –, zum anderen sind es die Verfärbungen im Anstehenden. Die Spur der Ostwand verläuft z. T. in einem staubig-schluffigen Einschluß im anstehenden Boden, so daß Pfostenlöcher kaum zu erkennen sind.

Mehrere Raubgräberlöcher im Inneren des Raumes (bis zum 2 m^2 groß) und umgebende, unregelmäßige pfostenlochartige Verfärbungen stehen miteinander in Zusammenhang. Die Verfärbungen sind entstanden, als Raubgräber hier nach Gräbern suchten. Sie benutzten dazu dicke Metallstäbe, mit denen sie in den Boden stechen. Anhaltspunkte für Gräber ist weicher Untergrund. Im vorliegenden Fall wurden die Raubgräber offensichtlich von dem erwähnten Einschluß im anstehenden Material in die Irre geführt.

Eine Feuerstelle mit umgebender Fußbodenfläche in der Südostecke der Fläche XII C (*Taf. 21*) sowie klar abgegrenzte Fußbodenreste im Südwestteil der Fläche XIII C (*Taf. 22*) und in der Nordwestecke von XIII D (*Taf. 24*), weiterhin ein kurzes Pfostengräbchenstück in der Fläche XII C, sind Hinweise auf ein Haus 59. Es liegt am Hang, oberhalb des steilen Geländeabfalls in Richtung auf den Platz, der zwischen diesem Teil der Siedlung und dem Hauptplattformen- und Terrassenkomplex in der Erosionsrinne aufgeschüttet worden ist. Der Verlauf der Fußbodengrenze und des Pfostengräbchens deutet darauf hin, daß dieses Haus der zweiten Ausrichtung folgte. Offensichtlich wegen starken Gefälles und schwierigen Bodens (die Fläche wurde bei sehr trockener Witterung gegraben) wurden weitere Pfostenlöcher nicht beobachtet. Das Gelände fällt im Bereich des Hauses bereits stärker nach Westen ab; hier ist wohl eine Aufschüttung aberodiert, denn in 4 m Entfernung fand sich (ca. 1 m tiefer gelegen) ein langschmaler Streifen Estrich aus kalkigem Lehmmaterial, der östliche Rand eines Platzes in der Erosionsrinne zwischen dem Hauptplattformkomplex und dem Ostteil der Siedlung. Der Estrich ist in der südlich anschließenden Fläche XII D (*Taf. 23*) zu erkennen.

Im östlichen Mittelteil der Fläche XIII D (*Taf. 24*) befand sich Haus 64, das der ersten Ausrichtung folgte. Es wurde von der Südostecke des Hauses 57 überlagert. Aschige Reste im Mittelpunkt der Pfostenstellung von Haus 64 stellen wohl Spuren der Feuerstelle dar. Sie werden von einem großen Pfosten der Südwand von Haus 57 geschnitten. Reste und Fragmente seines Bodens im Osten ziehen sich bis zur Pfostenreihe der Ostwand. Die Nordwand ist aufgrund des erwähnten Einschlusses im Anstehenden nur aus wenigen Pfostenlöchern erschließbar, während Teile der Westwand sich klar in einer Pfostenreihe abzeichnen. Der Verlauf der Südwand, ebenfalls in einigen Pfostenverfärbungen erkennbar, stimmt mit der Südgrenze einer deutlich abgesetzten, lehmigen Verfärbung überein, die just hier von einer gelblichen, lehmigen Zone im Boden abgelöst wird.

Im Südwestteil der Fläche XIII D überschneiden sich die Pfostenreihen zweier Häuser, deren relativ gut erhaltene Feuerstellen sich überlagern. Haus 68 folgte der ersten, Haus 61 der zweiten Ausrichtung. Pfostengräbchenverfärbungen verbinden die Pfostenlöcher der Ostwand von Haus 68, die Pfostenstellung seiner Nordwand läßt sich 2,7 m weit verfolgen. Pfostenverfärbungen der Ostwand waren im Planum nicht zu beobachten. Die Südostecke des Hauses liegt im Bereich des südlichen Steges XIII D/E. Analog zum Befund der besser erkennbaren Hausgrundrisse gehen wir davon aus, daß die Feuerstelle in der Mitte des Raumes lag. Demnach war Haus 68 ca. 2,7 m lang (Breite 2,4 m), die Ostwand verlief am Ende der beobachteten Nordwand-Pfostenreihe. Die die Feuerstelle begrenzenden Steinplatten wurden auf der Nordseite in situ angetroffen, ebenso die südwestlich begrenzende Platte. Die Begrenzung auf der Ostseite fand sich nicht. Hier quert der leicht nach Westen versetzte, anders orientierte, verputzte Feuerstellenrand des jüngeren Hauses 61.

Zwei regelmäßig gesetzte Pfostenreihen des jüngeren Hauses 61 verlaufen beidseitig der Westwand-Pfostenreihe des Vorgängerbaus, Haus 68. Ein Bodenfragment zwischen diesen beiden Pfostenreihen konnte herauspräpariert werden. Es überlagert Pfosten-und Pfostengräbchenverfärbungen der älteren Pfostenreihe. Die Pfostenreihe der Nordwand ist ebenfalls deutlich zu erkennen. Sie endet gleichfalls in ca. 2,7 m Abstand von der Ostwand-Pfostenreihe von Haus 61. Die Südwand zeichnete sich weniger deutlich ab. Vermutlich verlief die Ostwand dieses Hauses der zweiten Ausrichtung jenseits der Ostwand des Vorgängerbaus (Haus 68), worauf wiederum die Lage der Feuerstelle hinweist. Demnach wäre Haus 61 ca. 3,3 m lang und 2,7 m breit gewesen, mit einem schmalen Korridorraum (60 cm x 2,7 m) im Westen.

Eine weitere Konzentration von Pfostenverfärbungen in der Südostecke der Fläche XIII D dürfte ebenfalls auf Häuser verschiedener Ausrichtung hinweisen. Ein Zusammenhang ist nur für Pfostenreihen der älteren Ausrichtungsgruppe festzustellen. Eine Reihung verläuft Nord-Nordost - Süd-Südwest und biegt im rechten Winkel nach Ost-Nordost. Weiterhin dürften einige Pfosten einer in geringem Abstand (50 cm) westlich verlaufenden Parallelwand entsprechen. Jenseits des Steges setzen sich die Pfostenreihen nicht fort: Die Pfostensetzungen der Nordost-, Südost- und Südwestecke dieses Hauses 66 müssen im Bereich der Stege zwischen den Flächen XIII/XIV D, XIII D/E und XIV D/E liegen. Das Haus 66 hatte demnach einen etwa quadratischen Grundriß. Im Westen war ein langschmaler Raum abgeteilt.

Im Bereich der Fläche XIII E (*Taf. 26*) fanden zwischen beiden Siedlungsphasen beträchtliche Umbauten statt. In einer Erosionsrinne, die die Fläche von Nordost nach Südwest durchquert, ist nur eine Pfostenreihe der jüngeren Ausrichtungsgruppe eingetieft. Sie scheint demnach erst zu diesem Zeitpunkt verfüllt worden zu sein. Reste einer Terrassierungsmauer im Nordwestteil der Fläche, deren West-Nordwest-Ost-Südostrichtung der jüngeren Ausrichtung entspricht, reichen bis zum Niveau des zweiten Abstichs hinunter. In ca. 1 m Abstand von der ehemaligen Terrassenkante verläuft parallel eine Pfostenreihe. Sie entspricht der Südwand von Haus 63. Die Ostwand spiegelte sich in einem dunklen, lehmigen Pfostengräbchen, auf den Verlauf der Westwand deutet eine 25 cm breite Verfärbung hin. Sie unterscheidet sich nicht von jener der anderen Pfostenlochverfüllung dieses Hauses. Der Verlauf der Nordwand kann, soweit sie im Bereich der Fläche XIII E liegt, nur aus zwei Pfostenverfärbungen erschlossen werden. Teile vom Boden dieses Raumes sind nahe der Nordwand erhalten. Sie erweisen, daß die Fläche im Bereich der Südwand vor der Grabung über 20 cm tief aberodiert war. Von der großen rechteckigen Feuerstelle etwa in der Mitte des Raumes wurden einige Umgrenzungssteine und entsprechende Verputzreste in situ gefunden. Im Westen schloß sich an den etwa quadratischen Raum 63a (3 m x 3 m) der schmale Raum 63b (3 m x 1,2 m) an. Seine Westwand spiegelte sich in Pfostenverfärbungen innerhalb der verfüllten Erosionsrinne.

Unterhalb der Terrassierungsmauer, südlich von Haus 63, fanden sich in einem Raubgräberloch verbrannter Lehm und Asche, Reste einer Herdstelle, fast genau in der Mitte eines Hauses der ersten Ausrichtung, Haus 70. Es bestand vor dem Bau jener Terrassierungsmauer, die später seinen Nordteil überquerte und oberhalb derer Haus 63 gebaut wurde. In diesem Bereich, den die Terrassierungsmauer und entsprechende Aufschüttung bedeckten, waren Verfärbungen von Haus 70 besonders klar zu erkennen. Seine Nordwand zeichnete sich als Verfärbungsgrenze ab, die Ostwand als lehmiges Wandgräbchen. Offenbar wurde beim Bau der Terrassierungsmauer das unterhalb anstehende Material, in dem die Pfosten steckten, abgegraben. So erklärte sich das Fehlen entsprechender Verfärbungen im Südteil der Westwand. Ihr Nordteil ist jenseits der Terrassierungsmauer aus Pfostenverfärbungen und -gräbchen zu erkennen. Von der Südwand sind nur wenige Verfärbungen zu erkennen, da der Südostbereich von einem größeren, eingetieften Raum der jüngeren Phase gestört wird. Die Südwestecke von Haus 70 liegt unter dem Steg zwischen den Flächen XII und XIII E.

Östlich, jenseits der verfüllten Erosionsrinne, befinden sich Spuren von zwei Häusern im Bereich der Fläche XIII E (*Taf. 26*). Im dritten Planum zeichnet sich eine quadratische Feuerstelle ab, die ihren Umrandungsresten nach der ersten Ausrichtung folgte. In die aschigen Ablagerungen sind zwei Pfostenlöcher eingetieft. Sie gehören zu einer Pfostenreihe der zweiten Ausrichtung. Die Feuerstelle dürfte innerhalb eines Hauses gelegen haben, dessen Grundriß nicht erschlossen werden konnte. Der Verlauf seiner Wände ist vor allem aufgrund umfangreicher Erdbewegungen in diesem Bereich nicht zu erkennen. So ist z. B. nördlich der Feuerstelle der Untergrund aufgeschüttet, wie aus der Bodenstruktur zu ersehen.

Diese Aufschüttung bedeckt auch die Fortsetzung der Pfostenfolge der zweiten Ausrichtung nördlich der Feuerstelle. Zwei Pfosten dieser Reihe sind in die aschigen Ablagerungen der Feuerstelle eingetieft. Die Reihe biegt 1,7 m südlich der Feuerstelle nach Westen, wo sie sich als bräunliche Verfärbung fortsetzt. Diese Verfärbungen sind die Spuren des Hauses 67 (zweite Ausrichtung). Es liegt auf der Westseite der Terrasse vor der Huaca Chica, Spuren seines Ostteils befinden sich offensichtlich im nicht ergrabenen Teil der Fläche XIV E.

Westlich der ergrabenen Ecke von Haus 67 deutet eine Pfostenreihe der zweiten Ausrichtung, deren Verfärbungen sich auch im aufgeschütteten Bereich abzeichnen, den Westrand der Terrassierung vor der Huaca Chica an. Die Pfostenreihe setzt sich von der Fläche XIV D (*Taf. 113*) parallel zur Westseite dieses Plattformbaus fort. Sie überschneidet sich mit einer weiteren, durch Pfostengräbchen verbundenen Pfostenreihe, die ebenfalls der zweiten Ausrichtung folgt und nördlich der von Haus 67 geschnittenen Feuerstelle der ersten Ausrichtung eine Ecke bildet. Scheinbar handelt es sich um eine weitere Begrenzung des Terrassenbereichs, die die Aufschüttung begrenzt und älter ist als die erstgenannte Begrenzung.

Im Südwesten der Fläche XIII E (*Taf. 26*) befindet sich eine große, etwa rechteckige Verfärbung. Im ersten Planum der Fläche zeichnet sie sich als grauer Umriß mit einigen Pfostenverfärbungen ab, mit gelblichem, eingeschwemmtem Lehm. Beim Tiefergehen verbreitert sich die graue aschige Verfärbung, bis sie im dritten Planum den gesamten Umriß ausfüllt. Ein Estrich ließ sich nicht herauspräparieren. Ein Schnitt erweist, daß es sich um einen über 50 cm eingetieften Raum (2,3 m x 3,2 m) mit abgerundeten Ecken handelt. Im Profil der Füllung dieses Raumes (*Taf. 118–119.5*) sind über Resten eines kalkhaltigen Fußbodens wechselnde Schichten von grauem, festem, aschigem Lehm, verbrannten Rohrstäben, graubraunem sandigem Material mit Steinen, Asche und organischen Resten sowie blaugrauen aschigen Ablagerungen zu erkennen. Aufgrund des Befundes kann nicht entschieden werden, ob es sich um die verstürzten Reste der Wand und Dachkonstruktion des eingetieften Raumes oder um vom Hang her eingeschwemmtes Material handelt. Auf dem Boden befinden sich etwa in der Mitte Überreste einer Herdstelle. Die Wand des eingetieften Raumes war wohl ursprünglich fast senkrecht. An den Ecken und am talseitigen Rand außerhalb der Eintiefung weisen Pfostenverfärbungen auf Wandkonstruktionen hin. Der eingetiefte Raum folgt der zweiten Ausrichtung. Er schneidet die Südostecke von Haus 70.

In der westlich anschließenden Fläche XII E (*Taf. 25*) zeichnen sich zwei bebaute Bereiche ab. Zum einen durchzieht eine breite Abstufung das Gelände im Südteil der Fläche diagonal, zum anderen ist oberhalb davon im Nordwestteil der Fläche ein weiterer, jedoch sehr viel kleinerer, ebener Bereich erkennbar. Das Gelände fällt im Nordteil der Fläche regelmäßig nach Westen ab. Im Nordostteil befinden sich Spuren von zwei sich überlagernden, einräumigen Häusern, die beiden Ausrichtungen folgen. Oberhalb davon setzt sich die beschriebene, in der Fläche XIII E (*Taf. 26*) in Resten erhaltene Terrassierungsmauer der zweiten Ausrichtung fort, die im Bereich des Steges XII/XIII E nach Süden rechtwinklig vorspringt. Ihr um 1 m versetzter Verlauf deutet sich (im Bereich der Fläche XII E) in einzelnen Steinsetzungen an (*Taf. 25*).

Im Abstand von ca. 20 cm verläuft unterhalb dieser Terrassierungsmauer und parallel zu ihr das Pfostengräbchen der Nordwand von Haus 65. Die Pfosten der Westwand sind klar zu erkennen. Im Bereich der Südwestecke ist der Boden mehr als 20 cm unterhalb der im Nordteil von Haus 65 erhaltenen Bodenfläche aberodiert. Deshalb finden sich nur im Ostteil Pfostenverfärbungen der Südwand. Auch die Ostwand von Haus 65 ist aus der Pfostenverfärbungsreihe zu erkennen. Die Nordostecke des Hauses liegt im Bereich des Steges XII/XIII E. Sein Grundriß ist rechtwinklig (2,8 m x 2,3 m), die Längsachse weicht von der Nord-Süd-Richtung ca. 25° ab (zweite Ausrichtung). In der Mitte des Raumes sind bereits im ersten Planum Reste der viereckigen Feuerstelle zu erkennen, deren begrenzende Steine und gebrannter Verputz beim Tiefergehen teilweise beobachtet und dokumentiert werden konnten.

Südöstlich der genannten Feuerstelle wurden unterhalb eines größeren Bodenfragments von Haus 65 Spuren einer älteren Feuerstelle gefunden. Sie gehört zu einem fast quadratischen Vorgängerbau, der der ersten Ausrichtung folgt (Haus 72: 2,5 m x 2,6 m), und ist stärker zerstört, die begrenzenden Steinplatten fehlen. Auch hier lassen sich aufgrund der Erosion nur Spuren der Südwandpfosten finden. Der Verlauf von Ost- und Westwand ist jedoch aus Pfostengräbchen und Pfostenverfärbungen in den beiden tieferen Plana (II und III) zu ersehen. Dasselbe gilt für die Nordwand, die ebenfalls südlich vor den Resten des Terrassierungsmäuerchens verlief. Die Feuerstelle liegt etwas außerhalb der Raummitte.

Im Südosten der Fläche XII E (*Taf. 25*) liegen die vier gereihten, der ersten Ausrichtung folgenden Räume des Hauses 74, das von den beiden Räumen des Hauses 59 (zweite Ausrichtung) überlagert wird. Einer der mittleren Räume, 74a, ist z.T. hervorragend erhalten. An der Innenseite der Ostwand, die sich, teilweise um Steinplatten in grauen Lehmmörtel gesetzt, abzeichnete, ließ sich ein 30 cm breiter, 15 cm hoher, verputzter Sockel aus lehmigem Material herauspräparieren. Vom Estrich des Raumes ist etwa ein Drittel erhalten. Er schließt im Osten an den Sockel, im Norden direkt an die Wand an, von wo er sich als Ansatz von Wandverputz nach oben wendet. Die Nordwand wich an ihrem Westende leicht von der Ausrichtung nach Süden ab. Eine Begrenzungswand zu dem westlich anschließenden Raum 74b bestand möglicherweise nur teilweise, da nur wenige der beobachteten Verfärbungen zu einer solcher Wand gehört haben können. Das auf die Südwand hinweisende Pfostengräbchen begrenzt auch die an Raum 74a beiderseits anschließenden Räume 74b und c. Konstruktionen wie jene der Nordwand und eines Großteils der Ostwand wurden in der Siedlung nur selten angetroffen. Die in den grauen Lehmmörtelstreifen gesetzten, schmalen Steine (6 cm - 15 cm) sind unterschiedlich lang (12 cm - 30 cm) und so dicht gesetzt, daß keine Pfosten zwischen ihnen gestanden haben können. Sie dürften vielmehr als Basis der Wandkonstruktion gedient haben. Rohrgeflechtwände, die heutzutage in der peruanischen Küstenregion mit dem Wort „Quincha" bezeichnet werden, ruhen häufig auf Steinreihen, sind mit Lehm verstrichen und so windundurchlässig.

In der Mitte des rechteckigen Raumes 74a (3,5 m x 2,8 m) befinden sich die Reste einer stark aberodierten Feuerstelle. Der westlich anschließende kleine Raum 74b (2,7 m x 2,5 m) weist ebenfalls eine Herdstelle etwa in der Mitte auf. Der Wandverlauf der Nord- und Westwand ist aus Pfostenverfärbungen zu erkennen. Nördlich des Pfostengräbchens, das auch die beiden östlichen Räume dieses Hauses begrenzt, verläuft parallel ein zweites, die Spur der Südwand des vorgelagerten Korridorraumes 74e. Es zeichnet sich auch in der südlich anschließenden Fläche XII F (*Taf. 27*) ab. Raum 74e zieht sich vor den vier Räumen des Hauses 74 entlang, seine Südwestecke liegt außerhalb der Fläche XII E, kann aber aus dem Verlauf der Westwand von Raum 74b erschlossen werden.

Aus einem großen Estrichfragment des östlichen Raumes 74c (*Taf. 25*) ist zu ersehen, daß dieser 20 cm höher lag als der Mittelraum 74a. Pfostengräbchen und Pfostenverfärbungen lassen den Verlauf der Nord- und Ostwand erkennen. Letztere läßt sich aufgrund von Pfostenlöchern auch jenseits des Steges XII E/F verfolgen. In seiner Nord-Süd-Erstreckung ist Raum 74c kleiner als Raum 74a, jedoch breiter (3,3 m x 4 m). Die Feuerstelle von Raum 74c ist rund, mit senkrecht gestellten Steinplatten umgrenzt und liegt auf der Mittelachse westlich vom Zentrum des Raumes versetzt. Östlich der drei Räume 74b, a und c schließt ein weiterer rechteckiger Raum 74d an. Er liegt zum Großteil unter den Stegen XII E/F, XII/XIII E und XIII E/F. Pfostenverfärbungen der Nord-, West- und Ostwand sowie das Pfostengräbchen seiner Südwand sind in den vier Flächen zu ersehen.

In seinem Westteil wurde Haus 74 von Haus 69, das der zweiten Ausrichtung folgt, überlagert. Der Ostteil dieses Hauses, Raum 69a, überlagert einen Großteil von Raum 74a, weiterhin das westliche Drittel von Raum 74c. Die Südwand dieses Raumes ist aus einer dicht gestellten Pfostenreihe im Bereich des Korridorraumes 74d zu erkennen, die Pfostenverfärbungen der Ostwand verlaufen dicht neben der Feuerstelle von Raum 74c. Aufgrund der starken Erosion sind Pfostenreste der Westwand nicht zu erkennen. Das Anstehende liegt hier mehr als 30 cm tiefer als der Estrich von Raum 69a. Die ursprüngliche Höhe des Fußbodens entspricht der Oberkante einiger Steinplatten. Sie begrenzen die Feuerstelle im Zentrum des Raumes. Teile der West- und Ostwand sind klar zu erkennen, im Bereich der Nordwand ist dies wegen der Bodenverhältnisse schwierig. Raum 69a ist fast quadratisch (3,2 m x 3,3 m). Von dem westlich anschließenden Raum 69b ist aufgrund der Erosion nur der Verlauf von Nord-, Ost- und Westwand aus Verfärbungen zu erschließen. Die Lage der Südwand ist nur ungefähr aus der Lage der Feuerstelle zu erschließen. Raum 69b weist einen langschmalen Grundriß auf (2,5 m x 3,6 m).

Im Bereich der Fläche XII F (*Taf. 27*) fällt das Gelände in Richtung auf die zwischen dem Ostteil der Siedlung und dem Hauptplattformenkomplex mit bebauter Terrasse und freiem Platz verlaufende Erosionsrinne ab. Es ist auch hier durch feine Terrassierungen und Abstufungen gegliedert. Die ebenen Flächen sind jeweils in der Zeit der beiden Hauptbebauungen des Mesetabereichs genutzt worden. Haus 71, das der zweiten Ausrichtung folgte, zog sich von der Nordostecke der Fläche XII F in die Fläche XIII F (*Taf. 28*). Eine Feuerstelle, deren nördliche und östliche Steinplattensetzung erhalten ist, dürfte der Ausrichtung nach zu diesem Raum gehören, liegt jedoch nicht genau in der Mitte. Sie überlagert die Südostecke von Raum 72d. Aus regelmäßigen Pfostenverfärbungen erhellt der Verlauf der Westwand in der Fläche XII F. In der östlich anschließenden Fläche XIII F sind ein mehrere m^2 großes Bodenfragment, Pfostenlöcher und Pfostengräbchen der Nord- und Westwand dokumentiert. Spuren seiner Südwand wurden nicht beobachtet. Haus 71 lag südwestlich vor der steingesetzten Ecke des bebauten Platzes vor der östlichen kleinen Plattform, Huaca Chica.

Die Bebauung dieser Terrasse unmittelbar vor diesem Plattformbau erhellte aus dem Befund relativ gut erhaltener Häuser in ihrem ergrabenen Ostteil der Fläche XV F (*Taf. 30*). Er ist der geringen Erosionswirkung in diesem Teil der Terrasse zu verdanken. Nach dem ersten Abhub zeichnet sich in der Mitte der Fläche eine Packung von mittelgroßen Steinen mit grauem Lehmmörtel ab. Nordwestlich erstreckt sich ein staubiger lehmig-hellbrauner Bereich, der in der Mitte des Westteils der Fläche durch eine schmale, graue, estrichartige Verfärbung von der südlich anschließenden hellgelblichen Lehmoberfläche abgesetzt ist. In der Mitte des Südrandes der Verfärbung zeichnen sich die Reste einer steingefaßten Feuerstelle ab. Die hellgelbliche, lehmige Oberfläche tritt auch im Nordwestteil der Fläche überall da zutage, wo die hellbraune Verfärbung ausdünnt. In einem Streifen am Nordrand und im Ostteil der Fläche zeichnet sich das rötliche Material des Hangschuttfächers mit Flecken jenes hellbraunen lehmigen Materials wie im Westbereich ab. Eine estrichartige, dunkelgraue Verfärbung begrenzt die größte derartige Verfärbung im Nordosten und Norwesten. Innerhalb des so umgrenzten, hellbraun-grauen Bereiches liegen zahlreiche mittelgroße und kleinere Steine, zur Begrenzung hin zunehmend. Das leicht abfallende Gelände geht südlich in den anstehenden rötlichen Boden über. An diesem Übergang treten einige Steinplatten hervor, zwischen ihnen schwärzliche Holzkohle mit weißlich aschigen Flecken. Die umgrenzte Verfärbung überlagert auch eine dunkelbraune Verfärbung, die auf einer Breite von 0,50 bis 2 m am Ostrand der Fläche hervortritt. Diese Verfärbung besteht aus lockerem, lehmigem Material mit teilweise dichter Steinkomponente und organischen Einschlüssen. Es handelt sich um die Verfüllung einer Auswaschung, die sich von der Ostseite der Sakralplattform her herunterzieht. Wo das anstehende Material auf ausgedehnter Fläche zu erkennen ist, lassen sich zahlreiche pfostenartig gereihte Verfärbungen erkennen.

Der zweite Abhub führte zur Freilegung der beiden Bodenflächen im West- (Haus 93) und Nordostteil (Haus 95) der Fläche. Die südliche Erhaltungsgrenze vom Estrich des Hauses 93 und die vom Boden sich zum Wandverputz hinaufziehende Nordgrenze des Fußbodens von Haus 95 sind bereits im oberen Planum zu erkennen. Im südlichen Drittel der Estrichfläche von Haus 93 zeigt sich eine mit graugelbem Lehm bedeckte viereckige Eintiefung, eine Feuerstelle, steingesetzt und mit Lehmmörtel verkleidet. Die Feuerstelle besteht aus einer 23 cm tiefen, viereckigen Grube im Fußboden, in der sich über dem rötlich verbrannten Verputz mehrere Lagen Lehm, Holzkohle und Asche befanden. Eine bis zu 5 cm mächtige, helle Aschenlage wurde ihrerseits bedeckt von einer hellen, gelblich-lehmigen Schicht. Weißliche Ascheablagerungen wechselten mit dünnen Holzkohlelagen, die unter der Lehmbedeckung zunahmen. Bei der Anlage der Schnitte durch die Feuerstelle von Haus 97 wurde der erhaltene Estrich weitgehend abgetragen. Er ruhte auf einer bis zu 10 cm mächtigen Planierungsschicht, die direkt unterhalb des Bodens aus hellgelblichem feinem Lehmmaterial besteht, darunter jedoch durch die Vermischung mit organischem Material eine hellbraune Färbung annimmt. Letztere befindet sich unter dem Boden, südlich der Feuerstelle. Die Abtragung des Bodens führte auch zur Klärung der Grundrisse von Haus 97 und einem Vorgängerbau der ersten Ausrichtung, Haus 98. Beide Häuser überquerte auf ihrer Osthälfte eine Reihe mächtiger Pfostenlöcher.

Die Nord- und Ostwände beider Häuser zeichneten sich in der Nordhälfte klar in den Verfärbungen dicht gesetzter Pfosten (Dm. ca. 10 cm) ab. Die Pfostenreihe der Wände des jüngeren Hauses überschneiden sämtlich die Pfostenreihen des älteren, d.h. die Häuser sind etwa gleich breit (Haus 97: 3,15 m; Haus 98: 3,30 m), die Nordwände verliefen etwa an der gleichen Stelle, nur mit abweichender Ausrichtung. In der Südhälfte verlaufen die Pfostenreihen der Westwände beider Häuser unter dem Steg XIV/XV F. Die im Bereich der Fläche liegenden Spuren der Südwände bestehen jeweils nur aus wenigen Pfosten. Von den Ostwänden der Häuser sind im Südteil nur die Verfärbungen der älteren Wand (von Haus 98) zu erkennen. Das Fehlen der Befunde in diesem Teil der Fläche hängt damit zusammen, daß hier der Untergrund zu einem gewissen Grade aberodiert ist, da er, wie erwähnt, hier mit einem lehmig-staubigen, lockeren Material aufgeschüttet ist. Außerdem durchzieht eine aus dem Höhenlinienverlauf erkennbare Auswaschung die Flucht der südlichen Ostwand von Haus 93, deshalb fehlen entsprechend Verfärbungen der Ostwandpfosten.

Der erhaltene Estrich von Haus 93 wendet sich am Nordrand nach oben. Teilweise fanden sich in dieser Flucht Pfostensetzungen, die der zweiten Ausrichtung folgen. In den Fußboden ist die vierreckige, steingesetzte und verputzte Feuerstelle eingelassen. Der Estrich überdeckt teilweise, wie schon im zweiten Planum zu beobachten, die Reste einer Feuerstelle. Sie ist einplaniert und gehört zum älteren Haus 98. Beide Feuerstellen liegen in der Mitte der jeweiligen Räume. Haus 98 wies einen rechteckigen Grundriß auf (4,80 m x 3,30 m), der überlagernde Raum, der der zweiten Ausrichtung folgt, dagegen einen quadratischen Grundriß (3,05 m x 3,15 m).

Die Estrichfläche und die entsprechende Feuerstelle im Nordosten der Fläche XV F (*Taf. 30*) stehen in Zusammenhang mit den Pfostenreihen des Hauses 95, das der zweiten Ausrichtung folgt. Feuerstelle und Estrich dieses Hauses überlagern bzw. bedecken eine Pfostenreihe, die der ersten Ausrichtung folgt. Die Fußbodenfläche biegt teilweise entlang der nördlichen Pfostenreihe, die der zweiten Ausrichtung folgt und nach dem 2. und 3. Abstich erkennbar war, nach oben und geht in den Wandverputz über. Diese Pfostenreihe setzt sich nach West-Nordwest fort; eine rechtwinklig hierzu verlaufende Pfostenverfärbungsreihe findet sich erst 2,1 m von der Westgrenze des Fußbodenfragments entfernt. Der Estrich biegt auch teilweise an seiner rechtwinklig zur Nordwand verlaufenden Westgrenze nach oben, und zwar an der Längsseite eines möglicherweise als Basis einer Stufe dienenden Steines. Das anstehende Material liegt im Westen, jenseits des Steines, höher als das Estrichfragment. Es deutet jedoch keine Verfärbung, weder im Bereich des erhaltenen Estrichs, noch südlich davon, darauf hin, daß eine Trennwand zwischen den auf unterschiedlichem Niveau liegenden Teilen des Hauses bestanden hätte. Der Verlauf der Südwand ist aus regelmäßig gesetzten Pfostenverfärbungen (Dm. ca. 10 cm) zu erkennen. Diese Verfärbungen sind etwa in der Mitte der Südwand auf einer Strecke von 70 cm unterbrochen und setzen im Osten jenseits einer weiteren Verfärbung aus. Während das Aussetzen am östlichen Ende der Pfostenreihe auf eine Auswaschung zurückzuführen ist – der Bau liegt hier mehr als 20 cm unter dem Niveau des erhaltenen Estrichs –, so ist dies im Bereich der Pfostenlücke nicht der Fall (Anstehendes ca. 5 cm unter Estrichniveau). Offensichtlich handelt es sich bei dieser Lücke um die Spur eines Südeingangs. Der Verlauf der Ostwand kann nur erschlossen werden, da sich im Bereich der dunkelgraubraun verfüllten Auswaschung am östlichen Rand der Fläche keine Pfostenverfärbungen abzeichnen. Die erhaltene Estrichfläche zieht sich zudem unter den Steg im Osten der Fläche, d. h. die Nordostecke des Hauses liegt unter dem Steg. Darauf weist auch die Lage der Feuerstelle hin, die, analog zu den anderen Feuerstellen der Siedlung, ungefähr in der Mitte des Raumes gelegen haben dürfte. Demnach bestand Haus 95 aus einem großen Rechteckraum, seine Längsachse verlief West-Nordwest – Ost-Südost (3,5 m x 4,4 m). Einige Pfostenverfärbungen, die in 60 cm Abstand parallel zur Westwand innerhalb des Raumes verlaufen, deuten auf eine Querwand hin, die Haus 95 in einen rechteckigen Hauptraum 95a und in einen westlich vorgelagerten, korridorartigen Raum 95b teilte.

Der Mittelpunkt des Vorgängerbaus von Haus 95, Haus 100, lag etwas weiter östlich (*Taf. 30*). Aus den Pfostenverfärbungen ist trotz einiger Lücken der Verlauf der Westwand zu erschließen. Sie verläuft ca. 80 cm entfernt von der Westwand des Nachfolgebaus. Die Nordwände beider Häuser überlagerten sich. Pfostenverfärbungen der Nordwand von Haus 100, die vom Boden des Nachfolgebaus (Haus 95) bedeckt waren, wurden im unterlagernden braungelben Boden nicht erkannt. Die Südwand von Haus 95 überschnitt weitgehend die Südwand von Haus 100. Parallel zur Westwand, verläuft in 1,5 m Entfernung eine Pfostenreihe die, überlagert von der Feuerstelle des Hauses 95, 60 cm von der Südwand entfernt nach Osten umbiegt. Im Ostteil bestand Haus 100 demnach aus einem rechteckigen Raum 100 a (2,9 m x ? m), an den sich im Westen ein schmaler Raum 100 b anschließt (3,5 m x 1,5 m). Letzterer geht scheinbar in einen langschmalen Korridorraum 100 c (0,6 m x ?) auf der Südseite des Hauses über. Pfostenverfärbungen einer Trennwand zwischen den Räumen 100 b und c wurden nicht beobachtet.

Südlich der einander überlagernden Häuser 100 und 95 ist die sanft abfallende Terrasse scheinbar unbebaut; vereinzelte pfostenlochartige Verfärbungen, verbrannte Lehm- und Holzkohle-Konzentrationen verteilen sich unregelmäßig in diesem Teil der Fläche XV F. Am östlichen Rand verläuft die breiter werdende Auswaschung. Die pfostenartigen Verfärbungen nehmen im Südosten der Fläche zu, ergeben jedoch keine erkennbare Ordnung. In der Südostecke befindet sich ein großes Raubgräberloch, im Bereich der südlich anschließenden Fläche endet die erste Terrasse vor dem Plattformbau Huaca Chica. Das Gelände fällt hier ab zur zweiten, unbebauten Terrasse, dem freien Platz, der in den südwestlich liegenden Flächen XIII und XIV G ergraben wurde (*Taf. 34; 35*).

Die Grenzen dieses unteren freien Platzes sind im Westen durch die Gebäude der Flächen XII/XIII F und XII G (*Taf. 27; 28; 33*), Haus 78 in der älteren, Haus 75 in der jüngeren Siedlungsphase, gekennzeichnet. Im Osten ist die Begrenzung des Platzes aus dem Aussetzen des lehmigen anstehenden Bodens zu ersehen. Hier findet sich eine unregelmäßige mittelstückige Steinpackung, die nur im Osten, an der Grenze zum rötlichbraunen anstehenden Grobsand und Splitt des Hangschuttfächers hin klar abgegrenzt ist. Im gesamten Bereich des freien unteren Platzes, vor dem kleinen Plattformbau, d. h. in den Flächen XIII und XIV G (*Taf. 34; 35*) sowie den entsprechenden Teilen der Fläche XII G, XIII F und XIV F (*Taf. 33; 28; 29*) wurden jene dunklen Verfärbungen, die wir als Pfostenlöcher interpretieren, kaum angetroffen. Diese Bereiche weisen eine lehmige, gelbliche Oberfläche auf. Einige Auswaschungen lassen teilweise das darunterliegende Anstehende erkennen. Eine Reihe unregelmäßig verteilter, großer Blöcke – bis zu 60 cm hoch – liegen auf der freien Fläche. Aller Wahrscheinlichkeit nach sind sie Teile der ursprünglichen Oberfläche des Hangschuttfächers und wurden auch von den Erbauern der Siedlung und der Heiligtümer an ihrem ursprünglichen Standort belassen.

Im südöstlichen Teil der Fläche XII F (*Taf. 27*) erstrecken sich weitere bebaute Terrassierungen. Im Westen befinden sich die Pfostenreihen der Häuser 76 und 73, die sich überlagern und jeweils der ersten und zweiten Ausrichtung folgen. In diesem Bereich sind Pfostenverfärbungen wohl auch aufgrund der günstigen Bodenbedingungen besonders zahlreich. Feuerstellen fehlen ebenso wie Pfostenlücken, die einen Hinweis auf Eingänge bieten würden. Das ältere Haus 76 war langgestreckter (3,5 m x 2,4 m) als das überlagernde Haus 73 (2,3 m x 2,9 m). Vor der Südwand von Haus 76 verläuft eine Pfostenreihe, die wahrscheinlich eine Stützfunktion versah, denn das Gelände fällt hier relativ steil nach Südwesten ab.

Südöstlich davon, getrennt durch eine Geländeeinziehung, lagen – wie sich trotz der Erosion erschließen ließ – auf einer Terrassierung etwa gleicher Höhe weitere Räume beider Ausrichtungen. An ihrem östlichen Ende und im rechten Winkel zu den Südwänden der Häuser 76 und 73 ziehen sich Pfostenreihen nach Süden, Spuren der Westwände der Häuser 78 und 75 (*Taf. 27*). Vor der Wand des jüngeren Hauses 75 verläuft, wie vor der Südwand von Haus 76, gleichfalls eine Pfostenreihe, die wohl auch zur Abstützung des Hauses diente. Die Westwand dieses Hauses war an Verfärbungen besonders dicht gesetzter Pfosten zu erkennen. Beide Reihen überschneiden jene der Westwand von Raum 78d des großen Hauses 78, das der ersten Ausrichtung folgt. Raum 78d liegt etwa in der Mitte seines Westteils. Parallel zur Westwand zieht sich eine Auswaschung im Inneren des Raumes entlang, die weiter nördlich die Spuren der Westwand des anschließenden Raumes 78b zerstörte. Die Nordwand des Raumes 78d zeichnete sich in Pfosten- und Pfostengräbchenverfärbungen ab, seine Südwand verlief wohl zum größen Teil im Bereich des Steges XII F/G. Im Nordosten ist ein kleines Fragment des Fußbodens erhalten. Raum 78d mißt 2,8 m x 2,1 m. Seine Nordwand setzte sich nach Westen in einigen Pfosten fort, den Spuren einer Wand, die Raum 78b von einem schmalen Durchgang trennt. Nur Teile der Nord- und Westwand von Raum 78b waren in Pfostengräbchen und Pfostenverfärbungen zu beobachten, der Grundriß dieses Raumes ist jedoch erschließbar. Eine zentral gelegene Feuerstelle deutet sich in einer aschigen Verfärbung in der Mitte des Rechteckraumes (4,6 m x 3,4 m) an. Raum 78b grenzt im Osten an den Korridorraum 78c, dessen West- und Ostwand an zwei im Abstand von 1,6 m parallel verlaufenden Pfostengräbchen zu erkennen sind. Beide ziehen sich über eine Strecke von 9 m durch die Flächen XII G und F (*Taf. 27; 33*). Das östliche Pfostengräbchen biegt an seinem Südende im rechten Winkel nach West-Nordwest ab. Es durchquert die Fläche XII G auf einer Strecke von 5,5 m bis zum Steg XI/XII G. An diesem Südwandpfostengräbchen endet auch das westliche der beiden Pfostengräbchen.

In der Mitte der Längsseite des langschmalen Raumes 78c, 4,5 m nördlich von der Südwand, zieht sich von der Ostwand des Raumes eine regelmäßige Pfostenreihe bis zum westlichen Pfostengräbchen von Raum 78c. Sie begrenzt einen Korridor zwischen Raum 78c und dem Südostraum des Hauses, Raum 78a. Ob sich diese Trennwand bis zum östlichen Pfostengräbchen fortsetzt und somit Raum 78c durchquert, ist nicht zu erkennen, da hier der Steg XII F/G verläuft. Haus 78 war das größte im Bereich der Wohnsiedlung. Es erstreckte sich über 9 m Länge und bestand aus den Räumen 78a, b und d im Westen und dem östlichen schmalen Korridorraum 78c. Dieser grenzt mit seiner Ostwand an den unteren freien Platz vor dem östlichen kleinen Plattformbau, Huaca Chica. Er rahmt die Westseite dieses Platzes nahezu vollständig ein. Vor seiner Südwand liegt ebenfalls ein 4 m breiter, nahezu befundleerer Bereich, in dem nur eine Feuerstelle auffällt.

Die Räume 78 a und d werden von einem schmalen, langgestreckten Haus (75) der zweiten Ausrichtung überlagert. Der nördliche Raum dieses Hauses (75a) lag etwas nach Osten verschoben über Raum 78a. Seine Nord-, Ost- und Westwand zeichneten sich im Planum als Pfostenverfärbungen deutlich ab. Die Südwand lag zum Großteil unter dem Steg XII F/G. Mit einer Doppelreihe von Pfostenverfärbungen vor der Westwand hatte man hier nahe dem Geländeabfall die Terrasse mit Pfosten abgestützt. Der südliche anschließende Raum 75b liegt im Bereich der Fläche XII G. Das Pfostengräbchen, aus dem der Verlauf der Ostwand erhellt, wurde geschnitten, die zahlreichen, regelmäßigen Pfosten lassen sich klar erkennen (*Taf. 121,3*). Die Südwand von Raum 75b überlagerte die Südwand von Raum 76a. Seine Westwand dürfte in derselben Flucht wie die des Raumes 75a verlaufen sein, entsprechende Pfostenverfärbungen wurden jedoch nicht beobachtet. Raum 75a ist länger (3,3 m) als Raum 75b (2,6 m), beide Räume sind nur 2 m breit.

Südwestlich von Raum 75b befand sich Haus 77, das der zweiten Ausrichtung folgt. Sein Südwestteil ist in der Fläche XI G (*Taf. 32*) zu erkennen, Teile seiner West- und Südwand zeichneten sich in Pfosten- und Pfostengräbchenverfärbungen im Nordostteil dieser Fläche ab, die Südostecke liegt im Bereich einer Auswaschung, desgleichen die Ostwand, von der sich jenseits des Steges in der Fläche XII G (*Taf. 33*) keine Spuren fanden. Die maximale Breite von Haus 77 betrug 2,6 m, die Länge höchstens 3,6 m, da sich keine der Nordwand entsprechenden Verfärbungen jenseits des Steges XII F/G in der Fläche XII F (*Taf. 27*) zeigen.

Haus 77 überlagerte Haus 80, das der ersten Ausrichtung folgt (*Taf. 32*) und sich hauptsächlich in Pfostengräbchen spiegelt. Hier wie bei Haus 77 wird der Befund der Südwand gestört von einer Auswaschung am Ostrand der Fläche, so daß die genaue Lage der Südostecke von Haus 80 unbekannt ist. Das gleiche gilt für den Verlauf der Ostwand, von der keine Spuren in der östlich anschließenden Fläche XII G (*Taf. 33*) beobachtet wurde. Somit kann man ausschließen, daß der östliche Raum 80a breiter als 2,6 m war. Spuren der Nordwand fanden sich im Bereich der Fläche XI G (*Taf. 32*). Raum 80a ist demnach 2,5 m breit, im Westen schließt sich der schmale Raum 80b an.

Im Nordosten der Fläche XI G ist die Südostecke von Haus 79 zu erkennen, das der zweiten Ausrichtung folgte. Es lag westlich unterhalb einer Steinsetzung, die eine der ersten Ausrichtung entsprechende Geländeabstufung markiert. Oberhalb dieser Terrassierung lag Haus 82, das der ersten Ausrichtung folgt. Sein länglicher Grundriß (3,2 m x 2,6 m) zeichnet sich klar in Pfostenreihen und -gräbchen ab. Etwas außerhalb der Mitte liegen die Reste einer Feuerstelle, deren Steinfassung nur zum geringen Teil erhalten ist. Südlich fällt das Gelände zur nächsten Terrassierung hin ab, 70 cm weiter östlich liegen die Verfärbungen des größeren Hauses 84 aus derselben Siedlungsphase. Die Pfostengräbchen und regelmäßigen Pfostenreihen sind nur von Auswaschungen unterbrochen, deren hellbraune Füllung sich nicht von jener der meisten Pfostenlöcher unterscheidet. Deshalb kann nicht entschieden werden, ob die Auswaschungen anläßlich der Erbauung des Hauses 84 zugeschüttet wurden. Betroffen von dieser Störung sind Teile der Ostwand, in der vermutlich, ebenso wie bei Haus 82, der Eingang liegt. In der Mitte von Haus 84 liegen Reste einer großen, rechteckigen Feuerstelle (60 cm x 55 cm) mit senkrecht gestellten Begrenzungssteinplatten, die zum Großteil in situ gefunden wurden. Haus 84 wies einen rechteckigen Grundriß auf (4 m x 3,25 m). Seine Ostwand wurde von der Westwand eines kleinen Hauses 81 (2,3 m x 2,1 m), das der zweiten Ausrichtung folgt, geschnitten, dessen Ostwand sich im Bereich des Steges XI/XII G befand. Die Südwand und Teile der Nordwand von Haus 81 zeichnen sich als Pfostengräbchen ab. Ein aschiger Fleck etwa in der Mitte des Hauses könnte ein Hinweis auf eine Feuerstelle sein.

Östlich von Haus 81 zeichnen sich in den anschließenden Flächen XII G und H Pfostengräbchen und Pfostenverfärbungen ab, die den Grundriß eines größeren Hauses, das der ersten Ausrichtung folgt (Haus 86), erkennen lassen. Innerhalb des Pfostengräbchens im Südwesten der Fläche XII G (*Taf. 33*), das die Lage der Nordwestecke und den Verlauf der Nordwand von Haus 86 andeutet, wurde ein Schnitt gelegt. Im Profil sind hier Pfostenlöcher zu erkennen. Kleinstückige Steinkonzentrationen weiter östlich lassen vermuten, daß sich die Nordwand weiter nach Osten bis in das Quadrat 94 der Fläche XII G erstreckt. In der südlich anschließenden Fläche XII H (*Taf. 38*) ist eine Reihe von Pfostenverfärbungen der Ostwand des Hauses 86 zu erkennen, von der in der Fläche XII G allerdings keine Spuren beobachtet wurden. Auch auf die Südwand dieses Raumes weisen nur wenige Verfärbungen hin. Sie kann allerdings nicht weiter südlich als das Ende der Reihe beobachteter Pfosten gelegen haben, da in geringem Abstand südöstlich vor der vermuteten Südwand von Haus 86 ein weiteres Haus der gleichen Ausrichtungsgruppe, Haus 88, lag. Demnach war Haus 86 groß und rechteckig und war, wie durch eine Reihe von Pfostenverfärbungen angedeutet, im Westen unterteilt (3,5 m x 1,5 m + 3,5 m).

Haus 88 im Westteil der Fläche XII H war ein kleiner Rechteckraum mit klar abgegrenzter zentraler Feuerstelle. Er lag ursprünglich auf einem Podium, dessen südliche, hangwärtige Aufschüttung offensichtlich aberodiert ist, so daß keine eindeutigen Spuren der Südwand erhalten sind. Die Westwand verlief im Bereich einer Auswaschung. Länge und Breite des Hauses sind daher nur aufgrund der Lage der Feuerstelle ungefähr feststellbar. Da diese gewöhnlich in Montegrande etwa zentral gelegen ist, dürfte Haus 88 ein Rechteckbau gewesen sein (2,3 m x 2,5 bis 3,1 m).

Verstreute Asche östlich der Feuerstelle von Haus 88 deutet auf deren Überlagerung durch eine jüngere Feuerstelle hin. Pfostenverfärbungen jenseits der Nordwand von Haus 88 und eine deutliche Pfostengräbchenverfärbung, die rechtwinklig dazu im Westen verläuft, sind Spuren eines überlagernden Hauses 83. Es folgte der zweiten Ausrichtung. Süd- und Ostwandverlauf dieses Hauses waren im Befund nicht zu erkennen (heutige Oberfläche am Südende des Westwandgräbchens ca. 30 cm unterhalb des Flächenteils, in welchem sich die Verfärbungen der Nordwandpfosten abzeichnen). Den einzigen Anhalt für den Verlauf der Südwand bietet das Ende des Westwand-Pfostengräbchens, für die Lage der Ostwand das Fehlen von Spuren jenseits der Auswaschung. Daraus läßt sich auf einen rechteckigen Grundriß für Haus 83 schließen (ca. 3,5 m x 2,5 m bis 2,8 m), wobei die Längsachse in Nord-Südrichtung verläuft.

In der Osthälfte der Fläche XII H (*Taf. 38*), jenseits der Erosionsrinne, deutet sich in einigen Blöcken eine Terrassierung an, die der ersten Ausrichtung folgt. Soweit aus der Höhe der Blöcke zu ersehen, betrug die ursprüngliche Höhe der Terrassierung mindestens 27 cm. Nur auf einer Länge von ca. 1,3 m erhalten, ist sie weiter östlich durch Auswaschungen zerstört. In 2,4 m Abstand südlich finden sich Steinsetzungen, Bodenfragmente und Verfärbungen von der Nordwand sowie Teilen der West- und Ostwand eines Hauses der älteren Ausrichtungsgruppe. Die Spuren dieses Hauses 90 sind fast alle erst im zweiten Planum zu erkennen.

Im ersten Planum von Fläche XII H sind nur einige Bodenfragmente und eine Pfostenreihe der zweiten Ausrichtung zu erkennen, die einzigen Spuren von Haus 85. Es stand wie Haus 83 auf heute stark aberodiertem Untergrund und war den wenigen Befunden nach etwa 4,2 m lang. Der Verlauf seiner Nord- und Südwand ist unklar.

Haus 90 war ebenfalls etwa 4 m lang und mehr als 2 m breit, wie das Pfostengräbchen der Ostwand zeigt, das sich bis zur südlichen Flächengrenze erkennen läßt. Keines der beiden Häuser weist Spuren einer zentralen Feuerstelle auf.

In der westlich anschließenden Fläche XI H (*Taf. 37*) zeichnen sich zwei vollständige Grundrisse nahe dem Steg XI/XII H ab, die beide der zweiten Ausrichtung folgen. Haus 87 im Nordwesten der Fläche war von nahezu quadratischem Grundriß (2,6 m x 2,4 m). Überreste einer Feuerstelle liegen ungefähr in der Mitte. Die Wände des Hauses spiegelten sich in Pfostengräbchen, in denen einige Pfostenlöcher zu erkennen sind.

Das südlich davon gelegene Haus 89 lag etwa 20 cm tiefer. Seine Westwand verlief etwas westlich von der Flucht der Ostwand des Hauses 87 und ist aus regelmäßig gesetzten Pfostenlöchern zu ersehen. Die Nordwand zeichnete sich als Pfostengräbchenverfärbung ab. Die Nordostecke liegt im Bereich des Steges XI/XII H, in der Südostecke der Fläche ist ein Stück des Pfostengräbchens der Ostwand zu erkennen. Die Südostecke und Südwand von Haus 89 sind jenseits des Steges XI H/I zu erkennen (*Taf. 41*). Eine große Ascheverfärbung im Innern (*Taf. 37*) dürfte auf die Feuerstelle von Haus 89 hinweisen, jedoch folgt eine begrenzende Steinsetzung am Nordrand dieser Verfärbung einer anderen Ausrichtung. Diese stimmt überein mit einem Viereck von Pfostengräbchenverfärbungen, die einen Vorgängerbau von Haus 89, Haus 92, definieren.

Haus 92 folgte der ersten Ausrichtung (*Taf. 37*). Die Nordwand und Westwand, die den Hauptraum 92a vom westlichen Raum 92b trennten, zeichneten sich als Pfostengräbchenverfärbungen ab. Die Südwestecke des Raumes 92a spiegelt sich im Verlauf des Pfostengräbchens. Der Verlauf der Ostwand von Haus 92 kann nur erschlossen werden: Sie muß im Bereich der Stege XI/XII H und XI H/I verlaufen sein, denn in den anschließenden Flächen finden sich keine entsprechenden Spuren (*Taf. 38; 41*). Das ältere Haus 92 (3,5 m x 2,9 m [+ 60 cm]) hat einen quadratischen Grundriß, desgleichen das jüngere Haus 89 (2,75 m x 3,1 m).

Das Pfostengräbchen der Nordwand von Haus 92 verläuft nördlich von Resten einer Feuerstelle. Ein zugehöriges Haus wurde nicht erkannt. Im mittleren und westlichen Teil der Fläche fällt das Gelände stärker, fast regelmäßig ab, ohne Hinweis auf Terrassierungen. Hier wurden außer wenigen pfostenlochartigen Verfärbungen nur verstürzte Reste von oberhalb gelegenen Häusern gefunden.

Die Fläche X G (*Taf. 31*) liegt auf der Ostseite der Erosionsrinne, die den Sakralplattformbereich vom Ostteil der Siedlung trennt. Diese Fläche umfaßt ein schmales terrassenartiges Areal. Es schiebt sich balkonartig oberhalb der tiefen Erosionsrinne vor, in die das Gelände mit zunehmender Neigung abfällt. Hier wurden keine Architekturreste beobachtet, einzig eine überdimensionale Feuerstelle (1,10 m x 1,60 m), deren teils lehmbedeckte, dicke, helle Aschenfüllung über Holzkohlenpartikeln ohne starke Brandspuren, derjenigen der Feuerstellen in Häusern sehr ähnlich ist. Die Ränder dieser ursprünglich wohl rechteckigen großen Feuerstelle sind mit bis zu 1 m hohen, oft schmalen Blöcken und Steinen eingefaßt, von denen sich nur die bergseitigen Teile in situ befinden. Offensichtlich liegt die Feuerstelle an dieser exponierten Stelle frei, da keine Hinweise auf ein zugehöriges Haus beobachtet wurden. In der Füllung befanden sich keine makroskopisch erkennbaren Pflanzen- bzw. Tierreste.

In der südlich anschließenden Fläche X H (*Taf. 36*) zeichnen sich jenseits einer Auswaschung im Südwesten und Südosten wiederum terrassenartige Flächen ab, auf denen Pfostenlöcher und Pfostengräbchen auf Häuser hinweisen. Im Nordteil der Fläche wechseln in Bereichen mit stärkerem Gefälle große Steinblöcke ab mit eingeschwemmten organischen Resten, verbrannten Holz- und Lehmbruchstücken.

Im Südwestteil der Fläche ergeben sich aus den gereihten Verfärbungen und den Resten von Pfostengräbchen die Grundrisse von Häusern beider Ausrichtungen. Haus 94 folgte der ersten Ausrichtung. Es lag zum Großteil innerhalb der Fläche X H, nur die Südwest- und Südostecke lagen westlich und südlich außerhalb. Der Hauptraum 94a (2,35 m x 2,6 m) ist quadratisch. Ihm ist westlich ein schmaler Raum 94b vorgebaut (2,35 m x 0,9 m). Das Pfostengräbchen der Nordwand ist etwas nach Süden verschoben, am deutlichsten erkennt man die Pfosten der Südwand von Raum 94 a.

Haus 94 wurde überlagert von Haus 91, das der zweiten Ausrichtung folgte. Raum 91a liegt nördlicher und ist etwa quadratisch (2,6 m x 2,6 m). Ost- und Westwand zeichnen sich in Pfostengräbchen ab. Auch der Verlauf der südlichen Trennwand zwischen den Räumen 91a und b ist aufgrund von regelmäßigen Pfostenverfärbungen zu erkennen. Die Lage der Nordwand deutete sich jedoch nur in wenigen Pfostenverfärbungen an. Eine in Resten erhaltene Feuerstelle, ungefähr in der Mitte des Raumes gelegen (1 m nordöstlich der Raummitte), ist möglicherweise zeitgleich mit diesem Raum. Die Südostecke von Raum 91b liegt außerhalb der Fläche X H. Seine Westwand verlief in der Flucht der Westwand von Raum 91a, die Ost- und Südwand lagen teilweise außerhalb der Fläche X H.

Im Südosten der Fläche X H läßt sich aus wenigen Pfostengräbchen- und Feuerstellenresten der Grundriß eines Hauses 96 (erste Ausrichtung) erschließen. Pfostengräbchen spiegeln die Westwand zweier Räume und Teile einer Querwand, die sich etwa von der Mitte der Wand nach Osten zieht. Sie bildet scheinbar die Südwand von Raum 96a bzw. die Nordwand von Raum 96c. Von den aschigen Verfärbungen dürften rötliche Reste in 1,8 m Abstand nordwestlich der Südostecke von Raum 96a auf die Lage der Feuerstelle dieses Raumes hinweisen. Geht man von einer Lage der Feuerstelle in der Mitte des Raumes aus, so muß die Westwand etwa in gleichem Abstand von der Feuerstelle verlaufen sein wie die Ostwand. Mit einer gewissen Wahrscheinlichkeit sind demnach graue Verfärbungen, die sich dort fanden, Reste des Pfostengräbchens der Ostwand. Nahe ihrem nördlichen Ende liegt ein Pfostenloch, das auf die Nordwestecke von Raum 96a hinweist. Verlief hier die Nordwand, so lag sie etwa im gleichen Abstand von der Feuerstelle wie die Südwand. Weitere Reste der Nordwand wurden jedoch nicht beobachtet. Die Nordostecke lag demnach außerhalb der Fläche. Raum 96a war rechteckig (2,8 m x 2,2 m). Dem südlich anschließenden Raum 96c läßt sich keine Feuerstelle zuweisen. Eine größere aschigbrandige Verfärbung liegt nahe dem Südostende der Pfostengräbchenverfärbung der Ostwand, ist deshalb wohl kaum zeitgleich. Verlief die Wand am Südende jener Verfärbung, so liegen die einzigen drei Pfostenverfärbungen in diesem Bereich in der Flucht rechtwinklig zu der Verfärbung. Den wenigen beobachteten Pfostenverfärbungen nach lag die Westwand in ca. 3 m Abstand von der Ostwand. Der so erschlossene Raum 96c weist eine Nord-Südbreite von 2,5 m auf.

In der Flucht der vermuteten Nordwand von Raum 96a befindet sich eine Pfostenverfärbung, die die Nordwestecke eines Raumes 96b kennzeichnet. Dies wäre ein schmaler Korridorraum westlich der Räume 96a und c, dessen Existenz allerdings mangels weiterer Hinweise fraglich bleibt.

Die Fläche XIII H (*Taf. 39*) umfaßt einen der besonders schwer interpretierbaren Bereiche. Unmittelbar südlich des unteren, unbebauten Platzes gelegen, war hier die Erosion durch ungehindert abfließendes Wasser besonders wirkungsvoll. Die zahlreichen Pfosten- und Pfostengräbchenverfärbungen unterschiedlicher Ausrichtung weisen zwar auf eine dichte Bebauung hin, der Zusammenhang der Verfärbungen ist jedoch aufgrund der Zerstörung besonders schwer zu erhellen. In dieser Fläche läßt sich keine der aschigen Verfärbungen, die als Reste von Feuerstellen interpretiert werden können, in einen sinnvollen Zusammenhang mit Wandspuren bringen. Die Pfostenverfärbungsreihen folgen auch hier zwei Ausrichtungen. Einer Pfostenreihe der zweiten Ausrichtung im Nordwesten der Fläche entsprechen zwei Pfostenreihen in 3,7 m und 4,8 m Abstand östlich. Sie könnten Reste der Seitenwände eines mehrräumigen Hauses 97 sein. Hinweise auf entsprechende Nord- und Südwände fehlen fast vollständig. Einzig die mittlere Pfostenreihe biegt am Südende nach Westen um. Spuren des gesamten Westteils einer entsprechend verlaufenden Südwand sowie der Südteile einer dazu passenden Westwand fehlen. Hinweis auf den Verlauf einer entsprechenden Südwand ist die Beobachtung, daß die Südenden der mittleren und östlichen Pfostenreihen in einer Flucht rechtwinklig zu ihrer Ausrichtung liegen. Jedoch dienen nur wenige Pfostenlöcher in dieser Flucht zur Bestätigung eines derartigen Verlaufs der Südwand eines Hauses 97 (?).

Zwischen den Pfostenreihen des angenommenen Hauses 97 befinden sich, abgesehen von anderen kleinen, pfostenartigen Verfärbungen, zwei große Verfärbungen (Durchmesser 45 cm bzw. 50 cm), die in einer West-Nordwest – Ost-Südostflucht der zweiten Ausrichtung liegen. Möglicherweise handelt es sich hierbei um Spuren von Säulen, ähnlich jenen im Ostteil der großen L-förmigen Terrasse der Haupt-Plattformanlage (s.S. 111), d.h. Teilen einer Südbegrenzung des unteren, unbebauten Platzes vor der Huaca Chica. Zwei weitere ähnliche Verfärbungen liegen jeweils nördlich und südlich der Verbindungslinie der genannten Spuren.

Die östlichen Verfärbungsreihen des Hauses 97(?) überschneiden sich mit Pfostenreihen, die der ersten Ausrichtung folgen. Die mittlere Pfostenreihe der zweiten Ausrichtung quert eine der ersten, diese biegt an ihrem Südende ebenfalls nach Westen um. In ihrem Verlauf zeichnen sich auch Pfostengräbchen ab. Ein weiteres Pfostengräbchen verläuft in ihrem nördlichen Drittel senkrecht zu dieser Wandspur nach Westen und trifft sich in 1,8 m Abstand mit dem Südende einer Pfostenreihe. Diese ist parallel zur erstgenannten Wandspur ausgerichtet. Ein Zusammenhang dieser Pfostenreihen und -gräbchen ist wahrscheinlich, die Form dieses Hauses 102(?) kann jedoch nicht erschlossen werden.

Eine weitere Pfostenlochreihe wird von der westlichen Wandspur des Hauses 97(?) geschnitten. Ein Zusammenhang mit anderen Spuren ist nicht nachweisbar. Die Verteilung einiger Pfostenlöcher und eine längliche Verfärbung östlich der Pfostenreihe legen nahe, daß sich hier die Nordwestecke eines Hauses befindet. Nur zwei Pfostenlöcher deuten auf den Verlauf der Südwand hin. Es ist aufgrund des Gefälles durchaus wahrscheinlich, daß gerade an der Hangseite die Ablagerungen, in denen sich die Pfostenverfärbungen befanden, wegerodiert sind.

In diesem Bereich sind wenige Reste der Nordwand des überlagernden Hauses 99, das der zweiten Ausrichtung folgt, beobachtet worden. Seine östlichen und westlichen Seitenwände zeichneten sich in Pfostengräbchen- und Pfostenverfärbungen deutlich ab. Im Südwestteil von Haus 99 wurden keine Spuren von Wänden beobachtet, wohl aufgrund der Bodenverhältnisse. Haus 99 war den Verfärbungen nach 2,8 m breit. Es überlagert die klar erkennbare Nordwestecke des Hauses 104, dessen Wandspuren sich in der südlich anschließenden Fläche XIII I (*Taf. 43*) nur undeutlich abzeichnen.

Im Südwestteil der Fläche XIII H (*Taf. 39*) zeichnen sich im hellehmigen Boden zwei parallel verlaufende Pfostenverfärbungsreihen ab, die der ersten Ausrichtung folgen. Nördlich dieser Verfärbungen fehlen in der großen anstehenden, hellehmigen Fläche weitere Befunde. Abstand (ca. 60 cm) und Länge (ca. 2 m) der beiden Reihen lassen vermuten, daß sie Spuren eines jener schmalen Korridorräume sind, die sich häufig an den Schmalseiten von größeren Räumen entlangziehen. Aufgrund der Beobachtungsverhältnisse beiderseits der Pfostenreihen (Bodenbeschaffenheit) ist anzunehmen, daß sich entsprechende Spuren eines solchen Raumes im Süden und nicht im Norden befinden und nicht erkannt wurden.

Noch schwieriger ist der Befund der östlich anschließenden Fläche XIV H (*Taf. 40*) zu interpretieren. Einzig in der Nordostecke ergibt sich ein klares Bild. Es zeichnet sich ein 5,5 m langes Pfostengräbchen ab, das der zweiten Ausrichtung folgt und nahe dem östlichen Steg nach Nordosten biegt. Scheinbar lag hier die Südostecke des Hauses 101. Senkrecht zu dem Pfostengräbchen verläuft in ca. 90 cm Abstand von der Südostecke eine Pfostenverfärbungsreihe nach Norden. In einem Abstand von 1,4 m vom Westende der Wandspur überquert sie eine dunkle Verfärbung. Sie ist weiter nördlich als Pfostengräbchen faßbar, das wiederum im rechten Winkel zur Südwand verläuft. Der Befund im Westteil des Hauses ist von Auswaschung und Erosion so gestört, daß sich hier die ursprüngliche Form nicht erschließen läßt. Haus 101 bestand abgesehen von diesem westlichen Bereich aus einem Hauptraum 101 a (3,10 m breit), dessen Nordwand außerhalb der Fläche liegt (d.h. er ist mehr als 3,5 m lang). Im Osten schließt sich der langgestreckte Korridorraum 101 b an (1,40 m breit), dessen Nordwand ebenfalls nordöstlich der Fläche verlief (mehr als 3 m lang). Die Form und Lage von Haus 101, seitlich neben dem freien unteren Platz vor der Huaca Chica, erinnert an das östlich, jenseits des Platzes gegenüberliegende Haus 78, das jedoch im Gegensatz zu Haus 101 der ersten Ausrichtung folgte.

Im restlichen Teil der Fläche wurden einige Pfostenverfärbungen und zahlreiche Pfostengräbchenreste beobachtet; jedoch lassen sich aus diesen Spuren keine Grundrisse erschließen.

Die Flächen XI – XIV I (*Taf. 41 – 44*) wurden in der ersten Grabungskampagne relativ rasch freigelegt, da in diesem Bereich für den Bau der neuen Straße oberhalb des maximalen Stauniveaus der Hangschuttfächer von der Trasse geschnitten wurde. Durchweg konnte nur ein Planum freigelegt werden, so daß die Beobachtung von Pfostenreihen relativ unvollständig blieb. Außerdem fehlte uns Erfahrung vor Ort zu Anfang der Grabung. Zahlreiche Pfostenlöcher wurden beobachtet, ihr Zusammenhang war jedoch häufig unklar.

Eine dunkle Verfärbung mit reichen Keramikfunden im Nordwestteil der Fläche XI I (*Taf. 41*) konnte nicht genauer untersucht werden, möglicherweise befinden sich hier Pfostenverfärbungen, die nicht erkannt wurden. Vom Westteil der Fläche wurde ein zweites Planum gezeichnet. Die Zusammenschau der Verfärbungen beider Plana erweist das Vorhandensein einer Pfostenreihe, die der zweiten Ausrichtung folgt, im westlichen Mittelteil der Fläche. An ihrem Südende liegen zwei Pfostenverfärbungen und eine Pfostengräbchenspur in einer rechtwinklig verlaufenden Flucht. Es handelt sich hierbei um die Reste der Südwand von einem Haus 103. Ihr Ende liegt, wie sich in einem Pfostenloch innerhalb eines in nordöstlicher Richtung verlaufenden Pfostengräbchens andeutet, nahe der Westkante der Fläche XI I. Das Pfostengräbchen wurde nur ein kurzes Stück weit beobachtet, seine Spur setzt sich in der dunklen Verfärbung im Nordwestteil dieser Fläche nicht deutlich ab. Auch der Verlauf der Nordwand von Haus 103 war nicht zu erkennen. So wissen wir von diesem Haus, das wohl ein älteres Haus (aschige Verfärbung im Nordwestteil der Fläche XI I) überlagert, nur, daß es der zweiten Ausrichtung folgt, ca. 3,4 m breit ist, und daß die Pfostenreihe seiner Ostwand über 4 m weit beobachtet wurde; ungewiß ist auch, ob dieser Bau unterteilt war.

Im Nordosten der Fläche sind, oberhalb eines Terrassierungsmäuerchens, das der ersten Ausrichtung folgt, Bodenreste und Pfostenverfärbungen zu erkennen. Sie lassen sich unterhalb des Steges im Osten und jenseits desselben in der Fläche XII I (*Taf. 42*) beobachten. Die Pfostenreihe der West- und Südwand dieses Hauses (106) sind ohne Unterbrechung dokumentiert. Das Pfostengräbchen der Südwand ist im östlichen Teil, wo das Stützmäuerchen nicht erhalten ist, hangwärts nach Süden verschoben. Dies trifft auch für das Pfostengräbchen der Ostwand zu, das ebenfalls ca. 20 cm südöstlich verschoben ist. Nur wenige Pfostenverfärbungen deuten den ursprünglichen Verlauf der Ostwand von Haus 106 an. Der Verlauf seiner Nordwand ist nur aus gestörten Pfostengräbchenresten sowie dem dicken Eckpfosten am Nordende der Westwand zu erschließen. Es war annähernd quadratisch (2,5 m x 2,4 m), Hinweise auf eine Feuerstelle innerhalb des Hauses wurden nicht beobachtet, abgesehen von einer brandig-aschigen Stelle nahe der Ostwand, die wohl kaum gleichzeitig sein dürfte. Die Erhaltung von größeren Teilen des ursprünglichen Estrichs ist wohl auf das Stützmäuerchen hangseitig im Süden zurückzuführen, da es weitgehende Erosion verhinderte. Unterhalb davon waren weitere Bebauungsreste kaum zu erkennen.

Im Südwestteil der Fläche XII I (*Taf. 42*) fanden sich Spuren eines weiteren Hauses, das der ersten Ausrichtung folgte (Haus 108) und in ca. 2,5 m Entfernung von Haus 106 leicht nach Südosten versetzt lag. Die Pfostenreihen der Nord-, Süd- und Westwand, letztere durch Pfostengräbchen miteinander verbunden, sind deutlich zu erkennen. Der Steinsturzbefund unterhalb der Südwandpfosten läßt vermuten, daß auch das Podium, auf dem Haus 108 lag, im Süden von einem Mäuerchen abgestützt ist. Die Pfostenreihen der Nord- und Südwand enden an einer Auswaschungsrinne, die die Fläche diagonal durchquert und wahrscheinlich die Spuren der Ostwand dieses Hauses abgeschwemmt hat. Nur wenige Feuerstellenreste fanden sich östlich des vermutlichen Mittelpunkts des Hauses. In der Innenfläche von Haus 108 fallen zahlreiche unregelmäßig verteilte, pfostenlochartige Verfärbungen auf, deren Zusammenhang nicht erkennbar ist. Sie fehlen fast vollständig in den restlichen Teilen der Fläche XII I nördlich und östlich des Hauses. Lehmiges Material, Aschekonzentrationen und vereinzelte größere Steine in diesem Bereich sind wahrscheinlich eingeschwemmt worden. Eine große, stark zerstörte Feuerstelle fand sich nahe dem Südrand der Fläche, Spuren eines entsprechenden Hauses lassen sich nicht nachweisen. Eine Reihe großer Pfostenverfärbungen, die der zweiten Ausrichtung folgt, verläuft südlich unterhalb von Haus 108. Südlich davon finden sich Spuren der Nordwestecke von Haus 118, dessen Hauptteil innerhalb der Fläche XII J dokumentiert werden konnte.

Es hängt nicht nur mit der Kürze der zur Verfügung stehenden Zeit (s. o. S. 56) zusammen, sondern mit dem Erhaltungszustand, daß aus der Fläche XIII I kaum klare Befunde vorliegen. Drei Auswaschungen durchziehen diese Fläche (*Taf. 43*). Außer den wenigen Pfosten von Haus 104, dessen Nordwestteil sich in der Fläche XIII H (*Taf. 39*) so deutlich abzeichnete, wurden keine weiteren Hausgrundrisse erkannt. Auch in der im Ostteil stark gestörten Fläche XIV I (*Taf. 44*) wurden nur im Südwestteil Feuerstellenreste und Pfostenlöcher beobachtet, ohne daß ihr Zusammenhang geklärt werden konnte.

Das obere der beiden gezeichneten Plana der Fläche XI J (*Taf. 45*) bietet zahlreiche Hinweise auf Aufschüttungstätigkeit; fast auf der ganzen Oberfläche ist der hellgelblich-graue, lehmige Boden in unregelmäßigen Polygonen aufgesprungen. Die großen Steinbrocken, die im zweiten Planum hervortreten, weisen sämtlich eine flache Oberseite auf, die im ersten Planum sich zumeist nur zu einem sehr geringen Teil abzeichnet. Sie dürften bereits bei der Anlage der älteren Siedlungsphase zur Aufschüttung des Geländes herbeigeschafft und mit feinkörnigem Material bedeckt worden sein.

Im Nordostteil der Fläche lag die ursprüngliche Oberfläche etwas tiefer. Hier scheint sich der in jüngerer Zeit zugeschwemmte, bergwärtige Teil einer Terrassierung zu befinden, die auch im unteren Teil der nordwärts anschließenden Fläche XI I (*Taf. 41*) zu erkennen ist. Hinweis darauf sind die schwärzlichen Schuttablagerungen, unter denen sich erst im zweiten Planum die helle, lehmige Schicht der aufgeschütteten

Geländeoberfläche abzeichnet (*Taf. 45*). Besonders im nördlichen Teil lassen sich in dem staubigen Aufschüttungsmaterial Pfostenverfärbungen nur sehr schwer erkennen. Erst im zweiten Planum sind unterhalb dieses Materials im rötlichen Anstehenden zahlreiche Pfostenverfärbungen zu beobachten. Besonders fällt eine Pfostenkonzentration ins Auge, die, zum Teil aus mächtigen Pfosten bestehend, die Fläche in Nord-Nordost – Süd-Südwestrichtung durchquert. Feuerstellen sind nur im oberen Planum beiderseits dieser Pfostenkonzentration erkennbar. Sie sind im westlichen, talseitigen Bereich sehr viel klarer zu erkennen als bergwärts, im östlichen Bereich. Letzterer lag demnach etwas höher und ist später aberodiert. Darauf weisen auch andere Beobachtungen in den umliegenden Flächen hin. In beiden Teilen der Fläche befinden sich Pfostenreihen, die der ersten und zweiten Ausrichtung folgen.

Im Nordwestteil der Fläche XI J (*Taf. 45*) zeichnen sich Pfosten der zweiten Ausrichtung ab, die nahe der erwähnten Pfostenkonzentration nach Nordost biegen und die Südwand eines Hauses bilden dürften. Die Nordwestecke dieses Hauses spiegelte sich in Pfostengräbchen und Pfostenlöchern deutlich im Süden der Fläche XI I (*Taf. 41*). Die Nordwand verlief im Bereich des Steges XI I/J, von der Westwand lassen sich, abgesehen von der Nordwestecke, keine Spuren erkennen. Das Gelände fällt hier nach Westen ab. Entweder ist der Boden, in dem sich die Pfosten befanden, aberodiert, oder die Verfärbungen wurden hier nicht erkannt. In diesem Teil der Fläche befindet sich noch im zweiten Planum teilweise hellehmiges Material. Man kann das eingeschwemmte lehmige Material zum Teil nicht deutlich vom aufgeschütteten unterscheiden. Reste der Feuerstelle von Haus 105 zeichnen sich im oberen Planum der Fläche ab.

Die Pfostenreihe der Südwand von Haus 105 schneidet an ihrem östlichen Ende eine Folge von Pfostenlöchern, die der ersten Ausrichtung folgen. Weiter südlich verlaufen zwei Pfostenreihen im rechten Winkel dazu. Sie biegen nahe der Südostecke der Fläche nach Westen um und scheinen die Ostwand eines großen (etwa 5 m langen) Hauses (110) der ersten Ausrichtung zu bilden. Einziger Hinweis auf den Verlauf der Westwand ist die Feuerstelle, die (in 1,5 m Abstand) ungefähr in der Mitte zwischen Nord- und Südwand liegt. Es wurden zwar keine Pfostenlöcher dieser talseitigen Wand gefunden, geht man jedoch davon aus, daß die Feuerstelle etwa auf der ost-westlichen Mittelachse des Raumes liegt, so markiert das westliche Ende der beobachteten Nordwand-Verfärbungen auch die Nordwestecke des Hauses 110. Es handelte sich demnach um ein großes, rechteckiges Haus, das der ersten Ausrichtung folgte. Ein langschmaler Korridorraum ist auf der östlichen Längsseite vorgelagert.

Auf der Ostseite der großen Pfostenkonzentration der Fläche XI J (*Taf. 45*) verlaufen im rechten Winkel zu diesen zwei Pfostenlochreihen in 2,5 m Abstand. In etwa 3 m Abstand östlich der Pfostenkonzentration verläuft parallel zu ihr eine weitere Pfostenreihe. Ungefähr in der Mitte des so umgrenzten Rechtecks fanden sich im oberen Planum aschige Reste einer Feuerstelle. Hier scheint ein rechteckiges Haus der zweiten Ausrichtung (Haus 107) gelegen zu haben. Reste einer weiteren, rundlichen, eingetieften Feuerstelle mit brandigen Lehmrändern und hitzegesprungenen Steinen im Westteil des Innenbereiches des rechteckigen Grundrisses sind ebenfalls nur im oberen, ersten Planum vorhanden. Diese Feuerstelle dürfte wohl kaum zeitgleich mit Haus 107 bestanden haben, denn derartige „Brandstellen" sind in der Siedlung von Montegrande typisch für unbebaute Flächen und Plätze.

Das Fehlen von Pfostenlöchern der Nord- und Südwand von Haus 107 ist wohl auf Erosion in diesem Teil der Fläche zurückzuführen. Pfostenlöcher eines weiteren Hauses, das der zweiten Ausrichtung folgt und allem Anschein nach etwas weiter südlich lag, sind ebensowenig in dem entsprechenden hangabwärts gelegenen Bereich zu beobachten. Spuren dieses Hauses 109 liegen einerseits innerhalb der großen Pfostenkonzentration, andererseits verläuft eine Folge von Pfosten und Verfärbungen parallel hierzu im südöstlichen Teil der Fläche XI J. Weiterhin setzt sich ein westöstlich ausgerichtetes Pfostengräbchen am Nordende der großen Pfostenkonzentration nach Osten fort; innerhalb dieses Pfostengräbchens zeichnen sich Pfostenlöcher ab. Nur die Verfärbung eines mit Steinen verkeilten Pfostens ist zwischen dem östlichen Ende des Pfostengräbchens im Osten zu beobachten. Es sind keinerlei Spuren der südöstlichen Hälfte von Haus 109 jenseits des Steges in der Fläche XI K (*Taf. 48*) zu erkennen. Diese Fläche wurde nach der Anlage der Straßentrasse freigelegt, die Baustellen-Fahrzeuge hatten den Bereich durchfahren.

Die Verbindungslinie zwischen den beiden einzigen beobachteten Pfostenlöchern im Nordteil der Fläche XI K (*Taf. 48*) verläuft im rechten Winkel zu einer Pfostenstellung im Südteil der Fläche XI J (*Taf. 45*), die an ihrem westlichen Ende nach Süden umbiegt. Das mag angesichts der starken Zerstörung in diesem Bereich ein Zufall sein, jedoch deuten die Pfostenlöcher in der Fläche XI J darauf hin, daß sich hier der Nordwestteil eines Hauses (112) befand. Er folgte der ersten Ausrichtung. Von seinem Südostteil sind keine Spuren erhalten.

Hinweise auf ein nordwestlich des Hauses 112 gelegenes Haus 114, das ebenfalls der ersten Ausrichtung folgte, bestehen in Pfostenreihen und Pfostengräbchen im südöstlichen Teil der Fläche XI J. Die Lage der Ost- und Nordwand eines schmalen Nebenraumes auf der Nordseite zeichnete sich in den Flächen XI/XII J (*Taf. 45; 46*) deutlich ab. Nur eine Pfostenverfärbung der Südwand sowie undeutlich erkennbare Verfärbungen der Westwand sind zu beobachten. Es ist jedoch anzunehmen, daß die Westwand des Hauptraumes etwa fluchtgleich mit jener des nördlichen Nebenraumes verlief.

Im Südostteil der Fläche XI J (*Taf. 45*) zeichnet sich eine Auswaschung ab, die sich weiter nordöstlich in der Fläche XII J bergwärts verfolgen läßt, da sie diese Fläche durchquert. Sie war bereits bei Anlage der älteren Siedlung zugeschüttet und mit Steinen abgedämmt worden. Im Südteil der beiden Flächen sind Pfostenlöcher beider Phasen innerhalb der Zuschüttung erkennbar. Dies ist weiter oberhalb, im Norden der Fläche XII J (*Taf. 46*), wo keine großen Steine zur Aufschüttung verwendet sind, nicht in diesem Maße der Fall.

Die Fläche XII J konnte aus Zeitgründen nur in der Südhälfte in zwei Plana dokumentiert werden. Dennoch zeichnen sich bereits im ersten Planum fast alle Hausgrundrisse ab. Ihre Pfostenlöcher werden im zweiten Planum deutlicher. Deshalb ist anzunehmen, daß die wenigen Hausgrundrisse in der Nordhälfte die ursprünglichen Bebauungsverhältnisse weitgehend vollständig wiedergeben, d. h. daß hier nur die Häuser 116 und 118 standen.

Im Nordwestteil der Fläche sind die Pfostenlöcher der Südhälfte von Haus 116 zu erkennen. Ost-, Süd- und Westwand zeichneten sich ab, die Ostwand weniger deutlich, sie lag zum Teil innerhalb der zugeschütteten Erosionsrinne. In diesem Bereich sind Verkeilungssteine der Südwandpfosten klar zu sehen. Zwei Pfosten deuten eine Unterteilung im Westteil an. Jenseits des Steges im Norden, am südlichen Rand der Fläche XII I (*Taf. 42*), verläuft eine Pfostenreihe, die dem nordöstlichen Teil der Nordwand von Haus 116 entsprechen dürfte.

Im Nordteil der Fläche finden sich Estrichreste und Pfostengräbchen von Haus 118, einem Haus, das ebenfalls der ersten Ausrichtung folgte. Sein östlicher Teil war in der anschließenden Fläche XIII J (*Taf. 47*), jenseits des Steges, zu erkennen. In dem Pfostengräbchen der Westwand befinden sich Steine, möglicherweise Teile der Wandkonstruktion. Im Inneren östlich des Pfostengräbchens, sind Fußbodenfragmente zu erkennen. Sie sind umgeben von braungrauer, staubiger Erde, den Resten von verwitterten Estrichböden. Sie zeichnen sich auch hangwärts, südwestlich des Pfostengräbchens ab, sind hier jedoch offensichtlich sekundär abgelagert. Der Verlauf der Südwand kann nur erschlossen werden aus Steinkonzentrationen in der Verbindungslinie zwischen den Enden der Pfostengräbchen von Ost- und Westwand. Hinweise auf die Nord- und Ostwand bilden die Pfostengräbchen jenseits des Steges in der Fläche XIII J. Im Unterschied zum Pfostengräbchen der Westwand lassen sich in dieser Fläche innerhalb des Pfostengräbchens der Ostwand einige Pfostenlöcher erkennen. Die Pfosten der Nordwand von Haus 118 wurden in der Fläche XIII J – die Nordwestecke liegt im Bereich des Steges XII/XIII J – nicht erkannt. An der entsprechenden Stelle durchquert eine mächtige Pfostenreihe, die der ersten Ausrichtung folgt, die Flächen XI/XII I sowie XII/XIII J. Es sind die Spuren umfangreicher Terrassierungsarbeiten. Diese großen Pfosten deuten sich auch innerhalb einer lehmig-aschigen Verfärbung im Nordostteil der Fläche XII J an.

Der Bereich im Norden der Fläche XII J (*Taf. 46*) zwischen den Häusern 116 und 118 weist einen stärkeren Geländeabfall auf, Haus 118 befand sich etwas höher am Hang als Haus 116. Beide lagen etwa 30 cm oberhalb einer unregelmäßigen Pfostenfolge, die der zweiten Ausrichtung folgt, im Mittelteil der Fläche. Die Pfostenreihe säumt den nördlichen Rand eines schmalen estrichartigen Bereichs von gelblich-grauer Farbe, biegt am östlichen Ende der Verfärbung nach Süden und verliert sich im Bereich eines breiten Pfostengräbchens. Dieses zeichnet sich im Südteil der Fläche als große, bogenförmige verlaufende, schwärzliche Verfärbung ab. Zwei Meter weiter südlich setzt sich in der Flucht der Umbiegung die Pfostenreihe in dicht gesetzten, kleinen Verfärbungen (Dm. etwa 3 cm) fort. Ihre hellgelblichen Füllungen werden im zweiten Planum dunkler. Am anderen (westlichen) Ende der Nordwand-Pfostenreihe besteht ebenfalls eine nahezu 2 m breite Lücke in den Verfärbungen und Pfostenlöchern der Westwand. Jenseits setzt sich auch hier die Wandspur weiter nach Süden fort, ebenfalls als dicht gesetzte Reihe kleiner Verfärbungen. Am südlichen Ende biegen beide Pfostenreihen um und werden durch eine Reihe kleiner Pfostenlöcher verbunden. Diese Pfostenreihen spiegeln den rechteckigen Grundriß von Haus 111. Ein Pfosten der Südwand liegt unterhalb des breiten, bogenförmig verlaufenden Pfostengräbchens und ist im zweiten Planum zu erkennen, in dem diese Verfärbung ergraben ist und die einzelnen Pfostenlöcher in dem breiten Pfostengräbchen sichtbar sind. Zwei Pfosten im südlichen Teil von Haus 111 sind möglicherweise Anzeichen dafür, daß das Haus in einen etwa quadratischen Hauptraum und einen langschmalen Nebenraum im Süden unterteilt war. Hinweise auf eine Feuerstelle im Inneren dieses Hauses fanden sich nicht.

Der Grundriß von Haus 111 überschneidet sich in seinem Südteil mit Pfostenreihen des Nordwestteils von Haus 120, das der ersten Ausrichtung folgte. Die dicht gesetzten Pfosten von Nord- und Westwand dieses Hauses ziehen sich bis zum Steg XII J/K und sind in der südlich anschließenden Fläche XII K (*Taf. 49*) zum quadratischen Grundriß eines Hauses zu ergänzen. Eine ebenso klar erkennbare Pfostenreihe am südlichen Rand der Fläche XII J (*Taf. 46*) teilt einen langschmalen Bereich im Nordteil des Innenraumes ab. Die beiden nördlichen Pfostenreihen des Hauses 120 sind im Bereich der breiten, bogenförmig verlaufenden Pfostenreihe erst im zweiten Planum, unterhalb des Pfostengräbchens, zu erkennen. Von der Südwand des Hauses zeugen nur vier Pfosten, deren Verlauf jedoch eindeutig erkennbar ist, da keine Spuren auf ein anderes Haus in diesem Bereich hinweisen. Zudem liegen diese vier Pfostenlöcher in einer Flucht parallel zur Nordwand und rechtwinklig zur Ost- und Westwand von Haus 120.

Auch die große, bogenförmige Pfostensetzung der Fläche XII J setzt sich in der südlich anschließenden Fläche XII K deutlich fort. Insgesamt bildet sie eine Kreisform von ungefähr 10 m Durchmesser. Auch in der Südwestecke der Fläche XIII J finden sich drei Pfostenlöcher dieses großen Rundbaus (*Taf. 47*).

Die Pfostenreihe der Südostecke von Haus 120 werden in der Fläche XII K (*Taf. 49*) überlagert von einem Pfostengräbchen und der Pfostenreihe der Westwand eines langschmalen Korridorraumes. Diese Westwand verläuft fluchtgleich mit der Ostwand eines weiteren Raumes, beide Räume waren Teile des Hauses 113. Der ungefähr quadratische Hauptraum liegt auf der Ostseite. Im Inneren des Hauptraumes ist – fragmentarisch am Westrand und im östlichen Teil – der Hausboden erhalten, im Mittelteil ist die unterhalb des Bodens befindliche aufgeschüttete feinkörnige Schicht zu erkennen. Hier zeichnen sich auch Reste einer Feuerstelle ab.

Die südlichen Ecken von Haus 113 liegen außerhalb des großen Rundbaus. Teilweise ist schwer zu entscheiden, welche Pfostenlöcher zum Südteil des Rundbaus, welche zur Südwand von Haus 113 gehören. Nur in einem einzigen Fall läßt sich erkennen, daß ein Pfostenloch des Rundbaus den Boden von Haus 113 durchschlägt. Dies ist der einzige Hinweis auf das zeitliche Verhältnis des Rundbaus zu Haus 113.

In geringem Abstand vor der Südwand des Hauses 113 befinden sich einige dicke Pfostenlöcher. Diese dürften wohl eher zeitgleich mit dem Rundbau sein als mit Haus 113, denn sie schneiden sich weiter östlich mit der Pfostenreihe der Südwand von Haus 115. Dieses Haus folgte der zweiten Ausrichtung und schloß in etwa 20 cm Abstand östlich von Haus 113 an. Die Nordwand von Haus 115 verlief etwa fluchtgleich mit jener von Haus 113. Die Pfostenlöcher der Südwand finden sich etwa 30 cm weiter südlich. Nordostecke und Ostwand zeichnen sich in Pfostenreihen der Fläche XIII K (*Taf. 50*) ab. Von der Feuer-stelle im Mittelpunkt des Hauses hatten sich begrenzende Steinplatten in situ erhalten (*Taf. 49*). Die Orientierungsgleichheit der Häuser 113 und 115, die Fluchtgleichheit ihrer Nordwände und ihre Lage zueinander belegen, daß sie gleichzeitig bestanden haben und somit beide aus einer älteren Bauphase stammen als der große Rundbau.

Südwestlich von Haus 113 finden sich Pfostenlöcher eines Hauses, das der ersten Ausrichtung folgt, dazu Teile eines Fußbodens. Erkennbar sind nur die Pfosten eines langschmalen Raumes auf der Ostseite des Hauses, dessen Nordwand allein aus geringen Spuren erschlossen werden kann. Seine südliche Hälfte liegt im Bereich der von Baumaschinen verursachten Abbruchkante. Diese zieht sich quer durch die Flächen XI K und XII K (*Taf. 48; 49*). Innerhalb des gestörten Bereiches deutet ein lehmmörtelartiger Streifen auf eine Terrassierungsmauer der jüngeren Ausrichtungsgruppe hin. Nur wenige Steine dieser Mauer befinden sich in situ oder sind nur leicht hangabwärts verschoben. Zwei Steinblöcke weisen auf der Talseite Reste von Lehmverputz auf, der entlang dem östlichen Block umbiegt (*Taf. 49*). Etwa 4 m weiter liegt in derselben Flucht ein weiterer Stein. Im zerstörten Zwischenbereich befindet sich offenbar als Südaufgang eine Treppe, die auf die Terrassierung zu den beschriebenen Häusern und dem großen Rundbau führt. In der östlichen Fortsetzung der grauen Verfärbung finden sich wiederum einzelne Steinblöcke, die zur Terrassierungsmauer gehören.

Der Terrassierung sind südlich zwei Terrassen vorgelagert. Trotz der Zerstörung durch die Baumaschinen ist ersichtlich, daß die obere der beiden bebaut, die untere ein freier Platz ist. In der Mittelflucht des vermutlichen Treppenaufgangs auf dem unteren unbebauten Platz bestätigt ein großes Pfostenloch die Lage des Aufgangs. Ein ähnliches, sehr großes Pfostenloch befindet sich in der Mittelachse der Hauptplattformanlage auf dem freien Platz unterhalb der L-förmigen Terrasse vor Huaca Grande.

Die Terrassierung zieht sich, wie sich auch aus den Erhaltungsbedingungen in der Fläche XI K (*Taf. 48*) ergibt, durch diese nach West-Nordwest. Die große Pfostenkonzentration, die die Fläche XI J (*Taf. 45*) durchquert, steht aller Wahrscheinlichkeit nach mit der Westkante der Terrassierung in Zusammenhang. Es wurde oben (S. 57) erwähnt, welche Beobachtungen in den Plana darauf hindeuten. Auf die nördliche Begrenzung weist die Reihe großer Pfosten in den Flächen XII I und XI J (*Taf. 42; 45*) hin. Der Verlauf der östlichen Begrenzung ist nicht eindeutig geklärt. Zwei Pfostenfolgen durchquerten rechtwinklig zur südlichen Terrassierungsgrenze in nord-nordöstlicher Richtung die Fläche XIII K (*Taf. 50*). Die östliche entspräche ihrem Verlauf nach der Ostkante der Terrassierung, doch ist an dieser Stelle kein ausgeprägter Geländeabfall zu erkennen. Aufschüttungsspuren finden sich auf der gesamten Oberfläche von XIII K westlich dieser Pfostenfolgen, die somit eine Begrenzung bilden. Zudem ist aus den Verfärbungen und Pfostenlöchern in dieser Fläche nicht auf Wandspuren eines Hauses zu schließen. Eine weitere Überprüfung des Verlaufs dieser Terrassenkante war nicht möglich, da der Nordwestteil der Fläche XIII K nicht ausgegraben werden konnte. Bereits vor Beginn der Ausgrabungen waren hier, im Bereich der Straßentrasse, Bodenproben mit dem Bagger entnommen worden.

Die der Terrassierung südlich vorgelagerte Fläche im Südteil von Fläche XII K (*Taf. 49*) und Nordteil von Fläche XII L (*Taf. 53*) weist ein Gewirr von Raupenspuren, zerstörten Steinen, dunklen rundlichen Verfärbungen und aschigen Brandstellen auf. Es ist nicht festzustellen, welche Verfärbungen von Pfostenlöchern, alluvialen Ablagerungen, Störungen durch die Maschinen und von Feuerstellen stammen. Trotz der Spuren der Raupen von Baustellenfahrzeugen in der gesamten Fläche XII L (*Taf. 53*) ist eine Veränderung der Oberfläche jenseits eines ca. 7 m breiten Bereiches vor dem zweiten Terrassierungsmäuerchen der großen Terrassierung unverkennbar. Südlich davon finden sich kaum mehr Steine und nur noch wenige Brandreste. Der feinkörnige, gelbliche Boden ist in unregelmäßigen Polygonen aufgesprungen, ein Hinweis auf Aufschüttung. Die Grenze zwischen beiden Bereichen stellt eine im Befund nur noch teilweise als grauer Lehmmörtelstreifen erkennbare Terrassierung dar.

In der östlich anschließenden Fläche XIII L (*Taf. 54*) sind in der Fortsetzung des nördlichen Bereichs auch keine Hausgrundrisse zu erkennen, jedoch eine Pfostenreihe, die sich von der Terrassengrenze bis zur zerstörten Terrassierungsmauer zieht und sich jenseits davon in der erwähnten Begrenzung der Fläche XIII K (*Taf. 50*) auf dem Ostteil der großen Terrassierung fortsetzt. Ca. 3,2 m weiter östlich läßt sich in der Fläche XIII L eine weitere Pfostenfolge feststellen. Beide Pfostenreihen, die Terrassengrenze und die zerstörte Terrassierungsmauer folgen der zweiten Ausrichtung.

Auch in der Fläche XI L (*Taf. 52*) fehlen Feuerstellenreste vollständig. Nach dem ersten Abstich zeichnet sich die Oberfläche durch eine unregelmäßig polygonal aufgesprungene Struktur aus, d. h. eine künstliche Aufschüttung, wie sie sich auch auf anderen freien Plätzen der Siedlung findet. Um Sicherheit zu gewinnen, daß es sich nicht um eingeschwemmtes Material handelt, wurde ein weiterer Abstich abgetragen, der zwischen dem aufgeschütteten Material größere Steine mit flacher Oberseite zutage brachte, offensichtlich Teil der künstlichen Aufschüttung. Es lassen sich in ihrem unteren Teil Pfostenlochreihen beider Ausrichtungsgruppen erkennen, jedoch keinerlei Hinweis auf Feuerstellen. Offensichtlich sind die Häuser, die hier vor der Anlage des freien Platzes bestanden, abgetragen worden.

Im unteren Mittelteil der Fläche lassen sich die Spuren des etwa quadratischen Hauses 117 erkennen, das der zweiten Ausrichtung folgte. Ein Querlieger trennt einen langschmalen Korridorraum auf der Westseite ab. In geringem Abstand von Haus 117 verlaufen Pfostenreihen, die Spuren der Ost- und Nordwand von Haus 122, das der ersten Ausrichtung folgte. Über seine Grundrißform läßt sich nicht Genaueres sagen, da die Süd- und Westwand sowie Teile der Nordwand außerhalb der ergrabenen Flächen lagen. Der Gesamtbefund läßt sich dahingehend interpretieren, daß der freie Platz nach der Bebauung beider Ausrichtungsgruppen oder am Ende der jüngeren Besiedlung aufgeschüttet wurde.

Im Bereich der Flächen XV und XVI K und L (*Taf. 56; 57*) zeichnet sich obertägig eine Terrassierung mit einer Flucht von Steinen, Resten der südlichen Begrenzung, ab. Die Ausdehnung der Grabungsflächen richtete sich nach den obertägig erkennbaren Terrassengrenzen, so daß außer den Flächen XV und XVI K nur ein 4 m breiter nördlicher Streifen der Flächen XV und XVI L freigelegt wurde; anstelle der Stege zwischen den Flächen wurden parallel und im rechten Winkel zu der Steinflucht jeweils 1 m breite Stege belassen.

Die Ausgrabung erwies, daß die Steinflucht die unterste Lage des südlichen Stützmäuerchens der Terrassierung darstellt. Sie ist durch Raubgräberlöcher und eine Auswaschungsrinne stark zerstört. In einem Abstand von ca. 4 m nördlich des Mäuerchens haben sich Fragmente eines grauen Lehmbodens erhalten. Weitgehend ist bereits auf der Oberfläche des ersten Planums die rötliche, feinkiesige Basis dieses Estrichs zu sehen, zum Teil durchzogen und vermischt mit sandig-lehmigen, von der Bergseite her eingeschwemmten Partien. In ca. 10 cm Tiefe, im dritten Planum, sind in ca. 8 m Abstand von der südlichen Terrassenkante in der Fläche XVI K (*Taf. 57*) Pfostenlöcher der Häuser 124 und 119 zu erkennen. Im Ostteil der Fläche XV K (*Taf. 56*) zeichnen sich eine ca. 6 qm große, hellgraue locker-feinsandige Verfärbung sowie einige Pfostenreihen ab. Im vierten Planum sind im südlichen Teil der Fläche ausgedehnte Estrichflächen zu erkennen. Im Bereich des Schnittpunktes von XV/XVI K/L zeichnet sich der Grundriß des Hauses 121 ab. Ebenfalls mit der Bodenfläche in Zusammenhang stehen wohl Pfostenreihen im Westteil der Fläche XV K, die auch im Bereich der Erosionsrinne im vierten Planum zu erkennen sind. Weiter nördlich gelegene dürften zu einem anderen Haus (123), gehören.

Die Pfostenverfärbungen von Haus 124, im Ostteil der Fläche XVI K (*Taf. 57*), erscheinen relativ nahe der rezenten Oberfläche. Offensichtlich sind in diesem Bereich der Terrasse beträchtliche Ablagerungen abgewittert. Das Gelände fällt hier ab in eine tiefe, nach Südost-Ost verlaufende Auswaschung, die die Ablagerung, in denen sich die Pfosten der Nordostecke von Haus 124 befanden, sogar vollständig abgetragen hat. Der Grundriß dieses Hauses ist rechteckig (2,6 m x 3,3 m). Die Pfostenverfärbungen der Westwand und von Teilen der Nordwand haben sich am besten erhalten, Hinweise auf eine Feuerstelle wurden nicht beobachtet, möglicherweise aufgrund der Erosion. Haus 124 lag etwa an der Ostgrenze der Terrasse.

Etwa 4 m westlich von Haus 124 befinden sich im dritten Planum Pfostenverfärbungsreihen, die wahrscheinlich die West- und Teile der Südwand von Haus 119(?) widerspiegeln. Die Verfärbungen waren nur dort zu erkennen, wo das anstehende rötliche Material nicht durch Auswaschungen und eingeschwemmten sandigen Lehm gestört war. Der Verlauf der Westwand läßt sich dort, wo keine Pfostenverfärbungen gefunden wurden, aus Steinen erschließen, die in nahezu regelmäßigen Abständen verteilt sind. Es dürfte sich hierbei um ursprünglich zwischen Pfosten in die Mauern gesetzte Steine handeln. So ergibt sich eine Breite von 3,10 m für Haus 119, das der zweiten Ausrichtung folgte. Sein Fußboden lag offenbar beträchtlich oberhalb der erhaltenen Oberfläche, denn auch die wenigen, eindeutig erkennbaren Pfostenverfärbungen sind im 15 cm tiefer gelegenen, vierten Planum nicht mehr zu erkennen.

Die Pfostenverfärbungen von Haus 123, einem mehrräumigen Bau, der der zweiten Ausrichtung folgte, werden im vierten Planum deutlich (*Taf. 56*). Es schloß in geringem Abstand (40 cm) von Haus 119 an. Die Südwand von Haus 123 begrenzt einen schmalen Südraum 123 b (1,8 m breit) vor dem Hauptraum 123 a. Er geht auf der Ostseite in einen Korridorraum (123 c: 0,9 m breit) über. Die Trennwände zwischen Raum 123 a und den Räumen 123 b und c zeichnen sich ebenfalls in Pfostenlöchern auf der Süd-und Westseite ab. Die Pfostenreihen der Südwände von Raum 123 a und Raum 123 b ziehen sich bis zu dem Steg, der senkrecht zum Terrassen-Südmäuerchen in der Fläche XV K (*Taf. 56*) belassen wurde. Da jenseits dieses Steges keine entsprechenden Verfärbungen zu erkennen sind, dürfte die Westwand des Hauses 123 im Bereich des parallel zu ihm verlaufenden Steges gelegen haben und somit Haus 123 4 m bis 4,8 m breit gewesen sein. Der Verlauf der Nordwand dieses Hauses blieb undokumentiert; aufgrund der zeitlichen Beschränkungen (Straßenbau) konnte in den drei nördlichen m^2 der Flächen XV/XVI K nur das erste Planum gezeichnet werden.

Aus diesem Grund ist auch die Lage der Nordwand von Haus 126 nicht bekannt. Es folgte der ersten Ausrichtung und wurde von Haus 123 überlagert. Seine Süd- und Ostwand lassen sich aus Pfostenreihen erkennen. Aufgrund des Stegverlaufs in der Fläche XV K ist auch der Verlauf der Westwand nicht klar festzustellen. Seine Breite beträgt zwischen 3,30 m und 4,20 m. Die erhaltenen Estrichreste in diesem Bereich und die an der Bodenstruktur erkennbaren, darunterliegenden künstlichen Aufschüttungen dürften wohl diesem Raum zuzuweisen sein.

Von Haus 121, am Schnittpunkt der Flächen XV/XVI K/L (*Taf. 56; 57*) gelegen, lagen sehr viel vollständigere Spuren vor, obwohl offenbar auch hier die Nordwand im Bereich eines Stegs verlief. Dieser war parallel zum Terrassierungsmäuerchen in ca. 4 m Abstand belassen worden. Haus 121 folgte der zweiten Ausrichtung, war 2,60 m breit. In der Mitte fanden sich Reste einer Feuerstelle. Ihre rundliche, zur Hälfte erhaltene Steinbegrenzung konnte im dritten Planum dokumentiert werden. Der Estrich innerhalb dieses Raumes ist zum Großteil zu erkennen. Die Pfostenlöcher zeichnen sich erst im vierten Planum ab und spiegeln südlich des Steges deutlich die Ostwand und Teile der Südwand, während von der Westwand durch die Auswaschungen nur wenige Pfostenverfärbungen erhalten sind. Die ebene Fußbodenfläche des Hauses läßt sich im Süd- und Ostprofil der Stege verfolgen, in denen, entsprechend dem Planungsbefund, keine Fußböden von Vorgängerbauten zu beobachten sind.

Jenseits des Nord-Nordost – Süd-Südwest gerichteten Steges, der die Fläche XV K (*Taf. 56*) durchquert, zeichnet sich südlich bereits im ersten Planum eine aus rotbraunem, kiesigen Material bestehende, grau umrandete Verfärbung im lehmigen Material ab. Sie zeigt im zweiten Planum, 10 cm tiefer, eine deutliche Rechteckform. Im dritten Planum setzt sich beiderseits des Steges der Umriß der Verfärbung ab. Sie ist in diesem Niveau hellgrau, locker-feinsandig und teilweise aschig. Im vierten Planum zeigt sich, daß die Umrandung der Verfärbung Wandverputz des eingetieften Raumes 125 ist. Er ist im unteren Teil mit hellehmigem Material, mittelstückigem Steinmaterial sowie Verputzbrocken gefüllt, während oberhalb Lehmmörtel, bedeckt mit schluffigem Feinkies zum Zufüllen diente (*Taf. 124,4*). Der Boden des eingetieften Raumes (im fünften Planum zu erkennen) wurde südlich des Steges freigelegt, großenteils war er unter den Holzkohlestückchen erhalten. Das Bodenteil eines zerbrochenen, polierten Basaltmörsers mit hellroten Ockerstückchen fand sich hier umgekehrt auf den Estrich gesetzt.

Der Grundriß dieses eingetieften Raumes entspricht ungefähr in der Größe (3,1 m x 2,2 m) und in der Rechteckform ebenerdigen Räumen von Häusern der Siedlung. Trotz der abgerundeten Ecken ist seine Zugehörigkeit zur zweiten Ausrichtung zu erkennen. Pfostenreihen derselben Ausrichtung (in 40 cm und 60 cm Abstand nördlich und südlich) trugen möglicherweise ein Dach, doch wurden keine entsprechenden Verfärbungen entlang der Längsseiten im Osten und Westen beobachtet. Raum 125 ist in ca. 3 m Entfernung von dem Terrassierungsmäuerchen etwa 70 cm in die Aufschüttungen eingetieft.

Der gesamte, beschriebene Terrassenbereich in den Flächen XV/XVI KL mit seiner Bebauung und dem eingetieften Raum liegt auf einem tieferen Niveau vor einem Rundbau. Sein Grundriß erhellt aus Pfostenverfärbungen im Bereich der nördlich anschließenden Fläche XVI J (*Taf. 55*). Der Durchmesser dieses Rundbaus betrug etwa 6 m. Er lag ca. 60 cm oberhalb der beschriebenen Terrasse im Südwestteil der Fläche XVI J auf einer Terrasse, deren Südbegrenzung aberodiert ist, wie man aus dem Oberflächenrelief ersieht. Das westliche Viertel des Pfostenkreises dürfte im Bereich der Fläche XV J liegen. Aufgrund der zeitlichen Begrenzung war es weder möglich, diese Fläche auszugraben, noch innerhalb der Fläche XVI J nach Anlage des ersten Planums weiterzugraben, so daß im Bereich der Fläche XVI J wohl deshalb keine weiteren Grundrisse gefunden wurden. Aus den wenigen beobachteten Pfostenverfärbungen in dieser Fläche ließen sich keine Häuser erschließen. Die Pfostenreihe des Rundbaus ist im Westen durch eine Auswaschung gestört. Brand- und Aschenreste nahe der westlichen Rundung des Baus gehören dem Befund nach in eine Zeit nach seiner Nutzung. Sie überlagern die Verfüllung jener Rinne, die seine Spuren durchquert.

Ergrabene Flächen im Südteil der Siedlung

Im südlichen Teil der Siedlung von Montegrande (*Taf. 58 – 67*) wurde ein großes, zusammenhängendes Bebauungsareal in den Flächen VI, VII, VIII/M, N, O freigelegt. Die Bebauung folgt hauptsächlich der zweiten Ausrichtung und gehört somit der jüngeren Siedlungsphase an. Die ursprüngliche Oberfläche von Haus- und Hofböden konnte, soweit erhalten, herauspräpariert, andernfalls – aufgrund verschiedener Anhaltspunke – erschlossen werden. Hier kann ein detaillierteres Bild der Wohnsiedlung gewonnen werden als in den übrigen Flächen.

Eine größere Terrassierung, ca. 20 m lang, ca. 17 m breit und bis zu 70 cm hoch, ist aus dem nach Südwesten und Südosten abfallenden Gelände in der Zeit der jüngeren Ausrichtunsgruppe herausgearbeitet worden. Ihre Längsachse weicht ca. 18° von der Nordrichtung ab. Dieser Bereich wurde auf ca. 600 qm untersucht. Zu unterscheiden sind die Bereiche nordwestlich vor der Terrasse, südwestlich vor der Terrasse und der Nordostbereich auf der Terrasse.

Vor der langgestreckten, zum Teil hervorragend erhaltenen, verputzten westlichen Terrassenwand in den Flächen VI/VII M, VI N, VI O (*Taf. 58; 59; 62; 66*) zieht sich ein schmaler Hof (2 m breit) mit zwei Abstufungen hin. Eine Reihe Häuser begrenzt ihn im Westen. Die Terrassenkante springt in ihrem Nordostteil (Fläche VII M) auf einer Länge von 5,6 m um 75 cm zurück. In diesem Bereich liegt der Hof 36 cm höher. Im südlichen Mittelteil der Fläche VI N, ca. 1 m entfernt von der Südwestecke der Terrasse, verläuft eine weitere Abstufung gleicher Höhe ebenfalls rechteckig zur Terrassenkante. Der Hof setzt sich auch jenseits der Terrassenecke in gleicher Richtung und auf der gleichen Ebene fort. Die ursprüngliche Bodenoberfläche dieses Hofniveaus ist auf einer Länge von 5,6 m erhalten. Der Hof ist hier breiter (4,20 m). An seinem

Südwestrand führt eine Abstufung (von 12 cm) hinunter in den nächsten, leicht nach Süden versetzten Teil des Hofes.

Mit diesen Erhaltungsbedingungen der Westseite kontrastiert die in den Flächen VI und VII O freigelegte Südfront der Terrasse (*Taf. 66; 67*). Sie war der Erosion in starkem Maße ausgesetzt, da sie, wie fast alle Terrassierungen der Siedlung, quer zur Hangrichtung liegt. Die südliche Terrassenkante kann nur erschlossen werden: Hinweise sind stärkeres Gefälle und eine Reihe großer Steine, die in leicht hangwärts ausgebauchter Linie liegen und zweimal von Auswaschungen durchbrochen sind.

Zwischen der südlichen Terrassenkante und den vorgelagerten Häusern fanden sich im nördlichen Mittelteil der Fläche VI O (*Taf. 66*) Fragmente vom Estrich eines Hofes. Dieser südliche Hof liegt höher als jener im Südwesten. Eine Stufe verläuft zwischen beiden in Fortsetzung der Terrassenwestkante. Diese Stufe führte vom Südwesthof in den südlichen Hof. In einer Entfernung von 2,6 m, unterhalb des vierten großen Blocks der Südwestkante – er ist etwas verrutscht –, weist ein (senkrecht zur Terrasse verlaufender) Abschluß einer estrichartigen Verfärbung auf eine auch hier ursprünglich befindliche Stufe hin. An dieser Stelle steigt das Untergrundgelände wieder etwas an; eine dunkle, parallel zur ehemaligen Terrassenkante verlaufende, langgestreckte Verfärbung deutet auf eine Hauswand hin. Der Boden des Hofes zwischen letzterer und der Terrassenkante muß aufgrund des heutigen Oberflächenreliefs mindestens 15 cm höher gelegen haben. Der Hof war hier offensichtlich schmal (ca. 1,3 m). Südlich schließt sich ein Haus an, von dem nur jene dunkle Erdverfärbung, die auf die nördliche Wand hinweist, erhalten geblieben ist. Im Gegensatz zur westlichen Terrassenkante springt die Südfront nicht zurück, sondern verläuft durchgehend geradlinig. Der ehemalige Mauerverlauf ist allerdings nur insofern zu erschließen, als nahe der Südostecke der Terrasse einige, nur geringfügig aus der ursprünglichen Lage verrutschte Blöcke etwa in derselben Flucht liegen wie jene der Südwestecke (*Taf. 66*).

Vor beiden Fronten der Terrassen liegen jenseits der Höfe rechteckige Häuser. Im Westen reihen sich drei Häuser in jeweils gleichem Abstand voneinander (1 m) parallel zur Terrasse. Eine Reihe flacher Steine ist so verlegt, daß ihre bearbeiteten Kanten zum Hof hin einen geraden Abschluß bilden, während ihre unbearbeiteten Kanten zur Rauminnenseite hin unregelmäßig verlaufen. Verputzreste an der geraden Außenkante einiger Steine schließen an den Estrich der Höfe an. Das weist darauf hin, daß das Bodenniveau des jeweiligen Innenraums mehr als 6 cm über dem der Höfe lag, d. h. oberhalb der maximalen Höhe der Steinplatten. Die Estriche der Häuser selbst sind abgewittert. Die Häuser waren, den Pfostenstellungen nach, von quadratischem Grundriß. Das südlichste Haus (127) lag in der Fläche VI N (*Taf. 62*). Sein Grundriß ist quadratisch (4 m x 4,1 m). Das mittlere Haus (129) lag in der Fläche VI M und war fast quadratisch (4 m x 4,35 m); (*Taf. 58*). Das nördlichste Haus (131), in den Flächen VI und VII M gelegen, war trotz starker Zerstörung durch ein großes Raubgräberloch im Norden rekonstruierbar und wies ebenfalls einen quadratischen Grundriß auf (3,7 m x 4 m) (*Taf. 58; 59*). Alle drei lagen fluchtgleich und wiesen etwa in der Mitte fast quadratische Herdstellen (ca. 60 cm x 60 cm) auf, begrenzt von Platten, die parallel zu den Wänden gesetzt sind. Der Höhe der Plattenoberkante nach sind die Herdstellen in den Boden eingelassen.

Die Pfostenlöcher haben einen Durchmesser von 12 cm bis 30 cm und stehen zumeist in Abständen von 20 cm. Analog zu Befunden besser erhaltener Häuser in der Nähe der Hauptplattformanlage (s. S. 118) ist aus den Planumsbefunden für die West-, die Nord- und die Südwand der beiden Häuser 127 und 129 jeweils Mischmauerwerk aus Lehmmasse um Rohrpfosten und dazwischengesteckten, unregelmäßigen Steinen zu erschließen. Auf den Außenseiten sind diese Wände mit Verputz überzogen. Damit könnte erklärt werden, daß vor allem in der Fläche VI N, wo ausgedehnte, nahezu ebene Bereiche im Westen und Süden von Haus 127 liegen, das Steinmaterial zunimmt (*Taf. 62*).

Steinmassierungen und Pfostenlöcher fehlen jedoch an der hangaufwärts gelegenen Ostseite, d. h. angrenzend an den Hof vor der Terrassenwand. Nur außerhalb der hier vorhandenen Steinplattenreihe wurden in der Fläche VI M beim Entfernen des Hofbodens mehrere dünne (8 cm) Pfostenlöcher gefunden (*Taf. 58*). Dies sind jedoch nicht Spuren von jenseits der Steinplatten verlaufenden Wänden, denn der Verputz der Steinplatten schließt an den Hofestrich an. Dieser Estrich bedeckt die Pfostenlöcher. Die der Steinplattenreihe entsprechende Konstruktion gehört also einer jüngeren Zeit an als die Pfosten. Die Steinplattenreihe könnte Substruktur eines Sockels sein, wie er auf der Hauptterrasse Bauten der vorletzten Phase umzieht. Auf der Innenseite westlich der Steinplattenreihe wurden jedoch kaum Pfostenlöcher beobachtet. Entweder waren die Häuser nach Osten offen, oder die Steinplatten sind Fundament einer Flechtwand, analog einer weitverbreiteten rezenten Bauweise im Küstenbereich der Täler Nordperus. Derartige Rohrgeflecht-(„carrizo")-Wände sind auf Steinplatten gesetzt; Pfosten gibt es nur an den Ecken. Die Flechtwände sind häufig mit Lehm verputzt. Auf diese Weise macht man sie windundurchlässig. Man bezeichnet diese Hausbautechnik im Jequetepeque-Tal als „Quincha"-Bauweise.

Im Westteil der Fläche VI M zeichnen sich in ca. 2 m Abstand voneinander und von der parallel verlaufenden Westwand des Hauses 131 zwei regelmäßige Pfostenreihen im abfallenden Gelände ab (*Taf. 58*). Offensichtlich dienten sie zur Abstützung jener Terrassierungen, auf der die Häuser 127, 129 und 131 errichtet sind.

Auch der Südkante der großen Terrasse sind Häuser in unterschiedlichem Abstand vorgelagert. Die Breite des Hofes zwischen der südlichen Terrassenkante und den Häusern beträgt im Westteil 1 m, im Osten ca. 1,5 m. Sein Estrich ist nur in kleinen Fragmenten erhalten. Die Häuser sind ebenfalls von quadratischem Grundriß. Das östliche Haus 133 war aus Pfostengräbchen und -löchern im Bereich der Fläche VII O klar zu erkennen (*Taf. 67*). Die Spuren der Westwand liegen großenteils im Bereich des Steges VI/VII O, desgleichen einige Reste der Südwand. Die Südwestecke zeichnet sich in Pfostenverfärbungen am Südostrand der Fläche VI O ab (*Taf. 66*). Sein Grundriß war quadratisch (3 m x 3 m). Auf die Lage der Feuerstelle weist nur ein aschiger Fleck hin. Vom weiter westlich gelegenen Haus 135 in der Fläche VI O sind nur Teile von Pfostengräbchen der Nordwand erhalten. Die Ablagerungen, innerhalb derer sich die übrigen Reste befanden, sind abgewittert.

Trotz der mangelhaften Erhaltungsbedingungen lassen sich Unterschiede zwischen dem Südteil und dem Westteil des Areals feststellen. Der Grundriß von Haus 133 läßt darauf schließen, daß die Häuser auf der Südseite kleiner waren. Sie lagen jedoch ebenfalls höher als die Höfe; deshalb ist der Hofestrich beim Pfostengräbchen der Nordwand von Haus 135 erhalten, während alle übrigen Reste dieses Hauses aberodiert sind. Die Wände der Häuser vor der südlichen Terrassenkante waren, soweit ersichtlich, nicht in „Quincha-Bauweise" errichtet, sondern alle pfostengesetzt.

Südlich des Pfostengräbchens von Haus 135 finden sich am Hang Pfostensetzungen. Die Spuren eines Hauses, das der ersten Ausrichtung folgte (Haus 128), sind z. T. durch Pfostengräbchen miteinander verbunden. Die Pfostenverfärbungen sind kleiner (Dm. 8 - 12 cm) und zahlreicher als jene der jüngeren Hauswände, vor allem westlich vor der Terrasse. Die Westwand war in ihrem südlichen Teil an einer doppelten Reihe von Pfostenverfärbungen zu erkennen, desgleichen die gesamte Südwand. Diese Pfosten dienten wahrscheinlich zur hangwärtigen Abstützung des rechteckigen Raumes (3,3 m x 2,6 m). Etwas südlich versetzt, auf der Mittelachse des Raumes befinden sich Reste einer Feuerstelle. Dieser Grundriß ist der einzige Hinweis auf eine Bebauung des Bereichs um die Terrasse in der älteren Siedlungsphase. Es ist unklar, wie zu dieser Zeit das Gelände in den Flächen VI/VII M, N und O terrassiert und strukturiert war, da die Terrassen, die Treppe und die Höfe sämtlich der zweiten Ausrichtung folgen.

Die gesamte Terrasse besteht nicht aus Aufschüttungen, sondern aus anstehendem Material. Sie ist eingefaßt von einer großteils stark aberodierten Zweischalenmauer, die sich über die Terrassenoberfläche erhebt, wie teilweise am Zusammenhang von Boden und Verputz zu ersehen ist (*Taf. 62*). Das Anstehende ist stark schotterig und abgewittert. Dieser Bereich war zur Zeit der jüngeren Siedlungsphase zum größten Teil unbebaut: Darauf weisen die für bestimmte freie Plätze charakteristischen, mit zerplatzten Steinen und Holzkohle gefüllten Feuerstellen mit ziegelrot gebrannten Rändern hin (*Taf. 59; 63*). Sieben Exemplare dieser „Brandstellen" verschiedener Größe (Dm. 1,2 m bis 50 cm) finden sich hier verteilt. Eine von ihnen überlagert eine Pfostenreihe, die der ersten (älteren) Ausrichtung folgt, die Südwand von Haus 130 (s. S.). Ein rechteckiges Haus mit Querwand (Haus 137; 2,5 m x 3 m) liegt weiter südlich in gleichem Abstand (ca. 5 m) von beiden Terrassenkanten (Fläche VII N; *Taf. 63*). Es folgte der zweiten (jüngeren) Ausrichtung. Die z. T. wegen des schotterigen Bodens nur schwer zu erkennenden und darum unterbrochen wiedergegebenen Pfostenreihen entsprechen größenmäßig den Pfosten der Räume westlich vor der Terrassenkante (Dm. 12 - 22 cm). Die Nordwand verlief in der zentralen Flucht des Terrassenaufgangs. Die Südwand befand sich im Bereich des Steges VII N/O. Spuren seiner stark zerstörten Feuerstelle liegen etwa in der Mitte des größeren, nördlichen Raumes von Haus 137. Reste einer weiteren, etwas besser erhaltenen Feuerstelle quadratischer Form in der Mitte des Hauses könnten aus einer Zeit stammen, als der Querlieger noch nicht bestand.

Am Nordende der Terrassierung, in den Flächen VII und VIII M (*Taf. 59; 60*), ist aus Verfärbungen und Herdstellen eine Ost-West-orientierte Reihe von drei Häusern zu erkennen, die der zweiten Ausrichtung folgten. Ihre Nord- und Südwände verliefen nicht fluchtgleich, sondern leicht versetzt. Das kleine westliche Haus 139 lag in der Fläche VII M (*Taf. 59*). Seine Westwand fiel in den Bereich einer großen Störung. Die Spuren des mittleren, ebenfalls rechteckigen Hauses 141 befinden sich, ebenso wie die des Hauses 143, in der Fläche VIII M (*Taf. 60*). Haus 141 wies eine Querwand im Westteil auf (2,5 m + 1,2 m x 2,9 m).

Die Pfostenreihe der Südwand des weiter östlich folgenden Hauses 143 verläuft etwa fluchtgleich mit jener des westlichen Hauses (139). Die Südwand des mittleren Hauses (141) war um ca. 60 cm nach Norden versetzt. Es handelte sich um ein gleichfalls rechteckiges Haus, wohl mit Querwand im Westen (1,3 m x 2,8 m x 3,1 m). Feuerstellenreste wurden nur im mittleren (141) und östlichen (143) Haus gefunden. Der Befund ist auf der Terrassierung, d. h. im Ostteil der Fläche VII M und in der Fläche VIII M, weniger klar als in den Bereichen westlich vor der Terrassierungskante. Störungen durch Raupenfahrzeuge, Erosion und die Tatsache, daß zahlreiche kleinere, lehmige Linsen und mittelstückiges Steinmaterial das anstehende, rötliche Material durchsetzen, erschweren hier die Befundbeobachtungen. Eindeutig sind nur die Pfostenreihen der Süd-, Ost- und Westwand von Haus 141 sowie der Ostwand und Teilen der anderen Wände von Haus 143 zu erkennen. Aus den zahlreichen Verfärbungen im nördlichen Mittelteil der Fläche VIII M, d. h. nördlich der Häuser 141 und 143, lassen sich keine Hausgrundrisse erschließen (*Taf. 60*).

Den Häusern 139 und 141 ist offenbar ein weiteres Haus südlich vorgelagert. Im Ostteil der Fläche VII M weisen Pfostenlöcher, z. T. durch Pfostengräbchen miteinander verbunden, auf den Westteil eines solchen Hauses hin. Von der Nordostecke sind jedoch kaum Spuren erhalten. Feuerstellenspuren sind innerhalb von Haus 145 nicht gefunden worden.

In seinem südöstlichen Teil überlagerte Haus 145 einen Vorgängerbau, der der ersten Ausrichtung folgte, Haus 130. Die Südwand wird von einer jener sieben runden Feuerstellen geschnitten, die sich im Bereich der unbebauten Fläche auf der Terrasse befinden. Die Westwand von Haus 130 war nur in ihrem Südteil aus Pfostenlöchern zu schließen. Von der Nordwand waren in der Fläche VII M nur zwei Pfostenlöcher zu erkennen. Die Nordostecke deutet sich in Pfostenstellungen im Südwestteil der Fläche VIII M an. Es wurden keine Hinweise auf eine Feuerstelle beobachtet.

In der Fläche VII N (*Taf. 63*), südlich von Haus 130, deuten Pfostenlöcher auf ein weiteres großes Haus hin, das der ersten Ausrichtung folgte, Haus 132 (?). Zum Teil ist ihr Durchmesser im Vergleich zu jenen der anderen Häuser größer. Sie liegen in ca. 50 cm Abstand voneinander und deuten auf eine (5,5 m) lange Westwand eines Hauses (?) hin, dessen Süd- und Nordwand sich nur in wenigen Verfärbungen anzudeuten scheinen. In der östlich anschließenden Fläche VIII N deuten keine Spuren auf eine Ostwand hin. Es fanden sich keinerlei Spuren einer Feuerstelle. Angesichts dieses Befundes kann nicht entschieden werden, ob es sich hier tatsächlich um Reste eines Hauses handelt. Im Bereich östlich der Pfostenreihe ist mittelstückiges Steinmaterial selten. Lehmreste von Mörtel, Verputz oder Estrich fehlen. Im Gegensatz dazu sind zahlreiche Fußboden- und Feuerstellenreste sowie Pfostenlöcher in der Fläche VII N, westlich und südwestlich der Pfostenreihe bis zur zweischaligen Terrassenmauer und der sie überquerenden Treppe im Westen, vorhanden. Ihre Verteilung läßt jedoch keine Regelhaftigkeit erkennen. Es handelt sich offensichtlich nicht um Spuren von Häusern. In der östlich anschließenden Fläche VIII N (*Taf. 64*) fällt eine Massierung mittelstückiger und großstückiger Steine auf. Im nordwestlichen Teil ist sie durchsetzt mit größeren Blökken. Spuren einer Auswaschung ziehen sich in ungefähr nordsüdlicher Richtung bis zur Mitte der Fläche. Hier hat sich eine quadratische Feuerstelle in Resten erhalten, die der ersten Ausrichtung folgt. Teile der Steinfassung liegen am Rande. Ca. 2 m östlich davon, im Südostteil der Fläche, zeichnet sich eine Pfostenfolge ab. Diese folgt allerdings der zweiten Ausrichtung. Auch im Norden, Westen und Süden der Feuerstelle sind keine auf ein Haus hinweisenden Verfärbungen beobachtet worden. In geringem Abstand (60 cm), östlich der erwähnten Pfostenfolge, folgen Steinplattenreste einer Feuerstelle der zweiten Ausrichtung. Auch hier liegen randlich auf der Ost- und Westseite Steine, die offensichtlich Teile ihrer Einfassung sind. In ca. 2 m Entfernung davon, jenseits einer breiten, lehmigen Verfärbung, zieht sich durch die Südostecke der Fläche eine regelmäßige Pfostenreihe der jüngeren Ausrichtungsgruppe. Mangels anderer Hinweise läßt sich jedoch auch hier kein Zusammenhang zwischen Pfosten und Feuerstelle wahrscheinlich machen. Im südlichen Mittelteil der Fläche deuten einige Pfostenverfärbungen auf die Nordwestecke eines Hauses hin. Es liegt jedoch großenteils südlich der ergrabenen Fläche.

Im ergrabenen Westteil der östlich anschließenden Fläche IX N (*Taf. 65*) setzt die mittelstückige Steinmassierung fast völlig aus. Nur einzelne, größere Steine verteilen sich in und am Rande einer Auswaschung, die den ergrabenen Bereich diagonal durchquert. Beidseitig dieser Auswaschung ist der Boden in unregelmäßige Polygonen aufgerissen, ein Hinweis auf Aufschüttungstätigkeit. In den dunkel verfüllten Rissen und an ihren Schnittpunkten finden sich vor allem im Südteil häufig rundliche Verfärbungen. Es ließ sich jedoch nicht erweisen, daß es sich hierbei um Spuren von Pfostenlöchern handelte. Überreste von Feuerstellen sind nicht beobachtet worden.

Die nördlich anschließende Fläche IX M (*Taf. 61, 2*) wurde besonders sorgfältig untersucht. Ähnlich dem Westteil der Fläche IX N ist hier weitgehend jene Bodenstruktur zu beobachten, die in anderen Bereichen der Siedlung von Montegrande charakteristisch ist für aufgeschüttete, freie Plätze. Bemerkenswert ist eine mehr als 5 m lange Reihe großer Pfostenlöcher im Südostteil der Fläche. Ihre Orientierung entspricht der zweiten Ausrichtung. Sie findet ihre Fortsetzung im ergrabenen Südteil der nordöstlich gelegenen Fläche X L. Im Gegensatz zum entsprechenden Teil der Nachbarfläche IX L (*Taf. 61, 1*) sind hier allerdings vor allem im Westteil Pfostenverfärbungen zahlreicher. In keiner der genannten Teilflächen lassen sich eindeutige Bebauungsreste nachweisen.

Ergrabene Flächen im Nordostteil der Siedlung

Im Bereich der Fläche XIV C (*Taf. 68*) liegt die Nordwestecke der kleinen östlichen Plattform „Huaca Chica". Man erkennt aus der Bodenstruktur, daß die westlich vorgelagerte, sanft abfallende Fläche aufgeschüttet ist. Jenseits einer freien Fläche lagen leicht gegeneinander versetzt zwei Häuser, erkennbar am Verlauf der Pfostenreihen. Beide folgen der ersten Ausrichtung. Das südliche der beiden Häuser (Haus 134) befand sich in ca. 3,5 m Abstand von der Plattform, seine Ostwand war 3,2 m lang. Die Pfostenreihe, die die Nordwand spiegelt, ist durch zwei Raubgräberlöcher unterbrochen. Eine von zwei Pfostenlöchern begrenzte Lücke in den Pfostensetzungen der Nordwand deutet auf den Eingang hin. Die Nordwestecke des Hauses liegt im Bereich des Steges XIII/XIV C. Zwei Raubgräberlöcher im Bereich der Fläche XIII C (*Taf. 22*) sind wohl der Grund dafür, daß man weder die Pfostenverfärbungen der Westwand noch die der Südwestecke des Hauses 134 erkennen kann. Seine Breite betrug mehr als 2,9 m, seine Länge 3,2 m. Von einer Feuerstelle dieses Hauses sind keine Spuren zu erkennen. Möglicherweise wurden Reste einer solchen beim Bau eines jüngeren Hauses (147) entfernt.

Nur wenige Spuren deuten darauf hin, daß ein solches Haus (147) bestanden hat. Es handelt sich um stark verschwemmte Pfostengräbchenverfärbungen und einige zugehörige Pfostenlöcher. Sie sind offenbar ein Hinweis auf die Nordseite dieses Hauses (147), das näher bei dem Plattformbau lag als sein Nachfolgebau (Haus 134). Die Westwand von Haus 147 verlief quer durch Haus 134. Die Spuren seiner Nordwestecke überschneiden sich mit der Pfostenreihe der Südwand eines anderen Hauses (136), das der ersten Ausrichtung folgte.

Haus 136 lag um etwa 1 m versetzt im Nordwesten des zeitgleichen Hauses 134. Der Grundriß von Haus 136 ist rechteckig. An einen ungefähr quadratischen Hauptraum 136 a (2,5 m x 2,7 m) schließt sich nördlich ein langschmaler Korridorraum 136 b (1 m x 2,7 m) an. Zwischen beiden Räumen gab es keine Verbindung. Eine Lücke in der Pfostenreihe der Ostwand von Hauptraum 136 a weist auf die Lage des Eingangs hin. Man betrat Haus 136 ebenso wie Haus 134 vom Platz her. Aufgrund der schwierigen Bodenverhältnisse konnte man nur wenige Pfosten der Westwand von Haus 136 erkennen. Seine Südwestecke liegt im Bereich des Steges XIII/XIV C. Die Südwand, aus Pfostenlöchern und -gräbchenverfärbungen ersichtlich, war auf der Verfüllung einer Auswaschung errichtet, die sich hangabwärts nach Westen tiefer einschneidet. Eine aschig-lehmige Verfärbung etwa in der Mitte des Hauptraumes ist der einzige Hinweis auf eine Feuerstelle im Hauptraum. Aus der Pfostenreihe der Nordwand ergibt sich kein Hinweis auf einen Eingang in den nördlichen Korridorraum. Ein kleiner Teil seines Fußbodens ist erhalten. Dieser Estrich liegt beträchtlich oberhalb der rezenten Oberfläche innerhalb des Hauptraumes (136 a). Daraus folgt, daß der Fußboden von Raum 136 a die großen Steine seiner Innenfläche ursprünglich bedeckte. Aus der Verteilung der Steine in dieser Fläche erkennt man, daß der Estrich der beiden Räume 134 und 136 etwas erhöht lag im Verhältnis zum freien Platz neben der Nordwestecke des Ostheiligtums. Im Bereich der freien Fläche befinden sich auch einige Steine. Einige von ihnen sind jedoch offensichtlich von der Plattform hinuntergeschwemmt worden, die übrigen dienten zur Zuschüttung einer schmalen Auswaschung, die neben der Plattform verläuft.

Die unbebaute Fläche ist in beiden Siedlungsphasen jeweils nördlich von einem großen Haus begrenzt. Nur die Südostecken und Teile der Südwände dieser beiden Häuser liegen im Bereich der Fläche XIV C. Im Südostteil der nördlich anschließenden Fläche XIV B (*Taf. 70*) sind die Pfostenreihen der entsprechenden West- und Nordwände zu erkennen. Sie verlaufen auf Podien, deren Aufschüttungen aus der polygonal aufgesprungenen Struktur des lehmigen Bodens zu erkennen sind.

Haus 138 folgte der ersten Ausrichtung. Es war ca. 4 m breit und 5,5 m lang. Es gibt keinen Hinweis auf Trennwände im Innern. Die Pfostenreihe der südlichen Längswand (5,5 m lang) weist in der Mitte eine Lücke auf (ca. 1 m breit), Hinweis auf einen Eingang. Auch dieses Haus war von dem freien Platz her zu betreten. Wegen der Lage der anderen Lücken und ihrer geringen Breite kann man ausschließen, daß sie auf weitere Eingänge hinweisen. Offenbar sind in diesen Fällen Pfostenlöcher nicht erkannt worden. Verbrannte und aschige Stellen finden sich im Innern des Raumes mehrfach. Die einzige Verfärbung dieser Art, bei der es sich um Reste einer Feuerstelle handeln könnte, liegt in ca. 1 m Abstand von der Mitte des Hauses.

Haus 149 folgte der zweiten Ausrichtung und überlagerte das beschriebene Haus 138. Die dicht gesetzten Pfostenreihen seiner Wände umgrenzen eine Fläche von 5,1 m Länge und 4,85 m Breite. Es läßt sich kein Feuerstellenrest erkennen. Pfostenlöcher und -gräbchen spiegeln Korridorräume, die einen Hauptraum im Norden und Westen umschlossen. Der westliche von ihnen ist nur 45 cm breit, der nördliche 95 cm. Im Pfostengräbchen an der Nordwestecke der Korridorräume zeichnen sich Steine zwischen den Pfostenlöchern ab. Die Lage der Eingänge ist aus dem Befund nicht zu ersehen.

Parallel zur Westwand des Hauses 138 verlaufen in ca. 2 m Abstand die Pfostenverfärbungsreihen des kleineren Hauses 140. Es folgte ebenfalls der ersten Ausrichtung. Seine Grundfläche wird von einer Auswaschung durchzogen. Die Südwestecke des Hauses liegt unter dem westlichen Steg der Fläche XIV B. In diesem Bereich fällt das Gelände stark ab. Der anstehende Boden ist durch Auswaschung soweit abgetragen, daß keine Pfostenlöcher der Westhälfte der Südwand beobachtet werden können. Eine rundliche Pfostensetzung im Innenwinkel der Nordwestecke ist möglicherweise ein Hinweis auf einen Einbau. Es lassen sich keine Brandflecken einer Herdstelle beobachten. Das hängt mit dem Verlauf der Auswaschung zusammen. Hinweise auf die Lage des Eingangs fehlen. Aus den Verfärbungen ist auch kein Hinweis auf eine Überbauung im Zusammenhang der zweiten Ausrichtung zu ersehen. Nur an der Nordwestecke deutet sich in Pfostenverfärbungen die überschneidende Südwand eines mehrräumigen, nördlicher gelegenen Hauses an, das der zweiten Ausrichtung folgte (Haus 151).

Haus 151 lag im nordwestlichen Viertel der Fläche XIV B (*Taf. 70*). Der gesamte Bereich weist zahlreiche Flecken jenes grauen Staubs auf, der beim Zerfall von Fußböden entsteht. Eine Fläche von fußbodenartiger Konsistenz findet sich nahe der Nordwestecke am Steg. Mehrere brandige Stellen mit Holzkohle, Asche und Steinen lassen sich mit den gereihten Pfostenlochverfärbungen nicht in Verbindung bringen. Haus 151 besteht aus drei Räumen. Der südliche Raum 151 c erstreckt sich über die gesamte Breite des Hauses (3,2 m). Der Nordteil bestand aus dem rechteckigen Hauptraum 151 a, einem langschmalen (80 cm) Korridorraum (151 b) im Osten und ist breiter (3,05 m) als der Südteil (2,1 m). Nur in der Südwand von Raum 151 c und in der Nordwand von Raum 151 a sind Lükken in den Pfostenreihen Hinweise auf Eingänge. Zahlreiche kleinere Lücken in den beobachteten Pfostenreihen sind wohl begründet in der Schwierigkeit, im anstehenden Boden dieses Flächenteils Pfostenlöcher zu finden. Innerhalb aller drei Räume sind zahlreiche Pfostenlöcher zu erkennen, nur zum Teil zugehörig zu Pfostenreihen des schmaleren Vorgängerbaus (142), der der ersten Ausrichtung folgte.

Haus 142 bestand aus einer Ost-West gerichteten Folge von Räumen. Der im Osten gelegene Raum 142 b ist ebenso schmal wie der überlagerte Raum 151 b des jüngeren Hauses (80 cm). Im westlich anschließenden Raum 142 a liegt in der Mitte eine brandige Verfärbung, Hinweis auf eine zentrale Feuerstelle. Im Osten setzt sich die Südwand-Pfostenreihe bis zum Steg fort. Sie begrenzt einen weiteren Raum des Hauses 142, der offensichtlich außerhalb der ergrabenen Fläche liegt. Dasselbe ist bei einem nördlich an die Räume 142 a und b anschließenden Raum der Fall. Die Südostecke des nördlichen Raumes deutet sich in der Fortsetzung der Ostwand-Pfostenreihe von Raum 142 b an.

In der Nordostecke der Fläche XIV B zeichnen sich Pfostenlöcher der Südwestecken von zwei überlagerten Räumen beider Ausrichtungen ab. Ihre Grundrisse lassen sich in der Fläche XV B (*Taf. 71*) hauptsächlich in Pfostengräbchen weiterverfolgen. Haus 153 folgte der zweiten Ausrichtung und war sehr viel kleiner als sein Vorgängerbau. Es bestand aus zwei Räumen etwa gleicher Größe, 153 a (2,9 m x 2,3 m) und b (2,9 m x 2,3 m). In der Fläche XV B sind aufgrund der Erosion kaum Hinweise auf den Verlauf der Südwand des östlichen Raumes 153 a beobachtet worden. Seine Ost- und Nordwand sowie ein Teil der Nordwand von Raum 153 b deuten sich hingegen in Pfostengräbchen an. Jenseits des Steges XIV/XV B, in der Fläche XIV B, ist die Lage der Süd- und Westwand des Westraumes 153 b aus Pfostenreihen zu erkennen. Etwa in der Mitte des Raumes 153 a befinden sich Hinweise auf eine Feuerstelle.

Der Vorgängerbau von Haus 153 (Haus 144) folgte der ersten Ausrichtung. Es war wesentlich größer und bestand aus zwei nebeneinander liegenden Räumen, 144 a (2,8 m x 3,95 m) und b (2 m x 3,95 m), sowie einem nördlich vorgelagerten, langschmalen Raum 144 c (5,1 m x 60 cm). Ein kleines Bodenfragment des westlichen Raumes (144 b) ist erhalten. Seinem Niveau nach liegt dieser Raum etwas tiefer als der östliche Raum (144 a). Reste einer offensichtlich etwas nördlich von der Raummitte gelegenen Feuerstelle von Raum 144 a sind erhalten. Eine Feuerstelle von Raum 144 b liegt möglicherweise unter dem Steg XIV/XV B. Er verläuft quer durch Raum 144 b und bedeckt auch die Südwestecke von Haus 144 a. Die Lage der Eingänge läßt sich aus den Befunden nicht erschließen.

In der Fortsetzung der Ostwand von Haus 144 verläuft ein niedriges Terrassierungsmäuerchen, ebenfalls der ersten Ausrichtung folgend. Es beginnt bei der Südostecke des Hauses und biegt ca. 2 m weiter südlich nach Osten ab. Auf der so abgestützten Terrassierung im Südosten des Hauses sind außer vereinzelten Pfostenlöchern keine Bebauungsreste erkannt worden. Graues, aschig-lehmiges Material wird bedeckt von hellem, schluffigem Boden. Es findet sich im dritten (gezeichneten) Planum auf der gesamten Fläche. Die Terrassierung ist also nachweislich aufgeschüttet. Vor ihrer Südwestecke lag in den Flächen XIV B/C das beschriebene Haus 149, das der ersten Ausrichtung folgte.

Die Befunde der Fläche XV C (*Taf. 69*) deuten auf ein Haus (155) östlich vor der Terrassierung hin. Es folgte der zweiten Ausrichtung. Seine Nordwestecke liegt unter dem Steg XV B/C. Seine Westwand war aus Pfostenlöchern und Pfostengräbchen zu erkennen. Die Südwestecke und die Südwand überlagerten teilweise die Nordwand eines südlicher gelegenen Hauses, das der ersten Ausrichtung folgte (Haus 148). Die Ostwand, erkennbar an Pfosten- und Pfostengräbchenverfärbungen, durchquerte den Westteil eines weiteren Hauses der ersten Ausrichtung (Haus 146). Man fand keine Hinweise auf die Lage des Eingangs und der Feuerstelle von Haus 155. Es bestand aus einem großen Rechteckraum (2,8 m x 3,6 m). In der einen Großteil des Bereiches unmittelbar nördlich von Huaca Chica umfassenden Fläche XV C läßt sich aus den zahlreichen, beobachteten Pfostenverfärbungen kein weiterer, der zweiten Ausrichtung folgender Grundriß erkennen.

Die Befunde der älteren Siedlungsphase sind hier zahlreicher. Im nördlichen Mittelbereich der Fläche XV C zeichnet sich ein rechteckiges Haus 146 ab. Es war offensichtlich etwas in den Hang eingetieft. Nord-, Ost- und Westwand sowie Teile der Südwand zeichneten sich in Pfostengräbchen ab. Zahlreiche mittelgroße Steine sind auf der Nord-, Ost- und Südseite in das Gräbchen eingesetzt. Sie wechseln sich mit Pfostenlöchern ab. Die Südwand spiegelte sich in zahlreichen gereihten Pfostenverfärbungen. Es dürfte kein Zufall sein, daß sich die größeren Steine jeweils bergwärts finden, während in West- und Südwand – beide hangwärts – nur kleinere Steine zwischen die Pfosten gesetzt waren. Eine Lücke in der Südwand deutete auf einen zentralen Eingang hin. Er öffnet sich in Richtung auf die Rückfront des kleinen Plattformbaus Huaca Chica. Etwa in der Mitte des Raumes deuten Brandflecken auf die ehemalige Feuerstelle hin. Nördlich von Haus 146 finden sich die teilweise erhaltenen Reste des angrenzenden Fußbodens. Im Inneren des Raumes ist der Boden durch Erosion zerstört. Die Ostwand und wohl auch Teile des Bodens ruhten auf einer Füllung aus organischem Material. Im Westteil des Raumes weist die Struktur des Bodens auf eine Aufschüttung hin. Sie besteht aus der feinkörnigen Komponente des Anstehenden.

In dem erhaltenen Boden hangaufwärts ist eine stark ausgebrannte, mit Steinen gefüllte Grube zu erkennen. Es handelt sich um eine jener „Brandstellen", die auch in anderen Teilen der Siedlung charakteristisch für unbebaute Bereiche sind. Die unbebaute Fläche südöstlich vor Haus 146 ist in der westlichen Flucht des Eingangs begrenzt durch ein identisch ausgerichtetes Haus (148). Der nördliche Korridorraum (148 c; 1,0 m x 3,6 m) liegt in geringem Abstand (ca. 85 cm) von der Südwand des Hauses 146. An diesen langschmalen Raum schließen im Süden zwei Räume an. Der an den fast quadratischen Hauptraum des Hauses (148 a) westlich anschließende Raum 148 b ist ebenfalls schmal (0,9 m x 2,6 m). Sein Südwestteil liegt unter dem Steg XIV/XV C. Nur die Nordwand und Teile der Ostwand dieses Hauses sind aus durchgehenden Pfostengräbchen erschließbar, während auf die übrigen Außen- und Querwände gereihte Pfostenlöchern hinweisen. Lücken, die auf Eingänge schließen lassen, sind nur im Verlauf der Ostwand-Pfosten von Raum 148 a zu erkennen. Auf dieser Seite sind allerdings insgesamt wenige Pfosten zu beobachten. Der Hauptraum von Haus 148 öffnet sich wahrscheinlich in Richtung auf die freie Fläche hinter der Ostplattform.

Die östliche Begrenzung dieser unbebauten Fläche deutet sich im Befund der ergrabenen Fläche nicht an. Ein West-Nordwest – Ost-Südost verlaufendes Pfostengräbchen, das der ersten Ausrichtung folgt, beginnt in ca. 2 m Abstand vom Haus 148 und verläuft zwischen Haus 146 (ca. 2,3 m Abstand) und Huaca Chica (2,7 m Abstand). Die zahlreichen Pfostenverfärbungen in diesem Bereich fügen sich jedoch nicht zu einer jenem Pfostengräbchen entsprechenden Reihung. Ein Steg wurde in der Fläche XV C im rechten Winkel zur Nordwand der Plattform belassen. Jenseits setzt sich das Pfostengräbchen fort. Es sind keine Befunde beobachtet worden, die in einem erkennbaren Zusammenhang mit diesem Pfostengräbchen stehen. Die Pfostenreihe, die der zweiten Ausrichtung folgt, verläuft in diesem Bereich in ca. 2 m Abstand von der Nordwand der Huaca Chica und ist in einer Länge von ca. 3 m zu beobachten. Sie setzt sich in der Fläche

XVI D (*Taf. 115, 1*) fort und steht offensichtlich in Zusammenhang mit diesem Plattformbau.

Nördlich des in den Hang eingetieften Hauses 146 ist jenseits der runden steingefüllten „Brandstelle" in der Fläche XV C kein Hinweis auf Baureste bzw. Häuser zu beobachten. Ca. 4 m weiter nördlich, in der Fläche XV B (*Taf. 71*), finden sich zahlreiche Pfostenlöcher, die auf die Nord- und Westwände der Häuser beider Ausrichtungen (Häuser 150 und 157) hinweisen. In beiden Fällen sind keine Pfostenverfärbungen zu beobachten, aus denen man den Verlauf der Südwände erschließen könnte. Offensichtlich sind wegen der ungleichmäßigen, lehmigen, beigefarbenen, großen Verfärbung mit bräunlichen Einschlüssen im Boden des entsprechenden Bereichs diese Wandspuren nicht erkannt worden. Lücken in den Pfostenstellungen der Westwand deuten möglicherweise auf Eingänge hin. Sie öffnen sich in Richtung auf den unbebauten Bereich oberhalb der aufgeschütteten Terrassierung. Er wird im Norden und Osten von Häusern beider Ausrichtungen (150, 152 und 157, 159) begrenzt.

Die Feuerstelle von Haus 152, das der zweiten Ausrichtung folgte, ist in Resten erhalten. Nur wenige Pfostenverfärbungen der Nord- und Ostwand wurden beobachtet, während jene der Süd- und Westwand sich deutlicher abzeichnen. Das Haus hatte einen rechteckigen Grundriß (2,8 m x 2,5 m). Es ist nicht sicher, ob sich der Eingang im Süden befand. Eine überlagernde Pfostenreihe läßt nicht klar erkennen, ob hier eine entsprechende Pfostenlücke bestand. Diese Pfostenreihe gehört zur Südwand eines Hauses (159), das der zweiten Ausrichtung folgte und Haus 152 überlagerte. Sein Ostteil (von Haus 159) zeichnet sich in dem beobachteten Befund nicht ab. Aus den Pfostenreihen des Westteils ist zu erkennen, daß Haus 159 ebenfalls einen rechteckigen Grundriß aufweist (seine Breite beträgt 2,3 m, die Länge mehr als 2,5 m). Hinweise auf eine Feuerstelle haben sich nicht erhalten.

Im nördlich anschließenden Bereich, der Nordwestecke der Fläche XV B, finden sich zahlreiche Pfostenlöcher. Sie lassen jedoch keine eindeutigen Reihungen erkennen. Möglicherweise stehen sie in Zusammenhang mit einem großen, freien Platz, der fast den gesamten Bereich der nördlich anschließenden Fläche XV A (*Taf. 72*) einnimmt. Pfostenreihen beider Ausrichtungen sind in dieser Fläche zu beobachten. Im Norden begrenzt ein Terrassierungsmäuerchen der alten Ausrichtung die Fläche, westlich verläuft im rechten Winkel dazu eine Pfostenreihe. Man kann sie bis zum nördlichen Rand der Fläche erkennen. Auf der Ostseite des anschließenden, unbebauten Areals findet sich (in ca. 6 m Abstand) eine weitere, parallel verlaufende Pfostenreihe. Ca. 3 m weiter östlich folgt eine weitere Pfostenverfärbungsreihe. Diese läßt sich bis in ca. 3 m Abstand vom Südrand der Fläche bis zu ihrem Ostrand verfolgen. Die gesamte Fläche XV A fällt unterhalb des Mäuerchens nur ca. 60 cm ab. In ihrem unteren Drittel liegt etwa 1,2 m westlich der mittleren Pfostenreihe eine jener rundlichen steingeflüllten Feuerstellen mit starken Brandresten („Brandstellen"), wie sie von zahlreichen Plätzen der Siedlung nachgewiesen sind. Es kann nicht erwiesen werden, ob diese Feuerstelle bereits zur Zeit der älteren Siedlungsphase oder erst auf dem Platz der jüngeren angelegt worden ist. Eine Reihe von Pfosten der ersten Ausrichtung im Südwesten der Fläche XV A und im Norden der Fläche XV B stellt möglicherweise die südliche Begrenzung des Platzes dar. Ihr Ende liegt etwa in der Flucht der entsprechend ausgerichteten Pfostenreihe auf der Ostseite der unbebauten Fläche.

Südlich des Terrassierungsmäuerchens in ca. 1,6 m Abstand befindet sich eine (6,8 m) lange, dicht gesetzte Pfostenreihe, die der zweiten Ausrichtung folgt. Sie biegt am östlichen und westlichen Ende im rechten Winkel nach N ab. Anscheinend ist hier in Zusammenhang mit der Bebauung der zweiten Siedlungsphase eine Stützmauer aus organischem Material vor der älteren Terrassierung errichtet worden. Dichte, staubige Lehmablagerungen südlich unterhalb der Pfostenreihe könnten verschwemmte Reste von Aufschüttungen hinter dieser Pfostenreihe sein, zumal sich die Befunde (Pfostenreihen) erst unterhalb dieser lehmigen Schichten abzeichneten. Die Fläche südlich weist ein geringes Gefälle auf. Sie diente wohl auch im Zusammenhang mit der Bebauung der jüngeren Siedlungsphase als relativ ebener, freier Platz.

An ihrem westlichen Ende biegt die Pfostenspur der Terrassierung nach Norden um und verläuft in Richtung auf das Westende des älteren Terrassierungsmäuerchens. Das Gelände jenseits dieser Pfostensetzung fällt nach Westen, in Richtung auf eine tiefere Auswaschung ab, an deren Rand eine weitere Pfostenreihe, die, der zweiten Ausrichtung folgend, nach Süden verläuft. Sie setzt sich bis zum Westrand der Fläche nach Süden fort. Diese Pfosten bildeten wohl die Westbegrenzung des Platzes im Zusammenhang der jüngeren Siedlungsphase. Sie begrenzten gemeinsam mit der oben erwähnten Pfostenreihe am Westrand der Terrassierung einen (im Nordostteil der Fläche XV A gelegenen) Aufgang von dem freien Platz auf die bergwärtige Terrassierung im Norden.

Die südliche Begrenzung des freien Platzes jenseits der „Brandstelle" ist auch für die Bebauung dieser Ausrichtung durch die Pfostenlöcher nicht eindeutig definiert. Sie sind nicht gereiht, jedoch so zahlreich, sowohl im Südteil der Fläche XV A, wie im Nordteil der

Fläche XV B, daß man nicht davon ausgehen kann, daß sich die unbebaute Fläche im Süden bis zu den Häusern 153 und 159 erstreckte. Trotz des Vorkommens einiger großer Steinblöcke im Bereich der freien Fläche ist eine bewußte Gestaltung als Platz wahrscheinlich. Besonders im unteren, südlichen Teil sind Hinweise auf Aufschüttungen zum Ausgleich von Unregelmäßigkeiten im Gelände an der charakteristischen Bodenstruktur zu erkennen.

Der Bereich oberhalb des Terrassierungsmäuerchens zeichnet sich durch regelmäßigen, bräunlich-lehmigen Boden aus. Nur unmittelbar hinter dem Mäuerchen ist er hellehmig und stärker mit Steinen durchsetzt. In diesem Teil der Fläche XV A fand sich kein einziges Pfostenloch. Zwei sehr kleine, rundliche Feuerstellen mit starken Brandresten bilden weitere Hinweise darauf, daß auch dieser Bereich unbebaut war. Die freie Fläche setzt sich in der nördlich anschließenden Fläche XV Z (*Taf. 73*) fort. Sie ist im Westen von sich überlagernden Häuser beider Ausrichtungen begrenzt (161 und 154). Ihre Westwände lagen jeweils in der Flucht der östlichen Terrassierungs-Begrenzungen. Jene von Haus 154 stimmt mit dem Ende des Stützmäuerchens überein (beide folgten der ersten Ausrichtung); die von Haus 161 mit dem Westende der Pfostenreihe in der Fläche XV A (beide folgen der zweiten Ausrichtung). Pfostenlöcher von Südwänden beider Häuser fehlen im Befund weitgehend. Die Ablagerungen, in die jene Pfosten eingetieft waren, sind aberodiert. Auch auf der Ostseite sind nur wenige Pfostenverfärbungen beobachtet worden. Das hängt auch mit einer Auswaschung zusammen, deren Verlauf ebenfalls aus dem Höhenlinienverlauf erkennbar ist. Sie durchquert diagonal die freie Fläche oberhalb der Terrassierung. Ihre Entstehung ist wohl einem Aufgang westlich der Terrassierungspfostenreihe vom südlichen Platz (der Fläche XV A) her zu verdanken. Er ist in das Gelände eingetieft, so daß das Wasser von Regenfällen in dieser Richtung abfließt. Einen mit Haus 154 und dem Terrassierungsmäuerchen zeitgleichen Aufgang an dieser Stelle hat es wahrscheinlich nicht gegeben. Das westliche Ende des Terrassierungsmäuerchens liegt in ca. 50 cm Abstand von der Südostecke des Hauses 154. Aufgänge und Treppen sind in Montegrande immer breiter als 50 cm. Im Zusammenhang der zweiten (jüngeren) Ausrichtung, mit Haus 161 und der Pfostenterrassierung scheint hingegen ein Aufgang hier nicht nur wegen der ausrichtungsgleichen Pfosteneingrenzung am Rande des südlichen Platzes sehr wahrscheinlich. Haus 161 lag nämlich etwas weiter nördlich als sein Vorgängerbau (Haus 154). Der Abstand zur Pfostenterrassierung beträgt mehr als 1 m.

Haus 154 bestand aus dem südlichen Hauptraum 154 a (2,6 m x 3,3 m) und einem schmalen nördlichen Korridorraum 154 b (0,95 m x 3,3 m). Aus den erwähnten Gründen sind nur wenige Pfostenlöcher der Südwand von Raum 154 a beobachtet worden, die Westwand zeichnete sich etwas deutlicher ab. Auch aus den Pfostenverfärbungen der Trennwand zwischen den Räumen 154 a und b sind keine Hinweise auf einen Durchgang zu ersehen. Eine der Lücken zwischen den wenigen Pfosten der Ostwand von Raum 154 a liegt in der Mitte und weist ungefähr die einem Eingang entsprechende Breite auf. Demnach ist der Hauptraum von der freien Fläche auf der Terrassierung her zu betreten. In den Pfostenreihen von Raum 154 b zeichnet sich keine Lücke ab, die auf einen Eingang hinweisen könnte. Spuren einer Feuerstelle innerhalb von Raum 154 a sind nicht gefunden worden. Brandige Aschenreste in der Mitte des schmalen Raumes 154 b deuten jedoch auf die zentrale Feuerstelle des Nachfolgebaus von Haus 154 hin. Dieses Haus (161) hat einen quadratischen Grundriß (3,8 m x 3,5 m). Nord- und Westwand ließen sich relativ klar erkennen. Die Südwand war aus den erwähnten Gründen (Geländeabfall) stark von Erosion betroffen. Aufgrund der schwierigen Bodenverhältnisse im Bereich der Ostwand wurden nur wenige Pfostenverfärbungen beobachtet. Es ist möglich, daß der Eingang wie beim Vorgängerbau auf der dem freien Platz zugewandten Ostseite lag.

An die Nordostecke von Haus 161 stößt die Südwestecke des ausrichtungsgleichen Hauses 163. Dieses Haus begrenzte den unbebauten Bereich auf der Terrassierung im Norden. Es ist ein quadratisches Haus (3,9 m x 3,49 m) mit einer zentralen Feuerstelle. Entsprechende beträchtliche Überreste haben sich in situ erhalten, denn das Gelände verläuft hier fast waagerecht. Die Pfostenreihen zeichnen sich klar im Anstehenden ab. Am deutlichsten ist der Verlauf der Westwand zu erkennen, deren Pfosten dicht und regelmäßig gesetzt waren. Auch Nord- und Südwand waren eindeutig identifizierbar, obwohl am Ostende von beiden Pfostenreihen keine Pfostenverfärbungen beobachtet worden sind. Die Nordostecke liegt unter dem Steg XV/XVI Z. Der Boden von Haus 163 lag so dicht unterhalb der rezenten Oberfläche, daß er beim Ausgraben nicht herauspräpariert werden konnte. Er befand sich auf einem 10 cm höheren Niveau als ein freier Platz, den man westlich von Haus 163 und nördlich von Haus 161 aufgeschüttet hat. Der helle Lehm in diesem Bereich ist dementsprechend aufgesprungen. In der Nordwestecke der Fläche XV Z hat sich ein Stück des ursprünglichen Bodens neben einem Raubgräberloch erhalten.

Im Südosten von Haus 163 lag in den Flächen XV und XVI Z (*Taf. 73; 74*) das zeitgleiche Haus 165. Beide Häuser haben einen Wandteil gemeinsam: Die Ostwand von Haus 163 bildete z. T. auch die Westwand des Hauses 165. Das Letztere ist etwas nach Süden versetzt. Es begrenzte mit seiner Westwand die unbebaute Fläche, welche südlich durch die pfostengestützte Terrassierung der Fläche XV A begrenzt wird, im Norden und Westen von den Häusern 161 und 163. Weder Nord- noch Südwand dieses Raumes lassen sich vollständig aus Pfostenlöchern erkennen. Nur von der Trennwand zwischen dem größeren, rechteckigen, westlichen Raum (165 a: 3,4 m x 2,6 m) und dem langschmalen Raum im Osten (165 b: 3,4 m x 0,9 m) sind Wandspuren erhalten, ebenso zeichnen sich von der Ostwand des Raumes 165 b deutlich Spuren ab. Nach Lage der Pfostenlöcher kann sich der Eingang nur im Süden befunden haben. Den Mittelbereich der Südwand bedeckt jedoch der Steg XV/XVI Z. Eine zentrale Feuerstelle innerhalb von Raum 165 a ist nicht beobachtet worden. Vermutlich ist sie ebenfalls vom Steg bedeckt.

Die Ostwand von Raum 165 b schneidet im Südteil der Fläche XVI Z (*Taf. 74*) eine jener für freie Flächen typischen „Brandstellen" – eine runde, stark ausgebrannte Feuerstelle mit Steinen. Ihre Lage läßt darauf schließen, daß sich in der älteren Siedlungsphase die unbebaute Fläche oberhalb des Terrassierungsmäuerchens bis hierher erstreckte. Ihre nördliche Begrenzung bildete zu dieser Zeit Haus 156. Es wurde im Süd- und Westteil überlagert von den Häusern 163 und 165. Nur wenige Pfosten deuten auf die Nord-und Ostwand hin. Das schwärzlich verfüllte Pfostengräbchen der Ostwand ist stark verschwemmt. Es weicht aus der Flucht der Pfosten hangwärts. Pfosten der Südwestecke finden sich jenseits des Steges XV/XVI Z, in der Fläche XV Z. Süd- und Westwand verlaufen zum Teil im Bereich dieses Steges. Hinweise auf eine Feuerstelle befinden sich auf der Mittelachse des Hauses, südlich von seinem Zentrum versetzt. Der Grundriß von Haus 156 war diesen Spuren nach rechteckig (ca. 3,35 m x 2,60 m).

In ca. 1 m Abstand nördlich von Haus 156 findet sich wiederum eine der für unbebaute Flächen typischen „Brandstellen". Sie ist wahrscheinlich nicht zeitgleich mit Haus 156. Verschiedene Spuren deuten darauf hin, daß in diesem Bereich ein weiterer Raum dieser Ausrichtung anschließt. Eine Folge von drei Pfostenlöchern verläuft in 50 cm Abstand westlich der „Brandstelle" in der Flucht der Westwand des Hauses 156. Eine andere Pfostenreihe in 4,5 m Abstand östlich folgt ebenfalls der jüngeren Ausrichtung. In der Mitte zwischen beiden befinden sich Überreste einer charakteristischen, etwa quadratischen Feuerstelle mit weißaschiger Füllung. Aus diesen spärlichen Befunden läßt sich weder ein Grundriß rekonstruieren, noch entscheiden, ob die Spuren einem zeitgleichen Haus oder einem Nebenraum von Haus 156 entsprechen. Der Bereich nördlich von Haus 156 war jedoch mit Sicherheit in der älteren Siedlungsphase bebaut und kein freier Platz.

In der Mitte der Fläche XVI Z hat sich eine Auswaschung in die Oberfläche eingeschnitten. Sie ist offensichtlich schon in der Zeit der Siedlung zugeschüttet worden. Man erkennt in der Verfüllung Pfostenlöcher. Sie stellen möglicherweise die Nordwestecke eines im übrigen nicht erkennbaren Hausgrundrisses dar. Die Pfosten der Nordseite bilden die Fortsetzung einer ca. 7 m langen Pfostenreihe, die der zweiten Ausrichtung folgt und die östlich anschließende Fläche XVII Z (*Taf. 75*) durchquert.

In 3,3 m Abstand südlich dieser Pfostenfolge verläuft parallel zu ihr eine weitere Pfostenreihe durch die Fläche XVII Z. Sie bildet zusammen mit der ersteren die einzige erkennbare Bebauungsspur in dieser schwach geneigten Fläche. Pfostenlöcher dieser Reihen befinden sich auch hier innerhalb einer verfüllten Auswaschung. Beide parallelen Pfostenreihen dürften wohl eher unbebaute Flächen unterteilen als Wände darstellen. Ein Zusammenhang mit dem ca. 9,5 m weiter nördlich, in der Fläche XVII Y gelegenen Haus 167 ist anzunehmen (*Taf. 76*). Haus 167 war der einzige eindeutige Baubefund in dieser Fläche. Hier finden sich im übrigen sehr zahlreiche, verstreute Pfostenlöcher. Ihr Zusammenhang ist jedoch nicht nachvollziehbar.

Haus 167 bestand aus einem quadratischen Raum (2,8 m x 2,6 m). Seine Ostwand und Nordostecke lagen fast vollständig außerhalb der Fläche. Die Wände im Bereich der Fläche sind an regelmäßigen und dicht gesetzten Pfosten zu erkennen. Keine Lücke weist auf die Lage des Eingangs hin. Er lag demnach außerhalb der Fläche auf der Ostseite. In der Mitte des Hauses befanden sich die Überreste der zentralen Feuerstelle. Haus 167 bildete den nördlichsten ergrabenen Hausbefund der Siedlung von Montegrande.

Die Bauweise von Wohnhäusern wie in Montegrande ist in der archäologischen Literatur des Zentral-Andengebietes bisher nicht beschrieben worden. Das hängt damit zusammen, daß keine Flächengrabungen entsprechender Siedlungen publiziert worden sind. (s. S. 18). In Montegrande ermittelt wurden Pfostenlöcher und Wandgräbchen. Die Pfostenlöcher haben durchschnittlich eine Dicke von 12 cm. Nur in seltenen Ausnahmefällen wurde eine Pfostengrube nachgewiesen. Die Häuser lagen auf Terrassierungen, wobei bergwärts Erdreich entfernt und talwärts aufgeschüttet wurde. Die talseitige Aufschüttung war mitunter durch Steine oder Pfosten abgestützt. Diese Terrassierungen deuteten sich fast immer bereits auf der Oberfläche an.

Die besten Beobachtungen zur Bauweise waren aufgrund der Erhaltungsbedingungen in unmittelbarem Umkreis der Plattformbauten zu machen. Bei den Häusern 202, 219, 231, 233, 234 konnte an den Abdrücken im Lehm der Wände festgestellt werden, daß Rohrstäbe (caña) als Pfosten dienten. Die Pfostenstellen ließen sich hier aufgrund der unterschiedlichen Konsistenz von Rohrstabresten und Lehmmörtel ermitteln (*Taf. 140, 2; 142, 1; 143*). Die zwischen 10 cm und 32 cm dicken Pfosten standen in geringem Abstand voneinander, mit Steinstücken in Lehmmörtel dazwischen. Die etwa 20 cm dicken Wände waren beidseitig sorgfältig mit organisch gemagertem Lehmverputz überzogen.

Der Bodenestrich besaß eine sorgfältig verstrichene oberste Schicht (*Taf. 142,2*) aus demselben feingemagerten grauen Lehm wie der Wandverputz und schloß unmittelbar an diesen an. Der Lehm stammt wahrscheinlich aus der ca. 2 km entfernten Flußaue. Im übrigen bestanden die Fußböden aus dem anstehenden feinkörnigen, schluffigen Material des Hangschuttfächers (Meseta 2). Aufschüttungen dieser Art erweisen sich als sehr haltbar (Mietens 1973), so daß sie auch dann noch nachweisbar sind, wenn der bedeckende Estrich wegerodiert ist. In diesen Fällen weist die freigelegte Oberfläche eine polygonale Struktur auf. Böden dieser Art gehören ähnlich auch zu Plätzen und Terrassierungen. Die Hausfußböden waren mitunter gestuft. In zwei Fällen (Haus 222, 224) ließen sich solche Stufen im Innern feststellen, in drei Fällen indirekt erschließen (Haus 40, 57, 74).

Für die Dachkonstruktion gibt es nur wenige Anhalte. Im Innern der Häuser wurden keine Pfostenlöcher gefunden, die von Stützpfosten für ein Dach stammen könnten. In ausgebrannten und eingestürzten Häusern (219, 231: *Taf. 118 – 119, 1-3*) waren Lagen von verbranntem Rohr (caña) zu erkennen, die auf Dächer aus Rohr schließen lassen. Wahrscheinlich besaßen die Häuser von Montegrande Dächer der Art, die man heute in der nordperuanischen Küstenregion „techo de torta" nennt. Diese bestehen aus einer Lehmschicht auf einer Rohrstab-Konstruktion.

Innerhalb der untersuchten Flächen im Nordareal von Montegrande wurden – abgesehen von den unmittelbar an die beiden Hauptplattformen anschließenden Terrassen – Grundrisse von 164 Häusern ermittelt, 84 % davon vollständig. Die festgestellten Pfostenreihen und Pfostengräbchen lassen zwei Ausrichtungsgruppen erkennen, die denen der Plattformbauten entsprechen.

Charakteristisch für die Häuser sind eingetiefte Feuerstellen (*Taf. 121, 4 – 6; 142,3*) ungefähr in der Mitte der Räume. In 46 Fällen war ihre Form deutlich zu erkennen: Fünf Feuerstellen sind rund (Haus 74 – Raum c, Haus 121, Haus 61, Rundbau 50, Rundbau 212), alle anderen rechteckig bzw. fast quadratisch, mit Steinplatten umstellt und oben sowie innen mit einem Verputz überzogen. Die Füllungen bestehen aus hell-weißlicher Asche, ·Holzkohle fand sich kaum.

Einige Häuser besaßen runde Grundrißform (*Taf. 157,4–6*). In fünf Fällen können sie keiner der beiden Ausrichtungen bzw. Siedlungsphasen zugewiesen werden. Aus stratigraphischen Beobachtungen ergibt sich, daß es in beiden Siedlungen Rundbauten gab.

Zwei weitere Häuser (18 und 49) unterschieden sich in Form und Ausrichtung von den übrigen. Ihr länglicher Grundriß besaß an der nördlichen Schmalseite rechte Winkel; ihre Südwand verlief schräg (*Taf. 7; 11*). Die Längsachse stimmt mit der magnetischen Nordrichtung überein. Diese Unterschiede gegenüber den anderen Häusern dürften am ehesten chronologisch und nicht anders – z. B. funktional – zu erklären sein, denn einer der beiden Grundrisse schneidet solche der älteren und der jüngeren Ausrichtungsgruppe, ohne daß sein chronologisches Verhältnis zu diesen hätte bestimmt werden können. Der Gesamtbefund läßt jedoch vermuten, daß jene beiden abweichenden Häuser nicht in den Zeitraum zwischen den beiden Siedlungsphasen gehören, sondern älter oder jünger als beide sind.

Am häufigsten kommen in der Wohnsiedlung Häuser mit quadratischem Grundriß vor (*Taf. 153; 154*). Die 46 ein- oder zweiräumigen Häuser dieser Form waren regelmäßig gebaut; nur in zehn Fällen war eine Seite wenig mehr als ein Zehntel länger als die andere (siehe Liste S. 73, 74, 75). Von diesen quadratischen Häusern deutlich zu unterscheiden waren diejenigen mit rechteckigem Grundriß. Die Längsseiten sind bei diesen immer mehr als ein Viertel länger als die Schmalseiten (*Taf. 156;* siehe Listen S. 76). Die quadratischen Häuser beider Ausrichtungsgruppen zeigten zwei Größen. Die eine besaß eine Innenfläche von durchschnittlich 12,71 m^2, die andere eine solche von durchschnittlich 7,83 m^2 (siehe Listen S. 73–75). Übergänge zwischen beiden gibt es nicht. Die Häuser der älteren Siedlung waren allgemein etwa 1 m^2 kleiner als diejenigen der jüngeren Siedlung.

Neun quadratische Häuser wiesen eine Unterteilung im Innern auf (*Taf. 155, 1. 2,* siehe Liste S. 74). Diese grenzten einen langschmalen Raum ab. In keinem Fall gibt es Hinweise auf einen Durchgang

Quadratrische Häuser ohne Unterteilung
ältere Siedlungsphase (insgesamt 20 Häuser)

Haus u. Nr.	Lage Fläche		Größe	Länge der W/O- u. N/S-Wand	Proportion der Wände	Feuerstelle
16	IV	F	13,68 m^2	3,65 x 3,75	1 : 1,03	–
84	XI	G	13 m^2	3,35 x 3,9	1 : 1,16	x
28	II	F	12,25 m^2	3,5 x 3,5	1 : 1	x (?)
34	II	G	11,9 m^2	3,4 x 3,5	1 : 1,02	x (?)
100	XV	F	11,55 m^2	3,3 x 3,5	1 : 1,06	x
140	XIV	B	10,56 m^2	3,3 x 3,2	1,03 : 1	– (Stör.)
134	XIV	C	9,6(?) m^2	3(?) x 3,2	1 : 1,06	–
38	II	G	9 (?) m^2	3 x 3 (?)	1 : 1	x (?)
			Ø 10,19 m^2			
82	XI	G	7,80 m^2	3 x 2,6	1,15 : 1	– (Stör.)
32	II	G	7,7 m^2	2,75 x 2,8	1 : 1,01	
152	XV	B	7,28 m^2	2,8 x 2,6	1,07 : 1	x
72	XII	E	7,28 m^2	2,8 x 2,6	1,07 : 1	x
68	XIII	D	7,28 m^2	2,8 x 2,6	1,07 : 1	x
8	III	D/E	6,76 m^2	2,6 x 2,6	1 : 1	x
106	XI/XII	I	6,37 m^2	2,55 x 2,5	1,02 : 1	–
108	XIII	I	6,37 m^2	2,55 x 2,5	1,02 : 1	x
118	XII/XIII	J	6,12 m^2	2,5 x 2,45	1,02 : 1	– (Stör.)
ohne Nr.	I	I	6,09 m^2	2,65 x 2,3	1,15 : 1	–
116	XII	I/J	6 m^2	2,4 x 2,5	1 : 1,04	– (Stör.)
88	XIII	H	5,50 m^2	2,5 x 2,2	1,14 : 1	x
			Ø 6,71 m^2			

Quadratische Häuser ohne Unterteilung
jüngere Siedlungsphase (insgesamt 17 Häuser)

Haus u. Nr.	Lage Fläche		Größe	Länge der W/O- u. N/S-Wand	Proportion der Wände	Feuerstelle
129	VI	M/N	17,4 m²	4 x 4,35	1,08 : 1	x
127	VI	N	16,4 m²	4 x 4,1	1 : 1,02	x
131	VI/VII	M	14,8 m²	3,7 x 4	1 : 1,08	x
163	XV	Z	13,6 m²	3,49 x 3,9	1 : 1,12	x
161	XV	Z	13,3 m²	3,5 x 3,8	1 : 1,08	x
93	XV	F	13,26 m²	3,4 x 3,9	1 : 1,15	x
65	XIII	E	12,25 m²	3,5 x 3,5	1 : 1	x (?)
17	II	E	11,55 m²	3,3 x 3,5	1 : 1,06	x
			Ø 14,07 m²			
33	IV	B	9,9 m²	3,3 x 3	1,1 x 1	x
133	VI	O	9,3 m²	3,1 x 3	1,03 : 1	x
139	VI	M	9,3 m²	3 x 3,1	1 : 1,03	– (Stör.)
19	II	E	9 m²	3 x 3	1 : 1	x
23	IV	F	9 m²	3 x 3	1 : 1	x
89	XI	H/I	8,52 m²	3,1 x 2,75	1,13 : 1	x
167	XVII	Y	7,28 m²	2,6 x 2,8	1 : 1,08	x
87	XI	H	5,98 m²	2,3 x 2,6	1 : 1,13	x
45	III	C	5,87 m²	2,35 x 2,5	1 : 1,06	x
			Ø 8,24 m²			

Quadratische Häuser mit Unterteilung
ältere Siedlungsphase (insgesamt 7 Häuser)

Haus u. Nr.	Lage Fläche		Größe	Länge der W/O- u. N/S-Wand	Proportion d. Außenwände	Proportion d. Hauptraumwände	Feuerstelle
62	XII	C/D	16 m²	4 x 3+1 (4)	1 : 1	1,33 : 1	– (Stör.)
148	XV	C	12,96 m²	3,6 x 2,6+1 (3,6)	1 : 1	1,38 : 1	– (Stör.)
92	XI	H	12,95 m²	0,9 +2,8(3,7) x 3,5	1,06 : 1	1 : 1,25	– (?)
154	XV	Z	11,71 m²	0,95 +2,6(3,55) x 3,3	1,07 : 1	1 : 1,27	–
			Ø 13,4 m²				
56	XIII	B	7,52 m²	0,55 +2,4(2,95) x 2,55	1,16 : 1	1 : 1,06	–
104	XIII	H/I	7,39 m²	0,65 +2,25(2,9) x 2,55	1,14 : 1	1 : 1,11	–
66	XIII	D	6,50 m²	0,45 +2,1(2,55) x 2,55	1 : 1	1 : 1,21	– (Stör.)
			Ø 7,1 m²				

Quadratische Häuser mit Unterteilung
jüngere Siedlungsphase (insgesamt 2 Häuser)

Haus u. Nr.	Lage Fläche		Größe	Länge der W/O- u. N/S-Wand	Proportion d. Außenwände	Proportion d. Hauptraumwände	Feuerstelle
165	XV/XVI	Z	11,90 m²	2,6 +0,9(3,5) x 3,4	1,02 : 1	1 : 1,30	–
5	III	D	8,93 m²	2,25 +1(3,25) x 2,75	1,18 : 1	1 : 1,22	– (?)

zwischen Haupt- und Nebenraum; die Pfostenreihen der Querwand laufen durch. Die Lage des Eingangs ließ sich nur bei einem unterteilten Haus mit quadratischem Grundriß feststellen (Haus 154): auf der dem Nebenraum gegenüberliegende Seite. Unterteilte Quadrathäuser sind in der älteren Ausrichtungsgruppe siebenmal belegt, in der jüngeren zweimal. Obwohl drei dieser Häuser in ihrem mittleren Bereich gestört waren, möchten wir vermuten, daß diese Häuser keine Feuerstellen besaßen. Nur in Haus 5 wurde eine solche gefunden; dies dürfte damit zu erklären sein, daß dieses Haus zwei Bauphasen aufwies. Die Feuerstelle liegt so dicht an der Zwischenwand, daß sie kaum gleichzeitig mit dieser bestanden haben kann (*Taf. 155, 2*). Das Haus dürfte nur in einer der beiden Bauphasen unterteilt gewesen sein, während es in der anderen als einfaches quadratisches Haus mit zentraler Feuerstelle zu rekonstruieren ist. Von sieben unterteilten Quadrathäusern der älteren Ausrichtungsgruppe waren vier durchschnittlich 13,4 m² groß, die übrigen 7,1 m² (siehe Liste S. 74).

Achtzehn Quadrathäuser waren nicht unterteilt; vielmehr war bei ihnen an einen quadratischen Raum ein langschmaler Nebenraum angefügt (*Taf. 155, 3 – 9*; siehe Liste S. 75). Diese Quadrathäuser mit Nebenraum besaßen fast immer eingetiefte zentrale Feuerstellen. In Haus 231 im zentralen Plattformenbereich, das bis 50 cm Höhe erhalten war, schlossen die Wände des Nebenraums außen an die Verputzschichten der Hauptraumwände an. Dieser Befund bestätigt, daß wir hier Quadrathäuser mit

Quadratische Häuser mit angebautem Nebenraum
ältere Siedlungsphase (insgesamt 7 Häuser)

Haus- Nr.	u. Lage Fläche		Größe	Länge der W/O- u. N/S-Wände	Proportion der Wände (Gesamt- u. Hauptraum)	Feuerstelle
44	III/IV	B	11,26 m²	2,85 x 1,35 + 2,6 (= 3,95)	1 : 0,91 (1,39)	– (Stör.)
136	XIV	C	9,18 m²	2,55 x 1,1 + 2,5 (= 3,6)	1 : 0,98 (1,41)	x (?)
94	X	H	8,88 m²	1 + 2,7 (= 3,7) x 2,4	1,13 (1,54) : 1	–
52	III/IV	C	8,12 m²	2,8 x 0,9 + 2(=2,9)		– (Stör.)
48	IV	C	7,40 m²	0,95 + 2,2(= 3,15) x 2,35	0,94 (1,34) : 1	x
42	IV	B	6,72 m²	2,2 + 1(= 3,2) x 2,1	1,05 (1,52) : 1	– (Stör.)
46	III/IV	B/C	6,23 m²	2,15 x 2,1 + 0,8(= 2,9)	1 : 1,02 (1,35)	x
		Ø	7,75 m²			

Quadratische Häuser mit angebautem Nebenraum
jüngere Siedlungsphase (insgesamt 11 Häuser)

Haus Nr.	u. Lage Fläche		Größe	Länge der W/O- u. N/S-Wand	Proportion d. Wände (Gesamt- u. Hauptraum)	Feuerstelle
95	XV	F	15,26 m²	0,6 + 3,7 (= 4,3) x 3,55	1,04 (1,21) : 1	x
113	XII	K	14,08 m²	0,7 + 3,7 (= 4,4) x 3,2	1,15 (1,37) : 1	–
63	XIII	E	13,60 m²	3,1 + 1,15 (= 4,25) x 3,2	0,96 (1,33) : 1	x
143	VIII	M	12,86 m²	2,8 + 1,35 (= 4,15) x 3,1	0,90 (1,34) : 1	x
137	VII	N	12,30 m²	3 x 1,5 + 2,6 (= 4,1)	1 : 0,86 (1,36)	x
		Ø	13,62 m²			
141	VII	M	9,99 m²	1,2 + 2,5 (= 3,7) x 2,7	0,92 (1,37) : 1	x
111	XII	J	9,68 m²	2,45 x 2,8 + 1,15 (= 3,95)	1 : 1,14 (1,61)	–
91	X	H	9,45 m²	2,7 x 0,8 + 2,7 (= 3,5)	1 : 1 (1,29)	x (?)
61	XIII	D	8,67 m²	0,7 + 2,7 (= 3,4) x 2,25	1,05 (1,33) : 1	x
9	III	E	8,64 m²	2,4 + 1,2 (= 3,6) x 2,4	1(1,5) : 1	x
39	IV	C	7,36 m²	1,1 + 2,1 (= 3,2) x 2,3	0,91 (1,39) : 1	–
		Ø	8,96 m²			

Anbau und nicht unterteilte Rechteckhäuser vor uns haben. Auch hier sprechen die durchlaufenden Pfostenreihen dafür, daß kein Durchgang zwischen Haupt-und Nebenraum bestand. Die Haupträume waren unmittelbar von außen zu betreten. Aufgrund von Lücken in den Pfostenreihen können die Eingänge an den drei anderen Wänden gelegen haben, bei Haus 48 nachweislich gegenüber dem Nebenraum. Bei sieben Häusern der älteren und sechs der jüngeren Ausrichtungsgruppe hatte die Wand zwischen Haupt- und Nebenraum nachweislich keine Lücke (44, 136, 94, 52, 48, 46, 42, 95, 113, 91, 61, 39). Diese Häuser waren durchschnittlich kleiner als unterteilte Quadrathäuser, jedoch etwas größer als Quadrathäuser ohne Anbauten und Unterteilungen. Elf Häuser dieser Art gehörten zur jüngeren Ausrichtungsgruppe, sieben zur älteren.

Die meisten (37) Quadrathäuser wiesen weder Anbauten noch Unterteilungen auf (*Taf. 153; 154;* siehe Listen S. 73, 74). Die Lage des Eingangs ist nur selten aus Lücken in der Pfostenreihe zu erschlie-

Einräumige rechteckige Häuser
ältere Siedlungsphase (insgesamt 16 Häuser)

Haus u. Nr.	Lage Fläche		Größe	Länge der W/O- u. N/S-Wand	Proportion der Wände	Feuerstelle
70	XIII	E	16,1 m²	3,5 x 4,6	1 : 1,31	x
110	XI	J	16 m²	4,85 x 3,3	1,45 : 1	x
98	XV	F	15,84 m²	3,3 x 4,8	1 : 1,45	x
64	XIII	D	10,72 m²	2,75 x 3,9	1 : 1,4	–
26	II	F	10,31 m²	3,75 x 2,75	1,36 : 1	x
124	XVI	K	10,17 m²	3,7 x 2,75	1,34 : 1	–
82	XI	G	10,08 m²	2,8 x 3,6	1 : 1,28	x
128	VI	O	9,9 m²	2,75 x 3,6	1 : 1,3	x
24	II	F	9,54 m²	2,65 x 3,6	1 : 1,36	x (?)
156	XVI	Z	8,71 m²	2,6 x 3,35	1 : 1,29	x
76	XII	F	8,22 m²	3,5 x 2,35	1,48 : 1	–
22	II	F	7,77 m²	2,1 x 2,75	1 : 1,27	x
6	III	D/E	7,31 m²	3,25 x 2,25	1,44 : 1	–
36	II	G	7,1 m²	2,4 x 3	1 : 1,25	x
130	VII/VIII	M	6,9 m²	3 x 2,3	1,3 : 1	– (Stör.)
30	III	G	5,7 m²	2,7 x 2,1	1,28 : 1	x

Einräumige rechteckige Häuser
jüngere Siedlungsphase (insgesamt 17 Häuser)

Haus u. Nr.	Lage Fläche		Größe	Länge der W/O- u. N/S-Wand	Proportion der Wände	Feuerstelle
15	IV	E	14,95 m²	3,25 x 4,6	1 : 1,41	x
103	XI	I	14,4 m²	3,35 x 4,3	1 : 1,28	x
71	XII/XIII	F	12,32 m² (?)	4,4 x 2,8 (?)		x (?)
55	XIII	C	11,20 m²	4 x 2,8	1,4 : 1	x
155	XV	C	10,08 m²	2,8 x 3,6	1 : 1,28	–
47	III	C	8,50 m²	3,4 x 2,5	1,36 : 1	x (?)
43	III	C	8,45 m²	2,6 x 3,25	1 : 1,44	– (?)
107	XI	J	8,25 m²	2,5 x 3,3	1 : 1,32	–
81	XI/XII	G	8,22 m²	3,5 x 2,35	1,48 : 1	x (?)
21	IV	E	7,87 m²	3,5 x 2,25	1,55 : 1	x
3	III	D	7,87 m²	3,5 x 2,25	1,55 : 1	x
31	II	G	7,50 m²	2,5 x 3	1 : 1,2	x (?)
145	VII/VIII	M	7,20 m²	3 x 2,4	1,25 : 1	– (Stör.)
73	XII	F	6,67 m²	2,9 x 2,3	1,26 : 1	–
65	XII	E	6,67 m²	2,3 x 2,9	1 : 1,26	x
41	IV	C	5,32 m²	2,8 x 1,9	1,47 : 1	–
37	IV	B	4,68 m²	2,6 x 1,8	1,44 : 1	x

ßen, in zehn Fällen im Osten (33, 45, 84, 88, 108,140, 151, 152, 159, 167), in zwei Fällen im Norden (28, 106). Eine Lage des Eingangs im Süden oder Westen kann jedoch bei einigen Häusern nicht ausgeschlossen werden, war in keinem Fall jedoch erschließbar. Die Häuser wiesen unterschiedliche Größen auf (zwischen 5,87 m^2 und 17,4 m^2); die Wandlänge schwankt zwischen 2,2 m und 4,35 m. In 75 % der Fälle wurden Feuerstellen innerhalb der Häuser angetroffen. Sie liegen meistens auf der nordsüdlichen Mittelachse des Raumes, bis zu 1 m von ihrem Mittelpunkt verschoben.

Nahezu ein Viertel der nachgewiesenen Hausgrundrisse der Siedlung von Montegrande war rechteckig einräumig (*Taf. 156*). Zwei dieser Häuser (90 und 146) waren auf der Bergseite leicht eingetieft (*Taf. 156, 12*). Sie waren langgestreckter als die anderen Rechteckhäuser. Kleine Steinplatten lagen hier regelmäßig zwischen den Pfostenlöchern. Beide Häuser wiesen zentrale Feuerstellen auf. Sie gehörten der älteren Ausrichtungsgruppe an.

Von den anderen Rechteckräumen sind sechzehn der älteren, siebzehn der jüngeren Ausrichtungsgruppe zuzuweisen (siehe Listen S. 76). Sie lagen teils quer, teils längs zum Gefälle. Die meisten dieser Häuser besaßen eingetiefte Feuerstellen. In ihrer Größe schwankten sie beträchtlich. In beiden Ausrichtungsgruppen überragten insgesamt fünf Häuser die übrigen beträchtlich (siehe Listen S. 76). Dieser Unterschied erinnert an die beiden Größenklassen der Quadrathäuser. Möglicherweise gehörten allerdings alle fünf Häuser zur Gruppe der Mehrraumhäuser, die freilich durchweg noch größer waren. Die kleineren Rechteckhäuser beider Ausrichtungsgruppen schwankten zwischen 5 und 12 m^2 Grundfläche. Anders als die Quadrathäuser waren die Rechteckhäuser der jüngeren und der älteren Ausrichtungsgruppe etwa gleich groß (siehe Listen S. 76). Die Eingänge sind auch bei diesen Häusern nur aus Lücken in den Pfostenreihen zu erschließen. Aufgrund der Befunde im Bereich der Plattform-

Zweiräumige rechteckige Häuser
ältere Siedlungsphase (insgesamt 1 Haus)

Haus u. Nr.	Lage Fläche		Größe	Länge der W/O- u. N/S-Wand	Proportion der Wände	Feuerstelle
18	III/IV	E/F	13,33 m^2	4,3 x 3,1	1,39 : 1	
			7,75 m^2	2,5 x 3,1	1 : 1,24	– (Stör.)
			5,58 m^2	1,8 x 3,1	1 : 1,72	–

Zweiräumige rechteckige Häuser
jüngere Siedlungsphase (insgesamt 5 Häuser)

Haus u. Nr.	Lage Fläche		Größe	Länge der W/O- u. N/S-Wand	Proportion der Wände	Feuerstelle
13	III/IV	E	17,33 m^2	5,25 x 3,3	1,59 : 1	
			8,42 m^2	2,55 x 3,3	1 : 1,29	– (Stör.)
			8,91 m^2	2,7 x 3,3	1 : 1,22	–
75	XII	F/G	16,38 m^2	2,6 x 6,3	2,43 : 1	
			8,58 m^2	2,6 x 3,3	1 : 1,27	x
			7,8 m^2	2,6 x 3	1 : 1,15	x
35	IV	B	14,8 m^2	5,1 x 2,9	1,76 : 1	
			7,69 m^2	2,65 x 2,9	1 : 1,09	x
			7,11 m^2	2,45 x 2,9	1 : 1,18	x
153	XIV/XV	B	13,34 m^2	4,6 x 2,9	1,26 : 1	
			6,62 m^2	2,3 x 2,9	1 : 1,26	– (Stör.)
			6,62 m^2	2,3 x 2,9	1 : 1,26	x
53	XIII	B/C	10,34 m^2	2,2 x 4,7	1 : 2,13	
			5,72 m^2	2,2 x 2,6	1 : 1,18	x
			4,62 m^2	2,2 x 2,1	1,05 : 1	– (Stör.)

Große (mehrräumige) Häuser

ältere Siedlungsphase (insgesamt 13 Häuser)

Haus u. Nr.	Lage	Fläche	Größe der Innenräume		Länge der W/O- u. N/S-Wand	Proportion d. Außenwände	Proportion d. Innenraumwände	Feuerstelle
74	XII/XIII	E/F	55,19 m^2		(11,7 x 4,72)	2,48 : 1		
				7,5 m^2	2,5 x 3		1 : 1,2	x
				9,72 m^2	2,7 x 3,6		1 : 1,22	x
				13,6 m^2	4 x 3,4		1,17 : 1	x
				9,75 m^2	2,5 x 3,9		1 : 1,55	– (Stör.)
			„corredor"	14,62 m^2	11,7 x 1,25		9,36 : 1	–
78	XII	F/G	52,15 m^2		(5,7 x 9,15)	1 : 1,61		
				14 m^2	4 x 3,5		1,14 : 1	x
				9,61 m^2	1,7 x 5,65		1 : 3,32	–
				2,53 m^2	2,3 x 1,1		2,09 : 1	– (Stör.)
				10,46 m^2	2,3 x 4,55		1 : 1,98	– (Stör.)
			„corredor"	15,55 m^2	1,7 x 9,15		1 : 5.48	–
40	III/IV	B	38,4 m^2		(9,4 x 4)	2,4 : 1		
				8,2 m^2	2 x 4,1		1 : 2,05	– (?)
				6,96 m^2	2,9 x 2,4		1,2 : 1	x
				2,86 m^2	2,6 x 1,1		2,36 : 1	–
				7,84 m^2	2,8 x 2,8		1 : 1	x
				3,96 m^2	1,8 x 2,2		1 x 1,2	x
				2,97 m^2	1,8 x 1,64		1,09 : 1	–
				5,79 m^2	2,6 x 2,22		1,12 x 1	–
54	XII	B	25,48 m^2		5,2 x 4,9	1,06 : 1		
				14,7 m^2	3 x 4,9		1 : 1,63	–
				3,19 m^2	2,2 x 1,45		1,52 : 1	–
				7,7 m^2	2,2 x 3,5		1 : 1,52	–
132	VII	N	25,2 m^2		4,5 x 5,6	1 : 1,24		– (?)
144	XV	B	23,2 m^2		5,1 x 4,55	1,12 : 1		
				7,9 m^2	2 x 3,95		1 : 1,98	–
				11,06 m^2	2,8 x 3,95		1 : 1,41	x
				1,19 m^2	0,3 x 3,95		1 : 13,17	–
				3,06 m^2	5,1 x 0,6		8,5 : 1	–
14	IV	E	22,5 m^2		5 x 4,5	1,11 : 1		–
138	XIV/XV	B/C	22 m^2		5,5 x 4	1,37 : 1		x
4	III	D	19,28 m^2		4,28 x 4,5	1 : 1,05		x
				3,72 m^2	1,55 x 2,4		1 : 1,55	–
				6 m^2	2,5 x 2,4		1,04 : 1	x
				2,42 m^2	1,15 x 2,1		1 : 1,83	–
				5,67 m^2	2,7 x 2,1		1,29 x 1	x
				1,47 m^2	0,7 x 2,1		1 : 3	–
20	II	E	19 m^2		3,8 x 5	1,32 : 1		
				7,28 m^2	2,6 x 2,8		1 : 1,08	x
				5,72 m^2	2,6 x 2,2		1,14 : 1	–
				6 m^2	1,2 x 5		1 : 4,17	–
86	XII	G/H	17,5 m^2		5 x 3,5	1,37 : 1		
				5,25 m^2	1,5 x 3,5		1 : 2,33	– (Stör.)
				12,25 m^2	3,5 x 3,5		1 : 1	– (Stör.)
12	III/IV	E	17,42 m^2		4,1 x 4,25	1,01 x 1		
				6,15 m^2	1,5 x 4,1		1 : 2,73	–
				7,01 m^2	2,75 x 2,55		1,08 x 1	x
				3,57 m^2	2,3 x 1,55		1,48 : 1	–
				0,69 m^2	0,45 x 1,55		1 : 3,44	–
10	III	E/F	30,16 m^2					
				9,92 m^2	3,1 x 3,2		1 : 1,03	x
				4,8 m^2	1,5 x 3,2		1 : 2,13	–
				15,44 m^2	4,9 x 3,15		1,56 x 1	–

bauten darf auch bei diesen Häusern angenommen werden, daß sich der Eingang in der Mitte einer Hauswand befand. Gesichert ist dies (in beiden Ausrichtungsgruppen) siebenmal für eine Längsseite, zweimal für eine Schmalseite; bei drei weiteren Häusern kann der Eingang ebenfalls nur auf einer Schmalseite gelegen haben.

Große (mehrräumige) Häuser

jüngere Siedlungsphase (insgesamt 10 Häuser)

Haus u. Nr.	Lage Fläche		Größe der Innenräume		Länge der W/O- u. N/S-Wand	Proportion d. Außenwände	Proportion d. Innenraumwände	Feuerstelle
69	XII	E	19,82 m^2					
				9,12 m^2	2,4 x 3,8		1 : 1,58	x
				10,7 m^2	3,45 x 3,1		1,11 : 1	x
25	II/III	E	33,9 m^2		6 x 5,65	1,06 : 1		
				8,7 m^2	1,45 x 6		1 : 4,14	–
				8,4 m^2	4,2 x 2		2,1 : 1	x
				16,8 m^2	4,2 x 4		1,05	–
57	XIII	C/D	31,95 m^2		4,5 x 7,1	1 : 1,58		
				11,25 m^2	4,5 x 2,5		1,8 : 1	–
				20,7 m^2	4,5 x 4,6		1 : 1,06	–
29	II	G	30,6 m^2		6 x 5,1	1,13 : 1		
				4,51 m^2	1,1 x 4,1		1 : 3,73	–
				7,79 m^2	1,9 x 4,1		1 : 2,16	x
				11,40 m^2	3,8 x 3		1,27 : 1	x
				3,1 m^2	1 x 3,1		1 : 3,1	–
				3,77 m^2	2,9 x 1,3		2,23 : 1	–
51	XII	B	28,91 m^2		5,9 x 4,9	1,2 : 1		
				3,19 m^2	0,65 x 4,9		1 : 7,54	–
				11,70 m^2	3,25 x 3,6		1 : 1,11	x
				2,28 m^2	3,25 x 0,7		4,64 : 1	–
				5,4 m^2	1,5 x 3,6		1 : 2,4	–
				1,05 m^2	1,05 x 0,7		2,14 : 1	–
149	XIV	B/C	24,74 m^2		5,1 x 4,85	1,05 : 1		
				18,14 m^2	4,65 x 3,9		1,19 : 1	x
				1,76 m^2	0,45 x 3,9		1 : 8,67	–
				4,84 m^2	5,1 x 0,95		5,37 : 1	–
101	XIV	H	19,8 m^2		5,5 x 3,6			
				5,4 m^2	1,5 x 3,6	1 : 2,4	–	
				11,16 m^2	3,1 x 3,6		1 : 1,16	x (?)
				3,24 m^2	0,9 x 3,6		1 : 4	–
97	XIII	H	18,63 m^2		4,55 x 4,05	1,12 : 1		
				14,17 m^2	3,5 x 4,05		1 : 1,16	–
				4,46 m^2	1,1 x 4,05		1 : 3,68	–
11	III	E/F	26,26 m^2					
				10,44 m^2	3,6 x 2,9		1,24 : 1	–
				4,35 m^2	1,5 x 2,9		1 : 1,93	–
				3,1 m^2	1 x 3,1		1 : 31	–
				8,37 m^2	2,7 x 3,1		1 : 1,15	–
151	XIV	B	16,98 m^2		3,2 x 5,15	1 : 1,61		
				7,32 m^2	2,4 x 3,05		1 : 1,27	x
				8,59 m^2	0,8 x 3,05		1 : 3,59	–
				6,72 m^2	3,2 x 2,1		1,52 : 1	–

Zweiräumige Häuser (*Taf. 157, 1–3*) hatten immer einen rechteckigen Grundriß. Sie bestanden entweder aus einem rechteckigen und einem quadratischen Raum oder aus zwei Rechteckräumen (siehe Listen S. 77). Mindestens ein Raum besaß eine Feuerstelle, mehrfach nachweislich sogar beide Räume. Nordsüdlich ausgerichtete Häuser (d. h. parallel zum Hang) waren langgestreckter (Längen-Breiten-Verhältnis 2 : 1) als solche in Ost-Westrichtung. Der Eingang lag anscheinend auf einer der Längsseiten. Die Pfostenlochreihen zwischen beiden Räumen lassen darauf schließen, daß es dort keinen Durchgang gab.

Große, mehrräumige Häuser sind aus beiden Siedlungsphasen in zwei Grundformen bekannt: (1.) mehrere gereihte Räume von quadratischer oder rechteckiger Form, denen ein ursprünglich unterteilter breiter „Korridor"-Bereich vorgelagert ist (*Taf. 158, 1. 2* siehe Liste S. 78), (2.) von rechteckigem oder quadratischem Umriß, deren Innenraum unterteilt ist (*Taf. 158; 159*; siehe Listen S. 79). In einigen Fällen sind diese Unterteilungen wegen Auswaschung oder Oberflächenabwitterung allerdings nicht deutlich erkennbar. Die Häuser 10 und 11 wichen von diesen beiden Grundformen ab. An unterteilte rechteckige oder quadratische Räume mit Feuerstellen sind weitere Räume angefügt (*Taf. 11; 14*).

Die erstere Grundform ist in der älteren Ausrichtungsgruppe dreimal belegt: Haus 74, 78 und 40 (siehe Liste S. 78). Es handelte sich um die größten Wohnhäuser von Montegrande (55,19 m^2, 52,44 m^2, 38,4 m^2). In der jüngeren Ausrichtungsgruppe besaß wahrscheinlich nur ein Haus diese Grundform (Haus 69). Es konnte jedoch nur unvollständig erfaßt werden.

Von der zweiten Grundform wurden sechzehn Grundrisse vollständig festgestellt; drei weitere partiell erfaßte sind anzuschließen (siehe Listen S. 78, 79). Die Grundfläche schwankt zwischen 17,5 m^2 und 33,90 m^2. Bei drei Häusern (132, 14 und 138) waren keine eindeutigen Hinweise auf eine Unterteilung zu erkennen, in zwei Fällen war nur je eine Quer- bzw. Längswand nachweisbar (86, 144). Acht dieser Häuser gehörten der älteren Ausrichtungsgruppe an, neun der jüngeren. Der Innenraum dieser Häuser mit regelmäßigem Umriß bestand aus einem großen Zentralraum mit Feuerstelle und seitlich anschließenden korridorartigen Räumen oder aus zwei quadratischen bzw. rechteckigen Haupträumen und einem langgestreckten Raum an einer Seite des Hauses. Die langschmalen Räume sind im letzteren Fall breiter, die „Korridor"-Räume schmaler als 1 m.

Langschmale Räume sind Teile von quadratischen und mehrräumigen Häusern. Sie sind häufig an quadratische Haupträume angefügt. In keinem Fall wurden bei ihnen Hinweise auf einen Eingang beobachtet. Dies gilt nicht nur für den Bereich der Wohnsiedlung, wo nur Pfostenlöcher und -gräbchen, Oberflächenrelief und Verfärbungen ermittelt werden können, sondern auch für den unmittelbaren Umkreis der Hauptplattformanlagen, wo auch Böden und aufgehende Mauern erhalten sind. Gerade hier sprechen die Befunde dafür, daß derartig langschmale Räume keine Eingänge besaßen (Häuser 231 und 219). Im gesamten untersuchen Teil der Siedlung fehlen Hinweise auf Vorratsgruben und -speicher. Der Fund eines bemalten Verputzfragments in Raum 217 läßt darauf schließen, daß die wenigen, mit Plattformbauten in Beziehung stehenden, eingetieften Räume in Montegrande nicht der Vorratshaltung dienten. Die Vermutung liegt jedoch nahe, daß die langschmalen Nebenräume ohne Eingang dazu dienten.

Zusammenfassend ergibt sich, daß die flach gedeckten, rechtwinkligen Häuser der Wohnsiedlung sich in mehrere Grundrißtypen gliedern lassen (siehe Listen S. 73 – 79). Abgesehen von den beiden Häusern ohne Nr. (in der Fläche III E, siehe Taf. 11) und 49 entsprechen sie alle den beiden zeitlich aufeinanderfolgenden Ausrichtungsgruppen, wobei alle Grundrißtypen sich in beiden Sidlungsphasen finden und auch in der Bauweise keine Unterschiede festzustellen sind.

ZUR BEBAUUNGSSTRUKTUR DER WOHNSIEDLUNG (*Taf. 168; 169*)

Das untersuchte Areal um die Plattformanlagen zeigt in beiden Siedlungsphasen (s. S. 148) große, terrassierte Plätze und um diese herum dicht bebaute Flächen. Trotz der Ausschnitthaftigkeit unseres Ausgrabungsbefundes, der oft schlechten Erhaltungsverhältnisse und des Zeitdruckes, unter dem die Untersuchung erfolgen mußte, lassen sich einige Angaben über die Bebauungsstruktur der Siedlung machen. Die Wohnhäuser verteilen sich auf der von Erosionsrinnen durchzogenen Meseta neben und vor den Plattformbauten und Plätzen. In beiden Siedlungsphasen zeichnen sich Hausgruppen ab (ältere Siedlungsphase: IA – XXA, jüngere Siedlungsphase: IB – XXB), wobei entweder mehrere, kleine Häuser beisammenliegen oder sich solche um ein großes, mehrräumiges Haus gruppieren (*Taf. 168; 169*).

Ältere Siedlungsphase

In der Hausgruppe IA, im Ostteil der Siedlung, zeichnet sich in der älteren Siedlungsphase das oben angedeutete Schema deutlich ab. Der Eingangskorridor eines nahezu symmetrischen, mehrräumigen Hauses (40) führte auf einen kleinen Platz, der sich nach Osten öffnete. Er war im Westen begrenzt von einem großen Quadrathaus mit angebautem Querraum (44). Die südliche Begrenzung bildete ein kleines Haus gleicher Form (46), dessen Nebenraum ebenfalls an der Nordseite lag. Seine Nordwand setzte sich über die Nordost-Hausecke hinaus nach Osten fort. Etwa 2 m nach Süden versetzt lag ein Haus von quadratischem Grundriß mit langschmalem Nebenraum an der Westwand (48). Der nach Osten geöffnete, U-förmige Platz erweiterte sich somit in Absätzen auf der Südseite. Von den den Platz begrenzenden Häusern war offenbar nur Haus 40 vom Platz aus zu betreten. Südwestlich der Häuser 46 und 48 lag in etwa 1,2 m Abstand ein weiteres Quadrathaus mit langschmalem Nebenraum auf der Nordseite (52).

Etwa 6 m südlich davon bildete ein mehrräumiges Haus der älteren Siedlungsphase (4) möglicherweise das Zentrum einer Hausgruppe (II A), die sich allerdings weniger deutlich abzeichnete. Das nächstgelegene Haus (6) schloß südöstlich in ca. 2 m Entfernung an. Es begrenzte mit seiner nördlichen Längsseite die Haus 4 östlich vorgelagerte Fläche. Auf ein entsprechendes Haus im Norden dieser Fläche könnten nur eine Pfostenreihe und Wandversturzreste hindeuten. Die Pfosten verlaufen ungefähr in einer Flucht mit der Ostwand von Haus 6 und gehören zu einem Haus unbekannten Grundrisses, das jedoch zur Hausgruppe II A gehören dürfte. Demnach würden wir hier wiederum einen Platz vor uns haben, der im Westen, Süden und Norden von Häusern begrenzt wurde.

Haus 6 bildete zugleich die Nordbegrenzung des Platzes von der Hausgruppe III A. Im Osten schloß ein mehrräumiges Haus (12) diesen Platz ab. Südlich gegenüber von Haus 6 lag das mehrräumige Haus 10. Die Hausgruppe III A bestand also gleichfalls aus U-förmig angeordneten Häusern, die einen nach Osten geöffneten Platz begrenzten. Lücken in den Pfostenreihen deuten an, daß die drei Häuser (6, 12 und 10) Eingänge vom Platz aus hatten. Die Lücke zwischen den Häusern 12 und 10 wurde durch eine Pfostenreihe geschlossen, die sich auf beiden Seiten einer Auswaschung abzeichnete. Im Süden wurde die Hausgruppe abgestützt von einer Terrassierungsmauer, deren Verlauf der Ausrichtung der Häuser folgte. Sie zog sich an der Südwand von Haus 12 entlang, bog nahe der Westwand von Haus 10 im rechten Winkel nach Süd-Südwest um und wandte sich an der Südwestecke von Haus 10 wiederum nach Ost-Südost. Hier befand sich in ihrer Fortsetzung eine die Terrassierung abstützende Pfostenreihe.

Östlich von Haus 10 schloß in geringem Abstand ein zweiräumiges Rechteckhaus an. Es bildete zusammen mit dem ca. 2,5 m nördlich gelegenen großen Haus 14 und dem südöstlich gelegenen Quadrathaus 16 die Hausgruppe IV A. Auch hier begrenzten östlich und südlich Häuser einen offenbar unbebauten Platz. Eine nördliche Begrenzung konnte hier nicht nachgewiesen werden, da dieser Bereich nicht untersucht wurde. In der Längsachse des unbebauten Platzes von Hausgruppe III A bestand eine Art Durchlaß, denn die ca. 2,5 m breite Lücke zwischen den Häusern 14 und 18 bildete eine Verbindung zwischen den Plätzen.

Unterhalb der Stützmauer von Hausgruppe III A, südlich von Haus 12, lag ein mehrräumiges Haus (20). Die südlich davon gelegenen einräumigen Häuser 28, 26, 24 und 22 der entsprechenden Siedlungsphase waren gleichsam in Zeilen angeordnet. Eine weitere Reihe von einräumigen Häusern (34, 36 und 38) folgte. Nur zwei Häuser der nördlichsten dieser Reihen (28 und 26) sind aus Pfostenverfärbungen zu erschließen. Möglicherweise setzte sich die Reihe der Häuser weiter östlich im Bereich der Fläche III F fort, jedoch waren dort die Zerstörungen durch Baufahrzeuge so stark, daß nur wenige Bebauungsreste im südlichen Teil der Fläche festgestellt werden konnten.

Das Schema der beschriebenen Bebauung der Hausgruppe V A unterscheidet sich von dem oben charakterisierten: Die einräumigen Rechteck- und Quadrathäuser waren nicht um einen Mittelplatz angeordnet; das einzige mehrräumige Haus befand sich vielmehr am nördlichen Rand der Hausgruppe. Die Hausgruppe V A lag am Rande der Siedlung: Die obertägig erkennbaren Terrassierungen setzen hier aus, und die Suchschnitte in den Flächen II/III H und I I erbrachten weder Funde noch einschlägige Befunde (Pfostenverfärbungen, Feuerstellen). Nur am Südende des Suchschnitts in Fläche I I befand sich der Grundriß eines Quadrathauses der älteren Siedlungsphase ohne Feuerstelle noch Funde.

Im nordöstlichen Teil der untersuchten Siedlungsfläche dünnen die Bebauungsspuren aus. Die erwähnten Terrassierungen ließen sich weiter nördlich nicht mehr feststellen. Spuren von Häusern und pfostengestützten Terrassierungen weiter nordöstlich gehören ausschließlich der jüngeren Ausrichtungsgruppe an.Die Häuser 156 und 154 bildeten die Hausgruppe VI A. Sie befanden sich auf einer Terrassierung, die von einem Stützmäuerchen der älteren Ausrichtung im Süden begrenzt wurde. Das Rechteckhaus 156 lag in etwa 4 m Entfernung nordöstlich des unterteilten Quadrathauses 154. Im Südwesten der beiden Häuser befand sich eine unbebaute Fläche. Ein aufgeschütteter Bereich nordwestlich davon enthielt keine Pfostenreihe der älteren Ausrichtung, so daß die Aufschüttung auch aus der Zeit der jüngeren Siedlung stammen könnte.

Ein freier Platz südlich unterhalb des Terrassierungsmäuerchens trennte die Hausgruppen VI A und VII A voneinander. Er war von Pfostenreihen der älteren Ausrichtung auf beiden Seiten begrenzt. Jenseits der östlichen Begrenzung verlief in etwa 2,8 m Abstand eine weitere Pfostenreihe. Sinn und Funktion der letzteren Eingrenzung sind ungeklärt, zumal zwischen den beiden östlichen Pfostenreihen verstreut mehrere große, unbearbeitete Steinblöcke lagen. Der Verlauf der südlichen Begrenzung des Platzes ist ungewiß. Hier schloß die Hausgruppe VII A an. In geringem Abstand lag östlich vor dem Nordteil eines mehrräumigen Hauses von regelmäßigem Umriß (Haus 144) das kleine einräumige Rechteckhaus 152. Südöstlich vor beiden lag ein unbebauter Platz, gleichfalls begrenzt von einem Terrassierungsmäuerchen gleicher Ausrichtung. Es verlief in der Flucht der Ostwand des mehrräumigen Hauses 144 und bog dann nach Südosten im rechten Winkel um. Zu dieser Hausgruppe gehörte wohl auch das in Resten erhaltene, stark zerstörte Haus 150, dessen Westwand die freie Mittelfläche der Hausgruppe VII A begrenzte.

Die Häuser westlich von Hausgruppe VII A (142, 60 und 58) sind teilweise nicht eindeutig definiert, zudem lagen sie zum großen Teil außerhalb des untersuchten Areals. Oberhalb eines Terrassierungsmäuerchens gelegen, das sich aus den erhaltenen Teilstücken trotz der Zerstörung durch zwei Auswaschungen rekonstruieren ließ, dürften sie zu einer gemeinsamen Hausgruppe (VIII A) gehören. Es ist fraglich, ob das Quadrathaus 140 hierzu oder zur Hausgruppe IX A gehörte.

Die Südwände der Häuser 138 und 140 verliefen nahezu fluchtgleich. Haus 138 lag etwa 1,75 m östlich von Haus 140 und gehörte der Größe nach zum Typ der mehrräumigen Häuser mit regelmäßigem Grundriß. Südlich von Haus 138 lag vor der NW-Ecke der Huaca Chica, des kleinen östlichen Plattformbaus, ein freier Platz. Er war Mittelpunkt der Hausgruppe IX A und wurde im Osten von dem Quadrathaus mit langschmalem Nebenraum (Haus 136) begrenzt. Die Westseite des Platzes bildete das unterteilte Quadrathaus 148. Es lag in geringem Abstand nördlich hinter der Huaca Chica und begrenzte im Westen einen weiteren Platz, dessen Nordseite von dem hangwärts eingetieften Haus 146 abgeschlossen wurde.

Die nördlich oberhalb der Huaca Chica gelegenen Hausgruppen IX A, VII A und VI A lagen an Plätzen, die sich nach Süden bzw. Osten öffneten und teilweise durch Mäuerchen abgestützt waren. Nur im Ostteil der Hausgruppe VI A begrenzte anscheinend kein Haus den Platz. Möglicherweise befanden sich Spuren eines solchen Hauses außerhalb der untersuchten Fläche, oder entsprechende Reste sind bei Planierungsarbeiten im Zuge der Anlage der jüngeren Siedlung zerstört worden.

Westlich der Hausgruppe IX A verlief ein in wenigen Resten erhaltenes Terrassierungsmäuerchen. In etwa 9 m Entfernung von dem Stützmäuerchen der vermuteten Hausgruppe VIII A und parallel zu diesem lag das mehrräumige Haus 54, etwa 4 m entfernt davon das unterteilte Quadrathaus 56. Die Südwände beider Häuser verliefen etwa fluchtgleich. Sie bildeten die Hausgruppe X A. Das Terrassierungsmäuerchen zog sich wahrscheinlich westlich von Haus 54 im rechten Winkel nach nord-nordost, so daß es an exponierter Stelle oberhalb eines großen Platzes stand. Die beiden Erosionsrinnen zwischen den Häusern 54 und 56 sowie westlich des letzteren waren allem Anschein nach zugeschüttet. Zwischen beiden Häusern lag demnach eine ebene, offenbar unbebaute Fläche. Sie war im Norden begrenzt von dem oberen Stützmäuerchen und öffnete sich nach Süden, abgestützt vom unteren Terrassierungsmäuerchen. Die beiden Häuser der Gruppe X A begrenzten einen Platz, der sich ebenfalls U-förmig nach Süden öffnete und durch ein Mäuerchen abgestützt war.

Der nach Süden sich öffnende, mittlere Platz der Hausgruppe IX A verengte sich in seinem südlichen Teil. Die Ostwand von Haus 134, das südlich, in etwa einem Meter Entfernung von Haus 136 anschloß, lag etwas nach Osten verschoben. Auf der östlich gegenüberliegenden Seite griff der Nordwestteil der Huaca Chica ebenfalls in Richtung auf den Platz aus. Ungefähr in einer Flucht mit der Südostecke von Haus 134 sprang die Seitenfront der Huaca Chica wieder nach Osten zurück. Auf der Westseite folgte auf Haus 134 in geringem Abstand das unterteilte Quadrathaus 62. Die Ostwand dieses Hauses lag wiederum nach Westen versetzt. Die Ostwand des südlich anschließenden Hauses 64 lag in einer Flucht mit der Ostwand von Haus 134. Das heißt, südlich der Einschnürung des Platzes von Hausgruppe IX A öffnete sich ein weiterer Platz, begrenzt im Westen von Haus 62, im Süden von Haus 64 und dem weiter südöstlich gelegenen, unterteilten Quadrathaus 66. Seine nördliche Begrenzung deutet sich in dem vorspringenden Teil der Westfassade der Huaca Chica und in Haus 134 an. Die den Platz begrenzenden Häuser bildeten die Hausgruppe XI A. Die Hausgruppen IX A und XI A umgaben die unbebaute Fläche auf der Westseite der Huaca Chica von ihrer NO-Ecke bis zum südwestlichen vorgelagerten Bereich. Südlich der Plattform erstreckten sich zwei Terrassen.

Die Bebauung der oberen, nördlichen Terrasse vor Huaca Chica blieb im Westteil ungeklärt, da nur ein schmaler Streifen der Fläche XIV E im Norden freigelegt wurde und die Pfostenverfärbungen in den anschließenden Flächen keine Reihung erkennen lassen. Hingegen sind im östlichen Teil der Terrasse die quadratischen Grundrisse der Häuser 98 und 100 zu erkennen. Beide waren Teil der Hausgruppe XII A, lagen am östlichen (Haus 100) und südöstlichen (Haus 98) Rand der oberen Terrasse und bildeten Ost-und Südbegrenzung einer unbebauten Fläche, die sich bis zum Sockel vor der Front der Huaca Chica erstreckte. Ihre Westbegrenzung liegt außerhalb des ergrabenen Bereiches.

Die Hausgruppe XIII A bestand aus den Häusern 68, 70 und 72, die U-förmig einen Platz begrenzten, der sich nach Westen zu dem großen Plattform- und Terrassenkomplex hin öffnet. Im Osten lag das große Rechteckhaus 70. Trotz der Planierungsarbeiten bei der Anlage der jüngeren Siedlung zeichnen sich im Befund Hinweise auf den Nordteil ab, während vom Südteil kaum Spuren überkommen sind. Möglicherweise lag das Quadrathaus 72 nah vor der Südwestecke von Haus 70. Der nördliche „Flügel" dieser Hausgruppe, Haus 68, lag in etwa 2 m Abstand von der Nordwestecke des Hauses 70. Die Westwände der Häuser 68 und 72 im Norden und Süden der Gruppe XIII A verliefen etwa fluchtgleich, ungefähr an dieser Linie dürfte auch der Platz geendet haben, da weiter westlich das Gelände steil abfällt zum Platz in der Eintiefung östlich des Plattform- und Terrassenkomplexes.

Haus 68 bildete zugleich die Südbegrenzung einer U-förmigen, unbebauten Fläche westlich und südlich der zur Gruppe XI A gehörenden Häuser 62 und 64. Diese Fläche ist – wie die Mittelfläche der Hausgruppe XIII A – zum großen Plattform- und Terrassenkomplex hin offen. Nördlich von Haus 62 schließt auf der Westseite der Häuser 134 und 136 eine ähnliche Fläche an, welche im Norden und Süden von den Häusern 140 und 62 U-förmig umgeben ist. Diese Häuser gehörten unseren Gruppen VIII A (?), IX A und XI A an. Die Folge von U-förmig umgrenzten, auf die beiden Plattform- und Terrassenbauten, Hauptkomplex und Huaca Chica ausgerichteten freien Plätzen endete mit dem unterhalb von Haus 72 gelegenen, mehrräumigen Haus 74, dem größten innerhalb des untersuchten Siedlungsareals. Es schloß riegelartig den Bereich zwischen der Platzfolge vor der Huaca Chica und der Erosionsrinne östlich des großen Terrassenkomplexes ab.

Die Fläche südlich vor Haus 74 wurde im Osten von Haus 78, dem zweitgrößten ergrabenen Haus der Wohnsiedlung, begrenzt, dessen Längsachse im rechten Winkel zu Haus 74 verlief. Haus 78 lag in etwa 2 m Abstand teilweise vor dem östlichsten Raum des langgestreckten Hauses 74. Der Westteil der Fläche vor diesem Haus wurde nicht ausgegraben. Auf der Südseite des Platzes, in ca. 3 m Abstand vom südlichen Ende des Hauses 78, lagen die Häuser 82, 84 und 86, die zur größten Hausgruppe von Montegrande, XIV A, gehörten. Sie bildeten wiederum eine nach Westen, in Richtung auf den Plattform- und Terrassenkomplex offene U-Form. Zwar wurde der Westeil der Innenfläche dieser Hausgruppe nicht untersucht, jedoch müßten eventuell vorhandene Häuser in diesem Bereich wegen der stark nach Westen abfallenden Hänge tiefer liegen. Im Ostteil der Innenfläche, westlich der Südwestecke und vor dem nördlichen Teil von Haus 78 lagen die kleinen Häuser 76 und 80, Rechteckhaus 76 mit ostwestgerichteter Längsachse im Norden, südlich das Quadrathaus 80. Diese Häuser bildeten wiederum die „Flügelbauten" einer kleineren U-förmigen Hausanordnung, die innerhalb der U-förmigen Hausgruppe lag, welche von den großen Einzelhäusern 74 und 78 und der Häuserreihe 82, 84, 86 gebildet wurde.

Unsere Kenntnis der südlich anschließenden Siedlungsfläche mußte aus den erwähnten Gründen lückenhaft bleiben. Bemerkenswert ist eine sehr große Feuerstelle südwestlich der Hausgruppe XIV A. Sie liegt auf einer Terrassierung am Hang, der zur Erosionsrinne abfällt, außerhalb des Wohnbereichs. Eine Hausgruppe XV A deutete sich etwa 10 m weiter südlich an. Die Häuser 96 (?) auf der Ostseite – mit nordsüdlich ausgerichteter Längsachse – und 94, südlich davon und im rechten Winkel zu Haus 96 (?) gelegen, begrenzten einen Platz, der sich nach Norden und Westen auf die große Feuerstelle und den großen Terrassen- und Plattformkomplex hin öffnete.

Südöstlich von dieser Hausgruppe XV A fanden sich Hinweise auf ein nicht näher bestimmbares Haus. Die im Befund sich deutlich abzeichnenden, gestaffelten, einräumigen Häuser 92, 106 und 108 lagen oberhalb einer stark verschwemmten Abstufung im Gelände. Reste eines Stützmäuerchens nahe der Südwand von Haus 106 wurden dokumentiert. Angesichts fehlender Befunde im Umkreis kann man weder zur Gruppierung noch hinsichtlich der Zuordnung des kleinen Quadrathauses 88 sowie des eingetieften Rechteckhauses 90 Näheres aussagen. Ebensowenig läßt sich die Siedlungsstruktur an dieser Stelle aus den Resten der Hausgrundrisse unmittelbar südlich der beiden Plätze vor der Huaca Chica (102, 104) ablesen.

Der im wesentlichen die Flächen XI – XIII J – L umfassende südlich anschließende Bereich, der in der jüngeren Siedlungsphase planiert und terrassiert wurde, ließ hauptsächlich in seinem Westteil zahlreiche Pfostenreihen der älteren Ausrichtungsgruppe erkennen, die sich zu Hausgrundrissen ergänzen ließen. Aus der Anordnung dieser Häuser ergab sich andeutungsweise die Struktur der älteren Siedlung in diesem Bereich.

Aufgrund der jüngeren Terrassierung war hier schwieriger als in anderen Teilen der Siedlung zu erkennen, welche Häuser sich ungefähr auf einer Ebene befunden haben und somit zu einer Gruppe gehörten. Eine Ausnahme bildet das große Haus 110. Es ist das einzige, dessen Feuerstelle in eindeutigen Umrissen erhalten ist. Es lag demnach tiefer als die westlich anschließenden Häuser. Es bildete möglicherweise mit anderen westlich und nördlich von ihm gelegenen Häuser die Hausgruppe XVI A, deren Lage und Grundrisse allerdings nicht sicher rekonstruiert werden können.

Östlich schloß auf höherer Ebene die Hausgruppe XVII A an. Sie bestand aus dem im Grundriß nur teilweise erhaltenen Rechteckhaus 112 und dem mehrräumigen Haus 114. Beide begrenzen einen freien Platz auf der Nord- und Südseite, Haus 114 bildete zugleich gemeinsam mit Haus 120 einen weiteren unbebauten Bereich. Während der Platz der Hausgruppe XVII A nach Nordwesten zur Hauptplattformanlage hin frei war, öffnet sich die zweite freie Fläche bergaufwärts nach Nordosten, wo die Huaca Chica liegt. Eine östliche Begrenzung dieser Fläche wurde nicht beobachtet, jedoch finden sich zwei kleinere Häuser, 116 und 118, oberhalb davon; die Westwand des östlichen von beiden, Haus 118, verlief etwa in der Flucht der Ostwand von Haus 120. Westlich, in ca. 4 m Abstand von dieser Flucht, befand sich Haus 116, das die nordwestliche Grenze der unbebauten Fläche markieren dürfte. Die Häuser 114, 116, 118 und 120 bildeten Gruppe XVIII A.

Im Südosten, innerhalb der Fläche XV/XVI J/K/L, wurde ein Rundbau mit vorgelagerter, bebauter Terrasse freigelegt. Wie aus dem Höhenschichtlinienplan ersichtlich, befand sich südlich anschließend ein weiterer vorgelagerter Platz, der nicht untersucht wurde. Die Ausrichtung der Reste der Terrassierungsmauer stellt diese in den Zusammenhang der jüngeren Siedlungsphase. Einige Pfostenreihen im bebauten Bereich dieser Terrasse sind der älteren Siedlungsphase zuzuordnen: Häuserreste waren leider nur spärlich. Der Grundriß des Rechteckhauses 124 war vollständig erkennbar. Der Bereich südlich vor diesem Haus war im Westen begrenzt von der Wand eines größeren Hauses (126), das nur teilweise freigelegt wurde. Beide Häuser bildeten die Hausgruppe XIX A.

Im Südteil des untersuchten Siedlungsbereiches erhielten sich wohl im Zusammenhang mit der Anlage der jüngeren Siedlung nur wenige Spuren der älteren Siedlung. Teile einer Hausgruppe XX A waren das große Haus 132 (?) und das kleine Rechteckhaus 130. Sie begrenzten einen im Südwesten offenen Platz.

Keiner der fünf im Bereich der Wohnsiedlung verteilten Rundbauten läßt sich zweifelsfrei der älteren Siedlungsphase zuweisen. Die Feuerstellen und Pfostengräbchen von zwei Rundbauten (in den

Flächen III D und XII J/K) überschneiden die Pfostenreihen der älteren Ausrichtungsgruppe. Einzig die stratigraphischen Befunde im Bereich der großen L-förmigen Terrasse des Hauptplattformen- und Terrassenkomplexes erweisen, daß derartige Rundbauten schon zu dieser Zeit in Montegrande bestanden.

Am dichtesten bebaut war der Westteil der Siedlung. Hier waren auch in zwei Fällen Bauphasen innerhalb der älteren Siedlungsphase zu beobachten: Zum einen versperrte das kleine Quadrathaus 42 mit angebautem Nebenraum fast völlig den Eingang vom Platz der Hausgruppe I A in das große Haus 40. Zum anderen wurde die Nordwand von Haus 12, dem westlichen Haus der Gruppe III A, von der Feuerstelle des Quadrathaus 8 überlagert, das ebenfalls seiner Ausrichtung nach der älteren Siedlungsphase angehörte. Die Bautätigkeit in diesem Bereich war auch in der jüngeren Siedlung intensiv.

Neunzehn der 20 definierten Hausgruppen der älteren Siedlung von Montegrande waren in den verschiedensten Abwandlungen U-förmig angeordnet. Sie umfaßten durchweg ein größeres unterteiltes Quadrathaus und ein oder mehrere kleinere Häuser, z. T. mit Nebenraum; die Häuser waren innerhalb der Gruppe gewissermaßen „hierarchisch" geordnet. Die Plätze waren durchweg auf die beiden Plattform- und Terrassenanlagen ausgerichtet. Diese Zuordnung ist im Befund derart beherrschend, daß die Fluchtgleichheit der Nordseite der nördlichsten Hausgruppe (VI A) im Ostteil der Siedlung mit der Nordwand von Huaca Antigua, dem großen Plattformbau der älteren Siedlungsphase, nicht zufällig zu sein scheint. Die Nordwand des Hauses 156 bildete diese Nordseite. Seine Ostwand lag in einer Flucht mit dem Ende der Terrassierungsmauer des südlich anschließenden Platzes. Aus dem Befund der Flächen um die Huaca Chica (soweit ergraben) erhellte, daß dieser Plattformbau von auf ihn ausgerichteten Plätzen umgeben war. Zugleich begrenzten diese Hausgruppen im Westen U-förmige, zur Hauptplattformenanlage nach Westen hin geöffnete Plätze.

Besonders die Anlage der Hausgruppe XIV A mit „Hauptbau" und „Flügeln" sowie der eingeschriebenen U-förmigen „Vestibül"-Anordnung erinnert an die Struktur formativer „Heiligtümer" an der Zentralküste Perus (Williams 1980). Der U-förmigen Anordnung von Tempelanlagen der andinen Frühzeit entsprach anscheinend die Anordnung der Wohnhäuser von Montegrande.

Jüngere Siedlungsphase

Die Bebauung wies in der jüngeren Siedlungsphase zahlreiche Gemeinsamkeiten mit der älteren auf (*Taf. 168; 169*). Die Hausgruppe I B überlagerte zum großen Teil Haus 40, das größte der Gruppe I A der älteren Siedlung. Im Norden lag das zweiräumige Haus 35, dessen Pfostenreihen sich mit jenen der Räume 40 a und b überschneiden. Dicht vor dem Westteil des Hauses 35 folgte das Quadrathaus 33, dessen Feuerstelle das Pfostengräbchen der Südwand von Haus 40 überlagerte. Im Südosten lag jenseits einer unbebauten Fläche das kleine Rechteckhaus 37 dem Haus 35 gegenüber. Der freie, nach Osten offene Platz wurde auf der Nord-, West- und Südseite von drei Häusern U-förmig begrenzt.

Südlich dieser Hausgruppe folgten gestaffelt die aneinander anschließenden Häuser 43, 45 und 47 von Nordwesten nach Südosten in diesem Mesetateil. Die Häuser 39 und 41 befanden sich östlich gegenüber. Die Nordwände der Häuser 43 und 39 lagen etwa in einer Flucht. Ihre Ost- bzw. Westwände begrenzten eine in dieser Siedlungsphase unbebaute Fläche, die im Südwesten von der Nordwand des Hauses 45 begrenzt wurde und eine U-Form mit Öffnung nach Nord-Nordost bildete, während im Südosten ein Durchgang auf einen weiteren Platz bestand. Diesen umschlossen wiederum im Westen, Süden und Osten die Häuser 45, 47 und 41. Er weist gleichfalls im Südosten eine Lücke auf. Nordöstlich dieser zweiten U-förmigen Fläche lag das Haus 39. Es ist deshalb durchaus möglich, daß die beiden U-förmigen Plätze dieser Hausgruppe II B nicht gleichzeitig waren. Dies war bei den in etwa 8 m Abstand südlich anschließenden Hausgruppen III B 1/2 und IV B nachweisbar, in der Hausgruppe II B fehlten jedoch entsprechende Überschneidungen.

In den Hausgruppen III B 1/2 und IV B überlagern sich die Häuser 3 und 5 sowie 13 und 15, die somit, obwohl derselben Siedlungsphase zugehörig, nicht gleichzeitig waren, sondern verschiedenen Bauphasen entsprechen. Aus dem Befund erhellt, daß Haus 5 jünger war als Haus 3, seine Feuerstelle überlagert die Pfostenreihe der Nordwand von Haus 3. Es kann nur aus anderen Anhaltspunkten erschlossen werden, welche Häuser zeitgleich mit Haus 3 bestanden, welche zeitgleich mit Haus 5. An der Stelle einzelner Häuser der älteren Siedlungsphase der Hausgruppe III A und IV A wurden solche der jüngeren (Hausgruppen III B und IV B) errichtet. Demnach ist es wahrscheinlich, daß in der jüngeren Siedlungsphase ähnliche Anordnungen wie in der älteren bestanden haben. Angewendet auf die Häuser 5, 7 und 11 der jüngeren Phase würde das bedeuten, daß sie zeitgleich waren und eine Hausgruppe III B1 bildeten, denn sie überlagerten jeweils die Häuser 6, 12 und 10 der älteren Hausgruppe III A. Sie umschlossen in ähnlicher Weise wie die Häuser der Gruppe III A einen Platz, der, begrenzt im Süden, Westen und Nordwesten, sich in Richtung auf den Hauptplattformenkomplex öffnete.

Haus 23 könnte als Verlängerung der Südbegrenzung zu dieser Gruppe gehört haben. Es ist aufgrund seiner Ausrichtung ebenfalls zur jüngeren Siedlungsphase zuzurechnen und dürfte seiner Lage nach kaum gleichzeitig mit den Häusern 3, 9, 13 der Gruppe III B 1 sein. Analog zur Hausgruppe III B 2 bildete die letztere ebenfalls eine ungefähr U-förmige, nach Nordosten offene Anordnung, die nördlich versetzt lag (*Taf. 169*). Die östlich der Gruppe III B 1/2 gelegenen Häuser 15 und 21 waren Teile einer Hausgruppe IV B, die an die Stelle der ähnlich angeordneten älteren Gruppe IV A trat. Möglicherweise lag außerhalb der ergrabenen Fläche nördlich oder östlich von Haus 15 und Haus 21 ein weiteres, den vorgelagerten Bereich begrenzendes Haus.

Die vorgeschlagene Interpretation der Befunde geht von in anderen Teilen der Siedlung von Montegrande belegbaren Ähnlichkeiten der Hausanordnungen in beiden Siedlungsphasen aus. Die Hausgruppen III A/IV A sowie III B 1/2 und IV B müßten gewissermaßen in einer Kontinuität stehen. Einschränkend muß erwähnt werden, daß zwischen der Hausgruppe III A und der mit dieser hinsichtlich der Anordnung der Häuser verwandten Gruppe III B 2 die nördlich versetzte Gruppe III B 1 bestand. Diese Zeitstellung der Gruppe III B 1 zwischen Gruppe III A und III B 2 ist durch Überlagerungen nachweisbar: Die Feuerstelle von Haus 3 (Gruppe III B 1) überlagerte die Pfostenreihe der Nordwand von Haus 6 (Gruppe III A). Die Pfostenreihe der Südwand von Haus 5 (Gruppe III B 1) wurde überlagert von der Feuerstelle des Hauses 3 (Gruppe III B 2).

Die Grundrisse der Hausgruppen III B 1 und 2 zeichnen sich auf der Terrassierung ab, die nach der Ausrichtung ihrer gewinkelt verlaufenden Stützmäuerchen bereits in der älteren Siedlungsphase angelegt worden war. Unterhalb der Terrassierung befanden sich in dieser Zeit die gestaffelt gruppierten, einräumigen Häuser der Hausgruppe V A und das mehrräumige Haus 20. Dieses große Haus wurde in der jüngeren Siedlungsphase überlagert von einem etwas größeren Haus gleicher Form und Inneneinteilung (Haus 25). Westlich davon lagen gestaffelt die beiden einräumigen Häuser 17 und 19. Ähnlich wie für die ältere Siedlungsphase ließ sich hier aus den einräumigen Häusern und dem mehrräumigen keine eindeutige Hausgruppe erschließen. In der jüngeren Siedlungsphase unterschieden sich die kleineren Häuser zwar nur geringfügig, jedoch deutlich erkennbar in ihrer Ausrichtung vom großen Haus 25, ihre Wände verliefen dicht nebeneinander, jedoch nicht ganz parallel. Diese leichte Abweichung deutet möglicherweise auf verschiedene Zeitstellungen bzw. Bauphasen hin.

Wie oben erwähnt (Verlauf der Grabung s. S. 40), war der Befund der südlich anschließenden Flächen II/III F durch Baufahrzeuge gestört. Es ist sicher kein Zufall, daß hier nur Pfostenreihen von

Häusern der älteren Siedlung, abgesehen von einer Hausecke der jüngeren Siedlungsphase, zu erkennen sind.

Weiter südlich, in der Fläche II G, lag das große mehrräumige Haus 29, dessen Pfostengräbchen- und Pfostenverfärbungsreihen sich mit den Grundrissen von drei einräumigen Häusern der älteren Siedlungsphase (Hausgruppe V A) überschneiden. Es bildete mit dem südwestlich vorgelagerten Haus 31 die Hausgruppe V B. Beide Häuser begrenzten im Norden und Westen einen unbebauten Platz. Ein diese Fläche auf der Südseite begrenzendes Haus lag vermutlich südlich, außerhalb der untersuchten Fläche. Bestand dieser Platz, so war er nach Osten offen, denn auf seiner Ostseite, die in den Suchschnitten der Flächen II H und II I erfaßt ist, fand sich keine einzige Pfostenstellung der jüngeren Siedlungsphase.

In der älteren Phase war die Nordostgrenze der Siedlung auf den Plattformbauten-Komplex bezogen. Die nördlichste Hauswand lag in einer Flucht mit der Nordkante der Huaca Antigua, der nördlichsten Plattform. In der jüngeren Siedlungsphase wich die Ausrichtung in geringem Maße von der Nordrichtung ab. Man mußte deshalb das Nordostende der jüngeren Siedlung weiter nach Norden verlagern, wenn man erreichen wollte, daß die nördlichste Hauswand auch zu dieser Zeit in der Flucht der Nordkante dieses Plattformbaus verlaufe. Tatsächlich ist dies geschehen (*Taf. 169*). Etwa 8 m weiter nördlich, ca. 15 m entfernt von Haus 156, dem nördlichsten Haus der älteren Siedlungsphase, wurde in der jüngeren Siedlungsphase Haus 167 gebaut. Es lag am Ostrand der nordöstlichsten untersuchten Fläche, so daß nicht entschieden werden kann, ob dieses Haus allein lag. Im gesamten Bereich der ergrabenen Flächen südlich und südwestlich von Haus 167 weisen jedoch keine Spuren auf weitere Häuser aus der älteren oder jüngeren Siedlungsphase hin. Bis in die südlich anschließende Fläche XVII Z erstreckt sich vor Haus 167 ein sanft abfallender Bereich ohne erkennbare Bebauungsspuren. Scheinbar befanden sich hier ursprünglich terrassierte Plätze. Ihre südlich begrenzenden Stützwände sind aus zwei Pfostenreihen zu erschließen, die in ca. 10 m und 13 m Abstand von dem Haus die Fläche XVII Z durchziehen. Haus 167 stand demnach an herausragender Stelle. Es ist möglicherweise kein Zufall, daß fast genau in der Flucht seiner Ostwand die östliche Seite des weiter im Süden gelegenen kleinen Plattformbaus Huaca Chica liegt.

Südwestlich von Haus 167 fanden sich Spuren einer Hausgruppe VI B. Sie überlagert teilweise die Hausgruppe VI A der älteren Siedlungsphase. Aus den Häusern 161, 163 und 165 bestehend, die eine nach Süden offene Fläche U-förmig begrenzten, glich diese Gruppe auch hinsichtlich der den Platz begrenzenden Terrassierung der älteren Anlage. Diese Terrassierung fand ihren Abschluß etwas weiter südlich in einer Pfostenkonstruktion. Sie bog wie das Mäuerchen in der Flucht der Ostwand des westlichen Hauses (165) nach Ost-Südost um und durchquerte südlich des älteren Terrassierungsmäuerchens fast die gesamte Fläche XV A. Nahe der Quadratgrenze wandte sie sich wiederum nach Norden. Die Hausgruppe VI B bestand aus großen Quadrathäusern, dessen östliches einen Nebenraum besaß. Der Platz südlich vor der terrassierten Fläche war in beiden Siedlungsphasen begrenzt, nur auf der Westseite war jedoch noch eine Pfostenreihe der jüngeren Siedlungsphase zu erkennen, die in ca. 1 m Abstand westlich von der die Terrasse stützenden Pfostenkonstruktion verlief.

Südlich des Platzes überlagerte die Hausgruppe VII B die Gruppe VII A. Die U-förmige Anordnung und Größe der Häuser entsprach jener der älteren Siedlungsphase. Beide öffnen sich nach Süden zur Huaca Chica hin. An die Stelle des mehrräumigen Hauses 144 trat das kleinere zweiräumige Haus 153, im übrigen überlagern sich gleichartige Häuser verschiedener Ausrichtung (Haus 159 das Haus 152, Haus 157 das Haus 150). In beiden Phasen stützte dieselbe einschalige Mauer den Platz auf seiner Südseite ab.

Da nur Haus 151 der (die Hausgruppe VIII A der älteren Siedlungsphase überlagernden) Gruppe VIII B im Bereich der ergrabenen Fläche lag, können über die Verteilung der Häuser in der jüngeren Siedlungsphase in diesem Bereich keine Aussagen gemacht werden.

Die Spuren der Hausgruppe IX B unterhalb des terrassierten Platzes der Hausgruppe VII B sind aufschlußreicher. Das rechteckige Haus 155 begrenzte eine in dieser Siedlungsphase unbebaute Fläche nördlich der Huaca Chica. Auf den östlichen Rand weist eine Pfostenreihe etwa in der Flucht der Ostwand von Haus 155 hin. Sie beginnt in ca. 1,5 m Abstand von dessen Südostecke und läßt sich bis zur Nordseite der Huaca Chica verfolgen. Die südliche Begrenzung der freien Fläche bildete die Nordseite des Plattformbaus. In ihrer westlichen Fortsetzung lag die Nordwand des sich nur teilweise im Befund abzeichnenden Hauses 147. Im Nordwesten begrenzte das große Haus 149 den Platz, dessen Südwand in etwa gleicher Flucht wie die Südwand von Haus 155 verlief. Der freie, U-förmig umschlossene Platz der Hausgruppe IX B öffnete sich einerseits nach Westen, auf den Hauptplattformenkomplex hin, wobei die nördliche Außenwand des kleinen Plattformbaus, Huaca Chica, als Begrenzung einbezogen war, andererseits gruppierten sich die Häuser um die Nordwestecke der Huaca Chica. Dies entspricht auch dem Gliederungsprinzip der Hausgruppe IX A aus der älteren Siedlungsphase in diesem Bereich.

In der jüngeren Siedlungsphase unterschied sich die Anordnung der die Hausgruppe X A überlagernden Häuser von der älteren. Ähnlich bleibt nur Lage und Form des Nachfolgebaus des großen, mehrräumigen Hauses 54 (Haus 51). An die Stelle des unterteilten Quadrathauses 56 trat das teilweise überlagernde, Nord-Süd gerichtete, zweiräumige Rechteckhaus 53. Zu dieser Hausgruppe X B der jüngeren Siedlungsphase gehörte neben dem rechteckigen Haus 55 (südlich von Haus 53 gelegen) ein südlich vorgelagertes Haus 59, von dem nur wenig mehr als die plattengesetzte Feuerstelle am westlichen Rand der Fläche XII C erhalten war. Die Häuser 53, 55 und 59 umschlossen einen auf den Hauptplattformbau der jüngeren Siedlungsphase ausgerichteten Platz, der sich auf der Westseite von Haus 53 bis vor Haus 51 fortsetzte und auf einem tieferen Niveau als die Böden der Häuser 51, 53, 55 und 59 lag.

Südlich von Haus 55 lag Haus 57, das größte Haus der jüngeren Ausrichtungsgruppe. In ca. 6 m Abstand westlich der Huaca Chica gelegen, bildete es mit den Häusern 61, 63 und 67 die Hausgruppe XI B. Diese Häuser gruppierten sich vor dem Südwestteil der im Zusammenhang mit der jüngeren Siedlungsphase nach Süden erweiterten Huaca Chica und begrenzten die vorgelagerte, unbebaute Fläche.

Nur von der Südhälfte des Hauses 63 waren Spuren im Planum zu erkennen. Sein Nordteil zog sich wahrscheinlich weit nach Norden bergaufwärts bis zur Südostecke von Haus 61. Die von diesen beiden Häusern im Norden und Osten begrenzte Fläche im Südwesten wurde von einem Terrassierungsmäuerchen der jüngeren Siedlungsphase gestützt. Das Mäuerchen zog sich quer über ein großes Rechteckhaus der älteren Siedlungsphase (Haus 64). Der so begrenzte und abgestützte freie Platz öffnete sich nach Süden und Westen und erweiterte sich auf etwas höherem Niveau nach Norden, wo die Südwand des Hauses 57 einen Abschluß bildete. Sie endete im Westen fluchtgleich mit dem Terrassierungsmäuerchen.

Südlich der Terrassierung lagen das Quadrathaus 65 und der eingetiefte Raum, die möglicherweise die Hausgruppe XIII B (?) bildeten. Der eingetiefte Raum befand sich südwestlich von Haus 65, ebenfalls am Fuße der Stützmauer und schnitt Haus 70, das der älteren Ausrichtungsgruppe entsprach. Allein Haus 69 – in der Nähe der beiden erwähnten Häuser – war als Nachfolgebau des unterteilten, großen Hauses 74 mehrräumig. Es lag jedoch beträchtlich tiefer, südwestlich von Haus 65, und dürfte deshalb wohl kaum zu dieser Gruppe gehört haben. Östlich des eingetieften Raumes schloß die der

Huaca Chica unmittelbar vorgelagerte Terrasse an, westlich von Haus 65 fällt das Gelände steil ab in die Erosionsrinne zwischen diesem Teil der Siedlung und dem Hauptplattformenkomplex. Haus 65 und der eingetiefte Raum scheinen eine nach Süden offene Fläche begrenzt zu haben. Ihre Nordseite bildete die Stützmauer.

Auf der Ostseite der Terrasse vor Huaca Chica befanden sich innerhalb der untersuchten Flächen die Häuser 93 und 95. Im Westen wurde nur Haus 67 ergraben. Die östlichen Häuser 93 und 95 der Gruppe XII B überlagerten die gleichfalls rechteckigen Häuser der Gruppe XII A der älteren Siedlungsphase und begrenzten wie diese einen nach Norden und Westen, d. h. zur Huaca Chica und zum Hauptkomplex hin offenen Platz. Möglicherweise erstreckte sich dieser in der jüngeren Siedlungsphase quer über die gesamte Terrasse bis hin zu Haus 67, worauf die Fluchtgleichheit der Nordwände von Haus 67 und 95 hinwies. An der Südostecke der Huaca Chica beginnt eine Pfostenreihe (der Ausrichtung nach jüngere Siedlungsphase). Da sie den Boden von Haus 93 durchschlägt, stammt sie von einer jüngeren Baulichkeit als die Hausgruppe XII A. Anscheinend wurde die Terrasse in der jüngeren Siedlungsphase nochmals umgebaut (s. S. 145).

Schräg unterhalb der Südostecke dieser großen Terrassierung vor der Huaca Chica fanden sich, südöstlich des eingetieften Raumes, Spuren des Rechteckhauses 71, das möglicherweise ebenso wie andere, um den großen unteren, unbebauten Platz vor der Huaca Chica gruppierte Häuser diesem zuzuordnen ist. Die Befundsituation südlich dieses Platzes ergab jedoch kein klares Bild.

Die große, doppelt U-förmig angelegte Hausgruppe XIV A der älteren Siedlung, westlich des großen freien Platzes, wurde in der jüngeren Siedlungsphase teilweise überlagert von den Häusern 73, 75 und 77 der Gruppe XIV B. Haus 75 überlagerte den Südwestteil des großen, mehrräumigen Hauses 78, die Häuser 73 und 77 die beiden Häuser 76 und 80. Letztere bildeten die Seitenflügel der kleinen, inneren U-förmigen Anordnung der Hausgruppe XIV A in der älteren Siedlungsphase. In der jüngeren Siedlungsphase trat an die Stelle der großen, doppelt U-förmig angelegten Hausgruppe XIV A die kleinere Gruppe XIV B. Nach Westen zum Hauptplattformenkomplex hin geöffnet, bestand auch sie aus U-förmig angeordneten Häusern.

Südlich der Gruppe XIV B zog sich eine Reihe von versetzt angelegten Häusern nach Süden, die zwei einander folgende, nach Westen sich öffnende, unregelmäßige U-Formationen zu bilden schienen. Die Häuser 81, 83 und 87 begrenzten den nördlichen unbebauten Bereich, die tiefer gelegenen Häuser 89 und 103 umschlossen eine freie Fläche südlich von Haus 87. Auf diese Hausgruppe XV B folgte die gleichfalls nach Westen hin offene, U-förmig angeordnete Hausgruppe XVI B mit den Häusern 103 und 105. Letzteres schloß im Osten an die pfostengestützte Kante einer großen Terrasse an. Der Platz westlich vor Haus 105 zog sich auf der Nordwestseite bis zur Südwand von Haus 103. Spuren einer Begrenzung im Südwesten befinden sich möglicherweise außerhalb der ausgegrabenen Flächen.

Das Bild der Siedlung westlich und östlich der Hausgruppe XV B war aus den wenigen beobachteten Befunden nicht deutlich erkennbar. Das Haus 91 lag im Westen, nahe dem Rand der Grabungsfläche, oberhalb der Erosionsrinne. Es überlagerte Haus 94 der Gruppe XV A. Weitere Befunde der jüngeren Ausrichtungsgruppe wurden in der Nähe nicht beobachtet.

Die wenigen Pfostenlöcher und -gräbchen südlich des großen freien Platzes im Osten der Hausgruppe XV B wiesen unter anderem auf Grundrisse von zwei großen, mehrräumigen Häusern (97 und 101) hin. Der Gesamtbefund ließ nur einen Bezug dieser Häuser auf den großen, freien, unteren Platz vor der Huaca Chica erkennen, worauf die Lage von Haus 101 an der Südostecke des Platzes und von Haus 97 in der Mitte vor seinem unteren, südlichen Rand hinwies.

Im südöstlichen Teil der Siedlung von Montegrande finden sich zwei große Rundbauten auf Terrassierungen, beide mit vorgelagerten Terrassen. Die obere Terrasse war in beiden Fällen bebaut, auf der unteren war ein unbebauter Platz erkennbar. Die Ausrichtung der Terrassierungsmäuerchen weist diese Anlagen der jüngeren Ausrichtungsgruppe zu. Aufgrund der Folge vorgelagerter Plätze und anderer Merkmale behandeln wir diese großen Rundbauanlagen wie die ihnen verwandten Plattform- und Terrassenkomplexe im Zusammenhang mit der Monumentalarchitektur (s. S. 146). Die Anlage im südöstlichen Rand der Siedlung wurde auf sehr viel kleinerer Fläche erforscht als die in geringem Abstand westlich gelegene, die sich aufgrund von Überlagerungen als jünger als die Wohnsiedlung erwies. Sie überlagerte die Hausgruppen XVII B und XVIII B.

Die Hausgruppe XVII B besteht aus den Häusern 107 und 109. Das einräumige Rechteckhaus 107 lag in einem Abstand von ca. 4,5 m in der Mitte nördlich vor dem großen Haus 109. In seinem Westteil querte eine Pfostenreihe Haus 109. Aus diesen Befunden erhellt die westliche Begrenzung der Rundbauterrasse, deren südliche Begrenzung in geringem Abstand vor Haus 109 verlief. Entweder zerstörten Planierungsarbeiten bei Anlage der Terrasse oder Straßenbaumaschinen in jüngster Zeit die Spuren eines Hauses im Südosten, das die freie Fläche östlich der beiden Häuser im Süden begrenzt haben dürfte. Auf ein solches Haus wies eine entsprechende L-förmige Anordnung in der östlich jene Fläche begrenzenden Hausgruppe XVIII B hin. Die freien Flächen beider Hausgruppen öffneten sich nach Nordosten in Richtung auf den kleinen Plattformbau Huaca Chica.

Die Hausgruppe XVIII B bestand aus den Häusern 111, 113 und 115. Soweit im Bereich des breiten Pfostengräbchens vom großen Rundbau gelegen, waren die Pfosten der Häuser 111 auf der Westseite und 113 auf der Südseite der freien Fläche von Hausgruppe XVIII B erst nach der Abtragung des breiten Pfostengräbchens zu erkennen. Dies ist der einzige stratigraphische Hinweis auf den Bezug dieser Häuser zur Rundbauanlage. Sie schlossen dicht aneinander an, die Westwand von Haus 113 lag in einer Flucht mit der Ostwand von Haus 111. Beide Häuser grenzten an der Südwestecke der freien Fläche dieser Hausgruppe aneinander.

Haus 117, dessen Pfostenreihen sich unterhalb von Aufschüttungsresten des unteren freien Platzes vor der Rundbauanlage in Verfärbungen abzeichneten, lag scheinbar isoliert; weitere Häuser einer entsprechenden Gruppe wurden nicht gefunden. Auf der ca. 7 m breiten oberen Terrassierung unmittelbar vor der Rundbauterrasse lagen Häuser, deren Feuerstellenreste und zahlreiche Verfärbungen jedoch wegen Störung durch Straßenbaufahrzeuge keinen Grundriß klar erkennen ließen.

Die Struktur der Bebauung auf der Terrasse unmittelbar vor dem anderen Rundbau am südöstlichen Rand der Siedlung ließ sich jedoch aus dem Befund der untersuchten Flächen in diesem Bereich ersehen. Vor der Südwest- und Südostecke des großen Hauses 123, dessen Südostteil sich in Pfostenreihen abzeichnet, lagen der eingetiefte Raum 125 und das kleine, einräumige Haus 121. Weiter südlich stützte wohl das Terrassierungsmäuerchen dieser Terrasse die im Süden Haus 123 vorgelagerte, im Westen und Osten von Raum 125 und Haus 121 begrenzte, freie Fläche. Nördlich dieser Hausgruppe XIX B lag der Rundbau in ca. 12 m Entfernung von der Südwand des Hauses 123. Die Lage des Hauptbaus dieser Gruppe, Haus 123, innerhalb der Flucht des vermutlichen Zugangweges (der rechtwinklig zur Stützmauer auf den Mittelpunkt des Rundbaus zu verlief) legte die Annahme nahe, daß die Hausgruppe und der Rundbau nicht zeitgleich sind, dieser jedoch mit Haus 119 zusammengehört. Haus 119 fügte sich nicht die Hausgruppe XIX B ein, sondern lag in geringem Abstand östlich des Hauses 123. Wie bei der anderen beschriebenen Rundbauanlage dürfte die Hausgruppe XIX B älter sein als der Rundbau.

In Hausgruppe XX B, der größten der jüngeren Siedlungsphase, wurde kein einziges großes, mehrräumiges Haus gefunden. Die günstigen Erhaltungsbedingungen (der gesamte Westteil dieser Hausgruppe liegt nicht in der Hauptfallinie) machten die Bedeutung der freien, unbebauten Flächen deutlich. Wir erschließen aus solchen Plätzen die Hausgruppen im gesamten ausgegrabenen Teil der Siedlung. Am Fuß der teilweise versetzt verlaufenden, Nord-Nordost – Süd-Südwest ausgerichteten, sorgfältig verputzten Terrassierungsmauer befanden sich abgestuft verlaufende, schmale, unbebaute Flächen mit sorgfältig gearbeitetem, kalkigem Estrich. Westlich dieser Höfe und Plätze lagen leicht erhöht die einräumigen, fluchtgleich gereihten, rechteckigen Häuser 127, 129 und 131. Schräg vor der Südwestecke der Terrassierung befand ein weiterer rechteckiger Platz ohne erkennbare Bebauung, leicht südwärts versetzt ein weiterer, tiefer gelegener Platz (?), der nur auf kleiner Fläche ergraben wurde. Vor dem südlichen Teil der Terrassierungsmauer folgte eine schmale Hoffläche, auch sie war in geringem Abstand von der Südwestecke abgestuft.

Die einzige Spur des südlich der Terrassierung vorgelagerten Hauses 135 war ein Pfostengräbchen oberhalb der letztgenannten Abstufung, das auf die Lage seiner Nordwand schließen ließ. Südöstlich versetzt zeichneten sich in etwas größerem Abstand von der Terrassierungsmauer die Pfostenlöcher und Feuerstellenreste des quadratischen Hauses 133 ab. Die Grundrisse dieser einräumigen Häuser verteilten sich L-förmig auf verschiedene Ebenen, teilweise aus den Fluchten versetzt, um Höfe und Plätze vor den gemauerten Terrassierungskanten. Am Nordende der Terrassierungen schlossen sich in versetzter Flucht, rechwinklig zu der Terrassierung gereiht, die quadratischen Häuser 139, 141 und 143 an, die beiden letzteren mit angebautem Nebenraum. Ob die beiden, innerhalb der so begrenzten Terrassenfläche liegenden Häuser 137 und 145 zeitgleich mit den übrigen Häusern waren, ist fraglich. Überschneidungen waren nicht zu beobachten. In keinem Fall waren identisch ausgerichtete Häuser um eine unbebaute, kleine Fläche gruppiert. Auf die Terrassierung führte eine relativ gut erhaltene Treppe von dem schmalen Hof im Westen aus. Im gesamten freigelegten Siedlungsbereich fanden sich sonst keine Hinweise auf derartige Verbindungen innerhalb von Hausgruppen oder zwischen ihnen.

Das Bebauungsschema dieser Hausgruppe XX B ist innerhalb der jüngeren Siedlungsphase singulär. In den anderen Bereichen fiel die U-förmige Anordnung größenmäßig unterschiedlicher Häuser auf. Hinsichtlich der Verteilung und Einheitlichkeit der Häuser gleicht Gruppe XX B einzig der Hausgruppe V A der älteren Siedlungsphase (sie liegt im Westteil). Dort haben jedoch Erosion und Baumaschinen starke Zerstörungen verursacht.

Die beobachteten Rundbauten stehen mit der erschlossenen Bebauungsstruktur der Siedlung in beiden Siedlungsphasen in keinem erkennbaren Zusammenhang. Eine Ausnahme bildet Rundbau 1, der aufgrund von Lage und Zeitstellung wahrscheinlich in Zusammenhang mit der Wohnsiedlung steht. Andere Rundbauten standen teilweise in Verbindung mit der Großarchitektur (s. unten Chronologie S. 148).

Der Gesamtbefund der beiden Siedlungen von Montegrande erweist die große Bedeutung von unbebauten Flächen. Neben den großen freien Plätzen unterhalb von Plattformbauten mit vorgelagerter, bebauter Terrasse spielten auch kleinere Plätze eine wichtige Rolle. Sie waren teilweise U-förmig von Häusern umgeben. Im Befund sind die kleinen Plätze – gut erhalten – nur als sorgfältig bearbeitete Hofflächen der südlichen Hausgruppe XX B freigelegt worden. Eine dritte Art unbebauter Flächen war gekennzeichnet durch runde Feuerstellen, die im Gegensatz zu den Feuerstellen der Häuser starke Brandspuren im Boden aufwiesen (*Taf. 121,7 - 10*). Ohne Steinfassung noch Verputz waren sie mit Steinen gefüllt, die durch die intensive Feuereinwirkung zersprungen und zerfallen waren. Diese Feuerstellen liegen durchweg an Stellen, die am Tage dem starken Wind ausgesetzt sind, der von der kalten pazifischen Merresoberfläche her (Humboldtstrom), durch die trichterartigen Talverengungen stark beschleunigt, von Westen nach Osten über das erhitzte Land streicht. Die Feuerstellen konzentrieren sich nahe dem Westrand der Terrassierung der südlichen Hausgruppe XX B, vereinzelt fanden sie sich auch an anderen exponierten Stellen der Siedlung, wie z. B. am Westrand der großen Terrassierung des Rundbaus im Südosten (Fläche XI J), im Bereich des aufgeschütteten Platzes, südöstlich der großen L-förmigen Terrasse vor dem Hauptplattformbau (Flächen XI C/D), im Südosten der Hausgruppen VII A/B, am Rande der Terrassierung oberhalb der Huaca Chica und im Nordostteil der Siedlung. Im letzten Bereich lag eine solche Feuerstelle nördlich von Haus 156, im unteren Teil der Platzes zwischen den Hausgruppen VI und VII A/B. Die hellweißlich ausgeglühte Asche, die sich in den plattengesetzten, verputzten Feuerstellen der Häuser, vor allem im Bereich der Hauptplattformanlage fand, könnte von ihnen stammen. Eine solche Vermutung drängte sich auf, da die wenigen Spuren von Hitzeeinwirkungen in den verputzten Feuerstellen der Häuser nicht dem Verbrennungsgrad der Asche entsprachen. Feuerstellen mit so starken Brandspuren in exponierter Lage deuteten auf eine dritte Art von freien Flächen, auf „Brandplätze" hin.

Die Wohnhäuser waren in beiden Siedlungsphasen streng einheitlich ausgerichtet. Es überwog die U-förmige Anordnung von Häusern verschiedener Größe um Plätze. Diese öffneten sich jeweils in Richtung auf eine der beiden Plattformanlagen. Des öfteren waren sie so gestaltet, daß beiderseits der Häuser Plätze U-förmig umgrenzt wurden. Es gab jedoch in beiden Phasen auch eine andere Anordnung: die Höhen- und fluchtmäßig versetzte Gruppierung einräumiger Häuser relativ einheitlicher Größe. Nicht Wege, sondern Plätze und möglicherweise Treppen gliederten die Siedlung und verbanden die Hausgruppen.

BEREICH DER PLATTFORMANLAGEN

ZENTRALER PLATTFORMEN-KOMPLEX

Freier Platz südlich vor der großen, L-förmigen Terrasse

Die Ausgrabungen in den Flächen V D, VI C/D/E, VII C/D/E/F, VIII D/E/F, IX D/E (*Taf. 100; 101; 107; 108; 109; 112*) südlich der großen, L-förmigen Terrasse vor dem großen Plattformbau Huaca Grande wurden in der ersten Grabungskampagne durchgeführt. Der Befund schien die verbreitete Forschungsmeinung zu bestätigen, wonach sich in der Umgebung von Sakralplattformen keine ausgedehnten Siedlungen befanden (s. S. 16).

Abgesehen von ein paar Pfostenverfärbungen und Holzkohlekonzentrationen weist in diesem Bereich nichts auf eine Bebauung hin, abgesehen von den randlichen Flächen V D, VIII F und IX E (*Taf. 107; 112*), in denen die Dichte der Pfostenlöcher auffällig zunimmt. Es fehlen hier jedoch ebenfalls Funde und Hinweise auf Feuerstellen. Die gesamte Oberfläche vor der großen Terrasse, d. h. ein über 40 m breiter Bereich, weist ca. 20 m weit nach Süden nur ein geringes Gefälle auf. Abgesehen von der oberen Fläche unmittelbar vor dem Plattformbau ist dies die ausgedehnteste Terrassierung im Nordteil der Meseta. In den Flächen VII C und VIII D konnten auf einem schmalen Streifen (bis zu 2 m breit) unter dem Versturz der breiten Zweischalenmauer der L-förmigen Terrasse Überreste von verputztem Fußboden herauspräpariert werden (*Taf. 101,1; 108*). In diesen Estrich sind Pfostenlöcher eingetieft, in etwa 1 m Abstand von der Mauer und etwa 80 cm Abstand voneinander. In der Nordwestecke der Fläche VIII D (*Taf. 108*) ist ein Pfostenloch in die Füllung einer 0,5 m bis 2 m breiten, bis 25 cm tiefen Auswaschungsrinne eingetieft. Sie läßt sich bis in die Flächen VII D und E verfolgen. Größere Steine liegen quer zum Gefälle im grauen, staubigen Material der Füllung. Das weist auf sorgfältige Zuschüttung dieser Rinne vor der Errichtung der Pfosten hin. Da die Pfostenreihe offensichtlich mit der Zweischalenmauer in Beziehung steht, kann man davon ausgehen, daß die untere Terrasse zeitgleich mit der oberen, L-förmigen genutzt worden ist.

In den Flächen VII C/D/E, VIII D/E/F und IX D sowie im Ostteil der Fläche V D (*Taf. 107; 108; 109,1; 112*) ist der rötlich-gelbe Boden von charakteristischen, unregelmäßig polygonalen Rissen durchzogen. Sie lassen auf künstliche Aufschüttung schließen. Teilweise tritt, vor allem nach Süden hin (Südteil der Flächen VII/VII E), im östlichen Randbereich (Fläche IX E und Westteil der Fläche VIII F; *Taf. 112*) stärker eine Steinkomponente hervor, ein Hinweis darauf, daß die überlagernden Aufschüttungen aberodiert sind. In der Fläche VIII D, ca. 3 m entfernt vom östlichen Ende der Zweischalenmauer, zeichnen sich im südlich vorgelagerten Bereich, unterhalb des an den Mauerverputz anschließenden Fußbodenestrichs, zwei Pfostenverfärbungen ab. Es sind Teile einer regelmäßigen Pfostenreihe der ersten (älteren) Ausrichtung, die sich in den Flächen VIII E und VII F ca. 23 m weit nach Süden fortsetzt. In 2 m Abstand westlich verläuft in der Fläche VIII D eine weitere Pfostenreihe parallel zur ersteren. Ihre Spur verliert sich in ca. 9,5 m Abstand von der Mauer. Beiden Pfostenreihen bildeten, möglicherweise zu verschiedenen Zeiten, die östliche Begrenzung des unbebauten Terrassenbereichs.

In einem Abstand von ca. 1 m westlich der äußeren Pfostenbegrenzung befindet sich bis in ca. 20 m Abstand südlich der Zweischalenmauer in der Fläche VII F eine graue, lockere, feinkiesige Lage auf einer Länge von ca. 22 m auf der Oberfläche. Ihre Dicke variiert beträchtlich. Während ihre südliche Begrenzung unregelmäßig verläuft und sich im Westteil der Fläche bis an die Grabungsgrenzen fortsetzt, verläuft die westliche Grenze dieser Ablagerung nahezu gradlinig, parallel zur Pfostenreihe. Auch der Nordrand dieser Ablagerung scheint, trotz seines leicht geschwungenen Verlaufs, nicht zufällig entstanden zu sein. Auf seiner Gesamtlänge ist er in den Flächen V E, VI E und VII E und F deutlich zu erkennen. In der Fläche VII E ist schon im ersten Planum zu sehen, daß die große Auswaschungsrinne an dieser Ablagerung endet. Beim Tiefergehen stellt sich heraus, daß sich die Steine der Füllung in dieser Rinne stark verdichten. Parallel zum Rande der grauen Schicht ist die Auswaschungsrinne mit großen Blöcken zugesetzt. Die Blöcke schließen in einer Flucht ab, die offensichtlich dem ursprünglichen Nordrandverlauf der grauen, kiesigen Ablagerung entspricht. Diese Flucht folgt der ersten Ausrichtung. Unmittelbar nördlich der grau-kiesigen Lage befindet sich ein unregelmäßiges Band von Lehmmörtel, unterbrochen und durchsetzt mit eingeschwemmtem Material. In den Profilen von Raubgräberlöchern der Zweischalenmauer am Nordrand der unbebauten Fläche ist zwischen beide Mauerschalen ebenfalls ein graues, lokkeres, feinkiesiges Material eingefüllt. Es unterscheidet sich weder in Konsistenz noch Zusammensetzung von jenem der Ablagerung am Südrand der unbebauten Terrasse.

Der Gesamtbefund läßt sich dahingehend interpretieren, daß in der Zeit der älteren Siedlungsphase eine Mauer eine unbebaute terrassierte Fläche im Süden begrenzte. Dafür sprechen die grau-kiesige Lage und der Wechsel im Geländeverlauf – das Gelände steigt heute nach Norden bis zur großen Mauer in einer Neigung von ca. 3,8° an, in den südlich anschließenden zehn Metern beträgt das Gefälle 9° (*siehe Beilagen 1; 2*). Das Lehmmörtelband dürfte der Überrest einer offensichtlich ausgeraubten Mauer sein. Die Steine sind wahrscheinlich wiederverwendet worden. Teilweise bedeckt von den westlichsten Ausläufern der grau-kiesigen „Mauerfüllungs"-Lage befinden sich in der Fläche V E in einer Steinpackung Holzkohle, Asche, das Fragment eines Mörsers von hervorragender Qualität, vier Flußkiesel und Knochenfragmente. Es handelt sich offensichtlich um eine Niederlegung im Zusammenhang mit der Errichtung dieser Mauer.

Die Spuren der „Mauerfüllung" verlieren sich im Nordostteil der Fläche V D. Nur kleine Flecken mit ähnlichem Material liegen am Hang einer Erosionsrinne, die den Südwestteil der Fläche V D durchzieht (*Taf. 107*). Sie bildet eine natürliche Grenze zwischen dem Bereich der Terrassen vor dem Plattformbau und dem Westteil der Siedlung. Die Mauer setzte sich ursprünglich tatsächlich bis in diese Fläche nach Westen fort, d. h. der freie Platz der älteren Siedlungsphase dehnt sich weiter nach Westen, in den von der Erosionsrinne zerstörten Bereich. Die Mittelachse des Platzes entspricht in dieser Phase der Mittelachse einer zeitgleichen Treppe zwischen den beiden Terrassen. Ihr westlicher Rand ist bei den Grabungen (in der Fläche VII C) hinter der großen Zweischalenmauer freigelegt worden (*Taf. 101,1*). Er liegt in einer Flucht mit der Westkante des Treppenaufgangs auf die in dieser Phase weiter nördlich folgende Terrassierung. Die Ostkante des letzteren Treppenaufgangs ist zwar nicht freigelegt worden, da wir in der Fläche VII C an dieser Stelle einen Steg beließen, aber östlich dieses Steges setzten sich die Treppenstufen nicht fort. Die Ostkante der Treppe liegt demnach im Bereich des Steges und muß sich ungefähr in der Flucht der Ostkante des nördlich gelegenen Treppenaufgangs befinden. Die Mittelachse der Terrasse verläuft in der älteren Siedlungsphase in ca. 15,5 m Abstand von der östlichen Pfostenbegrenzungsreihe des unteren freien Platzes. Ungefähr in gleichem Abstand westlich der Mittelachse befindet sich (im Westteil der Fläche V D) eine entsprechende, begrenzte Pfostenreihe. Sie verläuft am Geländeabfall in die Erosionsrinne und ist deshalb nur unvollständig beobachtet worden. In der Flucht dieser Pfostenreihe liegt auf der großen Terrasse vor dem Plattformbau eine (ebenfalls durch Auswaschung unterbrochene) Pfostensetzung. Sie bildet offensichtlich die Westkante dieser ebenen Terrasse in der Zeit der älteren Siedlungsphase. Dies legt eine Entsprechung zwischen der großen Terrasse und dem südlich vorgelagerten unteren, freien Platz nahe. Sie wird bestätigt durch die Beobachtung, daß sich auch die östliche Begrenzung des freien Platzes auf der L-förmigen Terrasse fortsetzt (*Taf. 108; 104*). Sie bildet hier die westliche Begrenzung eines Eingangskorridors, der (vor Errichtung des Rundbaus 212 in den Flächen IX C/D) auf die große, L-förmige Terrasse hinaufführte. Er wird im Osten von Pfostenreihen begrenzt. Eine entsprechende Stufe ist im Befund teilweise erkennbar.

Die zahlreichen Pfostenlöcher im anstehenden, rötlichen Boden im Westrand der unteren, unbebauten Terrasse (in der Fläche V D; *Taf. 107*) lassen keine Reihungen erkennen. Bedeutsam scheint jedoch, daß die Verfärbungen im Ostteil der Fläche völlig aussetzen. Hier zeichnen sich im Boden jene charakteristischen, unregelmäßig polygonalen Risse ab, die sich auch in den anderen Flächen, in denen der große freie Platz erfaßt wurde, finden. Die Grenze zwischen dem Bereich mit Verfärbungen und jenem mit Aufschüttung folgt scheinbar der zweiten Ausrichtung. Es ist jedoch fraglich, ob hier die Westgrenze des Platzes in der Zeit der jüngeren Siedlungsphase lag, denn das westliche Ende der Zweischalenmauer liegt ca. 2,5 m weiter westlich. Ein weiterer Hinweis darauf, daß der freie Platz auch für die Bebauung der zweiten (jüngeren) Ausrichtung Bedeutung hatte, ist ein gewaltiges Pfostenloch, das in der Flucht der Mittelachse des Treppenaufgangs (auf der Zweischalenmauer) in ca. 12,5 m Abstand südlich vorgelagert war. Es lag in der Mitte vor dieser großen Mauer der zweiten Ausrichtung am Nordwestrand der Fläche VII E. Auch auf den Verlauf des Ostrandes des freien Platzes in dieser Zeit finden sich keine eindeutigen Hinweise. Möglicherweise liegt er ungefähr dort, wo die Pfostenreihe die Platzbegrenzung in der älteren Ausrichtungsgruppe andeutet. Weiter im Osten und Südosten, in den Flächen IX E und VIII F (*Taf. 112*), befinden sich zahlreiche Pfostenlöcher. In der Fläche IX E ist eine Pfostenreihe der zweiten Ausrichtung zu erkennen. Sie setzt sich in der nördlich anschließenden Fläche IX D fort bis zu einer Terrassierungsmauer, welche die östliche Fortsetzung der großen Zweischalenmauer bildet (*Taf. 109,1*). In der Fläche VIII F zeichnen sich verschiedene Pfostenreihungen ab, die teilweise auch im rechten Winkel zueinander verlaufen (*Taf. 112*).

Das Fehlen jeglicher Feuerstellen und Fußbodenreste, das auffällige Ausbleiben von Funden in dieser Fläche ist analog zu einem ähnlichen Befund der Fläche XI L zu interpretieren (*Taf. 52*). Dort ist die Befundsituation insofern einfacher zu beurteilen, als eine Gesamtanlage, bestehend aus einem vorgelagerten, bebauten Platz und einem unteren, freien Platz nachweislich über Häusern beider Ausrichtungen errichtet ist. Der Grundriß von Haus 117 in der Fläche XI L, im Bereich eines aufgeschütteten freien Platzes gelegen, ist aus den Pfostenstellungen eindeutig zu erkennen. Ebenso wie in der Fläche VIII F, wurden jedoch keine Hinweise auf Feuerstelle und Fußbodenestrich beobachtet, das Fehlen von Funden ist auffällig. Wie aus den Plana erhellt, bedeckt die Aufschüttung des freien Platzes (im oberen Planum) teilweise die Pfostenlöcher. Haus 117 wurde bei Anlage eines freien Platzes abgetragen. Das gleiche ist offensichtlich auch im Bereich der Fläche VIII F geschehen (*Taf. 112*). Häuser wurden in beiden Siedlungsphasen auch hier abgetragen, als man den Platz erweitert hatte. Seine östliche Begrenzung verläuft nach dieser Erweiterung in der Flucht jener Pfostenreihe der zweiten Ausrichtung, die nur im Nordteil (den Flächen IX D und IX E) dokumentiert werden konnte.

Der freie untere Platz vor der großen, L-förmigen Terrasse ist in beiden Siedlungsphasen benutzt worden. Ein symmetrischer Bezug zu einer mittleren, nördlich gelegenen Folge von Treppenaufgängen, ein nordöstlicher Aufgangskorridor, Spuren einer südlichen Stützmauer und Begrenzungen auf seiner Ost- und Westseite sind in der älteren Phase nachweisbar (*Taf. 168; Beilage 2*). In der jüngeren Siedlungsphase befindet sich ein großes Pfostenloch auf der Mittelachse eines neueren, oberen Treppenaufgangs. Der Platz ist nunmehr im Südteil seiner Ost- und Westseite von Häusern eingerahmt. Im Zuge einer jüngeren Bauphase wurden die Häuser im Osten abgetragen und der Platz erweitert. Er war auch nach dieser Erweiterung im Verhältnis zu den nördlich oberhalb davon gelegenen Anlagen nicht symmetrisch angelegt, die Südmauer wurde nicht der neuen Ausrichtung angepaßt (*Taf. 169; Beilage 2*).

Freier Platz östlich der großen, L-förmigen Terrasse

Eine (ca. 2 m) breite Zweischalenmauer begrenzt die L-förmige Terrasse auch auf der Ostseite. Sie ist in der Westhälfte der Fläche X D, im Südostteil der Fläche X C, im Nordwestteil der Fläche XI C und in der Fläche XI B zu erkennen (*Taf. 99; 105; 106; 110*). An den Verputz auf der östlichen Talseite schließt in 1,5 m Tiefe ein Estrich an. Er ist (im zweiten Planum der Flächen X D und X C)teilweise vor der südlichen Stirnseite der Mauer (*Taf. 110*) und östlich von ihr fast durchgehend (auf einer Breite von noch bis zu 1,10 m) erhalten. Im östlich anschließenden Bereich zeichnen sich einzelne Fußbodenfragmente und die Reste der den Fußboden unmittelbar unterlagernden gelbbraunen Schicht ab (*Taf. 105; 106; 110*). Der Befund legt die Annahme nahe, daß die weiter östlich verlaufende Erosionsrinne ursprünglich zugeschüttet und mit einem Estrich bedeckt worden ist. In dieser Fläche hat der überlagernde Lehmmörtel- und Steinblockversturz der großen Terrassenmauer schützend gewirkt. Die Fläche am Fuße der großen Zweischalenmauer war offensichtlich unbebaut, denn am Rande des von der gelbbraunen Lage bedeckten Bereichs befinden sich rundliche Feuerstellen, gefüllt mit Holzkohle und im Feuer zersprungenen Steinen. Ihre Ränder weisen Spuren starker Hitzeeinwirkung auf (*Taf. 106*). Zwei dieser Feuerstellen liegen am Rand der gelbbraunen Schicht, die sich unter dem Fußboden fortsetzt. Sie sind also in diesen Estrich eingelassen und somit zeitgleich. Südwestlich der beiden Feuerstellen fanden sich die Überreste einer weiteren größeren Feuerstelle derselben Art. Analog zum Umfeld derartiger „Brandstellen" in der gesamten Siedlung ist auf eine unbebaute umgebende Fläche zu schließen. Betrachtet man die Verteilung der größeren Steine in den Flächen der Erosionsrinne (*Taf. 99; 106; 111*), so fällt auf, daß sie keineswegs nach dem Gefälle orientiert sind, sondern zumeist quer zum Hang liegen. Demnach sind sie nicht als Versturzteile zu interpretieren, sondern liegen seit der Anlage des Platzes hier. Von diesem Aufschüttungsmaterial ist der Versturz der großen Zweischalenmauer unschwer zu trennen. Er zeichnet sich am Fuß der Mauer deutlich ab.

Ein weiterer Beleg dafür, daß die Erosionsrinne hier zugeschüttet worden ist, findet sich in den Flächen X/XI C/D (*Taf. 105; 106; 110; 111*). Im untersten Planum der Fläche XI D (*Taf. 111*) läßt vor allem im tiefsten Teil der Rinne die Lage der Steine auf bewußte Zuschüttung schließen. Im zweiten Planum der nördlich anschließenden Fläche XI C ist die erwähnte gelbbraune Schicht bis in ca. 5 m Entfernung von der Mauer zu erkennen (*Taf. 106*). In ca. 5 m Abstand nördlich der Flucht der Stirnseite von der großen Terrassen-Ostmauer überquert eine Terrassierungsmauer die Erosionsrinne (*Taf. 110; 111*). Ihre unterste Steinsetzung ist auf einer Länge von über 10 m im zweiten Planum unterhalb einer bräunlichen Einschwemmschicht zu erkennen. Die Blöcke liegen etwas verschoben, Reste des Verputzes dieser Mauer zeichnen sich als verschwemmte Flecken ab. Die ursprüngliche südliche Frontlinie läßt sich erschließen. Sie scheint der ersten Ausrichtung zu folgen. Die Blöcke der Westseite sind aufgrund von Erosion am stärksten nach Süden verschoben. Nördlich dieser Terrassierungsmauer, im Nordostteil der Fläche X D (*Taf. 110*), lassen helle lehmige Lagen, durchsetzt mit großen aschigen Flecken und rötlichem feinkörnigem Material mit charakteristischer Oberflächenstruktur – unregelmäßig-oktogonale Risse – auf Aufschüttung schließen. Die Fläche ist gestört durch eine Auswaschung, die in ca. 2 m Abstand von der großen Zweischalenmauer verläuft. Weitere tiefere Auswaschungen stören den Befund in den östlich und nordöstlich anschließenden Flächen XI C und D (*Taf. 106; 111*). Die Erosionsrinne erreicht in ca. 7 m Abstand von der großen Zweischalenmauer ihren tiefsten Bereich. Hier hat sich eine 1,5 m bis 2,5 m breite Auswaschung fast 70 cm tief(im Verhältnis zur verputzten Bodenfläche im Fuße der Mauer) eingeschnitten. Jenseits steigt das Gelände wieder etwas an und senkt sich ca. 5 m weiter westlich in eine weitere Auswaschungsrinne.

Diese Rinne hat Teile eines verputzten Estrichs zerstört, dessen Randbereich in den Flächen XII C und XII D (*Taf. 21; 23*) auf einer Länge von ca. 16 m und einer Breite von bis zu 1,5 m erhalten ist. Er weist, ebenso wie der verputzte Fußboden vor der großen Mauer auf der Westseite des Platzes, ein leichtes Gefälle auf. Die Niveauunterschiede zwischen beiden Estrichflächen betragen auf einer Entfernung von ca. 18 m maximal 25 cm. Demnach ist davon auszugehen, daß die beiden Estrichteile Randbereiche eines Platzes bilden.

Während die im Westen begrenzende große Zweischalenmauer ebenso wie die Terrassierungsmauer der ersten folgt, entspricht seine Oberkante der zweiten Ausrichtung. Im Süden der Fläche XI D (*Taf. 111*) werden Teile der Terrassierungsmauer von Fragmenten eines verputzten Fußbodens überlagert. Letzterer hat sich zwischen den beiden erwähnten Auswaschungsrinnen erhalten. Es ist demnach wahrscheinlich, daß sich zwei Estrichflächen des Platzes überlagern. Die der Terrassierungsmauer entsprechende Estrichfläche ist am Ende der ersten Siedlungsphase (offensichtlich durch Regenfälle) zerstört worden. Südlich der Terrassierungsmauer befinden sich dichte Steinkonzentrationen. Sie sind im Osten, wo das Gelände zur großen Terrassenmauer hin ansteigt, überlagert von einer rötlichen Schichtung auf lehmigem, grauem Material. Dies ist ein weiterer verschwemmter Überrest eines Estrichs, der sowohl die Terrassierungsmauer, als auch die südlich anschließende Aufschüttung bedeckt. Die letztgenannte Aufschüttung liegt nur zu einem geringen Teil innerhalb der ergrabenen Flächen. Trotzdem rechtfertigen die Hinweise die Annahme, daß sich der Platz in der jüngeren Siedlungsphase jenseits der Terrassierungsmauer der ersten Ausrichtung nach Süden erstreckt. Die Ostbegrenzung der älteren Phase ist nicht erkennbar, jene der jüngeren besteht in der Ostgrenze des erwähnten großen Estrichsfragments. Hinsichtlich der nördlichen Begrenzung der Plätze beider Phasen sind verputzte Fußbodenfragmente im Südwesten der Fläche XII B (*Taf. 19*) am Fuße jenes Spornes bemerkenswert, auf dem in der älteren und jüngeren Siedlungsphase die mehrräumigen Häuser 51 und 54 errichtet wurden. Diese Fragmente befinden sich unterhalb einer Terrassierungsmauer der älteren Ausrichtungsgruppe, die die südlichen Teile der Häuser abstützt und nur aufgrund der fluchtgleichen Lage von wenigen, großen Blöcken erschlossen werden kann. Sie bildet zugleich die nördliche Begrenzung im Ostteil jenes großen freien Platzes in der Erosionsrinne. Seine Nordostecke (Fläche XII C; *Taf. 21*) ist durch tiefe Auswaschungen und Erosionsrinnen gestört. Die verputzten Fußbodenteile ließen sich auf der Westseite des Spornes bis zur Auswaschungsrinne und nach Nordwesten bis zum Rand der Fläche XII B (*Taf. 19*) herauspräparieren. Sie belegen die Ausdehnung des Platzes im Nordwesten, von wo aus man über eine Rampe auf die große, L-förmige Terrasse gelangt.

Abgesehen von einer Pfostenreihe der zweiten (jüngeren) Ausrichtung in der Fläche XI C und einigen verstreuten Pfostenlöchern im Südostteil der Fläche XI D, nahe der älteren Terrassierungsmauer, fehlt jeglicher Hinweis auf Bebauung in diesem gesamten großen Bereich (30 m [25 m] x 18 m [16 m]). Das läßt sich schwerlich allein mit der Zerstörung durch Erosion erklären.

Einige „Brandstellen" erweisen, daß diese gesamte Fläche in der Erosionsrinne östlich der großen, L-förmigen Terrasse ein freier Platz war. Er wurde in beiden Siedlungsphasen benutzt (*Taf. 168; 169; Beilage 2*). Entsprechende Aufschüttungen und Estrichfragmente sind erkennbar. Seine Westgrenze bildet in beiden Siedlungsphasen die – nachweislich in beiden Phasen benutzte (s. S.139) – Zweischalenmauer, welche die L-förmige Terrasse im Osten abstützte. Im Osten ist die Begrenzung der jüngeren Phase am Rand eines Estrichs nachweisbar. Fragmente der Fußbodenoberfläche des Platzes in der älteren Phase sind bis in 16 m Abstand von seinem Westrand zu finden. Der Platz war zu dieser Zeit offensichtlich schmaler als in der jüngeren Phase. Auch seine Länge war in der jüngeren Siedlungsphase größer: Die Südgrenze lag nunmehr jenseits einer talwärts verputzten Stützmauer der älteren Phase. An einer Terrassierungsmauer aus derselben Zeit endet er in beiden Siedlungsphasen im Nordosten. Nordwestlich erstreckt er sich über diese Linie hinaus vor einem Rampenaufgang im Nordostteil der großen, L-förmigen Terrasse.

Bebauung der großen, L-förmigen Terrasse

In den Flächen VI/VII C und VIII C/D zeichnet sich am Rand der großen, L-förmigen Terrasse oberhalb des freien Platzes auf der Oberfläche eine Flucht von Steinen ab. Reinigungsarbeiten ergaben eine Versturzsituation (*Taf. 125,2*); die Steine einer umgestürzten Mauer finden sich am Geländeabsatz unterhalb der Steinflucht. Es handelt sich um Überreste einer 1,6 m bis 1,9 m breiten und 32,5 m langen Zweischalenmauer (*Taf. 100,1; 101,1; 102; 108; 109,1*). Beide Außenschalen bestand aus in Lehmmörtel gesetzten, regelmäßigen, jedoch unbearbeiteten Blöcken, auf der Talseite bis zu drei Lagen hoch erhalten (*Taf. 122 – 123,1*). Teilweise liegen zwischen den Reihen kleine Steinlagen zur Abstützung im Mörtel. Mehrere Raubgräberlöcher hatten erheblich zur Zerstörung beigetragen. In Profilen des letzteren ist zu erkennen, daß die Mauerfüllung im unteren Teil aus lehmigem Feinschotter, im oberen Teil aus mittelgroßen Steinen bestand. An die Mauer schließt auf der Bergseite der Estrichboden der Terrasse an, er geht in den Verputz der Mauerblöcke über. Die Mauer ruhte auf einer grauen, lehmigen Lage, in der sich an einigen Stellen stark verbrannte Flekken abzeichnen. Sie sind vor der Mauer zu erkennen. Die Mauer weist keine Fundamente auf. Die großen Versturzmengen auf der Talseite deuten darauf hin, daß sich die Mauer ursprünglich beträchtlich über die Terrassenebene erhoben hat und auf der Talseite höher war als (die erhaltenen) 80 cm. Ungefähr vor der Mitte der Mauer befinden sich auf einer Länge von ca. 2 m lediglich geringe Versturzmengen (*Taf. 122 – 123,2*). Die Grabungen in diesem Bereich ergaben waagerecht gesetzte Steinlagen, die geringen Überreste eines vorgesetzten dreistufigen Treppenaufgangs. Ihm entspricht eine Lücke im aufgehenden Mauerwerk. An den Außenseiten dieser Steine sind Verputzreste zu erkennen, die südlich vor der Mauer in einen Boden übergehen. Hier und an Profilzeichnungen von in den Flächen VI C und VIII D senkrecht zur Mauer belassenen Stegen ist eine doppelte Verputzschicht zu erkennen, die die Mauer überzieht. Die innere Verputzlage ist erheblich gröber gearbeitet, die äußere hingegen sehr fein gemagert und glatt verstrichen. Die Verputzschicht geht in eine graue, vorgelagerte Bodenfläche über, die sich unter dem Versturz teilweise erhalten hat.

In der Fläche VI C lag dicht vor der Mauer unter verschwemmtem Material eine umgestülpte Knickwandschale mit gekerbten Wulstappliken (*Taf. 132,7*). Die Mauerblöcke, deren obere Lagen hier ausgebrochen sind, lagen in unmittelbarer Nähe, so daß der überlagernde Versturz das Gefäß nicht zerdrückt hat. Eine Steinplatte aus dem Versturz der Mauer in diesem Quadrat ist reliefiert. Auf der stark abgewitterten Oberfläche sind umeinandergelegte Schlangenköpfe in Aufsicht dargestellt (*Taf. 132,6*). Aus den anhaftenden Mörtelresten erhellt, daß die Reliefseite der Innenseite der Mauer zugewendet war, d. h., daß die Platte hier sekundär verwendet worden ist.

In den Flächen V C, VII C und VIII C/D wurden auf der bergwärts gelegenen Seite der großen Mauer tiefere Schnitte angelegt, um zu klären, ob dem jüngsten, an die Mauer anschließenden Boden ältere Anlagen vorangehen. Der Schnitt in der Fläche VI C nördlich der Mauer umfaßt ca. 12 m² beiderseits eines senkrecht zur Mauer belassenen Steges (*Taf. 100,1*). Unterhalb einer hellen, lehmigen Schicht, in die sich einige, wohl ursprünglich zum aufgehenden Mauerwerk gehörige Steine eingedrückt hatten, zeichnet sich im Nordteil der Fläche eine graue, festere Lage ab, die sich jedoch nicht bis zur Mauer verfolgen ließ. In Zusammenhang mit dieser Fußbodenoberfläche steht eine quadratische, steingesetzte und an den Rändern sorgfältig verputzte Feuerstelle in ca. 1,6 m Abstand von der Mauer. Ihre Ausrichtung weicht von jener der Mauer ab (*Taf. 100,1*). Im Nordteil der Fläche (*Taf. 100,2*) unterlagern den Boden zwei Schichten aus feinkörnigem, rötlich-schluffigem Material, darunter Feinkies mit schotteriger Komponente und unterhalb von letzterem grauer Lehm. Die letztgenannte Schicht ist vor allem in ihrem unteren Teil jeweils mit organischen Resten und brandigen Flecken durchsetzt. Scherbenmaterial befindet sich nur relativ nahe bei der Mauer. Offensichtlich handelt es sich bei diesen wechselnden Lagen um eine systematische Terrassen-Aufschüttung, nicht jedoch um eine Bebauungsphase der Terrasse, denn die beiden grauen Lagen weisen in keinem Fall eindeutige Fußbodenflächen auf. In ca. 2 m Abstand von der Mauer wird die Aufschüttung unregelmäßiger und ist mit Scherbenmaterial vermischt. Weder im Profil noch in Planum lassen sich unmittelbar oberhalb der mit grauer Lehmmörtelmasse durchsetzten Steinpackungen hinter der großen Mauer Estrichreste erkennen. Nur auf einem schmalen Streifen nahe der Mauer auf der hellehmigen Lage, die höher als der andere, weiter nördlich beobachtete Fußboden liegt, deutet sich ein Estrich an (*Taf. 100,1*). Die lehmige Lage selbst besteht scheinbar aus den zerfallenen Resten eines solchen. Er entspricht der großen Mauer. Der tiefergelegene, nur im Nordteil der Fläche erhaltene Fußboden, der an die Feuerstelle anschließt, steht offensichtlich mit einer älteren, zerstörten Mauer in Verbindung. Steine dieser Mauer wurden offensichtlich entfernt, wobei Mörtel und anderes Füllmaterial (Scherben, organische Reste etc.) in die Ablagerungen gerieten. Steinpackungen und Mörtel hinter der großen Mauer dürften aus Resten dieser älteren Mauer bestehen.

Weitere, sehr viel deutlichere Hinweise auf die ältere Mauer befinden sich im Schnitt nördlich der großen Mauer in der Fläche VII C. Nur der Südteil (60 m^2) dieser Fläche wurde ergraben (*Taf. 101,1*). Der durch den Steg erteilte Schnitt nördlich der Mauer umfaßte dementsprechend, wie in der Fläche VI C, nur ca. 12 m^2. Unterhalb einer dunklengraubraunen Lage, wohl erodierten Resten eines Bodens, zeichnet sich deutlich eine Estrichfläche ab. Sie setzt ca. 50 cm vor der großen Mauer aus. Ungefähr gleichgerichtet mit ihrem Rand verläuft ca. 10 cm unterhalb der Oberfläche eine Terrassierungsmauer. Ihre regelmäßige Frontseite ist nach Süden gerichtet. Die große, zweischalige Mauer ist offensichtlich später vorgebaut worden. Der Verlauf der Terrassierungsmauer in einer leicht abweichenden Flucht von jener der großen, jüngeren Mauer, ist trotz des schlechten Erhaltungszustandes vor allem im Westteil der Fläche ersichtlich: Der Verlauf der jüngeren Zweischalenmauer ist dadurch verändert, daß die nördliche Mauerschale etwas nachgegeben hat und bergwärts ausgebaucht ist, während die ältere Stützmauer durch den Druck von der Bergseite her teilweise hangwärts nach Süden ausgebaucht ist. Im Westteil der Fäche fanden sich in der Flucht der Stützmauer sieben größere Steinplatten. Ihre Oberfläche liegt 10 cm tiefer als die oberste kleinstückige Steinlage dieser älteren Mauer im Ostteil der Fläche und an ihrem westlichen Rand. Zwischen dem zweiten und dritten dieser großen Steine befindet sich eine Lücke. An dieser Stelle zieht sich eine Verfärbung nach Norden, Überrest einer Pfostenreihe, für deren Errichtung hier ein Stein entfernt worden ist. Die gemeinsame südliche Kante der sieben übrigen Steinblöcke verläuft ca. 25 cm südlich der Terrassierungsmauerflucht. Sie waren auf der Oberseite und auf der südlichen Stirnseite mit grauem Lehmmörtel verputzt und liegen auf kleineren auf. Weiter nördlich, in der Flucht dieser Mauer, deutet sich in Abdrücken im Lehmmörtel an, daß – nördlich versetzt – auf den großen Blöcken weitere Steine gelegen hatten, die später entfernt worden sind. Am westlichen Ende der großen Plattenlage fand sich ein großes Pfostenloch. Die Steinblöcke sind Teile eines Treppenaufgangs, der der älteren Terrassenmauer vorgelagert war. Das große Pfostenloch deutet auf eine westliche Begrenzung dieser Treppe hin.

Diese Deutung des Planumbefunds wird untermauert durch Beobachtungen im Profil der Ostseite des senkrecht zur großen Mauer belassenen Steges (*Taf. 101,2*). Hier sind deutlich zwei übereinander gesetzte Blöcke, verbunden mit Lehmmörtel, in ca. 48 cm Abstand von der Mauer zu erkennen. Beide Blöcke sind auf der Oberseite und auf der südlichen Stirnseite mit einem Lehm-Verputz bedeckt. Es handelt sich dabei um den Verputz der älteren Treppe der Terrassierungsmauer. Oberhalb der Steine liegt eine Füllung aus vermischtem Stein-, Mörtel- und bräunlichem Erdmaterial. Über dieser Aufschüttung liegen graugelbliches Material und Überreste eines Estrichs, der sich auf der Höhe der großen Zweischalenmauer befindet. Der Verputz der älteren Treppe ist am nördlichen Ende des obersten Steinblocks unterbrochen, hier wurde offensichtlich ein weiterer Stein, der die Oberfläche bildet, entfernt, denn der verputzte Estrich setzt sich ca. 10 cm oberhalb fort. Er überlagert hier eine rötlich-gelbe Lage, welche teilweise wie im beschriebenen Profil der Nachbarfläche VI C (*Taf. 100,2*) auf einer schotterigen Lage aufliegt. Im Nordteil des Profils von VII C ist die Folge von Aufschüttungen der Terrasse nicht so deutlich gegliedert wie in jenem der Fläche VI C. Das Anstehende liegt hier nicht so tief (*Taf. 101,2*).

Auf dem verputzten Estrich findet sich nur staubiges Material. Das sind wohl die zerfallenen Überreste des erwähnten, jüngeren Fußbodens, der sich nur unmittelbar hinter der vorgesetzten zweischaligen Mauer erhalten hat. Im Zusammenhang mit diesem Estrich dürfte die Verfärbung stehen, die sich von Süden nach Norden, im rechten Winkel zur großen Mauer, durch die Fläche östlich des Steges zieht. Es sind die Überreste einer Pfostenwand, bei deren Anlage der dritte der Steinblöcke des älteren Treppenaufgangs entfernt worden ist. Diese Verfärbung verläuft in einer Flucht mit dem Verputzteil südlich der großen Zweischalenmauer, an dem sich die westliche Begrenzung des ihr vorgelagerten Treppenaufgangs erkennen läßt. In der Flucht der Ostseite dieses Treppenaufgangs befindet sich, nördlich der großen Mauer, im Ostteil des Schnittes eine weitere Pfostenverfärbungsreihe. Sie ist ebenfalls im Bereich der grauen Steinpackungsschüttung zwischen den Mauern nicht erkannt worden, sondern setzt sich erst weiter nördlich in den rötlichgelben Aufschüttungen jenseits der älteren Mauer klar ab.

Die ältere Mauer ist bei der Errichtung dieser Pfostenwand nicht gestört worden. Das dürfte damit zusammenhängen, daß ihre Mauerkrone hier aus sehr schmalen Steinen besteht. Die Fluchtung der Steine und die Lage kleinerer Platten mit gleichem Kantenabschluß am südlichen Rand deuten darauf hin, daß man sich hier außerhalb des älteren Treppenaufgangs befindet.

Zusammenfassend läßt sich feststellen, daß sich in den Planum- und Profilbefunden der Fläche VII C der aus den Beobachtungen der Befunde von VI C gewonnene Eindruck bestätigt. Ursprünglich begrenzte eine einschalige Stützmauer den Südrand der Terrasse. Ihr stellenweise etwas unregelmäßiger Verlauf – Ausbuchtungen nach Süden – ist auf den Druck der nördlichen, bergwärtigen Terrassenaufschüttung zurückzuführen. Im Zusammenhang mit dieser Mauer stehen die in Profilen und im Planum beobachteten Estrichfragmente sowie eine Feuerstelle im Nordteil der Fläche VI C. Es fehlen in beträchtlichem Maße Steine dieser Mauer. Das steht nach Ausweis der Befunde nicht mit Erosion in Zusammenhang, sondern ist auf bewußte Entnahme zurückzuführen. Es läßt sich dennoch erweisen, daß diese ältere Mauer ursprünglich eine andere Ausrichtung aufwies als die jüngere, vorgebaute, zweischalige Mauer. Diese erste (ältere) Ausrichtung stimmt überein mit jener der erwähnten steingesetzten, rechteckigen Feuerstelle. Die Ausrichtung der jüngeren Mauer weicht in geringerem Maße vom rechten Winkel zur magnetischen Nordrichtung ab (zweite Ausrichtung). Zur Terrasse führen in beiden Phasen den Mauern vorgelagerte Treppenaufgänge. Der Treppenaufgang der älteren Mauer liegt weiter westlich. Seine westliche Begrenzung ist an einer großen Pfostensetzung zu erkennen, die östliche dürfte im Bereich des senkrecht zur Mauer belassenen Steges liegen. Die Treppenstufen setzen sich östlich dieses Steges nicht fort. Der Treppenaufgang der jüngeren Mauer ist nach Osten versetzt. Er führt hinauf zu einem Durchgang durch die sich zu beiden Seiten erhebende Mauer und ist auch auf der Terrasse beidseitig von Pfostenwänden begrenzt, die einen Korridor bilden in Richtung auf den zentralen Treppenaufgang des großen Plattformbaus.

Die L-förmige Terrasse vor dem Plattformbau ist nach Ausweis der Profile in Zusammenhang mit der älteren Mauer in regelmäßig wechselnden Lagen aufgeschüttet worden, wobei ein Zusammenhang zwischen dem nach Norden ansteigenden natürlichen Relief des Anstehenden und der Regelmäßigkeit der Aufschüttung zu bestehen scheint. Die klar definierten Bodenoberflächen liegen auf rötlich-gelben, feinkörnigen Lagen. In den Aufschüttungen findet sich kein Scherbenmaterial. Keramik und Funde aus organischem Material befinden sich lediglich im Bereich der Füllungen jeweils hinter der älteren und jüngeren Mauer.

In den Flächen VIII C/D (*Taf. 102; 108*) zeichnet sich nördlich der Mauer ein auf ihrer gesamten Länge gleichmäßig 15 cm dicker, doppelter Verputzstreifen ab. Direkt dahinter befindet sich eine schmale, dunkelgraue Verfärbung, die sich in allen neun gezeichneten Plana deutlich absetzt. In einer Tiefe von ca. 25 cm lassen sich in dieser Verfärbung Pfostenlöcher erkennen. Es handelt sich um das Wandgräbchen einer Pfostenkonstruktion direkt hinter der Mauer. Sie ist in den beschriebenen Quadraten VI/VII C nördlich der Mauer nicht erkennbar, wegen der dahinter liegenden Steinpackungen mit dunklem Lehmmörtel. Es ist jedoch anzunehmen, daß sich die entsprechende Pfostenwand auf der gesamten Länge der Zweischalenmauer hinzog, bevor im Zusammenhang mit Umbauten an dieser Stelle ein Estrich eingelegt wurde.

Nur im Bereich des Steges konnte eine dünne Estrichoberfläche vom Profil ausgehend herauspräpariert werden. Sie liegt ca. 20 cm unterhalb der erhaltenen Mauerhöhe und schließt an den Verputz der Mauer an. Der Verputz verläuft noch weitere 10 cm an der Mauer, ohne jedoch an den tiefer gelegenen Boden anzuschließen. In ca. 70 cm Abstand von der Mauer ist der Estrich durchbrochen und eine darunter geschichtete rötliche Lage erkennbar. Beiderseits des Steges, in gleichem Abstand von der Mauer, bricht der Estrich ab. Er ist in Mauernähe nur in einigen größeren Fragmenten erhalten. Es besteht keine Verbindung zwischen diesen und der zusammenhängenden Fußbodenfläche weiter nördlich. Während in den oberen Plana am Rand der Erstrichgrenze nur jenes rötliche Aufschüttungsmaterial, das den Boden unterlagert, zu erkennen ist, zeichnet sich in diesem Bereich im fünften Planum in 30 cm Tiefe deutlich ein durchgehendes Pfostengräbchen ab, welches das gesamte Planum in 70 cm Abstand von der großen Mauer und parallel zu ihr durchquert. Es handelt sich offensichtlich um eine weitere Pfostenwand. Sie ist bei oder nach der letzten Anlage des Bodens, der der großen Mauer entspricht, errichtet worden. Zu dieser Zeit bestand die Wand unmittelbar hinter der Mauer nicht mehr, denn der erhaltene Fußbodenbereich überdeckt ihre Reste. Beide Pfostenwände stehen jedoch im Zusammenhang mit der großen zweischaligen Mauer.

Im Nordwestteil der Fläche IX D (*Taf. 109,1*) endet die zweischalige Mauer. Am Rande und unterhalb von Störungen durch große Raubgräberlöcher konnte im zweiten Planum der Verputz des östlichen Mauerendes dokumentiert werden. Eine fluchtgleiche Stützmauer schließt östlich an und verbindet das Mauerende mit der südlichen Stirnseite einer ca. 10 m entfernten, ca. 2 m breiten Mauer, die in einem Winkel von etwas mehr als 90° (erste Ausrichtung) nach Nord-Nordost verläuft und die L-förmige Terrasse im Osten begrenzt. Die Stützmauer zwischen den beiden großen Mauern ist vor allem im Westteil stark zerstört.

In den Quadraten VIII C/D und IX D sind keine Spuren jener älteren Terrassierungsmauer, die so deutlich in den Quadraten VI und VII C erkennbar war, gefunden worden. Den Spuren nach verlief sie am Westrand der Fläche VI C in einem Abstand von mehr als 1,7 m nördlich der jüngeren Zweischalenmauer; am Ostrand der Fläche VII C betrug der Abstand nur 40 cm. Demnach wurde die ältere Terrassenmauer in den östlich anschließenden Flächen VIII C/D und IX D durch die jüngere, zweischalige Mauer überlagert.

Die aus dem Befund erschlossene ursprüngliche Ausrichtung der älteren Terrassierungsmauer entspricht jener der Feuerstelle am Nordrand der Fläche VI C (*Taf. 100,1*). Die ist in den unteren, gut erhaltenen Boden eingetieft, der dem Befund nach mit der ausgeraubten älteren Terrassierungsmauer in Zusammenhang steht. Die Feuerstelle war nach der Abtragung einer grauen Lage und einer darunterliegenden dünnen, rötlichen Schicht erkennbar. Die Feuerstelle ist viereckig, steingesetzt und verputzt. Sie ist mit hellweißlicher Asche gefüllt, an den Rändern finden sich nur geringe Brandspuren, jedoch in der Mitte unten zeichnet sich ein Brandfleck ab, der bis in 7 cm Tiefe im Boden zu erkennen ist (*Taf. 121,4*). Links (westl.) anschließend an die Feuerstelle erkennt man in der rötlichen Aufschüttung unter dem Boden brandige Stellen, Verputzreste und Holzkohle, vermischt mit rötlichem Aufschüttungsmaterial. Offensichtlich ist die Feuerstelle nach einem Brandvorgang ausgeräumt worden, wobei das Material in die Aufschüttung gegeben wurde.

In der nördlich anschließenden Fläche VI B (*Taf. 94*) fällt das Gelände stark nach Westen ab. Der Westrand liegt ca. 80 cm tiefer als der Nordteil der Fläche. Etwa in der Mitte im Osten ist in einem Raubgräberloch hellweißliche Asche zu erkennen, ähnlich jener der Füllung der beschriebenen Feuerstelle in der Fläche VI C. Nach der Reinigung der grauen staubigen Oberflächenschicht zeichnete sich ein großes, nur im Ostteil der Fläche erhaltenes Estrichfragment ab. Im Südosten und Westen ist diese Estrichoberfläche nicht erhalten. Die darunterliegenden Aufschüttungen bedecken eine gelbliche Lehmlage, die im Norden, Westen und Süden von einer grauen Lehmmassierung mit wenigen größeren Steinen umgeben ist. Sie ist zur gelblichen Füllung hin klar abgegrenzt, verliert sich jedoch nach außen. Besonders hangwärts ist diese Grenze verschwommen. Sie entspricht ungefähr dem Gefälle. Die gelbliche, lehmige, feinkörnige Schicht ist 10 cm tiefer wieder feststellbar. Sie geht dem Gelände entsprechend im Westen und vor allem im Südwesten in eine rötlichere Lage mit zunehmend dichter, splittriger Steinkomponente über. Diese Veränderungen mit zunehmender Tiefe deuten sich auch in flachen Raubgräberlöchern im Südwesten der Fläche an. Die ursprüngliche Oberfläche, wohl bestehend aus einem grauen

Estrich, scheint hier aberodiert zu sein. Die systematischen Aufschüttungslagen, die auch in den Schnitten unmittelbar nördlich der Mauer zu erkennen sind (*Taf. 100,2; 101,2; 121,4*), treten sukzessive je nach Tiefe der Erosion im Planumsbefund deutlich hervor.

Bei den folgenden Reinigungsarbeiten in dieser Fläche (*Taf. 94*) stellte sich heraus, daß innerhalb der grauen Masse, die die helle Aufschüttung umgrenzt, ein Wandverputz in 15 cm Abstand parallel zur Begrenzung der hellen, gelblichen, teilweise vom Boden bedeckten Aufschüttung verläuft. Diese graue Verfärbung weist auf den Versturz einer Lehmwand hin, die ein großes (5,5 m x 5,5 m), erhöht gelegenes Haus (200) umgibt. Seine Fußbodenfläche ist nur teilweise erhalten, so daß die Aufschüttung darunter teilweise freiliegt. Die kleinen Steine liegen im Bereich der Wände, die großen sind in 45 cm Abstand vor der südlichen Mauer aneinandergereiht mit geradem Abschluß nach Westen. Sie sind z. T. von Estrich bedeckt und liegen auf einer sorgfältig gearbeiteten Bodenoberfläche. Letztere zieht sich auf einem 35 cm tieferen Niveau als die erhaltenen Fußbodenfragmente des Raumes vor dessen Südwand hin und geht in den Außenverputz der Wand über. Offenkundig bildet sie die Außenkante eines stufenartigen Sockels, der sich vor der Südwand des erhöht gelegenen Raumes hinzieht, und der auf dem Estrich vor dem Verputz der Außenwand angelegt wurde. In den Boden des Hauses ist eine quadratische, plattengesetzte und mit weißlicher Asche gefüllte Feuerstelle (1,1 m x 1,1 m) eingetieft (*Taf. 121,6*). Sie liegt auf seiner nordsüdlichen Mittelachse, leicht nach Süden versetzt. Ein Raubgräberloch hat die Nordwestecke und den Großteil dieser Feuerstelle zerstört. Westlich finden sich in je 1,1 m Abstand vom Haus zwei große Pfosten, in ca. 2,2 m Abstand eine Pfostenreihe, die parallel zur Westwand verläuft. Letztere dürfte den westlichen Abschluß der älteren Terrassierung darstellen, denn bei dieser Pfostenreihe verläuft die Begrenzung der Terrassenaufschüttung; das Haus dürfte gleichfalls in dieser Zeit gebaut worden sein, denn seine Ausrichtung stimmt mit jener der älteren Mauer überein (erste Ausrichtung).

Eine Reihe von Pfostenlöchern ist südlich und östlich der Feuerstelle eingetieft. Obwohl diese Verfärbungen erst unterhalb des Bodens erkannt wurden, dürften sie Teile eines jüngeren Hauses (201) sein, das später über dem beschriebenen Haus (200) errichtet wurde, denn die Verfärbungen zeichneten sich deutlich in der hellehmigen Aufschüttungsschicht, direkt unter dem Fußboden dieses Hauses ab. Das jüngere Haus (201) ist durch die Erosion fast vollständig zerstört worden, die sich vor allem hinter der großen Mauer bis zu 80 cm tief eingeschnitten hat. Es überlagert die Südwestecke des großen älteren Hauses (200). Ein paar verputzte Steine mit geradliniger Westkante sind bereits im ersten Planum, südlich in der Mitte vor dem Sockel des Hauses 200, zu erkennen. Es dürften Teile eines Sockels sein, der der Westwand des jüngeren Hauses 201 vorgelagert ist. Die entsprechenden Pfostenverfärbungen sind in dem dunklen Versturzmaterial des älteren Hauses, das offensichtlich den Untergrund des jüngeren Hauses bildete, nicht zu erkennen. Nur im hellen Aufschüttungsmaterial unterhalb des erhöht gelegenen Bodens des älteren Hauses zeichnen sie sich deutlich ab. Die Ausrichtung von Haus 200 entspricht jener der älteren, einschaligen Terrassierungsmauer (erste Ausrichtung): Aus den Befunden der östlich anschließenden Fläche VII B (*Taf. 95*) läßt sich der Grundriß des jüngeren Hauses (201) nur insoweit ergänzen, als in ihrem Südwestteil eine Verfärbungsgrenze auf den Nordrand seiner Bodenfläche hinweist. Außerdem deuten einige Pfostenverfärbungen darauf hin, daß seine Nordwand mindestens ebenso lang war wie jene des älteren Hauses 200. Seine Ausrichtung wich von jener des Vorgängerbaus (erste Ausrichtung) ab, sie entsprach eher jener der jüngeren, großen, zweischaligen Mauer (zweite Ausrichtung).

In der Fläche VII B (*Taf. 95*) zeichnen sich deutlich die Hausecke und der Mauerversturz der Ostwand von Haus 200 ab. In ersten Planum von VII B läßt sich, ebenso wie im oberen Planum der Fläche, innerhalb der Nordwand von Haus 200 deutlich erkennen, daß in die Wand, zwischen die Pfosten, Steine gesetzt waren. In der Fläche VII B zeichnete sich auch ein zusätzlicher, bis zu 20 cm dicker Außenverputz der Mauer ab. Im zweiten Planum deutet sich unterhalb des Wandversturzes der Ostwand von Haus 200, in ca. 1 m Abstand und parallel zu ihr, ein abrupter Wechsel der Untergrundbeschaffenheit an. Während sich bis zu dieser Grenze das helle gelblich-rötliche Material abzeichnet, setzt sich jenseits eine graugelbe Oberfläche ab. Dies ist eine Fußbodenfläche, welche dort, wo sich im Planum die Verfärbungsgrenze abzeichnet, nach oben biegt. Der Estrich bedeckte ursprünglich die Füllung eines Sockels ähnlich jenem vor der Südwand von Haus 200; im Befund ist er als Streifen aus rötlich-gelbem Material zu erkennen. Der Sockel besaß offensichtlich keine steingesetzte Kante. Eine Steinsetzung in der Mitte des Ostwandverlaufs von Haus 200 ist nahe am Westrand der Fläche VII B zu erkennen. Sie deutet auf die Lage des Eingangs hin.

In die graue Estrichoberfläche östlich von Haus 200 und in geringer Entfernung von der erschlossenen Nordecke von Haus 201 ist eine Feuerstelle eingetieft. Sie weist einen rechteckigen Grundriß auf. Der nördliche Teil der östlichen Schmalseite verläuft leicht bogenförmig ausgebaucht, so daß in der Mitte eine Öffnung bleibt. Die Südostecke biegt rechteckig um. Ihre Ausrichtung entspricht jener der zweischaligen jüngeren Terrassenmauer. Die Ränder dieser plattengesetzten Feuerstelle zeichnen sich in dem gelblich-grauen Material ab; es handelt sich wohl um Überreste eines jüngeren, aberodierten Estrichs. Kein unmittelbar an die Feuerstelle anschließendes Bodenfragment ist erhalten. Die unmittelbar umgebende, graue Fußbodenfläche, in die sie eingetieft war, entspricht dem älteren Haus 200. Nur wenige Pfostenverfärbungen, die zu einem dieser Feuerstelle entsprechenden Haus gehört haben könnten, sind beobachtet worden. Sie zeichneten sich jeweils in Bereichen mit hellem Aufschüttungsmaterial ab, d.h. in dem schmalen Streifen vor der Ostwand von Haus 200, dem Füllmaterial des vorgelagerten Sockels. Drei weitere, sehr viel größere gereihte Verfärbungen verlaufen am Nordende dieser Wandspur nach Osten. Weiter östlich setzt sich die Verfärbung nicht fort. In 5 m Abstand von der Pfostenecke zeichnet sich jedoch in derselben Flucht eine große Verfärbung ab mit zahlreichen kleinen Steinen. Möglicherweise handelt es sich um die Reste einer großen, lehmverputzten „Säule" aus organischem Material, von der nur die Verfärbung und Steine von Verkeilung und Magerung erhalten sind. Etwa 3 m weiter südlich findet sich eine weitere große Verfärbung, wiederum umgeben von Steinen. Die Verbindungslinie zwischen beiden großen „Säulen"-Überresten verläuft wiederum im rechten Winkel zur Flucht der Pfostenecke in Richtung auf eine weitere „Säule" im Norden. Aus diesen wenigen Spuren läßt sich jedoch weder ein Haus, noch eine offene Halle mit Säulen erschließen, die in Beziehung zu der Feuerstelle stünden. Diese erinnert in ihrer Form an die sehr viel größere Feuerstelle im Bereich der Wohnhäuser, in der Fläche X G (*Taf. 31*). Auch im Umkreis dieser Feuerstelle waren keine eindeutigen Hinweise darauf zu finden, daß sie im Inneren eines Hauses lag.

An die Ostwand von Haus 200 schließt im dritten Planum eine hellgraubraune, estrichartige, ca. 1 m breite Verfärbung an (*Taf. 95*), wohl die Reste eines Fußbodens, der im zweiten Planum teilweise von rötlich-gelblichem Aufschüttungsmaterial bedeckt war. Im Norden ist diese Verfärbung im zweiten und dritten Planum begrenzt von einem ca. 20 cm breiten Pfostengräbchen. Dieses verläuft parallel zur Nordwand von Haus 200, setzt sich jenseits der Flucht der Ostwand dieses Hauses in die Fläche hinein fort und endet in einer pfostenartigen Verfärbung. Eine grau-gelbliche Verfärbung mit organischem Fundmaterial und Scherben bedeckt die Nordwestecke der Fläche und zieht sich, scheinbar unmittelbar auf der rötlichen Basisaufschüttung aufliegend, bis zu einer rechteckigen Feuerstelle der jüngeren Ausrichtungsgruppe hin, deren Nordwestteil unter dem nördlichen Steg liegt. Hinweise auf eine zu dieser Feuerstelle gehörende Hauskonstruktion wurden nicht gefunden. Die Feuerstelle ist mit weißlicher Asche gefüllt, nahe der Südostecke sind Brandspuren und ein Begrenzungsstein zu erkennen.

In der Nordostecke der Fläche VII B zeichnen sich Versturzreste, Lehmmörtel und Steine ab, randlich sind zwei Pfostenverfärbungen zu sehen. Der Steg, der senkrecht zur zweischaligen, jüngeren Terrassenmauer belassen wurde, quert die Südostecke der Fläche. Parallel zu dieser, d.h. der jüngeren Ausrichtungsgruppe folgend, zeichnet sich eine schmale Pfostengräbchenverfärbung in der gelblichen Aufschüttung der Terrasse ab. Sie bildet die Fortsetzung jenes Pfostengräbchens, das in der Fläche VII C (*Taf. 101,1*) in der Flucht der östlichen Wange der vorgesetzten Treppe vor der zweischaligen, jüngeren Mauer verläuft. In der westlich anschließenden Fläche VIII B sind in ca. 3 m Entfernung Pfostenverfärbungen zu erkennen, die parallel zu den Pfostengräbchen in der Flucht der östlichen Treppenwange gereiht sind. Diese Pfostenlöcher und Pfostengräbchen scheinen Reste einer Begrenzung zu sein, die den Zugang vom Terrassenaufgang zum großen Plattformbau Huaca Grande einrahmte. Sie setzen sich in den Flächen VIII A/B (*Taf. 90,1; 96*) fort. Hier sind sie bis zum südlichen Treppenaufgang dieses Plattformbaus zu beobachten. Sie begrenzen somit eine Art Eingangskorridor.

Auf der östlichen Seite dieses Korridors ist in ca. 6 m Abstand, in der Fläche VIII C (*Taf. 102*), ein weiteres, der ersten Ausrichtung folgendes Haus relativ gut erhalten. Dieses Haus 202 lag zwischen 1,6 m (Südostecke) und 2,3 m (Südwestecke) von der Zweischalenmauer entfernt. In den oberen Plana ist der mit rötlichen Brandflecken durchsetzte, graue Fußboden mit zahlreichen Holzkohle- und Lehmbrocken zu erkennen, weiterhin ein gelblich-grauer, diese Bodenfläche umgebender Streifen. Diese Verfärbungen sind Wandspuren. In den tieferen Plana zeichnen sich in diesem Bereich die entsprechenden Pfostenreihen ab. An den Ecken des Hauses ist der Estrich durchbrochen, an den entsprechenden Stellen lassen sich in tieferen Plana große Pfostenverfärbungen beobachten.

Es handelte sich um ein Haus von rechteckigem Grundriß (ca. 4 m x 6 m). Dieses war auf allen vier Seiten von einem niedrigen Sockel mit steingesetzter Außenkante umgeben. Die Wände bestanden aus dicht gestellten Pfosten, zwischen die Steine und Lehmmörtel gesetzt sind. Sie waren mit einer dicken Lehmschicht überzogen und sorgfältig verputzt. Eckpfosten scheinen die Konstruktion gestützt zu haben. In der Mitte der nördlichen Längswand ist die Pfostenreihe unterbrochen. Zwei Raubgräberlöcher stören den Befund, so daß die Breite der Unterbrechung nicht festgestellt werden kann. Zweifellos gibt es hier jedoch keine aufgehende Hauswand. Zwischen den beiden Störungen befindet sich im Wandbereich eine eindeutige Estrichfläche. Ihre Struktur erinnert an Lehmziegeloberflächen. Es scheint sich um die Eingangsschwelle zu handeln; sie liegt in der Höhe des vorgelagerten Sockels. In der Mitte des Hauses befindet sich die ungefähr quadratische, plattengesetzte und verputzte, eingetiefte, ca. 1 m^2 große Feuerstelle mit einer charakteristischen hellaschigen Füllung und sehr geringen Brandspuren. Außerhalb des Hauses konnten die angrenzenden Fußbodenoberflächen teilweise herauspräpariert werden.

Die Struktur des verbrannten Estrichs innerhalb des Hauses und der teilweise zerstörten Fußbodenoberfläche südlich außerhalb ist an bestimmten Stellen unregelmäßig. In tieferen Niveaus einer gelblich-lehmigen Lage und in der darunterliegenden rötlichen, feinkörnigen Aufschüttung zeichnen sich dunkle Pfostenverfärbungen ab. Ihre Ausrichtung weicht von jener der älteren Terrassierungsmauer und des Hauses 202 ab und entspricht der der jüngeren, großen, zweischaligen Mauer. Es handelt sich offensichtlich um die Spuren eines Hauses der zweiten Ausrichtung. Seine Wandpfosten sind in den Boden des Hauses 202 eingetieft. Aus den Pfostenverfärbungen ist der Grundriß dieses Rechteckhauses 203 (3,5 m x 3,3 m) zu erkennen. Es lag in 1,70 m Abstand nördlich der zweischaligen Mauer auf der Terrassierung. Eine diesem Haus entsprechende Feuerstelle ist nicht gefunden worden. Das erstaunt nicht, dann sein Fußboden lag ursprünglich mit Sicherheit podiumartig erhöht. Die Fragmente des jüngsten, an die große Zweischalenmauer angrenzenden Estrichs liegen beträchtlich tiefer als die aufgehenden Mauerreste von Haus 202, über denen der Fußboden des Hauses 203 gelegen haben muß.

Unterhalb des Fußbodens von Haus 202 befindet sich ein weiterer Estrich, in dem sich ebenfalls Spuren von eingetieften Pfosten abzeichnen. Diese Pfostenreihen lassen sich deutlich in den darunterliegenden Schichten im Bereich der Innenfläche des Hauses 202 erkennen. Sie ergeben den Grundriß des Rechteckhauses 204 (3,9 m x 2,7 m), das wie Haus 202 der ersten Ausrichtung folgte. Es handelt sich offensichtlich um einen Vorgängerbau von Haus 202, seine Längsachse verläuft ebenfalls in Ost-West-Richtung, seine zentral gelegene, kleine (Dm. 40 cm), runde, steingesetzte und verputzte Feuerstelle wird teilweise von der großen, steinplattengesetzten, viereckigen Feuerstelle von Haus 202 geschnitten.

Südwestlich von Haus 204 zeichnen sich im siebten Planum zwei einander überschneidende Pfostengräbchen ab. Die Südwestecke von Haus 202 überlagert die Ostteile von beiden. Das kreisförmige, jüngere der beiden Pfostengräbchen weist einen ca. 2 m großen Durchmesser auf. Im Westen ist es auf einer Breite von ca. 1 m unterbrochen. Offenbar war hier der Eingang dieses kleinen Raumes 205. An beiden Seiten der Öffnung gabelt sich das Pfostengräbchen. Es schneidet in geringem Abstand südlich vom Eingang das ältere Pfostengräbchen, das sich nur in deutlichen Spuren westlich des Eingangs von Raum 205 und im Osten abzeichnet. Auch hier schneidet die Wandspur von Raum 205 das ältere Pfostengräbchen. Trotz der geringen Spuren scheint klar zu sein, daß das ältere Pfostengräbchen einen rechteckigen Raum (206) mit unregelmäßigem Wandverlauf spiegelt. Seine Nordwand ist aus den Spuren nicht zu ersehen, ihr Verlauf deutet sich lediglich in der Umbiegung des westlichen Pfostengräbchens an. Demnach ist auch Raum 206 relativ klein (2 m x 2,9 m).

Hier im Nordwestteil der Fläche VIII C sind die Erhaltungsbedingungen sehr ungünstig. Eine nordsüdlich verlaufende Massierung von Pfostenverfärbungen nordwestlich von Haus 202 dürfte ein Hinweis auf die Ostwände von zwei einander überlagernden Häusern unterschiedlicher Ausrichtung sein. Der jüngeren Ausrichtungsgruppe entspricht eine Pfostenreihe, die die beiden Räume 205 und 206 schneidet. Auf die Südwand dieses Hauses 207 weisen ein paar Pfostenverfärbungen hin sowie fluchtgleich gesetzte Steine nahe dem Westrand der Fläche – möglicherweise Reste der Eingangsschwelle. Nahe dem Westrand der Fläche VIII C schließen Bodenfragmente nördlich an diese Steinsetzung an. Sie zeichnen sich im zweiten Planum ab. Eine diesem Haus 207 entsprechende Feuerstelle wurde offensichtlich durch ein mehrere Quadratmeter großes Raubgräberloch zerstört. Die Pfostenreihe der Ostwand läßt sich bis zu den Pfostenlöchern der Nordwand im Südteil der Fläche VIII B (*Taf. 96*) verfolgen. Wohl aufgrund der ungünstigen Bodenbedingungen sind nur im begrenztem Maße Verfärbungen zu beobachten. Die östliche Korridorbegrenzung zwischen Terrassenaufgang und Plattformbau-Treppe dürfte die Westwand dieses nahezu quadratischen Hauses (5,8 m x 5,3 m) bilden. Sie lag großteils unter dem Steg VII/VIII C und im nicht ausgegrabenen Nordteil der Fläche VI C.

Die Pfostenreihe der Ostwand von Haus 207 überschneidet sich teilweise mit einer anderen, deren Ausrichtung jener von Haus 202 entspricht (*Taf. 102*). Sie entspricht der Ostwand des Vorgängerbaus von Haus 207, Haus 208. Die Pfostenreihe überschneidet sich mit dem Pfostengräbchen des kleinen Raumes 206, wobei nicht festgestellt werden kann, ob das Pfostengräbchen oder die Pfostenreihe jünger ist. Nach Ausweis der Pfostenverfärbungen ist auch der Grundriß von Haus 208 ungefähr quadratisch. Die wenigen Verfärbungen, die auf den Verlauf der Südwand hinweisen, verlieren sich allerdings in 2,6 m Abstand von der Ostwand. Pfostenlöcher der Nordwand sind im Südteil der Fläche VIII B (*Taf. 96*) zu beobachten. Die Breite des Hauses beträgt 5,4 m, wie aus der Länge der Ostwand-Pfostenreihe zu erschließen; es dürfte geringfügig länger als breit gewesen sein. Die Pfostenreihe der Nordwand läßt sich deutlich auf einer Länge von 5,4 m erkennen, ohne daß sich eine Richtungsänderung nach Süden abzeichnet. Auch im Nordwestteil der Fläche VIII C (*Taf. 102*) befinden sich keine entsprechenden Spuren. Da die zentrale Feuerstelle dieses Hauses nur unter dem Steg VIII B/C liegen kann (er wurde nicht abgebaut), kann man auf die Lage der Westwand in über 3 m Abstand, in den Flächen VII B/C schließen. Da der Nordteil der Fläche VII C und der Steg VII/VIII B nicht ausgegraben sind, ist dies nicht nachweisbar.

Im rechten Winkel zur Südwand von Haus 208 verläuft vor dieser, in 1,2 m Entfernung von der Südostecke dieses Hauses, eine Pfostenreihe nach Süden. Sie biegt in 4,1 m Abstand nach Osten um. Ihr Verlauf läßt sich vor den Südfronten der Häuser 204 und 202 verfolgen. Die durch die Pfostenreihe belegte Wand verläuft in ca. 1,2 m Abstand parallel zur Terrassierungsmauer der älteren Phase. Sie bildet in dieser Phase eine Südbegrenzung der Terrasse ähnlich den beiden erwähnten Pfostenwänden, die in verschiedenen Bauphasen der jüngeren Siedlungsphase in unterschiedlichem Abstand parallel zur großen Zweischalenmauer verlaufen. Diese Begrenzung zog sich jedoch in der älteren Phase nicht den gesamten Südrand der Terrassierung entlang hin, sondern bog in ca. 6 m Entfernung vom entsprechenden Treppenaufgang nach Norden um bis zur Südwand von Haus 208.

Anders als in der überlagernden jüngeren Anlage führen vom Treppenaufgang der älteren Terrassierungsmauer keine Begrenzungen nach Norden; es ist kein Eingangskorridor vorhanden, jedoch trennt die beschriebene, gewinkelt verlaufende Wand den Bereich der einander überlagernden Häuser 202 und 204 vom Treppenaufgang und von diesem Bereich südlich ab.

Nördlich von Haus 202, im Nordostteil der Fläche VIII C (*Taf. 102*) und im Nordwesten der Fläche IX C (*Taf. 103*), zeichneten sich auf der Oberfläche keine Erhebungen und Unregelmäßigkeiten ab. Zwei der zahlreichen Raubgräberlöcher, die diesen Bereich stören, liegen dicht beieinander und weisen Reste der charakteristischen hellaschigen Füllung auf, die sich in Feuerstellen findet. Auf der gesamten Fläche befinden sich Fußbodenreste. Sie sind teilweise nur schwer von den bedeckenden Versturzresten aus Lehmverputz und kleinstückiger Steinkomponente zu trennen. Die nicht gestörten Teile der westlichen Feuerstelle (am Ostrand von Fläche VIII C gelegen) bedeckt eine Fußbodenfläche. In dem kleinen ungestörten Bereich der Südwestecke der östlich daneben gelegenen Feuerstelle kann man erkennen, daß sie an diesen Fußboden anschließt. Somit ist die östliche Feuerstelle jünger als die westliche. Aus den erhaltenen Resten beider quadratischer, plattengesetzter Feuerstellen ist zu ersehen, daß sich ihre Ausrichtungen unterscheiden. Die ältere (westliche) folgt wie die Häuser 202 und 204 der ersten Ausrichtung, die jüngere (östliche) folgt wie Haus 203 der zweiten Ausrichtung.

Der nur in geringen Fragmenten erhaltene Fußboden, welcher an die jüngere Feuerstelle anschließt, weist zahlreiche Unregelmäßigkeiten auf. Der schlechte Erhaltungszustand erlaubt nicht, Pfostenlöcher eindeutig zu erkennen. Ähnlich ist die Befundsituation in dem tiefergelegenen (älteren) Fußboden. Auch im darunterliegenden, anstehenden Material – die Aufschüttungen weisen hier nur eine geringe Mächtigkeit auf – sind Pfostenlöcher nur schwer zu erkennen. Deutlich zeichnete sich jedoch bereits im ersten Planum der Fläche IX C (*Taf. 103*) eine Steinreihe mit fluchtgleich liegender Ostkante ab. Sie schließt an den Sockel vor der Ostwand von Haus 202 an und quert in fluchtgleichem Verlauf (erste Ausrichtung) auf einer Länge von ca. 5 m den Nordwestteil der Fläche IX C. Deutlich ist auch aufgehender Verputz auf der östlichen Kante der Steinreihe zu erkennen. Diese Steine stützen offensichtlich die äußere Kante eines Sockels vor der Ostwand eines Hauses. Pfostenspuren einer solchen Wand sind vor allem westlich des Südteils dieser Steinreihe zu finden, hier sind die hellen Aufschüttungen, in denen sich Pfostenlöcher klarer abzeichnen, mächtiger. Die Massierung der Verfärbungen in diesem Bereich stammen jedoch offensichtlich von zwei sich überschneidenden Pfostenreihen, deren Ausrichtung jeweils den beiden (3 m bzw. 1,9 m entfernten) Feuerstellen entspricht.

Die dem Sockel entsprechenden Pfostenverfärbungen verlaufen 3 m von der älteren, gleich ausgerichteten, westlichen Feuerstelle entfernt. In etwa gleichem Abstand westlich der Feuerstelle befindet sich eine Pfostenreihe gleicher Ausrichtung. Es sind die Spuren der Ost- und der Westwand eines ca. 6,2 m langen

Hauses (210). Die wenigen beobachteten Pfosten seiner Südwand sind teilweise überlagert von Verputz und Steinplatten des Sockels vor der Nordwand des Hauses 202. Haus 210 gehörte zu einer älteren Bauphase als das gleich ausgerichtete Haus 202. Eine Zeitgleichheit von Haus 210 mit dem Vorgängerbau von Haus 202, Haus 204, ist demnach wahrscheinlich.

Die Südwand von Haus 210 verläuft in 2 m Abstand vom Mittelpunkt der zentralen Feuerstelle. Auf seine Nordwand weist eine gleich entfernte und gleich ausgerichtete Pfostenreihe hin. Obwohl von diesem Haus nur wenige Spuren erhalten sind, sprechen die Lage der beobachteten Verfärbungen und der Sockelsteine sowie die Einheitlichkeit der Ausrichtungen der letzteren und der Feuerstelle für die Richtigkeit der dargestellten Grundrißrekonstruktion. Die Sockelsteine östlich vor diesem Haus setzen sich jenseits seiner Nordostecke fort. Sie stützen die Außenkante einer Bodenstufe gleicher Ausrichtung.

Im Südteil der Fläche VIII B (*Taf. 96*) zeichneten sich zwei miteinander einen rechten Winkel bildende Pfostenreihen ab, die der ersten Ausrichtung folgen. Es handelt sich um die Spuren der West- und Nordwand eines Hauses 228. Hinweis auf seine Südwand bilden einige Pfostenlöcher im Nordteil der Fläche VIII C (*Taf. 102*). Nur wenige Pfostenverfärbungen der letzteren sind in den Flächen VIII und IX C zu erkennen. Die Pfosten des östlichen Teils der Nordwand sind von einem Estrichfragment in der Südostecke der Fläche VIII B bedeckt. Es dürfte dem Estrich von zwei Häusern der zweiten Ausrichtung (227 und 229) in den Flächen VIII und IX B (s. S. 113) entsprechen, denn auf ihm liegen zwei der Steinplatten vom Rand des großen Podiums vor der Südostecke des großen Plattformbaus. In der Fläche sind vier Pfosten der Ostwand von Haus 228 in den stark zerstörten Fußboden und die Feuerstelle von Haus 210 eingetieft. Obwohl die Feuerstelle teilweise von einem Raubgräberloch gestört ist, lassen sich die Pfostenlöcher erkennen. Das rechteckige Haus 228 (4,5 m x 5,6 m) überlagerte demnach Haus 210, das ebenfalls der ersten Ausrichtung folgte. Seine Westwand verlief fluchtgleich mit jener Begrenzungswand auf der Terrasse, die der ersten Ausrichtung folgte. Letztere biegt westlich von Haus 202 nach Norden um und läßt sich bis vor die Südwand von Haus 208 verfolgen.

Wie erwähnt, wird die Pfostenreihe der Südostwand von Haus 210 von einer Verfärbungsreihe geschnitten. Ihre Ausrichtung entspricht jener der jüngeren, östlichen Feuerstelle (zweite Ausrichtung). Beide Pfostenreihen sind nur auf einer Länge von ca. 2 m deutlich erkennbar. Weiter nördlich ist ihr Verlauf nur aus wenigen Verfärbungen zu erschließen. Die hellrötlichen Aufschüttungen, die häufig unter den Fußböden vorhanden sind, und in denen sich Pfostenlöcher sehr viel deutlicher abzeichnen als in den Böden selbst, fehlen hier weitgehend. Nahe der Nordgrenze der Fläche sind jedoch einige senkrecht zur Pfostenreihe der zweiten Ausrichtung gereihte Pfostenlöcher erkannt worden. Sie verlaufen in ca. 2 m (östlich) und 2,8 m (nördlich) Abstand vom Mittelpunkt der jüngeren Feuerstelle entfernt. In ca. 2 m Entfernung westlich von diesem Punkt liegen einige Pfostenlöcher in paralleler Flucht. Dies sind alle beobachteten Spuren der Westwand des Hauses 209. Die jüngere (östliche) Feuerstelle liegt ungefähr im Mittelpunkt dieses Hauses. Die Pfostenreihe seiner Südwand zeichnet sich teilweise als Störung im Fußboden von Haus 202 ab, in ca. 3,2 m Abstand von ihrem Mittelpunkt.

In den Verputz, der die Steine des Sockels von der Ostwand von Haus 210 sowie jene seiner Fortsetzung im Nordosten umgibt (*Taf. 104*) sind Pfosten eingetieft, die im Nordwesten der Fläche in einer Flucht parallel zur Ostwand von Haus 209 gereiht sind (zweite Ausrichtung). Senkrecht dazu verläuft eine Pfostenreihe südlich vor Stein- und Verputzresten eines Sockels gleicher Ausrichtung am Nordrand der Fläche IX C. Sie endet in 2,8 m Abstand von der erstgenannten. An ihrem Ende schließt sich eine rechtwinklige, nach Süden verlaufende Pfostenreihe an. Diese Pfostenreihen bilden die West-, Nord- und Ostwand eines rechteckigen Hauses 211. Der Verlauf seiner Südwand ist in 3,4 m Abstand von der Nordwand aus einigen Pfostenverfärbungen zu erkennen. Es handelt sich um den Nachfolgebau eines größeren Hauses gleicher Ausrichtung. Die Pfosten der Nordwand von Haus 211 durchstoßen den Verputz des Sockels vor der Nordwand dieses Hauses 213.

Während keine Spuren einer Feuerstelle von Haus 211 zu beobachten sind, ist die steinplattengesetzte Feuerstelle des Vorgängerbaus (Haus 213) relativ vollständig erhalten. Sie liegt in der Mitte dieses länglichen Rechteckhauses. Vom Mittelpunkt dieser Feuerstelle 2,2 m entfernt zeichnen sich die Pfostenlöcher der Nordwand und die Stein- und Verputzreste des vorgelagerten Sockels ab. Das westlichste Pfostenloch dieser Reihe ist eingetieft in den Verputz jener steingesetzten Bodenstufe der ersten Ausrichtung, die fluchtgleich den Sockel vor der Ostwand von Haus 210 nach Norden fortsetzt. Südlich dieses Eckpfostens ist nochmals der Verputz dieser Bodenstufe der älteren Ausrichtungsgruppe gestört. Nur von der Südhälfte der Westwand des Hauses 213 sind weitere Pfostenlöcher erkannt worden, weil sie sich nur da klar abzeichnen, wo das helle, rötlichgelbe Aufschüttungsmaterial darunter liegt. Die Westwand schneidet ein schmales

Pfostengräbchen der älteren Ausrichtungsgruppe. Von der Südwand gab es wegen eines großen Raubgräberloches nur wenige Spuren. Auf den Verlauf der Ostwand weisen Pfostenstellungen hin, sicherlich sind auch hier zahlreiche entsprechende Verfärbungen unerkannt geblieben. Sie wurden in dem erhaltenen Fußboden älterer Phasen häufig deshalb nicht erkannt, weil sich an den betreffenden Stellen gleichfarbene und in der Konsistenz ähnliche Verputzreste vom Versturz der Wände befinden. Sie sind durch Regenfälle eingeschwemmt und lassen sich kaum in den gleichfalls von Erosion betroffenen Fußbodenflächen unterscheiden. Die Aufschüttungen unter dem Fußboden bestehen hier zum Teil ebenfalls aus grauen, staubigen Verputzresten. Kurze Pfostengräbchenreste zwischen Pfostenverfärbungen bestätigen allerdings die Zugehörigkeit der Pfostenlöcher zum Nordteil der Ostwand von Haus 213. Der Grundriß dieses Hauses ist deshalb trotz seiner ungewöhnlichen langschmalen Form (4,4 m x 2,7 m) wohl richtig rekonstruiert.

Etwa 1 m südlich von Haus 213 zeichnen sich schmale Pfostengräbchen ab, die einen kleinen rechteckigen Bereich (1,2 m x 1,6 m) umschreiben und im Norden eine ca. 60 cm breite Unterbrechung (vielleicht Hinweis auf einen Zugang) aufweisen. Im Verlauf dieser Pfostengräbchen zeichnen sich einige Pfostenlöcher ab, zwei von ihnen begrenzen den „Zugang" auf der Nordseite. Die Wandspuren dieser kleinen Hütte (?) 215 folgen der zweiten Ausrichtung. Es wurden keine Beobachtungen gemacht, aus denen ihre Bestimmung erhellt. Die Pfostengräbchen lassen sich bereits im dritten Planum deutlich erkennen. Sie stören einen großteils erhaltenen Fußboden, der mit Häusern der ersten Ausrichtung in Zusammenhang steht. Die Wandgräbchen der kleinen Hütte (?) durchstoßen auch eine verputzte Stufe (*Taf. 104*), die wie die Häuser 202 und 204 der ersten Ausrichtung folgt. Der östlich vorgelagerte Sockel von Haus 202 überschneidet das Westende dieser Stufe. Letztere ist nur auf einer Breite von 1,7 m erhalten. Jenseits einer Störung befinden sich Spuren der Südostecke jener Stufe. Die Störung geht zurück auf die Anlage des Rundbaus 212, der in 70 cm Abstand von der Ostwand des Hauses 202 symmetrisch zu diesem liegt (*Taf. 103; 109,1*). Die zeitgleiche Nutzung des Hauses 202 und des Rundbaus ist erwiesen, da eine ungestörte Fußbodenfläche zwischen beiden jeweils an den Außenverputz beider Gebäude anschließt. Die Stufe ist älter als der Rundbau 212 und Haus 202, sie dürfte zeitgleich sein mit Haus 204 (dem Vorgängerbau von 202) und dem ebenfalls von Haus 202 (teilweise) überbauten Haus 210. In einer rechtwinklig zu der Stufe verlaufenden Flucht (erste Ausrichtung) setzt (im Nordteil der Fläche IX D; *Taf. 109,1*) die Wandspur jener Begrenzung aus, welche auf der Terrasse parallel zur älteren Stützmauer (erste Ausrichtung) verläuft. Diese Stützmauer wird hier von der jüngeren zweischaligen Terrassenmauer (zweite Ausrichtung) überlagert. Sie wurde nicht ausgegraben. Dennoch läßt das Aussetzen der Wandspur die Annahme zu, daß auch die Stützmauer an dieser Stelle aussetzte. Es ist durchaus wahrscheinlich, daß hier vor der Errichtung des Rundbaus ein Zugang auf die Terrasse bestand. Auch die Befunde nördlich der Stufe stützen diese Vermutung. Hier sind in dem Fußboden zwei (5 - 6 m) lange Pfostengräbchen, ebenfalls der ersten Ausrichtung, zu erkennen. Sie durchqueren in 2,2 m Abstand voneinander die Fläche IX C (*Taf. 103*), gleichsam als begrenzten sie einen „korridor"-artigen Zugang. Es dürfte sich wohl kaum um Wände eines Hauses handeln. Weder zwischen diesen Pfostengräbchen, noch an ihrem nördlichen oder südlichen Ende finden sich Spuren von rechtwinklig verlaufenden Wänden. Die Reste der Stufe und ihr Verhältnis zum Gesamtbefund lassen vermuten, daß sie beträchtlich breiter war (3,6 m) als der beidseitig begrenzte Zugang (2,2 m). Das östliche Ende der Stufe ist verrundet und liegt in der Flucht der Ostwand von Haus 210. Diese Ostwand verläuft in geringem Abstand (70 cm) von der parallel ausgerichteten westlichen „Korridor"-Begrenzung. In gleichem Abstand von der östlichen „Korridor"-Begrenzung verläuft ein weiteres Pfostengräbchen gleicher Ausrichtung. Die Südostecke der Stufe reicht bis zur Flucht des östlichsten Pfostengräbchens. Aus dem Befund läßt sich nicht ersehen, ob die Pfostengräbchen Spuren zeitgleicher oder zeitlich unterschiedener „Korridor"-Begrenzungen sind; es ist auch nicht feststellbar, ob im letzteren Fall der „Korridor" in einer älteren Phase breiter und schmaler war oder umgekehrt. Die Spuren beider Begrenzungen sind in einem Estrich zu erkennen (viertes Planum), der die Pfostengräbchen und eine große, rechteckige Feuerstelle eines älteren Hauses (216) bedeckte, das ebenfalls der ersten Ausrichtung folgte. In der hellen Auschüttungsschicht, unmittelbar unterhalb des Estrichs (fünftes Planum) sind nur wenige Wandspuren des Hauses 216 zu erkennen. Jedoch deuten sich in dem Fußboden und vor allem in der Aufschüttungsschicht zahlreiche Pfostenlöcher nordwestlich der großen Feuerstelle an. Dies sind die Überreste der Südostecke von Haus 214. Unterhalb des Fußbodens ist der Grundriß dieses Hauses aus dem Verlauf der Pfostenreihen von Nord-, Ost- und Westwand (nördlicher Teil) relativ deutlich zu erkennen, während sich nur wenige Pfostenverfärbungen der Südwand abzeichnen. Im südlichen Teil der Westwand liegt eine Störung vor. In der Mitte dieses rechteckigen Hauses

(214) (2,70 m x 2,60 m) stört ein Raubgräberloch die Überreste der Feuerstelle. Eine kleine Steinplatte in der Mitte der Ostwand ist offensichtlich Teil der Eingangsschwelle. Das Haus 214 überschneidet sich mit den beschriebenen beiden östlichen „Korridor"-Begrenzungen. Es ist der Gesamtdisposition nach jünger und dürfte gleichzeitig sein mit Haus 202 und dem Rundbau 212.

Unterhalb des Aufschüttungsmaterials unter dem Estrich lassen sich deutlich die Pfostengräbchen von Haus 216 erkennen, in dessen Mitte die große Feuerstelle liegt. Sie ist steinplattengesetzt, innen verputzt und von rechteckiger Form (1,2 m x 0,8 m; *Taf. 142,3*). Die Füllung dieser Feuerstelle unterscheidet sich auffällig von jener der anderen Feuerstellen in der Siedlung und auf der Terrasse: Es fehlt die weißliche Asche, jedoch fanden sich Holzkohlereste und Scherben. Nur wenige Fußbodenreste dieses Hauses haben sich erhalten. Die Pfostengräbchen der Süd-, Ost- und Westwand verlaufen etwa in gleichem Abstand von den Rändern der Feuerstelle (jeweils 1 m). Ebenfalls in 1 m Abstand vom Nordrand der Feuerstelle zeichnen sich vier Pfostenverfärbungen ab, die fluchtgleich mit einem Pfostengräbchen gereiht sind, das an das Ende des Pfostengräbchens der Ostwand von Haus 216 anschließt. Dies sind die Spuren der Nordwand. Haus 216 weist einen rechteckigen Grundriß auf (3,2 m x 2,8 m). Der Zusammenhang der zahlreichen Pfostenverfärbungen im Innern des Hauses 216 läßt sich nicht durch spätere Überbauung erklären, da in den ersten fünf Plana keine Hinweise auf Bebauungen in diesem Bereich zu finden waren. Es sind auch keinerlei Reihungen der Pfostenverfärbungen festzustellen. Zwei große Pfostenverfärbungen und ein Pfostengräbchenfragment der jüngeren Ausrichtungsgruppe im Nordosten von Haus 216 scheinen sich zwar im sechsten Planum mit dem Pfostengräbchenfragment vom Ostende der Nordwand zu verbinden, letzteres ist jedoch im dritten Planum bedeckt vom hellen Aufschüttungsmaterial unterhalb des Bodens.

Im sechsten Planum ist das Pfostengräbchen der zweiten Ausrichtung nur auf einer kurzen Strecke zu sehen, jedoch ist bereits im dritten Planum zu erkennen, daß es sich nach Norden fortsetzt. Jenseits eines Raubgräberlochs liegt weiter nördlich in derselben Flucht eine Pfostenverfärbung. In 0,90 m Abstand östlich davon zeichnet sich ebenfalls im dritten Planum eine identisch orientierte Pfostenreihe ab. Sie verläuft unmittelbar vor dem Verputz einer steingesetzten Wand. Es ist die Westwand eines 1,35 m eingetieften Raumes 217, die sich geringfügig über die umliegende Bodenfläche erhebt (*Taf. 120,1*). Die Innenwände dieses Raumes sind sorgfältig verputzt. In den etwa rechteckigen, kleinen Raum (2,7 m x 1,8 m) führen Stufen hinunter, deren Überreste in einem großen Raubgräberloch auf der Südseite zu erkennen waren (*Taf. 105*). Raum 217 folgt zweifelsohne der zweiten Ausrichtung. Den beschriebenen Pfostenreihen vor der Westwand entsprechen Pfostenstellungen in geringem Abstand vor der Ostwand (*Taf. 104*). Möglicherweise lag seine Dachkonstruktion auf diesen beiden Wänden im Osten und Westen auf. Entsprechende Überreste finden sich freilich nur außerhalb des Raumes in Form von Asche und Lehmbrocken ringsum, vor allem vor der Westwand im ersten und zweiten Planum, nicht jedoch innerhalb, wo sich regelmäßig Zuschüttungen horizontal schichten (*Taf. 120,1*). Nahe dem Boden fand sich ein handflächengroßer Verputzbrocken mit einem kurvolinearen schwarzen Motiv auf weißem Grund.

In der Fläche X C (*Taf. 105*) sind östlich von Raum 217 bereits im ersten Planum Steinsetzungen zu erkennen, die auf den nord-, süd- und westlichen Außenseiten Verputz aufweisen. Er schließt im Osten an den der Terrasse zugewandten Verputz jener großen zweischaligen Mauer der ersten Ausrichtung, die die Terrasse im Osten begrenzt. Der von diesen Steinsetzungen umgrenzte Bereich ist mit feinkörnigem, schluffigem, rötlich-gelbem Material aufgefüllt. Eine Bodenfläche ist nicht erhalten. Es handelt sich um ein niedriges Podium, (maximal 20 cm hoch). Es ist ca. 6 m^2 groß und entspricht der älteren Ausrichtungsgruppe. In einer zweiten Bauphase wurde dieses Podium vergrößert. Vorgesetzte, regelmäßige, verputzte Steinreihen im Norden (0,60 m Abstand) und im Süden (1,80 m Abstand) verlängerten das Podium. Seine Breite blieb jedoch gleich wie in der ersten Bauphase. Die südliche Podiumsgrenze folgt nach der Erweiterung der jüngeren Ausrichtung. Auch hier schließt der Außenverputz an den terrassenseitigen Verputz der großen Ostmauer der Terrasse an. Auf der südlichen Schmalseite des Podiums wurde in der jüngeren Bauphase eine ca. 0,20 cm hohe Stufe vorgebaut, von der man auf die (der Höhe der Begrenzungssteine nach zu urteilen) ca. 0,40 cm hohe Oberfläche des erweiterten Podiums gelangte. Im Mittelpunkt der Podien ist die Steinfüllung der großen Zweischalenmauer auf einer Breite von 2,40 m durch dasselbe Material ersetzt, das die Füllung des Podiums bildet. Es ist zu vermuten, daß über diese Aufschüttung ein Treppenaufgang auf die Terrasse führt. Es hat sich jedoch nur die unterste Stufe erhalten. In einer älteren Phase ist ein Aufgang in die Zweischalenmauer eingelassen. Die nördliche Seitenbegrenzung hat sich teilweise erhalten. Die drei Stufen dieses Aufgangs stehen im Zusammenhang mit einer älteren, einschaligen Terrassenmauer, die von der breiten, großen Zweischalenmauer überbaut ist. Die Treppenstufen sind der älteren Terrassierungsmauer vorgesetzt (*Taf. 138,1*). Ihre Mauerkrone bildet die vierte Stufe. Unterhalb der Füllung der Podien lassen sich Fragmente eines Estrichs beobachten, der der Terrassierungsmauer entspricht. Weiterhin sind Teile dieser Terrassierungsmauer zu erkennen. Sie bildet im gesamten Bereich nördlich des Aufganges das Fundament der Innenschale der „Zweischalenmauer". Sowohl die Terrassierungsmauer, wie auch die „Zweischalenmauer" folgten der ersten Ausrichtung. Bei letzterer ist die Zuweisung schwierig, da sie dem Aufschüttungsmaterial z. T. nachgegeben hat. Ihre ursprüngliche Ausrichtung ist jedoch an der des älteren (an die Mauer anschließenden) Podiums deutlich zu erkennen.

Im südlichen Mittelteil der Fläche IX C (*Taf. 103*) war vor der Ausgrabung auf der Oberfläche eine Erhebung zu erkennen. Im zweiten Planum dieser Fläche zeichneten sich zwei Steinreihen ab. Sie liegen in ca. 60 cm Abstand voneinander innerhalb dieser Erhebung. Ihre jeweils gegenüberliegenden Seiten schließen gerade ab. Sie bilden die verputzten Seiten eines ca. 25 cm eingetieften Eingangs, der von Norden her, der ersten Ausrichtung folgend, zur Mitte des Rundbaus 212 führt. Im fünften Planum ließ sich erkennen, daß sich der „Gang" außerhalb des Rundbaus 80 cm weit fortsetzt und hier der jüngeren Ausrichtung folgt. Seine Sohle ist mit Verputzmaterial verkleidet, das sich an den Seiten hinaufzieht. Der Außenverputz des Rundbaus zeichnete sich teilweise bereits im zweiten Planum ab. Er liegt symmetrisch in der Mitte zwischen den Häusern 202 und 219. Außenwände bestehen aus Rohrpfosten, deren Abdrücke sich im Verputz andeuten. Die entsprechenden Verfärbungen zeichnen sich 20 cm tiefer (im fünften Planum) in den hellen rötlichen Aufschüttungslagen ab. In den steinplattenbegrenzten, eingetieften „Gang" sind in 1,6 m Entfernung von der Außenwand zwei verputzte, schmale Platten quer eingesetzt. Die seitlichen Platten lassen erkennen, daß er sich (40 cm) weiter nach Süden fortsetzt, jedoch ist hier teilweise der Verputz abgelöst. Jenseits der Querplatten sind Steine in die Füllung des Ganges gesetzt. Sie bilden die Nordseite einer kreisförmigen Steinsetzung, die eine runde, verputzte Feuerstelle eingrenzen. Seine verziegelte Brennplatte besteht aus Verputzmaterial (innerer Dm. ca. 50 cm). Die Feuerstelle liegt in der Mitte des Rundbaus. Sie ist im Südteil des „Gangs" in die Füllung eingetieft. Der „Gang" ist auf seiner gesamten Länge mit Verputzbrocken und rötlich-braunem Sand zugeschüttet. Weder dem „Gang" noch der überlagernden Feuerstelle entsprechen Estriche. Diese Bodenflächen liegen offensichtlich höher als die vor Grabungsbeginn erhaltene Oberfläche. Die gesamte Innenfläche des Rundbaus ist bedeckt von einer 10 cm bis 15 cm starken Verputzlage, die mit einer kleinstückigen Steinkomponente durchsetzt war. Nur im Profil eines radial von der Feuerstelle nach Süden angelegten Grabungsschnitts läßt sich eine estrichartige Oberfläche erkennen. Sie ist von einer Schicht von Verputzresten bedeckt und ruht auf einer feinkörnigen, hellen, rötlichen, ca. 20 cm mächtigen Aufschüttungsschicht. Unterhalb davon läßt sich im Planum in dem ausgegrabenen südwestlichen und nordöstlichen Viertel des Rundbaus sowie in den entsprechenden Profilen eine fragmentarisch erhaltene Bodenoberfläche erkennen. Diese steht auf einer teilweise lehmigsandigen, teilweise hellrötlichschluffigen Schicht, die sich nicht deutlich vom anstehenden Boden abgrenzen läßt. Auch der ältere, fragmentarisch erhaltene Boden liegt tiefer als die den Eingang begrenzenden Steinplatten und die Randsteine der Feuerstelle, jedoch höher als die Estrichfläche außerhalb des Rundbaus. Sämtliche beobachteten Pfostenverfärbungen der Innenfläche des Rundbaus zeichneten sich bereits in der oberen hellen Füllung oberhalb dieses Estrichs ab. Demnach steht dieser Fußboden nicht in Zusammenhang mit einem älteren Haus. Es dürfte sich um einen Arbeitsboden oder Ähnliches im Zusammenhang mit der Errichtung des Baus handeln. Der Rundbau 212 wies demnach in den beiden Bauphasen eine ca. 35 cm erhöhte Bodenfläche auf.

Im Profil eines großen Raubgräberlochs (*Taf. 109,1*), das auch den Westrand des Rundbaus stört, läßt sich deutlich der Außenverputz dieses Baus erkennen (*Taf. 109,2*). Er ist hier 10 cm dicker, ca. 40 cm hoch erhalten und leicht nach innen geneigt. Er liegt auf der feinkörnigen, rötlichen Füllschicht auf, die sich auch hier über dem „Arbeitsboden" und der lehmigsandigen Lage befindet und begrenzt die graue Verputzbrockenmasse der Aufschüttung. Nach außen schließen zwei Böden an, der untere an der Basis des Verputzes, der andere ca. 15 cm höher. Zwischen den beiden Böden liegt eine gelblich-rötliche Aufschüttung. Der obere Boden schließt an die Westwand des mehrräumigen Hauses 219 an. Die Wände dieses Hauses folgen der zweiten Ausrichtung. Das Haus schließt jedoch an die Mauer an, die die Terrasse im Osten begrenzt und der älteren Ausrichtungsgruppe entspricht. Die Nutzung des Rundbaus, zeitgleich mit Häusern der zweiten Ausrichtung, ist somit nachweisbar. Er ist jedoch auch in einer älteren Phase zeitgleich mit den Häusern der ersten Ausrichtung, denn der Außenverputz seiner Ostseite geht in einen Boden über, der an die Westwand von Haus 202 anschließt.

Das große Haus 219 (5,6 m x 6,5 m) liegt in den Flächen IX/X C/D (*Taf. 104; 105; 109,1; 110*). In allen vier Flächen stören große, tiefe Raubgräberlöcher den Befund. Trotzdem sind Wände und Böden relativ deutlich zu erkennen, da die drei Räume dieses Hauses ausgebrannt sind. Auf der gesamten Nordseite des Hauses (6,5 m) erstreckt sich ein langschmaler Raum (1,6 m x 6,5 m). Der Südteil des Hauses besteht aus zwei nebeneinander gelegenen, etwa gleichgroßen Räumen (je 4 m x 3,25 m). Die Trennwand zwischen beiden ist nach Osten eingestürzt. Die übrigen Wände sind bis zu 50 cm erhalten. Ihre Breite beträgt durchschnittlich 40 cm. In den Profilen der Raubgräberlöcher sind die Pfosten erkennbar, zwischen diesen sind Steine eingefügt. Der beidseitige dicke Verputz vermittelt den Eindruck von Lehmziegelwänden. Im nördlichen Raum ist im zweiten Planum dicht über dem Boden eine dicke Lage verkohlter Rohrpfosten und angebrannter Verputzbrocken mit Abdrücken von Rohrstäben zu erkennen. Im Profil (*Taf. 118–119,3*) zieht sich diese unregelmäßige Lage durch den gesamten Raum. Darüber lagert eine ca. 10 cm starke Lehmschicht. Es sind die Überreste des eingebrochenen Flachdachs, das offensichtlich aus (bambusartigem) Rohr mit einer Lehmbedeckung bestand. Auf der Nordseite des westlichen Südraumes war eine steingesetzte und sorgfältig verputzte, 2,4 m lange, ca. 30 cm hohe Bank eingebaut. Die Südwand des Hauses ist in ca. 1,8 m Abstand von der stark aberodierten Terrassensüdkante zu finden. Ihr Verlauf ist erschließbar, da die Innenseite der Südostecke des Südostraumes herauspräpariert werden konnte. Hier geht der Boden in den Wandverputz über. In dieser Flucht befinden sich zahlreiche jener kleinen Steine, die ursprünglich zwischen die Wandpfosten eingesetzt waren, sowie einige Pfostenverfärbungen. Einziger Hinweis auf Eingänge sind Lücken in diesen Pfostenverfärbungen der Südwand. Es gibt keinerlei Hinweise auf einen Eingang in den nördlichen, langschmalen Raum. In keinem der Räume von Haus 219 sind Hinweise auf Feuerstellen zu finden.

In den Profilen der zahlreichen Raubgräberlöcher sind Böden von Vorgängerbauten zu erkennen. Sie sind ca. 35 cm unterhalb des Bodens von Haus 219 zu erkennen, die Westwand des Rundbaus 212 schloß an einen solchen Estrich an (*Taf. 109,2*). Der Zwischenraum zwischen diesen Bodenfragmenten und jenem von Haus 219 ist mit rötlichem Material verfüllt. Südlich der Westwand des überlagernden Hauses 219 ist ein kurzes Mauerfragment freigelegt worden, das der ersten Ausrichtung folgt und dieser Siedlungsphase angehören dürfte. Einige Pfostenverfärbungen nahe der Terrassierungsmauer sind aufgrund ihrer Ausrichtung wohl zeitgleich.

Der eingetiefte Raum 217 überlagert die Südostecke eines der ersten Ausrichtung folgenden Hauses 218. Die in den Flächen IX C (Nordostteil) und X C (Nordwestteil) beobachteten Pfostenverfärbungen und Pfostengräbchen (*Taf. 104; 105*) weisen auf Teile der Süd- und Westwand eines Hauses hin. Sie finden ihre Fortsetzung nur in der nördlich anschließenden Fläche X B (*Taf. 98*), während die entsprechenden Wandspuren in der Fläche IX B (*Taf. 97*) von einem Bodenestrich bedeckt sind, der nicht abgegraben wurde. Die Pfostenverfärbungen im Südwestteil der Fläche X B sind im vierten Planum zu erkennen und durch Pfostengräbchen miteinander verbunden, so daß ihre Zuordnung nicht fraglich ist. Im dritten Planum verläuft eine Estrichgrenze genau außerhalb der Nordwandpfosten, im Inneren sind sehr wenige Fußbodenfragmente erhalten, die auch zu einer älteren Phase gehören können. Die in der Fläche X C gelegenen Teile der Südwand von Haus 218 sind offensichtlich bei der Anlage des eingetieften Raumes 217 zerstört worden. Ihr Verlauf zeichnet sich jedoch in der Fläche IX C im fünften Planum auf einer Länge von über 5 m ab (*Taf. 103*). Deshalb kann man die Breite dieses Hauses bestimmen (ca. 3,5 m) und weiß, daß es länger war als 5 m. Da sich die Feuerstelle offensichtlich in der Mitte des Hauses unter den Stegen IX/X B/C befindet, war Haus 218 wohl kaum länger als 6,5 m.

Ca. 20 cm nördlich der Nordwand von Haus 218 zeichnen sich in der Fläche X B (*Taf. 98*) Pfostenlöcher und -gräbchen der zweiten Ausrichtung ab. Sie biegen westlich der Nordostecke von Haus 218 nach Süden um. Während sich in der Fläche IX B (*Taf. 97*) die Pfosten der Verlängerung der Nordwand und die Pfosten der Westwand dieses Hauses 221 als Störungen im Estrich abzeichnen, sind in den südlich anschließenden Flächen keine entsprechenden Spuren zu erkennen. Die Länge von Haus 221 beträgt ca. 4,9 m. Überreste einer Feuerstelle sind nicht zu finden, sie dürften vom Steg IX/X B bedeckt sein. Somit ist auch kein indirekter Hinweis auf die Breite dieses Hauses gegeben.

Weiter nördlich zeichnet sich eine weitere Pfostenreihe ab, die den gesamten Südteil der Fläche X B durchquert (*Taf. 98*). Sie verläuft, der ersten Ausrichtung folgend, parallel zur Nordwand von Haus 218, in 1,8 m Abstand. Ihre Länge beträgt innerhalb der Fläche ca. 8 m. In ca. 3 m Abstand von Stegrand IX/X B findet sich eine große Verfärbung. Östlich davon folgt eine ca. 1 m breite Lücke, jenseits derer sich eine weitere, größere Verfärbung anschließt: Hier befand sich wohl ein Durchgang durch diese Trennwand, die offensichtlich den Zugang zum Nordostteil der großen L-förmigen Terrasse in der Zeit der Bebauung der ersten Ausrichtung begrenzte.

In 5,2 m Abstand nördlich von dieser Trennwand verläuft parallel zu ihr eine fast gleichlange (7,6 m) Pfostenreihe, an deren Enden sich Pfostenverfärbungen rechtwinklig nach Norden reihen. Die Westwand ist 4,9 m weit bis in der Fläche X A zu verfolgen und die Ostwand bis zum Steg X B/C. Sie spiegeln Teile der Wände eines großen Hauses (220) der älteren Ausrichtungsgruppe. Die Nordwand ist nur aus wenigen Pfostenverfärbungen zu erschließen. Der Eingang von Haus 220 dürfte den Pfostenstellungen nach in der Mitte der Südwand gelegen haben und somit nicht in der Flucht des Durchgangs durch die Trennwand im Süden.

In der gesamten Fläche zwischen der Trennwand und Haus 220 sind keine eindeutig zusammenhängenden Pfostenverfärbungen zu erkennen, die auf eine Bebauung der ersten Ausrichtung in diesem Bereich schließen lassen würden. Hier finden sich jedoch zahlreiche unregelmäßige Verfärbungen sowie Reste von zwei Feuerstellen. Ein mehrere Quadratmeter großes Fragment eines westlich der zweischaligen Mauer stark nach Osten abfallenden Estrichs im Südteil der Fläche X B zeugt von einer Terrassenbebauung der ersten Ausrichtung vor der Erbauung der gleich ausgerichteten, östlichen Zweischalenmauer. Da Haus 220 überlagert wird von den ebenfalls gleich ausgerichteten Häusern 222 und 224, die offensichtlich zeitgleich sind mit der zweischaligen Mauer, ist ein Zusammenhang zwischen der Estrichfläche und Haus 220 wahrscheinlich.

Etwas nördlich versetzt im Durchgang der südlichen Trennwand befindet sich eine große, rundliche Eintiefung mit brandigen Rändern. Der Boden dieser flachen Kuhle ist rötlich verziegelt, die Füllung besteht aus Holzkohle und im Feuer zerplatzten Steinen. Diese „Brandstelle" ist im ersten Planum zu erkennen und wohl zeitgleich mit der Bebauung der zweiten Ausrichtung. Sie bildet einen Hinweis darauf, daß hier auch in dieser Zeit die Fläche unbebaut war. Etwa 3 m nördlich von der Brandstelle zieht sich eine Folge von großen Pfostenverfärbungen – Durchmesser bis zu 35 cm – der zweiten Ausrichtung folgend durch die Fläche. Fünf dieser großen Pfostenlöcher liegen in ca. 1,2 m Abstand voneinander östlich einer breiten Lücke von 3 m, innerhalb derer sich an einer Stelle eine flache, senkrecht in den Boden eingelassene Platte abzeichnet, wohl Überreste einer Eingangsschwelle. Beiderseits der Lücke folgen in der gleichen Flucht und in etwa gleichem Abstand voneinander weitere zwei Pfostenlöcher gleicher Größe. Eine Fortsetzung dieser großen, auf Säulen hindeutenden Pfostenfolge deutet sich in drei weiteren Verfärbungen der westlich anschließenden Fläche IX B (*Taf. 97*) an; der letzte dieser Pfosten liegt in ca. 1,2 m Abstand von der Westwand des großen Plattformbaus, nahe seiner verrundeten Südostecke. Dieser Bau folgt wie die „Säulen"-Reihe der zweiten Ausrichtung. Die „Säulen"-Reihe hatten offensichtlich in der jüngeren Phase dieselbe Funktion wie die Trennwand mit Durchgang im Süden in der älteren Phase: Beide teilen den Nordostteil der L-förmigen Terrasse von ihrem Südteil.

Im Bereich des breiten Durchgangs durch die „Säulen" befinden sich, einen halben Meter nördlich versetzt, die Steinplatten der Eingangsschwelle von Haus 223, das gleichfalls der zweiten Ausrichtung folgte. Pfostenverfärbungen der Südwand dieses Hauses sind im vierten Planum deutlich zu erkennen. Im dritten Planum ist dies nicht der Fall, aber hier zieht sich eine große Estrichfläche im Westteil der Fläche X B bis an die Linie jener Pfostenwand und bis zur Schwelle hin. Sie überdeckt die Pfostenlöcher der „Säulen". Die Fußbodenfläche des Hauses liegt auf einem höheren Niveau. Ihr Erhaltungszustand erlaubt nur in sehr geringem Maße, sie bei der Grabung der höheren Plana herauszupräparieren. Die West-, Nord- und Ostwand des mittleren Raumes von Haus 223 zeichneten sich im Nordteil der Fläche X B (*Taf. 98*), im Bereich des Steges X A/B und am Südrand der Fläche X A (*Taf. 92*) ab. Dieser Raum ist 3,7 m breit und 5 m lang. In der Mitte befindet sich eine rechteckige, eingetiefte, verputzte Feuerstelle (80 cm x 1 m). Fußbodenreste dieses Raumes sind nur auf einigen Quadratmetern seiner Nordwestecke erhalten.

Nahe dieser Ecke zeichnen sich in der Fläche X A Pfosten ab, deren Fluchtung, um 11 cm südlich versetzt, jene der Nordwand des mittleren Raumes von Haus 223 nach Westen fortsetzt. Es dürfte sich um die Pfosten der Nordwand eines Westraumes von Haus 223 handeln. Seine Südwand setzt die Flucht der Südwand des beschriebenen Mittelraumes fort. Darauf deuten zwei Pfostenlöcher am Rand der Fläche X B hin (*Taf. 98*). Im Estrich der jüngeren Phase (Fläche IX B; *Taf. 97*) sind keine Pfostenabdrücke seiner Südwestecke zu finden. Dennoch ist anzunehmen, daß hier die Südwand dieses Westraumes verlief, da die parallele Nordwand dieses Raumes aus Pfostenverfärbungen in der Fläche X A (*Taf. 92*) bis zum Steg auf einer entsprechenden Länge (2,8 m) zu erschließen ist. Die Länge des Westraumes von Haus 223 beträgt demnach mehr als 2,8 m, seine Breite (3,4 m) ist etwas geringer als jene des Mittelraums.

Über den schmalen Ostraum ist aus dem Befund mehr zu ersehen. Die Pfostenreihe seiner Südwand liegt in der Flucht der Südwand des Mittelraums. Eine Lücke in der Pfostenfolge ist möglicherweise Hinweis auf einen Eingang. Die Pfosten der Ostwand verlaufen in 2,4 m Abstand vom Mittelraum und lassen sich in Verfärbungen des vierten Planums bis zum Steg X/XI B verfolgen. Eindeutige Spuren einer Nordwand dieses Ostraumes sind allerdings nicht zu erkennen. Das mag damit zusammenhängen, daß zwischen der Anlage des Hauses (erste Ausrichtung) und des dreiräumigen Nachfolgebaus 223 (zweite Ausrichtung) im Nordwestteil der beiden Räume ein Haus 224 stand, das erhöht lag. Seine Fußbodenreste liegen auf Aufschüttungen, die sich von dem darunterliegenden Füllmaterial nicht unterscheiden, so daß sich die Füllung jüngerer Pfostenlöcher vom umgebenden Material nicht absetzt.

In jenem Teil der Fläche X B, der zur Zeit der Bebauung der ersten Ausrichtung eine unbebaute Fläche zwischen der Trennwand und Haus 220 bildete und auch in der Zeit der Häuser der zweiten Ausrichtung ein freier Platz mit runder „Brandstelle" war, zeichnen sich bereits im ersten Planum im Westteil der Fläche Pfostenlochreihen ab, die eine etwa rechtwinklige Ecke bilden (*Taf. 98*). Sie durchstoßen jene Estrichfläche, die bis zur Südwand von Haus 223 reicht (und somit der jüngsten Bebauungsphase angehört). Daher wissen wir, daß sie jüngerer Zeitstellung sind als alle anderen Häuser im Terrassenbereich. Ihre Orientierung weicht sehr viel stärker von der Nordrichtung ab als die erste Ausrichtung. Es scheint sich um einen großen Raum zu handeln. Die nördliche Wand ist mindestens 6 m lang, die westliche scheint sich westlich des Steges IX/X B bis in eine Entfernung von 5,2 m fortzusetzen; das in gerader Linie abbrechende Fußbodenfragment im mittleren Teil des Südteils der Fläche X B (*Taf. 98*) und ein in dieser Flucht liegendes Pfostenloch in der südlich anschließenden Fläche X C (*Taf. 105*) könnten Hinweise auf eine etwa gleichlange Ostwand sein. Dieses große Einzelhaus steht nicht im Zusammenhang der beiden Siedlungsphasen.

In der Fläche IX B (*Taf. 97*) zeichnet sich in den oberen beiden Plana im Norteil der Versturz des großen Plattformbaus ab. Darunter sind Böden und Banketten der vorgelagerten Bebauungen zum Teil hervorragend erhalten. Von der gerundeten Südostecke der Plattform (zweite Ausrichtung) sind nur teilweise Außenverputzteile von aufgehendem Mauerwerk zu erkennen. Vor der Südfront zieht sich ein ca. 1,2 m breiter, 15 cm hoher Sockel entlang. Sein westliches Ende dürfte im Bereich der Stege VIII/IX A/B liegen, denn in den Flächen VIII A/B sind keinerlei entsprechende Spuren zu finden. Er ist auf einem weiteren, obenso hohen, vorgelagerten Podium gleicher (zweiter) Ausrichtung errichtet, dessen Rand ca. 0,60 m östlich des Sockels in der Flucht der Ostseite des Plattformbaus verläuft. Es ist bis in eine Entfernung von ca. 5,8 m von der Südfront des Plattformbaus erhalten, soweit bedeckte es deren Versturz. Die östliche Kante dieses verputzten Podiums ist steingesetzt. Das ist an einigen Stellen ersichtlich, an denen der Verputzüberzug wegerodiert ist. Im übrigen ruht der Estrichboden auf rötlich-gelbem, feinkörnigem Aufschüttungsmaterial. Der südlich ebenfalls steingesetzte Rand des Podiums ist durch Erosion weitgehend zerstört. Nur wenige entsprechende Steine liegen in der Fläche VIII B (*Taf. 96*) in situ. Aus ihrer Lage ist zu erschließen, daß sich der Sockel bis in einem Abstand von ca. 8 m vor der Südfront hinzieht. Hinweise auf die Breite des Podiums wurden im Befund der Flächen VIII B und VIII A (*Taf. 90,1*) nicht erkannt.

In der Fläche IX B (*Taf. 97*) sind im Befund Hinweise auf Überbauungen vor und nach der Errichtung des Podiums vor dem Ostteil des Plattformbaus dokumentiert. Ein Pfostengräbchen durchstößt unmittelbar vor dem Sockel den Estrich des Podiums und einen tiefergelegenen Fußboden, dessen Fragmente innerhalb des (hier bis zu 60 cm breiten) Gräbchens herauspräpariert werden konnten. Das Gräbchen biegt in 1,2 m Abstand von der Ostkante des Podiums nach Süden um und durchzieht den anschließenden Estrich der vorgelagerten Fläche. Etwa 5,4 m südlich der Nordostecke des Hauses wendet es sich nach Westen und ist 2,5 m weit zu verfolgen. Zwei weitere Pfostenlöcher liegen weiter westlich in derselben Flucht. Jenseits eines großen Pfostenlochs sind bis zum Steg (Abstand 1,2 m) keine weiteren Spuren im hier gut erhaltenen Estrichboden zu erkennen. Diese Pfostenlöcher und -gräbchen sind die Spuren der Wände eines Hauses 225, das der zweiten Ausrichtung folgte. Innerhalb des Gräbchens befindet sich rötlich verbranntes und dunkles Material, in dem sich Verfärbungen nicht klar absetzen. Deshalb können nur wenige Pfostenlöcher erschlossen werden. Hinweise auf die Wand bilden kleine Steine. Sie waren Teile der Wand und befanden sich zwischen den Pfosten, oder sie dienten zum Verkeilen der Pfosten. In der westlich anschließenden Fläche VIII B (*Taf. 96*) sind die Erhaltungsbedingungen wesentlich ungünstiger. In der stark erodierten Fußbodenfläche lassen sich zwei Pfostenlochreihen beobachten, die jeweils auf den Verlauf der Westwand dieses Hauses 225 hinweisen könnten. Sie verlaufen beide in geringem Abstand voneinander parallel zur Ostwand dieses Hauses. Die östliche endet in der Flucht der Südwand und ist deshalb wahrscheinlich die Wandspur der Westwand von Haus 225. Die westliche der beiden Pfostenreihen läßt sich in der südlich anschließenden Fläche VIII C bis in ca. 70 cm Abstand von der großen, zweischaligen Terrassen-Südmauer erkennen (*Taf. 102*). Im rechten Winkel verläuft hier die jüngere der beiden südlichen Begrenzungswände der zweiten Ausrichtung nach Westen, parallel zur großen Mauer. Die Pfostenlochreihe westlich von Haus 225 weist demnach auf einen Teil der Begrenzungswände in der jüngsten Bebauungsphase der Terrasse hin.

Eine zweite Überlagerung in der Fläche IX B (*Taf. 97*) besteht aus regelmäßig gesetzten Pfostenreihen und einer steingesetzten, rechteckigen, eingetieften Feuerstelle gleicher Ausrichtung, die sich in einem Estrich unterhalb des Podiumfußbodens deutlich abzeichneten (*Taf. 141,1*). Die östliche der beiden Pfostenreihen findet in gleichem Abstand westlich der Feuerstelle in der Fläche VIII B (*Taf. 96*) eine Entsprechung. Auch die Pfosten der Südwand setzen sich in dieser Fläche fort und sind hier deutlich zu erkennen. In gleichem Abstand von der Feuerstelle wie die Südwand verlief offensichtlich die Nordwand. Im Bereich der Störung des Podiums durch die Pfostengräbchen der Nordwand von Haus 225 sind Estrichfragmente zu erkennen, deren Niveau jenem des Bodens im Süden entsprechen, in den die Feuerstelle eingetieft ist. Demnach überlagert das Podium ein rechteckiges Haus (227) (6 m x 4,1 m). Letzteres stand südöstlich vor dem großen Plattformbau und folgte ebenfalls der zweiten Ausrichtung.

Eine Pfostenreihe, die sich im Estrich des Hauses 227 zwischen Westwand und Feuerstelle abzeichnet, biegt ca. 1 m nördlich der Südwand dieses Hauses nach Westen. Jenseits des Steges VIII / IX B ist die Fortsetzung der Pfostenreihe wohl aufgrund der Bodenverhältnisse nur z. T. zu erkennen. Diese Pfostenreihen deuten auf die Ost- und Südwand des Hauses 229 hin, das ebenfalls der zweiten Ausrichtung folgte. Hinweise auf den Verlauf der Nord- und Ostwand dieses Hauses sind nicht gefunden worden. Eine entsprechende Feuerstelle wurde nicht freigelegt, denn der erhaltene Estrich des überlagernden Podiums wurde nur zum geringen Teil abgegraben.

Im Bereich der Fläche IX B lassen sich vor dem großen Plattformbau, Huaca Grande, vier Bauphasen derselben Ausrichtung nachweisen. Nur das zeitliche Verhältnis der beiden ältesten dieser Häuser (229 und 227) ist stratigraphisch nicht belegt. Beide Häuser werden überlagert von einem quadratischen, an die Huaca Grande anschließenden Podium. Dieses wird gestört von den Wandspuren des Hauses 225. Die Häufigkeit der Überbauungen ist ungewöhnlich. Sie hängt möglicherweise mit der Lage des Bereichs unmittelbar vor dem Plattformbau zusammen.

Im Westteil der Fläche X A (*Taf. 92*) ist der Versturz der östlichen Front des großen Plattformbaus Huaca Grande zu erkennen. In den vom Versturz bedeckten Teilen ist der Estrich eines rechteckigen Hauses der älteren Ausrichtungsgruppe (222) relativ gut erhalten, während er weiter östlich stärker gestört ist. Diese Zerstörung ist bedingt durch die Tatsache, daß heute das Gelände im Nordteil der Fläche X A auf einer Distanz von ca. 4 m steil ansteigt und dementsprechend bei Regenfällen in starkem Maße der Erosion ausgesetzt ist. Aus dem Profil eines Steges, der rechtwinklig zu einer langgestreckten, am oberen Rand des Geländeabbruchs verlaufenden Steinsetzung belassen wurde, ergaben sich keine Hinweise auf die Gestaltung dieses Geländeabsatzes zur Zeit der Bebauung. Nur wenige Fußbodenüberreste sind südlich dieser Steinsetzung erhalten. Das den Boden unterlagernde gelbliche Aufschüttungsmaterial lag noch in einer Breite von bis zu 1 m vor der Steinsetzung. Unterhalb des Geländeabsatzes liegt im westlichen Teil der Fläche eine verputzte, ca. 10 cm hohe Stufe, die der zweiten Ausrichtung folgt und auf einer Breite von bis zu 55 cm erhalten ist. Die Stufe besteht aus einer Füllung von hellem, mittelstückigen Material mit einigen aschigen Flecken. Zwischen dieser Füllung und dem rötlich anstehenden Material der Meseta zieht sich eine orange-gelbliche Lage den Berg hinauf, die jedoch nur bis zu einer Höhe von ca. 30 cm oberhalb des Bodens vor der Stufe erhalten ist. Sie verläuft am Hang quer durch die Fläche und biegt nahe der Westgrenze der Fläche nach Süden um, wo das Anstehende ebenfalls steil ansteigt in Richtung auf die Ostseite des großen Plattformbaus Huaca Grande.

Diese im Norden und Westen dergestalt begrenzte ebene Fläche ist mit zwei Häusern (222 und 224) bestanden, die der ersten Ausrichtung folgten. Beide überlagern den Nordteil des (oben beschriebenen s. S. 111) Hauses 220, das ebenfalls der ersten Ausrichtung folgte. Zwischen dem fast quadratischen Haus 222 im Westen und dem rechteckigen Haus 224 im Osten liegt ein Hof, dessen Estrich teilweise (im Nordteil) erhalten ist und an die der zweiten Ausrichtung folgende Stufe vor dem Geländeanstieg anschließt. In jenem Bereich, in dem die Fußbodenfläche nicht erhalten ist, findet sich eine viereckige, eingetiefte Feuerstelle. Sie folgt der ersten Ausrichtung. Auch im dritten Planum, unter den Böden beider Häuser, ist im Befund kein dieser Feuerstelle entsprechender Hausgrundriß zu erkennen. Demnach liegt diese Feuerstelle im Hof, der im Zusammenhang mit dem Umbau der jüngeren Ausrichtungsgruppe neu verputzt und bergwärts mit einem Sockel versehen worden ist. Da dieser Bodenverputz an den Verputz der Stufe vor der Ostwand und des Podiums anschließt, auf dem der Boden von Haus 224 liegt, steht fest, daß dieses Haus auch im Zusammenhang mit der jüngeren Ausrichtungsgruppe ohne größere Umbauten weiterbestanden hat. Ein entsprechender Fußbodenanschluß zwischen Haus 222 und dem Hof ist zwar nicht vorhanden. Auch folgt der Grundriß dieses Hauses der ersten Ausrichtung. Eine steingesetzte, verputzte Stufe, die den sekundär (ca. 10 cm) aufgehöhten Nordteil des Hauses in einer späteren Phase vom Südteil trennt, folgt hingegen der zweiten Ausrichtung.

Die Wände von Haus 222 sind offenbar z. T. verbrannt. An den Rändern des Bodens, wo sich im dritten Planum deutlich Pfostenverfärbungen, verbunden durch Pfostengräbchen, abzeichneten, zeigen sich bereits im ersten Planum (vor allem im Süden und Osten) Brandspuren und Lehmmörtelfragmente mit Abdrücken von Rohrstäben. Im Nordteil finden sich nur auf dem oberen der beiden Estriche Brandspuren, während die ältere, tiefergelegene Fußbodenfläche keine derartigen Spuren aufweist. Demnach ist das Haus nach dem Umbau der jüngeren Ausrichtungsgruppe ausgebrannt. Unmittelbar südlich der Stufe sind bereits im ersten Planum die begrenzenden Steinplattensetzungen einer viereckigen, eingetieften Feuerstelle zu erkennen. Sie entspricht offensichtlich dem Haus nach dem Umbau (Stufe). Die Ausrichtung der Steinsetzung folgt jedoch der älteren Ausrichtungsgruppe, und der Lehmmörtel der Einfassung befindet sich teilweise unterhalb der Stufe, d. h. die Feuerstelle ist auch zeitgleich mit dem Haus in seiner älteren Bauphase. Sie liegt auf der Mittelachse des Hauses, etwas nach Süden versetzt. Die Stufe trennt den etwas kleineren Nordteil (4,3 m x 8,2 m) vom Südteil (5 m x 8,2 m). Der Eingang kann, der Lage der Pfostenverfärbungen nach zu urteilen, nur im Westen gelegen haben und öffnet sich somit auf den Hof zwischen den Häusern 222 und 224.

Estrichteile und Pfostenverfärbungen des Hauses 224 befinden sich in den Flächen X/XI A/B (*Taf. 92; 98; 99*). Haus 224 überlagert den Nordostteil des großen Hauses 220 (das ebenfalls der ersten Ausrichtung folgt). Nur eine Pfostengräbchenspur ist unter der Aufschüttung des erhöhten Bodens von Haus 224 zu finden. Über eine breite steingefaßte, verputzte Stufe (1,4 m x 6,5 cm) vor der Mitte der Westwand betritt man den Raum, dessen Wandpfosten – zum Teil erkennbar aus Abdrücken im Verputz im ersten Planum – sich als Verfärbungen, verbunden durch Pfostengräbchen im dritten Planum der Fläche X A deutlich im Anstehenden abzeichnen. Im Bereich des Steges X A/B und in der Fläche X B liegt der Boden des Hauses tiefer. Eine steingesetzte und verputze Stufe zieht sich in der Flucht der Südseite der Eingangsstufe quer durch den Raum, unmittelbar südlich der viereckigen, eingetieften Feuerstelle von Haus 224. Diese ist etwa zur Hälfte vom Steg X/XI A/B bedeckt. In den Flächen XI A/B (*Taf. 99*), östlich dieses Steges, unter dem auch die Südostecke und Teile der Nordseite von Haus 224 liegen, ist im ersten Planum die Fußbodenfläche deutlich zu erkennen. Sie bricht in einer Flucht ab, die parallel zur Westwand verläuft. Hier liegt mittelstückiges Steinmaterial auf dem vorgelagerten, tiefergelegenen Estrich. Im zweiten Planum zeichnet sich an dieser Stelle das Pfostengräbchen der Ostwand ab. Haus 224 war 3,8 m lang und 3 m breit.

Nordwestlich von Haus 222, in der Ecke jenes ebenen Bereichs, der von Geländeanstiegen im Norden und Westen begrenzt wird, konnte im dritten Planum ein größeres (ca. 3 qm) Fußbodenfragment herauspräpariert werden. In diesen Estrich und in seiner unmittelbaren Nähe liegen 23 Pfostenlöcher eingetieft. Von diesen Pfostenlöchern liegen 20 auf zwei konzentrischen Kreisen von 0,85 m und 1,38 m Durchmesser. Es scheint sich um die Überreste eines oder zweier Rundbauten (226) zu handeln. Der gesamte ebene Bereich hier ist im zweiten Planum von grauer Lehmmörtelmasse bedeckt, über dem Scherbenmaterial liegt. Aus dem Plattformbau-Versturz im ersten Planum sind keine Hinweise auf Reste unterlagernden, aufgehenden Mauerwerks zu ersehen. Es ist davon auszugehen, daß der oder die Rundbauten, von denen die Pfostenkreise zeugen, zur Zeit des Plattformversturzes nicht mehr bestanden. Ihre sichere Zuweisung hängt somit vom Zeitpunkt des Versturzes ab. In diesem Zusammenhang ist bemerkenswert, daß die Scherben, die sich zwischen dem Versturz und der Lehmmörtellage befinden, relativ groß sind, zum Teil aneinander passen und ihre Bruchkanten nicht verrollt sind. Sie sind also nicht eingeschwemmt, sondern an dieser Stelle vom Versturz des Plattformbaus zerdrückt worden. Als sie abgelagert wurden, war der (die) Rundbau(ten) 226 bereits zerstört oder abgetragen. Er (sie) ist (sind) demnach nicht zeitgleich mit dem Plattformbau und Haus 222 (zumindest nicht nach dessen Umbau), sondern dürfte im Zusammenhang stehen mit einer älteren Bebauung.

Die Fläche XI B, der Bereich des Steges XI A/B und ein 1,5 m breiter Streifen des Südteils der Fläche XI A wurden zusammenhängend ausgegraben (*Taf. 99*). Im ersten Planum sind Teile des stark zerstörten Estrichs östlich von Haus 224 zu erkennen, ein ca. 2,8 m breiter Bereich ohne Bebauungsspuren. Die Bodenfragmente enden an einer Steinreihe, die sie teilweise überdecken. Jenseits dieser Steine, die nach Osten in einer geraden Linie abschließen, befindet sich mittelstückiges Steinmaterial. Es ist im oberen Teil mit grauem Lehmmörtel vermischt und wohl teilweise als Versturzmaterial anzusehen. Etwas unterhalb ist es mit rötlichem, feinkörnigem Material durchsetzt. Es scheint sich hierbei um eine absichtliche Aufschüttung zu handeln. Nahe dem Rand lagen auf den erwähnten Steinen einzelne größere Blöcke, deren Westseite eine Flucht bildet. Die wenigen größeren Steine entsprechen in ihrer Fluchtung ungefähr einer teilweise verputzten Mauerschale, die sich östlich jenseits der Füllung abzeichnet. Es handelt sich um einzelne Steine der untersten Lage der terrassenartigen, westlichen Schale der ca. 2 m breiten Mauer, die die große Terrasse im Osten begrenzt. Ihre Ostseite ist hier bis zu einer Höhe von 1,5 m erhalten, und es läßt sich erkennen, daß ihre Orientierung trotz Unregelmäßigkeiten im Verlauf, welche bei einer solchen großen Stützmauer zu erwarten sind, der ersten Gruppe entspricht.

Die durchgehende, von dem fragmentarisch erhaltenen Boden auf der Terrasse teilweise bedeckte Steinreihe folgt ebenfalls der ersten Ausrichtung. Im zweiten Planum ist deutlicher zu erkennen, daß diese Steinreihe die Mauerkrone einer Terrassierungsmauer darstellt. Ihr Außenputz läßt sich teilweise erkennen. Er schließt an einen älteren Fußbodenestrich der Terrassenoberfläche an. Dieser Estrich liegt unterhalb der erwähnten, ebenfalls fragmentarisch erhaltenen Fußbodenoberfläche und zieht sich gleichfalls bis zur Ostwand des Hauses 224 hin. Spuren einer begrenzenden Wand nahe dem Terrassenrand sind nicht zu beobachten, wie das auf der Südseite der großen L-förmigen Terrasse in beiden Phasen der Fall war.

In etwa 2 m Abstand von der Flächengrenze XI A/B ist der Estrich der älteren Bauphase auf der Terrasse zerstört, die Mauerkrone der (älteren) Terrassierungsmauer ließ sich nicht weiter verfolgen. Der Befund deutet darauf hin, daß weiter nördlich die Terrassierungsmauer vor der Anlage der großen Zweischalenmauer verstürzt war.

Am Fuß der Zweischalenmauer befindet sich auf der Oberfläche und im ersten Planum Versturzmaterial: Steinblöcke, dazwischen graues Verputzmaterial und hellrötliches, feinkörniges Füllmaterial aus der Zweischalenmauer. Nur in einem kleinen Bereich an den Flächengrenzen im Süden ist die ursprüngliche Fußbodenoberfläche erhalten. Im zweiten Planum sind unterhalb des Versturzes zahlreiche Flecken von organischem Material mit Knochen und Scherben, deren Kanten nicht verrollt waren, zu finden. Pfostenlöcher oder andere Hinweise auf die Existenz von Häusern sind nicht zu beobachten.

In 1,5 m Abstand von der Flächengrenze XI A/B biegt die äußere Schale der großen Mauer im rechten Winkel nach Osten ab. 2 m weit läßt sich eine Terrassierungsmauer verfolgen. Sie besteht teilweise aus großen Blöcken, die in Lehmmörtel gesetzt sind (*Taf. 99*). Ein Verputz dieser Mauer hat sich nicht erhalten, wohl aufgrund ihres Verlaufs quer zum Gefälle der Meseta; dem entspricht auch der Erhaltungszustand insgesamt. Sie bildet die südliche Abstützung eines Aufgangs auf die große Terrasse. Er ist im Norden von einer ca. 0,70 m breiten, zweischaligen Mauer begrenzt, die der zweiten Ausrichtung folgt und sich auf der Terrasse bis zum Rand der Fläche XI A fortsetzt. Diese Mauer bildet offenbar die Nordbegrenzung der großen Terrasse. Die Mauer verläuft fluchtgleich mit der Pfostensetzung in der nordöstlich gelegenen Fläche X A, die in die Stufe am Fuß des Gefälles eingetieft ist. Im Bereich des Terrassenaufgangs ist entlang dieser Mauer ein großes Fußbodenfragment erhalten. Seine geneigte Oberfläche erweist, daß der Aufgang rampenartig ansteigt und nicht durch Stufen gegliedert ist. In diesem Bereich befinden sich nur wenige Steine der südlichen Mauerschale in situ. Letztere ist teilweise verstürzt. Auf der Bergseite, im Norden, liegt unterhalb von mittelstückigem Aufschüttungsmaterial ein Estrich. Er ist vor der Errichtung der Mauer angelegt. Auf ihm ist die Mauer errichtet. Die ursprüngliche Mächtigkeit der Aufschüttungen auf diesem Estrich nördlich der Mauer ist nicht bekannt. Der bedeckende Estrich lag oberhalb der rezenten Oberfläche. Einen Hinweis auf die relativ geringe Höhe der Aufschüttung bildet ein Pfostengräbchen, das diesen Boden durchbricht. Es verläuft parallel zur Mauer und ist wohl die Spur einer Wand unmittelbar nördlich der Mauer.

Die östlichen Enden der beiden Begrenzungsmauern des rampenartigen Aufgangs sind durch eine breite Erosionsrinne zerstört, die in ca. 2 m Entfernung von der Zweischalenmauer verläuft und den gesamten Bereich im Westen und Südwesten der Fläche XI B stört (*Taf. 99*).

Die große, L-förmige Terrasse wird im Süden und Osten von Mauern abgestützt, die wie die Häuser der Wohnsiedlungen zwei Ausrichtungen folgen. Dies trifft auch für ihre dichte Bebauung zu. Die beiden Ausrichtungen weisen – das ist auf dieser Terrasse stratigraphisch nachweisbar – auf zwei Siedlungsphasen hin. In jeder der beiden Phasen gibt es Überbauungen, die auf verschiedene Bauhorizonte hinweisen. Allerdings werden Häuser und Anlagen der älteren Siedlungsphase auch noch in der jüngeren Phase genutzt. Das dokumentiert am deutlichsten die östliche zweischalige Terrassenmauer, an welche ein Haus der jüngeren Siedlungsphase (219) angebaut ist. Die Struktur der Bebauung ist in der Zusammenschau mit den Plattformbauten deutlicher erkennbar (s. S. 134).

Bebauung westlich und östlich des eingetieften Rechteckplatzes

Dem Geländeabfall im Nordteil der Fläche X A wurde, wie aus den Pfostensetzungen in seinem Fuße und aus dem fluchtgleichen Mauerbefund (zweite Ausrichtung) der Fläche XI A (*Taf. 92; 99*) hervorgeht, in der Zeit der jüngeren Siedlungsphase eine Wand aus organischem Material vorgesetzt. Diese ist offensichtlich samt ihrer Hinterfüllung durch Erosion zerstört. Überreste steingesetzter Mauern befinden sich oberhalb davon in den Flächen X A und X Z (*Taf. 88; 92*). Die unterste Lage einer zweischaligen Mauer läßt sich im Südwesten der Fläche X Z auf einer Länge von 3,15 m verfolgen. Sie wird nahe der Ostseite des großen Plattformbaus vom vorletzten, an dessen Außenverputz anschließenden Estrich bedeckt. Südlich vor dieser Zweischalenmauer ist ein bis zu 1,4 m breiter Streifen eines Fußbodenestrichs teilweise erhalten. Es handelt sich um ein Oberflächenfragment einer ca. 1,6 m hohen Abstufung. Ihre Vorderseite bildet die erwähnte, dem Geländeabfall vorgelagerte Mauer.

In der Nordostecke der Fläche X A (*Taf. 92*) befinden sich Steinsetzungen einer Mauer, deren Bauweise sich von allen anderen Mauern von Montegrande auffällig unterscheidet: Große Steinplatten sind senkrecht in den Boden gelassen. Der südlich vorgelagerte Boden ist stark zerstört; weitere Hinweise auf ihre Zugehörigkeit zum Gesamtkomplex sind nicht gegeben. Aus ihrem unregelmäßigen Verlauf läßt sich die ursprüngliche Ausrichtung dieser Mauer nicht mehr feststellen.

Im Südteil der Fläche X Z fällt eine Stein- und Mörtelmassierung ins Auge. Sie bedeckt teilweise rötliches, feinkörniges Aufschüttungsmaterial, das sich im Westteil bis unter einen an den Plattformbau anschließenden Estrich hinzieht. In diese Aufschüttung ist eine rundliche, mit Holzkohle gefüllte Feuerstelle mit starken Brandspuren eingetieft. Diese „Brandstelle" deutet darauf hin, daß hier zumindest in einer Siedlungsphase keine Häuser gestanden haben.

Etwa 4 m nördlich der erwähnten Zweischalenmauer, oberhalb des Geländeabfalls, befinden sich einige gereihte Pfostenverfärbungen der älteren Siedlungsphase (erste Ausrichtung). Sie dürften in Zusammenhang stehen mit einer regelmäßigen Pfostenreihe, die rechtwinklig dazu verläuft und weiter nördlich (in 3,15 m Abstand) nach Osten umbiegt. Über den Pfosten dieser Reihe verläuft teilweise der nördliche Außenputz einer Steinsetzung mit Lehmmörtel. Es ist der nördliche Außenrand eines Podiums, das der ersten Ausrichtung folgt. Die Steinsetzung umgrenzt die südlich davon erkennbare, rötlichgelbe Aufschüttung. Das Podium überlagert somit eindeutig die erwähnten Pfostenreihen der Nord- und Westwand des Hauses 230, dessen Südwand und Südostecke aus den gereihten Pfostenverfärbungen erschlossen werden können. Seine Ostwand und Nordostecke lag großenteils im Bereich des Steges X/XI Z. Es besitzt einen annähernd quadratischen Grundriß (3,15 m x 3,13 m). Überreste einer Feuerstelle zeichnen sich in der Mitte des Hauses ab.

Drei Pfostenverfärbungen deuten auf eine westliche Fortsetzung der Südwand, die möglicherweise in Zusammenhang steht mit einer Folge großer Pfosten, deren Abdrücke sich im Fußboden in ca. 2 m Entfernung von der Westwand finden. Diese Pfostenfolge folgt der ersten Ausrichtung. Sie wird weiter nördlich vom ausgebrannten Haus 231 überlagert, das der zweiten jüngeren Ausrichtungsgruppe folgt. In derselben Flucht liegt jedoch jenseits von Haus 231 die Westseite des steingesetzten Eingangs von Haus 232 (in der Fläche X Y; *Taf. 83*). Seiner Ausrichtung nach war Haus 232 in der älteren Siedlungsphase erbaut worden. Es wurde jedoch noch in der jüngeren Siedlungsphase benutzt, denn der Estrich eines Durchgangs zwischen Haus 231 und Haus 232 schließt jeweils an den Außenverputz der beiden Häuser an. In der älteren Siedlungsphase, vor Errichtung von Haus 231, zog sich die Pfostenfolge wahrscheinlich bis zum Eingang vom Haus 232. Sie trennte den Bereich der Häuser in dieser Siedlungsphase ab vom westlich gelegenen eingetieften Platz zwischen den Plattformbauten. In 4 m Abstand von der Pfostenfolge verläuft parallel zu ihr die Randstufe dieses Platzes.

Das Podium, welches Haus 230 überlagert, folgt ebenfalls der ersten Ausrichtung (*Taf. 88*). Seine steingesetzte Randbegrenzung biegt im Westen, in 1,4 m Abstand von der Pfostenfolge, nach Süden um. Seine Westseite läßt sich 1,5 m weit verfolgen, weiter im Süden ist sie aberodiert. Die erhaltene Länge der Nordseite des Podiums beträgt 8 m. Jenseits des Steges X/XI Z, in der Fläche XI Z (*Taf. 89*), ändert sich jedoch ihre Ausrichtung. Hier folgt es der zweiten. Dies ist das Ergebnis eines Umbaus, wie die Lage der Steine im Westteil der Podiumskante belegt. Die Steinreihe schloß ursprünglich fluchtgleich mit der ersten Ausrichtung ab. Weitere Steine und Mörtel, die nach Westen hin eine zunehmende Breite einnehmen, wurden später davorgesetzt.

Die nord-südliche Breite des Podiums kann aus dem Befund nicht erschlossen werden. Es wurde in der Zeit der älteren Siedlungsphase angelegt und teilweise in der jüngeren Siedlungsphase der zweiten Ausrichtung angepaßt. Es überlagert ein älteres Podium, das der ersten Ausrichtung folgt und dessen Nordbegrenzung 1,4 m weiter südlich in einem kleinen Ausschnitt in der Südwestecke der Fläche XI Z (*Taf. 89*), unterhalb der Aufschüttung des jüngeren Podiums, freigelegt werden konnte. Das ältere Podium dürfte zeitgleich sein mit Haus 230. Der herauspräparierte Teil seiner Nordbegrenzung verläuft in geringem Abstand von seiner Ostwand. Haus 230 und das Podium werden überlagert von einer steingesetzten Stufe der jüngeren Siedlungsphase, die sich am Ostrand der Fläche X Z und – sogar auf der Oberfläche – im Bereich des Steges X/XI Z abzeichnete. Diese Stufe führt auf das jüngere Podium von Süden hinauf. Das Podium ist demnach, zumindest in der entsprechenden Bauphase, langschmal (ca. 1,6 m x 8 m). Spuren seiner Südbegrenzung sind nicht zu finden. Am Ende der jüngeren Siedlungsphase war der Bereich südlich von Haus 231 bebaut: Pfosten der zweiten Ausrichtung sind in der Flucht seiner Westwand nach Süden gereiht und biegen in 1,8 m Abstand nach Osten. Der diesem südlichen Anbau von Haus 231 entsprechende Fußbodenestrich lag auf einem beträchtlich höheren Niveau als die erhaltene Oberfläche. Er ist, ebenso wie die westlichen Teile des Estrichs, der vor der Errichtung des Anbaus südlich von Haus 231 bestand, abgewittert und überlagerte einen Gang zwischen diesem Haus und dem in der jüngeren Siedlungsphase umgebauten Podium. Er verbreitet sich nach Osten (50 – 70 cm breit). Genügend Estrichteile seiner Fußbodenfläche sind erhalten, sodaß man erkennen kann, daß ihn zwei niedrige, nach Osten ansteigende Stufen untergliedern. Letztere verlaufen jeweils zwischen der Nordkante des Podiums und der Südwand des Hauptraums von 231.

Im Nordostteil der Fläche X Z (*Taf. 88*) und im Südostteil der Fläche X Y (*Taf. 83*) sowie im südlichen bzw. nördlichen Westteil der Flächen XI Y/Z (*Taf. 84; 89*) liegt der Hauptraum von Haus 231. Er ist ausgebrannt und daher relativ gut erhalten (Wandhöhe bis zu 50 cm). Obwohl die Wände etwas verzogen sind, erweist die Verbindung der Rohrpfosten, deren Abdrücke in den Lehmwänden fast vollständig herauspräpariert werden konnten, daß sein Grundriß rechtwinklige Ecken hatte und nahezu quadratisch (3,8 m x 3,7 m) war. Der hervorragend erhaltene Fußbodenestrich liegt ca. 15 cm erhöht. Der Raum wird von Westen her über zwei jeweils 8 cm hohe Stufen (bis zu 2 m lang, ca. 15 cm breit) betreten. Die Pfosten sind durchschnittlich ca. 10 cm dick und stehen in geringem Abstand voneinander. Häufig sind zwischen den Pfosten in den Lehmmörtel Steine gesetzt. Lehmmörtel umgibt auch die Pfosten, so daß die Wände mit den dicken, äußeren Verputzlagen zwischen 20 und 30 cm breit sind. Im gesamten ausgebrannten, (abgesehen von einer Störung durch ein Raubgräberloch) gut erhaltenen Fußboden des Hauptraumes von 231 befindet sich kein einziges Pfostenloch. Demnach war das Dach, dessen hereingebrochene Überreste sich in einem ostwestlichen Profil (*Taf. 118 - 119,1*) abzeichnen, einzig auf die Wände gestützt. In der Mitte des Raumes befindet sich die eingetiefte, steinplattengesetzte, in etwa quadratische Feuerstelle mit der charakteristischen Füllung aus weißlicher Asche, wenig Holzkohlestückchen und geringen Brandresten an den Rändern. Der Rand dieser Feuerstelle ist im Vergleich zum Fußboden um einige Zentimeter erhöht. Im Profil zeichnen sich auf dem Boden verbrannte Rohrstabfragmente ab, bedeckt von wechselnden Lagen Lehm mit Steinsplitt und verbranntem Rohr und Holz (?). Erst ca. 30 cm oberhalb des Bodens finden sich mittelstückige Steine, die Teile des Wandmaterials sein könnten. Sie liegen z. T. waagerecht auf einer dünnen, gelblichen Schicht. Diese ist Teil eines höhergelegenen Fußbodens; nach dem entsprechenden Umbau ist das Haus nicht mehr ausgebrannt, darum weist dieser Estrich nicht so günstige Erhaltungsbedingungen auf wie der ältere. Er ist bei der Plangrabung nicht erkannt worden, zeichnet sich jedoch im Profil ab (*Taf. 118 - 119,1*). Als der jüngere Fußboden eingezogen wurde, erhöhte man die Steinschwelle des Eingangs um ca. 30 cm. Offensichtlich sind beim Brand des Daches die Wände nicht zerstört worden, weil die tragenden Rohrpfosten von dem dicken Lehmverputz geschützt werden. Deshalb bedeckt in der jüngeren Bauphase lediglich der neue Boden den Versturz des Daches.

Nach der Errichtung des Hauptraumes von Haus 231 wurde auf der Ostseite ein langschmaler Nebenraum (3,8 m x 1,1 m) angebaut. Aus dem Verlauf der Pfostenabdrücke ist zu schließen, daß keine Verbindung zwischen dem Hauptraum und dem östlichen Nebenraum dieses Hauses besteht. Auffällig ist weiterhin, daß weder auf den Schmalseiten, noch auf der östlichen Längsseite des Nebenraumes Hinweise auf einen Eingang zu finden sind. Der Eingang könnte zwar im nördlichen Drittel der östlichen Längsseite des Nebenraumes liegen, – hier ist der Befund durch ein Raubgräberloch gestört –, jedoch gibt es weder im Bereich der Plattformbauten, noch in dem gesamten Bereich der Wohnsiedlung Hinweise auf exzentrisch gelegene Eingänge in Räume. Vermutlich lag der Eingang auch nicht erhöht wie der des Hauptraumes, denn es fehlen Spuren entsprechender Eingangsstufen. Aufgrund des guten Erhaltungszustands ist das Fehlen eines Eingangs in diesen kleinen, langschmalen Nebenraum nachweisbar. Analog dazu ist anzunehmen, daß die zahlreichen Räume ähnlicher Form und Größe in der Siedlung ebenfalls keinen Eingang aufweisen. Bei diesen war nur aus dem Fehlen entsprechener Pfostenlücken zu schließen, daß sie keine Eingänge besaßen (zur Funktion dieser Räume s. S. 93).

Der Nebenraum ist z. T. auf einer weitgehend in der Fläche XI Z gelegenen Hoffläche errichtet, die an den ältesten Teil des Hauses 231, den späteren Hauptraum, anschließt (*Taf. 89*). Die Ostwand des Nebenraums ist auf einer ca. 10 cm hohen Stufe errichtet, die sich parallel zu Haus 231 durch den Hof zieht. Die sorgfältig verputzte Bodenfläche erstreckt sich nach Norden bis zu einem schmalen Durchgang zwischen Haus 231 und dem nordöstlich gelegenen Haus 233. Ihr Ostteil ist von Haus 233 im Norden begrenzt, im Süden von dem beschriebenen, langgestreckten, umgebauten Podium. In diese Hofflächen sind rundliche Gruben eingetieft, gefüllt mit Holzkohle und durch Hitze zersprungenen Steinen; die unverputzten Ränder dieser „Brandstellen" weisen starke Hitzeeinwirkung auf. Zwei dieser Gruben überlagert der Nebenraum des Hauses 231.

Vor der Errichtung dieses Nebenraumes war der Durchgang zwischen den Häusern 231 und 233 bereits von einer Pfostenwand in den Flächen XI Y/Z (*Taf. 84; 89*) verschlossen. Die Pfostenwand schloß an den Außenverputz des Hauptraumes von 231 an. An diese Wand war nördlich auf der anderen Seite eine Art von Podest angebaut (ca. 30 cm hoch, Oberfläche 60 cm x 80 cm), errichtet aus in Lehmmörtel gesetzten Steinen. Es war sorgfältig verputzt. Das Podest, die Pfostenwand und ein jüngerer Außenverputz des Hauptraumes von Haus 231 überlagern die Pfosten einer älteren Wand, die ebenfalls den Durchgang zwischen den Häusern 231 und 233 versperrte.

Der Hauptraum von Haus 233 schließt an den Hof in diesem Bereich an (4,8 m x 5 m). Sein Südteil liegt in der Fläche XI Z, der Nordteil in der Fläche XI Y (*Taf. 84; 89*). Aufgrund des Geländeverlaufs, starken Gefälles im Osten und Südosten, einer Auswaschung im Nordosten, aber auch wegen Raubgräberlöchern in der Nordwest- und Südwestecke sind die Wände dieses Hauses stark verzogen. Dennoch läßt sich, mit Ausnahme des östlichen Teils der Südwand, aus den beobachteten Pfostenlöchern erkennen, daß der Grundriß der jüngeren Ausrichtungsgruppe folgt. Die nur teilweise erhaltene Fußbodenfläche des Hauses liegt ca. 50 cm oberhalb der Hoffläche im Süden und ca. 30 cm oberhalb der Estriche im Norden und Westen. Nur der untere Teil der Wände, die die Aufschüttung umgeben, ist erhalten. Ihr Außenverputz konnte trotz starker Zerstörung durchgehend dokumentiert werden. Die erhaltenen Teile der Wände sind 30 bis 50 cm dick. Geht man von jenen Wandteilen aus, in denen die Pfosten relativ vollständig dokumentiert werden konnten, so ergibt sich eine dichte Stellung (Abstand ca. 10 cm) relativ dünner Pfosten (Durchmesser ca. 8 cm). Da die Bodeninnenfläche sorgfältig abgegraben und in drei Plana dokumentiert wurde, kann ausgeschlossen werden, daß sich im Innern Stützpfosten befanden. Der Fußboden ist unterschiedlich dick (bis zu 5 cm), darunter fand sich eine helle, rötlichgelbe Aufschüttung, im unteren Teil vermischt mit einzelnen grauen Lehmverputzbrocken und teilweise mit größeren Steinen. Im Profil eines Raubgräberlochs sind Teile eines Fußbodens zu erkennen, der älter ist als Haus 233. Der Hauptraum von Haus 233 weist in der Mitte der Südwand einen Eingang auf, erkennbar an einer ca. 1,2 m breiten Lücke in der Reihe der Wandpfosten und einer vorgesetzten Stufe (1 m x 0,30 m). Sie ist steingesetzt und verputzt. Ihre erhaltene Höhe beträgt ca. 20 cm. Sie muß jedoch ursprünglich höher gewesen sein, denn der bedeckende Verputz ist nicht erhalten. Auf der Mitte der Hauptraumachse, leicht nach Süden versetzt, befindet sich eine große, steingesetzte, rechteckige Feuerstelle (1,4 m x 1 m). Ihr Innenverputz ist nur fragmentarisch erhalten. Ihre dicke, hellweißliche Aschenfüllschicht enthält auch ein paar Steine ohne eindeutige Brandspuren.

An der Nordost- und Südostecke des Hauptraumes schließt der Außenverputz von Nord- und Südwand nicht jeweils an den der Ostwand an, sondern setzt sich jeweils fluchtgleich fort. Einige Pfostenverfärbungen in der Fortsetzung der Wände (im Süden bis 1 m weit gefunden) sowie die Umbiegung des Außenverputzes der Ostwand im Nordosten nach außen deuten darauf hin, daß sich hier an den Hauptraum von Haus 233 ein weiterer Raum anschließt, der jedoch aufgrund seiner Lage (am Geländeabfall zur Erosionsrinne) nur aus wenigen Resten erschlossen werden kann. Das Fußbodenniveau des Raumes liegt etwa 30 cm tiefer als jenes des Hauptraums, nur verschwemmte Überreste dieses Estrichs am Fuß der Ostwand des Hauptraumes sind erhalten. Außerhalb davon, in 1,3 m Abstand von dieser Wand, liegen zwei Pfostenverfärbungen in einer parallel verlaufenden Flucht. Diese Flucht bildet in den unteren Plana eine Trennlinie zwischen einem nahezu steinfreien westlichen Bereich und einem Areal mit viel mittelstückiger Steinkomponente weiter östlich. Dies sind die einzigen Hinweise auf den Verlauf der Ostwand des Nebenraumes. Sein langschmaler Grundriß entspricht somit jenem des Nebenraums von Haus 231. An die Trennwand zwischen Haupt- und Nebenraum ist nahe der Ecke eine kleine, ungefähr rechteckige, podestartige Struktur (90 cm x 25 cm) angebaut, ihr Außenverputz ist 5 cm hoch erhalten. Sie besteht aus kleinstückigem Steinmaterial und Lehm. Es kann sich nicht um eine Eingangsstufe in den Hauptraum handeln, denn in diesem Teil des Wandverlaufs sind deutlich die Pfostenabdrücke der Wand zwischen beiden Räumen zu erkennen.

Wir fanden keinen Hinweis auf die Form des Bereichs jenseits der Ostwand (des Nebenraums) von Haus 233. Dagegen sind die Hofflächen im Norden und Westen, in der Fläche XI Y (*Taf. 84*), unter einem dicken hellehmigen Sediment (das von der nördlichen Bergseite her eingeschwemmt ist) z. T. hervorragend erhalten. Dies Material bedeckt stellenweise den Versturz der Nordwand von Haus 233. Nach Westen bis zur Ostwand von Haus 232 verläuft eine ca. 10 cm hohe Stufe, über die man vom westlichen Hofteil über eine gleichfalls ca. 10 cm hohe Stufe hinabsteigt in den nördlichen. Diese Hoffläche grenzt im Westen an Haus 232 und ist relativ schmal (1,9 m). Im Norden endet sie an einem steingesetzten Sockel, welcher der zweiten Ausrichtung folgt. Seine Überreste lassen sich bis in eine Entfernung von etwa 2,5 m von der Nordwestecke beobachten. Die östliche Fortsetzung dieser Nordbegrenzung des Hofes läßt sich an einer fluchtgleichen Fußbodengrenze jenseits einer Störung bis in 6 m Entfernung erkennen. Hier grenzt der Sockel an einen Plattformbau, dessen stark zerstörte Südwestekke sich im ergrabenen Bereich, im Westteil der Fläche XI Y (*Taf. 84*) gelegen, erschließen läßt. Hier ist eine mörtelgesetzte, auf der Südseite verputzte Steinreihe in ca. 1,4 m Abstand von der Nordwand des Hauses 233 zu beobachten. Sie bildet die südliche Begrenzung einer Aufschüttung aus rötlichem, feinkörnigem Material, das sich (auf einer Länge von 3,6 m) bis zum Ostrand der Fläche deutlich vom hellgelblichem Material der Nordostseite absetzt. Eine weitere Grenze zwischen den beiden Materialien verläuft nahezu gradlinig im rechten Winkel zur Flucht der Steinreihe, ungefähr an ihrem westlichen Ende nach Norden (ca. 1,7 m von der Grabungsgrenze entfernt). In ca. 2,5 m Abstand von der Ecke liegen drei Steine an dieser Verfärbungsgrenze, mit fluchtgleichen westlichen Außenkanten. Es scheint sich bei letzteren sowie bei den mörtelgesetzten Steinen mit Außenverputz um die Ränder von Sockeln zu handeln, die diesen Plattformbau in unterschiedlicher Breite (im Süden 1,7 m, im Westen 0,3 m) umgeben. Die Oberfläche der Sockel ist nicht erhalten, ihre Füllung besteht aus rötlichem Aufschüttungsmaterial. Einige Steine der Plattformmauern selbst weisen ebenfalls parallel verlaufende Außenkanten auf. Daraus läßt sich Lage und Ausrichtung des Baus ersehen. Der Plattformbau folgt der ersten Ausrichtung, seine Südfront begrenzt den Hof nördlich von Haus 233. Hinweise auf Umbauten aus der jüngeren Siedlungsphase sind nicht zu finden.

Westlich des Plattformbaus erstreckt sich eine sanft nach Norden ansteigende Fläche, die in der Zeit der jüngeren Siedlungsphase auf der Talseite vom Sockel des Hofs begrenzt war. Der Bereich ist stark von Erosion betroffen. In ca. 3,8 m Abstand nördlich von diesem Sockel läßt sich aus Steinreihen ein breiter Treppenaufgang der jüngeren Ausrichtungsgruppe erschließen. Die drei Steinreihen liegen teilweise leicht verschoben in Lehmmörtelmasse. Deutlich ist zu erkennen, daß ihre südlichen Außenkanten ursprünglich jeweils fluchtgleich verliefen. An einigen Stellen sind noch Reste vom Außenputz der Stufen erhalten, ihre Höhe dürfte ursprünglich ca. 20 cm betragen haben, die Breite ca. 40 cm. Die Treppe scheint den Abstand zwischen dem östlichen Plattformbau und dem nordwestlich gelegenen alten Plattformbau vollständig zu überbrücken. Sie ist somit fast 15 m breit.

Der Bereich zwischen dieser Treppe und dem Hof ist durch zwei große Raubgräberlöcher gestört, in deren Profilen lehmiges Füllmaterial und Mauerreste zu beobachten sind. Die Reinigung und Begradigung der Raubgräberloch-Profile (*Taf. 120,2. 3*) sowie die partielle Ausgrabung ergaben, daß sich hier ein 1,6 m eingetiefter, rechteckiger (1,8 m x 2,8 m) Raum 234 befindet. Er liegt in geringem Abstand (70 cm) westlich des Plattformbaus. Sein Grundriß folgt ebenfalls der ersten Ausrichtung, wie aus dem Verlauf der Wandteile hervorgeht. Die Wände sind leicht nach außen geneigt und ebenso wie der Boden sorgfältig mit Verputz überzogen, der an den Mauern allerdings nur in geringer Höhe (bis zu 40 cm hoch) erhalten ist. In der Mitte der Südwand führt eine schmale Treppe (ca. 35 cm breit) bis 50 cm oberhalb des Bodens in den Raum hinunter. Nur die beiden untersten Stufen (jeweils ca. 11 cm hoch, 9 cm breit, 35 cm lang) sind erhalten. Im dritten Planum ist in den kompakten, lehmigen Einschwemmungssedimenten oberhalb des Nordteils von diesem Raum der Abdruck eines Holzbalkens (Dm. ca. 10 cm) zu erkennen. Er endet im Westen, jenseits der Mauerkante, verrundet und läßt sich auf einer Länge von 1,6 m bis zum Profil des Raubgräberlochs beobachten. Die Lage des Balkens in 20 cm Abstand parallel zur Nordwand des Raumes läßt vermuten, daß es sich um einen Teil des Daches handelt, das in situ liegen blieb, als, wie im Profil des Raubgräberlochs (*Taf. 124,2*) zu beobachten, die oberen Lagen der nördlichen Mauer eingestürzt waren und sich der Raum mit lehmigem, eingeschwemmtem Material, Steinen und Verputzbrocken füllte. In dieser Füllung fanden sich jedoch nur wenige Spuren von organischem Material, die man als Hinweis auf das Dach interpretieren könnte. Hinweise darauf, daß die Zufüllung dieses Raumes vor Umbauten der jüngeren Ausrichtungsgruppe erfolgt ist oder dabei vervollständigt wurde, fehlen. Vielmehr ist davon auszugehen, daß dieser eingetiefte, überdachte Raum auch noch während der Nutzung jener Bauten, die der zweiten Ausrichtung folgen, in Gebrauch war und sich erst später mit dem Versturz seiner Seitenwände und dem eingeschwemmt lehmigen Material füllte.

Der Hof westlich von Haus 233 ist im Westen begrenzt von einem Haus der älteren Ausrichtungsgruppe (Haus 232). Der Außenverputz dieses Hauses schließt jedoch an den Hofestrich an, der mit Haus 233 verbunden ist. Haus 232 ist somit auch zur Zeit der jüngeren Siedlungsphase benutzt worden. Der Hof öffnet sich im Südteil nach Westen und ist hier von den Häusern 231 und 232 begrenzt. Auch nach Süden, zwischen den Häusern 231 und 233, bestand ursprünglich ein Durchgang. Er ist jedoch zuerst mit Pfostenwänden und später durch den Nebenraum des Hauses 231 zugebaut worden. Vor dem letzten Umbau steht in der Südostecke dieses Hofes der erwähnte podestartige, kleine Sockel, angelehnt an eine Pfostenwand im Süden und die Westwand von Haus 233. Haus 232 liegt in den Flächen X und XI Y (*Taf. 83; 84*). Nur wenige Zentimeter der aufgehenden Wände dieses Hauses sind im West- und Südwestteil erhalten, auch von der Fußbodenfläche sind nur im Westteil Fragmente erhalten. Der Verlauf der Wände ist jedoch auf allen vier Seiten fast vollständig zu verfolgen, da sie die ca. 12 cm mächtigen, rötlichen, feinkörnigen Aufschüttungslagen umgeben, auf denen der Fußboden angelegt ist. Die verputzten Außenseiten konnten weitgehend herauspräpariert werden. Pfostenabdrücke in den Wänden lassen sich in der Süd- und Westwand erkennen, entsprechende Verfärbungen befinden sich in der Nordwestecke, die durch Auswaschung zerstört ist. Die Flucht dieser Pfostenlöcher bestätigt, daß das Haus der ersten Ausrichtung folgte. Der Verlauf der Nordwand ist nur undeutlich zu erkennen, desgleichen die Nordwestecke, in der sich stark zerstörte Fragmente eines bankartigen Einbaus parallel zur Nordwand abzeichneten (ca. 60 cm breit, die Länge war nicht mehr zu erkennen). Der Grundriß ist nahezu quadratisch (3,5 m x 3,7 m), die Außenkanten sind leicht verrundet. In der Mitte zeichnet sich eine eingetiefte, plattengesetzte und verputze Feuerstelle gleicher Umrißform ab (45 cm x 43 cm). In ca. 20 cm Abstand davon ist ein unregelmäßig-rechteckiger Mahlstein in den Boden eingelassen. Auf den ca. 80 cm breiten Eingang in der Mitte der Südwand weisen die Schwellensteine im Wandverlauf hin. Der Wandverputz von Haus 232 geht in die südlich gelegene verputzte Hoffläche über, desgleichen der Wandverputz des Hauses 231. Entsprechende Anschlüsse fanden sich auch auf der Ostseite von Haus 232 (mit Haus 233). Sie erweisen, daß Haus 232 zeitgleich mit diesen Häusern der jüngeren Siedlungsphase (231,233) benutzt worden ist. Vom Verputz der westlich anschließenden Fußbodenfläche sind nur kleine Fragmente unmittelbar vor der Wand erhalten. Estrich und Wand sind großteils von einer Auswaschungsrinne zerstört worden. Letztere durchquert schräg die Westwand an der Nordwestecke des Hauses und zieht sich bis zum eingetieften Rechteckplatz hin. Die teilweise verrutschte Ostkante des Rechteckplatzes verläuft in ca. 2,6 m Entfernung parallel zur Westwand des Hauses, das der ersten Ausrichtung folgte.

In ca. 26 m Entfernung liegen jenseits dieses eingetieften Platzes auf seiner Westseite Häuser beider Ausrichtungen. Sie sind nur in der Fläche VIII X (*Taf. 79*) teilweise ergraben worden. Ihre Erhaltungsbedingungen sind, mit Ausnahme von Haus 236, das der älteren Ausrichtung folgte, nicht vergleichbar mit jener der Ostseite. Nur der Nordostteil dieses Hauses liegt innerhalb der ergrabenen Fläche. Die Ostwand mit dem steingesetzten, verputzen Eingang konnte auf einer Länge von ca. 4,5 m freigelegt werden. Obwohl die südliche Begrenzung des Eingangs durch ein Raubgräberloch fast vollständig zerstört ist, läßt sich seine Breite noch feststellen: ca. 90 cm. Geht man davon aus, daß der Eingang, wie alle anderen freigelegten Eingänge in Montegrande, in der Mitte der Wand lag, dürfte diese Wand 5,6 m lang gewesen sind. Die ergrabenen Wandteile sind ca. 30 cm hoch erhalten. Die Nordwand ist 20 cm breit, die Ostwand 40 cm. Der Estrich des Hauses liegt etwa 10 cm oberhalb der davorgelegenen Hoffläche und ist mit hellem, sterilem Material zugeschüttet. Eine rundliche „Brandstelle" mit Holzkohle, feuerzersprungenen Steinen und stark brandigen Rändern, ähnlich jenen, die auf der Ostseite des eingetieften Platzes in Hofflächen zu beobachten sind, ist in die Füllung eingetieft. Demnach befand sich hier in jüngerer Zeit eine unbebaute Fläche, deren Niveau höher lag als die erhaltene Oberfläche.

Zwei verputzte Bodenniveaus befinden sich östlich vor Haus 236, getrennt durch eine ca. 5 cm mächtige, hellrötliche Aufschüttungslage. Haus 235 ist möglicherweise zeitgleich mit einer dieser Hofflächen. Sein Grundriß kann nur aus Pfostenverfärbungen erschlossen werden, die im mittleren nördlichen Teil der Fläche teilweise von einer dicken Lehm- und Mörteleinschwemmung bedeckt sind. Diese Schicht überlagerte mit ihren Rändern auch Teile einer rechteckigen, verputzen, mit weißlicher Asche gefüllten Feuerstelle. Ihr Oberteil war bereits vor dieser Einschwemmung aberodiert, ihre Osthälfte ist durch ein Raubgräberloch zerstört. Die Feuerstelle liegt, leicht nach Süden verschoben, in der Mitte des Hauses und folgt (wie der Grundriß dieses Hauses) der zweiten Ausrichtung. Die Pfostenreihen der Süd- und Westwand sind relativ deutlich zu erkennen. Die Südwestecke ist durch ein Raubgräberloch gestört. Im ersten und zweiten Planum sind in dem eingeschwemmten lehmigen und hellrötlichen Material unterhalb der Einschwemmungsschicht, in der Nähe des eingetieften Hofes, Pfostenverfärbungen der Ostwand nicht zu erkennen. Im untersten Planum fallen jedoch in diesem Bereich innerhalb des Mörtels einer Mauerkrone helle rundliche Verfärbungen auf. Diese und das am Rande dieser Verfärbungen gefundene kleinstückige Steinmaterial sind ein Hinweis auf den Verlauf der Ostwand. Diese verläuft in gleichem Abstand von der Feuerstelle wie die gegenüberliegende Westwand und parallel zu dieser. In der weißlichgrauen Ablagerung unterhalb der Einschwemmschicht lassen sich nur wenige Pfostenlöcher der Nordwand eindeutig identifizieren. Nach der Lage der Lücken in den Pfostenreihen kann der Eingang von Haus 235 nur auf der Nord- oder Südseite gelegen haben. Der Grundriß dieses Hauses ist rechteckig (3 m x 4,2 m).

Der Ausrichtung nach gehören Pfostenreihen des Hauses 237 derselben Siedlungsphase an wie Haus 235. Sie verlaufen in 0,5 m und 1,2 m Abstand westlich von Haus 235 und lassen sich 3 m bzw. 2,8 m weit bis an den Nordrand der Fläche verfolgen. Das der Wand zwischen Haupt- und Nebenraum von Haus 237 entsprechende westliche Pfostengräbchen wendet sich an seinem Südende rechtwinklig nach Westen. Am Südende des Pfostengräbchens, das der Ostwand des Nebenraumes entspricht, ist der Befund von einem großen Raubgräberloch gestört. Der östliche Nebenraum ist diesem Befund nach sehr schmal (70 cm), seine Länge ist nicht ersichtlich. Bei dem offenbar breiten westlich anschließenden Haupt(?)raum konnten weder Form noch Lage, weder Bodenhöhe noch Eingang erfaßt werden. Er liegt großteils außerhalb der ergrabenen Fläche.

Auch im Falle des Hauses 235 ist das ursprüngliche Fußbodenniveau nicht feststellbar. Er lag jedenfalls höher als der fragmentarisch erhaltene, verputzte Estrich einer unbebauten Fläche. Diese wird im Osten von einer Pfostenwand begrenzt. Die Pfostenwand verläuft in der Flucht der Ostwand von Haus 236. Sie schließt an diese an und zieht sich in ca. 3,8 m Abstand von der Kante des eingetieften Platzes (parallel zu ihr) bis zum nördlichen Rand der Fläche VIII X hin. Lage und Verlauf der Pfostenwand und des vorgelagerten Hofes lassen vermuten, daß sie zeitgleich sind mit Haus 236. Es scheint jedoch, daß Haus 236 auch noch zeitgleich mit Haus 235 benutzt worden ist. Der untere der beiden Fußböden östlich von Haus 236 entspricht dem verputzten Hofestrich vor der Pfostenwand, dessen nördlicher Teil erst im zweiten Planum herauspräpariert werden konnte. Der jüngere der beiden Böden vor Haus 236 endet ungefähr in einer Flucht mit der Nordwand von Haus 236. An seinem nördlichen Ende biegt dieser Estrich nach oben. Hier verlief wahrscheinlich eine Stufe, nachdem man den Hof zwischen Pfostenwand und eingetieftem Platz zugeschüttet hatte.

Im zweiten Planum verläuft ein Riß im Hofestrich vor der Pfostenwand in ca. 1,2 m Abstand und ungefähr parallel zum Rand des eingetieften Platzes. Die Außenkanten einiger Steine an der östlichen Seite dieses Risses liegen fluchtgleich und weisen hier teilweise auch Verputzreste auf. An einigen Stellen treten unter den Fußbodenfragmenten des Hofes zwischen dem Riß und der Kante des eingetieften Platzes grob gemagerter Lehmverputz sowie Steine hervor. Die Westkante des Hofes wird offensichtlich von einer Zweischalenmauer gebildet. Der gesamte Bereich außerhalb, auf dem die Häuser 235, 236 und 237 stehen, ist also aufgeschüttet. Der verputzte Estrich des Hofes überdeckte ursprünglich diese Mauer. Der Riß steht offensichtlich mit dem Verrutschen dieser Aufschüttung westlich der Zweischalenmauer im Zusammenhang.

Unterhalb der Hoffläche (im Südteil im zweiten Planum, im Nordteil im dritten) treten mehrere Pfostenreihen hervor, die der älteren Ausrichtung folgen. Sie setzen sich jenseits der Pfostenwandverfärbung im Nordwestteil der Fläche fort und lassen auf die Grundrisse von zwei Häusern schließen, welche der ersten Ausrichtung folgten. Sie überlagern sich und können demnach nicht zeitgleich sein. Haus 240 ist ein großer Rechteckbau (5,35 m x 4,2 m), dessen Eingang den Pfostenlücken nach zu urteilen in der Längswand liegt, die in geringem Abstand (ca. 1,3 m) von der Westkante des eingetieften Platzes verläuft. Im eingetieften Hof befindet sich in diesem Bereich, parallel zur Kante gelegen, ein regelmäßiger Block, wohl Unterlage einer Treppenstufe, die zu diesem Eingang führt. Hinweise auf eine Feuerstelle finden sich in diesem Haus nicht.

Nord- und Westwand lassen sich in Pfostenreihen klar verfolgen; die Ostwand, obwohl dicht an der westlichen Mauerkante verlaufend, ist nur im Nordteil, im Bereich des Risses entlang der Mauer, schwieriger zu erkennen. Es liegt nahe, einen Zusammenhang der Häuser 240 und 236 zu vermuten, da der östliche Teil der Südwand von Haus 240 in der Fortsetzung der Nordwand dieses Hauses verläuft. Ein Teil der Nordwand von Haus 236 könnte aus dieser Zeit stammen. Der Befund gestattet keine Überprüfung dieser Hypothese, da es hier nicht gelang, Verputzschichten und Pfostenlöcher herauszupräparieren. Im untersten Planum sind ein Pfostengräbchen und zwei der Pfostenverfärbungen von der Ostwand des Hauses 240 besonders deutlich zu erkennen. Sie sind eingetieft in den rötlichen, brandigen Randstreifen einer rundlichen „Brandstelle" mit zerplatzten Steinen, Holzkohle und starken Brandresten, von der Art, wie sie in Montegrande in keinem Fall innerhalb von Räumen liegen.

Diese sowie zwei weitere gleichartige „Brandstellen" im West- und Nordteil der Fläche deuten darauf hin, daß sich hier vor der Erbauung von Haus 240 eine ausgedehnte unbebaute Hoffläche befand. Sie wurde im Süden von Haus 242 begrenzt. Der Südwestteil dieses Hauses ist überbaut von Haus 236. Die deutlich erkennbaren und dichtgesetzten Pfostenverfärbungsreihen seiner Wände lassen seinen nahezu quadratischen Grundriß (3,1 m x 3,35 m) erkennen. Ob der Eingang, wie eine Pfostenlücke in der Mitte der Nordwand andeuten könnte, sich auf den unbebauten Platz hin öffnete, ist nicht beweisbar, da entsprechende Lükken auch in der überbauten Westwand oder in der Ostwand bestanden haben können. Der Mittelteil der Ostwand ist von einem Steg bedeckt, der senkrecht zum Rand des eingetieften Platzes bis zur Ostwand von Haus 236 belassen worden war und wahrscheinlich die Überreste einer zentral gelegenen Feuerstelle von Haus 242 bedeckt. Eine rundliche, steingesetzte Feuerstelle mit einer charakteristischen, weißlichen Füllung liegt im Südwestteil von Haus 242, unmittelbar vor der Ostwand des überlagernden Hauses 236. Sie dürfte einer älteren Phase entsprechen. Pfostenlöcher oder sonstige Hinweise auf ein zugehöriges Haus wurden jedoch nicht gefunden.

Es bestehen keinerlei stratigraphische Hinweiseauf das zeitliche Verhältnis von Haus 238, dessen Ost-und Nordwand-Pfostenreihen teilweise im Westteil der Fläche VIII X verlaufen, zu der langen Pfostenwand und zu Haus 240. Es folgte der ersten Ausrichtung und wird überlagert von einem Haus der zweiten Ausrichtung (237). Der geringe Abstand der Häuser 240 und 238 voneinander läßt jedoch vermuten, daß sie nicht zeitgleich waren. Möglicherweise begrenzte Haus 238 im Westen jene Hoffläche, die im Süden mit Haus 242 endet. In dem (auf einer Länge von 2,7 m) verfolgbaren Pfostengräbchen mit Pfostenverfärbungen ist keine Lücke vorhanden, aus der man auf einen Eingang schließen könnte. Angesichts der Tatsache, daß sicher beobachtete Eingänge immer in der Mitte von Wänden liegen und diese fast nie länger als 6 m sind, ist es nahezu sicher, daß der Eingang von Haus 237 nicht auf der Ostseite lag. Die Nordwand verläuft nur über eine geringe Länge (1,2 m) innerhalb der ergrabenen Fläche.

Großer Plattformbau, Huaca Grande *(Taf. 162 - 163)*

Die Untersuchung des großen Plattformbaus Huaca Grande stellte uns vor nicht unbeträchtliche Probleme, da dieser Hügel in besonderem Maße von Raubgrabungen betroffen ist. Es läßt sich nicht von vornherein erkennen, welche Ablagerungen Versturz des Baus selbst sind, welche Aushub aus Raubgräberlöchern und welche Versturz der letzteren sind. Wir unterscheiden deshalb zwischen der Freilegung der Bebauung auf dem Plattformbau und der Klärung seiner äußeren Form. Die Reinigung von Profilen einiger Raubgräberlöcher und nachfolgende Grabungen sollen schließlich Fragen nach dem inneren Aufbau und nach Vorgängerbauten beantworten.

Nach sorgfältiger Reinigung sind in einem 11,1 m breiten Bereich in der Mitte der Hügeloberfläche zwischen einander überschneidenden Raubgräberlöchern nur vereinzelte Bodenfragmente zu erkennen. Beiderseits dieser stark gestörten Fläche zeichneten sich zwei parallel, nordsüdlich verlaufende, langgestreckte, regelmäßige, 90 cm breite, zweischalige Mauerzüge ab (*Taf. 86,1; 87; 91*). An diese schließen ebenfalls zweischalige Mauern an, welche jeweils im rechten Winkel nach außen verlaufen. Der westliche Mauerzug ist auf einer Länge von 12,1 m erhalten, der östliche läßt sich im nördlichen Teil nur undeutlich erkennen. Hier ist der sonst meist hervorragend erhaltene, mehrlagige Außenverputz zerstört, und nur in situ liegende Steine der beiden Außenschalen bieten einen Hinweis auf den Verlauf dieser Mauer (*Taf. 87*). Auf jeder Seite sind zwei der nach außen anschließenden Mauern erhalten, von jener im Nordosten nur Teile der nördlichen Schale. Die Quermauern liegen sich jeweils paarweise fluchtgleich gegenüber. Sie schließen jeweils ca. 4,3 m voneinander entfernt an die Längsmauern an. Im Unterschied zum Befund auf der Ostseite sind die Quermauern im Westteil an eine Außenverputzlage der Längsmauer angebaut. Die Quermauern verbreitern sich nach den Außenseiten der Plattform zu, gleichsam als versähen sie eine Stützfunktion. Sie sind beidseitig verputzt. Dieser Verputz schließt jeweils an sorgfältig gearbeitete Estriche an. Offenbar lagen auf dem West- und dem Ostteil des Baus nicht nur zwischen den Quermauern sondern auch jeweils im Norden und Süden von ihnen Räume. Alle Beobachtungen deuten auf eine symmetrische Anordnung von jeweils drei Räumen östlich und westlich der Längsmauern hin. Der Estrich des nordwestlich gelegenen Raumes biegt an der der Nordseite nach oben, als ob er in einen Wandverputz überginge (*Taf. 81*) und erweist, daß dieser Raum ebenso breit gewesen ist wie jener in der Mitte. Die Quermauern sind auf einer Länge bis zu 3,8 m erhalten (Außenschale der nordwestlichen erhaltenen Mauer [*Taf. 85; 86,1*]). In keinem Fall sind die Außenmauern dieser Räume erhalten, sie sind verstürzt. Die Quer- und Längsmauern sind bis zu 60 cm hoch erhalten. Keine der Mauern weist Fundamente auf (*Taf. 86,2*).

Bodenfragmente im Bereich zwischen den Längsmauern weisen fast genau die gleiche absolute Höhe auf wie die Böden der Räume im Osten und Westen der Längsmauern. Vor den Längsmauern ziehen sich 50 cm breite, 15 cm hohe verputzte Sockel hin, deren Füllung aus Steinen und rötlichem Feinsplitt besteht. Die Fronten der Längsmauern sind untergliedert durch schmale Einziehungen, die sich jeweils gegenüber der Stelle befinden, an der die Quermauern anschließen. Drei dieser Einziehungen sind zu finden. Die Stelle, an der sich die nordöstliche befunden haben dürfte, ist gestört. Die Mauerabschnitte zwischen den Einziehungen sind leicht zurückversetzt. Sie weisen im Mittelteil besonders dicke Verputzlagen auf. Sie biegen verrundet ca. 30 cm in die Einziehungen, deren Gegenseiten rechte Winkel aufweisen (*Taf. 86,1; 91; 148,2*). Die Einziehungen sind innen ca. 10 cm breit. Die Banketten weisen an den Einziehungen jeweils ca. 5 m hohe Stufen auf, die vom Mittelteil jeweils nach Norden und Süden ansteigen.

Vor der südöstlichen Einziehung ist eine größere Fußbodenfläche erhalten. Dieser Estrich schließt an den Verputz des Sockels an, ist jedoch von etwas anders gearteter Farbe und Konsistenz: Während Estriche und Verputzflächen der oben beschriebenen Mauern, Sockel und Estriche eine harte, graue Oberfläche und Spuren sehr kleiner, organischer Magerungspartikel aufweisen, ist dieser Estrich von gelblicher Farbe. Erkennbar sind auch sandige „Magerungspartikel". Dieser Boden schließt an den Außenverputz einer rundlichen Mauer an (*Taf. 90,1*). Sie stellt den Ausschnitt der Außenmauer eines kreisförmigen Baus von ca. 1,3 m Durchmesser dar, der in ca. 1,2 m Abstand vor der östlichen Längsmauer steht. Der Rundbau ist durch ein tiefes Raubgräberloch gestört. Am östlichen Ende des Mauerabschnitts und im Profil des Raubgräberlochs läßt sich deutlich erkennen, daß die Steine des kreisförmigen Baus auf einem grauen, organisch gemagerten, verputzten Fußboden aufliegen. Der letztere setzte sich unter dem gelbgrauen Estrich fort. Zwischen beiden Estrichen befindet sich eine Plattenlage (*Taf. 90,2*), deren Nordkante unmittelbar südlich des Rundbaus im rechten Winkel zu den Längsmauern verläuft. Die Plattenlage ist auf den grauen Fußboden vor der Bankette südlich der Einziehung gesetzt; sie konnte bis zum Rand der ungestörten Bodenfläche freigelegt werden. Auch in den kleinen, ungestörten Fußbodenfragmenten weiter westlich wurde diese Plattenlage gefunden, ihr geradliniger Abschluß im Norden bildet eine Linie zwischen den südlichen Einziehungen beider Längsmauern. Unterhalb der Steinplatten ist der ältere, graue Boden deutlich zu erkennen, zuweilen mit eingedrücktem Steinversturz.

Die Überlagerungen erweisen eindeutig, daß der mit Steinplatten unterlegte, gelbliche Fußboden in einer jüngeren Zeit angelegt worden ist als die Längsmauern mit den anschließenden Räumen. Der jüngere Boden steht im Zusammenhang mit dem Mauerfragment des Rundbaus. Aus den wenigen erhaltenen Fragmenten des älteren Estrichs lassen sich keine weiteren Hinweise auf die bauliche Gestaltung des Bereichs zwischen den Längsmauern gewinnen. Doch schließt die Verteilung der Fragmente mit Sicherheit aus, daß ein weiterer Rundbau auf der Oberfläche des Plattformbaus gestanden hat.

Klar ist lediglich, daß sich beidseitig einer ca. 11 m breiten Mittelfläche jeweils drei etwa gleichgroße Seitenräume jenseits zweier durch Einziehungen gegliederte Mauerzüge reihen. In einer jüngeren Bauphase stand im Ostteil der Mittelfläche ein fragmentarisch erhaltener Rundbau.

Außer der Fläche VII A, in der die Südwestecke lag, sind sämtliche Flächen, in denen der Hügel liegt, durch Grabung untersucht worden. In den Flächen VII Y, X Z und IX B (*Taf. 81; 88; 97*) sind die verrundeten

Ecken eines Plattformbaus von rechteckigem Grundriß (18,2 m x 24,5 m) zu erkennen. Dieser Plattformbau folgt der zweiten Ausrichtung. In den Flächen VIII/IX Z und VIII A (*Taf. 86,1; 87; 90,1*) zeichnen sich in die Mauer eingelassene Treppenaufgänge ab. Sie liegen jeweils in der Mitte der Süd- und Nordfront, verbreitern sich beide nach oben und sind nur teilweise erhalten. Die Mauern, Treppenstufen und -wangen waren aus in Lehmmörtel gesetzten Steinblöcken erbaut und sorgfältig mit Verputz überzogen.

Der südliche Treppenaufgang (*Taf. 90,1*) wird über einen der Gebäudefront vorgelagerten steingesetzten und verputzten Sockel (Länge 5,6 m, Breite 40 cm, Höhe 20 cm) betreten. Seine Oberfläche befindet sich 40 cm unterhalb der untersten, in die Front eingelassenen Stufe (Länge 2,5 m). Die sieben erhaltenen Stufen des Treppenaufgangs sind jeweils etwa 25 cm breit, 30 cm hoch und verlängern sich jeweils um 5 cm, von der achten Stufe ist nur ein Stein erhalten. Die fächerförmige Treppe wird von zweischaligen, ca. 90 cm breiten Seitenmauern abgestützt. Sie sind hier nur bis zu 2,7 m hoch erhalten und führen jeweils im spitzen Winkel in den Plattenformbau hinein (Länge im Westen 4,3 m, im Osten 3,4 m). Zu beiden Seiten der Treppe ist die Zweischalenmauer (Breite ca. 1,3 m) der Plattform-Südfront am höchsten erhalten (Höhe der Außenschale 1,3 m, Höhe der Innenschale 1,7 m). An der Südostecke des Plattformbaus liegt nur noch die unterste Steinlage dieser Mauer in situ. Die Südseite des Baus ist hier wie auf seiner Ostseite weitgehend verstürzt. Aus dem Befund läßt sich nicht erschließen, ob die Plattform in ihrem Südteil ein Stufenbau war. Einziger Hinweis darauf ist ein Verputzfragment, das sich (ca. 2,1 m oberhalb des Treppenfußes) auf der Höhe der fünften Stufe westlich neben dem Treppenaufgang befindet. Es haftet an einem Steinblock, der zur Mauer einer 1,25 m zurückversetzten zweiten Plattformstufe gehören könnte. Weitere einer solchen zuweisbare Blöcke fanden sich jedoch nicht. Entscheidend wären entsprechende Verputzfragmente. Deshalb kann nicht ausgeschlossen werden, daß es sich bei dem erwähnten Stück um den Abdruck eines weiteren großen Steines der zweischaligen Frontmauer handelt. Verputzoberflächen sind zuweilen nicht mit Sicherheit von Abdrücken flacher Steine im Mörtel zu unterscheiden. Aus den Befunden der Südfront läßt sich somit keine endgültige Entscheidung über die ursprüngliche Gestaltung der Fassade treffen.

Die östliche Seite des Plattformbaus ist noch schlechter erhalten. Sie ist in den Flächen IX A und X Z (*Taf. 88; 91*) erfaßt, jedoch nicht im Nordwestteil der Fläche X A (*Taf. 92*), wo sie offensichtlich völlig zerstört ist. Das mag mit dem starken Gefälle des Anstehenden in diesem Bereich zusammenhängen. Aufgrund von Lage und Neigung verschiedener größerer Verputzbrocken in diesen Flächen liegt die Annahme nahe, daß an das Gebäude seitlich große Stufen angefügt waren, die möglicherweise zur Stützung der Plattformmauern dienten und über Versturzmaterial nach einer teilweisen Zerstörung angelegt worden sind. Wichtig für diese Interpretation ist folgender Befund (Fläche IX A; *Taf. 91*): Ein großer, horizontal liegender Verputzbrocken bedeckt ein ungestörtes, beigabenloses Kindergrab — linksliegend, in Hockerstellung, Blick nach Westen, zum Gebäude hin — zwischen großen Steinen. Etwas tiefer fand sich in 1,6 m Entfernung südlich ein größeres, senkrecht stehendes Verputzfragment, dessen Ausrichtung auf einer Länge von 1,4 m und einer Höhe von 50 cm zu beobachten ist. Es liegt im rechten Winkel zur Flucht der Plattform-Außenmauer, an die es angrenzt. An dieser Stelle ließ sich ein Verputz der Außenmauer nicht dokumentieren. Der Verputz der Plattformmauer verläuft in geringem Abstand von dem Kinderskelett, er ist mehrfach unterbrochen, die Mauerreste sind aus der Flucht nach außen verrutscht. Es kann jedoch nicht ausgeschlossen werden, daß das Kindergrab angelegt wurde, als der Bau bereits teilweise verstürzt war, und daß der Verputzbrocken später darauf gerutscht ist. Das senkrechte Verputzfragment liegt nahezu fluchtgleich zur südlichen Außenkante jener Quermauer auf der Plattform, die den südlichen vom mittleren der drei östlichen Seitenräume trennt. Möglicherweise sind Verputz und Steine verrutschte Teile einer südlichen Mauerschale. Zusammenfassend muß festgestellt werden, daß aus dem Befund der Fläche IX A der Verlauf einer östlichen Plattformmauer eindeutig erkennbar ist, daß jedoch mögliche Stufenanbauten aus einer jüngeren Bauphase sich aus dem Befund dieser Fläche nicht nachweisen lassen.

In der Fläche X Z (*Taf. 88*) liegt der ansteigende Boden an der Nordostecke des Plattformbaus durchschnittlich 3 m oberhalb des Fußbodens seiner Südtreppe. Hier ist die Plattformmauer ca. 30 cm hoch verputzt erhalten. Sie weist Überreste von Lehmreliefs auf, die Darstellungen sind jedoch nicht erkennbar.

Der Verlauf der westlichen Außenmauer des Plattformbaus ist aus dem Befund der Flächen VII Z und VII Y (Südostteil) zu ersehen. Auch hier steigt das Gelände, auf dem der Plattformbau errichtet ist, ca. 3 m an. In der Fläche VII Z (*Taf. 85*) ist diese Außenmauer mitverputzt bis in einer Höhe von 1 m auf einer Länge von 6,6 m (Abstand von der Südfront) erhalten. Der vorgelagerte Estrich ist bis an die Grenzen der ergrabenen Fläche (VII Z) erhalten (Entfernung bis zu 4,9 m von der Mauer). Er ist verputzt und steigt sanft nach

Norden an. In 6,6 m Abstand von der südlichen Front der Plattform liegt er ca. 1,30 m höher als der Estrich vor der Südwand. Der gesamte freigelegte Boden ist hier unbebaut. Die Mauer läßt sich jedoch weiter nördlich nur aus der Lage einzelner Steine erschließen. Etwa 6 m weiter nördlich ist die Mauer in verputztem Zustand erhalten. Der vorgelagerte Boden liegt hier in derselben Höhe wie der Estrich vor der Nordwestecke der Plattform (2,9 m höher als der Estrich vor der Südseite der Plattform). Am südlichen Ende ist das Estrichfragment nordwestlich vor dem Bau auf einer Breite von 1 m erhalten. Es bricht westlich und im Süden ab, desgleichen der Mauerverputz. Im westlich vorgelagerten Hangbereich befinden sich in verschiedenen Ebenen, von Norden nach Süden abfallend, zwei Estrichfragmente. Das nördliche ist schmal. Es ließ sich (auf ca. 3 m Länge) parallel zur Außenmauer und unterhalb von dieser herauspräparieren. Es verbindet sich mit einem leicht verrutschten Verputz, der in ca. 1,4 m Abstand vor der Flucht der Außenmauer der Plattform aufsteigt. Ein entsprechender, höher gelegener Fußbodenverputz vor der Flucht der Außenmauer ist nicht erhalten. Südlich unterhalb davon ist ein weiteres, etwa ein Quadratmeter großes Estrichfragment in horizontaler Lage freigelegt worden. Seine Westkante biegt in ca. 1,7 m Abstand vor der Flucht der Plattformmauer nach unten. Südlich eines senkrecht zur Mauer belassenen Steges konnte unmittelbar vor der Mauer eine bis auf einer Breite von 1,1 m erhaltene, horizontale Estrichfläche herauspräpariert werden, die am Steg 85 cm oberhalb des Mauerfußes verläuft. 50 cm weiter südlich liegt eine weitere Estrichfläche. Beide befinden sich in der gleichen absoluten Höhe wie das erwähnte Verputzfragment westlich der Fronttreppe. In den Ost-West-Profilen der Ablagerungen vor der westlichen Außenmauer sind der Estrich sowie Auswaschungsrinnen, die von Nordosten in südwestlicher Richtung diesen Bereich durchziehen, deutlich zu erkennen (*Taf. 124 - 125,2 - 3*).

In der nördlichen, an die Fläche VII Z anschließenden Fläche VII Y ist die verputzte Außenwand des Baus bis zu einer Höhe von 80 cm vorhanden. Der unten anschließende Estrich ist auf einer Breite von bis zu 1,6 m erhalten, westlich davon fällt das Gelände sacht zur Erosionsrinne ab.

In den Flächen VII Y, VIII Y, VIII Z, IX Z und X Z (*Taf. 81; 86,1; 87; 88*) ist die (24,5 m) lange, bis zu einer Höhe von 1,3 m erhaltene Nordseite des Baus (*Taf. 122 - 123,3*) zu sehen. Die verrundeten Ecken des Baus schließen diese Front jeweils an den Rändern der Flächen VII Y und XZ im Westen und Osten ab. Sie weist in der Mitte einen Treppenaufgang auf, an beiden Seiten ist sie durch jeweils 5 Nischen gegliedert. Letztere sind durchschnittlich 22 cm breit. Sie sind rechteckig und in ca. 1,4 m Abstand voneinander 35 cm tief in die Front eingelassen. Die Länge der Nordfront des Plattformbaus übertrifft die Breite des eingetieften Platzes, der nördlich anschließt und den sie überquert. Ihr östliches Ende steht weiter über (1,9 m) als das westliche (1,7 m). Die östliche Nische liegt oberhalb der östlichen Kante des Platzes, während die westliche ungefähr an der Mitte über der westlichen Kante liegt. Es fällt auf, daß jeweils die drei mittleren Nischen (ca. 10 cm) breiter sind als die beiden äußeren. Ihre jeweilige Höhe über dem leicht nach Westen hin abfallenden Estrich des Platzes variiert zwischen 20 und 25 cm. Dies ist jedoch kein Hinweis auf einen jüngeren, eventuell beim Ausgraben übersehenen Estrich dieses Platzes, denn der Versturz der mittleren Nische im Ostteil der Front liegt unmittelbar auf dem freigelegten Estrich des Platzes. Die ursprüngliche Höhe der Nischen ist nicht feststellbar, da bedeckende Platten nicht in situ gefunden worden sind. Die am besten erhaltene Nische, die mittlere im Westteil der Front, ist noch 1 m hoch. Alle wiesen mit Sicherheit ursprünglich vertikale Seitenwände auf. Ihre heute teilweise in der Ansicht trapezförmige Kontur ist auf den Erhaltungszustand zurückzuführen.

Der zentrale Treppenaufgang ist auf der untersten, in die Front eingelassenen Stufe ca. 2,4 m breit. Nur vier Stufen sind vollständig erhalten, die fünfte und sechste sind im Ostteil durch ein Raubgräberloch gestört. Die Stufen sind jeweils ca. 20 cm hoch und ca. 15 cm breit, sie verlängern sich jeweils um etwa 5 cm. Die Treppe ist, wie jene der Südseite, fächerförmig und bis zu einer Höhe von 1,2 m erhalten. Die gemauerten Treppenwangen sind bis zu 1,3 m hoch erhalten, sie verlaufen jeweils spitzwinklig zur Front des Plattformbaus. In 90 cm Abstand vor dem Treppenaufgang ist eine rechteckige Feuerstelle in den Estrich des Platzes eingetieft (*Taf. 82*). Ihre Ränder verlaufen parallel zur Nordfront. Obwohl die Ränder nicht steingesetzt sind, hat sich der Verputz der Innenseite gut erhalten. Über die Zeitgleichheit der Feuerstelle mit der Treppe besteht kein Zweifel, die Ausrichtung ist identisch und der Estrich zeitgleich.

In 6,5 m Abstand verläuft parallel zur Nordfront innerhalb des gesamten Plattformbaus Huaca Grande eine zweischalige, ca. 1,6 m hohe Mauer. Ihre Krone zeichnet sich in den Estrichen der nördlichen Seitenräume auf der Plattform ab. Sie ist in der Mitte unterbrochen, jeweils in der Fortsetzung der gemauerten Treppenwangen. Ihre Nordseite weist keinerlei Verputzüberreste auf. Der gesamte Bereich zwischen der Nordfront und dieser langgestreckten Mauer ist mit

Kies und großen Steinen in systematischer Schichtung aufgeschüttet (*Taf. 128–129,2*). Die Südseite dieser Mauer ist in ihrem Westteil auf einer Länge von 5,7 m sorgfältig verputzt. Auf dieser Länge ist die Mauer etwa 80 cm breit, in ihrem Verlauf östlich und im Westteil ist sie hingegen wesentlich schmäler (etwa 50 cm). An beiden Enden des verputzten Teilstücks der Mauer schließen sich rechtwinklig nach Süden verlaufende Mauern an. Diese sind einschalig und bilden die 2,6 m langen Ost- und Westwände eines eingetieften Raumes. Auch die Südwand des Raumes besteht aus einer solchen Stützmauer. Ihr Verputz ist z. T. erhalten. Im Südwestteil des Raumes fanden sich Teile einer der Westseite vorgelagerten verputzten Treppe. Letztere weist darauf hin, daß dieser Raum von oben betreten wurde. Nur die unterste, ca. 30 cm hohe Stufe ist vollständig erhalten. Sie ist 1,2 m lang und 25 cm breit. Lediglich der Südteil der zweiten Stufe ist unzerstört . Die Höhe dieser Stufe beträgt nur 20 cm. Sie war offenbar ebenso lang und breit wie die erste Stufe. Die Raubgräberlöcher sind in diesem Bereich besonders zahlreich und tief. Sie durchstoßen in fünf Fällen sogar den Estrich des eingetieften Raumes und sind der Grund für die beträchtliche Zerstörung seiner Westwand. Nur eine kleine, vertikal verlaufende Verputzfläche hat sich am südlichen Rande des Raubgräberlochs, das in die Westwand hereinreicht, in 1,15 bis 1,35 m Höhe über dem Estrich des Raumes erhalten. Sie weist darauf hin, daß die Treppe in ihrem oberen Bereich in diese Wand eingelassen war. Ausgehend vom Breite-Höhen-Verhältnis der zweiten Stufe und der Lage der verputzten Fläche dürfte sie Teil der südlichen Treppenwange der sechsten Stufe sein, die, in die Westwand eingelassen, etwas kürzer ist als die unteren Stufen. Die Stufe selbst ist zerstört, auch von der nächsthöheren, der siebten Stufe sind keine Spuren erhalten. Einziger Hinweis darauf, daß es sie gab, ist die erhaltene Höhe im Südteil der Westwand des Raumes (1,55 m). Die Bodenfläche, von der man in den Raum hinabsteigt, ist nicht erhalten. Die unzerstörten Fußbodenteile der Plattformbebauung liegen in dem Bereich zwischen den Längsmauern und in den Seitenräumen, ca. 1,6 m oberhalb des Estrichs des eingetieften Raumes.

Aus den dargestellten Befunden läßt sich auf den Grundriß – zumindest einer Phase – und auf die Gestaltung der gegliederten Fronten im Norden und Süden, auf die Form der Treppenaufgänge und auf den Zusammenhang dieses Baus mit dem eingetieften Raum schließen. Zur Beurteilung des zeitlichen Verhältnisses dieser Außenform und der dargestellten Bebauung der Oberfläche ist die Tatsache bedeutsam, daß sich der östliche Mauerzug auf dem Plattformbau nördlich und südlich des eingetieften Raumes fortsetzt. Beide Mauerschalen lassen sich auf der Plattform nördlich des eingetieften Raumes aus der Lage der Steine eindeutig nachweisen, im Südteil sind sie verputzt erhalten. Demnach überquert der östliche Mauerzug den eingetieften Raum. Dafür spricht auch, daß der Estrich des nordöstlichen Seitenraumes auf der Plattform bis an die Mauergrenze der Ostwand des eingetieften Raumes erkennbar ist. Dieser Estrich verlief demnach oberhalb des eingetieften Raumes. Im Profil der Füllung des eingetieften Raumes (*Taf. 128–129,2*) und in den Plana der Fläche IX Z (*Taf. 87*) ist zu erkennen, daß die Steine des Mauerzuges an den Rändern des eingetieften Raumes über den nach innen geneigten Mauern schräg ins Rauminnere gekippt sind. Die Mauer ist in diesem Bereich in den Raum hineingestürzt. Hier gab es zu beiden Seiten der Mauerflucht starke Störungen verursachende Raubgräberlöcher, die sogar den Boden des eingetieften Raumes durchstoßen. Aus diesem Grunde konnte der Versturz der Längsmauer im Planum des eingetieften Raumes nicht dokumentiert werden.

Auf den wenigen ungestörten Teilen dieses Estrichs fanden sich zwar auch organische Versturzreste, sie reichten jedoch nicht aus, die Form des Daches zu bestimmen. Die Wände des Raumes sind nach innen geneigt, die Mauerkronen zum Großteil zerstört. Sie weisen auch an den Seiten Löcher auf, von Querstollen der Raubgräber herrührend. Im gereinigten Profil eines großen Raubgräberlochs auf der Südseite der einschaligen Südwand fanden sich Hinweise auf die Bedachung des eingetieften Raumes. Die Südwand ist bis zur Flucht der östlichen, auf der Plattform verlaufenden Längswand im Profil des Raubgräberlochs zu erkennen (*Taf. 128–129,1*). Sie weist weder eine ebene Außenfläche, noch Verputz auf. Es steht somit eindeutig fest, daß es sich nicht um eine freistehende Mauer handelt, sondern daß sie vor die Aufschüttung des Plattformbaus gesetzt worden war. Sie ist im Westteil nur bis zu einer Höhe von 1 m erhalten. Oberhalb stört hier ein Raubgräberloch. Im Ostteil ist sie von einem großen Raubgräber-Querstollen durchstoßen. Auf beiden Seiten dieser Störung zeichneten sich in Lehmmörtelbrocken Abdrücke von Balken ab, drei im Westen und drei im Osten. Zwei dieser Abdrücke lassen erkennen, daß die Balken einen Durchmesser von ca. 25 cm aufwiesen. Sie lagen in 10 cm Abstand voneinander, quer zur Längsachse und 1,5 m oberhalb des Bodens des eingetieften Raumes. Oberhalb der östlichen Balkenabdrücke läßt sich der Versturz des Sockels vor der östlichen Längsmauer auf der Plattform erkennen. Darunter finden sich horizontal geschichtete wechselnde Lagen von Feinsplitt, rötlichem feinkörnigem, schluffigem Material und organischem vermischtem Material unter den Resten der Sockelaufschüttung. Obwohl dieser Befund nur auf einer Breite von 7 cm erfaßt werden konnte, ist die Wahrscheinlichkeit groß, daß sich aus diesen Ablagerungen die Struktur des Dachs des eingetieften Raumes erkennen läßt, wobei das organische und lehmvermischte Material Hinweis auf eine zweite, längs zum Raum verlaufende Balkenlage sein dürfte. Auf dem doppelten Balkendach des eingetieften Raumes lagen der östliche Mauerzug und der Boden des anschließenden nordöstlichen Seitenraums auf der Huaca Grande. Die durch rechteckigen Grundriß, fächerförmige Treppen und die Nischenfront im Norden charakterisierte Bauphase ist somit nicht nur zeitgleich mit dem eingetieften, rechteckigen Raum, sondern auch mit den sockelgestützten, durch Einziehungen gegliederten Längsmauern und den äußeren Seitenräumen.

Ausgehend von der Reinigung des gestörten Bereichs hinter der siebten Stufe des südlichen Treppenaufgangs auf die Plattform wurde ein Grabungsschnitt von 9 m Länge in der Mittelachse des Baus angelegt, dessen Ostprofil auf einer Länge von 6,5 m fast durchgehend die ungestörten Aufschüttungen des Plattformbaus in seinem Südteil erkennen lassen (*Taf. 126 - 127*). Die östliche Schnittgrenze verläuft von der östlichen Treppenwange zur Westseite des Rundbaus. Von diesem ist nur ein Mauerausschnitt seines Südwestteils erhalten. Am Nordende des Schnitts liegt eine starke Störung durch Raubgrabungen vor. Sie reicht bis zum anstehenden Boden. Der Rundbau ist ohne Fundamentsetzung auf einen Estrich gesetzt, dessen Zusammensetzung sich von der an ihn anschließenden Fußbodenfläche unterscheidet. Die letztere zieht sich weiter südlich über eine auf den älteren Boden gelegte Plattenlage.

Der ursprüngliche Estrich des Plattformbaus liegt auf einer dicken, rötlichgelben, kiesigen Lage mit einer mittelstückigen Komponente. Sie umgibt einen dünneren und einen mächtigeren brandigen, horizontalen Einschluß, in dem auch unregelmäßige, lehmige, gelbgraue Partikel zu erkennen sind. Eine unregelmäßige Steinlage zieht sich unterhalb von gelblichem Lehm hin und bedeckt eine graue Grobkiesschicht. Letzteres Material füllt auch die Zwischenräume einer darunterliegenden, dicken, großstückigen Steinschüttung. Der gesamte Bereich südlich der Plattenlagenreste vor der Rundbaumauer ist bis zur Sohle dieser Steinschüttung durch einen Raubgräbertrichter gestört. Hier reichte das Raubgräberloch bis an die Flucht der Treppenwangenmauer, so daß einige Blöcke vor ein breites Band festen, braungelben Auffüllungsmaterials gerutscht sind, das sich weiter nördlich und unmittelbar neben der Treppenwange zwischen der oberen und einer unteren, großstückigen Steinlage mit grauem Grobkies erkennen läßt. In dieser Auffüllage befinden sich Störungen, verursacht von Querstollen. Die Raubgräber haben letztere offensichtlich von dem senkrechten Loch aus in den Baukörper hineingetrieben, das den oberen Teil der Südtreppe stört. Die untere Grobsteinschüttung mit Grobkies dünnt am Nordende des Profils aus. Hier geht die Zwischenschicht aus braungelbem Auffüllmaterial in eine weitere gleichartige Lage über, die sich unterhalb der Füllsteine fortsetzt. Sie bedeckt im Nordteil des Profils einen Estrich, der – wie Sondagen ergaben – auf das anstehende Material der Meseta aufgetragen ist. Bis in ca. 3 m Abstand vom Nordende des Profils setzt sich die Estrichfläche fort und fällt dann über teilweise erhaltene verputzte Stufen insgesamt 1,6 m nach Süden ab. Die den Estrich bedeckende Lage setzt sich in horizontaler Lagerung fast bis zur Mauer der Treppenwange des Plattformbaus, neben der große Steine und graubrauner Kies liegen, fort. Einige Steine sind aufgrund der Störung in der Profilebene vor diese braungelbe Ablagerung gerutscht. Die oberen Stufen sind teilweise unter dem Druck der Aufschüttung zerdrückt worden. Eine weitere Lage aus großen Steinen und grauem Kies, wiederum bedeckt von einer braungelben Füllung, zieht sich bis zur Wangenmauer der Plattformtreppe hin. Vor den untersten Stufen liegt kompaktes, feinkörniges Auffüllungsmaterial. Es bedeckt den Großteil eines 60 cm hohen, ca. 1,3 m breiten Sockels, der der Treppe südlich vorgelagert ist. Seine Südkante ist ebenfalls zerstört. Vor diesem Sockel, bedeckt von einer Kiesschüttung ohne Bindematerial mit mittelstückiger Steinkomponente, liegt eine graue, eingeschwemmte, sehr feine Lehmschicht mit wenigen Steinen, die den anstehenden, horizontal verlaufenden Boden bedeckt. Sein Niveau ist nur ca. 10 cm höher als das des südlichen Treppenfußes des Plattformbaus.

Der gesamte, etwa 3,7 m hohe Südteil des Plattformbaus Huaca Grande ist systematisch in wechselnden horizontalen Lagen aus braungelbem, feinkörnigem Auffüllmaterial und großen Steinen mit Kies aufgeschüttet. Relativ große Blöcke bilden die Steinlagen im unteren Teil, eher mittelstückige Steine im oberen Bereich. Brandiges Material mit vereinzelten Holzkohlestückchen tritt unterhalb der Plattformoberfläche an die Stelle der Steinschüttungen. Das teilweise sehr verwirrende Bild des Südteils des Profils ist das Ergebnis vom Versturz eines Raubgräberlochs und zweier Raubgräberstollen unmittelbar hinter der Treppenwange.

Der Südteil von Huaca Grande überlagert einen fünfstufigen Treppenaufgang mit vorgelagertem Sockel, der auf eine mit verputztem Estrich überzogene Terrasse unter dem Mittelteil des Baus führte. Zwischen diesem Estrich an der Basis des Baus und dem Fußboden auf seiner Oberfläche, der verbunden ist mit den Mauern der Plattformbebauung, findet sich kein Hinweis auf einen Estrich. Das Profil dokumentiert nicht nur die Aufschüttungsweise, sondern bestätigt auch die Zeitgleichheit der Südfront des Plattformbaus mit seinem Treppenaufgang und den anschließenden Ost- und Westmauern mit der freigelegten Bebauung auf der Plattform. Der Rundbau, von dem nur ein Mauerabschnitt zeugt, ist in einer jüngeren Bauphase errichtet worden. Der Treppenaufgang und die Terrassenoberfläche am Fuße des Profils stammen aus einer älteren Phase.

Vor dem Nordteil der westlichen Längsmauer auf der Plattform (Fläche VIII Z; *Taf. 148,2*) sind nur wenige cm^2 des Sockels erhalten, der sich vor beiden Längsmauern hinzieht. Er ruhte auf der Krone der langgestreckten Quermauer, die parallel zur Nordfront verläuft. Die Flächen beidseitig dieser Quermauer sowie diese selbst sind durch tiefe Raubgräberlöcher gestört. Südlich der Quermauer fanden sich im Versturz des größten Raubgräbertrichters eine rote Spondylus- und zwei Türkisperlen (*Taf. 132,3 – 5*) sowie Skelettreste. Weitere Skelettreste und die Gefäßbeigabe eines anderen Grabes sind mit der Füllung in Richtung auf den Raubgräbertrichter verrutscht und von großen Steinen teilweise zerdrückt worden. Aus der Lage der Knochen läßt sich die ursprüngliche Lage der Toten nicht erkennen. Die Gefäßbeigabe läßt sich aus den Scherben fast vollständig rekonstruieren, es handelt sich um eine bauchige Flasche mit konischem Hals und leicht ausladender Lippe (*Taf. 132,2*). Auf dem polierten Gefäßkörper sind durch ritzschraffierte, rauhe Wolfszahnmuster, polierte Bänder und Sternornament Flächen abgesetzt. Ob die Grablegungen gleichzeitig mit der Erbauung der Plattform geschah, oder ob das Grab in jüngerer Zeit in den Bau eingetieft worden ist, läßt sich aufgrund der Raubgräberstörungen, des nachträglichen Versturzes und des Fehlens von überlagernden Estrichfragmenten der Plattformbebauung nicht entscheiden.

An der Basis der Aufschüttungen des Plattformbaus nahe der Nordwestecke (Fläche VIII Y, Quadrat 92; *Taf. 81*) fand sich unterhalb eines Raubgräberlochs und unter Steinblöcken ein kreisförmiger Muschelanhänger aus Spondylus princeps (*Taf. 132,1*). Es handelt sich um eine durchbrochene Arbeit. Ein breiter Rahmen umgibt die Darstellung eines Äffchens. Dieses hält offenbar Nahrung in den Pfoten, die es verzehrt. Bei dem medaillonartigen Stück handelt es sich offenbar um ein Bauopfer, das im Zusammenhang der Errichtung von Huaca Grande niedergelegt worden ist.

Zusammenfassend läßt sich feststellen: Huaca Grande ist ein 3,7 m hoher, in wechselnden Lagen von Stein und Schluff aufgeschütteter Plattformbau mit zweischaliger Umfassungsmauer von rechteckigem Grundriß (18,2 x 2,45 m), der quer zum Gefälle liegt. Seine Ecken sind verrundet, Nord- und Südfront sind durch zentral gelegene, fächerförmige Treppen gegliedert. An jene der Nordseite schließen sich beidseitig je fünf (20 – 25 cm) erhöhte Nischen an (35 cm tief, 22 cm breit, in jeweils 1,4 m Abstand voneinander gelegen). Ob die Südfassade durch eine Abstufung gegliedert war, läßt sich ebensowenig nachweisen wie die Existenz von Abstufungen einer jüngeren Bauphase auf der Ost- und Westseite.

Auf der Oberfläche der Plattform schlossen auf der Ost- und Westseite jeweils drei quadratische Seitenräume an zwei Längsmauern an, die zum mittleren Bereich der Plattformoberfläche (11,1 m breit) durch niedrige Sockel (50 cm breit, 15 cm hoch) abgestützt waren. In der Mitte der Trennwände zwischen den Seitenräumen waren die Längswände durch charakteristische Einziehungen gegliedert, an denen die Sockel jeweils zur Mitte hin abgestuft waren. Die Wände der nördlichen Seitenräume erhoben sich über der Nordfront des Baus, die Ost-, Süd- und Westwände der Seitenräume waren von den Plattformwänden zurückversetzt. Vom mittleren Bereich stieg man in einen überdachten, (1,60 m) eingetieften Rechteckraum hinunter, der sich im Nordostteil des Baus bis unter die östliche Längsmauer und teilweise unter den nordöstlichen Seitenraum zog und südlich an eine zweischalige Mauer anschließt, die sich in 6,5 m Abstand und parallel zur Nordfront quer durch den Bau zieht.

Die ursprüngliche Gestaltung des zentralen Bereichs auf der Plattform ist aus dem Befund nicht zu erschließen, weil der Bau hier besonders stark zerstört ist, und weil sämtliche zweischaligen Mauern auf dem Bau ohne Fundamente errichtet sind und somit, wenn sie zerstört sind, keine Spuren in den unterlagernden Aufschüttungen hinterlassen. Die Außenwände von Huaca Grande sowie die Mauern auf ihrer Oberfläche waren mit grauem, organisch gemagertem Lehm sorgfältig verputzt. Bei der Errichtung von Huaca Grande wurde ein Medaillon aus Spondylus princeps wohl als Bauopfer deponiert (*Taf. 132,1*). Zwei heute leider gestörte Bestattungen mit Beigaben (*Taf. 132,2 - 5*) sind wahrscheinlich vor der Aufgabe der Anlage angelegt worden.

Bevor sie verfiel, wurde auf der Huaca Grande im Südostteil ihres mittleren Bereichs ein Rundbau errichtet. Er weist, ebenso wie der über eine Plattenlage gezogene, südlich anschließende Boden, einen Verputz auf, welcher sich von jedem der Böden und Mauern von Huaca Grande unterscheidet.

Treppenbau und eingetiefter Rechteckplatz

Huaca Grande ist über einer Terrasse, dem Südteil des eingetieften Rechteckplatzes und einem beide verbindenden Treppenbau errichtet. Die verputzte Terrassenoberfläche, welche im großen Schnitt hinter dem südlichen Treppenaufgang des Plattformbaus unter dessen Aufschüttungen erfaßt wurde, ist langschmal. Sie erstreckt sich auf einer Breite von 4,5 m zwischen der fünfstufigen Treppe im Süden (Breite ca. 3 m, Stufenbreite ca. 25 cm, Stufenhöhe ca. 20 cm) und dem Treppenbau im Norden, an den sich, um 50 cm zurückversetzt, im Osten und Westen eine Mauer anschließt. Sie ist auf einer Länge von 16,5 m dokumentiert worden. Ihr Westteil wurde nicht freigelegt, ihr östliches Ende liegt in einem nicht ausgegrabenen Bereich unterhalb der Huaca Grande. Die einschalige Südwand des eingetieften Raumes der Huaca Grande ist auf der nördlich begrenzenden, teilweise verputzt erhaltenen, zweischaligen Mauer errichtet. Aus dem Anschluß des Verputzes auf der Südseite der älteren Mauer an die Ostseite des großen Treppenbaus (*Taf. 128 - 129,1*) ist zu ersehen, daß sich die zweischalige Mauer ca. 60 cm über die südlich vorgelagerte Terrasse erhob.

Die Südfassade des Treppenbaus ist ca. 2,3 m hoch und 4,2 m breit (*Taf. 151,1*). Sie liegt symmetrisch und ausrichtungsgleich 4 m nördlich des fünfstufigen Treppenaufgangs auf die Terrasse. Er erhebt sich ohne Anbauten über der Nordmauer der Terrasse (*Taf. 86,1*). Nach Errichtung des überlagernden Plattformbaus diente seine Ostseite als Westwand des eingetieften Raumes. In diese Westwand eingelassen sind die obersten Stufen der Treppe, die in diesen Raum hinunterführt. Sie ist in diesem Bereich teilweise durch Raubgräbertätigkeit zerstört. Aus der verputzten Süd-, Ost- und Nordseite und aus dem erhaltenen Teil der Westseite ist zu ersehen, daß dieser Treppenbau in seiner jüngsten Bauphase einen rechteckigen Grundriß aufwies (3,6 m x 4,2 m), an den im Norden drei 35 cm hohe, 30 cm breite und 2,2 m lange Stufen angebaut sind (*Taf. 150,1*). Die oberste Stufe auf seiner Nordseite ist teilweise in den Bau eingelassen. Alle vier Stufen des Südaufgangs sind in den Baukörper eingelassen, die unterste ca. 40 cm oberhalb des Terrassenestrichs. Sie sind zwischen 30 und 50 cm hoch, 30 cm breit und 2,3 m lang. Die ca. 95 cm breiten Treppenwangen stehen bis zur Front vor. Der Abstand zwischen der Nord- und Südtreppe dieses Baus beträgt 2,3 m.

In einer älteren Bauphase ist der Grundriß des Treppenbaus ebenfalls rechteckig, jedoch schmaler (3,4 m x 4,2 m). Die ebenfalls steile Nordtreppe ist insgesamt vorgelagert, während die Südtreppe sieben ca. 23 cm hohe Stufen gleicher Breite und Länge wie die jüngere Treppe (Breite 30 cm, Länge 2,3 m) aufweist (*Taf. 151,2*). In dieser Phase beträgt der Abstand zwischen Nord-und Südtreppe nur ca. 1,6 m.

In der jüngsten Bauphase der Treppenanlage ist die südlich vorgelagerte Terrassenfläche erhöht. Sie steigt zudem auf beiden Seiten der Mittelachse des Treppenbaus an (*Taf. 151,1; 130 - 131,1*). Der an den Verputz dieses Baus anschließende Estrich konnte auf einer Breite von ca. 2 m vor der Mauer herauspräpariert werden. Er ist in ca. 2 m Abstand östlich der Treppenmitte und ca. 2,2 m südwestlich von Raubgräberlöchern gestört. In einer Entfernung von ca. 80 cm südlich der Flucht der Treppenfront, ca. 3,5 m westlich ihrer Mittelachse, zeichnet sich in der rötlichgelben Aufschüttung, 3 cm unter diesem Estrich, die ovale Grube eines Grabes ab. 20 cm tiefer ist ein Skelett zu erkennen (*Taf. 130 - 131,2 - 4*). Es handelt sich um einen linksliegenden Hocker mit Blick nach Nordosten. Der Kopf ist auf ein ovales Stück Rotocker gebettet. Die Knochen sind relativ gut erhalten. Grabbeigabe (*Taf. 130 - 131,5*) ist eine Flasche. Sie steht hinter dem Genick des Toten, auf der Höhe des Kopfes (*Taf. 130 -*

131,4). Es handelt sich um eine kugelige Flasche mit kurzem Hals und kurzer, leicht nach außen gebogener Lippe. Der Gefäßkörper ist mit einem dünngeritzten, mit feinen Punkteindrücken gefüllten Sternornament verziert, dessen „Strahlen" sich über den Gefäßkörper nach unten ziehen.
Das Grab ist zeitgleich mit dem jüngsten Umbau der Treppenanlage. Es liegt in den Aufschüttungen über dem älteren Estrich und ist bedeckt vom jüngeren Estrich, der in den Estrich der Treppenanlage übergeht. Der hervorragende Erhaltungszustand des Verputzes dieser jüngsten Bauphase läßt vermuten, daß der Treppenbau nach diesem Umbau nicht mehr benutzt worden ist. Auf der Oberfläche dieses Verputzes sind – wie an den durch Raubgräber nicht beschädigten Stellen zu erkennen – Eindrücke von kleinen, rötlichen Partikeln des Auffüllungsmaterials zu sehen. Offensichtlich war der Verputz noch feucht, als die Zuschüttung für den überlagernden Plattformbau begann. Demnach erfolgte die Grablegung etwa zeitgleich mit der Errichtung von Huaca Grande über dem Treppenbau.

Über den Treppenbau gelangt man von der langschmalen, südlich vorgelagerten Terrasse in den eingetieften Rechteckplatz. Er ist teilweise überlagert vom Nordteil der Huaca Grande. Die Mauer auf beiden Seiten des Treppenbaus bildet seinen südlichen Abschluß. Seine Ostkante läßt sich südlich der Nordfront des Plattformbaus beiderseits der langgestreckten Quermauer verfolgen, seine Südostecke konnte bei der Reinigung des großen Raubgräberlochs im Ostteil der Huaca Grande im Ostteil der Fläche IX A (*Taf. 91*) freigelegt werden. Auch westlich des großen Treppenaufgangs befindet sich unter den gestörten Aufschüttungen der Estrich des eingetieften Platzes (*Taf. 85; 86,1*). Seine Südwestecke ist jedoch stark zerstört. Nahe der Westseite des Treppenbaus ist der Fußboden von einem der Raubgräberlöcher gestört, die hier die gesamten Ablagerungen des überlagernden Plattformbaus durchstoßen. Die beiden unteren Stufen der Nordseite des großen Treppenaufgangs sind auf der Westseite durch Raubgräberlöcher gestört, in denen sich Skelettreste und Scherben befinden. Aus dem Befund ist jedoch nicht zu ersehen, ob dieses Grab ursprünglich unter der Treppe lag oder in diese eingetieft worden war. Die Scherben sind Fragmente einer kugeligen Flasche. Sie dürften Teile einer Grabbeigabe sein, da in den ungestörten Aufschüttungen des Plattformbaus kein einziges Keramikfragment gefunden worden ist.

Die Südmauer des eingetieften Platzes, der Treppenbau und die Stufen jener Treppe, die auf die südlich vorgelagerte Terrasse führt, verlaufen parallel zueinander. Ihre Ausrichtung weicht ca. 5° Grad stärker von der magnetischen Nordausrichtung ab als jene des überlagernden Plattformbaus, d. h. sie folgen der ersten Ausrichtung und entsprechen hierin dem Sockel, der den eingetieften Platz im Norden begrenzt. Ihre gemeinsame Mittelachse stimmt fast genau überein mit der gemeinsamen Mittelachse jener Treppen, die in diesen Sockel und den nördlich anschließenden Plattformbau, Huaca Antigua, eingelassen sind. Die Seitenkanten des durchschnittlich 25 cm eingetieften, leicht nach Südwesten abfallenden Platzes verlaufen nicht ganz regelmäßig, ihre Ausrichtung weicht von jener der erwähnten Mittelachsen ab: Der Nordteil der Ostkante ist ca. 70 cm nach Westen verschoben, desgleichen der Nordteil der Westkante. Allein die Größe des eingetieften Platzes (23 m x 21,6 m vor der Errichtung von Huaca Grande) legt nahe, daß die Abweichung seines Grundrisses vom Rechteckschema auf Erosion zurückzuführen ist. Das Gefälle der anstehenden Mesetaoberfläche verläuft von Osten nach Westen. Die östliche Terrassierungsmauer hat sich wahrscheinlich aufgrund des Drucks der dahinter aufgeschütteten Füllung verschoben. Die Aufschüttungen jenseits der zweischaligen Mauer, die den westlichen Rand des Platzes bildeten, haben wahrscheinlich ebenfalls nachgegeben, so daß sich diese Mauer verzog. Östlich seines Nordteils verläuft eine Erosionsrinne. In der Fläche VIII X sind Risse zu beobachten, die belegen, daß die Aufschüttungen nachgegeben haben. Die Verschiebung der beiden Seiten des Platzes ist mit Sicherheit zeitgleich mit der Besiedlung. Die Verputzschichten der Seitenkanten des Platzes sind im Osten teilweise, im Westen fast vollständig erhalten, und zwar auch in der Nordwestecke des Platzes, die einen spitzen Winkel bildet (*Taf. 79*). Sie sind demzufolge nach dem Abrutschen der Einfassungsmauer aufgetragen worden. Der Estrich des Platzes ist nur unterhalb des Versturzes von Huaca Antigua in seinem Nordwestteil und, unter Einschwemmungen und Versturz der Huaca Grande unmittelbar vor der Nordfront, in seinem Süd- und Südwestteil erhalten. Er ist außerdem in allen Grabungsschnitten unterhalb des Plattformbaus zu finden.

Der eingetiefte Platz war aller Wahrscheinlichkeit nach zur Zeit der älteren und jüngeren Siedlungsphase unbebaut. Nahe seines östlichen Randes, in dem von der Plattform überbauten Bereich, befindet sich eine kreisrunde „Brandstelle" mit Spuren starker Hitzeeinwirkung, Holzkohle und zerplatzten Steinen, von der Art, wie sie in der Siedlung nur in unbebauten Flächen vorkommen. Pfostenverfärbungen finden sich sporadisch, nur zwei Reihungen sind zu erkennen. Sie folgen beide der ersten Ausrichtung. Vier große Pfostenlöcher im Nordwestteil der Fläche IX Y (*Taf. 82*), 5,5 m von der Nordseite des Platzes entfernt, sind jeweils bis zu 1 m voneinander getrennt. Weiterhin ist hier eine ca. 4 m lange Pfostenreihe zu beobachten, die nach Süden und Norden umbiegt. In Abständen von 1,2 m nördlich und 2 m südlich dieser Pfostenreihe sind Reste von stark zerstörten Feuerstellen mit weißlicher Aschefüllung zu erkennen. Sie liegen etwas exzentrisch auf der Mittelachse des Platzes, 9,5 m vom Südrand des Platzes entfernt. Letztere Spuren könnten einem mehrräumigen Haus der älteren Ausrichtungsgruppe entsprechen. Es fanden sich jedoch weder Steine der Wandkonstruktion noch Hinweise auf eine Süd- und Ostwand. Angesichts der geschützten Lage und der günstigen Bodenverhältnisse ist aus diesen geringen Spuren nur auf eine Bebauung zu schließen, die älter ist als der Platz und die bei dessen Anlage abgetragen worden ist.

Zwei Befunde im Südteil des eingetieften Platzes sind zu erwähnen; ihr Zusammenhang mit der Gesamtanlage ist nicht geklärt. Unterhalb der Aufschüttungen von Huaca Grande verläuft eine 12 cm hohe, verputzte Stufe ca. 4 m entfernt vom Südrand des Platzes und parallel zu diesem. Sie ist bis in einem Abstand von 4,5 m vom Ostrand des Platzes zu beobachten und zeichnet sich 6,5 m weit bis zur Grabungsgrenze in der Fläche IX Z ab (*Taf. 87*). Möglicherweise steht sie in Zusammenhang mit einer dicht gesetzten Pfostenreihe, die den Grabungsschnitt in 2 m Abstand von der Südwestecke des Platzes parallel zu dessen Westkante durchquert (*Taf. 86,1*).

Zusammenfassend läßt sich feststellen, daß Huaca Grande den Südteil eines (ca. 25 cm) eingetieften, großen, rechteckigen Platzes überlagert. Eine 60 cm hohe Mauer grenzt diesen von der langschmalen, südlich vorgelagerten, 1,6 m hohen Terrasse ab, die man von Süden her über einen Sockel und eine fünfstufige Treppe betritt. In der Flucht dieser Treppe erhebt sich über der Mauer ein 2,3 m hoher blockförmiger Treppenbau von rechteckigem Grundriß. Die eingelassene Südtreppe führt auf eine schmale Oberfläche, von der man über eine vorgesetzte Nordtreppe in den eingetieften Platz hinuntersteigt. Der Verputz der jüngsten Bauphase des Treppenbaus überzieht auch die südlich vorgelagerte Terrasse und bedeckt ein Grab, das in den Aufschüttungen dieser Bauphase auf der Terrasse angelegt ist. Auf der Nordseite des eingetieften Platzes erhebt sich der Plattformbau Huaca Antigua, der wie alle dargestellten, von Huaca Grande überlagerten Anlagen der ersten Ausrichtung folgt (*Taf. 170;* Beilage 2).

Im Norden gelegener Plattformbau, Huaca Antigua

Abgesehen von den in der Fläche IX X gelegenen Teilen der Huaca Antigua (*Taf. 80*) konnte der Nordteil des Hauptplattformkomplexes jenseits des eingetieften Viereckplatzes nicht ausgegraben, sondern nur vom Schutt aus den Raubgräberlöchern gereinigt werden; dabei wurden die Maueroberkanten steingerecht aufgenommen. Die Raubgräberlöcher wurden gereinigt. Dies Vorgehen gestattet uns einen Einblick in Form und Bebauung dieser Plattformanlage.

Es handelt sich um einen ca. 3 m hohen Hügel von rechteckigem Grundriß. Er ist im vorderen Mittelteil nicht so hoch erhalten wie an den Seiten. Im Nordteil der Fläche IX X ist ein ca. 2,4 m breiter, steingesetzter und verputzter, dem Bau vorgelagerter Sockel zu erkennen. Er erhebt sich ca. 50 cm über den eingetieften Rechteckplatz. Im Ostteil der Fläche IX X sind zwei in diesen Sockel eingelassene Stufen gleicher Höhe und Breite (25 cm) einer ca. 2,6 m breiten Treppe zu erkennen. Sie führen in der Mittelachse des Platzes nach oben. Der Estrich des Sockels geht in den Außenverputz der steingesetzten Plattformfassade über. In diese Front ist, wie im Nordostteil der Fläche zu erkennen, in der Flucht der erwähnten Stufen eine im unteren Teil ca. 2,4 m breite, fächerförmig sich verbreiternde Treppe eingelassen. Oberhalb der dritten Stufe wird sie durch ein großes Raubgräberloch gestört. Die Stufen dieser Treppe sind breiter (etwa 40 cm) und flacher (20 cm) als jene, die vom Platz auf den Sockel hinaufführen.

Die Reinigung der Oberfläche in den Flächen X X und IX/X W (Beilage 1; 2) ergab den Verlauf der Umfassungsmauern dieser Plattform sowie der zweischaligen Mauern, die die Wände der Räume auf diesem Bau bilden. Auch die Steine der östlichen Treppenwange sind zu erkennen, so daß man die Zahl der ursprünglich vorhandenen Stufen dieser Treppe erschließen kann. Sieben Stufen führen zu einem Durchgang durch eine Quermauer. Diese verläuft parallel zur Front des Baus und bildet die südliche Begrenzung. Die Quermauer schließt an Seitenmauern an, die östlich und westlich des Plattformrandes verlaufen.

Gegenüber der Treppe zeichnet sich der auf der Mittelachse des Baus gelegene, 1,5 m breite Eingang in den von ca. 70 cm dicken Mauern umgebenen, rechteckigen Hauptraum (5,5 m x 4,2 m) auf der Plattform ab. Er bildet gemeinsam mit einem weiteren Raum östlich von ihm die Nordbegrenzung der unbebauten Fläche. Auf deren Westseite liegt ein etwa quadratischer Raum (4,2 m x 4,5 m). Er ist an die Quermauer und die westliche Seitenmauer der Plattform angebaut und ist ebenfalls von dem unbebauten Bereich zwischen Treppe und Hauptraum aus zu betreten. Der schmale (80 cm) Eingang in diesen Westraum liegt in der Mitte der Ostwand und ca. 50 cm von der Flucht der Front des Hauptraumes entfernt. Zwischen Hauptraum und Westraum führt ein schmaler Durchgang (80 cm) in einen tiefergelegenen, stark zerstörten Bereich. Im Westen umschließt die Fortsetzung der westlichen Plattform-Seitenmauer diesen Bereich auf einer Länge von 7,7 m. An ihrem Nordende biegt sie im rechten Winkel nach Osten und zieht sich in 4,1 m Abstand nördlich des Hauptraumes hin. Die Zerstörung durch Raubgräber ist in diesem Bereich so intensiv, daß selbst bei sehr sorgfältiger Ausgrabung eine Klärung der Situation in dem großen, wohl ursprünglich eingetieften Raum (7,7 m x 5,6 m) nordwestlich des Hauptraumes nicht wahrscheinlich war. Der langschmale Bereich nördlich vom Haupt- und vom Ostraum (12 m x 4,1 m) ist nicht eingetieft. Die hier zweischalige Mauer im Norden ist zwar nicht durchgehend erhalten, jedoch die östliche Begrenzung dieses Bereichs, die Fortsetzung der Plattform-Seitenmauer.

Der quadratische Ostraum (4,2 m x 4,2 m) liegt in geringem Abstand (50 cm) vom Hauptraum. Seine Nord- und Südwand verlaufen etwa fluchtgleich mit jenen des Hauptraums. Der relativ breite Eingang (1,4 m) öffnet sich ebenfalls nach Süden in Richtung auf den unbebauten Bereich hin. Er ist wie der Westraum an die Plattform-Seitenmauer angebaut. In einem großen Raubgräberloch im Eingangsbereich des Ostraums ist eine ca. 25 cm hohe Schwelle zu erkennen. In diesem Raum liegt der Boden offensichtlich höher als im Hauptraum.

Von Raubgräberlöchern aus ist an den Mauern aller Räume auf der Plattform jeweils beidseitig Verputz zu erkennen, es handelt sich demnach allemal um freistehende Wände. Ihr aufgehendes Mauerwerk steht noch bis zu 1,6 m hoch an. In keinem Fall sind jedoch die Mauerkronen dergestalt erhalten, daß man auf die Form der Bedachung schließen könnte. Soweit erkennbar, sind nur die Ecken des Hauptraumes wie die der Plattform selbst verrundet.

Von den Seiten her gesehen wirkt die Plattform wie ein Stufenbau, denn die Seitenmauern sind in Bezug auf die Umfassungsmauern ca. 1 m zurückversetzt. Vom eingetieften Platz her dürfte der Sockel wie eine erste Stufe gewirkt haben. Die Quermauer ist in ca. 3,4 m Abstand von der Front errichtet, so daß ebenfalls hier der Eindruck einer Stufung entsteht. Diese „Stufe" ist jedoch eingefaßt von den Seitenmauern und weist in der Treppenflucht einen Durchgang auf.

Zusammenfassend läßt sich feststellen, daß Huaca Antigua ein rechteckiger Bau (ca. 18 m x 21 m) ist, der sich in drei Bereiche gliedern läßt: Im Süden erhebt sich jenseits des Sockels der gestufte Frontalbereich, den in der Mitte eine V-förmig sich verbreiternde Treppe untergliedert. Die Quermauer bildet die Abgrenzung zwischen diesem Bereich und dem im Mittelteil gelegenen Hof. Diesen umgeben L-förmig drei Räume, wobei sich die zentralen Eingänge des Hauptraums und des Ostraums nach Süden öffnen, der Westraum in die östliche Richtung. Ost- und Westraum sind an die westlichen Seitenmauern angebaut, die östliche schließt den rechteckigen Hof ab. Beide Seitenmauern setzen sich nach Norden fort und enden an der nördlichen Umfassungsmauer, die den Nordbereich jenseits der Räume begrenzt. Er ist mit dem mittleren durch schmale Durchgänge beiderseits des Hauptraums verbunden und verbreitert sich im Westen, wo sich nördlich des Westraums und nordwestlich des Hauptraums ein eingetiefter Bereich befindet.

Die Areale beiderseits der Mittelachse des Baus, die von der Mitte des Hauptraums ausgehend über die Plattformtreppe und die Sockelstufen verlaufen, sind nicht symmetrisch angelegt. Insofern gleicht die Bebauung von Huaca Antigua den Hausgruppen der Siedlung. Im Unterschied zu ihnen sind die Räume hier jedoch steingebaut und stehen auf einer höheren, gemauerten Plattform. Auf der südlichen Fortsetzung der Mittelachse von Huaca Antigua reiht sich der gesamte Plattformen- und Terrassenkomplex der älteren Siedlungsphase: der Treppenübergang und der eingetiefte Platz, in den er führte, und die drei südlich vorgelagerten Terrassen. Alle diese Anlagen folgen der ersten Ausrichtung. Da keinerlei Hinweise auf eine Überbauung von Huaca Antigua bestehen, ist eine Nutzung dieses Baus auch zeitgleich mit dem großen Plattformbau der jüngeren Siedlungsphase, Huaca Grande, anzunehmen. Es ist nicht auszuschließen, daß Huaca Grande gleichsam ein „Durchgangsbau" war und auch in der Zeit seines Bestehens weiterhin Huaca Antigua der Hauptbau des gesamten Plattformenkomplexes blieb.

VERHÄLTNIS DER ZENTRALEN PLATTFORMBAUTEN ZU DEN IN UNMITTELBARER NÄHE LIEGENDEN HÄUSER *(Taf. 170 – 173)*

Die bauliche Gestaltung der unmittelbaren Umgebung der Hauptplattformbauten (auf der großen L-förmigen Terrasse und beiderseits des eingetieften Hofes) war in stärkerem Maße Veränderungen unterworfen als die östlich und westlich davon gelegenen Teile der Siedlung. Dies spiegelt die besondere, zentrale Bedeutung dieses Bereichs wider. Die Konzeption dieser Räume und Häuser war offensichtlich von den beiden Plattformbauten, der Huaca Grande und der Huaca Antigua, her bestimmt.

In der älteren Phase bestand die Hauptanlage aus der Huaca Antigua, dem zugeordneten eingetieften Platz mit dem Treppenbau, der schmalen, vorgelagerten Terrasse, den Mauern, die die L-förmige Terrasse im Süden und Osten begrenzten, und den vorgelagerten freien Plätzen südlich und östlich davon. Diese Anlagen folgen der ersten Ausrichtung (*Taf. 170; 172*).

Mit der Überbauung des Treppenbaus durch den großen Plattformbau Huaca Grande veränderte sich die Ausrichtung. Einige weitere Überbauungen und Umbauten in diesem Bereich führten zu einer einheitlichen, zweiten Ausrichtung von Häusern, Mauern und Terrassen, jener von Huaca Grande (*Taf. 171; 173*). Es handelt sich hierbei hauptsächlich um die große Zweischalenmauer, die nunmehr die große L-förmige Terrasse im Süden begrenzt, ihre Treppenaufgänge, den Rampenaufgang am nordöstlichen Ende dieser Terrasse und die Gestaltung des Geländeabbruchs östlich der Huaca Grande. Nicht nur die Häuser 225, 227 und 229, die in unmittelbarem stratigraphischem Zusammenhang mit Huaca Grande stehen, folgten dieser neuen Ausrichtung. Hier, wie in der Siedlung insgesamt, überlagert in keinem Fall ein Haus der ersten Ausrichtung ein solches der zweiten Ausrichtung. Insofern entsprechen diese beiden Ausrichtungen zwei aufeinanderfolgenden Siedlungsphasen. Allerdings läßt sich in mehreren Fällen stratigraphisch erweisen, in anderen wahrscheinlich machen, daß sich mit Huaca Grande und mit Anlagen der zweiten Ausrichtung einige Häuser und Räume der ersten Ausrichtungsgruppe zeitgleich überlappten (Häuser 200, 202, 232 und der eingetiefte Raum 234). Die Bebauung der jüngeren und der älteren Siedlungsphase läßt sich in mehrere Bauphasen untergliedern. Es überlagern sich mitunter Mauern und Häuser derselben Ausrichtung. In der älteren Siedlungsphase ist dies in sieben Fällen nachweisbar, in der jüngeren Siedlungsphase in fünf Fällen. Freilich ist vielfach unklar, inwieweit bei stratigraphischen Überlagerungen die als älter bzw. als jünger erwiesenen Häuser tatsächlich gleichzeitig bestanden haben.

Ältere Siedlungsphase (*Taf. 170*)

Die Treppen, Plätze und Plattformen der älteren Siedlungsphase folgen einer Hauptachse (*Taf. 172,1*). Der untere freie Platz, begrenzt im Süden von einer Stützmauer, war im Osten von einer Pfostenwand eingefaßt. Südöstlich des Platzes standen Häuser (*Taf. 112*), deren Form und Lage aus den vorhandenen Pfostenreihen nicht klar bestimmt werden konnten. Ihre Zuordnung erfolgte nur aufgrund ihrer Ausrichtung. Gleichartige Spuren von Häusern dieser Phase kamen westlich des Platzes zum Vorschein (*Taf. 107*). Im Westen war scheinbar ein Zugang vorhanden, denn auf der Terrasse setzte sich in leicht versetzter Flucht ein korridorartig eingegrenzter Weg fort. Er war offensichtlich 3,5 m bzw. 2 m breit. Die Begrenzungswände waren jenseits einer Stufe auf einer Länge von 7 m zu erkennen. Die Stufe wurde ebenso wie der „Korridor" dann von Häusern derselben Ausrichtung überbaut. Zwischen der Stufe und der Terrassenkante wurde der Weg von dem Rundbau 212 überlagert. Ein entsprechender Aufgang auf die Terrasse war – wohl aufgrund der starken Zerstörungen in diesem Bereich – nicht erhalten. Hier bestand auch während der jüngeren Siedlungsphase eine Terrassierungsmauer.

Die „Korridor"-Begrenzungen waren in einem Estrich zu erkennen, der das kleine Quadrathaus 216 mit seiner großen Feuerstelle fast vollständig überdeckte. Die westliche dieser Begrenzungen bildete jener Sockel vor der Ostwand des Hauses 210. Haus 202 überlagerte mit seinem Sockel die Südwand von Haus 210, mit seinem Estrich und der Feuerstelle das Haus 204. Die Häuser 210 und 204 stammen demnach aus einem früheren Abschnitt der älteren Siedlungsphase. Da die Häuser 210 und 208 von Haus 228 überlagert wurden, besteht eine gewisse Wahrscheinlichkeit, daß die drei Häuser 208, 204 und 210 zeitgleich waren mit der Westseite des Korridors. Spuren einer Pfostenwand waren vor Haus 204 zu beobachten. Sie begann in der Flucht der westlichen Korridorbegrenzung auf der Terrasse und verlief in ca. 1,5 m Abstand parallel zur Stützmauer, die die Terrasse im Süden begrenzte. In ca. 9 m Abstand vom Korridor bog sie im rechten Winkel nach Norden ab und ließ sich bis zur Südwand von Haus 208 verfolgen. Diese Wand umgab somit die Süd- und Westseite eines bebauten Bereichs westlich des Korridoraufgangs.

Aus einer älteren Bauphase stammten Haus 216 sowie die beiden kleinen, einander überlagernden Hütten (?) 205 und 206 südwestlich von Haus 204. Sie wurden von Haus 204 und dem Westteil der Begrenzungswand von Haus 208 geschnitten.

Östlich der Seitenwände des Aufgangs wurde nur das ausgebrannte, mehrräumige Terrassen-Eckhaus der jüngeren Siedlungsphase (Haus 219) freigelegt (*Taf. 103; 105; 109,1; 110*), jedoch nicht tiefer gegraben. In den Raubgräberloch-Profilen im Nordteil und Westrand dieses Hauses (*Taf. 109,2; 118 – 119,3*) war der Boden einer älteren Bebauung deutlich zu erkennen. Er schloß an den Außenverputz des Rundbaus 212 an, der im Westen mit einem Haus der älteren Ausrichtungsgruppe (Haus 202) verbunden war. Unter der Südwestecke dieses Hauses, dessen Südwand offensichtlich auf die vorgelagerte Fläche verstürzt war, wurden vor deren Flucht Mauerteile, Pfostengräbchen und einzelne Pfostenlöcher ermittelt, die auf die Südwand eines Vorgängerbaus von Haus 219 schließen lassen. Der Zusammenhang des Korridoraufgangs auf die große, L-förmige Terrasse mit der östlichen Begrenzung des vorgelagerten freien Platzes ist augenfällig. Auf den Westrand des freien Platzes weisen nur wenige gereihte Pfosten sowie sporadische Überreste der südlichen Stützmauer in Fläche V D hin (*Taf. 107*). Auch hier verläuft eine Pfostenreihe auf der Westseite der großen Terrasse (Fläche VI B; *Taf. 94*) fluchtgleich mit der westlichen Begrenzung des freien Platzes.

Der vorgesetzte Treppenaufgang auf die große, L-förmige Terrasse liegt genau in der Mitte zwischen den Pfostenwänden beiderseits des Platzes; er ist deshalb wohl mit diesen zeitgleich. Diese Treppe auf der Mittelachse des Platzes liegt in derselben Flucht wie die Treppe auf die nördlich anschließende, schmale Terrasse und der Treppenbau, über den man in den eingetieften Rechteckplatz gelangt und somit zu Huaca Antigua, dem Hauptplattformbau der älteren Siedlungsphase. Es läßt sich nicht klären, ob Haus 200 im Westteil mit der L-förmigen Terrasse zeitgleich ist.

Die Bebauung der älteren Siedlungsphase ist im nördlichen Mittelteil der L-förmigen Terrasse schwierig zu beurteilen. Er wurde teilweise in der jüngeren Siedlungsphase von Huaca Grande überbaut. Auch in Fläche IX B ist kein Befund der älteren Ausrichtungsgruppe freigelegt worden. Hier wurde die Grabung auf einem gut erhaltenen Estrich der jüngeren Ausrichtungsgruppe beendet. Der korridorartige Aufgang setzte sich jedoch in dieser Fläche nicht fort; die Begrenzungen enden unzweifelhaft im Nordteil der Fläche IX C. Es ist nicht anzunehmen, daß Haus 218 der älteren Ausrichtungsgruppe zeitgleich war mit dem Korridor, weil dessen Südwand, in Fläche IX C verlaufend, teilweise in die Flucht des Korridors hineinragt. Die Nordostecke dieses Hauses 218 liegt in geringem Abstand (1,3 m) vor dem klar erkennbaren Durchgang einer weiter nördlich verlaufenden Trennwand der ersten Ausrichtung. Deshalb sind dieses Haus und die Trennwand wohl nicht zeitgleich. Wahrscheinscheinlich ist eher, daß der Durchgang in der frühen Zeit der älteren Siedlungsphase den Südwestbereich der großen Terrasse, in dem der Korridor verläuft, mit jener breiten, unbebauten Fläche verbindet, an deren Nordseite die Häuser 220, 222 und 224 liegen. Der Durchgang liegt nämlich genau in der Mitte zwischen der Mittelachse des Korridors und der östlichen Terrassierungsmauer: Genau in der Flucht des Nordendes der Korridorbegrenzungen führt eine vorgelagerte Treppe vom östlichen freien Platz her auf die Terrasse.

Die beiden Häuser 222 und 224 überlagern jeweils den Nordwest- und Nordostteil des großen Rechteckhauses 220 und öffnen sich auf eine Hoffläche, auf deren Ost- und Westseite sie einander symmetrisch gegenüberliegen. Ein Umbau von Haus 222 in der Zeit der jüngeren Ausrichtungsgruppe legt die Annahme nahe, daß diese beiden Häuser an das Ende der älteren Siedlungsphase zu datieren sind. Wahrscheinlich ist das von ihnen überlagerte Haus 220 zeitgleich mit den beschriebenen Häusern, denn auch jene waren im Gegensatz zu den sie überlagernden Häusern in keinem Falle in der Zeit der jüngeren Ausrichtungsgruppe umgebaut oder weiter benutzt worden. Die Häuser 204, 208, 210, 220 und der Korridor waren sämtlich überbaut. Haus 220 liegt vier Meter entfernt von der östlichen Terrassierungsmauer. Westlich steigt das Gelände zur schmalen, dem Treppenbau vorgelagerten Terrasse an. In der Ecke zwischen diesem Anstieg und jenem im Norden liegt der kleine Rundbau 226. Er datiert wahrscheinlich in dieselbe Phase wie Haus 200, denn er wird von Haus 222 überlagert.

Der nördliche Geländeanstieg ist über 2 m hoch und steil. Er war der Erosion in so starkem Maße ausgesetzt, daß man nicht erkennen kann, ob hier ein Treppenaufgang zum Bereich der Häuser östlich des eingetieften Rechteckplatzes hinaufführt. Dies ist jedoch insofern wahrscheinlich, als sich oberhalb des Geländeabsatzes zwei steingesetzte, nach Norden gerichtete, einander überlagernde Podien befinden. Das jüngere (überlagernde) Podium ist in der jüngeren Siedlungsphase umgebaut worden. Podien befinden sich in Montegrande nur angebaut an Plattformen oder am oberen Ende eines Treppenaufgangs. Dies ist z. B. der Fall beim östlichen Aufgang auf die große, L-förmige Terrasse nach Errichtung der zweischaligen Mauer. Man steigt in diesem Fall von einer tiefergelegenen Ebene (dem Platz) hinauf auf die Terrasse und gelangt so auf eine Fläche, von der es wieder abwärts geht. Da keinerlei Spuren eines Hauses oder gar Steinbaus unmittelbar oberhalb des Geländeabsatzes erkennbar waren, handelt es sich wahrscheinlich bei den beiden sich überlagernden Podien jeweils um den oberen Abschluß einer Treppe zwischen der großen L-förmigen Terrasse und dem Bereich der Häuser östlich des eingetieften Platzes.

Westlich neben dem älteren Podium liegt Haus 230. Seine Südwand setzt sich bis zu einer Pfostenwand oder Kolonnade fort, die parallel zum eingetieften Rechteckhof bis zur Westseite des Eingangs des erhöht gelegenen Quadrathauses 232 nach Norden verläuft. Da Haus 230 von dem jüngeren Podium überlagert wird, ist seine Zeitstellung vor dem letzten Umbau der älteren Siedlungsphase erwiesen. Ob dies auch für die Pfostenreihe und Haus 232 zutrifft, ist nicht zu entscheiden.

Dem eingetieften Hofe gegenüber, auf dessen Westseite nur im Nordteil die Bebauung grabungsmäßig untersucht worden ist, liegt nahezu symmetrisch zu Haus 232 das große Rechteckhaus 240. Es folgt der ersten Ausrichtung und überlagert einen kleinen, etwas südlicher gelegenen Vorgängerbau derselben Ausrichtung, Haus 242. Eine Pfostentrennwand überquert – stratigraphisch nachweisbar – Haus 240. Sie ist zeigleich mit Haus 236, das mit seiner Nordwand teilweise die Südwand von Haus

240 überlagert. Haus 236 ist nur in seinem Nordwestteil ergraben, relativ gut erhalten und folgt der ersten Ausrichtung. Es wird jedoch in der jüngeren Siedlungsphase weiter benutzt. Deshalb ist seine Errichtung am Ende der älteren Siedlungsphase wahrscheinlich. Demnach wäre sein Vorgängerbau, Haus 240, zeitgleich mit den beschriebenen Häusern auf der Ostseite des Platzes. Die symmetrische Lage von Haus 240 und Haus 232 sowie die Tatsache, daß beide gleichweit entfernt liegen vom jeweiligen Ende des eingetieften Platzes, erhöhen die Wahrscheinlichkeit dieser Annahme.

Die (trotz der begrenzten Grabungsfläche) relativ genaue Kenntnis der Bebauung der Westseite des Platzes steht im Gegensatz zum Verhältnis von Grabungsfläche und Befund dieser Ausrichtungsgruppe auf seiner Ostseite. Das liegt wesentlich daran, daß in den Flächen auf der Ostseite – auf dem Niveau zweier ausgebrannter Häuser der jüngeren Siedlungsphase – die Untersuchung endete. Deshalb sind Befunde der älteren Siedlungsphase aus diesem Bereich nur in begrenztem Maße bekannt.

Bei Betrachtung der Hausverteilung am Beginn der älteren Siedlungsphase im Plattformbereich (*Taf. 170; 172,1*) fällt auf, daß im Ostteil der großen L-förmigen Terrasse mehrere Häuser liegen. Sie sind mehrfach umgebaut, bzw. überbaut worden. Im Gegensatz dazu liegt in dieser Phase im Westteil nur ein Haus (200). Der Gesamtbefund läßt erkennen, daß die Anlage gleichsam nach zwei Achsen ausgerichtet ist. Auf der einen liegen fluchtgleich Treppen, die vom unteren freien Platz auf die große Terrasse und von dort, über den Treppenbau, in den eingetieften Rechteckhof führen. Endpunkt dieser Flucht ist der Aufgang auf den älteren Plattformbau, Huaca Antigua. Auf dieser Achse reihen sich Plätze und Großarchitektur aneinander. Östlich davon verläuft die andere Achse: Ein beidseitig begrenzter Gang zwischen Häusern (östlich) und dem unteren freien Platz (westlich) führt zu einem Korridor auf der großen Terrasse, neben dem sich Häuser gruppieren. Diese Achse ist weiter nördlich nach Osten versetzt. Offensichtlich wird hier ein Treppenaufgang berücksichtigt, der von Osten her auf die Terrasse führt. Jenseits eines freien Platzes folgt das große Haus 220. Es ist anzunehmen, daß eine Treppe nördlich dieses Hauses den „Hausbereich" der großen Terrasse mit jenem östlich des eingetieften Platzes verbindet. Die Hausbereiche sind jeweils von den Plätzen und Bauten durch Pfostenreihen getrennt. Um die zweite Achse gruppieren sich Hausbereiche. Sie endet nördlich in einem U-förmigen Hof, der sich im Osten an die Huaca Antigua anschließt und im Norden von einer Terrasse begrenzt wird, deren südliche Stützmauer sich auf der Oberfläche abzeichnet. Auf der Ostseite dieses Hofes liegt ein weiterer Plattformbau. Dieser wurde, abgesehen von seiner Südwestecke, nicht ausgegraben.

Es handelt sich um einen ca. 1,5 m hohen Hügel, dem Oberflächenumfang nach ungefähr quadratisch. Aus dem kleinen freigelegten Ausschnitt ist jedoch eindeutig zu ersehen, daß seine Orientierung der älteren Siedlungsphase entspricht, und daß er – ähnlich den anderen Plattformbauten – aus Steinen errichtet und verputzt ist. Ein breiter, vorgelagerter Sockel verläuft vor seiner Südseite, ein schmaler auf der dem U-förmigen Hof zugewandten Westseite.

Eine Trennung zwischen Großarchitektur und Hausarchitektur ergeben auch die nachfolgenden baulichen Veränderungen der Hausarchitektur, deren Ausrichtung ebenfalls jener der älteren Großarchitektur folgt. Die axiale und symmetrische Anordnung der Plattformen und Plätze steht jedoch nunmehr im Gegensatz zur unregelmäßigen Verteilung der Hausarchitektur; der Korridor, der von Süden her auf den Ostteil der großen L-förmigen Terrasse führt, wird im Zusammenhang mit dieser neuen Bauphase überbaut (*Taf. 170; 172,2*).

Über die im Osten vorgebaute, ca. 2 m breite Mauer führte eine Treppe von dem freien Platz östlich vor der großen, L-förmigen Terrasse auf ein Podium, dessen steingesetzten Ränder der ersten Ausrichtung folgen. Von diesem Podium steigt man hinunter auf die Terrasse. Südwestlich davon liegt ein Hof. Er ist im Süden wahrscheinlich begrenzt von jenem Haus, dessen Südwand-Überreste unter und vor dem Südteil von Haus 219 festgestellt werden konnten. Im Südwesten liegt der Rundbau 212 mit dem eingelassenen „Gang", der nach Norden ausgerichtet ist auf das ca. 2,5 m entfernt gelegene kleine Quadrathaus 214. Der Rundbau und dieses Haus sind über dem von Seitenwänden begrenzten Korridor errichtet. Von diesen Begrenzungen besteht in dieser Bauphase nur noch der westliche Sockel des älteren Hauses 210 als Bodenstufe. Das Rechteckhaus 218, in geringem Abstand (ca. 1 m) von Haus 214 errichtet, schließt diese Hoffläche im Norden ab. Zwischen seiner Ostwand und dem Treppenpodium besteht ein ca. 3 m breiter Durchgang. Nördlich schließt eine ca. 9 m breite, unbebaute Fläche an. Sie erstreckt sich bis zu den beiden Häusern 222 und 224. Diese liegen vor dem steilen Geländeanstieg im Norden einander (in 3 m Abstand) gegenüber. Haus 224 befindet sich auf etwas erhöhtem Niveau. Sein Eingang ist gegenüber jenem von Haus 222 gelegen.

Die Stufe westlich des Hauses 214 setzt sich in einem ebenfalls steingesetzten Sockel nach Süden fort, der das erhöht gelegene Rechteckhaus 202 auf allen vier Seiten umgibt. Der nördliche Sockel überlagert teilweise die Pfosten der Südwand von Haus 210. Den Nordwestteil dieses Hauses überlagert Haus 228. Die Spur der Westwand von Haus 228 verläuft in der Flucht des Westteils jener Pfostenreihe, die sich nahe dem Terrassenrand zwischen der Stützmauer und Haus 202 abzeichnet, im rechten Winkel nach Norden umbog und an der Südwand von Haus 208 endet. Sie biegt oberhalb der südlichen Terrassenmauer nach Osten um und verläuft in gleichem Abstand von dieser und dem südlichen Sockel von Haus 202 bis zu seiner Südostecke. Die Flucht der Westwand des Hauses 228 und der Pfostenreihe liegt in etwa gleichem Abstand von der Mittelachse der Treppen, die zwischen dem unteren freien Platz und Huaca Antigua die verschiedenen Ebenen verbinden, wie die Ostwand des großen Quadrathauses 200, im Westteil der großen L-förmigen Terrasse. Die Südseite dieses erhöht gelegenen Hauses mit Sockeln auf der Ost- und Südseite (der südliche Sockel ist steingesetzt) verläuft nahezu fluchtgleich mit der Südwand des ebenfalls erhöht gelegenen und von Sockeln umgebenen Rechteckhauses 202 im Ostteil der Terrasse.

Der Mittelpunkt des Rundbaus 212 liegt in der östlichen Verlängerung der mittleren Längsachse von Haus 202 und ist mit diesem Haus durch einen gemeinsamen Boden verbunden. Er ist demnach zeitgleich mit Haus 202 und bildet mit den Häusern 228, 214 und 218 am Ende der älteren Siedlungsphase die Bebauung im Südostteil der großen Terrasse. In ihrem Westteil stand Haus 200 in dieser Bauphase, in ihrem Nordostteil die Häuser 222 und 224. Alle diese Häuser sind über ausrichtungsgleichen Vorgängerbauten errichtet und werden von Häusern der jüngeren Siedlungsphase überlagert.

Im Nordostteil der großen, L-förmigen Terrasse führt wahrscheinlich auch in dieser Phase ein Treppenaufgang zum Bereich östlich des eingetieften Platzes hinauf. Darauf weist, wie in der vorangehenden Zeit, ein Podium hin. Es überlagert das ältere Podium; seine steingesetzte Nordkante verläuft weiter nördlich und biegt in ca. 5,5 m Abstand vom Rand des eingetieften Platzes nach Süden um. Seine Nordkante schneidet auch teilweise die Pfostenlöcher der Nordwand des kleinen Hauses 230. Da das Haus der älteren Ausrichtungsgruppe 232 noch in der Zeit der jüngeren Ausrichtungsgruppe benutzt wird, muß es zeitgleich mit dieser Spätphase der älteren Siedlungsphase sein. Wahrscheinlich besteht auch die Pfostenwand oder Kolonnade weiter, die parallel zum eingetieften Platz bis zur Westseite seines südlichen Eingangs von Haus 232 verläuft.

Auch auf der gegenüberliegenden Seite des eingetieften Platzes verläuft in fast gleichem Abstand von seiner Kante eine Pfostenwand. Sie schließt fluchtgleich mit der Ostwand von Haus 236 an diese im Norden. Der Eingang dieses Hauses ist jedoch im Unterschied zu jenem von Haus 232 dem eingetieften Platz zugewandt und liegt ungefähr in der Mitte seiner Westseite.

Nahe der Südwestecke des Plattformbaus, der den U-förmigen Hof nordöstlich des eingetieften Platzes begrenzt, liegt der eingetiefte Raum 234. Er wird von Süden über Stufen betreten und war mit einer Decke versehen, wie aus dem Abdruck eines Balkens erschlossen werden kann. Es ist nicht sicher feststellbar, ob dieser Raum schon vor der Spätphase der älteren Ausrichtungsgruppe angelegt worden ist, denn er liegt im Bereich des Zugangs zu dem U-förmigen Hof, der, höhergelegen, im Norden anschließt. Er hat in der jüngeren Siedlungsphase eine Entsprechung. Hier liegt der etwa gleichgroße, ebenfalls eingetiefte Raum 217 südöstlich vor Huaca Grande, wie Raum 234 südöstlich vor Huaca Antigua, und zwar in ca. 8 m Abstand von der Flucht der Ostseite des jeweiligen Plattformbaus. Deshalb ist ein Zusammenhang des Raumes 234 mit Huaca Antigua zu vermuten. Eine zeitgleiche Nutzung des Hofes östlich von Huaca Antigua und des eingetieften Raumes 234 ist insofern erwiesen, als an dem Hof in der Zeit der jüngeren Siedlungsphase Umbauten stattfanden und die Nutzung von Raum 234 in dieser Siedlungsphase nachweisbar ist.

Am Ende der älteren Siedlungsphase ist die Bebauung im Hauptplattformbereich nicht mehr so deutlich nach Großarchitektur und Hausbereich in Achsen gegliedert. Es gibt nur noch jeweils einen Ausgang auf die L-förmige Terrasse, und zwar jeweils von den freien Plätzen im Süden und Osten her. Die Treppenverbindung zwischen den Hausbereichen auf der L-förmigen Terrasse und östlich des eingetieften Hofes besteht aber offenbar weiterhin.

Das Gesamtbild des Plattformbereiches der älteren Siedlungsphase ist bestimmt von der Folge der vier Terrassen unterschiedlicher Ausgestaltung vor dem Plattformbau. Es fällt jedoch auf, daß hier die Häuser im Unterschied zu den anderen Häusern der Siedlung weder innerhalb von Gruppen hierarchisch geordnet sind, noch eindeutig auf die Großarchitektur bezogene Dispositionen aufweisen. U-förmige Hausgruppen gibt es nur in der Wohnsiedlung. Möglicherweise öffnen sich diese nicht allein auf die Plattformanlagen hin, sondern sind auch auf die Häuser im Plattformbereich bezogen. Diese sind fast durchweg sehr viel größer (*Taf. 168; 169*), als die Häuser in den anderen ergrabenen Teilen der Siedlung, vor allem was die Größe der Räume betrifft.

Jüngere Siedlungsphase

Die Errichtung von Huaca Grande, dem jüngeren, großen Plattformbau, verändert zwar in starkem Maße den Charakter der Anlage, führt jedoch in sehr viel geringerem Maße zu Veränderungen der Hausbebauung in diesem Komplex (*Taf. 171; 173,1*). Es läßt sich nachweisen, daß hier die Ausrichtung der Häuser erst allmählich an die neue Orientierung der Anlage angeglichen wird. Der Ausrichtung von Huaca Grande entspricht jene der großen Zweischalenmauer, die nunmehr die große Terrasse im Süden begrenzt. Sie überlagert die Terrassierungsmauer der älteren Ausrichtungsgruppe und verläuft symmetrisch zur Südfront des Plattformbaus. In der Mitte vor dem Bau liegt symmetrisch zu seinem zentral gelegenen Treppenaufgang eine Treppe, deren Seiten mit jenen des Plattformaufgangs durch Pfostenwände verbunden sind. Dieser Korridor überquert die gesamte L-förmige Terrasse. In der südlichen Fortsetzung seiner Mittelachse befindet sich in ca. 13,5 m Abstand vor deren Mauer ein außerordentlich großes Pfostenloch. Seine Lage auf dem Platz und dessen seitliche Begrenzungen durch Pfostenreihen, die wie Huaca Grande der zweiten Ausrichtung folgen, bilden die Belege dafür, daß der freie Platz in dieser Siedlungsphase umgestaltet und genutzt wird. Er liegt jedoch nicht symmetrisch zur Treppenachse. Die Breite des Platzes geht über die Länge der Zweischalenmauer hinaus. Der Platz erstreckt sich auch vor der östlich anschließenden Terrassierungsmauer.

Die breite Mauer der Ostseite der L-förmigen Terrasse wird weiterhin benutzt. Stratigraphisch nachweisbar ist auch das zeitgleiche Bestehen des Hauses 202 – es folgt der ersten Ausrichtung – mit der südlichen Zweischalenmauer (Boden-Verputz-Anschluß) und das zeitgleiche Weiterbestehen (*Taf. 109,2*) des Rundbaus 212 mit dem symmetrisch dazu auf seiner Ostseite gelegenen, mehrräumigen, ausgebrannten Haus 219, das der zweiten Ausrichtung folgt. Haus 219 liegt auf der Südostecke der Terrasse. Der eingetiefte Eingang des Rundbaus wird nunmehr – der zweiten Ausrichtung folgend – nach Norden außerhalb des Baus verlängert. Möglicherweise wurde auch das im Westen gelegene Haus 200 am Anfang der jüngeren Siedlungsphase noch nicht überbaut; diese Annahme liegt nahe, da das fluchtgleich südlich abschließende Haus 202 im Osten der Terrasse, das ebenfalls der ersten Ausrichtung folgte, erwiesenermaßen weiterbestand und erst später überbaut wurde.

Das nordwestlich von Haus 202 gelegene, große Quadrathaus 207 schließt an die Ostbegrenzung des Korridors zwischen den Treppen an. Ob es unmittelbar nach der Erbauung von Huaca Grande und der großen Zweischalenmauer errichtet wurde oder erst in einer jüngeren Bauphase, ist aufgrund stratigraphischer Befunde nicht sicher. Es ist jedoch im Hinblick auf seine Lage zu den Haus 202 überlagernden Häusern 203 und 209 unwahrscheinlich, daß es in einer späteren Zeit der zweiten Siedlungsphase noch bestanden hat. Seine Eingangsschwelle liegt auf einem tieferen Niveau als Haus 202, jedoch beträchtlich tiefer als die Häuser 203 und 209. Das Bodenniveau dieser beiden Häuser muß oberhalb der erhaltenen Mauerhöhe des Hauses 202 liegen, d. h. mehr als 30 cm höher als jenes von Haus 207. Hinweise auf Stufen im Bereich vom Haus 207 sind jedoch nicht zu sehen. Das niedrigere Bodenniveau der einander überlagernden Häuser 227 und 229 ist auch der Grund, warum diese beiden überbauten Häuser vor der Südwestecke von Huaca Grande mit größerer Wahrscheinlichkeit zeitgleich sind mit dem Anfang der jüngeren Siedlungsphase als mit deren Ende.

Die Bodenstufe, die sich in der Flucht des Sockels östlich vor Haus 202 hinzieht, ist im Norden durchbrochen von Pfostenlöchern der Westwände zweier sich überlagernder Häuser (213 und 211). Beide folgen der zweiten Ausrichtung. Der Rand des nördlich vorgelagerten Sockels von Haus 213 ist teilweise durchbrochen von den Pfosten der Nordwand des Hauses 211. Man kann eine Zeitgleichheit des älteren von beiden Häusern (Haus 213) mit Haus 209, welches Haus 202 teilweise überlagert, ausschließen. Die Pfostenreihen der Längswände dieser beiden Häuser liegen fast auf ihrer gesamten Länge in geringem Abstand voneinander (ca. 60 cm). Eine solche Anordnung ist in der Siedlung von Montegrande sonst kein einziges Mal belegt. Deshalb ist zu vermuten, daß Haus 213 gleichzeitig ist mit Haus 202, das noch in der jüngeren Siedlungsphase bestand, und Haus 211 zeitgleich ist mit dem Haus 209. Nordwestlich von Haus 213 liegt Haus 221, dessen Südwandverlauf sich nicht aus dem beobachteten Befund erkennen läßt.

Jenseits der – bereits in der Zeit der älteren Siedlungsphase – unbebauten Fläche nördlich von Haus 221 zeichneten sich zehn große Pfostenlöcher ab (*Taf. 97; 98*), die in regelmäßigem Abstand voneinander sowie von der südlichen Ostseite der Huaca Grande und der östlichen großen Mauer liegen. Jeweils fünf von ihnen befinden sich auf der Ost- und Westseite eines Durchgangs, der etwa doppelt so breit ist wie die jeweiligen Abstände zwischen ihnen. Ein Schwellenstein des Durchgangs befindet sich in situ. Es scheint sich bei diesen großen Pfostenlöchern um die Spuren von Säulen zu handeln, die den Nordwestteil der großen, L-förmigen Terrasse von dem rechteckigen, vor der Flucht der Südfront von Huaca Grande gelegenen Teil abtrennen. Ihre Zahl beiderseits des Durchgangs entspricht jener der Nischen der Nordfront von Huaca Grande beiderseits der Treppe. Diese Pfostenlöcher sind noch in der jüngeren Siedlungsphase von einem Estrich bedeckt worden, der sich bis zur Südfront des Hauses 223 erstreckt. Diese Beobachtung ist ein Hinweis darauf, daß sie in einer relativ frühen Phase dieser Ausrichtungsgruppe errichtet worden sind. Die Pfostenlöcher waren auch in dem sehr viel besser erhaltenen, weil vom Versturz der Huaca Grande bedeckten Boden in der östlich anschließenden Fläche zu erkennen, weil dieser Boden hier im Bereich der Pfostenlöcher unter der Last des Versturzes des Plattformbaus nachgegeben hat. Zeitgleich mit den Säulen dürften die Häuser der ersten Siedlungsphase 222 und 224 weiter bestanden haben. Sie liegen symmetrisch beiderseits eines Hofes. Haus 222 weist Spuren eines Umbaus in der jüngeren Siedlungsphase auf.

Eine sorgfältig verputzte, niedrige Stufe, die der zweiten Ausrichtung folgt, verläuft nördlich der beiden Häuser. Sie ist durch Pfostenlöcher und ein Pfostengräbchen derselben Ausrichtung gestört und könnte die unterste Stufe eines Aufgangs nach Norden, in dem stark von Erosion betroffenen Bereich des Geländeabfalls sein. In diesem Fall stände sie mit einer Stufe derselben Ausrichtung in Zusammenhang, die sich am Rande der Fläche X Z (*Taf. 88*) befindet und auf jenes Podium führt, das in der älteren Siedlungsphase gebaut worden ist, und dessen steingesetzter Nordrand im Ostteil der zweiten Ausrichtung angepaßt wurde.

Der Befund ist in dem Bereich des Geländeabfalls nicht nur durch Erosion gestört, sondern auch durch eine eigenartige, unregelmäßig verlaufende Reihe von großen, senkrecht gestellten Steinplatten am oberen Rand des steilen Geländeabfalls (Nordwestteil der Fläche X A; *Taf. 92*). Zu dieser Bauweise findet sich im gesamten ergrabenen Teil der Siedlung keine Parallele. Diese Mauer stammt wahrscheinlich nicht aus dem Zusammenhang der festgestellten Siedlungsphasen.

Von dem Podium tritt man hinunter in einen Hof mit gut erhaltenem Estrich. Gegenüber führt eine Stufe zum Eingang des erhöht, auf Aufschüttungen gelegenen Hauses 233, an dessen Hauptraum östlich ein langschmaler Nebenraum angefügt ist. Die Ostseite des Hofes ist durch Erosion zerstört, das Gelände fällt hier ab zur Erosionsrinne. Die Wände des Nebenraums von Haus 233 sind nur aus Spuren zu erschließen. Das östliche Ende des Podiums ist ebenfalls wegerodiert. Von dem Hof führt auch ein Durchgang zwischen den nordwestlich gelegenen Häusern 231 und 233 nach Norden, der jedoch erst durch eine Pfostenwand, dann durch den östlich an den Hauptraum von Haus 231 angebauten, langschmalen Nebenraum verschlossen war. Zwischen dem Westteil des Podiums und Haus 231 führt ein schmaler Durchgang von dem Hof nach Westen. Er ist in der Höhe der Trennwand, zwischen Haupt- und Nebenraum von Haus 231 und in der Fortsetzung der Westkante des Podiums, durch nach Westen abfallende Stufen gegliedert. Er führte zum eingetieften Hof, von dem her man auch über zwei Stufen zum Eingang des erhöht gelegenen Hauptraums von Haus 233 gelangte.

Nördlich von Haus 231 führte ein breiter Durchgang nach Osten. Sein Estrich ist gut erhalten. Er schließt an eine Verputzlage eines Hauses der älteren Siedlungsphase an (Haus 232). Der Durchgang biegt vor der Westwand von Haus 233 nach Norden. In der Flucht der Nordwand von Haus 233 durchzieht ihn eine Stufe, die an die Ostwand von Haus 232 anschließt. Im Nordosten geht diese Wand in eine steingesetzte Stufe der zweiten Ausrichtung über. Hier steigt man über eine geneigte Fläche zur Treppe hinauf, die den U-förmigen Hof zwischen der älteren Hauptplattform und dem östlichen Plattformbau in der jüngeren Ausrichtungsgruppe südlich abschloß. Die Hoffläche zwischen der Stufe des Durchgangs und der steingesetzten Stufe zieht sich nördlich von Haus 233 hin. Sie ist langschmal und im Nordwesten begrenzt von dem breiten Sockel vor dem östlichen Plattformbau. Der Hofflächen-Estrich hatte sich in der Mitte vor der Nordwand von Haus 233 nicht hinreichend erhalten, um festzustellen, ob auch in dieser Zeit der jüngeren Ausrichtungsgruppe ein Anschluß zwischen dem Boden und der Treppe bestand, die in den eingetieften Raum der älteren Ausrichtungsgruppe (234) hinabführte. Dieser Raum ist zugeschwemmt, nicht jedoch zugeschüttet worden (*Taf. 120,2*), deshalb kann man von einer Nutzung noch in der jüngeren Siedlungsphase ausgehen.

Auf der Westseite des eingetieften Platzes wurde stratigraphisch nachweisbar das schräg versetzte, gegenüber von Haus 231 gelegene Haus 236 zeitgleich benutzt mit Haus 235. Das letztere liegt weiter nördlich und folgt, im Gegensatz zu Haus 236, der zweiten Ausrichtung. Der Eingang von Haus 236 ist ebenso wie jener von Haus 231 dem eingetieften Platz zugewandt. Westlich von Haus 235 schließt sich der langgestreckte Nebenraum von Haus 237 leicht nördlich versetzt an.

Das Bild der Bebauung des Plattformbereichs veränderte sich durch die nachfolgenden Überbauungen am Ende der jüngeren Siedlungsphase nicht wesentlich (*Taf. 171; 173,2*). Anstelle von Haus 200 wurde im Westteil der großen L-förmigen Terrasse ein ähnlich großes Haus, 201, südöstlich versetzt errichtet, von dem nur wenige, jedoch aussagekräftige Spuren erhalten sind. Über Haus 202 wurde das kleine Haus 203 errichtet, weiterhin der Südteil des etwas versetzt nördlich gelegenen Rechteckhauses 209. Nordöstlich davon liegt ein großer, quadratischer, umgebauter Sockel, der an die Mauer der Südfront von Huaca Grande anschließt. Er ist in der Spätzeit der jüngeren Ausrichtungsgruppe von einem Rechteckhaus (225) überlagert. Nordöstlich, dicht neben Haus 209, befindet sich das kleine Haus 211, südöstlich die kleine, nach Norden geöffnete Hütte (?) 215.

Wahrscheinlich bestehen auch in dieser Phase der Rundbau 212 und das ausgebrannte Haus (219) der jüngeren Ausrichtungsgruppe. Scheinbar ist in diesem Zusammenhang der eingetiefte Gang in dem Rundbau zugeschüttet und in der Mitte die runde Feuerstelle angelegt worden. Für das Weiterbestehen von Haus 219 spricht, daß sich keine eindeutigen Hinweise auf Überbauungen über diesem Haus erkennen ließen. Außerdem schließt der Verputz der Nordwand von Haus 219 an den Estrich eines Hofes an, der seinerseits verbunden ist mit dem Außenverputz des eingetieften Raumes 217. Dieser ist vermutlich erst in einer fortgeschrittenen Phase dieser Siedlungsphase angelegt worden. Von der Hoffläche nördlich des Hauses 219, die westlich von den Häusern 211, 209 und der kleinen Hütte 215 begrenzt ist, führen Stufen hinunter in den nahe dem Podium des östlichen Treppenaufgangs eingetieften Raum 217. Seine Anlage steht in einem notwendigen Zusammenhang mit einer Erweiterung des Podiums nach Süden. Auf dieser Schmalseite wird nunmehr eine Stufe vorgesetzt. Man steigt also von dem freien Platz östlich des Plattformenkomplexes auf das Podium auf der Terrasse, wendet sich dann nach links, nach Süden, um auf die Terrassenoberfläche hinunterzusteigen und gelangt in jenen Hof, von dem aus man in den eingetieften Raum hinuntergehen kann.

Der freie Platz östlich der Terrasse ist in der jüngeren Ausrichtungsgruppe erweitert worden: Der ihr entsprechend verlaufende Westrand setzt sich jenseits der südlichen Begrenzungsmauer fort, diese wird in ihrem Ostteil von einem Bodenfragment überlagert. Auf der Terrasse, nördlich des eingetieften Raumes 217 und der Nordwand von Haus 211, erstreckte sich auch in dieser Zeit eine ausgedehnte, unbebaute Fläche zwischen Huaca Grande und der Terrassenostmauer. In geringem Abstand hinter der Säulenreihe, die scheinbar zu dieser Zeit nicht mehr bestand, lag Haus 223 mit dem zentralen Hauptraum und den etwas unvollständig erfaßten beiden Seitenräumen. Dieses Haus bildet gleichsam einen Querriegel zwischen Huaca Grande und der Terrassenostmauer.

Verschiedene Beobachtungen sprechen dagegen, daß in dieser Zeit nördlich hinter diesem Haus ein Treppenaufgang bestand. Eine den Rampenaufgang (am Nordwestende der großen Terrasse) nördlich begrenzende, schmale Zwischenmauer findet ihre Fortsetzung in der Pfostenreihe, die die Stufe am Fuße des Geländeanstiegs durchbricht. Etwa 1,6 m oberhalb des vorgelagerten Estrichs befinden sich vor einer fragmentarisch erhaltenen weiteren Zweischalenmauer Fußbodenfragmente. Die letztere Mauer schließt an den Fuß der Ostmauer von Huaca Grande an. Möglicherweise war der nördliche Abschluß der großen Terrasse östlich von Huaca Grande stufenförmig gestaltet. Auch oberhalb des steilen Geländeanstiegs findet sich kein Hinweis auf eine Verbindung zwischen der großen Terrasse und dem bebauten Bereich östlich des eingetieften Platzes. An Haus 231 ist südlich ein Raum angebaut. Er überlagert das Podium und den Durchgang zwischen diesem und dem Hauptraum des Hauses 231. In diesem Raum wurde ein neuer Estrich oberhalb des ausgebrannten Fußbodens eingezogen; der Eingang ist mit regelmäßigen Steinen zugesetzt, die als Schwelle des jüngeren Eingangs dienen.

Auf der Westseite des eingetieften Hofes sind ebenfalls die Böden stark erhöht. Südlich vor dem Haus 235 liegt ein Hof, dessen Bodenniveau offenbar oberhalb der erhaltenen Wandteile von Haus 236 liegt, d. h. mehr als 30 cm oberhalb des Vorgängerbau-Niveaus.

Bedeutsam sind weniger die Unterschiede in der Hausbebauung als in der Verteilung von Bauten und Plätzen in der jüngeren Ausrichtungsgruppe des Plattformbereichs (*Taf. 171; 173*). Trotzdem fällt auf, daß die Häuser, vor allem auf der Terrasse, in stärkerem Maße zu Gruppen geordnet sind, welche auf die Plattformbauten bezogen und ausgerichtet sind. Bedeutsam scheint in diesem Zusammenhang auch zu sein, daß am Ende der jüngeren Ausrichtung zwischen der L-förmigen Terrasse und dem Bereich auf der Ostseite des eingetieften Hofes keine Verbindung mehr bestand. Die Konzeption der beiden Achsen, die für die ältere Siedlungsphase typisch war, ist völlig aufgegeben.

Bemerkenswert ist vor allem, daß durch die Bebauung von Huaca Grande an die Stelle der Platzsequenzen zwei neue Konzeptionen treten: jene des eingetieften Platzes zwischen zwei Plattformbauten, weiterhin die Folge von einer bebauten Terrasse unmittelbar vor dem Plattformbau und einem unterhalb vorgelagerten freien Platz. Vor allem die letztere steht in bemerkenswertem Gegensatz zur Trennung von Haus- und Großarchitektur in parallelen Achsen.

WEITERE PLATTFORM- UND TERRASSENANLAGEN IM SIEDLUNGSBEREICH

Östlicher Plattformbau, Huaca Chica (Taf. 160 - 161)

Im Ostteil der Siedlung erhebt sich der kleine Plattformbau, Huaca Chica. Er liegt im Bereich der Flächen XIV/XV C, XIV/XV D sowie XV/XIV E (*Taf. 68; 113 - 117; 147,1*). Es handelt sich um einen auf der Frontseite ursprünglich mehr als 2 m hohen Hügel. Sein rechteckiger Grundriß (13 m x 17 m) – die Längsachse verläuft quer zum Hang – erhellt aus dem Verlauf der einschaligen Umfassungsmauern aus verputzten, in Lehmmörtel gesetzten Steinblöcken, von denen durchweg nur die unterste Lage erhalten ist. Der Plattformhügel ist stark verschliffen, vor allem in der Nordwestecke. Hier setzte sich die Steinreihe der Nordmauer über die Flucht der westlichen Umfassungsmauer hinweg fort (*Taf. 68*). Die Lage zweier Steinblöcke wies darauf hin, daß der Grundriß der Anlage hier auf einer Länge von ca. 3,6 m etwa 1,5 m nach Westen vorsprang.

Der Vorderfront des Baus, die in den Flächen XIV D/E und XV E verlief, war ein ca. 1,2 m breiter, niedriger (15 cm), steingesetzter und verputzter Sockel vorgelagert (*Taf. 113; 116; 147,1*). Er ist im Westteil besser erhalten als im Osten. In der Mitte, im Bereich des Steges XIV/XV D/E, führte eine Treppe mit parallelen Wangen auf den Bau hinauf. Nur vier ihrer niedrigen (20 cm), schmalen (15 cm), verputzten Stufen sind teilweise erhalten, eine fünfte läßt sich aus der Lage zweier Steine erschließen. Oberhalb dieser Stufen ist der Befund durch ein Raubgräberloch gestört (*Taf. 147,2*).

Auf der Mittelachse des Baus ist eine große, unregelmäßig gearbeitete, etwa quadratische Steinsetzung (2,1 m x 2,2 m) unbekannter Bestimmung eingelassen (*Taf. 114; 147,2*). Im nördlichen Drittel der Plattform sind zwei einander überschneidende, steingesetzte und auf der Innenseite verputzte, rechteckige Feuerstellen in die Plattformfüllung eingetieft (*Taf. 114*). Ein großes Raubgräberloch zerstörte sie jeweils zur Hälfte im Süden bzw. Westen. Die sie begrenzenden Steinplatten ragen über die erhaltene Oberfläche der Aufschüttungsanlagen des Baus hinaus (*Taf. 115,2 - 3*). Das ursprüngliche Niveau der entsprechenden Estrichflächen läßt sich aus der Höhe der Steinplatten erschließen. Die Orientierung der östlichen, tiefer gelegenen Herdstellenbegrenzung entspricht der ersten Ausrichtung, die der überlagernden, nördlichen der zweiten. Die rötliche, schluffige Füllung der Plattform ist stark mit organischem Material durchsetzt, so daß man Pfostenverfärbungen nur schwer und in so geringer Zahl erkennen konnte, daß die Grundrisse der hier befindlichen Häuser nicht erschlossen werden konnten.

In den zahlreichen, teilweise tiefen Raubgräberlöchern des Plattformbaus ließ sich in jeweils gleicher absoluter Tiefe (433,35 m), ca. 45 cm unterhalb des Bodenniveaus der jüngsten Phase (Oberkante der Feuerstellenbegrenzungsplatte 433,80 m), ein Estrich erkennen, der nicht ausgegraben wurde. Seine Existenz belegte, daß die Plattform in einer älteren Bauphase niedriger war. Nachdem die Plattform höher aufgeschüttet worden war, wurde in zwei Bauphasen die bestehende Anlage errichtet.

In der älteren Phase war ihr Grundriß langschmal: Die Vorderfront lag ca. 3 m nördlich der jüngsten Vorderseite und zeichnete sich auf der Plattformoberfläche als dickes, gelbliches Verputzband ab. Steine einer entsprechenden Mauer ließen sich jedoch nicht finden, lediglich ein paar kleine, senkrecht gestellte Platten waren nördlich des Verputzes zu sehen. Eine sorgfältige Reinigung der Verputz-Nordseite führte zur Entdeckung der Abdrücke von Rohrstäben zwischen den Platten (*Taf. 114*). Demnach bestand die Front von Huaca Chica in dieser Bauphase aus senkrecht stehenden Rohr (caña)-Pfosten mit dazwischen gesetzten Steinen. Auf dieser Wand aus organischem Material und Stein ist jene bereits auf der Oberfläche erkennbare dicke Verputzschicht aufgetragen. Die so gestaltete, 17 m lange Fassade auf der Südseite des Baus war in einer Höhe von 1,6 m erhalten. An seinem Fuß befand sich ein ca. 20 cm hoher Sockel, der durch den Druck der jüngeren Aufschüttung sowie durch Entnahme der seine Südkante abstützenden Steine stark zerstört ist.

An der Westecke der Fassade – die östliche ist durch ein Raubgräberloch gestört – ließ sich nachweisen, daß die jüngere, steinumgrenzte Erweiterung der ursprünglichen Plattform vorgebaut war. Im Profil des Raubgräberlochs, das den Treppenaufgang der letzten Phase störte, waren Stufen zu erkennen, die offenbar hier, in der Mitte der älteren Fassade, auf den Bau hinaufführten. Diese Treppe war insgesamt der Fassade vorgesetzt, denn in diesem Bereich war zwar der Verputz der Fassade zerstört, im Profil lassen sich jedoch Verfärbungen der Fassadenpfosten erkennen (*Taf. 147,2*).

Die einschaligen Umfassungsmauern der älteren Phase im Westen, Norden und Osten folgten ebenso der ersten Ausrichtung wie die verputzte Pfostenwand der Vorderfront. Letzteres läßt sich jedoch nicht aus dem Befund ersehen, da ihr Verlauf sehr ungleichmäßig ist, und zwar nicht nur wegen der Raubgräberstörungen, sondern vor allem wegen des Drucks der Aufschüttungen, der hier auf der talwärtigen Südseite am stärksten ist. Die vorgebaute Stützmauer auf der Südseite war ebenfalls in sehr starkem Maße dem Druck von der Bergseite und der Erosion ausgesetzt. Der Befund belegte nicht, daß dieser Anbau der zweiten Ausrichtung entsprach, doch legte die jeweilige Anordnung der Häuser beider Ausrichtungen auf der Westseite der Huaca Chica (Hausgruppen XI A und XI B) dies nahe (s.S. 83, 89). Offensichtlich sind auch weitere Pfostenreihen der zweiten Ausrichtung diesem Bau zuzuordnen. Sie umgaben die Plattform jeweils in ca. 1,5 m Abstand vor dem Südostteil und in 3 m Abstand nordöstlich hinter ihr. Demnach war sie nicht nur in beiden Siedlungsphasen bebaut (Feuerstellen), sondern wurde auch in der jüngeren Siedlungsphase nach Süden hin erweitert.

Das Vorspringen der Westfront an ihrem nördlichen Ende stand nicht in Zusammenhang mit den Umbauten der zweiten Ausrichtung. Pfostenreihen, die der ersten Ausrichtung folgten, standen in Zusammenhang mit diesem Teil des Baus. Eine von ihnen verlief in diesem Bereich auf der Plattform in geringem Abstand von der Nordfront und parallel zu dieser. Sie bog an der Außenseite des vorspringenden Bereichs nach Süden und ließ sich hier ca. 3,5 m weit verfolgen. Eine weitere Pfostenreihe verlief in diesem Bereich leicht nach Osten versetzt, in der Flucht des südlichen Teils der Westwand, gleichsam als teile sie den vorspringenden Bereich ab. Beide Pfostenreihen ordnen diesen Teil des Baus der älteren Siedlungsphase zu.

Vor der Huaca Chica erstreckte sich eine Terrasse, die vor der Errichtung des südlichen Anbaus einen etwa quadratischen Grundriß aufwies (20 m x 20 m). In einer späteren Phase war sie rechteckig (17 m x 20 m). Dieser Platz war mit Häusern beider Ausrichtungen bebaut (*Taf. 30*) und schloß in der Flucht der Plattformwestseite ab. Seine Südwestecke war bereits in der älteren Siedlungsphase steingesetzt. Auf der gegenüberliegenden Seite zog er sich bis etwa 3 m jenseits der Flucht der Plattformostwand hin. An seinem Rand liegen die Häuser 93 und 95 bzw. 98 und 100. Seine Südostecke, die außerhalb der untersuchten Fläche lag, war am Ende der zweiten Siedlungsphase in der Flucht der Plattformostwand begrenzt.

Eine Pfostenreihe der zweiten Ausrichtung zog sich von der Südostecke des Baus nach Süden. Seine Pfosten durchschlugen den Boden des Hauses 93 derselben Ausrichtung (*Taf. 30; 116*). Somit hatte der Platz unmittelbar vor Huaca Chica in der jüngsten Phase wiederum einen quadratischen Grundriß (17 m x 17 m). Der Befund war im mittleren Bereich dieser Terrasse durch Erosion stark beeinträchtigt (*Taf. 29*), da eine Erosionsrinne hier in Richtung auf den ca. 1,4 m tiefer gelegenen, vorgelagerten Platz verläuft. Es waren keinerlei Spuren eines Aufgangs zwischen dem unteren und oberen Platz (Treppe ?) zu erkennen.

Der untere, offensichtlich unbebaute Platz (*Taf. 28; 29; 34; 35*) war im Westen in der älteren Siedlungsphase von Haus 78 begrenzt (*Taf. 33*), dessen Ostwand ungefähr in der Flucht der Westseite der Steinsetzung im Südwestteil der oberen Terrasse verlief. Eindeutige Hinweise auf eine östliche Begrenzung in dieser Zeit wurden nicht festgestellt, wenn nicht eine Steinpackung im Ostteil der Fläche XIV G als Hinweis (*Taf. 35*) darauf angesehen wird, da sie in einer Flucht mit der Ostseite des Plattformbaus abbricht. Die Begrenzungen des freien Platzes, so wie er sich in der Zeit der jüngeren Siedlungsphase darbot, waren ebenfalls nicht genau zu erkennen. Doch fiel eine Pfostenreihe dieser Orientierung im Nordwesten des Platzes (*Taf. 28*) auf, die sich jedoch nur auf einer Länge von ca. 3,5 m abzeichnete. Grundrisse von Häusern dieser Zeit ließen sich erst sehr viel weiter westlich erkennen, auf den Ostrand des Platzes wies nur das an seiner Südostecke gelegene Haus 101 hin. Betrachtet man diese Befunde als Hinweis auf die Form des unteren Platzes zur Zeit der jüngeren Ausrichtungsgruppe, so lag Haus 97 in der Mitte vor seinem Südrand.

Deutlichster Hinweis auf die Existenz des oberen (bebauten) wie des unteren (freien) Platzes vor der Huaca Chica war das Oberflächenrelief. Die Verteilung der Plätze ist aus der jüngeren Siedlungsphase von der Anlage vor der Huaca Grande bekannt. Im Zusammenhang mit Huaca Chica ist sie auch für die Zeit der ersten Ausrichtungsgruppe belegt. Bedauerlicherweise läßt sich die Bebauung der Plattform nicht rekonstruieren. Sie bestand aus Mischkonstruktionen in Pfosten-Lehm-Stein-Bauweise, wie sie für die Häuser der Wohnsiedlung charakteristisch war. Hier liegt der wesentlichste Unterschied zu den steingebauten Plattformanlagen Huaca Grande und Huaca Antigua. Die Anlage einer Plattformfront aus verputztem Pfostenmauerwerk wurde bisher im Andengebiet nicht beobachtet. Gemeinsam sind allen drei Plattformen von Montegrande die verputzten Umfassungsmauern aus in Lehmmörtel gesetzten Steinblöcken.

Terrassenfolgen im Südostteil der Siedlung (Taf. 164–167)

Aus Spuren in den Flächen XI/XII I/J/K/L und XIII J/K/L (*Taf. 45–54*) ließ sich das Bild einer Anlage gewinnen, die aus einer großen rechteckigen Hauptterrasse (16 m x 27 m) bestand, der zwei Terrassierungen vorgelagert waren, eine schmale, bebaute Terrasse (7 m x 27 m) und ein breiter, unbebauter Platz (12 m x 27 m). (*Taf. 164–165*)

Eine Reihe überdurchschnittlich großer Pfosten zeichnete sich in den Flächen XII und XIII J ab. Sie verlief parallel zu einer Terrassenkante, welche sich trotz starker Zerstörungen durch Raupenfahrzeuge (Straßenbau) in den Flächen XI, XII und XIII K in unterschiedlicher Deutlichkeit abzeichnete. In der Fläche XI K (*Taf. 48*) ist nur noch das verstärkte Gefälle zu finden, hingegen lagen in den beiden östlich anschließenden Flächen (*Taf. 49; 50*) noch einige Steine der Terrassenkante *in situ*. An einer Stelle befand sich an zwei Blöcken noch der Verputz der Südseite. Der Verputz scheint an der östlichen Kante des Blocks umzubiegen, der möglicherweise die Westseite des Aufgangs vom oberen Platz zur Hauptterrasse bildet. Die Pfostenreihe und die Terrassenkante stellten offenbar die Nord-und Südbegrenzung der Hauptterrasse dar; ihre Westbegrenzung dürfte jene Pfostenreihe gebildet haben, die sich im Westteil der Fläche XI J auf einer Länge von ca. 9 m verfolgen ließ (*Taf. 45*), deren Fortsetzung in der Fläche XI I (*Taf. 41*) jedoch bedauerlicherweise nicht klar zu erkennen war. Die Ostbegrenzung lag offensichtlich in einem durch Straßenbau gestörten Bereich, denn bis zu diesem ließ sich die Reihe der großen Pfosten im Norden verfolgen. Einziger Hinweis auf den Verlauf der Ostseite war die Fortsetzung zweier Pfostenreihen auf der Hauptterrasse, die den vorgelagerten Platz im Osten begrenzten. Im gesamten Bereich der Hauptterrasse wiesen Spuren auf teilweise dichte Bebauung aus beiden Siedlungsphasen hin.

Der Befund in der Fläche XI J ließ vermuten, daß die Planierungsarbeiten für die Errichtung der Hauptterrasse nach dem Bau der Häuser – auch der jüngeren Ausrichtungsgruppe – durchgeführt wurden. In der Fläche XII J waren Pfostenlöcher von Häusern beider Ausrichtungsgruppen unterhalb eines breiten Pfostengräbchens zu erkennen, in dem sich die großen Pfosten eines Rundbaus von ca. 7,5 m Durchmesser abzeichneten (*Taf. 46*). Diese Beobachtung erwies den großen Rundbau als jünger als die Häuser beider Ausrichtungsgruppen. Es lag besonders nahe, einen Zusammenhang mit der Hauptterrasse zu vermuten, da der Rundbau auf ihrer Mittelachse lag: Die östliche Begrenzung des oberen, vorgelagerten Platzes und der Hauptterrasse verlief in derselben Entfernung westlich vom Mittelpunkt des Rundbaus wie ihre Ostbegrenzung (jeweils 13,5 m). Er lag allerdings nicht im Mittelpunkt der Hauptterrasse, sondern südlich versetzt; seine Entfernung von der Terrassenkante im Süden betrug 2,8 m, sein Abstand von der nördlichen Pfostenreihe der Hauptterrasse ist fast doppelt so groß. Der sich im Befund andeutende Aufgang vom oberen, vorgelagerten Platz befand sich ein wenig östlich vom Zentrum des großen Rundbaus und somit von der Mittelachse der Hauptterrasse.

Feuerstellenreste und zahlreiche pfostenartige Verfärbungen auf dem oberen Platz von der Hauptterrasse wiesen auf seine Bebauung hin (*Taf. 49; 53*). Die Pfostenlöcher sind hier jedoch nicht klar zu unterscheiden von anderen Verfärbungen im Boden, die auf die Zerstörung durch Raupenfahrzeuge in diesem Bereich zurückzuführen sind. Offensichtlich verlagerte Holzkohlekonzentrationen befanden sich sogar am Rande des unterhalb gelegenen, unbebauten Platzes. Nur wenige Spuren der Begrenzung zwischen beiden Plätzen waren im Westteil der Fläche XII L zu erkennen (*Taf. 53*). Die einzigen deutlich abgesetzten Verfärbungsreihen waren zwei östlich begrenzende Pfostenreihen des oberen bebauten Platzes, die in ca. 3 m Abstand voneinander im rechten Winkel zu den Terrassenkanten verlaufen. Entsprechende Begrenzungen auf seiner Westseite sind (wohl aufgrund der Störungen) nicht nachweisbar.

Der untere Platz vor der Hauptterrasse zeigte in seinem untersuchten Nordwestteil die charakteristische Oberflächenstruktur aufgeschütteter freier Plätze. In der Flucht der Mittellinie des erwähnten Aufgangs auf die Hauptterrasse befand sich das einzige Pfostenloch, das diese Aufschüttung eindeutig durchstößt. Es hatte einen verhältnismäßig großen Durchmesser und lag isoliert im oberen Drittel des Platzes. Unterhalb der

Aufschüttungen waren (in der Fläche XI L) Grundrisse von Häusern beider Ausrichtungsgruppen zu erkennen (*Taf. 52*). Auf eine Westbegrenzung des Platzes deuten Pfostenreihen in den Flächen IX M und X L hin (*Taf. 51; 61*).

Die Überlagerung von Häusern beider Siedlungsphasen durch die Terrassenfolge beweist, daß die Hauptterrasse und die beiden Plätze am Ende der zweiten Siedlungsphase angelegt worden sind. Ein gewisser Zusammenhang zwischen der Anlage und dieser jüngeren Siedlungsphase ist wahrscheinlich, weil ihre Ausrichtung jener der Bauten und Häuser dieser Phase entsprach. Ihre Anordnung gleicht sowohl jener von Huaca Chica als auch der Anlage des Hauptplattformenkomplexes in der jüngeren Siedlungsphase. Mit letzterer hat sie das große Pfostenloch auf dem unteren freien Platz in der Mittellinie des Hauptaufgangs gemein. Im Unterschied zu den genannten Anlagen trat hier an die Stellen der Plattformbauten eine Terrassierung mit großen zentralen Rundbau.

Eine verwandte Konzeption ist in einer weiteren Anlage im Südosten der Siedlung zu beobachten. In vieler Hinsicht wies diese weiter östlich gelegene Terrassenfolge bessere Erhaltungsbedingungen auf als die benachbarte Anlage. Sie wurde jedoch auf sehr viel kleinerer Fläche ergraben, nämlich den Flächen XV K/L und XVI J/K/L (*Taf. 55 - 57; 166 - 167*). Die Häuser beider Phasen in diesem Bereich wurden in ihrer Anordnung im Zusammenhang der Wohnsiedlungsbeschreibung (s. S. 61f., 85, 91) dargestellt. Der Grundriß des stark zerstörten kleinen Rundbaus (Dm. ca. 5,5 m) wurde teilweise in der Fläche XVI J freigelegt. Nur eines der zeitgleichen Häuser der vorgelagerten Fläche (Haus 119) wurde zum Teil ergraben. Auch von dem unteren, wohl unbebauten Platz ist nur ein geringer Teil freigelegt worden (im ergrabenen Nordteil der Flächen XV - XVI L). Dieser Bereich war in jeder Hinsicht ähnlich strukturiert wie die benachbarte, südwestlich von ihr gelegene Anlage. Er ist ein weiteres Beispiel für die Überbauung der Wohnbereiche am Ende der Besiedlung in diesem Teil der Meseta 2 von Montegrande.

DIE SIEDLUNG VON MONTEGRANDE UND IHRE ENTWICKLUNG

Die Siedlung von Montegrande liegt auf einem spornartigen Hangschuttfächer im mittleren Teil des Jequetepeque-Tals. Zahlreiche Wohnhäuser umgeben eine Gruppe großer Plattformbauten (Huaca Antigua und Huaca Grande) im Westteil und einem kleinen Bau (Huaca Chica) im Ostteil der Siedlung. Es lassen sich zwei aufeinander folgende Siedlungsphasen unterscheiden. Jeder dieser Phasen sind sowohl Plattformen als auch Wohnhäuser zuzuordnen. Plattformen und Häuser bilden somit jeweils eine chronologische Einheit. Diese zweiphasige Siedlung ist bis zu ihren südwestlichen, südöstlichen und nordöstlichen Rändern und etwa zur Hälfte ihrer ursprünglichen Gesamtfläche (ca. 2,5 ha) ausgegraben worden.

In der Großarchitektur zeichnet sich aufgrund der günstigen Befundlage die Entwicklung der Siedlung deutlicher ab als in der Wohnsiedlung. Der Bereich um die großen Plattformen besteht in einer älteren Phase aus einer Folge von vier Terrassen, die einem großen Treppenbau südlich vorgelagert sind. Eine Treppe führt im Norden hinunter auf einen eingetieften Rechteckplatz. Der Plattformbau Huaca Antigua erhebt sich auf der Nordseite des Platzes und bildet den Abschluß dieser durch Treppen verbundenen Folge von Terrassen, Anlagen und Plätzen. In einer jüngeren Phase veränderte sich dieser Gesamtkomplex in starkem Maße. Über seinem Mittelteil wurde Huaca Grande erbaut. Im Zusammenhang mit dieser Überbauung sind neue Elemente und Dispositionen in der Architektur zu beobachten: Der eingetiefte Platz lag nunmehr zwischen Plattformbauten, eine Nischenfront wurde errichtet, die neue Plattform wurde symmetrisch bebaut, die vorgelagerte Terrassensequenz verkürzt sich zu einem bebauten und einem freien Platz etc. Der Wandel erfaßte jedoch nicht nur die Plattformbauten, sondern auch die Wohnhäuser. Die Ausrichtung der Häuser auf der vorgelagerten Terrasse, beiderseits des eingetieften Platzes und in allen anderen Teilen der Siedlung wurde ebenso verändert und jener des neuen Hauptbaus, „Huaca Grande", angeglichen.

Schon ein erster Blick auf den Gesamtplan (*Beilagen 1; 2*) läßt erkennen, daß sich in der Wohnsiedlung immer Häuser zweier verschiedener Ausrichtungen überlagern, wobei die eine (erste) Ausrichtung jener von Huaca Antigua entspricht, die andere (zweite) jener von Huaca Grande. Das zeitliche Verhältnis dieser verschieden orientierten Häuser ist hier – im Gegensatz zum Plattformbereich – nicht durchgehend stratigraphisch nachweisbar. Tatsache ist, daß in allen fünfzehn stratigraphisch überprüfbaren Fällen Häuser der zweiten Ausrichtungsgruppe solche der ersten überlagern: In acht Fällen überlagern Feuerstellen von Häusern der zweiten Ausrichtung Pfostenreihen, -gräbchen und Feuerstellen von Häusern der ersten Ausrichtung: Die Feuerstelle des Hauses 33 überlagert ein Pfostengräbchen des Hauses 40 (Südwand) und ein Pfostenloch des Hauses 42 (Querwand) (*Taf. 5*); die Feuerstelle von Haus 3 schneidet eine Pfostenreihe des Hauses 6 (Nordwand) (*Taf. 8*); jene von Haus 23 überlagert Pfosten des Hauses 18 (Südwand und Querwand) (*Taf. 15*). Dies sind die Beispiele vom Westteil der Siedlung. In ihrem Ostteil stört die Feuerstelle des Hauses 51 Pfosten des Vorgängerbaus Haus 54 (*Taf. 19*); jene des Raumes 53 a die Pfosten des Raumes 56 b (Westwand) (*Taf. 20*), weiterhin liegen die Estriche beider Räume auf unterschiedlichem Niveau. Die Randbegrenzung der Feuerstelle von Haus 61 zieht sich in jene des Hauses 68 (*Taf. 24*). Hier bedeckt auch der Fußboden des jüngeren Hauses Pfosten (der Westwand) des älteren. Weiterhin überlagern Feuerstellen und Estrich des Hauses 95 eine Pfostenreihe des Hauses 100. Umgekehrt stören Pfosten, die der zweiten Ausrichtung folgen, Feuerstellen der ersten Ausrichtung: Im Westteil der Siedlung sind im Verlauf der westlichen Wandspur des Hauses 17 die Steinplatten (einer sonst gut erhaltenen) Feuerstelle (der ersten Ausrichtung) entfernt worden (*Taf. 10*). Im Ostteil der Siedlung sind Pfosten des Hauses 57 (Südwand) in die Überreste der Feuerstelle des Hauses 64 eingetieft (*Taf. 24*). In zwei Fällen überdecken Estriche Feuerstellen: der Fußboden des Hauses 65 die Feuerstelle des Hauses 72 (*Taf. 25*) und der Estrich des Hauses 93 die Feuerstelle des Vorgängerbaus Haus 98 (*Taf. 30*). Weiterhin überquert den Nordteil des Hauses 70 (erste Ausrichtung) ein Terrassierungsmäuerchen (zweite Ausrichtung), und den Südteil dieses Hauses schneidet ein eingetiefter Raum (ebenfalls zweite Ausrichtung) (*Taf. 26*). Schließlich ist die Überlagerung der Nordwandpfosten von Haus 120 durch das Pfostengräbchen des großen Rundbaus zu erwähnen. Dieses steht im Zusammenhang mit der Terrassierungsanlage der jüngeren Ausrichtung im Südosten der Siedlung (*Taf. 46; 49*).

Im Bereich der großen Plattformen sind stratigraphische Belege für die Überlagerung von Häusern, die der ersten Ausrichtung folgen, durch solche, die der zweiten folgen, häufiger zu beobachten. Es finden sich: Pfostenlöcher des Hauses 201 (Nordwand) in den Aufschüttungen des Hauses 200 (*Taf. 94*); Pfostenlöcher des Hauses 203 (Nordhälfte) im Estrich des Hauses 202 (*Taf. 102*); Pfostenlöcher der Häuser 211 und 215 im Sockel des Hauses 210 (*Taf. 103*); Sockelsteine und entsprechende Estrichflächen vor der Südwestecke der Huaca Grande überlagern Pfostenlöcher des Hauses 228 (*Taf. 96*); das Pfostengräbchen des Raumes 215 ist eingetieft in die Stufe des Eingangskorridors im Südostteil der L-förmigen Terrasse (*Taf. 103*); Haus 219 überlagert die Nordhälfte eines Hauses im Südostteil der Terrasse (*Taf. 109,1*); der eingetiefte Raum 217 schneidet die Südostecke von Haus 218 (*Taf. 104; 105*); in Haus 222, welches das gleich ausgerichtete Haus 220 überlagert, ist im Zuge eines Umbaus eine Stufe der zweiten Ausrichtung eingezogen (*Taf. 92*); ein der zweiten Ausrichtung angeglichenes Podium überlagert Haus 230 (*Taf. 88; 89*). Dies sind die augenfälligsten Beispiele für Hausüberlagerungen im Bereich der großen L-förmigen Terrasse und am Rande des eingetieften Platzes.

In der Großarchitektur lassen sich folgende stratigraphischen Belege dafür anführen, daß Bauten der zweiten Ausrichtungsgruppe jünger sind als solche der ersten: Die Frontansicht verändert sich nach der Süderweiterung von Huaca Chica (*Taf. 113; 116*); die zweischalige Südmauer der großen L-förmigen Terrasse (zweite Ausrichtung) überlagert eine einschalige Stützmauer (erste Ausrichtung). Gleiches gilt für die jeweiligen Treppenaufgänge beider Terrassenmauern (*Taf. 101,1*). Die Überbauung des Südteils des eingetieften Rechteckplatzes, seiner Südmauern, des Treppenbaus und der vorgelagerten, schmalen Terrasse durch Huaca Grande und die Mauern ihres eingetieften Raumes ist am augenfälligsten (*Taf. 119*).

Unterschiede zwischen beiden Siedlungsphasen bestehen hauptsächlich in der Öffnungsrichtung der U-förmigen Plätze der Hausgruppen (*Taf. 168; 169*). In der jüngeren Siedlungsphase gewinnt die Öffnung in Richtung auf die großen Plattformen an Bedeutung. Exemplarisch ist der Unterschied zwischen Hausgruppe IX A (ältere Siedlungsphase), die einzig auf Huaca Chica bezogen ist, und der überlagernden Hausgruppe IX B. Diese umgibt zwar die Nordwestecke dieses kleinen Plattformbaus, öffnet sich jedoch zugleich in Richtung auf die Huaca Grande hin. Analoge Veränderungen der Hausgruppen finden sich im Westteil von der älteren zur jüngeren Siedlungsphase.

In der älteren und jüngeren Siedlungsphase überlagern sich mehrfach ausrichtungsgleiche Häuser. Diese Überlagerungen entsprechen verschiedenen Bauphasen. Im Bereich der Wohnsiedlung sind diese in einigen Fällen nachweisbar: So versperrt Haus 42 den Zugang zu Haus 40, und die Feuerstelle des Hauses 8 überlagert Pfostengräbchen der Nordwand von Haus 12. Diese beiden Beispiele aus der älteren Siedlungsphase finden sich im Westteil der Siedlung. Hier sind auch Veränderungen in der Bebauung der jüngeren Siedlungsphase sichtbar. Die Häuser der gesamten Gruppe III B 1 sind überbaut worden. An ihrer Stelle hat man jene der Hausgruppe III B 2 errichtet. Das zeitliche Verhältnis beider erhellt aus der Überlagerung der Nordwand des Hauses 3 (Hausgruppe III B 1) durch die Feuerstelle des Hauses 5 (Hausgruppe III B 2). Die intensive Bautätigkeit in dieser Siedlungshälfte dürfte, ebenso wie die Lage der großen Plattformbauten im Westteil der Siedlung, in Zusammenhang stehen mit ihrer Nähe zum ursprünglich wohl Wasser führenden Trockental „Quebrada Honda".

Alle diese Befunde sprechen dafür, daß die jeweiligen Ausrichtungen von Plattformbauten, Wohnhäusern und sonstigen Bauten als Erkennungsmerkmale zweier Siedlungsphasen anzusehen sind. Diejenigen, die der ersten Ausrichtung folgen, sind der älteren Siedlungsphase zuzuweisen, die der zweiten Ausrichtung folgenden gehören der jüngeren Siedlungsphase an.

Die Veränderung der Ausrichtung einer gesamten Siedlung läßt eine Zäsur in ihrer Entwicklung vermuten. Der Befund im Bereich der großen Plattformen erweist jedoch eine Kontinuität beider Siedlungsphasen. Hier läßt sich nachweisen, daß Häuser, die der Ausrichtung des älteren Gesamtkomplexes folgen, noch zeitgleich bestanden mit solchen, deren Orientierung der Huaca Grande entsprach: Die Häuser 200, 202 und 222 wurden nachweislich erst in einem fortgeschrittenem Stadium der jüngeren Siedlungsphase überbaut bzw. umgebaut (*Taf. 94; 102; 92*); die Häuser 232 und 236 verwendete man weiter in der jüngeren Siedlungsphase, sie wurden nicht mehr überbaut (*Taf. 79; 83; 84*).

Für die Tatsache, daß eine Kontinuität der Siedlungsphasen auch im Bereich der Wohnsiedlung bestand, spricht, daß in 26 Fällen in der jüngeren Siedlungsphase Häuser an derselben Stelle wie in der älteren Siedlungsphase gebaut werden. Dies ist ein relativ großer Anteil, denn insgesamt überschneiden 50 Grundrisse der jüngeren Siedlungsphase 54 Grundrisse der älteren Phase. Demnach legen die Befunde auch für die Wohnsiedlung eine Kontinuität beider Siedlungsphasen nahe.

Im Hauptplattformenbereich finden sich in der älteren Siedlungsphase sieben Überlagerungen ausrichtungsgleicher Häuser und Anlagen (228 über 208 und 210; 202 über 204; 214 über Terrassenaufgangskorridor; 214 und derselbe Korridor über 216; 222 und 224 über 220; 236 und die anschließende Pfostenwand über 240; 236 und 240 über 242; *Taf. 170; 172*). In der jüngeren Siedlungsphase sind fünf Überlagerungen dieser Art festzustellen (225 über dem Podium, das 227 und 229 bedeckt; 211 über 213; Estrich vor Haus 223 über der großen Säulenreihe; Südraum von 223 über Podium und gestuftem Durchgang; Ostraum von 231 über Durchgang und Pfostenwand; *Taf. 171; 173*). In diesem Bereich lassen sich jeweils zwei Bauhorizonte in beiden Siedlungsphasen feststellen.

Die Einheitlichkeit der Ausrichtungen in beiden Phasen und das Fehlen von wesentlichen Neugruppierungen in der zweiten Siedlungsphase lassen vermuten, daß die Siedlung in der zweiten Phase nicht langsam wuchs, sondern daß sie relativ rasch nach einem kohärenten Plan gebaut wurde. Eine Kontinuität zwischen beiden Phasen zeigt sich auch in der offensichtlichen Weiterverwendung der Huaca Antigua und daran, daß Huaca Chica lediglich erweitert wurde. Die erwähnten Übergänge zwischen Häusern beider Siedlungsphasen sind nur im Bereich der großen Plattformbauten zu beobachten. Hier schützen qualitätvoller gebaute Mauern und Terrassen vor Erosion, vor allem vor den gelegentlichen, vom sog. „Niño"-Effekt verursachten, katastrophenartigen Regenfällen und Überschwemmungen bzw. Muren (Huaicos) (s. S. 21). Sie sind in diesem Gebiet für eine Siedlung in Hanglage auf schluffigem (d. h. wasserundurchlässigem) Boden, mit Häusern aus Rohrstäben, Lehmmörtel und Bruchsteinen wie Montegrande außerordentlich bedrohlich. Angesichts der dargestellten geomorphologischen und klimatischen Situation scheinen eine plausible Erklärung für den Gesamtbefund der Siedlungsentwicklung die Zerstörungen der Siedlung der älteren Phase durch katastrophenartige Regenfälle zu sein, wie sie der „Niño"-Effekt hervorruft, zumal keinerlei Hinweise auf kriegerische Vorgänge zu finden sind.

Für die beiden kontinuierlich aufeinander folgenden Siedlungsphasen ist keine sehr ausgedehnte Zeitspanne anzunehmen. Geht man für die Häuser von einer Nutzungsdauer von anderthalb Generationen aus, so ist eine Siedlungsdauer von etwa 100 Jahren wahrscheinlich.

Aus den Ausrichtungen von Wohnhäusern und Anlagen sowie aus stratigraphischen Befunden läßt sich erkennen, daß im Südostteil der Siedlung Wohnhäuser beider Siedlungsphasen durch Terrassenfolgen mit bebauten und freien Plätzen vor großen Rundbauten am Ende der zweiten Siedlungsphase überbaut worden sind. Auch vor Huaca Chica wird scheinbar der Großarchitekturbereich auf Kosten der Wohnsiedlung ausgedehnt. Hier durchschlägt eine den nunmehr unbebauten oberen Platz begrenzende Pfostenreihe den Estrich eines Hauses der jüngeren Siedlungsphase (Haus 93; *Taf. 30*). Auf ähnliche Weise ist wohl der Befund auf beiden Seiten des unteren, freien Platzes vor der L-förmigen Terrasse zu interpretieren.

Es liegt nahe, einen Zusammenhang dieser Ausdehnung der Großarchitektur im Siedlungsbereich mit der Errichtung des Grab-„Turms" auf Huaca Grande zu sehen. Dieser Befund wiederholt sich in der ca. 1 km entfernten Anlage im Südteil der Meseta (Tellenbach 1984). Die Errichtung von Grabanlagen über den Großbauten deutet die Auflassung der Siedlung an. Spuren kiegerischer Zerstörungen sind auch in diesem Zusammenhang nicht zu finden. Möglicherweise steht das Ende der Siedlung in Zusammenhang mit der Verlagerung des Wasserlaufs aus der benachbarten „Quebrada Honda" nach Westen. Nach dieser Verlagerung beträgt die Entfernung der Siedlung vom nächsten Wasservorkommen (im Fruchtland) mehr als 1 km.

Im Hinblick auf die einstige Wasserversorgung der Montegrande-Siedlung sind Überlegungen über die topographisch-morphologischen Verhältnisse des Platzes angebracht (*Taf. 175*). Westlich der Meseta zieht sich eine von Norden nach Süden verlaufende, tiefe, wannenförmige Erosionsrinne hin, ein heutiges Trockental, die sogenannte Quebrada Honda. Sie trennt die Meseta 2 von der Meseta 1, die ihrerseits von einer schmalen Erosionsrinne im Westen abgetrennt wird von einem Bereich, der von Aufschüttungen und flachen Trockenrinnen durchzogen ist und nach Westen leicht abfällt. Dort verläuft die Hauptrinne, die Quebrada Cerro Zapo, auch Quebrada Montegrande genannt. Diese Hauptrinne führt noch heute, jahreszeitlich bedingt, geringe Wassermengen. Der gesamte Bereich westlich der Meseta 1 gleicht einem Mündungsdelta; südlich davon endet die Quebrada Cerro Zapo im Jequetepeque. Cerro Zapo, von wo das Trockental seinen Ausgang nimmt, ist eine etwa 2 000 m hohe Erhebung wenige Kilometer nordöstlich der Siedlung. Die mehrere Hektar große Gipfelebene ist dicht bewachsen und liegt in einer feuchteren Klimazone. Bei geringfügig feuchteren Bedingungen, d. h. einem etwas anderen Mesoklima aufgrund einer stärkeren Bewaldung in der Zeit der Besiedlung der Meseta 2 von Montegrande, wäre in Betracht zu ziehen, daß die Quebrada Cerro Zapo ganzjährig Wasser führte. Auf dem Luftbild von Montegrande ist zu erkennen, daß die Quebrada Honda sich etwa 1,5 km nördlich der Siedlung teilt. Ein Arm der Quebrada Honda zieht nach Osten in die Ausläufer der Vorberge des Cerro Zapo, ein weiterer setzt sich in gerader Richtung nach Norden fort und endet nahe dem Austritt der Quebrada Cerro Zapo aus den Vorbergen. Wahrscheinlich mündete die Quebrada Cerro Zapo ursprünglich in die Quebrada Honda. Diese Annahme legen Form und Verlauf dieser Rinne in ihrem nördlichen Teil nahe. Diese Veränderungen des Bachbettes bieten eine Erklärung für die Herausbildung der beiden großen Erosionsrinnen, die die Hangschuttfächer von Montegrande in spornartige Mesetas untergliedern und können zugleich eine Antwort auf die Frage geben, woher diese über 1,5 km weit vom Flußbett des Jequetepeque entfernte Siedlung Wasser bezog.

In beiden Siedlungsphasen besteht ein signifikantes Größenverhältnis zwischen den Häusern der Terrassen vor und neben den großen Plattformbauten und jenen der umgebenden Wohnsiedlung. Dieses Verhältnis legt die Annahme nahe, daß in unmittelbarer Nähe der Großbauten (Tempel?) eine bevorzugte Bevölkerungsgruppe lebte (Priesterschaft?), die einem hierarchisch organisierten Gemeinwesen vorstand. Als Ausdruck dieser Ordnung ist die ausgeprägte Einheitlichkeit der Ausrichtung von Plattformbauten und Hausgruppen zu deuten. Diese feste Ordnung charakterisiert die Siedlung insgesamt. Die mutmaßliche Zerstörung und Neuerrichtung der Siedlung an derselben Stelle impliziert offensichtlich keine Änderung dieser Ordnung. Der einheitliche, offenbar planvolle und rasche Wiederaufbau scheint die Annahme einer solchen Ordnung eher zu bestätigen. Mit großer Wahrscheinlichkeit waren in den hervorgehobenen, heute ausgeraubten „Grabtürmen" führende Persönlichkeiten dieser Siedlungen bestattet.

Es ist Aufgabe der vorliegenden Arbeit, über die Grabungsergebnisse von Montegrande zu berichten. Die Darstellung ihrer Bedeutung für die Erforschung der peruanischen Frühzeit ist in einer späteren Veröffentlichung vorgesehen. Hier sei nur darauf verwiesen, daß eine *Oberflächenbegehung* weder klare Hinweise auf eine Siedlung im Umkreis der Plattformbauten noch auf eine Vergesellschaftung von Keramik mit diesen Anlagen erbracht hat. Die Plattformaufschüttungen selbst sind nahezu fundleer; Keramik fand sich nur im Bereich eingetiefter, offensichtlich jüngerer Gräber, die ausgeraubt sind. Den Oberflächenbeobachtungen nach hätte es sich um eine „präkeramische", eventuell teilweise überbaute, isoliert gelegene Plattformgruppe handeln können. Solche meist nur „survey"-mäßig erforschte Bauten werden in der andinen Archäologie häufig als „Zeremonialzentren" bezeichnet (s. S. 16). *Die ausgegrabene Siedlung* paßt nicht in die bis heute maßgebliche Systematik präspanischer Siedlungen in zentralandinen Küstenoasen, die Willey aufgrund seiner Forschungen im Virú-Tal entworfen hat (Siedlungshügel, „unplanned village", Weiler etc.; s. S. 11). Es kommt nun als neue Kategorie die strukturierte Siedlung mit Heiligtum hinzu. Auch die Fundvergesellschaftungen entsprechen nicht den gängigen chronologischen Konzeptionen. Eine erste Übersicht über die Keramikfunde (sie werden von C. Ulbert bearbeitet) führt zur Entdeckung bedeutsamer Entsprechungen mit sog. „initialzeitlicher" Keramik von Huaca Loma und Pacopampa/Pandanche in Machart, Form und Verzierung (Terada/Onuki 1982; Kaulicke 1981). In Montegrande ist diese Keramik jedoch mit chavínzeitlichen Gefäßfragmenten vergesellschaftet. Einzelcharakteristika der Architektur wie Nischengliederung, eingetiefte Räume und zentrale, eingetiefte Feuerstellen erinnern an „präkeramische" Fundstellen wie Kotosh, Shillacoto, La Galgada, Aspero (s. S. 15). Die U-förmigen Hausgruppen spiegeln jedoch eine Vorstellungswelt, deren Ausdruck uns bislang nur von Monumentalanlagen bekannt ist. In allen Fällen, in denen Skulptur aus Lehm oder Stein mit solchen Anlagen vergesellschaftet ist, gehört deren Ikonographie in einen Chavín-Zusammenhang, so z.B. Chavín de Huántar, Caballo Muerto, Garagay und Kuntur Wasi (s. S. 18). Den Funden und Befunden nach stimmt somit die erste großflächig gegrabene Siedlung des Zentralandenraumes weder mit den gängigen chronologischen Schemata, noch mit den geläufigen Konzeptionen über Siedlungsformen der zentralandinen Frühzeit überein.

INTRODUCCIÓN

ARQUITECTURA DOMÉSTICA Y CEREMONIAL EN EL FORMATIVO PERUANO.

Hay sin duda buenas razones para excavar un asentamiento de la época temprana del Perú y para hacerlo en el lugar donde lo hemos hecho siguiendo el procedimiento que hemos utilizado. No obstante esto, al intentar explicar su importancia para la arqueología del área central andina tropezamos con dificultades que resultan del estado actual de la investigación en este ámbito.

Las investigaciones en el área andina desde hace unos 40 años están en buena parte orientadas más hacia la formulación de hipótesis relevantes y su comprobación, que hacia la obtención de datos seguros como base para reconstrucciones históricas. Ésta es la causa de la evidente desproporción que existe entre la poca cantidad de publicaciones sobre asentamientos excavados y las numerosas investigaciones teóricas sobre el patrón de asentamiento. Por consiguiente, no es fácil establecer en investigaciones de este tipo, cuáles son los hallazgos y contextos en que se basan las diferentes hipótesis.

En los años cuarenta el proyecto conjunto de distintas universidades norteamericanas se propuso el estudio integral del valle de Virú. Gordon Willey había elegido como tema el estudio de patrones de asentamiento de las épocas de las épocas prehispánicas. En el campo trabajó entre abril y agosto del año 1946 (Willey 1953). Su clasificación de los asentamientos comprende asentamientos dispersos, aglutinantes, grandes casas aisladas y "compound villages". Además estableció la existencia de edificios comunitarios, montículos piramidales y „pirámides habitacionales", así como varios tipos de fortificaciones o fortaleza de refugio y extendió también esta tipología de asentamientos a los llamados "montículos habitaciones", basurales, conchales y sitios habitacionales. La base empírica de esta sistemática son 315 sitios arqueológicos ubicados mediante fotografía aérea, que fueron recorridos en 4 meses en los cuales también se recogió cerámica (Willey 1953, p. 2 – 6). La clasificación cronológica se basó en seriaciones establecidas por grupos de investigadores de otras universidades sobre la base de excavaciones de area limitada y sondeos. Las excavaciones de J. Bird en Huaca Prieta, en el valle de Chicama, y en Huaca Negra, en el valle de Virú (Bird 1948), llevaron a la definición del "Período Cerro Prieto" como una fas "precerámica" situada al comienzo del desarrollo de los asentamientos en el valle de Virú. Basándose en superposiciones estratigráficas en los sitios se estableció como fase subsiguientes el período Guañape. Se suponía que éste en su período medio correspondía cronológicamente al "Horizonte Chavín", mientras que su fase temprana se caracterizaría por cerámica con aplicaciones e incisiones poco frecuentes.

Los cinco sitios (arqueológicos) asignados al "Período Cerro Prieto" en el valle de Virú están descritos como conchales o basurales que están situados en la costa. Dos de los sitios son montículos sin cerámica; en otros dos casos las capas de material orgánico sin cerámica ni artefactos son designadas como sitios precerámicos. Solamente el montículo V – 71, de una altura de 9 ms, "Huaca Negra de Virú", fue examinado por Strong y Evans en dos sondeos (Test-Pits) (Strong/Evans 1952). Según los datos publicados este montículo V – 71 (Huaca Negra) podría haber sido acumulado intencionalmente para construir en él un templo. Sin embargo, si fueran distintos asentamientos estratificados uno encima del otro, se podría tratar de una secuencia de asentamientos que van desde un tiempo "precerámico" hasta el Formativo Temprano. Las observaciones publicadas por Strong y Evans: un cuarto rectangular hundido sin fogón, rellenado de guijarros partidos por el fuego (primer sondeo), así como 13 pisos superpuestos sobre residuos estratificados, de los cuales gran parte estan compuestos por guijarros con grietas causadas por calor (segundo sondeo), indican que probablemente no se trata de un sitio residencial o de asentamiento, ya que la construcción de cuartos con relleno consecutivo es un principio de construcción de plataforma en el período temprano peruano, como demostraron las excavaciones de Lanning en Río Seco (v. infra). Las observaciones de Bird, quién realizó otras excavaciones en Huaca Negra y constató la exístencia de cuartos hundidos, algunos con nichos, también indican que se podría tratar de una plataforma. En efecto, cuartos con nichos, hundidos en edificios plataformicos, están frecuentemente documentados para el Período Temprano en el área central andina. El "templo" en la superficie del montículo es un edificio de piedra llamado "templo de las llamas" porque en su interior se habían encontrado tumbas de llamas. Fue fechado en la fase Guañape Medio sobre la base de hallazgos de cerámica.

Si en el caso de Huaca Negra se tratara de un edificio platafórmico, los hallazgos de cerámica asociada al "templo de las llamas", situado arriba, serían de importancia decisiva para la clasificación del complejo entero. Significativa es además la observación de que en el área del "templo" se han utilizado en la construcción adobes cónicos, que se conocen también del contexto Chavín (Larco 1941, 115 ss.). Otros hallazgos de cerámica proceden de la superficie del montículo y se encontraron en sondeos laterales que llegaron hasta una profundidad considerable (3.5 ms).

En resumen se puede constatar que en base a la documentación publicada de Huaca Negra no se puede decidir, si se trata de un conjunto platafórmico con cuartos hundidos o de un montículo habitacional. Por lo tanto, la importancia de este sitio arqueológico para el análisis de asentamientos en la epoca temprana peruana resulta muy limitada. Esto se refiere también al análisis cronológico. Lo mismo es válido para los otros sitios mencionados del "Período Cerro Prieto".

De sus observaciones en la superficie Willey dedujo en la fase Guañape Tardío una posición cronológica de concentraciones de piedras de canto vivo de dos sitios (V 83 y V 85), que están separadas unas de otras por una distancia de 2 hasta 20 ms. Éstas fueron interpretadas como fundamentos de muros de dos lados de casas de planta cuadrangular, rectangular u ovalada, en parte con muros transversales; pero no se observaron pisos ni indicios de paredes (Willey 1953, plano 7, fig. 8). Cerca de estas casas y supuestamente asociados a ellas se encontraron dos "edificios comunitarios" o "templos", plataformas bajas rectangulares de pequeñas dimensiones (30 cm hasta 1 m de altura, 3 m^2 hasta 8 m^2 de superficie), hechas de barro con muros de soporte de piedra. En otro sitio (V 84) están construidos encima de plataformas de este tipo dos pequeños cuartos con esquinas redondeadas. Estas observaciones de "survey" no bastan para poder hablar de un tipo de asentamiento disperso de la fase Guañape,

Del informe preliminar de J. Bird puede deducirse muy poco acerca de los hallazgos arquitectónicos de sus excavaciones realizadas en Huaca Prieta en el valle de Chicama (Bird 1948). Se mencionan pequeñas casas hundidas de planta ovalada y rectangular con uno o dos cuartos y sin fogones, con paredes de guijarros y techos de troncos o huesos de ballena. Todas estaban rellenas de basura o de material lítico. En el corte de perfil longitudinal de la excavación de este voluminoso montículo se observaron muros de contención de cantos rodados de una altura de hasta 8 ms (Engel 1957a, 86); según J. Bird (Bird 1948, 23) en el inventario de los yacimientos no se pudieron comprobar indicios de cambios culturales en mayor escala. En el caso de Huaca Prieta de Chicama tampoco se puede decidir con absoluta seguridad si se trata de un montículo de asentamientos superpuestos o de arquitectura ceremonial (de, posiblemente, varias fases).

Ya en los años 1941 y 1942 D. Strong y G. Willey habían realizado excavaciones de menor escala en Ancón y Supe. En el área de los conchales de Áspero (Supe) se hicieron primeras observaciones sobre asentamientos: se consideró la posibilidad de que algunas hileras de piedras podían ser muros de casas (Willey/Corbett 1954, 23). Únicamente sobre la excavación de un "templo" se hizo un informe detallado. Encima y al lado de una superficie de varias hectáreas de residuos culturales y conchas sin cerámica se encontraron pisos de barro y muros bajos de cantos rodados, en parte de dos caras. El análisis de una superficie de aproximadamente 14 ms por 10 ms permitió comprobar la existencia de cuartos continuos de planta cuadrangular, parcialmente irregulares. Relacionadas con ellas había plataformas bajas hechas de piedra y barro, llamadas "altares", y cubiertas de enlucido duro de barro en el cual se distiguían vestigios de quema. Se había conservado un poste grueso que se interpretó como indicio de techado. La falta de basura en el área asociada al complejo se interpretó como indicio de una función ceremonial o de templo. Se discutió, sin que fuera posible llegar a resultados definitivos, la posición cronológica de los residuos estratificados de Supe-Áspero (contemporánea o más tardía que los conchales con cerámica de Supe y Ancón).

Los hallazgos hechos en Áspero producen a primera vista la impresión de un gran asentamiento aldeano con templo. Sin embargo, los datos publicados no bastan para verificar o refutar esta impresión. Estimulado por la concepción de Bird sobre una fase precerámica, F. Engel estudió en los años cincuenta la costa peruana a lo largo de 1300 km, entre el valle de Cupisnique y el Río Camaná, y recorrió y describió más de 32 sitios acerámicos (Engel 1957a, 67 – 180; notas suplementarias 1963, 11). Sobre excavaciones y sondeos en algunos de estos sitios informaron Engel y dos de sus colaboradores (Engel 1957a. b; 1958; 1959; 1963; Wendt 1963; Lanning 1967) con excepción de los informes sobre el sitio Culebras en la costa central norte, de las documentaciones sobre Río Seco en la costa central y Asia 1 en la costa central sur, estas publicaciones no nos proporcionan datos sobre plantas de casas. Pero los autores hacen observaciones acerca de la arquitectura monumental, que tienen importancia para el análisis de los hallazgos que fueron interpretados como arquitectura residencial. Existen planos de este tipo de arquitectura referentes a Las Haldas y a Paraíso-Chuquitanta, siendo muy disentida la clasificación cronológica de la primera (Engel 1957a, 76 – 77; Fung 1972; Lanning 1967, 65; Matsuzawa 1974, 3 – 44; Engel 1970, 31 – 59; Grieder 1975, 99 – 112).

Según los datos de Engel, en nueve sitios mayores existían "superposiciones Chavín", mientras otros cinco yacimientos menores probablemente no habían servido de vivienda permanente ("stationes saisonnières"). Además, en informes más recientes de Engel y de otros autores, se mencionan ocupaciones de varios sitios en la época de las culturas más antiguas que tenían cerámica ("cerámica inicial"): Lanning, por ejemplo, al contrario de Engel, considera los importantes restos arquitectónicos de Culebras como pertenecientes a la "fase inicial" (Engel 1957a, 87; Lanning 1967, 91). Engel habla más tarde de una reutilización de casas por parte de una población que empleaba cerámica (Engel 1963, 11). Surgen dificultades para un análisis más preciso del período precerámico debido a la falta de informes sobre excavaciones, bien documentados, que permitan reconecer la relación entre los hallazgos y sus contextos. Es seguro que existían complejos de gran extensión, en los cuales no se utilizaba cerámica para recipientes sino calabazas en gran escala.

La primera descripción detallada de un sitio sin cerámica del Período Temprano es la publicación sobre la unidad 1 de Asia, situada 100 km al sur de Lima (Engel 1963). Hasta ahora hay de este sitio sólo un dibujo del sitio ya excavado, que comprende edificios del Período Temprano peruano construidos de material orgánico. La unidad 1 consiste en un montículo de poca altura cubierto de conchas Mesodesma en medio de elevaciones similares ubicadas en las orillas de un antiguo lecho del Río Omas. Comprende una superficie de 39 ms por 11 ms. Según Engel (1963, 18 – 20), se pueden distinguir cuatro fases de ocupación. De la más antigua se habían conservado sólo residuos negruzcos, cubiertos por una capa calcárea y atravesados por postes y pozos, restos de “chozas de los primeros pobladores”. La forma de sus plantas no se podía distinguir. Los residuos y restos de poco espesor de la segunda fase consisten en capas delgadas encima y debajo del piso de una plataforma que cubre todo el montículo. Partiendo de los pocos restos tampoco aquí se podía obtener un cuadro de conjunto. Reedificaciones y construcciones suplementarias, muros y pisos nuevamente construidos, numerosos pozos y huecos de postes pertenecen, según Engel, a la tercera fase de poblamiento y proporcionan el siguiente cuadro de conjunto: tres cuartos rectangulares, en apariencia construidos independientemente están parcialmente cercados por muros, dando lugar así a otros espacios largos y angostos. En la cuarta fase que está construida encima de los escombros de la población anterior (espesor medio de 30 cms), se completaron las paredes de la fase anterior por medio de barro con desgrasante (earth-plaster mixture) y se construyeron nuevas paredes de piedra en mortero de barro. De este modo se puede reconocer un conjunto de espacios alineados en forma de una L invertida, parcialmente unidos y cercados por muros dobles. Estos cuartos forman un área rectangular. Al parecer tienen un acceso al norte. Un nuevo elemento esencial son los huecos para postes (en la mayoría de los casos se ha conservado el extremo inferior de los postes que tenían un grosor de 4 hasta 5 cms). El hecho de que Engel comprobó arquitectura de material orgánico significa que es posible que hayan existido asentamientos, cuyos vestigios no pueden ser investigados por medio de la “arqueología survey”, sino sólo por medio de excavaciones. En este orden de ideas Engel dice que, en el caso de un asentamiento del Horizonte Chavín en Paracas, logró establecer la forma de asentamiento, siguiendo las hileras de los postes y de pequeños fosos. Este hallazgo está publicado hasta ahora sólo en un dibujo de plano sin comentarios (Engel 1966, 129 *fig. 32*).

No se conocen fogones en ninguno de los cuartos que se han descrito y reproducido en el plano de Asia 1; ninguno de los cuartos presenta un acceso, es decir, que aquí tampoco está claro si los espacios eran partes de la construcción de un edificio (¿plataforma?) o si eran viviendas. Abandonado el sitio, en una quinta fase, se hundieron en el complejo tumbas y depósitos en gran cantidad. La cuestión encuanto a la función del complejo, si éste servía para fines residenciales o de culto, no está aclarada según Engel. Por lo tanto tampoco en el caso de Asia 1 se puede hablar sin más de arquitectura doméstica. Engel supone que Asia era contemporáneo con grupos que usaban cerámica, porque se encontró el engaste de barro cocido de un espejo (Engel 1963, 82, *Lám. 195, 116*).

En el mismo año en que Engel publicó las excavaciones de Asia, W. Wendt presentó los resultados de sus excavaciones en Río Seco (Wendt 1963). En este sitio, descrito por Engel (Engel 1957a, 79), E. Lanning ya había realizado exploraciones en 1957, sobre las cuales Engel había informado brevemente (Engel 1957a, 89; 1963, 12). Objeto de las investigaciones de Lanning fueron dos de las seis elevaciones cónicas de una altura de hasta 3 ms. En residuos de piedra, huesos de ballena y bloques de corales se habían hundido y, posteriormente, rellenado varios niveles de cuartos que se comunicaban entre sí. No se encontraron, sin embargo, fogones u otros vestigios que indicaran su uso. Evidentemente la construcción y el relleno de cuartos representaban aquí un principio referente a la construcción de plataformas (Engel 1963, p. 12). Los cuartos fueron rellenados, y encima colocados monolitos. Wendt realizó pequeños sondeos en toda el área organizados en una red, separados regularmente unos de otros por una distancia de 15 ms, y descubrió en una superficie de varias hectáreas escombros culturales de una profundidad media de 1,5 m. En una pequeña excavación en área se encontraron restos de cuatro unidades arquitectónicas independientes, posiblemente casas. Grandes pisos planos de barro ($30 m^2 - 50 m^2$), en parte escalonados, los bordes de terrazas construidos limitados por piedras, continúan en sus extremos en el enlucido de las paredes, de las cuales se encontraron algunos restos. Derrumbes en el piso, pequeños adobes y material de barro indican paredes; no fue posible averiguar el tipo de construcción de la paredes. Sólo en un caso se observaron tres pequeños postes entre las piedras de los bordes de una terraza. Wendt menciona que en un sitio se observó la existencia de una pared de sólo 60 cms de altura cuyo borde superior liso indicaba, sin embargo, que había sido terminado intencionalmente de esta forma.

En las fotos publicadas se puede ver que en ambos hallazgos mencionados se trata de terrazas con enlucido. Estas fotos y la descripción muestran que existen varias fases de construcción que evidentemente no habían sido separados. Según las informaciones de Wendt (1963, 240 ss.) el terreno había sido nivelado para la construcción de otros pisos de terrazas. De aquí resulta el siguiente cuadro: cuartos, en parte hundidos, asociados a terrazas que se extienden hasta uno de los montículos arriba mencionados. En los pisos se habían hundido pozos circulares, parte de ellos con piedras en su parte superior. Dentro y fuera de los cuartos, había a veces fogones que tenían un aspecto de hoyos llenos de ceniza. En Río Seco, como así también en Asia, había una cantidad considerable de tumbas hundidas en los sedimentos arqueológicos.

El resultado quizás más interesante de las excavaciones en Río Seco fue la observación de que aquellos "conchales" de los pobladores más tempranos contenían arquitectura monumental. Observando la forma de construcción de estos complejos se nos abren perspectivas insospechadas para la interpretación de los cuartos y "casas" a los que se refieren las publicaciones, sobre todo, porque los hallazgos interpretados como "casas", en la mayoría de los casos, se observaron en excavaciones de poca extensión o, incluso, en sondeos. En este contexto llama la atención la frecuente falta de fogones en las construcciónes de cuartos.

E. Moseley y G. Willey habían visitado Río Seco en el año 1971, y G. Willey reconoció de inmediato que los "conchales" de Áspero (Supe) eran muy parecidos a los arriba mencionados (Moseley/Willey 1973, p. 455). El plano de curvas a nivel de Áspero (ibid. p. 454 fig. 1) muestra seis montículos grandes y once más pequeños, restos de conchas y basura en terrazas y en pequeños pozos pavimentados en un terreno en parte muy inclinado (declive mínimo: unos 22 ms de diferencia de altura en alrededor de 360 ms de distancia; declive máximo: unos 16 ms de diferencia de altura en alrededor de 80 ms de distancia), que se extienden sobre una superficie de más de 13 hectáreas. Las investigaciones y excavaciones de R. Feldman en Áspero en los años 1973 y 1974 (Feldman ms.) complementaron y ampliaron la imagen de ese conjunto. Aquí nuevamente se hicieron observaciones que tienen importancia para el problema de patrones de asentamiento. Las laderas entre las siete plataformas principales de distinta orientación están escalonadas por medio de terrazas con o sin muros de contención de piedra. Estos últimos a veces no muestran relación con las plataformas y servían, según Moseley y Willey, para fines habitacionales. No se logró, sin embargo, reconocer estructuras bién definidas (Moseley/Willey 1973). Feldman describió estas áreas a base de sus reconocimentos de superficie como grandes plazas en terrazas y grupos de pequeños cuartos rectangulares, posiblemente de viviendas. De sus observaciones dedujo también que el "templo Áspero", descrito en investigaciones anteriores, había servido probablemente para fines habitacionales. A los pequeños pozos pavimentados (1 m por 1 m por 1 m a 2 ms), también mencionados en esa publicación, los consideró más recientes que las otras estructuras encontradas.

Como ya en el caso de las primeras investigaciones en Áspero esta descripción más reciente y más detallada del sitio apostó indicios sobre un asentamiento situado en la ladera alrededor de edificios platafórmicos. Sin embargo, quedó sin definir la relación entre terrazas, casas y plataformas, así como el problema de su relación cronológica. Las excavaciones de Feldman en Áspero demostraron que los "montículos" eran en realidad plataformas tal como lo había sospechado Willey. Se hicieron trincheras y sondeos profundos en tres de estos edificios. Se averiguó que había cuartos en estas plataformas escalonadas con muros dobles de cantos rodados y alargados o bloques de basalto y cercadas de adobes. En varias fases de construcción habían sido hundidos llenando y nivelando siempre los cuartos de la fase anterior. No se pudieron sacar conclusiones sobre construcciones de techos basándose en los pocos postes observados.

No hay documentación pero sí algunos informes sobre construcciones de casas del Período Temprano en el sitio arqueológico Culebras, situado en una ladera cerca del mar. Primero se habló de casas rectangulares, con entierros debajo de los pisos, que habían estado en relación con muros de contención de hasta 4 metros de altura con "efectos decorativos", terrazas que se comunicaban entre sí mediante escaleras, y una plataforma con una escalera monumental (Engel 1957a, 77.87). Más tarde Engel mencionó casas de piedra hundidas, que pertenecían a un asentamiento acerámico y que habían sido construidas en forma aglutinada. Según Engel, pobladores de épocas más recientes que usaban cerámica – el mismo grupo que también había construido nuevos edificios – utilizaron esas casas para enterramientos (Engel 1963, 11). Lanning menciona terrazas con muros de contención que están en parte divididas mediante nichos y en los cuales se habían construido casas de 2 o 3 cuartos con jaulas para "conejos de indias" en forma de túnel (Lanning 1967, 70); según él se trata de un complejo acerámico sobre el cual posteriormente edificó una población que usaba cerámica. La arquitectura monumental estaba en relación con este asentamiento más reciente (Lanning 1967, p. 91 s.). Las contradicciones de estos informes reducen considerablemente la posibilidad de establecer el carácter y la cronología del complejo de Culebras. Un análisis crítico de los hallazgos sólo podría realizarse después de presentarse la documentación.

Los informes – relativamente numerosos – sobre "asentamientos precerámicos" o acerámicos en la costa peruana están en curiosa contradicción con la absoluta falta de documentaciones e informes publicados sobre excavaciones de asentamientos de aquella época temprana, que por la gran difusión del estilo Chavín en cerámica, escultura, textiles y otros hallazgos se llama "Horizonte Temprano" (Rowe 1960), o, de forma más general, "Período Formativo" (Willey 1953). Esta discrepancia hace completamiente imposible comparar las observaciones publicadas y los hallazgos que provienen de ambos períodos o épocas. Esto se debe al hecho de que la investigación se orientó eligiendo determinados temas básicos. Esto fue de importancia decisiva para el desarrollo de investigaciones posteriores: W. Bennett y J. Bird habían llamado "Cultist Period" a la "época Chavín" de la época temprana peruana (Bennett/Bird 1949). En contraste con los "conchales", entonces recién descubiertos, y con los pocos relictos de recolectores, cazadores y pescadores "con capacidad muy limitada para la agricultura", la complicada iconografía ampliamente difundida y la arquitectura monumental de la cultura Chavín aparecían como fenómenos repentinos cuyo trasfondo social y económico no podía aclararse. El conjunto más conocido y que le da el nombre, Chavín de Huántar, un ejemplo de arquitectura religiosa altamente diferenciada, está situado en un valle angosto. Bennett y Bird vieron en conjuntos como Chavín de Huántar centros de peregrinos, que fueron construidos en épocas de peregrinaciones de grandes masas de población y que se usaron para el intercambio mercantil y de ideas. En tiempos posteriores los edificios habrían sido adornados y terminados por especialistas (Bennett/Bird 1949, 137). En los últimos 30 años este modelo no promovió sino más bien dificultó la investigación, porque parte de un supuesto altamente improbable: un templo construido por peregrinos constituiría un hecho singular en la historia de las religiones.

En el año 1951 evaluando exploraciones de superficie en la costa norte peruana, R. Schaedel utilizó el término "centro ceremonial" ("templo piramidal" con pocas casas en sus alrededores). Con este término describió complejos de arquitectura monumental, en cuyas inmediaciones no se podían distinguir contextos de asentamientos (Schaedel 1951, 232). Willey dedujo de sus observaciones en el valle de Virú que en los "stages" tempranos del Perú ("Early Agricultural", "Early and Late Formative"), aparte de los grandes centros religiosos, sólo exitían pequeños poblados "no planificados" (Willey 1951, 196 s.). Desde entonces, la investigación arqueológica de estas fases tanto en la sierra como en la costa se ha ocupado casi exclusivamente de la investigación de arquitectura monumental. En el caso de la investigación de montículos y complejos cerca de la costa se habló de "basurales", suponiendo un patrón de asentamiento parecido a las culturas "Tell" de Europa y del Cercano Oriente: así lo sugirieron las estratigrafías – en su mayoria de de cortes pequeños – con pisos, fogones y restos de basura. Pero se plantea la cuestión de si se trata en estos casos de complejos de templos con varias superposiciones arquitectónicas y con los rellenos corresponientes, lo cual hacen suponer entre otros casos las observaciones en el asentamiento y en la Huaca Campos de Montegrande (Tellenbach y otros, 1984), así como la estratigrafía de Pandanche (Kaulicke 1981). Hasta hoy no se ha documentado en el Perú el patrón de asentamiento antiguo "Tell", y el patrón de "Kjökkenmöddinger" o conchero no está claramente definido.

Por lo visto, D. Strong y C. Evans no confiaron en la representatividad de las pruebas que condujeron a Schaedel y Willey a postular para el período formativo temprano la existencia de asentamientos dispersos, caseríos, por un lado, y centros ceremoniales, por el otro. Ya en su publicación hacen hincapié sobre el hecho de que no existía una base suficiente para la investigación de asentamientos habitacionales del período Guañape – "treatment of domestic architecture ... must await ..." (Strong/Evans 1952, 34). Sólo doce años después de que salieran las publicaciones de Willey y de Schaedel John H. Rowe logró poner de manifiesto los límites y la deficiencias del modelo de Bennett, Schaedel y Willey (Rowe 1963). Rowe señaló que el pequeño valle de Virú de ninguna manera podía ser representativo para todos los valles costeros del Perú, porque allí no se habían descubierto asentamientos grandes correspondientes a ninguna de las épocas prehispánicas, ni siquiera a épocas que en los valles vecinos se caracterizaban por asentamientos urbanos. El senaló también que *el método "survey"* aplicado por Schaedel – localización de asentamientos por medio de fotografías áereas y recorrido subsiguiente – *era adecuado para la investigación de arquitectura monumental, pero no para la investigación de patrones de asentamiento* (Rowe 1963, 13).

Las condiciones de conservación únicas, sobre todo en la parte sur de la zona costera del Perú, debidas a la situación climática, le permitieron a Rowe identificar en los valles de la costa sur (especialmente Ica, Acarí y Pisco) varios asentamientos grandes de tipo urbano de la época temprana. En algunos se encontraron muros de casas todavía en pie, en uno, incluso, evidencias de fortificaciones. De los hallazgos de superficie deduce Rowe que estos asentamientos fueron abandonados despues de poco tiempo de ocupación.

En opinión de Rowe, las investigaciones de Marino Gonzales, realizadas durante varios años, en Chavín de Huántar, llevaron a una revisión de la idea de Bennett, porque en toda el área del actual pueblo de Chavín, es decir, en una superficie de más de medio km^2, se habían encontrado residuos culturales y restos arquitectónicos de la época Chavín. Las excavaciones de poca extensión de R. Burger no han podido ni verificar ni falsificar esto. Burger comienza el capítulo sobre patrón de asentamiento avisando el caracter especulativo de sus interpretaciones (Burger, 1984, 246).

Para numerosas áreas de los Andes centrales Rowe dedujo la existencia de asentamientos de tipo urbano, basándose en la extensión de residuos culturales – que, evidentemente, correspondían cronológicamente –, en estratigrafías naturales o artificiales (antropógenas) y en la superficie. Consecuentemente Rowe recuerda también otra concepción de centros ceremoniales, que se distingue de la de

Bennett en aspectos fundamentales. Señala, por ejemplo, que al final de la época Chavín, Chavín de Huántar, según los hallazgos y su contexto en épocas más recientes, podía muy bien haber sido un centro de peregrinación. Esta hipótesis fue en gran parte confirmada mediante las excavaciones en extensas áreas realizadas por L. G. Lumbreras en el sector de la plataforma y el templo de Chavín de Huántar (Lumbreras 1974, 1977).

Sin embargo, la exposición de Rowe sobre los asentamientos en el antiguo Perú se basa también, sobre todo, en exploraciones de superficie. Hasta ahora no se ha excavado ningún asentamiento de la época temprana en el área central andina. Los pocos dibujos de planta arriba mencionados corresponden a edificios (casas o cuartos sobre plataformas ceremoniales), cuya función no está claramente definida. En vista de la extrema limpieza de las plataformas ceremoniales de cerámica y de restos órganicos observados en Montegrande, parecen muy problemáticas las clasificaciones culturales y cronológicas de complejos no definidos funcionalmente sólo sobre la base de la falta de ciertos elementos como la cerámica. Con este trasfondo no es de extrañar que Engel haya calificado el complejo de Garagay como precerámico (Engel 1966a, 61, nota 1), antes de que fuera investigado por W. Isbell y R. Ravines, quienes pudieron comprobar que pertenecía a una época temprana en la cual se usaba cerámica.

En años más recientes, hallazgos del complejo de Salinas en el valle de Chao (Alva 1986) sugieren, que sitios acerámicos de la costa están en estrecha relación económica con complejos con cerámica de los valles submontañosos, es decir que, probablemente, se corresponden cronológicamente con estos. Desde cualquier punto de vista la arquitectura de Salinas de Chao está estrechamente emparentada con la de sitios con iconografía Chavín. Parece razonable suponer que, por ejemplo, en zonas con pocos recursos de combustibles y arcilla, se haya sustituido la cerámica por recipientes vegetales como por ejemplo la calabaza. Esta visión del “Precerámico Tardío” contrasta con fechas C^{14}, que, aunque son numerosas, se contradicen mutuamente, como así también con esquemas cronológicas convencionales para los períodos tempranos, que no se basan en ningún caso en una cantidad suficiente de conjuntos de hallazgos encontrados en contexto bien definido. Desde los años cuarenta se utiliza como paradigma de las divisiones el “Horizonte” panandino Chavín (Tello 1943; Bennett 1944; Willey 1948; 1949; Rowe 1960). La cultura Chavín, sin embargo, es un fenómeno complejo desde el punto de vista temporal y de su difusión, cuya aparición en el área central andina no puede entenderse como indicio cronológico en sentido estricto. El hecho de que hubo varias fases de ocupación en el sitio epónimo ha sido comprobado sobre todo por John H. Rowe en su estudio fundamental sobre el estilo Chavín basándose en las esculturas líticas asociadas a las distintas fases de construcción de los templos Chavín de Huántar (Rowe 1962). Sin embargo, se ha trabajado muy poco sobre el desarrollo general de esta cultura en su gran área de difusión. Sus orígenes se discuten y quedan por aclarar.

La cultura Chavín fue definida sobre la base de características estilísticas e iconográficas (Tello 1943; Bennett 1944; Willey 1951; Rowe 1962). Se conoce una gama amplia de arquitectura monumental de la época Chavín de la sierra, del mismo Chavín de Huántar, así como de Kuntur Wasi, que está en relación clara con la iconografía Chavín. En Pacopampa se han documentado claros motivos Chavín que están en relación con la arquitectura grande, pero no existe ni una descripción exhaustiva de la arquitectura ni tampoco un dibujo. La arquitectura monumental con decoración Chavín asociada es conocida en la costa de Caballo Muerto, Mojeque, Garagay y Cerro Blanco (se han publicado solamente planos de Caballo Muerto [Pozorski 1975], Mojeque [Tello 1956] y Garagay [Ravines, Isbell 1975]). La arquitectura monumental temprana sin clara decoración Chavín en gran parte puede ser incluida en la amplia gama de la arquitectura monumental Chavín conocida a través de los sitios mencionados. No se pueden separar grupos de complejos que muestren características unitarias. Hasta ahora en el área central andina no se ha comprobado la existencia de una cultura previa a la de Chavín que difiera en general en lo que respecta a iconografía, arquitectura y patrón de habitat etc., si se prescinde de los complejos paleoindios que se conocen por estratificaciones en cuevas (Cardich 1958; Muelle 1969; González 1960 y otros; recientemente se publicó una excavación de área excelentemente documentada: D. Lavallée 1986) y por sitios en campo libre (Donnan 1964; Quilter, ms.).

Por cierto se conocen distintos grupos de cerámica de estratificaciones que estaban cubiertas por estratos con cerámica Chavín (denominada en conjunto "cerámica inicial": Rowe 1960; Lanning 1967; Kaulicke 1981). Pero como todavía no se ha elaborado una cronología exhaustiva de la cultura Chavín, no es posible decidir si se trata de restos de una cultura más antigua, o de grupos regionales contemporáneos con fases más antiguas de la cultura Chavín.

En el estado actual de la investigación tampoco se puede decidir si en etapas tempranas de la cultura Chavín se utilizaba cerámica o – si es que estaba en uso – la frecuencia con que se la utilizaba. Indicios sobre la falta absoluta de cerámica son por ejemplo: un mango esculpido del sitio "precerámico" El Paraíso-Chuquitanta con una cabeza con ojo "alado" (rasgo iconográfico Chavín) (Engel 1966a, 67 fig. 4) y también pinturas murales de posible contexto precerámico de Cerro Sechín (Samaniego/Bischof/Vergara 1985; Bischof 1984), que presentan asimismo rasgos iconográficos del estilo Chavín.

Considerando los hallazgos publicados que están relacionados con el estudio de patrones de asentamientos en el área central andina temprana, resulta urgentemente necesario una excavación de área:

1. Partiendo de las documentaciones y los dibujos existentes de numerosas excavaciones no se puede ver si se trata de asentamientos superpuestos de tipo "Tell" o de plataformas, posiblemente de varias fases de construcción; los hallazgos de Río Seco indican entre otras cosas que es posible una confusión de los dos tipos. En el área central andina no se ha demostrado hasta ahora la existencia de asentamientos tipo "Tell".
2. La interpretación de hallazgos por medio de conceptos como "centro ceremonial", "basural" y "montículos habitacionales" llevó a conclusiones sobre el patrón de asentamiento y la posición cronológica, que no es posible comprobar sobre la base de la documentación publicada; es necesario contrastar las evidencias de una excavación de área con los hallazgos de excavaciones hasta ahora interpretados de otra forma.
3. Las excavaciones de área restringida realizadas por Wendt en Río Seco, "surveys" y observaciones en la superficie como las de Rowe en los valles de Ica, Pisco y Acarí, las de Willey, Moseley y Feldman en Áspero, las de Lanning, Fung y Engel en Las Haldas, indican la existencia de poblados en las laderas (en parte situados arriba de las tierras fértiles). Sin embargo, se desconoce la forma y el tipo de construcción de las casas, su distribución y su relación con la arquitectura monumental ya que no se han realizado excavaciones al respecto.
4. El uso de material orgánico para la construcción de casas (¿y plataformas?) comprobado por Engel en Asia 1 y Puerto Nuevo sugiere la necesidad de excavar también en sitios en los cuales se observan sólo muy pocos residuos en la superficie, debido a un clima más húmedo.

UBICACIÓN, TOPOGRAFÍA Y CLIMA

El valle del Jequetepeque (*lám. 1*) constituye una de las mejores vías de comunicación en el norte del Perú entre la costa, la sierra y la cuenca amazónica. Más allá de la cordillera, que en esta zona es muy estrecha, está el valle de Cajamarca, que se abre hacia la cuenca del Amazonas y allí desagua.

En el curso superior del Jequetepeque es posible el cultivo de temporada sin necesidad de la irrigación. Las precipitaciones proporcionan suficiente humedad para la agricultura. Se cultiva en las laderas del valle, porque, debido al fuerte declive, el fondo del valle está relleno casi exclusivamente de grava.

El valle medio comienza entre Magdalena y Chilete, a una distancia de aproximadamente 80 km de la costa. También aquí precipicios pronunciados separan los conos aluviales laterales del fondo del valle. El valle se caracteriza, sin embargo, por ensanchamientos extensos separados por partes donde se angosta en forma de garganta. Fértiles terrenos de aluvión enriquecidos estacionalmente, cubren esta zona de la vega en donde el Jequetepeque hace meandros. En estas partes anchas del valle, que resultan del relieve topográfico y de las desembocaduras de quebradas y afluyentes, las vegas son pantanosas, pero ofrecen facilidades excelentes para la agricultura, si se realizan pequeños trabajos de drenaje e irrigación a escala limitada. El clima y el suelo permiten actualmente hasta tres cosechas al año. El valle bajo comienza en Ventanillas, situado a una distancia de aproximadamente 35 km del mar; aquí se encuentra la última parte angosta del valle; la planicie costera de unos 25 km de ancho penetra en la cordillera formando una franja angosta hasta Ventanillas. El fondo ancho del valle del Jequetepeque corta esta planicie a una profundidad de 15 o 30 ms. Arriba de los barrancos laterales no se puede cultivar el terreno sin irrigación artificial; las bocatomas de los canales correspondientes se encuentran, por consiguiente, arriba de Ventanillas.

El ensanchamiento más amplio del valle del Jequetepeque está en la mitad inferior del mismo, entre las partes angostas de Yonán y Gallito Ciego separadas entre sí por una distancia de 15 km. Aquí el fondo del valle abarca aproximadamente 500 ha. En la actualidad, el asentamiento más grande del valle, Tembladera, y los pueblos de Chungal y Montegrande están ubicados en esta zona. Aproximadamente en su parte media las montañas retroceden hacia el norte (*lám. 3*). Una angosta cadena de cerros separa aquí el valle del Jequetepeque de la quebrada Río Loco-Chamán, ubicada entre los valles de Jequetepeque y Zaña. En esta parte desemboca desde el norte otra cañada en el Jequetepeque, la llamada "Quebrada Cerro Zapo" o "Quebrada Monte Grande". En el lado opuesto de la parte sur del valle de Jequetepeque las laderas caen suavemente hacia el río. A una distancia de aproximadamente 3 km del río, la "Quebrade Cerro Zapo" cambia de dirección y sube hacia el este, rumbo a una montaña del mismo nombre, de más de 2000 ms de altura, situada al noreste. Aquí se origina esta quebrada. La cumbre del "Cerro Zapo" está ubicada en una zona climática más húmeda; hoy en día presenta todavía una vegetación densa. Según las informaciones de cazadores lugareños de Tembladera en estas partes altas hay venados y mapaches. Una generación atrás, la "Quebrada Cerro Zapo" todavía traía aguas estacionales. Hoy en día todas las partes situadas arriba del fondo del valle son semidesérticas. Crecen sólo cactáceas, sauces y zapotes aislados, al bordo de líneas de erosión. En cambio en el fondo del valle, abunda una vegetación tropical con caña brava, totora y palmas entre los campos de cultivo de arroz. Hace pocos decenios esta parte era una región pantanosa hasta que a comienzos de este siglo se hicieron trabajos sistemáticos de irrigación y drenaje al construirse el asentamiento Tembladera (el nombre parece estar relacionado con el temblor de los escalofríos, la región estaba contaminada con la malaria). En los siglos dieciocho y diecinueve esta parte del valle estuvo deshabitada.

El abanico aluvial consiste de arcilla-"Schluff" arenisca cuarcífera con un componente de pizarra oscura y escasas rocas caídas de las partes altas; es un suelo de granulación fina con muy pocos restos humíticos en la superficie (D. Mietens 1973). A los planos en forma de espuela elevados entre las líneas de erosión profundas los hemos designado "mesetas", numerándolos de oeste a este. Muestran una pendiente casi regular de poca inclinación (aprox. 4,5°) y están subdivididos por pequeñas líneas de erosión.

Entre los numerosos oasis del desierto costero peruano, el valle de Jequetepeque es uno de los que tienen mayor cantidad de agua. El río Santa en la costa central y el Jequetepeque en la costa norte son hoy en día los únicos ríos del Perú, cuya agua consigue llegar al Pacífico durante todo el año. Las condiciones climáticas son un indicio de que en tiempos antiguos reinaban condiciones semejantes. La acentuada sequedad de la costa peruana está causada por la llamada corriente de Humboldt, resultado del movimiento circular del Pacífico sur. Este a su vez está causado por los vientos alisios ecuatoriales, que presionan hacia arriba a las aguas frías de las capas más profundas del sur y del borde del contiente. Esta constante del clima es determinante y no sólo desde el período posglaciar ya que los factores causantes, los vientos alisios, dependen de la rotación de la tierra.

La escasa evaporación del mar frío hace que, a pesar de la latitud tropical (7° lat. sur) y del relieve favorable, la precipitación sea escasa. Las lluvias aumentan con la altura y la distancia de la costa. Sólo a partir de una altura de aproximadamente 2000 ms las precipitaciones que caen en los meses de mayor radiación solar (en el verano del hemisferio sur) permiten el cultivo de plantas sin riego artificial. Estas precipitaciones proveen de agua a los ríos de la cordillera occidental de los Andes y sus oasis. Sin embargo, en el caso del río Jequetepeque como en el río Santa, la abundancia de agua se debe al hecho de que su cuenca comprende regiones que recogen las precipitaciones del lado oriental de la cordillera que está orientada hacia la cuenca del Amazonas. Esto tiene validez para los ríos que dan origen al afluente más importante del río Jequetepeque, el río San Miguel, que nace en la cordillera al norte del valle de Cajamarca. Un factor climático muy importante, también respecto a las condiciones de conservación, está constituido por el llamado "efecto Niño": a intervalos irregulares la corriente fría se aleja de la costa y durante algunas semanas predomina cerca de la costa una corriente ecuatorial más caliente, de manera que, durante poco tiempo, lluvias tropicales causan inundaciones catastróficas en la costa y la sierra. Los documentos históricos desde la conquista indican que el efecto Niño se produce por lo menos cuatro veces cada siglo.

Las constantes mencionadas: corriente de Humboldt y relieve de los Andes, proporcionan condiciones fijas respecto al clima y abastecimiento de agua en tiempos antiguos. Por lo tanto sólo factores como la densidad de la vegetación y la actividad tectónica pueden ser la causa de diferencias en la situación actual. La intervención humana en la vegetación (aprovechamiento de la madera) ha causado cambios mesoclimáticos notables tan sólo en los últimos cien años, como se desprende de informes de los pobladores más ancianos del valle. Por lo tanto, es de suponer, que en épocas tempranas de las culturas altas andinas existían mesoclimas más húmedos. Eso significaría para el valle del Jequetepeque, que las montañas laterales, que, en parte debido a su altura, llegan hasta otras zonas climáticas, presentaban un mayor grado de vegetación y un mayor número de fuentes en sus laderas. Por medio de estudios botánicos se pudieron comprobar relictos de vegetación correspondientes en los valles de la costa norte peruana (H. u. M. Koepcke 1958. v. al respecto especialmente los descubrimientos arqueológicos en el valle vecino de Zaña: W. Alva, ms.). Últimamente se pudieron relacionar cambios tectónicos significativos en el área andina (levantamiento de la costa) respecto a la época temprana de la cultura alta andina mediante investigaciones arqueológicas sobre su cronología relativa (W. Alva, 1986). El efecto de tales fenómenos tectónicos, por ejemplo, sobre las capas freáticas, es considerable. Cambios de la vegetación por un lado, y el efecto de cambios tectónicos por el otro, hacen relativa, sobre todo en el nivel local, la posibilidad de sacar conclusiones sobre las condiciones antiguas partiendo de la topografía y la situación de abastecimiento de agua actual.

El motivo para realizar la excavación de un asentamiento precisamente en el valle de Jequetepeque fue la invitación del entonces director técnico del Instituto Nacional de Cultura del Perú, Dr. F. Kauffmann-Doig al director de la Comisión para Arqueología General y Comparada del Instituto Arqueológico Alemán, Prof. Dr. H. Müller-Karpe, a participar en los trabajos de rescate que se realizarían con motivo de la construcción de la represa de Gallito Ciego, cerca de Tembladera, en la parte central del valle de Jequetepeque. Por encargo del director de la KAVA realicé en setiembre de 1980 en parte conjuntamente con el director del museo regional Brüning de Lambayeque, Lic. Walter Alva, un recorrido de la zona afectada por la construcción de la represa.

Se observaron evidentes vestigios de ocupación en muchos de los conos aluviales encima de las tierras fértiles en el ensanchamiento del valle de Montegrande (*lám. 3*). Numerosos muros, montículos acumulados artificalmente y terrazas cubren la planicie, que tiene un declive muy suave, y suben por partes de las laderas. Pero las actividades intensivas de los excavadores clandestinos ("huaqueros") desde los años sesenta habían afectado todos los yacimientos. Los pozos de huaquero en los montículos y su concentración en ciertas áreas donde no se observaron vestigios de arquitectura en la superficie, indicaron que aquí habían existido varios cementarios pequeños y sugirieron que los montículos en gran parte estaban relacionados con cultos funerarios. Sin embargo, ni basándose en hallazgos en la superficie ni en vestigios de la arquitectura se encontraron indicios de asentamiento del Período Temprano.

La represa se construye en el límite inferior del ensanchamiento del valle. Su área de embalse comprende todo el área del fondo del valle; su núcleo está formado por la tierra obtenida del material arcilloso-"Schluff" de los abanicos aluviales en la parte norte del ensanchamiento del valle. El primer proyecto de construcción en el área de la represa consistió en desplazer el trazo de la carretera que une la sierra de Cajamarca con la costa, y que en esta región pasaba por el límite norte de las tierras irrigadas al mismo lado del valle, más arriba y por encima del nivel maximo de embalse. El más grande de éstos está situado encima de la superficie de un abanico aluvial en el ángulo interior de la desembocadura de una quebrada, encima de la parte central del ensanchamiento del valle, a una distancia de aproximadamente 1 km de la tierra cultivable actual (*lám. 3,1*). Tres grandes líneas de erosion, anchas y profundas, atraviesan el abanico aluvial; la central, llamada "Quebrada Honda" es la más profunda (25 km) con un promedio de 50 ms de ancho. El grupo de montículos está situado en la meseta 2, al este y encima de la Quebrada Honda. Se compone de montículos de una altura de 3 hasta 6 ms. Delante del montículo más grande, Huaca Grande, se extiende una terraza en forma de L, cuyos muros limítrofes sur y oeste se traducen en hileras de piedra y escombros. Más allá de una planicie con leves elevaciones en sus lados este y oeste, sigue en el norte otro montículo. Al lado de éste se puede distinguir otra área angosta y alargada que está limitada en el este por otro montículo más pequeño. Este complejo principal, situado cerca del lado oeste de la meseta 2, está limitado a ambos lados por líneas de erosión menos profundas, que se unen más al sur y se hunden en la meseta cada vez mas a medida que ésta desciende. Más allá de la línea de erosión oriental se encuentra un montículo pequeño, Huaca Chica.

Fotografías áreas, tomadas en tiempos anteriores a la gran destrucción realizada por los huaqueros (*lám. 3,2*), muestran que en el caso de todos estos montículos se trata de plataformas rectangulares cuyo eje longitudinal corre transversalmente a la pendiente. Delante o al lado de todos ellos hay varias plazas rectangulares. Un examen más detallado de los perfiles de los pozos de huaquero demuestra que los edificios del complejo central fueron construidos con mortero de barro utilizando bloques de piedra. En algunos sitios se podía distinguir que estos muros originalmente tenían un esmerado enlucido de barro con desgrasante fino. También se podía distinguir en los perfiles la acumulación de bloques grandes y de piedras de tamaño medio, que indican que hubo relleno masivo. Llama la atención que no haya ningún indicio de adobes.

De esta primera visión de conjunto sobre restos de arquitectura visibles en la superficie no pueden extraerse conclusiones sobre su posición cronológica, si bien en el valle del Virú se encuentran varios edificios y plazas distribuidas de manera similar que han sido adjudicados a diferentes épocas (p. ej. Huaca el Gallo, V-149 G. Willey 1953, p. 210-213 y *fig. 45*).

En el área de las plataformas se encontró sólo un escasisímo número de fragmentos de cerámica en la superficie, cerca de pozos hechos por huaqueros. En la mayoría de los casos se trata de piezas sin decoración que habían desechado los huaqueros. En contraste con las numerosas plataformas rectangulares agrupados de forma semejante – con plazas situadas entre ellos en las mesetas vecinas – que en la mayoría de los casos habían sido más destruidos, faltaban aquí vestigios claros de asentamientos del período tardío, como, p. ej., cerámica paleteada y cerámica pintada. El complejo en la parte norte de la meseta 2 ofreció la oportunidad de estudiar un conjunto no cubierto por construcciones sobrepuestas de tiempos más recientes y que, a su vez, estaba relativamente bien conservado. Una cronología temprana del complejo pareció probable en vista de la gran cantidad de hallazgos de la época Chavín, que salieron a la luz debido a las actividades intensas de los huaqueros desde los años sesenta, sobre todo en las necrópolis de esta parte del valle, en especial en las mesetas, cerca de la tierra cultivable. Si existieron edificios de la misma posición cronológica, sólo podía tratarse de estas plataformas.

Podía suponerse que había habido asentamientos de posición cronológica correspondiente a la de los cementerios cercanos. Sólo entre los escombros de los huecos dispersos de los huaqueros alrededor de los edificios platafórmicos y las terrazas se pudieron encontrar numerosos fragmentos pequeños de cerámica con cantos (en mayor o menor medida) desgastados. Aparte de eso faltaba todo tipo de hallazgos indicadores de asentamientos. En los pueblos cercanos de Tembladera, Chungal y Montegrande se obtuvo, sin embargo, la información de que tradicionalmente se habían recogido manos de morteros en las mesetas. Un estudio detallado de la superficie de la meseta en el ámbito de las plataformas proporcionaba escasos datos sobre la existencia de un asentamiento. Sólo en algunas horas del día, como entre las 5 y 6 de la mañana, debido a la luz oblicua, se distinguían leves terrazas y superficies planas en relación con las hileras de piedras.

Esta observación recuerda la descripción hecha por M. Moseley y R. Feldman de Áspero, Supe (Moseley 1975, *lám. 7*; Feldman ms. 33). La situación topográfica de Montegrande en la meseta 2, que desciende suavemente y que se encuentra en un clima más húmedo que el del sitio de Áspero, situado en la cercanía inmediata de la costa y en una ladera cuatro veces más inclinada, hace suponer sin embargo, otro tipo de edificaciones y otras condiciones de conservación. Por ejemplo: terrazas construidas en Montegrande hoy día destacan en el paisaje probablemente de forma mucho menos clara que en Áspero. M. Moseley sospechó que las terrazas en Áspero habían servido para la construcción de viviendas; sus excavaciones, sin embargo, no han podido proporcionar pruebas al respecto (Moseley/Willey 1973).

Los escasos hallazgos de superficie y los pocos vestigios visibles sobre la superficie alrededor de las plataformas hicieron que pareciera relativamente poco probable la existencia de un asentamiento en la meseta, sobre todo, porque, evidentemente, se pueden distinguir zonas de asentamiento del Período Temprano en otros oasis de la costa peruana, p. ej. en los valles de Pisco, Acarí e Ica, donde son visibles plantas de casas individuales (Rowe 1963, p. 5 y ss.).

Resultó necesario estudiar de inmediato el área amenazada por la construcción de la carretera; por un lado, era probable que se tratara, en este caso, de arquitectura monumental del Período Temprano no cubierta por construcciones posteriores; por otro lado, no se podía excluir la posibilidad de que en los contornos de las plataformas existiera un asentamiento. A la solicitud de un permiso de excavación por parte del director de la Comisión para Arqueología General y Comparada del Instituo Arqueológico Alemán, Prof. Dr. H. Müller-Karpe, se accedió con la Resolución Suprema No. 0202 - 80 - ED, No. 0254 - 81 - ED, No. 419 - 82 - ED, No. 407 - 83 - ED de los años 1980 (7.10.), 1982 (1.12.) y 1983 (28.12.).[1]

[1] Queremos expresar nuestros sinceros agradecimientos por tramitar las licencias y brindar apoyo en las gestiones a los señores: arq. Víctor Pimentel Gurmendi, Dr. Hugo Ludeña, Dr. Carlos Guzmán Ladrón de Guevara, Dr. Rogger Ravines, al Ingo. Ricardo Roca Rey y al Dr. Luis Enrique Tord.

Al principio las excavaciones se limitaron a la parte frontal de la terraza en forma de L y a la superficie delante de ésta (cuadrángulos – VI B/C, VII B/C/D/E/F, IX C/D/E), ya que por este sitio debía pasar la carretera. En negociaciones con la empresa consultora (Salzgitter GmbH, representante local Sr. H. W. Kühn) se pudo lograr que la carretera fuera trazada algo más al sur, de manera que la arquitectura grande no fue afectada. Los cuadrángulos al sur de la terraza en forma de L sólo presentaban dos hileras de postes, dos líneas de erosión rellenadas y restos de un muro de contención saqueado en la parte sur, todos ellos indicios de un sitio sin arquitectura. A pesar de eso, decidimos investigar todas las superficies en el área de la nueva carretera. Eso significaba que había que documentar en la primera excavación una superficie de casi 4000 m^2 en un período de 3 meses (20. 10. 1980 - 20. 1. 1981).

En la primera expedición participaron en la excavación, además del autor, el Lic. W. Alva, Director del Museo Brüning de Lambayeque, los dos estudiantes alemanes Christian Hirte (Univ. de Kiel) y Ricardo Eichmann (Univ. de Heidelberg), los estudiantes peruanos Carlos Elera (Univ. San Marcos, Lima), José Carcelén (Univ. de Trujillo), Alfredo Melly (Univ. de Trujillo) y Marielena Castañeda (Univ. de Trujillo, oriunda de Tembladera). En el último mes participaron además otros dos estudiantes peruanos, Luis Lumbreras y María Montalván (ambos de la Univ. San Marcos, Lima).

Los trabajos topográficos fueron encargados a José Guarniz (Univ. de Lambayeque). En las tres últimas semanas el Lic. Walter Alva dirigió sólo toda la excavación, debido a una enfermedad del autor. La doctora Ruth Shady participó durante un tiempo limitado en los trabajos. A sus vastos concimientos se deben observaciones de interés para la excavación. Los doctores Rogger Ravines y Ramiro Matos hicieron visitas esporádicas. Las inspecciones por parte del Instituto Nacional de Cultura del Perú fueron realizadas por la doctora Isabel Flores.

Las excavaciones de la primera expedición proporcionaron datos sobre la existencia de fogones, pequeños fosos de postes de casas y la prueba de una construcción con postes en toda el área excavada. Se encontró cerámica emparentada con la llamada cerámica "Inicial" del norte del Perú (Guañape, Pandanche). Ésta muestra en cuanto a formas, decoración y técnica de fabricación de material un estrecho parentesco con los objetos característicos más antiguos de Huacaloma, fase temprana (Terada/Onuki 1982), que habían sido desenterrados poco antes en el valle de Cajamarca; hay formas que recuerdan piezas de la llamada cultura Cupisnique del valle vecino de Chicama (Larco 1941, 65 *lám. 85*; *72 láms. 101. 102* etc.). Además algunos fragmentos corresponden en cuanto a la forma, la técnica y la decoración a la cerámica Chavín de Ancón (costa central peruana). Por consiguiente no había duda de que en los alrededores de las plataformas en la parte norte de la meseta 2, habían existido cuartos y casas del Período Formativo.

El rápido progreso de la construcción de la presa y el hecho de que el área de licencia (aproximadamente 1 km^2) comprendía parte de la meseta, de la cual se iba a extraer material para el núcleo de la presa, urgió que se decidiera entre investigar toda el área por medio de trabajos de limpieza y excavaciones limitadas en sitios escogidos, o seguir las investigaciones iniciadas en el complejo norte de la meseta, a fin de obtener de esta forma una muestra representativa de los asentamientos en esta sección del valle. La segunda opción pareció la más apropiada teniendo en cuenta el estado de la investigación de los períodos tempranos peruanos. Para complementar la excavación de área grande del asentamiento y de las platafórmas, se debían realizar trabajos de limpieza y sondeos en la misma Meseta en dos complejos, además de un sondeo profundo más amplio en la Huaca Campos, el montículo más grande del área del valle, aproximadamente 2 km al suroeste del sitio principal. En la superficie de este montículo se había encontrado, entre otras cosas, también cerámica del tipo conocido de las casas en la meseta 2.

El director del proyecto, Prof. Dr. H. Müller-Karpe, le encargó al suscripto la dirección de la excavación, llevándose a cabo bajo la coordinación directa de él. Durante su estancia en la excavación en el año 1982, él tomó decisiones importantes. El suscripto quiere agradecerle al Dr. Müller-Karpe por su generosa confianza, en especial por su disponibilidad de apoyar en el marco del proyecto las investigaciones de los colegas peruanos que sobresalieron. La excavación de superficie grande se realizó en 20 meses (3 temporadas: 15. 6. 81 – 30. 6.82, 15. 7. 82 – 15. 12. 82, 10. 1. 83 – 1. 3. 83). En la documentación de la excavación participaron en total 20 estudiantes peruanos, 10 alemanes y 2 norteamericanos, así como 2 técnicos de excavación alemanes; 5 dibujantes (1 alemán y 4 peruanos) realizaron gran parte de los dibujos prévios de cerámica y hallazgos menores. Durante una temporada trabajaron dos restauradores, un alemán y un peruano.[2] Trabajaron en promedio de 20 a 30 obreros. El señor Alva dirigió de nuevo la excavación durante mi ausencia de un mes; durante todo el proyecto él participó con nosotros en las observaciones y discusiones sobre los hallazgos, sus contextos y dibujos. Los geofísicos y arqueólogos Dr. Wolffmann y Dr. Dodson (Univ. de Berkeley) extrajeron pruebas C^{14} y realizaron mediciones paleomagnéticas. La doctora Ruth Shady y la doctora Rosa Fung realizaron largas visitas de trabajo a la excavación. La doctora Isabel Flores, el doctor Hugo Ludeña (ambos de la Central del INC Lima) y Don Oscar Lostaunau (del centro Regional del INC Pacatnamú-Valle de Jequetepeque) realizaron inspecciones en nombre del INC, con ocasión de las cuales tuvieron lugar exhaustivas discusiones sobre los hallazgos. Además visitaron las excavaciones Richard Burger y Lucy Salazar de Burger, el Dr. William Isbell con un grupo de estudiantes de la Univ. de Ayacucho, el Dr. Izumi Shimada, el Dr. Federico Kauffmann-Doig, el Dr. Henning Bischof, el Dr. Peter Kaulicke, el Dr. Yoshio Onuki, el Dr. R. Matsumoto, el Dr. John Topic, el Dr. Alberto Rex González, W. y G. Hecker, la Dra. Mercedes Cárdenas, el Arq. Carlos Milla, el Dr. Jorge Zevallos Quiñones, Lorenzo Samaniego, el Dr. Rogger Ravines, el Dr. Ramiro Matos, el Arq. Víctor Pimentel, el Ing. Ricardo Roca Rey, Don Andrés Zevallos de la Puente.

Interesó en especial la integración del proyecto en la población local. Precisamente después de años de una intensa actividad de los huaqueros constituyó un objetivo importante la creación de una actitud nueva frente al patrimonio arqueológico. Con esta finalidad se realizaron charlas con proyección de diapositivas en las escuelas y ante la población del pueblo de Tembladera, además de visitas a la excavación con grupos de profesores y, más tarde, con clases del colegio. En el transcurso de la excavación ésta fue visitada por unos 650 escolares.[3] Bajo la dirección del señor Luis Julca Díaz, de Tembladera, se

[2] Participaron los estudiantes: (durante varias temporadas de excavación:) Daisy Barreto, José Carcelén, Maria Elena Castañeda, Alfredo Narvaes, Hugo Navarro, Arturo Paredes, María Isabel Parédes, Víctor Pimentel Spissu, Wilhelm Schuster, Cornelius Ulbert, Heriberto Valverde, (durante una temporada:) Elke Birk, José Antonio Chávez, Luis Chero, Manuel Curo, Yaqueline Deza, Barbara Dolan, Kordula Eibl, Silvia de la Fuente, Joachim Grasser, Annemarie Häuser, Lucy Linares, Julio Matsuda, Nelly Nieto, Christina Pickett, Hugo Ríos, Ruth Salas, Helmut Spatz, Ulrich Stodiek, Andreas Tillmann, Fanny Urteaga, Pablo de la Vera Cruz. Los técnicos de excavación: Peter Pahlen (durante varias temporadas), Hans Lang. Los dibujantes: Jan Steinhöfel, Roberto Horna, Jorge Sisniegas, Galo Sisniegas, Angélica Valdéz. Los restauradores: Henry Ledgard, Christa Marek. Los topógrafos: Uwe Sowa, José Guarniz.

[3] Especial mención hay que hacer de la participación voluntaria en este trabajo de la estudiante Angelica Valdéz que juntos con otros compañeros de estudio dedicó gran parte de su tiempo libre a esta tarea.

tes de las paredes sur y norte de esta casa 47. Además faltan restos de fogones. A pesar de eso se puede reconstruir la planta de esta casa rectangular (2,5 ms x 3,3 ms).

El fogón de la casa 45 está situado en el centro de una construcción circular, cuyo diámetro mide aproximadamente 5,3 ms. De este edificio faltan varias coloraciones de huecos de postes: sólo en el sur se observaron los restos de doce postes regulares (diámetro 10 cms, distancia aproximadamente 12 cms) dispuestos en forma de arco. Estos faltan en el área de los deslaves; en el este, la mayor parte está cubierta por los restos del piso de la casa 43. Al norte se encuentra un foso de postes exactamente igual de una longitud de aproximadamente 1 m, así como huecos de postes aislados. La superposición de los huecos de postes de la casa 54 por los restos del piso de la casa 43 demuestran que la casa 54 es más antigua.

Con respecto a la casa 52, sólo se documentaron en forma completa las coloraciones de postes del cuarto 52b, largo y estrecho, situado en el norte. Las hileras de postes de las casas 54 y 52 se cortan en los metros cuadrados 28, 29 y 39. El cuarto 52b, largo y estrecho (2,8 ms x 0,9 m), continúa en los cuadrangulos 30 y 40 del plano IV C (*lám. 7*). Una parte de la pared este del cuarto 52a se reconoce en el este del plano IV C y en el plano III C (*lám. 6*) por los fosos y huecos de postes. El foso de postes que refleja la pared oeste del cuarto 52b continúa aproximadamente 1 m als sur del muro transversal. Por lo dicho, se puede reconocer que la anchura del cuarto 52a corresponde a la del 52b (2,8 ms). La longitud del cuarto 52a no se puede definir.

Las excavaciones en la parte occidental, al sur del trazado de la carretera también tuvieron que realizarse apresuradamente, porque de esta área se necesitaba el material estéril para la construcción del terraplén de la carretera en la Quebrada Honda, la parte seca al oeste de la meseta 2. Los vestigios de ocupación excavados en esta parte de la meseta indican una alta densidad y varias fases de construcción. El área comprende los cuadrángulos III y IV D; II, III y IV E; II, III y IV F; II y III G; II y III H; I J (*láms. 8–18*).

En toda el área ya después de quitar la primera capa se vieron numerosos restos de barro quemado, partes características de fogones que, sin embargo, no estaban in situ: debajo de estos restos no se encontraron fogones. Por otro lado, se encontraron en el plano varios fogones cuadrangulares y hundidos en el piso al quitar la segunda capa. No sólo a base de esta observación, sino, también, por el hecho de que en las alturas correspondientes a los restos del revestimiento de los fogones apenas se encontraron restos de pisos, se deduce que casi toda la superficie está erosionada hasta debajo del antiguo nivel del piso, y que el material superpuesto fue transportado a lo largo de siglos a este lugar (desde zonas de la meseta que están a mayor altura). Las diferentes alturas de estos revestimientos de fogones en algunos casos también son indicios de la posición cronológica relativa de aquellos edificios superpuestos que se pueden reconstruir a través de la posición de los postes.

Una hilera de postes en el cuadrángulo IV D (*lám. 9*), ya que era visible después de quitar la primera parte del cuadrángulo, tampoco se pudo completar en el segundo nivel para reconstruir una planta. Las coloraciones aisladas en el noroeste no forman hileras de postes correspondientes a casas. Sin embargo, suponemos que, aquí, efectivamente, se encontraba una casa, porque al este y sur de la hilera de postes se destacan claramente en la superficie del nivel concentraciones de enlucido y de barro paralelas a ella que, probablemente, son restos de paredes derrumbadas hacia afuera. Por lo tanto, la hilera de postes probablemente es el resto de la pared este de la casa 2. Su orientación es idéntica a aquella de las construcciones que divergen más de la dirección norte, de donde se deduce que esta casa siguió la primera orientación. El área del plano III D (*lám. 8*) representa la parte más alta de la cresta occidental de la meseta; más al este se encuentra una línea de erosión. Por eso esta superficie está expuesta a una erosión muy fuerte, sobre todo a la provocada por el viento del oeste, y en toda el área noreste del plano D se ha conservado sólo un resto muy pequeño de piso descompuesto en el límite del cuadrángulo, en el metro cuadrado 7, que podría haber retardado el proceso de erosión en esta área.

En el centro de la mitad norte del plano III D las posiciones circulares de postes indican una construcción circular (1) de un diámetro de aproximadamente 5,2 ms, con fogón rectangular en posición central. Respecto a su tamaño, los huecos de postes son idénticos a aquellos de las construcciones circulares 55 y 212 (esta última se encontraba en la terraza en forma de L delante de la plataforma principal). 30 huecos de postes de un diámetro muy grande, de 10–16 cms, separados entre sí por unos 25 cms forman un círculo, que está parcialmente interrumpido en los metros cuadrados 26 y 36. No está claro, si en este lugar se encontraba una entrada oriental, o si es que sólo no se observaron los huecos de postes. Posiblemente no fueron observados porque, debido a las condiciones del suelo en esta área (una concentración de piedras y arcilla) fue más difícil reconocer coloraciones de postes que en otras partes del área. Aquí predominaba el material de arcilla-"Schluff" con piedras en el suelo estéril rojizo. Aproximadamente en el centro del círculo de las coloraciones está el fogón rectangular, en parte con ceniza blanca, cuyo límite nororiental quemado puede reconocerse por sus restos.

Dentro de este círculo, las hileras de postes indican la casa 4, una casa rectangular de varios cuartos que sigue la primera orientación (la más antigua). El cuarto meridional (4a) de esta casa (2,8 ms x 2 ms) es claramente visible por las condiciones del suelo, que presenta pequeñas coloraciones de postes (diámetro max. 10 cms) separadas unas de otras por cortas distancias (menos de 20 cms). Su pared norte está superpuesta al límite sur del fogón que perteneció a la construcción circular más reciente (1). El acceso a ese cuarto se puede reconstruir sobre la base del vacío que hay en la hilera de coloraciones de postes. En la esquina noroeste de la pared occidental y casi en el centro de la pared sur no se encontraron postes en una franja de aproximadamente 65 cms; debido al hecho que siempre existía en cada cuarto sólo una entrada situada más o menos en el centro de una de las paredes de cada cuarto, tal como se puede inferir de situaciones más claras, hay que suponer que en este caso había una entrada al sur. Esto también lo indican los postes que a los dos lados de la supuesta entrada están levemente desplazadas hacia el interior del cuarto. Una mancha oscura de ceniza es el único indicio del fogón central del cuarto 4a, el que posiblemente fue destruido al erigirse la construcción circular 1, cronologicamente más tardía.

El fogón central de la construcción circular 1 está superpuesto a la hilera de postes entre el cuarto 4a y el cuarto 4b que sigue en el lado norte. Aparte de eso apenas está alterada la situación del cuarto 4b. El curso de sus paredes occidentales y septentrionales se puede reconocer porque las coloraciones de postes son faciles de observar y están colocadas en fila. Este cuarto no se extiende tanto hacia el oeste como la construcción circular 1, mientras que la pared de enfrente parece prolongarse unos 20 cms hacia el este. En total es más pequeño que el cuarto sur (2,6 ms x 2,4 ms). En el este el estrato gris-amarillento, de arcilla-"Schluff" permite observar, como en el caso de la construcción circular, sólo pocos postes de la pared este del cuarto norte. Es de suponer que precisamente en este lado se encontraba la entrada al cuarto. Algo más al este del centro del cuarto se encuentra una coloración grande de ceniza, los restos desplazados de un fogón, cuyo enlucido quemado puede observarse. Una hilera de postes que corre paralelamente a las paredes oeste de los dos cuartos descritos indica que en este lugar se encontraba un cuarto 4c (1,1 ms o 1,5 ms x 4,4 ms), que se extendía a todo lo largo de los cuartos. Sin embargo, la esquina noroeste de esta colocación de postes no es clara; en los metros cuadrados correspondientes del cuadrángulo (1 y 2) se encuentra una componente arcilloso-amarillento en el suelo estéril, de tal manera que se puede descartar la posibilidad de que las estrataficaciones originales en este lugar estan erosionadas, y que se haya sobrepuesto secundariamente otro material.

Los dos cuartos orientales 4a y b (con eje longitudinal de este a oeste) presentan fogones centrales, mientras que el cuarto largo 4c con eje alterado (de N a S) no tiene fogón. Hileras de postes al este de cuarto sur 4a indican un anexo; aparentemente se trata de un cuarto estrecho (4d ?) (65 cms x 2 ms).

En la parte sur del cuadrángulo III D se distinguen numerosas hileras de postes que por su orientación corresponden a las hileras de la casa descrita. Sólo en el sureste del cuadrángulo éstas forman la planta de una casa del grupo de orientación más antiguo. Esta casa 6 se completa en el plano III E (*lám. 11*) que sigue al sur. Consiste en un cuarto oblongo (3,2 ms x 2,3 ms) que presenta una colocación de postes torcida hacia afuera en el lado sur donde existe un vacío en las coloraciones de postes; la configuración hace recordar la entrada de la casa 40 en el cuadrángulo IV B. Se han conservado restos del piso de este cuarto pero ningún fogón.

La construcción circular 1 que está superpuesta a la casa 4 pertenece a una fase más tardía. Paredes que siguen la segunda orientación pertenecen también a una construcción erigida encima de la casa 6. Durante la fase de ocupación más tardía, se encuentra en este lugar la casa 3 y, mas tarde la 5. Estaban relacionadas con otras casas que continúan hacia el sur.

En la esquina sureste del plano III D (*lám. 8*), la pared norte de la casa 6 en parte está superpuesta a una hilera de postes de la pared sur de la casa 5. Además, un fogón perteneciente al la casa 3, que no corresponde cronológicamente a esta huella de la pared, se corta con la hilera de postes de la pared norte de la casa 6. El fogón de la casa 5 se sobrepone a otra hilera de postes de la pared norte de la casa 3. La posición de las paredes de la casa 5 se puede ver claramente en los cuadrángulos, porque la pared norte y los extremos septentrionales de las paredes transversales orientales y occidentales están claramente definidas por fosos de postes y algunas coloraciones de postes; la pared norte está interumpida por una línea de erosión de unos 60 cms de ancho, que tiene relleno de ceniza. La casa 5 es un cuarto rectangular de la segunda orientación (3,1 ms x 2,6 ms). Partes del piso se han conservado en la parte noreste. Un fogón cuadrado al sureste del centro del cuarto estaba hundido en el piso; su forma se puede definir claramente, su orientación corresponde a la de la casa. Con la casa 3 (segunda orientación) hay que relacionar el fogón cuadrangular que corta la pared norte de la casa 6 (primera orientación). Esto confirma la hipótesis del significado cronológico de las orientaciones de las casas en correspondencia con la situación de la arquitectura monumental del sitio. Una hilera perpendicular de postes, que se corta con la pared oeste de la casa 5, forma la pared norte de esta casa 3. A esta hilera se superpone el fogón de la casa 5. La falta de postes claramente colocados en hileras al oeste, que complementaría la colocación de postes para forma una planta rectangular, probablemente, se explica por el hecho de que en esta área las numerosas piedras dificultan considerablemente la observación de coloraciones; por otro lado, la existencia de tal cantidad de material lítico, precisamente en el área de la supuesta pared oeste, se puede entender como indicio de una pared de caña, barro y piedra. La casa 3 está superpuesta a la casa 6, el edificio descrito de la primera orientación. A su esquina nororiental se sobrepone el fogón de la casa 5. Las casas 3 y 5 siguen la segunda orientación, pero no son de la misma época.

En el suroeste del plano III D, una hilera de postes de forma semicircular indica, posiblemente, la existencia de una construcción circular, de cuya mitad septentrional, sin embargo, no se observaron huellas.

En el centro del cuadrángulo III E (*lám. 11*), se encontraron hileras de postes en configuración paralela y perpendicular. Estas forman la planta parcial de una casa 9, de varios cuartos, que sigue la segunda orientación. Faltan su pared oeste como así también partes occidentales de la pared norte y sur. El relieve de la superficie demuestra que en este lugar hubo una leve erosión que ha alterado la situación. Sobre la base de su gran coloración sólo se puede inferir la existencia de un poste muy hondo de la pared oeste, acuñado con piedras. Una acumulación de piedras se podría interpretar como restos de un muro. Según estas evidencias las medidas del cuarto 9a eran 2,4 ms x 2,4 ms. El cuarto 9b, el cuarto vecino situado al este, con la pared oriental construida al sesgo es estrecho (unos 1,3 ms). Aproximadamente en el centro del cuarto 9a hay un fogón hundido que tiene la forma conocida. No se pudo averiguar la posición de la entrada.

Al oeste de a erosión, que altera el suelo en el área de la pared oeste de la casa 9, corre otra hilera de postes del grupo de orientación más reciente en dirección de norte a sur, que al sur y al norte de las paredes de la casa 9 cambia su dirección hacia el oeste. Esta hilera de postes es parte de una casa 7, cuya pared oeste, evidentemente está en parte en el área del testigo II/III E, ya que dentro del plano II E (*lám. 10*) no se encuentran coloraciones correspondientes. La casa 7 mide aproximadamente 3 ms de largo.

Las hileras de postes de la parte sureste de la casa 9 se cortan con una colocación de postes que está orientada hacia el norte magnético, y que en ángulo recto dentro de la casa 9 cambia su rumbo hacia el este. Esta sigue unos 3,1 ms hacia el sur. La orientación hace recordar la de aquella casa aislada (49) en el cuadrángulo IV C (*lám. 7*) cuya pared sur no está en ángulo recto con las paredes este y oeste, sino que dobla en forma oblicua hacia el sureste. En analogía con esta planta es posible imaginarse la de la casa en el cuadrángulo III E (*lám. 11*). De acuerdo con la supuesta alineación de la pared sur de esta casa se reconoce en el interior de unas casas de ambas orientaciones (10 y 11) ubicadas más al sur una hilera regular de postes orientados hacia el extremo sur de la pared este de esta casa, lo cual confirma la semejanza de esta planta con la de la casa 49. Sólo se observaron pocos postes en la pared oriental de la casa en el cuadrángulo III E. Las superposiciones demuestran que esta casa no existió al mismo tiempo que las casas de ambos grupos de orientación. Esta observación tiene consecuencias también en cuanto a la posición cronológica de la casa 49.

Al este de la casa 9 (en el cuadrángulo III E; *lám. 11*) corre una hilera de postes que también sigue la segunda orientación. En su extremo sur dobla (en el metro cuadrado 48) hacia el este en ángulo recto y al parecer continúa según el testigo estratigráfico (en el metro cuadrado 9). En el cuadrángulo contiguo al este IV E (*lám. 12*) se encuentran hileras paralelas de postes en ángulo recto a las mismas. Una fila de postes forma la prolongación de aquella que dobla en el extremo sur hacia el este (en el metro cuadrado 48). La fila continúa hacia el norte en ángulo recto a poca distancia del borde del cuadrángulo. Paralela a la pared sur está la pared norte, aquí los postes están en parte unidos por fosos. Parece que estas hileras de postes encierran una gran casa rectangular 13, de dos cuartos; una hilera de postes dentro del cuadrángulo IV E (*lám. 12*) probablemente indica una pared transversal que separa el cuarto 13a, al oeste (3,4 ms x 2,5 ms), del cuarto 13b (3,4 ms x 2,65 ms), que está situado al este.

En la parte oeste excavada (9 ms x 5 ms) del cuadrángulo IV E (*lám. 12*) se observaron otras plantas de casas. En este área son visibles varias hileras de coloraciones de postes que tienen orientaciones distintas debido a superposiciones. De su orientación deducimos que la casa 14 probablemente es más antigua que la casa

13. El piso de este cuarto se reconoce parcialmente por grandes manchas grises regulares en el área central de la parte excavada del cuadrángulo IV E. Dentro de la coloración se observó el fogón correspondiente. Se distinguen partes de su revestimiento de barro quemado que indican un fogón hundido rectangular, con relleno blancuzco correspondiente. Zonas negruzcas en los límites de la coloración gris coinciden sólo en pequeña parte con la posición de la hilera de las coloraciones de postes; las desviaciones se pueden relacionar con el declive. Al sureste aparecen postes en fila que coinciden casi exactamente con la coloración oscura, que también en este lugar gira hacia el norte. En esta alineación está más al oeste una gran coloración de postes que está orientada en sentido nor-noreste-sur-suroeste, la cual representa la pared oeste de la casa 14. Al norte su final no está bien definido, porque en el área de la coloración gris no se observaron coloraciones de postes. La pared norte no podía estar, sin embargo, mucho más al norte que el punto 22, del cuadrángulo IV E, porque más allá de este punto se habrían observado coloraciones en el suelo rojizo. La casa 14 tiene, por lo tanto, una longitud de 4,7 ms y un ancho de más de 3 ms, el fogón está algo desplazado hacia el norte del centro del cuarto.

La casa 15 pertenece a una fase más tardía que la casa 14. Una posición de postes corresponde a partes de las paredes norte y oeste. Por su orientación, una hilera de postes en la parte central sur de la coloración gris corresponde a la esquina sureste de este cuarto. Una coloración negra dentro de la coloración gris podría ser un indicio del fogón de la casa 15.

Al sur de la parte excavada del cuadrángulo IV E (*lám. 12*) está la casa 21; claramente visibles son las hileras de postes al norte, oeste y este. Esta también corresponde a la fase más tardía. Su fogón rectangular hundido se puede reconstruir sobre la base de los restos quemados de su revestimiento. Partes del piso se han conservado. La casa 21 pertenece al grupo de orientación más tardío, la esquina sureste no se ha excavado (largo: 3,6 ms; ancho 2,7 ms). De la pared sur son visibles sólo pocos postes, un vacío en la mitad de la misma indica el lugar de la entrada.

En la parte suroeste del cuadrángulo III D (*lám. 8*) se encontraron numerosas coloraciones que se asemejan a huecos de postes, cuyo contexto sólo se aclara si se considera la situación del cuadrángulo III E (*lám. 11*) que sigue hacia el sur. En este lugar están superpuestos dos casas (8 y 12) pertenecientes al grupo de orientación más antiguo, y que se cortan con una hilera de postes de la mencionada casa 7, del grupo de orientación más tardío.

La casa 8 ubicada algo más al norte es de posición cronológica más tardía, porque su fogón está superpuesto al foso de la pared del cuarto 12a. La planta de esta casa es casi cuadrada (2,6 ms x 2,55 ms), no se han observado colocaciones de postes al norte y al oeste de forma tan regular como en los casos de los otros cuartos mencionados; tampoco se han conservado fosos de postes. Esto, probablemente, se debe a que la superficie original ha sido erosionada considerablemente. De la pared sur se han conservado algunas coloraciones gruesas (25 cms), un vacío en el centro es indicio de la entrada. En esta área están los restos del fogón del cuarto más antiguo 12a.

El cuarto 12a también tiene planta rectangular. A pesar de que una parte de la pared sur y casi toda la pared oeste están debajo del testigo II/III E, se puede reconocer su longitud y ancho (2,7 ms x 2,65 ms). Más allá del foso de postes, a una distancia de 15 cms, la pared norte presenta otra hilera de postes, un indicio de que el cuarto 12a es parte de un complejo más grande. La pared este se compone de fuertes postes de 10 cms de diámetro, puestos de forma regular; sólo en la esquina sureste de la casa 12a se encontró un poste de diámetro más grande (25 cms). Según las observaciones, la pared sur está construida con tales postes, de diámetro más grande y algunos de ellos acuñados con piedras. Parece que un vacío en el centro de la pared sur y algunos postes, que están ligeramente desplazados hacia dentro o bien hacia fuera, pertenecen a la entrada. La hilera de postes de la pared este del cuarto 12a continúa 1,5 ms más allá de la esquina sureste de este cuarto. Desplazada unos 30 cms hacia el este se extiende además una hilera de postes, paralela a la anterior, a lo largo de 1,5 m hacia el sur donde dobla hacia el oeste: ésta delimita el estrecho pasadizo 12b, al sur del cuarto 12a. La pared sur del pasadizo 12b en parte corre debajo del testigo II/III E, del mismo modo que la pared oeste.

La pared oeste de la casa 12 está claramente visible a 3 ms más al oeste, dentro del cuadrángulo II E (*lám. 10*), más allá de una parte erosionada. Debido a este deslave no se encontraron los huecos de postes de la pared sur de la casa 12. También el muro de contención, que se extendía al sur de la casa 12 y que sostenía la terraza hacia el declive, en este lugar estaba destruido hasta sus fundamentos.

La fila más baja de bloques del muro de contención está por lo demás todavía in situ de tal forma que se puede reconstruir la posición del muro. Este se extiende del nor-noroeste hacia el sur-suroeste atravesando la mitad norte del cuadrángulo II E y entrando 2 ms en el cuadrángulo III E (*lám. 11*). Aproximadamente en el punto 62 de este cuadrángulo, la parte este del muro de contención dobla perpendicularmente hacia el sur-

suroeste. A juzgar por la altura de los bloques el muro tenía más de 30 cms de altura y corresponde al grupo de orientación más antiguo.

En el terrazamiento, casi contiguas al borde sur de éste, se pueden observar en los cuadrángulos III E y F hileras de postes de dos casas superpuestas de varios cuartos y de orientación distinta (*láms. 14 y 11*).

La casa 10 corresponde a la primera orientación. El cuarto noroeste de esta casa (10a; *lám. 11*) tiene una planta casi cuadrada (3,2 ms x 3,1 ms). A partir de hileras de postes de diámetros de 10 y 20 cms se pueden reconstruir las paredes norte y oeste. Evidentemente no se han observado dos o tres de los postes de la pared norte, porque los huecos correspondientes son demasiado estrechos (hasta 40 cms) para poder ser interpretados como entradas. El vano de la pared este, sin embargo, se encuentra en el centro y tiene aproximadamente 1 m de ancho, un indicio de que se podía llegar desde el cuarto 10a al cuarto estrecho 10b situado al este (3,2 ms x 2,3 ms).

Las filas de postes de las paredes oeste y este cerca de la pared sur también están interrumpidas, lo cual se debe a las condiciones del suelo – componente lítico y barro –. En la esquina suroeste del cuarto 10a se encuentra un hueco de poste de 20 cms de diámetro.En este lugar sigue hacia el sur, levemente desplazada hacia el este, la pared oeste del cuarto 10c, un cuarto que ocupa en parte el cuadrángulo III F (*lám. 14*). Todas las coloraciones de postes de esta pared tienen un diámetro mayor de 15 cms y están colocadas a distancias iguales. La pared común de los cuartos 10a y b forma una hilera de postes comparable a la anterior. La continuación de la hilera de postes que refleja la pared entre los cuartos 10a y b indica la pared este del cuarto 10c. Por lo tanto, este cuarto tiene planta cuadrada (aproximadamente 3 ms x 3 ms). Se ha observado una parte del piso del cuarto 10c. Su estado de conservación no permitió, sin embargo, diferenciar los huecos de postes que pertenecían al piso de los que lo atrevesaban. Pero, por la orientación de las hileras de postes, se puede comprobar la existencia de una casa 11, de varios cuartos, que está superpuesta a la casa 10.

La casa 11 pertenece al grupo de orientación más reciente (*láms. 11, 14*). Su pared oeste que, dentro de la misma alineación, limita los cuartos 11a y c, se puede seguir a lo largo de todo su recorrido en grandes coloraciones de postes colocadas regularmente. La pared está todavía más cerca del antiguo borde de la terraza de la orientación antigua (hoy reconstruida a base de los bloques). El fogón central del cuarto 10a había sido vuelto a utilizar; estaba algo desplazado de su posición. También la pared norte limita claramente los cuartos 11a y b. Las paredes sur de estos cuartos los separan de los cuartos 11c y d.

El cuarto 11c es estrecho, su eje longitudinal se extiende de norte a sur (3 ms x 1 ms). El cuarto 11d sigue al este al cuarto 11c (3,2 ms x 3 ms). Este está claramente definido por coloraciones de postes en sus límites norte y este; en el lado este el cuarto 11d termina con una pared de postes doble. La pared sur del cuarto 11d (*lám. 14*) está definida sólo por pocas coloraciones de postes. Algunos huecos de postes grandes indican que esta pared continuaba hacia el este. Las pocas evidencias de esta pared sur en la fase más tardía, se deben al hecho de que el borde original de la terraza ya estaba desgastado al principio de la excavación. Los grandes postes de la pared sur del edificio precedente 10 habían soportado ese borde y se habían derrumbado debido a la descomposición de estos postes, es decir, que las deposiciones en las que se encontraban los huecos de postes de esta pared sur habían sido erosionadas casi por completo. No se encontraron restos de fogones en la parte meridional de la casa 11 (los cuartos 11c y d).

En el cuadrángulo IV F (*lám. 15*), que sigue hacia el este, por los fosos de postes se destaca claramente la casa cuadrada 16 (3,8 ms x 3,8 ms), de alineación idéntica a la del borde de la terraza. Esta casa pertenece al grupo de orientación más antiguo. Cabe destacar que en ella no son visibles en ningún caso coloraciones de postes dentro de los "fosos de postes". El relleno consiste en material arcilloso, probablemente los restos del enlucido erosionado que cubría la pared. La falta de huecos de postes hace suponer que la casa 16 se construyó de otra manera que las otras casas y cuartos descritos. Sería concebible una construcción de zarzo de caña, hundida en el piso y mantenida en su parte superior por un techo de cañas, es decir, comparable a la manera de construcción llamada "quincha", que, todavía hoy en día, se practica en el valle de Jequetepeque. La casa 16 difiere de la mayor parte de las otras casas del asentamiento también con respecto a la falta absoluta de restos de un fogón.

Al noroeste de la casa 16 está la casa 18, perteneciente al grupo de orientación más antiguo. Su esquina se ve en el área noroeste del cuadrángulo IV F (*lám. 15*) en fosos y coloraciones de postes. Además, de la misma forma se destaca en este sitio una pared transversal que separa el cuarto 18a, al oeste, del cuarto 18b situado al este. En los cuadrángulos siguientes IV, III E y III F (*láms. 11; 12; 14*) se pueden reconocer las paredes norte y este en las hileras de postes más allá de los testigos. Por lo tanto, el cuarto 18a es más grande, de planta cuadrada (2,5 ms x 2,5 ms); el cuarto 18b, al este, es, sin embargo, más estrecho (2,5 ms x 1,8 ms). La parte central del cuarto 18a está debajo de los testigos estratigráficos no excavados donde se encontraría el fogón de dicho cuarto.

En el cuadrángulo IV F (*lám. 15*) un fogón se superpone al punto donde la pared transversal de la casa 18 está unida a la pared sur de esta casa. Este fogón probablemente está relacionado con una hilera de postes que está a una distancia de 1,2 m, que sigue la segunda orientación, y que permite establecer el recorrido de la pared este de la casa 23. Los restos arcillosos de esta pared están algo desplazados hacia el sureste y se cortan con la pared sur del cuarto 18b. En el área del cuadrángulo IV F, al norte y sur, la hilera de postes y coloraciones de esta pared este doblan hacia al oeste, de manera que se puede comprobar el ancho de la casa 23 (3 ms). La longitud se desconoce porque en el área de los cuadrángulos III E/F, los postes correspondientes a la pared oeste, deben estar más allá del testigo estratigráfico. Pero en este lugar ha habido erosión de una cantidad considerable de sedimentaciones porque, como mencionamos mas arriba, el borde de la terraza fue sostenido sólo por postes del grupo de orientación más antiguo.

Los hallazgos descritos de los cuadrángulos IV E/F, III E/F y de la esquina noreste del cuadrángulo II E están encima de aquel terrazamiento que, como señalamos antes, atraviesa de forma oblicua la mitad norte del cuadrángulo II E, dobla en su mitad sur desde el cuadrángulo III E hacia el sur-suroeste y gira cerca de la esquina suroeste hacia el este-sureste. Debajo de este muro de contención hay hileras de postes en el cuadrángulo II E (*lám. 10*) que permiten reconocer plantas de casas de fases diferentes. A primera vista resaltan hileras y fosos de postes que forman, al noreste del cuadrángulo, la planta rectangular (aproximadamente 3,1 ms x 3,5 ms) de la casa 17. En la esquina noroeste apenas se observan claras coloraciones de postes. Esto se debe a deslaves y al relleno, posterior de barro, debido a que una parte del muro de contención, que corre más arriba en el norte, se había destruido en este lugar hasta sus bases más profundas. Del revestimiento del fogón, que estaba aproximadamente en el centro, sólo se ha conservado una de las lajas de piedra, que originalmente estaban colocadas verticalmente en el piso; el piso originalmente estaba a un nivel más alto porque coincide generalmente con el borde superior de las lajas. La casa 17 sigue la segunda orientación.

Un fogón compuesto por lajas de piedra está en el centro de la pared oeste de la casa 17; dos huecos de postes de esta pared se destacan en un área de ceniza dispersa, aproximadamente en el lugar donde originalmente debían estar las lajas del lado occidental del fogón. Por su orientación parece que éste pertenecía a un cuarto de la primera orientación. No se han observado hileras de postes correspondientes, probablemente debido a la consistencia del suelo en esta área.

La casa 19, situada al suroeste del cuadrángulo sigue la segunda orientación. Su planta se puede reconocer sobre todo al este sobre la base de fragmentos de piso e hileras de postes. Al sur se observaron sólo pocas de las grandes coloraciones de postes. El vacío en el centro de esta pared parece indicar la entrada. La casa 19 mide 3 ms x 3,1 ms.

Al este de la casa 19 están superpuestas dos casas, que debido a las condiciones del suelo sólo se pudieron documentar de forma fragmentaria. La casa 25, que sigue la segunda orientación, está orientada aproximadamente igual que la casa 19. La casa se puede identificar sobre todo por las hileras de postes alineados en la misma orientación que limitan un cuarto 25a estrecho y alargado (1,4 ms x 6 ms), al cual siguen al este dos cuartos que están separados por un muro transversal. El cuarto meridional 25b tenía un fogón aproximadamente en su centro. La hilera de huecos de postes que atestigua la pared sur, probablemente continúa debajo del testigo II E/F. La pared transversal se encuentra 4 ms más al norte, allí sigue el cuarto 25c, cuyos postes de la pared norte no pudieron ser reconocidos. Probablemente debe haber tenido más de 2 ms de ancho. Restos de barro quemado, en el rectángulo in situ, indican que también este cuarto tenía un fogón propio.

La casa 25 se sobrepone a la casa 20, también de tres cuartos. A juzgar por su tamaño y disposición, constituía en cierto modo el antecedente de tamaño más pequeño de la casa 25. Sobre la base de los huecos de los postes visibles es poco lo que se puede reconocer del cuarto 20a, mientras que los cuartos 20b y c se pueden definir claramente. El curso de las paredes en la parte sureste del cuarto 20b es claramente visible sobre la base de huecos y fosos de postes. Evidentemente el fogón estaba aproximadamente en el mismo sitio que el del cuarto 25b. De esta manera se explica la gran cantidad y densidad de restos de ceniza y carbón. El cuarto mide 2,6 ms x 2,8 ms. Siempre se encuentran espacios vacíos en las colocaciones de postes de las paredes norte y oeste en sitios en los que es difícil observar coloraciones a causa de las condiciones del suelo, de manera que resulta poco fiable reconstruir entradas en este sitio. Cabe destacar que los postes o los huecos de postes que se han reutilizado para el edificio posterior tienen un diámetro más grande.

La parte oriental del cuarto 20c no se ha excavado, está debajo del testigo II/III E. Es de suponer que este cuarto también tenía una longitud de 2,6 ms, su ancho medio, sólo 2,2 ms, como se puede desprender de los restos de los postes al norte que en parte están erosionados. Su orientación era idéntica a la del muro de contención de la terraza.

En el cuadrángulo II F (*lám. 13*) que sigue hacia el sur las condiciones de conservación eran mucho menos favorables, porque mucho tiempo antes del inicio de la excavación se había empezado a quitar con máquinas material para la construcción de la carretera. De ese modo se destruyeron casi todas las evidencias, sobre todo en la parte norte del cuadrángulo. A pesar de eso se pueden inferir la existencia de algunas plantas de casas. Una primera ojeada a la distribución de los huecos de postes observados indica la organización de cuartos en dos filas levemente desplazadas.

Se puede reconstruir la planta de una casa del grupo de orientación más antiguo sobre la base de la colocación de postes en la parte sur del cuadrángulo. Al sur se ha conservado una parte del suelo. En el centro de esta casa 22, particulas de carbón y ceniza indican el antiguo fogón. La pared sur se deduce de la relación de las otras paredes con los restos de los fogones, porque los restos en este lugar no se pueden identificar como coloraciones de postes. La mayor parte de la pared sur está debajo del testigo II F/G. El hueco de poste que está desplazado hacia el interior del cuarto, probablemente, perteneció a la construcción de la entrada. La casa 22 es muy pequeña, mide solo 2,3 ms x 2,7 ms.

Otras hileras de postes al suroeste del cuadrángulo II F indican que en este lugar se encontraba la casa 24, la cual pertenecía también al grupo de orientación más antiguo. En el área entre estas coloraciones de postes hay varias manchas de ceniza y carbón que indican que esta área constituía posiblemente en una o varias fases el interior de un cuarto; ninguna de la concentraciones, sin embargo, se encuentra en el medio de las dos hileras de postes. El área en parte estaba llena del material de grano fino que forma el suelo estéril de la meseta, parcialmente mezclado con componentes más gruesos. Tales acumulaciones a veces se pueden observar en la superficie del suelo, debido al hecho de que este material se rompe en estructuras poligonales. La pared norte de la casa 24 se refleja sólo someramente en las coloraciones que en esta área son muy difíciles de observar. La pared sur se destaca gracias a una coloración de foso de postes y dos huecos de postes; la esquina suroeste está fuera del área del cuadrángulo. La casa 24 mide 2,6 x 3,6 ms.

También el área entre las casas 22 y 24 en parte está rellenada. Las paredes norte de los dos cuartos tienen la misma alineación. Las dos casas siguen la primera orientación. A una distancia de aproximadamente 1,2 m de la casa 24 corre, paralelamente a la pared norte de ésta, una hilera de postes, que, probablemente, es el indicio de la pared sur de la casa 28. Enfrente de la casa 22, desplazado un poco hacia norte, corre un foso de postes de la misma alineación, que indica la pared sur de la casa 26. Los hallazgos de la casa 28 están muy alterados, de manera que la reconstrucción de una planta cuadrada (3,5 m x 3,5 m) tiene en gran parte carácter hipotético. Sin embargo, viendo el plano general del asentamiento, las coloraciones y manchas de ceniza y el relieve de superficie en esta área parecen indicar la existencia de una casa. También, el hecho de que los pocos huecos de postes en esta área se integran en el esquema de orientación del grupo más antiguo habla en favor de que aquí existía una casa (28), cuyos restos fueron destruidos por la acción de máquinas de construcción. La casa 26 se ve de forma mucho más clara. Sobre todo la pared sur es claramente visible; también los fosos de postes de las paredes oeste y sur se pueden definir claramente. En el area al norte la alteración es más grave. La pared este está casi por completo debajo del testigo II/III F; se puede definir sólo por el hecho de que el foso de postes dobla, en la esquina sureste, al norte. De manera que para la casa 26 resultan las medidas 3,4 ms x 2,8 ms. Restos del fogón central, igual que la pared sur, son probablemente tan fáciles de reconocer, porque las dos evidencias están en el área que estaba cubierta por una casa de la segunda orientación, la casa 27. De esta casa solo se encontró la hilera de postes de la pared sur. La alteración en esta área ha afectado todos los otros restos de forma tal, que la posición de la pared oeste sólo se puede reconstruir hipotéticamente.

Los indicios de la presencia de viviendas, es decir, por un lado, los leves terrazamientos que eran visibles en la superficie antes de la excavación, por otro lado, las hileras de postes y fogones que se distinguieron después de quitar el primer nivel, se hacen más escasos en la parte sur del cuadrángulo III F. También en el cuadrángulo siguiente III G (*lám. 17*) se observan sólo pocos indicios – restos de la casa 30 que corresponde a la primera orientación. Sin embargo, ya antes de empezar la excavación era visible un escalonamiento a manera de terrazas al suroeste, dentro del cuadrángulo II G (*lám. 16*). La excavación de este cuadrángulo demostró, a su vez, que precisamente en el área de tales superficies modificadas del terreno la cantidad de evidencias relacionadas con el asentamiento era grande. Las cuatro casas del grupo de orientación más antiguo (32, 34, 36 y 38) están organizadas en dos filas y resultan visibles gracias a hileras de postes. A ellas se superpone la casa grande 29, de varios cuartos que pertenece al grupo de orientación más tardío.

La casa 32, en la parte noreste del cuadrángulo, destaca gracias a huecos y fosos de postes (2,8 ms x 2,8 ms). Algo más al oeste del centro del cuarto se observan restos de un fogón. La pared oeste con postes de un diámetro de hasta 20 cms es la que se reconoce más claramente. Las paredes norte y sur presentan vacíos de hasta 40 cms entre los huecos de postes observados. Casi la mitad de la pared este está debajo del testigo. Las hileras de postes de las paredes norte de las casas 36 y 38 en la parte sur del cuadrángulo II G (*lám. 16*) tienen la misma alineación. De la casa 38 sólo se puede reconstruir la pared oeste y en parte la pared norte sobre la base de las hileras de coloraciones de postes. Los postes de la pared norte, unidos por coloraciones, son visibles a lo largo de aproximadamente 2 ms y, probablemente, continúan debajo del testigo en la parte este. Esta pared tiene una longitud máxima de 3,2 ms, porque en el cuarto del cuadrángulo siguiente III G (*lám. 17*) no se ven coloraciones correspondientes. La pared oeste se puede seguir a lo largo de 3 ms hacia el sur utilizado como base las coloraciones de postes; la esquina suroeste de la casa no es visible. En la parte sur, cerca de la pared, se encontraron restos de un fogón que, por su posición, muy difícilmente perteneció a este cuarto. Tres postes, colocados en fila, en la parte sureste del cuadrángulo podrían indicar una pared transversal a 2 ms de la pared norte.

La casa 36 se pudo reconstruir totalmente. Su pared este se extiende paralelamente a la pared oeste de la casa 38 a una distancia de 1,4 ms y tiene una longitud de 3 ms. Un vacío entre los postes, que se destaca en el centro de esta pared de 60 cms de ancho, posiblemente se puede interpretar como la entrada. La casa 36 tiene un ancho de 2,4 ms. Una coloración a la manera de un hueco de poste en el centro del cuarto podría ser un indicio del antiguo fogón. El piso de la casa 36 probablemente habia estado a una altura considerablemente mayor que la superficie conservada, porque el borde del aterrazamiento de la fase más tardía estaba algo más al norte del fogón, y, porque, probablemente, se había quitado tierra de este sitio. Por esta razón las coloraciones de la parte norte de la casa 36 aparecen mucho más grandes y claras que las de la parte sur.

Muy parecida es la situación en el caso de la casa 34, que está a una distancia de 1,7 ms de la casa 36. En la parte sur sólo son visibles pocas coloraciones de postes de esta casa; a pesar de eso, el vacío de 1 m de ancho en la pared este parece indicar el vacío de una entrada. La pared este tiene una longitud de 3,4 ms, la pared norte aproximadamente 3 ms. Esta está desplazada medio metro hacia el norte con respecto al lado norte de las casas 36 y 38. No se observaron indicios de un fogón. La pared oeste de la casa 34, así como parte de la pared sur están fuera del cuadrángulo II G; las áreas correspondientes no se han excavado.

La casa grande 29, de varios cuartos, que pertenece al grupo de orientación más tardío se superpone a partes de las casas 38, 36 y 34. Un foso de postes claramente visible limita el complejo al sur y en gran parte al este. El foso de postes al sur corre a lo largo del borde de una terraza, la cual se puede reconstruir partiendo del relieve de la superficie tal como estaba antes de la excavación. Hacia el sur este foso está en parte erosionado. En contraste con su clara delimitación en el suelo estéril, solo una pequeña parte de los huecos de postes correspondientes es visible dentro del material lítico de tamaño pequeño. Dos cuartos alargados 29e (3 ms x 1 m) y d (3,2 ms x 1,2 m) orientados en dirección este-oeste y alineados una detrás del otro, separan los cuartos que están detrás de éstos de la parte frontal. Al cuarto occidental 29e sigue hacia el norte, a lo largo de toda el frente oeste, el cuarto estrecho y alargado 29a (4,1 ms x 1,2 ms). Las hileras de postes de la pared occidental son dobles en algunas partes, pero no se pudieron observar completamente a causa de las condiciones del suelo. Una coloración algo más grande y arcillosa, probablemente, parte del pavimento, no deja ver los postes de la pared que separa el cuarto 29a del cuarto 29b (4,1 ms x 1,9 m), que también es alargado pero más ancho y sigue al este. En la mitad norte del cuarto 29b se encuentran en el centro los restos de un fogón, pero no se han conservado ni las lajas que los limitaban, ni restos de enlucido. El cuarto 29c está en la parte norte de la casa y mide 3 ms x 3,8 ms. Este probablemente es el cuarto principal de la casa. Su pared norte se corta con el fogón de la casa 32. Aproximadamente en el centro del cuarto 29c se encuentran los restos del fogón. Una hilera de postes en el tercio occidental del cuarto indica una subdivisión de este cuarto. En las partes excavadas del asentamiento no se hay ningún paralelo con esta subdivisión de espacios de la casa 29.

Hacia el sur, al pie del aterrazamiento, se destacan en el suelo estéril los vestigios de la casa 31, que sigue también la segunda orientación. Estos en muchos aspectos hacen suponer una manera de construcción parecida a la de la casa 16. Aquí tampoco son visibles huecos de postes en el área de las coloraciones de la pared. No se puede reconstruir la posición de la pared sur porque no es visible la coloración correspondiente de la misma.

Los hallazgos indican que en los cuadrángulos que siguen al sur se llega al límite sureste del asentamiento (*láms. 17,2; 18,1.2*). Hay casas construidas de una manera evidentemente distinta, que son reconocibles casi exclusivamente por los fosos de postes, y que no presentan fogones – las casa 16 del cuadrángulo IV F (*lám. 15*) y una casa pequeña dentro del cuadrángulo I I –; dichas casas están algo separadas del área de edificaciones continuas. Los terrazamientos normalmente visibles en superficie faltan en este lugar, lo que corresponde con la escasez de evidencias en las partes excavadas. En la superficie de la meseta, aproximadamente 200 ms más al sur, se encuentran numerosos terrazamientos continuos de este tipo. Estos han sido medidos en el curso del levantamiento taquimétrico general del abanico aluvial (*lám. 2*) y, probablemente, son partes de otro asentamiento ubicado más al sur.

La imagen que presenta la parte suroeste del asentamiento de Montegrande en la fase más reciente, dentro del marco general de las evidencias observadas (*lám. 169*), parece interrumpirse de forma extraña. Mientras que en el cuadrángulo II E hay una casa compleja de varios cuartos, y dos cuartos más pequeños, la casa grande 29 se encontró sólo 11 ms al sur. En el cuadrángulo intermedio II F son visibles vestigios de paredes de una casa, que pertenecía al grupo de orientación más tardío. Esto constituye el único indicio de que esta interrupción se deba a la destrucción por las máquinas en la construcción de la carretera, es decir, que no refleja la situación original. A pesar de eso, llama la atención que, en este lugar, en su límite suroccidental, el asentamiento este estructurado de forma diferente que en la fase más reciente. Parece, sin embargo, que el asentamiento tenía en ambas fases en común la construcción de casas, probablemente, de función especializada (en la época más tardía la casa 31, al sur de la casa 29) cerca del límite del asentamiento, el cual, evidentemente, también en la fase antigua estaba situado en el área de estos cuadrángulos.

Los cuadrángulos excavados en la parte este del asentamiento al lado y delante de la Huaca Chica

El cuadrángulo XII B (*lám. 19*) abarca un promontorio en el terreno, que está delimitado al oeste y sureste por dos líneas de erosión. Hacia el noreste un muro de contención de una terraza – que está conservado solamente en la hilera inferior de piedras, y que atraviesa también el cuadrángulo XIII B (*lám. 20*) que sigue al este –, sirve de apoyo al área que está situada más arriba del promontorio. También al sur la parte aplanada está delimitada por un muro de contención, como se desprende de algunos bloques que se encuentran en situ.

En el promontorio aplanado (*lám. 19*), un área de aproximadamente 6 m^2 está cubierta por una capa gris que parece ser un piso; esta coloración tiene un límite relativamente claro, está formada al noroeste por un surco parecido a un foso de postes que, desde el límite del cuadrángulo, entra 4,65 ms en el plano. 60 cms más al suroeste un surco parecido, paralelo al anterior, atraviesa los restos del piso; dicho surco comienza al norte de la coloración del suelo y sigue 2 ms al sur de ésta hacia dentro del cuadrángulo. El límite suroeste de los fosos de postes se ve sólo someramente, porque en esta parte del aplanamiento el terreno está fuertemente erosionado; está, probablemente, es la razón de que se hayan observado sólo pocas coloraciones de una hilera de postes perpendicular a la anteriormente descrita: ni siquiera hubiera sido posible observar coloraciones de una profundidad de 20 cms, porque a una distancia de 1,5 m al sur de los fragmentos de piso han sido erosionas grandes estratificaciones de casi 25 cms de espesor.

El curso de la pared sur de la casa 51 se puede reconstruir, aproximadamente, sin embargo, sobre la base de la posición del fogón rectangular que pertenece al piso (90 cms x 65 cms, eje longitudinal sureste-noroeste) y su relación con el límite norte del mismo que es claramente visible; dicha pared corre perpendicularmente a los dos fosos de postes. Partiendo del hecho de que aproximadamente en esta área estaba la pared sur, llama la atención que aquí se hayan encontrado coloraciones que, probablemente, pertenecían a dos hileras de postes (los cuales también estaban separados entre sí por una distancia de 60 cms) y que desaparecen cerca del borde del derribo hacia la línea de erosión sureste. En la alineación se encontró sólo una coloración perpendicular al final de los dos fosos de postes que corre hacia el sureste. 60 cms más al norte, paralelamente a estó, hay 9 huecos de postes colocados en fila, que, pertenecían probablemente a una pared interior. En analogía con el gran numero de casas mejor conservadas del asentamiento, es probable que la pared este de la casa 51 estuviera a la misma distancia del fogón que la pared oeste. También aquí, cerca del borde del derribo, se han conservado sólo pocas coloraciones de postes, que también están en la alineación de la pared que se había reconstruido de esta manera. Por lo tanto la casa 51 presentaba una planta casi cuadrada (3,6 ms x 3,4 ms). Pasillos alrededor del edificio, de un ancho de 60 cm, se pudieron documentar con seguridad al oeste, en forma probable al sur y como posibilidad al este.

En el área del mencionado fogón, una hilera de postes cuya orientación es la que más difiere de la dirección norte-sur está interrumpida. Perpendicular a ésta corren en dirección sureste otras tres hileras de coloraciones de postes; el fogón se superpone también evidentemente a la hilera central. Aparentemente estas coloraciones pertenecen a hileras de postes de dos cuartos de la casa 54, que tiene una orientación algo diferente. A estos dos cuartos se superponen los cuartos más recientes de la casa 51. El cuarto norte 54b es algo más pequeño (2,2 ms x 1,4 m) que el cuarto sur (2,2 ms x 2,1 ms). Una hilera de coloraciones de postes grandes (diámetro hasta 20 cms) als oeste de la pared exterior de la casa 51 corresponde en su orientación a los cuartos de la casa más antigua 54. Perpendicular a ella corre una hilera de postes inmediatamente delante del borde de la terraza norte superior. Aunque no se observaron coloraciones de postes de una pared sur – en esta área no hay ninguna coloración de poste a causa de la erosión – es probable que los cuartos 54b y c sean partes de una casa más grande. La casa 51 se superpone a un cuarto grande al oeste de la casa 54 (54a: 5 ms x 3 ms). Indicio de esta relación cronológica es la superposición del fogón de la casa 51. La pared este de la casa 54, el edificio más antiguo, está destruida por la línea de erosión.

Mientras que la casa más antigua (54) tiene una orientación que se aparte más de la dirección norte, la orientación de la otra casa (51) se acerca más a esta dirección. Si se comparan las orientaciones de las casas 51 y 54 con las dos orientaciones de la parte oeste del asentamiento, llama la atención que ambas casas correspondan más al grupo de orientación más antiguo. Por otro lado, también aquí la casa 54, que difiere más de la dirección norte, indudablemente es la casa más antigua. Por consiguiente, en las distintas partes del asentamiento los grupos de orientación no se pueden identificar por su orientación "absoluta", sino solamente sobre la base de superposiciones.

El borde de la terraza superior (al norte) es paralelo a la casa 54. Probablemente corresponde a la época de la casa más antigua 54. Este borde continúa más allá de la línea de erosión, dentro del cuadrángulo XIII B que sigue al este.

El cuadrángulo XIII B (*lám. 20*) está atravesado diagonalmente de noreste a suroeste por la línea de erosión que ha destruido el muro de contención a lo largo de 4 ms. Al pie de éste se encontraron restos de piso en una faja de hasta 80 cms de ancho. Algo más al sur (40 cms) se distingue en el suelo estéril una hilera de postes paralela a la faja; los postes están en parte unidos por fosos. Perpendicular a esta hilera corren hacia el sur dos hileras de coloraciones separados por una distancia de 60 cms. En este caso probablemente se trata de las paredes norte y oeste de la casa 56, donde vuelve a correr un pasillo de 60 cm de ancho en dirección al oeste. No se han observado las coloraciones de postes de la pared oriental en este sitio que presenta una coloración de piedras y arcilla grises pero se han conservado partes del pavimento, probablemente la pared este estaría fuera de esta área. La pared sur se refleja en algunas gruesas coloraciones de postes. El cuarto principal al este, 56a, presenta, por consiguiente, una planta casi cuadrada (2,4 ms x 2,3 ms[?]), el cuarto oeste 56b tiene forma de pasillo (2,4 ms x 0,6 m). La esquina sureste del cuarto 56a está cubierta por el testigo.

A la pared oeste del cuarto 56b se sobreponen en su tercio sur los restos de un fogón, en cuyos contornos se han conservado restos de un piso que estaba aproximadamente 5 cms más alto que los restos del piso del cuarto 56b. El fogón está en el centro de un cuarto, cuyas paredes destacan como hileras de postes del grupo de orientación más tardío. Este cuarto 53a también tiene una planta casi cuadrada (2,2 ms x 2,3 ms). Su pared oeste puede verse de la forma más clara, sólo la esquina noroeste está en el área del declive del terreno de la línea de erosión; en este sitio faltan evidencias de colocaciones de postes. Los postes de la pared norte no son tan numerosos y grandes como los correspondientes del edificio anterior, probablemente, porque en esta área han resultado erosionados aproximadamente 10 cms de la superficie antigua, quedando visibles sólo las coloraciones de las puntas de los postes. De la pared este sólo se observaron pocas, pero grandes coloraciones de postes. Posiblemente la entrada estaba en este lado. Al sur sigue el cuarto 53b, del cual sólo la esquina noroeste está en el área del cuadrángulo XIII B. Restos de piso y coloraciones de postes aisladas de la pared sur y este del cuarto 53b se encuentran en el cuadrángulo XIII C que sigue al sur (*lám. 22*). El cuarto 53b tiene, por lo tanto, el mismo ancho que el cuarto 53a, pero es algo más largo (2,4 ms x 2,3 ms).

La esquina noroeste del cuadrángulo XIII B (*lám. 20*) encima de la terraza está afectada por un gran pozo de huaquero. Al noreste del mismo, en el suelo estéril guijarroso de color gris, algunos huecos de postes, que doblan hacia el norte cerca de la línea de erosión, hacen suponer que en este lugar estaba la pared sur de una casa 58 de la primera orientación. Se pudo descubrir gran parte del piso dentro del cuadrángulo XIII B. Apenas se observó una coloración la pared este, dicha coloración está dentro del área del declive del terreno hacia la línea de erosión.

Más allá de la línea de erosión se encontró encima de la terraza sólo una regular hilera de postes, que no pudo ser seguida al este en el área de la coloración grande de color gris; éstos probablemente son restos de la pared sur de la casa 60 que corresponde a la primera orientación y cuya pared oeste estaba en el área del declive del terreno hacia la línea de erosión.

El cuadrángulo XIII C (*lám. 22*) está atravesado por una línea de erosión de este a oeste. Al norte de ésta se distingue por las posiciones de postes la parte sur de la casa 53, que es claramente visible en la esquina suroeste del cuadrángulo XIII B y que sigue al norte. Se han conservado partes del suelo. Al sur de la línea de erosión se encuentra el fogón cuadrado de la casa 55 del segundo grupo de orientación. Este estaba algo alterado por un hueco de huaquero, pero se pudieron documentar en situ dos lajas de la esquina sureste del fogón colocadas verticalmente, así como partes del enlucido de barro quemado de la esquina y del lado norte. La pared sur de la casa 55 se refleja claramente en una hilera de postes, la esquina sureste de la casa está alterada por un hueco de huaquero. En el lado este de la casa se ha conservado una faja del piso de hasta 70 cms de ancho. Este dobla hacia arriba donde se encuentra la pared. Las huellas de esta pared consisten en concentraciones de piedras pequeñas entre los huecos de postes. También al norte el piso sube hacia el enlucido de la pared. De esto sobre todo se deduce el curso de la pared norte de la casa 55. Sólo pocos huecos de postes de esta pared se pueden reconstruir sobre la base de tales concentraciones de piedras pequeñas, ya que los huecos de postes, evidentemente, están rellenados con la misma tierra rojiza que forma el suelo estéril en este sitio. Basándose en la posición del fogón en el centro de la casa se puede reconstruir el probable trazado de la pared oeste, de la cual, gran parte, ha sido destruido por la línea de erosión. Un hueco de postes de esta área, el único que se ha observado, está dentro de la alineación de la supuesta pared. La casa 55 presenta una planta rectangular (2,9 ms x 3,8 ms).

Al sureste del cuadrángulo XIII C se distinguen hileras de postes de distintas orientaciones, que pertenecen a dos cuartos superpuestos el uno al otro. La casa 62 pertenece al grupo de orientación más antiguo. Se puede seguir la pared norte, de una longitud de 3,7 ms, hasta el testigo sur. Sobre la base de la curvatura de la pared sur de la casa 62 dentro del cuadrángulo XIII D (*lám. 24*), que siguen hacia el sur, se pueden deducir la esquina sureste de esta casa y la posición de su pared este. De esta pared sólo son visibles pocos coloraciones de postes. La pared sur destaca debido a fosos y huecos de postes; los vestigios de la esquina suroeste y de una parte de la pared oeste han sido erosionados: el terreno actual está hasta 50 cms más a bajo que la superficie original del suelo. Una pared transversal divide la casa en un cuarto 62a en el norte, estrecho y alargado (1 m x 3,7 ms) y en un gran cuarto sur 62b (2,9 ms x 3,7 ms).

La casa 57, que se superpone a la casa anterior, está compuesta de los cuartos 57a y b; dos cuartos continuos en dirección norte-sur, y de un pasillo estrecho y alargado 57c, colocado al oeste delante de éstos. Gran parte del cuarto norte 57a está debajo del testigo entre XIII C y D; todo el cuarto 57b sur está dentro del cuadrángulo XIII D. Los pisos de los dos cuartos, evidentemente, estaban a alturas distintas, porque el material estéril debajo de la superficie del piso en el área del cuarto 57a (2,6 ms x 4,6 ms) está a un nivel hasta 20 cms más alto que los restos del piso del cuarto sur 57b (4,5 ms x 4,6 ms). Los postes de las paredes norte de los dos cuartos se distinguen bien en las coloraciones, mientras que las estratificaciones, en las cuales estaban los postes de las esquinas sureste, están erosionadas casi por completo. Aparte de eso, sólo una densa acumulación de mortero de piedras y barro en la parte sur del cuarto 57a indica el escalonamiento entre los cuartos 57a y b. La planta estrecha y alargada del cuarto 57c en el oeste (1,5 m x 7 ms) puede reconocerse partiendo de una hilera regular de postes (pared del este), como así también de fragmentos del piso. Estos últimos indican que este cuarto también estaba a un nivel más bajo que la parte noreste de la casa. La mitad sur del cuarto grande 57b (4,5 ms x 4,6 ms) se puede deducir sólo basándose en el recorrido del fosos de postes de la pared oeste y en algunas coloraciones de postes de la pared sur. Esto se debe, por un lado, a la erosión – la superficie actual en el área de la esquina suroeste está aproximadamente 30 cms debajo del nivel de los fragmentos de piso que se han conservado – por otro lado, a las coloraciones en el suelo estéril: debajo de partes de la pared este se encontró una inclusión polvorienta-arcillosa dentro del material estéril de tal manera, que los huecos de los postes apenas pueden reconocerse.

Varios pozos de huaquero (de una superficie de hasta 2 m^2) en el interior del cuarto y coloraciones irregulares parecidas a huecos de postes que los rodean están relacionados entre sí. Las coloraciones se deben a la actividad de huaqueros, que buscaban entierros con las llamadas "baquetas" y para quienes el suelo blando les servió de orientación. En el caso presente, los huaqueros, evidentemente, fueron engañados por la inclusión mencionada dentro del material estéril. Un fogón con piso circundante en la esquina sureste del cuadrángulo XII C (*lám. 21*), así como restos de piso claramente limitados en la parte suroeste del cuadrángulo XII C (*lám. 22*) y en la esquina noroeste del XIII D (*lám. 24*), además de un pequeño trozo de foso de postes en el cuadrángulo XII C, son los únicos indicios de una casa 59. Esta estaba situada en la ladera, encima del declive escarpado, orientada hacia la plaza abierta que se había formado en la línea de erosión entre este parte del asentamiento y el conjunto principal de plataforma y terrazas. En el curso que siguen el límite del piso y del foso de postes se hace visible que esta casa corresponde a la segunda orientación. Debido al fuerte declive y al suelo dificultoso (este cuadrángulo se excavó en días muy secos) no fueron observados más huecos de postes. El terreno en el área de la casa desciende más pronunciadamente hacia el oeste; en este lugar probablemente ha sido erosionado un relleno, porque a una distancia de 4 ms se encontró (situada aproximadamente 1 m más bajo) una faja estrecha de piso que consiste de material de barro calcáreo, el límite este de una plaza dentro de la línea de erosion entre el complejo de la plataforma principal y la parte este del asentamiento. El piso se ve en el cuadrángulo XII D (*lám. 23*) que sigue a éste hacia el sur.

En la sección este de la parte central del cuadrángulo XIII D (*lám. 24*) se encuentra la casa 64, cuya orientación corresponde al grupo de orientación más antiguo. A ésta se superpone la esquina sur-este de la casa 57. Restos de ceniza en el centro de las colocaciones de postes de la casa 64 son huellas del fogón. Estas se cortan con un poste grande de la pared sur de la casa 57. Restos y fragmentos de su piso se extienden hasta la hilera de postes de la pared este, que está claramente definida. La pared norte, debido a la mencionada inclusión en el suelo estéril, sólo se puede reconstruir sobre la base de pocos huecos de postes, mientras que partes de la pared oeste se ven claramente en una hilera de postes. El curso de la pared sur, que se reconoce también en algunas coloraciones de postes, coincide con el margen sur de una coloración arcillosa claramente delimitada, que, precisamente, en este lugar pasa a ser una zona arcillosa de color amarillento.

En la parte suroeste del cuadrángulo XIII D se cortan las hileras de postes de dos casas de orientación diferente, sus fogones relativamente bien conservados están superpuestos el uno al otro. La casa 68 sigue la primera orientación, la casa 61 la segunda. Se observan fosos de postes entre los huecos de postes de la pared oeste de la casa 68; la colocación de postes de su pared norte se puede seguir a lo largo de 2,7 ms. No se observaron coloraciones de postes de la pared este en la superficie del cuadrángulo. La esquina sureste de la casa está en el área del testigo sur XIII D/E. Basándonos en la analogía con las plantas de las casas mejor documentadas, suponemos que el fogón se encontraba en el centro del cuarto. De acuerdo a ello, la casa 68 mide aproximadamente 2,7 ms de largo (ancho: 2,4 ms). Por consiguiente, la pared este estaba al final de las coloraciones de postes observadas de la pared norte. Las lajas de piedra que limitan el fogón se encontraron en el lado norte en situ, como así también la laja que limita al suroeste. No se encuentra la delimitación del lado este; aquí atraviesa este cuarto el borde enlucido del fogón de la casa 61, ligeramente desplazado hacia el oeste y con distinta orientación.

Dos hileras de postes de esta casa más reciente 61, colocadas regularmente, corren a ambos lados de la hilera de postes de la pared oeste de la casa precedente 68. Se pudo descubrir un fragmento de piso entre estas dos hileras de postes. Este fragmento está superpuesto a coloraciones y fosos de postes de la hilera más antigua de postes. La hilera de postes de la pared norte también es claramente visible y termina también a una distancia de 2,7 ms de la hilera de postes de la pared este de la casa 61. La pared sur destaca de forma menos clara. Es de suponer que la pared este de esta casa, perteneciente al grupo de orientación más reciente, estaba más allá de la pared este de la casa antecesora (68). Una vez más un indicio de esto es la posición del fogón. Conforme a eso, la casa 61 medía 3,3 ms de largo por 2,7 ms de ancho; una pared transversal la separa de un pasillo estrecho (60 cms x 2,7 ms) al oeste.

Otra concentración de coloraciones de postes en la parte sureste del cuadránglo XIII D indica, probablemente, también casas de dos grupos de orientación. En un contexto claro, sólo se encuentran hileas de postes correspondientes al grupo de orientación más antiguo. Una hilera está orientada de nor-noroeste a sur-suroeste y dobla en ángulo recto hacia el este-noreste. Además, algunos postes probablemente corresponden a una pared paralela que corre a poca distancia (50 cms) más al oeste. Más allá del testigo no continúan las hileras de postes: las colocaciones de postes de las esquinas noreste, sureste y suroeste de esta casa 66, deben haber estado, por lo tanto, en el área de los testigos entre los cuadrángulos XIII/XIV D, XIII D/E y XIV D/E, y la casa debe haber tenido una planta aproximadamente cuadrada. Al oeste hay un cuarto angosto alargado subdividido.

En el área del cuadrangulo XIII E (*lám. 26*) entre las dos fases de construcción se efectuaron reedificaciones considerables. En un deslave que atraviesa el cuadrángulo de noreste a suroeste sólo se habían hundido postes del grupo de orientación más reciente. Por lo tanto, parece que la línea de erosión sólo se había rellenado en esa época. Restos de un muro de contención en la parte noroeste del cuadrángulo, cuya orientación oeste-noroeste-este-sureste corresponde al grupo de orientación más reciente, llegan hasta el segundo nivel de la excavación. A una distancia de aproximadamente 1 m del antiguo borde de la terraza corre paralelamente una hilera de postes que corresponde a la pared sur de la casa 63. Su pared este se refleja en un foso de postes oscuro y arcilloso. Una coloración de 25 cms de ancho indica la posición de la pared oeste. No se diferencia de la de los otros rellenos de huecos de postes de esta casa. La posición de la pared norte, en la medida en que está situada en el área del cuadrángulo XIII E, se puede reconstruir sólo sobre la base de las coloraciones de postes. Partes del piso de este cuarto se han conservado cerca de la pared norte. Estas demuestran que antes de la excavación el cuadrángulo en el área de la pared sur estaba erosionado hasta una profundidad de 20 cms. Aproximadamente en el centro del cuarto se encontraron en situ algunas lajas del fogón grande rectangular que lo limitaban y restos de enlucido correspondientes. Al oeste del cuarto aproximadamente cuadrado 63a (3 ms x 3 ms) sigue el cuarto estrecho 63b (3 ms x 1,2 m). Su pared oeste se puede reconstruir sobre la base de las coloraciones de postes en el área del deslave mencionado.

Debajo del muro de contención al sur de la casa 63, dentro de un pozo de huaquero se encontró barro quemado y ceniza, los restos de un fogón que se encontraba casi en el centro de la casa 70 de la primera orientación. Esta casa existía antes de que se construyera aquel muro de contención que más tarde atravesó su parte norte y encima del cual se construyó la casa 63. En esta área, que cubrían el muro de contención y el relleno correspondiente, se distinguen de forma muy clara coloraciones correspondientes a la casa 70. Un límite producido por un cambio de color hace visible la pared norte de esta casa, una coloración arcillosa de un foso de postes la pared este. Evidentemente, al construir el muro de contención se quitó el material en el cual estaban hundidos los postes y que formaba el suelo estéril. La falta de coloraciones correspondientes en la parte sur de la pared oeste, cuya parte norte, más allá del muro de contención se ve gracias a coloraciones y huecos de postes, se explica porque el área sureste está alterada por un cuarto hundido relativamente grande, de la fase más reciente. La esquina suroeste de la casa 70 está debajo del testigo, entre los cuadrángulos XII y XIII E.

Al este, más allá de la línea de erosión rellenada, se encontraron huellas de dos casas en el área del cuadrangulo XIII E (*lám. 26*). En el tercer nivel se distingue un fogón cuadrado. De los restos de su revestimiento se desprende que éste pertenece a la primera orientación. En las sedimentaciones de ceniza se han hundido dos huecos de postes que pertenecen a una hilera de postes que sigue la segunda orientación. El fogón estaba, probablemente, dentro de una casa cuya planta no se pudo reconstruir. La posición de sus paredes no puede reconocerse, sobre todo, por el hecho de que en esta área se habían producido grandes movimientos de tierra. Por ejemplo al norte del fogón está rellenado el terreno, como se desprende de la estructura del suelo.

Este relleno cubre también la continuación de la hilera de postes de la segunda orientación al norte del fogón. Dos postes de esa hilera están enterrados en las restos de ceniza del fogón; 1,7 m al sur del fogón, la hilera dobla hacia el oeste donde sigue como coloración marrón. Estas coloraciones son los huellas de a casa 67, que sigue la segunda orientación. Esta está ubicada en el lado oeste de la terraza delante de la Huaca Chica, huellas de su parte oriental, evidentemente, están en la parte del cuadrángulo XVI E que no se han excavado.

Al oeste de la esquina excavada de la casa 67, una hilera de postes de la segunda orientación, cuyas coloraciones se destacan también en el área nivelada, indican el límite oeste del aterrazamiento delante de la Huaca Chica. Esta hilera sigue en el cuadrángulo XIV D (*lám. 113*) hasta paralelo al lado oeste de esta plataforma. Se corta con otra hilera de postes, unida por fosos de pstes, también correspondiente a la segunda orientación, que forma una esquina al norte del fogón de la primera orientación, el cual se corta con la casa 67. Aparentemente se trata de otra delimitación del área de la terraza, que forma los límites de la nivelación y, que, probablemente, es más antigua que la primera delimitacón.

Al suroeste del cuadrángulo XIII E (*lám. 26*) se encontró una coloración aproximadamente rectangular, que en el primer nivel del cuadrángulo se distinguía como un contorno gris con algunas coloraciones de postes. En el interior se encontró barro amarillento procedente de erosiones. Al ahondar, se vió que la coloración gris de ceniza se extiende hasta cubrir en el tercer nivel toda la superficie dentro del contorno. No se pudo encontrar un piso. Un corte demostró que se trataba de un cuarto con esquinas redondeadas (2,3 ms x 3,2 ms), que se había hundido más de 50 cms en el suelo estéril. En el perfil del relleno de este cuarto (*lám. 118 – 119,5*) se observan, encima de los restos de un piso que contiene cal, estratos alternantes de barro compacto con ceniza de color gris y de palos de caña quemados, material arenoso con piedras, ceniza y restos orgánicos de color pardo, así como estratos de ceniza de azul-grisáceo, de manera que, sobre la base de los hallazgos no se puede decidir si se trata de los restos derrumbados de los muros y de la construcción del techo de este cuarto hundido o de material erosional que fue transportado hacia este lugar desde la ladera. En el piso, aproximadamente en el centro, se encontraron restos de un fogón. Es probable que, originariamente, la pared del cuarto hundido se elevara casi perpendicularmente. En las esquinas y en el borde que está en el lado del valle, fuera del área hundida, coloraciones de postes indican una construcción de paredes. El cuarto sigue la segunda orientación y corta la esquina sureste de la casa 70.

En el cuadrángulo XII E (*lám. 25*) que sigue hacia el oeste, se destacan dos áreas con edificaciones: por una parte un terrazamiento ancho que atraviesa el terreno diagonalmente en la parte sur del cuadrángulo, por otra parte, más arriba en la ladera otro plano más pequeño en la parte noroeste del cuadrángulo. En la parte noreste del cuadrángulo el terreno baja regularmente hacia el oeste. Aquí se encontraron restos de dos casas superpuestas de un cuarto pertenecientes a las dos orientaciones. Arriba de esta área continúa el muro de contención descrito que sigue la segunda orientación, del cual se han conservado restos en el cuadrángulo XIII E (*lám. 26*). En el área del testigo XII/XIII E, el muro se proyecta en ánglo recto hacia el sur. Su posición, desplazada 1 m, resulta visible (en el área del cuadrángulo XII E) gracias a colocaciones de piedras aisladas (*lám. 25*).

A una distancia de unos 20 cms paralelamente a este muro de contención, corre debajo de éste el foso de postes de la pared norte de la casa 65. Los postes de la pared oeste son claramente visibles. En el área de la esquina suroeste, el subsuelo está erosionado hasta 20 cms debajo del nivel del piso de la casa 65, el cual se conserva en la parte norte de esta casa. Por eso, sólo al este se encuentran coloraciones de postes de la pared sur. También la pared este de la casa 65 se ve en la hilera de coloraciones de postes. La esquina noreste de la casa está en el área del testigo XII/XIII E. Su planta es rectangular (2,8 ms x 2,3 ms), el eje longitudinal difiere aproximadamente 25° de la dirección norte-sur (grupo de orientación más tardío). En el centro del cuarto se observaron ya en el primer nivel restos del fogón cuadrado; las lajas de su revestimiento y el enlucido quemado de éstas se pudieron documentar parcialmente bajando hacia capas más profundas.

Debajo de un fragmento de piso de la casa 65 se encontraron, al sureste del fogón mencionado, restos de un fogón más antiguo, que pertenece a un edificio precedente de planta casi cuadrada que sigue al grupo de orientación más antiguo (casa 72: 2,5 ms x 2,6 ms). El fogón estaba considerablemente destruido, faltan las lajas que forman los límites. Aquí también a causa de la erosión sólo se encontraron pocas huellas de los postes de la pared sur. Pero la posición de las paredes este y oeste se puede reconstruir basándose en los fosos y coloraciones de postes de los dos niveles más profundos (II y III). Lo mismo vale para la pared norte, que también está al sur de los restos del pequeño muro de contención. El fogón ocupa una posición algo excéntrica.

Al sureste del cuadrángulo XII E (*lám. 25*) hay una hilera de cuatro cuartos de la primera orientación, partes de la casa 74, a la que se superponen dos cuartos de la casa 59 (segunda orientación). Uno de los cuartos centrales, 74a, presenta un estado de conservación en parte excelente. La pared este, en parte se reconoce alrededor de algunas lajas de piedra colocadas en un mortero gris de arcilla. En su lado interior se pudo descubrir una banqueta de material arcilloso de 30 cms de ancho y 15 cms de alto. Aproximadamente una tercera parte del piso se ha conservado. Este sigue al este la banqueta y al norte directamente la pared desde donde sube formando hacia arriba el comienzo del enlucido de la pared. La pared norte en su límite oeste se aparta algo de la orientación hacia el sur. Posiblemente sólo existían partes de una pared que separaba el cuarto 74b, que sigue hacia el oeste, porque sólo pocas de las coloraciones observadas pueden haber pertenecido a una pared de este tipo. El foso de postes que indica la pared sur delimita también los cuartos 74b y c que siguen a los dos lados del cuarto 74a. Construcciones como las de la pared norte y de gran parte de la pared este aparecen raramente en el asentamiento de Montegrande. Las lajas (6 cms – 15 cms) colocadas dentro de la faja del mortero de arcilla gris son de longitud diferente (12 cms x 30 cms) y están colocadas tan próximas una a otra que, hacen pensar que non pueden haber existido huecos de postes entre ellas. Por lo tanto, probablemente servían de base para la construcción de la pared. Es concebible una construcción de casa con zarzo de caña, que, hoy en día, en la costa peruana, se denomina „quincha". Construcciones de este tipo tienen como base hileras de piedras, que se revisten de barro y de esta forma son impermeables al viento.

En el centro del cuarto rectangular 74a (3,5 ms x 2,8 ms) se encontraron los restos de un fogón muy erosionado. El cuarto 74b, que sigue hacia el oeste, es más pequeño (2,7 ms x 2,5 ms) y presenta también un fogón aproximadamente en su centro. La posición de las paredes norte y oeste se reconoce basándose en coloraciones de postes. Al norte del foso de postes, que delimita también los dos cuartos orientales de esta casa, corre otro foso de postes paralelo, la pared sur de un pasillo delantero 74e, cuyas huellas se distinguen también en el cuadrángulo XII F (*lám. 27*) que sigue hacia el sur. El cuarto 74e se extendía delante de los cuatro cuartos de la casa 74. Su esquina suroeste está fuera del cuadrángulo XII E, pero se puede reconstruir sobre la base del recorrido de la pared oeste del cuarto 74b.

De un fragmento grande de piso del cuarto este 74c (*lám. 25*) se deduce, que éste estaba a un nivel 20 cms más alto que el cuarto central 74a. Fosos y coloraciones de postes señalan la posición de las paredes norte y este. Esta última se puede seguir basándose en huecos de postes, también más allá del testigo XII E/F. En su extensión de norte a sur el cuarto 74c es más pequeño que el cuarto 74, pero más ancho (3,3 ms x 4 ms). El fogón del cuarto 74c es de forma circular, está delimitado por lajas que están colocadas verticalmente y se encuentra en el eje central del cuarto, desplazado hacia el lado oeste del centro. Al este de los tres cuartos 74b, a y c sigue otro rectangular 74d. Gran parte de éste está debajo de los testigos XII E/F, XII/XIII E y XIII E/F. Las coloraciones de postes de las paredes norte, oeste y este y el foso de postes de su pared sur se ven en las superficies de los cuartos cuadrángulos.

A la casa 74 se superpone en su parte oeste la casa 69 que sigue la segunda orientación. La parte este de esta casa, el cuarto 69a, se superpone a una gran parte del cuarto 74c. La pared sur de este cuarto se reconoce por una hilera de postes, colocados a poca distancia, en el área del pasillo 74d. Las coloraciones de postes de la pared este están muy cerca del fogón del cuarto 74c. Debido a la erosión intensa no son visibles restos de postes de la pared oeste; el suelo estéril está en este lugar a un nivel 30 cms más bajo que el piso original del cuarto 59a, cuya altura se puede reconstruir sobre la base de los bordes superiores de algunas lajas que delimitan el fogón que estaba en el centro del cuarto. Partes de las paredes oeste y este son claramente visibles, no así el área de la pared norte a causa de las condiciones del suelo. El cuarto 69a tiene una planta casi cuadrada (3,2 ms x 3,3 ms). Como consecuencia de la erosión del cuarto 69b, que sigue hacia el oeste, sólo se pueden deducir sobre la base de coloraciones, las paredes norte, este y oeste. La posición aproximada de la pared sur se puede reconstruir sólo basándose en la situación del fogón. El cuarto 69b presenta una planta estrecha y alargada (2,5 ms x 3,6 ms).

En el área del cuadrángulo XII F (*lám. 27*) el terreno desciende hacia la línea de erosión que corre entre la parte este del asentamiento y el complejo de las plataformas principales, con terraza edificada y plaza abierta. También aquí el terreno está estructurado en suaves terrazas. Las superficies planes se han utilizado en la época de las dos fases de ocupación del área de la meseta. La casa 71, que sigue la segunda orientación, se extiende desde la esquina noreste del cuadrángulo XII F hasta el cuadrángulo XIII F (*lám. 28*). Un fogón, la colocación de cuyas lajas norte y este se han conservado, probablemente por su orientación pertenece a este cuarto, pero tiene una posición excéntrica. El fogón se superpone a la esquina sureste del cuarto 72d. Coloraciones de postes regulares aclaran la posición de la pared oeste dentro del cuadrángulo XII F. En el cuadrángulo XIII F, que sigue hacia el este, se han documentado un fragmento de piso de varios metros cuadrados, además huecos y fosos de postes que pertenecen a las paredes norte y oeste. No se observaron huellas de su pared sur. La casa 71 está al suroeste de la plaza, delante de la pequeña plataforma al este, Huaca Chica. La esquina suroeste de esta plaza está apoyada por una colocación de piedras.

Las edificaciones de esta terraza, inmediatamente delante de la plataforma, se aclaran por el hallazgo de casas bastante bien conservadas en la parte excavada al este, dentro del cuadrángulo XV F (*lám. 30*). Los hallazgos se han conservado en esta forma gracias a la poca eficácia de la erosión en esta parte de la terraza. Después de quitar la primera capa en el centro del cuadrángulo, apareció un área compuesta de piedras compactas de tamaño medio con mortero de barro gris. Al noroeste se extiende un área polvorosa, arcillosa, de color ocre, que en el centro de la parte oeste del cuadrángulo está separada por una coloración estrecha, gris, parecida a un piso de la superficie arcillosa de color amarillo claro que sigue hacia el sur. En el centro del límite sur de la coloración se destacan los restos de un fogón que está revestido de piedras. La superficie arcillosa de color amarillo claro aparece también en la parte noroeste del cuadrángulo, en todos los lugares donde la coloración de color ocre se hace más escasa. En una faja en el límite norte y en la parte este del cuadrángulo se destaca el material rojizo del abanico aluvial, en el cual se observan manchas del mismo material arcilloso de color ocre que también se encuentran en el área oeste. Una coloración gris oscura parecida a un piso, delimitaba la más grande de estas coloraciones al noreste y noroeste. Dentro del área ocre grisácea delimitada de esta forma, hay numerosas piedras de tamaño medio y pequeño, cuyo número aumenta cerca de la delimitación. El terreno, que tiene un declive leve, se convierte hacia el sur en el suelo estéril de color rojizo. En esta transición resaltan algunas lajas de piedra, entre las cuales se encuentra carbón negruzco con manchas blancuzcas de ceniza clara. La coloración marrón oscuro, que aparece en una faja de 0,5 m a 2 ms de ancho en el borde este del cuadrángulo. Esta coloración está compuesta por material suelto de arcilla con un componente de piedras, en parte compacto, y con inclusiones orgánicas: el relleno de una línea de erosión que baja desde la parte oriental de la plataforma. En aquellos lugares, donde el material estéril es visible en un área extensa, se pueden observar numerosas coloraciones que están puestas en fila a manera de postes.

Al quitar la segunda capa se pusieron al descubierto las dos áreas del piso en la partes oeste (casa 93) y noreste (casa 95) del cuadrángulo. El límite sur de conservación del piso que pertenece a la casa 93 y el límite norte del piso de la casa 95 que sube, desde el piso hacia el enlucido de la pared, ya se habían observado en nivel superior. En el tercio sur del área del piso de la casa 93 aparece una concavidad cuadrangular cubierta por barro de color amarillo-grisácea, un fogón hundido, con revestimiento de piedras y enlucido de barro. El fogón consiste en un hoyo cuadrado de 23 cms de profundidad en el cual se encuentran varias capas de barro, carbón y ceniza encima del barro rojizo quemado del piso. Una capa de ceniza clara, que tiene un espesor de hasta 5 cms, está cubierta a su vez por una capa clara de barro amarillento. Sedimentaciones blancuzcas de ceniza alternan con estratos finos de carbón, cuyo número aumenta debajo de la capa de barro. Al trazar los cortes que iba a atraversar el fogón de la casa 93 se quitó la mayor parte del piso que se había conservado. Este piso estaba construido sobre un relleno de un espesor de hasta 10 cms que, directamente debajo del piso consiste en material arcilloso fino de color amarillo, pero, que, más abajo, adopta un color marrón claro por la mezcla con material orgánico. Esta última capa se encuentra debajo del piso, al sur del fogón. Quitando el suelo se aclararon también las plantas de las casa 97 y de una construcción precedente de la primera orientación, la casa 98. Las dos casas están atravesadas en su mitad este por una hilera de huecos de postes gruesos.

Las paredes norte, oeste y este de las dos casas se destacan claramente en la mitad norte por las coloraciones de postes puestos a poca distancia unos de otros (diámetro aproximadamente 10 cms). Las hileras de postes de las paredes de la casa más reciente se cortan con todas las hileras de postes de la casa más antigua, es decir, las casas tenían aproximadamente el mismo ancho (casa 97: 3,15 ms; casa 98: 3,3 ms), las paredes nortes estaban en el mismo lugar, pero sólo tenían orientación diferente. En la mitad sur, las hileras de postes de las paredes oeste de las dos casas están debajo del testigo XIV/XV E. Las paredes sur que están en el área del cuadrángulo sólo se pueden reconocerse gracias a unos pocos postes. De las paredes este de las casas sólo se observaron en la parte sur las coloraciones de la pared más antigua (de la casa 98). La falta de huellas en esta parte de los cuartos se debe a que el suelo está hasta cierto punto erosionado. Esto sorprende poco porque, como mencionamos arriba, el suelo en este sitio se había nivelado con material suelto de barro polvoroso. Además, una canal de deslave, que se reconoce en las curvas a nivel atraviesa la parte sur de la pared este de la casa 93, debido a lo cual se encontraron sólo pocas coloraciones de los postes de la pared oriental de esta casa.

El piso conservado de la casa 93 dobla hacia arriba en el borde norte. En esta alineación se encontraron en parte coloraciones de postes de la segunda orientación. El fogón cuadrangular que está revestido de piedras y enlucido estaba hundido en este piso. El piso, como ya se había observado en la superficie del segundo nivel, cubre en parte los restos de un fogón aplanado perteneciente a la casa 98 más antigua. Los dos fogones están en los centros de los cuartos correspondientes. La casa 98 presenta una planta alagarda (4,8 ms x 3,3 ms), mientras que el cuarto superpuesto de la segunda orientación tiene forma aproximadamente cuadrada (3,05 ms x 3,15 ms).

El piso y el fogón correspondientes al noreste del cuadrángulo XV F (*lám. 30*) están relacionados con las hileras de coloraciones de postes de la casa 95 que siguen la segunda orientación. El fogón y el piso de esta casa se superponen o cubren una hilera de postes del grupo de orientación más antiguo. A lo largo de la hilera de postes norte de la segunda orientación, que era visible después de quitar el segundo y tercer nivel, el piso dobla en parte hacia arriba y se continúa en el enlucido de la pared. Esta hilera de postes sigue hacia el oeste-noroeste; una hilera de coloraciones de postes perpendicular a ésta se encuentra sólo a una distancia de 2,1 ms del límite oeste del piso. También en su límite occidental, que corta en ángulo recto la pared norte, el piso dobla parcialmente hacia arriba, en el lado longitudinal de una piedra que, posiblemente, servía de base para un peldaño. El material estéril está en el oeste de la piedra a un nivel mucho más alto que el fragmento del piso. Sin embargo, ninguna coloración, ni en el área del piso conservado ni al sur de éste indica que existiera una pared que separara las dos casas que estaban en los dos niveles diferentes. La posición de la pared sur se ve en coloraciones de postes (diámetro aproximadamente 10 cms) puestos regularmente. Estas coloraciones están interrumpidas a lo largo de 70 cms, aproximadamente en la mitad de la pared sur y terminan en el este detrás de otra coloración. Mientras la interrupción en el extremo este de la hilera de postes probablemente se debe a una erosión – en este lugar la construcción esta a más de 20 cms debajo del nivel del piso conservado –, no es éste el caso en el área del vacío central entre los postes (material estéril aproximadamente 5 cms debajo del nivel del piso). Probablemente este vacío es el indicio de una entrada sur de la casa 95. La posición de la pared este sólo se puede reconstruir de forma hipotética, porque en el límite este en el área de una línea de erosión marrón oscura no se distinguen coloraciones de postes. El piso conservado se extiende además hasta debajo del testigo al este del cuadrángulo, de manera que la esquina noreste de la casa está debajo del testigo. Esto también es probable porque el fogón, en analogía con otros fogones del asentamiento, debe haber estado aproximadamente en el centro del cuarto. Por consiguiente, la casa 95 era un cuarto grande rectangular, su eje longitudinal se extendía de oeste-noroeste a estesureste (3,5 ms x 4,4 ms). Algunas coloraciones de postes dentro del cuarto, que estaban a una distancia de

60 cms, paralelas a la pared oeste, probablemente, indican una pared transversal que separa la casa 95 en un cuarto rectangular 95a y un cuarto parecido a un pasillo 95b colocado al oeste delante de éste.

El centro de la construcción que precedía a la casa 95, la casa 100, se encontraba más hacia el este (*lám. 30*). Sobre la base de las coloraciones de postes se puede reconstruir la posición de la pared oeste a pesar de algunos vacíos. Esta estaba a una distancia de aproximadamente 80 cms de la pared oeste de la casa 95. Las paredes norte de ambas casas están superpuestos. Las coloraciones de la pared norte de la casa 100, que estaban cubiertas por el piso de la casa 95, no se observaron en el suelo de color ocre que estaba debajo de este piso. La pared sur de la casa 95 cubría la mayor parte de la pared sur de la casa 100. Paralela a la pared oeste, a una distancia de 1,5 m hay una hilera de postes a la que se superpone el fogón de la casa 95 y, que, a una distancia de 60 cms de la pared sur, dobla hacia el este. Por consiguiente, la casa 100 en su parte este estaba compuesta por un cuarto rectangular 100a (2,9 ms x ? ms) al que seguía al oeste un cuarto estrecho 100b (3,5 ms x 1,5 ms) que, aparentemente, continuaba en un pasillo estrecho y alargado 100c (0,6 ms x ? ms). No se observaron coloraciones de postes que indicaran una pared entre los cuartos 100b y c. El cuarto 100c cerraba el complejo hacia el sur.

La terraza de declive suave al sur de las casas superpuestas 100 y 95, probablemente no tenía edificaciones. Sólo coloraciones aisladas, parecidas a coloraciones de postes, concentraciones de carbón y barro quemado se encuentran en distribución irregular en esta parte del cuadrángulo XV F, en el límite de erosión que va ensanchándose. Las coloraciones a manera de postes aumentan al sureste del cuadrángulo, sin que resulte un orden claro. En la esquina sureste se encuentra un gran pozo de huaquero. En el área del cuadrángulo que sigue hacia el sur termina la primera terraza que está delante de la plataforma Huaca Chica. El terreno desciende en este lugar hacia la segunda terraza, sin edificaciones, aquella plaza abierta excavada en los cuadrángulos XIII y XIV G que están al suroeste (*láms. 34; 35*).

Los límites de esta plaza abierta inferior están marcados al oeste por los edificios de los cuadrángulos XII/XIII F y XII G (*láms. 27; 28; 33*) es decir por la casa 78 de la fase de ocupación más antigua, y por la casa 75 de la fase más reciente. Al este, el límite de la plaza se puede reconstruir sobre la base de la interrupción del suelo estéril arcilloso. En este lugar se encuentra un área irregular compuesta por piedras de tamaño medio, que sólo está claramente delimitada al este, en el límite formado por arena granulada de color marrón rojizo y gravilla del abanico aluvial que forman el suelo estéril. En toda el área de la plaza aislada inferior, delante de la pequeña plataforma, es decir, en los cuadrángulos XIII y XIV G (*láms. 34; 35*), así como en las partes correspondientes de los cuadrángulos XII G, XIII F y XIV F (*láms. 33; 28; 29*), apenas se encontraron aquellas coloraciones oscuras que interpretamos como coloraciones de postes. Estas áreas presentan una superficie de barro amarillenta y están atravesadas por algunas lineas de erosión, de manera que, en algunas partes, el material estéril que está debajo, llega a ser visible. Algunos bloques grandes – de una altura de hasta 60 cms – distribuidos irregularmente están en la superficie de la plaza. Estos probablemente son partes de la superficie original del abanico aluvial y fueron dejados en su posición original por los que edificaron el asentamiento y las plataformas.

En la parte sureste del cuadrángulo XII F (*lám. 27*) se extienden otras terrazas con edificaciones. Al oeste se encuentran las hileras de postes de las casas 76 y 73 que están superpuestas y que siguen respectivamente ambas orientaciones. En este área se observaron coloraciones de postes muy numerosas probablemente por las condiciones favorables del suelo. Llama la atención la falta de fogones y de vacíos entre los postes, que podrían ser indicios de la existencia de entradas. La casa más antigua 76 tiene una planta más alargada (3,5 ms x 2,4 ms) que la casa superpuesta 73 (2,3 ms x 2,9 ms). Delante de la pared sur de la casa hay una hilera de postes que, probablemente, tenía función de soporte, dado que el terreno en este sitio presentaba un declive muy fuerte hacia el suroeste.

Como pudo observarse a pesar de la erosión al sureste de esta área; separada por un repliegue del terreno, había otros cuartos de las dos orientaciones encima de una terraza que tenía aproximadamente la misma altura. En su extremo oriental y perpendicular a las paredes sur de las casas 76 y 73 se extienden hacia el sur hileras de postes huellas de las paredes oeste de las casas 78 y 75 (*lám. 27*). Delante de la pared de la casa más reciente 75, igual que delante de la pared sur de la casa 76, hay una hilera de postes que, probablemente, también servía de soporte de la casa. La pared oeste de esta casa se reconoce por las coloraciones de postes que están colocados a distancias muy cortas entre sí.

Las dos hileras de postes se cortan con las de la pared oeste del 78d, un cuarto de la casa grande 78, que sigue la primera orientación. El cuarto 78d está aproximadamente en el centro de su parte occidental. Paralelamente a la pared oeste se extiende una área erosionada en el interior del cuarto, la cual más al norte ha destruido las huellas de la pared oeste del cuarto contiguo 78b. La pared norte del cuarto 78d se perfila en coloraciones de postes y fosos de postes. La mayor parte de la pared sur probablemente estaba en el área del testigo XII F/G. Al noreste se ha conservado un pequeño fragmento del piso. El cuarto 78d es pequeño (2,8 ms x 2,1 ms). El curso de su pared puede seguirse hacia el oeste en algunos postes, huellas de una pared que separaba el cuarto 78b de un pasillo estrecho. Sólo partes de las paredes norte y oeste de cuarto 78b pueden observarse en fosos y coloraciones de postes. Sin embargo, la planta de este cuarto puede ser reconstruida. Un fogón de posición central se distingue en una coloración de ceniza en el centro del cuarto rectangular (4,6 ms x 3,4 ms). El cuarto 78b limita al este con el pasillo 78c, cuyas paredes oeste y este son visibles en dos fosos de postes que corren paralelamente a una distancia de 1,6 m. Los dos atraviesan los cuadrángulos XII G y F (*láms. 27; 33*) a lo largo de 9 ms. El foso de postes oriental dobla en su extremo sur en ángulo recto hacia el oeste-noroeste y atraviesa el cuadrángulo XII G a lo largo de 5,5 ms hasta llegar al testigo XI/XII G. En el punto, donde está el foso de postes de la pared sur, termina también el occidental de los dos fosos de postes.

En el centro del lado longitudinal del cuarto estrecho y alargado 78c, 4,5 ms al norte de la pared sur, se extiende una hilera regular de postes desde la pared este del cuarto hasta el foso occidental de postes del cuarto 78c. Esta limita un pasillo entre el cuarto 78c y el cuarto sureste de la casa, el cuarto 78a. No puede verse si este tabique continúa hasta el foso de postes oriental y atraviesa, por lo tanto, el cuarto 78c, porque en este lugar está el testigo XII F/G. La casa 78 es la más grande del área habitacional. Tiene una longitud de 9 ms y está compuesta por los cuartos 78a, b y d al oeste y el pasillo estrecho 78c al este. Su pared este limita con la plaza abierta inferior delante de la pequeña plataforma oriental Huaca Chica. Este pasillo enmarca casi toda la parte oeste de esta plaza. Delante de su pared sur hay también un área de 4 ms de ancho, sin huellas de construcción con excepción de un fogón.

A los cuartos 78a y d se superpone una casa estrecha y alargada (75) de la segunda orientación. El cuarto norte de esta casa (75a) está algo desplazado hacia el este, encima del cuarto 78a. Sus paredes norte, este y oeste se destacan claramente en la superficie como coloraciones de postes; gran parte de la pared sur está debajo del testigo XII F/G. Una hilera doble de coloraciones de postes delante de la pared oeste indica que en este lugar, cerca del declive del terreno la terraza había sido apuntalada con postes. El cuarto 75b que sigue hacia el sur está en el área del cuadrángulo XII G. Se efecutó un corte en el foso de postes, el cual aclaró la posición de la pared este (*lám. 121,3*). Se pudieron observar claramente los numerosos postes regulares. La pared sur del cuarto 75b está superpuesta a la pared sur del cuarto 76a. Su pared oeste probablemente tenía la misma alineación que el cuarto 75a, pero no se observaron coloraciones de postes correspondientes. El cuarto 75a es más largo (3,3 ms) que el cuarto 75b (2,6 ms) los dos tienen sólo un ancho de 2 ms.

Al suroeste del cuarto 75b se encuentra una casa del grupo de orientación más tardío, la casa 77, cuya parte suroeste es visible en el cuadrángulo XI G (*lám. 32*). Partes de sus paredes oeste y sur se distinguen en las coloraciones de postes y fosos de postes en la parte noreste de este cuadrángulo. La esquina sureste está en un área de erosión, del mismo modo que la pared este, de la cual no se encontraron huellas en el cuadrángulo XII G (*lám. 33*), más allá del testigo. El ancho máximo de la casa 77 mide 2,6 ms, la longitud máxima 3,6 ms, porque no aparecen coloraciones correspondientes en la pared norte más allá del testigo XII F/G, en el cuadránglo XII F (*lám. 27*).

La casa 77 se superpone a la casa 80, que sigue la primera orientación (*lám. 32*) y que se refleja sobre todo en fosos de postes. En este caso, igual que en el caso de la casa 77, la situación de la pared sur está alterada por una línea de erosión que está en el límite oriental del cuadrángulo. Por eso se desconoce la posición exacta de la esquina sureste de la casa 80. También se desconoce la posición de la pared este, de la cual no se observaron huellas en el cuadrángulo oriental siguiente XII G (*lám. 33*), de manera que se puede descartar la posición de que el cuarto oriental 80a hubiera tenido un ancho de más de 2,6 ms. Se encontraron huellas de la pared norte en el área del cuadrángulo XI G (*lám. 32*). Según estas huellas el cuarto 80a medía 2,5 ms de ancho. Al oeste sigue un cuarto estrecho 80b.

Al noroeste del cuadrángulo XI G se distingue la esquina sureste de la casa 79 de la segunda orientación. Esta casa está situada al oeste al pie de una colocación de piedras que señala un escalonamiento que sigue de la primera orientación. Encima de este terrazamiento está la casa 82 que sigue también la primera orientación. Su planta alargada (3,2 ms x 2,6 ms) se dibuja claramente en hileras y fosos de postes. En posición algo excéntrica están los restos de un fogón, cuyo revestimiento de piedra se ha conservado sólo fragmentariamente. Al sur desciende el terreno hacia el terrazamiento siguiente.

70 cms más al este están las coloraciones de una casa más grande de la misma fase de ocupación, la casa 84. Los fosos de postes y hileras de postes regulares sólo están interrumpidos por deslaves, cuyo relleno de color ocre no se diferencia del relleno de la mayoría de los huecos de postes, de forma que no se puede decidir si los deslaves fueron rellenados con motivo de la cons-

trucción de la casa 84. Por esta alteración están afectadas solamente partes de la pared este, en la cual, presumiblemente, estaba la entrada, igual que en el caso de la casa 82. En el centro de la casa 84 hay restos de un gran fogón rectangular (60 x 55 cms), cuyas lajas, que están colocadas de forma vertical, se encontraron en gran parte *in situ*. La casa 84 presenta una planta rectangular (4 ms x 3,25 ms). Su pared este está cortada por la pared oeste de una casa pequeña 81 (2,3 ms x 2,1 ms) de la segunda orientación, cuya pared este se encuentra en el área del testigo XI/XII G. La pared sur y partes de la pared norte de la casa 81 se reconocen en fosos de postes. Una mancha de ceniza apro 3,25 ms). Su pared este está cortada por la pared oeste de una casa pequeña 81 (2,3 ms x 2,1 ms) de la segunda orientación, cuya pared este se encuentra en el área del testigo XI/XII G. La pared sur y partes de la pared norte de la casa 81 se reconocen en fosos de postes. Una mancha de ceniza aproximadamente en el centro de la casa 81 podría ser indicio de un fogón.

Al este de la casa 81 aparecen fosos de postes y coloraciones de postes en los cuadrángulos siguientes XII G y H. Estos hacen visible la planta de una casa más grande que sigue la primera orientación (casa 86). Dentro de la coloración de fosos al suroeste del cuadrángulo XII G (*lám. 33*), que indica la posición de la esquina noroeste y de la pared norte, se efectuó un corte. El perfil demuestra que en este lugar se habían hundido huecos de postes. Concentraciones de piedras pequeñas, más al este, hacen sospechar que la pared norte se extendía más hacia el este hasta el metro cuadrado 94 del cuadrángulo XII G. En el cuadrángulo XII H (*lám. 38*), que sigue hacia el sur, se distingue una hilera de coloraciones de postes correspondientes a la pared este de la casa 86. De ésta, sin embargo, no se observaron huellas en el cuadrángulo XII G. También la pared sur de este cuarto sólo está indicada por pocas coloraciones. Pero esta pared no puede haber estado más al sur que el extremo de la hilera de postes observada, porque a poca distancia de la supuesta pared sur de la casa 86, al sureste, había otra casa del mismo grupo de orientación, la casa 88. Por consiguiente, la casa 86 tiene una gran planta rectangular y probablemente estaba subdividida en su parte oeste, como indica una hilera de coloraciones de postes (3,5 ms x 1,5 ms x 3,5 ms).

La casa 88, en la parte oeste del cuadrángulo XII H, es un cuarto pequeño rectangular que tiene un fogón bien delimitado. Este cuarto originalmente estaba encima de una terraza cuyo relleno en el sur, al lado de la pendiente, evidentemente se ha erosionado, de manera que no se han conservado huellas claras de la pared sur. La pared oeste estaba en el área de una línea de erosión. Longitud y ancho de la casa se pueden comprobar sólo aproximadamente basándose en la ubicación del fogón. Como éste en las casas de Montegrande generalmente ocupa una posición central, la casa 88 probablemente tenía una planta rectangular (2,3 ms x 2,5 ms hasta 3,1 ms).

Restos de ceniza dispersa al este del fogón de la casa 88 indican que a ésta se superponía un fogón mas reciente. Coloraciones de postes, más allá de la pared norte de la casa 88, y una coloración clara de fosos de postes que, al oeste, está perpendicular a las otras coloraciones, son las huellas de una casa superpuesta 83 que corresponde a la segunda orientación. La posición de las paredes sur y oeste de esta casa no se pueden reconstruir en base a las huellas, porque la superficie actual en el extremo sur de las coloraciones de los fosos de la pared oeste está aproximadamente 30 cms debajo del nivel de las coloraciones de los postes correspondientes a la pared norte. Puntos de apoyo para deducir la ubicación de la pared sur ofrece el extremo del foso de postes y para la de la pared este la falta de huellas al otro lado del deslave. Según estos indicios se puede deducir que la casa 83 tenía una planta rectangular (aproximadamente 3,5 ms x 2,5 ms), cuyo eje corría longitudinalmente en dirección norte-sur.

En la mitad este del cuadrángulo XII H (*lám. 38*), al otro lado del deslave se distingue gracias a algunos bloques una terraza de la primera orientación. Según se puede ver por la altura de los bloques, la altura de la terraza medía por lo menos 27 cms. Sólo se ha conservado una extensión de 1,3 m de la terraza, que al este está más erosionada. Al sur, a una distancia de 2,4 ms se encuentran coloraciones de piedras, fragmentos de piso y coloraciones que proceden de la pared norte, así como partes de la pared oeste y este de una casa que pertenecía al grupo de orientación más antiguo. Casi todas las huellas de esta casa 90 se observaron sólo en el segundo nivel.

En el primer nivel del cuadrángulo XII H sólo se observaron algunos fragmentos de piso y una hilera de postes de la segunda orientación que eran las únicas huellas de la casa 85. Esta está ubicada como la casa 83 sobre un subsuelo fuertemente erosionado y probablemente tenía una longitud de 4,2 ms; sus paredes norte y sur no están claramente definidas.

La casa 90 medía unos 4 ms de largo y más de 2 ms de ancho, como se deduce del foso de postes de la pared este que es visible hasta el límite sur del cuadrángulo. Esta casa no presenta restos de un fogón central.

En el cuadrángulo XI H (*lám. 37*), que sigue hacia el oeste, se dibujan dos plantas de casas completas cerca del testigo XI/XII H, que corresponden al grupo de orientación más reciente. La casa 87, situada en la parte noroeste del cuadrángulo, tiene una planta casi cuadrangular (2,6 ms x 2,4 ms). Restos de un fogón se encuentran casi en el centro del cuarto. Las paredes de la casa se reflejan en fosos de postes, donde se pueden reconocer algunos huecos.

La casa 89, situada al sur de la anterior, se hallaba a un nivel situado 20 cms más bajo. Su pared oeste se encontraba algo al oeste de la alineación de la pared este de la casa 87. Su posición se ve en coloraciones de postes que están colocados regularmente. La pared norte se dibuja en una coloración de fosos de postes. La esquina noreste está en la área del testigo XI/XII H. En la esquina sureste del cuadrángulo se ve una parte del foso de postes perteneciente a la pared este. La esquina sureste y la pared sur de la casa 89 se distinguen más allá del testigo XI H/I (*lám. 41*). Una coloración grande de ceniza en el interior (*lám. 37*) pertenece probablemente a un fogón de la casa 89; sin embargo, una colocación de piedras al norte de esta coloración muestra una orientación diferente. Esta coincide con un cuadrángulo de coloraciones de fosos de postes que definen un edificio precedente a la casa 89, la casa 92.

La casa 92 sigue la primera orientación (*lám. 37*). Las paredes norte y oeste que separan el cuarto principal 92a del cuarto occidental 92b, se reconocen en coloraciones de fosos de postes. La esquina suroeste del cuarto 92a se refleja en el curso que sigue el foso de postes. La posición de la pared este de la casa 92 se puede reconstruir sólo de forma hipotética: tiene que haber estado en el área de los testigos XI/XII H y XI H/I, porque en los cuadrángulos contiguos no se encontraron huellas correspondientes (*láms. 38; 41*). Al oeste había un pasillo estrecho delante de la casa, lo cual se puede reconstruir en base a las coloraciones.La casa cuadrada 92 es más antigua (3,5 ms x 2,9 ms + 60 cms); la casa más reciente 89 también tiene una planta cuadrada (2,75 ms x 3,1 ms).

El foso de postes de la pared norte de la casa 92 está al norte, delante de los restos de un fogón. No se ha podido reconocer una casa correspondiente. En la parte central y oeste del cuadrángulo el declive del terreno es más fuerte y cae en forma casi regular sin que existan indicios de aterrazamientos. En este lugar, sin contar algunas coloraciones parecidas a postes, sólo se encontraron restos producidos por derrumbes de casas que estaban situadas más arriba.

El cuadrángulo X G (*lám. 31*) está en el lado este de la línea de erosión que separa el área de las plataformas principales de la parte oriental del asentamiento. En el área de este cuadrángulo se encuentra un área estrecha, parecida a una terraza, que se proyecta como un balcón encima de la profunda línea de erosión hacia la cual desciende el terreno, en progresivo decline. En este lugar no se observaron restos arquitectónicos, solamente se observó un fogón de tamaño extraordinario (1,10 ms x 1,60 ms), cuyo relleno grueso de ceniza, en parte cubierto por barro y superpuesto a partículas de carbón sin huellas de quema fuerte, es muy parecido al de los fogones de casas. Los bordes de este fogón grande, que originalmente debió tener forma rectangular, estaban revestidos de bloques y lajas a menudo estrechos hasta de 1 m de altura. Solamente aquellas partes de este revestimiento que estaban orientadas hacia la ladera, se encontraban todavía *in situ*. Evidentemente, en este sitio tan expuesto, alrededor del fogón no había ninguna construcción como se deduce de la falta de indicios de la casa correspondiente. No se encontraron restos reconocibles macroscópiamente de plantas o de animales dentro del relleno.

En el cuadrángulo X H (*lám. 36*) que sigue hacia el sur, más allá de la línea de erosión, al suroeste y sureste, se dibujan otra vez planos en forma de terrazas, en los cuales huecos y fosos de postes indican casas, mientras que en la parte norte del cuadrángulo alternan áreas de grandes bloques de piedra de declive más fuerte con manchas, restos orgánicos erosionados y fragmentos de madera y barro quemados.

De las hileras de coloraciones y de los restos de fosos de postes resultan las plantas de casas de los dos grupos de orientación en la parte suroeste del cuadrángulo. Gran parte de una casa 94, que sigue la primera orientación, está dentro del cuadrángulo X H, sólo las esquinas suroeste y sureste se encontraron afuera. El cuarto principal 94a (2,35 ms x 2,6 ms) es cuadrado. Delante de éste, al oeste, está construido un cuarto estrecho 94b (2,35 ms x 0,9 ms). El foso de postes de la pared norte está algo desplazado hacia el sur. El foso de postes de la pared sur se puede observar con más claridad.

La casa 91 se superpone a la casa 94, que sigue la segunda orientación. El cuarto 91a está más al norte y dentro de lo que se puede observar tiene una planta cuadrada (2,6 ms x 2,6 ms). Las paredes este y oeste destacan gracias a los fosos de postes. También en base a coloraciones de postes es visible la posición de la pared sur, que separaba los cuartos 91a y b; mientras que la posición de la pared norte sólo se distingue gracias a pocas coloraciones de postes. Un fogón de posición excéntrica del cual se conservan restos (1 m al noreste del centro del cuarto) posiblemente corresponde cronológicamente a este cuarto. La parte sureste del cuarto 91b está fuera del cuadrángulo X H. La pared oeste continúa la del cuarto 91a en la misma alineación, las paredes este y sur están en parte fuera del cuadrángulo X H.

En el sureste del cuadrángulo X H, fosos de postes y restos de fogones hacen sospechar que en este lugar se encontraba una casa 96 (primera orientación). Estos fosos reflejan la pared oeste de dos cuartos y partes de una pared transversal que se extiende desde aproximadamente la mitad de la pared hacia el este. Esa probablemente forma la pared sur del cuarto 96a y a la vez la pared norte del cuarto 96c. Restos rojizos de las coloraciones de ceniza, que están a una distancia de 1,8 ms al noroeste de la esquina sureste del cuarto 96a podrían indicar la posición del fogón de este cuarto. Suponiendo que el fogón estaba en el centro del cuarto, la pared oeste debe haber estado a la misma distancia de los restos del fogón que la pared este. Con cierta probabilidad las coloraciones grises difusas que están a la distancia que hemos supuesto antes, serían restos del foso de postes de la pared este. Cerca de su extremo norte se encuentra un hueco de poste que, posiblemente, indica la esquina noroeste del cuarto 96a. Si la pared norte estuviera en este sitio estaría aproximadamente a la misma distancia del fogón que la pared sur. No se han conservado, sin embargo, otros restos de la pared norte. Según esto la esquina noreste estaría fuera del cuadrángulo. El cuarto 96a era rectangular (2,8 ms x 2,2 ms). No se puede asignar un fogón al cuarto 96c que sigue al sur. Una coloración de ceniza está cerca del extremo sureste de la coloración de fosos de postes de la pared este, y, por lo tanto, probablemente, no correspondería cronológicamente a este cuarto. Si la pared hubiera estado en el extremo sur de aquella coloración, las únicas tres coloraciones de postes en esta área estarían en una línea perpendicular a esa coloración. A juzgar por las pocas coloraciones de postes observadas, la pared oeste estaba a una distancia de aproximadamente 3 ms de la pared este. Según esta interpretación, el cuarto 96c tenía un ancho norte-sur de 2,5 ms.

En la alineación de la supuesta pared norte del cuarto 96a se encuentra una coloración de postes, que, posiblemente, señala la esquina noroeste de un cuarto 96b. Este sería un pasillo estrecho al oeste de los cuartos 96a y c, cuya existencia, sin embargo, resulta dudosa por la falta de otros indicios.

El cuadrángulo XIII H (*lám. 39*) comprende una de las áreas de más difícil interpretación. El lugar situada inmediatamente al sur de la plaza abierta inferior estaba afectado en alto grado por al erosión producia por el libre flujo del agua. Las numerosas coloraciones de postes y fosos de postes, de orientaciones diferentes, indican una gran cantidad de edificaciones, pero debido a las destrucciones es muy difícil aclarar la relación que tenían las coloraciones entre sí. En este cuadrángulo ninguna de las coloraciones de ceniza, que se pueden interpretar como restos de fogones, se puede relacionar de forma lógica con las huellas de la pared. También en esta área las hileras de coloraciones de postes, siguen dos orientaciones. A una hilera de postes de la segunda orientación en el noroeste del cuadrángulo le corresponden dos hileras de postes situadas al este a una distancia de 3,7 ms y 4,8 ms. Podrían ser restos de paredes laterales de una casa 97 de varios cuartos. Faltan casi por completo indicios de las paredes correspondientes norte y sur. Unicamente la hilera de postes central dobla en su extremo sur en dirección oeste. Faltan vestigios de toda la parte oeste de una pared sur de esta alineación, así como de las partes meridionales de una pared oeste correspondiente. El único indicio de la ubicación de la pared sur es que se ha observado que los extremos sur de las hileras media y oriental están alineadas en ángulo recto con respecto a su orientación. Sólo pocos huecos de postes de esta alineación, sin embargo, podrían haber servido para comprobar esta posición de la pared sur de la casa 97 (?).

Entre las hileras de postes de la supuesta casa 97, se encuentran, aparte de otras pequeñas coloraciones en forma de postes, dos coloraciones grandes (diámetros 45 cms, 50 cms) que están en una alineación oeste-noroeste-este-sureste de la segunda orientación. Posiblemente se trata de restos de columnas como aquellas de la parte oriental de la gran terraza en forma de L, en el conjunto principal de plataformas (véase pág. 255), es decir que serían, partes del límite sur de la plaza abierta inferior delante de la pequeña plataforma al este. Otras dos coloraciones de este tipo, se encuentran al norte y al sur de la alineación de las coloraciones grandes mencionadas.

Las hileras de postes de la parte este de la casa 97(?) se cortan con hileras de postes de la primera orientación. La hilera media que sigue la segunda orientación cruza una de la primera orientación, y en su extremo sur dobla también en dirección al oeste. En su curso se presentan también fosos de postes. Además otro foso de postes corre hacia el oeste perpendicularmente a esta huella de pared en su tercio norte, y se une a una distancia de 1,8 ms con el extremo sur de una hilera de postes, cuya orientación es paralela a la huella de pared antes mencionada. Probablemente se pueden relacionar entre sí estos vestigios de edificaciones, pero no se puede deducir la forma de esta casa 102 (?).

Otra hilera de huecos de poste se corta con la huella de la pared oeste de la casa 97(?). No se puede reconocer ningún contexto con otras huellas. La distribución de algunos huecos de poste y una coloración de forma alargada, situada al este de la hilera de postes, hacen sospechar que aquí se encuentra la esquina noroeste de una casa. Sólo dos huecos de poste indican que existió una pared sur. Por el declive es muy probable que, precisamente, en este lado, orientado hacia la ladera, se hayan erosionado las estratificaciones en las cuales se encontraban las coloraciones de postes.

En esta área se observaron pocos restos de la pared norte de una casa superpuesta 99, que sigue la segunda orientación. Sus paredes este y oeste se dibujaron claramente en coloraciones de postes y de fosos de postes. En la parte suroeste de la casa 99, sin embargo, no se han conservado huellas de paredes, probablemente, debido a las condiciones del suelo. La casa 99 presenta, según las coloraciones, un ancho de 2,8 ms. La casa está superpuesta a la esquina noroccidental de la casa 104, cuyas huellas de pared no se ven muy claramente en el cuadrángulo contiguo al sur XIII I (*lám. 43*).

En la parte suroeste del cuadrángulo XIII H (*lám. 39*) en el suelo de barro de color claro se dibujan hileras de coloraciones de postes paralelas que siguen la primera orientación. Al norte de estas coloraciones no hay otros hallazgos dentro del área de barro claro que forma el suelo estéril. La distancia entre estas dos hileras (aproximadamente 60 cms) y su longitud (aproximadamente 2 ms) hacen suponer que se trata de las huellas de uno de aquellos pasillos estrechos, que en muchos casos se extienden a lo largo de los lados más angostos de cuartos rectangulares algo más grandes. Por las condiciones del suelo a ambos lados de las hileras de postes, es de suponer que las huellas correspondientes de ese cuarto se encuentran al sur y no al norte; sin embargo, no fueron sido reconocidos.

De interpretación todavía más difícil es el cuadrángulo XIV H que sigue hacia el este (*lám. 40*). Sólo en la esquina noreste surge una imagen clara. Se dibuja una coloración de foso de postes de 5,5 ms de largo que sigue la segunda orientación y que dobla cerca del testigo oriental hacia el noreste. En este lugar probablemente está la esquina sureste de la casa 101. Perpendicular al foso de postes corre hacia el norte a una distancia de aproximadamente 90 cms de la esquina sureste una hilera de coloraciones de postes. A una distancia de 1,4 ms del extremo oeste de la huella de la pared cruza una coloración oscura. Ésta, más al norte, se puede definir como foso de postes, que, a su vez, corre en ángulo recto a la pared sur. En la parte oeste de la casa la situación está tan afectada por la erosión y los deslaves, que aquí no se puede reconstruir la forma original. Aparte de esta área occidental, la casa 101 se compone de un cuarto principal 101a (ancho: 3,10 ms) cuya pared norte está fuera del cuadrángulo (es decir su longitud es de más de 3 ms). Al este sigue un pasillo alargado 101b (1,40 ms de ancho), cuya pared norte está también al norte del cuadrángulo (más de 3 ms de largo). La forma y la ubicación de la casa 101 al lado de la plaza abierta inferior, delante de la Huaca Chica, hace recordar la casa 78 que está situada al este enfrente, más allá de la plaza, la cual, sin embargo, en contraste con la casa 101 sigue la primera orientación.

En el resto del cuadrángulo se documentaron algunas coloraciones de postes y numerosos restos de fosos de postes, sin embargo, con estas huellas no se pueden reconstruir plantas de casa.

Los cuadrángulos XI – XIV I (*láms. 41 – 44*) se excavaron en la primera campaña en un tiempo relativamente corto, porque en esta área el trazo de la carretera nueva, arriba del nivel máximo de altura del embalse cruzó el abanico aluvial. En casi toda el área se excavó sólo un nivel, de modo que la documentación de hileras de postes resultó relativamente fragmentaria. A esto contribuyó también la falta de conocimiento del sitio al principio de la excavación. Se observaron numerosos huecos de postes cuyas asociaciones en muchos casos no se pudieron aclarar.

No se pudo investigar detenidamente una coloración oscura con numerosos hallazgos de cerámica, en la parte norte del cuadrángulo XI I (*lám. 41*). Posiblemente, en este lugar había coloraciones de postes que no se han observado. Se ha dibujado el segundo nivel de la parte oeste del cuadrángulo. La visión de conjunto de las coloraciones dibujadas de ambos niveles demuestra que existía una hilera de postes – que sigue la segunda orientación – en la parte central oeste del cuadrángulo. En su extremo sur se encuentran dos coloraciones de postes y una huella de un foso de postes dentro de una alineación perpendicular; en este caso probablemente se trata de los restos de la pared sur de una casa 103. Su extremo está cerca del límite del cuadrángulo XI I, como lo señala un hueco de postes que está dentro de un foso de postes que corre en dirección noreste. Se ha observado sólo una pequeña parte del foso de postes, en la parte noroeste de este cuadrángulo, su huella no se distingue claramente de la coloración oscura. Tampoco es visible la posición de la pared norte de la casa 103. De manera que de esta casa, que, probablemente, se superponía a una casa más antigua (coloración de ceniza en la parte noroeste del cuadrángulo XI I), sólo sabemos que sigue la segunda orientación y que tenía un ancho de aproximadamente 3,4 ms; se ha observado la hilera de postes de su pared este a lo largo de 4 ms. No se sabe tampoco si esta casa estaba subdividida.

Al noreste del cuadrángulo, encima de un pequeño muro de contención del grupo de orientación más antiguo, se distinguen restos de piso y coloraciones de postes, los cuales se pueden observar en el cuadrángulo XII I, más allá del testigo (*lám. 42*) y debajo de las hileras de postes de las paredes oeste y sur de esta casa (106) se han documentado sin que se hayan encontrado vacíos entre las colocaciones de postes. El foso de postes de la pared sur se ha desplazado hacia el sur, es decir, hacia la ladera en la parte este, donde no se ha conservado el muro de contención. Esto también es válido para el foso de postes de la pared este, que también está desplazada aproximadamente 20 cms hacia el sureste. Sólo pocas coloraciones de postes indican la posición original de la pared este de la casa 106. La posición de la pared norte de esta casa sólo se puede reconstruir en base a restos de fosos de postes alterados, así como basándose en el grueso poste de esquina en el extremo norte de la pared oeste. Según estos datos la casa tenía una planta aproximadamente cuadrada (2,5 ms x 2,4 ms). No se observaron indicios de un fogón dentro de la casa, aparte de una mancha con quema y ceniza cerca de la pared este que, probablemente, no corresponde cronológicamente a la casa 106. La conservación de gran parte del suelo original probablemente se debe al muro de contención que está al sur, orientado hacia la ladera, ya que éste impidió una erosión muy fuerte. No se han observado otros restos de edificaciones debajo de este muro.

En la parte suroeste del cuadrángulo XII I (*lám. 42*) se encontraron huellas de otra casa de la primera orientación (casa 108), que se encontraba a una distancia de 2,5 ms de la casa 106, levemente desplazada hacia el sureste. Son claramente visibles las hileras de postes de las paredes norte, sur y oeste, estas últimas unidas por fosos de postes. Las piedras derrumbadas, debajo de los postes de la pared sur, hacen suponer que también la terraza, sobre la cual se encontraba la casa 108, estaba sostenido al sur por un pequeño muro. Las hileras de postes de las paredes norte y sur terminan en una línea de erosión que atraviesa de forma diagonal el cuadrángulo y que, probablemente, ha erosionado las huellas de la pared este de esta casa. Restos erosionados de un fogón se encontraron al este del supuesto punto central de la casa. En el interior de la casa 108, se destacan numerosas coloraciones de distribución irregular parecidas a huecos de postes, que no se pudieron relacionar entre sí. Estas faltan casi por completo en todas las demás áreas del cuadrángulo XII I, al norte y este de la casa. Material arcilloso, concentraciones de ceniza y piedras aisladas en esta área probablemente proceden de erosiones. Se encontró un fogón grande bastante destruido cerca del límite sur del cuadrángulo. No se observaron huellas de una casa correspondiente. Una hilera de postes grandes del grupo de orientación más reciente corre al sur, al pie de la casa 108. Al sur de ésta se encontraron las huellas de la esquina noroeste de la casa 116, cuya parte principal se pudo documentar dentro del cuadrángulo XII J.

Seguramente no se debe solamente a la falta de tiempo disponible (véase supra p. 198) sino al estado de conservación que no haya observaciones claras del cuadrángulo XIII I. Este está atravesado por tres deslaves (*lám. 43*). No se observaron más plantas de casas aparte de los pocos postes de la casa 104, cuya parte noroeste se dibuja de forma muy clara en el cuadrángulo XIII H (*lám. 39*). También en el cuadrángulo XIV I (*lám. 44*), que está fuertemente alterado en su parte este, se observaron sólo en la parte suroeste restos de un fogón y huecos de postes, cuyo contexto, sin embargo, no se pudo poner en claro.

El dibujo del primer nivel de la parte norte del cuadrángulo XI J (*lám. 45*) proporciona varios indicios de actividades de relleno; en casi toda la superficie el suelo de barro gris-amarillento está resquebrajado formando polígonos irregulares. Todas las piedras grandes que sobresalen en segundo nivel tienen superficies planas, sólo se distinguen partes en el primer nivel. Probablemente habían sido transportadas a este lugar para levantar el terreno cuando se edificó el asentamiento más antiguo. Luego fueron cubiertas de material de grano fino.

En la parte noreste del cuadrángulo la superficie original estaba a un nivel más bajo. Parece que en este lugar se halla la parte de una terraza orientada hacia la ladera, que en tiempos más recientes se había rellenado de material erosivo. Esta terraza se encontraba también en el área del cuadrángulo XI I, que sigue hacia el norte (*lám. 41*). Indicio de esto son estratificaciones de escombro negruzco, material erosivo, debajo del cual sólo en el segundo nivel se dibujaba la capa de barro claro de la superficie del relleno (*lám. 45*). Sobre todo en la parte norte es difícil observar coloraciones de postes en el suelo polvoroso. Sólo en el segundo nivel se ven numerosas coloraciones de postes, debajo de los estratos de relleno en el suelo estéril de color rojizo. Salta a la vista sobre todo una concentración de postes gruesos que atraviesa el cuadrángulo en dirección nor-noroeste-sur-suroeste. Sólo en el nivel superior se reconocen fogones en los dos lados de esta concentración de postes. Estos se distinguen de forma mucho más clara en la parte oeste – orientada hacia el valle – que en el área este montaña arriba. Por lo tanto, esta parte del cuadrángulo estaba a un nivel más alto y se ha erosionado en una época más tardía. Esto también lo indican las otras observaciones en los cuadrángulos contiguos a éste. En las dos partes del cuadrángulo se dibujan hileras de postes que siguen la primera y la segunda orientación.

En la parte noroeste del cuadrángulo XI J (*lám. 45*) se dibujan postes de la orientación más reciente, que doblan hacia el noreste cerca de la concentración de postes mencionada, y que, probablemente, forman la pared sur de una casa 105, cuya esquina noroeste se dibuja claramente en fosos y huecos de postes al sur del cuadrángulo XI I (*lám. 41*). La pared norte se encontraba en el área del testigo XI I/J. A excepción de la esquina noroeste no se ven huellas de la pared oeste. En este lugar el terreno desciende hacia el oeste. O bien el suelo en el cual estaban los postes se ha quitado por erosión, o bien las coloraciones en esta área no se han observado. En esta parte del cuadrángulo todavía en el segundo nivel, se encuentra material arcilloso claro y no se puede distinguir con presición el material erosivo arcilloso del material de relleno. En el nivel superior del cuadrángulo se dibujan restos del fogón de la casa 105.

La hilera de postes de la pared sur de la casa 105 se corta con una secuencia de huecos de postes que sigue la primera orientación. Más al sur están dos hileras de postes perpendiculares a ésta. Cerca de la esquina sureste del cuadrángulo, éstas doblan hacia el oeste y parece que forman la pared este de una casa grande 110 de la primera orientación (longitud: aproximadamente 5 ms). El único indicio de la posición de la pared oeste es el fogón que está aproximadamente en el centro (a una distancia de 1,5 ms) entre las paredes norte y sur. No se encontraron coloraciones de postes de esta pared que está orientada hacia la ladera. Pero suponiendo que el fogón estuviera aproximadamente en el eje central del cuarto, de orientación este-oeste, el extremo occidental de las coloraciones observadas de la pared norte debería señalar también la esquina noroeste de la casa 110. Por lo tanto, probablemente, se trata de una casa grande rectangular que sigue la primera orientación. Delante de su pared oriental se encuentra un cuarto estrecho y alargado.

En el lado este de la concentración grande de postes del cuadrángulo XI J (*lám. 45*) se encuentran, en ángulo recto a éstos, dos secuencias de huecos de postes a una distancia de 2,5 ms. A una distancia de 3 ms al este de la concentración de postes corre, paralela a ésta, otra hilera de postes. Aproximadamente en el centro del rectángulo, que está circunscrito de esta forma en el nivel superior, se encontraron restos de ceniza que indican un fogón. Parece que en este lugar había una casa rectangular (casa 107) de la segunda orientación. Asimismo sólo son visibles en el nivel superior restos de otro fogón redondeado y hundido con bordes de barro quemado y piedras reventadas por el calor, que se encuentran en la parte oeste del área interior de la planta rectangular; probablemente no corresponden cronológicamente a la casa 107, porque estos "sitios de combustión" en el asentamiento de Montegrande son característicos de planos y plazas sin edificaciones.

La escasez de huecos de postes de las paredes norte y sur de la casa 107 probablemente se debe a la erosión en esta parte del cuadrángulo. También faltan muchos huecos de postes de otra casa de la segunda orientación en el área correspondiente más al sur. Una parte de las huellas de esta casa 109 atraviesa la concentración de postes grandes. Otra parte está constituida por una secuencia de postes y coloraciones que corre paralela a ésta en la parte sureste del cuadránglo XI J. Además un foso de postes de orientación este-oeste sigue hacia el este en el extremo norte de la concentración grande de postes; dentro de este foso de postes se distacan huecos de postes. Sólo la coloración de un poste, que está acuñado con piedras, se dibuja entre el extremo este del foso de postes y la hilera de postes al este. No se observaron huellas de la mitad sureste de la casa 109, más allá del testigo, en el cuadrángulo XI K (*lám. 48*). Este cuadrángulo se exvacó después de que se construyó la trinchera de la carretera. Los vehículos de construcción habían atravesado el área.

La línea de conexion entre los dos únicos huecos de postes observados en la parte norte del cuadránglo XI K (*lám. 48*) corre perpendicularmente a una colocación de postes en la parte sur del cuadrángulo XI J (*lám. 45*), que en su extremo oeste dobla hacia el sur. Esto puede ser casualidad dada la fuerte destrucción de esta área. Pero los huecos de postes en el cuadrángulo XI J indican que en este lugar se encontraba la parte noroeste de una casa del grupo de orientación más antiguo (casa 112). No se han conservado evidencias claras de la parte sureste de esta casa.

Indicios de una casa 114, que también sigue la primera orientación, situada al noroeste de la casa 112, consisten en hileras y fosos de postes en la parte sureste del cuadrángulo XI J. La posición de las paredes este y norte de esta casa, así como la posición de las paredes oeste y norte de un cuarto estrecho en el lado norte se dibujan claramente los cuadrángulos XI/XII J (*lám. 45; 46*), mientras que sólo se pudo observar una coloración de la pared sur y coloraciones de la pared oeste que no eran claramente visibles. Pero es de suponer que la pared oeste del cuarto principal tenía la misma alineación que la pared del cuarto contiguo norte.

En la parte sureste del cuadrángulo XI J (*lám. 45*) se dibuja un deslave, que más al noreste, en el cuadrángulo XII J, puede seguirse ladera arriba, ya que atraviesa este cuadrángulo. Estaba cubierto de tierra y piedras ya al establecerse el asentamiento más antiguo. Mientras que en la parte sur de los cuadrángulos se observaron dentro del relleno coloraciones de postes de las dos fases, esto no sucedió así más arriba, en la parte norte del cuadrángulo XII J (*lám. 46*), donde no se utilizaron piedras grandes para el relleno.

Por falta de tiempo el cuadrángulo XII J sólo se pudo documentar en dos niveles en la mitad sur. A pesar de eso, ya en el primer nivel se dibujan casi todas las plantas de las casas. Sus huecos de postes, sin embargo, se pueden observar en el segundo nivel de forma más clara. Es de suponer por eso que las pocas plantas de casas en la mitad norte representan el estado originario de la construcción de forma completa, y que en este lugar sólo estaban las dos casas 116 y 118.

En la parte noroeste del cuadrángulo se distinguen los huecos de postes de la mitad sur de la casa 116. Se dibujan las paredes este, sur y oeste; la pared este de forma menos clara que está en parte dentro de la línea de erosión rellenada. En esta área se ven claramente las piedras que servían para acuñar los postes de la pared sur. Dos postes indican una subdivisión en la parte oeste. Más allá del testigo septentrional, en el límite sur del cuadrángulo XII I (*lám. 42*), corre una hilera de postes, que, probablemente, corresponde a la parte noreste de la pared norte de la casa 116.

En la parte norte del cuadrángulo se encuentran restos de piso y fosos de postes de la casa 118. Esta es una casa del grupo de orientación más antiguo, cuya parte este se distingue en el cuadrángulo siguiente XIII J (*lám. 47*), más allá del testigo. En el foso de postes de la pared oeste destacan piedras que, posiblemente, formaban parte de la construcción de la pared. En el interior, al este del foso de postes, se distinguen fragmentos de piso. Están rodeados de tierra polvorosa de color gris-marrón, restos de suelo erosionado que también se dibujan más abajo, al suroeste del foso de postes; evidentemente han sido erosionados de forma secundaria. La pared sur sólo puede ser reconstruida en base a concentraciones de piedras que están en la línea de conexión entre los extremos meridionales de los fosos de postes de las paredes este y oeste. Indicios de las paredes este y norte son los fosos de postes que están más allá del testigo en el cuadrángulo XII J. En contraste con los fosos de postes de la pared oeste, dentro del foso de la pared este se pueden distinguir claramente algunos huecos de postes. No se han reconocido los postes de la pared norte de la casa 118 en el cuadrángulo XIII J; la esquina noroeste se encuentra en el área del testigo XII/XIII J. En el lugar correspondiente una hilera de postes gruesos del grupo de orientación más reciente, probablemente parte de la construcción de terrazas, atraviesa los cuadrángulos XI/XII I así como XII/XIII J. Estos postes grandes se distinguen sólo someramente dentro de una coloración de barro y ceniza, en la parte noreste del cuadrángulo J.

El área que está al norte del cuadrángulo XII J (*lám. 46*), entre las casas 116 y 118, presenta un declive del terreno más pronunciado. La casa 118 estaba a un nivel algo más alto que la casa 116. Las dos casas estaban aproximadamente 30 cms arriba de una secuencia irregular de postes del grupo de orientación más reciente, situada en la parte central del cuadrángulo. La hilera de postes bordea el límite norte de un área estrecha – que parece ser el piso de una casa y que tiene un color gris-amarillento –, dobla hacia el sur en el extremo oriental de la coloración y se piedre en el área de un ancho foso de postes. Este foso se dibuja en la parte sur del cuadrángulo como coloración negruzca y tiene forma de arco. Dos metros más al sur en la alineación de la corvadura, continúa la hilera de postes en coloraciones de postes pequeñas (diámetro aproximadamente 3 cms) colocadas a cortas distancias. Sus rellenos de color amarillo claro son más oscuros en el segundo plano. En el otro extremo (oeste) de la pared norte también hay un vacío de casi 2 ms en las coloraciones y huecos de postes de la pared oeste, y más allá continúa al sur la huella de la pared como hilera de pequeñas coloraciones con pequeños espacios intermedios. En el extremo sur ambas hileras doblan uniéndose mediante una hilera de huecos de postes de igual tamaño. Estas filas de postes reflejan la planta rectangular de la casa 111. Un poste de la pared sur está debajo del ancho foso de postes en forma de arco que se distinguió en el segundo plano cuando se excavó esta coloración y cuando los distintos huecos de postes llegaron a ser visibles. Dos postes de la parte sur de la casa 111 probablemente son indicios de que la casa estaba subdividida en un cuarto principal de planta cuadrangular y en otro cuarto contiguo estrecho y alargado al sur. No se encontraron indicios de un fogón en el interior de esta casa.

La planta de la casa 111 se corta en su parte sur con hileras de postes de la parte noroeste de la casa 120 que sigue la primera orientación. Los postes de las paredes norte y oeste de esta casa, que dejan pequeños espacios intermedios, se extienden hasta el testigo XII J/K y se completan en el cuadrángulo XII K (*lám. 49*) que sigue hacia el sur formando la planta cuadrada de una casa. Una hilera de postes también claramente visible en el límite sur del cuadrángulo XII J (*lám. 46*) separa un área estrecha y alargada en la parte norte del interior del cuarto. Las dos hileras de postes septentrionales de la casa 120 sólo se pueden observar en el segundo nivel, debajo del foso de postes, en el área de la hilera ancha de postes en forma de arco. Aunque sólo cuatro postes atestiguan la pared sur de la casa, su posición es todavía claramente reconocible porque no se observaron otros postes en esta área. Además los cuatro huecos de postes están en una alineación paralela a la pared norte y perpendicular a las paredes este y oeste de la casa 120.

También la coloración de postes grandes en forma de arco, del cuadrángulo XII J, continúa claramente en el cuadránglo XII K que sigue al sur y forma un círculo de aproximadamente 10 ms de diámetro. También en la esquina suroeste del cuadránglo XIII J se encuentran tres huecos de postes de este gran edificio circular (*lám. 47*).

En el cuadrángulo XII K (*lám. 49*) los fosos y las hileras de postes de la pared oeste de un cuarto estrecho y alargado se superponen a las hileras de postes de la esquina sureste de la casa 120. Esta pared oeste corre en la misma alineación que la pared este de otro cuarto. Ambos cuartos son partes de la casa 113. Su cuarto principal, de planta aproximadamente cuadrada se encuentra en el lado este. En el interior del cuarto principal en el límite oeste y en la parte este se ha conservado de forma fragmentaria el piso de la casa. En la parte central se ve la capa de relleno de grano fino que se encuentra debajo del piso. En este lugar también se dibujan los restos de un fogón.

Las esquinas meridionales de la casa 113 están fuera de la gran casa ciruclar. En algunos casos es difícil decidir cuáles son los huecos de postes que pertenecen a la parte sur de la construcción circular y cuáles a la pared sur de la casa 113. En un solo caso se reconoce que un hueco de postes de la casa circular atraviesa el suelo de la casa 113. Este es el único indicio de la relación cronológica entre el edificio cicular y la casa 113.

A poca distancia de la pared sur de la casa 113 hay algunos huecos de postes gruesos. Estos postes probablemente corresponden cronológicamente más bien al edificio circular que a la casa 113, porque se cortan más al este con la hilera de postes de la pared sur de la casa 115. Esta casa sigue la orientación más reciente y se encuentra al este de la casa 113 a una distancia de aproximadamente 20 cms. La pared norte de la casa 113 tiene exactamente la misma alineación que la pared de la casa 113. Los huecos de postes de la pared sur se encuentran aproximadamente 30 cms más al sur. La esquina noreste y la pared este de la casa 113 se dibujan en hileras de postes del cuadrángulo XIII K (*lám. 50*). Del fogón, que estaba en el centro de la casa, se han conservado lajas *in situ* (*lám. 49*). La orientación idéntica de las casas 113 y 115, la alineación idéntica de sus paredes norte así como su posición recíproca indican que ambas existían al mismo tiempo, y, por consiguiente, en una fase más antigua que el gran edificio circular.

Al suroeste de la casa 113 se encuentran huecos de postes de una casa de la primera orientación, así como partes de un piso. Se ven sólo los postes de un cuarto estrecho y alargado en el lado oriental de la casa. Su pared norte se puede reconstruir sólo en base a pocas huellas. La mitad sur se encuentra en el área del borde de la demolición producida por las máquinas de construcción. Este borde atraviesa los cuadrángulos XI K y XII K (*láms. 48; 49*). Dentro del área alterada una franja que parece ser mortero de barro indica la presencia de un muro del grupo de orientación más reciente. Algunas de sus piedras están *in situ*, otras han sido ligeramente desplazadas hacia abajo. Dos bloques de piedra presentan restos de enlucido de barro en el lado que está orientado hacia el valle. Este enlucido dobla siguiendo la forma del bloque oriental (*lám. 49*). A una distancia de aproximadamente 4 ms se encuentra otra piedra en la misma alineación. En el área destruida que está entre las piedras, probablemente se encontraba una escalera que servía como acceso sur de la terraza, encima de la cual estaban las casas y el edificio circular descritos. En la continuación oriental de la faja gris se encuentran otra vez bloques de piedra aislados que pertenecían al muro de contención de la terraza.

Delante esta terraza, al sur, se habían construido otras dos terrazas. A pesar de la destrucción causada por las máquinas constructoras se puede ver que la terraza superior tenía edificaciones, pero que la inferior era una plaza abierta. En la alineación de la mitad de la supuesta escalera, en la plaza abierta, un gran hueco de poste confirma la ubicación del acceso. Un hueco de postes semejante, muy grande se encuentra también en el eje central del conjunto principal de plataformas, en la plaza abierta, debajo de la plaza abierta en forma de L, delante de la Huaca Grande.

Según indican las condiciones de conservación en el cuadrángulo XI K (*lám. 48*) el límite de la terraza pasa por éste hacia el oeste-noroeste. La fila de postes grandes que atraviesa el cuadrángulo XI J (*lám. 45*), probablemente está relacionada con el borde occidental de la terraza. Ya se mencionaron cuáles observaciones en las superficies de los niveles indican esto (vea arriba pág. 199). Aquella hilera de postes gruesos en los cuadrángulos XIII J/XII I (*láms. 42; 47*) señala el límite norte de la terraza. No pudo establecerse con claridad dónde estaba el límite este. Dos secuencias de postes atraviesan el cuadrángulo XIII K (*lám. 50*) en dirección nornoroeste, perpendicularmente a la continuación del límite sur de la terraza. La oriental de ellas correspondería, según la ubicación al borde oriental de la terraza, pero no coincide con ningún declive fuerte del terreno. Los vestigios de relleno en toda la superficie del cuadrángulo XII K se encuentran al oeste de esta secuencia de postes que así constituye un límite. Además de las coloraciones de postes en este cuadrángulo no se pueden deducir indicios de paredes de una casa. La posición del límite de la terraza no pudo aclararse con más detalle porque la parte noroeste del cuadrángulo XII K no pudo ser excavada por nosotros, debido a que ya habían intervenido los constructores de la carretera.

El área que se encuentra delante de la terraza, en la parte sur del cuadrángulo XII K (*lám. 49*) y la parte norte del cuadrángulo XII L (*lám. 53*), presenta tal maraña de huellas de orugas, piedras aplastadas, coloraciones oscuras de forma redondeada y ceniza que resulta muy difícil establar que coloraciones provienen de huecos de postes, de erosiones, de alteraciones producidas por la máquina o de fogones. A pesar de las huellas de las orugas de vehículos de construcción, en todo el cuadrángulo XII L (*lám. 53*) se nota un cambio de la superficie más allá de un área de 7 ms de ancho, enfrente del segundo muro de contención delante de la terraza grande. Más al sur apenas se encuentran piedras y sólo pocos restos quemados. El suelo de grano fino y color amarillento se destaca por su estructura de polígonos irregulares, lo cual es un indicio de relleno. El límite entre las dos áreas señala una terraza que se reconoce en el suelo sólo parcialmente como una faja de mortero de barro gris.

En el cuadrángulo XIII L (*lám. 54*) que sigue hacia el este, tampoco se observan plantas de casas en la continuación del área norte. Pero se ve una hilera de postes que se extiende desde el límite sur de la terraza hasta el muro de contención destruido, y que continúa más allá de éste en la occidental de las delimitaciones mencionadas del cuadrángulo XIII K (*lám. 50*) en la parte este de la terraza grande.

Tampoco en el cuadrángulo XI L (*lám. 52*) no hay ningún resto de fogones. Después de quitar la primera capa, la superficie se caracteriza por una apariencia de polígonos irregulares, lo cual interpretamos como evidencia de un relleno artificial, porque también se encuentra en otras plazas abiertas del asentamiento. Para asegurarnos de que no se trataba de material de una erosión antigua se quitó una segunda capa. En el material de relleno se encontraron piedras de tamaño mayor con la parte de arriba plana, que, evidentemente, formaban parte del relleno artificial. Entonces se pudieron distinguir algunas hileras de huecos de postes de las dos orientaciones en la parte inferior del relleno, pero ningún indicio de un fogón. Evidentemente, habían sido derribadas las casas que existían en este lugar antes de la construcción de la plaza abierta.

En la parte central inferior del cuadrángulo se distinguen las huellas de la casa 117 de planta aproximadamente cuadrada, que sigue la segunda orientación. Una pared transversal separa un pasillo largo y estrecho en el lado occidental. A poca distancia de la casa 117 se hallan hileras de postes que señalan las paredes este y norte de la casa 122 de la primera orientación. No se pueden precisar los datos sobre la forma de su planta, porque las paredes sur y oeste, así como partes de la pared norte están fuera del área excavada. La interpretación de la situación vista en conjunto, es la siguiente: la plaza abierta con su relleno fue construida después de las dos fases de ocupación o al final del asentamiento más reciente.

En el área de los cuadrángulos XV y XVI K y L (*láms. 56; 57*) se dibujó en la superficie una terraza en cuyo límite sur se veía una hilera de piedras. La extensión del área de excavación se amplió en dirección hacia los límites de la terraza que se veían en la superficie, de manera que, aparte de los cuadrángulos XV y XVI K, sólo se excavó al norte una faja de 4 ms de ancho de los cuadrángulos XV y XVI L. En vez de los testigos entre los cuadrángulos se dejaron testigos paralelos y perpendiculares a la hilera de piedras de 1 m de ancho. La excavación demostró que la hilera de piedras constituía la hilada inferior del muro de contención meridional de la terraza, la cual estaba fuertemente destruida por pozos de huaqueros y un deslave profundo. Sólo a una distancia de aproximadamente 4 ms al norte del muro se han conservado fragmentos de un piso de barro gris. En la superficie del primer nivel ya se vió gran parte de la base de guijarros finos y de color rojizo de este piso. Esta en parte estaba atravesada y mezclada con partes de barro arenoso que se habían desprendido por la erosión de la ladera. Sólo a una profundidad de 10 cms, en el tercer nivel en el cuadrángulo XVI K (*lám. 57*) se ven huecos de postes de las casas 124 y 119, a una distancia de aproximadamente 8 m del borde sur de la terraza. En la parte este del cuadrángulo XV K (*lám. 56*) se dibujaron una coloración de una superficie de 6 ms^2 de arena fina y suelta de color gris, así como también algunas hileras de postes. En el cuarto nivel se distinguen en la parte sur del cuadrángulo grandes áreas de piso. En el área alrededor del punto de intersección de XV/XVI K/L se ve la planta de una casa (vea abajo). Probablemente hileras de postes en la parte oeste del cuadrángulo XV K (*lám. 56*) también están relacionadas con el piso. Tales hileras se observan también más al norte en el área de la línea de erosión en el cuarto nivel y, probablemente, pertenecen a otro edificio, la casa 123.

Las coloraciones de postes de la casa 124, en la parte este del cuadrángulo XVI K (*lám. 57*), aparecen relativamente cerca de la superficie reciente, porque en esta área de la terraza, evidentemente, se han erosionado estratificaciones de considerable espesor. El terreno en este lugar desciende hacia un deslave profundo que baja en dirección sureste-este y que incluso ha erosionado completamente las estratificaciones, en las cuales se habían encontrado los postes de la esquina noreste de la casa 124. La planta de esta casa es aproximadamente rectangular (2,6 ms x 3,3 ms). Las coloraciones de la pared oeste y de partes de la pared norte están muy bien conservadas. No se observaron indicios de un fogón, lo que se debe, probablemente, al efecto de la erosión. En el área de la casa 124 estaba originalmente el límite este de la terraza.

Aproximadamente 4 ms al oeste de a casa 124 se encontraron hileras de coloraciones de postes en el tercer nivel que, probablemente, reflejan la pared oeste y partes de la pared sur de la casa 119(?). Las coloraciones se observaron sólo en aquellos lugares donde el suelo estéril, de material rojizo, no estaba alterado por deslaves y material erosivo de barro arenoso. La posición de la pared oeste se puede reconstruir en base a piedras, que se encuentran en hileras a distancias regulares, en aquellos sitios donde no se encontraron coloraciones de postes. En este caso, probablemente, se trata de aquellas piedras que fueron colocadas en los muros entre los postes. De esta forma por lo menos se puede reconstruir el ancho de la casa 119 (3,1 ms), que pertenece al grupo de orientación más reciente. Su piso, evidentemente, estaba a un nivel considerablemente más alto que la superficie conservada, porque las pocas coloraciones de postes, que son claramente visibles, ya no se pudieron reconocer en el cuarto nivel, 15 cms más bajo.

Las coloraciones de postes de la casa 123 (un edificio de varios cuartos que sigue la segunda orientación) se ven mucho mejor en el cuarto nivel (*lám. 56*). Esta casa está a corta distancia (40 cms) de la casa 119. La pared sur de la casa 123 limita un cuarto sur estrecho (123b; 1,8 ms de ancho) delante del cuarto principal 123a. En la parte este, este cuarto se convierte en un pasillo (123c: 0,9 m de ancho). Las paredes que separan el cuarto 123a de los cuartos 123b y c también se dibujan claramente al sur y al oeste en coloraciones de postes. Las hileras de postes de las paredes de los cuartos 123a y 123b se extienden hasta el testigo que atraviesa perpendicularmente el muro sur de la terraza en el cuadrángulo XV K (*lám. 56*). Como más allá de este testigo no se distinguen coloraciones correspondientes, la pared oeste de la casa 123, probablemente, está en el área del testigo que corre paralelamente a la orientación de esta casa. Por lo tanto, la casa 123 tenía un ancho de 4 a 4,8 ms. No se ha documentado la posición de la pared norte de esta casa; debido a la falta de tiempo (construcción de la carretera) en los tres metros cuadrados septentrionales de los cuadrángulos XV/XVI K, sólo se pudo dibujar el primer nivel.

Por la misma razón se desconoce la posición de la pared norte de la casa 126. Esta sigue la primera orientación y a ella se sobrepone la casa 123. Las paredes sur y este de esta casa se pueden reconocer en hileras de coloraciones de postes. Debido a la ubicación del testigo dentro del cuadrángulo XV K tampoco se puede reconocer la posición de la pared oeste. Medía de ancho entre 3,3 ms y 4,2 ms. Los restos de piso conservados en esta área y los rellenos que están debajo de éstos y que se reconocen por la estructura del suelo, probablemente, se pueden atribuir a este cuarto.

De la casa 121, situada en el punto de intersección de los cuadrángulos XV/XVI K/L (*láms. 56; 57*), existen evidencias mucho más completas, a pesar de que, ciertamente, también en este lugar la pared norte se encontraba en el área del testigo. Este fue dejado a una distancia de 4 ms del muro de contención y paralelo a éste. La casa 121 sigue la segunda orientación, mide 2,60 ms de ancho y tiene en su centro restos de un fogón, cuya delimitación circular, conservada hasta la mitad, se pudo documentar en el tercer nivel. Dentro de este cuarto se puede reconocer gran parte del piso. Los huecos de postes se dibujan sólo en el cuarto nivel y reflejan al sur del testigo claramente la pared este y partes de la pared sur, mientras que sólo se han conservado pocas coloraciones de postes de la pared oeste a causa del deslave. La superficie plana del piso de esta casa se puede observar en los cortes de perfil sur y este del testigo, en los cuales – igual que en los niveles de excavación – no se observan pisos más antiguos.

Más allá del testigo de orientación nor-noreste-sur-sureste, que atraviesa el plano XV K (*lám. 56*), se dibujaba al sur del testigo ya en el primer nivel, una coloración dentro del material arcilloso compuesta por material guijarroso de color marrón rojizo, bordeado de un material gris. Ésta muestraba una forma rectangular claramente definida en el segundo nivel 10 cms más bajo. En el tercer nivel el contorno de la coloración está interrumpido a ambos lados del testigo. A partir de allí, la coloración es de arena fina y suelta, en parte de ceniza y de color gris claro. En el cuarto nivel se vió que el contorno de la coloración es el enlucido del cuarto hundido 125. Este en su parte inferior estaba rellenado de barro de color claro, material lítico de tamaño medio así como de pedazos de enlucido, mientras que más arriba morteros de barro, cubiertos de arcilla-"Schluff" de granulación media, sirvieron para un relleno sistemático (*lám. 118 – 119,5*). Al sur del testigo se ha excavado el piso del cuarto hundido (visible en el quinto nivel). Gran parte de éste se ha conservado debajo de un estrato de carbón. En este lugar se encontró invertida la base de un mortero de basalto pulido, con pedazos de ocre de color rojo claro.

La planta del cuarto hundido 125 por su tamaño (3,1 ms x 2,2 ms) y por su forma rectangular corresponde aproximadamente a aquellos cuartos del asentamiento que se encuentran a flor de tierra. A pesar de sus esquinas redondeadas el de que pertenece a la segunda orientación es visible: a la misma casa probablemente pertenecen coloraciones de postes del mismo grupo de orientación, que están a una distancia de 40 y 60 cms al norte y al sur, y, que, posiblemente, sostenían un techo. No se observaron coloraciones correspondientes a lo largo de los lados longitudinales al este y oeste. El cuarto 125 está hundido aproximadamente 70 cms en los rellenos a una distancia de unos 3 ms del muro de contención de la terraza.

Toda el área descrita de la terraza en los cuadrángulos XV/XVI K/L con sus edificaciones y el cuarto hundido está situada al pie de un edificio circular, cuya planta se aclara en base a coloraciones de postes en el área del cuadrángulo XVI J que sigue al norte (*lám. 55*). Su diámetro medía aproximadamente 6 ms. El edificio estaba a unos 6 ms de la terraza descrita, en la parte suroeste del cuadrángulo XVI J, en una terraza, cuyo límite sur está erosionado, como se puede ver en el relieve de la superficie. El segmento oeste del círculo de postes probablemente está debajo de estos lugares erosionados, en el área del cuadrángulo XV J. Por falta de tiempo no fue posible, ni seguir la excavación en estas áreas hacia capas más profundas, ni seguir excavando dentro del cuadrángulo XVI J después de nivelar la superficie del primer nivel. Por eso no se han definido otras plantas en el área del cuadrángulo XVI J. Las pocas coloraciones de postes en este cuadrángulo aparte de las del edificio circular, no permiten reconstruir la existencia de casas. La hilera de postes del edificio circular está alternada al norte por una línea de erosión. Restos quemados y de ceniza cerca de la parte norte de la casa pertenecen, según la evidencias observadas, a una época posterior a su utilización, ya que están superpuestos al relleno de aquel deslave que atraviesa sus huellas.

Los cuadrángulos excavados en la parte sur del asentamiento

En la parte sur del asentamiento de Montegrande (*láms. 58 - 67*) se excavó un área grande, edificada según un plan coherente en los cuadrángulos VI, VII, VIII/M, N, O. Las construcciones siguen la segunda orientación y pertenecen, por consiguiente, a la segunda fase de ocupación. Las superficie de pisos de casas y patios, en la medida en que están conservadas, pudieron ser descubiertas y en caso contrario, fueron reconstruidas sobre la base de otros puntos de referencia. En esta parte de la excavación se obtuvo una imagen mucho más detallada del asentamiento, que en los otros cuadrángulos.

Una terraza grande, aproximadamente 20 ms de largo, de unos 17 ms de ancho y de una altura de hasta 70 cms fue construida sacando material del terreno que desciende hacia el suroeste o sureste, en la época del grupo de orientación más reciente. Su eje longitudinal difiere aproximadamente 18° de la dirección norte. Se han excavado unos 600 ms^2 de esta área. Se pueden distinguir áreas al noroeste delante de la terraza; al suroeste delante de la terraza y al noreste encima de la terraza.

La larga pared occidental está enlucida y en parte perfectamente conservada. Delante de esta pared en los cuadrángulos VI/VII M, VI N, VI O (*láms. 58; 59; 62; 66*) se extiende un patio estrecho (2 ms de ancho) con dos escalones. Una fila de casas lo delimita al oeste. El borde de la terraza, en su parte noreste (cuadrángulo VII M), a lo largo de 5,6 ms retrocede 65 cms hacia la ladera. En esta área el patio está a un nivel 36 cms más alto. En la parte central meridional del cuadrángulo VI N, a una distancia de aproximadamente 1 m de la esquina suroeste de la terraza, corre a la misma altura otro escalonamiento del patio, perpendicular al borde de la terraza. El patio continúa también más allá de la esquina de la terraza en la misma dirección y en el mismo nivel. El piso original de este patio se ha conservado a lo largo de 5,6 ms. En este lugar el patio es más ancho (4,20 ms). Al suroeste un escalón (de 12 cms) conduce a la parte inferior del patio que está desplazada algo hacia el sur.

Con estas condiciones de conservación del lado oeste, contrasta el frente sur de la terraza, que se ha excavado en los cuadrángulos VI y VII O (*láms. 66; 67*). Este lado estaba fuertemente expuesto a la erosión porque, como casi todos los aterrazamientos del asentamiento, estaba situado transversal a la pendiente. El borde sur de la terraza sólo se puede deducir: son evidencias del borde un declive más fuerte y una hilera de piedras grandes que están colocados en una fila que sale levemente de la ladera y que está atravesada dos veces por deslaves.

Entre el borde sur de la terraza y las casas que estaban construidas delante de éste, se encontraron en la parte central meridional del cuadrángulo VI O (*lám. 66*) fragmentos del piso de un patio. Este patio meridional estaba a un nivel más alto que el del sureste. Un escalón corre entre los dos patios continuando el borde oeste de la terraza. Subiendo este escalón se llega desde el patio suroeste al patio sur. A una distancia de 2,6 ms, directamente dabajo del cuarto bloque grande del borde suroeste – que está algo desplazado – el extremo de la coloración, que es parecida a un piso y está perpendicular a la terraza, indica que en este lugar originalmente un escalón conducía hacia arriba. En este lugar el terreno base asciende un poco, y una coloración oscura y alargada que corre paralelamente al antiguo borde de la terraza señala el resto de una pared de casa. El piso del patio que está entre la pared y el borde de la terraza, según el relieve de la superficie actual, tiene que haber estado a un nivel de 15 cms más alto. El patio en este lugar evidentemente era estrecho (aproximadamente 1,3 ms). Al sur seguía una casa de la cual sólo se ha conservado aquella coloración de tierra oscura que indica la pared norte. En contraste con el borde oeste de la terraza, el frente sur no entra hacia la ladera sino, que forma una linea recta continua. Debido a la erosión y los derrumbes, ya no se puede reconocer claramente la posición antigua del muro: solamente cerca de la esquina sureste de la terraza se encontraron bloques sólo poco desplazados de su posición original en alineación con los de la esquina suroeste.

Delante de los dos frentes de las terrazas se encontraban casas de planta cuadrada, más allá de los patios. Al oeste, tres casas estaban alineadas a casi igual distancia una de la otra (un metro) paralelamente a la terraza. Una hilera de piedras planas está colocada de forma que sus cantos trabajados forman un límite en línea recta hacia el patio, mientras que sus cantos no trabajados corren de forma irregular hacia el interior del cuarto. Restos de enlucido en el canto recto exterior de algunas piedras continúan el piso de los patios. Esto indica que el nivel del piso de los cuartos estaba (más de 6 cms) más alto que el nivel de los patios, es decir, encima de la altura máxima de las lajas de piedra. Los pisos mismos de las casas se han erosionado. A juzgar por las colocaciones de postes las casas tenían una planta aproximadamente cuadrada. La casa 127, que está más al sur, se encuentra en el cuadrángulo VI N (*lám. 62*). Su planta es cuadrada (4 ms x 4,1 ms). La casa media (129) que se encuentra en el cuadrángulo VI M es casi cuadrada (4 ms x 4,35 ms, *lám. 58*). La casa 131, más al norte, situada en los cuadrángulos VI y VII M, se puede reconstruir a pesar de un gran pozo de huaqueros al norte y tiene también una planta cuadrada (3,7 m x 4 m; *láms. 58; 59*). Las tres tienen la misma alineación y presentan más o menos en el centro fogones de forma casi cuadrada (unos 60 cms x 60 cms), delimitados por lajas que están colocadas paralelamente a las paredes. A juzgar por la altura de los bordes superiores de las lajas, los fogones estaban hundidos en el suelo.

Las coloraciones oscuras interpretadas como restos de postes o bien como huecos de postes, tienen un diámetro de 12 a 30 cms y están generalmente colocadas a intervalos de 20 cms. Igual que en el caso de otros hallazgos de casas mejor conservadas, cerca del conjunto central de las plataformas (vea pág. 215), es de suponer que las paredes en los lados oeste, norte y sur de ambas casas 127 y 129 estaban construidas en una tecnica mixta: Una masa de barro alrededor de los postes de caña y de las piedras irregulares que servían de relleno para los espacios entre estos postes. De manera que resultaba una especie de mampostería mezclada que en su lado exterior estaba enlucida. Esta analogía de la forma de construcción explica que el material lítico aumente sobre todo en el cuadrángulo VI N, donde existen áreas más planas al oeste y sur de la casa 127 (*lám. 62*).

Sin embargo, faltan acumulaciones de piedras y coloraciones de postes en el lado oriental, que está orientado hacia el lado arriba de la ladera, endonde limita el patio que está delante de la pared de la terraza. Sólo fuera de la hilera de lajas que hay en este lugar, al quitar el piso del patio se encontraron algunas coloraciones pequeñas (8 cms) parecidas a huecos de postes en el cuadrángulo VI M (*lám. 58*). Pero esto no representa huellas de paredes que corran más allá de las lajas de piedra, porque el enlucido de las lajas de piedra continuaba en el piso del patio. Este piso cubre los huecos de postes, por lo tanto, la construcción de la hilera de lajas de piedra corresponde a una fase más reciente que los postes. La hilera de lajas de piedra podría ser la subestructura de una banqueta, como la que rodea edificios de la fase penúltima en la terraza principal. Pero en el interior, al oeste de la hilera de lajas de piedra, no se observaron tampoco coloraciones que pudieran interpretarse como huecos de postes. O las casas estaban abiertas hacia el este, o las lajas eran fundamentos de una pared de zarzo, análoga a un tipo de construcción hoy en día ampliamente difundido en los valles costeros del norte del Perú. Este tipo de paredes de carrizo está colocada sobre piedras, de forma que sólo en las esquinas hay huecos de postes. Paredes de este tipo muchas veces tienen enlucido de barro para que no entre el viento. Esta técnica de construcción de casas en el valle de Jequetepeque se llama hoy en día construcción "quincha".

En la parte oeste del cuadrángulo VI M, se dibujan dos hileras de postes regulares en el terreno en declive (*lám. 58*), separadas por una distancia de unos 2 ms una de otra y con respecto a la parad oeste de la casa 131 que corre paralelamente. Evidentemente, servían para sostener aquella terraza encima de la cual están construidas las casas 127, 129 y 131.

También delante del borde sur de la terraza grande había casas a distintas distancias. El patio sur, cuyo piso no se ha conservado en este lugar, medía entre el borde sur de la terraza y las casas 1 m en la parte oeste y en la parte este cerca de 1,5 ms. Su piso está sólo conservado fragmentariamente. Las casas también tenían planta cuadrada. La casa oriental 133 se puede observar de forma relativamente clara en coloraciones de paredes y huecos del cuadrángulo VII O (*lám. 67*). Gran parte de las huellas de la pared oeste, así como algunos restos de la pared sur se encuentran en el área del testigo VI/VII O. La esquina suroeste de la casa 133 se dibuja en coloraciones de postes en el límite sureste del cuadrángulo VI O (*lám. 66*). Su planta es cuadrada (3 ms x 3 ms). Del fogón sólo se ha conservado una mancha de ceniza. De la casa 135 que está situada más al oeste, en el cuadrángulo VI O, sólo se han conservado partes del foso de postes de la pared norte, mientras que se han erosionado las estratificaciones en las cuales se encontraban todas las otras coloraciones. A pesar de las condiciones de conservación limitadas, se pueden observar diferencias entre la parte sur y la parte norte del complejo: la planta de la casa 133 sugiere que las casas al sur son más pequeñas. Sin embargo, parece que también estaban a un nivel más alto que los patios. De no ser así, no se habría conservado el piso del patio en el lugar donde está el foso de postes de la pared norte de la casa 135, mientras que todos los otros restos de esta casa se han erosionado. Las paredes de las casas delante del borde sur de la terraza – en la medida en que se puede comprobar – están construidas con postes y no a la manera "quincha".

Al sur del foso de postes de la casa 135 se encuentran en la ladera coloraciones de postes. Las huellas de una casa de la primera orientación (casa 128) están en parte unidas por fosos de postes. Las coloraciones de postes son considerablemente más pequeñas (diámetro 8 - 12 cms), y más numerosas que las de las paredes de casas más recientes, sobre todo al oeste delante de la terraza. La pared oeste en su parte sur se reconoce en una hilera doble de coloraciones de postes, de la misma forma se ve toda la pared sur. Probablemente esto servía para sostener el cuarto rectangular (3,3 ms x 2,6 ms) hacia el lado del valle. Algo desplazados hacia el sur, en el eje central del cuarto, se encuentran restos de su fogón. Esta planta es el único indicio de edificaciones en el área de la terraza en la fase de ocupación más antigua. No hay indicio alguno de cómo estaba terrazado o estructurado el terreno en los cuadrángulos VI/VII M, N y O, porque las terrazas, la escalera y los patios siguen la segunda orientación.

Toda la terraza del área se compone de material estéril y no de relleno. Está cercada por un muro de dos caras que se levantaba sobre el nivel de la superficie de la terraza, como en parte se puede deducir de la relación entre piso y enlucido (*lám. 62*). El suelo estéril tiene un componente fuerte de cantos rodados y está erosionado. Gran parte de esta área estaba sin edificaciones en la fase correspondiente a la segunda orientación (la más reciente): esto lo señalan los fogones de bordes de color rojo de ladrillo (*láms. 59; 63*) que son característicos de ciertas plazas abiertas y que están rellenados de piedras reventadas y carbón. Siete de estos "sitios de combustión" se encuentran en este lugar; tienen distintos tamaños (diámetro 1,2 ms a 50 cms). Uno de ellos está superpuesto a una hilera de postes de la primera orientación (la más antigua), la pared sur de la casa 130 (véase p. 208). Una casa rectangular con pared transversal (la casa 137: 2,5 ms x 2,5 ms x 3 ms) se encontró más hacia el sur a una distancia de 5 ms de ambos bordes de la terraza (cuadrángulo VII N; *lám. 63*). Esta casa sigue la segunda orientación (la más reciente). Las hileras de postes, que en parte eran difíciles de observar por el suelo guijarroso y, que, por lo tanto, han sido reproducidas en forma interrumpida, corresponden en su tamaño a los postes de los cuartos en el área noroeste del complejo (diámetro 12 - 22 cms). La pared norte corre en la alineación central de la subida a la terraza. La pared sur se encuentra en el área del testigo VII N/O. Aproximadamente en el centro del cuarto grande al norte de la casa 137 se encuentran huellas de un fogón fuertemente destruido. Restos de otro fogón algo mejor conservado, de forma cuadrada, en el centro de la casa, podrían proceder de una fase más antigua cuando todavía no existía la pared transversal.

En el extremo norte de la terraza en los cuadrángulos VII y VIII M (*láms. 59; 60*), se distingue en coloraciones y fogones una hilera orientada de este a oeste de tres casas que siguen la segunda orientación. Sus paredes norte y sur no tienen la misma alineación sino que están levemente desplazadas. La pequeña casa occidental 139, está situada en el cuadrángulo VII M (*lám. 59*). Su pared oeste se encontraba en el área de una alteración grande. Las huellas de la casa media 141, también rectangular, se encontraron, igual que las de la casa 143, en el cuadrángulo VIII M (*lám. 60*). La casa 141 presenta una pared transversal en su parte oeste (2,5 ms + 1,2 ms x 2,7 ms). La hilera de postes de la pared sur de la casa 143, que sigue algo más al este, corre aproximadamente en la misma alineación que la de la casa occidental (139). La pared sur de la casa del medio (141) está 60 cms al norte de esta alineación. La casa 143 también es una casa rectangular probablemente con una pared transversal al este (2,8 ms + 1,3 ms x 3,1 ms). Restos de fogones sólo se encontraron en las casas en medio (141) y al este (143). La situación es mucho menos clara en la terraza, es decir, en la parte este del cuadrángulo VII M y en el cuadrángulo VIII M, que en las áreas al oeste de la terraza. Alteraciones por vehículos orugas, la erosión y el hecho de que en este lugar numerosas lentejas de barro y material lítico de tamaño medio están mezcladas con el material estéril de color medio y grande, que en su parte noroeste está mezclarojizo, hacen muy difícil una interpretación de la situación. Claramente visibles son sólo las hileras de postes de las paredes sur, este y oeste de la casa 141, así como la pared este y partes de las otras paredes de la casa 143. Partiendo de las numerosas coloraciones en la parte central septentrional del cuadrángulo VIII M, es decir, al norte de las casas 141 y 143 (*lám. 60*) no pueden comprobarse plantas de casas.

Evidentemente, había otra casa al sur delante de las casas 139 y 141. En la parte este del cuadrángulo VII M huecos de postes, en parte unidos por fosos de postes, indican la parte oeste de tal casa. Apenas se han conservado huellas de la esquina noreste. No se encontraron huellas de un fogón dentro de la casa 145.

En su parte sureste la casa 145 se superpone a una casa precedente 130, que sigue la primera orientación. La pared sur corta uno de aquellos fogones con huellas de quema fuerte (un "sitio de combustión") que están en el área de la plaza abierta, en la terraza de la fase mas reciente. Sólo la parte sur de la pared oeste de esta casa 130 puede reconocerse en huecos de postes. De la pared norte se han observado sólo dos huecos de postes en el cuadrángulo VII M. La esquina noreste se dibuja en coloraciones de postes en la parte suroeste del cuadrángulo VIII M. No se observaron indicios de un fogón.

En el cuadrángulo VII N (*lám. 63*), al sur de la casa 130, huecos de postes indican otra casa grande de la primera orientación, 132(?). Sus diámetros son en parte más grandes que los de las otras casas (10 cms – 15 cms). Están a distancias de aproximadamente 50 cms unos de otros y señalan una larga pared oeste (5,5 ms) de una casa (?), cuyas paredes sur y norte parecen dibujarse sólo en pocas coloraciones. En el cuadrángulo VIII N que sigue hacia el este no existen huellas que indiquen una pared este. No se encontró ninguna huella de un fogón. Basándose sólo en estas evidencias no se puede decir con certeza, si en este lugar, efectivamente, se encontraba una casa, o, si hay que atribuir la larga hilera de postes a otro contexto. En el área al este de la hilera de postes resalta la escasez de material lítico de tamaño medio y la falta de restos de barro que puedan indicar mortero, enlucido o piso. En cambio llaman la atención los numerosos restos de pisos y fogones, así como huecos de postes, en el cuadrángulo VII N al oeste y suroeste de la hilera de postes, que llegan hasta el muro doble de la terraza y la escalera que lo cruza al oeste. Sin embargo, su distribución no muestra ninguna sistematización. Evidentemente, no se trata de huellas de casas. En el cuadrángulo VIII N, que sigue hacia el este (*lám. 64*) salta a la vista una acumulación densa de material lítico de tamaño medio y grande, que en su parte noroeste está mezclada con bloques más grandes. Huellas de un deslave se extienden aproximadamente en dirección norte a sur hasta el centro del cuadrángulo, donde se han conservado restos de un fogón cuadrado de la primera orientación. En el borde se encuentran partes de su revestimiento. Aproximadamente 2 ms al este del fogón, en la parte sureste del cuadrángulo, se dibuja una secuencia de postes irregular, cuya orientación corresponde, sin embargo, más bien a la segunda orientación. Tampoco al norte, oeste y sur del fogón se observaron coloraciones que indiquen una casa que corresponda al fogón. A poca distancia (60 cms) al este de la secuencia de postes mencionados se encontraron restos de un fogón de la segunda orientación. A los lados este y oeste de este fogón también se encontraron piedras que, evidentemente, eran partes de su revestimiento. A una distancia de aproximadamente 2 ms, más allá de una coloración atraviesa la esquina sureste del cuadrángulo. Por la falta de otras evidencias, sin embargo, en este caso tampoco es probable una relación entre los postes y el fogón. En la parte central meridional del cuadrángulo algunas coloraciones de postes señalan la esquina noroeste de una casa. La mayor parte de ésta, sin embargo, se hallaba probablemente al sur del área excavada.

En la parte oeste del cuadrángulo IX N (*lám. 65*) que sigue hacia el este, faltan casi por completo las piedras de tamaño medio. Sólo algunas piedras grandes aisladas están distribuidas en el límite de un deslave que atraviesa el área excavada en forma diagonal. A los dos lados de esta erosión el suelo está resquebrajado en polígonos irregulares, lo que, probablemente, evidencia que este lugar había sido rellenado. En las grietas que están rellenas de material más oscuro y en los puntos que están de intersección de estas grietas se encuentran a menudo, sobre todo en la parte sur, coloraciones circulares. No se pudo demostrar, sin embargo, que en este caso se trate de huecos de postes. No se pudieron observar restos de fogones.

En el cuadrángulo IX M (*lám. 61,2*), que está al norte del cuadrángulo anterior, fue investigando minuciosamente. Similarmente a la parte oeste del cuadrángulo IX N, también en este lugar se encuentra aquella estructura del suelo, que también en otras áreas del asentamiento de Montegrande es característica de plazas abiertas y niveladas. Llama la atención una hilera de grandes huecos de postes de más de 5 ms de largo en la parte sureste del cuadrángulo. Su orientacion corrresponde a la fase de ocupación más reciente. La continuación se encuentra en la parte sur del cuadrángulo X L situado al noreste. En contraste con la parte correspondiente del cuadrángulo contiguo IX L (*lám.*

61,1), en este, sobre todo en la parte oeste, las coloraciones de postes son mucho más frecuentes. En ninguna de las áreas parciales mencionadas, sin embargo, se pudieron comprobar de forma unívoca restos de edificios.

Los cuadrángulos excavados en la parte noreste del asentamiento

En el área del cuadrángulo XIV C (*lám. 68*) se encuentra la esquina noroeste de la pequeña plataforma oriental "Huaca Chica". Delante de ésta se encuentra un área que tiene un declive muy suave; de la estructura de su suelo se puede deducir que esta área esta rellenada. Más allá de un área sin edificaciones se hallan dos casas de alineación algo distintas, como se puede deducir de las hileras de postes. Las dos corresponden a la primera orientación. La casa 134, que está más al sur, se encuentra a una distancia de 3,5 ms de la plataforma. Su pared este tiene una longitud de 3,2 ms. La hilera de postes que refleja la pared norte está interrumpida por dos pozos de huaqueros. Un vacío en las coloraciones de postes de la pared norte, que está delimitado por dos huecos de postes, posiblemente indica la entrada. La esquina noroeste del cuarto está en el área del testigo XIII/XIV C. Probablemente se debe a dos pozos de huaqueros en el área del cuadrángulo XIII C (*lám. 22*), que no se puedan observar ni las coloraciones de postes de la pared oeste, ni las de la esquina suroeste de la casa 134. Su ancho mide más de 2,9 ms, su longitud 3,2 ms. No se ven huellas de un fogón de esta casa. Posiblemente fueron removidos los restos de tal fogón con la construcción de una casa más reciente (147).

Sólo pocas huellas indican que puede haber existido tal casa (147). Se trata de coloraciones de fosos de postes fuertemente erosionados y de algunos huecos de postes anexos que, probablemente, reflejan el lado norte de una casa ubicada más cerca de la plataforma que la construcción antecesora (casa 134). La pared oeste de la casa 147 corre a través de la casa 134. Las huellas de su esquina noroeste se cortan con la hilera de postes de la pared sur de la casa 136 que sigue la primera orientación y que se encuentra desplazada aproximadamente 1 m al noroeste de la casa 134 (que es de la misma época).

La planta de esta casa 136 es rectangular. A un cuarto principal aproximadamente cuadrado 136a (2,5 ms x 2,7 ms) sigue al norte un cuarto en forma de pasillo 136b estrecho y alargado (1 m x 2,7 ms). No había comunicación de un cuarto al otro. Un vacío en la hilera de postes de la pared este del cuarto principal 136a, probablemente, indica una entrada, de modo que a esta casa se entraba desde la plaza, de la misma manera que a la casa 134. Por las condiciones del suelo, que dificultan la observación, se distinguieron sólo postes de la pared oeste de esta casa. Su esquina sureste está en el área del testigo XIII/XIV C. La pared sur, cuya posición se ve en coloraciones y en fosos de postes, había sido construida encima del relleno de un canal de deslave, que más al oeste, conforme baja el terreno, lo corta con mucha más profundidad. Una coloración de barro y ceniza aproximadamente en el centro del cuarto principal es el único indicio de un fogón en el mismo. De la hilera de postes de la pared norte no surgen evidencias de la existencia de una entrada hacia el "pasillo" que está al norte. Se ha conservado una pequeña parte de su piso. Este piso estaba a un nivel bastante más alto que la superficie actual del cuarto principal (136a) y esto demuestra que las piedras grandes dentro de éste, evidentemente, estaban abajo del piso. De la distribución de las piedras en este cuadrángulo se puede ver que las pisos de las dos casas 134 y 136 estaban a un nivel algo más alto que la pequeña plaza al lado de la esquina noroeste de la plataforma oriental. En esta área sin edificaciones sólo se encontraron piedras. Con gran probabilidad algunas de ellas cayeron de la plataforma como consecuencia de la erosión, otras servían para rellenar un canal de deslave estrecho que corre al lado de la plataforma.

En las dos fases de ocupación el área abierta estaba limitada al norte por una casa grande. Sólo las esquinas sureste y partes de las paredes sur de estos cuartos están en el área del cuadrángulo XIV C. En la parte sureste del cuadrángulo contiguo al norte, XIV B (*lám. 70*), se encuentran las hileras de postes de las paredes oeste y norte de los dos cuartos. Estas se encuentran en terrazas cuyos rellenos se pueden deducir de la estructura del suelo que está resquebrajado en grietas poligonales.

La casa 138 sigue la primera orientación. Tiene aproximadamente 4 ms de ancho y 5,5 ms de largo. No hay indicios de una subdivisión en el interior. La hilera de postes de la pared longitudinal al sur (5,5 ms) presenta en su centro un vacío de aproximadamente 1 m de ancho que indica la ubicación de la entrada.

También a esta casa se entra desde el área abierta. En las hileras de las coloraciones se observan otros vacíos, pero en todos estos casos la posición y el reducido ancho excluyen la posibilidad de que sean indicios de otras entradas. Evidentemente en estos casos no se ha reconocido la existencia de huecos de postes. En el interior del cuarto se encuentran varios sitios quemados y con ceniza. La única coloración de este tipo que, posiblemente, represente el resto de un fogón se encuentra aproximadamente 1 m al noroeste del centro del cuarto.

La casa 149 sigue la segunda orientación y se superpone a la casa 138. Las hileras de postes de sus paredes que están colocadas muy cerca entre sí delimitan un área de 5,1 ms de largo y 4,85 ms de ancho. En este lugar no puede demostrarse la existencia de un fogón. Huecos y fosos de postes reflejan pasillos que cercaban el cuarto principal en sus lados norte y oeste. El pasillo oeste mide sólo 45 cms de ancho, el pasillo norte 95 cms. En el foso de postes que está en la esquina noroeste de los pasillos resaltan piedras entre los huecos de postes. En base a las evidencias documentadas no se puede ver la posición de las entradas.

Paralelamente a la pared oeste de la casa 138 corren a una distancia de 2 ms las hileras de coloraciones de postes de la casa 140, que es mucho más pequeña, y, que, también, sigue la primera orientación. Un canal de deslave atraviesa su planta. La esquina suroeste de la casa está debajo del testigo oeste del cuadrángulo XIV B. En esta área el declive del terreno es muy fuerte. El suelo se ha erosionado tanto, que en la mitad oeste de la pared sur ya no se pueden observar huecos de postes. Una coloración de postes circular en el ángulo interior de la esquina noreste posiblemente es un indicio de una construcción en el interior de la casa. No se observaban evidencias que indiquen un fogón. Esto probablemente se debe a la posición del deslave. Ninguna huella indica la posición de la entrada. De las coloraciones no se pueden deducir indicios de superposiones relacionadas con la segunda orientación. Sólo en la esquina noroeste se perfila en las coloraciones de postes la pared sur de una casa superpuesta de varios cuartos. Esta casa está situada más al norte y sigue la segunda orientación (casa 151).

La casa 151 se encuentra en el cuadrante noroeste del cuadrángulo XIV B (*lám. 70*). Toda esta área presenta numerosas manchas del polvo gris que se forma por la descomposición de pisos. Cerca de la esquina noroeste y al lado del testigo se encuentra un área de consistencia parecida a un piso.

No se pueden relacionar con las hileras de los huecos de postes varios sitios quemados con carbón, ceniza y piedras. La casa 151 está compuesta de tres cuartos. El cuarto sur 151c se extiende a lo largo de todo el ancho de la casa (3,2 ms). La parte norte (3,05 ms x 3,2 ms) está compuesta del cuarto principal rectangular 151a y un cuarto alargado y estrecho (80 cms) al este (151b), y es más ancha (3,05 ms) que la parte sur (2,1 ms). Sólo en la pared sur del cuarto 151c y la pared norte del cuarto 151a, los vacíos en las hileras de postes se pueden interpretar como posibles entradas. Numerosas interrupciones en las hileras de postes, probablemente, se deben a que no se han encontrado todas las coloraciones correspondientes debido a la dificultad de identificar postes en el suelo estéril de esta parte del cuadrángulo. En los tres cuartos se encuentran numerosos huecos de postes que sólo en parte pertenecen a las hileras de postes de la construcción precedente (casa 142). La casa 142 era más estrecha y seguía la primera orientación.

La casa 142 consistió en una secuencia de cuartos orientada de este a oeste. El cuarto 142b, que está situado al este, tiene el mismo ancho que el cuarto superpuesto 151b de la casa más reciente (80 cms). El cuarto 142a que sigue hacia el oeste presenta en su centro una mancha de quema que probablemente es el resto de un fogón central. Al este continúa la hilera de postes de la pared sur hasta donde está el testigo. Esta hilera delimita un tercer cuarto que evidentemente, se encuentra fuera del área excavada. Lo mismo es válido para un cuarto que sigue a los cuartos 142a y b al norte y que, también, en gran parte, se encuentra en el área que no se ha excavado. Su esquina sureste se perfila en la continuación de la hilera de postes de la pared este del cuarto 142b.

En la esquina noreste del cuadrángulo XIV B se dibujan los huecos de postes de las esquinas suroeste de dos casas sobrepuestas que siguen ambas orientaciones. Las plantas de estas dos casas grandes se pueden distinguir en el cuadrángulo XV B (*lám. 71*) principalmente gracias a fosos de postes. La casa 153 corresponde a la segunda orientación y es mucho más pequeña que la construcción antecesora. Está compuesta por dos cuatros de tamaño aproximadamente igual, 153a (2,9 ms x 2,3 ms) y 153b (2,9 ms x 2,3 ms). En el cuadrángulo XV B, debido a la erosión, apenas se observaron indicios de la pared sur del cuarto oriental 153a, mientras que sus paredes este y norte, así como una parte de la pared norte del cuarto 153b se perfilan en fosos de postes. Más allá del testigo XIV/XV B, en el cuadrángulo XIV B, la posición de las paredes sur y oeste del cuarto occidental 153b son visibles en hileras de postes. Aproximadamente en el centro del cuarto 153a se encuentran indicios de un fogón.

La casa 144, que antecedió a la casa 153 sigue la primera orientación. Es mucho más grande y está compuesta por dos cuartos contiguos, 144a (2,8 ms x 3,95 ms) y 144b (2 ms x 3,95 ms) y un cuarto delantero al norte, de planta estrecha y alargada 144c (5,1 ms x 60 cms). Se ha conservado un pequeño fragmento de piso del cuarto occidental 144b. El piso está a un nivel más bajo que el del cuarto oriental (144a). Se conservan los restos de un fogón que evidentemente estaba situado un poco hacia el norte del centro del cuarto 144a. Posiblemente un fogón del cuarto 144b está cubierto por el testigo XIV/XV B, que atraviesa el cuarto 144b y que cubre también la esquina suroeste del cuarto 144a. De los hallazgos no se puede deducir la posición de las entradas.

Continuando la pared este de la casa 144 corre un muro de contención de poca altura, que también pertenece al grupo de orientación más antiguo. Este comienza en la esquina sureste del cuarto y dobla aproximadamente 2 ms más al sur hacia el este. En la terraza al sureste de la casa, que está sostenida de esta forma, no se observaron restos arquitectónicos fuera de algunos huecos de postes dispersos. En el tercer nivel, dibujado de toda la superficie, se encuentra material gris de barro y ceniza debajo del suelo de barro claro y arguilleroso. Esto demuestra que la terraza se ha rellenado artificialmente. Delante de su esquina suroeste, en los cuadrángulos XIV B/C se encuentra la casa 149 que sigue la primera orientación.

Los hallazgos del cuadrángulo XV C (*lám. 69*) indican una casa más al este, delante de la terraza. Esta casa 155 pertenece a la segunda orientación. Su esquina noroeste se encuentra debajo del testigo XV B/C. Su pared oeste se refleja en huecos de postes y en fosos de postes. La esquina suroeste y la pared sur están superpuestas a partes de la pared norte de una casa que está situada más al sur y que sigue la primera orientación (casa 148). La pared este, que se ve en coloraciones de postes y fosos de postes, atraviesa la parte oeste de otra casa de la primera orientación (casa 146). No se encontraron evidencias sobre la posición del fogón y la entrada de la casa 155. Esta está formada por un gran cuarto rectangular (2,8 ms x 3,6 ms). En gran parte del área – abarcada por el cuadrángulo XV C – que está inmediatamente al norte de la pequeña plataforma oriental, Huaca Chica, no se pueden distinguir otras plantas de casas de la segunda orientación en las numerosas coloraciones de postes observadas.

Los hallazgos de la fase de ocupación más antigua son más numerosas. En el área central norte del cuadrángulo XV C se dibuja una casa rectangular 146. Evidentemente se había hundido algo en la ladera. Se distinguen con claridad las paredes norte, este y oeste, así como partes de la pared sur en fosos de postes. En el norte, este y sur hay numerosas piedras de tamaño medio metidas en los fosos, que alternan con huecos de postes. La pared sur se refleja en numerosas coloraciones de postes que están colocadas en fila. Seguramente no es casualidad que las grandes piedras siempre se encuentren orientadas hacia la ladera, mientras que en las paredes oeste y sur – las dos orientadas hacia el lado del valle – sólo han sido colocadas piedras más pequeñas entre los postes. Un vacío en la pared sur indica una entrada central que se abre hacia la parte de atrás de la pequeña plataforma oriental, Huaca Chica. Aproximadamente en el centro del cuarto manchas de quema indican el antiguo fogón. Al norte de la casa 146 se encuentran los restos conservados del piso contiguo. En el interior del cuarto el piso está destruido por la erosión. La pared este y probablemente, también, partes del piso descansan sobre un relleno de material orgánico. En la parte oeste del cuarto la estructura del suelo indica que éste es de relleno. Consiste en material de grano fino del suelo estéril.

En el piso conservado que se encuentra más arriba en la ladera se puede distinguir un hoyo que está lleno de piedras. Este es uno de aquellos "sitios de combustión" que también en otras partes del asentamiento son característicos de áreas sin edificaciones. El área abierta al sureste de la casa 146 está delimitada al este de la entrada por una casa de la misma orientación (148). El cuarto en forma de pasillo que está en la parte norte (148c; 1,0 m x 3,6 ms) se encuentra a una distancia de 85 cms de la pared sur de la casa 146. A este cuarto estrecho y alargado le siguen al sur dos cuartos. Al cuarto principal de la casa (148a), que es casi cuadrado (2,6 ms x 2,7 ms), se une el cuarto occidental (148b) que también es estrecho (0,9 ms x 2,6 ms). Su parte suroeste se encuentra debajo del testigo XIV/XV C. De las paredes de esta casa sólo se pueden reconstruir la pared norte y partes de la pared este en base a fosos de postes continuos, mientras que las paredes exteriores y transversales se reflejan en hileras de huecos de postes. Sólo en la pared este del cuarto 148a, de la cual se observaron relativamente pocos postes, se distinguen vacíos que podrían indicar entradas. El cuarto principal de la casa 148 probablemente daba hacia el área abierta que está detrás de la plataforma este.

No se distingue en los hallazgos excavados el límite oriental de este área sin edificaciones. Un foso de postes de la primera orientación que corre de oeste-noroeste hacia este-sureste comienza a una distancia de 2 ms de la casa 148 y pasa entre la casa 146 (aproximadamente 2,3 ms de distancia) y la plataforma Huaca Chica (2,7 ms de distancia). Las numerosas coloraciones de postes en esta área no forman una hilera que corresponde a este foso de postes. En el cuadrángulo XV C se dejó un testigo perpendicular a la pared norte de la plataforma. Más allá continúa el foso de postes sin que se hayan podido observar evidencias que estén en relación con ese foso. La hilera de postes de la segunda orientación se encuentra a una distancia de 2 ms de la pared norte de la Huaca Chica y se puede observar a lo largo de unos 3 ms. Continúa en el cuadrángulo XVI D (*lám. 115,1*) y evidentemente está relacionada con esta plataforma.

Al norte de la casa 146, que está hundida en la ladera, no se observaron indicios de restos arquitectónicos o casas más allá del "sitio de combustión" circular que está rellenado de piedras, en el cuadrángulo XV C. Aproximadamente 4 ms más al norte en el cuadrángulo XV B (*lám. 71*) se encuentran numerosos huecos de postes que indican las paredes norte y oeste de casas (150 y 157) de ambas orientaciones. En ambos casos no se encontraron coloraciones de postes de las que se pudiera deducir la posición de las paredes sur. Evidentemente, debido a la gran coloración irregular barrosa de color beige con manchas de color marrón en el piso del área correspondiente, las huellas de las paredes no han podido ser reconocidas. Vacíos en las coloraciones de postes de la pared este indican posiblemente que en este lado se encontraban las entradas. Estas se abrirían hacia el área abierta que se encuentra encima de la terraza rellenada. Esta área está delimitada al norte y al este por casas de ambas orientaciones (150, 152 y 159, 161).

Se han conservado restos del fogón de la casa 152 que sigue la segunda orientación. Se han observado sólo pocas coloraciones de postes de las paredes norte y este, mientras que las de las paredes sur y oeste se distinguen claramente. La casa tiene una planta rectangular (2,8 ms x 2,5 ms). Su entrada se encontraría probablemente al sur. Debido a una hilera de postes superpuesta no se puede ver claramente si en este lugar existía un vacío correspondiente en la colocación de postes. Esta hilera de postes pertenece a la pared sur de una casa (159) que sigue la segunda orientación y que se superpone a la casa 152. La parte este de la casa 159 no se perfila en las evidencias observadas. En las hileras de postes de la parte oeste se ve que la casa 159 también tenía una planta rectangular (su ancho medía 2,3 ms, su longitud más de 2,5 ms). No se han conservado indicios de un fogón.

En el área que sigue hacia el norte, en la esquina noroeste del cuadrángulo XV B, se encuentran numerosos huecos de postes que no forman, sin embargo, hileras claras. Posiblemente estas colocaciones de postes se pueden relacionar con una gran plaza abierta que ocupa casi toda el área del cuadrángulo XV A que sigue hacia el norte (*lám. 72*). En esta área se observan hileras de postes de ambos grupos de orientación. Al norte, esta área está delimitada por un pequeño muro de contención de la antigua orientación. Al oeste corre perpendicular a éste una hilera de postes que puede seguirse hasta el testigo XIV/XV A. Al este del área anexo sin edificaciones se encuentra (a una distancia de unos 6 ms) otra hilera de postes paralela. Aproximadamente 3 ms más al este sigue otra hilera de coloraciones de postes que se puede seguir a una distancia de 3 ms desde el borde sur del cuadrángulo hasta su borde oriental. En todo el cuadrángulo XV A el terreno desciende sólo 60 cms desde el pie del muro de contención hasta el límite sur. En el tercio inferior se encuentra aproximadamente a 1,2 ms al oeste de la hilera central de postes uno de aquellos "sitios de combustión" circulares, rellenados de piedras y con restos de quema, que a menudo hay en plazas sin edificaciones de este asentamiento. No se puede comprobar si este fogón fue construido ya en la fase de ocupación más antigua o en la plaza de la fase de ocupación más reciente. Una hilera de postes de la primera orientación al suroeste del cuadrángulo XV A y al norte del cuadrángulo XV B posiblemente forma el límite sur de la plaza. Su extremo se encuentra aproximadamente en la alineación de la hilera de postes que delimitan la plaza al este.

Al sur del muro de contención de la terraza a una distancia de aproximadamente 1,6 ms se encuentra una hilera larga de postes colocados con pequeños espacios intermedios, que sigue la segunda orientación. En sus extremos este y oeste dobla perpendicularmente hacia el norte. Parece que en este lugar se ha construido un muro de contención de material orgánico relacionado con la fase de ocupación más reciente. Al sur, debajo de la hilera de postes, estratificaciones densas y polvorosas de barro podrían ser los restos de rellenos detrás de esta hilera de postes, sobre todo porque las hileras de postes se dibujan sólo de estas estratificaciones de barro. El área que está al sur tiene un declive suave y, probablemente, servía también en esta fase como plaza abierta relativamente plana.

En su extremo occidental, la hilera de postes del aterrazamiento dobla al norte y corre en dirección al extremo oeste del muro de contención más antiguo. El terreno que está más allá de esta colocación de postes desciende hacia el oeste en dirección a un canal de deslave relativamente hondo, en cuyo borde corre otra hilera de postes del mismo grupo de orientación. Se la puede seguir hacia el sur hasta el testigo XIV/XV A. Probablemente refleja el límite oeste de la plaza abierta de la fase de ocupación más reciente. Posiblemente junto con las hileras de postes arriba mencionadas del borde occidental del aterrazamiento, delimitaban un acceso (en el noreste del cuadrángulo XV A) que iba desde la plaza abierta hasta el aterrazamiento que está al norte.

En base a los huecos de postes tampoco se puede definir con claridad si el límite sur de la plaza abierta que se encuentra más allá del "sitio de combustión" pertenece a este grupo de orientación. No están colocados en filas pero son tan numerosos – tanto en la parte norte del cuadrángulo XV B como en la parte sur del cuadrángulo XV A –, que no se puede suponer que la plaza abierta al sur se extendiera hasta las casas 153 y 159. A pesar de la existencia de algunos bloques grandes de piedra en el área abierta es probable que ésta haya sido estructurada intencionadamente como plaza. Sobre todo en la parte inferior al sur, se pueden observar evidencias de rellenos para nivelar irregularidades en el terreno. Esto se pudo deducir de la estructura característica del suelo.

El área que está encima del pequeño muro de contención se distingue por un suelo regular de barro marrón, que sólo inmediatamente detrás del muro está mezclado con barro más claro – entremezclado más fuertemente – con piedras. En esta parte del cuadrángulo XV A no se encontró ningún hueco de poste. Además dos pequeños fogones circulares con restos de quema indican que el área tampoco tenía edificaciones. Esta área abierta continúa también en el cuadrángulo XV Z (*lám. 73*) que sigue hacia el norte. Al oeste está delimitado por dos casas superpuestas de ambas orientaciones (161 y 154). Sus paredes oeste se encuentran en cada caso en la alineación de dos límites orientales de la terraza. Las paredes de la casa 154 coinciden con el extremo del muro de contención (ambas siguen la primera orientación); las de la casa 161 coinciden con el extremo oeste de la hilera de postes en el cuadrángulo XV A (ambas siguen la segunda orientación). Faltan huecos de postes que indiquen las paredes sur de las dos casas. En este lugar se han erosionado las estratificaciones en las que estaban hundidos aquellos postes. También en el lado oriental sólo se observaron pocas colocaciones de postes. Esto, posiblemente, se debe a la ubicación de un canal de deslave, como se puede deducir por las curvas de nivel. Este canal atraviesa de forma diagonal el área abierta encima del aterrazamiento. Probablemente, su origen se debe a un acceso situado al oeste de la hilera de postes del aterrazamiento de la plaza sur (cuadrángulo XV A). Dicho acceso está hundido en el terreno y por el fluye el agua de las precipitaciones fluviales en esa dirección. Probablemente no ha existido un acceso a la casa 154 y al muro de contención de la misma época. La distancia entre el extremo oeste del muro de contención y la esquina sureste de la casa 154 es de sólo 50 cms. Los accesos y las escaleras en Montegrande tienen siempre un ancho mayor de 50 cms. Pero en relación con la casa 161 y el aterrazamiento de postes parece muy probable la existencia de un acceso en este lugar, no sólo como consecuencia de la delimitación de postes que sigue la misma orientación al borde de la plaza sur. La casa 161 está, en efecto, situada algo más al norte que la edificación precedente (casa 154). La distancia con respecto al aterrazamiento de postes es mayor de 1 m.

La casa 154 estaba compuesta por el cuarto principal meridional 154a (2,6 ms x 3,3 ms) y un cuarto en forma de pasillo estrecho septentrional 154b (0,95 m x 3,3 ms). Por las razones mencionadas, sólo se observaron pocos huecos de postes de la pared sur del cuarto 154a. La pared oeste es la que se dibuja de forma algo más clara. De las coloraciones de postes de la pared que separa los cuartos 154a y b tampoco se pueden deducir indicios de un paso. En el centro se encuentra uno de los vacíos entre los pocos postes de la pared este del cuarto 154a que tiene aproximadamente el ancho correspondiente a una entrada. Según esto, este cuarto principal era accesible desde el área abierta al aterrazamiento. En las hileras de postes del cuarto 154b se dibuja un vacío correspondiente a una entrada. No se encontraron evidencias de un fogón dentro del cuarto 154a. Restos de ceniza en el centro del cuarto estrecho 154b, probablemente, sólo son indicios del fogón central de la casa superpuesta 161. Esta casa tiene una planta cuadrada (3,8 ms x 3,5 ms). Las paredes norte y oeste pueden reconocerse relativamente bien. Las huellas de la pared sur están muy afectadas por la erosión como consecuencia de las razones mencionadas (declive del terreno). Debido a las características del suelo en el área de la pared este se observaron sólo pocas coloraciones de postes. Posiblemente la entrada estaba en el lado este, orientada hacia la plaza abierta, como en la casa antecesora (154).

La esquina noreste de la casa 161 se junta con la esquina suroeste de la casa 163; ambas siguen la misma orientación. La casa 163 delimita el área abierta del aterrazamiento en el norte. La casa 163 tiene una planta cuadrada (3,9 ms x 3,49 ms), con fogón central, del cual se han conservado considerables restos *in situ*, porque el terreno en este lugar es casi horizontal. Las hileras de coloraciones de postes se dibujan claramente en el suelo estéril. La posición de la pared oeste es la que más claramente se ve. Sus postes están colocados a distancias cortas y regulares. También los lados norte y sur se pueden identificar claramente, aunque en las esquinas oeste de ambos no se observaron coloraciones de postes. La esquina noreste se encuentra debajo del testigo XV/XVI Z. El piso de la casa 163 estaba tan cerca de la superficie, que no pudo ser conservado en la excavación. Se encontraba a un nivel aproximadamente de 10 cms más alto que una plaza abierta, que se había rellenado al oeste de la casa 163 y al norte de la casa

161. Por consiguiente, el barro claro en esta área se ha resquebrajado formando polígonos. En la esquina noroeste del cuadrángulo XV Z se ha conservado una parte del piso original al lado de un pozo de huaquero.

Al sureste de la casa 163 y en los cuadrángulos XV y XVI Z (*láms. 73; 74*) se encontraba la casa 165 de igual orientación. Las dos casas tienen en común una parte de una pared: una parte de la pared este de la casa 163 forma la pared oeste de la casa 165. Esta última está algo desplazada hacia el sur. Partes de su pared oeste forman el límite oriental del área abierta en el norte y en el oeste de las casas 161 y 163, que al sur está limitada por la terraza del cuadrángulo XV A sostenida por postes. Ni la pared norte ni la pared sur de este cuarto se reflejan claramente en huecos de postes. Sólo se distinguen claramente la pared que separa el cuarto grande – al oeste rectangular (165a; 3,4 ms x 2,6 ms) – del cuarto oriental en forma de pasillo (165b; 3,4 ms x 0,9 m), y la pared este del cuarto 165b. A juzgar por la posición de los postes la entrada sólo podía haberse encontrado al sur. El área central de la pared sur está cubierta por el testigo XV/XVI Z. No se ha observado un fogón central dentro del cuarto 165a. Este probablemente también está cubierto por el testigo.

La pared este del cuarto 165b se corta en la parte sur del cuadrángulo XVI Z (*lám. 74*) con uno de aquellos "sitios de combustión", que son característicos de las áreas abiertas, un fogón de piedra, circular y fuertemente quemado. Esto es un indicio de que en la fase de ocupación más antigua el área sin edificaciones al norte del muro de contención se extendía hasta este lugar. La casa 156 forma en esta época su delimitación norte. Las casas 163 y 165 se superponen a esta en su parte sur y oeste. Sólo pocos postes indican una pared norte y este. El foso de postes con relleno negruzco de la pared este está alterado por el deslave. Se desvía de la hilera de postes siguiendo la pendiente. En el cuadrángulo XV Z, al otro lado del testigo XV/XVI Z se encontraron algunos postes de la esquina suroeste. Las paredes sur y oeste corren en parte en el área de este testigo. Indicios de un fogón se encuentran algo al sur del centro de la planta. Según estas huellas, la casa 156 tenía una planta aproximadamente de 3,35 ms x 2,60 ms.

A una distancia aproximada de 1 m al norte de esta casa se encuentra otro "sitio de combustión" del tipo que es característico de las áreas sin edificaciones. Este probablemente no corresponde cronológicamente a la casa 156. Hay huellas de que en esta área existe otro cuarto de esa orientación. Una secuencia de tres huecos de postes a una distancia de 50 cms al oeste del "sitio de combustión" corre siguiendo la alineación de la pared oeste de la casa 156. Otra hilera de postes a una distancia de 4,5 ms al este también sigue la segunda orientación. En el centro entre ambas hay un fogón característico de forma cuadrangular con relleno de ceniza blanca como se encuentran a menudo en los interiores de casas. A partir de estas escasas evidencias no se puede ni reconstruir la planta, ni decidir si se trata de una casa contemporánea a la casa 156, o de un cuarto lateral de ésta. Sin embargo, se puede asegurar que el área al norte de la casa 156 estaba edificada en la fase de ocupación más antigua y no era una plaza abierta.

En el centro del cuadrángulo XVI Z un canal de deslave atraviesa la superficie. Evidentemente, ya se lo había rellenado en tiempos del asentamiento, porque dentro de su relleno se distinguen huecos de postes que, posiblemente, representan la esquina noroeste de una casa, cuya existencia se puede deducir, sin embar-
secuencia de postes (huellas de la supuesta pared norte) corre en la misma alineación que una larga hilera de postes de cerca de 7 ms de longitud de la segunda orientación, que atraviesa el cuadrángulo XVII Z que sigue hacia el este (*lám. 75*).

A 3,3 ms al sur de esta secuencia de postes otra hilera paralela a la anterior forma en el cuadrángulo XVII Z junto con la otra hilera el único resto arquitectónico en esta área que tiene un declive suave. Aquí también se encuentran huecos de postes de estas hileras dentro de un canal de deslave que se había rellenado. Las dos hileras de postes paralelas probablemente no representan paredes, sino subdivisiones de áreas sin edificaciones. Se puede suponer una relación con la casa 167, que se encuentra 9,5 ms más al norte en el cuadrángulo XVII Y (*lám. 76*). La casa 167 es el único hallazgo de construcciones en este cuadrángulo, el cual, además, presenta numerosos huecos de postes dispersos cuyo contexto no se puede reconstruir.

La casa 167 está formada por un cuarto cuadrado (2,8 ms x 2,6 ms) cuya pared este y esquina noreste se encuentran casi completamente fuera del cuadrángulo. Las paredes en el área del cuadrángulo se reconocen en postes que dejan pocos y regulares espacios intermedios. Ningún vacío indica la posición de la entrada, que, por consiguiente, se encuentra al este, fuera del cuadrángulo. En el centro de la casa se hallan los restos del fogón. La casa 167 es el hallazgo más septentrional del asentamiento de Montegrande.

LAS FORMAS Y EL TIPO DE CONSTRUCCIÓN DE LAS CASAS

El tipo de construcción de casas propio de Montegrande hasta ahora no se ha descrito en la literatura arqueológica del área central andina. Esto se debe a la falta de publicaciones sobre excavaciones de área de asentamientos (vea pág. 160). En Montegrande se detectaron huecos y fosos de postes. Los huecos de postes tienen un diámetro promedio de 12 cms. Sólo excepcionalmente se encontraron pozos para postes. Las casas estaban situadas sobre terrazas. Estas terrazas se construyeron quitando material de la parte de arriba de la ladera y acumulándolo después en el lado de la terraza que está orientado hacia el valle. Este último lado estaba a veces sostenido por piedras y postes. A pesar de la erosión estas terrazas se pudieron distinguir casi siempre ya en la superficie.

Debido a las condiciones de conservación las mejores observaciones acerca del modo de construcción se hicieron en los alrededores inmediatos de las plataformas. En las casas 202, 219, 231, 233, 234 se ve en improntas que quedaron en el barro que habían servido de postes palos de caña. Se pueden descubrir aquellos lugares donde se encontraron postes debido a la consistencia de los palos de caña en el barro (*láms. 140,2; 142,1; 143*). Los postes que tienen un grosor de 10 hasta 32 cms estaban colocados a corta distancia entre si. Entre ellos se han colocado irregularmente piedras en mortero de barro. Las paredes (de un espesor aproximado de 20 cms) estaban cuidadosamente enlucidas a ambos lados con barro que contiene desgrasante orgánico.

El piso tenía una última capa, cuidadosamente acabada que está compuesta del mismo material de barro gris con desgrasante fino que el enlucido de las paredes y que sigue directamente a este en los casos observados. El barro proviene probablemente del fondo del valle a una distancia de 2 kms. Por lo demás los pisos estaban compuestos por una arcilla-"Schluff" rojiza de grano fino. Este material forma el suelo natural subyacente del abanico aluvial (Meseta 2). Rellenos de este tipo tienen características estáticas muy favorables (Mietens 1973) de tal manera que se conservan evidencias aún cuando el enlucido está erosionado. En estos casos la superficie rojizo-amarillenta expuesta está surcada por lineas oscuras finas que forman polígonos irregulares. Suelos de este tipo caracterizan también plazas y terrazas. A veces los pisos de las casas presentan en su interior un escalonamiento. En dos casos (casa 222 y 224) se pudieron observar tales escalones en el interior, en tres casos se los pudo deducir sólo indirectamente (casas 40, 57, 74).

Existen sólo pocas evidencias con respecto a la construcción de los techos de estas casas. No se encontraron huecos de postes en el interior de ellas, huecos que podrían haber provenido de postes para apoyar un techo. En casas quemadas y derrumbadas (219, 231: *láms. 118 - 119,1 - 3*) se reconocieron capas de caña quemada que indican techos de caña. Probablemente las casas de Montegrande llevaban aquel tipo de techo que hoy en día en la región de la costa norte del Perú se llama "techo de torta". Estos techos están formados por una capa de barro que descansa sobre una construcción de palos de caña.

Dentro de los cuadrángulos excavados en el complejo norte de Montegrande, aparte de las terrazas que siguen inmediatamente a las dos plataformas principales, se distinguen plantas de 164 casas. Un 84 % de estas plantas se puede reconstruir completamente. Las hileras y fosos de postes dentro de los cuadrángulos se pueden atribuir a dos grupos de orientación, que corresponden a los de las plataformas.

Son característicos de las casas los fogones hundidos (*láms. 121,4 - 6; 143,3*) ubicados aproximadamente en el centro de los cuartos. En 46 casos su form era claramente reconocible: cinco fogones eran de forma redondeada (casa 74 – cuarto c, casa 121, casa 61, construcción circular 50, construcción circular 212), todos los demás eran rectangulares o más bien casi cuadrados, enmarcados con lajas y enlucidos arriba, así como en el interior. Los rellenos consisten en ceniza blancuzca, casi no se encontró material carbonizado.

En algunos casos las hileras de postes del asentamiento señalaban plantas circulares. Cinco de estas no se pueden atribuir a ninguno de los dos grupos de orientación, o a fases de ocupación (*láms. 157,4 - 6*). Superposiciones y observaciones estratigráficas demuestran que existán edificios circulares asociados a ambos asentamientos.

Otras dos casas (18 y 49) se diferenciaban de las demás por su forma y orientación. Su planta era alargada, las esquinas en el lado norte rectangulares, su pared sur corría de forma oblicua hacia fuera (*láms. 7; 11*). Su eje longitudinal corresponde a la orientación hacia el norte magnético. Estas diferencias con respecto a las otras casas probablemente se explican desde el punto de vista cronológico y no funcional, porque una de las dos plantas se corta con plantas de los grupos de orientación más antiguo y más reciente, sin que se haya podido averiguar la relación cronológica de estas plantas. Pero la situación general de los asentamientos más antiguo y más reciente hacen suponer que las dos casas divergentes no se construyeron en el período entre el final del asentamiento más antiguo y el inicio del asentamiento más reciente, sino que, probablemente, son o más antiguas o más recientes que las dos fases de ocupación.

La forma de planta más frecuente en Montegrande es la cuadrada (*láms. 153 - 155*). La uniformidad de las plantas de estas 46 casas es sorprendente; sólo en 10 casos la longitud de un lado difería más del o un poco más del 10 % (vea listas p. 216 - 219). Por consiguiente resulta una clara división entre el grupo

Casas cuadradas sin subdivisión

Fase de ocupación más antigua (21 en total)

Casa y ubicación No.	Cuadrangulo		Tamaño	Medidas de las paredes W/E y NS	Proporción de las paredes	Fogón
16	IV	F	13,68 m²	3,65 x 3,75	1 : 1,03	–
84	XI	G	13 m²	3,35 x 3,9	1 : 1,16	x
28	II	F	12,25 m²	3,5 x 3,5	1 : 1	x (?)
34	II	G	11,9 m²	3,4 x 3,5	1 : 1,02	x (?)
100	XV	F	11,55 m²	3,3 x 3,5	1 : 1,06	x
140	XIV	B	10,56 m²	3,3 x 3,2	1,03 : 1	
134	XIV	C	9,6(?) m²	3(?) x 3,2	1 : 1,06	–
38	II	G	9 (?) m²	3 x 3 (?)	1 : 1	x (?)
			Ø 10,19 m²			
82	XI	G	7,80 m²	3 x 2,6	1,15 : 1	
32	II	G	7,7 m²	2,75 x 2,8	1 : 1,01	
152	XV	B	7,28 m²	2,8 x 2,6	1,07 : 1	x
72	XII	E	7,28 m²	2,8 x 2,6	1,07 : 1	x
68	XIII	D	7,28 m²	2,8 x 2,6	1,07 : 1	x
8	III	D/E	6,76 m²	2,6 x 2,6	1 : 1	x
106	XI/XII	I	6,37 m²	2,55 x 2,5	1,02 : 1	–
108	XIII	I	6,37 m²	2,55 x 2,5	1,02 : 1	x
118	XII/XIII	J	6,12 m²	2,5 x 2,45	1,02 : 1	– (áera disturb)
sin no	I	I	6,09 m²	2,65 x 2,3	1,15 : 1	–
116	XII	I/J	6 m²	2,4 x 2,5	1 : 1,04	– (áera disturb)
88	XIII	H	5,50 m²	2,5 x 2,2	1,14 : 1	x
			Ø 6,71 m²			

de las casas cuadradas y el grupo de las casas rectangulares, cuyas plantas son siempre más de una cuarta parte más largas que anchas (*lám. 156,* vea listas p. 219, 220). En las casas cuadradas de los dos grupos de orientación se pueden establecer dos categorías de tamaño. Una de ellas tiene un área interior promedio de 12,71 m^2; la otra un promedio de 7,83 m^2 (vea listas p. 219, 220). No se dan transiciones entre ambas. Las casas del grupo de orientación más antiguo generalmente eran 1 m^2 más pequeñas que las del grupo de orientación más reciente (vea listas p. 219, 220).

Nueve casas cuadradas presentaban subdivisiones en su interior (*lám. 155,1.2*, vea lista p. 217). Estas separaron un cuarto estrecho y alargado. En ninguno de los casos hay indicios de pasos entre el cuarto principal y el cuarto contiguo; las hileras de postes de las paredes transversales son continuas.

Casas cuadradas sin subdivisión

Fase de ocupación más reciente (17 en total)

Casa y ubicación No.	Cuadrangulo		Tamaño	Medidas de las paredes W/E y N/S	Proporción de las paredes	Fogón
129	VI	M/N	17,4 m^2	4 x 4,35	1,08 : 1	x
127	VI	N	16,4 m^2	4 x 4,1	1 : 1,02	x
131	VI/VII	M	14,8 m^2	3,7 x 4	1 : 1,08	x
163	XV	Z	13,6 m^2	3,49 x 3,9	1 : 1,12	x
161	XV	Z	13,3 m^2	3,5 x 3,8	1 : 1,08	x
93	XV	F	13,26 m^2	3,4 x 3,9	1 : 1,15	x
65	XIII	E	12,25 m^2	3,5 x 3,5	1 : 1	x (?)
17	II	E	11,55 m^2	3,3 x 3,5	1 : 1,06	x
			Ø 14,07 m^2			
33	IV	B	9,9 m^2	3,3 x 3	1,1 x 1	x
133	VI	O	9,3 m^2	3,1 x 3	1,03 : 1	x
139	VI	M	9,3 m^2	3 x 3,1	1 : 1,03	
19	II	E	9 m^2	3 x 3	1 : 1	x
23	IV	F	9 m^2	3 x 3	1 : 1	x
89	XI	H/I	8,52 m^2	3,1 x 2,75	1,13 : 1	x
167	XVII	Y	7,28 m^2	2,6 x 2,8	1 : 1,08	x
87	XI	H	5,98 m^2	2,3 x 2,6	1 : 1,13	x
45	III	C	5,87 m^2	2,35 x 2,5	1 : 1,06	x
			Ø 8,24 m^2			

Casas cuadradas, subdivididas

Fase de ocupación más antigua (7 en total)

Casa y ubicación No.	Cuadrángulo		Tamaño	Medidas de las paredes W/E y N/S	Proporción de las paredes exteriores	Proporción de las paredes del principal cuarto	Fogón
62	XII	C/D	16 m^2	4 x 3+1 (4)	1 : 1	1,33 : 1	
148	XV	C	12,96 m^2	3,6 x 2,6+1 (3,6)	1 : 1	1,38 : 1	
92	XI	H	12,95 m^2	0,9 +2,8(3,7) x 3,5	1,06 : 1	1 : 1,25	– (?)
154	XV	Z	11,71 m^2	0,95 +2,6(3,55) x 3,3	1,07 : 1	1 : 1,27	–
			Ø 13,4 m^2				
56	XIII	B	7,52 m^2	0,55 +2,4(2,95) x 2,55	1,16 : 1	1 : 1,06	–
104	XIII	H/I	7,39 m^2	0,65 +2,25(2,9) x 2,55	1,14 : 1	1 : 1,11	–
66	XIII	D	6,50 m^2	0,45 +2,1(2,55) x 2,55	1 : 1	1 : 1,21	– (áera alterada)
			Ø 7,1 m^2				

Casas cuadradas, subdivididas

Fase de ocupación más reciente (2 en total)

Casa y ubicación No.	Cuadrángulo	Tamaño	Medidas de las paredes W/E y N/S	Proporción de las paredes exteriores	Proporción de las paredes del cuarto principal	Fogón
165	XV/XVIZ	11,90 m^2	2,6 +0,9(3,5) x 3,4	1,02 : 1	1 : 1,30	–
5	III D	8,93 m^2	2,25 +1(3,25) x 2,75	1,18 : 1	1 : 1,22	– (?)

La posición de la entrada se puede reconstruir con certeza sólo en una de las casas subdivididas de planta cuadrada (casa 154): estaba en el lado opuesto al cuarto contiguo. En siete casos se han documentado casas cuadradas subdivididas en el grupo de orientación más antiguo, en el más reciente dos veces. A pesar de que tres de estas casas estaban alteradas en su parte central, no parece que en estas casas hayan existido fogones. Sólo dentro de la casa 5 se encontró un fogón; esto podría explicarse por el hecho de que tenía dos fases de construcción. El fogón se halla tan cerca de la pared transversal que la pared y el fogón no parecen corresponderse cronológicamente (*lám. 155,2*). La casa probablemente estuvo subdividida durante un tiempo, mientras que en otra época debe ser interpretada como una casa cuadrada con fogón en posición central. De las siete casas cuadradas con subdivisión del grupo de orientación más antiguo cuatro tenían un tamaño promedio de 13,4 m^2, las demás 7,1 m^2 (vea lista p. 217).

Dieciocho de las casas cuadradas no tenían subdivisión, sino que a un cuarto cuadrado se anadió un cuarto lateral estrecho y alargado (*lám. 155,3 – 9;* vea listas p. 216, 219). En estas casas cuadradas con cuarto contiguo casi siempre se encontraban fogones hundidos de posición central. En la casa 231, que se encuentra en el área de los edificios platafórmicos y que está conservada hasta una altura de 50 cms, se observó que las capas de enlucido de las paredes de los cuartos contiguos limitaban con las del cuarto principal. Esto demuestra que aquí se trata de casas cuadradas con cuarto contiguo y no de casas rectangulares subdivididas. En éste como en numerosos otros casos las hileras de postes observadas descartan la posibilidad de que entre el cuarto principal y el cuarto contiguo hubiera existido un paso. Se entraba directamente del exterior a los cuartos principales. Según los vacíos en las hileras de postes observadas, las entradas pueden haberse encontrado en las tres paredes restantes, en un caso (casa 48) está comprobado que la entrada se encontraba en frente del cuarto contiguo; en siete casos del grupo de orientación más antiguo y en seis del grupo más reciente no se encontraron vacíos centrales en la pared entre el cuarto principal y el cuarto contiguo (44, 136, 94, 52, 48, 46, 42, 95, 113, 91, 61, 9, 39). Estas casas eran generalmente más pequeñas que las casas cuadradas con subdivisión, pero algo más grandes que las casas cuadradas sin cuarto contiguo y subdivisiones. Se conocen once casas de este tipo del grupo de orientación más reciente, siete del grupo de orientación más antiguo.

La mayoría de las casas de planta cuadranda (37) no presenta ni edificio contiguo ni subdivisiones (*láms. 153; 154;* vea listas p. 216, 217). La posición de la entrada sólo en pocos casos se puede reconstruir con certeza en base a vacíos en las hileras de postes: en diez casos al este (33, 45, 84, 88, 108, 140, 151, 152, 159, 167) y en dos casos al norte (28, 106). No se puede excluir, sin embargo, una posición de la entrada al sur o al oeste en varias casas, pero en ningún caso se puede reconstruir esto con certeza. Las casas tenían diferentes tamaños (entre 5,87 m^2 y 17,4 m^2), es decir que la longitud de las paredes

Casas cuadradas con cuarto añadido

Fase de ocupación más reciente (11 en total)

Casa y ubicación No.	Cuadrangulo		Tamaño	Medidas de las paredes W/S y N/S	Proporción de las paredes (total y cuarto principal)	Fogón
44	III/IV	B	11,26 m²	2,85 x 1,35 + 2,6 (= 3,95)	1 : 0,91 (1,39)	– (áera disturb)
136	XIV	C	9,18 m²	2,55 x 1,1 + 2,5 (= 3,6)	1 : 0,98 (1,41)	x (?)
94	X	H	8,88 m²	1 + 2,7 (= 3,7) x 2,4	1,13 (1,54) : 1	–
52	III/IV	C	8,12 m²	2,8 x 0,9 + 2(=2,9)		– (área disturb)
48	IV	C	7,40 m²	0,95 + 2,2(= 3,15) x 2,35	0,94 (1,34) : 1	
42	IV	B	6,72 m²	2,2 + 1(= 3,2) x 2,1	1,05 (1,52) : 1	– (área disturb)
46	III/IV	B/C	6,23 m²	2,15 x 2,1 + 0,8(= 2,9)	1 : 1,02 (1,35)	x
		Ø	7,75 m²			

Casas cuadradas con cuarto añadido

Fase de ocupación más reciente (11 en total)

Casa y ubicación No.	Cuadrangulo		Tamaño	Medidas de las paredes W/S y N/S	Proporción de las paredes (total y cuarto principal)	Fogón
95	XV	F	15,26 m²	0,6 + 3,7 (= 4,3) x 3,55	1,04 (1,21) : 1	x
113	XII	K	14,08 m²	0,7 + 3,7 (= 4,4) x 3,2	1,15 (1,37) : 1	–
63	XIII	E	13,60 m²	3,1 + 1,15 (= 4,25) x 3,2	0,96 (1,33) : 1	x
143	VIII	M	12,86 m²	2,8 + 1,35 (= 4,15) x 3,1	0,90 (1,34) : 1	x
137	VII	N	12,30 m²	3 x 1,5 + 2,6 (= 4,1)	1 : 0,86 (1,36)	x
		Ø	13,62 m²			
141	VII	M	9,99 m²	1,2 + 2,5 (= 3,7) x 2,7	0,92 (1,37) : 1	x
111	XII	J	9,68 m²	2,45 x 2,8 + 1,15 (= 3,95)	1 : 1,14 (1,61)	–
91	X	H	9,45 m²	2,7 x 0,8 + 2,7 (= 3,5)	1 : 1 (1,29)	x (?)
61	XIII	D	8,67 m²	0,7 + 2,7 (= 3,4) x 2,25	1,05 (1,33) : 1	x
9	III	E	8,64 m²	2,4 + 1,2 (= 3,6) x 2,4	1(1,5) : 1	x
39	IV	C	7,36 m²	1,1 + 2,1 (= 3,2) x 2,3	0,91 (1,39) : 1	–
		Ø	8,96 m²			

Casas rectangulares de un cuarto

Fase de ocupación más antigua (16 en total)

Casa y ubicación No.	Cuadrangulo		Tamaño	Medidas de las paredes W/E y N/S	Proporción de las paredes	Fogón
70	XIII	E	16,1 m²	3,5 x 4,6	1 : 1,31	x
110	XI	J	16 m²	4,85 x 3,3	1,45 : 1	x
98	XV	F	15,84 m²	3,3 x 4,8	1 : 1,45	x
64	XIII	D	10,72 m²	2,75 x 3,9	1 : 1,4	–
26	II	F	10,31 m²	3,75 x 2,75	1,36 : 1	x
124	XVI	K	10,17 m²	3,7 x 2,75	1,34 : 1	–
82	XI	G	10,08 m²	2,8 x 3,6	1 : 1,28	x
128	VI	O	9,9 m²	2,75 x 3,6	1 : 1,3	x
24	II	F	9,54 m²	2,65 x 3,6	1 : 1,36	x (?)
156	XVI	Z	8,71 m²	2,6 x 3,35	1 : 1,29	x
76	XII	F	8,22 m²	3,5 x 2,35	1,48 : 1	–
22	II	F	7,77 m²	2,1 x 2,75	1 : 1,27	x
6	III	D/E	7,31 m²	3,25 x 2,25	1,44 : 1	–
36	II	G	7,1 m²	2,4 x 3	1 : 1,25	x
130	VII/VIII	M	6,9 m²	3 x 2,3	1,3 : 1	– (área disturb)
30	III	G	5,7 m²	2,7 x 2,1	1,28 : 1	x

varía entre 2,2 ms y 4,35 ms. En un 75 % de los casos se encontraron fogones dentro de las casas. Generalmente se encuentran en el eje central, norte-sur, de los cuartos y están hasta 1 m desplazados del centro del cuarto.

Casi una cuarta parte de las plantas de casas reconocibles del asentamiento de Montegrande tenían una forma rectangular y sólo un cuarto (*lám. 156*). Dos de estas casas (90 y 146) estaban levemente hundidas en el lado que está orientado hacia la ladera (*lám. 156,12*). Eran más alargadas que las demás

Casas rectangulares de un cuarto

Fase de ocupación más antigua (17 en total)

Casa y ubicación No.	Cuadrangulo		Tamaño	Medidas de las paredes W/E y N/S	Proporción de las paredes	Fogón
15	IV	E	14,95 m^2	3,25 x 4,6	1 : 1,41	x
103	XI	I	14,4 m^2	3,35 x 4,3	1 : 1,28	x
71	XII/XIII	F	12,32 m^2 (?)	4,4 x 2,8 (?)		x (?)
55	XIII	C	11,20 m^2	4 x 2,8	1,4 : 1	x
155	XV	C	10,08 m^2	2,8 x 3,6	1 : 1,28	–
47	III	C	8,50 m^2	3,4 x 2,5	1,36 : 1	x (?)
43	III	C	8,45 m^2	2,6 x 3,25	1 : 1,44	– (?)
107	XI	J	8,25 m^2	2,5 x 3,3	1 : 1,32	–
81	XI/XII	G	8,22 m^2	3,5 x 2,35	1,48 : 1	x (?)
21	IV	E	7,87 m^2	3,5 x 2,25	1,55 : 1	x
3	III	D	7,87 m^2	3,5 x 2,25	1,55 : 1	x
31	II	G	7,50 m^2	2,5 x 3	1 : 1,2	x (?)
145	VII/VIII	M	7,20 m^2	3 x 2,4	1,25 : 1	– (área disturb)
73	XII	F	6,67 m^2	2,9 x 2,3	1,26 : 1	–
65	XII	E	6,67 m^2	2,3 x 2,9	1 : 1,26	x
41	IV	C	5,32 m^2	2,8 x 1,9	1,47 : 1	–
37	IV	B	4,68 m^2	2,6 x 1,8	1,44 : 1	x

casas rectangulares. Entre los huecos de postes se encontraban pequeñas lajas de piedra. Cada una de las casas tiene un fogón central. Ambas pertenecen al grupo de orientación más antiguo.

De las otras casas rectangulares hay 16 que pertenecen al grupo de orientación más antiguo, 17 al grupo de orientación más reciente (vea listas p. 219, 220). Estaban en parte en posición perpendicular, en parte paralelas al declive. En su mayor parte tenían fogones hundidos. Existe una gran variabilidad respecto a su tamaño. En los dos grupos de orientación había en total cinco casas que destacaban de las demás por su tamaño (vea listas p. 219, 220). Esta diferencia hace recordar las dos categorías de tamaño de las casas cuadrangulares. Pero en los cinco casos cabe también la posibilidad de que pertenezcan al grupo de las casas grandes de varios cuartos. Sin embargo, las casas de esta forma son todas de mayor tamaño. Las casas rectangulares pequeñas de ambos grupos de orientación oscilaban entre tamaños entre aprox. 5 m^2 y 12 m^2 de superficie. En contraste a las casas cuadradas, las casas rectangulares del grupo de orientación más antiguo y más reciente tienen aproximadamente el mismo tamaño (vea listas p. 219, 220). La posición de las entradas en este tipo de casas también se puede reconstruir sólo en base a vacíos en las hileras de postes. En analogía con las evidencias en el área de las plataformas, puede suponerse también en estas casas, que la entrada se encontraba en el centro de las paredes. Entradas centrales había con certeza (en ambos grupos de orientación) siete veces en el lado longitudinal, dos veces en el lado transversal; la entrada de tres otras casas sólo puede haber estado también en uno de los lados más estrechos.

Las casas de dos cuartos (*lám. 157,1 – 3*) siempre tenían una planta rectangular. Estaban compuestas o por un cuarto rectangular y uno cuadrado, o por dos cuartos rectangulares (vea listas p. 221). Pero por lo menos uno de los cuartos tenía un fogón, en varios casos incluso ambos. Las casas, cuyo eje longitudinal tiene una orientación de norte a sur (o sea paralela a la pendiente) eran mucho más largas (la relación longitud-ancho es de 2 : 1) que aquellas cuyo eje longitudinal tenía una orientación de este a oeste. La disposición de los huecos de postes entre los dos cuartos descarta la posibilidad de que allí hubiera existido un paso. La entrada estaba aparentemente en uno de los lados longitudinales.

Se conocen dos formas básicas de casas grandes (de varios cuartos) correspondientes a ambas fases de ocupación: (1.) varios cuartos de forma cuadrada o rectangular colocados en fila, con un cuarto delantero alargado en forma de pasillo (*lám. 158,1.2;* vea lista p. 222). (2.) Casas de contorno rectangular o cuadrado cuyo interior está subdividido (*láms. 158; 159;* vea listas p. 222 – 223). En algunos casos, sin embargo, estas subdivisiones no pueden comprobarse de forma inequívoca a causa de deslaves o erosión de la superficie. Las casas 10 y 11 difieren de estas dos formas básicas. En estos casos se han añadido otros cuartos o cuartos rectangulares o cuadrados con paredes transversales y fogones (*láms. 11; 14*).

Casas rectangulares de dos cuartos

Fase de ocupación más antigua

Casa y ubicación No.	Cuadrángulo		Tamaño	Medidas de las paredes W/E y N/S en total y de cada cuarto	Proporción de paredes en total y de cada cuarto	Fogón
18	III/IV	E/F	13,33 m^2	4,3 x 3,1	1,39 : 1	
			7,75 m^2	2,5 x 3,1	1 : 1,24	– (área disturb)
			5,58 m^2	1,8 x 3,1	1 : 1,72	–

Casas rectangulares de dos cuartos

Fase de ocupación más reciente (5 en total)

Casa y ubicación No.	Cuadrángulo		Tamaño	Medidas de las paredes W/E y N/S en total y de cada cuarto	Proporción de paredes en total y de cada cuarto	Fogón
13	III/IV	E	17,33 m^2	5,25 x 3,3	1,59 : 1	
			8,42 m^2	2,55 x 3,3	1 : 1,29	– (área disturb)
			8,91 m^2	2,7 x 3,3	1 : 1,22	–
75	XII	F/G	16,38 m^2	2,6 x 6,3	2,43 : 1	
			8,58 m^2	2,6 x 3,3	1 : 1,27	x
			7,8 m^2	2,6 x 3	1 : 1,15	x
35	IV	B	14,8 m^2	5,1 x 2,9	1,76 : 1	
			7,69 m^2	2,65 x 2,9	1 : 1,09	x
			7,11 m^2	2,45 x 2,9	1 : 1,18	x
153	XIV/XV	B	13,34 m^2	4,6 x 2,9	1,26 : 1	
			6,62 m^2	2,3 x 2,9	1 : 1,26	– (área disturb)
			6,62 m^2	2,3 x 2,9	1 : 1,26	x
53	XIII	B/C	10,34 m^2	2,2 x 4,7	1 : 2,13	
			5,72 m^2	2,2 x 2,6	1 : 1,18	x
			4,62 m^2	2,2 x 2,1	1,05 : 1	– (área disturb)

Casas grandes (de varios cuartos)

Fase de ocupación más antigua (13 en total)

Casa y No.	ubicación cuadrángulo	Superficie interior de los cuartos		Medidas de las paredes W/E y N/S	Proporción de las paredes exteriores	Proporción de las paredes interiores	Fogón
74	XII/XIII E/F	55,19 m²		(11,7 x 4,72)	2,48 : 1		
			7,5 m²	2,5 x 3		1 : 1,2	x
			9,72 m²	2,7 x 3,6		1 : 1,22	x
			13,6 m²	4 x 3,4		1,17 : 1	x
			9,75 m²	2,5 x 3,9		1 : 1,55	– (área disturb)
		„corredor"	14,62 m²	11,7 x 1,25		9,36 : 1	–
78	XII F/G	52,15 m²		(5,7 x 9,15)	1 : 1,61		
			14 m²	4 x 3,5		1,14 : 1	x
			9,61 m²	1,7 x 5,65		1 : 3,32	–
			2,53 m²	2,3 x 1,1		2,09 : 1	– (área disturb)
			10,46 m²	2,3 x 4,55		1 : 1,98	– (área disturb)
		„corredor"	15,55 m²	1,7 x 9,15		1 : 5.48	–
40	III/IV B	38,4 m²		(9,4 x 4)	2,4 : 1		
			8,2 m²	2 x 4,1		1 : 2,05	– (?)
			6,96 m²	2,9 x 2,4		1,2 : 1	x
			2,86 m²	2,6 x 1,1		2,36 : 1	–
			7,84 m²	2,8 x 2,8		1 : 1	x
			3,96 m²	1,8 x 2,2		1 x 1,2	x
			2,97 m²	1,8 x 1,64		1,09 : 1	–
			5,79 m²	2,6 x 2,22		1,12 x 1	–
– – –	– – –	– – –	– – –	– – –	– – –	– – –	– – –
54	XII B	25,48 m²		5,2 x 4,9	1,06 : 1		
			14,7 m²	3 x 4,9		1 : 1,63	–
			3,19 m²	2,2 x 1,45		1,52 : 1	–
			7,7 m²	2,2 x 3,5		1 : 1,52	–
132	VII N	25,2 m²		4,5 x 5,6	1 : 1,24		– (?)
144	XV B	23,2 m²		5,1 x 4,55	1,12 : 1		
			7,9 m²	2 x 3,95		1 : 1,98	–
			11,06 m²	2,8 x 3,95		1 : 1,41	x
			1,19 m²	0,3 x 3,95		1 : 13,17	–
			3,06 m²	5,1 x 0,6		8,5 : 1	–
14	IV E	22,5 m²		5 x 4,5	1,11 : 1		–
138	XIV/XV B/C	22 m²		5,5 x 4	1,37 : 1		x
4	III D	19,28 m²		4,28 x 4,5	1 : 1,05		x
			3,72 m²	1,55 x 2,4		1 : 1,55	–
			6 m²	2,5 x 2,4		1,04 : 1	x
			2,42 m²	1,15 x 2,1		1 : 1,83	–
			5,67 m²	2,7 x 2,1		1,29 x 1	x
			1,47 m²	0,7 x 2,1		1 : 3	–
20	II E	19 m²		3,8 x 5	1,32 : 1		
			7,28 m²	2,6 x 2,8		1 : 1,08	x
			5,72 m²	2,6 x 2,2		1,14 : 1	–
			6 m²	1,2 x 5		1 : 4,17	–
86	XII G/H	17,5 m²		5 x 3,5	1,37 : 1		
			5,25 m²	1,5 x 3,5		1 : 2,33	– (área disturb)
			12,25 m²	3,5 x 3,5		1 : 1	– (área disturb)
12	III/IV E	17,42 m²		4,1 x 4,25	1,01 x 1		
			6,15 m²	1,5 x 4,1		1 : 2,73	–
			7,01 m²	2,75 x 2,55		1,08 x 1	x
			3,57 m²	2,3 x 1,55		1,48 : 1	–
			0,69 m²	0,45 x 1,55		1 : 3,44	–
– – –	– – –	– – –	– – –	– – –	– – –	– – –	– – –
10	III E/F	30,16 m²					
			9,92 m²	3,1 x 3,2		1 : 1,03	x
			4,8 m²	1,5 x 3,2		1 : 2,13	–
			15,44 m²	4,9 x 3,15		1,56 x 1	–

Casas grandes (de varios cuartos)

Fase de ocupación más reciente (10 en total)

Casa y ubicación No.	cuadrángulo		Superficie interior	de los cuartos	Medidas de las paredes W/E y N/S	Proporción de las paredes exteriores	Proporción de las paredes interiores	Fogón
69	XII	E	19,82 m^2					
				9,12 m^2	2,4 x 3,8		1 : 1,58	x
				10,7 m^2	3,45 x 3,1		1,11 : 1	x
25	II/III	E	33,9 m^2		6 x 5,65	1,06 : 1		
				8,7 m^2	1,45 x 6		1 : 4,14	–
				8,4 m^2	4,2 x 2		2,1 : 1	x
				16,8 m^2	4,2 x 4		1,05	–
57	XIII	C/D	31,95 m^2		4,5 x 7,1	1 : 1,58		
				11,25 m^2	4,5 x 2,5		1,8 : 1	–
				20,7 m^2	4,5 x 4,6		1 : 1,06	–
29	II	G	30,6 m^2		6 x 5,1	1,13 : 1		
				4,51 m^2	1,1 x 4,1		1 : 3,73	–
				7,79 m^2	1,9 x 4,1		1 : 2,16	x
				11,40 m^2	3,8 x 3		1,27 : 1	x
				3,1 m^2	1 x 3,1		1 : 3,1	–
				3,77 m^2	2,9 x 1,3		2,23 : 1	–
51	XII	B	28,91 m^2		5,9 x 4,9	1,2 : 1		
				3,19 m^2	0,65 x 4,9		1 : 7,54	–
				11,70 m^2	3,25 x 3,6		1 : 1,11	x
				2,28 m^2	3,25 x 0,7		4,64 : 1	–
				5,4 m^2	1,5 x 3,6		1 : 2,4	–
				1,05 m^2	1,05 x 0,7		2,14 : 1	–
149	XIV	B/C	24,74 m^2		5,1 x 4,85	1,05 : 1		
				18,14 m^2	4,65 x 3,9		1,19 : 1	x
				1,76 m^2	0,45 x 3,9		1 : 8,67	–
				4,84 m^2	5,1 x 0,95		5,37 : 1	–
101	XIV	H	19,8 m^2		5,5 x 3,6			
				5,4 m^2	1,5 x 3,6	1 : 2,4	–	
				11,16 m^2	3,1 x 3,6		1 : 1,16	x (?)
				3,24 m^2	0,9 x 3,6		1 : 4	–
97	XIII	H	18,63 m^2		4,55 x 4,05	1,12 : 1		
				14,17 m^2	3,5 x 4,05		1 : 1,16	–
				4,46 m^2	1,1 x 4,05		1 : 3,68	–
11	III	E/F	26,26 m^2					
				10,44 m^2	3,6 x 2,9		1,24 : 1	–
				4,35 m^2	1,5 x 2,9		1 : 1,93	–
				3,1 m^2	1 x 3,1		1 : 31	–
				8,37 m^2	2,7 x 3,1		1 : 1,15	–
151	XIV	B	16,98 m^2		3,2 x 5,15	1 : 1,61		
				7,32 m^2	2,4 x 3,05		1 : 1,27	x
				8,59 m^2	0,8 x 3,05		1 : 3,59	–
				6,72 m^2	3,2 x 2,1		1,52 : 1	–

La primera forma básica (varios cuartos alineados con un cuarto transversal alargado) se ha observado tres veces en el grupo de orientación más antiguo (74, 78 y 40, vea lista p. 222). Se trata de las casas más grandes de Montegrande (55, 19 m^2; 52,44 m^2; 34,4 m^2). Sólo una casa del grupo de orientación más reciente parece haber tenido esta forma básica (casa 69). Se encuentra sólo en parte dentro del área excavada.

Las plantas de 16 casas grandes de la segunda forma básica están completamente excavadas, otras tres en parte (vea listas p. 222 – 223). La superficie de estos cuartos oscila entre 17,5 m^2 y 33,90 m^2. En tres casos (132, 14 y 138) no se reconocieron indicios claros de subdivisiones, en dos casos se pudo comprobar sólo una pared transversal o longitudinal (86, 144). Ocho de éstas casas pertenecían al grupo de orientación más antiguo, nueve al grupo más reciente. El interior de estas casas con contorno regular estaba compuesto por un gran cuarto central con fogón y cuartos laterales en forma de pasillo que siguen a sus lados, o por dos cuartos cuadrangulares o rectangulares y un cuarto alargado que a extiende a un lado de la casa. Los cuartos estrechos y alargados en este último caso son más anchos, mientras que los "pasillos" siempre tienen menos de 1 m de ancho.

Los cuartos alargados son partes de casas cuadradas o de varios cuartos. Frecuentemente se añaden a cuartos centrales de planta cuadrada. En ningún caso mostraban indicios de entradas. Esto tiene validez no sólo para la parte habitacional del asentamiento (en donde únicamente se dispone de indicios como huecos y fosos de postes, del relieve de la superficie y de coloraciones) sino también para los alrededores inmediatos de las plataformas principales, en donde se conservan también pisos y muros. Sobre todo allí las evidencias indican que los cuartos alargados de este tipo no tenían entradas (casas 231 y 219). En toda el área excavada faltan indicios de pozos y graneros de almacenaje. Del hallazgo de un fragmento de enlucido pintado en el cuarto 217 se deduce, que los pocos cuartos hundidos de Montegrande que estaban relacionados con las plataformas, no servían para almacenaje. Sin embargo, es plausible la suposición de que los cuartos laterales alargados sin entrada hayan servido para tal fin.

Resumiendo las observaciones resulta que las casas rectangulares de techo plano del asentamiento se pueden clasificar según tipos de plantas claramente definidos (vea listas p. 216 – 223). Aparte de las casas sin no. (en el cuadrángulo III E, vea *lám. 11*) y 49, todos corresponden a las dos orientaciones que se siguen cronológicamente. Todos los tipos de plantas se encuentran en ambas fases de ocupación sin que se observen diferencias en el tipo de construcción.

OBSERVACIONES ACERCA DE LA ESTRUCTURA DE LA PARTE HABITACIONAL *(láms. 168 – 169)*

El área excavada alrededor de las plataformas de Montegrande ofrece en ambas fases de ocupación un cuadro de grandes áreas abiertas en terrazas, alrededor de las cuales se agrupan edificaciones con pocos espacios intermedios. A pesar de lo segmentario de nuestros hallazgos, de las frecuentes malas condiciones de conservación y de que estuvimos presionados por el tiempo, sin embargo, el cuadro general parece suficientemente completo como para reconocer ciertas estructuras del asentamiento. Sobre la meseta que está enmarcada por líneas de erosión, las casas están distribuidas a lo largo y enfrente de plataformas y plazas. En ambas fases se reconocen grupos de casas (fase de ocupación más antigua: grupos IA – XXA, fase de ocupación más reciente: grupos IB – XXB). Los grupos consisten en varias casas pequeñas o éstas se agrupan alrededor de una casa grande de varios cuartos (*láms. 168 – 169.*).

En el grupo de casas I A, en la parte este del asentamiento, el esquema mencionado se dibuja claramente. El pasillo de entrada de la casa 40 – casi simétrica y de varios cuartos alineados – conducía a una pequeña plaza abierta hacia el este. Esta al oeste estaba delimitada por la gran casa cuadrada 44, que tiene un cuarto adicional al norte. El límite sur estaba formado por una pequeña casa de la misma forma (46), cuyo cuarto lateral también estaba en el lado norte. Su pared norte continuaba más allá de de la esquina noreste de la casa hacia el este. Aproximadamente 2 ms desplazada hacia el sur se encontraba una casa de planta cuadrada (48) cuyo cuarto contiguo, de forma estrecha y alargada, estaba construido delante de la pared oeste. La plaza en forma de U, que se abría hacia el este, se ensanchaba por lo tanto en su lado sur escalonadamente. Las casas que limitaban la plaza, exceptuando la casa 40, evidentemente no tenían acceso desde la plaza. Al suroeste de las casas 46 y 48 se encontraba, a una distancia de 1,2 ms, otra casa cuadrada con un cuarto lateral estrecho y alargado había sido ha construido en su lado norte (52).

A una distancia de aproximadamente 6 ms al sur en la fase de ocupación más antigua se encontraba una casa de varios cuartos de contorno regular (4) que, posiblemente, era el centro de un grupo de casas (II A) que se dibujaba de forma mucho menos clara. La casa más cercana, de planta rectangular (6), seguía al sureste a una distancia de unos 2 ms. Esta delimitaba con su lado longitudinal norte el área delantera de la parte este de la casa 4. Buscando indicios de una casa correspondiente al norte, sólo se observan restos de una pared derrumbada y una hilera de postes que se encuentra más o menos en la misma alineación que la pared este de la casa 6, y que pertenece a una casa, cuya planta exacta se desconoce, pero que, probablemente, pertenece al grupo de casas II A. Según eso se trataría otra vez de una disposición en forma de U, es decir, que una plaza está delimitada por casas al oeste, sur y norte.

La casa 6 formaba a la vez el límite norte de la plaza correspondiente al grupo de casa III A. Al este, una casa 12, de varios cuartos y de planta regular, cierra esta plaza. Enfrente de la casa 6, al sur, se encontró la casa 10 que tiene varios cuartos. Por consiguiente, el grupo de casas III A también estaba compuesto por casas dispuestas en forma de U que limitaban una plaza abierta hacia el este. Vacíos en las hileras de postes indican que las tres casas (6, 12 y 10) tenían entradas orientadas hacia el área abierta. El vacío entre las casas 12 y 10, al suroeste de la plaza, estaba cerrado por medio de una hilera de postes que se dibuja a ambos lados de un deslave. Al sur, el grupo de casas está sostenido por un muro de contención, cuyo curso es idéntico a la orientación de las casas. Se extiendía a lo largo de la pared sur de la casa 12, doblaba cerca de la pared oeste de la casa 10 perpendicularmente hacia el sur-suroeste, y luego lo hacía en la esquina suroeste de la casa 10 hacia el este-sureste. En este lugar el muro de piedras continuaba en la forma de una hilera de postes que sostenía la terraza.

Al este de la casa 10, sigue a poca distancia una casa rectangular de dos cuartos. Esta, junto con la casa 14, ubicada aprox. 2,5 ms más al norte, y la casa cuadranda 16 al sureste, forma el grupo de casas IV A. Aquí también, casas al este y sur limitan un área que no tiene edificaciones, en cuanto se encuentra en el área excavada. No se ha observado un límite norte que existe en el caso de plazas de otros grupos de casas, porque esta área no se ha excavado. En la alineación del eje longitudinal del área abierta del grupo de casas III A existe una especie de paso. Por este vano, de un ancho de aprox. 2,5 ms, entre las casas 14 y 18, se comunicaban las plazas entre sí.

Debajo del muro de contención del grupo de casas III A, al sur de la casa 12, se encuentra una casa de varios cuartos (casa 20). Las casas de un cuarto, 28, 26, 24 y 22 al sur de la casa 20 que pertenecen a la misma fase de ocupación están ordenadas en hileras. Seguía más al sur otra hilera de casas de un cuarto (34, 36, 38). Sólo dos casas de la hilera que se encuentra más al norte (28 y 26) pueden reconstruirse en base a coloraciones de postes. Es posible que la hilera de las casas continuara más al oeste en el área del cuadrángulo III F, pero las destrucciones causadas por vehículos de construcción fueron tan grandes, que sólo se pudieron observar muy pocos restos arquitectónicos en la parte sur de este cuadrángulo.

El esquema de las edificaciones descritas, es decir, del grupo de casas V A, difiere de los esquemas que se mencionaron más arriba; las casas rectangulares y cuadradas de un sólo cuarto no están agrupadas alrededor de una plaza central. La única casa de varios cuartos se encuentra en el límite norte del grupo de casas. El grupo de casas V A se encuentra cerca del límite del asentamiento. Las terrazas que se pudieron observar en la superficie terminan en este punto. Al principio de la excavación supusimos que éstas podrían servir para identificar el área del asentamiento. La búsqueda en los cuadrángulos II/III H e I no proporcionó hallazgos claros, es decir hileras de coloraciones de postes o fogones. Sólo en el extremo sur de la trinchera, en el cuadrángulo I I, se encontró la planta de una casa cuadrada del grupo de orientación más antiguo: un cuarto sin fogón ni otros hallazgos.

En la parte noreste del área excavada las huellas de edificaciones también se hacen más escasas. Más al norte no pudieron observarse las terrazas mencionadas. Más al noreste se encuentran huellas de casas y terrazas sostenidas por postes que pertenecían exclusivamente al grupo de orientación más reciente. Las casas 156 y 154 formaban el grupo de casas VI A. Estaban sobre una terraza delimitada al sur por un muro de contención más de la orientación más antigua. La casa rectangular 156 se encontraba a una distancia de unos 4 ms al noreste de la casa cuadrada subdividida 154. Al suroeste de ambas casas había un área sin edificaciones. Un área rellenada al noroeste no mostraba ninguna hilera de postes de la misma orientación antigua; por lo tanto, este relleno también podría proceder del asentamiento más reciente.

Una plaza abierta al sur debajo del muro de contención separa los grupos de casas VI A y VII A. Estaba delimitada a ambos lados por hileras de postes de la orientación más antigua. Más allá del límite este, a una distancia de 2,8 ms, corría otra hilera de postes. No está clara la función de ésta última delimitación, porque dentro de ésta se encuentran varios bloques de piedra no trabajada. No de encontraron indicios de un límite sur de la plaza. En este lugar sigue el grupo de casas VII A. Al este, a poca distancia delante de la parte norte de una casa de varios cuartos de contorno regular (casa 144), se encuentra la pequeña casa rectangular de un cuarto 152. Al sureste delante de las dos casas había una plaza abierta, delimitada también por un muro de contención de la misma orientación. Corría en la misma alineación de la pared este de la casa de varios cuartos 144, y luego doblaba perpendicularmente en dirección sureste. A este grupo de orientación probablemente pertenecía también la casa 150 que está muy destruida y cuya pared oeste delimitaba el área abierta del grupo de casas VII A.

Una parte de las casas al oeste del grupo de casas VII A (142, 60 y 58) no está claramente definida. Además gran parte de éstas se encontraba fuera del área excavada. Como están situadas encima de un pequeño muro de contención que puede ser reconstruido en base a partes conservadas a pesar de la destrucción por dos canales de deslave, probablemente pertenecen a un grupo de orientación VIII A. No se puede decir con certeza si la casa cuadrada 140 pertenece a este grupo o al grupo de casas IX A.

Las paredes sur de las casas 138 y 140 tenían casi la misma alineación. La casa 138 era la más grande del grupo IX A. Se encontraba aprox. 1,75 m más al este de la casa 140 y pertenece por su tamaño al la categoría de las casas de varios cuartos y de planta regular. Al sur de la casa 138 se encontraba una plaza abierta delante de la esquina noroeste de la Huaca Chica, que es la pequeña plataforma al este. Esta plaza era el centro del grupo de casas IX A. Al este estaba delimitada por una casa cuadrada con cuarto contiguo estrecho y alargado (casa 136). El lado oeste de la plaza formaba la casa 148, cuadrada y subdividida. Se encontraba a poca distancia detrás del lado norte de la Huaca Chica, y delimitaba al oeste otra plaza cuyo lado norte estaba cerrado por la casa 146 que está hundida en la ladera.

Los grupos de casas que se encuentran arriba de la Huaca Chica, IX A, VII A y VI A, estaba ubicados junto a plazas que se abrían hacia el sur o hacia el este y que estaban sostenidas por pequeños muros. Sólo en la parte este del grupo de casas VI A no se ha encontrado ninguna casa que delimite la plaza. Es posible que tal casa se haya encontrado fuera del área excavada, o que sus huellas hayan sido destruidas cuando se aplanó el terreno para edificar el asentamiento más reciente.

Al oeste del grupo de casas IX A corría un pequeño muro de contención del cual se conservan pocos restos. A una distancia aproximada de 9 ms de este muro (del supuesto grupo de casas VIII A) y paralela a él, estaba la casa 54 de varios cuartos, a una distancia de unos 4 ms de ésta se encontraba la casa subdividida cuadrada 56. Las paredes sur de las dos casas tenían la misma alineación. Formaban el grupo de casas X A. El pequeño muro de contención probablemente doblaba al oeste de la casa 54 en angulo recto hacia el nor-noreste, de modo que esta casa se encontraba arriba de la plaza grande en un lugar expuesto. Las dos lineas de erosión, entre las casas 54 y 56, y al oeste de esta última, probablemente estaban rellenas, de forma que entre los dos cuartos había un área plana sin edificaciones. Estaba delimitada al norte por el pequeño muro de contención superior y se abría hacia el sur, donde estaba sostenida por el muro de contención inferior. Por consiguiente, las dos casas del grupo X A delimitaban una plaza que se abría también hacia el sur en forma de U, y que estaba sostenida por un pequeño muro.

La plaza central del grupo de casas IX A, que se abría hacia el sur, se estrechaba en su parte sur. La pared este de la casa 134 que seguía al sur a una distancia de aproximadamente 1 m de la casa 136, estaba algo desplazada hacia el este. En el lado de enfrente, al este, la parte noroeste de la Huaca Chica se extendía también en dirección hacia la plaza. Aproximadamente en la misma alineación que la esquina sureste de la casa 134 el frente lateral de la Huaca Chica entraba otra vez hacia el este. En el lado oeste, a poca distancia, seguía a la casa 134 la casa subdividida cuadrada 62. La pared este de esta casa estaba a su vez desplazada hacia el oeste, aproximadamente en la misma alineación que la pared este de la casa 136, mientras que la pared este de la casa 64, que seguía hacia el sur, se encontraba en la misma alineación que la pared este de la casa 134. Es decir, que al sur del estrechamiento de la plaza del grupo de casas IX A se abría otra plaza, que, al oeste, estaba delimitada por la casa 62, al sur por la casa 64 y la casa cuadrangular y subdividida 66, que estaba situada algo más al sureste. Su límite norte se dibuja en la parte prominente de la fachada oeste de la Huaca Chica y en la casa 134. Las casas que delimitaban esta plaza formaban el grupo de casas IX A. Los grupos de casas IX A y XI A cercaban el área abierta al oeste de la Huaca Chica, desde su esquina noreste hasta el área al suroeste delante de ella. Al sur de la plataforma se extienden dos terrazas.

Las edificaciones en la terraza superior norte no están aclaradas en su parte oeste, porque se ha excavado sólo una faja estrecha al norte del cuadrángulo XIV E, y porque en las coloraciones de postes de los cuadrángulos contiguos no pudo observarse ningún tipo de ordenamiento en las hileras. Pero en la parte este de la terraza se distinguen las plantas cuadradas de las dos casas 98 y 100. Ambas eran parte del grupo de casas XII A, se encontraban en el borde este (casa 100) y sureste (casa 98) de la terraza superior, y formaban los límites este y sur de un área sin edificaciones, que se extiende hasta el zócalo delantero del frente de la Huaca Chica. Su límite oeste estaba fuera del área excavada.

El grupo de casas XIII A estaba formado por las casas 68, 70 y 72 que delimitaban una plaza en forma de U que se abría hacia el oeste donde se encuentra el gran conjunto de plataformas y terrazas. Al este se encontraba la gran casa rectangular 70. A pesar de los trabajos de nivelación realizados al establecerse el asentamiento más reciente, se dibujan en la superficie evidencias de la parte norte mientras que de la parte sur apenas se han conservado huellas. Posiblemente la casa cuadrada 72 llegaba hasta cerca de la esquina suroeste de la casa 70. Las paredes oeste de las casas 68 y 72, al norte y sur del grupo

XIII A, tenían más o menos la misma alineación. Aproximadamente en esta linea, es posible que también terminara la plaza ya que más al oeste, el terreno se inclina fuertemente hacia la plaza que se encuentra en la depresión del terreno, delante del gran conjunto de plataformas y terrazas del asentamiento.

La casa 68 formaba a la vez el límite sur de un área sin edificaciones en forma de U, al oeste y sur de las casas 62 y 64 que pertenecen al grupo de casas XI A. Esta aŕea se abre, igual que el área central del grupo XIII A, hacia el gran conjunto de plataformas y terrazas. Lo mismo es válido para aquella área al oeste de las casas 134 y 136, que al norte y sur está delimitada por las casas 140 y 62 en forma de U. Estas casas pertenecen a nuestros grupos VIII A (?), IX A y XI A. La secuencia de áreas abiertas delimitadas en forma de U y orientadas hacia los dos conjuntos de plataformas y terrazas (el complejo prinicipal y la Huaca Chica), terminaba con la casa 74 de varios cuartos – la más grande en el área de viviendas excavada – que se encontraba al pie de la casa 72. Cerraba el área como un travesaño, entre la secuencia de plazas delante de la Huaca Chica y la línea de erosión que se encuentra al este del gran complejo de terrazas.

El área que se encuentra al sur delante de la casa 74 estaba delimitada al este por la casa 78, la segunda con respecto al tamanõ en la parte excavada del asentamiento. Su eje longitudinal corría perpendicular a la casa 74. Partes de la casa 78 se encontraban a una distancia de unos 2 ms delante del cuarto más oriental de la casa alargada 74. No fue excavada la parte oeste del área delante de esta casa. En el otro lado de la plaza, a una distancia de unos 3 ms del extremo sur de la casa 78, estaban alineadas las casas 82, 84 y 86, que pertenecían al grupo de casas más grande excavado en Montegrande, XIV A. Este formaba otra vez una U abierta hacia el oeste, en dirección al conjunto de plataformas y terrazas. La parte oeste de la superficie interior de este grupo de casas no se ha excavado, pero si existieran casas, tendrían que en contrarse en esta área en un nivel más bajo, porque la ladera desciende fuertemente hacia el oeste. En la parte este de la superficie interior, al oeste de la esquina suroeste y delante de la parte norte de la casa, se encontraban las casas pequeñas 76 y 80, la casa rectangular 76 con eje longitudinal en dirección este-oeste al norte, y al sur la casa cuadrangular 80. Estas casas formaban a su vez las "alas" de una disposición de casas en U algo más pequeña que se encontraba inscrita en el grupo en forma de U formado por las casas grandes individuales 74 y 78 y la secuencia de casas 82, 84, 86.

Por las razones mecionadas nuestros conocimientos del asentamiento de Montegrande en los cuadrángulos que siguen hacia el sur son bastante incompletos. Cabe destacar que existe un fogón muy grande al suroeste del grupo de casas XIV A. Se encontraba fuera del área de las casas, en una terraza de la ladera que desciende hacia la línea de erosión. Unos 10 ms más al sur se dibujaba un grupo de casas XV A. La casa 96 (?) situada en el lado oriental – con eje longitudinal en dirección norte-sur – y la casa 94, situada al sur de la anterior y perpendicular a la casa 96 (?), delimitaban una plaza, que se abría en dirección norte y oeste hacia el fogón grande y el complejo grande de terrazas y plataformas.

Al sureste de este grupo de casas XV A se encontraban indicios de una casa no reconstruible. Las casas graduadas de un cuarto que se dibujan claramente en las superficies de los niveles, 92, 106 y 108, se encuentran encima de un escalonamiento del terreno fuertemente erosionado. Se documentaron partes de un pequeño muro de contención cerca de la pared sur de la casa 106. Debido a la falta de hallazgos definidos en los alrededores no se puede decir nada acerca del agrupamiento. Lo mismo es válido para la pequeña casa cuadrangular 88 así como para la casa rectangular hundida 90, que no se pueden atribuir a ningún grupo. De las pocas huellas de plantas de casas inmediatamente al sur de las dos plazas delanteras a la Huaca Chica (102, 104), no se puede tampoco deducir nada en cuanto a la estructura del asentamiento en este lugar.

El área contigua al sur, que comprende principalmente los cuadrángulos XI – XIII J – L, se había aplanada cuando se edificó el asentamiento más reciente, pero – sobre todo en su parte oeste – se distinguieron numerosas hileras de postes del grupo de orientación más antiguo, que se pueden completar formando así plantas de casas. La distribución de estas casas muestra aproximadamente la estructura del asentamiento más antiguo en esta área.

Debido a las terrazas más recientes, es más difícil en este lugar que en otras partes del asentamiento reconocer cuáles son las casas que se encontraban en un mismo nivel, y que, por lo tanto, pertenecían al mismo grupo. Una excepción la representa la casa grande 110, que es la única cuyo fogón está conservado en contornos claros, y que, por lo tanto, se encontraba a un nivel más bajo que las casas que siguen hacia el oeste. Esta casa posiblemente formaba un grupo XVI A junto con otras casas situadas al oeste y norte de la misma, cuya posición y plantas no pueden reconstruirse con certeza.

Al este de este grupo seguía a un nivel más alto el grupo XVII A. Este estaba compuesto por la casa rectangular 112, conservado sólo en parte, y por la casa de varios cuartos 114. Ambas junto con la casa 120 delimitaban también otra área sin construcciones. Mientras que la plaza del grupo XVII A estaba abierta al noroeste hacia el complejo principal, ésta última área sin construir se abre hacia al noroeste en dirección a la Huaca Chica. No se ha observado ninguna limitación oriental de esta área, pero más arriba en la ladera se encuentran dos casas más pequeñas, 116 y 118. La pared oeste de la casa 118, que está al este, se encuentra aproximadamente en la misma alineación que la pared este de la casa 120. A una distancia de unos 4 ms al oeste se encontraba la casa 116, que, probablemente, señala el límite noroeste del área abierta. Las casas 114, 116, 118 y 120 formaban el grupo XVIII A.

Al sureste dentro de los cuadrángulos XV/XVI J/K/L se ha excavado una construcción circular con terraza edificada. Como se puede deducir del plano de curvas a nivel, seguía al sur otra plaza que no se ha excavado. La orientación de los restos conservados del muro de contención demuestran que éste está relacionado con el asentamiento más reciente. Pero hay hileras de postes en el área edificada de la terraza que pueden atribuirse a la fase de ocupación más antigua. Desgraciadamente los restos de las casas son muy escasos. Pudo distinguirse completamente la planta de una casa rectangular 124. El área que se encuentra al sur delante de esta casa estaba delimitada al oeste por la pared de una casa más grande 126, sólo en parte excavada. Parece que los dos cuartos pertenecían a un grupo de casas XIX A.

En la parte sur del área excavada del asentamiento se han conservado sólo pocas huellas de la ocupación más antigua probablemente debido à la construcción del asentamiento más reciente. La casa grande 132(?) y la pequeña casa rectangular 130 formaban parte del grupo de casas XX A, que, aparentemente, delimitaba una plaza abierta hacia el suroeste.

Ninguna de las construcciones circulares en el áreas de las casas de Montegrande puede atribuirse sin duda a la fase de ocupación más antigua. Los fogones y fosos de postes de dos construcciones circulares se cortan con las hileras de postes del grupo de orientación más antiguo (en los cuadrángulos III D y XII J/K). Sólo las evidencias estratigráficas en el área de la gran terraza en forma de L, que pertenece al complejo principal de plataformas y terrazas, demuestran que tales edificios circulares existían en Montegrande ya en esta época.

La parte oeste del asentamiento muestra la mayor cantidad de construcciones. En esta área se observaron también las únicas dos superposiciones de casas dentro del grupo de orientación más antiguo: una pequeña casa cuadrada con cuarto lateral (casa 42) bloqueaba casi completamente la entrada que conducía desde la plaza del grupo de casas I A a la gran casa 40; además el fogón de la casa cuadrada 8 está superpuesto a la pared norte de la casa 12, la casa oeste del grupo III A. Ambas casas según su orientación corresponden a la fase de ocupación más antigua. También en la fase más reciente era intensa la actividad de construcción en esta área.

La disposición de diecinueve de los veinte grupos de casas definidas, correspondientes a la fase de ocupación más antigua de Montegrande, muestran disposiciones en forma de U en distintas variaciones. Todos comprendían una casa grande subdividida y una o varias casas pequeñas, algunas de ellas con un cuarto anexo. La disposición de las casas muestra cierta "jerarquización". Casi todas las plazas están orientadas hacia los dos complejos de plataformas y terrazas. Esta relación resulta tan dominante en el total de los rasgos observados, que no parece ser casual el hecho de que el límite norte del grupo de casas más septentrional, en la parte este del asentamiento (VI A), se encuentre en la misma alineación que la pared norte la plataforma Huaca Antigua, la principal del asentamiento más antiguo. Este límite norte lo forma la pared norte de la casa 156. Su pared este se encuentra en la misma alineación que el extremo del muro de contención de la plaza que sigue al sur. Por las evidencias observadas en los cuadrángulos alrededor de la Huaca Chica, hasta donde están excavados, se aclara que esta plataforma estaba rodeada por plazas orientadas hacia ella. Los grupos de casas limitaban a la vez plazas en forma de U abiertas hacia el oeste, donde se encuentra el conjunto principal de plataformas y terrazas.

Sobre todo la disposición del grupo de casas XIV A, con "edificio principal" y "alas laterales" así como la disposición inscrita en forma de "vestíbulo" en U, recuerda la estructura de "pirámides" formativas en la costa central del Perú (Williams 1980). Parece que a la disposición en forma de U de templos de la época temprana andina correspondió la disposición de las casas de Montegrande.

La fase de ocupación más reciente

El asentamiento más reciente de Montegrande ofrecía numerosas semejanzas con el asentamiento más antiguo (*láms. 168; 169*). El grupo de casas I B se superponía en gran parte a la casa 40, la mayor del grupo I A del asentamiento más antiguo. Al norte se encontraba la casa 35, de dos cuartos, cuyas hileras de postes se cortan con las de los cuartos 40 a y b. Delante de la parte oeste de la pared sur de la casa 35 seguía la casa de planta cuadrada 33, cuyo fogón se superponía al foso de postes de la pared sur de la casa 40. Al sureste, la pequeña casa 37 estaba al otro lado de un área sin construir, enfrente de la casa 35. La plaza abierta hacia el este estaba delimitada en forma de U por las tres casas en el norte, sur y oeste.

Al sur de este grupo de casas se extendía sobre esta parte de la meseta la hilera de las casas 43, 45 y 47 desde el noroeste hacia el sureste. Al este, enfrente de estas casas se encontraban las casas 39 y 41. Las paredes norte de las casas 43 y 39 estaban en la misma alineación. Sus paredes este y oeste delimitaban un área que en esta fase no tenía edificaciones, y que al suroeste estaba delimitada por la pared norte de la casa 45, resultando así una forma de U abierta hacia el nor-noreste, mientras que al sureste existía un paso hacia otra plaza. Esta, a su vez, estaba delimitada al oeste, sur y este por las casas 45, 47 y 41 y presentaba también un vano en la parte sureste. Al noreste de esta segunda área en forma de U estaba la casa 39. Por lo tanto, es posible que las dos plazas en forma de U de este grupo de casas II B no existieran al mismo tiempo. Esto puede demostrarse en los grupos de casas III B 1/2 y IV B, que se encuentran aproximadamente 8 ms más al sur, sin embargo, en el grupo de casas II B faltan las superposiciones correspondientes.

En los grupos de casas III B 1/2 y IV B se superponen las casas 3 y 5, así como 13 y 15. Por lo tanto, no pueden tener la misma posición cronológica, a pesar de que pertenecen al mismo grupo de orientación más reciente. De las observaciones queda claro que la casa 5 es más reciente que la casa 3. Su fogón está superpuesto a la hilera de postes de la pared norte de la casa 3. Por lo demás, sólo con otros elementos de juicio es posible suponer cuales son las casas que corresponden cronológicamente a la casa 3 y a la casa 5. En los lugares de diferentes casas de la fase de ocupación más antigua de los grupos de casas III A y IV A se construyeron casas de la fase más reciente, (grupos de casas III B y IV B). Esto hace suponer que en la fase de ocupación más reciente existían disposiciones parecidas a las de la más antigua. Suponiendo esto, las casas 5, 7 y 11 de la fase de ocupación más reciente deben haber sido contemporáneas formando partes de un grupo de casas III B, ya que estaban superpuestas a las casas 6, 10 y 12 del grupo de casas más antiguo III A. Estas casas limitaban al sur, al oeste y al noroeste un área, que se hallaba situada similarmente a la del grupo de casas III A, abierta en dirección al conjunto principal de plataformas.

La casa 23 podría haber pertenecido a este grupo como prolongación del límite sur. Por su orientación corresponde a la fase de ocupación más reciente, y por su ubicación no debería ser contemporánea de las casas 9, 3 y 13 (que pertenecen al grupo de casas III B 1) sino del grupo III B 2. En analogía con el grupo III B 1, este último formaba también aproximadamente una disposición en U abierta hacia el noreste. Las casas al este del grupo III B 1/2, 15 y 21 formaban entonces parte de un grupo IV B que reemplazó al grupo IV A del asentamiento más antiguo, el cual tiene una disposición semejante. Fuera del área excavada, probablemente al norte o al este de las casas 15 y 21, se encontraba otra casa que delimitaba el área que está delante de las casas.

La interpretación propuesta sobre las evidencias documentadas parte del supuesto de que la distribución de las casas dentro de los grupos de casas era parecida en ambas fases de ocupación, y de que entre los grupos de casas III A/VI A y III B 1/2 y IV B existía cierta continuidad. Hay que mencionar, sin embargo, que después del abandono del grupo de casas III A y antes de establecerse el grupo de casas III B 2 (parecido a ese grupo respecto a su disposición) existía el grupo de casas III B 1, que estaba desplazado algo hacia el norte. Esta posición cronológica del grupo de casas III B 1 después del abandono del grupo III A, y antes de establecer el grupo III B 2 se puede demostrar por las superposiciones. El fogón de la casa 3 (III B 1) está superpuesto a la hilera de postes de la pared norte de la casa 6 (grupo III A). El fogón de la casa 5 (grupo III B 2) está superpuesto a la hilera de postes de la pared sur de la casa 3 (grupo III B 1).

Las plantas de los grupos III B 1 y III B 2 se dibujan en la terraza, la cual, a juzgar por la orientación de sus muros de contención que corren en ángulos, ya había sido construida en la fase de ocupación más antigua. Al pie de esta terraza estaban agrupadas las casas del grupo V A, que tenían sólo un cuarto, y una sola casa de varios cuartos (20). A esta casa estaba superpuesta otra algo más grande de la misma forma y subdivisión del interior (casa 25). Al oeste de esta casa se encontraban en forma escalonada las dos casas de un cuarto 17 y 19. Del mismo modo que en la fase de ocupación más antigua, en este lugar a partir de las casas de uno y de varios cuartos no se podía deducir un grupo de casas claro y coherente. En la fase de ocupación más reciente las casas más pequeñas difieren en su orientación ligero pero claramente de la casa grande 25; sus paredes estaba muy cerca unas de las otras pero no eran totalmente paralelas. Esta pequeña diferencia indica posiblemente que no existían al mismo tiempo, o sea que pertenecían a fases de construcción diferentes.

Como ya mencionamos anteriormente (desarrollo de la excavación v. p. 167), los cuadrángulos II/III F, que siguen al sur, fueron alterados por vehículos de construcción. Seguramente no es casualidad que en este lugar sólo haya hileras de postes de casas del asentamiento más antiguo, aparte de la esquina de una casa del grupo de orientación más reciente.

Más al sur, en el cuadrángulo II G, se encontraba la casa grande 29 de varios cuartos, cuyas hileras de coloraciones y fosos de postes se cortan con las plantas de tres casas de un cuarto del asentamiento más antiguo (grupo de casas V A). La casa 29 formaba el grupo V B junto con la casa delantera 31 situada al suroeste que tenía sólo un cuarto. Ambas casas delimitaban un área abierta al norte y al oeste. Otra casa de este grupo probablemente se encuentra más al sur, fuera del área excavada. Tal plaza se abriría hacia el este, porque en su lado oriental, en las trincheras de los cuadrángulos II H y I I no se encontró ninguna colocación de postes de la fase de ocupación más reciente.

En la fase más antigua, el límite noreste del asentamiento estaba relacionado con el conjunto principal de plataformas. La pared norte de la casa más septentrional estaba alineada con el borde norte de la Huaca Antigua. En la fase de ocupación más reciente la orientación se apartaba mucho menos de norte. Por lo tanto, había que transponer más hacia el norte el extremo noreste del asentamiento más reciente si se quería conseguir que la pared norte de la casa más septentrional también en esta fase estuviera alineada con el lado norte del complejo de plataformas. Esto sucedió efectivamente (*lam. 169*). Aproximadamente 8 ms más al norte, a una distancia de unos 15 ms de la casa 156, que es la casa más septentrional del asentamiento más antiguo, se construyó en la fase más reciente la casa 167. Se encuentra en el límite este del cuadrángulo más boreal excavado. Por lo tanto, no puede decirse con certeza si esta casa se encontraba en posición aislada. Sin embargo, en toda el área de los cuadrángulos excavados al sur y suroeste de la casa 167 no se encuentran huellas que indiquen la presencia de otras casas, ni de la fase de ocupación más antigua ni de la más reciente. Delante de la casa 167 se extiende hasta dentro del cuadrángulo XVII Z, que sigue al sur, un área con declive muy suave sin ningún resto de construcciones. En este lugar parece que se encontraban originalmente plazas aterrazadas cuyos muros de contención meridionales se reflejan en dos hileras de postes que atraviesan el cuadrángulo XVII Z a una distancia unos 10 ms y 13 ms de la casa 167. La casa 167 se encontraba, por consiguiente, en un lugar destacado, y quizás no sea casualidad que se encuentre aproximadamente en la alineación de la pared este de esta casa el lado este de la pequeña plataforma Huaca Chica situada más al sur.

Se puede definir un grupo de casas VI B que se encuentra al suroeste de la casa 167. Está superpuesto a partes del grupo VI A del asentamiento más antiguo y se compone de las casas 161, 163 y 165, que delimitaban un área den forma de U abierta hacia el sur y es semejante al complejo más antiguo, también con respecto a la terraza que limita la plaza. Esta terraza terminaba algo más al sur en una construcción de postes, doblaba como el pequeño muro dentro de la pared este de la casa occidental (165) hacia el este-sureste , atravesaba casi todo el cuadrángulo XV A y cerca del límite del cuadrangulo doblaba otra vez hacia el norte. El grupo de casas VI B estaba compuesto por casas grandes cuadradas, la más oriental de las cuales tenía un cuarto contiguo. La plaza que se encuentra al sur delante del área aterrazada estaba delimitada en ambas fases de ocupación; sin embargo, únicamente en el lado oeste se reconoce una hilera de postes de la fase de ocupación más reciente. Esta hilera corría a una distancia de aprox. 1 m al oeste de la construcción de postes que sostenía la terraza.

Al sur de la plaza el grupo de casas VII B está superpuesto al grupo VII A. La distribución en forma de U y el tamaño de las casas de este grupo corresponden a los del asentamiento mas antiguo. Ambos se abrían hacia el sur donde estaba la Huaca Chica. La casa grande de varios cuartos 144 había sido reemplazada por la casa de dos cuartos 153. Además están superpuestas casas similares de diferente orientación (la casa 159 a la casa 152, la casa 157 a la casa 150). Evidentemente en ambas fases el mismo muro de contención sostenía la plaza hacia el sur.

Debido a que sólo la casa 151 del grupo VIII B (que está superpuesto al grupo VIII A de la fase de ocupación más antigua) se encontraba en el área del cuadrángulo excavado, no se puede decir nada de la disposición de las casas en la fase de ocupación más reciente en esta área.

Las huellas del grupo de casas IX B debajo de la plaza aterrazada del grupo VII B son más esclarecedoras. La casa rectangular 155 delimitaba un área abierta de la fase de ocupación más reciente al norte de la Huaca Chica. Su borde este está indicado por una fila de postes alineada con la pared oriental de la casa 155. Comienza a una distancia de 1,5 ms de la esquina sureste de la casa y puede seguirse hasta la pared norte de la Huaca Chica. El límite sur del área abierta estaba formado por el frente norte de la Huaca Chica. En su continuación occidental se encontraba la pared norte de la casa 147 que sólo se dibuja parcialmente en la superficie. La gran casa 149 delimitaba el área abierta al noroeste. Su pared sur corría aproximadamente en la misma alineación que la pared sur de la casa 155. La plaza del grupo de casas IX B, que está delimitada en forma de U, por un lado se abría hacia el oeste donde estaba el gran conjunto de plataformas. La pared exterior septentrional de la pequeña plataforma Huaca Chica servía de delimitación sur de este plaza. Por otro lado, las casas se agrupan alrededor de la esquina noroeste de la Huaca Chica. Esto último corresponde también el principio de estructuración del grupo IX A en la fase de ocupación más antigua en esta área.

En la fase de ocupación más reciente también se diferencia fuertemente la disposición de las casas superpuestas al grupo X A de la fase más antigua. Similarmente sólo se conserva la posición y la forma de la construcción que sucedío a la casa grande de varios cuartos 54, es decir, la casa 51. La casa subdividida cuadrada 56 fue reemplazada por la casa rectangular de dos cuartos 53, que estaba orientada de norte a sur y en parte superpuesta. Además pertenece a este grupo de casas X B la casa rectangular 55 (ubicada al sur de la casa 53), y otra casa 59 al sur, delante de ésta, de la cual se ha conservado poco más que el fogón en el límite oeste del cuadrángulo XII C. Las casas 53, 55 y 59 rodean una plaza orientada hacia el edificio principal del asentamiento más reciente, el cual se extendía en el lado oeste de la casa 53 hasta delante de la casa 51, y que se encontraba a un nivel más bajo que los pisos de las casas 51, 53, 55 y 59.

Al sur de la casa 55 se encontraba la casa más grande del grupo de orientación más reciente, la casa 57. Estaba ubicada a una distancia de unos 6 ms al oeste de la Huaca Chica y formaba junto con las casas 61, 63 y 67 el grupo de casas XI B. Estas casas se agrupaban delante de la parte suroeste de la Huaca Chica – la cual se había ampliado hacia el sur en el contexto de la fase de ocupación más reciente – y delimitaban el área abierta delante de ésta.

En la superficie excavada se observaban solamente huellas de la mitad sur de la casa 63. La parte norte se extendía probablemente muy al norte hacia la ladera hasta la esquina sureste de la casa 61. El área al suroeste que está delimitada por estas dos casas en sus lados norte y este, estaba sostenida por un pequeño muro de contención en la segunda fase de ocupación. Este muro atravesaba una gran casa rectangular de la fase de ocupación más antigua (casa 70). La plaza, que está delimitada y sostenida de esta forma, se abría hacia el sur y el oeste y se ensanchaba en un nivel algo más alto hacia el norte, donde estaba delimitada por la pared sur de la casa 57. Esta pared terminaba al oeste alineada con el muro de contención mencionado.

Al sur de la terraza se encontraban la casa 65 y el cuarto hundido, los cuales formaban probablemente el grupo de casas XIII B (?). El cuarto hundido estaba al suroeste de la casa 65 y también al pie del muro de contención, y cortaba la casa 70 que correspondía al grupo de orientación más antiguo. Cerca de las dos casas no se encuentran casas de varios cuartos, excepto la casa 69 que sucedió a la casa 74 de varios cuartos. La casa 69 se encontraba, sin embargo, a un nivel considerablemente más bajo al suroeste de la casa 65, y por eso no es probable que haya pertenecido a este grupo. Al este del cuarto hundido seguía directamente la terraza delantera de la Huaca Chica; al oeste el terreno desciende bruscamente hacia la línea de erosión entre esta parte del asentamiento y el complejo principal de plataformas y terrazas. Parece que la casa 65 y el cuarto hundido delimitaban un área abierta hacia el sur. Su parte norte formaba el muro de contención.

En el lado oriental de la terraza delantera de la Huaca Chica se encontraban dentro de los cuadrángulos excavados las casas 93 y 95. En el oeste sólo se excavó la casa 67 . Las casas 93 y 95 del grupo XII B situadas al este estaban superpuestas a las casas rectangulares del grupo XII A de la fase de ocupación más antigua, y delimitaban como éstas una plaza abierta hacia el norte y oeste, es decir hacia la Huaca Chica y el complejo principal. Posiblemente se extendía en la fase de ocupación más reciente sobre toda la terraza hasta la casa 67, lo cual está indicado por el hecho de que las paredes norte de las casas 67 y

95 tienen aproximadamente la misma alineación. Desde la esquina sureste de la Huaca Chica corre una hilera de postes (según la orientación corresponde a la fase de ocupación más reciente). Atraviesa el piso de la casa 93, y, por lo tanto, parece pertenecer a una fase de construcción más reciente que el grupo de casas XII A. Parece que la terraza fue nuevamente reedificada en la fase de construcción más reciente (vea p. 288 s.).

Al pie de la esquina sureste de esta terraza grande delante de la Huaca Chica, se encontraron al sureste del cuarto hundido huellas de la casa rectangular 71, la cual posiblemente, como las otras casas agrupadas alrededor de la plaza grande inferior delante de la Huaca Chica, deben atribuirse a ésta. Sin embargo, el total de las evidencias al sur de esta plaza no ofrece un cuadro muy claro.

Las casas del grupo XIV B de la segunda fase de ocupación (73, 75 y 77) están superpuestas al gran grupo de casas XIV A, el cual está dispuesto en forma de una U doble, pertenece a la fase de ocupación más antigua y está ubicado en la parte oeste de la gran plaza abierta. La casa 75 está superpuesta a la parte suroeste de la gran casa de varios cuartos 78, y las casas 73 y 77 a las dos casas 76 y 80. Las dos últimas casas formaban las alas laterales de la pequeña disposición inscrita en forma de U del grupo de casas XIV A de la fase de ocupación más antigua. En la fase más reciente el gran grupo XIV A dispuesto en forma de una U doble, fue reemplazado por el grupo de casas XIV B. Este también se abría hacia el oeste en dirección al complejo principal de plataforma y terrazas y también estaba compuesto de casas dispuestas en forma de U.

Al sur del grupo XIV B se extendía una hilera de casas desplazadas hacia el sur, al parecer dispuestas en dos formas de U irregulares abiertas hacia el oeste. Las casas 81, 83 y 87 delimitaban el área abierta septentrional. Las casas 89 y 103, ubicadas a un nivel más bajo, rodeaban el área sin edificar que está al sur de la casa 87. A este grupo de casas XV B le seguía el grupo XVI B compuesto por las casas 103 y 105, que también se abría hacia el oeste y que estaba dispuesto en forma de U. La casa 105 seguía al este al borde de una terraza grande sostenida por postes. La plaza al oeste de la casa 105 se extendía hacia el noroeste hasta la pared sur de la casa 103. Probablemente se encuentran fuera de las áreas excavadas huellas de un límite suroeste.

El cuadro del asentamiento al oeste y al este del grupo de casas XV B no puede reconocerse claramente en base a las pocas evidencias observadas; la casa 91 situada al oeste, cerca del límite del área de excavación y encima de la linea de erosión, estaba superpuesta a la casa 94 del grupo de casas XV A. No se observaron otras huellas del grupo de orientación más reciente cerca de esta casa.

Los pocos huecos y fosos de postes al sur de la gran plaza abierta al este del grupo XV B indicaban entre otras cosas las plantas de dos casas grandes de varios cuartos (97 y 101). El total de evidencias dejaba entrever una relación con la gran plaza inferior delante de la Huaca Chica. Esto se deduce por la ubicación de la casa 101 en la esquina sureste de la plaza, y por la casa 97 en el centro delante del borde inferior meridional de esta plaza.

En la parte sureste del asentamiento de Montegrande se encuentran dos grandes construcciones circulares sobre terrazas. Delante de cada una de estas hay una terraza. La terraza superior tenía construcciones de casas mientras que en la inferior había una plaza abierta. La orientación de los pequeños muros de contención indica que estos conjuntos pertenecían al grupo de orientación más reciente. Básandonos en esta sucesión de plazas y en otras características tratamos estas grandes construcciones circulares elevadas en el contexto de los complejos de plataformas y terrazas, o sea en relación en la arquitectura monumental (vea p. 289). El complejo en el borde sureste del asentamiento se ha investigado en un área mucho más pequeña que aquel que se encuentra a poca distancia más al oeste. Por las superposiciones no cabe duda de que este último complejo es más reciente que la parte habitacional del asentamiento. El complejo estaba superpuesto a los grupos de casas XVII B y XVIII B.

El grupo XVII B está compuesto por las casas 107 y 109. La casa rectangular de un cuarto 107 se encontraba a una distancia de unos 4,5 ms al norte del centro, delante de la gran casa 109. En su parte oeste, una hilera de postes atraviesa la casa 109, esto indica que el límite oeste de la terraza correspondiente a la construcción circular atraviesa casa 109 en su parte oeste. El límite sur de esta terraza se encontraba a poca distancia al sur de la casa 109. No se puede decir con certeza si las huellas de una casa, que probablemente se encontraba al sureste y que, posiblemente, delimitaba el área abierta al este de las dos casas meridionales, fueron destruidas por los trabajos de nivelación al construirse la terraza, o debidos a las destrucciones recientes por los vehículos de construcción. Es de suponer que existía tal casa, porque también el grupo de casas XVIII B, que delimita aquella área al este, presenta una disposición en forma de L. Las áreas no edificadas delante de los grupos de casas se abren hacia el noreste donde se encuentra la pequeña plataforma Huaca Chica.

El grupo de casas XVIII B estaba compuesto por las casas 111, 113 y 115. En la medida en que los postes de la casa 111 – en el lado oeste – y la casa 113 – en el lado sur del área abierta del grupo XVIII B – estaban en el área del foso de postes ancho de la gran construcción circular, fueron reconocidos sólo después de excavar el foso ancho de postes. Este es el único indicio estratigráfico de la relación entre las casas y el complejo de la gran construcción circular. Las casas estaban construidas con pequeños espacios intermedios; la pared oeste de la casa 113 se encontraba en la misma alineación que la pared este de la casa 111. Ambas casas colindaban en el límite suroeste del área abierta de este grupo de casas.

La casa 117, cuyas coloraciones de postes se dibujaban debajo de restos del relleno de la plaza inferior delante del complejo de construcciones circulares, al parecer estaba aislada; no había más casas de un grupo correspondiente. Sobre la terraza de unos 7 ms de ancho, delante de la terraza de la construcción circular, existían casas, cuyos restos de fogones y coloraciones no permitieron entrever sus formas de planta, debido a las alteraciones causadas por los vehículos de construcción.

En contraste con esto, se puede reconocer la estructura de edificios de esta área en partes del grupo XIX B, que se encuentra en la terraza superior del otro complejo con construcción circular, en el límite sureste del asentamiento. Delante de las esquinas, al suroeste y sureste de la casa grande 123, cuya parte sureste se dibuja en hileras de postes, se encontraban el cuarto hundido 125 y la casa 121. Al sur de estas dos casas, el muro de contención de esta terraza probablemente sostenía el área abierta delantera al sur de la casa 123, que estaba delimitada al oeste y este por el cuarto 125 y la casa 121. Al norte de este grupo de casas XIX B se encontraba la construcción circular a una distancia de unos 12 ms de la pared sur de la casa 123. La ubicación de la casa principal de este grupo (casa 123) en la alineación perpendicular al muro de contención hacia el punto central de la construcción circular, hace suponer que el grupo de casas y esta construcción tampoco eran contemporáneos. Por otro lado, parece posible una relación entre la construcción circular y la casa 119. Esta última no integra el grupo de casas XIX B. Se encuentra a poca distancia al este de la casa 123. Por analogía con la situación en el otro complejo con edificio circular, es de suponer que el grupo de casas XIX B era más antiguo que este complejo de la construcción circular.

El grupo de casas XX B es el más grande de la segunda fase de ocupación. A diferencia de los otros grupos no lo integra ninguna casa de más de un cuarto. Las condiciones de conservación muy favorables (toda el área oeste de este grupo de casas está situada lateralmente a la dirección principal de la pendiente), comprueban la gran importancia de las áreas abiertas sin construir. De estas plazas dedujimos la estructuración del asentamiento por grupos de casas. Al pie del muro de contención, a veces desplazado, que está orientado de nor-noreste a sur-suroeste y enlucido cuidadosamente, se extienden patios escalonados y estrechos. Tenían pisos finos calcáreos. Al oeste de estas plazas y patios estaban alineadas casas de planta rectangular y de un cuarto, levemente elevadas y que tenían la misma orientación (127, 129, 131). Delante de la esquina suroeste del muro de contención que dobla en este lugar se encontraba otro patio rectangular sin edificaciones visibles; a éste seguía algo más al sur otra plaza (?) (sólo se ha excavado una pequeña área), que se encuentra a un nivel más bajo. Delante de la parte sur del muro de contención seguía otro patio estrecho. Este estaba escalonado a poca distancia de la esquina suroeste.

La única huella de la casa delantera 135 al sur de la terraza, es un foso de postes, arriba del escalonamiento, que indica la posición de la pared norte. Al sureste de éste, a una distancia algo mayor del muro de contención, se dibujaban los huecos de postes y restos de fogones de la casa cuadrada 133. Las plantas de todas estas casas se distribuían en forma de L en distintos niveles, alrededor de la terraza cercada por muros de contención.

En el extremo norte de la terraza se encontraba la hilera de las casas 139, 141, 143, perpendiculares a la terraza y de alineaciones distintas. Las dos últimas casas tenían un cuarto adicional. Tal vez las casas 137 y 145, que se encontraban en el área de la terraza delimitada de esta forma, existían contemporáneamente a las otras casas. No se observaron superposiciones. En ningún caso casas de la misma orientación están agrupadas alrededor de una pequeña área sin edificaciones. A la terraza conducía desde el estrecho patio al oeste una escalera relativamente bien conservada. En toda el área excavada del asentamiento no se encontró indicio alguno de este tipo de unión entre dos grupos de casas.

El patrón de construcción en este grupo de casas XX B difiere completamente de la distribución de casas en toda el área excavada de la fase de ocupación más reciente. En todas las demás áreas del asentamiento la disposición de las casas de diferente tamaño en forma de U salta a la vista. Con respecto a la ubicación y a la uniformidad del tamaño de las casas, se parecen sólo al grupo de casas V A de la fase de ocupación más antigua en la parte oeste del asentamiento. Pero en aquella parte la erosión y los vehículos de construcción han causado fuertes alteraciones.

Las construcciones circulares observadas no parecen estar en relación reconocible con la estructura que dedujimos para ambas fases del asentamiento . Sólo en un caso (construcción circular 1) se puede deducir con cierta probabilidad un contexto con el asentamiento. Las demás no son coetáneas. En parte están relacionadas con la arquitectura mayor (vea abajo p. 289).

El total de evidencias de las dos ocupaciones de Montegrande demuestra la gran importancia de las áreas sin edificaciones. Aparte de las plazas grandes al pie de las plataformas con terrazas delanteras edificadas, las plazas pequeñas eran de gran importancia. En parte están delimitadas por casas en forma de U. Las plazas pequeñas en buen estado de conservación y cuidadosamente acabadas se excavaron sólo en el grupo XX B. Un tercer tipo importante de áreas abiertas está caracterizado por fogones circulares que, en contraste con los fogones de las casas, muestran fuertes huellas de quema en el suelo (*lám. 127, 7-10*). No están ni revestidos de piedras ni enlucidos; están llenos de piedras reventadas por la acción del fuego y, por lo tanto, desbaratadas. Todos estos "sitios de combustión" se encuentran en lugares expuestos al fuerte viento que sopla durante el día de oeste hacia este, desde la fria superficie del Pacífico (corriente de Humboldt) hacia la tierra calentada. Este viento aumenta su velocidad en los estrechamientos de los valles que tienen forma de embudo. Cerca del límite oeste de la terraza del grupo sur XX B, se encuentra una concentración de estos "sitios de combustión", algunos también en otros lugares expuestos del asentamiento: así, por ejemplo, en el límite oeste de la terraza grande del edificio circular al sureste (cuadrángulo XI Y), en el área de la plaza rellenada, al sureste de la gran terraza en forma de L que se encuentra delante de plataforma principal (cuadrángulos XI C/D), al sureste de los grupos VII A/B, en el límite de la terraza al norte de la Huaca Chica, en la parte noreste del asentamiento (al norte de la casa 156) y en la parte inferior de la plaza entre los grupos de casas VI y VII A/B. Los fogones posiblemente servían para producir aquella ceniza blancuzca que se encuentra en los fogones revestidos y enlucidos de las casas, sobre todo en el área del complejo principal de plataformas. Tal hipótesis se impone, porque en estos últimos fogones no se encontraron huellas de calor que correspondieran al estado de combustión de esta ceniza. Los fogones con huellas tan intensas de quema en posición expuesta indican un tercer tipo de áreas abiertas.

En cada una de las fases de ocupación las casas están orientadas de manera uniforme. Predomina la distribución de casas de tamaño claramente diferenciado en forma de U alrededor de las plazas. Estas plazas están abiertas respectivamente hacia los dos conjuntos de plataformas. Frecuentemente están dispuestas de tal forma que delimitan plazas en forma de U a ambos lados de las casas. Sin embargo, existe también en ambas fases una disposición diferente: la agrupación alternada en nivel y alineación de casas de tamaño casi uniforme de un sólo cuarto cada una. No hay caminos; las plazas y posiblemente las escaleras subdividen el asentamiento y que comunican los grupos de casas.

LOS CONJUNTOS DE PLATAFORMAS

LAS PLATAFORMAS CENTRALES

La plaza abierta al sur, delante de la gran terraza en forma de "L"

Las excavaciones en los cuadrángulos V D, VI C/D/E, VII C/D/E/F, VIII D/E/F, IX D/E (*láms. 100; 101; 107; 108; 109; 112*) al sur de la terraza grande en forma de L que se encuentra delante de la plataforma mayor "Huaca Grande", se realizaron en la primera campaña de excavación. Los hallazgos parecían confirmar la opinión extendida entre los investigadores de que en los alrededores de las plataformas ceremoniales no había asentamientos extensos (vea pág. 158).

Aparte de algunas coloraciones de postes y concentraciones de carbón en esta área no había evidencias de edificación. Una excepción la representaban los cuadrángulos V D, VIII F y IX E (*láms. 107; 112*), en los cuales aumentaba considerablemente la densidad de los huecos de postes. Pero en este lugar también faltaban hallazgos y evidencias de fogones. Toda la superficie delante de la terraza grande, es decir, un área de más de 40 ms de ancho, presentaba a lo largo de 20 ms hacia el sur sólo un declive muy reducido. Esta es la terraza más grande en la parte norte de la Meseta, aparte del área superior que está situada directamente delante de la plataforma. Sólo en los cuadrángulos VII C y VIII D se pudieron observar restos de piso enlucido en una faja estrecha de hasta 2 ms de ancho, debajo de los escombros del grueso muro doble de la terraza en forma de "L" (*láms. 101.1; 108*). En este piso se habían hundido postes a una distancia de aproximadamente 1 m del muro separadas entre sí por un metro. En la esquina noroeste del cuadrángulo VIII D (*lám. 108*) estaba hundido uno de estos huecos de postes en el relleno de un canal de deslave (de un ancho de 0,5 m a 2 ms y una profundidad de hasta 25 cms). A este canal estaba superpuesto el muro doble, que sostiene la terraza ladera arriba. Este canal de erosión se puede seguir hasta la esquina oeste entre los cuadrángulos VII D y E. La posición de las piedras, colocadas perpendicularmente al declive dentro del material gris y polvoroso del relleno, indicaba que este canal se había rellenado cuidadosamente, antes de poner los postes. Como la hilera de postes, evidentemente, está relacionada con el muro doble, puede suponerse que la terraza inferior fue utilizada al mismo tiempo que la superior en forma de L. En los cuadrángulos VII C/D/E, VIII D/E/F y IX D, así como en la parte este del cuadrángulo V D (*láms. 107; 108; 109.1; 112*), el suelo de color amarillo rojizo estaba atravesado por las características grietas poligonales irregulares de lo cual se puede deducir que había un relleno artificial. En parte, sobre todo hacia el sur – (la parte sur de los cuadrángulos VII/VII E) y en el área del límite este (el cuadrángulo IX E y la parte oeste del cuadrángulo VIII F; *lám. 112*) – se distinguía una componente lítica, que era indicio de que los rellenos superpuestos se habían erosionado. En el cuadrángulo VIII D, a una distancia de unos 3 ms del extremo este del muro doble, se distinguían dos coloraciones de postes en el área que se encuentra al sur delante del muro, debajo del piso contiguo al enlucido del muro. Éstas son partes de una hilera regular de postes que están alineados según la orientación primera (más antigua), y, que se continúa en los cuadrángulos VIII E y VII F aproximadamente 23 ms en dirección sur. A una distancia 2 ms al oeste, en el cuadrángulo VIII D corría otra hilera de postes paralela a la anterior. Su huella se perdió a una distancia aproximada de 9,5 ms del muro. Las dos hileras de postes formaban posiblemente en épocas distintas el límite este de un área sin edificaciones.

A una distancia aproximada de 1 m al oeste del límite exterior de postes y a una distancia de aproximadamente al sur 20 ms del muro doble en el cuadrángulo VII F, una capa de guijarros finos y sueltos de color gris, cuyo espesor varía considerablemente, cubre la superficie de 22 ms de largo. Su límite sur es irregular y continúa en la parte oeste del cuadrángulo hasta los límites de la excavación. El límite oeste de esta estratificación forma una linea recta que corre paralelamente a la hilera de postes. Parece que el borde de esta estratificación en el lado norte, a pesar de que forma una linea algo curva, tampoco se ha originado casualmente. Se puede reconocer claramente en toda su longitud en los cuadrángulos V E, VI E y VII E y F. En el cuadrángulo VII E ya se pudo reconocer en el primer nivel, que la gran linea de erosión terminaba en esta estratificación. Bajando a capas más profundas resultó que las piedras del relleno en este canal de deslave se concentraban mucho más, y, que, paralelamente al límite de la capa gris la linea de erosión estaba rellenada con bloques grandes. Los bloques terminaban en una linea que, evidentemente, correspondía a la posición original del límite norte de la estratificación guijarrosa de color gris. Esta alineación corresponde a la primera fase de ocupación. Inmediatamente al norte de la capa gris-guijarrosa se encontraba una faja irregular de mortero de barro, interrumpido por y mezclado con material erosivo. En los perfiles de pozos de huaqueros del gran muro doble en el extremo norte del área sin edificaciones, llama la atención que, entre las dos partes del muro doble, se haya introducido también un material gris de guijarros finos y sueltos, que no difiere en su constitución del material que forma la estratificación en el borde sur de la terraza no edificada.

Todas estas evidencias vistas en conjunto se pueden interpretar en el sentido de que en este lugar existía un muro de la primera orientación que delimitaba en el lado sur un área aterrazada sin edificaciones. Esta interpretación está apoyada por la existencia de la capa gris de guijarros y por el cambio de la forma del terreno – el terreno asciende actualmente al otro lado en dirección norte hasta el muro grande con una inclinación de aproximadamente 3,8°, en los 10 ms que siguen al sur la inclinación es de 9° (*véase anexo 1; 2*). La faja de mortero de barro probablemente es el resto del muro que, evidentemente, ha sido saqueado. Las piedras probablemente se han utilizado nuevamente. En parte cubiertos por las estribaciones occidentales de la capa de guijarros grises "relleno del muro" se encontraron en el cuadrángulo V E, dentro de una conglomeración de piedras, carbón y ceniza, el fragmento de un mortero de excelente calidad, cuatro cantos rodados del río y fragmentos de huesos. Evidentemente se trata de una ofrenda que está relacionada con la construcción de este muro.

Las huellas del relleno del muro se pierden en la parte noreste del cuadrángulo V D. Sólo pequeñas manchas con material parecido se encuentran en el declive del terreno dentro de la linea de erosión que atraviesa la parte suroeste del cuadrángulo V D (*lám. 107*), y que forma un límite natural entre el área de las terrazas delante de la plataforma y de la parte oeste del asentamiento. Originalmente el muro continuaba en dirección oeste hasta dentro de esta área, es decir, en la fase de ocupación antigua la plaza se extendía más hacia el oeste hasta dentro de aquella área que está destruida por la linea de erosión. El eje central de la plaza probablemente correspondía en esta fase al eje central de la escalera entre ambas terrazas. Su límite oeste fue descubierto cuando se excavó en el cuadrángulo VII C detrás del gran muro doble (*lám. 101.1*). Se encuentra en la misma alineación que el límite oeste de la escalera que conduce a la terraza y que en esta fase sigue algo más al norte. El límite este de la escalera de esta fase tiene que estar alineada con el borde este de la última escalera. Aunque no se la ha excavado porque en el cuadrángulo VII C en este lugar se ha dejado un testigo estratigrafico, sin embargo, los escalones de la escalera no continúan al este de este testigo. El borde este, por lo tanto, se encuentra en el área del testigo y debe estar aproximadamente en la alineación del borde este de la escalera de una terraza que se halla más al norte. El eje central de la terraza de la primera orientación se encuentra a una distancia de aproximadamente 15,5 ms de la hilera de postes oriental de la plaza inferior. Casi a la misma distancia del eje central se encontraba (en la parte oeste del cuadrángulo V D) otra hilera de postes correspondiente a la ya mencionada. Esta se halla en el declive del terreno dentro de la linea de erosión, por lo tanto, se la pudo observar sólo fragmentariamente. En la alineación de esta hilera de postes en la terraza grande se encuentra una colocación de postes que también está interrumpida por la erosión delante de la plataforma, y, que, evidentemente, forma el borde oeste de esta terraza plana de la primera orientación. Esto sugiere una relación entre la gran terraza y la plaza abierta inferior que se encuentra delante de ésta. Esta suposición está confirmada por la observación de que el límite este de la plaza tiene una continuación en la terraza en forma de "L" (*láms. 108; 103*). Ésta forma aquí el límite oeste de un corredor de acceso que antes de erigirse la construcción circular 212 in los cuadrángulos IX C/D conducía a la gran terraza en forma de "L". En su lado este está delimitado por hileras de postes. Restos de un escalón, que corresponde a este acceso, fueron observados en el cuadrángulo IX C (*lám. 103*).

De los numerosos huecos de postes en el suelo estéril de color rojizo en el borde oeste de la terraza inferior abierta (en el cuadrángulo V D; *lám. 107*), no pueden reconocerse alineaciones. Pero parece ser importante que las coloraciones en la parte este del cuadrángulo falten por entero. Aquí se encuentran en el suelo aquellas grietas poligonales irregulares que, a menudo, se presentan en áreas rellenadas. Estos también se encuentran en los otros cuadrángulos, en donde se observó la existencia de la gran plaza. Parece que el límite entre el área con coloraciones y la de relleno corresponde a la segunda orientación. Pero no es seguro que en este lugar se encuentre el límite oeste de la plaza en la fase de ocupación correspondiente, porque el extremo del muro doble de esta fase se encuentra aproximadamente 2,5 ms más al oeste. Otro indicio de que la plaza también tenía importancia para las construcciones de la segunda orientación (la más reciente), es un hueco de poste enorme que se encuentra en la alineación del eje central de la escalera que conduce al muro doble, a una distancia aproximada de 12,5 ms al sur de éste. Se halla en el centro delante de este gran muro de la segunda orientación en el límite noroeste del cuadrángulo VII E. Tampoco hay indicios claros de la ubicación del límite este de la plaza en esta época. Probablemente se encuentra en el lugar donde la hilera de postes indica el límite de la plaza de la primera orientación. Más al este y sureste, en los cuadrángulos IX E y VIII F (*lám. 112*) se hallan otra vez numerosos huecos de postes, pero no se observaron hileras a partir de las cuales se pudieran reconstruir claramente plantas de casas. En el cuadrángulo IX E se puede distinguir una hilera de postes de la segunda orientación. La hilera continúa en el cuadrángulo IX D (que sigue al norte) hasta aquel muro de contención que forma la continuación oriental del gran muro doble (*lám. 109,1*). En el cuadrángulo VIII F se encontraron diversas hileras de postes que, en parte, están dispuestas reciprocamente en angulo recto (*lám. 112*).

La falta total de fogones y de vestigios de piso, así como la falta de hallazgos en este cuadrángulo, puede interpretarse en analogía con la situación en el cuadrángulo XI L (*lám. 52*). En este cuadrángulo el análisis de la situación general es más facil, porque aquí se había construido un complejo de terraza principal, plaza delantera y plaza inferior abierta encima de casas de las dos orientaciones. La planta de la casa 117 en el cuadrángulo XI L, situada claramente en el área de una plaza rellenada, puede reconocerse por la disposición de los postes. Pero igual que en el cuadrángulo VIII F no se observaron indicios de fogones o pisos, y la falta de hallazgos salta a la vista. Como se desprende de los dibujos de los distintos niveles, la casa 117 fue derrumbada para construir la plaza. El relleno de la plaza cubre en el nivel superior partes de los huecos de postes. Lo mismo sucedió también evidentemente en el área del cuadrángulo VIII F (*lám. 112*). En éste en las dos fases de ocupación existían casas que fueron derrumbadas completamente cuando se ensanchó la plaza. Su límite este se encontraba después de este ensanchamiento en la alineación de aquella fila de postes de la segunda orientación, que pudo documentarse sólo más al norte (en los cuadrángulos IX D y IX E).

La plaza inferior sin construir delante de la terraza grande en forma de "L" fue utilizada en ambas fases de ocupación. En la fase antigua puede demostrarse una vinculación de simétrica entre esta plaza y una secuencia de escaleras y terrazas ubicadas al norte. Además hay un acceso entre el borde oriental de la plaza y la terraza subsiguiente; existen huellas de un muro de contención al sur de la plaza y delimitaciones al este y oeste de la plaza, todo correspondiente a la fase de ocupación antigua. En la fase más reciente se encuentra un hueco de poste grande en el eje central de una nueva escalera al norte. En la parte sur la plaza está enmarcada por casas en sus lados oriental y occidental. En una fase de construcción más reciente estas casas fueron derrumbadas y se amplió la plaza. En esta fase ya no existe una disposición simétrica de la plaza en relación con las demás construcciones arriba en dirección al norte; su límite sur no fue adaptado a la nueva orientación (*lám. 169*).

También al este un muro doble de aproximadamente 2 ms de ancho delimita la gran terraza en forma de „L" (*láms. 99; 105; 106, 110*). Con el enlucido en el lado oeste del valle se conecta un piso a una profundidad de 1,5 ms. Se ha conservado (en el segundo nivel de los cuadrángulos X D y X C), parcialmente delante del lado sur del muro (*lám. 110*) y casi por completo al este (en un ancho de hasta 1,10 ms). Más al este se dibujan fragmentos de piso y los restos de la capa marrón-amarilla que se encuentra directamente debajo del piso (*láms. 105; 106; 110*). En esta área los escombros de mortero de barro y los bloques de piedras del gran muro de contención servían de protección. No cabe duda de que este relleno estaba cubierto por un piso, y de que en este lugar al pie del gran muro doble se extendía un área sin edificaciones, ya en el límite del área que está cubierta por la capa de color marrón-amarillo se encontraron fogones circulares. Estos fogones estaban rellenos de carbón y de piedras reventadas por el fuego, cuyos cantos mostraban los efectos del intenso calor (*lám. 106*). Dos de esos "sitios de combustión" están en el borde de la capa marrón-amarillenta que continúa debajo del piso, es decir, habían sido hundidos en esa capa, por lo cual son de la misma época. Al suroeste de ambos fogones se encuentran los restos de otro fogón más grande del mismo tipo. En analogía con lo que sucede alrededor de "sitios de combustión" de este tipo en todo el asentamiento, puede inferirse la existencia de un área sin edificar que lo rodea. Considerando la distribución de la piedras grandes en la supferficie de las líneas de erosión (*láms. 99; 106; 111*) salta a la vista que no están orientadas según el declive, sino que se encuentran en la mayoría de los casos perpendicularmente al declive. Por lo tanto no pueden interpretarse como partes provenientes de un derrumbe; sino como piedras que se encontraban en este lugar desde que se construyó la plaza. No es difícil separar los escombros del gran muro doble de este material de relleno.

Otra evidencia de que la línea de erosión estaba rellenada en este lugar se observa en los cuadrángulos X/XI C/D (*láms. 105; 106; 110; 111*). En el nivel más inferior del cuadrángulo XI D (*lám. 111*) y ante todo en la parte más profunda de las líneas de erosión es donde esto salta más claramente a la vista, porque en este lugar la posición de las piedras indica un relleno intencional. Esta impresión se intensifica cuando se considera el segundo nivel del cuadrángulo XI C que sigue al noreste, donde la capa marrón-amarilla todavía es visible a una distancia de 5 ms del muro (*lám. 106*). A una distancia de aproximadamente 5 ms al norte de la esquina sureste del muro oriental de la terraza, un muro de contensión atraviesa la línea de erosión (*láms. 110; 111*). La colocación de bloques en su base se encontró a lo largo de más de 10 ms en el segundo nivel, debajo de una capa marrón de material erosivo. Los bloques se encuentran algo dislocados. Restos del enlucido del muro se dibujan en manchas erosionadas. Se puede reconstruir el frente sur original, parece que pertenece a la primera orientación. Los bloques del lado oeste están algo dislocados en dirección sur debido a la erosión. Al norte del muro de contención en la parte noreste del cuadrángulo X D (*lám. 110*) se encontraron capas de arcilla clara, que están mezcladas con grandes manchas de ceniza y material rojizo de grano fino, cuya estructura de superficie – grietas irregulares octogonales – indican un relleno. El cuadrángulo está alterado por una erosión que se encuentra a una distancia de aproximadamente 2 ms del gran muro doble. Otros deslaves más profundos alteran la situatión en los cuadrángulos XI C y D que siguen más al este y al noreste (*láms. 106; 111*). La línea de erosión alcanza su área más profunda a una distancia aproximada de 7 ms del gran muro doble. Allí un deslave de un ancho de entre 1,5 ms y 2,5 ms se encuentra hasta 70 cms debajo del piso enlucido en la base del muro. Más allá el terreno vuelve a ascender ligeramente para descender 5 ms después a otra línea de erosión que ha destruido partes de un piso enlucido, que se distingue claramente en los cuadrángulos XII C y XII D (*láms. 21; 23*) a pesar de las fuertes destrucciones. El área de los bordes de este piso se ha conservado en los cuadrángulos XII C/D a lo largo de aproximadamente 16 ms y un ancho de hasta 1,5 ms. Igual que el piso enlucido delante del muro grande en el lado oeste de la plaza esta área presenta un ligero declive. La semejanza del nivel de ambas fragmentos enlucidos (diferencia máxima unos 25 cms a una distancia de aproximadamente 18 ms) hace suponer que los dos partes del piso son áreas laterales de un mismo piso. Mientras que el gran muro doble que forma el límite al oeste, igual que el muro de contención corresponden a la primera orientación, su borde superior corresponde a la segunda. En el sur del cuadrángulo XI D (*lám. 111*) partes de este muro se encuentran debajo de fragmentos de un piso enlucido. Este piso se ha conservado por encontrarse entre las dos líneas de erosión, por lo tanto es probable que hayan existido dos pisos superpuestos de la plaza. El piso de la plaza que corresponde al muro de contención fue destruido al final de la primera fase de ocupación (evidentemente por las lluvias). Al sur del muro de contención se encontraron densas concentraciones de piedras que se hallaron al este, donde el terreno sube, hasta el gran muro de contención, debajo de una estratificación rojiza encima de material gris arcilloso. Este material es el resto de un piso que cubría tanto el muro de contención como el relleno que sigue hacia el sur. Sólo una pequeña parte del relleno rojizo se encuentra dentro de los cuadrángulos excavados. Sin embargo, de estos indicios se puede deducir que la plaza se extendía en la fase de ocupación más reciente más al sur del muro de contención de la fase antigua. El límite oriental en la fase más antigua no puede reconocerse. El de la fase más reciente consiste en el límite oriental del fragmento grande de piso enlucido mencionado.

Respecto al límite norte de las plazas de las dos fases hay que mencionar fragmentos de piso enlucido al suroeste del cuadrángulo XII B (*lám. 19*), al pie del promontorio sobre el cual estaban las casas de varios cuartos 51 y 54 de las dos fases de ocupación. Estos fragmentos se encontraron al pie de un muro de contención de la primera orientacion, que apoya las partes meridionales de las casas y que sólo se puede reconstruir en base a la ubicación de algunos bloques grandes que se hallan en la misma alineación. Este forma a la vez el límite norte de la parte este de la gran área del piso dentro de la línea de erosión. La esquina noreste de la plaza (cuadrángulo XII C; *lám. 21*) está alterado por deslaves y líneas de erosión.

Se pudo descubrir la continuación de las partes enlucidas del piso en el lado oeste del promontorio, al noroeste del cuadrángulo XII B (*lám. 19*) hasta su borde norte y hasta la línea de erosión que está en su esquina noroeste. Esta continuación indica que la plaza seguía al noroeste y que se podía llegar a la terraza grande en forma de "L" subiendo la rampa. Es de suponer que la gran área al oeste del muro doble efectivamente era una plaza abierta. Por un lado indican esto los fogones mencionados al oeste del muro doble, que son característicos de patios sin edificaciones. Por otro lado, no hay ninguna evidencia de construcciones en toda esta área grande (30 ms a 25 ms x 18 ms a 16 ms) excepto una hilera de postes de la segunda orientación en los cuadrángulos XI C y algunos huecos de postes dispersos en la parte sureste del cuadrángulo XI D, cerca del muro de contención de la primera fase de ocupación. Esto difícilmente puede explicarse sólo por la erosión.

Los "sitios de combustión" demuestran que toda esta área dentro de la línea de erosión al este de la gran terraza en forma de L era una plaza sin construir. Esta fue utilizada en ambas fases de ocupación. Se pueden reconocer los rellenos y fragmentos de piso correspondientes. Su borde occidental lo forma en ambas fases de ocupación (vea pág. 252) el muro doble que sostenía la terraza en forma de "L" en el lado este. Se puede reconocer en el borde dc un piso el límite oriental de la plaza durante la fase más reciente. Se encontraron fragmentos del piso de la superficie de la plaza correspondiente a la fase más antigua a una distancia de hasta 16 ms del borde occidental de la plaza. En esta fase la plaza parece haber sido más estrecha que en la segunda fase. Su largo también era mayor en la fase de ocupación más reciente: el borde sur se encuentra ahora más allá de un muro de contención enlucido de la fase antigua situado más abajo. En el noreste la plaza terminaba en ambas fases de ocupación en un muro de contención de la fase antigua. Al noroeste se extendía más allá de la alineación de este muro delante de una rampa que conduce a la gran terraza en forma de "L".

La gran terraza en forma de "L"

En los cuadrángulos VI/VII C y VIII C/D se dibuja una hilera de piedras en la superficie arriba de la plaza abierta. En los trabajos de limpieza se descubrieron escombros de un muro (*láms. 122 - 123,2*). Las piedras de este muro caído se extienden a lo largo de un desnivel en el terreno debajo de la hilera de piedras. Se trata de los restos de un muro doble que tiene entre 1,6 ms y 1,9 ms de ancho y 32,5 ms de largo (*láms. 100,1; 102; 108; 109,1*). Las dos caras del muro están compuestas por bloques regulares, pero no labrados, que están colocados en mortero de barro y que se han conservado en el lado orientado hacia el valle hasta una altura de 3 hiladas (*lám. 122 - 123,1*). Entre estas hileras de bloques grandes hay en parte hiladas de piedras pequeñas en el mortero para reforzar la construcción. Contribuyeron considerablemente a la destrucción varios pozos de huaqueros. En los perfiles de estos últimos puede verse que el relleno del muro en la parte inferior consiste en cascajo fino arcilloso y en la parte superior en piedras de tamaño medio. Al muro le sigue en el lado de la ladera el piso de la terraza. Este se conecta con el enlucido de los bloques. El muro descansa sobre una capa gris arcillosa, en la cual en algunos lugares se dibujan manchas fuertemente quemadas, reconocibles delante del muro. No se observaron fundamentos. Las grandes cantidades de escombros en el lado que está orientado hacia el valle, son indicios de que el muro originalmente se levantaba considerablemente sobre el nivel de la terraza, y que en el lado del valle tenía una altura mayor que los 80 cms que se han conservado. Aproximadamente delante del centro del muro, a lo largo de unos 2 ms, se encontró sólo una cantidad pequeña de escombros (*lám. 122 - 123,2*). En esta área se excavaron hiladas de piedras dispuestas horizontalmente que eran los restos de una escalera de 3 peldaños, a la cual tiene que haber correspondido un vacío en el muro que se encuentra encima de la terraza. En las partes exteriores de estas piedras se observaron restos de enlucido que continuaban en un piso al sur del muro. En este lugar, y en dibujos de perfiles de testigos que se han dejado en los cuadrángulos VI C y VIII D perpendiculares al muro, se pudieron documentar restos de una capa de enlucido doble que cubría a éste. La capa interior del enlucido era de material de grano más grueso, la exterior de desgrasante fino y bien acabado. La capa de enlucido continúa en un piso gris conservado parcialmente debajo de los escombros que se encontraban delante del muro.

En el cuadrángulo VI C, se encontró cerca del muro debajo de material erosivo un cuenco carenado invertido con aplicaciones incisas (*lám. 132,7*). Los bloques del muro, cuya hilada superior en este lugar era fragmentaria, se encontraban inmediatamente al lado del recipiente, de tal forma, que los escombros sobrepuestos no lo habían destruido. Una losa de los escombros del muro en este cuadrángulo muestra una decoración en relieve. En su superficie fuertemente erosionada están representadas en proyección vertical dos cabezas de serpientes entrelazadas (*lám. 132,6*). De los restos de mortero que se conservaron en la superficie de la losa se deduce que este relieve se encontraba en el lado interior del muro, lo cual indica un uso secundario de esta losa.

En los cuadrángulos V C, VII C y VIII C/D en aquel lado del muro grande que está orientado hacia en el lado arriba de la ladera, se excavaron trincheras más profundas para aclarar si al piso más reciente – que seguía al muro – precedían construcciones más antiguas. La trinchera en el cuadrángulo VI C, el norte del muro, comprende aproximadamente 12 m^2 a los dos lados de un testigo complementario que está perpendicular al muro (*lám. 100*). Debajo de una capa de arcilla clara, en la cual se habían imprimido algunas piedras que, originalmente, formaban parte de la mampostería, se dibujaba en la parte norte del cuadrángulo una capa gris algo más compacta que no pudo seguirse hasta el muro. Relacionado con esta superficie del piso se encuentra un fogón cuadrángular, revestido y en los bordes cuidadosamente enlucidos, que está situado a una distancia aproximada de 1,6 ms del muro y que presenta una orientación algo diferente (*lám. 100,1*). En la parte norte del cuadrángulo (*lám. 100,2*) el piso se superpone a dos capas de material de arcilla-"Schluff" rojiza. Debajo de esta capa se encuentran guijarros finos con una componente algo más gruesa, y debajo de ésta barro gris. Esta última capa sobre todo en su parte inferior está mezclada con restos orgánicos y quemados. Sólo se encontraron cerca del muro fragmentos de cerámica. Evidentemente hay que interpretar estas capas alternantes como el relleno sistemático de la terraza y no como indícios de fases de construcción de la terraza, ya que las dos capas grises no presentan en ningún caso evidencias de piso. A una distancia de 2 ms del muro, el relleno se hace más irregular y está mezclado con fragmentos de cerámica. Encima de esta área no se observaron restos de piso en los perfiles ni se los ven tampoco encima de los conglomerados de piedras mezcladas con mortero de barro gris, que se encuentran detrás del gran muro. Pero se ven tales restos en una faja estrecha cerca del muro, encima de la capa de barro claro que estaba a un nivel más alto que el piso observado más al norte (*lám. 100,1*). Esta capa aparentemente está compuesta por los restos descompuestos de aquel piso que correspondía al muro grande, mientras que el piso que se documentó más al norte y que estaba contiguo al fogón, evidentemente, estaba relacionado con un muro más antiguo que no se ha conservado. Parece que las piedras de este muro han sido removidas. Durante esta remodelación de la terraza, escombros del asentamiento y otro material del relleno como los fragmentos de cerámica, se mezclaron con las estratificaciones. Los conglomerados con mortero detrás del muro grande probablemente están compuestos por restos de este muro más antiguo. Otras evidencias mucho más claras de este muro más antiguo fueron encontradas en la otra trinchera que se hizo al norte del gran muro, en el cuadrángulo VII C. En este lugar también se dejó un testigo complementario perpendicular al muro. Se ha excavado sólo la parte sur de este cuadrángulo (60 m^2) (*lám. 101,1*). La trinchera que estaba subdividida por el testigo al norte del muro comprendía por lo tanto, como en el cuadrángulo VI C, sólo aproximadamente 12 m^2. Debajo de un estrato de color marrón oscuro, que, probablemente, está compuesto por restos erosionados de un piso, se dibujaba claramente un piso, que termina a una distancia de unos 50 cms del muro grande. Con una orientación casi idéntica corre aproximadamente 10 cms debajo de la superficie un muro de contención, cuya parte frontal está orientada en dirección sur. El gran muro doble evidentemente ha sido construido delante de este muro en una fase más reciente. La posición del muro de contención en una alineación algo diferente de aquella del gran muro más reciente es visible, sobre todo, en la parte oeste del cuadrángulo a pesar del mal estado de conservación. El curso del muro doble más reciente se ha cambiado debido al hecho de que la parte norte había cedido un poco a la presión del terreno y se ha curvado algo en dirección al lado arriba de la ladera, mientras que el muro de contención más antiguo en parte está curvado algo en dirección sur por la presión ejercida desde el lado arriba de la ladera. En la parte oeste del cuadrángulo se encontraron siete losas grandes en la misma alineación del curso del muro de contención. La superficie de ellas se encuentra a un nivel algo más bajo (10 cms) que la hilada superior de piedras pequeñas del muro de contención que se encuentra en la parte este del cuadrángulo y en el margen oeste. El vacío entre la segunda y la tercera losa indica que en ésta parte se había removido una piedra. En este lugar se extiende una coloración hacia el norte. Es la huella de una fila de postes, para cuya colocación se había sacado la piedra. El borde meridional, que es común a los siete bloques dejados *in situ*, se encontraba a unos 25 cms al sur del curso original del muro. Estaban enlucidos en la parte superior y sur con mortero de barro gris y descansan sobre piedras más pequeñas. Más al norte, en la alineación de este muro, huellas en el mortero de barro indican que encima de los bloques grandes se encontraban otras piedras que más tarde fueron removidas. En el extremo oeste de la hilada de losas grandes se encontró un gran hueco de poste. Los bloques de piedra son partes de una escalera antepuesta al muro de contención original. El hueco de poste indica el límite oeste de esta escalera.

El perfil del lado este del testigo dejado perpendicularmente al muro grande confirma esta interpretación (*lám. 101,2*). En el perfil se ven claramente dos bloques, uno colocado encima del otro y unidos con mortero de barro, a una distancia de unos 48 cms del muro. Los dos están cubiertos en la parte superior y frontal sur por un enlucido de barro. Se trata del enlucido de la escalera que daba acceso a la terraza antes de la construcción del muro doble. Encima de las piedras se encuentra un relleno de piedras de material de mortero y de tierra marrón cubierto por material gris-amarillento, en el cual se dibujan restos del piso que se encontraba a la altura del gran muro doble. La superficie del piso que se extiende en el bloque superior está interrumpida en el extremo norte de éste. En este lugar, evidentemente, se ha removido la piedra que formaba la superficie, porque el piso continúa unos 10 cms encima, donde se superpone a un estrato amarillo-rojizo situado en parte, encima de un estrato de guijarros, como en el perfil descrito del cuadrángulo contiguo VI C (*lám. 100,2*). En la parte norte del perfil de VII C la sucesión de rellenos de la terraza no está estructurada tan claramente como en el perfil del cuadrángulo VI C. El suelo estéril en este lugar no se encuentra a un nivel tan profundo (*lám. 101,2*).

Encima de la superficie del piso se halla sólo material polvoroso, que, probablemente, forma parte de los restos descompuestos del piso más reciente, el cual se ha conservado sólo cerca del muro doble construido delante de éste. Con este piso probablemente está relacionada aquella coloración que atraviesa el cuadrángulo de sur a norte y que se encuentra al este del testigo, perpendicular al muro. Éstos son los restos de una pared de postes. Cuando se construyó esta pared se removió el tercer bloque de la escalera antigua. Esta coloración corre en la misma alineación que la parte de enlucido al sur del muro grande, en el cual se puede reconocer el límite oeste de la escalera que se encuentra del ante de este muro. En la alineación del lado este de esta escalera se encontró, al norte del muro grande, en la parte este del cuadrángulo, otra hilera de coloraciones de postes. Pero ésta no se observó en el área del conglomerado de piedras grises entre los muros, sino que se distinguió sólo más al norte en los rellenos de color amarillo-rojizo, más allá del muro más antiguo.

El muro antiguo no fue alterado por la construcción de esta pared de postes. Esta casualidad probablemente se debe a que en este lugar el muro está construido con piedras muy delgadas. La alineación de las piedras y la posición de pequeñas losas cuyos bordes forman al lado sur una línea recta e indican que esta parte está fuera del área de la escalera antigua.

Resumiendo puede comprobarse que los datos obtenidos por la observación de los niveles y los perfiles del cuadrángulo VII C confirman la impresión obtenida de las observaciones hechas en el cuadrángulo VI C. Originalmente un muro de contención delimitaba una terraza en el sur. El curso de este muro, a veces algo irregular (curvas hacia el sur), se debe a la presión del relleno al norte, en la parte de la ladera. Los restos de piso que se observaron en perfiles y en la superficie, así como un fogón en la parte norte del cuadrángulo VI C, están relacionados con este muro. Falta una cantidad considerable de piedras de este muro. Según las observaciones, esto no se debe a la erosión sino a la remoción intencional de las piedras. Sin embargo, se puede demostrar que este muro antiguo tenía originalmente otra orientación que el muro doble más reciente construido delante de éste. Esta orientación más antigua es idéntica a la del fogón rectangular revestido de piedras. La orientación del muro más reciente se aparta menos del angulo recto con respecto al norte magnético (segunda orientación). A esta terraza en las dos fases conducían escaleras antepuestas a los muros. La escalera de la fase más antigua se halla más al oeste. Su límite oeste puede reconocerse en una gran colocación de postes. El límite este probablemente se encontraba en el área del testigo perpendicular al muro más reciente, porque los peldaños de la escalera no continúan al este del testigo. La escalera más reciente se encuentra más al este. Conduce a un paso através del muro que se levantaba a ambos lados. Este paso estaba delimitado en la terraza por paredes de postes que forman un corredor que conduce a la escalera central de la gran plataforma.

La terraza delante de este edificio según los perfiles, fue rellenada, en capas que se alternan regularmente. En aparencia existe una relación entre el relieve natural que asciende en dirección norte y la regularidad del relleno. Los pisos claramente definidos se encuentran sobre capas de material fino de color amarillo-rojizo. No se encontraron fragmentos de cerámica en los rellenos. Tales hallazgos se encontraron sólo en los rellenos inmediatamente detrás del muro más antiguo y entre ambos muros.

En los cuadrángulos VIII C/D (*láms. 102; 108*) al norte del muro, se dibujaba la faja doble de enlucido de un ancho uniforme de 15 cms. Directamente detrás de ésta se encuentra una coloración estrecha de color gris oscuro que se destaca en los nueve niveles dibujados. A una profundidad de unos 25 cms pudieron reconocerse en esta coloración algunos huecos de postes. Se trata del foso de postes correspondiente a una pared que estaba directamente detrás del muro. No era visible en los cuadrángulos VI/VII C descritos (al norte del muro), por los conglomerados de piedras con oscuro mortero de barro que se encontraban directamente al norte detrás del muro grande. Pero esta construcción parece haber existido a lo largo de todo el muro doble antes de la construcción del último piso.

Sólo en el área del testigo se pudo descubrir una delgada superficie de piso que partía del perfil y estaba unida con el muro. Se encuentra a unos 20 cms debajo de la altura conservada del muro y se unía al enlucido del muro. El enlucido continúa todavía 10 cms más en el muro sin unirse con el piso que está 10 cms más bajo. A una distancia de unos 70 cms del muro el piso está perforado y se ve el estrato rojizo debajo de éste. A ambos lados del testigo termina el piso a la misma distancia del muro. Sólo se conservan algunos fragmentos de éste cerca del muro. No existe una relación entre este piso y el piso que se encuentra más al norte. Mientras que en los niveles superiores en el borde del límite del piso se distingue sólo aquel material rojizo del relleno que se encuentra debajo del piso, en esta área, se dibuja claramente en el quinto nivel, a una profundidad de 30 cms, un foso de postes contínuo que atraviesa todo el cuadrángulo a una distancia de 70 cms del muro grande y paralelo a éste. Evidentemente, se trata de otra pared de postes, que, o bien, se construyó junto con el último piso que corresponde al muro grande, o bien, con posterioridad. En este tiempo, evidentemente, ya no existía la pared que se encontraba directamente detrás del muro, porque en la parte conservada del piso no se observaron huellas de este último. Pero las dos paredes de postes estaban asociadas al gran muro doble.

En la parte noroeste del cuadrángulo IX D (*lám. 109,1*) termina el muro doble. En los límites y debajo de alteraciones causadas por grandes pozos de huaqueros, pudo documentarse en el segundo nivel el enlucido del extremo oriental del muro doble. Un muro de contención de igual alineamiento sigue al este y unía el extremo del muro con la parte frontal sur de un muro ubicado a una distancia de unos 10 ms y en la misma alineación que el muro del frente sur. Este muro mide unos 2 ms de ancho, corre en un ángulo de algo más de 90° hacia el nor-noreste y delimita la terraza en forma de "L" al este. El muro de contención que unía los dos muros grandes, está fuertemente deteriorado, sobre todo en su parte oeste.

En los cuadrángulos VIII C/D y IX D (*láms. 102; 108; 109,1*) no se encontraban huellas de aquel muro de contención más antiguo cuyos restos se observaron tan claramente en los cuadrángulos VI y VII C (*láms. 100,1; 101,1*). A juzgar por sus huellas, el muro de contención más antiguo corre en el límite oeste del cuadrángulo VI C a una distancia de más de 1,7 ms al norte del muro doble más reciente. En el límite este del cuadrángulo VII C la distancia era solamente de 40 cms. Por lo tanto en los cuadrángulos orientales VIII C/D y IX D el muro más reciente se superpone al muro más antiguo.

La orientación original del muro de contención más antiguo, que se dedujo de las observaciones, corresponde a la del fogón en el límite norte del cuadrángulo VI C (*lám. 100,1*). El fogón está hundido en el piso anterior bien conservado y relacionado con el muro de contención más antiguo que ha sido saqueado. El fogón llegó a ser visible después de excavar una capa gris y una capa delgada rojiza que se encontraba debajo de ésta. El fogón es cuadrado, está revestido de piedras y enlucido y rellenado de ceniza blancuzca. En sus bordes se encuentran sólo pocas huellas de quema, pero en el centro se dibuja una mancha quemada que se reconoce en el suelo hasta una profundidad de 7 cms (*lám. 121,4*). Al lado oeste (izquierda) del fogón se observan en el relleno rojizo debajo del piso sitios quemados, restos de enlucido y carbón mezclados con el material del relleno. Evidentemente, el fogón fué vaciado después de haber sido utilizado. El material se ha mezclado con el relleno y fue cubierto más tarde por el piso.

En el cuadrángulo VI B que sigue al norte (*lám. 94*), el terreno desciende fuertemente hacia el oeste. El límite oeste se encuentra a un nivel de 80 cms más bajo que la parte norte del cuadrángulo. Aproximadamente en el centro, al este, se reconoció dentro de un pozo de huaqueros ceniza blancuzca, parecida a la del relleno del fogón descrito en el cuadrángulo VI C. Después de quitar la capa gris polvorosa se dibujó un gran fragmento de piso que se había conservado en la parte oeste del cuadrángulo. Este piso no se había conservado al sureste y al oeste. Los rellenos que se encontraban debajo de éste cubrían un estrato de barro amarillento que estaba rodeado al norte, oeste y sur por un conglomerado de barro gris con pocas piedras algo más grandes. Este está claramente separado del relleno amarillento, pero desaparece hacia afuera. Este límite es difuso sobre todo en el lado arriba de la ladera y corresponde más o menos al declive. La capa amarillenta de barro de grano fino aparece de nuevo 10 cms más abajo. Siguiendo el terreno, al oeste y sobre todo al suroeste se convierte en una capa más rojiza con una componente cada vez más densa y cascajosa. Estos cambios, a medida que aumenta la profundidad, se reconocen también en pozos de huaqueros poco profundos al suroeste del cuadrángulo. Parece que la superficie original, que, probablemente, estaba compuesta por un piso gris, está erosionada en este lugar. Los estratos sistemáticos de relleno que se observaron ya en los cuadrángulos inmediatamente al norte del muro (*láms. 100,2; 101,2; 121,4*), aparecen en la superficie del nivel según la profundidad de la erosión.

En los siguientes trabajos de limpieza en este cuadrángulo VI B (*lám. 94*), se averiguó que dentro de la masa gris que delimita el relleno se encuentra el enlucido de una pared a una distancia de 15 cms, paralelamente al límite del relleno amarillento, que en parte está cubierto por un piso. Esta coloración gris está compuesta por los escombros de una pared de barro que rodeaba una casa (200) grande (5,5 ms x 5,5 ms), cuyo piso estaba elevado y se ha conservado sólo en parte, de forma que partes del relleno subyacente están descubiertos. Las piedras pequeñas se encuentran en el área del muro. Las grandes son lajas y están dispuestas en una hilera a 45 cms de distancia, delante del muro sur con borde exterior rectilíneo hacia el oeste. En parte están cubiertas de piso y se encuentran a la vez sobre un piso cuidadosamente trabajado. Este piso se extiende a un nivel de 35 cms más profundo que los fragmentos de piso conservados de la casa delante de su pared sur y se unía con el enlucido de la pared. Evidentemente forma el borde exterior de una base escalonada que se extiende delante de la pared sur del cuarto elevado, y que se había construido sobre el piso delante del enlucido de la pared exterior. En el piso de la casa se ha hundido un fogón cuadrangular relleno de ceniza blancuzca (*lám. 121,6*) que está revestido de lajas (1,1 m x 1,1 m). Se encuentra en el eje central de la casa norte-sur, algo desplazado hacía el sur. Un pozo de huaquero ha destruido la esquina noroeste y gran parte del lado norte de este fogón.

Al oeste, a una distancia de 1,1 m de la casa, se encuentran dos postes grandes y a una distancia de 2,2 ms una hilera de postes que corre paralela a la pared oeste. Estos postes probablemente formaban el límite oeste de la terraza en su fase antigua, porque al lado de esta hilera de postes se encuentra el límite del relleno de la terraza. La casa probablemente también se ha construido en esta época porque su orientación coincide con la del muro más antiguo.

Una hilera de huecos de postes está hundida en el suelo al sur y al este del fogón. A pesar de que las coloraciones se observaron debajo del piso, probablemente son partes de una casa más reciente (201) construida encima de la casa 200, ya que estas coloraciones se destacan claramente en el relleno de arcilla-"Schluff" clara directamente debajo del piso de esta casa. La casa más reciente (201) fue destruida casi por completo a causa de la erosión, la cual ha cortado el relleno detrás del muro grande hasta una profundidad de 80 cms. Esta casa se sobrepone a la esquina suroeste de la casa 200. Algunos lugares con restos de enlucido de su borde oeste ya se veían en el primer nivel, al sur en el centro delante de la banqueta de la casa 200. Son a su vez probablemente partes de una base que se encontraba delante de la pared oeste de la casa 201. Las coloraciones de postes correspondientes, sin embargo, no se distinguieron en los escombros oscuros de la casa 200, que, evidentemente, formaba el fundamento de la casa más reciente. Las coloraciones se vieron solamente en el relleno claro que se encontraba debajo del piso elevado de la casa más antigua. La orientación de la casa 200 corresponde a la del muro de contención más antiguo (primera orientación). La planta de la casa 201 se completa en base a datos obtenidos en el cuadrángulo contiguo al este VII B (*lám. 95*); en cuanto a su límite norte: en la parte suroeste de este cuadrángulo se distingue el límite de una coloración correspondiente al borde de un piso. Además unas coloraciones de postes indica que su pared norte era por lo menos tan larga como la de la casa antecesora (200). Su orientación difiere de aquella y corresponde más bien a la del gran muro doble (segunda orientación).

En el cuadrángulo VII B (*lám. 95*) se distinguen claramente la esquina y los restos de la pared este derrumbada de la casa 200. En el primer nivel de VII B igual que en el nivel superior de VI B, se ve claramente dentro de la pared norte de la casa 200, que se habían puesto piedras entre los postes de la pared. En el cuadrángulo VII B se dibuja también otro enlucido adicional del muro que alcanza un espesor de hasta 20 cms. En el segundo nivel, debajo de los restos de la pared este de la casa 200, a una distancia de 1 m al este del curso de la pared y paralelo a ésta se nota un cambio abrupto en el suelo. Mientras que hasta este límite se distingue el material amarillento-rojizo, sigue una superficie gris-amarilla más allá del límite. Ésta es una superficie de un piso que doblaba hacia arriba a lo largo de una línea en donde se distingue el cambio de color. El piso cubría el relleno de una banqueta parecida a la de la pared sur de la casa 200. En la superficie del nivel de excavación se lo reconoce como una faja de material rojizo-amarillo. Este zócalo evidentemente no tenía un borde revestido de piedras. Cerca del límite oeste del cuadrángulo VII B puede observarse una colocación de piedras en el centro de la pared este de la casa 200. Ésta indica la posición de la entrada.

En la superficie gris al este de la casa 200 y a poca distancia de la esquina de la casa 201 se encontró un fogón hundido. Este presenta una planta rectangular. La parte norte del lado más estrecho al este está ligeramente arqueada. En el centro queda una abertura mientras que la esquina sureste dobla perpendicularmente. Su orientación corresponde a la del muro doble que limita la terraza en la fase más reciente. Los bordes de este fogón revestido se dibujan en materiales gris-amarillentos, que son probablemente los restos de un piso más reciente bastante erosionado. No se ha conservado ningún fragmento de piso contiguo al fogón. La superficie gris del piso que rodea el fogón y en la cual estaba hundido, pertenece a la casa 200 (más antigua). Se observaron sólo pocas coloraciones de postes que pueden haber pertenecido a una casa correspondiente a este fogón. Éstas se observaron siempre en áreas con material de relleno claro, es decir, en la faja estrecha delante de la pared este de la casa 200 que era el relleno de su banqueta delantera. Otras tres coloraciones mucho más grandes corren en el extremo norte de esa huella de la pared en dirección este. Esta coloración no continúa más al este. A una distancia de 5 ms de la esquina de postes, sin embargo, se distingue en la misma alineación una coloración grande con numerosas piedras pequeñas. Éstas probablemente son los restos de una gran "columna" de material orgánico, enlucida de barro, de la cual sólo se han conservado la coloración y piedras de la acuñación y del desgrasante. Unos 3 ms más al sur se encuentra otra coloración grande que también está rodeada por piedras. La línea de conexión entre las dos "columnas" grandes corre otra vez perpendicular a la alineación de la esquina de postes en dirección a otra "columna" en el norte. Pero en base a estas pocas huellas no puede reconstruirse ni una casa ni un recinto con columnas que esté asociado al fogón. Éste recuerda por su forma al fogón mucho más grande que se encuentra en el área de las casas, del cuadrángulo X G (*lám. 31*). En los alrededores de éste tampoco se encontraron indicios claros de que el fogón haya estado en el interior de una casa.

Contigua a la pared este de la casa 200 en el tercer nivel hay una coloración gris-marrón, parecida a un piso y de un ancho de aproximadamente 1 m (*lám. 95*), que probablemente, forma parte de los restos de un piso que en el segundo nivel en parte estaba cubierto por un relleno rojizo-amarillento. Al norte esta coloración está delimitada en el segundo y tercer nivel por un foso de postes de unos 20 cms de ancho, que corre paralelamente a la pared norte de la casa 200, continúa más allá de la alineación de la pared este de esta casa en el cuadrángulo y termina en una coloración de postes. Una coloración gris-amarilla con hallazgos de material orgánico y fragmentos de cerámica cubre la esquina noroeste del cuadrángulo y se extiende, aparentemente encima del relleno de base de color rojizo, hasta el fogón rectangular de la segunda orientación, cuya parte noroeste se encuentra debajo del testigo norte. No se observaron indicios de una construcción que correspondiera a este fogón. El fogón está rellenado con ceniza blancuzca. Cerca de su esquina sureste se observaron huellas de quema y una piedra que sirve de límite.

En la esquina noreste del cuadrángulo VII B se distinguen restos de paredes derrumbadas, de mortero de barro y de piedras. En el límite del cuadrángulo se observaron dos coloraciones de postes. El testigo que se ha dejado perpendicular al muro doble más reciente atraviesa la esquina sureste del cuadrángulo. Paralelamente a éste, es decir, siguiendo la orientación más reciente, se distingue una coloración estrecha de fosos de postes dentro del relleno amarillento de la terraza. Ésta forma la continuación de aquel foso de postes, que se encuentra en el cuadrángulo VII C (*lám. 101,1*). Está en la alineación del lado este de la escalera que se halla delante del muro doble más reciente. En el cuadrángulo VIII B que sigue al oeste, se observan a una distancia de aproximadamente 3 ms coloraciones de postes que están alineadas paralelamente al foso de postes en la hilera del lado oriental de la escalera. Parece que estas coloraciones de postes y fosos de postes son restos de una delimitación que enmarcaba el acceso de la subida a la terraza de la gran plataforma Huaca Grande. Se continúan en los cuadrángulos VIII A/B (*láms. 90; 96*) donde se las observa hasta la escalera sur de este edificio. Por consiguiente, los postes delimitan una especie de corredor de entrada.

En el lado oriental de este corredor, a una distancia de unos 6 ms (en el cuadrángulo VIII C; *lám. 102*), se ha conservado otra casa de la primera orientación. Esta casa 202 se encuentra a una distancia de entre 1,6 m (esquina sureste) y 2,3 ms (esquina suroeste) del muro doble. En los niveles superiores se reconoció el piso quemado de color gris-rojizo con numerosos pedazos de carbón y de barro, así como una faja gris-amarillenta que rodea este piso. Esta última coloración es el resto de la pared. En los niveles más profundos se dibujan en esta área las hileras de postes correspondientes. El piso estaba perforado en las esquinas del cuarto. En los correspondientes lugares se observaran en niveles más profundos grandes coloraciones de postes. Se trata de una casa de planta rectangular (aproximadamente 4 ms x 6 ms), que está rodeada en los cuatro lados por una banqueta de poca altura con bordes revestidos de piedra. Las paredes están construidas de postes que están colocados con pocos espacios intermedios y entre las cuales se han colocado piedras y mortero de barro. Parece que sostenían la construcción postes dispuestos en las esquinas. En el centro de la pared más ancha al norte, la hilera de postes está interrumpida. Dos pozos de huaqueros alteran la situación de manera que no puede reconocerse el ancho de la interrupción. Pero no cabe duda de que en este lugar no existía ninguna pared, porque entre los dos pozos se reconoce claramente un piso cuya estructura recuerda adobes. Parece que se trata del umbral que se encontraba a la altura de la banqueta que está delante de éste. En el centro de la casa se encuentra el fogón aproximadamente cuadrado, hundido revestido de lajas y enlucido. Su interior de una superficie de aproximadamente 1 m^2 está rellenado de la ceniza característica y muestra pocas huellas de quema. Tambien fuera de la casa se pudieron descubrir partes de los pisos contiguos.

En el piso quemado dentro de la casa y en el piso que se encuentra al sur de éste y que está en parte destruido, se observaron algunos irregularidades. En los niveles más profundos de una capa amarillenta-arcillosa y en el relleno rojizo de grano fino se dibujaron coloraciones oscuras de postes, cuya orientación difiere tanto de la del muro de contención más antiguo como de la de la casa 202, y que corresponde al gran muro doble más reciente. Por consiguiente, parece tratarse de las huellas de una casa de la segunda orientación. Los postes de sus paredes están hundidos en el piso de la casa 202. En las coloraciones de postes se ve la planta de la casa rectangular 203 (3,5 ms x 3,3 ms). La casa 203 se encuentra a una distancia de 1,70 ms al norte del muro doble sobre la terraza. No se encontró ningún fogón que correspondiera a esta casa. Esto no es sorprendente porque seguramente su piso originalmente estaba a un nivel superior formando un plan elevado: los fragmentos de piso contiguos al gran muro doble se encuentran en un nivel, considerablemente más bajo que los restos de las paredes de la casa 202, los cuales tienen que haber estado cubiertos por el piso de la casa 203.

Debajo del piso de la casa 202, se encuentra otro piso en el cual se observan también huellas de postes hundidos. Estas hileras de postes se reconocieron claramente abajo del piso inferior (que estaba debajo del piso de la casa 202). Forman la planta de la casa rectangular 204 (3,9 ms x 2,7 ms). La orientación de esta casa corresponde a la de la casa 202. Evidentemente se trata de un edificio que precedió a ésta. Su eje longitudinal está orientado de este a oeste. Su pequeño fogón central (diámetro 40 cms), de forma circular, revestido de piedras y enlucido, es cortado parcialmente por las lajas que revisten el gran fogón cuadrado de la casa 202.

Al suroeste de la casa 204 se dibujan en el septimo nivel dos fosos de postes que se cortan entre sí. La esquina sudoccidental de la casa 202 se superpone a las partes orientales de los dos fosos. El foso de postes circular y más reciente tiene un diámetro de unos 2 ms. El punto central se encuentra más al este. Al oeste el círculo está interrumpido a lo largo de aproximadamente 1 m. Aparentemente en este lugar se encontraba la entrada de esta casa pequeña 205. A ambos lados de la abertura el foso de postes se bifurca. Éste se corta a poca distancia al sur de la entrada con el foso de postes más antiguo, que sólo se distingue con claridad al oeste de la entrada de la casa 205 y al este donde se corta otra vez con el foso más reciente. A pesar de las pocas huellas, parece claro que sobre la base del foso de postes más antiguo puede deducirse la existencia de una estructura rectangular 206 con paredes irregulares. No se observaron huellas de la pared norte de este cuarto. Su ubicación está indicada sólo en la corvadura del foso de postes oriental, por lo tanto la casa 206 probablemente era bastante pequeña (2 ms x 2,9 ms).

En la parte noroeste del cuadrángulo VIII C las condiciones de conservación son muy desfavorables. Una acumulación de coloraciones de postes en dirección norte-sur al noroeste de la casa 202, probablemente es indicio de las paredes este de dos casas superpuestas de orientación diferente. Una hilera de postes que se corta con las dos casas 205 y 206 corresponde a la segunda orientación. Algunas coloraciones de postes y piedras en la misma alineación cerca del límite oeste del cuadrángulo – posiblemente restos del umbral de la entrada – indican la pared sur de esta casa 207. A ésta hay que añadir fragmentos de piso cerca del límite oeste del cuadrángulo VIII C contiguos a estas coloraciones y que se observan en el segundo nivel. Un fogón que correspondía a esta casa 207 posiblemente se encontraba en el área de un pozo de huaqueros de varios m^2 de superficie. La hilera de postes de la pared este puede seguirse hasta los huecos de postes de la pared norte en la parte sur del cuadrángulo VIII B (*lám. 96*). Probablemente a causa de las malas condiciones del suelo se observaron sólo pocas coloraciones. El límite este del corredor, entre la subida de la terraza y la escalera de la plataforma, formaba probablemente la pared oeste de esta casa aproximadamente cuadrada (5,8 ms x 5,3 ms). Gran parte de ésta se encuentra debajo del testigo VII/VIII C y en la parte norte del cuadrada VI C que no se ha excavado.

La hilera de postes de la pared este de la casa 207 se corta con partes de otra sucesión de coloraciones, cuya orientación corresponde a la de la casa 202 (*lám. 102*). Probablemente corresponde a la pared este de una casa precedente a la casa 207, la casa 208. La hilera de postes se corta con el foso de postes del pequeño cuarto 206. No se pudo averiguar si ésta es más antigua o más reciente que la casa 208. A juzgar por las coloraciones de postes, la planta de la casa 208 probablemente también era más o menos cuadrada. Las pocas coloraciones que indican la posición de la pared sur se pierden a una distancia de 2,6 ms de la pared este. Huecos de postes de la pared norte se observan en la parte sur del cuadrángulo VIII B (*lám. 96*). El ancho de la casa era de 5,4 ms como se puede deducir de la hilera de postes de la pared este. La casa probablemente era un poco más larga que ancha. La hilera de postes de la pared norte se distingue a lo largo de más de 5,4 ms sin que se dibuje un cambio de dirección hacia el sur. En la parte noroeste del cuadrángulo VIII C (*lám. 102*) tampoco se encontraron las huellas correspondientes. Como el fogón central de esta casa sólo puede encontrarse debajo del testigo VIII B/C (que no se ha excavado), se puede deducir la posición de la pared oeste en los cuadrángulos VII B/C a una distancia de más de 3 ms. Dado que no se exacavó ni el testigo VII/VIII B ni la parte norte del cuadrángulo VII C, esta hipótesis no puede verificarse.

Perpendicular a la pared sur de la casa 208 corre delante de ésta y a una distancia de 1,2 m de la esquina sureste de esta casa, una hilera de postes hacia el sur. A una distancia de 4,1 ms dobla en dirección este. Puede seguirse delante de los frentes sur de las casas 204 y 202, paralelamente a éstas. La pared que está atestiguada por la hilera de postes corre paralelamente a una distancia de aproximadamente 1,2 m del muro de contención de la fase más antigua. Éste forma en dicha fase una delimitación sur de la terraza a semejanza de las dos paredes de postes mencionadas que en diferentes fases de construcción corrían paralelamente al muro doble en la fase de ocupación más reciente. Esta delimitación, sin embargo, no se extendía en la primera fase a lo largo de todo el borde sur de la terraza, sino que doblaba a una distancia de aproximadamente 6 ms de la escalera correspondiente en dirección norte hasta la pared sur de la casa 208.

En contraste con la disposición del complejo superpuesto más reciente, no corren demarcaciones hacia el norte desde la escalera del muro de contención más antiguo. No existía un corredor de entrada, pero el área de las casas superpuestas 202 y 204 estaba separada de la escalera y del área al sur por la pared angular descrita. Al norte de la casa 202 en la parte noreste del cuadrángulo VIII C (*lám. 102*) y en la parte noroeste del cuadrángulo IX C (*lám. 103*) no se observaron elevaciones ni irregularidades en la superficie. Dos de los numerosos pozos de huaqueros que alteran esta área están contiguos y presentan restos del relleno característico de ceniza clara que suele encontrarse en fogones. En toda el área se encontraron restos de piso, que en parte difícilmente pudieron ser separados de los restos de paredes caídas que habían estado enlucidas con barro y contenían una componente lítica. Las partes no deterioradas del fogón occidental (situado en el límite este del cuadrángulo VIII C) estaban cubiertas por piso. Este piso se conecta con un fogón ubicado al este, según pudo observarse en el fragmento conservado de la esquina suroeste de este fogón. Por consiguiente, el fogón oriental es más reciente que el fogón occidental. De los restos conservados de estos dos fogones cuadrangulares revestidos de piedras, puede deducirse que sus orientaciones son distintas: una corresponde a la más antigua (fogón occidental) – la de las casas 202 y 204 –, mientras que la otra, la más reciente (fogón oriental), difiere de ésta y es idéntica a la de la casa 203.

El piso que estaba fuertemente deteriorado y conservado sólo en parte se asocia al fogón más reciente y presenta numerosas irregularidades. El mal estado de conservación no permitió reconocer claramente huecos de postes. Parecida era la situación en el piso más antiguo que se encontraba a un nivel más profundo. También en el material estéril que se encontraba debajo de este piso – los rellenos de este lugar tienen poco espesor – difícilmente pudieron distinguirse. Pero claramente se observaba ya en el primer nivel del cuadrángulo IX C (*lám. 103*) una hilera de piedras con un límite este de la misma alineación. Esta hilera se encuentra contigua a la banqueta delante de la pared este de la casa 202 y atraviesa la parte noroeste de IX C a lo largo de aproximadamente 5 ms en la misma alineación (primera orientación). También pudo distinguirse claramente el enlucido que subía en el borde este de la hilera de piedras. Por lo tanto, es de suponer que estas piedras sostenían el borde exterior de una banqueta que se encontraba delante de la pared este de una casa. Huellas de postes de tal pared se encontraron sobre todo al oeste de la parte sur de esta hilera de piedras. En esta parte, los rellenos claros, en los que se dibujaban más claramente coloraciones de postes, eran más espesos. Pero la gran cantidad de coloraciones en esta área procedían evidentemente de dos hileras de postes que se cortaban, y cuyas orientaciones correspondían a los dos fogones que se encontraban a distancias de 3 ms y 1,9 m respectivamente.

Las coloraciones de postes que corresponden a la banqueta corren a una distancia de 3 ms del fogón más antiguo de la misma orientación. A la misma distancia aproximada, al oeste del fogón, se encontró una hilera de coloraciones de postes de la misma orientación que, probablemente, formaba parte de las huellas de las paredes este y oeste de la casa 210, de una longitud de unos 6,2 ms. Los pocos postes observados de su pared sur en parte se encuentran debajo del enlucido y de losas del podio delante de la pared norte de la casa 202. La casa 210 pertenece a una fase de construcción más antigua que la casa 202 que tiene la misma orientación. Por consiguiente, es probable una contemporaneidad de la casa 210 con la casa 204 que también precede a la casa 202.

La pared sur de la casa 210 corría a una distancia de 2 ms del punto medio del fogón central. Una hilera de coloraciones de postes encontradas a la misma distancia y con la misma orientación indica el curso de la pared norte. A pesar de que se han conservado sólo pocas huellas de esta casa, la ubicación de las coloraciones observadas y de las piedras del podio, así como la uniformidad de las orientaciones de estas últimas y del fogón confirman que esta reconstrucción de la planta de la casa 210 es correcta. Las piedras del podio al este delante de esta casa continúan más allá de la esquina noreste de esta casa. Parece que sostienen el borde exterior de un escalón de la misma orientación.

En la parte sur del cuadrángulo VIII B (*lám. 96*) se reconocieron dos filas de postes que forman un ángulo recto y que siguen la primera orientación. Se trata de las huellas de las paredes oeste y norte de una casa 228. Algunos huecos de postes en la parte norte del cuadrángulo VIII C (*lám. 102*) son las huellas de la pared sur de esta casa. Sólo pocas coloraciones de postes correspondientes a esta pared se encontraron en los cuadrángulos VIII y IX C. Los postes de la parte este de la pared norte están cubiertos por un fragmento de piso en la esquina sureste del cuadrángulo VIII B. Parece que éste corresponde al piso de dos casas que siguen la segunda orientación (casas 227 y 229) en los cuadrángulos VIII y IX B (vea pág. 257 s.), ya que sobre el piso hay dos losas de piedra del borde del podio grande enfrente de la esquina sureste de Huaca Grande. En el cuadrángulo, cuatro postes correspondientes a la pared este de la casa 228 están hundidos en el piso muy destruido y en el fogón de la casa 210. A pesar de la destrucción parcial de este fogón por un pozo de huaquero se pueden reconocer estos huecos de poste. La casa 228 tiene una planta rectangular (4,5 ms x 5,6 ms) y se superpone a la casa 210, que también sigue la primera orientación. Su pared occidental está alineada con la de la pared que sirve de límite en la terraza que sigue la primera orientación. Al oeste de la casa 202 esta pared dobla hacia el norte y puede observarse hasta la pared sur de la casa 208.

Como mencionamos anteriormente, la hilera de postes de la pared sureste de la casa 210 se corta con una hilera de coloraciones de postes cuya orientación corresponde a la del fogón más reciente (segunda orientación). Las dos hileras de postes se distinguen claramente sólo a lo largo de unos 2 ms. Más al norte su ubicación se deduce sólo en base a pocas coloraciones. Allí faltan mayormente aquellos rellenos claros que se encuentran frecuentemente debajo de los pisos, en los cuales las huellas de postes destacan mucho más claramente que en los mismos pisos. Cerca del límite norte del cuadrángulo, sin embargo, algunas coloraciones de postes corren perpendicularmente a la hilera de postes de la segunda orientación. Las hileras de postes se encuentran a una distancia de unos 2 ms al este y 2,8 ms al norte del centro del fogón más reciente. A una distancia de aproximadamente 2 ms al oeste de este punto está situada una alineación en la que se encuentran algunos huecos de postes. Éstos son todos los vestigios observados de la pared oeste de la casa 209. El fogón más reciente (el oriental) se halla aproximadamente en el centro de esta casa. La línea de postes de la pared sur aparece en parte como una alteración del piso de la casa 202 a una distancia de unos 3,2 ms de su centro.

En el enlucido que rodea las piedras de la banqueta delante de la pared este de la casa 210 y las de su continuación al noreste (*lám. 104*), se han hundido postes que están alineados al noroeste del cuadrángulo paralelo a la pared oriental de la casa 209 (segunda orientación). Perpendicularmente a ésta corre una alineación de postes al sur de los restos de piedra y del enlucido de un podio de la misma orientación en el límite norte del cuadrángulo IX C. Ésta termina a una distancia de 2,8 ms de la primera fila. En su extremo sigue otra hilera de postes que corre en ángulo recto en dirección sur. Estas hileras de postes forman las paredes oeste, norte y este de una casa rectangular 211, cuya pared sur se distingue en algunas coloraciones de postes encontradas a una distancia de 3,4 ms de la pared norte. Se trata de la construcción sucesora de una casa más grande que tiene la misma orientación. Los postes de la pared norte de la casa 211 cortan el enlucido del podio que se encuentra delante de la pared norte de esta casa 213.

No se observaron huellas de un fogón de la casa 211, pero el fogón de la casa antecesora (213), que está revestido de lajas de piedras, está conservado casi por completo. Se encuentra en el centro de esta casa rectangular. A una distancia de 2,2 ms del centro de este fogón se distinguen las coloraciones de postes de la pared norte y los restos de piedras y enlucido del podio que se encontraba delante de ésta. El hueco de postes más occidental está hundido en el enlucido del escalón que está reforzado con piedras y que se encuentra hacia el norte en la proyección de la banqueta delante de la pared este de la casa 211. Al sur de este poste angular el enlucido de este escalón de la primera orientación está otra vez alterado. Otros huecos de postes de la pared oeste de la casa 213 se distinguieron claramente sólo en la mitad sur, debido a que sólo se vieron de forma clara en el lugar situado debajo del material de relleno claro de color amarillo-rojizo. La pared oeste de esta casa se corta con un estrecho foso de postes de la primera orientación. A causa de un gran pozo de huaqueros se encontraron sólo pocos restos de la pared sur de la casa 213. Colocaciones de postes indican la ubicación de la pared este. Pero eveidentemente, numerosas coloraciones correspondientes no han sido observadas. Éstas en muchos casos no se reconocieron en el piso conservado de fases más antiguas, porque encima de los lugares correspondientes se encuentran los restos de las paredes caídas que tienen el mismo color y una constitución parecida. A causa de la erosión, apenas pueden distinguirse en los pisos, los cuales también están afectados por la erosión. Los rellenos debajo del piso en este lugar están compuestos también en parte por restos grises y polvorosos de enlucido, la reconstrucción parece más acertada sólo en aquello lugares donde pequeños restos de fosos de postes entre coloraciones de postes confirman que estos postes pertenecen a la parte norte de la pared oriental de la casa 213. La planta de esta casa, por lo tanto, probablemente, se ha reconstruido correctamente a pesar de tener una forma estrecha y alargada (4,4 ms x 2,7 ms), que es poco común en el asentamiento de Montegrande.

A una distancia de aproximadamente 1 m al sur de la casa 213 se observan estrechos fosos de postes, que enmarcan una pequeña área rectangular (1,2 m x 1,6 m) y que presentan al norte un vacío de unos 60 cms, el cual probablemente indica un acceso. En el curso de estos fosos de postes se distinguen algunos huecos de postes. Dos de éstos delimitan el "acceso" en el lado norte. Las "paredes" de esta pequeña cabaña (?) 215 siguen la segunda orientación. No se hicieron observaciones que aclararan su función. Los fosos de postes se reconocieron claramente ya en el tercer nivel. Los fosos de postes alteran un piso, conservado en gran parte, que se relaciona con casas de la primera orientación. Los fosos de las paredes de la pequeña cabaña (?) atraviesan también un escalón enlucido (*lám. 104*) que pertenece a la primera orientación, igual que las casas 202 y 204. El podio de la casa 202 que se encuentra al este delante de ésta, se corta con el extremo oeste de este escalón, que está conservado en un ancho de 1,7 m. Más allá de una alteración se encuentran huellas de la esquina sureste del escalón. La alteración se debe a la construcción circular 212 que es simétrica a la casa rectangular 202 y está situada a una distancia de 70 cms de su pared oriental (*lám. 103; 109,1*). La utilización contemporánea de la casa 202 y de la construcción circular están comprobadas, porque un piso sin alteraciones entre los dos edificios limita con el enlucido exterior de ambas construcciones. Por lo tanto, el escalón existía al mismo tiempo que la casa 204 (el edificio precedente a la casa 202) y la casa 210, también cubierta en parte por la casa 202, y antes de edificarse la construcción circular 212 y la casa 202. En la alineación que está perpendicular al escalón (primera orientación) falta en la parte norte del cuadrángulo IX D (*lám. 109,1*) la huella de la pared que delimitaba la terraza al sur y que corrió paralela al muro de contención (primera orientación). Este muro está cubierto en esta área por el muro doble (segunda orientación). El muro de contención no fué excavado. Sin embargo, debido a la falta de la huella de la pared se puede postular que en esta parte no existió ningún muro de contención. Es probable que antes de edificarse la construcción circular hubiera un acceso a la terraza. Las evidencias observadas al norte del escalón también apoyan esta hipótesis. En este lugar se observaron en el piso dos largos fosos de postes (5 ms – 6 ms), que también pertenecen a la primera orientación y que atraviesan el cuadrángulo IX C (*lám. 103*) a una distancia de 2,2 ms uno de otro, como si delimitaran un acceso en forma de "corredor". Probablemente no se trata de paredes de una casa, porque ni entre estos fosos de postes ni en su extremo norte o sur se encontraron huellas de paredes perpendiculares. Los restos del escalón y su relación con la situación general de esta fase hacen suponer que éste era mucho más ancho (3,6 ms) que el acceso, el cual estaba delimitado a ambos lados (2,2 ms). El extremo occidental del escalón estaba redondeado y se encuentra en la alineación de la pared este de la casa 210. La pared este se encuentra a poca distancia (70 cms) del límite oeste del "corredor" que está orientado paralelamente. A la misma distancia del límite este del "corredor" se encontraba otro foso de postes de la misma orientación. El escalón continúa también en el lado este hasta la alineación del foso de postes más oriental. No puede deducirse de los hallazgos si los fosos de postes reflejan límites de "corredores" contemporáneos o de épocas distintas. Tampoco puede comprobarse si en este último caso el "corredor" en una fase más antigua era más ancho y posteriormente más estrecho, o al revés.

Las huellas de ambas delimitaciones se distinguieron en un piso (cuarto nivel), que cubría el foso de postes y el gran fogón rectangular de una casa más antigua (216), que también pertenece a la primera orientación. Pero en el estrato de relleno claro que se encuentra inmediatamente debajo del piso (quinto nivel) apenas se observaron huellas de las paredes de aquella casa 216. Sin embargo, se distinguieron numerosas huecos de postes que se encontraban al noroeste del fogón grande. Estos son los restos de la esquina sureste de la casa 214. Debajo del piso se distinguió relativamente claro la planta de esta casa 214 siguiendo las hileras de postes de las paredes norte, este y oeste (parte norte), mientras que se observaron sólo pocas coloraciones de postes de la pared sur. En la parte sur de la pared oeste se encuentra una alteración. En el centro de esta casa rectangular 214 (2,70 ms x 2,60 ms) se halla un pozo de huaqueros donde posiblemente estaban los restos del fogón. Una pequeña losa en el centro de la pared este evidentemente es parte del umbral de la entrada. La casa 214 se corta con las delimitaciones del acceso "corredor" al este. Según la disposición general, la casa 214 es más reciente y debería ser contemporánea de la casa 202 y la construcción circular 212.

Sólo después de quitar del relleno que se encontraba debajo del piso se distinguieron claramente los fosos de postes de la casa 216, en cuyo centro se encontraba el gran fogón. El fogón está revestido de lajas de piedra, enlucido en su interior y tiene una forma rectangular (1,2 ms x 0,8 m; *lám. 142,3*). El contenido de este fogón difiere claramente del de otros fogones del asentamiento y de la terraza: falta la ceniza blancuzca pero se encontraron restos de carbón y fragmentos de cerámica. Se han conservado sólo pocos restos del piso de esta casa. Los fosos de postes de las paredes sur, este y oeste corren aproximadamente a la misma distancia que los bordes del fogón (1 m). A distancias iguales del límite norte del fogón se dibujan cuatro coloraciones de postes, que se encuentran en la misma alineación que un foso de postes contiguo al extremo del foso de postes de la pared este de la casa 216. Es de suponer que éstas son las huellas de la pared norte, y que la casa 216 tenía, por consiguiente, una planta casi cuadrada (3,2 ms x 2,8 ms). La relación de postes en el interior de la casa 216 no puede explicarse por superposiciones más tardías, porque en los primeros cinco niveles no se encontraron indicios de edificaciones en esta área. Tampoco se observaron sucesiones de coloraciones de postes. Parece que dos grandes coloraciones de postes y un fragmento de foso de postes de la segunda orientación al noreste de la casa 216 se cortan en el sexto nivel con el fragmento de foso del extremo este de la pared norte. Pero este último en el tercer nivel estaba todavía cubierto por el material de relleno claro que se encontraba debajo del piso.

En el sexto nivel el foso de postes de la segunda orientación sólo se ve en un trecho muy corto. Pero ya en el tercer nivel se distingue que el foso de postes sigue en dirección norte. Más allá de un pozo de huaqueros que se encuentra más al norte, se observa una coloración de postes en la misma alineación. A una distancia de 0,90 ms al este de ésta se dibuja ya en el tercer nivel una hilera de postes de orientación idéntica, que se encuentra inmediatamente delante del enlucido de una pared de piedras. Ésta es la pared oeste de un cuarto 217, que está hundido 1,35 ms en el suelo. La altura dela pared sobrepasa en algunos centímetros el nivel de piso que la rodea (*lám. 120,1*). Las paredes interiores de este cuarto están cuidadosamente enlucidas. Una escalera, cuyos restos se distinguen en un gran pozo de huaqueros en el lado sur (*lám. 105*), baja al cuarto pequeño, que tiene una planta aproximadamente rectangular (2,7 ms x 1,8 ms). Sin lugar a dudas el cuarto 217 pertenece a la segunda orientación. A las hileras de postes delante de la pared oeste corresponden huellas de una pared que se encontraba a poca distancia delante de la pared este (*lám. 104*). Estas paredes al este y al oeste posiblemente sostenían una construcción de techo. Pero sus restos se encontraron sólo fuera del cuarto en forma de ceniza y trozos de barro, sobre todo delante de la pared oeste en el primero y segundo nivel, pero no adentro donde sólo se encontraron estratos horizontales de relleno (*lám. 120,1*). Cerca del piso se encontró un trozo de enlucido del tamaño de la palma de una mano con un motivo curvilíneo negro sobre fondo blanco.

En el cuadrángulo X C (*lám. 105*) se observaron al este del cuarto 217, ya en el primer nivel, colocaciones de piedras que presentaban enlucido en los lados exteriores al norte, sur y oeste. En la parte oriental éste se unía al enlucido del lado de la terraza de aquel muro doble de la primera orientación que delimita la terraza al este. El área que está delimitada por estas colocaciones de piedras, está rellenada de arcilla-"Schluff" de grano fino y de color amarillo-rojizo. No se ha conservado ningún piso. Se trata de un podio bajo (máximo 20 cms) de una superficie de aproximadamente 6 ms^2 que corresponde a la primera orientación. Evidentemente este podio fue ensanchado en una fase de construcción más reciente: delante de él se habían colocado al norte (a 0,60 ms de distancia) y al sur (a 1,80 ms de distancia) piedras, resultando así una mayor longitud pero el mismo ancho. Sin embargo, el límite sur del podio sigue después de la ampliación a la segunda orientación. En este caso también el enlucido exterior se unía al enlucido del gran muro este de la terraza. Delante de los lados meridionales más estrechos del podio más reciente se ha construido un peldaño de 0,20 ms de altura, desde el cual se llega a la superficie del podio ensanchado más reciente que tiene una altura de unos 40 cms, a juzgar por la altura de las piedras limítrofes. En el centro de los podios, el relleno de piedras del gran muro doble ha sido reemplazado en un ancho de 2,40 ms por el mismo material que forma el relleno del podio. Es de suponer que sobre este relleno una escalera conducía a la terraza. Pero de ella sólo se ha conservado el peldaño inferior. En una fase más antigua, una escalera cuya delimitación norte de piedras se ha conservado en restos estaba incorporada en el muro doble. Pero los peldaños conservados de esta escalera se utilizaron ya en una época en la cual todavía no existía el gran muro ancho: se trata de los peldaños (de uno de los muros de contención) que se colocaron delante (*lám. 138,1*). La parte superior del muro de contención era el cuarto peldaño. Debajo del relleno de los podios se observaron fragmentos de un piso que correspondía al muro de contención, además se distinguieron partes de este muro de contención. Formaba en toda el área que se encuentra al norte de la escalera el fundamento del lado inferior del muro doble. Tanto el muro de contención como el "muro doble" siguen la primera orientación. Es difícil clasificar este último porque ha cedido parcialmente el material de relleno. Sin embargo, se puede deducir su orientación original por la orientación del podio más antiguo (contiguo al muro).

Antes de excavar en la parte sur de IX C (*lám. 103*) se distinguía en la superficie una elevación. En el segundo nivel de este cuadrángulo, se observaron dentro de esta elevación dos hileras de piedras separadas por una distancia de 60 cms. Sus lados enfrentados se cierran en línea recta. Forman los lados enlucidos de una entrada que se había hundido 25 cms y que conducía desde el norte hasta el centro de la construcción circular 212, siguiendo la primera orientación. En el quinto nivel pudo reconocerse que el "pasillo" continuaba 80 cms fuera de la construcción circular y que allí seguía la segunda orientación. Se había hundido en el relleno del piso y su fondo está revestido con enlucido que baja a los lados. El enlucido exterior de la construcción circular se dibujaba ya en parte en el segundo nivel. El edificio está colocado simétricamente en el centro entre las casas 202 y 219. Las paredes exteriores estaban construidas de postes de caña, cuyas improntas se distinguieron en el enlucido y cuyas coloraciones se observaron sólo 20 cms más abajo (en el quinto nivel) en los estratos de relleno de color rojizo claro. En el "pasillo" que estaba hundido y delimitado por piedras se habían colocado perpendicular a éste, a una distancia de 1,6 ms de la pared exterior, dos lajas delgadas sin enlucido. Por estas lajas pudo averiguarse que el "pasillo" continuaba (40 cms) en dirección sur. Pero en este lugar se habían despegado partes del enlucido. Más allá de las lajas transversales se habían colocado piedras en el relleno del pasillo, que forman el lado norte de una colocación circular de piedras que, a su vez, enmarcan un fogón circular enlucido. El fondo del fogón que consiste en enlucido estaba muy quemado y formaba una placa dura (diámetro interior unos 50 cms). Está situado en el centro del edificio circular. Se había hundido en el relleno que se encuentra en la parte sur del "pasillo". El "pasillo" en toda su extensión estaba rellenado de trozos de enlucido y de arena de color marrón rojizo. No se pudo documentar en la excavación ni un piso más antiguo del edificio circular que estuviera asociado al "pasillo", ni un piso más reciente que estuviera sobrepuesto al fogón. Estos pisos, evidentemente, se encontraban a un nivel más alto que la superficie, conservada antes de comenzar la excavación. Todo el interior de la construcción circular estaba cubierto por una capa de enlucido de 10 hasta 15 cms de espesor, que estaba mezclada con una componente de piedras de grano fino. Sólo en el perfil de un corte que se excavó radialmente desde la trinchera en dirección sur, pudo reconocerse una superficie que era parecida a un piso y que estaba cubierta por restos de enlucido. Ésta descansaba sobre una capa de relleno de un espesor de unos 20 cms, compuesta por material de grano fino de color rojizo claro, debajo del cual pudieron reconocerse fragmentos de piso en el cuarto suroeste y noreste de la construcción circular, así como en los perfiles correspondientes. La superficie se encuentra sobre un estrato que en parte consiste en arena arcillosa y en parte en arguillero de color rojizo claro y que no puede separarse claramente del suelo estéril. El piso más antiguo que está conservado, en parte se encuentra a un nivel más profundo que las losas que delimitan la entrada y las piedras del fogón, pero a un nivel más alto que el piso que se encuentra fuera de la construcción circular. Todas las coloraciones de postes observadas de la superficie interior de la construcción circular se reconocieron ya en el relleno claro que se encontraba encima de este piso. Por consiguiente, este piso no está asociado a una casa más antigua. Se trata, por lo tanto, probablemente, de un piso de trabajo o una cosa semejante que está relacionada con la construcción del edificio. La construcción circular 212 presenta en las dos fases de construcción un piso que tiene una elevación de unos 35 cms.

En el perfil de un gran pozo de huaquero (*lám. 109,1*), que altera también el límite oeste del edificio circular, puede reconocerse claramente el enlucido exterior de este edificio (*lám. 109,2*). En este lugar tiene un espesor de más de 10 cms, unos 40 cms de alto y está inclinado levemente hacia el interior. Está situado encima del relleno rojizo de grano fino que se encuentra también en este lugar encima del "piso de trabajo" y encima del estrato de arena arcillosa, y delimita el conglomerado de trozos de enlucido gris de su relleno. Hacia afuera siguen dos pisos. El inferior se encuentra en la base del enlucido, el otro unos 15 cms más arriba. Entre los dos pisos se halla un relleno de color amarillo-rojizo. El piso superior es contiguo a la pared oeste de la casa 219 que tiene varios cuartos. Las paredes de esta casa corresponden a la segunda orientación, pero ésta era contigua al muro que delimitaba la terraza al este y que correspondía a la primera orientación. Por consiguiente, la construcción circular se utilizaba al mismo tiempo que las casas de la segunda orientación. Sin embargo, en una fase más antigua era contemporánea de las casas de la primera orientación, porque su enlucido exterior al este se conecta con un piso que está en contacto con la pared oeste de la casa 202.

La gran casa 219 (5,6 ms x 6,5 ms) se encuentra en los cuadrángulos IX/X C/D (*láms. 104; 105; 109,1; 110*). En los cuatro cuadrángulos profundos pozos de huaqueros alteran la situación. A pesar de eso, las paredes y los pisos resultan relativamente visibles porque los tres cuartos de esta casa se habían quemado. A todo lo largo del lado norte de la casa (6,5 ms) se extendía un cuarto estrecho (ancho: 1,6 m x 6,5 ms). La parte sur de la casa estaba formada por dos cuartos contiguos de tamaño aproximadamente igual (4 ms x 3,25 ms). La pared que separa estos dos cuartos se ha caído hacia el este, mientras que las otras paredes se han conservado hasta una altura de 50 cms. Su ancho mide 40 cms, como puede observarse en los perfiles de los pozos de huaqueros. Están construidas con postes, entre los que se han colocado piedras. A ambos lados se encuentra una espesa capa de enlucido que parece ser adobe. En el cuarto norte, se observaron en el segundo nivel que se encontraba pocos centímetros encima del piso una capa espesa de carbón de caña y al lado de ésta trozos de enlucido con improntas de palos de caña. En el perfil (*lám. 118 - 119,3*) este estrato irregular atraviesa todo el cuarto. Encima de éste se encuentra una capa de barro de unos 10 cms de espesor. Parece tratarse de los restos de un techo plano caído que evidentemente, estaba construido de palos de caña con una cobertura de barro. En el lado norte del cuarto sur, situado al oeste, se había incorporado un banco de unos 30 cms de altura y 2,4 ms de largo, que estaba construido con piedras y cuidadosamente enlucido. La pared sur de la casa se había erosionado. Se encontraba a una distancia de 1,8 ms del borde sur de la terraza que, en este lugar, consistía sólo en un muro de contención que también estaba fuertemente destruido. Su posición puede reconstruirse porque se pudo descubrir el lado interior de la esquina sureste del cuarto sureste. En este lugar el piso continúa como enlucido de la pared. En esta alineación se encontró una gran cantidad de aquellas piedras pequeñas que habían estado colocadas entre los postes de las paredes, así como algunas coloraciones de postes. Los únicos indicios de entradas son los vacíos entre estas coloraciones de postes de la pared sur. No existen evidencias de una entrada en el cuarto estrecho y alargado que se encuentra al norte. En ninguno de los cuartos de la casa 219 se encontraron evidencias de fogones.

En los perfiles de los pozos de huaqueros se distinguen los pisos de cuartos más antiguos. Se encuentran unos 35 cms debajo del piso de la casa 219, la pared oeste de la construcción circular 212 se conecta con uno de estos pisos (*lám. 109,2*). El espacio intermedio entre estos fragmentos de piso está rellenado con material rojizo. Al sur de la pared oeste de la casa superpuesta (219) se encontró un fragmento de un muro que, probablemente, pertenece a esta fase de construcción. Algunas coloraciones de postes que se encuentran cerca del muro de contención corresponden probablemente, según su orientación, a la misma fase como este fragmento de muro.

El cuarto hundido 217 se superpone a la esquina sureste de una casa 218 que sigue la primera orientación. Las coloraciones y los fosos de postes en los cuadrángulos IX C (parte noreste) y X C (parte noroeste) (*láms. 104; 105*) reflejan partes de las paredes sur y oeste de esta casa 218. Continúan en el cuadrángulo X B (*lám. 98*), mientras que las coloraciones correspondientes en el cuadrángulo IX B están cubiertas por un piso que no se ha excavado. Las coloraciones de postes en la parte suroeste del cuadrángulo X B se reconocen en el cuarto nivel y están unidas por fosos de postes de forma que su asociación no es dudosa. En el tercer nivel un límite de un piso se encuentra inmediatamente delante de la parte exterior norte de la casa. En el interior se han conservado muy pocos fragmentos de piso que pudieran pertencer también a una fase más antigua. Las partes de la pared sur de la casa 218 situadas en el cuadrángulo X C evidentemente fueron destruidas cuando se construyó el cuarto hundido 217, pero su emplazamiento se ve claramente en el cuadrángulo IX C en el quinto nivel en una extensión de más de 5 ms (*lám. 103*). Por lo tanto, puede determinarse el ancho de esta casa (aproximadamente 3,5 ms) y se sabe que tiene un largo mayor de 5 ms. Dado que los restos del fogón probablemente se encuentran en medio de la casa, debajo de los testigos IX/X B/C, la casa 128 no debería tener un largo mayor de 6,5 m.

Ca. 20 cms al norte de la pared norte de la casa 218 se distinguen en el cuadrángulo X B huecos y fosos de postes de la segunda orientación (*lám. 98*). Doblan al oeste de la esquina noreste de la casa 218 en dirección sur. Mientras que en el cuadrángulo IX B (*lám. 97*) se observan los postes de la prolongación de la pared norte y los postes de la pared oeste de esta casa 221 en forma de alteraciones en el piso, en los cuadrángulos que siguen al sur no se han observado huellas correspondientes. La casa 221 medía aproximadamente 4,9 ms de largo. No se han encontrado indicios de nigún fogón. Probablemente se encuentran en el área del testigo IX/X B. Por consiguiente, no existe tampoco una evidencia indirecta del ancho de esta casa.

Más al norte se dibuja otra hilera de postes que atraviesa toda la parte sur del cuadrángulo X B (*lám. 98*). Corre paralelamente a la pared norte de la casa 218, a una distancia de 1,8 ms y su longitud dentro del cuadrángulo es aproximadamente de 8 ms. A una distancia de 3 ms del borde del testigo IX/X B se encuentra una coloración grande. Al este de ésta sigue un vacío de aproximadamente 1 m de ancho. Más allá de éste sigue otra coloración grande. En este lugar probablemente se encontraba un paso en esta pared que, evidentemente, delimitaba el acceso a la parte noreste de la gran terraza en forma de L durante la fase de ocupación correspondiente a la primera orientación.

A una distancia de 5,2 ms al norte de esta pared corre paralelamente a ella una hilera de postes de la misma extensión (7,6 ms), en cuyos extremos se encuentran coloraciones de postes que forman una línea que se orienta perpendicularmente hacia el norte. La pared oeste puede seguirse a lo largo de 4,9 ms hasta dentro del cuadrángulo X A y la pared este hasta el testigo X B/C. La hilera de postes refleja partes de las paredes de una casa grande (220) de la primera orientación. La pared norte puede reconstruirse sólo en base a pocas coloraciones de postes. La entrada de la casa 220, a juzgar por las coloraciones de postes, probablemente se encontraba en el centro de la pared sur, o sea que no está en la alineación del paso que existe en la pared delimitatoria. En toda el área entre esta pared y la casa 220 no se reconocen postes alineados. Pero se encontraron numerosas coloraciones irregulares, así como restos de dos fogones. Hay que atribuir fragmentos grandes de una superficie de varios metros cuadrados de un piso que está fuertemente inclinado hacia el este, en la parte sur del cuadrángulo X B, a una fase de construcción de la terraza anterior a la construcción del muro doble al este que también sigue la primera orientación. En vista de que encima de la casa 220 se construyeron las casas 222 y 224 de igual orientación (primera) y que, evidentemente, eran contemporáneas al muro doble, es probable una asociación entre el fragmento grande de piso y la casa 220.

Algo más al norte en el vano de la pared sur se encontró un hoyo grande circular con bordes quemados. El fondo de este hoyo de poca profundidad tiene huellas de quema fuerte resultando un color rojizo. El relleno está compuesto por carbón y piedras reventadas por el fuego. Este fogón se reconoció ya después de limpiar la superficie y, posiblemente, corresponde cronológicamente a los edificios de la segunda orientación. Es un indicio de que en esta fase esta área estaba sin construir. Aproximadamente 3 ms al norte de este fogón una sucesión de grandes coloraciones de postes – de un diámetro hasta 35 cms – atraviesa el cuadrángulo. Cinco de estos huecos de postes se encuentran separados entre sí por espacios de 1,2 ms al este de un vacío de 3 ms de ancho, dentro del cual se dibujan lajas que están colocadas verticalmente en el suelo y que, probablemente, son restos de un umbral de la entrada. Más allá del vacío siguen en la misma alineación y aproximadamente con la misma distancia entre sí otros dos huecos de postes del mismos tamaño. Una continuación de esta sucesión de postes grandes que indican columnas, se dibuja en otras tres coloraciones del cuadrángulo IX B (*lám. 99*) que sigue hacia el oeste. El más occidental de estos postes se encuentra a una distancia de 1,2 m de la pared oeste de la gran plataforma, cerca de su redondeada esquina sureste. Este edificio corresponde a la misma orientación que la hilera de "columnas" que, evidentemente tenía en la fase de ocupación más reciente la misma función que la pared que presentaba un paso en el sur en la fase de ocupación más antigua: ambas dividen la parte noreste de la terraza en forma de L de la parte sur.

En el área del ancho paso através de las "columnas" se encontraron, medio metro más al norte, las losas del umbral de la casa 223 que sigue la misma orientación. En el cuarto nivel se distinguen claramente coloraciones de postes de la pared sur de esta casa. Ésto no sucede en el tercer nivel; sin embargo, aquí se extiende un gran piso en la parte oeste del cuadrángulo X B hasta la línea de aquella pared de postes y el umbral. Dicho piso recubre los huecos de postes de las "columnas" y se encontraba a un nivel más alto. Su estado de conservación sólo permitió descubrirlo en medida reducida al excavar los niveles más altos. Las paredes oeste, norte y este del cuarto central de la casa 223 se distinguen en la parte norte del cuadrángulo X B (*lám. 98*), en el área del testigo X A/B y en el límite sur del cuadrángulo X A (*lám. 92*). Este cuarte mide 3,7 ms de ancho y 5 ms de largo. En el centro se encuentra un fogón hundido y enlucido (80 cms x 1 m). Restos del piso de este cuarto se han conservado sólo en algunos metros de su esquina noroeste.

Cerca de esta esquina, en el cuadrángulo X A, se distinguen postes, cuya alineación, desplazada 11 cms hacia el sur, continúa en dirección oeste la de la pared norte del cuarto central de la casa 223. Probablemente se trata de los postes de la pared norte de un cuarto occidental de la casa 223. La pared sur de este cuarto continúa la alineación de la pared sur del cuarto central descrito. Asi lo indican dos huecos de postes en el borde del cuadrángulo X B (*lám. 98*). No se observaron improntas de postes de su esquina suroeste en el piso de la fase más reciente (cuadrángulo IX B; *lám. 97*). Pero es de suponer que en este lugar se encontraba la pared sur de este cuarto oeste, dado que la pared paralela norte de este cuarto se observó en coloraciones de postes del cuadrángulo X A (*lám. 92*) hasta donde se encuentra el testigo, a lo largo de la distancia correspondiente (2,8 ms). Por lo tanto, el cuarto oeste de la casa 223 medía más de 2,8 ms, su ancho (3,4 ms) era un poco más pequeño que el del cuarto central.

Existen más datos sobre el cuarto este de esta casa: los postes de su pared sur se encuentran en la alineación de la pared sur del cuarto central. Un vacío en la sucesión de postes posiblemente puede interpretarse como indicio de una entrada. Los postes de la pared este corren a una distancia de 2,4 ms del cuarto central y pueden seguirse en coloraciones del cuarto nivel hasta el testigo X/XI B. No se observaron, sin embargo, claras huellas de una pared norte de este cuarto este. Esto, probablemente, se debe al hecho de que después de la construcción de la casa 220 (primera orientación) y antes de la construcción de la casa 223 – que tiene tres cuartos y que sucedió a la casa anterior – (segunda orientación) en esta parte noroeste de los dos cuartos existía una casa 224, cuyo piso se encontraba a un nivel más alto. Los restos de piso de ésta se hallaban encima de los rellenos que no se diferencian del material del relleno que se encuentra debajo de éstos, de manera que el relleno de los huecos de postes no se distingue del material que se encuentra alrededor de éstos.

En aquella parte del cuadrángulo X B, que en la fase de las construcciones correspondientes a la primera orientación formaba un área abierta entre la pared que se encuentra al sur y la casa 220, y que, también, en los tiempos de la segunda orientación era una plaza con fogón circular, se dibujan ya en la superficie de la parte oeste del cuadrángulo hileras de huecos de postes que forman una esquina aproximadamente rectangular (*lám. 98*). Atraviesan un piso que se prolonga hasta la línea de la pared sur de la casa 223 y que pertenece a la segunda orientación. Por eso sabemos que son de una fase más reciente que todas las demás casas de la terraza. Su orientación difiere más de la dirección norte que la primera orientación. Parece tratarse de un cuarto grande: la pared norte medía por lo menos 6 ms de largo. Posiblemente la pared oeste continúa más allá del testigo IX/X B hasta una distancia de 5,2 ms; el fragmento de piso que está interrumpido formando una línea recta en la parte central de la parte sur del cuadrángulo X B (*lám. 98*), y un hueco de postes que se encuentra en esta alineacion en el cuadrángulo X C que sigue al sur (*lám. 105*) podrían ser indicios de una pared este de la misma longitud. Esta gran casa aislada no está en el contexto de las dos fases de ocupación del asentamiento.

En el cuadrángulo IX B (*lám. 97*) en los dos niveles superiores se perfilan en la parte norte los escombros de la gran plataforma, debajo de los cuales los pisos y banquetas de las construcciones delante del edificio se han mantenido en parte en perfecto estado de conservación. Sólo en partes de la esquina sureste de la plataforma se ha observado el enlucido de paredes. Delante del frente sur se extendía una banqueta de 1,2 m de ancho y de una altura de 15 cms. Ésta debía terminar en el área de los testigos VIII/IX A/B porque en los cuadrángulos VIII A y B no se encontraron huellas correspondientes. La banqueta se ha construido sobre un podio de igual orientación (segunda) que tiene la misma altura. Su borde está 60 cms al este de la banqueta en la misma alineación que el frente este de la plataforma. Se ha conservado hasta una distancia de aproximadamente 5,8 ms del frente sur de la plataforma hasta donde estaba cubierto por los escombros de este edificio. El borde oriental de este podio enlucido está reforzado con piedras, como puede observarse en algunos lugares en los cuales está erosionado el enlucido. En las otras partes su piso descansa sobre un relleno de material amarillo-rojizo de grano fino. Gran parte del borde sur del podio ha sido destruido por la erosión. Sólo pocas piedras de su borde se encontraron *in situ* en el cuadrángulo VIII B (*lám. 96*). Su posición muestra que el podio se extendía hasta una distancia de unos 8 ms del frente sur. En los cuadrángulos VIII A (*lám. 90.1*) y B no se reconocieron evidencias del ancho del podio.

En el cuadrángulo IX B (*lám. 97*) se documentaron indicios de superposiciones anteriores y posteriores a la construcción del gran podio delantero de la parte este de la plataforma. Inmediatamente delante de la banqueta un foso de postes corta el borde este del podio y un piso anterior, cuyos fragmentos pudieron descubrirse dentro de un foso de postes (que mide en este lugar hasta 0,60 ms de ancho). A una distancia de 1,2 ms del límite este del podio, el foso de postes dobla hacia el sur y atraviesa el piso contiguo del área que se encuentra delante de éste. Aproximadamente 5,4 ms al sur de la esquina noreste de la casa, la huella de la pared sur de la casa dobla hacia el oeste donde puede ser seguida a lo largo de 2,5 ms. Otros dos huecos de postes más al oeste se encuentran en la misma alineación. Más allá de un gran hueco de poste no se observaron en la superficie del piso que en este lugar se ha mantenido en buen estado de conservación otras huellas hasta el testigo (distancia: 1,2 ms). Estos huecos y fosos de postes son las huellas de las paredes de la casa 225, que sigue la segunda orientación. Dentro de los fosos de postes se encuentra un material oscuro, rojizo y quemado en el cual las coloraciones no se distinguían claramente. Por lo tanto, sólo pocos huecos de postes pudieron reconocerse dentro del foso. Indicios de las paredes eran concentraciones de pequeñas piedras que, probablemente, servían para acuñar los postes. En el cuadrángulo VIII B que sigue al oeste (*lám. 96*), las condiciones de conservación son mucho más desfavorables. En este piso fuertemente erosionado se observan dos hileras de huecos de poste paralelas. Ambas podrían indicar el curso de la pared oeste de la casa 225. Los dos están a poca distancia una de la otra y corren paralelas a la pared este de ésta casa. La hilera oriental termina en la alineación de la pared sur; por eso probablemente es la huella de la pared oeste de la casa 225. La hilera occidental puede seguirse en el cuadrángulo siguiente al sur VIII C hasta una distancia de 70 cms del gran muro doble al sur de la terraza (*lám. 102*). En este punto comienza la más reciente de las paredes limítrofes sur de la terraza que siguen la segunda orientación – y que corre en ángulo recto hacia el oeste paralelo al muro doble. La hilera de huecos de poste al oeste de la casa 225 corresponde, por consiguiente, a una parte de las paredes limítrofes, en la última fase de construcción de la terraza (vea pág. 247).

Una segunda superposición en el cuadrángulo IX B (*lám. 97*) consiste en hileras de postes colocados regularmente y en un fogón rectangular revestido de losas. Tiene la misma orientación y se dibuja claramente, igual que las hileras de postes, en la superficie del piso que se encuentra debajo del podio (*lám. 141,1*). La hilera de postes oriental encuentra su correspondencia a la misma distancia al oeste del fogón en el cuadrángulo VIII B (*lám. 96*). Los postes de la pared sur continúan en este cuadrángulo y son claramente visibles en este lugar. Evidentemente, la pared norte corre a la misma distancia del fogón que la pared sur. En el área de aquella alteración del podio debida a los fosos de postes de la pared norte de la casa 225 se pueden reconocer fragmentos de piso, cuyo nivel corresponde al del piso del sur, en el cual está hundido el fogón. Por consiguiente, el podio cubría una casa rectangular 227 (6 ms x 4,1 ms). Esta casa se encontraba al sureste delante de la gran plataforma y sigue también la segunda orientación.

Una hilera de postes que se perfila en el mismo piso de la casa 227 entre la pared oeste y el fogón dobla en dirección oeste aproximadamente 1 m más al norte de la pared sur de esta casa. Más allá del testigo VIII/IX B, su continuación pudo observarse sólo fragmentariamente por las condiciones del suelo. Esta hilera de postes indica las paredes este y sur de una casa 229 que, también corresponde a la segunda orientación. No se encontraron evidencias del emplazamiento de las paredes norte y este de esta casa. No se excavó ningún fogón correspondiente porque el piso conservado del podio superpuesto se había excavado sólo en pequeña parte.

En el área del cuadrángulo IX B se puede demostrar la existencia de cuatro construcciones de igual orientación delante de la gran plataforma Huaca Grande. Sólo la relación cronológica de las dos casas más antiguas (229 y 227) no está evidenciada estratigráficamente. A ambas casas se superpone un podio cuadrado que está conectado con la Huaca Grande. Las paredes de la casa 225 cortan este podio. Es inusual en el asentamiento tal frecuencia de superposiciones. Posiblemente se debe a la ubicación inmediata delante de la plataforma.

En la parte oeste del cuadrángulo X A (*lám. 92*) pueden distinguirse los escombros de la gran plataforma. En aquellas partes que están cubiertas por los escombros se ha conservado relativamente bien el piso de una casa rectangular de la primera orientación (222), mientras que más al este estaba fuertemente alterado. Estas destrucciones se deben al hecho de que hoy en día el terreno que se encuentra en la parte norte del cuadrángulo X A tiene un declive fuerte a lo largo de 4 ms y de que, por lo tanto cuando llueve está sumamente expuesto a la erosión. Del perfil de un testigo que se había dejado en ángulo recto a una colocación de (lajas verticales que se encuentra en el borde superior de la caída del terreno), no pudieron deducirse indicios sobre la forma de este desnivel en la época de la construcción de los edificios. Sólo pocos restos de piso se han conservado al sur de esta colocación de piedras. El material amarillento de relleno que se encontraba debajo del piso tenía ya en un ancho de hasta 1 m delante de la colocación de piedras. Debajo del escalón en la parte oeste del cuadrángulo, se encontró un escalón enlucido de una altura de unos 10 cms que pertenece a la segunda orientación y que se ha conservado en un ancho de hasta 55 cms. El escalón estaba compuesto por un relleno de material claro de tamaño medio con algunas manchas de ceniza. Entre este relleno y el material rojizo que forma el suelo estéril de la Meseta, se extiende un estrato anaranjado-amarillento. Pero éste está conservado sólo hasta una altura de unos 30 cms encima del piso que se encuentra delante del escalón. Atraviesa todo el cuadrángulo transversal a la pendiente y dobla cerca del límite oeste del cuadrángulo hacia el sur, donde el suelo asciende también fuertemente en dirección al lado de la gran plataforma Huaca Grande.

En el área que estaba delimitada de esta forma al norte y oeste, había dos casas (222 y 224) de la primera orientación. Ambas se superponen a la parte norte de la casa 220 (descrita anteriormente véase pág. 254) que pertenece también a la primera orientación. Entre la casa 222 al oeste, que es casi cuadrada, y la casa rectangular 224 al este se encontraba un patio. El piso de éste que se ha conservado en parte en el área norte está al lado del escalón de la segunda orientación que se encuentra delante de la parte inclinada del terreno. En aquella área en la cual no se ha conservado el piso, se encuentra un fogón cuadrangular hundido que corresponde a la primera orientación. En el tercer nivel tampoco se distingue ningúna planta de casa que corresponde a este fogón. Por consiguiente, este fogón se encontraba en el patio que había sido nuevamente enlucido y a él se había añadido un podio en la parte que está orientada cerro arriba en una fase de construcción más reciente que la segunda fase de ocupación. Como este enlucido del piso está al lado del enlucido del escalón que se encuentra delante de la pared este y del podio sobre el cual se encuentra el piso de la casa 224, es seguro que esta casa siguió existiendo también sin mayores reconstrucciones en conexión con el grupo de la segunda orientación. No existe una conexión tan clara entre el piso del patio y el piso de la casa 222. Además la planta de esta casa corresponde a la primera orientación. Sin embargo, un escalón enlucido y revestido de piedras que separa la parte norte de esta casa y que fue elevado posteriormente (unos 10 cms) en una fase más tardía de la parte sur, corresponde a la segunda orientación.

Partes de las paredes de la casa 222, evidentemente, se han quemado: en los bordes del piso, se distinguieron en el tercer nivel claramente coloraciones de postes que estaban unidas por fosos de postes; estos bordes muestran ya en el primer nivel (sobre todo al sur y al este) huellas de quema y fragmentos de mortero de barro con improntas de palos de caña. En la parte norte se encontraron sólo en el piso superior huellas de quema, mientras que el piso inferior más antiguo no presentaba tales huellas. Por consiguiente, la casa se ha quemado después de la reconstrucción del grupo de la segunda orientación. Inmediatamente al sur del escalón, se distinguieron ya en el primer plano las colocaciones limítrofes de losas de un fogón cuadrado hundido, que, por lo tanto, evidentemente, se usó también después de la reconstrucción (escalón). La orientación de la colocación de piedras corresponde, sin embargo, a la primera orientación y el mortero de barro del revestimiento se encuentra en parte debajo del escalón, es decir, que el fogón se construyó ya en relación con la casa más antigua. El fogón se encuentra en el eje central de la casa 222. Su centro está un poco más al sur. El escalón separaba la parte norte, de tamaño algo menor (4,3 ms x 8,2 ms), de la parte sur (5 ms x 8,2 ms). La entrada sólo puede haber estado al oeste (según la distribución de las coloraciones de postes) y se abría, por lo tanto, hacía el patio que se encuentra entre las casas 222 y 224.

Partes de los pisos y coloraciones de los postes de la casa 224 se encontraron en los cuadrángulos X/XI A/

B (*láms. 92; 98; 99*). La casa 224 se superpone a la parte noreste de la gran casa 220 (que también pertenece a la primera orientación). Sólo la huella de un foso de postes se encontró debajo del relleno del piso elevado de la casa 224. Pasando un ancho peldaño enlucido y revestido de piedras (1,4 m x 6,5 ms), delante del centro de la pared oeste, se entraba al cuarto cuyos postes de la pared en parte reconocibles en el primer nivel por improntas en el piso, se perfilaban claramente en el suelo estéril como coloraciones que estaban unidas por fosos de postes en el tercer nivel del cuadrángulo X A. En el área del testigo X A/B y en el cuadrángulo X B, el piso de la casa se encuentra a un nivel más bajo. Un peldaño enlucido y revestido de piedras atraviesa todo el cuarto dentro de la alineación del lado sur del peldaño de la entrada, inmediatamente al sur del fogón cuadrangular hundido de la casa 224, del cual la mitad está cubierta por el testigo X/XI A/B. En los cuadrángulos XI A/B (*lám. 99*) al este de este testigo, debajo del cual se encuentran también la esquina sureste y partes del lado norte de la casa 224, se distinguía el piso claramente en el primer nivel. Terminaba en una alineación que corría paralela a la pared oeste. En este lugar se encontraban piedras de tamaño medio sobre el piso, delante de la pared que estaba a un nivel más bajo. En el segundo nivel se perfilaba en este lugar el foso de postes de la pared este. La casa 224 medía 3,8 ms de largo y 3 ms de ancho.

Al noroeste de la casa 222 en la esquina noroeste de aquel área plana que está delimitada al norte y oeste por declives, pudo descubrirse en el tercer nivel un fragmento de piso de unos 3 m^2. En este fragmento y cerca de él están hundidos 23 huecos de postes, veinte de estos dispuestos en dos circulos concéntricos de diámetros de 0,85 y 1,38 ms respectivamente. Parece que en este lugar habían una o dos construcciones circulares (226). Toda el área plana en esta esquina está cubierta en el segundo nivel por un conglomerado de barro gris, encima del cual se encuentran fragmentos de cerámica. De la posición de los escombros de la gran plataforma en el primer nivel, no pudieron deducirse evidencias de restos de paredes en pie debajo de éstos. Hay que suponer que el edificio o los edificios circulares, que están atestiguados por los circulos de postes, ya no existían cuando se derrumbó la plataforma. Su adjudicación segura depende, por consiguiente, de cuando se derrumbaron. En este contexto cabe destacar, que los fragmentos de cerámica que se encontraron debajo de los escombros y encima de la capa de mortero de barro son relativamente grandes, en parte pertenecen a las mismas piezas y sus cantos no están rodados. Esto significa que no es material acarreado por erosión, sino que la cerámica en este caso fue aplastada por la caída de la plataforma. Cuando se depositaron en este lugar, el (los) edificio(s) circular(es) 226 ya estaba(n) destruidos. Por consiguiente, este edificio no es contemporáneo de la plataforma ni de la casa 222 (por lo menos no posteriormente a su reconstrucción), sino, probablemente, está asociado a construcciones de una fase más antigua.

Se excavaron juntos el cuadrángulo XI B, el área del testigo XI A/B y una faja de 1,5 ms de ancho al sur del cuadrángulo XI A (*lám. 99*). En el primer nivel se observaron partes del piso fuertemente deteriorado al este de la casa 224, de una área ancha (aproximadamente 2,8 ms) sin huellas de edificios. Los fragmentos de piso terminan en una hilera de piedras a la cual cubren en parte. Más allá de estas piedras que terminan al este en una línea recta se encontraron piedras de tamaño medio, que en su parte superior estaban mezcladas con mortero de barro gris. Éstos, probablemente, son en parte los restos de construcciones derrumbadas. Algo más abajo están mezclados con material rojizo de grano fino. Parece tratarse de un relleno intencionado. Cerca del borde se encontraban encima de las piedras mencionadas algunos bloques grandes, cuyo lado oeste forma una alineación. Las pocas piedras grandes corresponden en su alineación aproximadamente a un muro que está enlucido en parte, y que se dibuja al este más allá del relleno, es decir, que se trata de piedras aisladas de la hilada inferior de la parte oeste del muro que tiene un ancho de unos 2 ms y que es parecido a una terraza. Este muro delimitaba la gran terraza al este. Su lado este en este lugar está conservado hasta una altura de 1,5 ms. Puede observarse que su orientación, a pesar de irregularidades en su curso que son normales en un muro de contención tan grande, corresponde a la primera orientación.

La hilera de piedras que en parte está cubierta por el piso conservado en la terraza, corresponde a la primera orientación. En el segundo nivel pudo observarse más claramente que esta hilera de piedras era la corona mural de un muro de contención de la primera orientación. En algunas partes pudo distinguirse su enlucido exterior, que colinda con un piso más antiguo de la superficie de la terraza. Este piso se encuentra también debajo del piso mencionado, el cual también está conservado fragmentariamente, y se extendía asimismo hasta la pared este de la casa 224. No pudieron observarse huellas de una pared limítrofe cerca del borde de la terraza como en el caso del lado sur de la terraza grande.

A una distancia de unos 2 ms del límite del cuadrángulo XI A/B, el piso de la fase de construcción más antigua en la terraza estaba destruido. No se pudo seguir más la corona mural del muro de contención (más antiguo). Las observaciones indican que más al norte el muro de contención ya estaba derrumbado cuando se construyó el gran muro doble.

Al pie del muro doble se encontraron en la superficie y en el primer nivel material de derrumbe: bloques de piedra mezcladas con material gris de enlucido y material de relleno rojizo del muro doble. Sólo en una pequeña área de los límites de los cuadrángulos al sur se había conservado el piso original. En el segundo nivel se encontraron debajo de los escombros numerosas manchas de material orgánico con huesos y fragmentos de cerámica, cuyos cantos no estaban rodados. No se observaron huecos de postes ni otras evidencias de la existencia de casas.

La parte exterior del muro grande dobla perpendicularmente en dirección este a una distancia de 1,5 ms de límite de los cuadrángulos XI A/B. Puede seguirse a lo largo de unos 2 ms un muro de contención que está formado por bloques grandes colocados en mortero de barro (*lám. 99*). Probablemente por su posición perpendicular al declive no se ha conservado el enlucido de este muro. Esto también es válido para el estado de conservación en conjunto. Este muro forma el sostén meridional de un acceso a la terraza grande. Al norte estaba delimitado por un muro doble de 0,7 ms de ancho, que corresponde a la segunda orientación y que continúa en la terraza hasta el límite del cuadrángulo XI A. Este muro aparentemente forma el límite norte de la terraza grande. Se encontraba en la misma alineación que la colocación de postes hallada al noreste en el cuadrángulo X A y que está hundida en el escalón al pie del declive. En el área del acceso a la terraza se ha conservado a lo largo de este muro un gran fragmento de piso, cuya superficie inclinada comprueba que el acceso también estaba inclinado en forma de rampa y que no estaba subdividido en peldaños. En esta área se encontraron *in situ* sólo pocas piedras de la parte sur del muro. Algunas partes se habían caído. En el lado de la ladera, al norte, debajo de material de relleno de tamaño medio, pudo descubrirse un piso. Éste había sido construido antes de que sobre él se edificara el muro. No se conoce el espesor original de los rellenos que se encuentran encima de este piso, al norte del muro. El piso se encontraba a un nivel más arriba de la superficie reciente. Un indicio de la altura relativamente pequeña del relleno es un foso de postes que ha perforado este piso y que corre paralelo al muro. Éste, probablemente, es la huella de una pared que se levantaba directamente al norte del muro.

Los extremos orientales de los dos muros de la rampa estaban alterados por una ancha línea de erosión, cuyo borde se encontraba a una distancia de unos 2 ms del muro doble, y que altera todo el área al oeste y suroeste del cuadrángulo XI B (*lám. 99*).

La gran terraza en forma de "L" está apoyada al sur y al este por muros que siguen dos orientaciones. Esto es válido también para las densas construcciones sobre ella. Las dos orientaciones corresponden a dos fases de ocupación, esto puede ser demostrado estratigráficamente en esta terraza. En ambas fases hay superposiciones correspondientes a diferentes fases de construcción. Sin embargo, en la fase más reciente siguieron utilizándose casas y construcciones de la fase de ocupación más antigua. Esto lo documenta de manera más clara el muro doble oriental de la terraza, al cual se adosó un podio y una casa de la fase de ocupación más reciente (casa 219). La estructuración de las construcciones se reconoce más claramente considerando las plataformas (véa pág. 278).

Las construcciones al oeste y este de la plaza rectangular hundida

Delante de la declinación del terreno, en la parte norte del cuadrángulo X A, se encontraba en la fase correspondiente a la segunda orientación un muro de material orgánico, como puede deducirse de las colocaciones de postes en su base y del muro del cuadrángulo XI A que tiene la misma orientación (*láms. 92; 99*). Aquel, evidentemente, ha sido destruido junto con su relleno por la erosión. Más arriba en los cuadrángulos X A y X Z (*láms. 88; 92*) se encontraron restos de muros que estaban revestidos de piedras. En el suroeste del cuadrángulo X Z puede seguirse a lo largo de 3,15 ms la hilada inferior de un muro doble. El penúltimo piso, que colinda con el enlucido exterior de la plataforma Huaca Grande, cubre cerca del lado este de la gran plataforma estos restos del muro doble. Al sur del muro doble se han conservado partes de una faja de 1,4 m de ancho perteneciente a un piso. Éste, aparentemente, era un fragmento de la superficie de un escalón de 1,6 m de altura, cuyo frente formaba el muro mencionado que se encontraba delante del declive del terreno.

En la esquina noreste del cuadrángulo X A (*lám. 92*), se encontraron los restos de un muro, cuyo tipo de construcción difería marcadamente de todos los otros muros de Montegrande: grandes lajas habían sido empotradas verticalmente en el suelo. El piso que se encuentra al sur delante del muro está fuertemente deteriorado. No existen otros indicios de su asociación con el complejo entero, porque sobre la base de su curso irregular (debido a la ubicación en la ladera) no puede reconstruirse su orientación original.

El piso que estaba superpuesto a la casa 230 estaba reforzado con piedras en sus borde norte, que también en parte estaba cubierto por material de relleno rojizo de grano fino. Este se extiende en la parte oeste hasta debajo de un piso que limita con la plataforma. En este relleno está hundido un fogón circular lleno de carbón que muestra huellas de quema. Fogones de este tipo se encuentran sólo fuera de las casas, o sea, en una de las fases de construcción no había habido casas en esta área.

Aproximadamente 4 ms al norte del muro doble, arriba de la caída del terreno, se encontraron algunas coloraciones de postes colocadas en fila que pertenecen a la fase de ocupación antigua (primera orientación). Probablemente están asociadas a una hilera regular de postes que está perpendicular a la anterior y que dobla más al norte (a una distancia de 3,15 ms) en dirección este. Encima de los postes de este hilera se encuentran partes del enlucido exterior de la parte norte de una colocación de piedras con mortero de barro. Éste forma el borde norte de una terraza de la primera orientación. La colocación de piedras circunda material de relleno claro, amarillo-rojizo, que se distingue más al sur. La terraza, por lo tanto, está claramente superpuesta a las hileras de postes mencionadas de la pared norte y oeste de una casa 230, cuya pared sur y esquina sureste pueden reconstruirse sobre la base de hilera de coloraciones de postes. Gran parte de su pared este y esquina noreste se encontraban en el área del testigo X/XI Z. La casa tenía una planta aproximadamente cuadrada (3,15 ms x 3,13 ms). En el centro de la casa se encontraron los restos de un fogón.

Tres coloraciones de postes indican una continuación occidental de la pared sur, que, posiblemente, está asociada a una sucesión de postes grandes, cuyas improntas se observaron en el piso a una distancia de unos 2 ms de la pared oeste. Esta sucesión de postes sigue la primera orientación. Más al norte se superpone la casa quemada 231 de la segunda orientación (más reciente). Pero en la misma alineación se encuentra aproximadamente 6 ms más al norte, en el cuadrángulo X Y (*lám. 83*), la parte oeste de la entrada de la casa 232. Según su orientación, la casa 232 fue construida en la fase de ocupación más antigua. Sin embargo, todavía fue utilizada en la fase de ocupación más reciente, porque el piso de un pasillo, entre las casas 231 y 232 colinda con los enlucidos exteriores correspondientes a ambas casas. En la fase de ocupación más antigua esta sucesión de postes probablemente se extendía hasta la entrada de la casa 232 y separaba el área de las casas que en esta fase de ocupación que se encuentran al oeste de esta plaza hundida entre las plataformas. A una distancia de 4 ms de esta sucesión de postes corre paralelamente a ella el escalón del borde de esta plaza.

El piso que estaba superpuesto a la casa 230 estab reforzado con piedras en sus borde norte, que también corresponde a la primera orientación (*lám. 88*). Se trata de una especie de "podio". El borde norte dobla en el oeste hacia el sur a una distancia de 1,4 m de la sucesión de postes. El lado oeste puede seguirse en esta área a lo largo de 1,5 m; más al sur está erosionado; la longitud de la parte norte conservada del "podio" mide 8 ms. Sin embargo, más allá del testigo X/XI Z, en el cuadrángulo XI Z (*lám. 89*), cambia su orientación. Se acerca en este lugar a la segunda orientación. Esto parece ser el resultado de una reconstrucción, como lo indican las piedras en la parte oeste del borde de la terraza. Una hilera de estas piedras presenta un borde norte que corresponde a la primera orientación. Mortero y piedras, que hacia el oeste son cada vez más anchas, habían sido colocados más tarde delante de la hilera.

El "podio", cuya extensión norte-sur no puede ser reconstruida sobre la base de los hallazgos, fue construida en la fase de ocupación más antigua y adaptada en parte a la segunda orientación en la fase de ocupación más reciente. Está superpuesto a otro "podio" que sigue la primera orientación, y cuyo límite norte pudo descubrirse 1,4 m más al sur, en una pequeña sección debajo del relleno del "podio" más reciente, en la esquina suroeste del cuadrángulo XI Z (*lám. 89*). El "podio" más antiguo probablemente existía al mismo tiempo que la casa 230, cuya pared este se encontraba a poca distancia de la parte descubierta de su límite norte. A la casa 230 y a la terraza se superpone un escalón que está reforzado con piedras y que pertenece a la segunda orientación. Éste escalón se dibujaba en el borde este del cuadrángulo X Z e – incluso en la superficie – en el área del testigo X/XI Z. Este escalón probablemente conducía desde el sur al "podio" más reciente, que, por consiguiente, tenía (por lo menos en la fase de construcción respectiva) una forma estrecha y alargada (aproximadamente 1,6 m x 8 ms). No se encontraron huellas de los límites sur de los "podios" más antiguos.

Al final de la fase de ocupación más reciente, el área al sur de la casa 231 tenía construcciones: una hilera de postes de la segunda orientación corre en la alineación de su pared oeste hacia el sur y dobla a una distancia de 1,8 ms en dirección este. El piso que corresponde a esta construcción adicional de la casa 231, se encontraba a un nivel considerablemente más alto que la superficie conservada. Se ha erosionado igual que las partes occidentales del piso que existía antes de la construcción del cuarto adicional al sur de la casa 231. El piso cubría también un pasillo estrecho entre esta casa y el "podio" reconstruido en la fase de ocupación más reciente y se ensanchaba hacia el este (50 cms - 70 cms). Se ha conservado cierta cantidad de fragmentos de la superficie de su piso, de manera que puede reconocerse que estaba estructurado por dos escalones bajos que ascienden hacia el este. Estos se extienden entre el borde norte de la terraza y la pared sur del cuarto principal de la casa 231.

El cuarto principal de la casa 231 está situado en la parte noreste del cuadrángulo X Z (*lám. 88*) y en la parte sureste del cuadrángulo X Y (*lám. 83*), así como en la parte occidental sur y norte de los cuadrángulos XI Y yZ (*láms. 84; 89*). Está quemado y por lo tanto relativamente bien conservado (altura de la pared hasta 50 cms). A pesar de que las paredes están algo deformadas, la unión de los postes de caña, cuyas improntas pudieron descubrirse casi completamente, demuestra que su planta presentaba esquinas rectangulares y era casi cuadrada (3,8 ms x 3,7 ms). El piso está perfectamente conservado y tiene una elevación de unos 15 cms. Se entra al cuarto desde el oeste por dos peldaños de una altura respectiva de unos 8 cms (hasta 2 ms de largo, aproximadamente 15 cms de ancho). Los postes de las paredes tienen un diámetro medio de unos 10 cms y están separados entre sí por escasa distancia. En muchos casos se habían acuñado entre los postes piedras que estaban colocadas en mortero de barro, el cual rodea también los postes, de manera que las paredes tienen junto con las capas exteriores de enlucido un grosor de 20 cms a 30 cms. En todo el piso quemado del cuarto principal de la casa 231, que estaba en buen estado de conservación sin considerar una alteración causada por un pozo de huaquero, no se encontró ningún hueco de poste. Según esto el techo, cuyos restos caídos pudieron documentarse en un perfil en dirección este-oeste (*lám. 118 - 119,1*), tiene que haber descansado exclusivamente sobre las paredes. En el centro del cuarto se encontró el fogón hundido que estaba revestido de lajas de piedra, el cual tiene forma aproximadamente cuadrada y está lleno del material característico de ceniza blancuzca, pocos trozos de carbón y tiene pocos restos de quema en los bordes. En comparación con el piso que lo rodea el borde de este fogón está levemente elevado. En el perfil se dibujan en el piso fragmentos de palos de caña quemados, que están cubiertos por capas alternadas de barro con gravilla y caña quemada con madera (?). Sólo unos 30 cms encima del piso se encontraron piedras de tamaño medio que podrían ser partes del material de la pared. Se encuentran en parte en posición horizontal sobre una capa delgada de color amarillento. Ésta forma parte de un piso que está a un nivel más alto. La casa ya no se quemó más después de la reconstrucción correspondiente. Por lo tanto, este piso no presenta tan buenas condiciones de conservación como el piso más antiguo. No fue reconocido en la excavación de planta, sino en el perfil de las estratificaciones (*lám. 118 - 119,1*). Cuando se construyó el piso más reciente se elevó el umbral de la entrada unos 30 cms. Evidentemente las paredes no fueron afectadas por el incendio del techo, probablemente, porque los postes que sostenían el techo se encontraron cubiertos por una capa gruesa de enlucido. Más tarde solamente se construyó un nuevo piso encima de los restos caídos del techo.

Después de la construcción del cuarto principal de la casa 231 se edificó en el lado oriental un cuarto adicional estrecho y alargado (3,8 ms x 1,1 m). A juzgar por la distribución de las improntas de los postes, el cuarto principal y el cuarto adicional de esta casa no se comunicaban entre sí. Además llama la atención que no se encontraron indicios de entradas, ni en los lados más estrechos del cuarto adicional ni en su parte longitudinal oriental. La entrada puede haberse encontrado en el tercio norte del lado este del cuarto adicional – en este lugar la situación está alterada por un pozo de huaqueros –, pero ni en el área de las plataformas ni en toda el área del asentamiento se encontraron indicios de una entrada de un cuarto en posición excéntrica. Es de suponer que tampoco existía una entrada elevada como la del cuarto principal, ya que no se encontraron huellas de peldaños de entradas correspondientes. Gracias al buen estado de conservación puede demostrarse que falta una entrada a este cuarto adicional, estrecho y alargado. En analogía con este cuarto suponemos que ninguno de los cuartos en Montegrande que son comparables en forma y tamaño tiene entradas. En estos casos la falta de una entrada podía deducirse sólo por la ausencia de vaciós correspondientes en las hileras de postes (en relación con su función vea pág. 224).

El cuarto añadido fue construido encima de partes de un patio, cuya mayor parte estaba situada en el cuadrángulo XI Z (*lám. 89*) y que lindaba con la parte más antigua de la casa 231, que posteriormente fue el cuarto principal. La pared este del cuarto adicional fue construida encima de un escalón de unos 10 cms de altura que atravesaba el patio paralelamente a la casa 231. El piso cuidadosamente enlucido se extiende hacia el norte hasta un paso estrecho entre la casa 231 y la casa 233 situada al noreste. Su parte oriental está limitada al norte por la casa 233, al sur por el "podio" alargado reconstruido descrito anteriormente. En este patio se habían hundido pozos circulares que estaban llenos de carbón y de piedras reventados por el calor. Los bordes no enlucidos de estos hoyos muestran el efecto de intenso calor. Dos de estos pozos estaban cubiertos por el cuarto añadido de la casa 231.

El paso entre las casas 231 y 233 ya había estado cerrado por una pared de postes (en los cuadrángulos XI Y/Z *láms. 84; 89*) antes de la construcción del cuarto adicional de la casa 231. La pared de postes había sido adosada al enlucido exterior del cuarto principal de la casa 231. A esta pared se había añadido al norte, en el otro lado, una especie de podio (de unos 30 cms de alto, superficie: 60 cms x 80 cms), construido de piedras que estaban colocadas en mortero de barro y cuidadosamente enlucido. El pequeño podio, la pared de postes y un enlucido exterior más reciente del cuarto principal de la casa 231 están superpuestos a los postes de una pared más antigua, que también cerraba el espacio que queda entre las casas 231 y 233.

El cuarto principal de la casa 233 colinda con el patio en esta área (4,8 ms x 5 ms). Su parte sur se encuentra en el cuadrángulo XI Z, la parte norte en el cuadrángulo XI Y (*láms. 84; 89*). Debido a la superficie del terreno – declive fuerte al este y sureste –, un deslave al noreste, y también debido a pozos de huaqueros en las esquinas noroeste y suroeste, las paredes de esta casa estaban fuertemente deformadas. A pesar de eso pudo distinguirse en base a los huecos de postes observados en las paredes-excepto la parte este de la pared sur –, que la planta correspondía a la segunda orientación (fase de ocupación más reciente). El piso de la casa, conservado sólo en fragmentos, se encontraba al sur unos 50 cms sobre el nivel del patio y al norte y al oeste aproximadamente 30 cms sobre el nivel del piso. Sólo se había conservado la parte inferior de las paredes que bordean el relleno. Su enlucido exterior pudo documentarse enteramente a pesar de los numerosos factores de destrucción. Las partes conservadas de las paredes tenían un espesor de entre 30 y 50 cms. Considerando aquellos lugares, en los que los postes se documentaron de forma más o menos completa, resulta una colocación de postes con pequeños espacios intermedios (unos 10 cms) que eran relativamente delgados (diámetro aproximado 8 cms). Como el piso interior se ha excavado cuidadosamente y se ha documentado en tres niveles, puede descartarse la posibilidad de que se puedan haber encontrado postes de apoyo en el interior. El espesor del piso variaba hasta 5 cms. Debajo del piso se encontró un relleno claro, amarillo-rojizo, en la parte interior mezclado con algunos fragmentos de enlucido de barro y en parte con piedras grandes. En el perfil de un pozo de huaquero se encontraron partes de un piso que existía antes de la construcción de la casa 233. El cuarto principal de la casa 233 presentaba una entrada en el centro de la pared sur. Esta entrada pudo deducirse por un vacío (de aproximadamente 1,2 m de ancho) en la hilera de postes de la pared y por un peldaño que estaba reforzado con piedras y enlucido y que se encontraba delante de la pared (1 m x 30 cms). Su altura conservada medía aproximadamente 20 cms. Pero probablemente era más alto porque el enlucido que lo cubría no se ha conservado. En el centro del eje del cuarto principal se encontraba un gran fogón rectangular (1,4 m x 1 m), que estaba revestido de piedras, y cuyo enlucido interior se había conservado sólo fragmentariamente. Estaba lleno de una capa espesa de ceniza blancuzca. Además contenía algunas piedras sin claras huellas de quema.

En las esquinas noreste y sureste del cuarto principal, el enlucido exterior de las paredes norte y sur no doblaba sino que continuaba en la misma alineación. Algunas coloraciones de postes en la continuación de las paredes (encontradas al sur a una distancia de hasta 1 m), así como la corvatura del enlucido exterior de la pared este en el noreste hacia fuera, indican que en este lugar colindaba otra habitación con el cuarto principal de la casa 233. Pero ésta puede reconstruirse sólo en base a pocos restos debido a su ubicación (en el declive hacia la línea de erosión). El nivel del piso se encontraba unos 30 cms más abajo que el del cuarto principal. Al pie de la pared este se han conservado sólo restos de este piso, que en parte estaban fuertemente erosionadas. Fuera del área de este piso, a una distancia de 1,3 m de la pared, se encontraban dos coloraciones de postes en una alineación paralela a esta pared. Esta alineación formaba a la vez en los niveles inferiores una línea divisoria que separaba un área casi sin piedras de otra área más al este con gran cantidad de piedras de tamaño medio. Estos son los únicos indicios de la pared este del cuarto adicional. Su planta estrecha y alargada correspondería por lo tanto a la forma del cuarto adicional de la casa 231. A la pared divisoria entre el cuarto principal y el cuarto contiguo se había adosado cerca de la esquina una pequeña estructura aproximadamente rectangular, parecida a un pequeño podio (90 cms x 25 cms), cuyo enlucido exterior se ha conservado hasta una altura de 5 cms. Estaba compuesta por barro y pequeñas piedras. No se puede haber tratado de un peldaño de entrada al cuarto principal, porque en este lugar se distinguió claramente la impronta de un poste.

No encontramos evidencias respecto a la estructuración del área que se encuentra más al este del cuarto adicional de la casa 233. En cambio, una parte de los patios al norte y al oeste, en el cuadrángulo XI Y (*lám. 84*), se ha mantenido en perfecto estado de conservación, porque estaban cubiertos por un sedimento de barro claro (que se había erosionado en el lado norte de la ladera y que fue arrastrado a este lugar). Este material cubre en parte restos de la pared norte derrumbada de la casa 233. Hacia el oeste, hasta la pared este de la casa 232, se extiende un peldaño (unos 10 cms de altura) por el cual se desciende desde la parte oeste del patio a su parte norte. Este patio limita al norte con la casa 232 y es estrecho (1,9 ms). Al norte está delimitado por un zócalo que está reforzado con piedras y que corresponde a la segunda orientación. Sus restos pueden observarse hasta una distancia de aproximadamente 2,5 ms de la esquina noroeste. La continuación oriental de este límite norte del patio puede distinguirse en un límite del piso que tiene la misma alineación y que se encuentra más allá de una alteración. Este límite puede seguirse a lo largo de 6 ms. En este lugar el zócalo linda con una plataforma cuya esquina suroeste puede deducirse a pesar de que está fuertemente deteriorada. Se encuentra en la parte oeste del cuadrángulo XI Y (*lám. 84*). A una distancia de aproximadamente 1,4 m de la pared norte de la casa 233 puede observarse una hilera de piedras que están colocadas en mortero y enlucidas en su lado sur. Esta hilera de piedras forma el límite sur de un relleno de material rojizo de grano fino que se distingue claramente del material amarillento de su lado noreste hasta el límite este del cuadrángulo (a lo largo de 3,6 ms). Otro límite entre los dos materiales corre casi en línea recta en dirección norte, perpendicular a la alineación de la hilera de piedras, aproximadamente en el extremo oeste (a una distancia de aproximadamente 1,7 ms del límite de la excavación). En el límite de esta coloración, a una distancia de unos 2,5 ms de la esquina, se encuentran tres piedras cuyos cantos occidentales están alineados. Parece que estas piedras y las piedras con enlucido que se habían colocado en mortero formaron los bordes de zócalos que rodean esta plataforma con anchos variables (al sur 1,7 m; al oeste 303 cms). No se ha conservado la superficie de los zócalos. Su relleno consiste en material rojizo. Algunas piedras de los muros de la plataforma también presentan cantos exteriores paralelos. De esto se puede deducir la posición y la orientación del edificio. La plataforma corresponde a la primera orientación, su frente sur delimita el patio al norte de la casa 233. No se observan evidencias de reconstrucciones que se hayan realizado en la fase de ocupación más reciente.

Al oeste de la plataforma se extiende un área que asciende ligeramente en dirección norte. Esta área estaba delimitada en la época de la fase de ocupación más reciente en el lado que está orientado hacia el valle, por el zócalo del patio. El área está fuertemente afectada por la erosión. A una distancia de unos 3,8 ms al norte de este zócalo puede reconstruirse en base a más hileras de piedras una escalera ancha del grupo de orientación más reciente. Estas tres hileras de piedras, en parte ligeramente desplazadas, se encuentran colocadas en mortero de barro. Se puede distinguir claramente que sus cantos meridionales originalmente estaban alineados. En algunos lugares se han conservado los restos del enlucido exterior de los peldaños. Su altura probablemente medía en su estado original unos 20 cms, el ancho aproximadamente 40 cms. Parece que la escalera llena toda la distancia entre la plataforma oriental y la plataforma Huaca Antigua que se encuentra al noroeste. Por consiguiente mide casi 15 ms de ancho.

El área que se encuentra entre esta escalera y el patio, está alterada por dos grandes pozos de huaqueros en cuyos perfiles se observan relleno de barro y restos de muros. Por medio de la limpieza de los perfiles de los pozos de huaquero (*láms. 120,2. 3; 143,2*), así como por la excavación de algunas partes, se averiguó que en este lugar se encuentra un cuarto hundido rectangular 234 (1,8 m x 2,8 ms; profundidad: 1,6 m). Se halla a poca distancia (70 cms) al oeste de la plataforma oriental. Su planta corresponde también a la primera orientación, como puede deducirse de partes conservadas de las paredes. Las paredes están levemente inclinadas hacia fuera y enlucidas cuidadosamente, igual que el piso. El enlucido, sin embargo, se ha conservado en los muros sólo hasta una altura de 40 cms. En el centro de la pared sur, una estrecha escalera (unos 35 cms de ancho) baja al cuarto hasta 50 cms arriba del piso. Se han conservado sólo los dos peldaños inferiores (unos 11 cms de alto, 9 cms de ancho, 35 cms de largo). En el tercer nivel se distingue la impronta de un madero (diámetro unos 10 cms) entre sedimentos compactos, arcillosos, que se encuentran encima de la parte norte de este cuarto. Está redondeado en su extremo oeste, el cual se encuentra más allá del borde del muro, y puede observarse a lo largo de 1,6 m hasta donde se encuentra el perfil del pozo de huaquero. El emplazamiento del madero, a una distancia de 20 cms paralelo a la pared norte del cuarto, hace suponer que se trata de una parte del techo que se quedó *in situ*, cuando se derrumbaron las hiladas superiores del muro norte y cuando el cuarto se llenó de material erosivo, consistente en barro mezclado con piedras y trozos de enlucido. Dentro de este relleno se encuentran sólo pocas huellas de material orgánico que pudieran ser interpretadas como indicios del techo. Faltan evidencias de que el relleno de este cuarto hubiera tenido lugar o se hubiera completado antes de reconstrucciones en la fase de ocupación más reciente. Más bien es de suponer que este cuarto hundido y techado estaba todavía en uso cuando se utilizaban las casas correspondientes a la segunda orientación. Entonces se habría llenado sólo más tarde con los escombros de sus paredes laterales derrumbadas y con el material arcilloso procedente de erosiones.

El patio al oeste de la casa 233 está delimitado al oeste por una casa de la segunda orientación (casa 232). Pero el enlucido exterior de esta casa se une con el piso del patio que, a su vez, está unido con la casa 233. Por consiguiente, la casa 232 también se utilizaba en la época de la fase de ocupación más reciente. El patio se abre en su parte sur hacia el oeste y está delimitado en este lugar por las casas 231 y 233, entre los cuales había en pasillo. Pero éste fué cerrado en distintas épocas por paredes de postes, más tarde por el cuarto contiguo de la casa 231. Antes de la última reconstrucción se encontró en la esquina sureste de este patio el pequeño zócalo mencionado, que está adosado a una pared de postes al sur y a la pared oeste de la casa 233. La casa 232 está situada en los cuadrángulos X y XI Y (*láms. 83; 84*). Sólo pocos centímetros de las paredes de esta casa se han conservado en la parte oeste y suroeste. Del piso también se han conservado restos sólo en la parte oeste. El emplazamiento de las paredes, sin embargo, puede reconstruirse en los cuatro lados casi completamente, porque éstas bordean las capas rojizas de relleno de grano fino, de un espesor de unos 12 cms, sobre las que está construido el piso. Se pudo descubrir la mayor parte de los lados exteriores enlucidos. En las paredes sur y oeste pueden distinguirse improntas de postes en las paredes. Las coloraciones correspondientes se observan en la esquina noroeste que está destruida por erosión. La alineación de estos huecos de postes comprueba que la casa corresponde a la primera orientación. La posición de la pared norte no puede determinarse claramente, igual que la esquina noroeste, en la cual se perfilan los fragmentos fuertemente deteriorados de una banqueta paralela a la pared norte (unos 60 cms de ancho; la longitud ya no se pudo determinar). La planta es casi cuadrada (3,5 ms x 3,7 ms), los bordes están ligeramente redondeados. En el centro se distingue un fogón hundido de la misma forma, que está revestido de lajas y enlucido (45 cms x 43 cms). A una distancia de unos 20 cms de éste se encuentra empotrada en el suelo una piedra de moler de forma irregular. Las piedras del umbral que se encuentran en el curso de la pared indican la entrada de unos 80 cms de ancho en el centro de la pared sur. El enlucido de la casa 232 se une con el patio enlucido al sur, cual está unido a su vez con la casa 231. Se encontraron junturas correspondientes en el lado este de la casa 232 (con la casa 233). Estas uniones demuestran que se utilizaba la casa 232 en la misma época que estas casas de la fase de ocupación más reciente (231; 233). Del enlucido del piso que sigue al oeste se han conservado sólo pequeños fragmentos inmediatamente delante de la pared. Gran parte del piso y de la pared fueron destruidos por un deslave que atraviesa oblicuamente la pared oeste en la esquina noroeste de la casa y se extiende hasta la plaza cuadrada hundida. El borde oriental de esta plaza, que en parte está rodeado, se extiende a una distancia de unos 2,6 ms paralelamente a la pared oeste de esta casa que corresponde a la primera orientación.

A una distancia de unos 26 ms, al otro lado de esta plaza hundida, en su lado oeste, se encuentran casas de las dos orientaciones. Partes de éstas se han excavado sólo en el cuadrángulo VIII X (*lám. 79*). Sus condiciones de conservación no son comparables con las de la parte este, excepto la casa 236 que corresponde a la orientación más antigua. Sólo la parte noreste de esta casa se encuentra dentro del cuadrángulo. La pared este con su entrada reforzada de piedras enlucidas se pudo descubrir a lo largo de aproximadamente 4,5 ms. A pesar de que el límite sur de la entrada está destruido casi completamente por un pozo de huaquero, puede determinarse todavía su ancho de unos 90 cms. Suponiendo que la entrada se encontraba en el centro de la pared, como todas las entradas excavadas en Montegrande, esta pared tenía una longitud de 5,6 ms. Las partes excavadas de la pared se han conservado hasta una altura de unos 30 cms. La pared norte mide 20 cms de ancho, la pared este 40 cms. El piso de la casa se encuentra unos 10 cms encima del patio que se halla delante de ésta y está cubierto de material claro estéril. Un "sitio de combustión" redondo con carbón, piedras reventadas por el calor y bordes fuertemente quemados, parecido a los que se observan en el lado este de la plaza hundida y en otras plazas, está hundido en el relleno. Por consiguiente, en este lugar se encontraba en épocas más recientes un área sin edificaciones que estaba situada a un nivel más alto que la superficie conservada.

Dos niveles de pisos enlucidos, separados por una capa de relleno rojizo de unos 5 cms de espesor, se encuentran al este de la casa 236. La casa 235 posiblemente es contemporánea a uno de estos patios. Su planta sólo puede ser reconstruida en base a coloraciones de postes que, en parte están cubiertas por una espesa capa de material erosivo, compuesto por barro y mortero en la parte central norte del cuadrángulo. Los bordes de esta capa están superpuestos también a partes de un fogón rectangular enlucido que está lleno de ceniza blancuzca. Su parte superior se había erosionado ya antes de que fuera cubierto por el material erosivo, su mitad este está destruida por un pozo de huaquero. El centro del fogón se encuentra algo más al sur del centro de la casa y corresponde, igual que la planta de esta casa, a la segunda orientación. Las hileras de postes de las paredes sur y oeste se distinguen de forma relativamente clara, la esquina suroeste está alterada por un pozo de huaquero. En el material erosivo de barro rojizo no se observan coloraciones de postes de la pared este en el primero y segundo nivel, debajo de la capa de sedimentos, cerca del borde del patio hundido. Pero en el nivel inferior, en esta área dentro del mortero de una corona mural, saltan a la vista coloraciones redondas. Esto y el material lítico de tamaño pequeño, que se encontró en los límites de estas coloraciones, son evidencias de una pared oriental. Se encuentra a igual distancia del fogón como la pared oeste de enfrente y paralela a ésta. En las estratificaciones grisaceo-blancuzcas debajo de la capa de sedimentos, sólo pocos huecos de la pared norte se pueden identificar claramente. Según la posición de los vacíos en las hileras de postes, la entrada de la casa 235 sólo puede haberse encontrado en el lado norte o en el lado sur. Su planta es rectangular (3 ms x 4,2 ms).

A juzgar por su orientación las hileras de postes de la casa 237 pertenecen a la misma fase de ocupación que la casa 235. Se encuentran a una distancia de 50 cms y 1,2 m al oeste de la casa 235 y pueden seguirse 3 ms y 2,8 ms respectivamente hasta el límite norte del cuadrángulo. El foso de postes al oeste que corresponde a la pared entre el cuarto principal y el cuarto lateral de la casa 237 dobla en su extremo sur perpendicularmente en dirección oeste. El otro foso de postes está alterado por un gran pozo de huaqueros. El cuarto contiguo oriental, según estos hallazgos, era muy estrecho (70 cms), su longitud no puede ser determinada. Del cuarto principal (?) que, evidentemente, era ancho y que seguía al oeste no se pudieron documentar ni la forma, ni su posición, ni la altura de su piso, ni la entrada. Gran parte del cuarto se encuentra fuera del área excavada.

En el caso de la casa 235 tampoco se puede documentar el nivel del piso original. De todas maneras éste se encontraba a un nivel más alto que el piso conservado, que corresponde a una área abierta. Esta área está delimitada por una pared de postes. Esta pared se extiende en la misma alineación que la pared este de la casa 236. Colinda con ésta y se extiende a una distancia de aproximadamente 3,8 ms del borde de la plaza hundida, paralela a éste, hasta el borde norte del cuadrángulo VIII X. Por la posición y el curso de la pared de postes y del patio que se encuentra delante de ésta, es de suponer que es contemporánea a la casa 236. Pero parece que la casa 236 se utilizó todavía en la época de la casa 235. El piso inferior al este, delante de la casa 236, corresponde al piso enlucido delante de la pared de postes, cuya parte norte se pudo excavar sólo en el segundo nivel. El piso más reciente delante de la casa 236 termina aproximadamente en la alineación de la pared norte de la casa 236. En su límite norte se observa una corvadura hacia arriba. En este lugar probablemente hubo un escalón, después de que se rellenó el patio entre la pared de postes y la plaza hundida.

En el segundo nivel se abre una grieta en el piso delante de la pared de postes, a una distancia de aproximadamente 1,2 m y paralela al borde de la plaza hundida. Los cantos exteriores de algunas piedras del lado oriental de esta grieta forman una línea y en parte presentan en este lugar restos de enlucido. En algunos lugares, debajo de los fragmentos de piso del patio, entre la grieta y el borde de la plaza hundida, aparecen enlucido de barro con desgrasante de grano grueso, como también piedras. El borde oeste del patio, evidentemente, está formado por un muro doble. Por lo tanto, toda el área fuera del patio en la cual se encuentran las casas 235, 236 y 237, está rellenada. Originalmente el piso enlucido del patio cubrió este muro. La grieta, evidentemente, está relacionada con el desplazamiento de este relleno al oeste del muro doble.

Debajo del piso del patio, – en la parte sur del segundo nivel y en la parte norte del tercero –, aparecen varias hileras de postes que corresponden a la orientación más antigua. Éstas continúan más allá de la coloración de la pared de postes en la parte noroeste del cuadrángulo y reflejan las plantas de dos casas que corresponden a la primera orientación. Dichas casas están superpuestas y, por lo tanto, no pueden ser contemporáneas. La casa 240 es un gran edificio rectangular (5,35 ms x 4,2 ms), cuya entrada, según los vacíos en las hileras de postes, se encuentra en la pared longitudinal que corre a poca distancia (aproximadamente 1,3 m) del borde oeste de la plaza hundida. En el patio hundido se encuentra en esta área, paralelo al borde, un bloque de piedra que, probablemente, servía de base a un escalón que conducía a esta entrada. En esta casa no se encontraron evidencias de un fogón. Se pudieron observar claramente las hileras de postes de las paredes norte y oeste. La pared este, aunque situada cerca del borde oeste del muro, sólo es más difícil de reconocer en la parte norte, en el área de la grieta a lo largo del muro. Es de suponer que existe una relación entre la casa 240 y la casa 236, porque la parte este de la pared sur de la casa 240 está situada en la continuación de la pared norte de esta casa. Una parte de la pared norte de la casa 236 posiblemente procede de esta época. Los hallazgos no permiten comprobar esta hipótesis porque no se consiguieron descubrir capas de enlucido o huecos de postes. En el nivel inferior se distinguen muy claramente un foso de postes y dos coloraciones de postes de la parte sur de la pared este de la casa 240.

Están hundidas en la faja lateral rojiza quemada de uno de aquellos "sitios de combustión" redondo con piedras reventadas, carbón y restos de quema, que nunca aparecen en Montegrande en el interior de los cuartos.

Éste, así como otros "sitios de combustión" parecidos en las partes oeste y norte del cuadrángulo, indican que en este lugar antes de la construcción de la casa 240 había una extensa área de patio sin edificios. Esta área está delimitada al sur por la casa 242. Sobre la parte suroeste de esta casa se ha construido la casa 236. Las hileras de coloraciones de postes, que son claramente visibles y que están colocadas muy juntas unas con otras, reflejan su planta aproximadamente cuadrada (3,1 ms x 3,35 ms). No se puede comprobar si la entrada se encontraba en este lado, lo cual hace suponer un vacío entre los postes en el centro de la pared norte. Si así fuera la entrada se hubiera abierto hacia la plaza. Sin embargo, vacíos correspondientes pueden haber existido también en la pared oeste o en la pared este. La parte central de la pared este está cubierta por un testigo adicional que corre perpendicular al borde de la plaza hundida hasta la pared este de la casa 236 y que, probablemente cubre los restos de un fogón central de la casa 242. Un fogón redondo y revestido de piedras, con relleno característico blancuzco, se encuentra en la parte suroeste de la casa 242, directamente delante de la pared este de la casa superpuesta 236. Este fogón probablemente corresponde a una fase más antigua. Pero no se encontraron huecos de postes u otras evidencias de una casa correspondiente.

No puede decirse si la casa 238, cuyas hileras de postes de las paredes este y norte en parte se encuentran en la parte oeste del cuadrángulo VIII X, corresponde cronológicamente a la larga pared de postes, a la casa 240 o a una fase de construcción todavía más antigua. Corresponde a la primera orientación y se encuentra debajo de la casa 237 que corresponde a la segunda orientación. La proximidad de las casas 240 y 238 (distancia aproximada 40 cms) hace suponer, sin embargo, que no son contemporáneas. Posiblemente la casa 238 delimitaba al oeste aquel patio que terminaba al sur con la casa 242. En el foso de postes con coloraciones de postes (visible a lo largo de 2,7 ms) no existe un vacío que pueda indicar una entrada. Considerando el hecho de que las entradas bien documentadas siempre se encuentran en el centro de las paredes y de que la longitud de éstas en esta área casi nunca sobrepasa 6 ms, es casi seguro que la entrada de la casa 237 no se encuentra en el lado este. Sólo una pequeña parte de la pared norte (1,2 m) corre dentro del área excavada.

La gran plataforma Huaca Grande (láms. 162 – 163)

La investigación de la gran plataforma Huaca Grande nos enfrentó con serios problemas porque este montículo está afectado por la huaquería. No se pudo determinar de antemano cuáles estratificaciones son partes derrumbadas del edificio mismo, cuáles están formadas por el material que se ha sacado de los pozos de huaqueros y cuáles por el material derrumbado de estos pozos. Por lo tanto, distinguimos entre la excavación de las construcciones encima de la plataforma y el análisis de su forma exterior. La limpieza de perfiles de algunos pozos de huaqueros y las siguientes excavaciones tuvieron la finalidad de aclarar su estructura interior para saber si existieron edificios precedentes.

Después de una cuidadosa limpieza se observaron sólo pocos fragmentos de piso aislados en un área de 11,1 ms de ancho, en el centro de la superficie del montículo entre los pozos de huaqueros entreverados. A ambos lados de esta área fuertemente destruida se perfilan dos muros dobles paralelos (*láms. 86,1; 87; 91*). Son largos y regulares, tienen un ancho de 90 cms y están orientados en dirección norte-sur. A éstos siguen en ambos lados muros dobles que corren en ángulo recto hacia el exterior. El muro occidental se ha conservado a lo largo de 12,1 ms. El muro oriental no puede distinguirse claramente en su parte norte. En este lugar está destruido el enlucido que en otras partes se ha mantenido en perfecto estado de conservación. Sólo las piedras de las dos partes exteriores, que se encuentran *in situ*, sirven de indicio (*lám. 87*). A cada lado se han conservado dos de los muros que siguen hacia el exterior, de los cuales en el noreste sólo se han conservado partes de su cara norte. Los muros transversales están ubicados por pares en la misma alineación uno enfrente del otro. Separados entre sí por una distancia aproximada de 4,3 ms limitan con los muros longitudinales. A diferencia de las observaciones del lado este, los muros transversales del lado oeste están adosados a una capa del enlucido exterior del muro longitudinal. Los muros transversales se ensanchan hacia el exterior como si tuvieran una función de soporte. Están enlucidos en ambos lados. El enlucido se une con los pisos respectivos que están cuidadosamente trabajados. Evidentemente existían cuartos no sólo entre estos muros sino a los dos lados, al norte y al sur. Todas las observaciones indican que al este y al oeste de los muros longitudinales había respectivos tres cuartos dispuestos simétricamente. El piso del cuarto que se encuentra al noroeste, dobla en el lado norte hacia arriba como para juntarse con el enlucido de una pared (*lám. 81*). De esta observación podemos deducir que este cuarto tenía el mismo ancho que el del centro. Los muros transversales están conservados en un largo de hasta 3,8 ms (parte exterior del muro conservado al noroeste) (*láms. 85; 86,1*). En ningún caso se han conservado los muros exteriores de estos cuartos pues están derrumbados. Los muros se han conservado hasta una altura de 60 cms. Ningún muro tiene cimientos (*lám. 86,2*).

Fragmentos de piso en el área que se encuentra entre los muros longitudinales presentan casi exactamente la misma altura absoluta que los pisos de los cuartos al este y oeste de los muros longitudinales. Delante de los muros longitudinales se extienden banquetas enlucidas de 50 cms de ancho y una altura de 15 cms, cuyo relleno está compuesto por piedras y gravilla fina de color rojizo. Los frentes de los muros longitudinales están subdivididos por estrechas hendiduras que se encuentran en el lado opuesto de donde se juntan los muros transversales. Se encontraron tres de estas hendiduras. El lugar donde tiene que haber estado la hendiduras noreste, está alterado. Los sectores de los muros que se encuentran entre las hendiduras están ligeramente dislocados hacia atrás. En su parte central presentan capas muy espesas de enlucido. Doblan en forma redondeada aproximadamente 30 cms hacia el interior de las entradas cuyos lados opuestos presentan ángulos rectos (*láms. 86,1; 91; 148,2*). Las hendiduras tienen un ancho interior de unos 10 cms. Las banquetas presentan en los sitios de las entradas peldaños de una altura de 5 cms, que desde la parte media ascienden hacia el sur y el norte.

Delante de la hendidura sureste se ha conservado un piso de superficie mayor. Este piso se une con el enlucido de la banqueta, pero su color y su consistencia es algo diferente: mientras que los pisos y los enlucidos de los muros, banquetas y piso descritos presentan una superficie gris dura y huellas de partículas de desgrasante orgánico muy fino, este piso es más bien de un color amarillento. Se pueden observar partículas de arena macroscópicas de "desgrasante". Este piso se une al enlucido exterior de una parte de un muro curvo (*lám. 90,1*). Ésta es una sección del muro exterior de un edificio circular de un diámetro de aproximadamente 1,3 m, que se encuentra a una distancia de alrededor de 1,2 ms de la sección central del muro longitudinal al este. El edificio circular está destruido por un profundo pozo de huaqueros. En el extremo oriental de la sección del muro y en el perfil del pozo de huaqueros, puede observarse claramente que sus piedras estaban colocadas sobre la superficie de un piso de enlucido gris, de desgrasante orgánico. Éste último continúa debajo del piso gris-amarillo. Entre los dos pisos se encuentra un pavimento de lajas (*lám. 90,2*), cuyo borde norte corre inmediatamente al sur de la construcción circular perpendicular a los muros longitudinales. Está colocado sobre el piso gris delante de la banqueta, al sur de la entrada, y pudo ser excavada hasta el borde del fragmento de piso no alterado. Estas lajas de piedras se encontraron también en los pequeños fragmentos de piso más al oeste. Su límite recto al norte forma una línea entre las hendiduras meridionales de ambos muros longitudinales. Debajo de las lajas de piedras se distingue claramente el piso gris más antiguo, a veces con improntas de piedras de derrumbe.

Las superposiciones demuestran claramente que el piso amarillento que está cimentado con lajas de piedra, se ha construido en una época más reciente que los muros longitudinales y sus cuartos adjuntos. El piso más reciente está asociado al fragmento del muro del edificio circular.

No se pueden obtener otras evidencias de la estructuración del área que se encuentra entre los muros longitudinales, sobre la base de los pocos fragmentos conservados del piso más antiguo. Sin embargo, su disposición demuestra que no hubo ninguna otra construcción circular sobre la superficie de la plataforma.

Lo único que se puede decir con certeza es que a ambos lados de un área central de unos 11 ms de ancho se encontraban tres cuartos laterales del mismo tamaño, más allá de unos muros que están subdivididos por hendiduras. En una fase de construcción más reciente se encuentra en la parte este del área central un edificio circular que se ha conservado en fragmentos.

Aparte del cuadrángulo VII A, en el cual se encontraba la esquina sureste, se han excavado todos los cuadrángulos en los cuales está situado el montículo. En los cuadrángulos VII Y, X Z y IX B (*láms. 88; 97*) se distinguen las esquinas redondeadas de una plataforma de planta rectangular (18,2 ms x 24,5 ms) que corresponde a la segunda orientación. En los cuadrángulos VIII/IX Z y VIII A (*láms. 86,1; 87; 90,1*) se perfilan escaleras empotradas en los muros. Se encuentran en el centro de los frentes sur y norte, se ensanchan hacia arriba y ambas se han conservado sólo fragmentariamente. Los muros, los peldaños de la escalera y sus apoyos laterales estaban construidos de bloques de piedra colocados en mortero de barro y cuidadosamente enlucidos.

A la escalera sur (*lám. 90,1*) se llega pasando por

una terraza que se encuentra delante del frente del edificio y que está reforzada con piedras (5,6 ms de largo, encuentra 40 cms debajo del peldaño inferior (2,5 ms de largo) que está empotrado en el frente del edificio. de largo) que está empotrado en el frente del edificio. Los siete peldaños conservados miden 25 cms de ancho y 30 cms de altura. Cada peldaño es 5 cms más largo que el peldaño anterior. Se ha conservado sólo una piedra del octavo peldaño. Esta escalera que tiene forma de abanico está sostenida por muros dobles laterales. Se han conservado en este lugar sólo hasta una altura de 2,7 ms y conducen en ángulo agudo hacia el interior del edificio platafórmico (al oeste 4,3 ms de largo; al este 3,4 ms de largo). A ambos lados de la escalera, el muro doble (aproximadamente 1,3 ms de ancho) del frente sur de la plataforma se ha conservado en su maxima altura (cara exterior: 1,3 ms; cara interior: 1,7 ms). En la esquina sureste de la plataforma sólo la hilada inferior de piedras se ha quedado in situ. La mayor parte del lado sur del edificio en este lugar, como también en el lado este, está derrumbada. Los hallazgos proporcionan sólo un indicio poco seguro de la estructuración de la fachada en peldaños. El único indicio para eso es un fragmento de enlucido que se encuentra (unos 2,1 ms encima de la base de la escalera) a la altura del quinto peldaño al oeste de la escalera. Está adherido a un bloque de piedra que podría pertenecer a un segundo escalón 1,25 ms detrás del frente. Sin embargo, no se encontraron otros bloques asignables a este peldaño hipotético. Serían decisivos otros fragmentos de enlucido correspondientes. Por eso no puede excluirse que en el fragmento mencionado se trata de la impronta de otra piedra grande del muro doble frontal. A veces no pueden distinguirse superficies enlucidas de las improntas de piedras planas en el mortero. Por consiguiente, en base a las evidencias del frente sur no se puede decidir definitivamente cuál fue la forma original de la fachada.

El lado oriental de la plataforma presenta condiciones de conservación todavía peores. Ha sido documentado en los cuadrángulos IX A y X Z (*láms. 88; 91*) pero no en la parte noroeste del cuadrángulo X A (*lám. 92*), donde está totalmente destruido. Esto, posiblemente, se debe al fuerte declive del terreno. Debido a la ubicación y a la inclinación de varios trozos grandes de enlucido en estos cuadrángulos, hay una cierta posibilidad de que al lado de este edificio hayan sido adosados grandes escalones que, posiblemente, servían para sostener los muros de las plataformas, y que hayan sido construidos encima de escombros después de una destrucción parcial. El apoyo más importante de tal interpretación es el hallazgo siguiente (cuadrángulo IX A; *lám. 91*): un gran bloque de enlucido en posición horizontal cubre el entierro de un niño sin ofrendas – en posición decúbito lateral izquierdo con la mirada hacia el oeste donde está el edificio. Se encuentra entre piedras grandes y no está alterado. A un nivel más profundo, se encontró a una distancia de 1,6 ms al sur un gran fragmento de enlucido en posición vertical, cuya orientación se puede observar a lo largo de 1,4 ms y hasta una altura de 50 cms. Está perpendicular a la alineación del muro exterior de la plataforma con el cual colinda. En este lugar no pudo documentarse el enlucido exterior de este muro. El enlucido del muro de la plataforma se encuentra a poca distancia del esqueleto del niño. Está interrumpido en varias partes. Las piedras se han salido de la alineación. No se puede excluir, sin embargo, que el entierro se haya hecho cuando partes del edificio ya se habían derrumbado, que posteriormente se haya desplazado encima el fragmento de enlucido. Esto entonces hubiera sido parte del derrumbe del edificio. El fragmento de enlucido en posición vertical se encuentra casi en la misma alineación que el borde exterior sur de aquel muro transversal, encima de la plataforma que separa los cuartos laterales del sur y del centro de los tres cuartos orientales. Posiblemente el enlucido y las piedras son partes dislocadas de la parte sur de este muro de dos caras. Resumiendo se puede decir que en base a los hallazgos del cuadrángulo IX A es reconstruible perfectamente el emplazamiento del muro oriental de la plataforma, pero que en base a estos mismos hallazgos no se pueden comprobar posibles construcciones posteriores de peldaños de una fase más reciente.

En el cuadrángulo X Z (*lám. 88*) el piso ascendente de la esquina noreste de la plataforma se encuentra en promedio 3 ms encima del piso que se encuentra delante de su escalera sur. En este lugar se ha conservado la parte exterior enlucida del muro de la plataforma hasta una altura de unos 30 cms. Presenta restos de relieves de barro. Pero no pueden reconocerse las representaciones.

La posición del muro exterior occidental de la plataforma se aclara por los hallazgos de los cuadrángulos VII Z y VII Y (parte sureste). En este lugar, también asciende el terreno en el cual se ha construido la plataforma aproximadamente 3 ms. En el cuadrángulo VII Z (*lám. 85*) el muro está enlucido hasta una distancia de 6,6 ms del frente sur y conservado hasta una altura de 1 m. El piso que se encuentra delante del muro se ha conservado hasta los límites del área excavada (cuadrángulo VII Z; hasta una distancia de 4,9 ms del muro). Está enlucido y asciende ligeramente en dirección norte. A una distancia de 6,6 ms del frente sur de la plataforma se encuentra a un nivel aproximado de 1,30 ms más alto que el piso que está delante de la pared sur.

Toda el área excavada en este lugar está sin construcción alguna. El muro se puede reconstruir más al norte sólo en base a la posición de algunas piedras aisladas. Aproximadamente 6 ms más al norte está conservado con enlucido. Allí el piso delantero del muro se encuentra al mismo nivel que el piso que está delante de la esquina noroeste de la plataforma (aproximadamente 2,9 ms más alto que el piso situado delante de la parte sur de la plataforma). En el extremo sureste un fragmento de piso se ha conservado en un ancho de 1 m. Termina al oeste y al sur, igual que el enlucido del muro. En el área de la ladera, al oeste, se observan en diferentes niveles dos fragmentos de piso con un declive en dirección norte-sur. El fragmento al norte es estrecho. Se pudo excavar (a lo largo de unos 3 ms) paralelamente al muro exterior y a un nivel más bajo que éste. Está unido con el enlucido levemente dislocado que sube a una distancia aproximada de 1,4 ms delante de la alineación del muro exterior de la plataforma. No se ha conservado más arriba el piso delantero correspondiente al muro exterior. Más abajo, al sur, se ha excavado otro fragmento de piso de 1 m^2 de superficie, en posición horizontal. Su borde oeste dobla a una distancia de aproximadamente 1,7 ms delante de la alineación del muro de la plataforma hacia abajo. Al sur de un testigo que se ha dejado perpendicular al muro, se pudo excavar la superficie horizontal de un piso conservado en un ancho de hasta 1,1 ms, y que se encontraba en el testigo, 85 cms encima de la base del muro. Cincuenta cms más al sur se encuentra otro fragmento de piso. Ambos se encuentran a la misma altura que el fragmento de enlucido o mortero al oeste de la escalera frontal. En los perfiles este-oeste de las estratificaciones delante del muro exterior al oeste (*lám. 124 - 125, 2 - 3*), pueden observarse claramente el piso y las alteraciones causadas por líneas de erosión que atraviesan está área de noreste a suroeste.

En el cuadrángulo VII Y que limita al norte con VII Z se ha conservado el muro enlucido del edificio hasta una altura de 80 cms. El piso que se une en la base del muro con el enlucido del mismo se ha conservado en un ancho de hasta 1,6 m, más al oeste desciende suavemente hacia la línea de erosión.

En los cuadrángulos VII Y, VIII Y, VIII Z, IX Z y X Z (*láms. 81; 86,1; 87; 88*) llega a ser visible el frente norte del edificio (*lám. 122 - 123,3*) que se ha conservado a una longitud de 24,5 ms y a una altura de hasta 1,3 ms. Las esquinas redondeadas del edificio cierran este frente al oeste y este en los límites de los cuadrángulos VII Y y X Z. Presenta una escalera en su centro. A ambos lados, el frente muestra cinco nichos, que tienen un ancho medio de 22 cms. Están introducidos unos 35 cms en el muro con una distancia de 1,4 cms entre sí. El frente norte del edificio platafórmico tiene una longitud mayor que el ancho de la plaza hundida contigua al norte a la cual atraviesa. Su extremo este sobresale más (1,9 m) que el extremo oeste (1,7 m). El nicho más más oriental se encuentra encima del borde de la plaza, mientras que el nicho occidental se encuentra aproximadamente en el centro encima del otro borde. Cabe destacar que los tres nichos centrales son más anchos (unos 10 cms) que los dos nichos exteriores. Su altura sobre el piso de la plaza que desciende levemente hacia el oeste varía entre 20 y 25 cms. Pero esto no es un indicio de que haya existido un piso más reciente de esta plaza (eventualmente no observado durante la excavación), porque los restos caídos del nicho central en la parte este del frente se encuentran directamente encima del piso excavado de la plaza. No se puede averiguar la altura original de los nichos, porque no se han encontrado in situ losas que los cubrían. El nicho más alto se ha conservado hasta una altura de 1 m. Seguramente tenían todos en su estado original paredes laterales verticales. El contorno trapezoidal que muestran hoy en día algunos de los nichos, se debe a su estado de conservación.

La escalera central mide en el peldaño inferior, que está empotrado en la pared, aproximadamente 2,4 ms. Sólo cuatro peldaños se han conservado en su estado original, el quinto y el sexto están alterados en su parte este por un pozo de huaqueros. Los peldaños miden unos 20 cms de alto y alrededor de 15 cms de ancho. Su longitud aumenta 5 cms en cada peldaño. La escalera tenía la forma de un abanico, igual que la del lado sur, y se ha conservado hasta una altura de 1,2 m. Los muros de apoyo laterales de la escalera, de mampostería, se han conservado hasta una altura de 1,3 m. Entran en ángulo agudo en la plataforma. A una distancia de 90 cms delante de la escalera se ha hundido un fogón rectangular en el piso de la plaza (*lám. 82*). Sus bordes corren paralelamente al frente norte. No están revestidos de piedras, pero el enlucido del interior se ha conservado perfectamente. No cabe duda sobre su contemporaneidad con la escalera. La orientación es idéntica y el piso es contemporáneo.

A una distancia de 6,5 ms corre paralelamente al frente norte, dentro de toda la plataforma Huaca Grande, un muro doble de 1,6 ms de altura. Su corona se perfila en los pisos de los cuartos laterales septentrionales de la plataforma. Está interrumpido en su centro, en las alineaciones de cada uno de los muros de apoyo laterales de la escalera que están construidos de mampostería. Su lado norte no presenta ninguna huella de enlucido. Toda el área que se encuentra entre el frente norte y este largo muro está rellenada sistemáticamente con guijarros y piedras grandes (*lám. 128 - 129,2*). El lado sur de este muro está enlucido cuidadosamente en su parte oeste a lo largo de 5,7 ms. En esta parte el muro mide unos 80 cms de ancho, pero más al este y al oeste es más estrecho (unos 50 cms). A ambos extremos de la parte enlucida del muro se unen muros perpendiculares orientados en dirección sur. Estos muros de contención forman las paredes este y oeste (2,6 ms de largo) de un cuarto hundido. Su pared sur también está formada por un muro de contención semejante. Se han conservado partes enlucidas de esta pared. En la parte suroeste de este cuarto se encontraron los restos de una escalera enlucida delantera del lado oeste. Esto evidencia que a este cuarto se entraba desde arriba. Sólo el peldaño inferior, de una altura de unos 30 cms se ha conservado completamente. Mide 1,2 m de largo y 25 cms de ancho. Del segundo peldaño sólo se ha conservado su parte sur. La altura de este peldaño mide sólo 20 cms. Pero aparentemente tenía la misma longitud y ancho que el primero. En esta área los pozos de huaqueros son numerosos y profundos. En cinco casos incluso atraviesan el piso de este cuarto hundido y han causado la considerable destrucción de su pared oeste. Se ha conservado sólo una pequeña superficie de enlucido en posición vertical en el límite sur del pozo de huaqueros. Ésta llega hasta la pared oeste y se encuentra a una altura de 1,15 – 1,35 m encima del piso del cuarto. Este fragmento de enlucido indica que la escalera en su parte superior estaba empotrada en esta pared. Partiendo de la relación ancho-altura del segundo peldaño y de la posición de la superficie enlucida, se puede decir que ésta, posiblemente, formaba una parte de la pared de apoyo meridional de la escalera a la altura del sexto peldaño, que está empotrado en la pared oeste, pero que es algo más corto que los peldaños inferiores. El peldaño está destruido. Del peldaño contiguo, el séptimo, tampoco se han conservado huellas. El único indicio de que éstos han existido es la altura conservada de la parte sur de la pared oeste del cuarto (1,55 m). No se ha conservado el piso, desde el cual se desciende al cuarto. Las partes no destruidas del piso de los construcciones encima de la plataforma se encuentran en el área entre los muros longitudinales y en los cuartos laterales, aproximadamente 1,6 m encima del piso del cuarto hundido.

En base a los hallazgos que acabamos de exponer, puede reconstruirse la planta – por lo menos de una fase – y la estructura de los frentes al norte y al sur. Además se aclara la forma de las escaleras y la relación entre este edificio y la plaza hundida. Para comprender la relación cronológica entre el edificio y las construcciones de la superficie arriba descritas, es importante señalar que el muro longitudinal este continúa al norte y al sur del cuarto hundido. Ambas caras de este muro pueden reconocerse claramente a partir del emplazamiento de sus piedras en la plataforma, al norte del cuarto hundido; en la parte sur se han conservado con enlucido. Por lo tanto, el muro longitudinal este atravesaba el cuarto hundido. Esto lo confirma también el hecho de que el piso del cuarto lateral noreste puede observarse hasta el límite del muro de la pared este del cuarto hundido. Por lo tanto, este piso continuaba encima del cuarto hundido. En el perfil del relleno del cuarto hundido (*lám. 128 – 129,2*) y en los niveles del cuadrángulo IX Z (*lám. 87*), puede observarse que las piedras del muro longitudinal encima de los bordes del cuarto hundido se encuentran inclinadas hacia su interior. El muro en este lugar se ha derrumbado cayendo hacia el interior del cuarto. A ambos lados del muro se encuentran pozos de huaqueros que atraviesan incluso el piso del cuarto hundido. Por lo tanto, no se pudo documentar el derrumbe del muro longitudinal en el nivel del cuarto hundido.

En las pocas partes no alteradas del piso de este cuarto se encuentran restos orgánicos. Pero en base a estos hallazgos no puede reconstruirse la forma de su techo. Sus paredes están dislocadas hacia el interior del cuarto, gran parte de las coronas de sus muros está destruida. Presentan huecos también en sus lados, porque los huaqueros también construyeron "tuneles" horizontales dentro de sus pozos. Pero en el perfil limpiado de un gran pozo de huaqueros, en el lado sur de la pared sur, existen evidencias del techo del cuarto hundido. Esta parte trasera de la pared sur se puede reconocer en el perfil del pozo de huaqueros hasta la alineación de la pared longitudinal oriental, que se encuentra sobre la plataforma (*lám. 128 – 129,1*). No presenta ni una superficie exterior plana ni enlucido. Por consiguiente, queda comprobado que no se trata de un muro de dos caras, sino que es un muro que está colocado delante del relleno de la plataforma. Se ha conservado en su parte oeste hasta una altura de aproximadamente 1 m; más arriba está alterado por un pozo de huaquero. En la parte este lo atraviesa un gran "tunel" horizontal de huaqueros. A ambos lados de esta alteración se dibujaron improntas de maderos en trozos de mortero de barro, tres al oeste y tres al este. Dos de estas improntas muestran un diámetro de unos 25 cms. Entre los maderos queda un espacio alrededor de 10 cms. Están situados perpendicularmente al eje longitudinal del cuarto, aproximadamente 1,5 ms encima del piso del cuarto hundido. Encima de las improntas orientales, en la plataforma, se distinguen los restos derrumbados de la banqueta delante del muro longitudinal este. Debajo de los restos del relleno de la banqueta se encuentran capas horizontales alternadas de gravilla fina, material de arcilla-"Schluff" fina y material orgánico mezclado con barro. A pesar de que estos hallazgos se documentaron sólo en un ancho de 7 cms, es muy probable que en estas estratificaciones se refleje la estructura del techo del cuarto hundido. El material orgánico, mezclado con barro, probablemente, evidencia una segunda hilada de maderos dispuestos a lo largo del cuarto. El techo doble de maderos del cuarto hundido forma el subsuelo del muro oriental y de los cuartos laterales siguientes sobre la plataforma Huaca Grande. La fase de construcción que está caracterizada por una planta rectangular, escaleras en forma de abanico y frente con nichos al norte, por lo tanto, no es sólo contemporánea del cuarto hundido rectangular, sino también de los muros longitudinales que están apoyados por podios y estructurados por "entradas", y de los cuartos laterales exteriores.

A partir de la limpieza del área alterada detrás del séptimo escalón de la escalera meridional de a la plataforma se excavó una trinchera de 9 ms de largo en el eje central del edificio. En el perfil este de esta trinchera, se distinguen casi sin interrupción a lo largo de 6,5 ms los rellenos no alterados de la parte sur de la plataforma (*lám. 126 - 127*). El límite este de la trinchera se extiende desde el muro lateral de apoyo al este de la escalera hasta el lado oeste del edificio circular. De éste se ha conservado sólo una sección de muro de su parte suroeste. En el extremo norte de la trinchera se encuentra un gran pozo de huaquero. Éste alcanza el suelo estéril. La construcción circular está colocada sin cimientos sobre un piso de consistencia diferente a la del piso contiguo de la construcción. Este último se extiende más al sur sobre un pavimento de lajas que está colocada sobre el piso anterior.

Este piso original de la plataforma descansa sobre una espesa capa de guijarros de color amarillo-rojizo con una componente de tamaño medio. Ésta bordea una inclusión delgada y otra más espesa, horizontal, quemada, en la cual se distinguen también partículas irregulares de barro grisaceo-amarillo. Una capa irregular de piedras se extiende debajo del barro amarillento y cubre una capa de cascajo gris. Este material llena también los espacios intermedios de un espeso relleno de piedras grandes que se encuentra debajo del estrato anterior. Toda el área al sur del pavimento de lajas, delante del edificio circular, está alterada hasta el fondo de este relleno de guijarros por un pozo de huaquero. En este lugar, el pozo de huaquero se extendía hasta la alineación del muro lateral de apoyo de la escalera, de manera que algunos bloques se han deslizado delante de una ancha faja de material de relleno marrón-amarillo, que se puede observar más al norte e inmediatamente al lado del muro lateral de apoyo de la escalera, entre la hilada superior y una hilada inferior de piedras grandes con guijarros gruesos de color gris. Dentro de esta capa de relleno se encuentran alteraciones que han sido causadas por "tuneles" transversales. Los huaqueros, evidentemente, abrieron estos túneles en el edificio desde el pozo que altera la parte superior de la escalera sur. La densidad del relleno inferior de piedras gruesas con guijarros disminuye en el extremo norte del perfil. En este lugar, el estrato intermedio de relleno marrón--amarillo se une con otro estrato idéntico que continúa debajo de las piedras de relleno. Éste cubre en la parte norte del perfil un piso que está colocado sobre el material estéril de la meseta – como se averiguó por medio de sondeos –. El piso continúa hasta una distancia aproximada de 3 ms del extremo norte del perfil. A partir de allí desciende sobre peldaños enlucidos que están conservados en parte, y que tienen una altura total de 1,6 m. La capa que cubre el piso continúa en estratificación horizontal hasta cerca del alma de la escalera del edificio platafórmico. Al lado de ésta se encuentra una concentración de piedras grandes y de guijarros gris-marrones. Algunas piedras se han deslizado también (por la alteración) hasta delante de esta faja marrón-amarillo. Partes de los peldaños superiores fueron aplastadas por la presión del relleno. Otra capa de piedras grandes y guijarros grises, también cubierta por un relleno marrón-amarillo, se extiende hasta el muro lateral que apoya la escalera sur de la plataforma. Delante de los peldaños inferiores se encuentra material compacto de relleno de grano fino. Éste cubre gran parte de una banqueta de 60 cms de altura y 1,3 m de ancho, que se encuentra al sur delante de la escalera. Su borde sur también está destruido. Delante de esta banqueta se halla una sedimentación gris, muy fina, con pocas piedras, que cubre el suelo estéril horizontal. Esta capa, a su vez, está cubierta por un relleno de guijarros sin material aglomerante con una componente de piedras de tamaño medio. La capa anterior se encuentra a un nivel sólo 10 cms más alto que la base de la escalera de la plataforma.

Toda la parte sur de la plataforma Huaca Grande, de una altura aproximada de 3,7 ms, está rellenada sistemáticamente en capas horizontales alternadas con material marrón-amarillo de grano fino y de grandes piedras con guijarros. Bloques relativamente grandes forman las capas de piedras en la parte inferior, la parte superior está formada por piedras de tamaño medio. Material quemado con trozos aislados de carbón reemplaza los rellenos de piedra, inmediatamente debajo de la superficie de la plataforma. La imagen parcialmente confusa de la parte sur del perfil es el resultado de destrucciones de un pozo de huaquero, que está directamente detrás del muro lateral de apoyo de la escalera, y de dos "túneles" que hicieron los huaqueros a partir de un pozo cavado desde la parte superior de la escalera.

La parte sur de la Huaca Grande está superpuesta a una escalera de cinco peldaños, que conduce a una terraza con piso enlucido debajo de la parte central del edificio. Delante de esta escalera se encuentra una banqueta. Entre este piso de la base y el piso de la superficie de la plataforma, el cual está unido a los muros de la construcción platafórmica, no se encuentra ningún indicio de otro piso. El perfil no sólo documenta el modo de relleno, sino que comprueba también la contemporaneidad del frente sur de la plataforma y de la escalera, con los muros longitudinales este y oeste y las construcciones laterales correspondientes encima de la plataforma. El edificio circular, que está atestiguado sólo por la sección de un muro, fue construido sobre la Huaca Grande en una fase de construcción más reciente. La escalera y la superficie de la terraza al pie del perfil proceden de una fase más antigua.

Delante de la parte norte del muro longitudinal occidental sobre la plataforma (en el cuadrángulo VIII Z; *lám. 148,2*) se han conservado sólo pocos cm^2 de la banqueta que se extiende delante de los dos muros longitudinales. Descansaba sobre la corona del largo muro transversal que corre paralelo al frente norte. El área a ambos lados de este muro transversal, asi como este mismo, están fuertemente deteriorados por profundos pozos de huaquero. Al sur del muro transversal, en el derrumbe del pozo más grande, se encuentran una cuenta de Spondylus rojo y dos de turquesa (*lám. 132,3 - 5*) así como restos de esqueletos. En otra parte, se han deslizado junto con el relleno en dirección al pozo de huaquero otros restos de esqueletos y el recipiente de ofrendas de otro entierro. Los huesos y la vasija en parte fueron aplastados por piedras grandes. De la posición de los huesos no se puede deducir la posicion original del cadáver. El recipiente puede ser reconstruido casi completamente mediante los fragmentos conservados. Se trata de una botella esférica con cuello cónico y labio ligeramente evertido (*lám. 132,2*). Sobre el cuerpo pulido de la botella están delimitados por zonas ásperas en forma de diente de lobo con incisiones paralelas, bandas pulidas y ornamentos en forma de estrella. Debido a las alteraciones causadas por los huaqueros, el derrumbe posterior y la falta de fragmentos de pisos superpuestos de construcciones sobre la plataforma, no se puede decidir si el enterramiento se realizó en la misma época que la construcción de la plataforma, o si los entierros fueron hundidos en el edificio en tiempos más recientes.

En la base de los rellenos de la plataforma, cerca de su esquina noroeste (cuadrángulo VIII Y, metro cuadrado 92; *lám. 81*), se encontró debajo de un pozo de huaqueros y bajo bloques de piedra un colgante circular de Spondylus princeps (*lám. 132,1*). Se trata de un trabajo perforado. Un marco ancho circunda la representación de un mono. Evidentemente sostiene con sus patas algún alimento que está comiendo. Esta pieza parecida a un medallón, evidentemente, es una ofrenda de construcción que se depositó en relación con la construcción de la Huaca Grande.

De las evidencias recuperadas se deduce, que la Huaca Grande es una plataforma de unos 3,7 ms de altura construida con rellenos de capas alternadas de guijarros y de arcilla-"Schluff" con un muro doble circundante. Este edificio tiene una planta rectangular (18,2 ms x 24,5 ms) y está dispuesto en forma transversal a la pendiente. Sus esquinas son redondeadas, los frentes norte y sur están subdivididos por escaleras centrales en forma de abanico. A ambos lados de la escalera norte siguen cinco nichos (20 - 25 cms) elevados (35 cms de profundidad, 22 cms de ancho, a una distancia intermedia respectiva de 1,4 m). No se puede verificar, ni si la fachada sur estaba subdividida por un escalón, ni si existián escalones añadidos a los lados este y oeste en una fase de construcción más reciente.

Sobre la superficie de la plataforma había dos muros longitudinales con tres cuartos laterales de planta cuadrada adosados a los lados este y oeste. Hacia la parte central de la superficie de la plataforma (que tiene un ancho de 11,1 ms) hay ciertas banquetas bajas (50 cms de ancho, 15 cms de alto) que sostienen estos muros longitudinales. En el centro de los muros transversales que separan los cuartos laterales, los muros longitudinales estaban subdivididos por entrantes. En estos lugares las banquetas tienen un ligero desnivel hacia las partes centrales de las paredes. Las paredes norte de los cuartos laterales se elevaban directamente sobre el frente norte del edificio, en cambio las paredes este, sur y oeste de los cuartos laterales retrocedían desde los muros de la plataforma. Desde la parte central de la plataforma se podía bajar a un cuarto rectangular hundido con techo (1,6 m), el cual se extendía en la parte noreste del edificio hasta abajo del muro longitudinal este, y en parte abajo del cuarto lateral noreste. La pared norte del cuarto hundido estaba formada por un muro doble que atraviesa todo el edificio paralelamente al frente norte, a una distancia de 6,5 ms de éste.

La disposición de las construcciones encima de la plataforma, en su parte central, no puede ser deducida de los restos conservados, porque sobre todo en esta parte el edificio está muy destruido, y porque ninguno de los muros de dos caras encima del edificio tiene cimientos, y estando destruidos no dejan huella en el relleno subyacente. Las paredes exteriores de la Huaca Grande y los muros construidos sobre ella estaban cuidadosamente enlucidos con un gris que tiene un desgrasante orgánico.

Al construirse la Huaca Grande fue depositado como ofrenda un pendiente hecho de Spondylus princeps (*lám. 132,1*). Dos entierros disturbados con ofrendas (*lám. 132,2 - 5*), probablemente fueron hechos antes de que se abandonara el sitio.

Antes de decaerse la Huaca Grande, sobre la plataforma fue construido un edificio circular ("torre funeraria") en el sureste de la parte central. El piso que continúa al sur de esta construcción y que está dispuesto sobre lajas y el enlucido de esta construcción circular se diferencian en consistencia y desgrasante del revoque original de los muros y pisos de la Huaca Grande.

El edificio de las escaleras y la plaza rectangular hundida

Antes de construirse la Huaca Grande existía en este lugar una terraza y una plaza rectangular hundida unidas entre si por un edificio escalonado. La superficie enlucida de la terraza que se documentó en la trinchera grande, detrás de la escalera sur de la plataforma debajo de su relleno, tiene una forma estrecha y alargada en dirección este — oeste. Se extiende en un ancho de 4,5 ms entre la escalera de 5 peldaños al sur (ancho aproximado 3 ms, ancho de los peldaños unos 25 cms, altura de los peldaños alrededor de 20 cms) y el edificio de las escaleras al norte, al cual sigue un muro al este y al oeste 50 cms más atrás. La terraza está documentada con interrupciones a lo largo de 16,5 ms. No se ha excavado su parte oeste; su extremo este se encuentra dentro de un área no excavada debajo de la Huaca Grande. La pared sur del cuarto hundido está construida sobre el muro de dos caras que limita la terraza al norte y del cual se han conservado partes enlucidas. La juntura del enlucido del muro más antiguo en el lado sur con el lado este del gran edificio de escaleras (*láms. 128 - 129,1*) muestra que el muro de dos caras se elevó aproximadamente 60 cms sobre la terraza delantera al sur.

La fachada sur del edificio de escaleras mide unos 2,3 ms de alto y 4,2 ms de ancho (*lám. 151,1*). Se encuentra en disposición simétrica en relación a la escalera de 5 peldaños que conduce a la terraza a una distancia de 4 ms al norte de ella y tiene su misma orientación. Se levanta sin construcciones adicionales encima del muro norte de la terraza (*lám. 86,1*). Después de la construcción de la plataforma superpuesta, su lado este servía de pared oeste del cuarto hundido. Empotrados en esta pared oeste se encuentran los peldaños superiores de la escalera que baja a este cuarto. Partes de la escalera han sido destruidas en esta área por las actividades de los huaqueros. Los lados enlucidos al sur, este y norte, y la parte conservada del lado oeste muestran que este edificio de escaleras tenía en su fase de construcción más reciente una planta rectangular (3,6 ms x 4,2 ms), a la cual están adosados al norte 3 peldaños de 35 cms de alto, 30 cms de ancho y 2,2 ms de largo (*lám. 150,1*). En su lado norte, el peldaño superior está en parte empotrado en el edificio. Los cuatro peldaños de la escalera sur están empotrados en el edificio, el inferior aproximadamente 40 cms encima del piso de la terraza. Los peldaños miden entre 30 y 50 cms de altura, 30 cms de ancho y 2,3 ms de largo. Los muros laterales que sostienen la escalera tienen un ancho de unos 95 cms, y sobresalen hasta el frente. La distancia entre la escalera norte y la escalera sur de este edificio mide 2,3 ms.

En una fase de construcción más antigua la planta del edificio de escaleras también era rectangular pero más estrecha (3,4 ms x 4,2 ms). La escalera norte, que también está fuertemente inclinada, se encontraba por completo delante del edificio, mientras que la escalera sur tenía 7 peldaños de unos 23 cms de altura y del mismo ancho y longitud que la escalera más reciente (30 cms de ancho, 2,3 ms de largo; *lám. 151,2*). En esta fase la distancia entre la escalera norte y la escalera sur mide sólo aproximadamente 1,6 m.

En la fase de construcción más reciente del edificio de escaleras, la terraza delantera se eleva hacia el sur. Además asciende a ambos lados del eje central del edificio escalonado (*láms. 151,1; 130 - 131,1*). El piso que colindaba con el piso de este edificio se pudo excavar en un ancho de aproximadamente 2 ms delante del muro. A una distancia de unos 2 ms al este del centro de la escalera y a unos 2,2 ms al suroeste de unos pozos de huaquero, dicho piso está alterado. A unos 80 cms al sur de la alineación del frente de la escalera, aproximadamente 3,5 ms al oeste de su eje central, se perfila en el relleno amarillo-rojizo, 3 cms debajo de este piso, el pozo ovalado de un entierro; 20 cms más abajo se distingue un esqueleto (*láms. 130 - 131,2 - 4*). Se trata de un cadáver en posición decúbito lateral izquierdo con la mirada orientada hacia el noreste. La cabeza descansa sobre un pedazo de ocre rojo. Los huesos están relativamente bien conservados. La ofrenda es una botella (*láms. 130 - 131,5*). Está colocada detrás de la nuca del cadáver a la altura de la cabeza (*lám. 130 - 131,4*). Se trata de un recipiente esférico con cuello corto y labio estrecho evertido. El cuerpo del recipiente está decorado con un ornamento en forma de estrella, delimitado por incisiones finas y llenas de improntas punteadas, cuyas "rayas" se extienden sobre el cuerpo del recipiente hacia abajo.

El entierro es contemporáneo a la última reconstrucción del edificio de las escaleras. Se encuentra dentro de los rellenos que están situados encima del piso más antiguo, y está cubierto por el piso más reciente que se une con el piso del edificio de escaleras. El perfecto estado de conservación del enlucido de esta fase de construcción más reciente hace suponer que el edificio de las escaleras ya no se utilizó después de esta reconstrucción. En la superficie del enlucido se ven improntas de los pequeños granos rojizos del material de relleno, como puede observarse en aquellos sitios que no han sido destruidos por huaqueros. Evidentemente el enlucido estaba todavía húmedo cuando se comenzó con el relleno para la construcción del edificio platafórmico superpuesto. Por consiguiente, el enterramiento se debe haber realizado precisamente cuando se construyó la Huaca Grande sobre el edificio de escaleras.

Pasando por el edificio de las escaleras se llega desde la terraza estrecha y alargada delantera al sur, a la plaza rectangular hundida. En parte está cubierta por la parte norte de la Huaca Grande. El muro que se encuentra al este y al oeste del edificio de escaleras forma el límite sur de la plaza hundida. Se puede seguir su borde este al sur del frente norte de la Huaca Grande, a ambos lados del alargado muro transversal. Su esquina sureste se pudo excavar en la mitad este del cuadrángulo IX A (*lám. 91*) cuando se limpió el gran pozo de huaquero en la parte este de la Huaca Grande. También al oeste de la escalera grande se encuentra el piso de la plaza hundida (*láms. 85; 86,1*) debajo de los rellenos alterados. Su esquina suroeste está fuertemente deteriorada. Cerca del lado oeste del edificio de las escaleras el piso está alterado por uno de los pozos de huaquero, que en este lugar atraviesan todas las estratificaciones de la plataforma superpuesta. Los dos peldaños inferiores del lado norte de la escalera grande están alterados en su parte oeste por pozos de huaqueros, en los que se encuentran restos de esqueletos y fragmentos de cerámica. En base a esta situación no se puede decir, sin embargo, si el entierro originalmente estaba situada debajo de la escalera, o si la escalera fue alterada por el enterramiento. Los fragmentos de cerámica formaban parte de una botella esférica. Probablemente eran parte de una ofrenda mortuoria porque en los rellenos no alterados de la plataforma no se ha encontrado ningún fragmento de cerámica.

El muro sur de la plaza hundida, el edificio de las escaleras y los peldaños de aquella escalera que conduce a la terraza situada delante de éste, corren paralelos. Su orientación se aparta aproximadamente 5° más con respecto a la dirección magnética norte que la orientación del edificio platafórmico superpuesto. Corresponden a la primera orientación y, por lo tanto, a la banqueta que delimita la plaza hundida al norte. Su eje central común coincide casi exactamente con el eje central común de aquellas escaleras, que están empotradas en esta banqueta y en la plataforma que sigue al norte, la Huaca Antigua. Los bordes laterales de la plaza que está hundida en promedio 25 cms y que desciende hacia el suroeste no son muy regulares. Su orientación difiere de la del eje central mencionado. La parte norte del borde este está desplazado unos 70 cms en dirección oeste, igual que la parte norte del borde oeste. Ya sólo el tamaño de la plaza hundida (23 ms x 21,6 ms antes de construirse la Huaca Grande) sugiere que la divergencia de su planta con respecto al esquema rectangular se debe a la erosión. El declive de la superficie natural de la Meseta está orientado de este a oeste. El muro de contención al este probablemente cedió a causa de la presión del relleno situado detrás de este. Los rellenos que se encuentran más allá del muro doble, que formaba el borde oeste de la plaza, probablemente también están desplazados, como consecuencia de lo cual este muro resultó deformado. Al este de su parte norte corre una línea de erosión. En el cuadrángulo VIII X se observan grietas que demuestran que estos rellenos están deformados. Es seguro que la dislocación de ambos lados de la plaza es contemporánea a la ocupación del sitio. Las capas de enlucido de los bordes laterales de la plaza se han conservado al este en parte, al oeste casi completamente del mismo modo que, en la esquina noroeste de la plaza que forma un ángulo agudo (*lám. 79*). Por consiguiente, fueron aplicadas después que cedió el muro de contención. El piso de la plaza sólo está conservado debajo de los restos derrumbados en la parte noroeste de la Huaca Antigua, y debajo de sedimentaciones y restos derrumbados de la Huaca Grande inmediatamente delante del frente norte, en sus partes sur y suroeste. Se encuentra además en todas las trincheras de la excavación de la plataforma.

La plaza hundida con gran probabilidad fue abierta (sin construcciones) tanto en la fase más antigua del asentamiento como en su fase más reciente. Cerca de su límite este, dentro del área que está cubierta por la plataforma, se encuentra uno de aquellos "sitios de combustión" con huellas de intenso calor, carbón y piedras reventadas, que en el asentamiento están hundidos sólo en áreas sin edificaciones. Se encontraron sólo pocas coloraciones de postes; se observan sólo dos alineaciones. Las dos corresponden a la primera orientación. Cuatro grandes huecos de postes en la parte noroeste del cuadrángulo IX Y (*lám. 82*), a una distancia de 5,5 ms del lado norte de la plaza, están colocados con un espacio intermedio de 1 m. Además se observa en este lugar una hilera de postes de 4 ms de longitud que dobla en dirección sur y norte. A una distancia de 1,2 m al norte y 2 ms al sur de esta hilera de postes se distinguen los restos de unos fogones fuertemente deteriorados con relleno de ceniza blancuzca. Se encuentran en posición algo excéntrica en el eje central de la plaza, a una distancia de 9,5 ms de su límite sur. Estas últimas huellas indican una casa de varios cuartos, perteneciente al grupo de orientación más antiguo. Pero no se encuentran ni las piedras de la pared ni indicios de una pared sur o este. Considerando la posición abrigada y los favorables condiciones del suelo, sólo se puede deducir de estas pocas huellas que existieron casas más antiguas que la plaza, y que se las hizo desaparecer durante su construcción.

Hay que mencionar dos hallazgos de la parte sur de la plaza hundida, cuya relación con el conjunto no está aclarada. Debajo de los rellenos de la Huaca Grande, a una distancia de aproximadamente 4 ms del límite sur de ésta y paralelo a la misma se encuentra un peldaño enlucido de una altura de 12 cms. Se lo observa hasta una distancia de 4,5 ms del límite este de la plaza y puede distinguirselo a lo largo de 6,5 ms hasta el límite del área de excavación en el cuadrángulo IX Z (*lám. 87*). Posiblemente está relacionado con una hilera de postes que están colocados con pequeños espacios intermedios y que atraviesan la trinchera de la excavación, a una distancia de 2 ms de la esquina suroeste de la plaza y paralelamente a su límite oeste (*lám. 86,1*).

Resumiendo se puede decir que la Huaca Grande está superpuesta a la parte sur de una gran plaza rectangular hundida (profundidad aproximada 25 cms). Un muro de 60 cms de altura separa esta plaza de una terraza estrecha y alargada de una altura de 1,6 m, que está situada al sur delante de ésta y a la cual se llega pasando por una banqueta y una escalera de 5 peldaños. En la alineación de esta escalera se levanta encima de este muro el edificio de las escaleras en forma de un bloque rectangular de una altura de 2,3 ms. La escalera empotrada sur conduce a una superficie estrecha de la cual se desciende por la escalera norte a la plaza hundida. El enlucido de la fase de construcción más reciente de este edificio cubre también la terraza que está situada al sur delante de éste, y un entierro que se hundió en los rellenos de la plaza en esta fase de construcción. Al lado norte de la plaza hundida se levanta la plataforma Huaca Antigua, que corresponde a la primera orientación igual que todas las demás construcciones que están cubiertas por la Huaca Grande (*lám. 170; anexo 2*).

La plataforma septentrional, Huaca Antigua

Excepto las partes de la Huaca Antigua que se encuentran en el cuadrángulo IX X (*lám. 80*), no se pudo excavar la parte norte del complejo principal de plataformas más allá de la plaza cuadrangular hundida, sino sólo quitar los escombros de los pozos de huaquero. Se documentaron los bordes superiores de los muros dibujando todas las piedras a escala. Se limpiaron los pozos de huaquero. Este procedimiento nos permitió hacernos una idea de la forma y de los construcciones encima de ella de esta plataforma.

Se trata de un montículo de alrededor de 3 ms de altura de planta aproximadamente rectangular. Sus partes laterales se han conservado a una altura mayor que la parte central delantera. En la parte norte del cuadrángulo IX

X, delante del edificio, se distingue una banqueta enlucida de un ancho de 2,4 ms que está reforzada con piedras. Se levanta unos 50 cms sobre la plaza rectangular hundida. En la parte este del cuadrángulo IX X se distinguen dos peldaños de la misma altura y ancho (25 cms) que están empotrados en este podio, y que pertenecen a una escalera de aproximadamente 2,6 ms de ancho. En el eje central de la plaza ésta conduce hacia arriba. El piso de la banqueta se une con el enlucido exterior de la fachada de la plataforma. Este frente enmarca una escalera que en su parte inferior mide aproximadamente 2,4 ms de ancho y se ensancha en forma de abanico. Esto se observa en la parte noreste del cuadrángulo, en la alineación de los peldaños mencionados anteriormente. La escalera está alterada encima del tercer peldaño por un gran pozo de huaquero. Los peldaños de esta escalera son más anchos (unos 40 cms) y más bajos (20 cms) que los que conducen desde la plaza hacia la banqueta.

Después de la limpieza de la superficie de los cuadrángulos X X y IX/X W (*anexos 1; 2*) se pudieron distinguir los muros que bordean esta plataforma, así como los muros de dos caras que forman las paredes de los cuartos construidos sobre esta plataforma. Se ven también las piedras del muro lateral que apoyan la escalera al este, de manera que se puede reconstruir el número original de los peldaños de esta escalera. Siete peldaños conducen a un vano de un muro transversal. Este corre paralelamente al frente del edificio y forma el límite sur de un área abierta. El muro transversal limita con muros laterales que se encuentran al este y al oeste del borde de la plataforma.

Enfrente de la escalera se reconoce la entrada (1,5 m de ancho) del cuarto principal, ubicada en el eje principal de la plataforma. El cuarto tiene una planta rectangular (5,5 ms x 4,2 ms) – sus muros son de unos 70 cms de espesor – y forma junto con otro cuarto de planta cuadrada, que se encuentra en su lado oriental, el límite norte del área abierta. Al lado oeste de ésta se encuentra otro cuarto también de planta aproximadamente cuadrada (4,2 ms x 4,5 ms). Está adosado al muro transversal y al muro lateral occidental de la plataforma, y se entra a él desde el área abierta situada entre la escalera y el cuarto principal. La entrada estrecha (80 cms) de este cuarto oeste se encuentra en el centro de la pared oriental y a una distancia de unos 50 cms de la alineación del frente del cuarto principal. Entre el cuarto principal y el cuarto oeste, un paso estrecho (80 cms) conduce a un área fuertemente deteriorada que se encuentra a un nivel más bajo. Al oeste, la continuación del muro lateral occidental de la plataforma cierra esta área a lo largo de 7,7 ms. En su extremo norte dobla perpendicularmente hacia el oeste y se extiende a lo lago de 4,1 ms al norte del cuarto principal. En esta área la destrucción de los huaqueros es tan intensa que, incluso, una excavación sumamente meticulosa no proporcionaría con seguridad los resultados deseados para el análisis de la situación en este cuarto grande (7,7 ms x 5,6 ms), situado al noroeste del cuarto principal. El área al norte del cuarto principal y del cuarto este (12 ms x 4,1 ms) no está hundida. El muro doble al norte no está conservado en toda su extensión. Pero se ha conservado el límite este de esta área, la continuación del muro lateral de la plataforma.

El cuarto cuadrado este (4,2 ms x 4,2 ms) se encuentra a poca distancia (50 cms) del cuarto principal. Sus paredes norte y sur corren en la misma alineación que las del cuarto principal. La entrada relativamente ancha (1,4 m) se abre también en dirección sur, donde se encuentra el área abierta. Está adosada, igual que el cuarto oeste, al muro lateral de la plataforma. Dentro de un pozo de huaqueros en el área de la entrada del cuarto este se distingue un umbral de unos 25 cms de altura. En este cuarto el piso evidentemente se encuentra a un nivel más alto que en el cuarto principal.

En los pozos de huaqueros se puede observar que los muros de todos los cuartos que se encuentran sobre la plataforma, estaban enlucidos a ambos lados. Por lo tanto, se trata de muros aislados. Están conservados hasta una altura de 1,6 m. Pero en ningún caso las coronas de los muros se conservaron de tal manera que se pudiera reconstruir la forma del techo. En la medida en que se puede observar, sólo las esquinas del cuarto principal y de la plataforma misma están redondeadas.

Visto desde los lados, la plataforma da la impresión de un edificio escalonado, porque los muros laterales entran aproximadamente 1 m desde los muros que lo bordean. Visto desde la plaza, la banqueta probablemente da la impresión de un primer escalón. El muro transversal está construido a una distancia de aproximadamente 3,4 ms del frente, de manera que en este lugar se obtiene también la impresión de un escalonamiento. Pero el "escalón" está enmarcado por los muros laterales y presenta un vano alineado con la escalera.

Resumiendo se puede decir que la Huaca Antigua es un edificio rectangular (unos 18 ms x unos 21 ms) que está subdividido en tres partes: al sur se levanta más allá del podio el área frontal escalonada, que está estructurada en su centro por una escalera que se ensancha en forma de abanico. El muro transversal forma un límite entre el área frontal y el patio central. Éste está enmarcado en forma de "L" por tres cuartos. Las entradas centrales del cuarto principal y del cuarto este se abren en dirección sur, el cuarto oeste en dirección este. Los cuartos este y oeste están adosados a los muros laterales, el muro oriental cierra el patio rectangular. Los dos muros laterales continúan hacia el norte y terminan en el muro septentrional, que delimita el área norte más allá de los cuartos. Éste está unido con el área central por estrechos pasos situados a los dos lados del cuarto principal, y se ensancha en su parte oeste, donde se encuentra un área hundida al norte del cuarto occidental y al noroeste del cuarto principal.

Las áreas a ambos lados del eje central del edificio, que se extienden desde el cuarto principal sobre la escalera de la plataforma, y los peldaños del podio no están dispuestos simétricamente. En este aspecto las construcciones de la Huaca Antigua se parecen a los grupos de casas del asentamiento. En contraste con aquellos, los cuartos en este lugar están construidos de piedras y situados sobre una plataforma más alta de mampostería. Sobre la continuación del eje central de la Huaca Antigua está alineado todo el conjunto de plataformas y terrazas de la fase de ocupación más antigua: la escalera y la plaza hundida a la cual conducía éste y las tres terrazas al sur. Todos estos complejos corresponden a la primera orientación. Como no existen evidencias de superposiciones sobre la Huaca Antigua, es de suponer que este edificio se utilizaba todavía en la época de la gran plataforma de la fase de ocupación más reciente, Huaca Grande. No puede excluirse la posibilidad de que la Huaca Grande sea una especie de "edificio de paso", y de que la Huaca Antigua haya seguido siendo el edificio principal de todo el conjunto de plataformas.

La estructuración constructiva de las partes próximas a las principales plataformas (es decir, las construcciones encima de la gran terraza en forma de "L" y a ambos lados del patio hundido) está sometida a modificaciones en mucho mayor grado, que las partes del asentamiento al este y oeste del conjunto principal. Esto refleja la gran importancia de esta área, hacia la cual está orientado todo el asentamiento. La distribución de estos cuartos y casas evidentemente estaba determinada por las dos plataformas Huaca Grande y Huaca Antigua.

En la fase de ocupación más antigua el conjunto entero estaba compuesto por la Huaca Antigua con la plaza hundida adjunta y el edificio de escaleras, la estrecha terraza delante de ésta, los muros que delimitan la terraza al sur y al este en forma de "L", y las plazas abiertas que están situadas al sur y al este delante de dicha terraza. Estos conjuntos corresponden a la primera orientación.

Con la superposición de la Huaca Grande al edificio de las escaleras cambia la orientación de todo el conjunto. Como resultado de una serie de otras superposiciones y reconstrucciones, las casas, muros y terrazas siguen la segunda orientación, la de la Huaca Grande. Se trata en primer lugar del gran muro doble que delimita en esta fase más reciente la gran terraza en forma de "L" al sur, de sus escaleras, de la delimitación norte de la rampa en el extremo noreste de esta terraza. No sólo las casas 225, 227 y 229, que están asociados estratigraficamente a la Huaca Grande, corresponden a esta nueva orientación. En este sentido estas orientaciones corresponden a fases de ocupación. No obstante, puede demostrarse en varios casos, que algunos cuartos y casas correspondientes a la primera orientación (las casas 200, 202, 232 y el cuarto hundido 234) subsisten con la Huaca Grande y con otros complejos de la segunda orientación. Además, las construcciones de ambas fases de ocupación (primera y segunda orientación) pueden subdividirse en varias fases de construcción. En la fase de ocupación más antigua esto se puede demostrar estratigráficamente en siete casos, en la fase más reciente en cinco. Sin embargo, cuando las superposiciones respectivas no coinciden con cambios de orientación, muchas veces queda por aclarar qué casas superpuestas coexistieron.

La fase de ocupación más antigua (lám. 170)

Las plazas, escaleras y plataformas de la fase de ocupación más antigua siguen un eje principal (*lám. 172,1*). La plaza abierta inferior, delimitada al sur por el muro de contención, está enmarcada al este por una pared de postes. Al sureste de la plaza, se encuentran casas (*lám. 112*). Sus plantas y su distribución no pueden ser reconstruidas en base a las hileras de postes observados. Su atribución puede averiguarse sólo en base a su orientación. Huellas parecidas de casas de esta fase se encontraron al oeste de la plaza. Las construcciones en la terraza parecen confirmar que al este de la plaza se encontraba un acceso, porque sobre la terraza continúa un camino que está delimitado a manera de corredor. Evidentemente medía en distintas épocas 3,5 ms y 2 ms de ancho respectivamente. Las paredes limítrofes se distinguen más allá de un peldaño de aproximadamente 7 ms de longitud. Encima del peldaño como así también sobre el pasillo fueron construidas casas de la misma orientación. Entre el peldaño y el borde de la terraza que da al pasillo se superpone la construcción circular 212. Probablemente a causa de las fuertes destrucciones en esta área no se ha conservado ninguna subida a la terraza correspondiente. En este lugar existió también durante la fase de ocupación más reciente un muro de contención.

Los límites del "corredor" se reconocen en un piso que cubre casi completamente la pequeña casa cuadrada 216 con su gran fogón. El límite occidental está formado por aquel zócalo que se encuentra delante de la pared este de la casa 210. El zócalo de la casa 202 está superpuesto a la pared sur de esta casa. El piso y el fogón de la casa 202 están superpuestos a la casa 204. Por consiguiente, las casas 210 y 204 proceden de una época temprana de la fase de ocupación más antigua. Como las casas 210 y 208 están cubiertas por la casa 228, es probable que las tres casas 208, 204 y 210 correspondan cronológicamente a la parte oeste del corredor, que está formada por la pared este de la casa 210. Se observaron delante de la casa 204 huellas de una pared de postes. Ésta comienza en la alineación del límite oeste del corredor que se encuentra encima de la terraza y corre a una distancia de aproximadamente 1,5 ms paralela al muro de contención que delimita la terraza al sur. A una distancia de unos 9 ms del corredor dobla perpendicularmente hacia al norte y puede seguirse hasta la pared sur de la casa 208. Esta pared bordea, por lo tanto, los lados sur y oeste de un área con edificios que está situada al oeste de la entrada del corredor.

La casa 216 así como las pequeñas cabañas (?) superpuestas 205 y 206, al suroeste de la casa 204, procedían de una fase de construcción más antigua. Se cortaban con la casa 204 y la parte oeste de la pared limítrofe de la casa 208.

Al este de las paredes laterales de la subida, se excavó sólo la casa quemada de la segunda fase de ocupación que está en la esquina de la terraza (casa 219; *láms. 103; 105; 109,1; 110*); pero no se excavó hasta las capas más profundas. En los perfiles de pozos de huaqueros en la parte norte y en el borde oeste de esta casa (*láms. 109,2; 118 - 119,3*), es claramente visible el piso de una construcción más antigua. Dicho piso está unido al enlucido exterior de la construcción circular 212, que, a su vez, está unido al oeste con una casa del grupo de orientación más antiguo (casa 202). Debajo de la esquina suroeste de esta casa – cuya pared sur, evidentemente, se ha caído en el área situada delante de ésta – y delante de su alineación, se documentaron restos de muros, fosos de postes y huecos de postes aislados, que evidencian la pared sur de un edificio precedente a la casa 219. Salta a la vista la relación entre el corredor que conduce a la gran terraza en forma de "L" y el límite este de la plaza abierta delante de ésta. Sólo pocos postes alineados, así como restos esporádicos del muro de contención meridional en el cuadrángulo V D (*lám. 107*), evidencian el borde oeste de la plaza abierta. En este lugar, en el lado oeste de la gran terraza (cuadrángulo VI B; *lám. 94*), corre también una hilera de postes en la misma alineación que el límite oeste de la plaza abierta.

La subida a la escalera delante de la terraza, que conduce a la gran terraza en forma de "L", está situada precisamente en la mitad, entre las paredes de postes que se encuentran a ambos lados de la plaza. Por lo tanto, probablemente es contemporánea a éstas. Esta escalera en el eje central de la plaza se encuentra en la misma alineación como la escalera de la estrecha terraza que sigue al norte, como el edificio de las escaleras por el cual se llega a la plaza rectangular hundida, y como la escalera del edificio principal de esta fase de ocupación, la Huaca Antigua. No se puede averiguar si la casa 200, en la parte oeste de la gran terraza en forma de "L", es contemporánea. También es difícil hacerse una idea del concepto de construcción de la fase de ocupación más antigua en la parte norte-central de la gran terraza en forma de "L". Dicha parte fue cubierta en la fase de ocupación más reciente por la Huaca Grande. En el cuadrángulo IX B tampoco se descubrió ningún hallazgo del grupo de orientación más antiguo. En este lugar la excavación terminó sobre un piso bien conservado del grupo de orientación más reciente. El corredor de acceso no continuaba en este cuadrángulo. Sin duda alguna, sus delimitaciones laterales terminan en la parte norte del cuadrángulo IX C. No es de suponer que la casa 218 del grupo de orientación más antigua corresponda a la misma fase de construcción del corredor, porque su pared sur – reconocible en el cuadrángulo IX C – entra en parte en la alineación del corredor. La esquina noreste de esta casa 218 se encuentra a poca distancia (1,3 ms), delante del vano claramente visible de una pared de la primera orientación situada más al norte. Por lo tanto, esta casa y la pared probablemente no son contemporáneas. Es más probable que el vano de la pared, en la época temprana de la fase de ocupación más antigua, haya comunicado el área suroeste de la terraza grande – donde está el corredor enmarcado – con la ancha plaza abierta al norte de esta pared divisoria y con las casas 220, 222 y 224 que se encuentran al norte de esta plaza. El vano está situado justamente en la mitad entre el eje central del corredor y el muro de contención oriental de la terraza: precisamente, en la alineación del extremo norte del corredor una escalera conduce desde la plaza abierta oriental a la terraza.

Las dos casas 222 y 224 están superpuestas a las partes noroeste y noreste de la gran casa rectangular 220 y se abren en dirección a un patio, en cuyos lados este y oeste están enfrentadas simétricamente. La reconstrucción de la casa 222 en la fase de ocupación más reciente sugiere para ambas casas (222 y 224) una posición cronológica al final de la fase de ocupación más antigua. Probablemente, la casa antecesora 220 es contemporánea a las construcciones descritas, ya que ninguna de ellas fue reconstruida en la época del grupo de orientación más reciente, ni tampoco ninguna de ellas coexistió con construcciones de esta segunda orientación, como sucede con las casas superpuestas a éstas. Las casas 204, 208, 210, 220 y el corredor están cubiertos por otras construcciones. La casa 220 se encuentra a una distancia de 4 ms del muro de contención oriental. Al oeste el terreno asciende en dirección a la estrecha terraza que está situada delante del edificio de las escaleras. En la esquina entre esta pendiente y la del norte se encuentra la pequeña construcción circular 226. Ésta probablemente data de la misma fase que la casa 220 porque la casa 222 está superpuesta a esta construcción.

La pendiente norte del terreno tiene una altura de más de 2 ms y está fuertemente inclinada. Estaba expuesta a la erosión en tal grado, que no se puede distinguir si en este lugar una escalera conduce al área de las casas al este de la plaza rectangular hundida. Esto, sin embargo, es probable, porque encima de la caída del terreno se encuentran dos "podios" superpuestos que están reforzados con piedras y orientados hacia el norte. El "podio" más reciente (superpuesto) fue reconstruido en la fase de ocupación más reciente. En Montegrande se encuentran tales podios solamente adosados a plataformas o en la parte superior de una escalera. Como ejemplo nos puede servir la subida oriental a la gran terraza en forma de "L" después de la construcción del gran muro doble. En este caso se sube desde un nivel más bajo (la plaza) a la terraza y se llega de esta manera a una parte plana de la cual se baja otra vez. Como no hay ninguna huella de una casa o de un edificio de piedras encima de la caída del terreno, probablemente, en el caso de los "podios" se trata del extremo superior de una escalera entre la gran terraza en forma de "L" y el área de las casas al este de la plaza hundida.

Al oeste, al lado del podio más antiguo, se encuentra la casa 230. Su pared sur continuaba hasta una pared de postes o columnata que corre en dirección norte, paralelamente al patio hundido rectangular, hasta el lado oeste de la entrada de la casa cuadrada 232, que está levemente elevada. Como el "podio" más reciente está superpuesto a la casa 230, queda comprobada una posición cronológica anterior a la última reconstrucción de la fase de ocupación más antigua. No puede comprobarse, sin embargo, si esto también es válido para la hilera de postes y la casa 232.

Enfrente del patio hundido, en cuyo lado oeste las construcciones fueron investigadas sólo en la parte norte, se encuentra, casi simétrica a la casa 232, la gran casa rectangular 240. Ésta corresponde a la primera orientación. Está superpuesta a una pequeña casa precedente de la misma orientación, la casa 242, que se encuentra algo más al sur. Una pared divisoria de postes, contemporánea a la casa 236, atraviesa la casa 240; esto se puede comprobar estratigraficamente. La casa 236 está con su parte norte superpuesta parcialmente a la pared sur de la casa 240. La casa 236 fue excavada sólo en su parte noroeste. Está relativamente bien conservada, corresponde a la primera orientación y siguió utilizándose en la fase de ocupación más reciente. Por lo tanto, probablemente, fue construida al final de la fase de ocupación más antigua. Por consiguiente, la casa 240, que precedió a ésta, sería contemporánea de las casas descritas en el lado este de la plaza. La disposición simétrica de las casas 240 y 232, y el hecho de que ambas se encuentran a la misma distancia del borde de la plaza hundida, apoyan esta hipótesis.

Los conocimientos relativamente amplios de las construcciones al oeste de la plaza (a pesar de la reducida extensión excavada), contrastan con la relación entre área de excavación y observaciones de este grupo de orientación en su parte este. Esto, fundamentalmente se debe al hecho de que la excavación se terminó en los cuadrángulos del lado este al nivel de dos casas quemadas de la segunda fase de ocupación. Por eso, se conocen sólo pocos hallazgos de la fase de ocupación más antigua de esta área.

Analizando la distribución de las casas al comienzo de la fase de ocupación más antigua en el área de las plataformas (*láms. 170; 172,1*) salta a la vista que en la parte este de la gran terraza en forma de "L" se encuentran varias casas. Han sido reconstruidas varias veces o se les superpusieron otras construcciones. En contraste con esta parte, en la parte oeste se encuentra solamente una casa de esta fase (200). Considerando la situación en conjunto se ve que el complejo está estructurado por dos ejes. Sobre uno de estos ejes se encuentran, en la misma alineación, escaleras que conducen desde la plaza abierta interior a la gran terraza, y de allí por el edificio de las escaleras al patio rectangular hundido. El punto final de esta alineación es la subida a la plataforma más antigua, la Huaca Antigua. En este eje están alineadas plazas y arquitectura grande. El otro eje se encuentra más al este: un pasillo que está delimitado a ambos lados y que se encuentra entre las casas al este y la plaza abierta interior al oeste, conduce a un corredor en la terraza grande al lado del cual se agrupan casas. Este eje más al norte está dislocado hacia el este, porque, evidentemente, se había tomado en cuenta una escalera que conduce en este lugar desde el este a la terraza. Más allá de una plaza abierta sigue la gran casa 220. Es de suponer que una escalera al norte de esta casa unía el "área de casas" de la terraza grande con la que se encuentra el este de la plaza hundida. Las áreas de casas están separadas de las plazas y de los edificios por hileras de postes. Alrededor del segundo eje se agrupan áreas de casas. Este eje termina al norte en un patio en forma de "U" que colinda al este con la Huaca Antigua, y que está delimitado al norte por una terraza cuyo muro de contención sur se perfila en la superficie. Al este de este patio se encuentra otra plataforma. De ésta, sólo se excavó su esquina suroeste.

Se trata de un montículo de alrededor de 1,5 ms de altura que, a juzgar por su extensión en la superficie, tenía una planta aproximadamente cuadrada. Pero en la pequeña sección excavada se ve claramente que su orientación corresponde a la fase de ocupación más antigua y que similarmente a los otros edificios platafórmicos está construido de piedras enlucidas. Un podio ancho se encuentra delante de su lado sur y uno más estrecho en el lado oeste que está orientado hacia el patio en forma de "U".

Una diferencia entre la arquitectura mayor y la arquitectura de casas surge también de los cambios subsiguientes en el modo de construcción de las casas, cuya orientación corresponde también a la arquitectura mayor más antigua. Sin embargo, también el patrón axial y simétrico de las plataformas y plazas está ahora en contraposición con la distribución irregular de las casas; el corredor que conduce desde el sur a la parte este de la terraza grande en esta fase de construcción está cubierto por otras construcciones (*láms. 170; 172,2*).

Sobre el muro (de unos 2 ms de ancho) al este hay una escalera que conduce desde la plaza abierta, que se encuentra al este delante de la gran terraza en forma de "L", hacia un podio cuyos bordes, que están reforzados con piedras, corresponden a la primera orientación. De este podio se baja a la terraza. Al sureste de ésta se encuentra un patio. Éste, probablemente, estaba delimitado por una casa, cuyos restos (pared sur) pudieron documentarse debajo y delante de la parte sur de la casa 219. Al suroeste se encuentra la construcción circular 212 con una especie de "entrada" en desnivel, que está orientada hacia el norte donde se encuentra la pequeña casa cuadrada 214 a una distancia de unos 2,5 ms. El edificio circular y esta casa están construidos encima del corredor que había estado delimitado por paredes laterales. De estas delimitaciones se ha conservado solamente el podio oeste de la casa más antigua 210 que forma un escalón en el piso. La casa rectangular 218, construida a poca distancia de la casa 214 (aproximadamente 1 m), cierra este patio al norte. Entre su pared este y el podio de la escalera queda un paso de unos 3 ms de ancho. Al norte sigue un área abierta de aproximadamente 9 ms de ancho. Se extiende hasta las dos casas 222 y 224. Éstas se encuentran enfrentadas delante de la pendiente al norte con un espacio intermedio de 3 ms. La casa 224 está situada en un nivel algo elevado. Su entrada se encuentra enfrente de la casa 222.

El escalón al oeste de la casa 214 continúa hacia el sur en forma de un zócalo, también reforzado con piedras, que bordea la casa 202 en sus cuatro lados. La "banqueta" en el lado norte cubre en parte los postes de la pared sur de la casa 210. Sobre la parte noroeste de esta casa se superpone la casa 228. La pared oeste de la casa 228 está alineada con la parte oeste de aquella hilera de postes que corre cerca del borde de la terraza (entre el muro de contención y la casa 202), y que dobla perpendicularmente hacia el norte terminando en la pared sur de la casa 208. Las alineaciones de la pared oeste de la casa 228 y de la hilera de postes se encuentran a igual distancia del eje central de las escaleras del conjunto (que unen los distintos niveles entre la plaza abierta inferior y la Huaca Antigua), que la pared este de la gran casa cuadrada 200, en la parte oeste de la gran terraza en forma de "L". El lado sur de esta casa con piso elevado (200) con sus zócalos en los lados este y sur – este último reforzado con piedras – se encuentra casi en la misma alineación que la pared sur de la casa rectangular 202, en la parte este de la terraza, que también está elevada y bordeada por zócalos.

El centro del edificio circular 212 se encuentra en la prolongación este del eje central longitudinal de la casa 202, y está unido con esta casa por un piso común. Por consiguiente, es contemporáneo a la casa 202 y forma, junto con las casas 228, 214 y 218 al final de la fase de ocupación más antigua, el complejo de edificios en la parte este de la terraza grande. En su parte oeste, la casa 200 coexiste en esta fase de construcción en el noreste con las casas 222 y 224. Todas estas casas están superpuestas a construcciones precedentes de la misma orientación y se encuentran debajo de casas de la fase de ocupación más reciente.

En la parte noreste de la gran terraza en forma de "L", probablemente también en esta fase, una escalera conducía hacia el área que se encuentra al este de la plaza hundida. Igual que en la época precedente, esto lo evidencia un "podio". Dicho podio está superpuesto al más antiguo. Su borde norte, que está reforzado con piedras, se encuentra más al norte y dobla a una distancia de unos 5,5 ms del borde de la plaza hundida hacia el sur. Corta también partes de huecos de postes de la pared norte de la casa pequeña 230. La casa 232, del grupo de orientación más antiguo, se utilizó todavía en la época del grupo de orientación más reciente. Por eso tiene que haber existido también a fines de la fase de ocupación más antigua. Probablemente siguió existiendo también la pared de postes o columnata, que desde la casa 232 corre paralelamente hacia la plaza hundida hasta el lado oeste de su entrada sur.

También en el otro lado de la plaza hundida corre una pared de postes casi a igual distancia de su borde. Ésta limita al norte con la pared este de la casa 236. Pero la entrada de esta casa está orientada hacia la plaza hundida y se encuentra aproximadamente en el centro de su lado oeste, en contraste con la entrada de la casa 232.

Cerca de la esquina suroeste de la plataforma que delimita el patio en forma de "U" al noreste de la plaza hundida, se encuentra el cuarto hundido 234. A este cuarto se entra desde el sur. Está cubierto por un techo como puede deducirse por la impronta de un madero. No se puede averiguar si este cuarto se construyó en los comienzos de la fase de ocupación más antigua porque se encuentra en el área del acceso al patio en forma de "U" que sigue al norte a un nivel más alto. Tiene una analogía en la fase de ocupación más reciente. En esta fase el cuarto 217 se encuentra al sureste de la Huaca Grande, igual que el cuarto 234 que está al sureste delante de la Huaca Antigua, también a una distancia de unos 8 ms al este de la alineación del lado este de la plataforma. Por lo tanto hay que suponer una relación entre el cuarto 234 y la Huaca Antigua. El uso contemporáneo del patio al este de la Huaca Antigua y del cuarto hundido 234 está comprobado porque se realizaron reconstrucciones en el patio en la época de la fase de ocupación más reciente, y porque se puede comprobar el uso del cuarto 234 en esta fase de ocupación.

Al final de la fase de ocupación mas antigua las construcciones ya no están estructuradas tan claramente según ejes de arquitectura mayor y de casas. En esta época existen subidas a la terraza en forma de "L" desde las dos plazas abiertas que se encuentran al sur y al este. Pero parece que sigue existiendo la comunicación entre las áreas de casas en la gran terraza en forma de "L" y en el este del patio hundido.

El cuadro conjunto del área de plataformas de la fase de ocupación más antigua está dominado por la sucesión de las cuatro terrazas de estructuración diferente, que se encuentran delante del edificio platafórmico. Pero llama la atención que en este lugar, en contraste con las otras casas del asentamiento, las casas no están ni estructuradas de forma jerárquica dentro de grupos, ni presentan disposiciones claramente orientadas hacia la arquitectura mayor. Grupos de casas en forma de "U" existen solamente en la parte habitacional del asentamiento. Estos grupos, probablemente, se abren no sólo hacia los complejos de plataformas, sino que están relacionados también con las casas que se encuentran en el área de las plataformas. Casi todas estas casas son más grandes (*láms. 168; 169*) que las casas en las otras partes excavadas del asentamiento, sobre todo en lo que se refiere al tamaño de los cuartos.

La fase de ocupación más reciente (lám. 171)

La construcción de la Huaca Grande, de la gran plataforma más reciente, modifica en alto grado el carácter del complejo, pero origina en mucho menor grado modificaciones de las casas de este complejo (*láms. 171; 173,1*). Se puede comprobar que en este lugar la orientación fue asimilada sólo lentamente a la nueva orientación del complejo. A la orientación de la Huaca Grande corresponde la del gran muro doble que en está época delimita la gran terraza al sur. Está superpuesto al muro de contención del grupo de orientación más antiguo y corre simétricamente al frente sur del edificio platafórmico. Delante de éste en el centro, está situada, simétricamente a la escalera central de este edificio, una escalera cuyos lados están unidos por paredes de postes con los de la subida a la plataforma. Este corredor atraviesa toda la terraza en forma de "L". En la continuación sur de su eje central se encuentra a una distancia de unos 13,5 ms del muro un hueco de poste sumamente grande. Su ubicación en la plaza y sus delimitaciones laterales por hileras de postes, que corresponden, como la Huaca Grande, a la segunda orientación, atestiguan el hecho que la plaza abierta en esta fase fue reestructurada y utilizada. La plaza, sin embargo, no se encuentra en posición simétrica al eje de la escalera. Su ancho sobrepasa la longitud del muro doble. La plaza se extiende también delante del muro de contención que sigue al este.

Se sigue utilizando el ancho muro del lado este de la terraza en forma de "L". Se puede comprobar estratigráficamente también la existencia contemporánea de la casa 202 – que corresponde a la primera orientación – y del muro doble al sur (unión entre piso y enlucido), así como la existencia contemporánea de la construcción circular 212 y de la casa quemada 219 de varios cuartos, que está situada simétricamente a la anterior en el lado oriental de ésta, y que corresponde a la segunda orientación (*lám. 109,2*). La casa 219 se encuentra en la esquina sureste de la terraza. La "entrada en desnivel" de la construcción circular se prolonga – siguiendo la segunda orientación – en dirección norte, hacia el exterior de la construcción. Posiblemente la casa 200, que está situada al oeste, tampoco estaba cubierta por edificios al principio de la fase de ocupación más reciente. Esto es de suponer porque la casa 202 que termina al sur en la misma alineación, que está situada al este de la terraza y que correspondía también a la primera orientación, seguramente siguió existiendo y sólo más trade fue cubierta por otros edificios.

La gran casa cuadrada 207 se encuentra al norte de la casa 202 y colinda con el límite este del corredor entre las escaleras. No puede comprobarse estratigráficamente que haya sido construida inmediatamente después de la construcción de la Huaca Grande y del gran muro doble, o en una fase de construcción más reciente. Pero tomando en cuenta su posición en relación con las casas 203 y 209, que están superpuestas a la casa 202, parece poco probable que esta casa 207 haya existido todavía en una época más tardía de la segunda fase de ocupación. El umbral de su entrada se encuentra a un nivel algo más bajo que la casa 202, pero considerablemente más bajo que las casas 203 y 209. El nivel de los pisos de estas dos casas tiene que haber estado situado a un nivel más alto que él de la altura conservada de la casa 202, es decir a más de 30 cms del nivel del piso de la casa 207. Pero no se observan evidencias de peldaños en el área de la casa 207. El bajo nivel del piso de las casas superpuestas 227 y 229 explica también porque es más probable que estas dos casas superpuestas delante de la esquina suroeste de la Huaca Grande correspondan más al inicio de la fase de ocupación más reciente que a su fin.

El escalón del suelo, que se extiende en la alineación del podio al este delante de la casa 202, está interrumpido al norte por huecos de postes de las paredes occidentales de las dos casas superpuestas 213 y 211. Ambas corresponden a la segunda orientación. El borde del podio que se encuentra al norte delante de la casa 213, está perforado en parte por los postes de la pared norte de la casa 211. Se puede excluir la posibilidad de que la casa más antigua de estas dos (casa 213) sea contemporánea a la casa 209, que está superpuesta en parte a la casa 202. La distancia entre las hileras de postes de las paredes longitudinales de las dos casas mide a lo largo de toda su extensión sólo unos 60 cms. Tal disposición no se ha observado en ningún otro lugar del asentamiento de Montegrande. Por lo tanto, es de suponer que la casa 213 ha sido contemporánea a la casa 202, que existía ya en la fase de ocupación más reciente, y que la casa 211 era contemporánea a la casa 209. Al noroeste de la casa 213 está situada la casa 221. El curso de la pared sur de esta última no puede deducirse en base a las evidencias observadas.

Más allá del área que ya en la época de la fase de ocupación más antigua no tenía construcciones, al norte de la casa 221, se perfilaban 10 huecos de postes grandes (*láms. 97; 98*), que están situados a igual distancia tanto entre sí, como con respecto a la parte sur del lado este de la Huaca Grande y al gran muro oriental. Grupos de cinco postes se encuentran en las partes este y oeste de un paso que tiene aproximadamente el doble de ancho que los espacios que quedan entre los postes. Una piedra del umbral del paso se encuentra in situ. Parece que estos grandes huecos de postes son las huellas de columnas que separaban la parte noroeste de la gran terraza en forma de "L" de la parte rectangular que está situada delante de la alineación del frente sur de la Huaca Grande. Su número a los dos lados del paso corresponde al de los nichos del frente norte de la Huaca Grande a los dos lados de la escalera. Estos grandes huecos de postes fueron cubiertos todavía en la fase de ocupación más reciente por un piso que se extiende hasta el frente sur de la casa 223. Esta observación indica que las columnas pertenecieron a una fase relativamente temprana de este grupo de orientación. En el cuadrángulo contiguo al este se observaron también los huecos correspondientes a las columnas. El piso estaba bien conservado porque el derrumbe de la Huaca Grande está encima protegiéndolo. Sin embargo, este piso estaba algo hundido en aquellos lugares donde se encontraban los huecos de postes, a causa del peso de los escombros. Las casas 222 y 224 de la primera fase de ocupación probablemente son contemporáneas a las columnas.

Están situadas simétricamente a ambos lados de un patio. La casa 222 presenta huellas de una reconstrucción que se realizó en la fase de ocupación más reciente.

Un peldaño de poca altura, que está cuidadosamente enlucido y que corresponde a la segunda orientación, está situado al norte de las dos casas. Está alterado por huecos de postes y un foso de postes de la misma orientación, y podría ser el peldaño inferior de una subida hacia el norte, dentro del área de la caída del terreno, que está fuertemente afectado por la erosión. En este caso estaría en relación con un peldaño de la misma orientación que se encuentra en el límite del cuadrángulo X Z (*lám. 88*), y que conduce a aquel "podio" que se construyó en la fase de ocupación más antigua, y cuyo borde reforzado con piedras en su parte norte se adaptó a la segunda orientación.

La situatión en el área de la caída del terreno no está alterada sólo por la erosión, sino también por una extraña hilera irregular de grandes losas colocadas en posición vertical, en el borde superior de la caída del terreno (parte noroeste del cuadrángulo X A; *lám. 92*). Ninguna otra construcción en toda la parte excavada del asentamiento se parece a este modo de construcción. Este muro probablemente no corresponde al contexto de las fases del asentamiento que se han comprobado.

Desde el podio se baja a un patio con un piso que está en buen estado de conservación. Enfrente, un peldaño conduce a la casa 233 que se encuentra elevada sobre rellenos. A su cuarto principal está adosado al este un cuarto adicional estrecho y alargado. El lado este del patio está destruido por la erosión. En este lugar el terreno desciende hacia una línea de erosión. Las paredes del cuarto adicional de la casa 233 pueden reconstruirse sólo en base a huellas. El extremo oriental del podio también ha desaparecido a causa de la erosión. Desde el patio, un paso entre la casa 231, que está situada al noroeste, y la casa 233 conduce hacia el norte. Este paso fue cerrado, sin embargo, primero por una pared de postes y luego por el cuarto estrecho y alargado, adosado a la pared este del cuarto principal de la casa 231. Entre la parte oeste del "podio" y la casa 231 un pasillo estrecho conduce desde el patio hacia el oeste. Está estructurado por peldaños que descienden en dirección oeste. Los peldaños se encuentran a la altura de la pared que separa el cuarto principal del cuarto lateral de la casa 231 y en la continuación del borde oeste del podio. El pasillo conducía al área al lado de la plaza hundida de donde se llegaba, pasando por dos peldaños, a la entrada del cuarto principal de la casa 233 que se encuentra a un nivel más alto.

Al norte de la casa 231 un ancho pasillo conduce hacia el este. Su piso está bien conservado. Está unido a una capa de enlucido de una casa de la fase de ocupación más antigua (casa 232). El paso dobla delante de la pared oeste de la casa 233 hacia el norte. En la alineación de la pared norte de la casa 233 lo atraviesa un peldaño que se une con la pared este de la casa 232. Al noreste, esta pared se une con un peldaño reforzado con piedras que corresponde a la segunda orientación. En este lugar se sube por un plano inclinado a la escalera, que en la fase de ocupación más reciente cerraba el patio en forma de "U" entre la Huaca Antigua y la plataforma oriental. El patio que se encuentra entre el peldaño del paso y el peldaño reforzado con piedras, se extiende al norte de la casa 233. Es estrecho y alargado y está delimitado al noroeste por la banqueta ancha situada delante de la plataforma oriental. El piso del patio en el centro, delante de la pared norte de la casa 233, no se ha conservado tan bien como para poder establecer si también en esta época del grupo de orientación más reciente existía una unión entre el piso y la escalera que conducía al cuarto hundido del grupo de orientación más antiguo (234). En este cuarto se reconoce la existencia de sedimentos pero no fue rellenado intencionalmente (*lám. 120,2–3*). Por lo tanto se puede suponer que fue utilizado todavía en la fase de ocupación más reciente.

En la parte oeste de la plaza hundida puede comprobarse estratigráficamente la coexistencia de dos casas de diferente orientación: la casa 236 (que se encuentra enfrente de la casa 231) fue utilizada al mismo tiempo que la casa 235. Esta última casa está situada más al norte y corresponde, en contraste con la casa 236, a la segunda orientación. La entrada de la casa 236 se abre en dirección a la plaza hundida, igual que la de la casa 231. Al oeste de la casa 235 sigue algo más al norte el largo cuarto lateral de la casa 237.

El cuadro general de la distribución de las construcciones en el ámbito de las plataformas al final de la fase de ocupación más reciente no cambia substancialmente por las superposiciones posteriores (*láms. 171; 173,2*). En lugar de la casa 200 se construyó en la parte oeste de la terraza grande en forma de "L" una casa de un tamaño semejante (201) desplazada hacia el sureste de la cual se han conservado sólo pocas huellas; sin embargo, éstas son muy significativas. En la parte este de la terraza se construyó encima de la casa 202 la pequeña casa 203 y la parte sur de la casa rectangular 209, que se encuentra algo más al norte. Al noreste de ésta está situado un gran zócalo cuadrado sin construcciones que colinda con el frente sur de la Huaca Grande. En una fase tardía del grupo de orientación más reciente se superpuso a éste una casa rectangular (225). Al noreste, al lado de la casa 209, se encuentra la pequeña casa 211, y al sureste la pequeña cabaña (?) 215 que se abre en dirección norte.

En esta fase existían probablemente también el edificio circular 212 y la casa quemada del grupo de orientación más reciente (219). Aparentemente en este contexto, fue rellenada la "entrada a desnivel" del edificio circular y se construyó en su centro el fogón circular. Un argumento en favor de la subsistencia de la casa 219 es el hecho de que no se observaron evidencias claras de superposiciones encima de esta casa. Además el enlucido de la pared norte de la casa 219 está unido con el piso de un patio que, a su vez, está unido con el enlucido exterior del cuarto hundido 217. Este cuarto posiblemente fue construido en una fase más tardía que esta fase de ocupación. Desde el patio al norte de la casa 219, que está delimitada al oeste por las casas 211, 209 y por la pequeña cabaña 215, conducen peldaños al cuarto hundido 217. Éste está situado tan cerca del zócalo de la escalera este, que su construcción necesariamente está relacionada con un ensanchamiento del "podio" en dirección sur. Delante de este lado más estrecho está colocado un peldaño. Por consiguiente, desde la plaza abierta al este del complejo de plataformas se subía al zócalo que se encuentra sobre la terraza, luego uno se dirigía a la izquierda para bajar a la superficie de la terraza, y se llegaba al patio del cual se puede descender al cuarto hundido.

La plaza abierta al este de la terraza fue ensanchada en la fase de ocupación más reciente conforme a la nueva orientación: el borde oeste que tiene la orientación correspondiente continúa más allá del muro limítrofe al sur. La parte este de este muro está cubierta por un fragmento de piso. En la terraza, al norte del cuarto hundido 217 y de la pared norte de la casa 211, se extendía también en esta época un área ancha sin construcciones entre la Huaca Grande y el muro este de la terraza. A poca distancia detrás de la hilera de columnas que, aparentemente, ya no existía en esta época se encontraba la casa 223 con su cuarto principal en posición central y sus dos cuartos laterales que están documentados en parte de forma algo fragmentaria. Esta casa forma una especie de travesaño entre la Huaca Grande y el muro oriental de la terraza.

Varias observaciones contradicen la suposición de que en esta época haya existido al norte, detrás de esta casa, una escalera. Un estrecho muro doble que delimita al norte la rampa (al extremo noroeste de la terraza grande), continúa en la hilera de postes que atraviesa el escalón que está situado al pie del declive del terreno. Aproximadamente 1,6 ms encima del piso que se encuentra delante del muro, se hallan restos de un piso delante de un muro que está conservado en fragmentos. Este último muro está unido con el pie del muro este de la Huaca Grande. Posiblemente el extremo norte de la terraza grande, al este de la Huaca Grande, estaba escalonado. Encima del declive fuerte tampoco se encuentran indicios de una unión entre la gran terraza y el área con edificios al este de la plaza hundida. A la casa 231 está adosado al sur un cuarto lateral. Está superpuesto al "podio" y al paso entre éste y el cuarto principal de la casa 231. En este cuarto se construyó en piso nuevo encima del piso quemado. Se tapó la entrada colocando piedras que sirvieron a la vez como umbral de la entrada más reciente.

En el lado oeste del patio hundido los pisos también están elevados. Al sur delante de la casa 235, se encontró un patio cuyo nivel del piso estaba encima de las partes conservadas de las paredes de la casa 236, es decir, más de 30 cms arriba del nivel del edificio precedente.

Llama la atención que en la fase de ocupación más reciente las casas, sobre todo en la terraza, están mayor grado dispuestas en grupos orientados hacia las plataformas (*láms. 171; 173*). También parece ser importante en este contexto, que al final de esta fase ya no existía una comunicación entre la terraza en forma de "L" y el área en la parte este de la plaza hundida al final de la orientación más reciente. Se ha abandonado completamente la concepción de los dos ejes característicos de la fase de ocupación más antigua.

Tiene importancia el hecho de que por la construcción de la Huaca Grande dos nuevas concepciones reemplazan las sucesiones de plazas: la plaza hundida entre dos plataformas y la sucesión terraza con edificios (directamente delante de la plataforma) – plaza abierta. Ante todo ésta última contrasta marcadamente con la separación entre la arquitectura de casas y la arquitectura grande por ejes paralelos.

OTROS CONJUNTOS DE PLATAFORMAS Y TERRAZAS EN EL ÁREA DEL ASENTAMIENTO

La plataforma oriental Huaca Chica (láms. 160 - 161)

En la parte este del asentamiento se eleva la pequeña plataforma Huaca Chica. Está situado en el área de los cuadrángulos XIV/XV C, XIV/XV D y XV/XIV E (*láms. 68; 113 - 117; 147,1*). Se trata de un montículo que en su parte frontal tenía originalmente una altura de más de 2 ms. Su planta rectangular (13 ms x 17 ms) – el eje central corre transversalmente al declive de la ladera – se reconoce por el curso de los muros simples que lo bordean. Éstos están construidos con bloques de piedra enlucidos y colocados en mortero de barro. En casi todas las partes del muro se ha conservado sólo la hilera inferior. El montículo de la plataforma está fuertemente desgastado por la erosión, especialmente la esquina noroeste. En este lugar, la hilera de piedras del muro norte sobrepasa la alineación del muro de contención occidental (*lám. 68*). La ubicación de dos bloques de piedras indica que la planta del complejo resalta en este lugar, a lo largo de aproximadamente 3,6 ms, alrededor de 1,5 ms en dirección oeste.

El frente delantero del edificio está situado dentro de los cuadrángulos XIV D/E y XV E. Delante de este frente se ha colocado un zócalo enlucido y reforzado por piedras, el cual mide aproximadamente 1,2 ms de ancho y 15 ms de altura (figs. 113; 116; 147,1). Está mejor conservado en su parte oeste que en su parte este. En el centro, en el área del testigo XIV/XV D/E una escalera con bordes paralelos sube al edificio. Sólo cuatro de sus peldeños enlucidos, de 20 cms de alto y 15 cms de ancho, se han conservado en parte, el quinto peldaño puede reconstruirse en base a la ubicación de dos piedras. Encima de estos peldaños la situación está alterada por un gran pozo de huaquero (*lám. 145,2*).

En el eje central del edificio se ha hundido una colocación de piedras aproximadamente cuadrada (2,1 ms x 2,2 ms) que está trabajada de forma irregular (*láms. 114; 147,2*). No se conoce su función. En el tercio norte de la plataforma están hundidos en su relleno dos fogones que se cortan entre sí. Ambos tienen forma rectangular y están enlucidos en su interior. Un gran pozo de huaquero destruye la mitad de cada uno de los fogones al sur y al oeste respectivamente. Las lajas de piedra que delimitan estos fogones sobrepasan la altura conservada de los rellenos del edificio (*lám. 115,2 - 3*). La altura de los dos pisos correspondientes puede deducirse en base a la altura de las lajas de piedra. La orientación del fogón oriental, que se encuentra a un nivel más bajo, corresponde a la primera orientación, el fogón boreal que está sobrepuesto corresponde a la segunda. En el relleno rojizo de arcilla-"Schluff" de la plataforma, fuertemente mezclado con material orgánico, fue difícil observar coloraciones de postes; así que el número de ellos era tan reducido, que no se pudieron reconstruir las plantas de las casas que evidentemente existían en este lugar.

Dentro de los numerosos pozos de huaqueros, en

parte profundos, se pudo observar un piso que está en todos los casos aproximadamente a igual nivel absoluto (433,35 ms), aproximadamente 45 cms debajo del nivel del piso de la fase más reciente (borde superior de la laja que limita el fogón: 433,80 ms). Este piso no fue excavado. Su existencia demuestra que la plataforma tenía menor altura en una fase de construcción más antigua. Después de la elevación se erigió el conjunto existente en dos fases de construcción.

En la fase más antigua su planta es estrecha y alargada: el frente delantero está situado unos 3 ms al norte del frente más reciente. Se perfila en esta superficie de la plataforma como una ancha banda de enlucido amarillento. No se encuentran, sin embargo, piedras de un muro correspondiente. Se ven solamente algunas pequeñas lajas, colocadas verticalmente, al norte del enlucido. El resultado de la limpieza cuidadosa de la parte norte del enlucido fue el descubrimiento de las improntas de palos de caña entre las lajas (*lám. 114*). Por consiguiente, el frente de la Huaca Chica en esta fase de construcción estaba compuesto por palos de caña en posición vertical, entre los cuales se han colocado piedras. A esta pared de material orgánico y piedra se le ha aplicado aquella capa gruesa de enlucido que era visible ya en la superficie. Esta fachada se extendía a lo largo de 17 ms delante de todo el lado sur del edificio y está conservado hasta una altura de 1,6 ms. Al pie de este muro se encuentra un zócalo de unos 20 cms de altura. Éste está fuertemente deteriorado por la presión del relleno más reciente, así como por la extracción de piedras que apoyaban su borde sur.

En la esquina occidental de la fachada – la esquina oriental está alterada por un pozo de huaquero –, se puede observar claramente que el ensanchamiento más reciente, que está delimitado por piedras, fue adosado a la plataforma original. En el perfil del pozo de huaqueros que altera la escalera de la última fase de construcción, se observan peldaños que, evidentemente, en este lugar, en el centro de la fachada más antigua, conducen al edificio. Es seguro que la escalera entera fue adosada a la fachada, porque, si bien en esta área el enlucido de la fachada está destruido, se pueden reconocer en el perfil las coloraciones de los postes de la fachada (*lám. 147,2*).

Los muros de contención de la fase más antigua al oeste, norte y este, y el muro de postes enlucido de la fachada sur correspondían a la primera orientación. Esto último no puede determinarse en base a las evidencias observadas, porque el curso de este muro es muy irregular, no sólo por los pozos de huaqueros, sino sobre todo por la presión de los rellenos de la plataforma, que en el lado inferior de la ladera es especialmente fuerte. También el muro de contención en la parte sur estaba extremamente expuesto a la presión del lado de arriba de la pendiente y a la erosión. Las evidencias no demuestran que esta construcción adicional corresponda a la segunda orientación. Sin embargo, la disposición de las casas de las dos orientaciones al lado oeste de la Huaca Chica (grupos de casas XI A y XI B) sugiere que es así (véase más arriba pág. 233). Evidentemente también hay que atribuir a este edificio hileras de postes de la segunda orientación. Lo rodean con espacios intermedios de aproximadamente 1,5 ms delante de la parte sureste de la plataforma y a una distancia de 3 ms al noreste detrás de ésta. Por consiguiente, sobre la plataforma no sólo se encuentran edificios en las dos fases de ocupación (fogones), sino que también la plataforma fue ensanchada en dirección sur en la fase de ocupación más reciente.

El resalto del frente oeste en su extremo norte no estaba relacionado con las reconstrucciones de la segunda orientación. Sus hileras de postes que corresponden a la primera orientación estaban asociadas con esta parte del edificio. Una de las hileras corría en esta área de la plataforma a poca distancia del frente norte y paralela a éste. Doblaba en la parte exterior de este resalto hacia el sur y se la puede seguir en este lugar a lo largo de aproximadamente 3,5 ms. Otra hilera de postes corría en esta área algo más al este, en la alineación de la parte sur de la pared oeste, como si separara el resalto. Ambas hileras de postes demuestran que esta parte del edificio data de la fase de ocupación más antigua.

Delante de la Huaca Chica se extiende una terraza que antes de la construcción del edificio adicional al sur tenía una planta aproximadamente cuadrada (20 ms x 20 ms). En una fase más tardía su planta era rectangular (17 ms x 20 ms). Esta plaza había sido construida con casas de ambas orientaciones (*lám. 30*) y terminaba en la alineación del lado oeste de la plataforma. Su esquina suroeste estaba reforzada con piedras ya en la fase de ocupación más antigua. En el lado situado de enfrente se extendía hasta unos 3 ms más allá de la alineación de la pared este de la plataforma. En su borde se encuentran las casas 93, 95, 98 y 100. Su esquina sureste se encontraba fuera del área excavada. Al final de la segunda fase de ocupación, en este lugar, esta esquina estaba delimitada por la alineación de la pared este de la plataforma.

Una hilera de postes de la segunda orientación se extendía desde la esquina sureste del edificio hacia el sur. Sus postes atravesaban el piso de la casa 93 que corresponde a la misma orientación (*láms. 30; 116*). Por consiguiente, la plaza que se encuentra inmediatamente delante de la Huaca Chica, tenía nuevamente en la fase más reciente una planta cuadrada (17 ms x

17 ms). La situación en el área central de esta terraza está fuertemente alterada (*lám. 29*) por una línea de erosión que corre en este lugar en dirección a la plaza antepuesta situada aproximadamente 1,4 ms más abajo. No se han conservado huellas de un acceso desde la plaza inferior hacia la plaza superior (escalera?).

La plaza inferior evidentemente abierta (*láms. 28; 29; 34; 35*) estaba limitada al oeste en la fase de ocupación más antigua por la casa 78 (*lám. 33*), cuya pared este corría aproximadamente en la alineación del lado oeste de la colocación de postes, en la parte suroeste de la terraza superior. No se observaron indicios claros de un límite este correspondiente a esta fase de ocupación. Posiblemente una concentración de piedras en la parte este del cuadrángulo XIV G constituye un indicio (*lám. 35*), porque éste termina en la alineación del lado oriental de la plataforma. Los límites de la plaza abierta, tal como se presentaba en la época de la fase de ocupación más reciente, tampoco son claramente visibles. Una hilera de postes de esta orientación al noroeste de la plaza (*lám. 28*) constituye un indicio, pero sólo se la distingue a lo largo de unos 3,5 ms. Se ven plantas de casas de esta época sólo mucho más al oeste. El límite este de la plaza lo indica solamente la casa 101, que está situada en su esquina sureste. Si se consideran estos hallazgos como indicios de la forma de la plaza interior en la época del grupo de orientación más reciente, la casa 97 estaba situada en el centro delante de su borde sur.

El indicio más claro de la existencia de las dos plazas, tanto de la superior con edificios como de la interior sin ellos delante de la Huaca Chica, lo constituye el relieve de la superficie. La distribución de las plazas corresponde a la de la fase de ocupación más reciente en el conjunto de la Huaca Grande. En la Huaca Chica la existencia de dicha distribución está comprobada también para la época del primer grupo de orientación. Lamentablemente no se pueden reconstruir los edificios de la plataforma. Estaban formados por construcciones de postes, barro y piedras, lo cual es característico en las casas de la parte habitacional del asentamiento. Esto constituye la diferencia esencial con las construcciones en piedra sobre la Huaca Grande y la Huaca Antigua. Hasta ahora no se ha observado en el área andina una fachada de plataforma construida de postes con piedras intermedias y una cubierta de enlucido. Las tres plataformas de Montegrande tienen en común los muros de contención enlucidos de bloques de piedras que están colocadas en mortero de barro.

Las sucesiónes de terrazas en la parte sureste del asentamiento (láms. 164 – 167)

En base a los vestigios en los cuadrángulos XI/XII I/J/K/L y XIII J/K/L (*láms. 41, 42, 45 – 54*) se obtiene el cuadro de un complejo que está formado por una gran terraza principal rectangular (16 ms x 27 ms) delante de la cual están situadas dos terrazas, una estrecha con edificios (7 ms x 27 ms) y otra con plaza ancha sin edificios (12 ms x 27 ms). Una hilera de postes de tamaño extraordinario se perfila en los cuadrángulos XII y XIII J. Corre paralelamente al borde de una terraza, la cual se distingue más o menos claramente en los cuadrángulos XI, XII y XIII K, a pesar de fuertes destrucciones debidas a vehículos oruga (construcción de la carretera). En el cuadrángulo XI K (*lám. 48*) se encuentra sólo un desnivel en el terreno, mientras que en los cuadrángulos siguientes al este (*láms. 49; 50*) hay todavía algunas piedras in situ. En el lado sur de dos bloques de piedra se ha conservado incluso el enlucido. Parece que el enlucido doblaba en el canto este de uno de estos bloques que forma posiblemente el borde oeste del acceso entre la plaza superior y la terraza principal. La hilera de postes y el borde de la terraza evidentemente forman los límites norte y sur de la terraza principal. Su límite oeste probablemente estaba formado por aquella hilera de postes que pudo seguirse en la parte oeste del cuadrángulo XI J a lo largo de unos 9 ms (*lám. 45*). Desgraciadamente no se pudo distinguir claramente su continuación en el cuadrángulo XI I (*lám. 41*). El límite este evidentemente estaba situado en un área alterada por la construcción de la carretera, porque hasta esta área se puede seguir al norte la hilera de postes grandes. Único indicio del curso de la parte este es la continuación de dos hileras de postes al este en la terraza principal que delimitan la plaza. En toda el área de la terraza principal se distinguen huellas de construcciones de las dos fases de ocupación.

Los hallazgos en el cuadrángulo XI J sugieren que los trabajos de nivelación para la construcción de la terraza principal se realizaron después de la construcción de las casas, también de las del grupo de orientación más reciente. En el cuadrángulo XII J se distinguen huecos de postes de casas de los dos grupos de orientación debajo de un ancho foso de postes, en el cual se perfilan los postes grandes de una construcción circular de unos 7,5 ms de diámetro (*lám. 46*). Esta observación demuestra que el gran edificio circular era más reciente que las casas de los dos grupos de orientación. Era de suponer que existe una relación con la terraza principal, tanto más porque el edificio circular está situado en su eje central: el límite este de la plaza superior y de la terraza principal corre a igual distancia al oeste del centro del edificio circular que su límite este (13,5 ms). Pero el edificio no está situado en el centro de la terraza principal sino algo más al sur. Su distancia con respecto al borde sur de la terraza es de 2,8 ms, y con respecto a la hilera norte de postes de la terraza principal es de casi el doble. El acceso a la plaza superior, situado al parecer delante de la terraza, se encuentra algo al este del centro del gran edificio circular, y, por consiguiente, también, al este del eje central de la terraza principal.

Los restos de fogones y numerosas coloraciones, que probablemente indican huellas de postes, demuestran la presencia de construcciones en la plaza superior, delante de la terraza principal (*láms. 49; 53*). Pero los huecos de postes en este lugar no pueden separarse claramente de otras coloraciones del suelo que provienen de las destrucciones causadas por vehículos oruga en esta área. Concentraciones de carbón evidentemente dislocados se encuentran incluso en el borde de la plaza abierta, que se encuentra más abajo. Se observaron sólo pocas huellas del límite que está entre las dos plazas, en la parte oeste del cuadrángulo XII L (*lám. 53*). Las únicas hileras de coloraciones claramente visibles eran dos hileras de postes que limitan la plaza superior en su lado este. Éstas corren separadas por una distancia – aproximada de 3 ms – perpendicularmente hacia los bordes de la terraza. No se observaron delimitaciones correspondientes en su lado oeste (probablemente a causa de las destrucciones).

La plaza inferior, delante de la terraza principal, presentaba en su parte noroeste (la que se ha excavado) la estructura que es característica de las plazas abiertas rellenadas. En la alineación del eje central de la escalera mencionada anteriormente, que conduce a la terraza principal, se encuentra el único hueco de postes que atraviesa claramente este relleno. Tiene un diámetro relativamente grande y se encuentra aislado en el terreno superior de la plaza. Debajo de los rellenos (en el cuadrángulo XI L) se distinguen las plantas de casas de ambos grupos de orientación (*lám. 52*).

La superposición de casas de ambas fases de ocupación por la secuencia de terrazas demuestra que la terraza principal y las dos plazas se edificaron al final de la segunda fase de ocupación. Un cierto contexto entre el conjunto y esta fase de ocupación más reciente parece probable, porque su orientación corresponde a la de los edificios y casas de esta fase. Su disposición es idéntica a la de la Huaca Chica y también a la del complejo principal de plataformas en la fase de ocupación más reciente. Con ésta última tiene en común el gran hueco de postes que está situado en la plaza abierta inferior, en el eje central del acceso principal. En contraste con los conjuntos mencionados, una terraza con gran edificio circular en el centro reemplaza a la plataforma.

Una concepción semejante se ha documentado en otro complejo al sureste del asentamiento. Esta sucesión de terrazas muestra en muchos aspectos mejores condiciones de conservación que el complejo descrito anteriormente. Pero se ha excavado en un área mucho más reducida, es decir, en los cuadrángulos XV K/L y XVI J/K/L (*láms. 55 – 57; 166 – 167*). Las casas de las dos fases de esta área fueron descritas con respecto a su disposición en el contexto de la descripción de la parte habitacional del asentamiento (vea p. 203 – 205). Se excavaron en el cuadrángulo XVI J partes de la planta de la pequeña construcción circular (diámetro aproximado 5,5 ms), que está fuertemente deteriorada. Se ha excavado en parte sólo una de las casas contemporáneas (casa 119) en la superficie delantera de la construcción. También se ha excavado sólo una pequeña parte (en las partes norte excavadas de los cuadrángulos XV – XVI L) de la plaza inferior, la cual probablemente no tenía edificios. En todos los aspectos este conjunto muestra una disposición semejante a la del conjunto vecino, que se encuentra al suroeste de éste. Este conjunto es otro ejemplo de construcciones encima de áreas de vivienda al final de la ocupación, en esta área de la Meseta 2 de Montegrande.

EL ASENTAMIENTO DE MONTEGRANDE, DESARROLLO Y CARÁCTER

El asentamiento de Montegrande está situado sobre un abanico aluvial en la parte media del valle de Jequetepeque. Numerosas casas rodean en la parte oeste un grupo de plataformas grandes (Huaca Antigua y Huaca Grande) y un edificio más pequeño (Huaca Chica). Se pueden distinguir dos fases sucesivas de ocupación. A cada una de estas fases le corresponden a su vez tanto plataformas como casas, de manera que las plataformas y las casas constituyen en cada caso una unidad cronológica. Este asentamiento de dos fases de ocupación fue excavado hasta sus límites suroeste, sureste y noreste.

El área de las plataformas refleja con más claridad el desarrollo del asentamiento que la parte habitacional. Ésta consiste en la fase más antigua de una sucesión de terrazas situadas delante de la parte sur de un edificio de escaleras. En el norte, una escalera baja a una plaza rectangular hundida. La plataforma "Huaca Antigua" se eleva en el lado norte de la plaza y remata esta sucesión de terrazas, dificios y plazas comunicadas entre sí por escaleras. En una fase más reciente todo este complejo se modifica considerablemente. Sobre su parte central se levanta la Huaca Grande. En conexión con esta superposición pueden observarse nuevas disposiciones arquitectónicas: la plaza hundida se encuentra en esta fase entre plataformas, al sur colinda el muro de nichos de la Huaca Grande, sobre ésta han sido construidos edificios en disposición simétrica, la sucesión de terrazas delanteras se reduce formando una plaza abierta y otra con edificios, et. Pero esta modificaciones afectan no solamente las plataformas, sino también las viviendas. Se modifica también la orientación de las casas que están sobre la terraza delantera a la Huaca Grande, a ambos lados de la plaza hundida y en todas las otras partes del asentamiento. Esta nueva orientación es la misma de la Huaca Grande.

Una primera ojeada al plano general (*anexo 1; 2*) permite observar que en la parte habitacional del asentamiento están superpuestas casas de dos orientaciones diferentes, de las cuales la más temprana (la primera) corresponde a la de la Huaca Antigua, la más tardia (la segunda) a la de la Huaca Grande. La relación cronológica de estas casas con distinta orientación en esta área no siempre es comprobable estratigráficamente. Pero en cada uno de los 15 casos, en los cuales existe la evidencia estratigráfica, las casas del segundo grupo de orientación están superpuestas a aquellas de la primera orientación: en ocho casos, los fogones de las casas de la segunda están superpuestos a huellas de las casas de la primera orientación: el fogón de la casa 33 a un foso de postes de la casa 40 (pared sur) y a un hueco de postes de la casa 42 (pared transversal) (*lám. 5*); el fogón de la casa 3 a una hilera de postes de la casa 6 (pared norte) (*lám. 8*); el fogón de la casa 23 a postes de la casa 18 (pared sur y pared transversal) (*lám. 15*); el fogón de la casa 51 a las huellas de postes de la casa precedente 54 (*lám. 19*); el del cuarto 53 a a los postes del cuarto 56 b (pared oeste) (*lám. 20*); aparte de eso los pisos de los dos cuartos se encuentran a diferentes alturas. Las lajas que delimitan el fogón de la casa 61 atraviesan el fogón de la casa 68 (*lám. 24*). En este caso el piso de la casa más reciente cubre también postes (de la pared oeste) de la casa más antigua. Además están superpuestos el fogón y el piso de la casa 95 a una hilera de postes de la casa 100. Por el contrario se encuentran huellas de postes correspondientes a la segunda orientación dentro de fogones de la primera orientación; como es el caso de un fogón (de la primera orientación) bién conservado en tres de sus lados, mientras que el cuarto lado fue destruido por la huella de la pared oeste de la casa 17 (*lám. 10*). En la parte este del asentamiento fueron hundidos postes de la casa 57 (pared sur) en el fogón de la casa 64 (*lám. 24*).

En dos casos los fogones están cubiertos por pisos: el piso de la casa 67 cubre el fogón de la casa 72 (*lám. 25*) y el piso de la casa 93 cubre el fogón de la casa precedente 98 (*lám. 30*). Además un pequeño muro de contención (segunda orientación) atraviesa la parte norte de la casa 70 (primera orientación), y la parte sur de esta casa está cortada por el cuarto 65 hundido (también de la segunda orientación) (*lám. 26*). Finalmente hay que mencionar que los huecos de postes que corresponden a la construcción circular grande se superponen a los postes de la pared norte de la casa 120. La construcción circular está asociada al conjunto de terrazas de la orientación más reciente en la parte sureste del asentamiento (*láms. 46; 49*).

En el área de las plataformas grandes se encuentran muchas más pruebas estratigráficas de la superposición de casas de la segunda orientación a casas de la primera orientación. Se encuentran: huecos de postes de la casa 201 (pared norte) en los rellenos de la casa 200 (*lám. 94*); huecos de postes de la casa 203 (mitad norte) en el piso de la casa 202 (*lám. 102*); huecos de postes de las casas 211 y 215 en el zócalo de la casa 210 (*lám. 103*). Piedras de los zócalos y pisos correspondientes delante de la esquina suroeste de la Huaca Grande están superpuestos a huecos de postes de la casa 228 (*lám. 96*); el foso de postes del cuarto 215 está hundido en el escalón del pasillo de entrada en la parte sureste de la terraza en forma de "L" (*lám. 103*); la casa 219 está superpuesta a la mitad norte de una casa, en la parte sureste de la terraza (*lám. 109,1*); el cuarto 217 hundido corta la esquina sureste de la casa 218 (*láms. 104; 105*); en la casa 222 que está superpuesta a la casa 220 (de la misma orientación) se ha construido un peldaño de la segunda orientación durante su reconstrucción (*lám. 92*); un podio que está adaptado a la segunda orientación, está superpuesto a la casa 230 (*láms. 88; 89*). Estos son los ejemplos más significativos de superposiciones de casas en el área de la gran terraza en forma de "L" y a ambos lados de la plaza hundida.

Se pueden mencionar las siguientes pruebas estratigráficas de la arquitectura mayor que atestiguan que las construcciones del grupo de la segunda orientación son más recientes que las de la primera orientación: la orientación del frente cambia después de la ampliación meridional de la Huaca Chica (*láms. 113; 116*); el doble muro sur de la gran terraza en forma de "L" (segunda orientación) está superpuesto a un muro de contención simple (primera orientación). Lo mismo es válido para las respectivas escaleras centrales de los dos muros de la terraza que se han mencionado (*lám. 101,1*). Lo más significativo es la superposición de la Huaca Grande y de las paredes de su cuarto hundido (*lám. 119*) a la parte sur de la plaza rectangular hundida, a sus muros meridionales, al edificio con escaleras y a la estrecha terraza delantera.

Las diferencias entre ambas fases de ocupación consisten fundamentalmente en que la orientación del lado abierto de las plazas en forma de U de los grupos de casas cambia (*láms. 168; 169*). En la fase de ocupación más reciente la apertura que se orienta a las plataformas grandes adquiere más importancia. Es característica la diferencia entre el grupo de casas IX A (fase de ocupación más antigua) y el grupo de casas IX B. El primero sólo está orientado a la Huaca Chica, y el segundo (fase de ocupación más reciente) rodea a la vez la esquina noroeste de esta pequeña plataforma y se abre al mismo tiempo en dirección a la Huaca Grande. Análogamente las modificaciones de los grupos de casas tienen lugar en la parte oeste del asentamiento desde la fase de ocupación más antigua a la más reciente.

En ambas fases de ocupación hay varios ejemplos de superposición de casas de la misma orientación. Estas superposiciones corresponden a dos diferentes fases de construcción. Esto se puede comprobar con algunos ejemplos del área de las casas: la casa 42 obstruye el acceso a la casa 40 y el fogón de la casa 8 está superpuesto a fosos de postes de la pared norte de la casa 12. Estos dos ejemplos de la fase de ocupación más antigua se encuentran en la parte oeste del asentamiento. En esta parte se observan también modificaciones de la disposición de casas de la fase de ocupación más reciente. Todas las casas del grupo III B 1 están cubiertas por otras construcciones. Estas construcciones más recientes forman el grupo III B 2. La relación cronológica entre los dos grupos se manifiesta en la superposición del fogón de la casa 5 (grupo de casas III B 2) sobre la pared norte de la casa 3 (grupo de casas III B 1). La intensa actividad constructiva en esta parte del asentamiento se debe probablemente a la proximidad de la "Quebrada Honda", que originalmente era acuífera. Lo mismo tiene validez para la ubicación de las grandes plataformas en la parte oeste del asentamiento.

Este estado de cosas sugiere que hay que considerar las orientaciones respectivas de plataformas, casas y otras construcciones como características de dos diferentes fases de ocupación. Aquellas construcciones que corresponden a la primera orientación hay que atribuirlas a la fase de ocupación más antigua; las que corresponden a la segunda fase de ocupación pertenecen a la fase de ocupación más reciente.

El cambio de la orientación de un asentamiento entero sugiere un hiatus en su desarrollo. Pero los hallazgos en el área de las plataformas grandes demuestran la continuidad de las dos fases de ocupación. En esta área se puede señalar que algunas casas que corresponden a la primera orientación (del complejo mas antiguo), eran todavía contemporáneas de aquellas de la (segunda) orientación correspondiente a la de la Huaca Grande: según puede comprobarse, se construyeron casas de la segunda orientación encima de las casas 200, 202, 212 y 222 sólo en un estado avanzado de la fase de ocupación más reciente (*láms. 94; 102; 92*); las casas 232 y 236 se siguen utilizando en la fase de ocupación más reciente, no se superponen otros edificios (*láms. 79; 83; 84*).

Otro indicio que sugiere la continuidad de las fases de ocupación también en el área de las viviendas es el hecho de que en 26 casos se construyen casas de la fase de ocupación más reciente en el mismo lugar que en la fase de ocupación más antigua. Esto equivale a un porcentaje relativamente alto porque en total se cortan 50 plantas de la fase de ocupación más reciente con 54 plantas de la fase más antigua. Por consiguiente, estas observaciones sugieren también la continuidad de las dos fases de ocupación para la parte habitacional del asentamiento.

En el área de las plataformas principales se encuentran en la fase de ocupación más antigua siete superposiciones de casas y construcciones de la misma orientación (228 sobre 208 y 210; 202 sobre 204; 214 sobre el corredor del acceso a la terraza, 214 y el mismo corredor sobre 216; 222 y 224 sobre 220; 236 y la pared de postes contigua al norte sobre 240; 236 y 240 sobre 242 *láms. 170; 172*). En la fase de ocupación más reciente se observan cinco superposiciones de este tipo (225 sobre el podio que cubre 227 y 229; 211 sobre 213; el piso delante de la casa 223 sobre la hilera de postes grandes; cuarto sur de 223 sobre el podio y sobre el paso escalonado; el cuarto este de 231 sobre el paso y la pared de postes *láms. 171; 173*). En esta área se observan en cada fase de ocupación dos fases de construcción.

La uniformidad de las orientaciones de las dos fases y la ausencia de importantes reagrupamientos en la segunda fase de ocupación sugieren que el asentamiento no creció lentamente durante la segunda fase sino que se construyó de forma relativamente rápida siguiendo un plan coherente. Aparece también la continuidad entre ambas fases en la evidente persistencia de la utilización de la Huaca Antigua, así como en el hecho de que la Huaca Chica solamente se amplía. La transición mencionada entre casas de ambas fases de ocupación se observa solamente en el área de las grandes plataformas. En estos lugares, la construcción de muros y terrazas de alta calidad las protege de la erosión, sobre todo de las ocasionales lluvias torrenciales (e inundaciones) y "huaicos" correspondientes (vea más arriba p. 163) causados por el fenómeno del "Niño". En esta zona árida, éstos representan una gran amenaza para un asentamiento como Montegrande que está situado sobre un abanico aluvial de arcilla-"Schluff" (i. e. impermeable) donde las casas están construidas de caña, de mortero de barro y de piedras de mampostería. Considerando la situación geomorfológica y climática que acabamos de describir, la destrucción de la fase más antigua del asentamiento por lluvias torrenciales producidas por el fenómeno del "Niño" parece ser una plausible explicación del total de obervaciones relacionadas con el desarrollo del asentamiento, sobre todo porque no se ha encontrado ninguna evidencia de conflictos bélicos.

No se puede suponer que las dos fases de ocupación, que se suceden sin intervalo una a otra, se hayan desarrollado en un período muy prolongado. Estimando que el tiempo de uso de una casa es de una generación y media, parece probable que la duración del asentamiento haya sido aproximadamente 100 años.

Partiendo de las orientaciones de casas y conjuntos, así como de las evidencias estratigráficas, se puede deducir que en la parte sureste del asentamiento fueron edificadas sucesiones de terrazas con plazas, con y sin casas, delante de grandes construcciones circulares. Estos conjuntos se construyeron sobre casas pertenecientes a las dos fases de ocupación. Parece que también al final de la segunda fase de ocupación se amplía delante de la Huaca Chica el área de la arquitectura grande a costa del área de viviendas. En este lugar, una hilera de postes que delimita la plaza superior – en esta fase sin edificios – atraviesa el piso de una casa de la fase de ocupación más reciente (casa 93; *lám. 30*). Probablemente se puede interpretar de manera semejante la situación a ambos lados de la plaza inferior, delante de la terraza en forma de "L".

Es de suponer que existe una relación entre esta extensión de la arquitectura grande en el asentamiento a costa de áreas de vivienda y la construcción de la "torre" funeraria sobre la Huaca Grande. Esta situación se repite en el conjunto situado en la parte sur de la Meseta, a una distancia de aprox. 1 km (Tellenbach y otros 1984). La construcción de estructuras funerarias encima de los edificios grandes indica el abandono del asentamiento. (En este contexto no se encuentran tampoco huellas de acontecimientos bélicos.) El abandono del sitio está relacionado posiblemente con el cambio del curso del río desde la cercana "Quebrada Honda" hacia el oeste. Después de este cambio la distancia entre el asentamiento y el próximo yacimiento de agua (en el fondo del valle) era de más de 1 km.

Con respecto al abastecimiento de agua del asentamiento de Montegrande es conveniente formular algunas reflexiones sobre la situación morfológica y topográfica del lugar. Al oeste de la Meseta se extiende de norte a sur una profunda línea de erosión, la llamada "Quebrada Honda". Esta quebrada separa la Meseta 2 de la Meseta 1. Ésta a su vez está delimitada en el lado opuesto por una quebrada estrecha. Al oeste sigue un área compuesta de material acarreado que está atravesada por líneas de erosión menos profundas. Esta área muestra una ligera inclinación hacia el oeste donde se encuentra la línea principal, la Quebrada Cerro Zapo, llamada también Quebrada Montegrande. Esta línea principal, todavía hoy en día en algunas épocas que dependen de las estaciones del año es acuífera en escala limitada. Toda el área al oeste de la Meseta 1 muestra semejanzas con el delta de un río. Hacia el sur la quebrada Cerro Zapo desemboca en el río Jequetepeque. El nombre de la "Quebrada" proviene del nombre de un cerro en el cual nace la quebrada. Cerro Zapo es una elevación de 2 000 ms de altura a pocos kilómetros de distancia al noreste del asentamiento. La parte alta de este cerro consiste en una planicie con una densa vegetación. En esta altura el clima es más húmedo. Suponiendo para la época del asentamiento de Montegrande condiciones ligeramente más húmedas, un mesoclima algo diferente a causa de una vegetación más abundante, se puede pensar que la Quebrada Cerro Zapo llevaba más agua. En la fotografía aérea de Montegrande de puede distinguir que la "Quebrada Honda" se bifurca al norte del asentamiento a una distancia de aproximadamente 1,5 kms (*lám. 175*). Un brazo de la quebrada se extiende hacia el este donde se encuentran cerros pertenecientes al macizo del Cerro Zapo que están ubicados hacia el noreste del asentamiento. El otro brazo de la quebrada continúa en forma rectilínea hacia el norte y acaba cerca de las estribaciones, donde nace la quebrada Cerro Zapo. Es probable que la quebrada Cerro Zapo originalmente desembocara en la Quebrada Honda, cambiando después su curso hacia el oeste y desembocando allí en la quebrada siguiente al oeste de la Meseta 1. Esto lo sugieren la forma y el curso de esta quebrada en su parte norte. Sólo más tarde la quebrada Cerro Zapo habría encontrado su curso actual. Los cambios del lecho del río constituyen una posible explicación en lo referente a la formación de las dos profundas líneas de erosión que estructuran el fanglomerado de Montegrande en "mesetas" coniformes. Al mismo tiempo dan una posible respuesta a la pregunta de cómo se abastecía de agua este asentamiento situado a una distancia de 1,5 kms del río Jequetepeque.

En las dos fases de ocupación del sitio se observa una proporción significativa entre las casas que se encuentran delante y al lado de las plataformas y las de los alrededores. Esta proporción sugiere que en la inmediata proximidad de los edificios grandes (¿templos?) vivía una clase dominante (¿sacerdotes?), que gobernaba una sociedad que estaba organizada de forma jerárquica. La efectividad de este orden se manifiesta en la marcada uniformidad de la orientación de las plataformas, como también de las casas. Esa estructura uniforme caracteriza todo el asentamiento. Sin duda, la supuesta destrucción y reconstrucción del asentamiento en el mismo lugar no implica ninguna modificación de esta estructura. La rápida y uniforme reconstrucción, evidentemente planificada, parece confirmar nuestra suposición de que existió tal estructura social. Probablemente personas destacadas de tales asentamientos estaban sepultadas en las "torres funerarias", hoy saqueadas, que se habían erigido al final de la ocupación.

El objetivo del presente trabajo es informar sobre los resultados de la excavación de Montegrande. Está previsto analizar en una futura publicación la importancia que dicha excavación tiene para la investigación de la temprana época peruana. Aquí solamente cabe destacar que el *recorrido de superficie* no proporcionó evidencias claras, ni sobre un asentamiento en los alrededores de las plataformas, ni sobre la asociación de cerámica con estos complejos. Los rellenos de las plataformas son casi estériles. Se encontró cerámica sólo en el área de algunas tumbas – que están hundidas en las plataformas – de épocas evidentemente más recientes que hoy están saqueadas. Según las observaciones de superficie podría tratarse de un grupo del plataformas "precerámicas", en posición aislada, que posiblemente en parte habían estado superpuestas a construcciones más recientes. Edificios de este tipo, investigados en la mayoría de los casos solamente a manera de "survey", se denominan a menudo en la arqueología andina "centros ceremoniales" (vea más arriba p. 158). El *asentamiento excavado* no cabe en el esquema de los asentamientos prehispánicos de los valles costeros del área central andina, que hasta ahora sirve de norma y que fue esbozada por Willey en base a sus investigaciones en el valle del Virú (montículos habitacionales, "unplanned village", caserío, etc., vea más arriba p. 153). La presente excavación amplía el esquema de Willey mediante una categoría completamente nueva, la de los asentamientos estructurados con santurario. Las asociaciones entre los hallazgos no corresponden tampoco a las concepciones cronológicas de uso corriente. El resultado de un primer análisis de los hallazgos cerámicos de nuestra excavación descubre importantes equivalencias con la llamada cerámica "inicial" de Huacaloma y Pacopampa/Pandanche en acabado, forma y decoración (Terada/Onuki 1982, Kaulicke 1981). Sin embargo, en Montegrande esta cerámica está asociada a fragmentos de recipientes de la época Chavín. Características aisladas de la arquitectura, tales como la estructuración por nichos, cuartos hundidos y la gran importancia de fogones centrales hundidos, recuerdan sitios "precerámicos" como Kotosh, Shillacoto, La Galgada, Áspero (vea más arriba p. 157). Los grupos de casas en forma de U reflejan, sin embargo, conceptos cuya expresión se conoce hasta ahora sólo de conjuntos monumentales.

La iconografía cuando está asociada, se relaciona con el fenómeno Chavín, como, por ejemplo, en Chavín de Huantar, Caballo Muerto, Garagay y Kuntur Wasi (vea más arriba p. 160). Los resultados de la primera excavación de área en la región central andina no coinciden ni con los esquemas cronológicos en uso ni con las concepciones comunes sobre patrones de asentamiento de la época temprana del área central andina.

LITERATUR
BIBLIOGRAFIA

W. Alva
1986 Las Salinas de Chao. Frühe Siedlung im Chao-Tal. Asentamiento Temprano en el Valle de Chao. AVA-Materialien 34 (1986).
1986a Formativzeitliche Keramik aus dem Jequetepeque-Tal. Cerámica Formativa del Valle de Jequetepeque. AVA-Materialien 32 (1986).
ms. Heiligtümer im Zaña-Tal. Santuarios en el Valle de Zaña. AVA-Beiträge 8.

D. Barreto
1986 Las Investigaciones en el „Templete" de Limoncarro. AVA-Beiträge 6, 1986, 541 - 547.

W. Bennett
1944 The North Highlands of Peru. Anthropological Papers of the American Museum of Natural History 39/1 (New York 1944).

W. Bennett/J. Bird
1949 Andean Culture History. Handbook Series of the American Museum of Natural History 15 (New York 1949).

J. Bird
1948 Preceramic Cultures in Chicama and Virú. In: W. Bennett (Hrsg.) A Reappraisal of Peruvian Archaeology. Memoirs of the Society for American Archaeology, Suppl. American Antiquity XIII/4 (Menasha 1948), 21 - 28.
1963 Preceramic Art from Huaca Prieta, Chicama Valley. Ñawpa Pacha 1, 1963, 29 - 34.

H. Bischof
1985 Zur Entstehung des Chavín-Stils in Alt-Peru. Los Orígenes del Estilo Chavín. AVA-Beiträge 6, 1985, 355 - 452.

R./L. Burger
1980 Ritual and Religion at Huaricoto. Archeology 33/6, 1980, 26 - 32.

R. Burger
1984 The Prehistoric Occupation of Chavín de Huántar. University of California Publications, Anthropology vol. 14 (Berkeley 1984).

A. Cardich
1958 Los Yacimientos de Lauricocha. Studia Praehistorica 1 (Buenos Aires 1958).

J. Carcelén
1984 Los Trabajos Realizados en la Huaca Campos de Montegrande. AVA-Beiträge 6, 1984, 520 - 540.

Chr. Donnan
1964 An Early House from Chilca, Peru. American Antiquity 30/2, 1964, 137 - 144.

F. Engel
1957a Sites et Etablissements sans Céramique de la Côte Peruvienne. Journal de la Société des Américanistes 46, 1957, 67 - 155.
1957b Early Sites on the Peruvian Coast. Southwestern Journal of Anthropology 13/1, 1957, 54 - 68.
1958 Algunos Datos con Referencia a los Sitios Precerámicos de la Costa Peruana. Arqueológicas 3, 1958.
1959 Un Groupe Humain datant de 5000 Ans à Paracas (Pérou). Journal de la Société des Américanistes 48, 1959.
1963 A Preceramic Settlement on the Central Coast of Perú: Asia, Unit 1. Transactions of the American Philosophical Society, New Series 53/3, 1963, 1 - 139.
1966a Le Complexe Précéramique d'El Paraiso (Pérou). Journal de la Société des Américanistes 55/1, 1966, 43 - 96.
1966b Paracas, Cien Siglos de Cultura Peruana (Lima 1966).
1970 Las Lomas de Iguanil y el Complejo de Haldas. Universidad Nacional Agraria – La Molina (Lima 1970).

R. Feldmann
ms. Aspero, Peru: Architecture, Subsistence Economy and Other Artifacts of a Preceramic Maritime Chiefdom. Ph. D.-Thesis, Harvard University, Cambridge, Massachusetts 1980.

R. Fung
1972 Las Aldas: Su Ubicación en el Proceso Histórico del Perú Antiguo. Dédalo 9 - 10 (São Paolo 1972).

R. Gonzalez
1960 La Estratigrafía de la Gruta de Intihuasi (Prov. de San Luís, R. A.), y sus Relaciones con Otros Sitios Precerámicos de Sudamérica. Revista del Instituto de Antropología I. Universidad Nacional de Córdoba 1960.

T. Grieder
1975 A Dated Sequence of Building and Pottery at Las Haldas. Ñawpa Pacha 13, 1975, 99 - 112.

S. Izumi/T. Sono
1963 Andes 2: Excavations at Kotosh, Peru 1960 (Tokyo 1963).

S. Izumi/K. Terada
1972 Excavations at Kotosh, Peru. A Report on the Third and Fourth Expeditions (Tokyo 1972).

W. Isbell/R. Ravines
1975 Garagay: Sitio Ceremonial Temprano en el Valle de Lima. Revista del Museo Nacional 41, 1975, 253 - 272.

P. Kaulicke
1981 Keramik der Frühen Initialperiode aus Pandanche, Dpto. Cajamarca, Perú. La Cerámica del Período Inicial Temprano de Pandanche, Dpto. Cajamarca, Perú. AVA-Beiträge 3, 363 - 389.

H. u. M. Koepcke
1958 Los Restos de Bosques en las Vertientes Occidentales de los Andes Peruanos. Boletín del Comité para la Protección de la Naturaleza 16, 1958, 22 - 30.

E. Lanning
1967 Perú before the Incas (New Jersey 1967).

R. Larco Hoyle
1941 Los Cupisniques (Lima 1941).

D. Lavallée
1986 Telarmachay (Paris 1986).

L. G. Lumbreras
1974 Informe de Labores del Proyecto Chavín. Arqueológicas 15, 1974, 37 - 56.

1977 Excavaciones en el Templo Antiguo de Chavín (Sector A); Informe de la Sexta Campaña. Ñawpa Pacha 15, 1977, 1-38.

T. Matsuzawa

1974 Excavations at Las Haldas, on the Coast of Central Peru. The Proceedings of the Department of Humanities, College of General Education, University of Tokyo 59 Series of Cultural Anthropology 2, 1974, 43-44.

D. Mietens

1973 Geologie und Bodenmechanik. Geología y mecánica de suelos. Feasibility Studie. Proyecto Jequetepeque-Zaña. Tomo 7. Apendice VI. Salzgitter Industriebau GmbH.

M. Moseley/G. Willey

1973 Aspero, Peru: A Reexamination of the Site and its Implications. American Antiquity 38, 1973, 452-468.

M. Moseley

1975 The Maritime Origins of Andean Civilizations (Menlo Park 1975).

J. Muelle

1969 Las Cuevas y Pinturas de Toquepala. Mesa Redonda sobre Prehistoria (Universidad Católica del Perú) 2, 1969, 186-196.

I. Paredes

1984 El Complejo Sur de la Meseta 2 de Montegrande. AVA-Beiträge 6, 1984, 505-512.

V. Pimentel

1986 Felszeichnungen im Mittleren und Unteren Jequetepeque-Tal, Nord-Peru. Petroglifos en el Valle Medio y Bajo de Jequetepeque, Norte del Perú. AVA-Materialien 31 (1986).

T. Pozorski

1975 El Complejo Caballo Muerto: Los Frisos de Barro de la Huaca de los Reyes. Revista del Mueseo Nacional 41, 1975, 211-251.

J. Quilter

ms. Paloma: Mortuary Practices and Social Organization of a Preceramic Peruvian Village. Ph. D.-Thesis, University of California Santa Barbara 1980.

R. Ravines

1981 Mapa Arqueológico del Valle de Jequetepeque. Materiales para la Arqueología del Perú. 1. Proyecto de Rescate Arqueológico Jequetepeque. Instituto Nacional de Cultura/Proyecto Especial de Irrigación Jequetepeque-Zaña (Lima 1981).

1982 Arqueología del Valle Medio del Jequetepeque. Proyecto de Rescate Arqueológico Jequetepeque. Instituto Nacional de Cultura/Dirección Ejecutiva de Proyecto de Irrigación Jequetepeque-Zaña (Lima 1982).

H./P. Reichlen

1949 Recherches Archéologiques dans les Andes de Cajamarca. Premier Rapport de la Mission Ethnologique Francaise au Pérou Septentrional. Journal de la Société de Américanistes 38, 1949, 137-174.

J. Rowe

1960 Cultural Unity and Diversification in Péruvian Archaelogy. In: A. Wallace (ed.) Selected Papers of the Fifth International Congress of Anthropological and Ethnological Sciences (Philadelphia 1956), 1960, 627-631.

1962 Chavín Art. An Inquiry into its Form and Meaning. The Museum of Primitive Art (New York 1962).

1963 Urban Settlements in Ancient Peru. Ñawpa Pacha 1, 1963, 1-28.

L. Samaniego/H. Bischof/E. Vergara

1985 New Evidence on Cerro Sechín, Casma Valley. In: Chr. Donnan (ed.) Early Ceremonial Architecture in the Andes. A Conference at Dumbarton Oaks 1982, 1985, 165-190.

R. Schaedel

1951 Major Ceremonial and Population Centres in Northern Peru. In: Sol Tax (ed.) The Civilisations of Ancient America. Selected Papers of the XXIXth International Congress of Americanists (Chicago 1951) 232-243.

W. Strong/C. Evans

1952 Cultural Stratigraphy in the Virú Valley, Northern Peru. The Formative and Florescent Epochs. Columbia Studies in Archaelogy and Ethnology IV (New York 1952).

M. Tam/I. Aguirre

1984 El Complejo Sur-Este de la Meseta 2 de Montegrande. AVA-Beiträge 6, 1984, 513-519.

M. Tellenbach

1981 Vorbericht über die erste Kampagne der Ausgrabung bei Montegrande im Jequetepeque-Tal, Nordperu. Informe Preliminar sobre la Primera Temporada de las Excavaciones en Montegrande, Valle de Jequetepeque, Norte del Perú. AVA-Beiträge 3, 1981, 415-435.

1982 Zweiter Vorbericht über die Ausgrabung bei Montegrande im Jequetepeque-Tal, Nordperu. Segundo Informe sobre las Excavaciones en Montegrande, Valle de Jequetepeque, Norte del Perú, AVA-Beiträge 4, 1982, 191-201.

1984 Dritter Vorbericht über die Ausgrabung im Jequetepeque-Tal, Nordperu. Tercer Informe sobre las Excavaciones en el Valle de Jequetepeque, Norte del Perú. AVA-Beiträge 6, 1984, 483-504; 548-558.

J. Tello

1943 Discovery of the Chavín Culture in Peru. American Antiquity 9/2, 1943, 135-160.

1956 Arqueología del Valle de Casma. Culturas: Chavín, Santa o Huaylas Yunga y sub-Chimú. Informe de los Trabajos de la Expedición Arqueológica al Maraño de 1937. Publicación Antropológica del Archivo „Julio C. Tello" de la Universidad Nacional Mayor de San Marcos 1 (Lima 1956).

R. Terada/Y. Onuki

1982 Excavation at Huacaloma in the Cajamarca Valley, Peru 1979. Report 2 of the Japanese Scientific Expedition to Nuclear America (Tokyo 1982).

1985 The Formative Period in the Cajamarca Basin, Peru: Excavations at Huacaloma and Layzón, 1982. Report

3 of the Japanese Scientific Expedition to Nuclear America (Tokyo 1985).

C. Ulbert/K. Eibl

1986 Vorbericht über die Untersuchungen der formativzeitlichen Anlage Kuntur Wasi am Oberlauf des Jequetepeque. Informe Preliminar sobre las Investigaciones del Complejo Formativo de Kuntur Wasi en las Cabeceras del Valle de Jequetepeque. AVA-Beiträge 6, 1984, 559 - 572.

W. Wendt

1963 Die Präkeramische Siedlung am Río Seco, Peru. Baessler-Archiv, NF. 1963, 225 - 275.

G. Willey

1948 Functional Analysis of „Horizon" Styles in Peruvian Archaelogy. In: W. Bennett (ed.) A Reappraisal of Peruvian Archaeology. Memoirs of the Society for American Archaelogy, Suppl. American Antiquity XIII/4 (Menasha 1948), 8 - 16.

1949 The Chavín Problem: A Review and Critique. Southwestern Journal of Anthropology 7/2, 1951, 103 - 144.

1953 Prehistoric Settlement Patterns in the Virú Valley, Peru. Smithsonian Institution Bureau of American Ethnology Bulletin 155 (Washington 1953).

G. Willey/J. Corbett

1954 Early Ancón and Early Supe Culture. Columbia Studies in Archaeology and Ethnology III(New York 1954).

VERZEICHNIS DER FLÄCHEN MIT VERWEIS AUF
LISTA DE LOS CUADRÁNGULOS CON INDICACIÓN DE LAS DESCRIPCIONES EN EL TEXTO

Fläche				
Fläche	I	I	Beschreibung	S. 42; *184*
Fläche	II	E	Beschreibung	S. 38ff.; *179 - 181*
Fläche	II	F	Beschreibung	S. 40f.; *183*
Fläche	II	G	Beschreibung	S. 41; *183, 184*
Fläche	II	H	Beschreibung	S. 42; *184*
Fläche	III	B	Beschreibung	S. 32; *174*
Fläche	III	C	Beschreibung	S. 33ff.; *175 - 177*
Fläche	III	D	Beschreibung	S. 35ff.; *177, 178*
Fläche	III	E	Beschreibung	S. 36ff.; *178 - 181*
Fläche	III	F	Beschreibung	S. 39; *181*
Fläche	III	G	Beschreibung	S. 41f.; *183, 184*
Fläche	III	H	Beschreibung	S. 41f.; *183, 184*
Fläche	IV	B	Beschreibung	S. 30ff.; 172 - 174
Fläche	IV	C	Beschreibung	S. 33ff.; *175 - 177*
Fläche	IV	D	Beschreibung	S. 35f.; *177, 180*
Fläche	IV	E	Beschreibung	S. 37f.; *179 - 180*
Fläche	IV	F	Beschreibung	S. 39f.; *181, 182, 184*
Fläche	V	D	Beschreibung	S. 94ff.; 134; *237 - 239, 244*
Fläche	V	E	Beschreibung	S. 94f.; *237, 238*
Fläche	VI	B	Beschreibung	S. 101f.; *245, 246*
Fläche	VI	C	Beschreibung	S. 98f; *241 - 243*
Fläche	VI	E	Beschreibung	S. 94f; *237, 238*
Fläche	VI	M	Beschreibung	S. 62ff.; *205, 206*
Fläche	VI	N	Beschreibung	S. 62; *205, 208*
Fläche	VI	O	Beschreibung	S. 63f.; *205 - 207*
Fläche	VII	Y	Beschreibung	S. 125; *269*
Fläche	VII	Z	Beschreibung	S. 123ff., 130., *267, 268, 269*
Fläche	VII	B	Beschreibung	S. 102f.; *246, 247*
Fläche	VII	C	Beschreibung	S. 98f.; 103; *237, 238,242, 243*
Fläche	VII	D	Beschreibung	S. 94f.; *237, 238*
Fläche	VII	E	Beschreibung	S. 94f.; *237, 238*
Fläche	VII	F	Beschreibung	S. 94f.; *237, 238*
Fläche	VII	M	Beschreibung	S. 62ff.; *205 - 207*
Fläche	VII	N	Beschreibung	S. 64f.; *208*
Fläche	VII	O	Beschreibung	S. 63f.; *207*
Fläche	VIII	X	Beschreibung	S. 120ff.; *264 - 266, 274*
Fläche	VIII	Y	Beschreibung	S. 123, 125ff.; *267, 269*
Fläche	VIII	Z	Beschreibung	S. 123ff., 129f.; *266 - 269, 273, 275*
Fläche	VIII	A	Beschreibung	S. 123; *267, 268*
Fläche	VIII	B	Beschreibung	S. 103ff., 112f.; *248, 249, 256*
Fläche	VIII	C	Beschreibung	S. 100, 103f.; *241 - 247 - 249*
Fläche	VIII	D	Beschreibung	S. 94f.; *237, 238*
Fläche	VIII	E	Beschreibung	S. 94f.; *237, 238*
Fläche	VIII	F	Beschreibung	S. 94ff., 134; *237 - 239, 244*
Fläche	VIII	M	Beschreibung	S. 65; *207, 208*
Fläche	VIII	N	Beschreibung	S. 65; *208*
Fläche	IX	V	Beschreibung	S. 132f.; *275 - 276*
Fläche	IX	W	Beschreibung	S. 132f.; *275, 276*
Fläche	IX	X	Beschreibung	S. 131f.; *275, 276*
Fläche	IX	Y	Beschreibung	S. 125, 131; *269, 275*
Fläche	IX	Z	Beschreibung	S. 123, 125f.; *266 - 270, 275*
Fläche	IX	A	Beschreibung	S. 130; *266 - 268, 274*
Fläche	IX	B	Beschreibung	S. 110, 112f., 124; *255, 256, 257*
Fläche	IX	C	Beschreibung	S. 105ff., 110; *239, 249, 250 - 253*
Fläche	IX	D	Beschreibung	S. 94f., 109f.; *237, 238, 244, 253*
Fläche	IX	E	Beschreibung	S. 95f.; *238, 239*
Fläche	IX	L/M	Beschreibung	S. 66; *208, 209*
Fläche	IX	N	Beschreibung	S. 65; *208*
Fläche	X	W	Beschreibung	S. 132f.; *275, 276*
Fläche	X	X	Beschreibung	S. 132f.; *275, 276*
Fläche	X	Y	Beschreibung	S. 117ff.; *261, 264*
Fläche	X	Z	Beschreibung	S. 116f., 124f.; *260, 261, 267 - 269*
Fläche	X	A	Beschreibung	S. 111, 113f.; *255 - 257*
Fläche	X	B	Beschreibung	S. 110ff.; *254, 255*
Fläche	X	C	Beschreibung	S. 96f., 108f.; *240, 252*
Fläche	X	D	Beschreibung	S. 96f., 110; *240, 241, 253*
Fläche	X	G	Beschreibung	S. 53f.; *196*
Fläche	X	H	Beschreibung	S. 54; *196, 197*
Fläche	X	L	Beschreibung	S. 147; *203*
Fläche	XI	W	Beschreibung	S. 132; *276*
Fläche	XI	Y	Beschreibung	S. 117ff.; *261 - 264*
Fläche	XI	Z	Beschreibung	S. 117f; *260 - 262*
Fläche	XI	A/B	Beschreibung	S. 96f., 114f.; *240, 241, 255, 258 - 259*
Fläche	XI	C	Beschreibung	S. 96f.; *240, 241*
Fläche	XI	D	Beschreibung	S. 96f; *240, 241*
Fläche	XI	G	Beschreibung	S. 52; *194*
Fläche	XI	H	Beschreibung	S. 53; *195, 196*
Fläche	XI	I	Beschreibung	S. 53, 56; *196 - 198*
Fläche	XI	J	Beschreibung	S. 56ff., 146; *199, 200, 289*
Fläche	XI	K	Beschreibung	S. 57ff.; *200 - 202*
Fläche	XI	L	Beschreibung	S. 60, 96; *203, 290*
Fläche	XII	A	Beschreibung	S. 115; *259*
Fläche	XII	B	Beschreibung	S. 43, 97; *185, 186, 241*
Fläche	XII	C	Beschreibung	S. 45, 97; *187, 240*
Fläche	XII	D	Beschreibung	S. 45, 97; *188, 240*
Fläche	XII	E	Beschreibung	S. 47f.; *189, 190*
Fläche	XII	F	Beschreibung	S. 48ff.; *190 - 193*
Fläche	XII	G	Beschreibung	S. 51f.; *194, 195, 288*
Fläche	XII	H	Beschreibung	S. 52f.; *195, 196*
Fläche	XII	I	Beschreibung	S. 56, 58; *198, 199*

Fläche XII J Beschreibung S. 58f., 146; *200, 201, 290*
Fläche XII K Beschreibung S. 59f., 146; *202, 289*
Fläche XII L Beschreibung S. 60, 146; *202, 203, 290*
Fläche XIII B Beschreibung S. 43f.; *186*
Fläche XIII C Beschreibung S. 44f.; *186, 187*
Fläche XIII D Beschreibung S. 45; *187, 188*
Fläche XIII E Beschreibung S. 46f.; *188, 189*
Fläche XIII F Beschreibung - S. 49, 145; *191, 288*
Fläche XIII G Beschreibung S. 51, 145; *193, 194, 288*
Fläche XIII H Beschreibung S. 54ff.; *197, 198*
Fläche XIII I Beschreibung S. 55f.; *199*
Fläche XIII J Beschreibung S. 58; *201, 202*
Fläche XIII K Beschreibung S. 59f.; *202, 289*
Fläche XIII L Beschreibung S. 60; *203*
Fläche XIV B Beschreibung S. 66f.; *209, 210*
Fläche XIV C Beschreibung S. 66, 144; *209*
Fläche XIV D Beschreibung S. 47, 144; *189, 287*
Fläche XIV F Beschreibung S. 51, 145; *193, 288*
Fläche XIV G Beschreibung S. 51, 145; *193, 288*
Fläche XIV H Beschreibung S. 55; *198*
Fläche XIV I Beschreibung S. 56; *199*
Fläche XV Z Beschreibung S. 70f; *213, 214*
Fläche XV A Beschreibung S. 69f.; *212, 213*
Fläche XV B Beschreibung S. 67f.; *212, 213*
Fläche XV C Beschreibung S. 68, 144; *211, 288*
Fläche XV D Beschreibung S. 144; *287, 288*
Fläche XV E Beschreibung S. 144; *287, 288*
Fläche XV F Beschreibung S. 49f., 145; *191, 192, 288*
Fläche XV K/L Beschreibung S. 60ff., 147; *203, 204, 290*
Fläche XVI Z Beschreibung S. 71; *214*
Fläche XVI D Beschreibung S. 69, 144; *212, 287*
Fläche XVI E Beschreibung S. 144; *287, 288*
Fläche XVI J Beschreibung S. 62, 147; *205, 290*
Fläche XVI K/L Beschreibung S. 60f., 147; *203, 204, 290*
Fläche XVII Y Beschreibung S. 71; *214*
Fläche XVII Z Beschreibung S. 71; *214*

TAFELN
LAMINAS

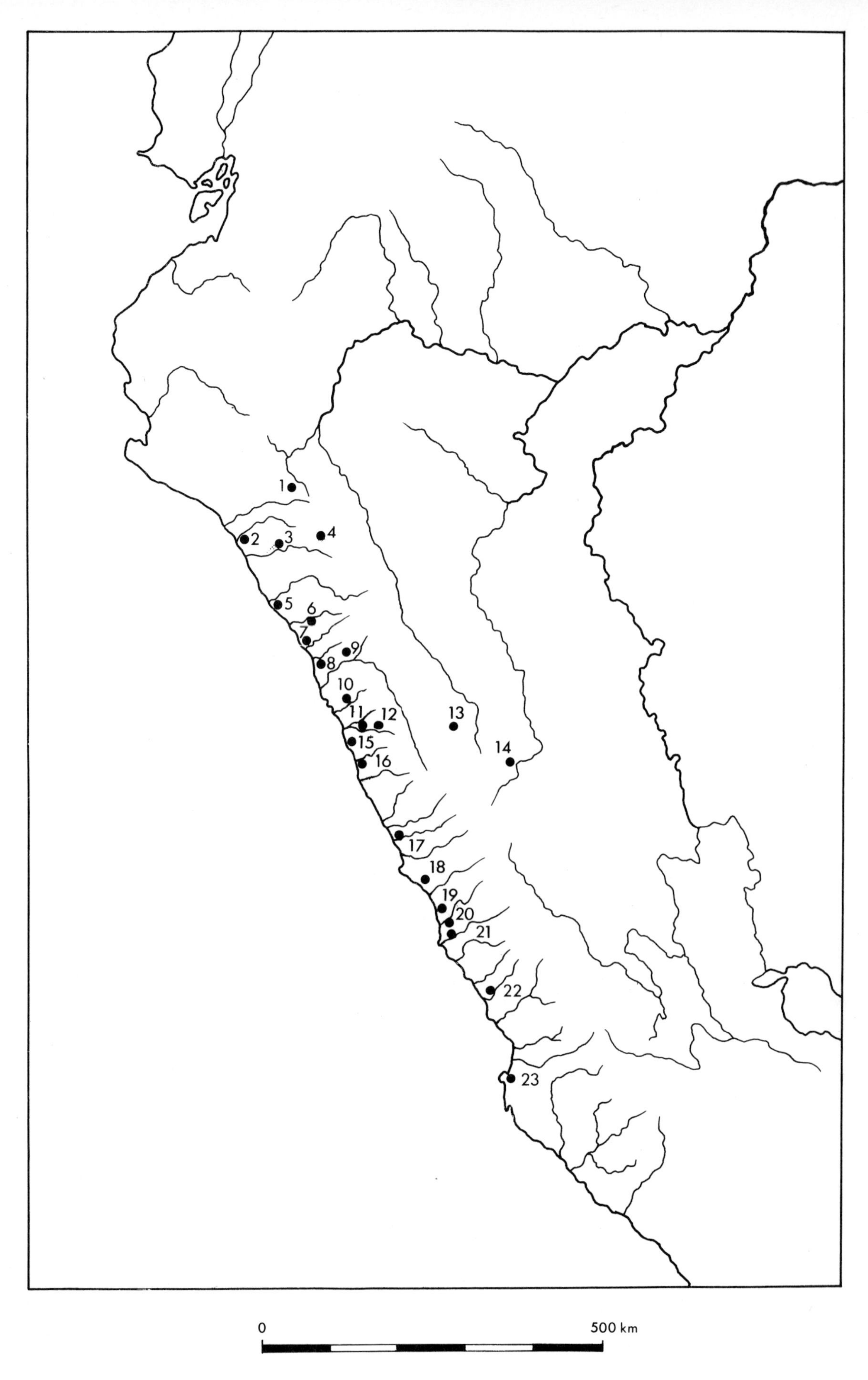

1 Pacopampa; *2* Purulén (Zaña); *3* Montegrande (Jequetepeque); *4* Huacaloma; *5* Huaca Prieta, *6* Huaca de los Reyes – Caballo Muerto; *7* Guañape (Virú); *8* Las Salinas de Chao; *9* La Galgada; *10* Cerro Blanco; *11* Cerro Sechín; *12* Moxeque; *13* Chavín de Huántar; *14* Kotosh-Shillacoto; *15* Las Haldas; *16* Culebras; *17* Áspero; *18* Río Seco; *19* Ancón; *20* El Paraiso; *21* Garagay; *22* Asia; *23* Puerto Nuevo (Paracas).

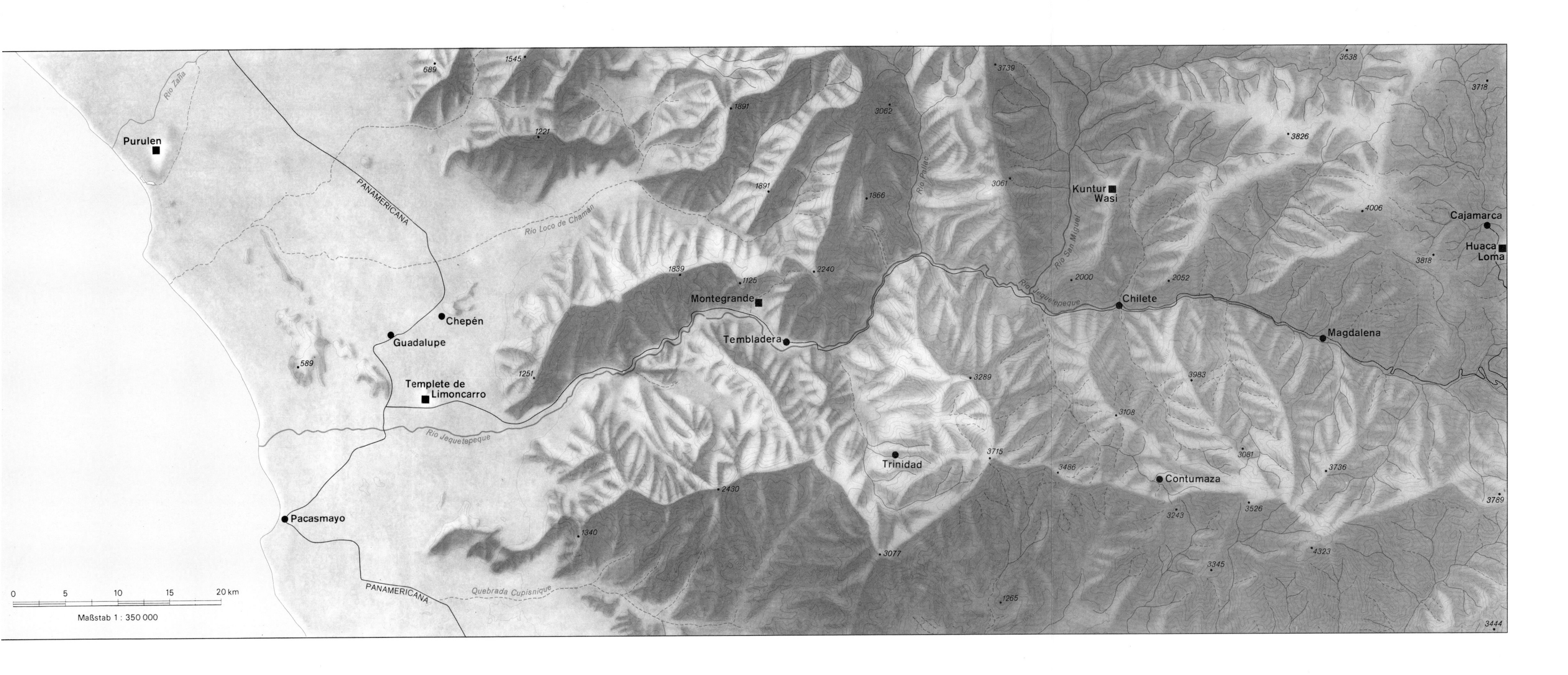

TAFEL 1 Formativzeitliche Fundstellen im Jequetepeque-Tal, gegenüber: Fundplätze der Frühzeit Perus

Sitios formativos en el valle de Jequetepeque; en frente: sitios tempranos del Perú.

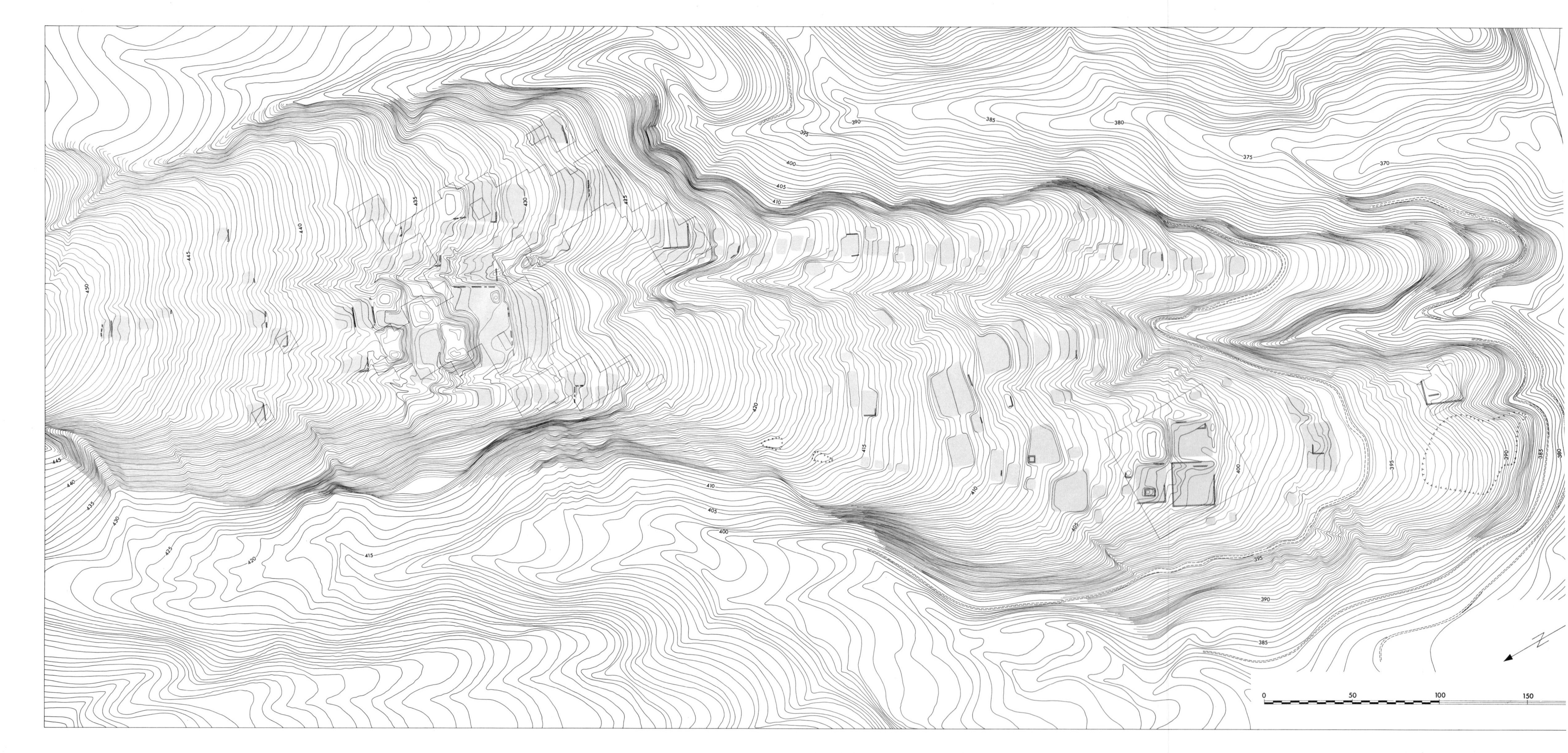

TAFEL 2 Montegrande. Meseta 2. Tachymetrische Aufnahme (Vermessung P. Pahlen, U. Sowa). – Rot umrandet: Ausgegrabene Flächen. – Gerastert: Terrassierung. – Dicke schwarze Linien: Terrassierungsmauern. – Doppelte unterbrochene Linien: Bewässerungskanäle. – Mit T-Linie umzogene Fläche: Ausgeraubtes Gräberfeld. – M. etwa 1 : 2000.

Montegrande. Meseta 2. Levantamiento taquimétrico (hecho por P. Pahlen y U. Sowa). – Enmarcado en rojo: partes excavadas. – A media tinta: canales de irrigación. – Planos enmarcados por lineas de T: Cementerio saqueado. – Escala aproximada 1 : 2000

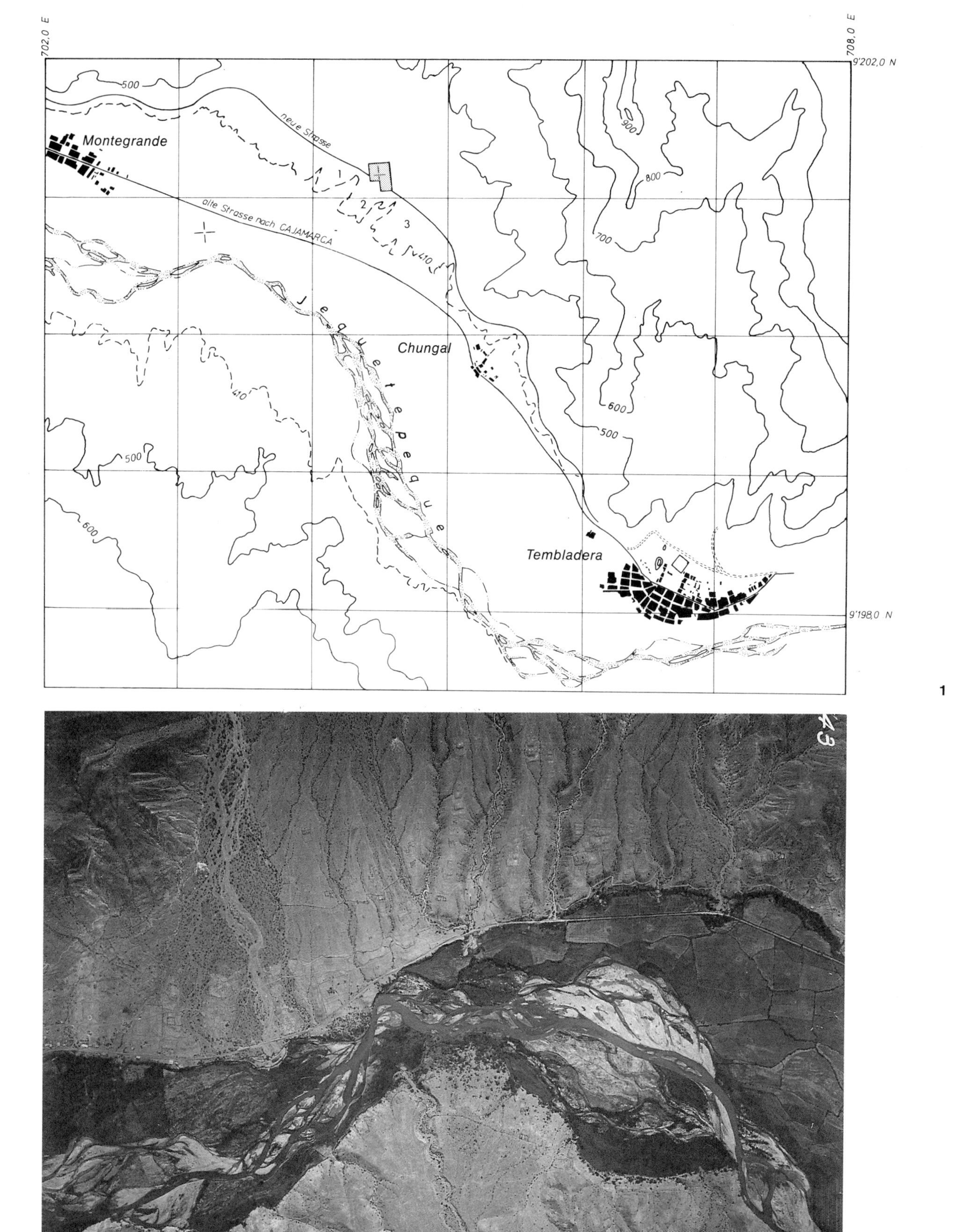

TAFEL 3

1 Jequetepeque-Tal zwischen den Dörfern Tembladera und Monte Grande mit den Mesetas von Montegrande 1 – 3 und der eingezeichneten Grabungsfläche (siehe Taf. 2). – Gerastert: Grabungsfläche. – 1 – 3: Mesetas. – + Huaca Campos

Valle de Jequetepeque entre los pueblos de Tembladera y Montegrande con las Mesetas 1 – 3 y la parte excavada (véa lám. 2). – A media tinta: parte excavada. – 1 – 3: Mesetas. – + Huaca Campos.

2 Luftbild der Mesetas von Montegrande aus dem Jahre 1947 vor der intensiven Raubgräbertätigkeit in diesem Talbereich

Fotografía aerea de las Mesetas de Montegrande del año 1947, antes de la huaquería intensa en esta parte del valle.

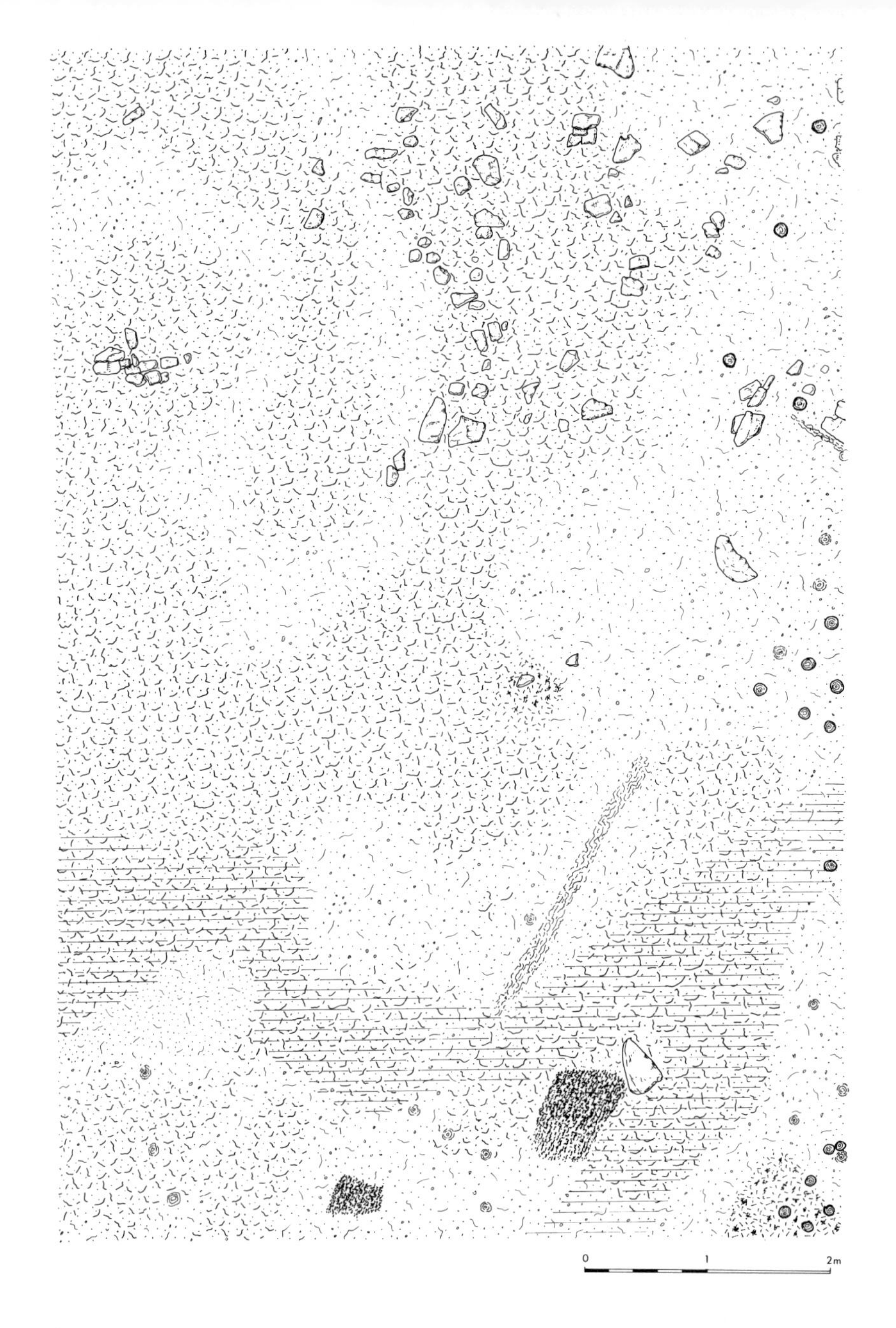

TAFEL 4

Montegrande. Westteil der Siedlung, Fläche III B (Beschreibung siehe S. 32). M. 1 : 60
Nebenstehend: Interpretation des Befundes unter Berücksichtigung benachbarter Flächenteile. M. 1 :200

Montegrande. Parte oeste del asentamiento, cuadrángulo III B (descripción véa pág. 174). Esc. 1 : 60
Enfrente: Interpretación de las observaciones, considerando partes de los cuadrángulos vecinos. Esc. 1 : 200

TAFEL 5 ⟶

Montegrande. Westteil der Siedlung, Fläche IV B (Beschreibung siehe S. 30ff.). M. 1 : 60
Unten: Interpretation des Befundes unter Berücksichtigung benachbarter Flächenteile. M. 1 : 200

Montegrande. Parte oeste del asentamiento, cuadrángulo IV B (descripción véa pág. 172 – 174). Esc. 1 : 60
Abajo: Interpretación de las observaciones, considerando partes de los cuadrángulos vecinos. Esc. 1 : 200

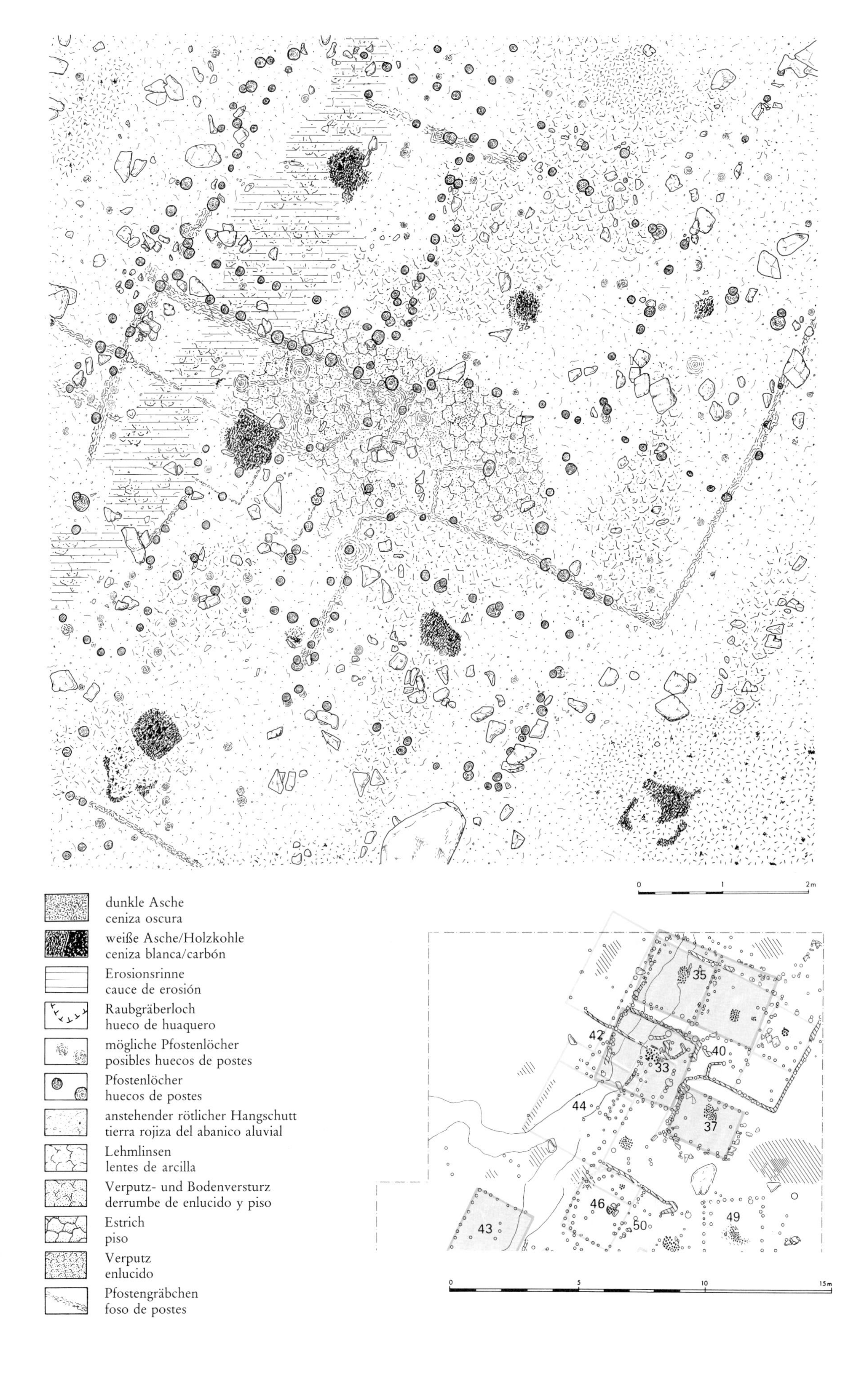

0
1
2m
dunkle Asche
ceniza oscura
weiße Asche/Holzkohle
ceniza blanca/carbón
Erosionsrinne
cauce de erosión
Raubgräberloch
hueco de huaquero
mögliche Pfostenlöcher
posibles huecos de postes
Pfostenlöcher
huecos de postes
anstehender rötlicher Hangschutt
tierra rojiza del abanico aluvial
Lehmlinsen
lentes de arcilla
Verputz- und Bodenversturz
derrumbe de enlucido y piso
Estrich
piso
Verputz
enlucido
Pfostengräbchen
foso de postes
35
42
40
33
44
37
46
50
49
43
0
5
10
15m

TAFEL 6

Montegrande. Westteil der Siedlung, Fläche III C (Beschreibung siehe S. 33ff.). M. 1 : 60
Nebenstehend: Interpretation des Befundes unter Berücksichtigung benachbarter Flächenteile. M. 1 : 200

Montegrande. Parte oeste del asentamiento, cuadrángulo III C (descripción véa pág. 175 – 177). Esc. 1 : 60
Enfrente: Interpretación de las observaciones, considerando partes de los cuadrángulos vecinos. Esc. 1 : 200

TAFEL 7 ⟶

Montegrande. Westteil der Siedlung, Fläche IV C (Beschreibung siehe S. 33ff.). M. 1 : 60
Unten: Interpretation des Befundes unter Berücksichtigung benachbarter Flächenteile. M. 1 : 200

Montegrande. Parte oeste del asentamiento, cuadrángulo IV C (descripción véa pág. 175 – 177). Esc. 1 : 60
Abajo: Interpretación de las observaciones, considerando partes de los cuadrángulos vecinos. Esc. 1 : 200

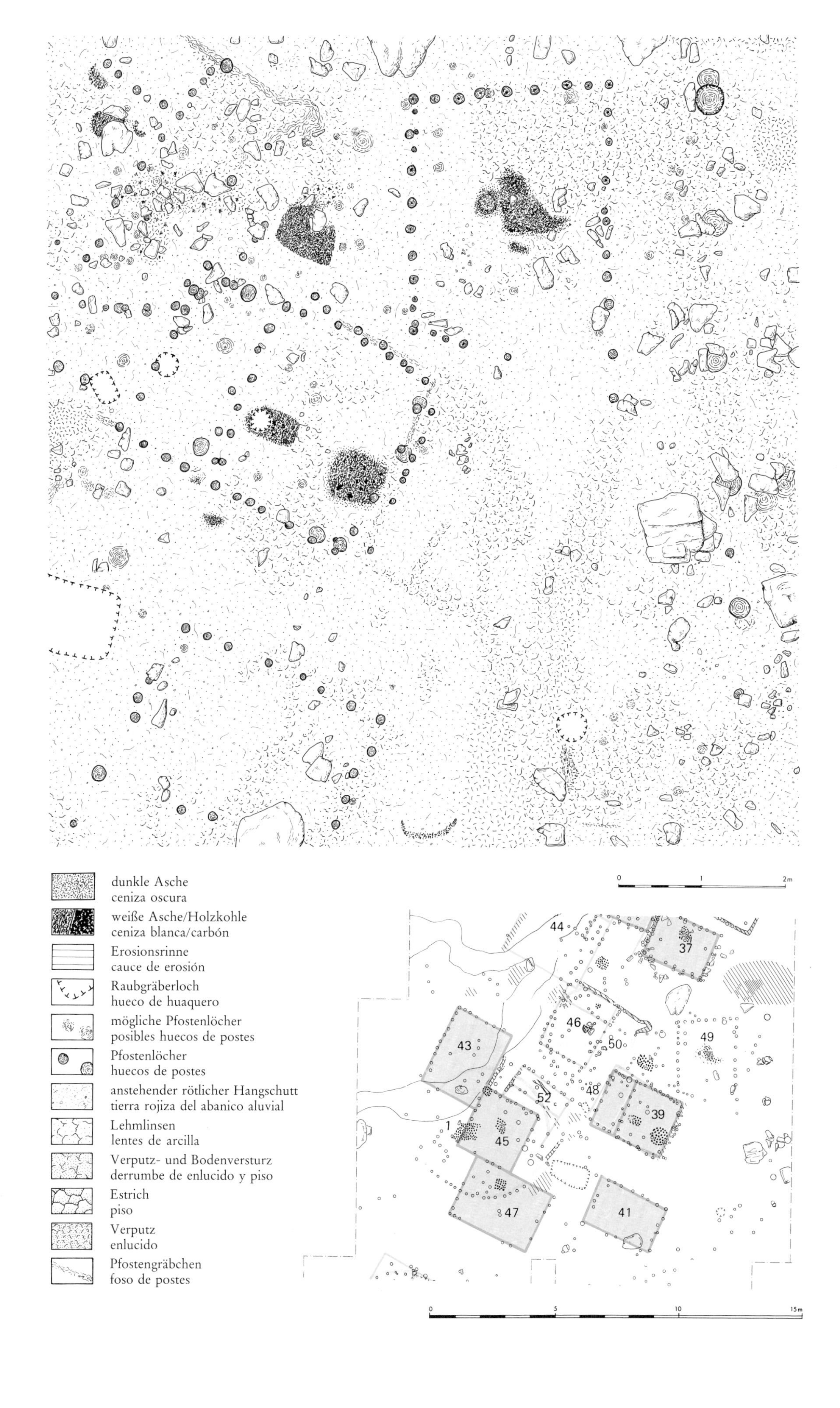

0
1
2m
dunkle Asche
ceniza oscura
weiße Asche/Holzkohle
ceniza blanca/carbón
Erosionsrinne
cauce de erosión
Raubgräberloch
hueco de huaquero
mögliche Pfostenlöcher
posibles huecos de postes
Pfostenlöcher
huecos de postes
anstehender rötlicher Hangschutt
tierra rojiza del abanico aluvial
Lehmlinsen
lentes de arcilla
Verputz- und Bodenversturz
derrumbe de enlucido y piso
Estrich
piso
Verputz
enlucido
Pfostengräbchen
foso de postes
44
37
46
50
49
43
48
52
39
1
45
47
41
0
5
10
15m

TAFEL 8

Montegrande. Westteil der Siedlung, Fläche III D (Beschreibung siehe S. 35ff.). M. 1 : 60
Nebenstehend: Interpretation des Befundes unter Berücksichtigung benachbarter Flächenteile. M. 1 : 200

Montegrande. Parte oeste del asentamiento, cuadrángulo III D (descripción véa pág. 177 – 178). Esc. 1 : 60
Enfrente: Interpretación de las observaciones, considerando partes de los cuadrángulos vecinos. Esc. 1 : 200

TAFEL 9 ⟶

Montegrande. Westteil der Siedlung, Fläche IV D (Beschreibung siehe S. 35f.). M. 1 : 60
Unten: Interpretation des Befundes unter Berücksichtigung benachbarter Flächenteile. M. 1 : 200

Montegrande. Parte oeste del asentamiento, cuadrángulo IV D (descripción véa pág. 177,180). Esc. 1 : 60
Abajo: Interpretación de las observaciones, considerando partes de los cuadrángulos vecinos. Esc. 1 : 200

dunkle Asche
ceniza oscura
weiße Asche/Holzkohle
ceniza blanca/carbón
Erosionsrinne
cauce de erosión
Raubgräberloch
hueco de huaquero
mögliche Pfostenlöcher
posibles huecos de postes
Pfostenlöcher
huecos de postes
anstehender rötlicher Hangschutt
tierra rojiza del abanico aluvial
Lehmlinsen
lentes de arcilla
Verputz- und Bodenversturz
derrumbe de enlucido y piso
Estrich
piso
Verputz
enlucido
Pfostengräbchen
foso de postes
0
1
2m
47
41
2
4
5
3
8
6
12
0
5
10
15m

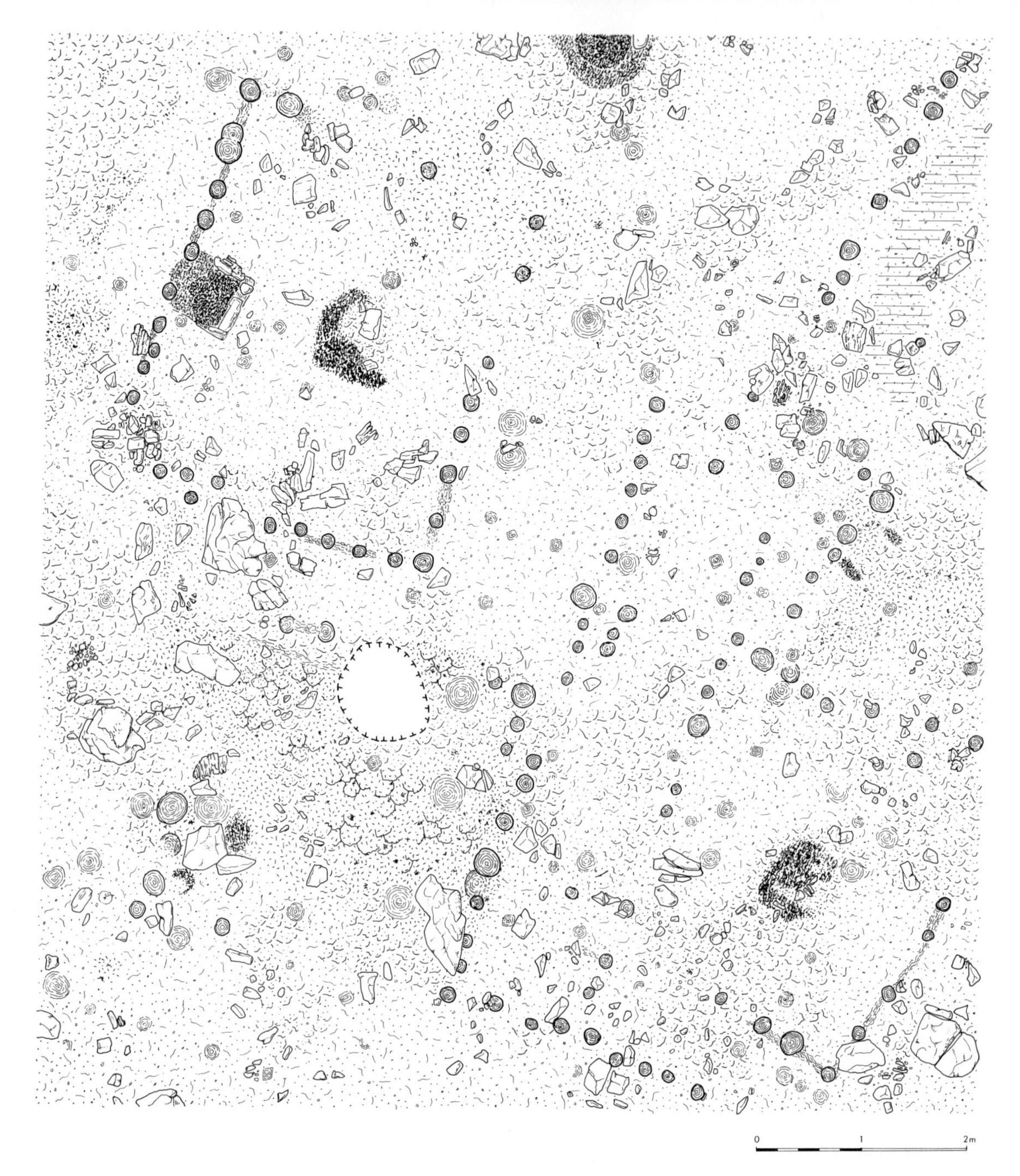

TAFEL 10

Montegrande. Westteil der Siedlung, Fläche II E (Beschreibung siehe S. 38ff.). M 1 : 60
Nebenstehend: Interpretation des Befundes unter Berücksichtigung benachbarter Flächenteile. M. 1 : 200

Montegrande. Parte oeste del asentamiento, cuadrángulo II E (descripción véa pág. 179 – 181). Esc. 1 : 60
Enfrente: Interpretación de las observaciones, considerando partes de los cuadrángulos vecinos. Esc. 1 : 200

TAFEL 11 ⟶

Montegrande. Westteil der Siedlung, Fläche III E (Beschreibung siehe S. 36ff.). M. 1 : 60
Unten: Interpretation des Befundes unter Berücksichtigung benachbarter Flächenteile. M. 1 : 200

Montegrande. Parte oeste del asentamiento, cuadrángulo III E (descripción véa pág. 178 – 181). Esc. 1 : 60
Abajo: Interpretación de las observaciones, considerando partes de los cuadrángulos vecinos. Esc. 1 : 200

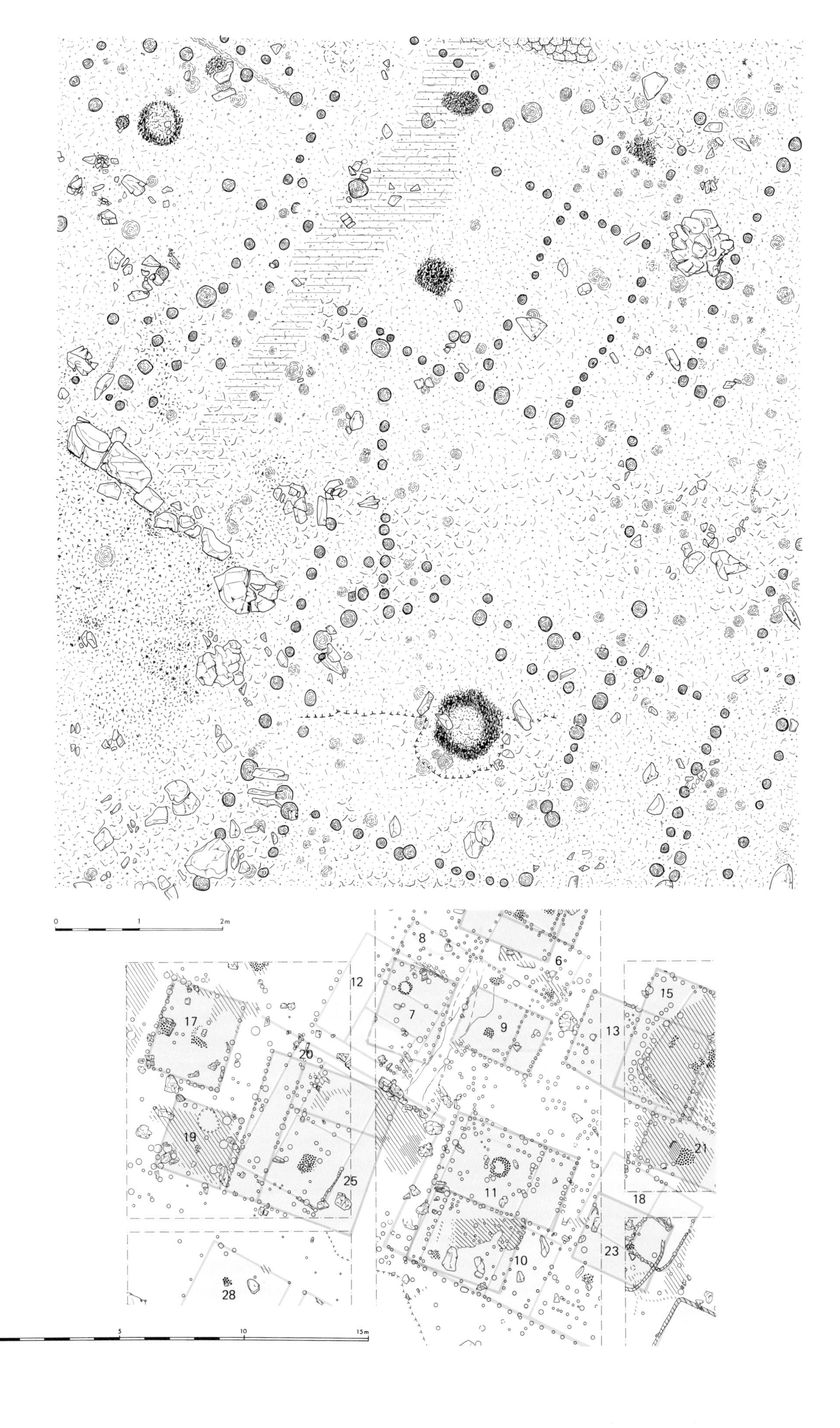

0
1
2m
8
6
12
15
17
7
9
13
20
19
21
25
11
18
23
10
28
0
5
10
15m

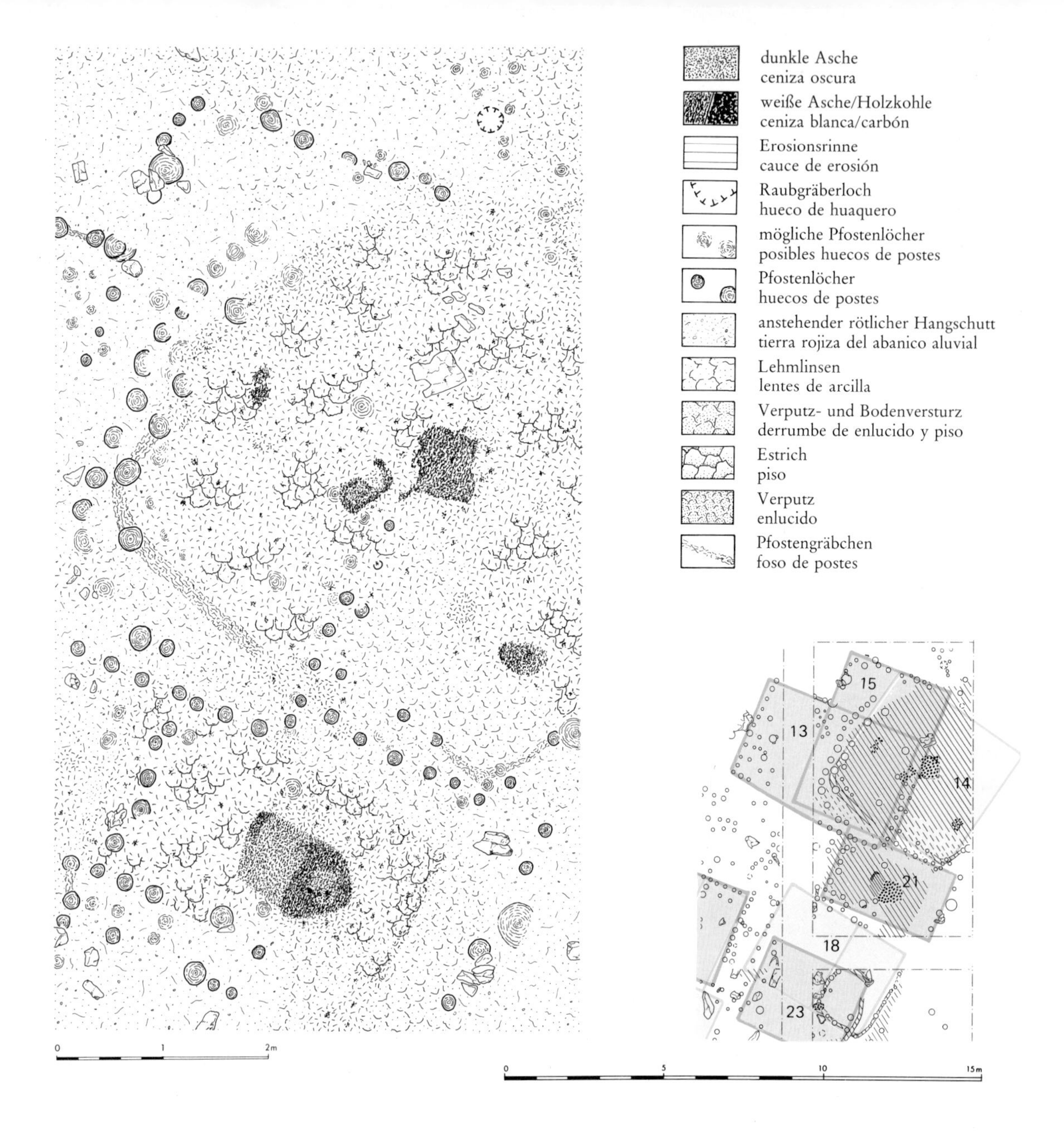

TAFEL 12

Montegrande. Westteil der Siedlung, Fläche IV E (Beschreibung siehe S. 37f.). M. 1 : 60
Rechts: Interpretation des Befundes unter Berücksichtigung benachbarter Flächenteile. M. 1 : 200

Montegrande. Parte oeste del asentamiento, cuadrángulo IV E (descripción véa pág. 179 – 180). Esc. 1 : 60
A la derecha: Interpretación de las observaciones, considerando partes de los cuadrángulos vecinos. Esc. 1 : 200

TAFEL 13 ⟶

Montegrande. Westteil der Siedlung, Fläche II F (Beschreibung siehe S. 40f.). M. 1 : 60
Unten: Interpretation des Befundes unter Berücksichtigung benachbarter Flächenteile. M. 1 : 200

Montegrande. Parte oeste del asentamiento, cuadrángulo II F (descripción véa pág. 183). Esc. 1 : 60
Abajo: Interpretación de las observaciones, considerando partes de los cuadrángulos vecinos. Esc. 1 : 200

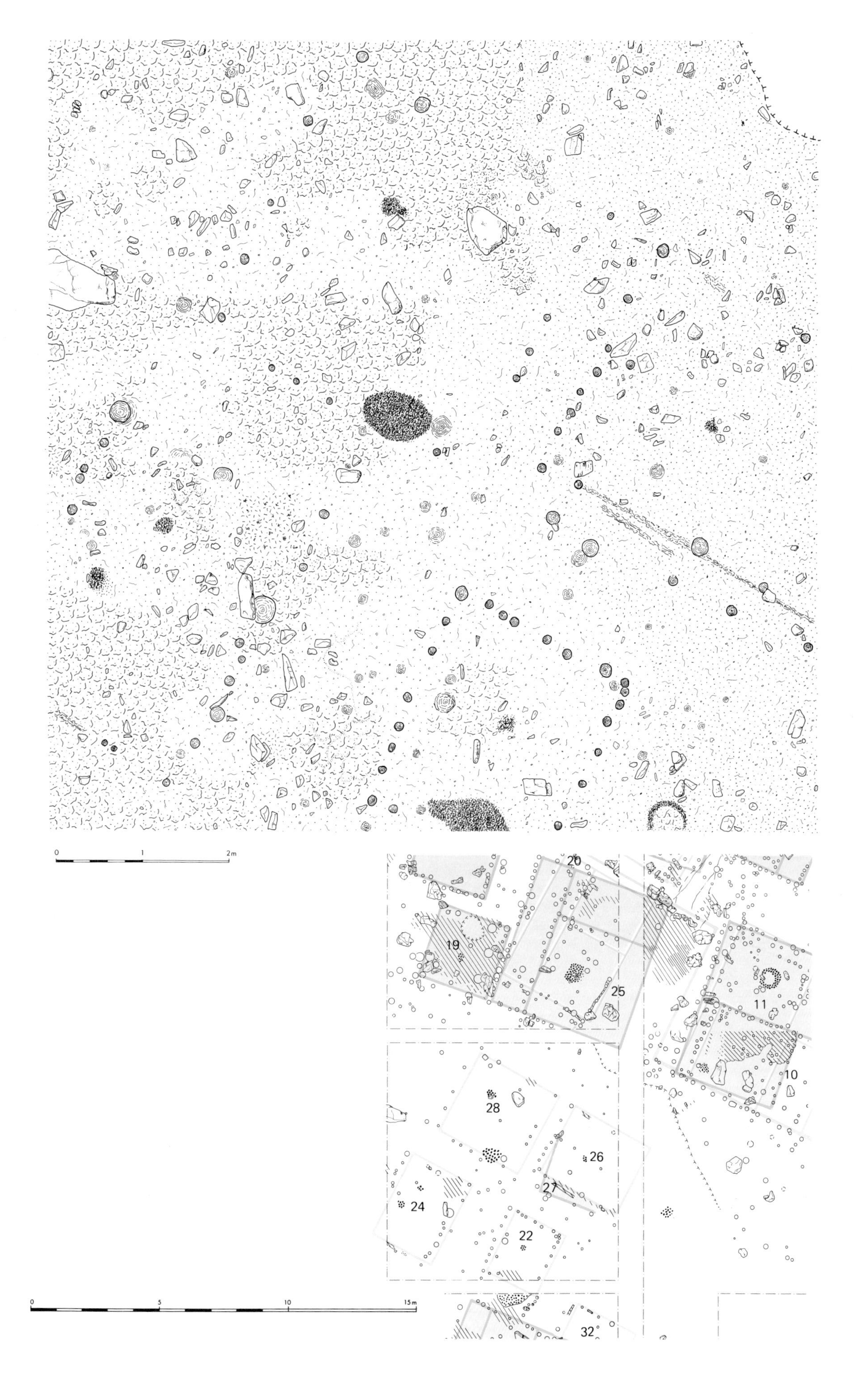

0
1
2m
20
19
25
11
10
28
26
27
24
22
32
0
5
10
15m

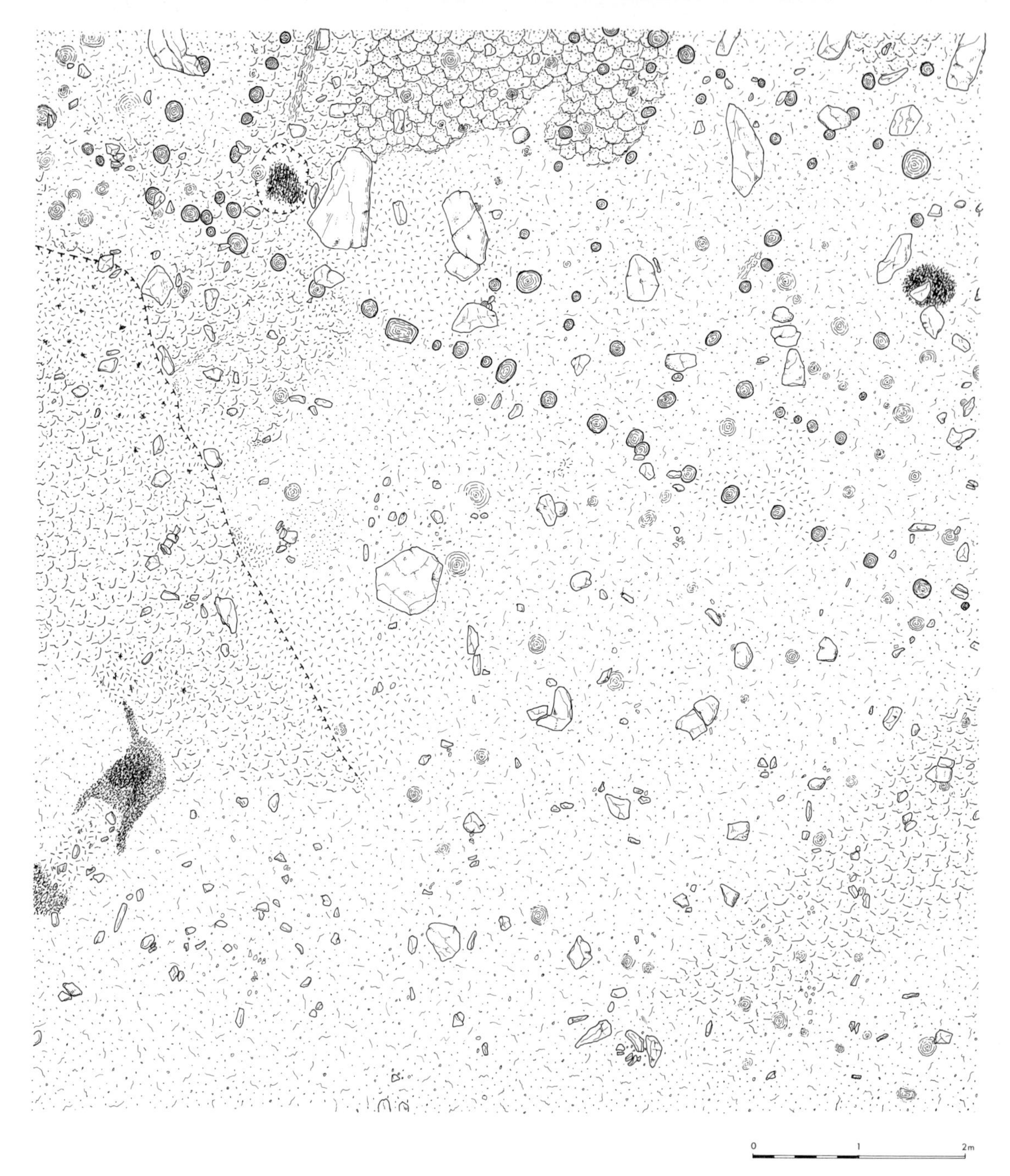

TAFEL 14

Montegrande. Westteil der Siedlung, Fläche III F (Beschreibung siehe S. 39). M. 1 : 60
Nebenstehend: Interpretation des Befundes unter Berücksichtigung benachbarter Flächenteile. M. 1 : 200

Montegrande. Parte oeste del asentamiento, cuadrángulo III F (descripción véa pág. 181). Esc. 1 : 60
Enfrente: Interpretación de las observaciones, considerando partes de los cuadrángulos vecinos. Esc. 1 : 200

TAFEL 15 ⟶

Montegrande. Westteil der Siedlung, Fläche IV F (Beschreibung siehe S. 39f.). M. 1 : 60
Unten: Interpretation des Befundes unter Berücksichtigung benachbarter Flächenteile. M. 1 : 200

Montegrande. Parte oeste del asentamiento, cuadrángulo IV F (descripción véa pág. 181, 182, 184). Esc. 1 : 60
Abajo: Interpretación de las observaciones, considerando partes de los cuadrángulos vecinos. Esc. 1 : 200

dunkle Asche
ceniza oscura
weiße Asche/Holzkohle
ceniza blanca/carbón
Erosionsrinne
cauce de erosión
Raubgräberloch
hueco de huaquero
mögliche Pfostenlöcher
posibles huecos de postes
Pfostenlöcher
huecos de postes
anstehender rötlicher Hangschutt
tierra rojiza del abanico aluvial
Lehmlinsen
lentes de arcilla
Verputz- und Bodenversturz
derrumbe de enlucido y piso
Estrich
piso
Verputz
enlucido
Pfostengräbchen
foso de postes
0
1
2m
0
5
10
15m
11
10
21
18
23
16

0
1
2m
32
29
34
30
36
31
38
0
5
10
15m

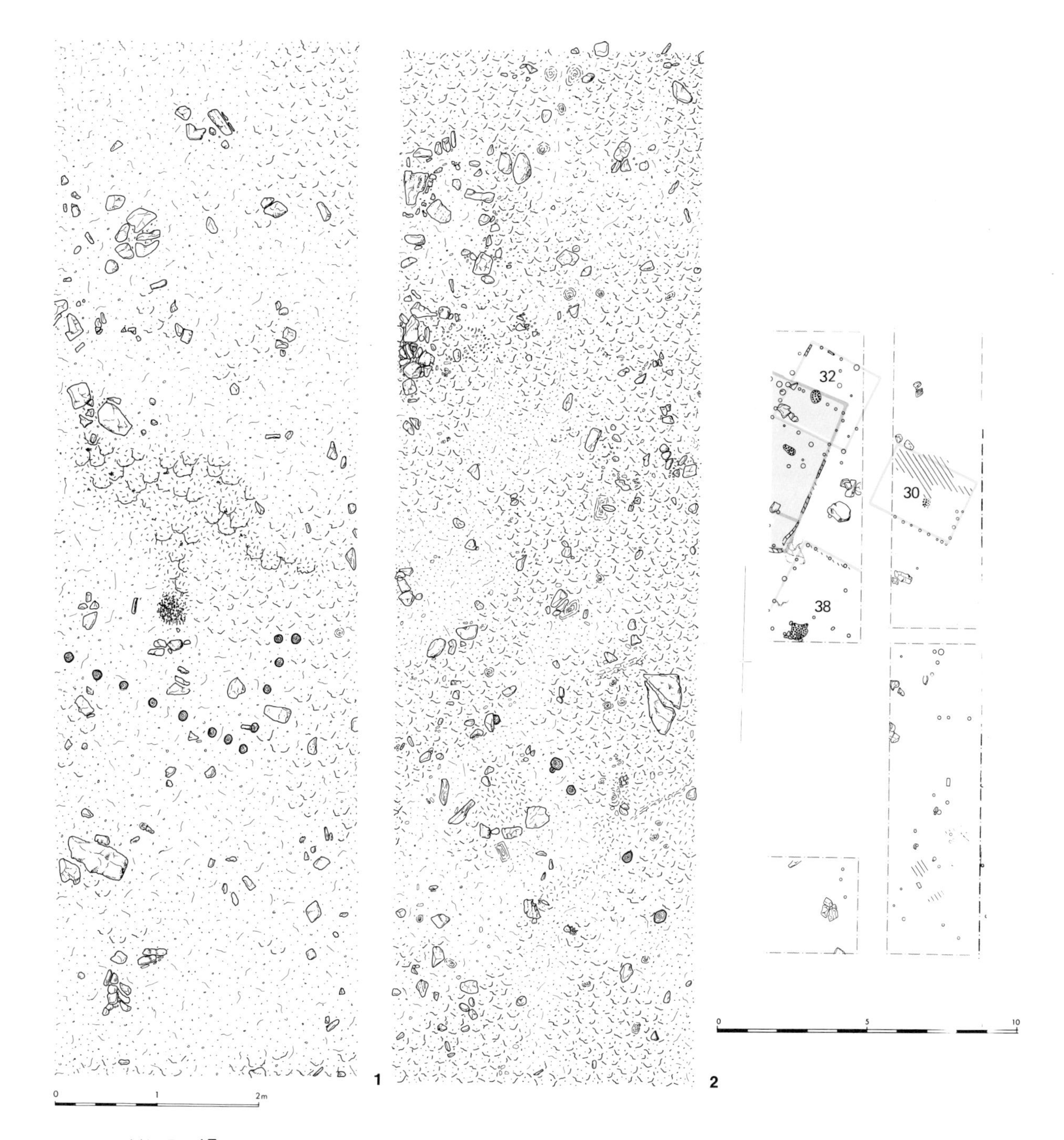

TAFEL 17

Montegrande. Westteil der Siedlung, Flächen III G, III H (Beschreibung siehe S. 41f.). M. 1 : 60
Rechts: Interpretation des Befundes unter Berücksichtigung benachbarter Flächenteile. M. 1 : 200

Montegrande. Parte oeste del asentamiento, cuadrángulo III G; III H (descripción véa pág. 183, 184). Esc. 1 : 60
A la derecha: Interpretación de las observaciones, considerando partes de los cuadrángulos vecinos. Esc. 1 : 200

← TAFEL 16

Montegrande. Westteil der Siedlung, Fläche II G (Beschreibung siehe S. 41). M. 1 : 60
Unten: Interpretation des Befundes unter Berücksichtigung benachbarter Flächenteile. M. 1 : 200

Montegrande. Parte oeste del asentamiento, cuadrángulo II G (descripción véa pág. 183, 184). Esc. 1 : 60
Abajo: Interpretación de las observaciones, considerando partes de los cuadrángulos vecinos. Esc. 1 : 200

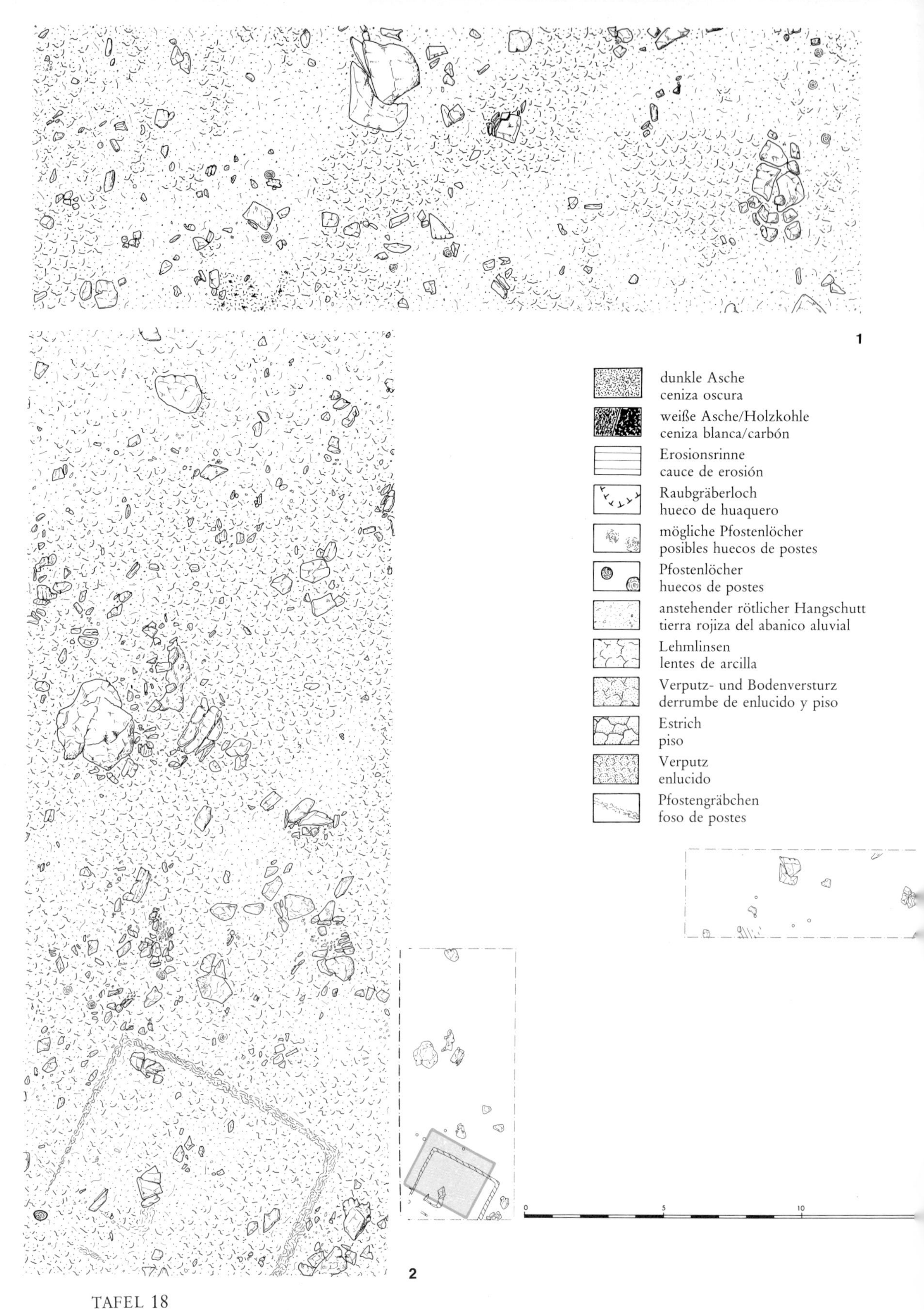

TAFEL 18

Montegrande. Westteil der Siedlung, Flächen II H, I I (Beschreibung siehe S. 42). M. 1 : 60
Rechts: Interpretation des Befundes unter Berücksichtigung benachbarter Flächenteile. M. 1 : 200

Montegrande. Parte oeste del asentamiento, cuadrángulo II H; I I (descripción véa pág. 184). Esc. 1 : 60
A la derecha: Interpretación de las observaciones, considerando partes de los cuadrángulos vecinos. Esc. 1 : 200

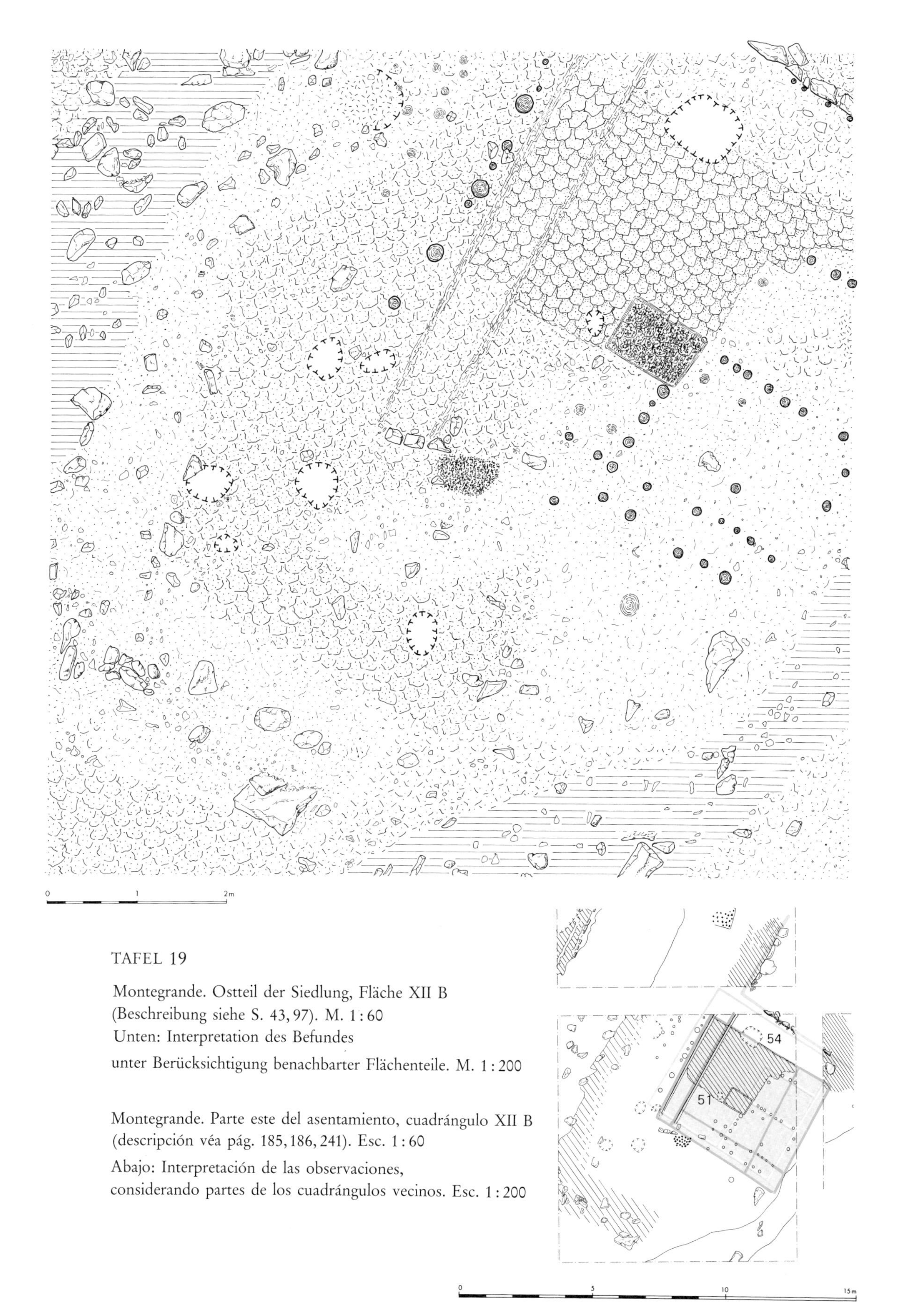

TAFEL 19

Montegrande. Ostteil der Siedlung, Fläche XII B
(Beschreibung siehe S. 43, 97). M. 1 : 60
Unten: Interpretation des Befundes
unter Berücksichtigung benachbarter Flächenteile. M. 1 : 200

Montegrande. Parte este del asentamiento, cuadrángulo XII B
(descripción véa pág. 185, 186, 241). Esc. 1 : 60
Abajo: Interpretación de las observaciones,
considerando partes de los cuadrángulos vecinos. Esc. 1 : 200

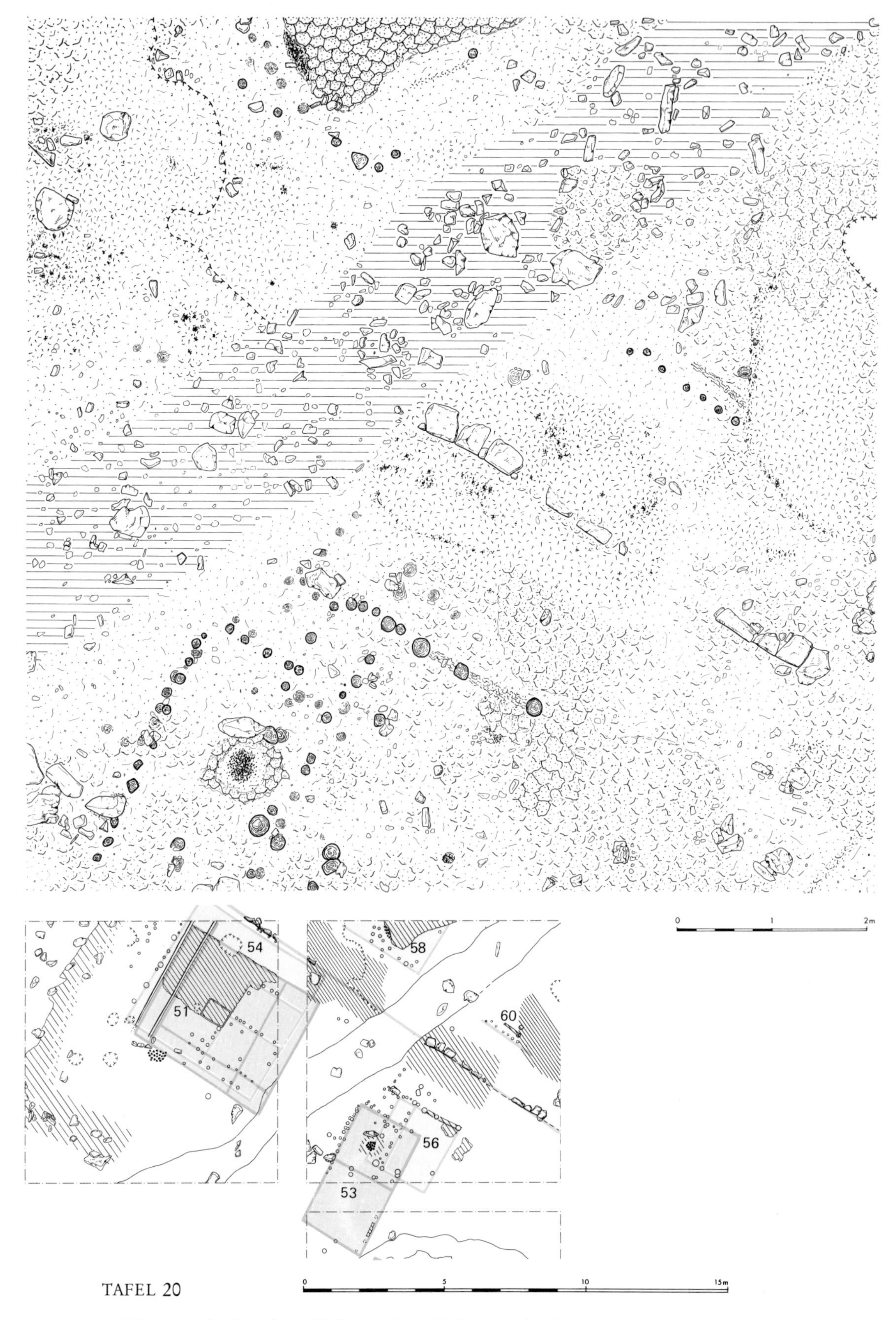

TAFEL 20

Montegrande. Ostteil der Siedlung, Fläche XIII B (Beschreibung siehe S. 43f.). M. 1 : 60
Unten: Interpretation des Befundes unter Berücksichtigung benachbarter Flächenteile. M. 1 : 200

Montegrande. Parte este del asentamiento, cuadrángulo XIII B (descripción véa pág. 186). Esc. 1 : 60
Abajo: Interpretación de las observaciones, considerando partes de los cuadrángulos vecinos. Esc. 1 : 200

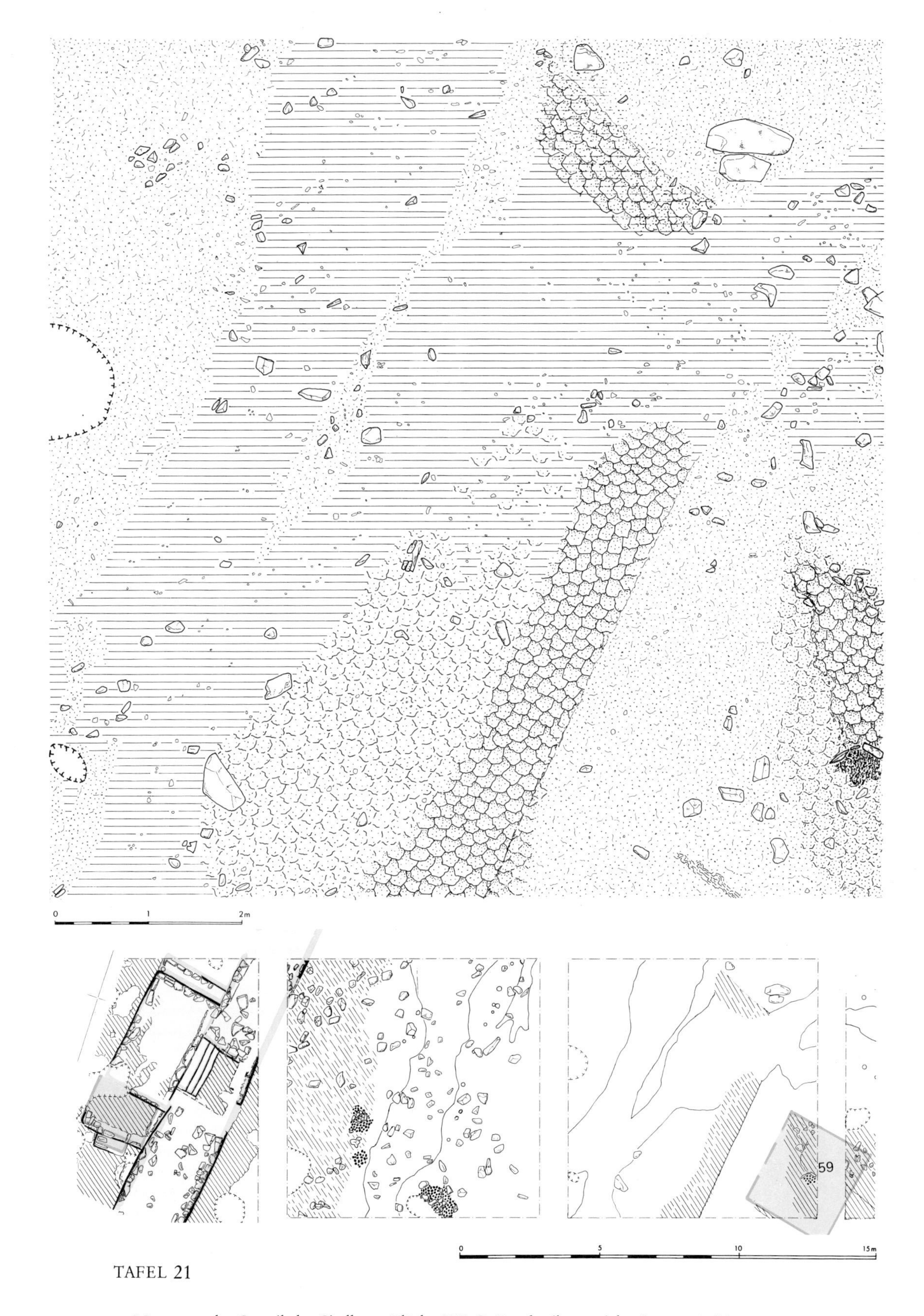

TAFEL 21

Montegrande. Ostteil der Siedlung, Fläche XII C (Beschreibung siehe S. 45, 97). M. 1:60
Unten: Interpretation des Befundes unter Berücksichtigung benachbarter Flächenteile. M. 1:200

Montegrande. Parte este del asentamiento, cuadrángulo XII C (descripción véa pág. 187, 240). Esc. 1:60
Abajo: Interpretación de las observaciones, considerando partes de los cuadrángulos vecinos. Esc. 1:200

TAFEL 22

Montegrande. Ostteil der Siedlung, Fläche XIII C (Beschreibung siehe S. 44f.). M. 1 : 60
Unten: Interpretation des Befundes unter Berücksichtigung benachbarter Flächenteile. M. 1 : 200

Montegrande. Parte este del asentamiento, cuadrángulo XIII C (descripción véa pág. 186, 187). Esc. 1 : 60
Abajo: Interpretación de las observaciones, considerando partes de los cuadrángulos vecinos. Esc. 1 : 200

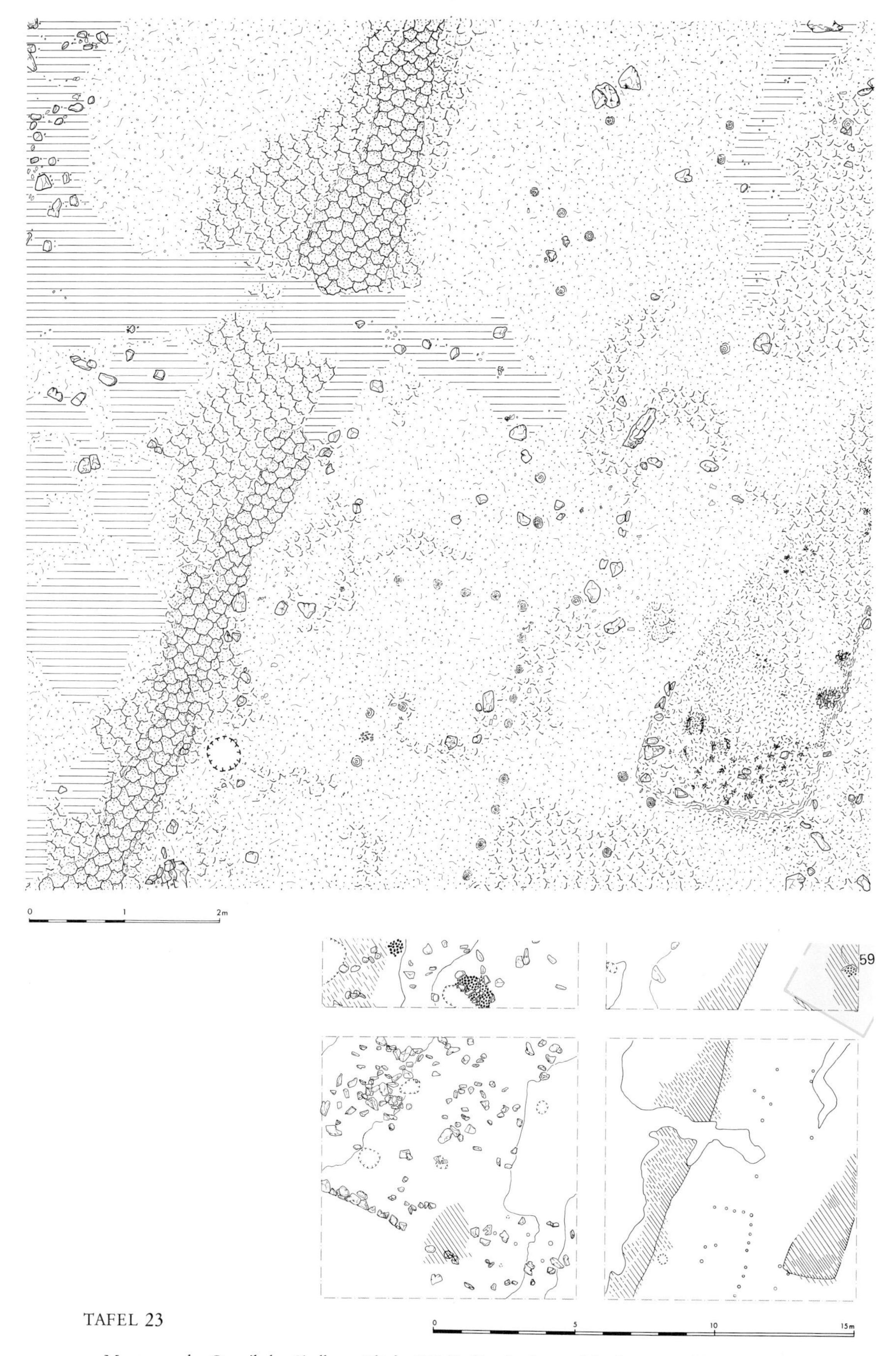

TAFEL 23

Montegrande. Ostteil der Siedlung, Fläche XII D (Beschreibung siehe S. 45, 97). M. 1 : 60
Unten: Interpretation des Befundes unter Berücksichtigung benachbarter Flächenteile. M. 1 : 200

Montegrande. Parte este del asentamiento, cuadrángulo XII D (descripción véa pág. 188, 240). Esc. 1 : 60
Abajo: Interpretación de las observaciones, considerando partes de los cuadrángulos vecinos. Esc. 1 : 200

TAFEL 24

Montegrande. Ostteil der Siedlung, Fläche XIII D (Beschreibung siehe S. 45). M. 1 : 60
Unten: Interpretation des Befundes unter Berücksichtigung benachbarter Flächenteile. M. 1 : 200

Montegrande. Parte este del asentamiento, cuadrángulo XIII D (descripción véa pág. 187,188). Esc. 1 : 60
Abajo: Interpretación de las observaciones, considerando partes de los cuadrángulos vecinos. Esc. 1 : 200

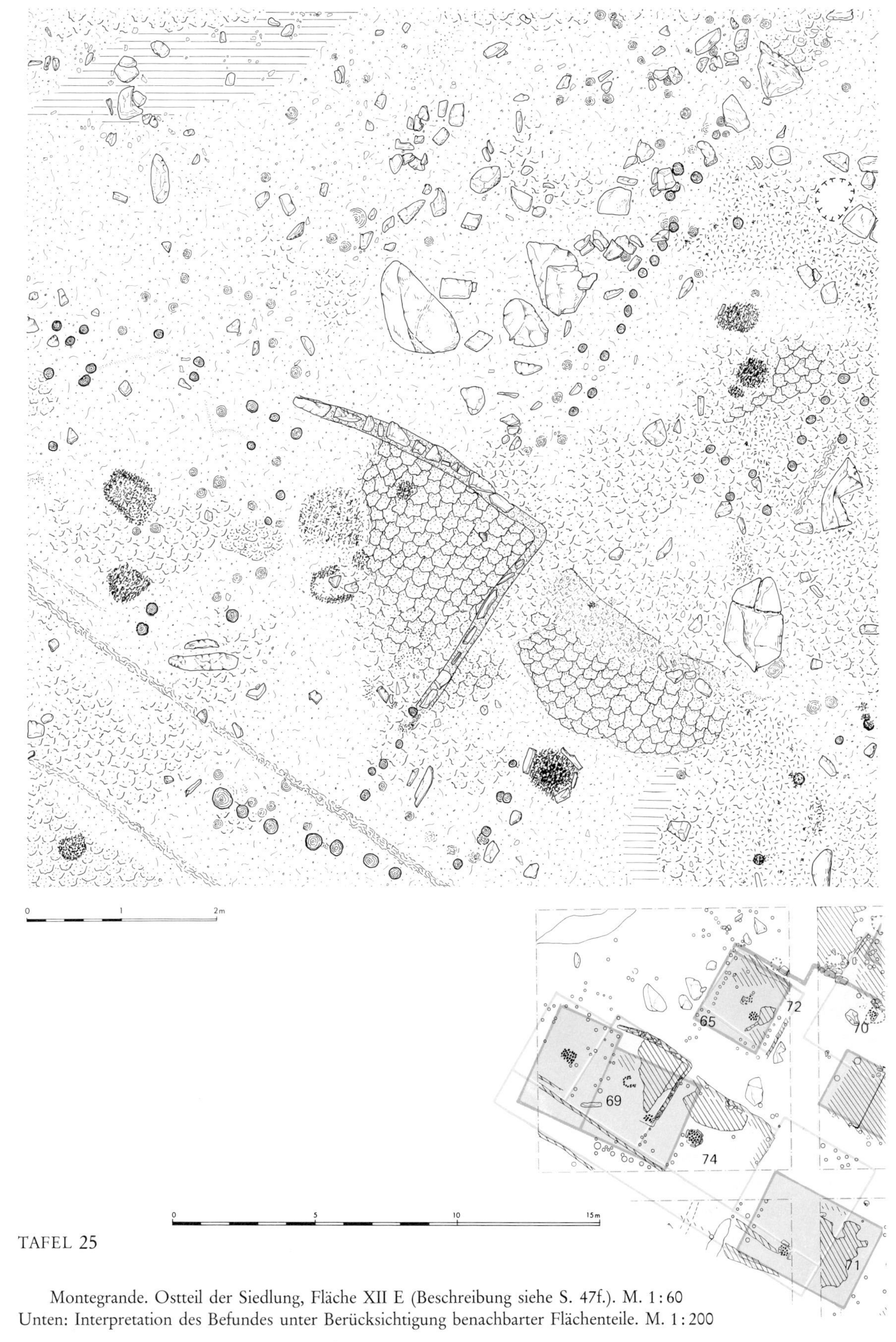

TAFEL 25

Montegrande. Ostteil der Siedlung, Fläche XII E (Beschreibung siehe S. 47f.). M. 1 : 60
Unten: Interpretation des Befundes unter Berücksichtigung benachbarter Flächenteile. M. 1 : 200

Montegrande. Parte este del asentamiento, cuadrángulo XII E (descripción véa pág. 189, 190). Esc. 1 : 60
Abajo: Interpretación de las observaciones, considerando partes de los cuadrángulos vecinos. Esc. 1 : 200

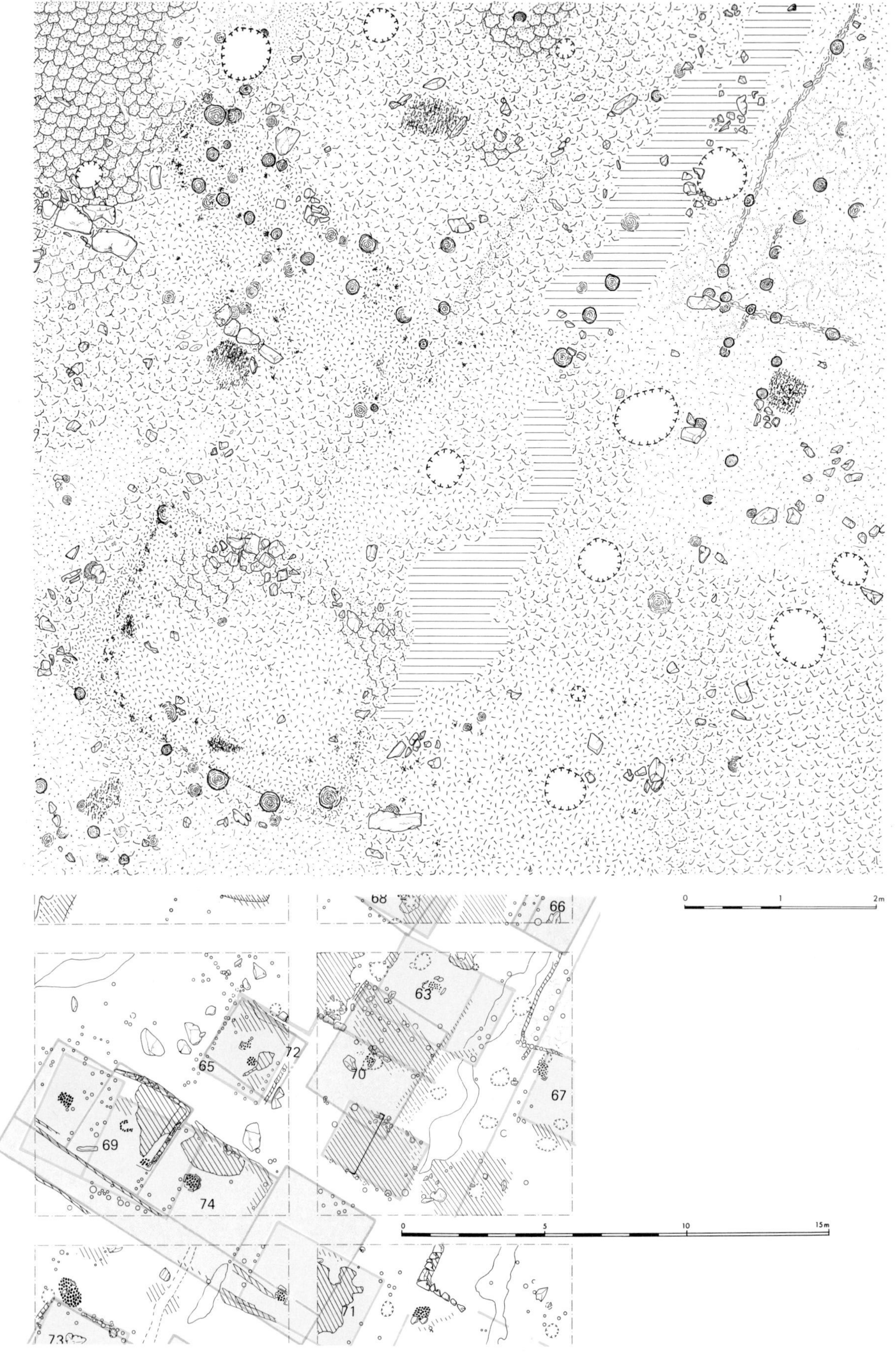

TAFEL 26 Montegrande. Ostteil der Siedlung, Fläche XIII E (Beschreibung siehe S. 46f.). M. 1 : 60
Unten: Interpretation des Befundes unter Berücksichtigung benachbarter Flächenteile. M. 1 : 200

Montegrande. Parte este del asentamiento, cuadrángulo XIII E (descripción véa pág. 188,189). Esc. 1 : 60
Abajo: Interpretación de las observaciones, considerando partes de los cuadrángulos vecinos. Esc. 1 : 200

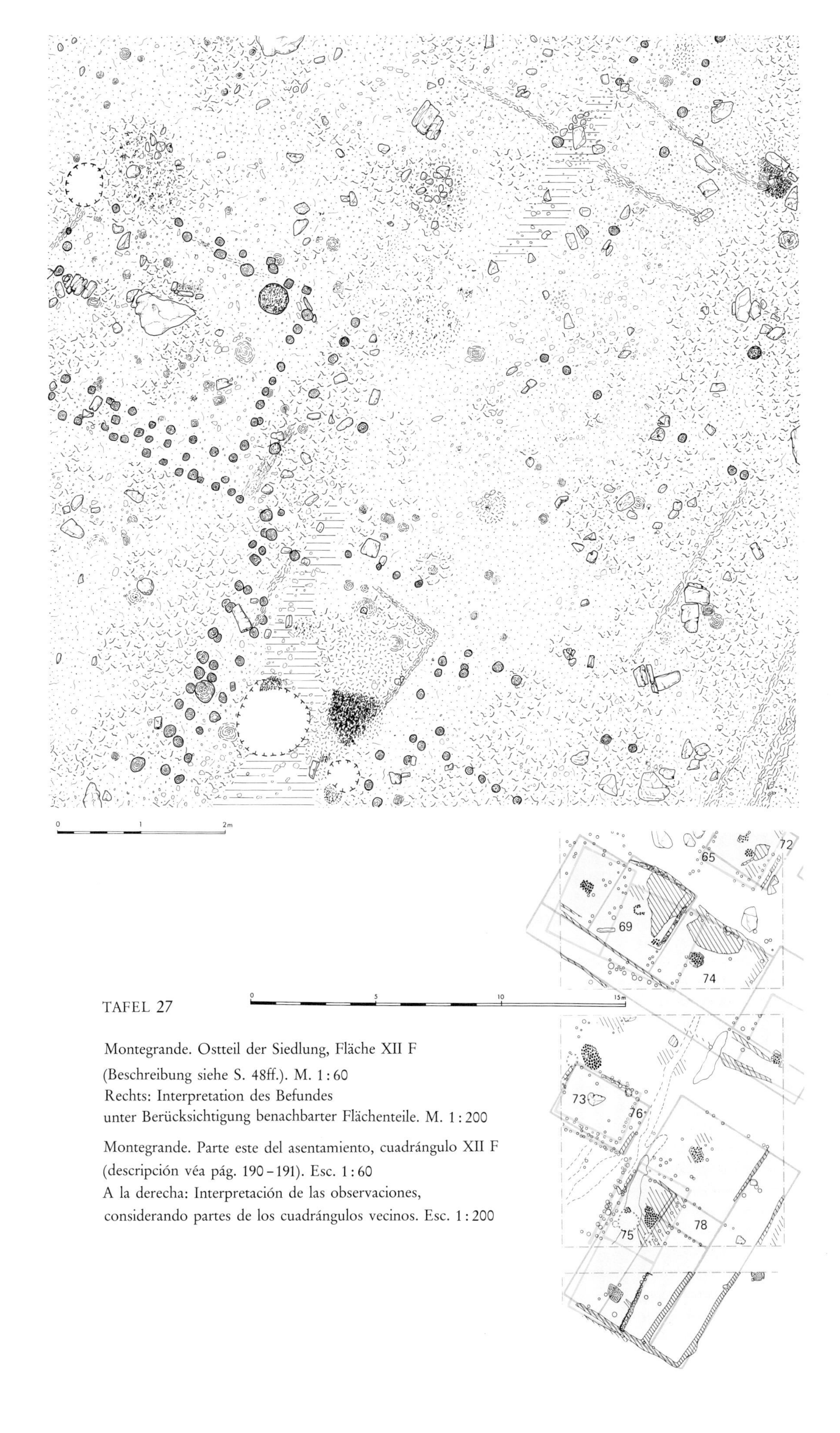

TAFEL 27

Montegrande. Ostteil der Siedlung, Fläche XII F (Beschreibung siehe S. 48ff.). M. 1 : 60
Rechts: Interpretation des Befundes unter Berücksichtigung benachbarter Flächenteile. M. 1 : 200

Montegrande. Parte este del asentamiento, cuadrángulo XII F (descripción véa pág. 190–191). Esc. 1 : 60
A la derecha: Interpretación de las observaciones, considerando partes de los cuadrángulos vecinos. Esc. 1 : 200

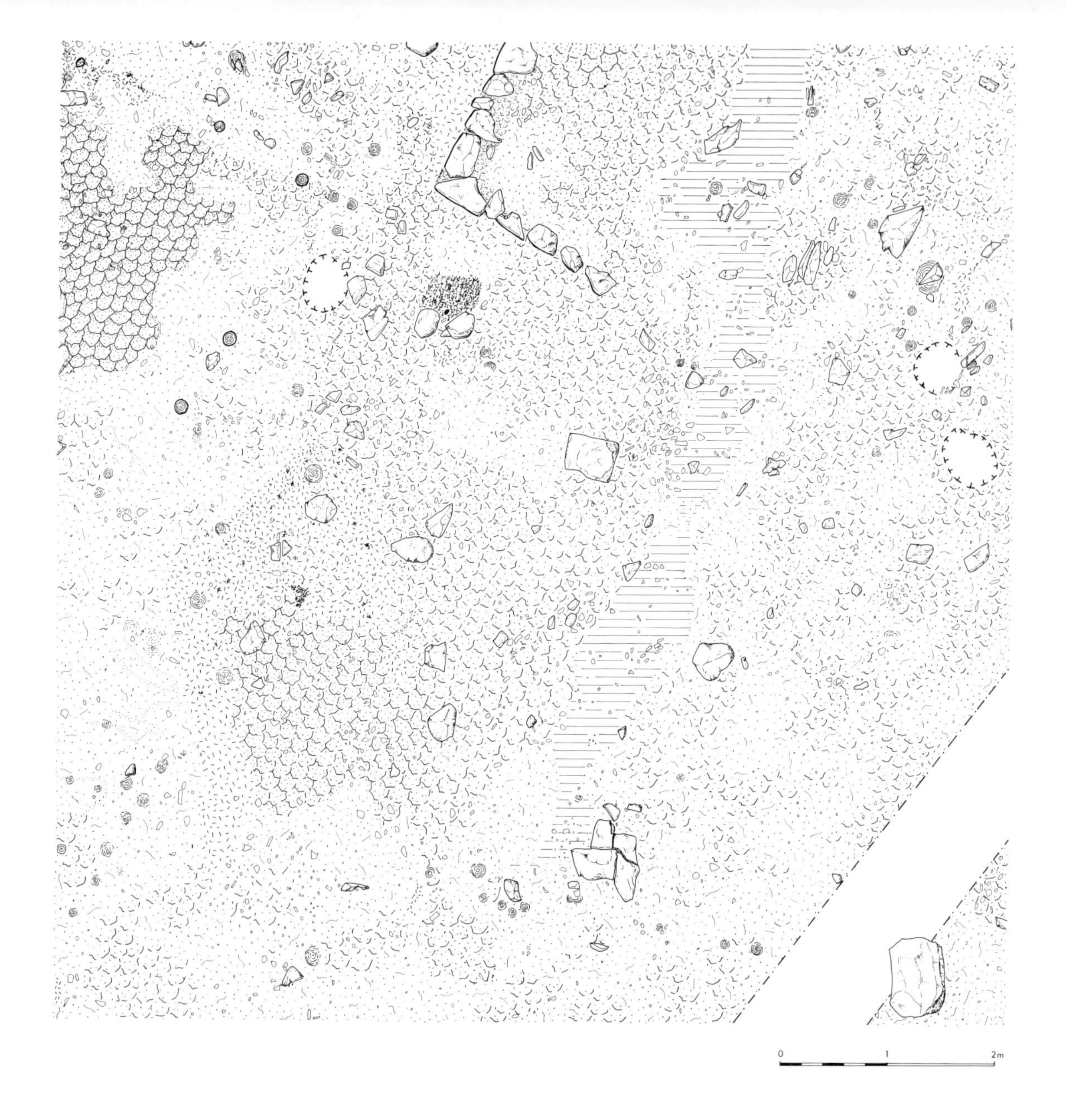

TAFEL 28

Montegrande. Ostteil der Siedlung, Fläche XIII F (Beschreibung siehe S. 49, 145). M. 1 : 60
Nebenstehend: Interpretation des Befundes unter Berücksichtigung benachbarter Flächenteile. M. 1 : 200

Montegrande. Parte este del asentamiento, cuadrángulo XIII F (descripción véa pág. 191, 288). Esc. 1 : 60
A la derecha: Interpretación de las observaciones, considerando partes de los cuadrángulos vecinos. Esc. 1 : 200

TAFEL 29

→

Montegrande. Ostteil der Siedlung, Fläche XIV F (Beschreibung siehe S. 51, 145). M. 1 : 60
Unten: Interpretation des Befundes unter Berücksichtigung benachbarter Flächenteile. M. 1 : 200

Montegrande. Parte este del asentamiento, cuadrángulo XIV F (descripción véa pág. 193, 288). Esc. 1 : 60
Abajo: Interpretación de las observaciones, considerando partes de los cuadrángulos vecinos. Esc. 1 : 200

0
1
2 m
1
0
5
10
15 m

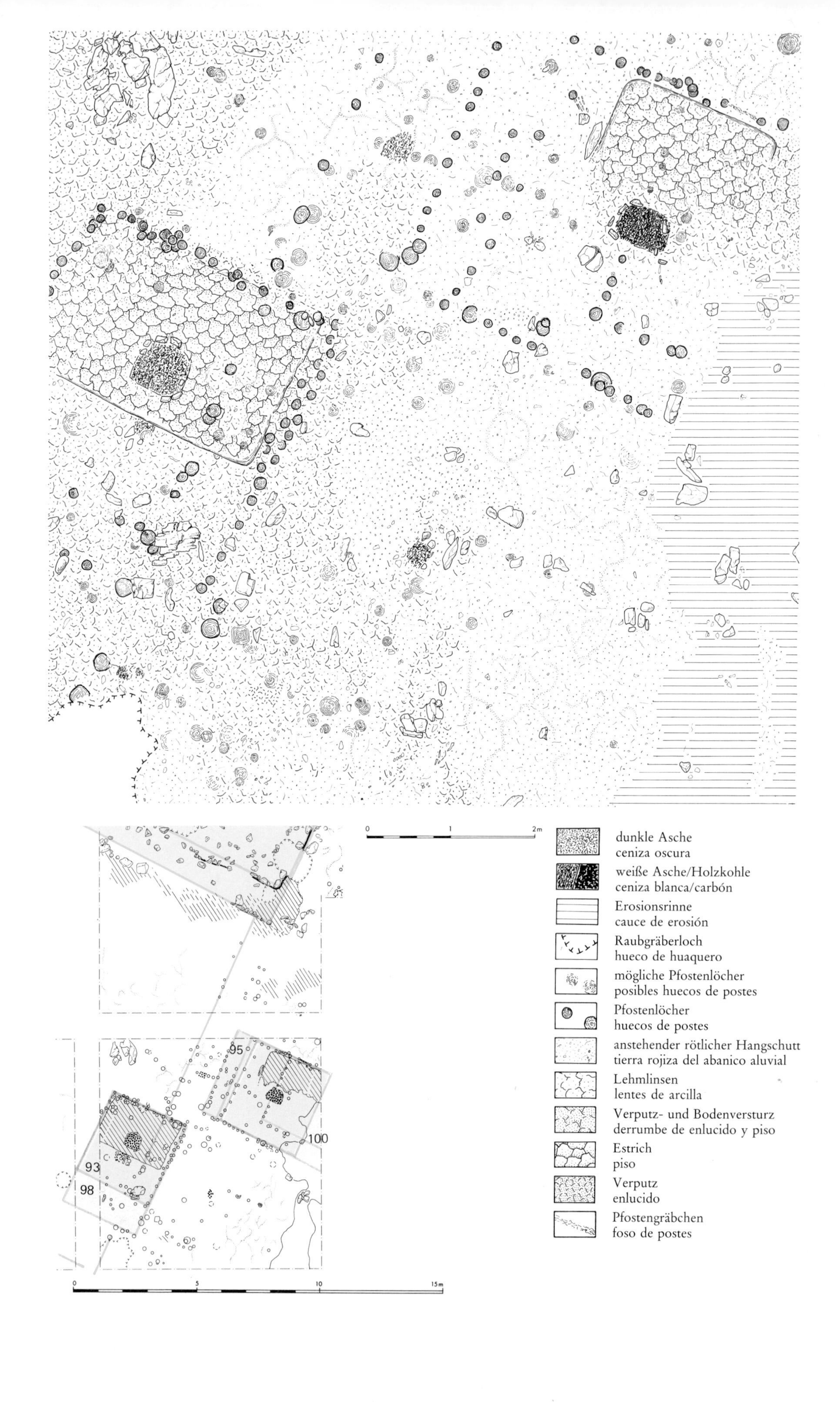

93
98
95
100
0
1
2m
0
5
10
15m
dunkle Asche
ceniza oscura
weiße Asche/Holzkohle
ceniza blanca/carbón
Erosionsrinne
cauce de erosión
Raubgräberloch
hueco de huaquero
mögliche Pfostenlöcher
posibles huecos de postes
Pfostenlöcher
huecos de postes
anstehender rötlicher Hangschutt
tierra rojiza del abanico aluvial
Lehmlinsen
lentes de arcilla
Verputz- und Bodenversturz
derrumbe de enlucido y piso
Estrich
piso
Verputz
enlucido
Pfostengräbchen
foso de postes

TAFEL 31

Montegrande. Ostteil der Siedlung, Fläche XV F (Beschreibung siehe S. 49f., 145). M. 1 : 60
Unten: Interpretation des Befundes unter Berücksichtigung benachbarter Flächenteile. M. 1 : 200

Montegrande. Parte este del asentamiento, cuadrángulo XV F (descripción véa pág. 191, 192, 288). Esc. 1 : 60
Abajo: Interpretación de las observaciones, considerando partes de los cuadrángulos vecinos. Esc. 1 : 200

TAFEL 30

Montegrande. Ostteil der Siedlung, Fläche X G (Beschreibung siehe S. 53f.). M. 1 : 60
Unten: Interpretation des Befundes unter Berücksichtigung benachbarter Flächenteile. M. 1 : 200

Montegrande. Parte este del asentamiento, cuadrángulo X G (descripción véa pág. 196). Esc. 1 : 60
Abajo: Interpretación de las observaciones, considerando partes de los cuadrángulos vecinos. Esc. 1 : 200

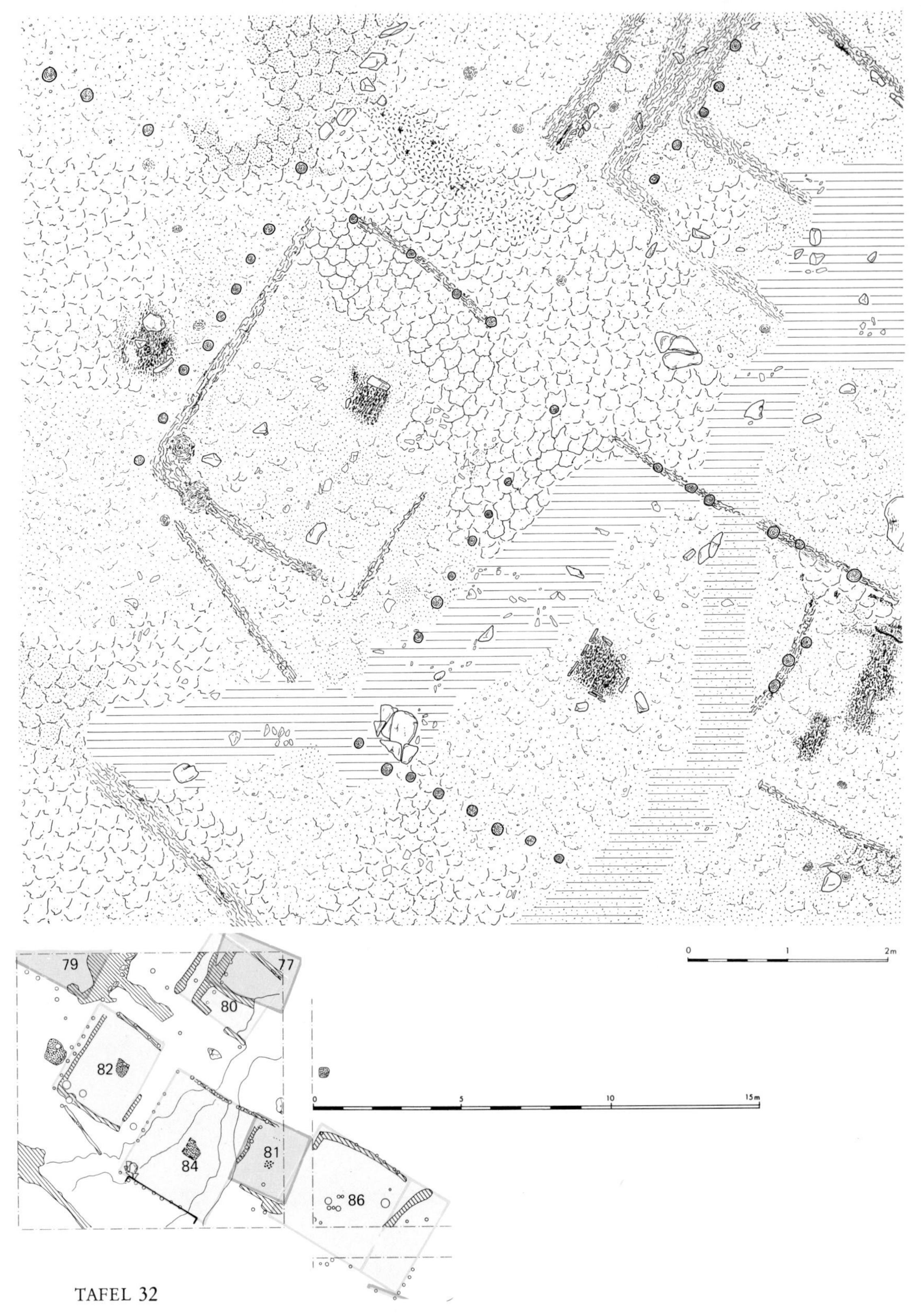

TAFEL 32

Montegrande. Ostteil der Siedlung, Fläche XI G (Beschreibung siehe S. 52). M. 1 : 60
Unten: Interpretation des Befundes unter Berücksichtigung benachbarter Flächenteile. M. 1 : 200

Montegrande. Parte este del asentamiento, cuadrángulo XI G (descripción véa pág. 194). Esc. 1 : 60
Abajo: Interpretación de las observaciones, considerando partes de los cuadrángulos vecinos. Esc. 1 : 200

TAFEL 33 ⟶

Montegrande. Ostteil der Siedlung, Fläche XII G (Beschreibung siehe S. 51f.). M. 1 : 60
Unten: Interpretation des Befundes unter Berücksichtigung benachbarter Flächenteile. M. 1 : 200

Montegrande. Parte este del asentamiento, cuadrángulo XII G (descripción véa pág. 194, 195, 288). Esc. 1 : 60
Abajo: Interpretación de las observaciones, considerando partes de los cuadrángulos vecinos. Esc. 1 : 200

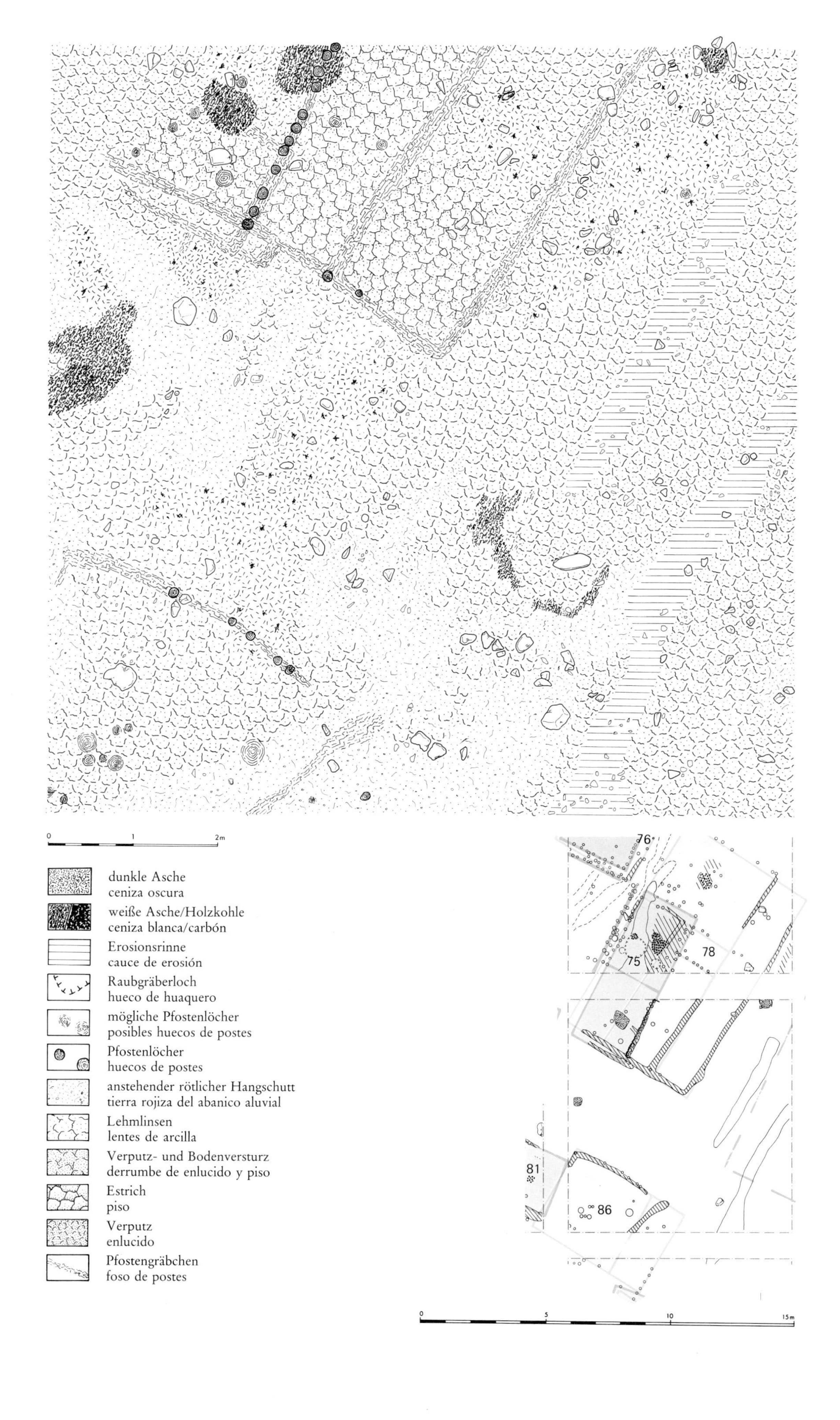

0
1
2m
dunkle Asche
ceniza oscura
weiße Asche/Holzkohle
ceniza blanca/carbón
Erosionsrinne
cauce de erosión
Raubgräberloch
hueco de huaquero
mögliche Pfostenlöcher
posibles huecos de postes
Pfostenlöcher
huecos de postes
anstehender rötlicher Hangschutt
tierra rojiza del abanico aluvial
Lehmlinsen
lentes de arcilla
Verputz- und Bodenversturz
derrumbe de enlucido y piso
Estrich
piso
Verputz
enlucido
Pfostengräbchen
foso de postes
76
78
75
81
86
0
5
10
15m

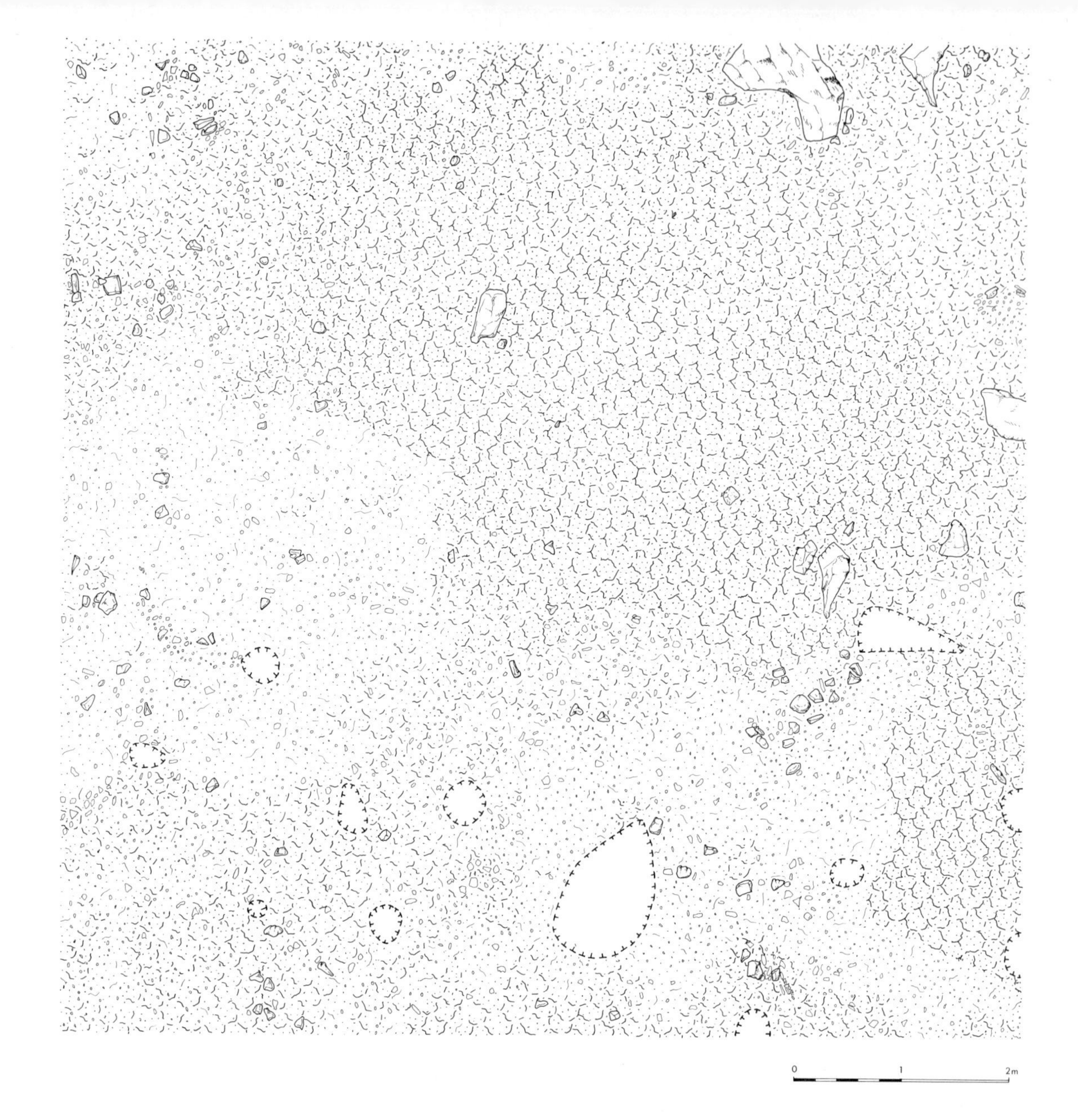

TAFEL 34

Montegrande. Ostteil der Siedlung, Fläche XIII G (Beschreibung siehe S. 51, 145). M. 1 : 60
Unten: Interpretation des Befundes unter Berücksichtigung benachbarter Flächenteile. M. 1 : 200

Montegrande. Parte este del asentamiento, cuadrángulo XIII G (descripción véa pág. 193, 194, 288). Esc. 1 : 60
Abajo: Interpretación de las observaciones, considerando partes de los cuadrángulos vecinos. Esc. 1 : 200

TAFEL 35 ⟶

Montegrande. Ostteil der Siedlung, Fläche XIV G (Beschreibung siehe S. 51, 145). M. 1 : 60
Unten: Interpretation des Befundes unter Berücksichtigung benachbarter Flächenteile. M. 1 : 200

Montegrande. Parte este del asentamiento, cuadrángulo XIV G (descripción véa pág. 193, 288). Esc. 1 : 60
Abajo: Interpretación de las observaciones, considerando partes de los cuadrángulos vecinos. Esc. 1 : 200

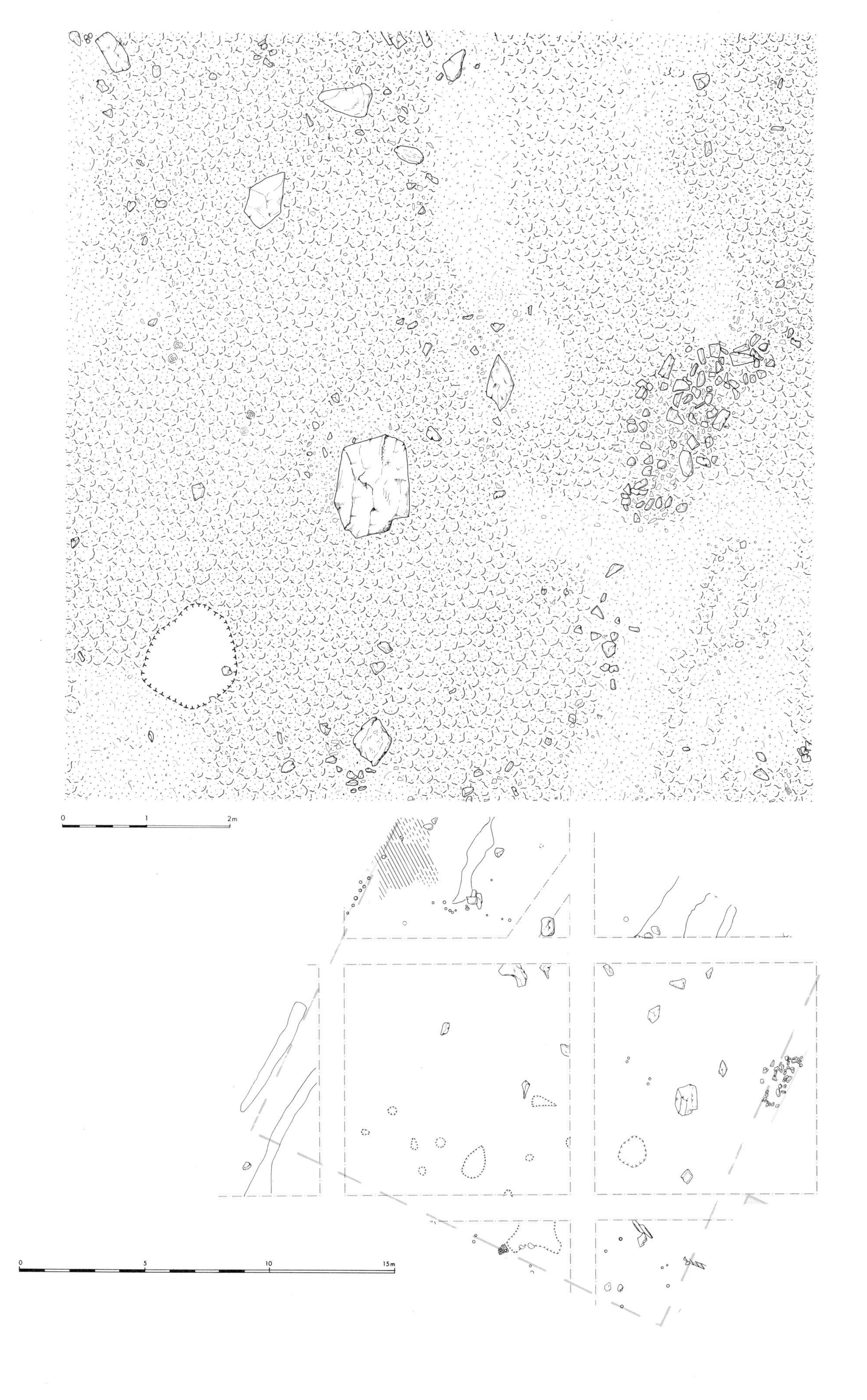
0
1
2m
0
5
10
15m

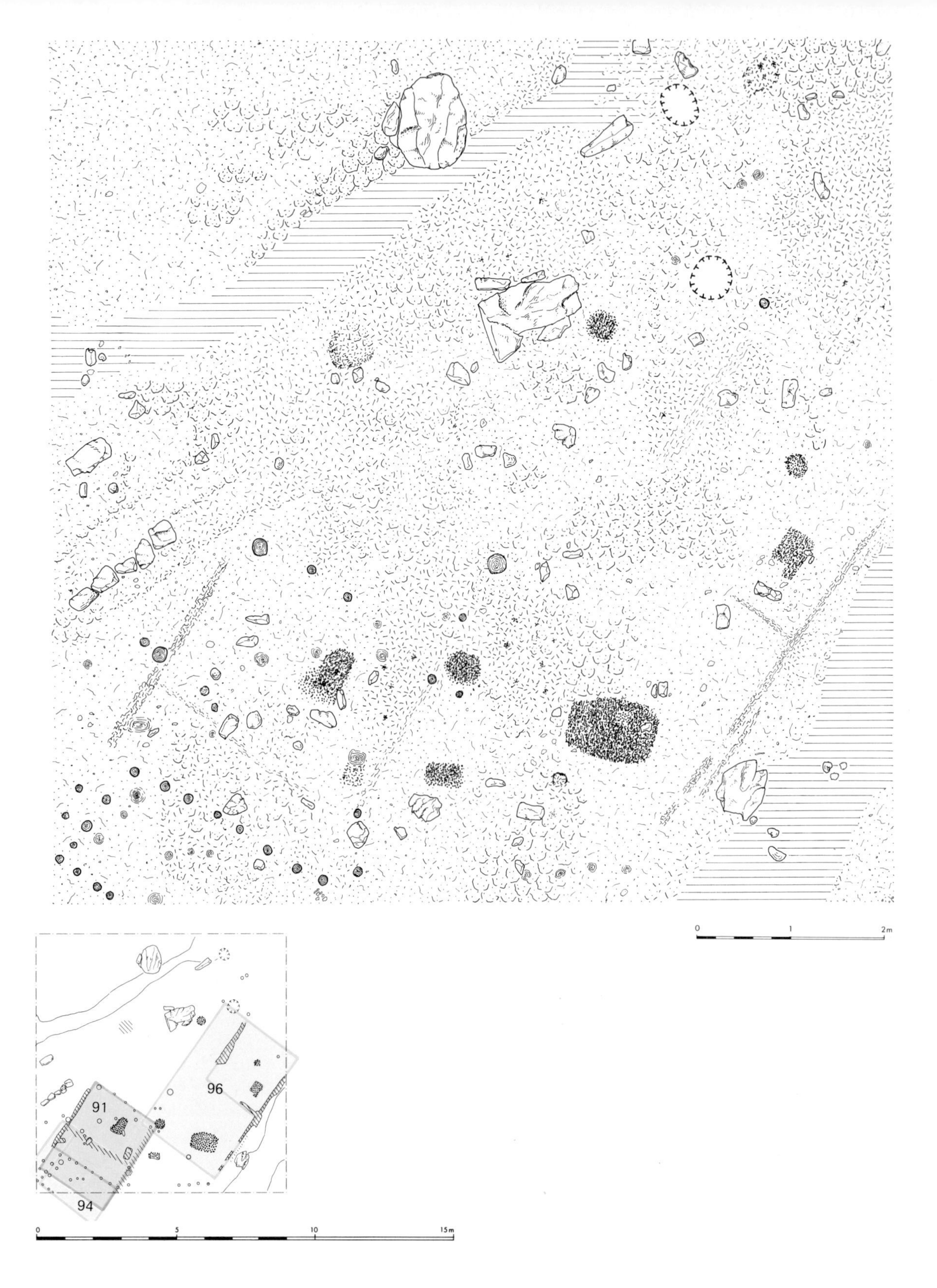

TAFEL 36

Montegrande. Ostteil der Siedlung, Fläche X H (Beschreibung siehe S. 54). M. 1 : 60
Unten: Interpretation des Befundes unter Berücksichtigung benachbarter Flächenteile. M. 1 : 200

Montegrande. Parte este del asentamiento, cuadrángulo X H (descripción véa pág. 196,197). Esc. 1 : 60
Abajo: Interpretación de las observaciones, considerando partes de los cuadrángulos vecinos. Esc. 1 : 200

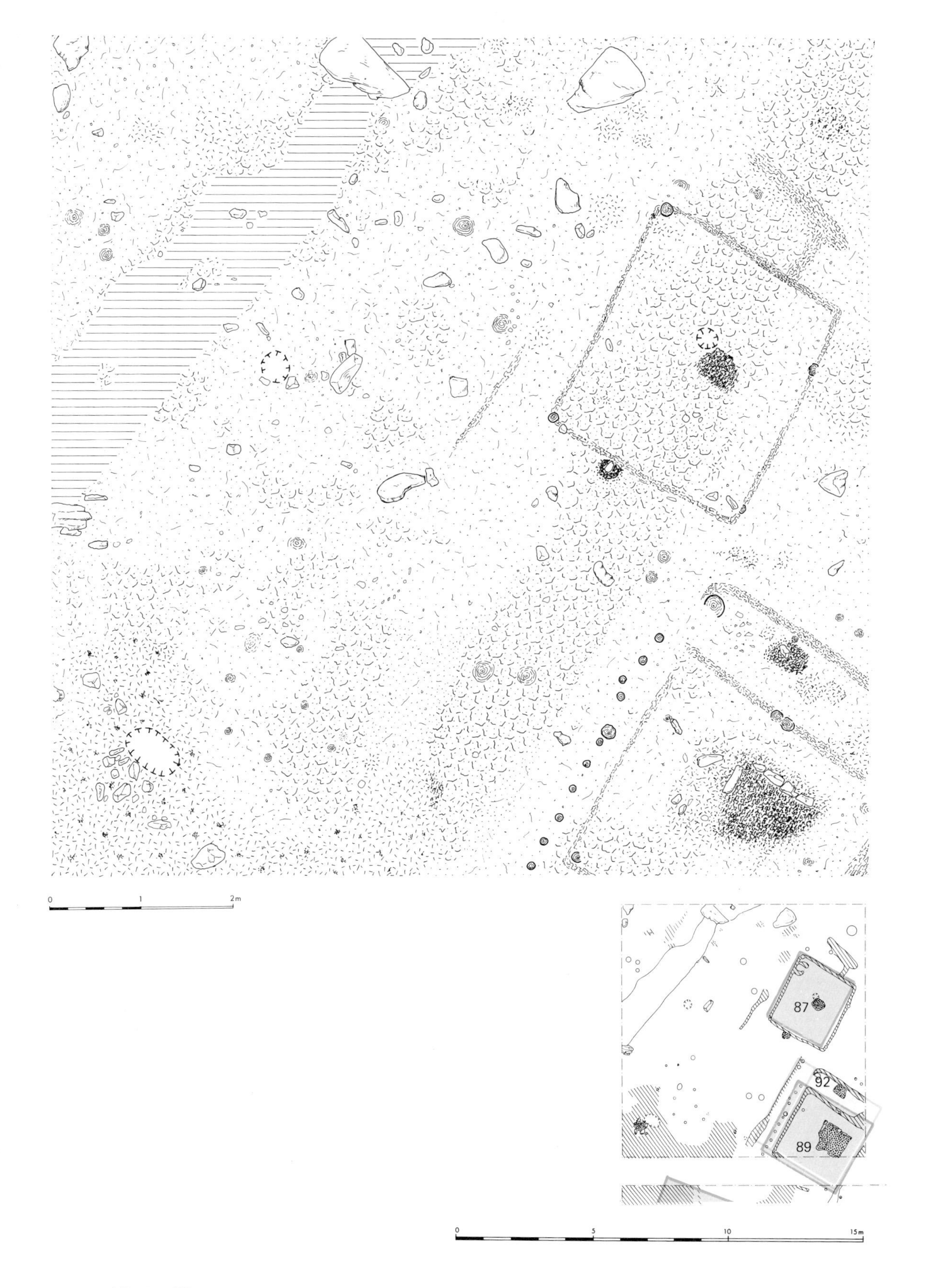

TAFEL 37

Montegrande. Ostteil der Siedlung, Fläche XI H (Beschreibung siehe S. 53). M. 1 : 60
Unten: Interpretation des Befundes unter Berücksichtigung benachbarter Flächenteile. M. 1 : 200

Montegrande. Parte este del asentamiento, cuadrángulo XI H (descripción véa pág. 195, 196). Esc. 1 : 60
Abajo: Interpretación de las observaciones, considerando partes de los cuadrángulos vecinos. Esc. 1 : 200

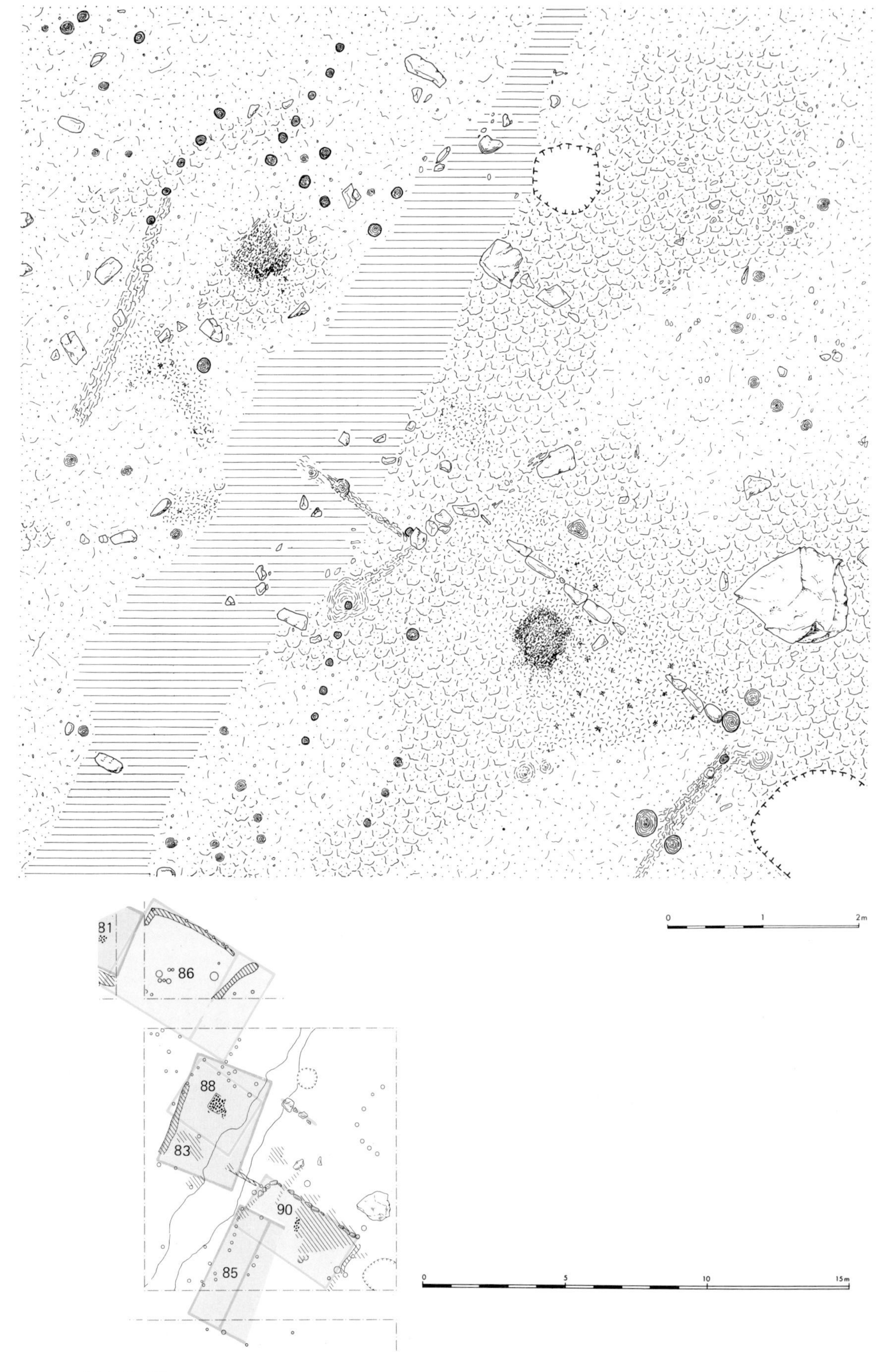

TAFEL 38

Montegrande. Ostteil der Siedlung, Fläche XII H (Beschreibung siehe S. 52f.). M. 1 : 60
Unten: Interpretation des Befundes unter Berücksichtigung benachbarter Flächenteile. M. 1 : 200

Montegrande. Parte este del asentamiento, cuadrángulo XII H (descripción véa pág. 195,196). Esc. 1 : 60
Abajo: Interpretación de las observaciones, considerando partes de los cuadrángulos vecinos. Esc. 1 : 200

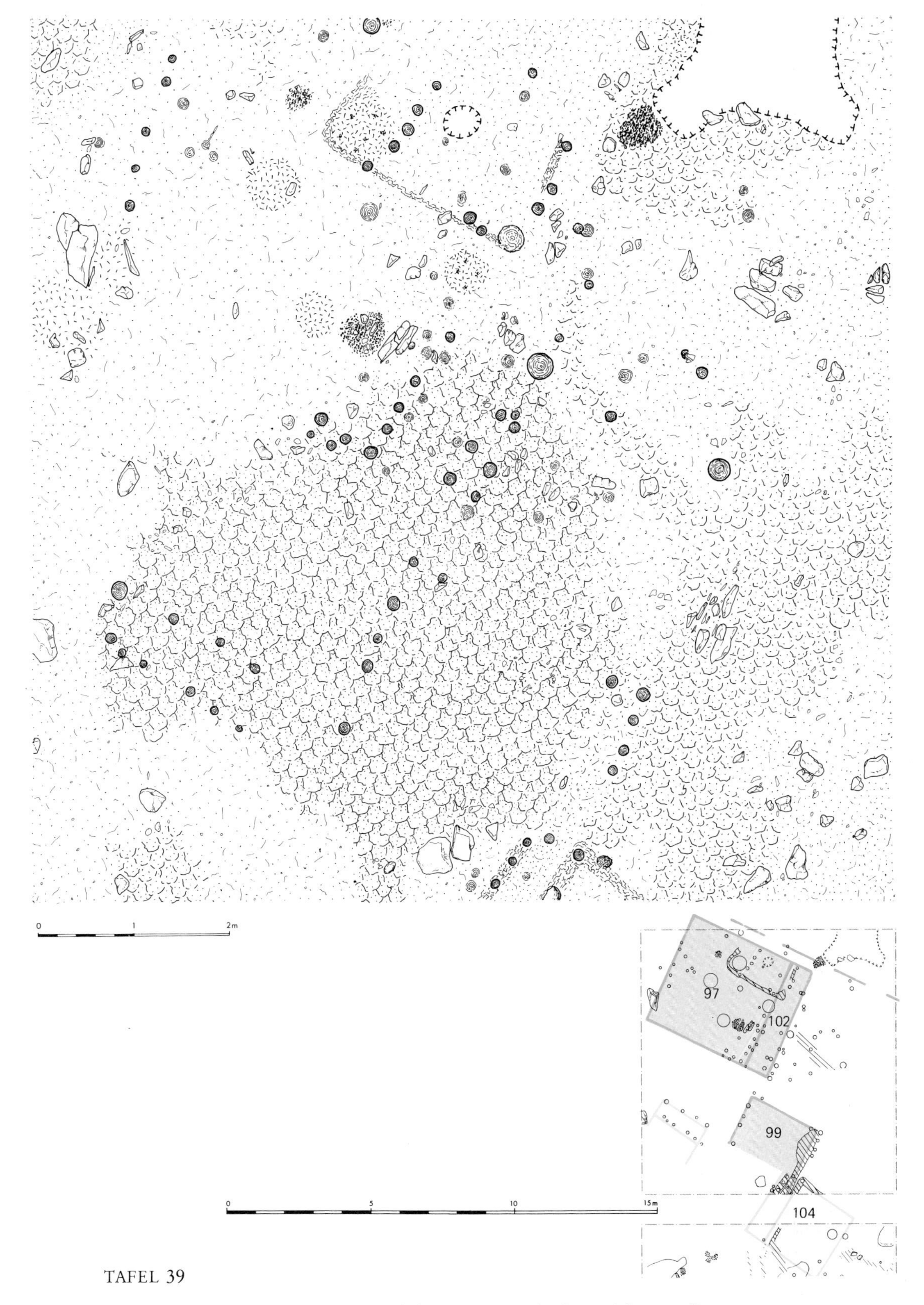

TAFEL 39

Montegrande. Ostteil der Siedlung, Fläche XIII H (Beschreibung siehe S. 54ff.). M. 1:60
Unten: Interpretation des Befundes unter Berücksichtigung benachbarter Flächenteile. M. 1:200

Montegrande. Parte este del asentamiento, cuadrángulo XIII H (descripción véa pág. 197,198). Esc. 1:60
Abajo: Interpretación de las observaciones, considerando partes de los cuadrángulos vecinos. Esc. 1:200

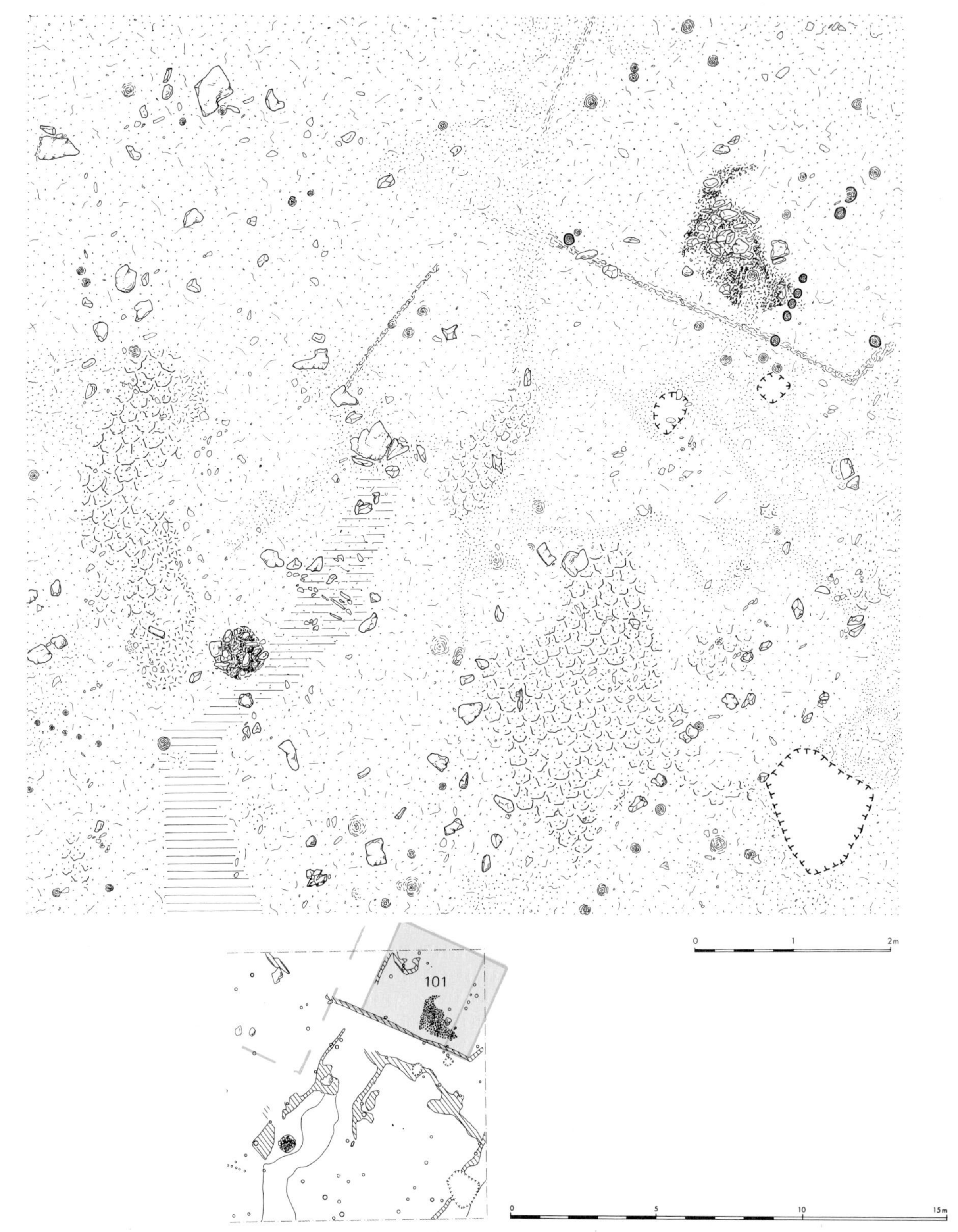

TAFEL 40

Montegrande. Ostteil der Siedlung, Fläche XIV H (Beschreibung siehe S. 55). M. 1 : 60
Unten: Interpretation des Befundes unter Berücksichtigung benachbarter Flächenteile. M. 1 : 200

Montegrande. Parte este del asentamiento, cuadrángulo XIV H (descripción véa pág. 198). Esc. 1 : 60
Abajo: Interpretación de las observaciones, considerando partes de los cuadrángulos vecinos. Esc. 1 : 200

TAFEL 41 ⟶

Montegrande. Ostteil der Siedlung, Fläche XI I (Beschreibung siehe S. 53, 56). M. 1 : 60
Unten: Interpretation des Befundes unter Berücksichtigung benachbarter Flächenteile. M. 1 : 200

Montegrande. Parte este del asentamiento, cuadrángulo XI I (descripción véa pág. 196–198). Esc. 1 : 60
Abajo: Interpretación de las observaciones, considerando partes de los cuadrángulos vecinos. Esc. 1 : 200

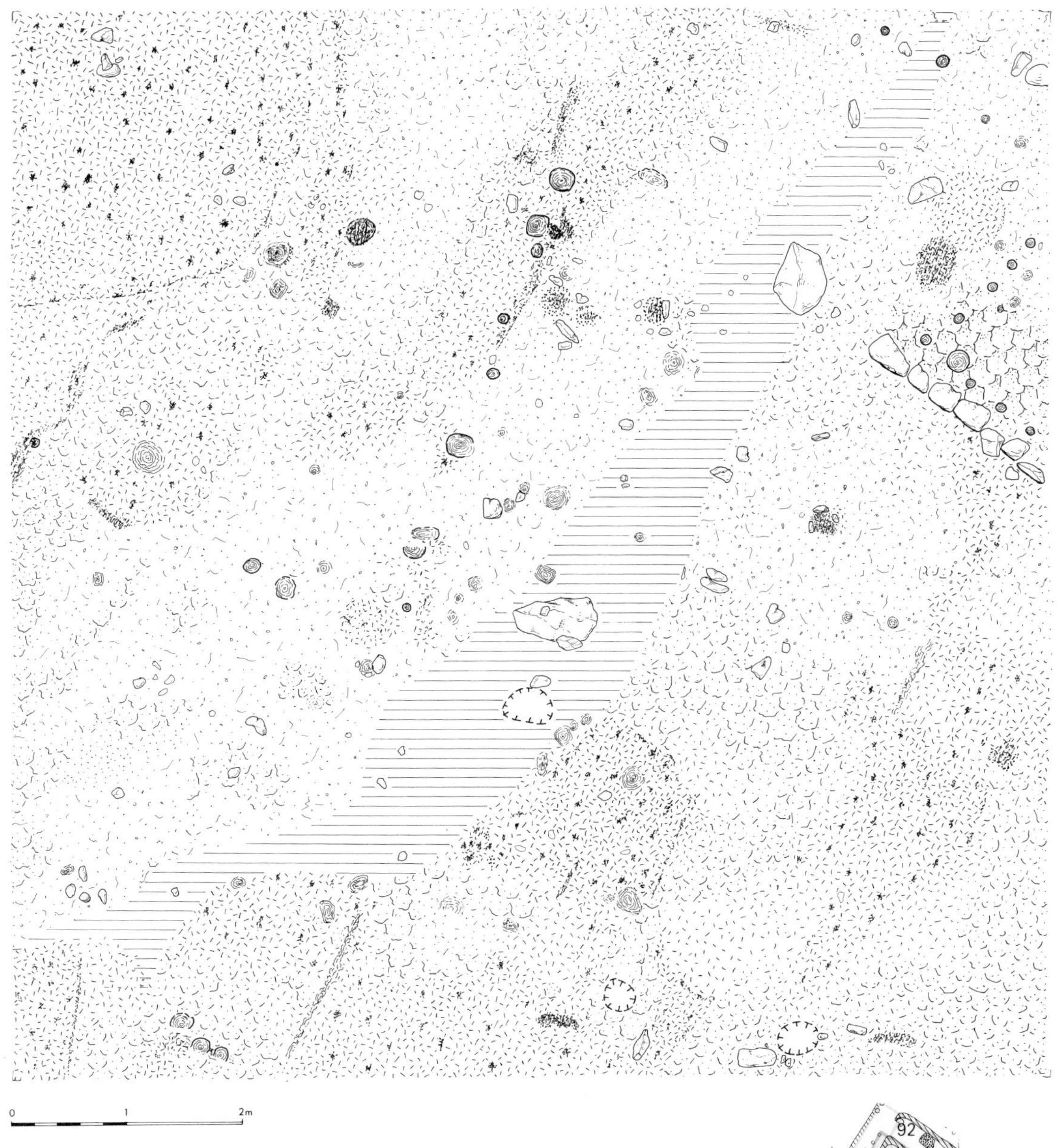

0
1
2m

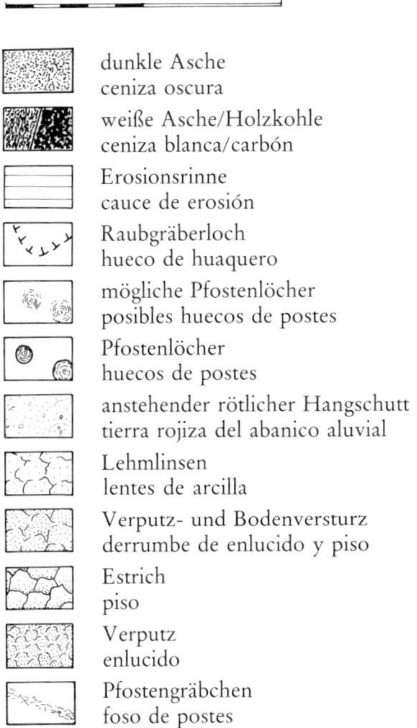

dunkle Asche
ceniza oscura
weiße Asche/Holzkohle
ceniza blanca/carbón
Erosionsrinne
cauce de erosión
Raubgräberloch
hueco de huaquero
mögliche Pfostenlöcher
posibles huecos de postes
Pfostenlöcher
huecos de postes
anstehender rötlicher Hangschutt
tierra rojiza del abanico aluvial
Lehmlinsen
lentes de arcilla
Verputz- und Bodenversturz
derrumbe de enlucido y piso
Estrich
piso
Verputz
enlucido
Pfostengräbchen
foso de postes

92
89
103
106
105
107
0
5
10
15m

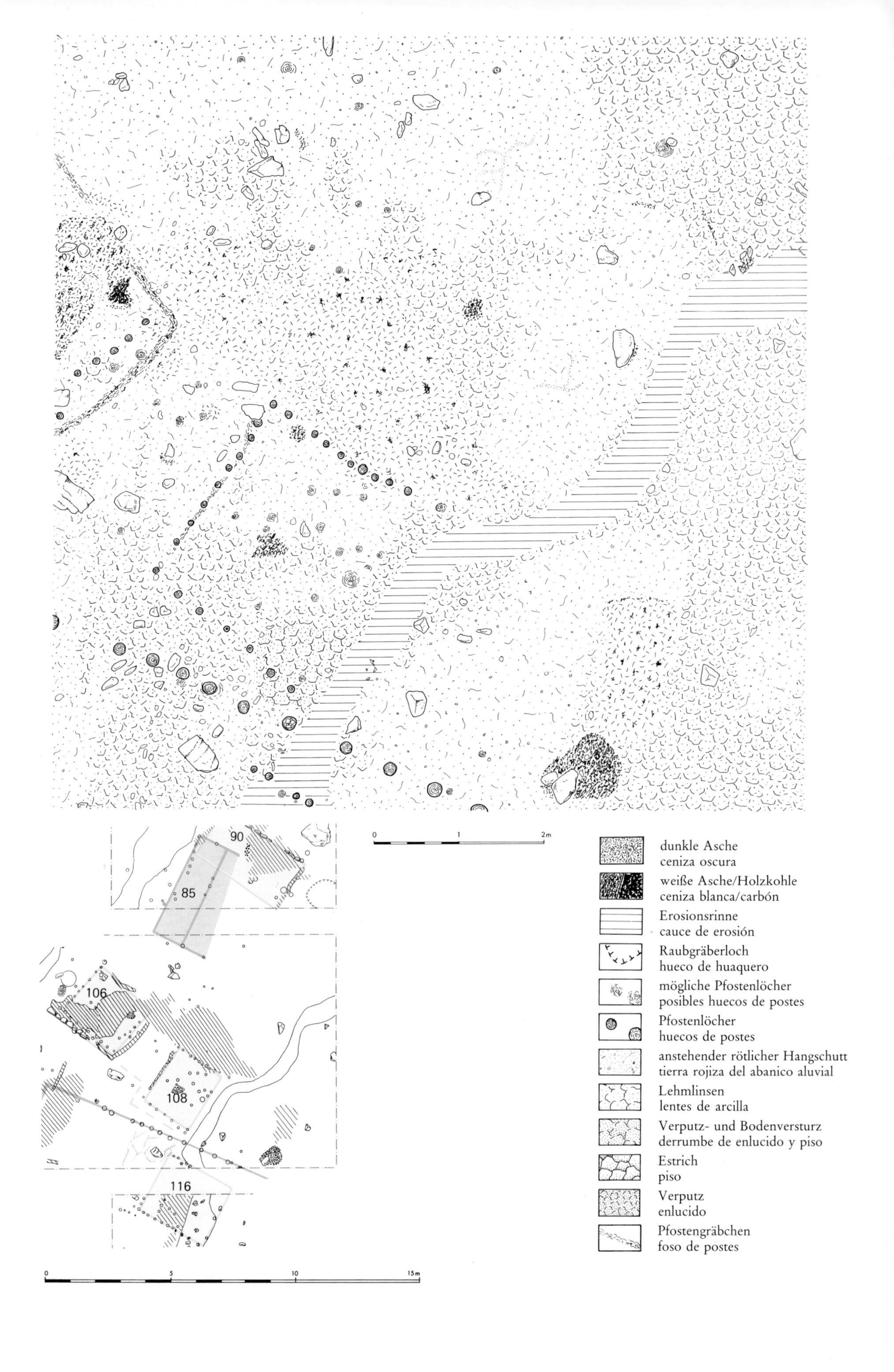

90
85
106
108
116
0
1
2m
0
5
10
15m
dunkle Asche
ceniza oscura
weiße Asche/Holzkohle
ceniza blanca/carbón
Erosionsrinne
cauce de erosión
Raubgräberloch
hueco de huaquero
mögliche Pfostenlöcher
posibles huecos de postes
Pfostenlöcher
huecos de postes
anstehender rötlicher Hangschutt
tierra rojiza del abanico aluvial
Lehmlinsen
lentes de arcilla
Verputz- und Bodenversturz
derrumbe de enlucido y piso
Estrich
piso
Verputz
enlucido
Pfostengräbchen
foso de postes

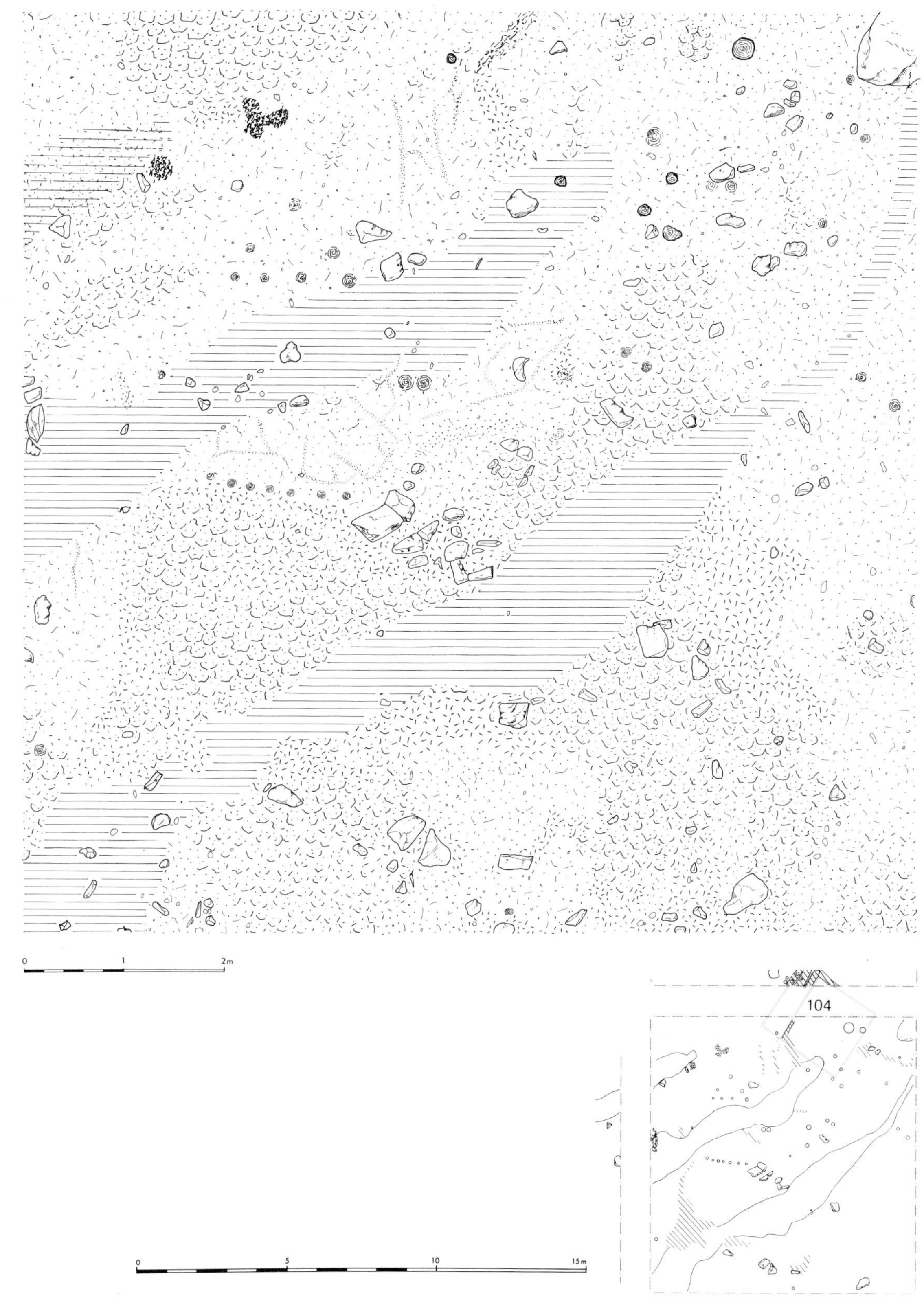

TAFEL 43

Montegrande. Ostteil der Siedlung, Fläche XIII I (Beschreibung siehe S. 55f.). M. 1:60
Unten: Interpretation des Befundes unter Berücksichtigung benachbarter Flächenteile. M. 1:200

Montegrande. Parte este del asentamiento, cuadrángulo XIII I (descripción véa pág. 199). Esc. 1:60
Abajo: Interpretación de las observaciones, considerando partes de los cuadrángulos vecinos. Esc. 1:200

←

TAFEL 42

Montegrande. Ostteil der Siedlung, Fläche XII I (Beschreibung siehe S. 56, 58). M. 1:60
Unten: Interpretation des Befundes unter Berücksichtigung benachbarter Flächenteile. M. 1:200

Montegrande. Parte este del asentamiento, cuadrángulo XII I (descripción véa pág. 198, 199). Esc. 1:60
Abajo: Interpretación de las observaciones, considerando partes de los cuadrángulos vecinos. Esc. 1:200

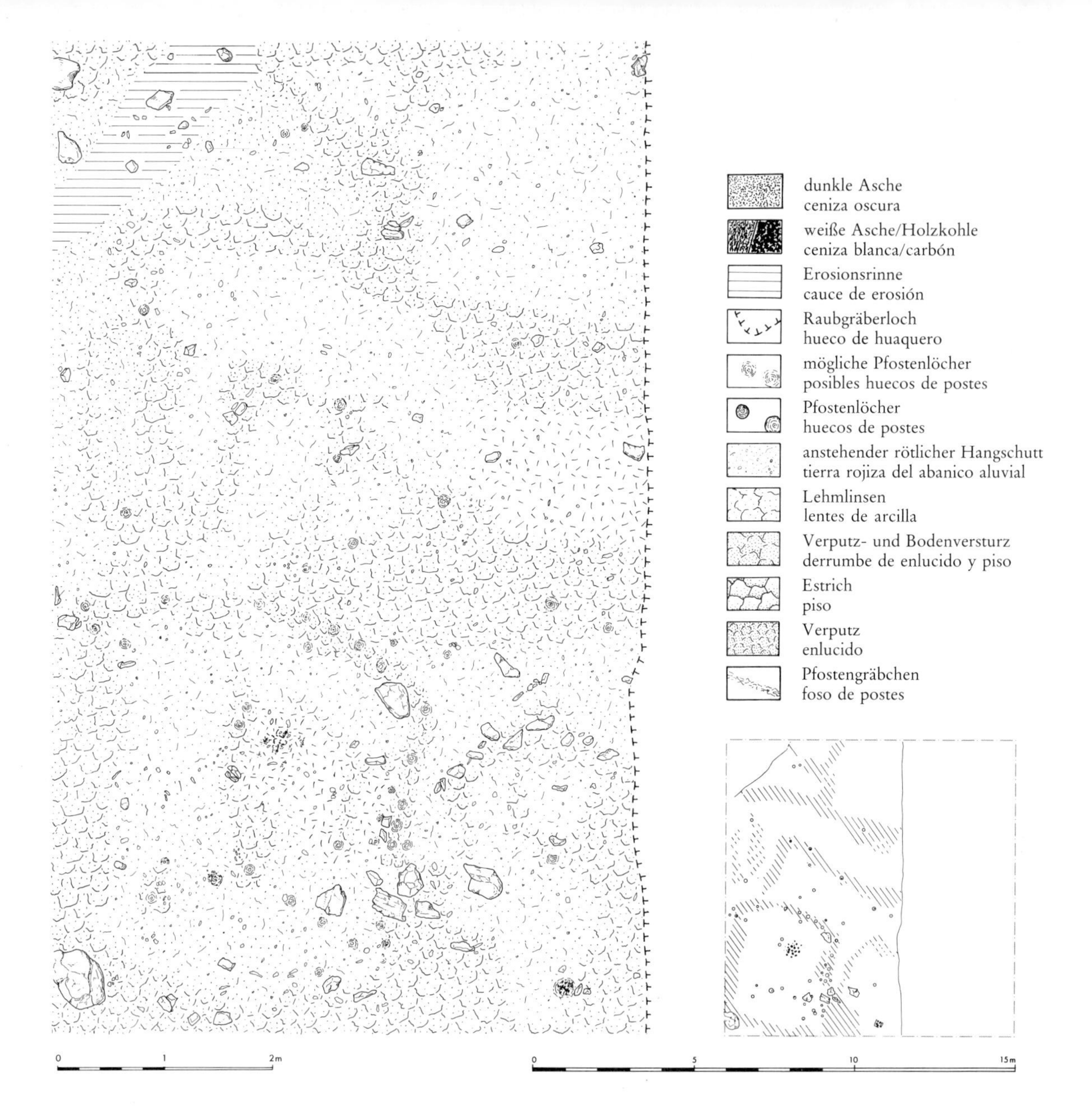

TAFEL 44

Montegrande. Ostteil der Siedlung, Fläche XIV I (Beschreibung siehe S. 56). M. 1 : 60
Rechts: Interpretation des Befundes unter Berücksichtigung benachbarter Flächenteile. M. 1 : 200

Montegrande. Parte este del asentamiento, cuadrángulo XIV I (descripción véa pág. 199). Esc. 1 : 60
A la derecha: Interpretación de las observaciones, considerando partes de los cuadrángulos vecinos. Esc. 1 : 200

TAFEL 45 ⟶

Montegrande. Ostteil der Siedlung, Fläche XI J (Beschreibung siehe S. 56ff., 146). M. 1 : 60
Unten: Interpretation des Befundes unter Berücksichtigung benachbarter Flächenteile. M. 1 : 200

Montegrande. Parte este del asentamiento, cuadrángulo XI J (descripción véa pág. 199, 200, 289). Esc. 1 : 60
Abajo: Interpretación de las observaciones, considerando partes de los cuadrángulos vecinos. Esc. 1 : 200

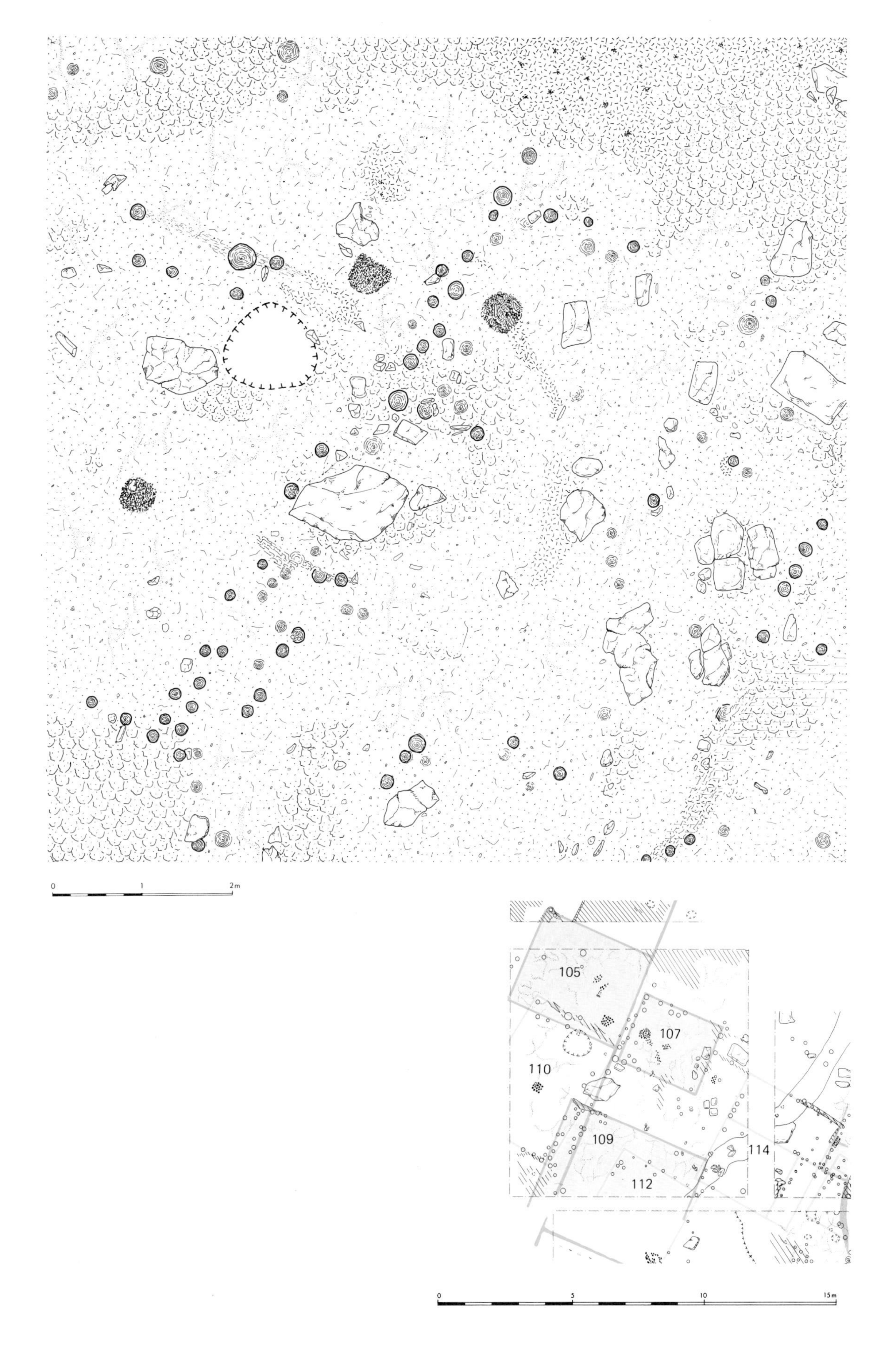
0
1
2m
105
107
110
109
114
112
0
5
10
15m

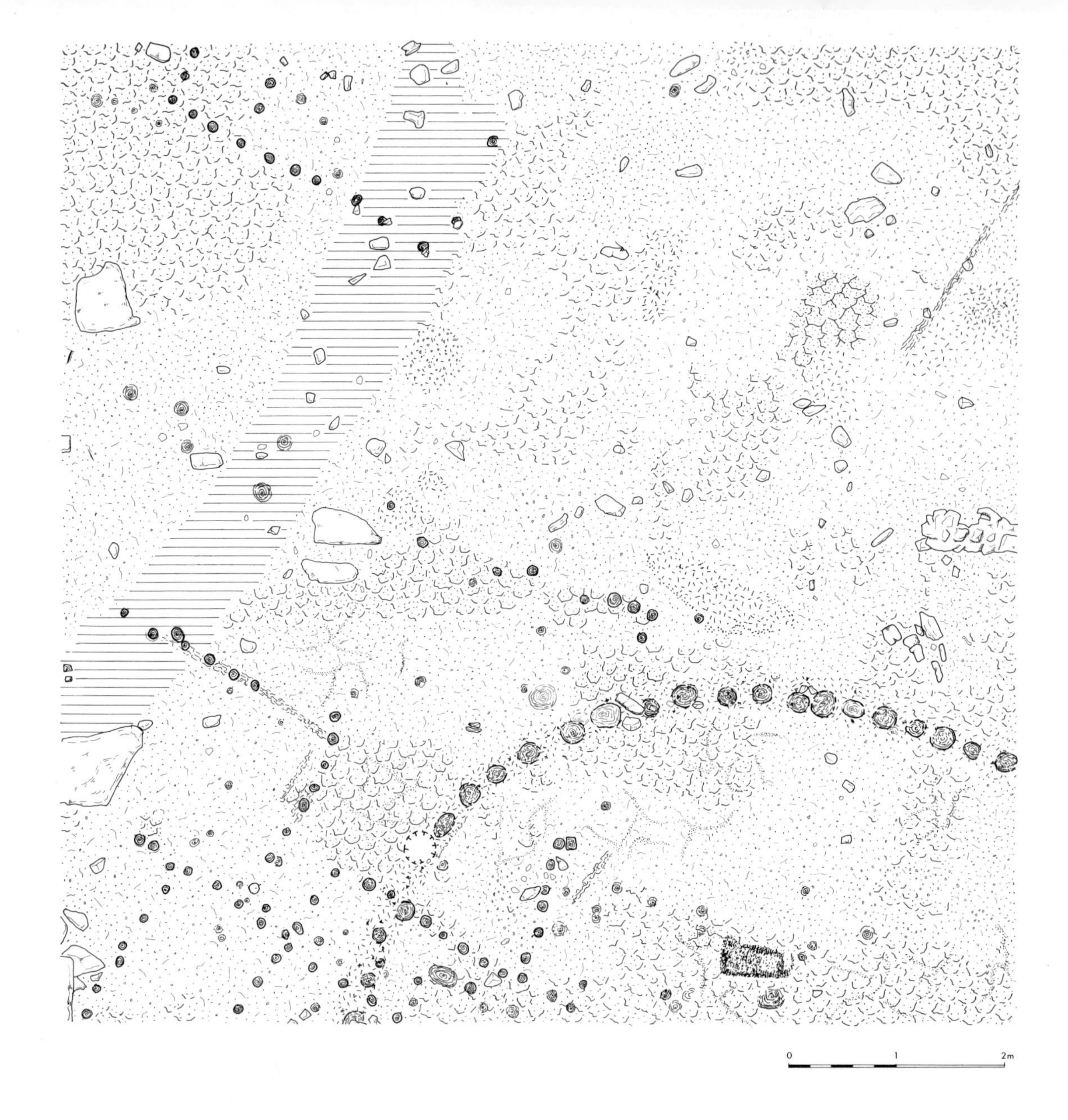

TAFEL 46

Montegrande. Ostteil der Siedlung, Fläche XII J (Beschreibung siehe S. 58f., 146). M. 1 : 60
Nebenstehend: Interpretation des Befundes unter Berücksichtigung benachbarter Flächenteile. M. 1 : 200

Montegrande. Parte este del asentamiento, cuadrángulo XII J (descripción véa pág. 200, 201, 290). Esc. 1 : 60
Enfrente: Interpretación de las observaciones, considerando partes de los cuadrángulos vecinos. Esc. 1 : 200

TAFEL 47 ⟶

Montegrande. Ostteil der Siedlung, Fläche XIII J (Beschreibung siehe S. 58f.). M. 1 : 60
Unten: Interpretation des Befundes unter Berücksichtigung benachbarter Flächenteile. M. 1 : 200

Montegrande. Parte este del asentamiento, cuadrángulo XIII J (descripción véa pág. 201, 202). Esc. 1 : 60
Abajo: Interpretación de las observaciones, considerando partes de los cuadrángulos vecinos. Esc. 1 : 200

dunkle Asche
ceniza oscura
weiße Asche/Holzkohle
ceniza blanca/carbón
Erosionsrinne
cauce de erosión
Raubgräberloch
hueco de huaquero
mögliche Pfostenlöcher
posibles huecos de postes
Pfostenlöcher
huecos de postes
anstehender rötlicher Hangschutt
tierra rojiza del abanico aluvial
Lehmlinsen
lentes de arcilla
Verputz- und Bodenversturz
derrumbe de enlucido y piso
Estrich
piso
Verputz
enlucido
Pfostengräbchen
foso de postes
0
1
2m
116
118
111
114
120
113
115
0
5
10
15m

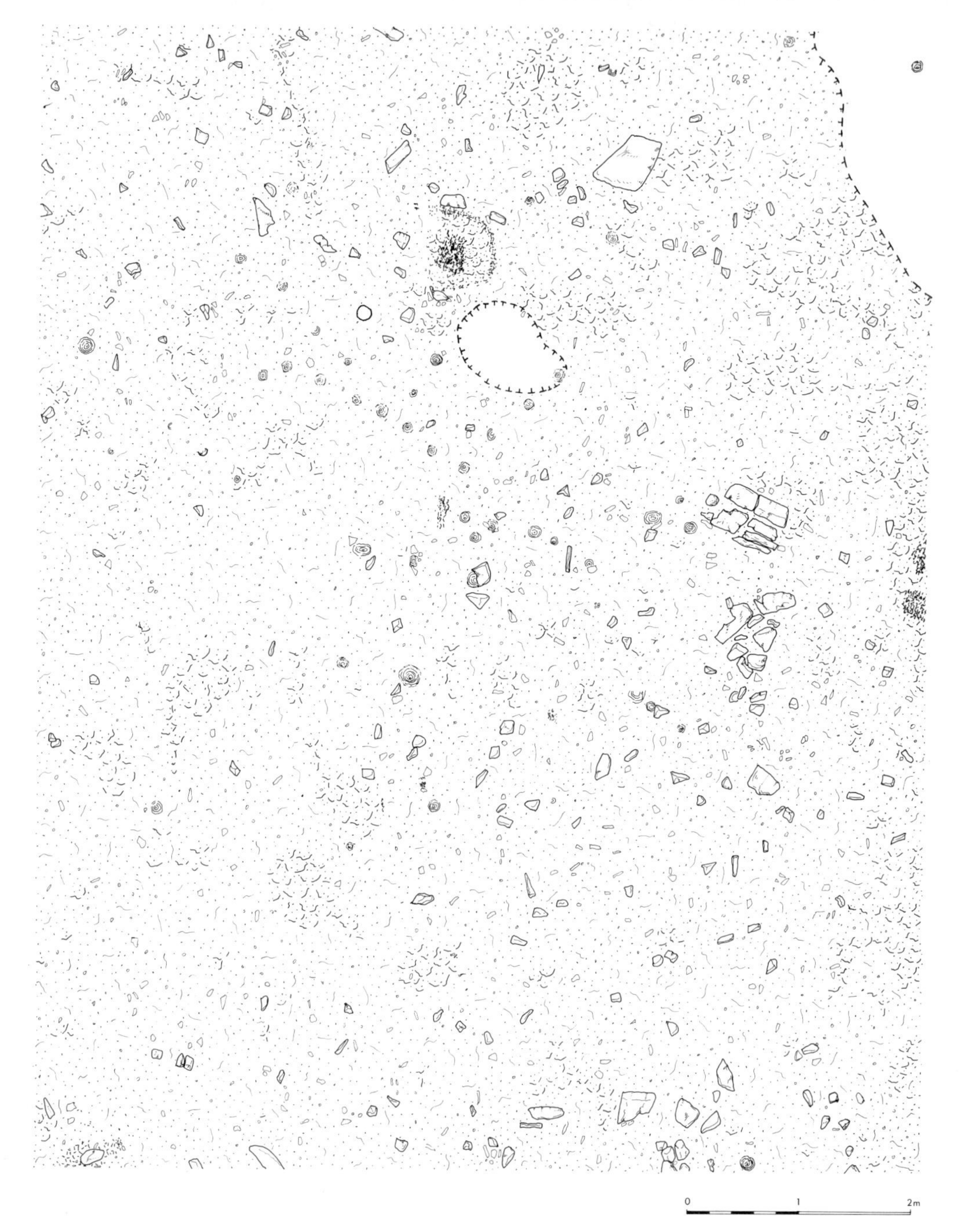

TAFEL 48

Montegrande. Ostteil der Siedlung, Fläche XI K (Beschreibung siehe S. 57ff.). M. 1 : 60
Nebenstehend: Interpretation des Befundes unter Berücksichtigung benachbarter Flächenteile. M. 1 : 200

Montegrande. Parte este del asentamiento, cuadrángulo XI K (descripción véa pág. 200 – 202). Esc. 1 : 60
Enfrente: Interpretación de las observaciones, considerando partes de los cuadrángulos vecinos. Esc. 1 : 200

TAFEL 49 ⟶

Montegrande. Ostteil der Siedlung, Fläche XII K (Beschreibung siehe S. 59f., 146). M. 1 : 60
Unten: Interpretation des Befundes unter Berücksichtigung benachbarter Flächenteile. M. 1 : 200

Montegrande. Parte este del asentamiento, cuadrángulo XII K (descripción véa pág. 202, 289). Esc. 1 : 60
Abajo: Interpretación de las observaciones, considerando partes de los cuadrángulos vecinos. Esc. 1 : 200

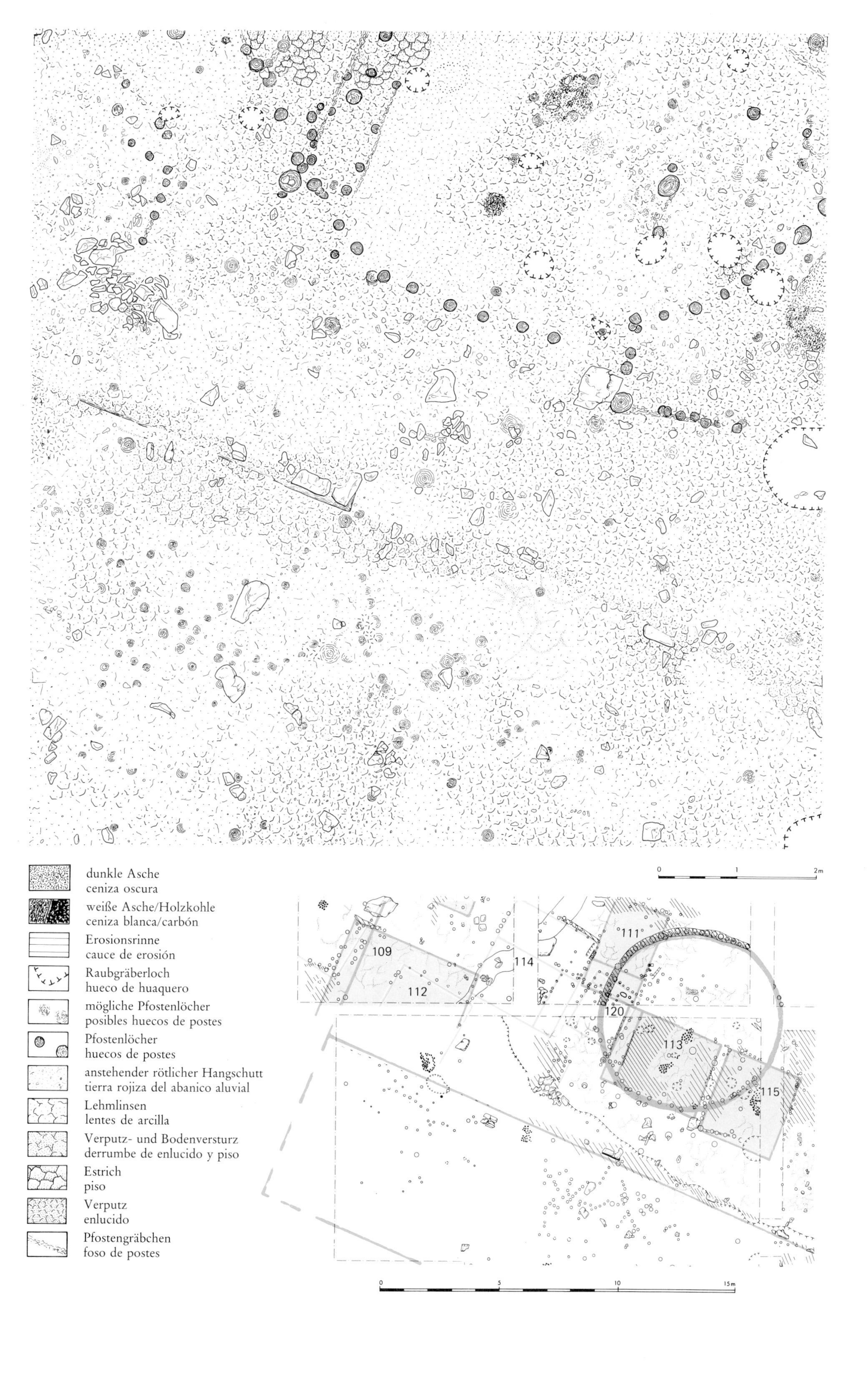

dunkle Asche
ceniza oscura
weiße Asche/Holzkohle
ceniza blanca/carbón
Erosionsrinne
cauce de erosión
Raubgräberloch
hueco de huaquero
mögliche Pfostenlöcher
posibles huecos de postes
Pfostenlöcher
huecos de postes
anstehender rötlicher Hangschutt
tierra rojiza del abanico aluvial
Lehmlinsen
lentes de arcilla
Verputz- und Bodenversturz
derrumbe de enlucido y piso
Estrich
piso
Verputz
enlucido
Pfostengräbchen
foso de postes
0
1
2m
109
112
114
111
120
113
115
0
5
10
15m

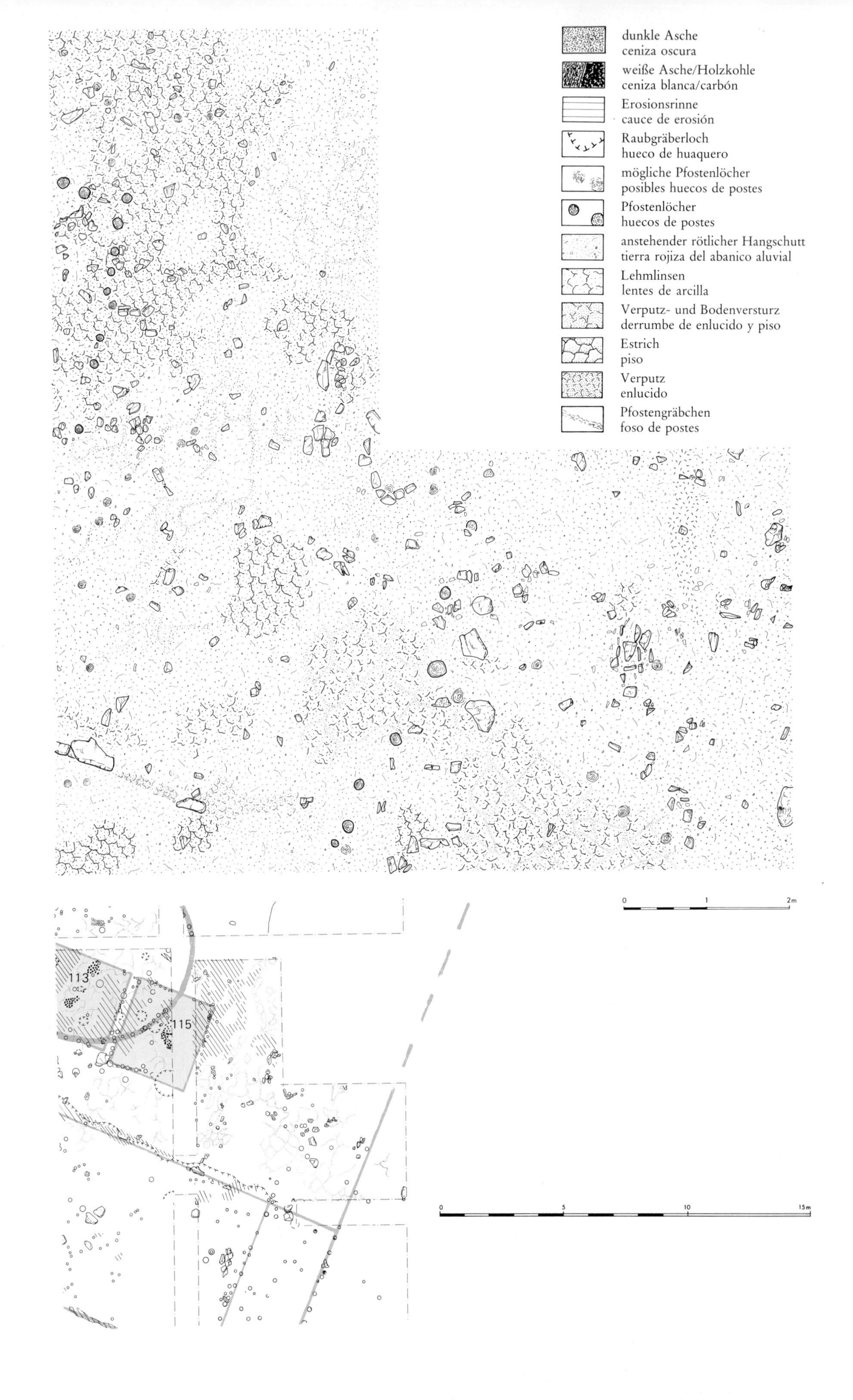
dunkle Asche
ceniza oscura
weiße Asche/Holzkohle
ceniza blanca/carbón
Erosionsrinne
cauce de erosión
Raubgräberloch
hueco de huaquero
mögliche Pfostenlöcher
posibles huecos de postes
Pfostenlöcher
huecos de postes
anstehender rötlicher Hangschutt
tierra rojiza del abanico aluvial
Lehmlinsen
lentes de arcilla
Verputz- und Bodenversturz
derrumbe de enlucido y piso
Estrich
piso
Verputz
enlucido
Pfostengräbchen
foso de postes
0
1
2m
113
115
0
5
10
15m

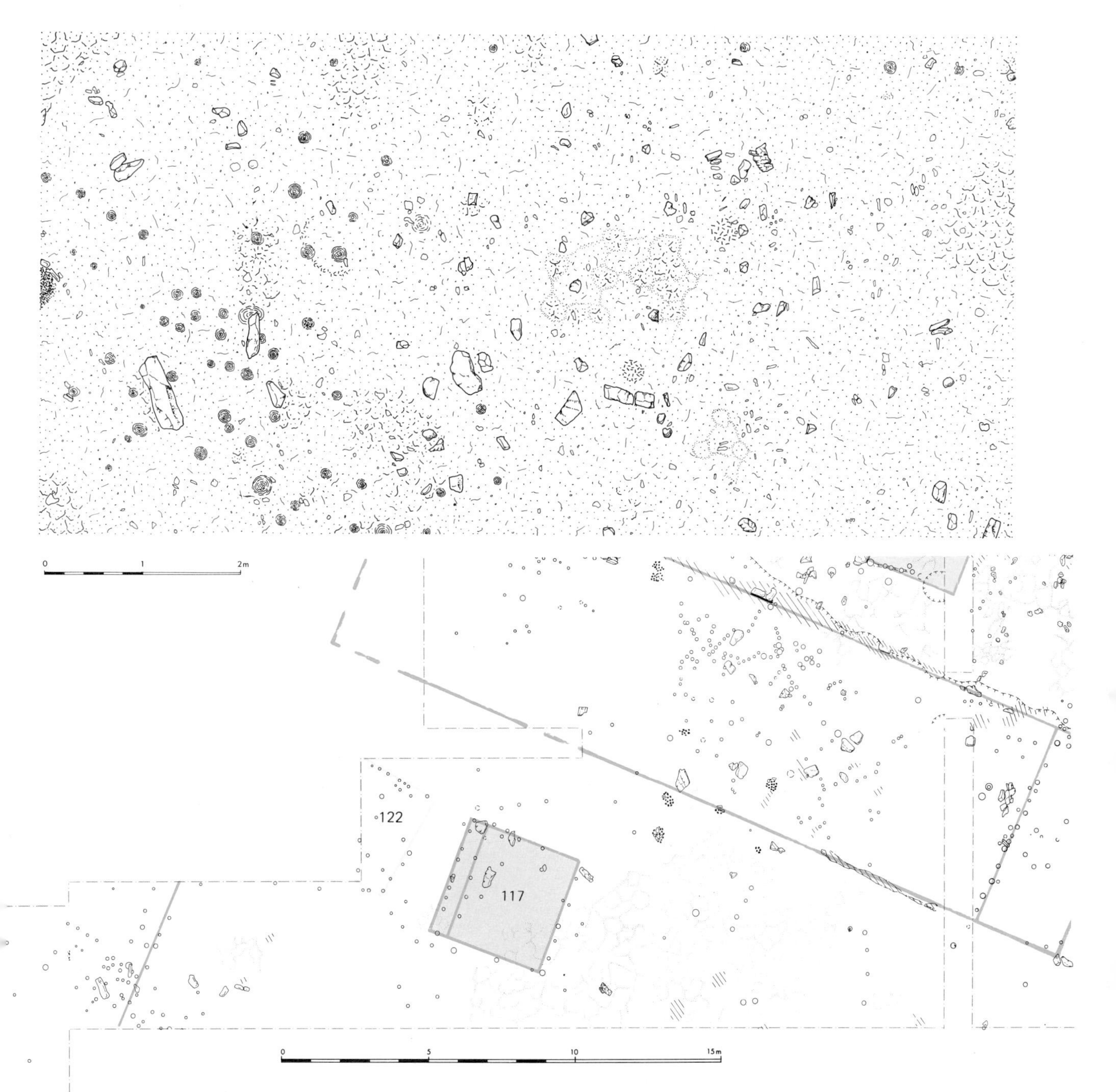

TAFEL 51

Montegrande. Ostteil der Siedlung, Fläche X L (Beschreibung siehe S. 147). M. 1 : 60
Unten: Interpretation des Befundes unter Berücksichtigung benachbarter Flächenteile. M. 1 : 200

Montegrande. Parte este del asentamiento, cuadrángulo X L (descripción véa pág. 203). Esc. 1 : 60
Abajo: Interpretación de las observaciones, considerando partes de los cuadrángulos vecinos. Esc. 1 : 200

← TAFEL 50

Montegrande. Ostteil der Siedlung, Fläche XIII K (Beschreibung siehe S. 59f.). M. 1 : 60
Unten: Interpretation des Befundes unter Berücksichtigung benachbarter Flächenteile. M. 1 : 200

Montegrande. Parte este del asentamiento, cuadrángulo XIII K (descripción véa pág. 202, 289). Esc. 1 : 60
Abajo: Interpretación de las observaciones, considerando partes de los cuadrángulos vecinos. Esc. 1 : 200

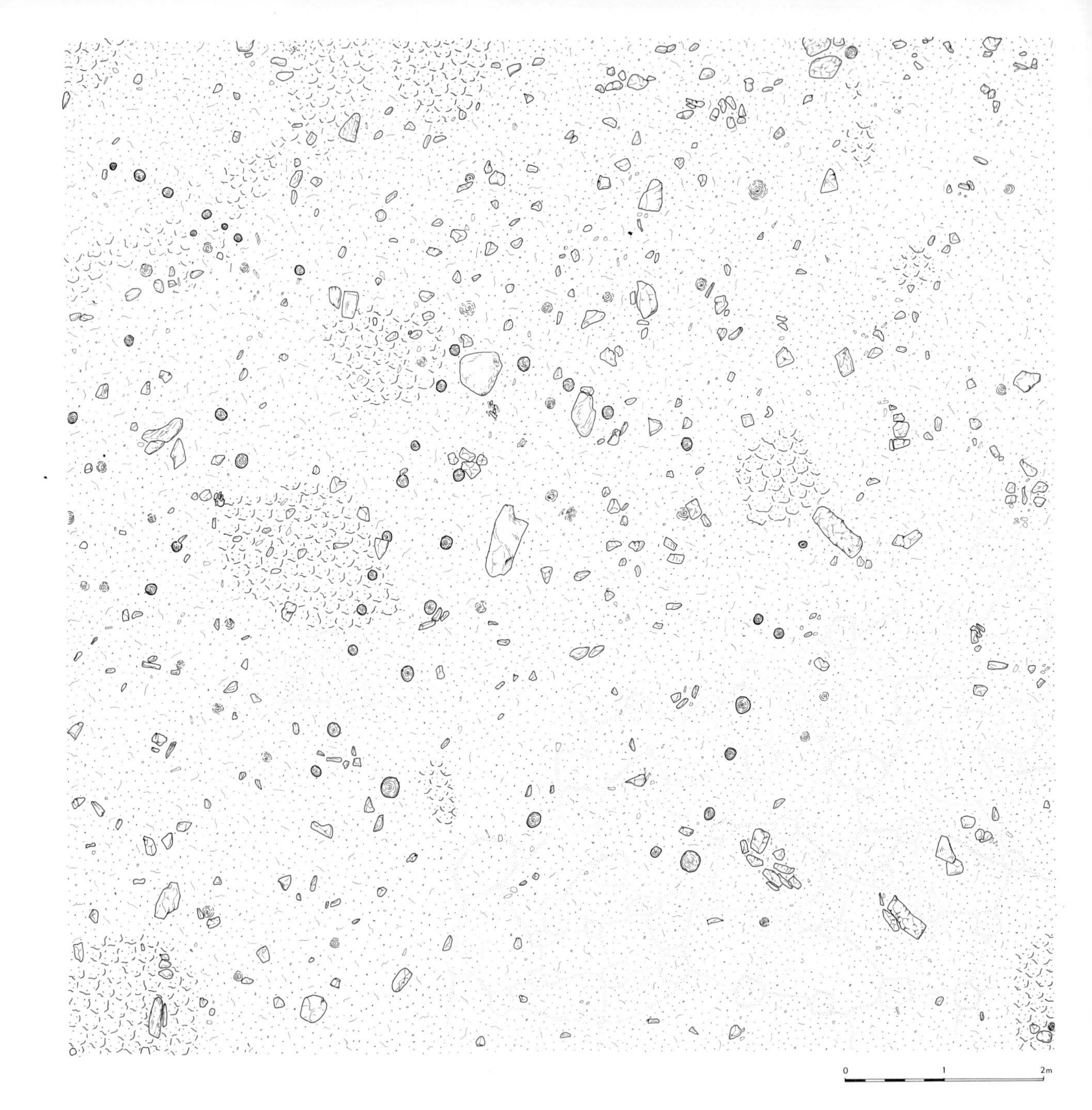

TAFEL 52

Montegrande. Ostteil der Siedlung, Fläche XI L (Beschreibung siehe S. 60). M. 1 : 60
Nebenstehend: Interpretation des Befundes unter Berücksichtigung benachbarter Flächenteile. M. 1 : 200

Montegrande. Parte este del asentamiento, cuadrángulo XI L (descripción véa pág. 203, 290). Esc. 1 : 60
Enfrente: Interpretación de las observaciones, considerando partes de los cuadrángulos vecinos. Esc. 1 : 200

TAFEL 53 ⟶

Montegrande. Ostteil der Siedlung, Fläche XII L (Beschreibung siehe S. 60, 146). M. 1 : 60
Unten: Interpretation des Befundes unter Berücksichtigung benachbarter Flächenteile. M. 1 : 200

Montegrande. Parte este del asentamiento, cuadrángulo XII L (descripción véa pág. 202 – 203, 290). Esc. 1 : 60
Abajo: Interpretación de las observaciones, considerando partes de los cuadrángulos vecinos. Esc. 1 : 200

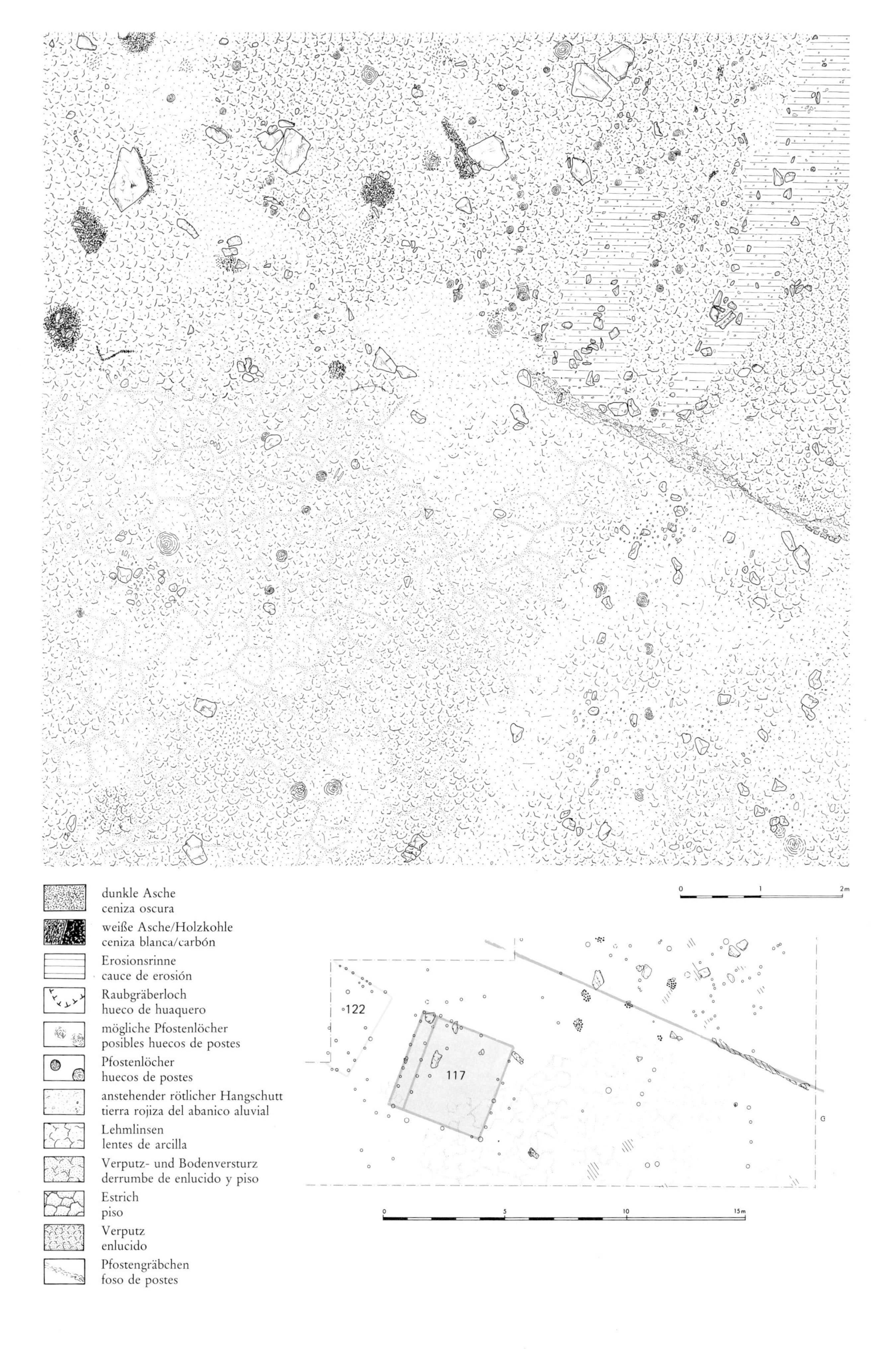

dunkle Asche
ceniza oscura
weiße Asche/Holzkohle
ceniza blanca/carbón
Erosionsrinne
cauce de erosión
Raubgräberloch
hueco de huaquero
mögliche Pfostenlöcher
posibles huecos de postes
Pfostenlöcher
huecos de postes
anstehender rötlicher Hangschutt
tierra rojiza del abanico aluvial
Lehmlinsen
lentes de arcilla
Verputz- und Bodenversturz
derrumbe de enlucido y piso
Estrich
piso
Verputz
enlucido
Pfostengräbchen
foso de postes
0
1
2m
122
117
G
0
5
10
15m

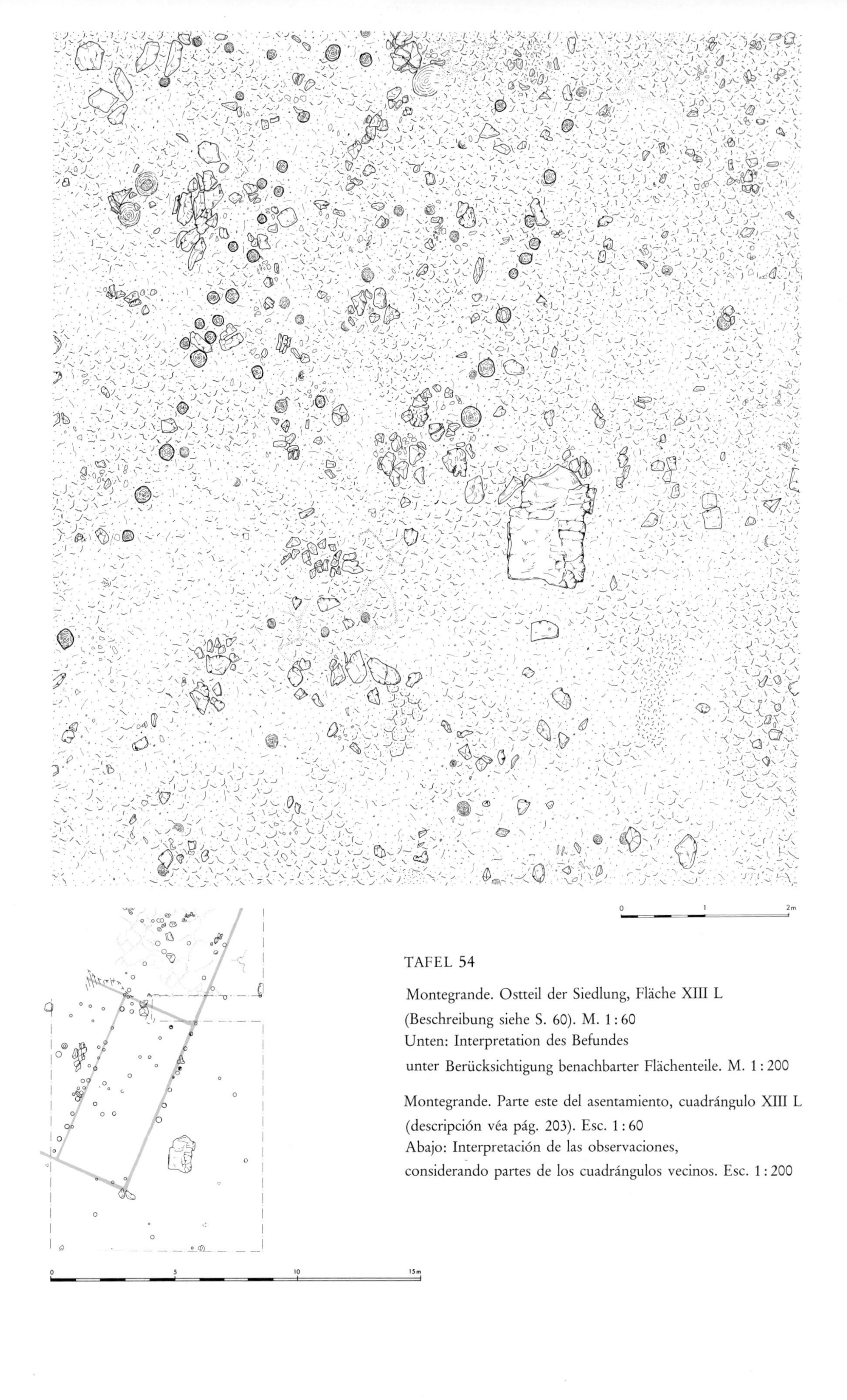

TAFEL 54

Montegrande. Ostteil der Siedlung, Fläche XIII L (Beschreibung siehe S. 60). M. 1 : 60
Unten: Interpretation des Befundes unter Berücksichtigung benachbarter Flächenteile. M. 1 : 200

Montegrande. Parte este del asentamiento, cuadrángulo XIII L (descripción véa pág. 203). Esc. 1 : 60
Abajo: Interpretación de las observaciones, considerando partes de los cuadrángulos vecinos. Esc. 1 : 200

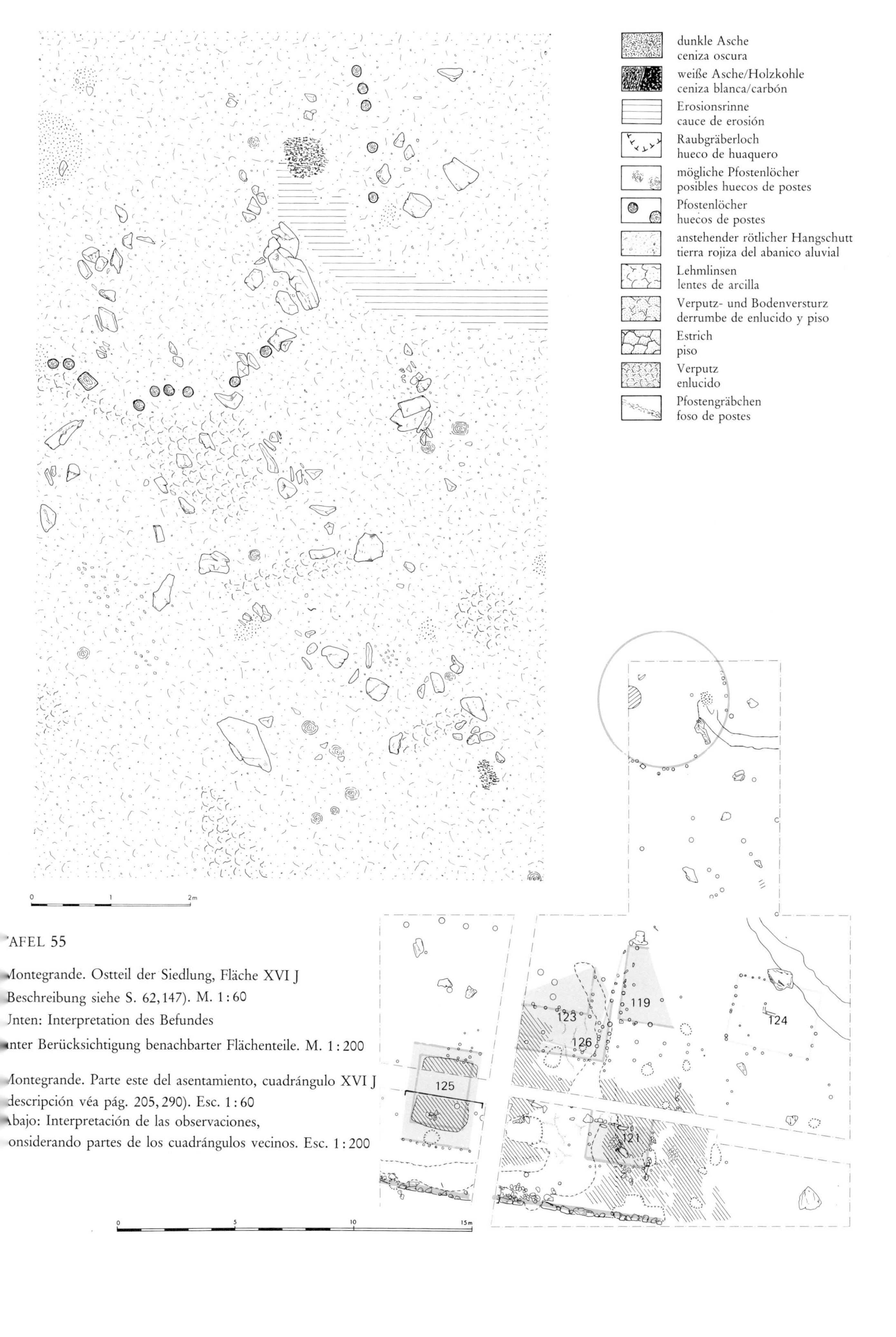

'AFEL 55

Montegrande. Ostteil der Siedlung, Fläche XVI J
Beschreibung siehe S. 62, 147). M. 1 : 60
Unten: Interpretation des Befundes
unter Berücksichtigung benachbarter Flächenteile. M. 1 : 200

Montegrande. Parte este del asentamiento, cuadrángulo XVI J
descripción véa pág. 205, 290). Esc. 1 : 60
Abajo: Interpretación de las observaciones,
considerando partes de los cuadrángulos vecinos. Esc. 1 : 200

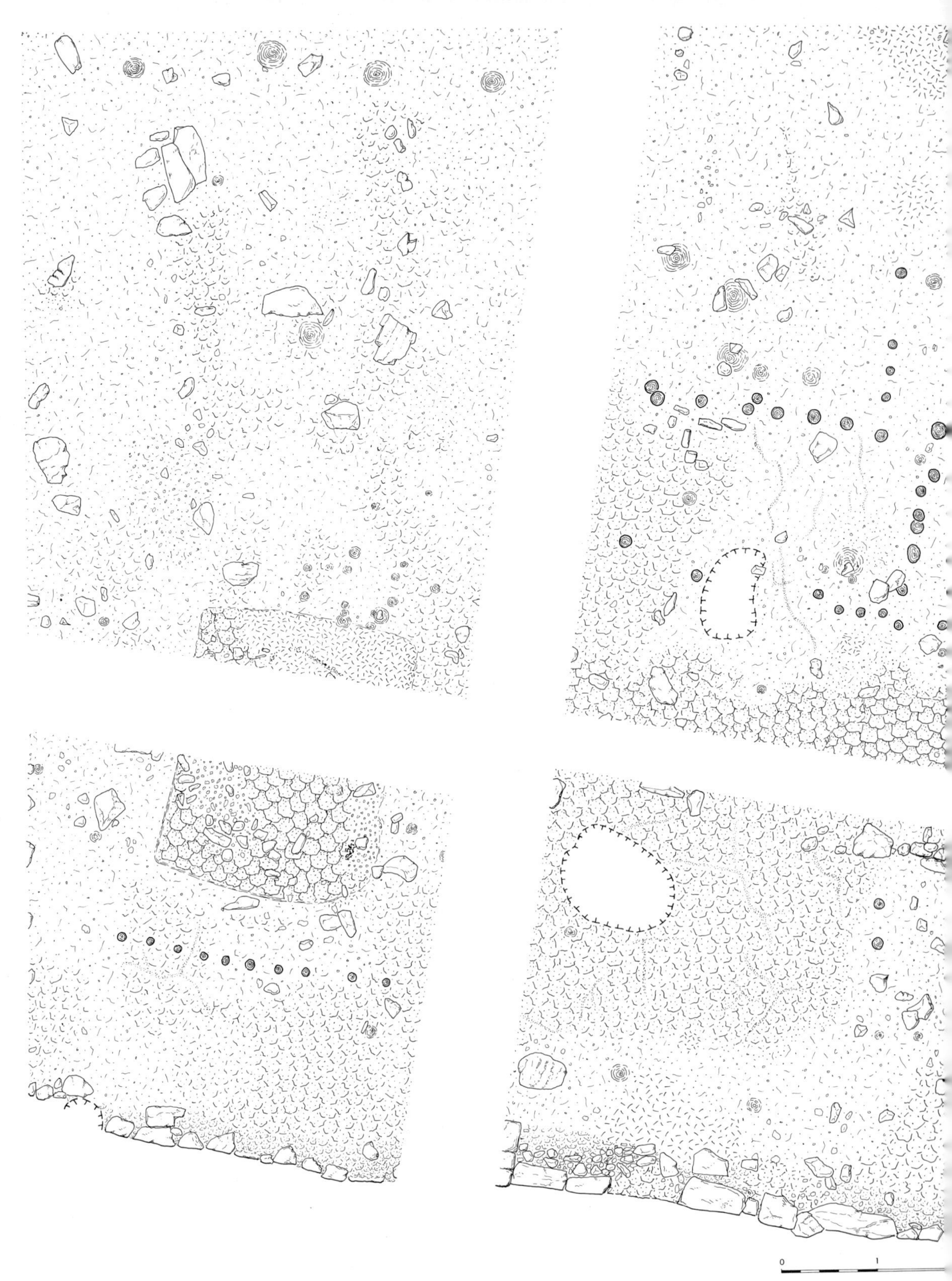

TAFEL 56 u. TAFEL 57

Montegrande. Ostteil der Siedlung, Flächen XV u. XVI K u. L (Beschreibung siehe S. 60ff.). M. 1:60
Nebenstehend: Interpretation des Befundes unter Berücksichtigung benachbarter Flächenteile. M. 1:200

Montegrande. Parte este del asentamiento, cuadrángulos XV y XVI K y L (descripción véa pág. 203, 204, 290). Esc. 1:6
Enfrente: Interpretación de las observaciones, considerando partes de los cuadrángulos vecinos. Esc. 1:200

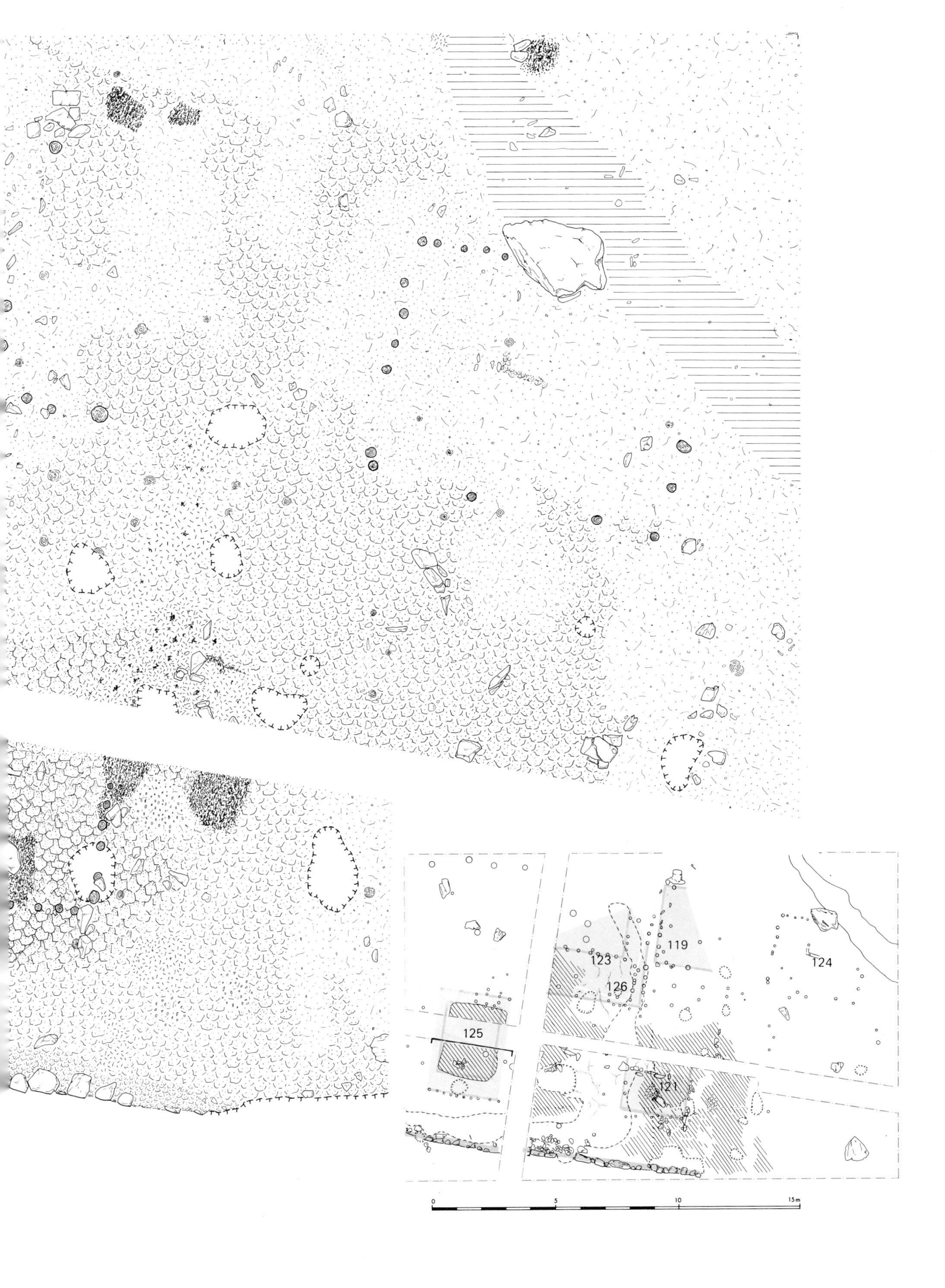

123
119
124
126
125
121
0
5
10
15m

TAFEL 58

Montegrande. Südteil der Siedlung, Fläche VI M (Beschreibung siehe S. 62ff.). M. 1:60
Nebenstehend: Interpretation des Befundes unter Berücksichtigung benachbarter Flächenteile. M. 1:200

Montegrande. Parte sur del asentamiento, cuadrángulo VI M (descripción véa pág. 205, 206). Esc. 1:60
Enfrente: Interpretación de las observaciones, considerando partes de los cuadrángulos vecinos. Esc. 1:200

TAFEL 59 ⟶

Montegrande. Südteil der Siedlung, Fläche VII M (Beschreibung siehe S. 62ff.). M. 1:60
Unten: Interpretation des Befundes unter Berücksichtigung benachbarter Flächenteile. M. 1:200

Montegrande. Parte sur del asentamiento, cuadrángulo VII M (descripción véa pág. 205–207). Esc. 1:60
Abajo: Interpretación de las observaciones, considerando partes de los cuadrángulos vecinos. Esc. 1:200

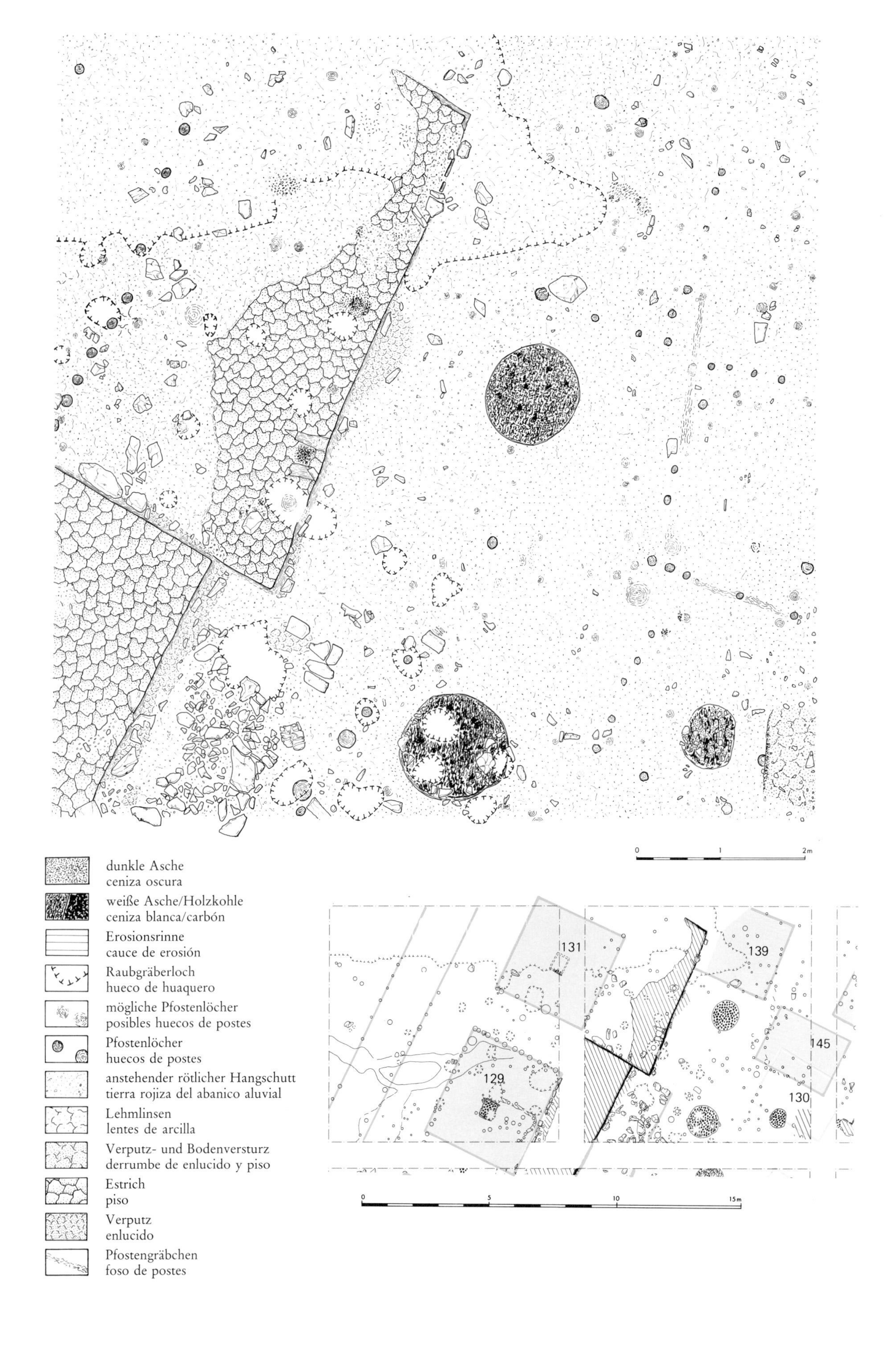

0
1
2m
dunkle Asche
ceniza oscura
weiße Asche/Holzkohle
ceniza blanca/carbón
Erosionsrinne
cauce de erosión
Raubgräberloch
hueco de huaquero
mögliche Pfostenlöcher
posibles huecos de postes
Pfostenlöcher
huecos de postes
anstehender rötlicher Hangschutt
tierra rojiza del abanico aluvial
Lehmlinsen
lentes de arcilla
Verputz- und Bodenversturz
derrumbe de enlucido y piso
Estrich
piso
Verputz
enlucido
Pfostengräbchen
foso de postes
131
139
145
129
130
0
5
10
15m

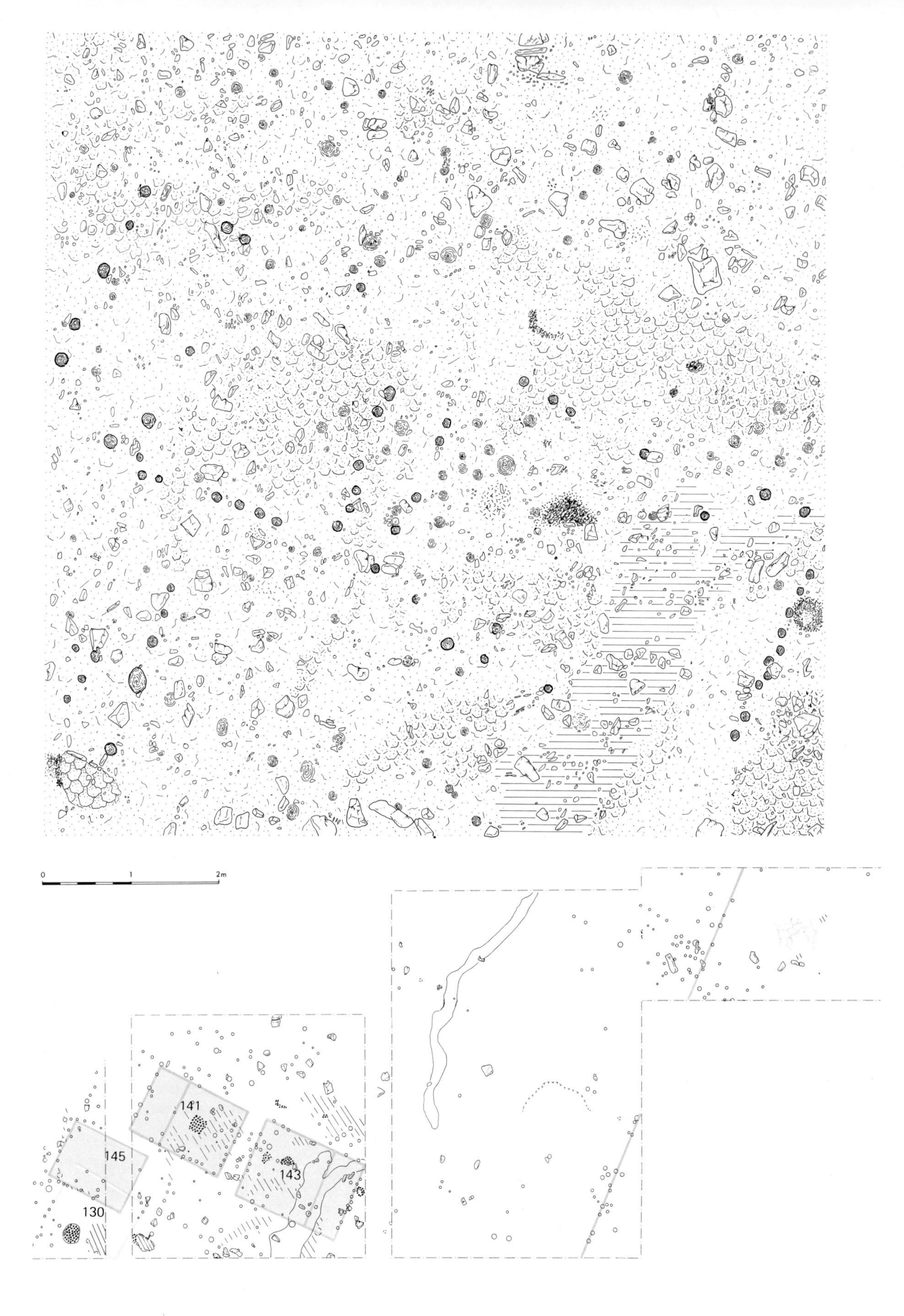

TAFEL 60

Montegrande. Südteil der Siedlung, Fläche VIII M (Beschreibung siehe S. 65). M. 1 : 60
Unten: Interpretation des Befundes unter Berücksichtigung benachbarter Flächenteile. M. 1 : 200

Montegrande. Parte sur del asentamiento, cuadrángulo VIII M (descripción véa pág. 207, 208). Esc. 1 : 60
Abajo: Interpretación de las observaciones, considerando partes de los cuadrángulos vecinos. Esc. 1 : 200

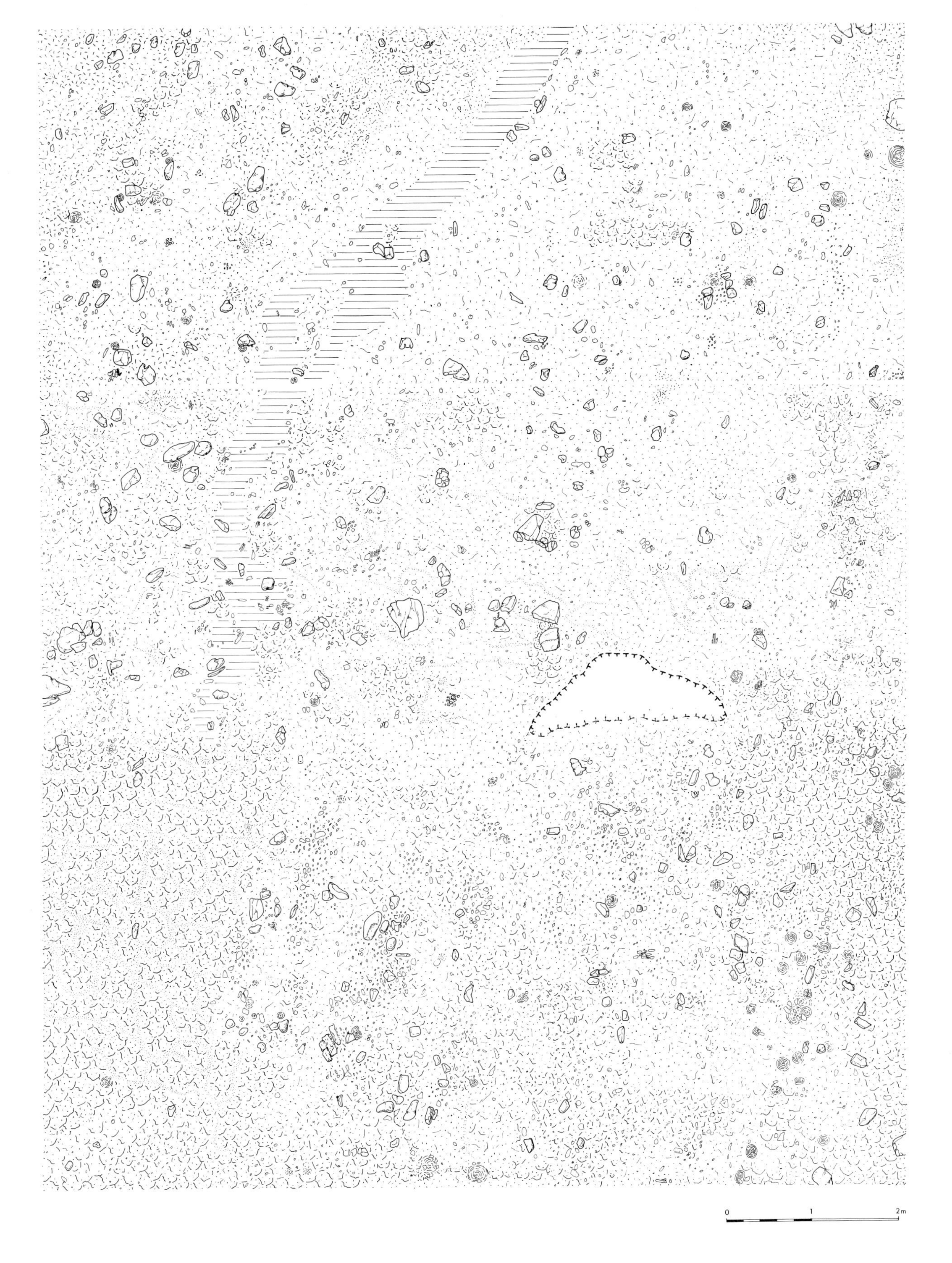

TAFEL 61

Montegrande. Südteil der Siedlung, Flächen IX M u. L (Beschreibung siehe S. 66). M. 1 : 60
Nebenstehend: Interpretation des Befundes unter Berücksichtigung benachbarter Flächenteile. M. 1 : 200

Montegrande. Parte sur del asentamiento, cuadrángulos IX L y M (descripción véa pág. 208, 209). Esc. 1 : 60
Enfrente: Interpretación de las observaciones, considerando partes de los cuadrángulos vecinos. Esc. 1 : 200

TAFEL 62

Montegrande. Südteil der Siedlung, Fläche VI N (Beschreibung siehe S. 62ff.). M. 1 : 60
Unten: Interpretation des Befundes unter Berücksichtigung benachbarter Flächenteile. M. 1 : 200

Montegrande. Parte sur del asentamiento, cuadrángulo VI N (descripción véa pág. 205 – 208). Esc. 1 : 60
Abajo: Interpretación de las observaciones, considerando partes de los cuadrángulos vecinos. Esc. 1 : 200

TAFEL 63 ⟶

Montegrande. Südteil der Siedlung, Fläche VII N (Beschreibung siehe S. 64f.). M. 1 : 60
Unten: Interpretation des Befundes unter Berücksichtigung benachbarter Flächenteile. M. 1 : 200

Montegrande. Parte sur del asentamiento, cuadrángulo VII N (descripción véa pág. 208). Esc. 1 : 60
Abajo: Interpretación de las observaciones, considerando partes de los cuadrángulos vecinos. Esc. 1 : 200

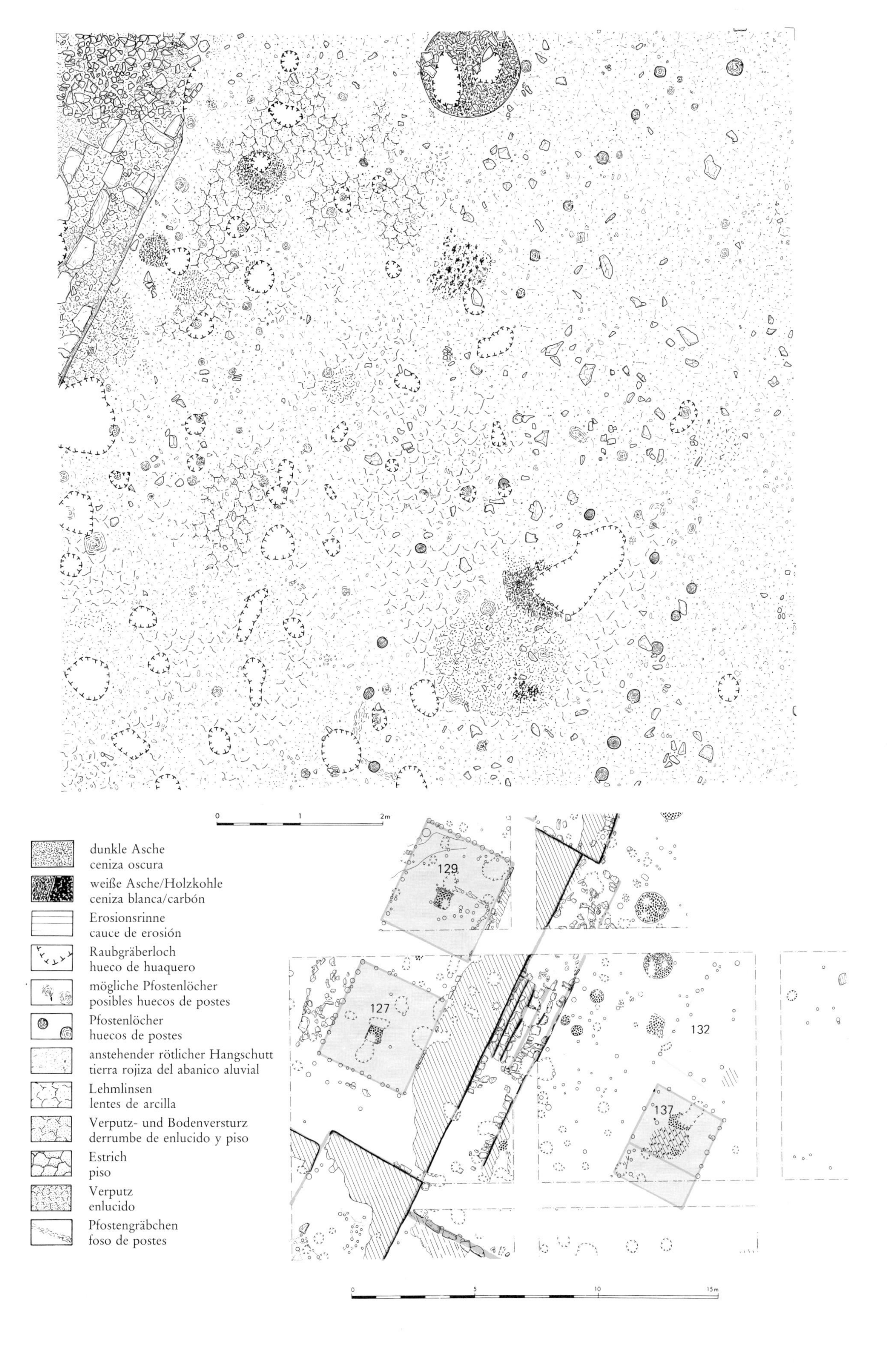

0
1
2m
dunkle Asche
ceniza oscura
weiße Asche/Holzkohle
ceniza blanca/carbón
Erosionsrinne
cauce de erosión
Raubgräberloch
hueco de huaquero
mögliche Pfostenlöcher
posibles huecos de postes
Pfostenlöcher
huecos de postes
anstehender rötlicher Hangschutt
tierra rojiza del abanico aluvial
Lehmlinsen
lentes de arcilla
Verputz- und Bodenversturz
derrumbe de enlucido y piso
Estrich
piso
Verputz
enlucido
Pfostengräbchen
foso de postes
129
127
132
137
0
5
10
15m

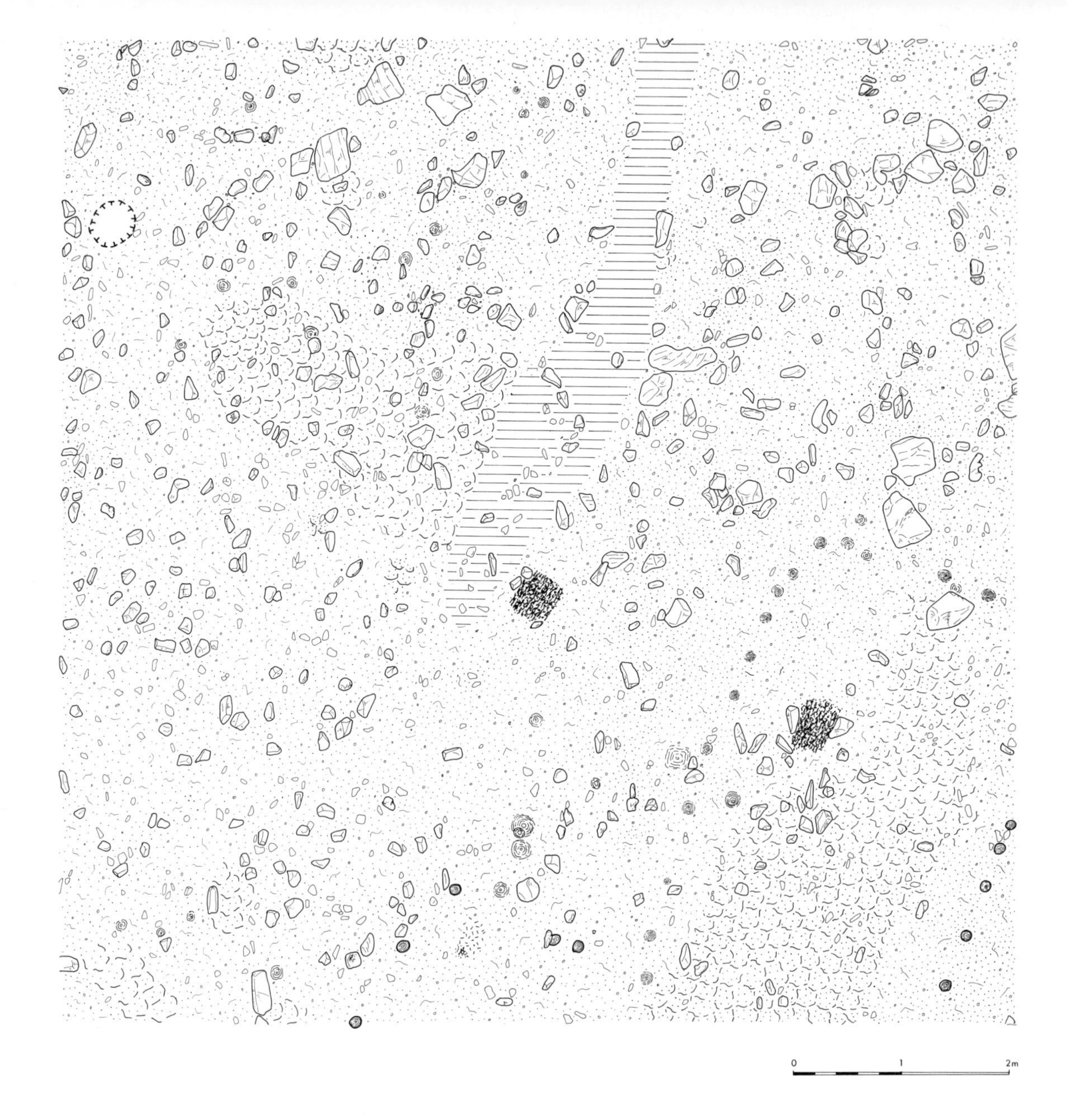

TAFEL 64

Montegrande. Südteil der Siedlung, Fläche VIII N (Beschreibung siehe S. 65). M. 1 : 60
Nebenstehend: Interpretation des Befundes unter Berücksichtigung benachbarter Flächenteile. M. 1 : 200

Montegrande. Parte sur del asentamiento, cuadrángulo VIII N (descripción véa pág. 208). Esc. 1 : 60
Enfrente: Interpretación de las observaciones, considerando partes de los cuadrángulos vecinos. Esc. 1 : 200

TAFEL 65 ⟶

Montegrande. Südteil der Siedlung, Fläche IX N (Beschreibung siehe S. 65). M. 1 : 60
Unten: Interpretation des Befundes unter Berücksichtigung benachbarter Flächenteile. M. 1 : 200

Montegrande. Parte sur del asentamiento, cuadrángulo IX N (descripción véa pág. 208). Esc. 1 : 60
Abajo: Interpretación de las observaciones, considerando partes de los cuadrángulos vecinos. Esc. 1 : 200

dunkle Asche
ceniza oscura
weiße Asche/Holzkohle
ceniza blanca/carbón
Erosionsrinne
cauce de erosión
Raubgräberloch
hueco de huaquero
mögliche Pfostenlöcher
posibles huecos de postes
Pfostenlöcher
huecos de postes
anstehender rötlicher Hangschutt
tierra rojiza del abanico aluvial
Lehmlinsen
lentes de arcilla
Verputz- und Bodenversturz
derrumbe de enlucido y piso
Estrich
piso
Verputz
enlucido
Pfostengräbchen
foso de postes
0
1
2m
129
145
130
143
27
132
137
0
5
10
15m

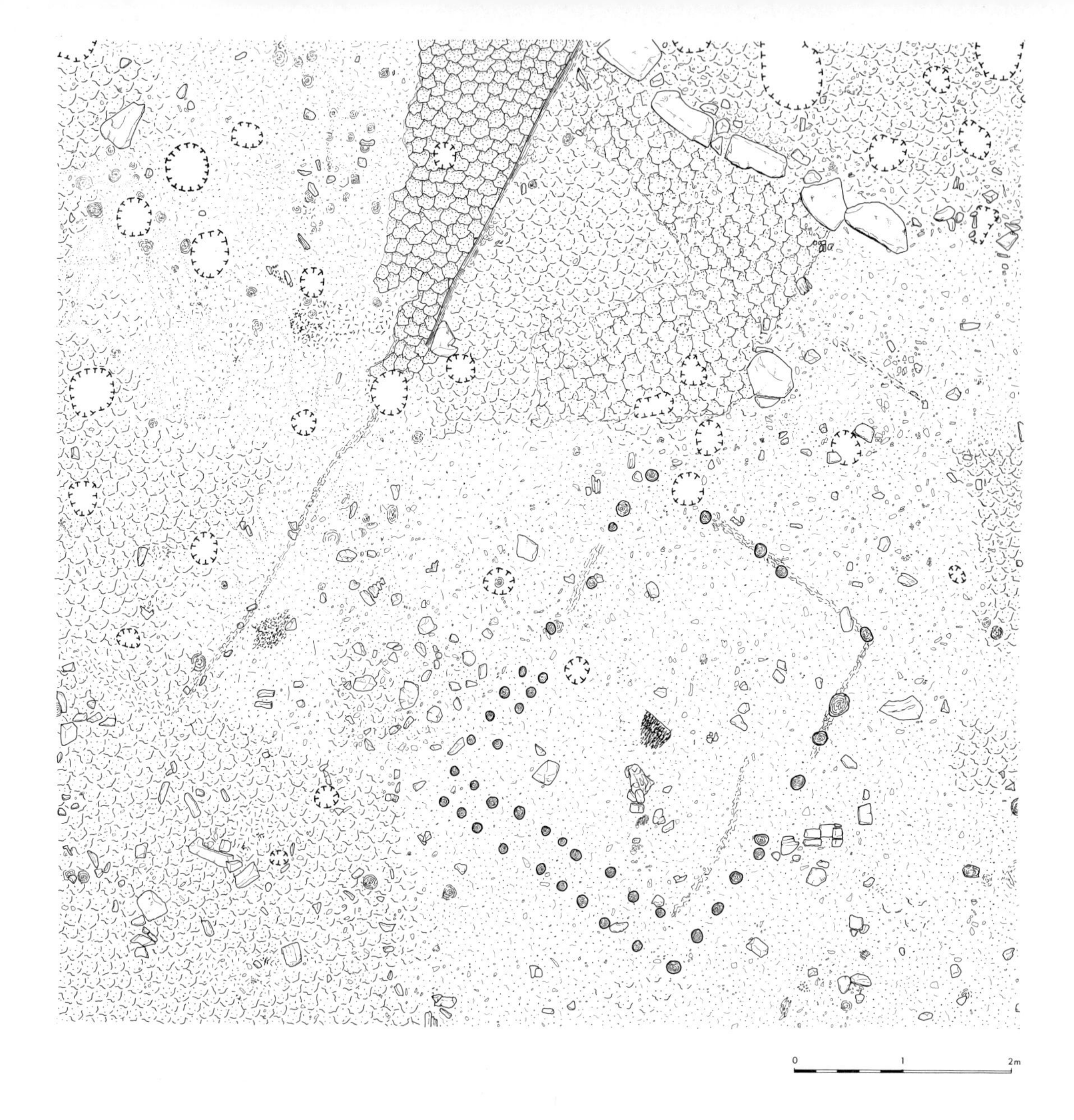

TAFEL 66

Montegrande. Südteil der Siedlung, Fläche VII O (Beschreibung siehe S. 63f.). M. 1 : 60
Nebenstehend: Interpretation des Befundes unter Berücksichtigung benachbarter Flächenteile. M. 1 : 200

Montegrande. Parte sur del asentamiento, cuadrángulo VI O (descripción véa pág. 205 – 207). Esc. 1 : 60
Enfrente: Interpretación de las observaciones, considerando partes de los cuadrángulos vecinos. Esc. 1 : 200

TAFEL 67 ⟶

Montegrande. Südteil der Siedlung, Fläche VI O (Beschreibung siehe S. 63f.). M. 1 : 60
Unten: Interpretation des Befundes unter Berücksichtigung benachbarter Flächenteile. M. 1 : 200

Montegrande. Parte sur del asentamiento, cuadrángulo VII O (descripción véa pág. 207). Esc. 1 : 60
Abajo: Interpretación de las observaciones, considerando partes de los cuadrángulos vecinos. Esc. 1 : 200

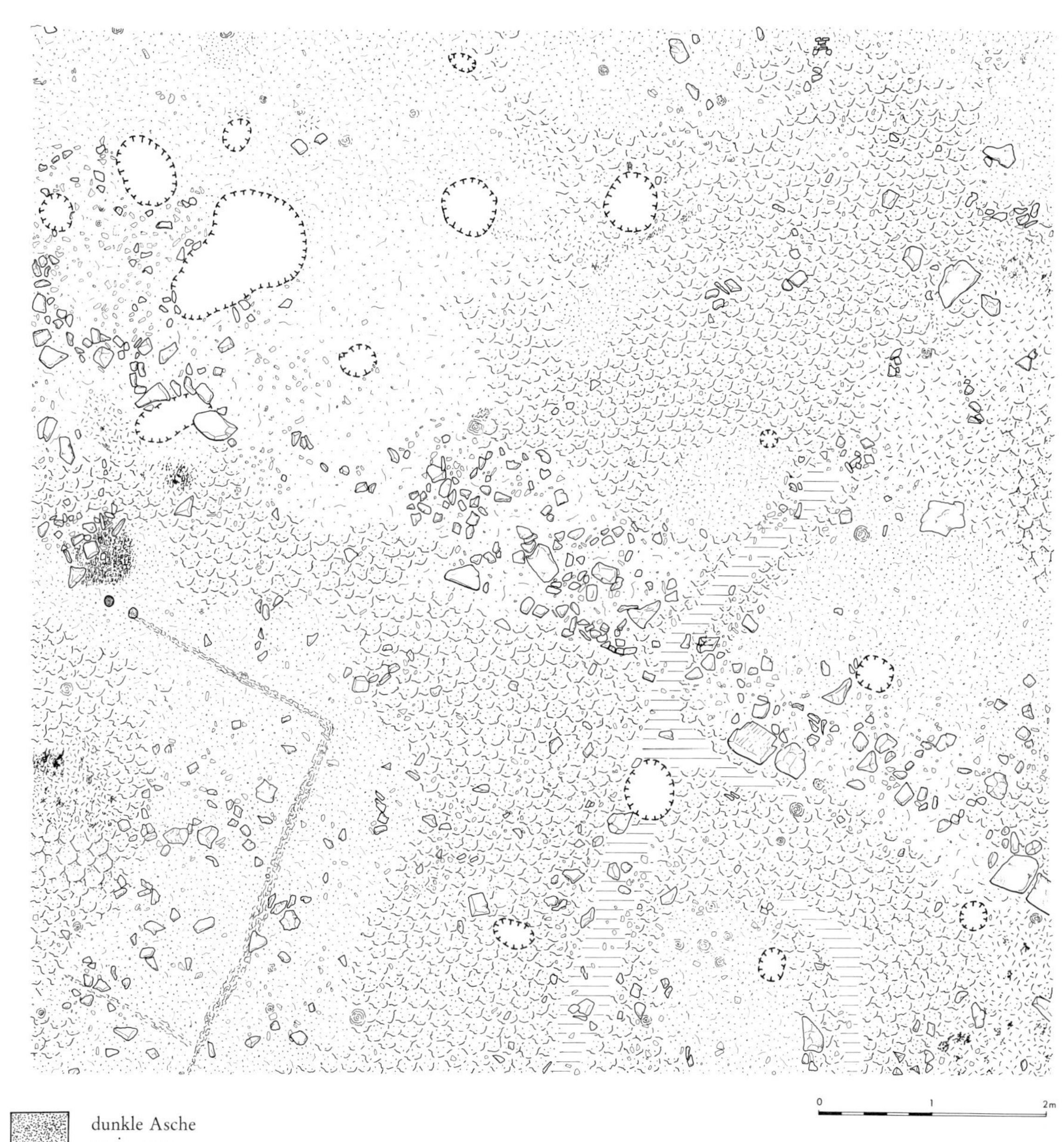

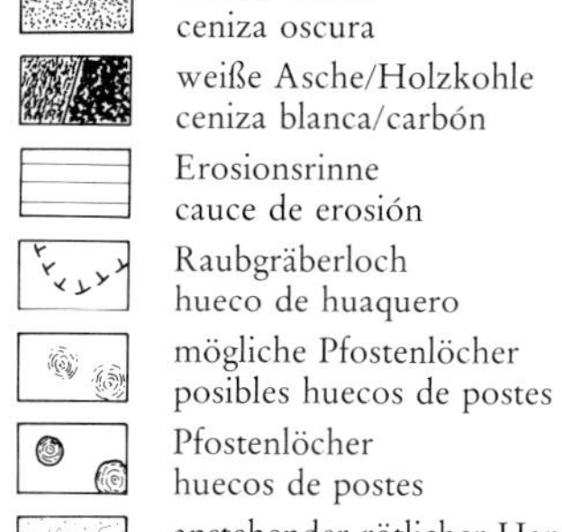

dunkle Asche
ceniza oscura

weiße Asche/Holzkohle
ceniza blanca/carbón

Erosionsrinne
cauce de erosión

Raubgräberloch
hueco de huaquero

mögliche Pfostenlöcher
posibles huecos de postes

Pfostenlöcher
huecos de postes

anstehender rötlicher Hangschutt
tierra rojiza del abanico aluvial

Lehmlinsen
lentes de arcilla

Verputz- und Bodenversturz
derrumbe de enlucido y piso

Estrich
piso

Verputz
enlucido

Pfostengräbchen
foso de postes

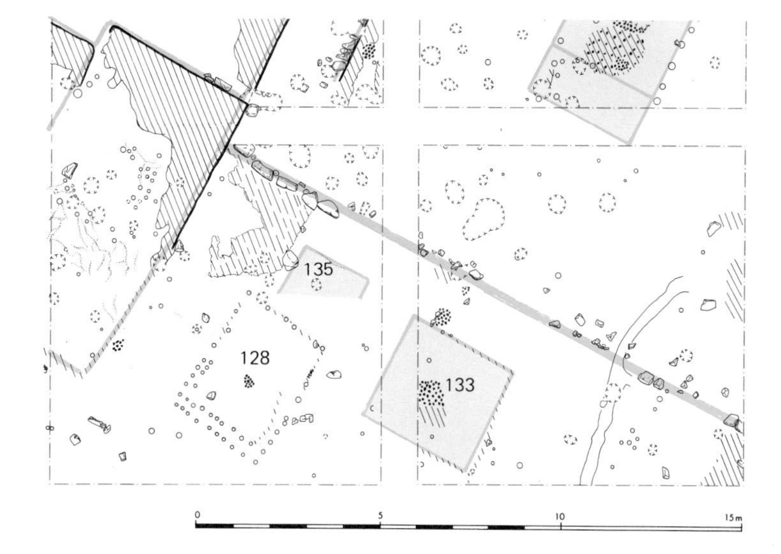

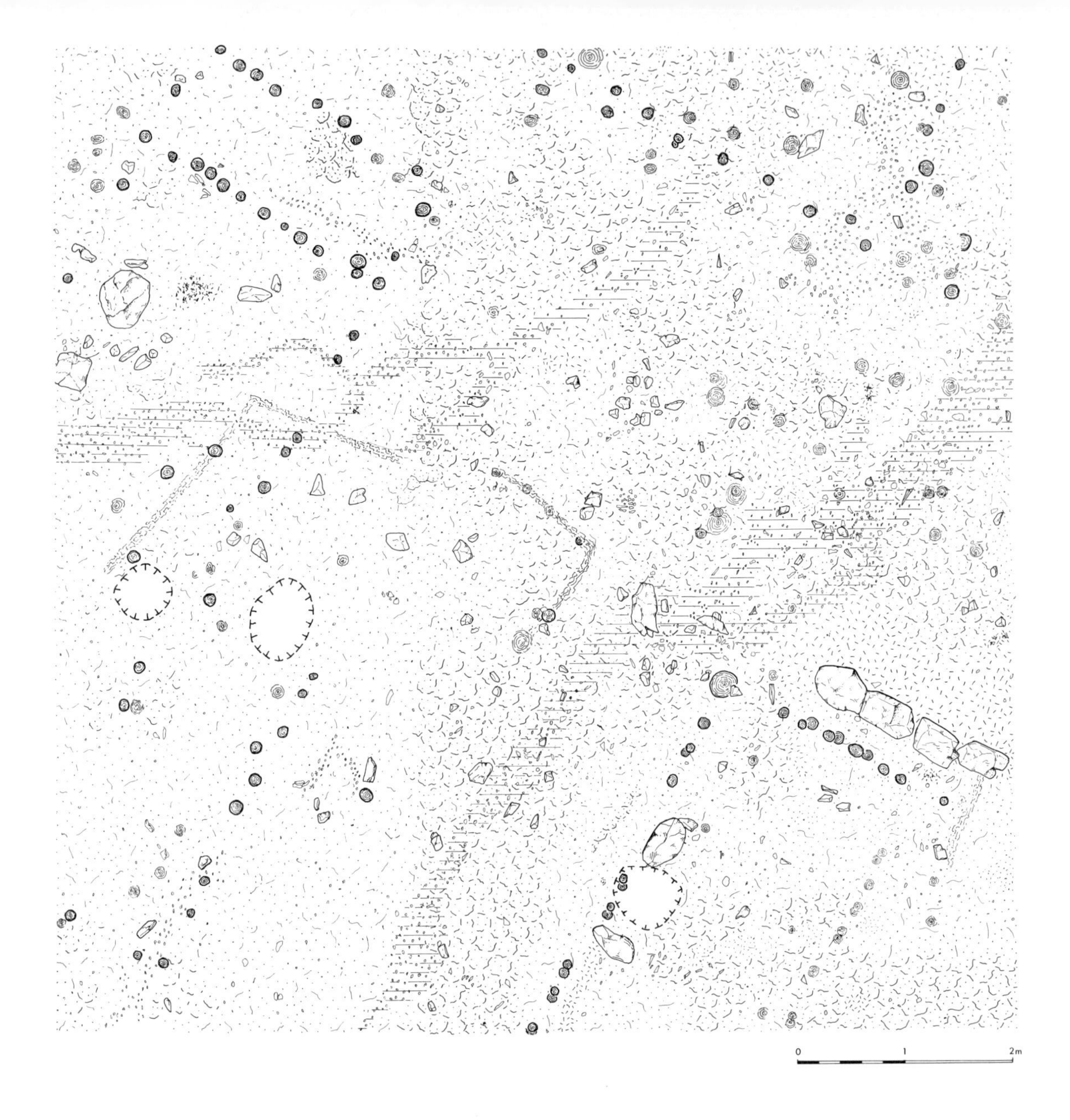

TAFEL 68

Montegrande. Nordostteil der Siedlung, Fläche XIV C (Beschreibung siehe S. 66, 144). M. 1 : 60
Nebenstehend: Interpretation des Befundes unter Berücksichtigung benachbarter Flächenteile. M. 1 : 200

Montegrande. Parte noreste del asentamiento, cuadrángulo XIV C (descripción véa pág. 209). Esc. 1 : 60
Enfrente: Interpretación de las observaciones, considerando partes de los cuadrángulos vecinos. Esc. 1 : 200

TAFEL 69 →

Montegrande. Parte noreste del asentamiento, cuadrángulo XV C (descripción véa pág. 211). Esc. 1 : 60
Abajo: Interpretación de las observaciones, considerando partes de los cuadrángulos vecinos. Esc. 1 : 200

Montegrande. Parte noreste del asentamiento, cuadrángulo XV C (descripción véa pág. 211). Esc. 1 : 60
Abajo: Interpretación de las observaciones, considerando partes de los cuadrángulos vecinos. Esc. 1 : 200

0
1
2m
149
138
155
136
146
147
148
134
62
0
5
10
15m

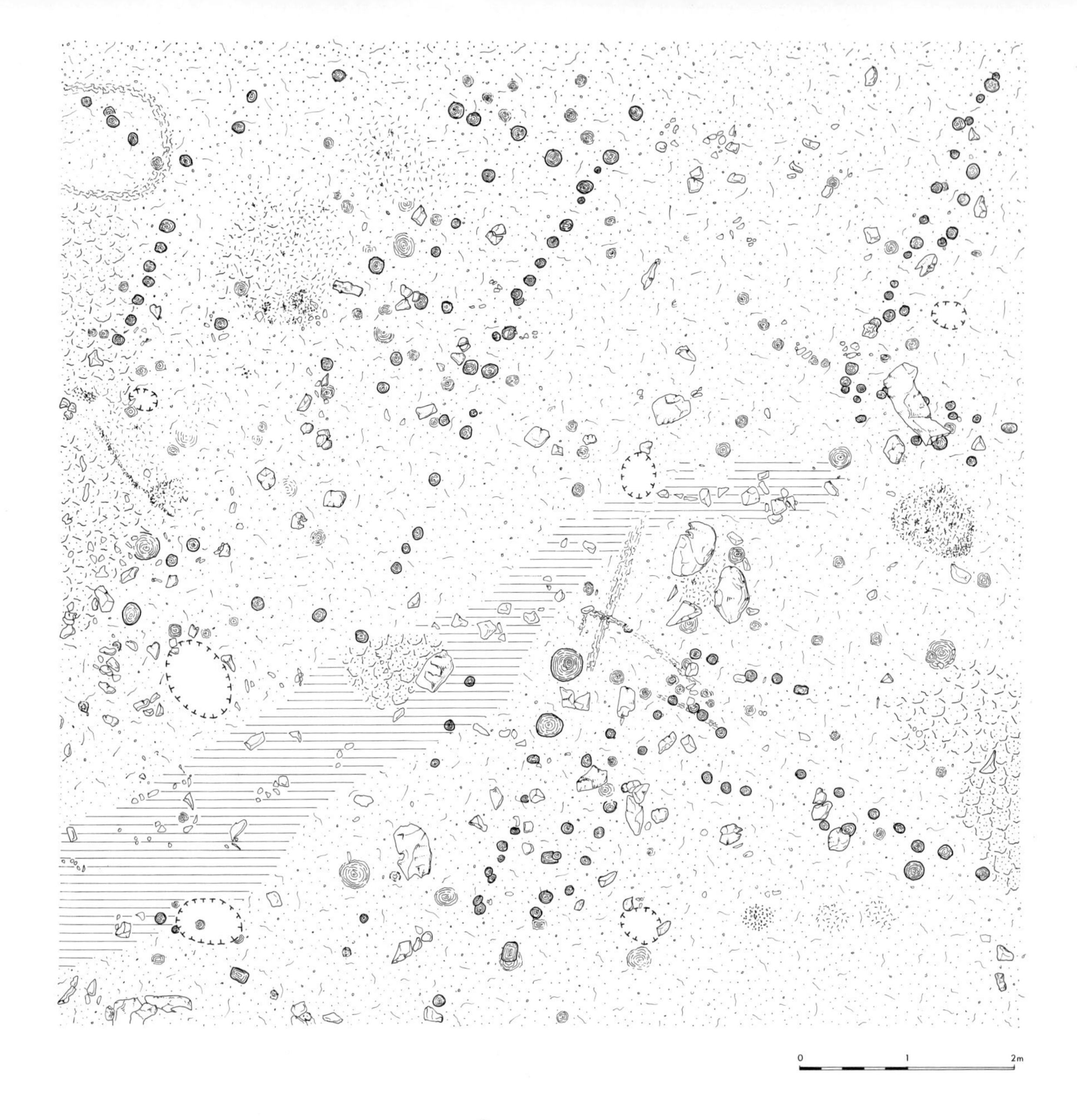

TAFEL 70

Montegrande. Nordostteil der Siedlung, Fläche XIV B (Beschreibung siehe S. 66f.). M. 1 : 60
Nebenstehend: Interpretation des Befundes unter Berücksichtigung benachbarter Flächenteile. M. 1 : 200

Montegrande. Parte noreste del asentamiento, cuadrángulo XIV B (descripción véa pág. 209, 210). Esc. 1 : 60
Enfrente: Interpretación de las observaciones, considerando partes de los cuadrángulos vecinos. Esc. 1 : 200

TAFEL 71 →

Montegrande. Nordostteil der Siedlung, Fläche XV B (Beschreibung siehe S. 67f.). M. 1 : 60
Unten: Interpretation des Befundes unter Berücksichtigung benachbarter Flächenteile. M. 1 : 200

Montegrande. Parte noreste del asentamiento, cuadrángulo XV B (descripción véa pág. 212, 213). Esc. 1 : 60
Abajo: Interpretación de las observaciones, considerando partes de los cuadrángulos vecinos. Esc. 1 : 200

0
1
2m
dunkle Asche
ceniza oscura
weiße Asche/Holzkohle
ceniza blanca/carbón
Erosionsrinne
cauce de erosión
Raubgräberloch
hueco de huaquero
mögliche Pfostenlöcher
posibles huecos de postes
Pfostenlöcher
huecos de postes
anstehender rötlicher Hangschutt
tierra rojiza del abanico aluvial
Lehmlinsen
lentes de arcilla
Verputz- und Bodenversturz
derrumbe de enlucido y piso
Estrich
piso
Verputz
enlucido
Pfostengräbchen
foso de postes
142
144
153
159
152
151
140
149
150
157
138
136
155
146
0
5
10
15m

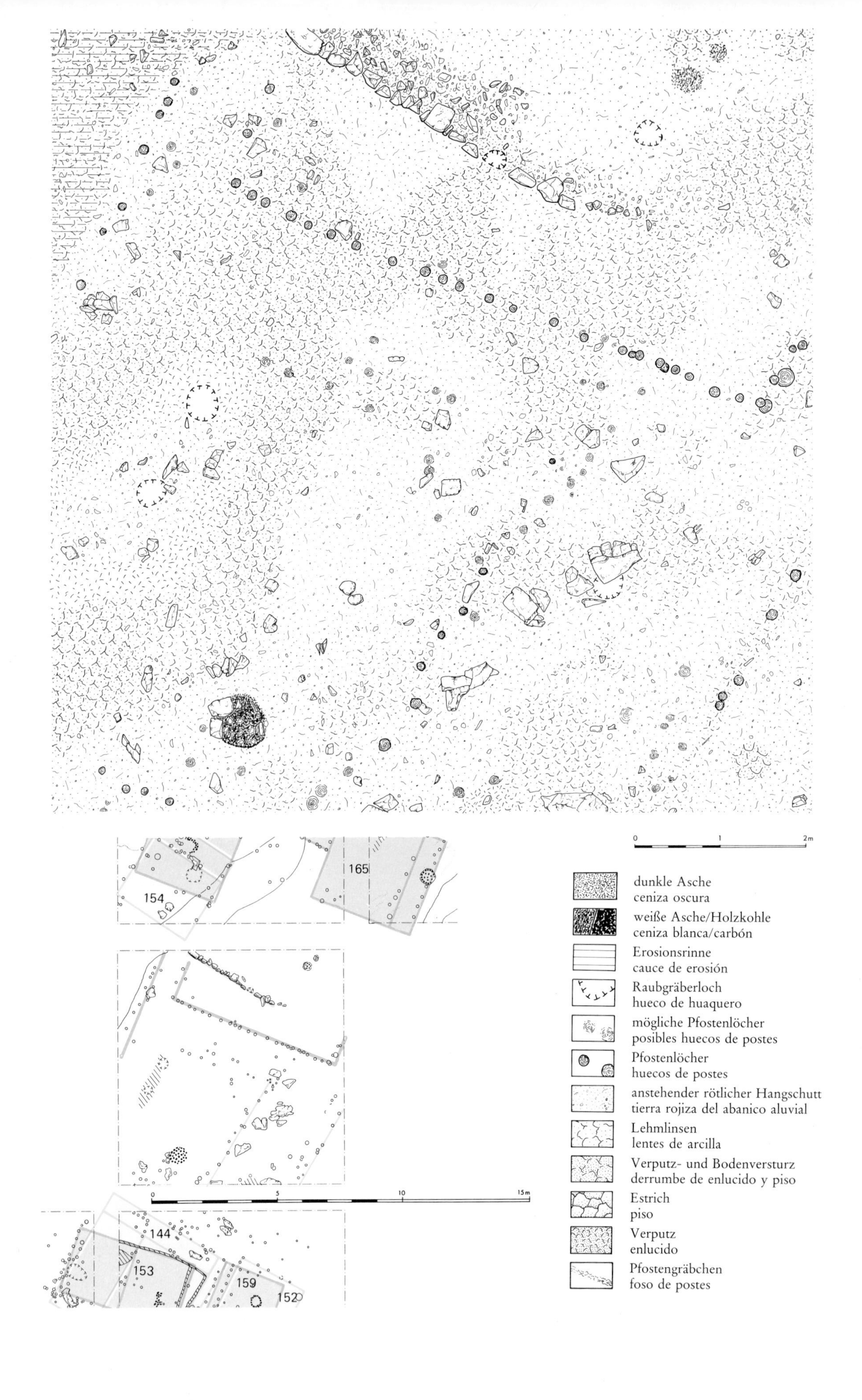

154
165
144
153
159
152
0
1
2m
0
5
10
15m
dunkle Asche
ceniza oscura
weiße Asche/Holzkohle
ceniza blanca/carbón
Erosionsrinne
cauce de erosión
Raubgräberloch
hueco de huaquero
mögliche Pfostenlöcher
posibles huecos de postes
Pfostenlöcher
huecos de postes
anstehender rötlicher Hangschutt
tierra rojiza del abanico aluvial
Lehmlinsen
lentes de arcilla
Verputz- und Bodenversturz
derrumbe de enlucido y piso
Estrich
piso
Verputz
enlucido
Pfostengräbchen
foso de postes

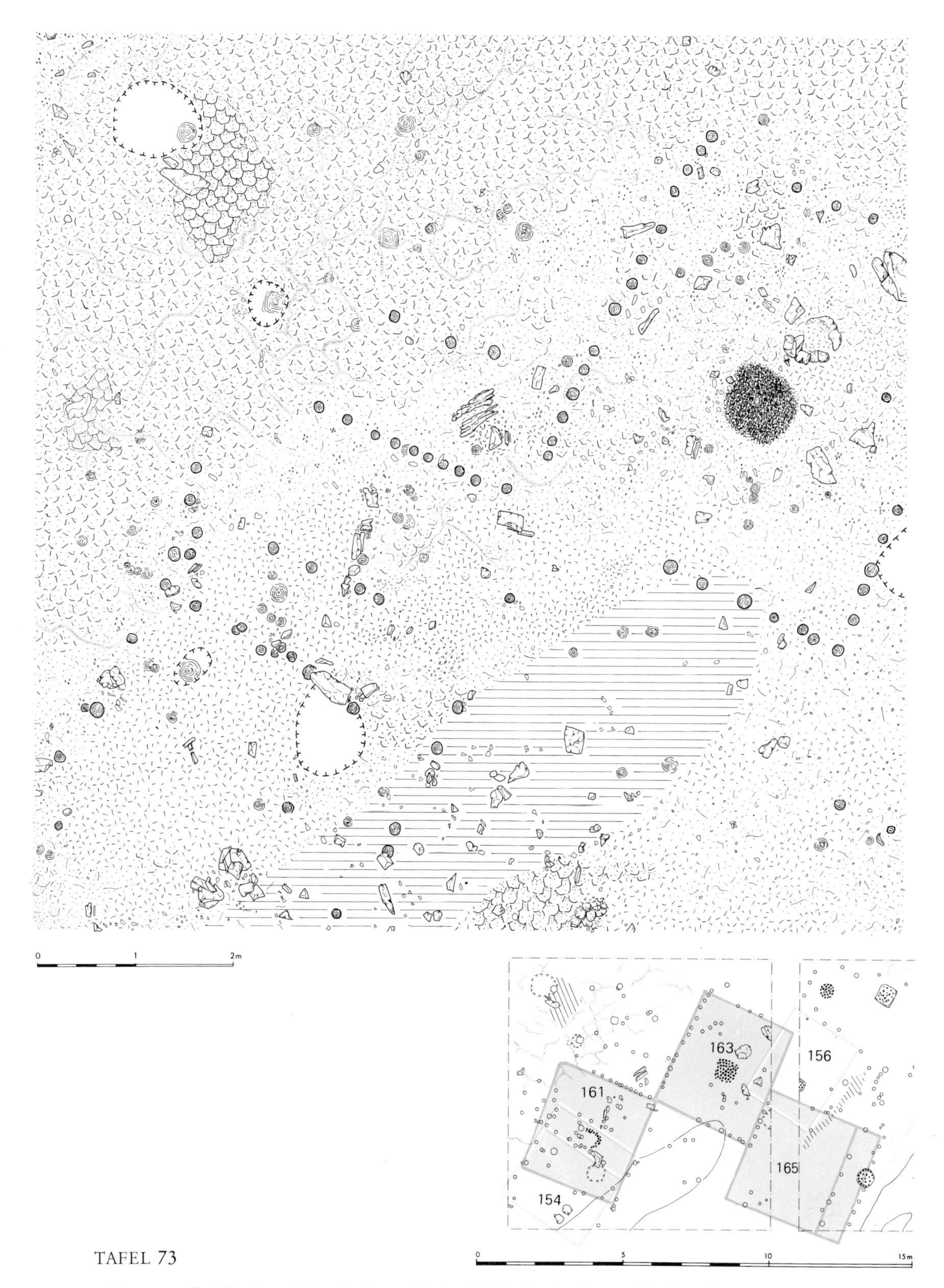

TAFEL 73

Montegrande. Nordostteil der Siedlung, Fläche XV Z (Beschreibung siehe S. 70f.). M. 1 : 60
Unten: Interpretation des Befundes unter Berücksichtigung benachbarter Flächenteile. M. 1 : 200

Montegrande. Parte noreste del asentamiento, cuadrángulo XV Z (descripción véa pág. 213, 214). Esc. 1 : 60
Abajo: Interpretación de las observaciones, considerando partes de los cuadrángulos vecinos. Esc. 1 : 200

← TAFEL 72

Montegrande. Nordostteil der Siedlung, Fläche XV A (Beschreibung siehe S. 69f.). M. 1 : 60
Unten: Interpretation des Befundes unter Berücksichtigung benachbarter Flächenteile. M. 1 : 200

Montegrande. Parte noreste del asentamiento, cuadrángulo XV A (descripción vea pag. 212, 213). Esc. 1 : 60
Abajo: Interpretación de las observaciones, considerando partes de los cuadrángulos vecinos. Esc. 1 : 200

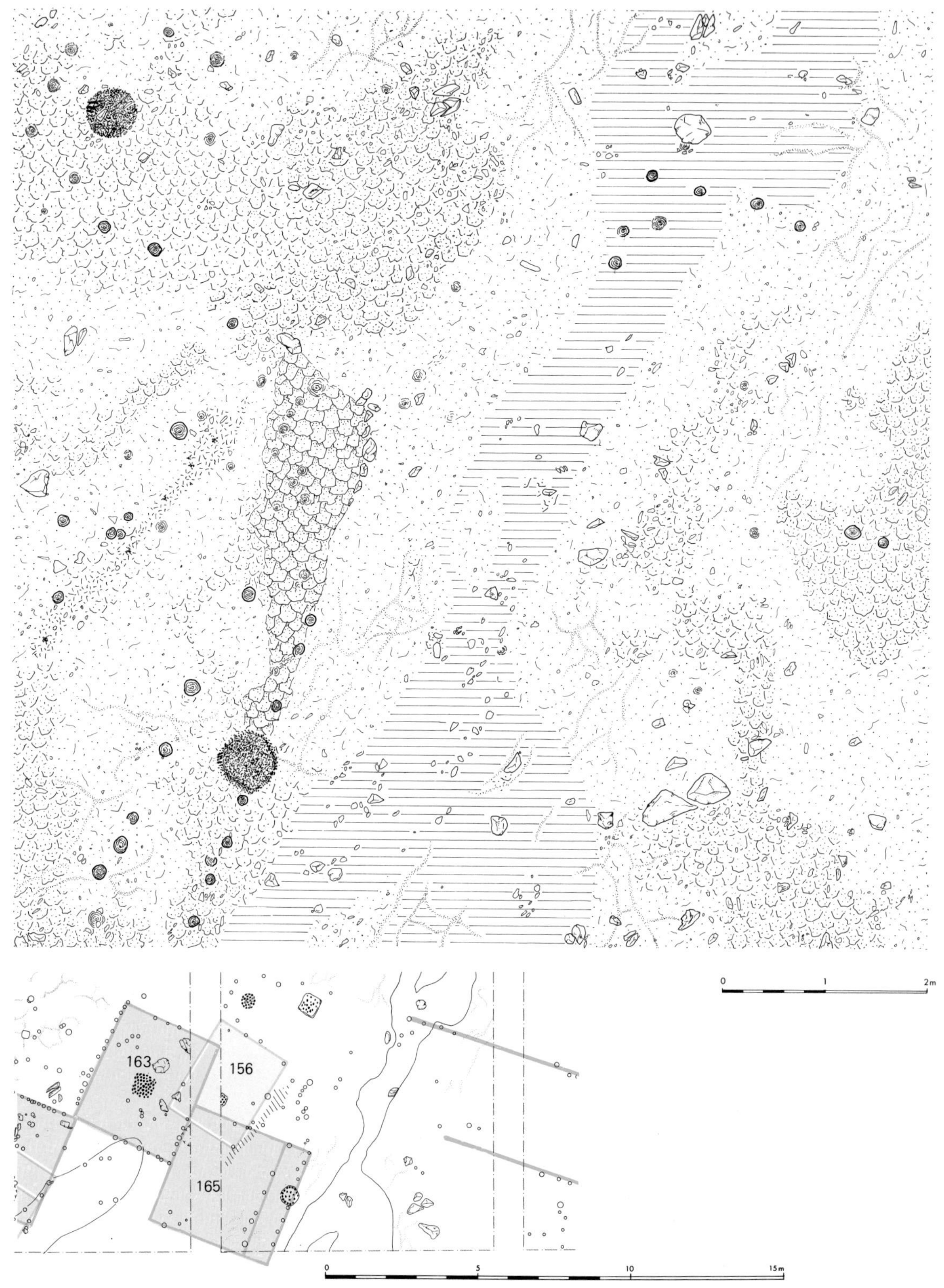

TAFEL 74

Montegrande. Nordostteil der Siedlung, Fläche XVI Z (Beschreibung siehe S. 71). M. 1 : 60
Unten: Interpretation des Befundes unter Berücksichtigung benachbarter Flächenteile. M. 1 : 200

Montegrande. Parte noreste del asentamiento, cuadrángulo XVI Z (descripción véa pág. 214). Esc. 1 : 60
Abajo: Interpretación de las observaciones, considerando partes de los cuadrángulos vecinos. Esc. 1 : 200

TAFEL 75

⟶

Montegrande. Nordostteil der Siedlung, Fläche XVII Z (Beschreibung siehe S. 71). M. 1 : 60
Unten: Interpretation des Befundes unter Berücksichtigung benachbarter Flächenteile. M. 1 : 200

Montegrande. Parte noreste del asentamiento, cuadrángulo XVII Z (descripción véa pág. 214). Esc. 1 : 60
Abajo: Interpretación de las observaciones, considerando partes de los cuadrángulos vecinos. Esc. 1 : 200

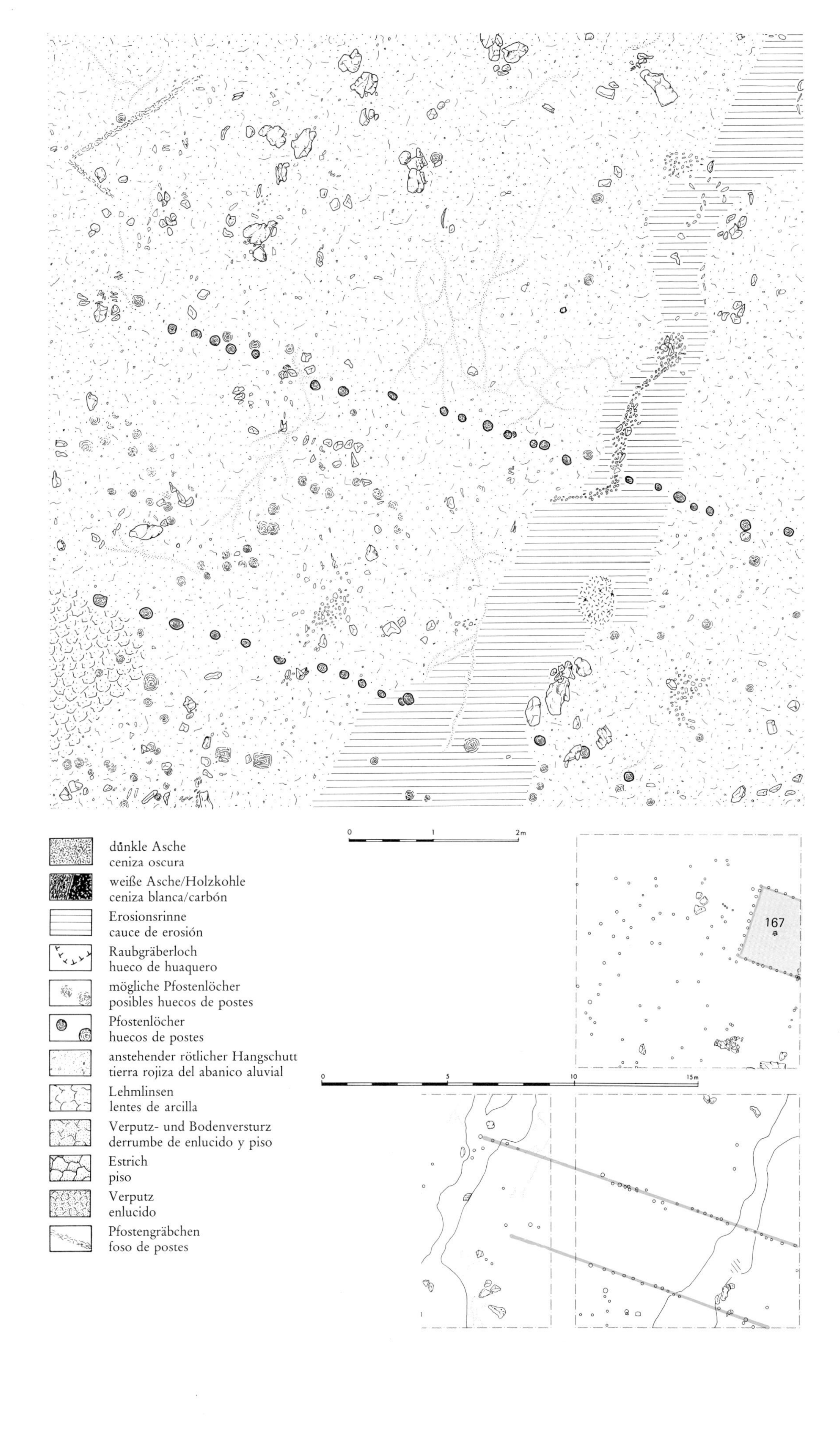
dunkle Asche
ceniza oscura
weiße Asche/Holzkohle
ceniza blanca/carbón
Erosionsrinne
cauce de erosión
Raubgräberloch
hueco de huaquero
mögliche Pfostenlöcher
posibles huecos de postes
Pfostenlöcher
huecos de postes
anstehender rötlicher Hangschutt
tierra rojiza del abanico aluvial
Lehmlinsen
lentes de arcilla
Verputz- und Bodenversturz
derrumbe de enlucido y piso
Estrich
piso
Verputz
enlucido
Pfostengräbchen
foso de postes
0
1
2m
167
0
5
10
15m

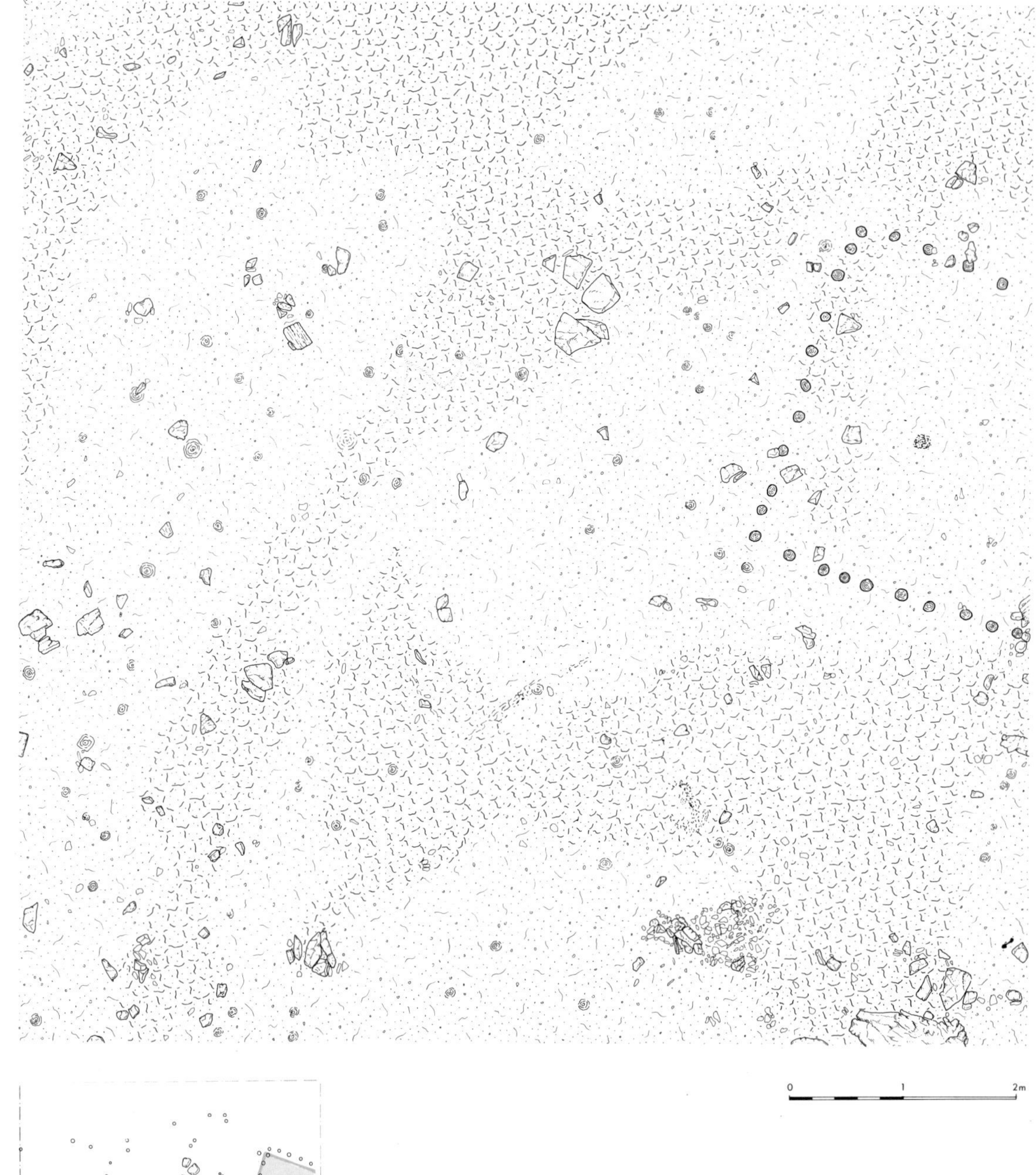

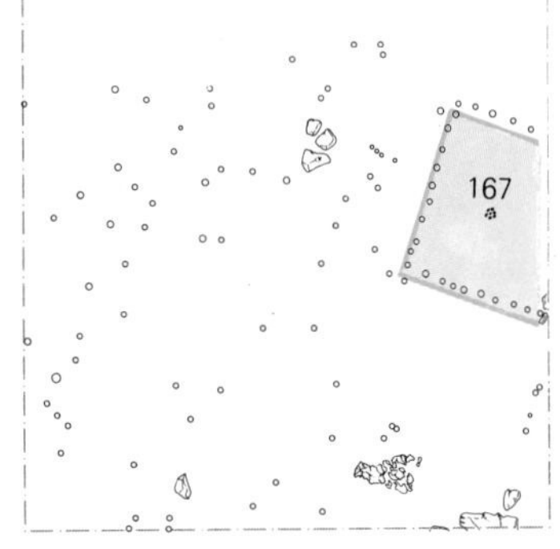

TAFEL 76

Montegrande. Nordostteil der Siedlung, Fläche XVII Y
(Beschreibung siehe S. 71). M. 1:60
Unten: Interpretation des Befundes
unter Berücksichtigung benachbarter Flächenteile. M. 1:200

Montegrande. Parte noreste del asentamiento, cuadrángulo XVII Y
(descripción véa pág. 214). Esc. 1:60
Abajo: Interpretación de las observaciones,
considerando partes de los cuadrángulos vecions. Esc. 1:200

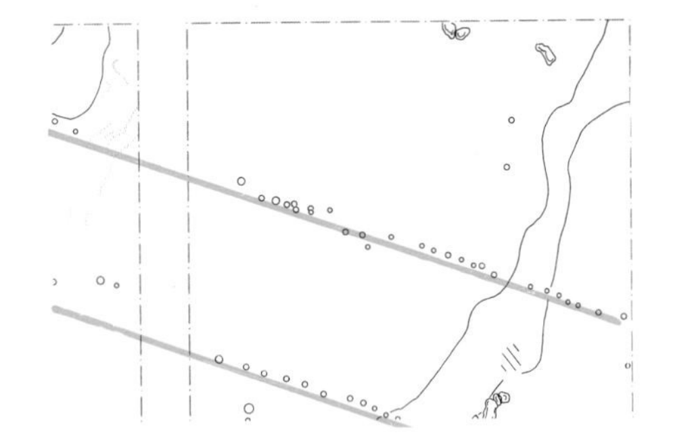

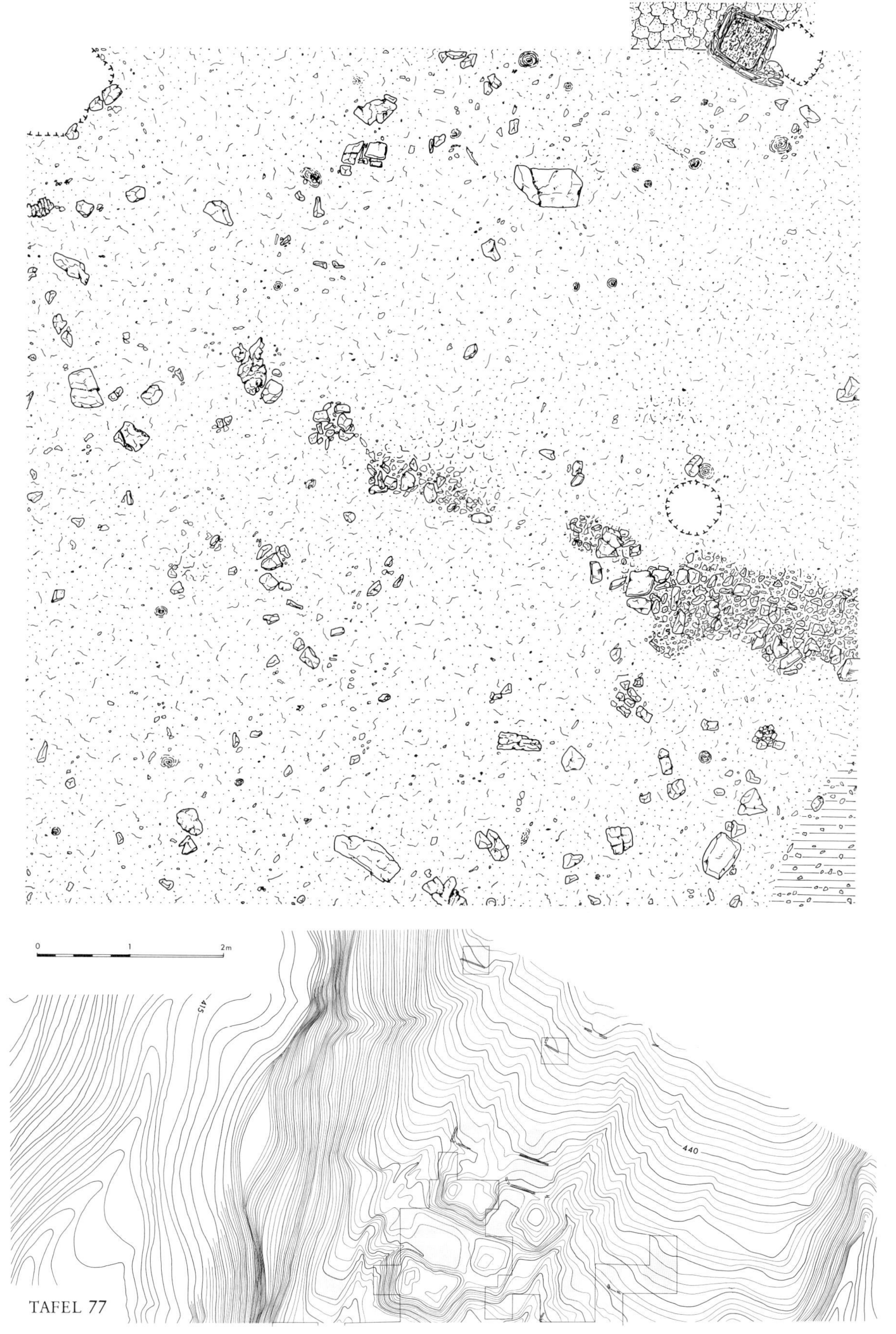

TAFEL 77

Montegrande. Die westliche der ergrabenen Flächen im Nordwestteil der Siedlung M. 1 : 60
Unten: Ausschnitt vom Plan der Meseta 2 zur Verdeutlichung der Lage dieser Fläche. M. 1 : 2000

Montegrande. El cuadrángulo occidental excavado de la parte noroeste del asentamiento, Esc. 1 : 60
Abajo: Parte del plano de la Meseta 2 para aclarar la ubicación de este cuadrángulo. Esc. 1 : 2000

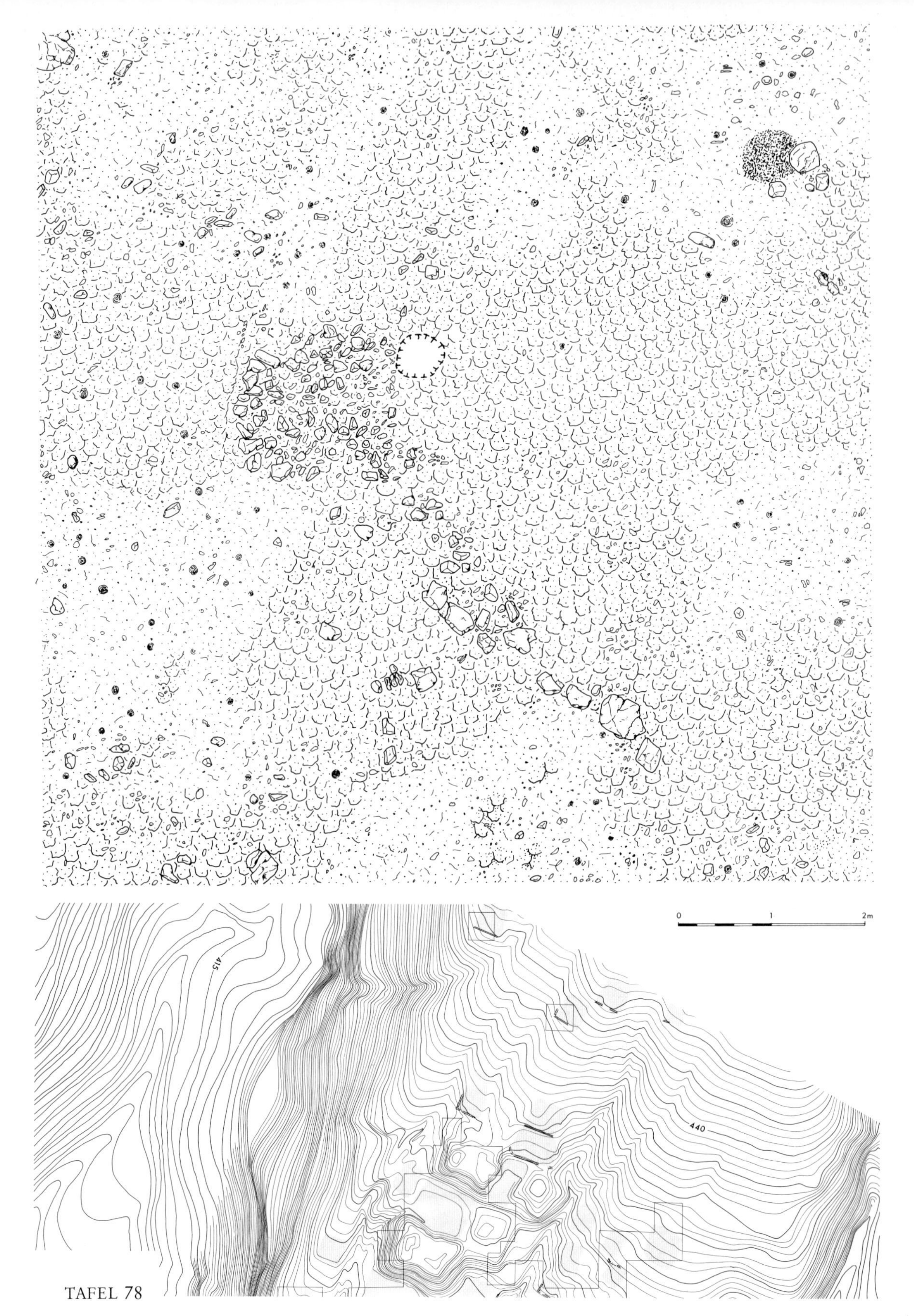

TAFEL 78

Montegrande. Die östliche der ergrabenen Flächen im Nordwestteil der Siedlung M. 1:60
Unten: Ausschnitt vom Plan der Meseta 2 zur Verdeutlichung der Lage dieser Fläche. M. 1:2000

Montegrande. El cuadrángulo oriental excavado de la parte noroeste del asentamiento, Esc. 1:60
Abajo: Parte del plano de la Meseta 2 para aclarar la ubicación de este cuadrángulo. Esc. 1:2000

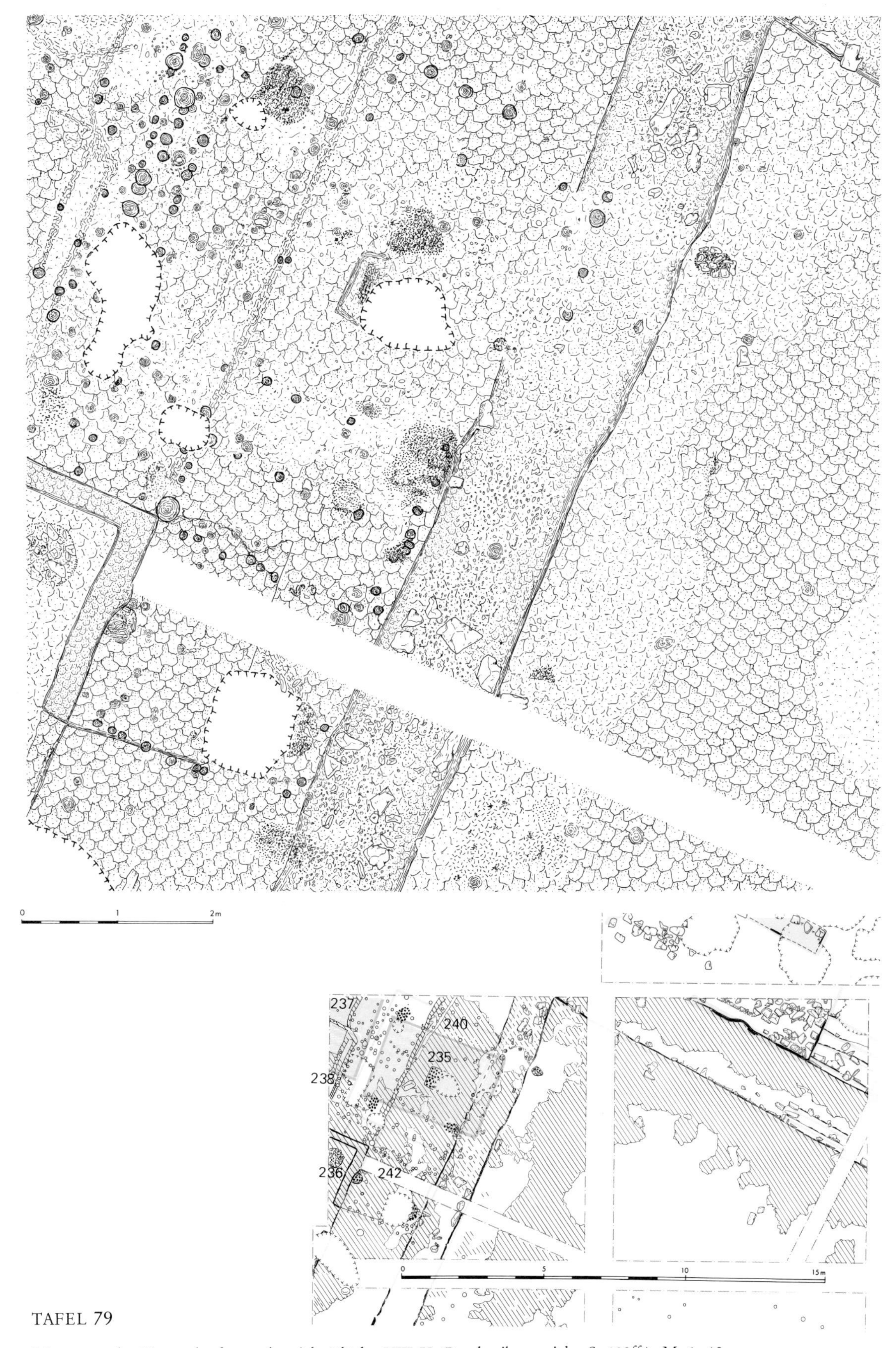

TAFEL 79

Montegrande. Hauptplattformenbereich, Fläche VIII X (Beschreibung siehe S. 120ff.). M. 1 : 60
Unten: Interpretation des Befundes unter Berücksichtigung benachbarter Flächenteile. M. 1 : 200

Montegrande. Conjunto de las plataformas principales, cuadrángulo VIII X (descripción véa pág. 264 – 266, 274). Esc. 1 : 60
Abajo: Interpretación de los rasgos observados, considerando partes de los cuadrángulos vecinos. Esc. 1 : 200

TAFEL 80

Montegrande. Hauptplattformenbereich, Fläche IX X
(Beschreibung siehe S. 131f.). M. 1 : 60
Unten: Interpretation des Befundes
unter Berücksichtigung benachbarter Flächenteile. M. 1 : 200

Montegrande. Conjunto de las plataformas principales,
cuadrángulo IX X (descripción véa pág. 275 – 276). Esc. 1 : 60
Abajo: Interpretación de los rasgos observados,
considerando partes de los cuadrángulos vecinos. Esc. 1 : 20

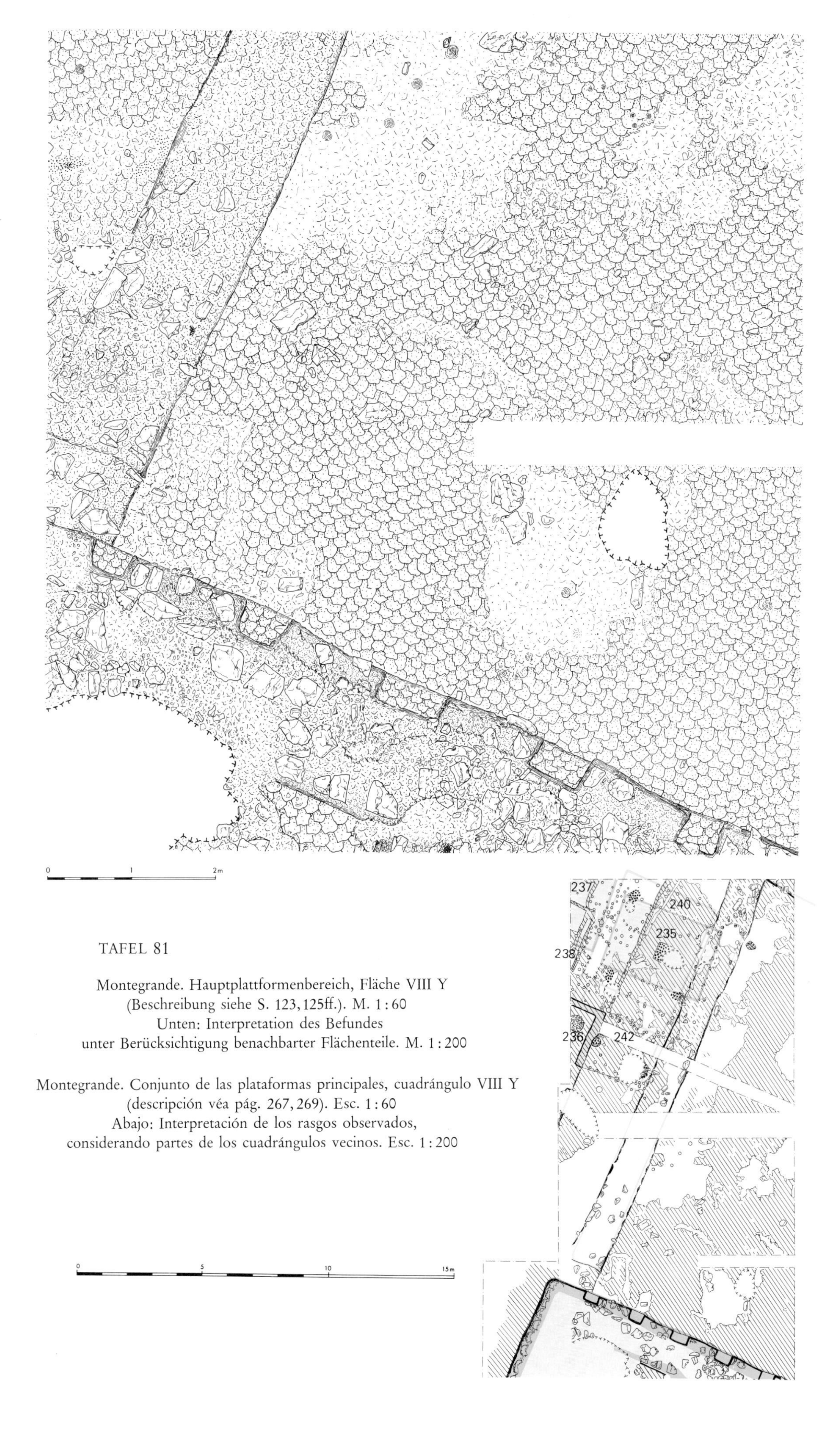

TAFEL 81

Montegrande. Hauptplattformenbereich, Fläche VIII Y (Beschreibung siehe S. 123, 125ff.). M. 1 : 60
Unten: Interpretation des Befundes unter Berücksichtigung benachbarter Flächenteile. M. 1 : 200

Montegrande. Conjunto de las plataformas principales, cuadrángulo VIII Y (descripción véa pág. 267, 269). Esc. 1 : 60
Abajo: Interpretación de los rasgos observados, considerando partes de los cuadrángulos vecinos. Esc. 1 : 200

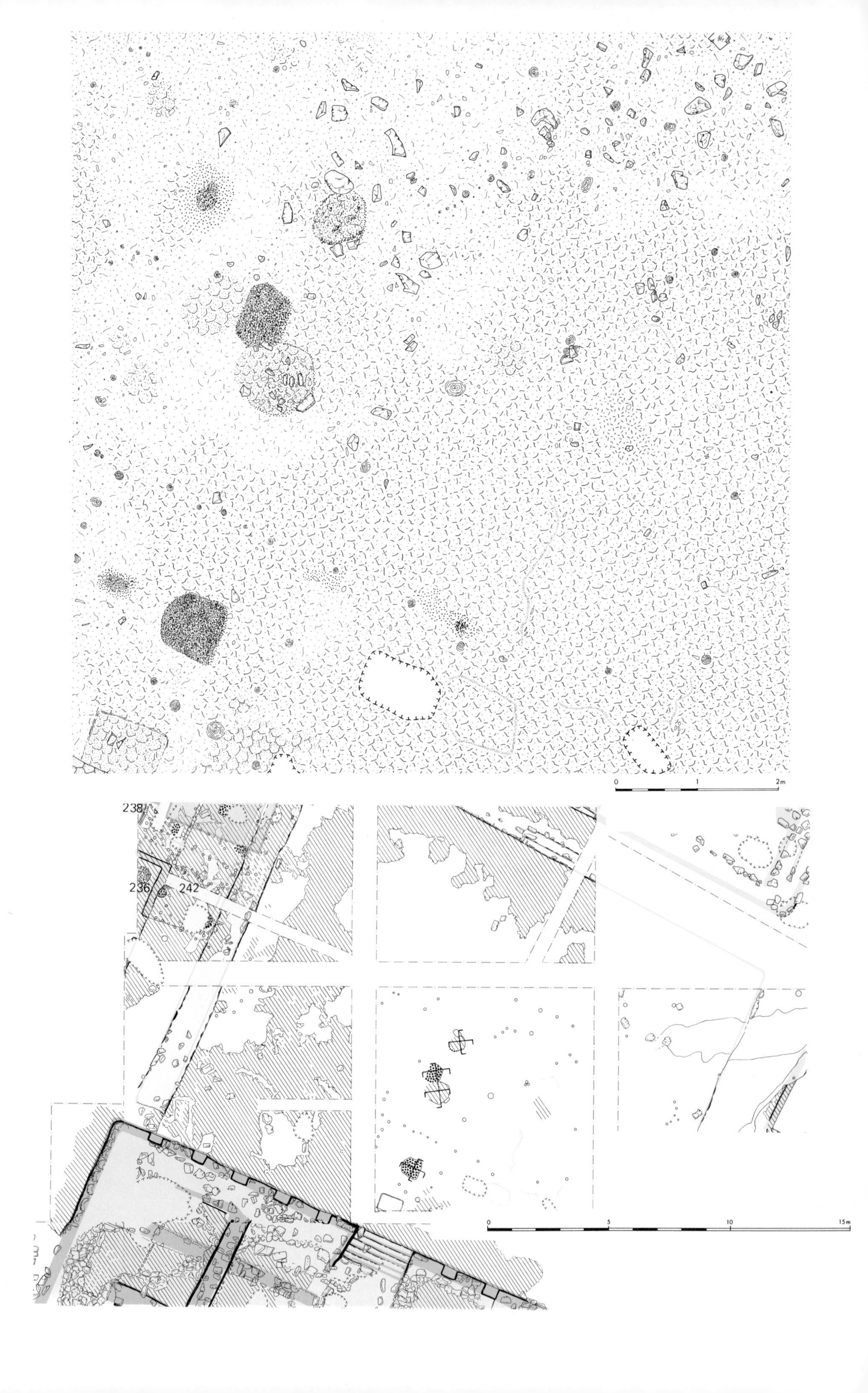

0
1
2m
238
236
242
0
5
10
15m

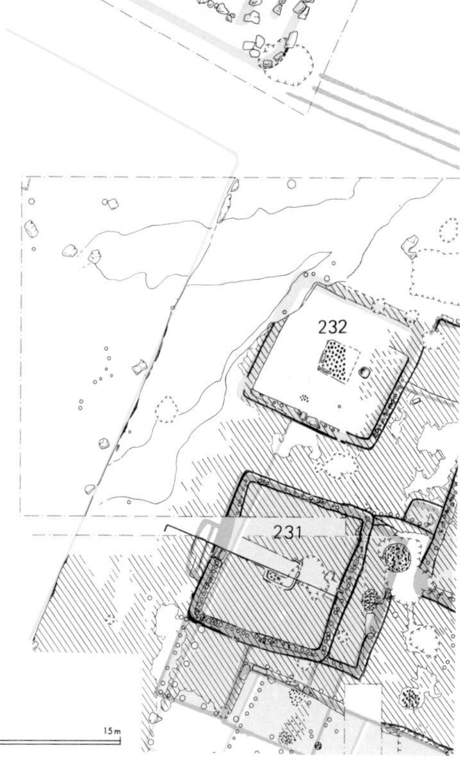

TAFEL 83

Montegrande. Hauptplattformenbereich, Fläche X Y
(Beschreibung siehe S. 117ff.). M. 1 : 60
Unten: Interpretation des Befundes
unter Berücksichtigung benachbarter Flächenteile. M. 1 : 200

Montegrande. Conjunto de las plataformas principales, cuadrángulos X Y
(descripción véa pág. 261, 264). Esc. 1 : 60
Abajo: Interpretación de los rasgos observados,
considerando partes de los cuadrángulos vecinos. Esc. 1 : 200

← TAFEL 82

Montegrande. Hauptplattformenbereich, Fläche IX Y
(Beschreibung siehe S. 125, 131). M. 1 : 60
Unten: Interpretation des Befundes
unter Berücksichtigung benachbarter Flächenteile. M. 1 : 200

Montegrande. Conjunto de las plataformas principales, cuadrángulo IX Y
(descripción véa pág. 269, 275). Esc. 1 : 60
Abajo: Interpretación de los rasgos observados,
considerando partes de los cuadrángulos vecinos. Esc. 1 : 200

TAFEL 84

Montegrande. Hauptplattformenbereich, Fläche XI Y (Beschreibung siehe S. 117ff.). M. 1 : 60
Unten: Interpretation des Befundes unter Berücksichtigung benachbarter Flächenteile. M. 1 : 200

Montegrande. Conjunto de las plataformas principales, cuadrángulos XI Y (descripción véa pág. 261 – 264). Esc. 1 : 60
Abajo: Interpretación de los rasgos observados, considerando partes de los cuadrángulos vecinos. Esc. 1 : 200

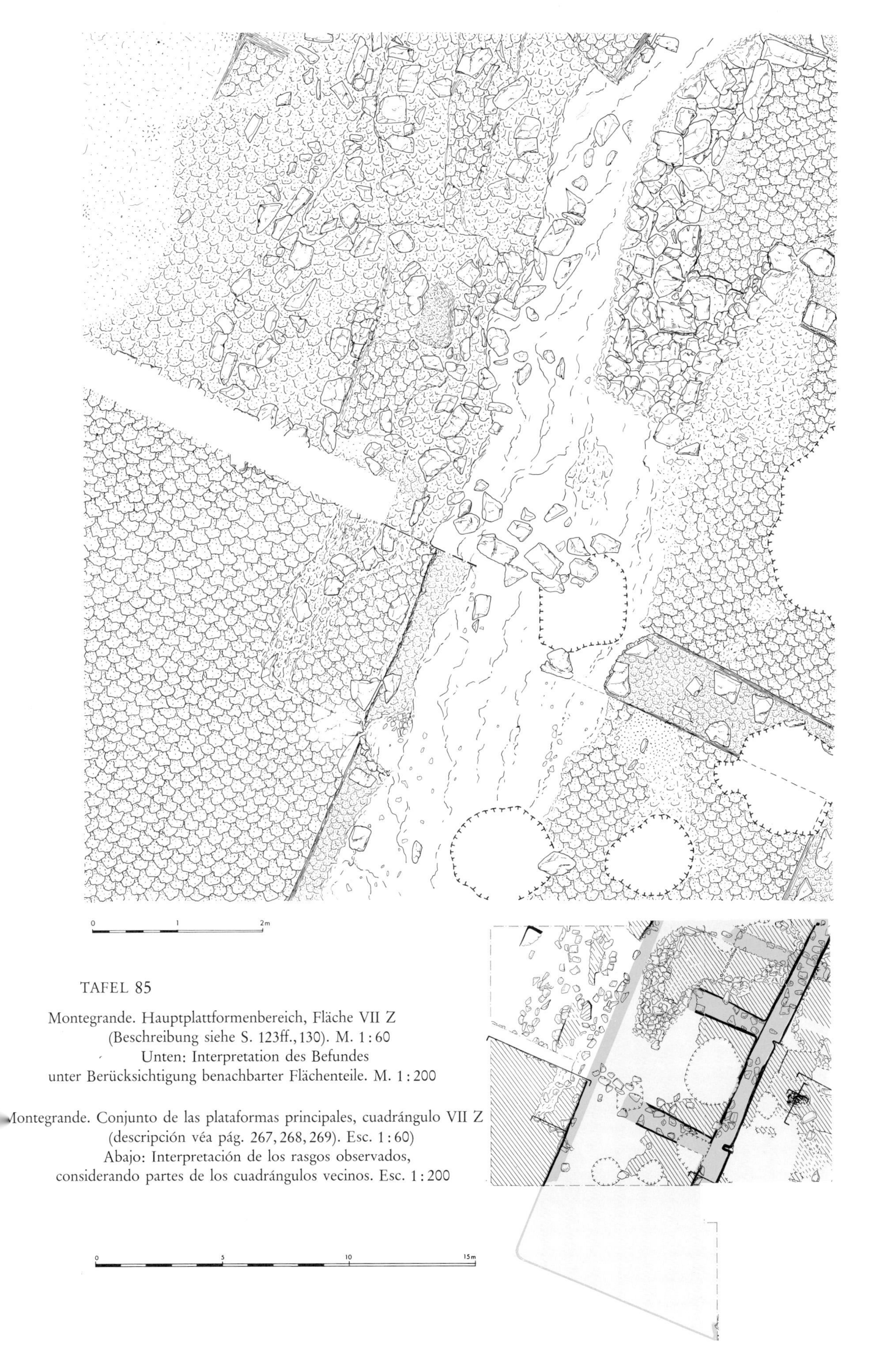

TAFEL 85

Montegrande. Hauptplattformenbereich, Fläche VII Z
(Beschreibung siehe S. 123ff., 130). M. 1 : 60
Unten: Interpretation des Befundes
unter Berücksichtigung benachbarter Flächenteile. M. 1 : 200

Montegrande. Conjunto de las plataformas principales, cuadrángulo VII Z
(descripción véa pág. 267, 268, 269). Esc. 1 : 60)
Abajo: Interpretación de los rasgos observados,
considerando partes de los cuadrángulos vecinos. Esc. 1 : 200

TAFEL 86

Montegrande. Hauptplattformenbereich, Fläche VIII Z (Beschreibung siehe S. 123ff., 129f.). 1 Planum. M. 1 : 60
2 Profil eines Schnittes an der unten angegebenen Stelle. M. 1 : 20
Nebenstehend: Interpretation des Befundes unter Berücksichtigung benachbarter Flächenteile. M. 1 : 200

Montegrande. Conjunto de las plataformas principales, cuadrángulo VIII Z (descripción véa pág. 266 – 269, 273, 275). 1 Vista de planta. Esc. 1 : 60. 2 Perfil de un corte en el lugar indicado abajo. Esc. 1 : 20
Enfrente: Interpretación de los rasgos observados, considerando partes de los cuadrángulos vecinos. Esc. 1 : 200

TAFEL 87 ⟶

Montegrande. Hauptplattformenbereich, Fläche IX Z (Beschreibung siehe S. 123, 125f.). M. 1 : 60
Unten: Interpretation des Befundes unter Berücksichtigung benachbarter Flächenteile. M. 1 : 200

Montegrande. Conjunto de las plataformas principales, cuadrángulo IX Z (descripción véa pág. 266 – 270, 275). Esc. 1 : 60
Abajo: Interpretación de los rasgos observados, considerando partes de los cuadrángulos vecinos. Esc. 1 : 200

0
1
2m
0
5
10
15m

TAFEL 88

Montegrande. Hauptplattformenbereich, Fläche X Z (Beschreibung siehe S. 116f., 124f.). M. 1 : 60
Nebenstehend: Interpretation des Befundes unter Berücksichtigung benachbarter Flächenteile. M. 1 : 200

Montegrande. Conjunto de las plataformas principales, cuadrángulo X Z (descripción véa pág. 260, 261, 267 – 269). Esc. 1 : 60
Enfrente: Interpretación de los rasgos observados, considerando partes de los cuadrángulos vecinos. Esc. 1 : 200

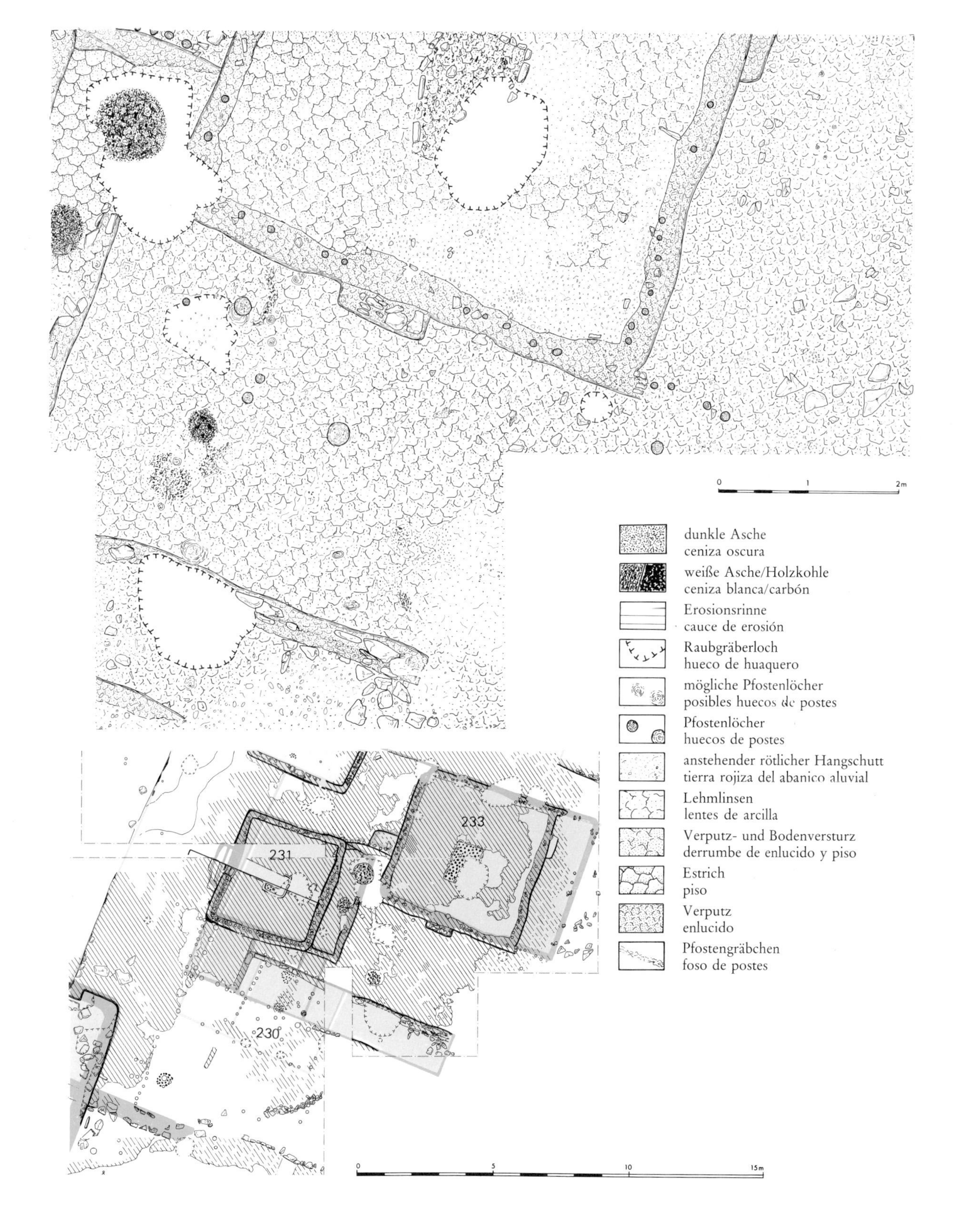

TAFEL 89

Montegrande. Hauptplattformenbereich, Fläche XI Z (Beschreibung siehe S. 117f.). M. 1:60
Unten: Interpretation des Befundes unter Berücksichtigung benachbarter Flächenteile. M. 1:200

Montegrande. Conjunto de las plataformas principales, cuadrángulo XI Z (descripción véa pág. 260–262). Esc. 1:60
Abajo: Interpretación de los rasgos observados, considerando partes de los cuadrángulos vecinos. Esc. 1:200

TAFEL 90

Montegrande. Hauptplattformenbereich, Fläche VIII A (Beschreibung siehe S. 123).
1 Planum. M. 1 : 60, 2 Profil eines Schnitts an der unten angegebenen Stelle. M. 1 : 20
Nebenstehend: Interpretation des Befundes unter Berücksichtigung benachbarter Flächenteile. M. 1 : 200

Montegrande. Conjunto de las plataformas principales, cuadrángulo VIII A (descripción véa pág. 267, 268).
1 planta. Esc. 1 : 60. 2 Perfil de un corte en el lugar indicado abajo. Esc. 1 : 20
Enfrente: Interpretación de los rasgos observados, considerando partes de los cuadrángulos vecinos. Esc. 1 : 200

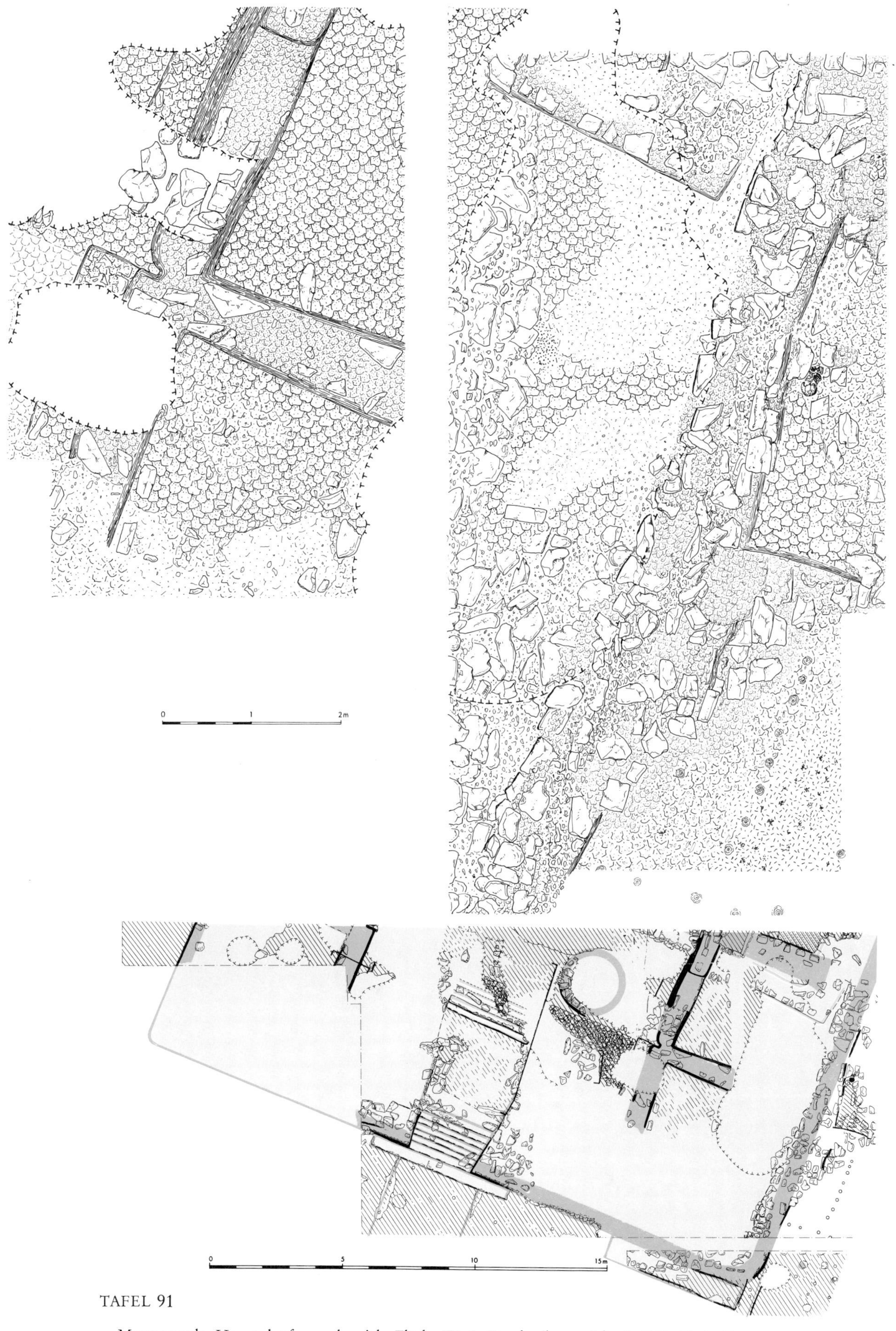

TAFEL 91

Montegrande. Hauptplattformenbereich, Fläche IX A (Beschreibung siehe S. 130). M. 1 : 60
Unten: Interpretation des Befundes unter Berücksichtigung benachbarter Flächenteile. M. 1 : 200

Montegrande. Conjunto de las plataformas principales, cuadrángulo IX A (descripción véa pág. 266 – 268, 274). Esc. 1 : 60
Abajo: Interpretación de los rasgos observados, considerando partes de los cuadrángulos vecinos. Esc. 1 : 200

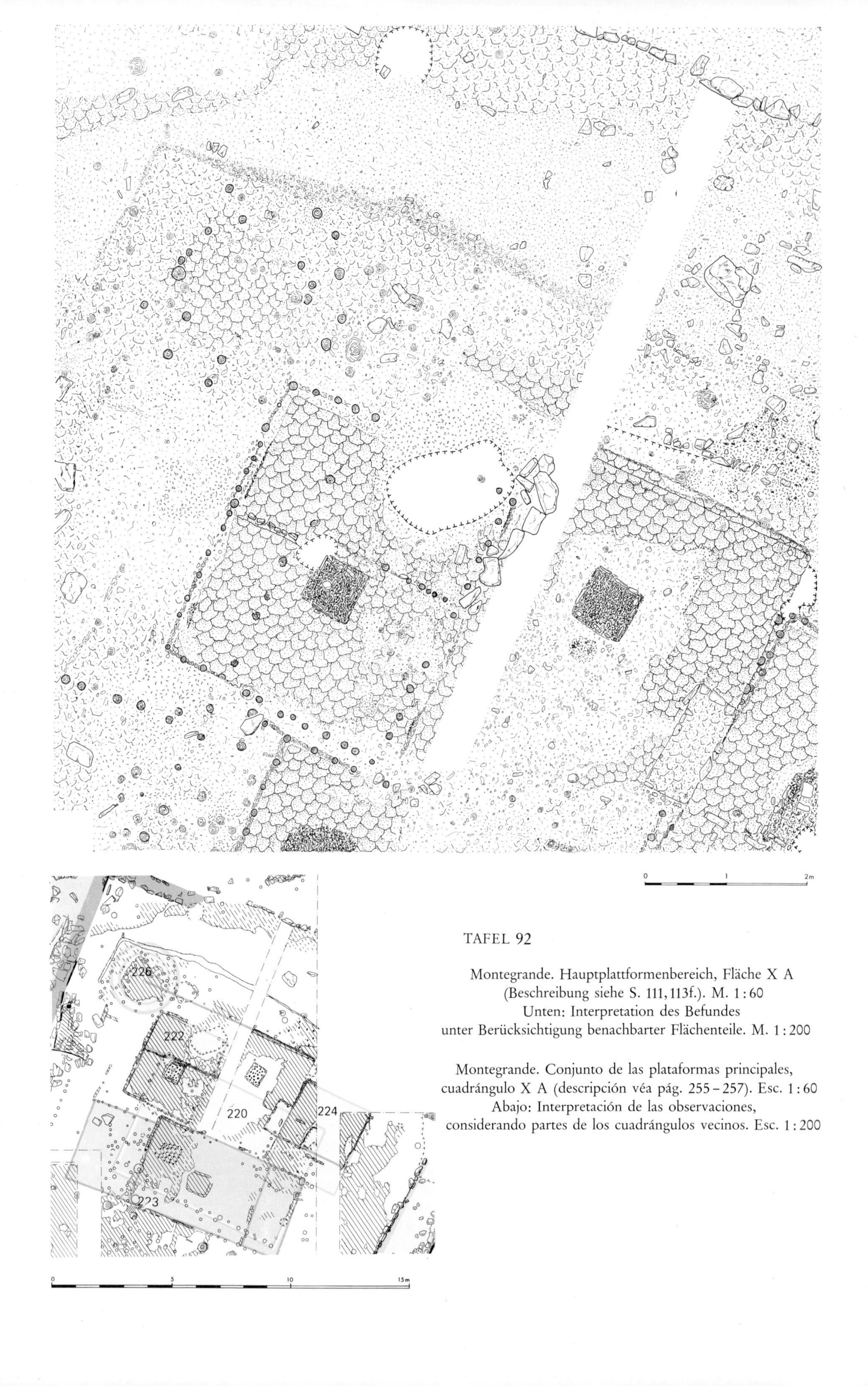

TAFEL 92

Montegrande. Hauptplattformenbereich, Fläche X A (Beschreibung siehe S. 111, 113f.). M. 1 : 60
Unten: Interpretation des Befundes unter Berücksichtigung benachbarter Flächenteile. M. 1 : 200

Montegrande. Conjunto de las plataformas principales, cuadrángulo X A (descripción véa pág. 255 – 257). Esc. 1 : 60
Abajo: Interpretación de las observaciones, considerando partes de los cuadrángulos vecinos. Esc. 1 : 200

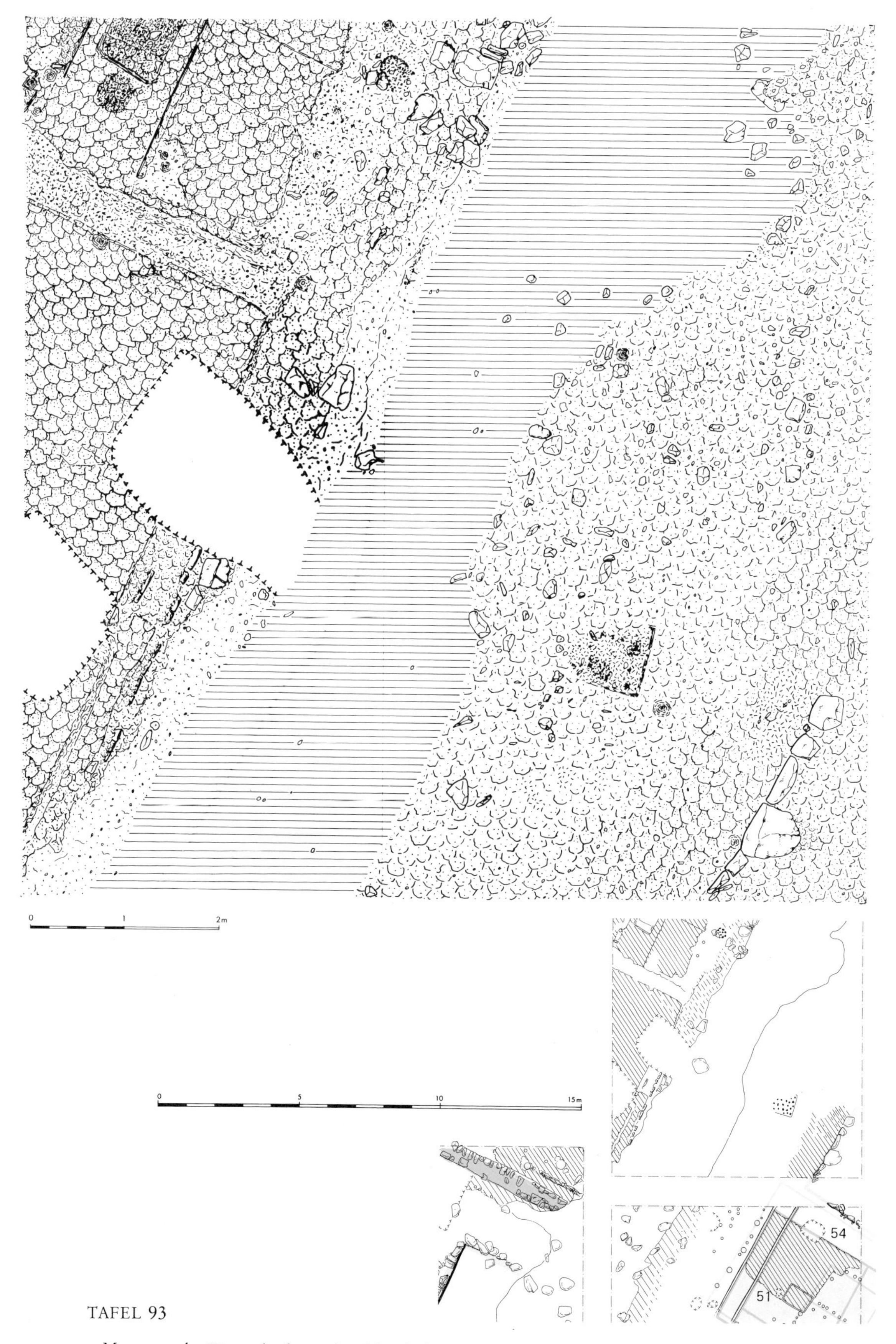

TAFEL 93

Montegrande. Hauptplattformenbereich, Fläche XII A (Beschreibung siehe S. 115). M. 1 : 60
Unten: Interpretation des Befundes unter Berücksichtigung benachbarter Flächenteile. M. 1 : 200

Montegrande. Conjunto de las plataformas principales, cuadrángulo XII A (descripción véa pág. 259). Esc. 1 : 60
Abajo: Interpretación de las observaciones, considerando partes de los cuadrángulos vecinos. Esc. 1 : 200

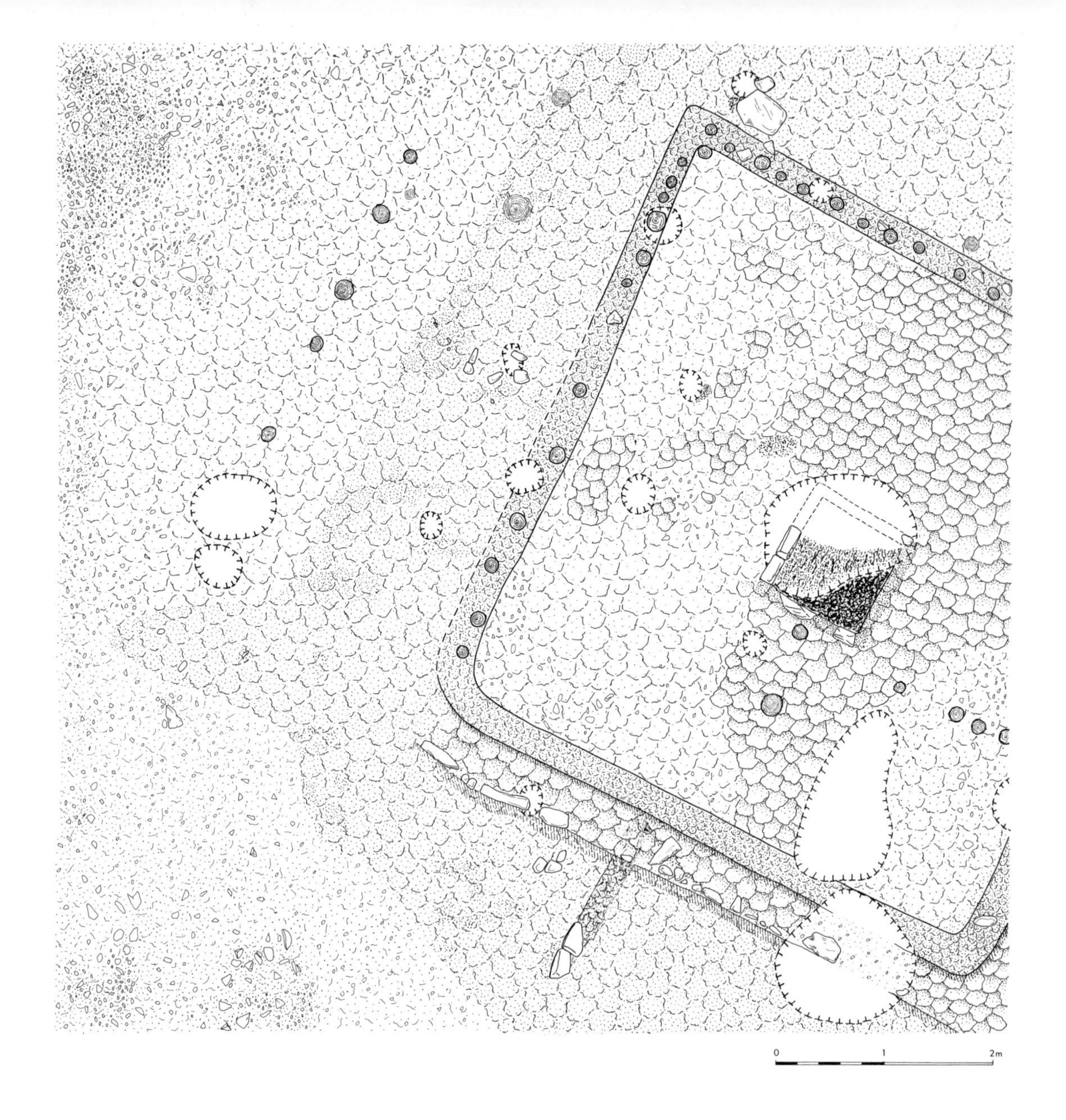

TAFEL 94

Montegrande. Hauptplattformenbereich, Fläche VI B (Beschreibung siehe S. 101f.). M. 1 : 60
Nebenstehend: Interpretation des Befundes unter Berücksichtigung benachbarter Flächenteile. M. 1 : 200

Montegrande. Conjunto de las plataformas principales, cuadrángulo VI B (descripción véa pág. 245, 246). Esc. 1 : 60
Enfrente: Interpretación de las observaciones, considerando partes de los cuadrángulos vecinos. Esc. 1 : 200

TAFEL 95 ⟶

Montegrande. Hauptplattformenbereich, Fläche VII B (Beschreibung siehe S. 102f.). M. 1 : 60
Unten: Interpretation des Befundes unter Berücksichtigung benachbarter Flächenteile. M. 1 : 200

Montegrande. Conjunto de las plataformas principales, cuadrángulo VII B (descripción véa pág. 246, 247). Esc. 1 : 60
Abajo: Interpretación de las observaciones, considerando partes de los cuadrángulos vecinos. Esc. 1 : 200

0
1
2m
200
201
0
5
10
15m

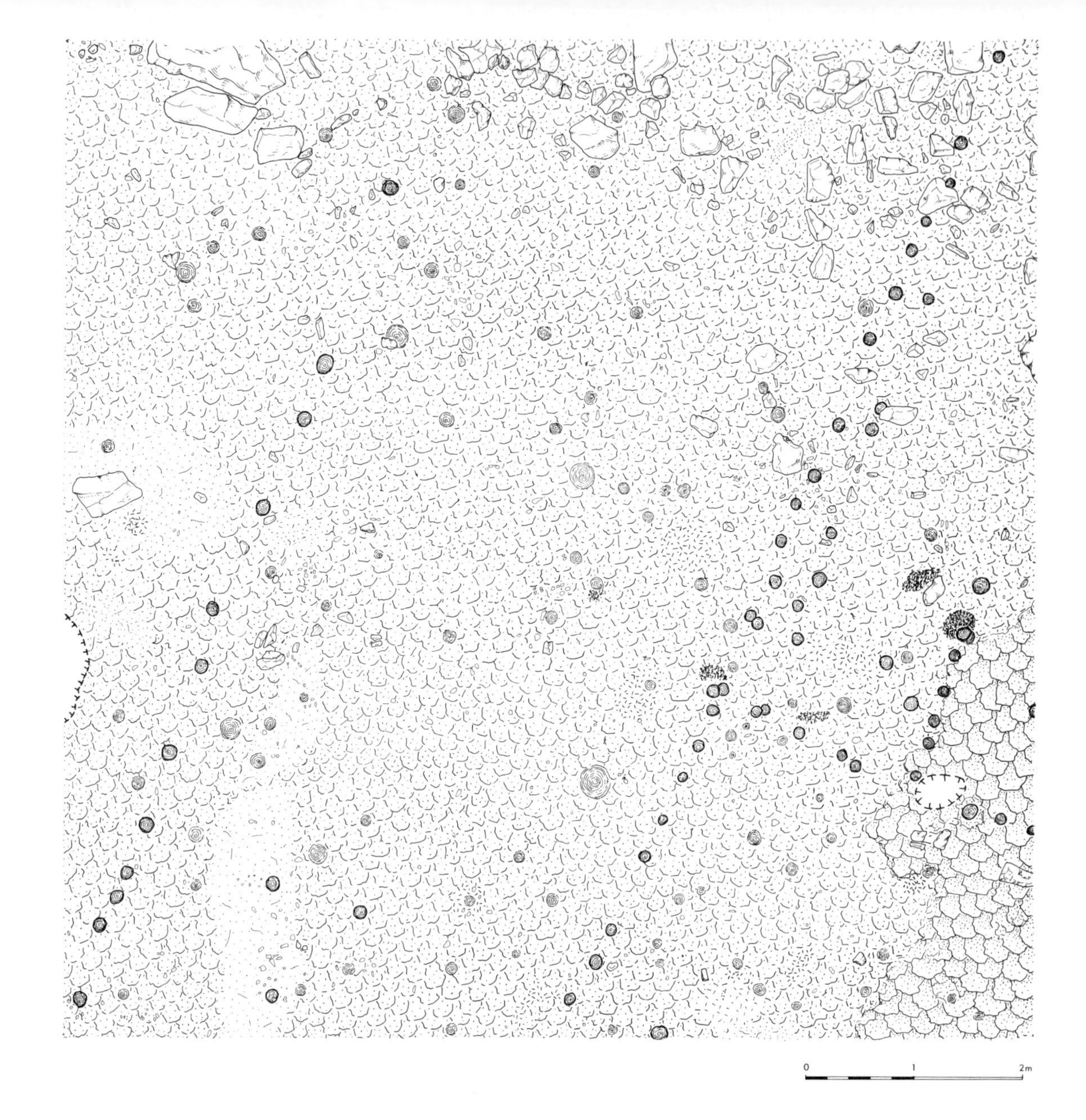

TAFEL 96

Montegrande. Hauptplattformenbereich, Fläche VIII B (Beschreibung siehe S. 103ff., 112f.). M. 1 : 60
Nebenstehend: Interpretation des Befundes unter Berücksichtigung benachbarter Flächenteile. M. 1 : 200

Montegrande. Conjunto de las plataformas principales, cuadrángulo VIII B (descripción véa pág. 248, 249, 256). Esc. 1 : 60
Enfrente: Interpretación de las observaciones, considerando partes de los cuadrángulos vecinos. Esc. 1 : 200

TAFEL 97 ⟶

Montegrande. Hauptplattformenbereich, Fläche IX B (Beschreibung siehe S. 110, 112f. 124). M. 1 : 60
Unten: Interpretation des Befundes unter Berücksichtigung benachbarter Flächenteile. M. 1 : 200

Montegrande. Conjunto de las plataformas principales, cuadrángulo IX B (descripción véa pág. 255, 256, 267). Esc. 1 : 60
Abajo: Interpretación de las observaciones, considerando partes de los cuadrángulos vecinos. Esc. 1 : 200

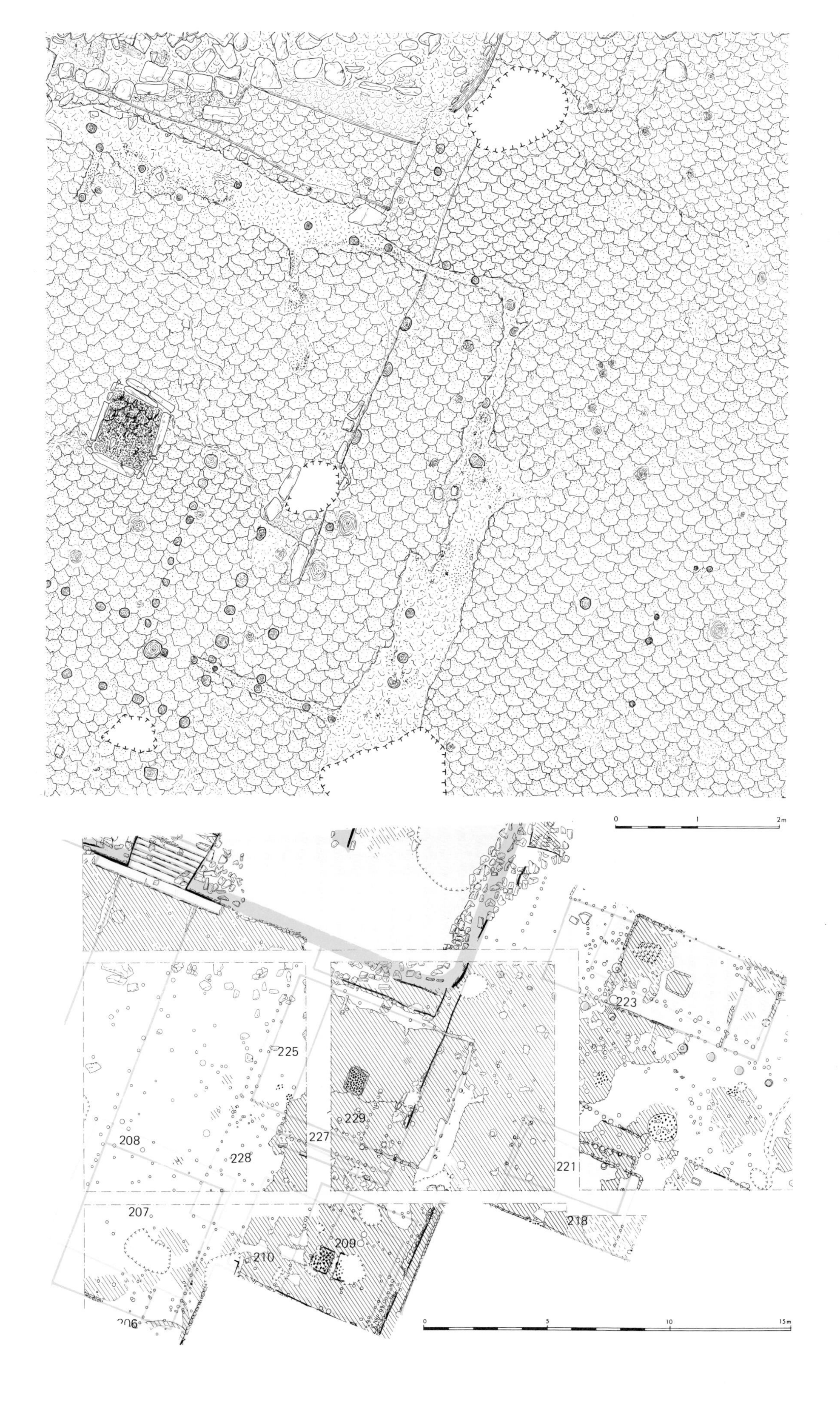
0
1
2m
225
208
228
227
229
221
223
207
218
209
210
206
0
5
10
15m

0
1
2 m
222
220
224
223
221
218
0
5
10
15 m

TAFEL 99

Montegrande. Hauptplattformenbereich, Flächen XI A/B (Beschreibung siehe S. 96f., 114f.). M. 1 : 60
Nebenstehend: Interpretation des Befundes unter Berücksichtigung benachbarter Flächenteile. M. 1 : 200

Montegrande. Conjunto de las plataformas principales, cuadrángulos XI A/B
(descripción véa pág. 240, 241, 255, 258 – 259). Esc. 1 : 60
Enfrente: Interpretación de las observaciones, considerando partes de los cuadrángulos vecinos. Esc. 1 : 200

← TAFEL 98

Montegrande. Hauptplattformenbereich, Fläche X B (Beschreibung siehe S. 110ff.). M. 1 : 60
Unten: Interpretation des Befundes unter Berücksichtigung benachbarter Flächenteile. M. 1 : 200

Montegrande. Conjunto de las plataformas principales, cuadrángulo X B (descripción véa pág. 254, 255). Esc. 1 : 60
Abajo: Interpretación de las observaciones, considerando partes de los cuadrángulos vecinos. Esc. 1 : 200

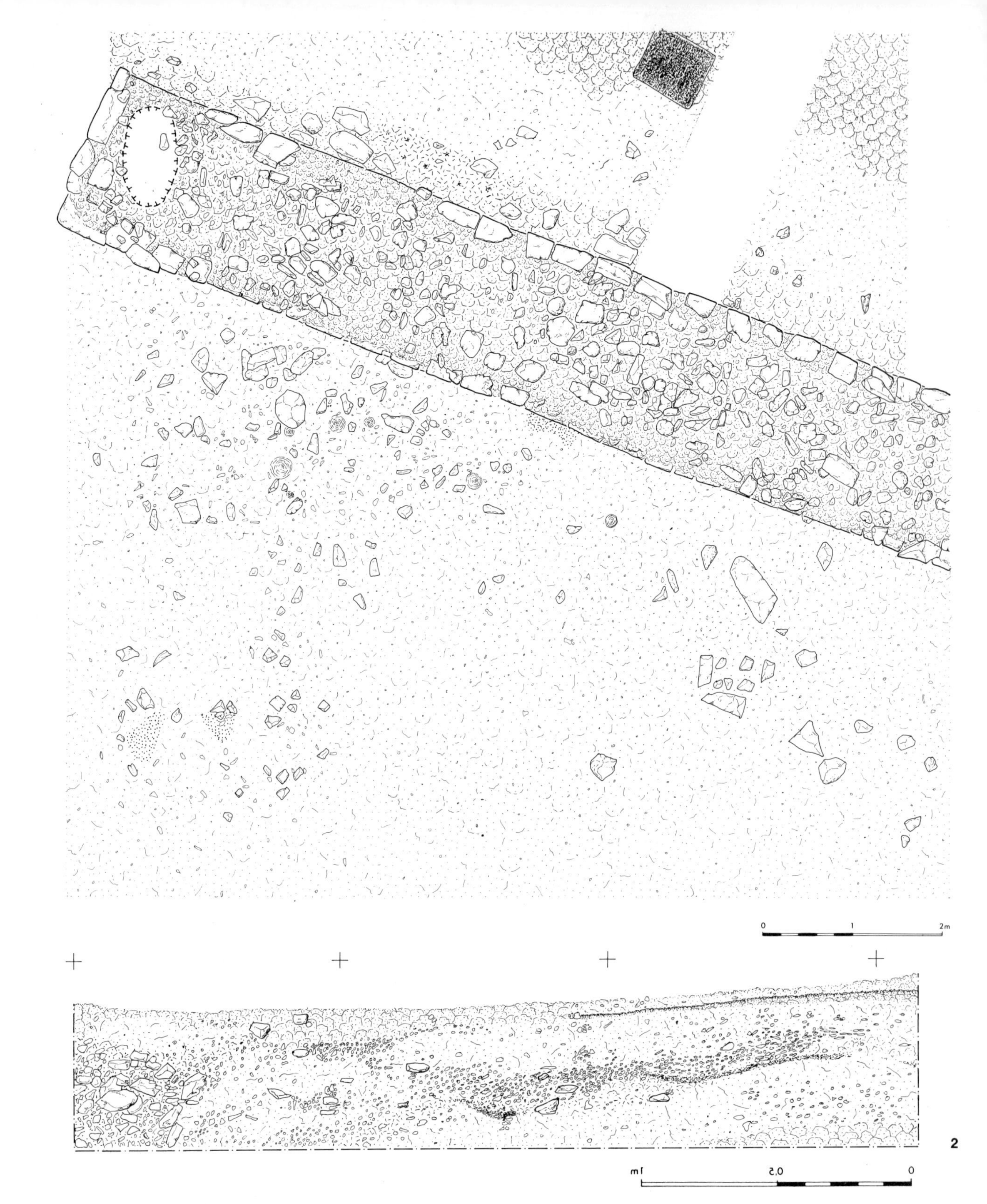

TAFEL 100

Montegrande. Hauptplattformenbereich, Fläche VI C (Beschreibung siehe S. 98f.). 1 Planum. M. 1 : 60
2 Profil eines Schnitts an der nebenstehend angegebenen Stelle. M. 1 : 20
Nebenstehend: Interpretation des Befundes unter Berücksichtigung benachbarter Flächenteile. M. 1 : 200

Montegrande. Conjunto de las plataformas principales, cuadrángulo VI C (descripción véa pág. 241 – 243)
1 Vista de planta. Esc. 1 : 60. 2 Perfil de un corte en el lugar indicado enfrente. Esc. 1 : 20
Enfrente: Interpretación de las observaciones, considerando partes de los cuadrángulos vecinos. Esc. 1 : 200

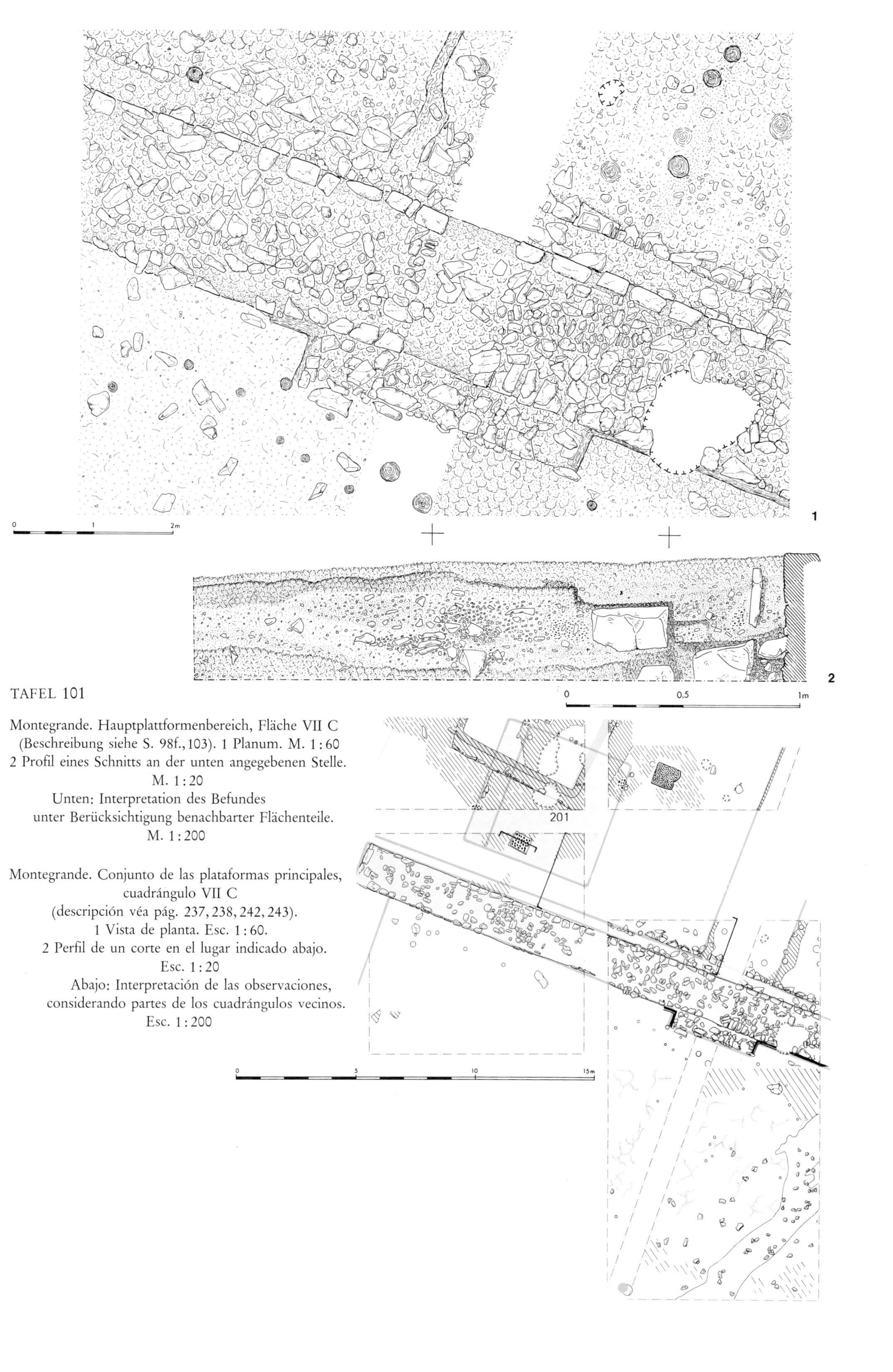

TAFEL 101

Montegrande. Hauptplattformenbereich, Fläche VII C (Beschreibung siehe S. 98f., 103). 1 Planum. M. 1:60
2 Profil eines Schnitts an der unten angegebenen Stelle. M. 1:20
Unten: Interpretation des Befundes unter Berücksichtigung benachbarter Flächenteile. M. 1:200

Montegrande. Conjunto de las plataformas principales, cuadrángulo VII C (descripción véa pág. 237, 238, 242, 243).
1 Vista de planta. Esc. 1:60.
2 Perfil de un corte en el lugar indicado abajo. Esc. 1:20
Abajo: Interpretación de las observaciones, considerando partes de los cuadrángulos vecinos. Esc. 1:200

TAFEL 102

Montegrande. Hauptplattformenbereich, Fläche VIII C (Beschreibung siehe S. 100, 103f.). M. 1 : 60
Nebenstehend: Interpretation des Befundes unter Berücksichtigung benachbarter Flächenteile. M. 1 : 200

Montegrande. Conjunto de las plataformas principales, cuadrángulo VIII C (descripción véa pág. 241, 247 – 249). Esc. 1 : 60
Enfrente: Interpretación de las observaciones, considerando partes de los cuadrángulos vecinos. Esc. 1 : 200

TAFEL 103 ⟶

Montegrande. Hauptplattformenbereich, Fläche IX C, untere Plana (Beschreibung siehe S. 105ff., 110). M. 1 : 60
Unten: Interpretation des Befundes unter Berücksichtigung benachbarter Flächenteile. M. 1 : 200

Montegrande. Conjunto de las plataformas principales, cuadrángulo IX C. Vista de los niveles de excavación más abajo. (descripción véa pág. 239, 249, 250 – 253). Esc. 1 : 60
Abajo: Interpretación de las observaciones, considerando partes de los cuadrángulos vecinos. Esc. 1 : 200

0
1
2m
208
228
207
209
210
211
214
206
213
204
202
215
216
205
203
212
0
5
10
15m

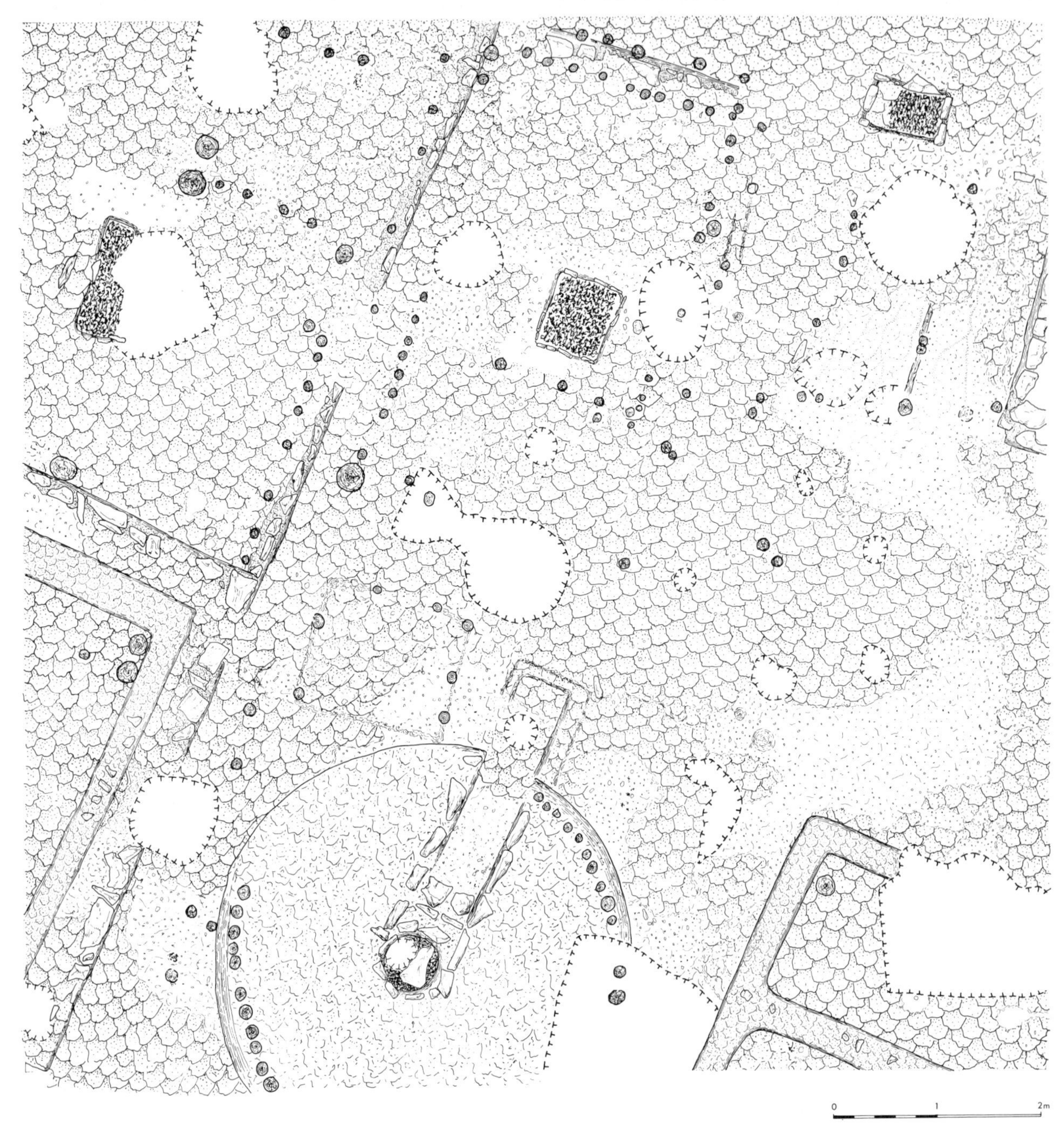

TAFEL 104

Montegrande. Hauptplattformenbereich, Fläche IX C, obere Plana (Beschreibung siehe S. 105ff., 110). M. 1 : 60
Nebenstehend: Interpretation des Befundes unter Berücksichtigung benachbarter Flächenteile. M. 1 : 200

Montegrande. Conjunto de las plataformas principales, cuadrángulo IX C. Vista de los primeros niveles de excavación (descripción véa pág. 250, 251).). Esc. 1 : 60
Enfrente: Interpretación de las observaciones, considerando partes de los cuadrángulos vecinos. Esc. 1 : 200

TAFEL 105 ⟶

Montegrande. Hauptplattformenbereich, Fläche X C (Beschreibung siehe S. 96f., 108f.). M. 1 : 60
Unten: Interpretation des Befundes unter Berücksichtigung benachbarter Flächenteile. M. 1 : 200

Montegrande. Conjunto de las plataformas principales, cuadrángulo X C (descripción véa pág. 240, 252). Esc. 1 : 60
Abajo: Interpretación de las observaciones, considerando partes de los cuadrángulos vecinos. Esc. 1 : 200

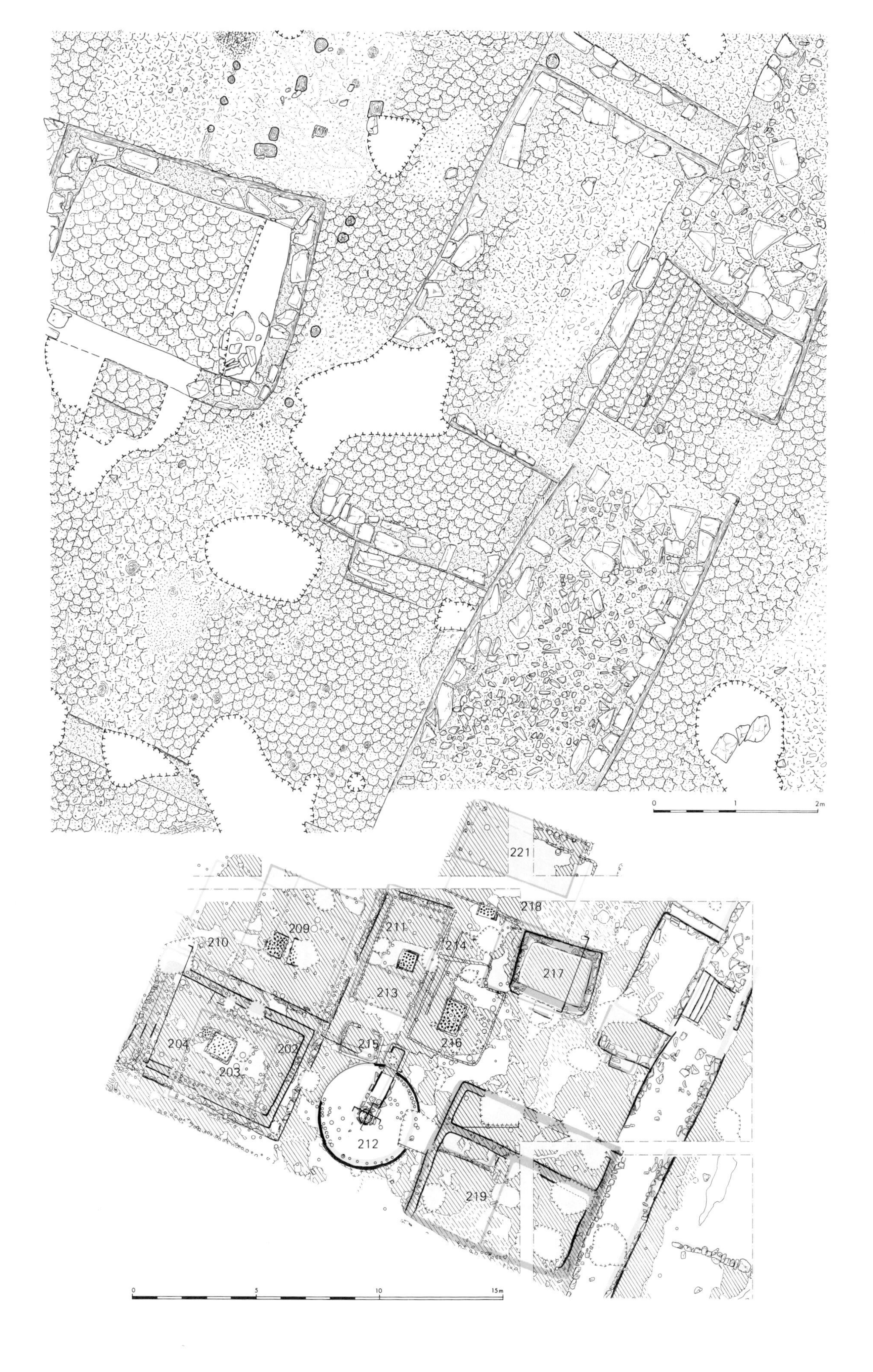

0
1
2m
221
218
209
210
211
214
217
213
204
202
215
216
203
212
219
0
5
10
15m

TAFEL 106

Montegrande. Hauptplattformenbereich, Fläche XI C (Beschreibung siehe S. 96f.). M. 1 : 60
Unten: Interpretation des Befundes unter Berücksichtigung benachbarter Flächenteile. M. 1 : 200

Montegrande. Conjunto de las plataformas principales, cuadrángulo XI C (descripción véa pág. 240, 241). Esc. 1 : 60
Abajo: Interpretación de las observaciones, considerando partes de los cuadrángulos vecinos. Esc. 1 : 200

TAFEL 107 ⟶

Montegrande. Hauptplattformenbereich, Fläche V D (Beschreibung siehe S. 94ff., 134). M. 1 : 60
Unten: Interpretation des Befundes unter Berücksichtigung benachbarter Flächenteile. M. 1 : 200

Montegrande. Conjunto de las plataformas principales, cuadrángulo V D (descripción véa pág. 237 – 239, 244). Esc. 1 : 60
Abajo: Interpretación de las observaciones, considerando partes de los cuadrángulos vecinos. Esc. 1 : 200

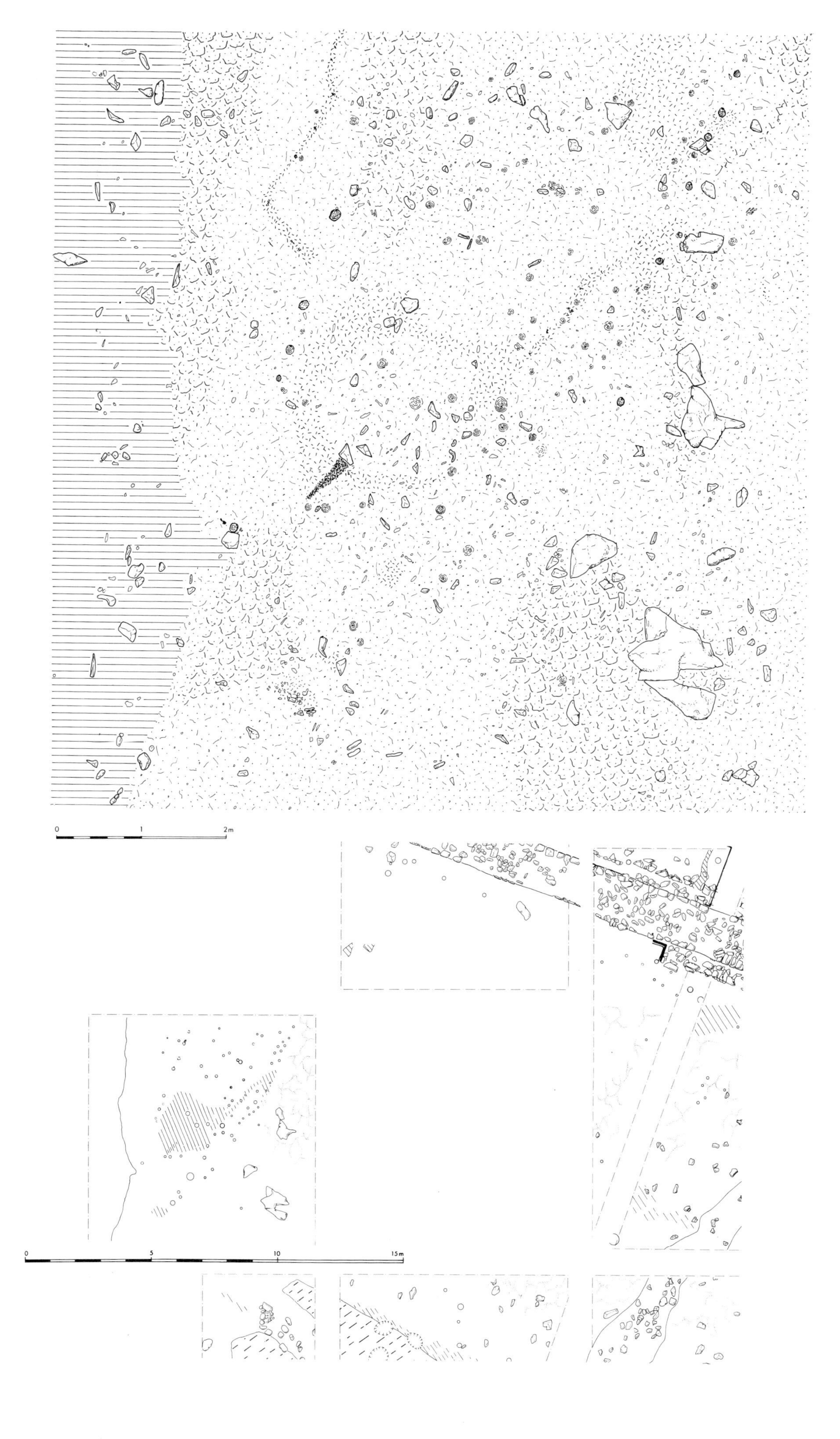

0
1
2m
0
5
10
15m

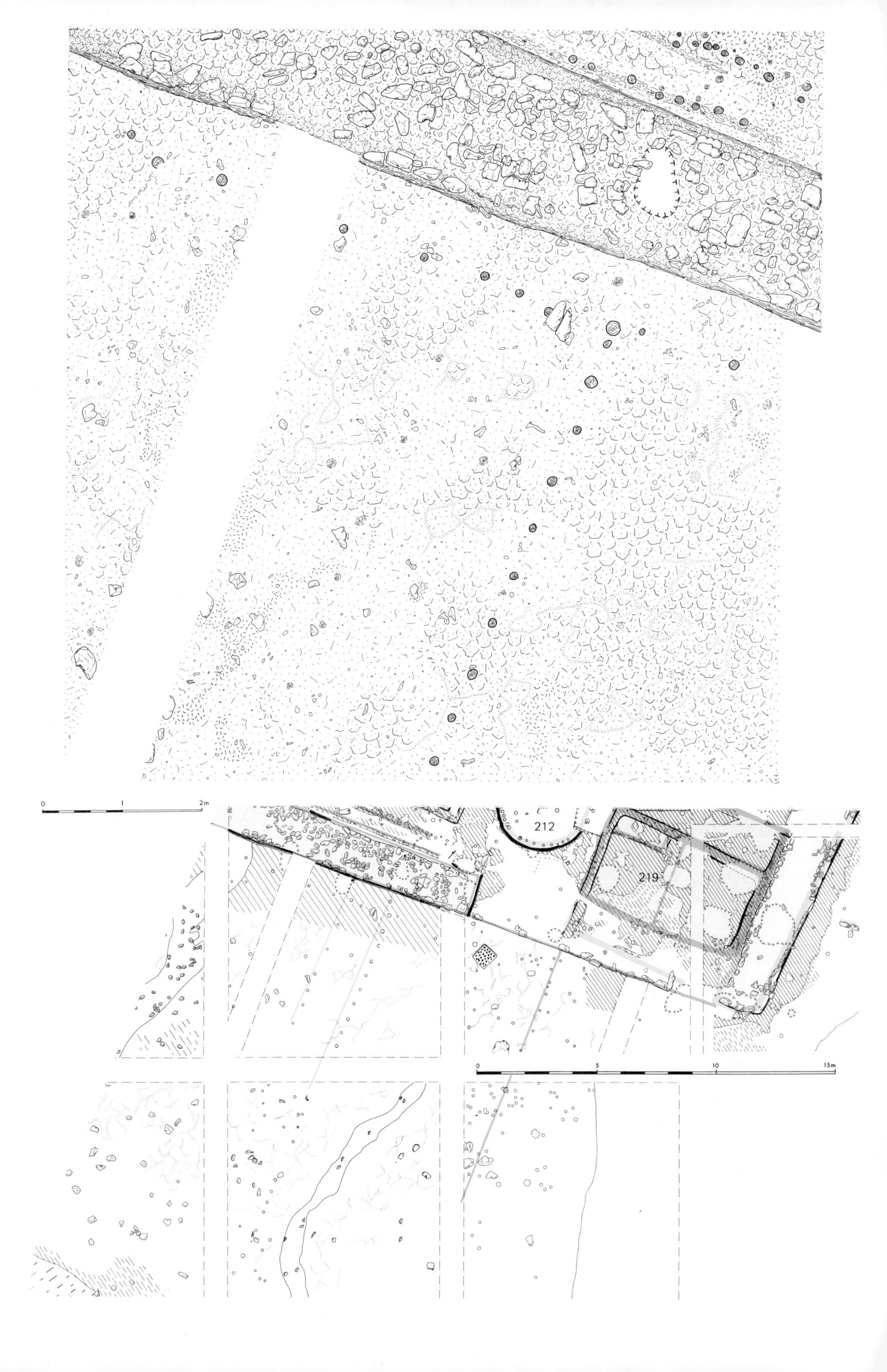
0
1
2m
212
219
0
5
10
15m

TAFEL 109

Montegrande. Hauptplattformenbereich, Fläche IX D
(Beschreibung siehe S. 94f., 109f.). 1 Planum. M. 1 : 60
2 Profil des Raubgräberlochs an der nebenstehend angegebenen Stelle. M. 1 : 20
Nebenstehend: Interpretation des Befundes
unter Berücksichtigung benachbarter Flächenteile. M. 1 : 200

Montegrande. Conjunto de las plataformas principales, cuadrángulo IX D
(descripción véa pag. 237, 238, 244, 253) 1 planta. Esc. 1 : 60.
2 Perfil del pozo de huaquero en el lugar abajo indicado. Esc. 1 : 20.
Enfrente: Interpretación de los rasgos observados,
considerando partes de los cuadrángulos vecinos. Esc. 1 : 200

← TAFEL 108

Montegrande. Hauptplattformenbereich, Fläche VIII D (Beschreibung siehe S. 94f., 98, 100). M. 1 : 60
Unten: Interpretation des Befundes unter Berücksichtigung benachbarter Flächenteile. M. 1 : 200

Montegrande. Conjunto de las plataformas principales, cuadrángulo VIII D (descripción véa pág. 237 – 239, 241, 244). Esc. 1 : 60
Abajo: Interpretación de las observaciones, considerando partes de los cuadrángulos vecinos. Esc. 1 : 200

TAFEL 110

Montegrande. Hauptplattformenbereich, Fläche X D (Beschreibung siehe S. 96f., 110). M. 1 : 60
Nebenstehend: Interpretation des Befundes unter Berücksichtigung benachbarter Flächenteile. M. 1 : 200

Montegrande. Conjunto de las plataformas principales, cuadrángulo X D (descripción véa pág. 240, 241, 253). Esc. 1 : 60
Abajo: Interpretación de los rasgos observados, considerando partes de los cuadrángulos vecinos. Esc. 1 : 200

TAFEL 111 ⟶

Montegrande. Hauptplattformenbereich, Fläche XI D (Beschreibung siehe S. 96f.). M. 1 : 60
Unten: Interpretation des Befundes unter Berücksichtigung benachbarter Flächenteile. M. 1 : 200

Montegrande. Conjunto de las plataformas principales, cuadrángulo XI D (descripción véa pág. 240, 241). Esc. 1 : 60
Abajo: Interpretación de los rasgos observados, considerando partes de los cuadrángulos vecinos. Esc. 1 : 200

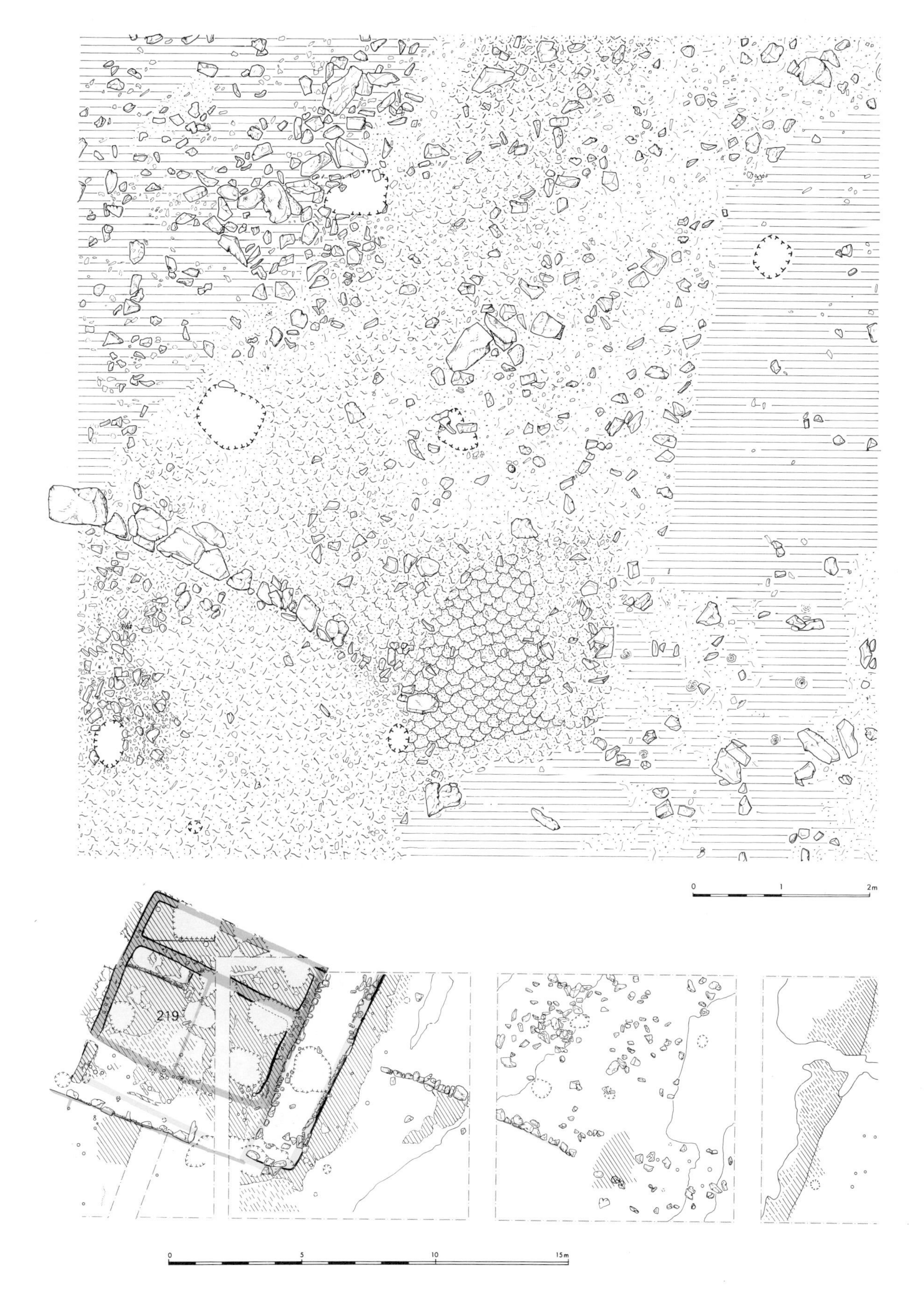

0
1
2m
219
0
5
10
15m

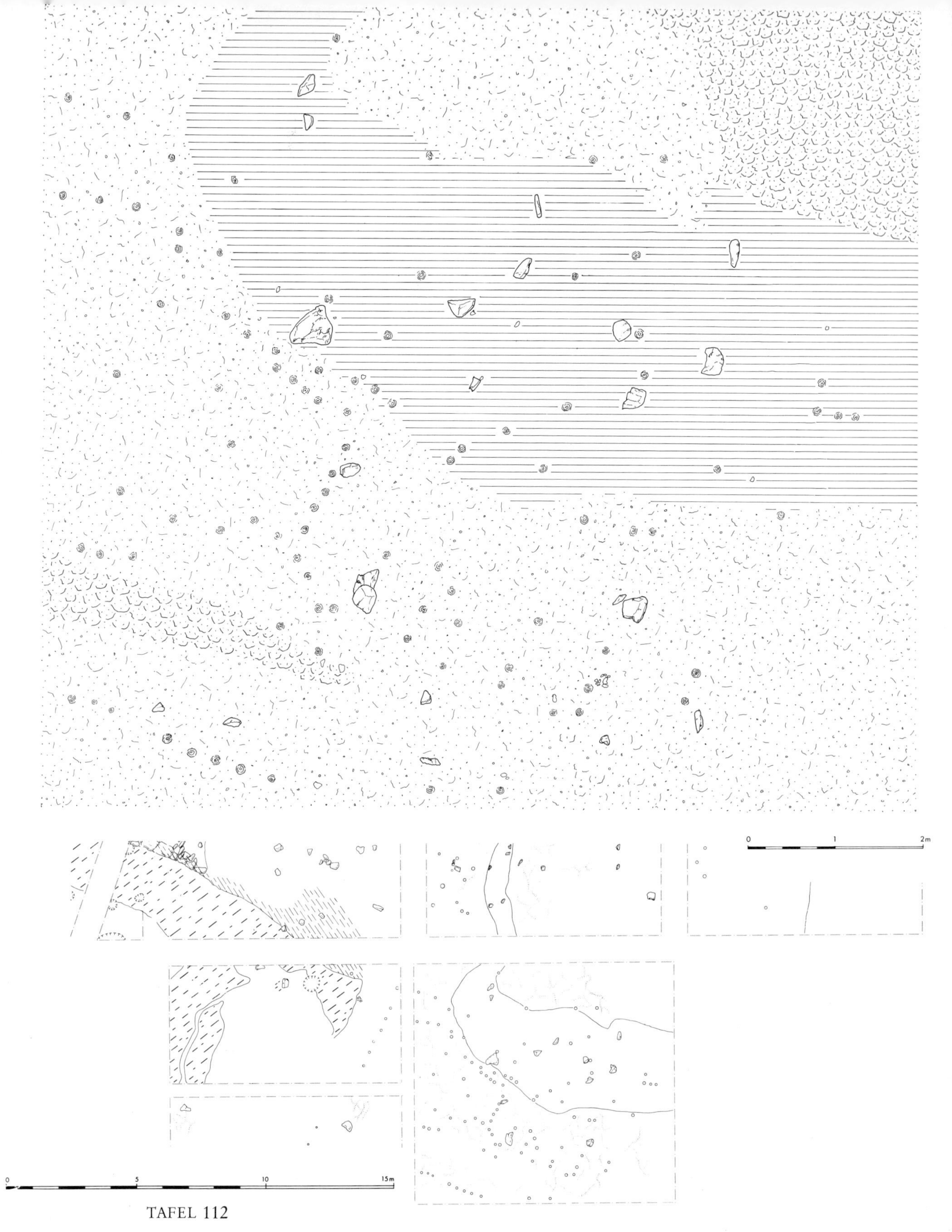

TAFEL 112

Montegrande. Hauptplattformenbereich, Fläche VIII F (Beschreibung siehe S. 94ff., 134). M. 1 : 60
Unten: Interpretation des Befundes unter Berücksichtigung benachbarter Flächenteile. M. 1 : 200

Montegrande. Conjunto de las plataformas principales, cuadrángulo VIII F (descripción véa pág. 237, 238). Esc. 1 : 60
Abajo: Interpretación de los rasgos observados, considerando partes de los cuadrángulos vecinos. Esc. 1 : 200

TAFEL 113

Montegrande. Bereich der Huaca Chica, Fläche XIV D/E (Beschreibung siehe S. 47, 144). M. 1 : 60
Unten: Interpretation des Befundes unter Berücksichtigung benachbarter Flächenteile. M. 1 : 200

Montegrande. Área de la Huaca Chica, cuadrángulo XIV D/E (descripción véa pág. 189, 287). Esc. 1 : 60
Abajo: Interpretación de los rasgos observados, considerando partes de los cuadrángulos vecinos. Esc. 1 : 200

0
1
2m
0
5
10
15m

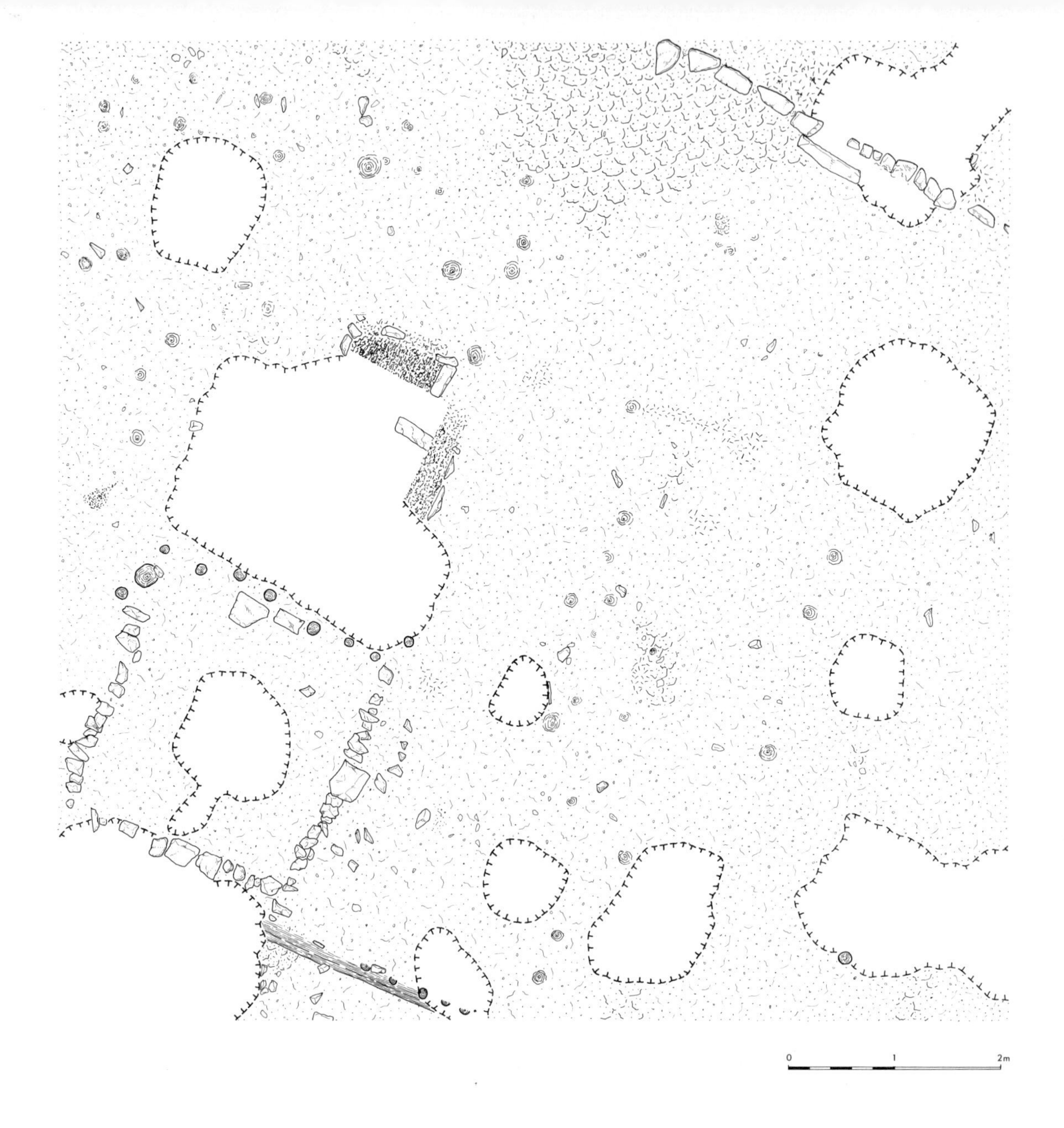

TAFEL 114

Montegrande. Bereich der Huaca Chica, Fläche XV D (Beschreibung siehe S. 144). M. 1:60
Nebenstehend: Interpretation des Befundes unter Berücksichtigung benachbarter Flächenteile. M. 1:200

Montegrande. Área de la Huaca Chica, cuadrángulo XV D (descripción véa pág. 287, 288). Esc. 1:60
Enfrente: Interpretación de los rasgos observados, considerando partes de los cuadrángulos vecinos. Esc. 1:200

TAFEL 115 →

Montegrande. Bereich der Huaca Chica, Fläche XVI D (Beschreibung siehe S. 69, 144). 1 Planum. M. 1:60.
2,3 Profile der Feuerstellen an den unten angegebenen Stellen. M. 1:20
Unten: Interpretation des Befundes unter Berücksichtigung benachbarter Flächenteile. M. 1:200

Montegrande. Área de la Huaca Chica, cuadrángulo XVI D (descripción véa pág. 212, 287). 1 planta. Esc. 1:60.
2,3 perfiles de los fogones en los lugares abajo indicados. Esc. 1:20
Abajo: Interpretación de los rasgos observados, considerando partes de los cuadrángulos vecinos. Esc. 1:200

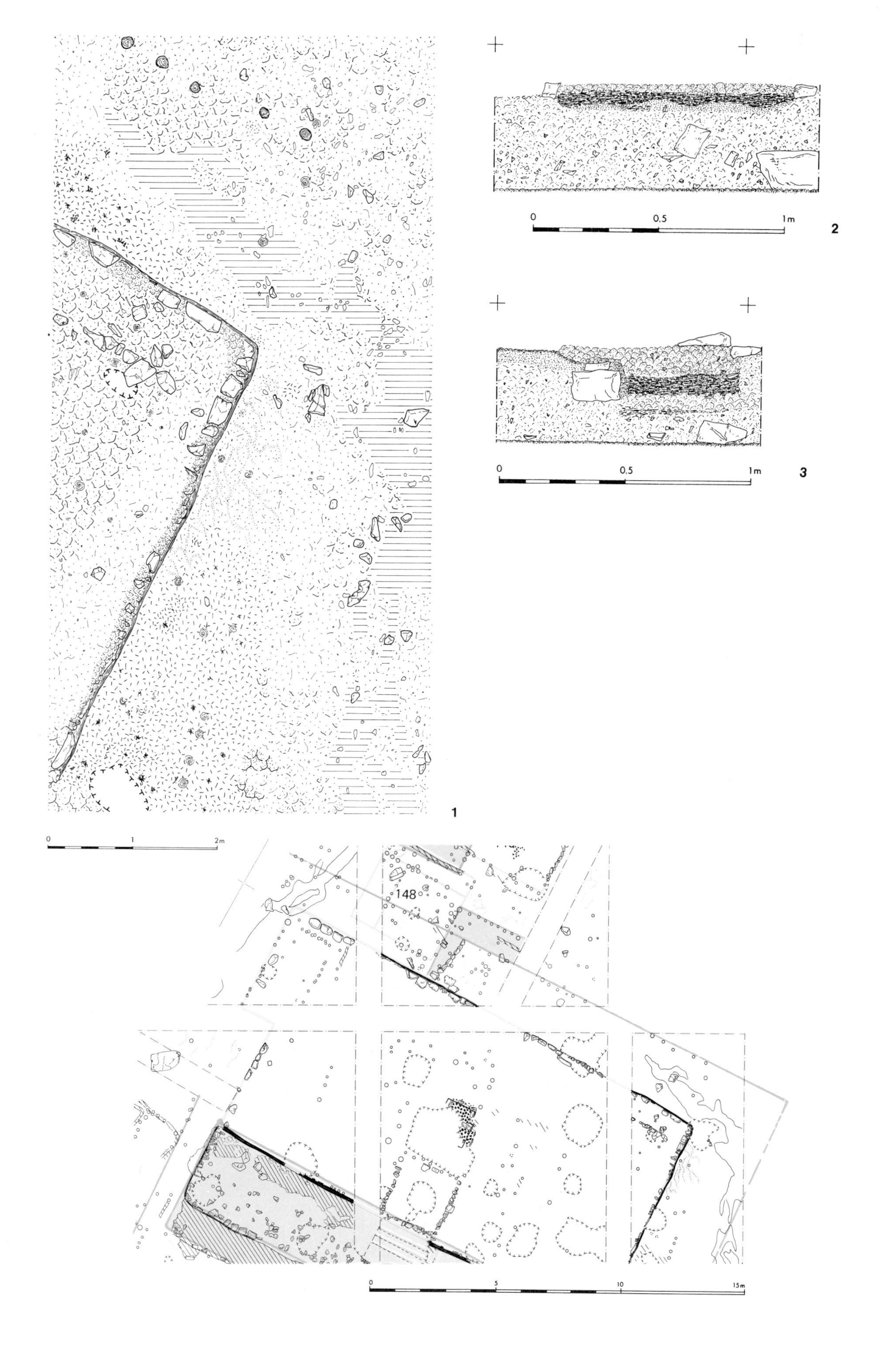
0
0,5
1m
2
0
0,5
1m
3
1
0
1
2m
148
0
5
10
15m

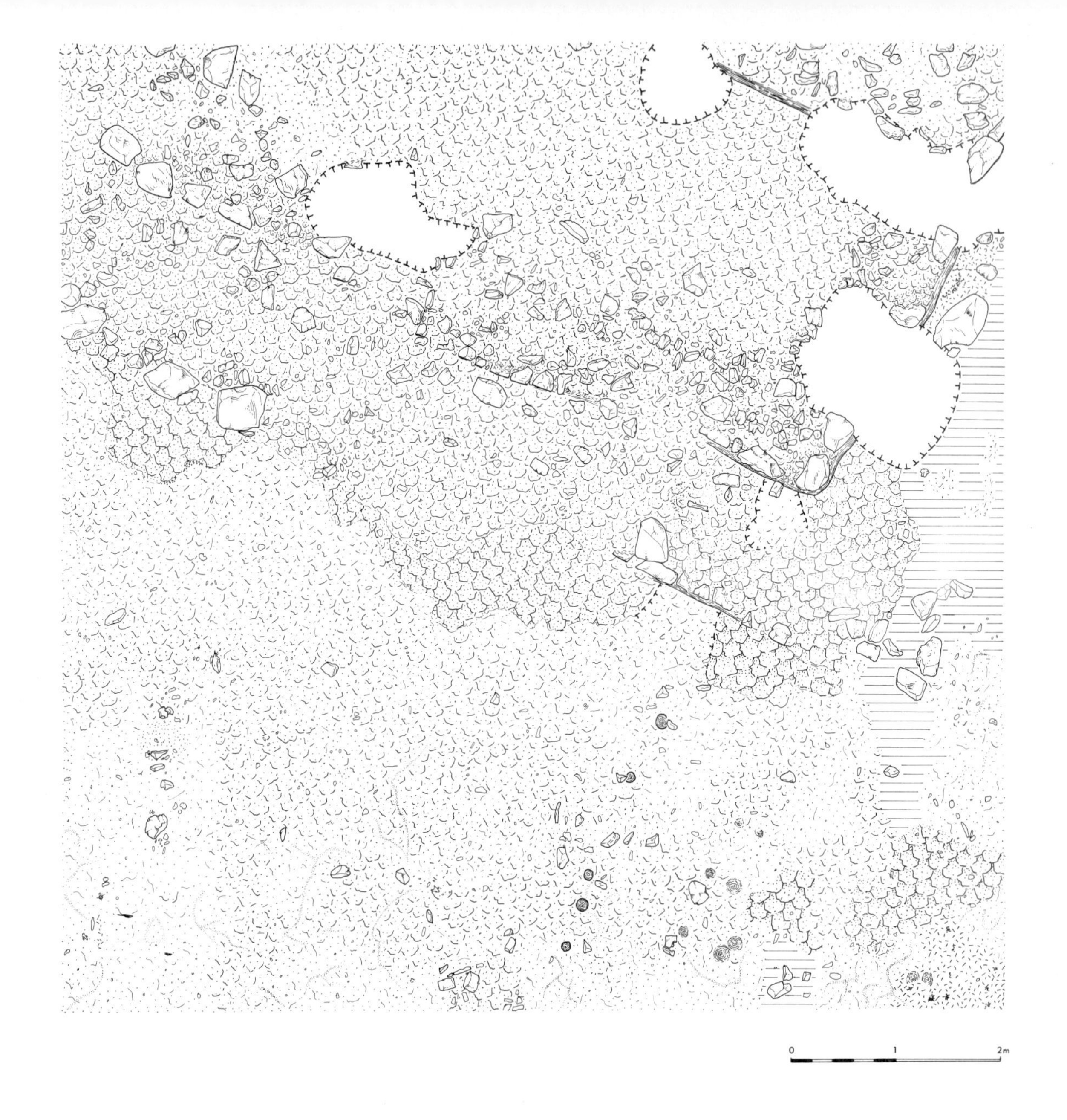

TAFEL 116

Montegrande. Bereich der Huaca Chica, Fläche XV E (Beschreibung siehe S. 144). M. 1:60
Nebenstehend: Interpretation des Befundes unter Berücksichtigung benachbarter Flächenteile. M. 1:200

Montegrande. Área de la Huaca Chica, cuadrángulo XV E (descripción véa pág. 287, 288). Esc. 1:60
Enfrente: Interpretación de los rasgos observados, considerando partes de los cuadrángulos vecinos. Esc. 1:200

TAFEL 117

Montegrande. Bereich der Huaca Chica, Fläche XVI E (Beschreibung siehe S. 144). M. 1:60
Unten: Interpretation des Befundes unter Berücksichtigung benachbarter Flächenteile. M. 1:200

Montegrande. Área de la Huaca Chica, cuadrángulo XVI E (descripción véa pág. 287, 288). Esc. 1:60
Abajo: Interpretación de los rasgos observados, considerando partes de los cuadrángulos vecinos. Esc. 1:200

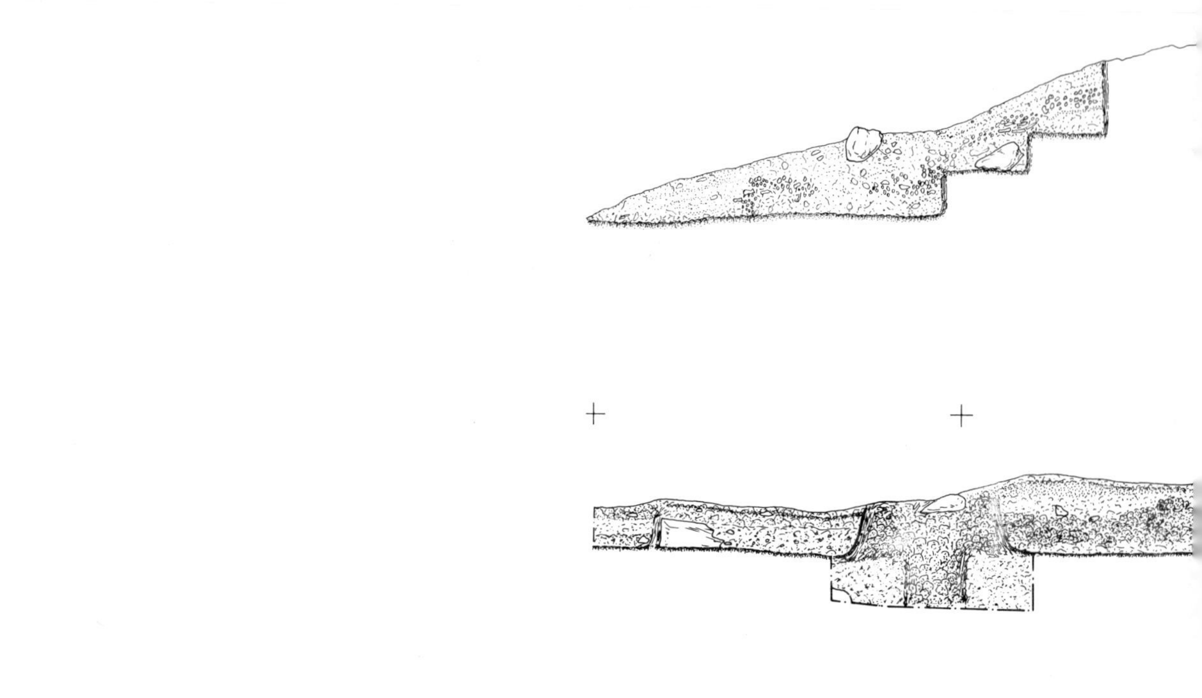

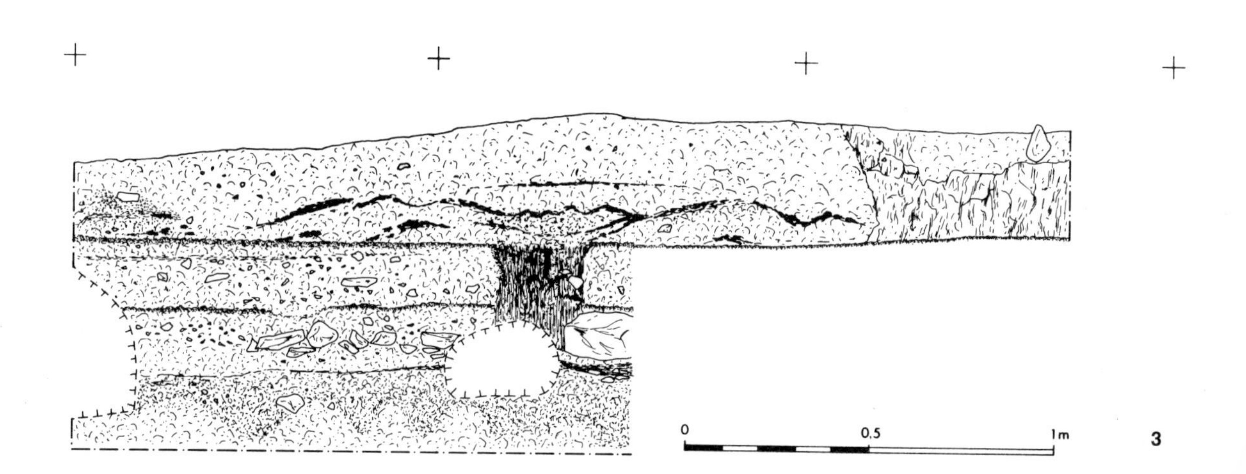

TAFEL 118 – 119

Montegrande. Profile von Schnitten durch Häuser (1 – 3) und eingetiefte Räume (4 – 5). (1: Haus 231, siehe *Taf. 88*; 2: Haus 202, siehe *Taf. 102*; 3: Haus 219, siehe *Taf. 103*; 4: Raum o. Nr., siehe *Taf. 26*; 5: Raum 125, siehe *Taf. 54*. M. 1 : 20

Montegrande. Perfiles de cortes a través de casas (1 – 3) y cuartos hundidos (4 – 5). (1: Casa 231, véa *lám. 88*; 2: Casa 202; véa *lám. 102*; 3: Casa 219, véa *lám. 103*; 4: cuarto s. n., véa *lám. 26*; 5: cuarto 125, véa *lám. 56*) Esc. 1 : 20

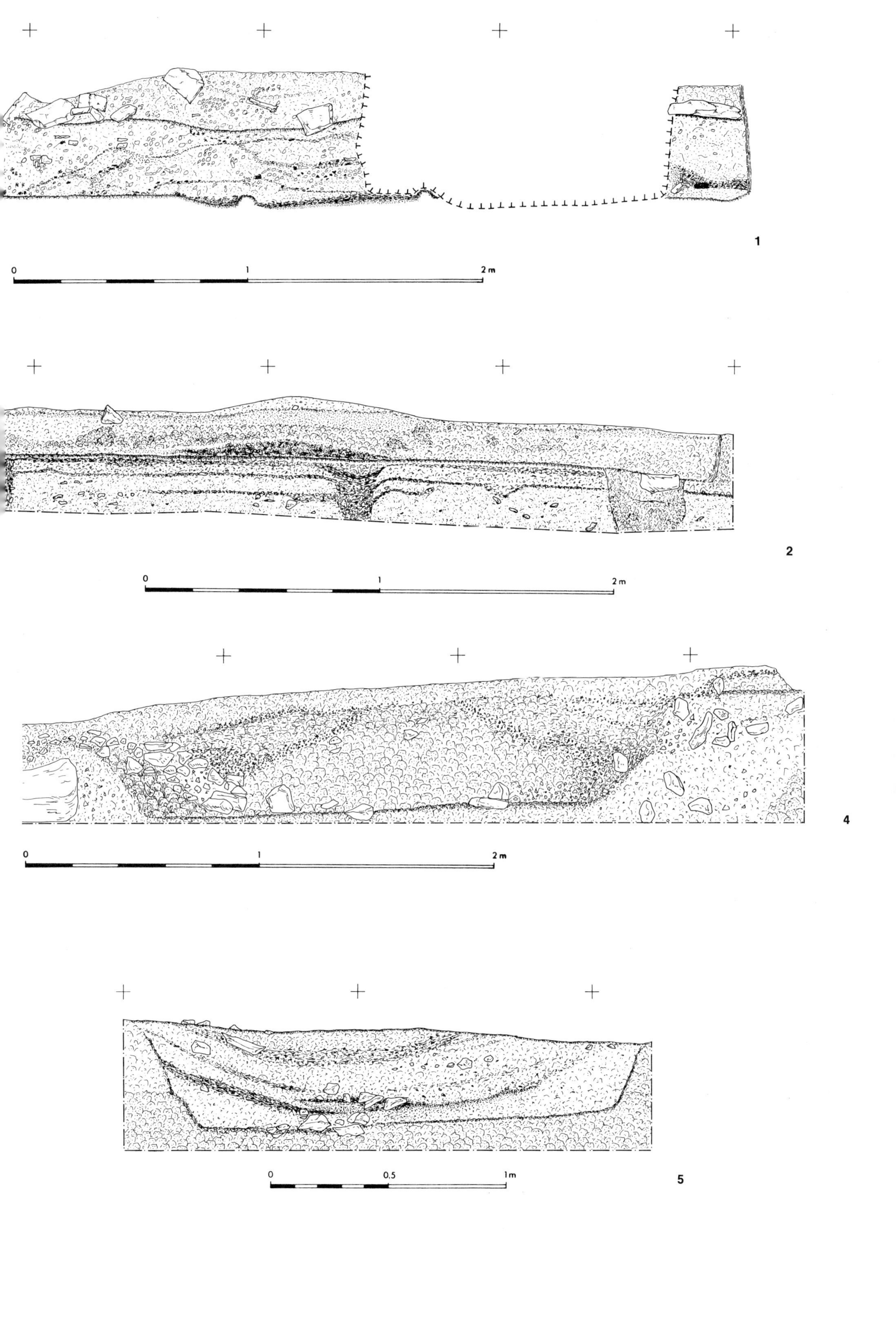

1
0
1
2 m
2
0
1
2 m
4
0
1
2 m
0
0,5
1m
5

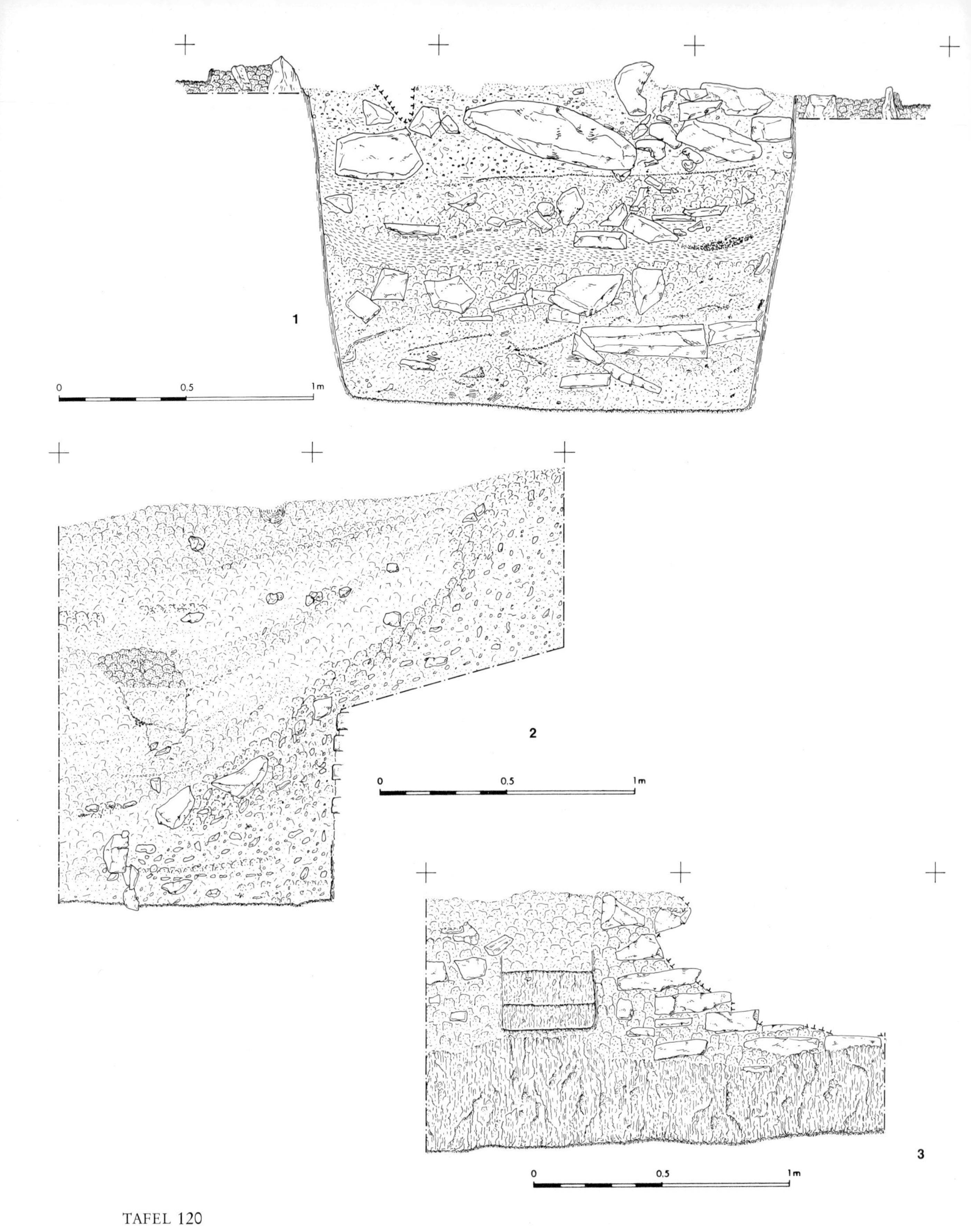

TAFEL 120

Montegrande. Profile von Schnitten durch eingetiefte Räume (1: Raum 217, siehe *Taf. 105*; 2 – 3: Raum 234, siehe *Taf. 84*). M. 1 : 20

Montegrande. Perfiles de cortes a través de cuartos hundidos (1: cuarto 217, véa *lám. 105*; 2 – 3: cuarto 234, véa *lám. 84*). Esc. 1 : 20

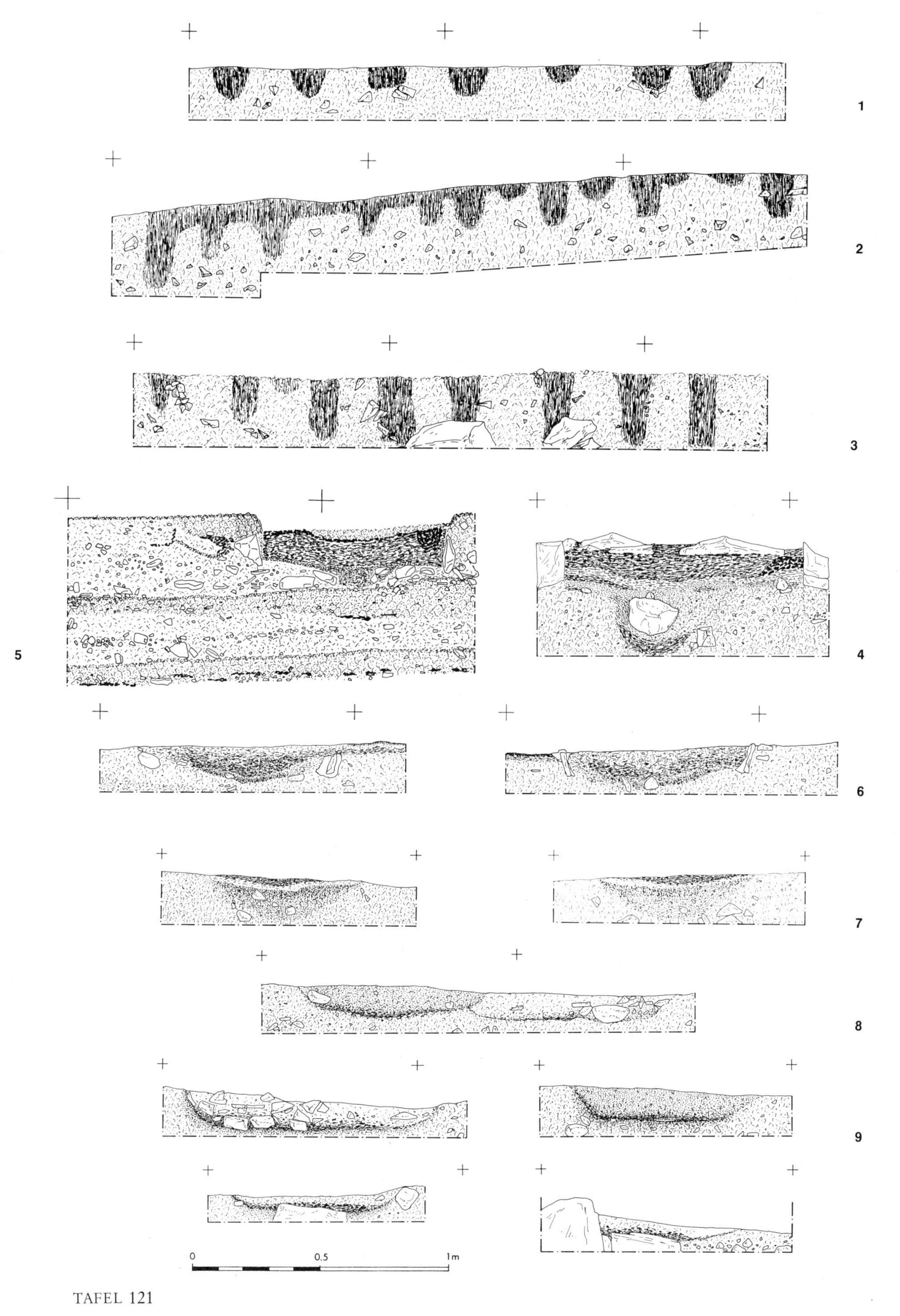

TAFEL 121

Montegrande. Profile von Schnitten durch Pfostenlochreihen (1–3), Feuerstellen (4–6) und „Brandstellen" (7–9). (1: siehe *Taf. 9*; 2: siehe *Taf. 32*; 3: siehe *Taf. 33*; 4: siehe *Taf. 100*; siehe *Taf. 94*; 6: siehe *Taf. 103*; 7–9: siehe *Taf. 83*). M 1 : 20

Montegrande. Perfiles de cortes a través de hileras de huecos de postes (1–3), fogones (4–6) y "sitios de combustión" (7–9). (1: véa *lám. 9*; 2: véa *lám. 32*; 4: véa *lám. 33*; 4: véa *lám. 100*; 5: véa *lám. 94*; 6: véa *lám. 103*; 7–9: véa *lám. 83*). Esc. 1 : 20

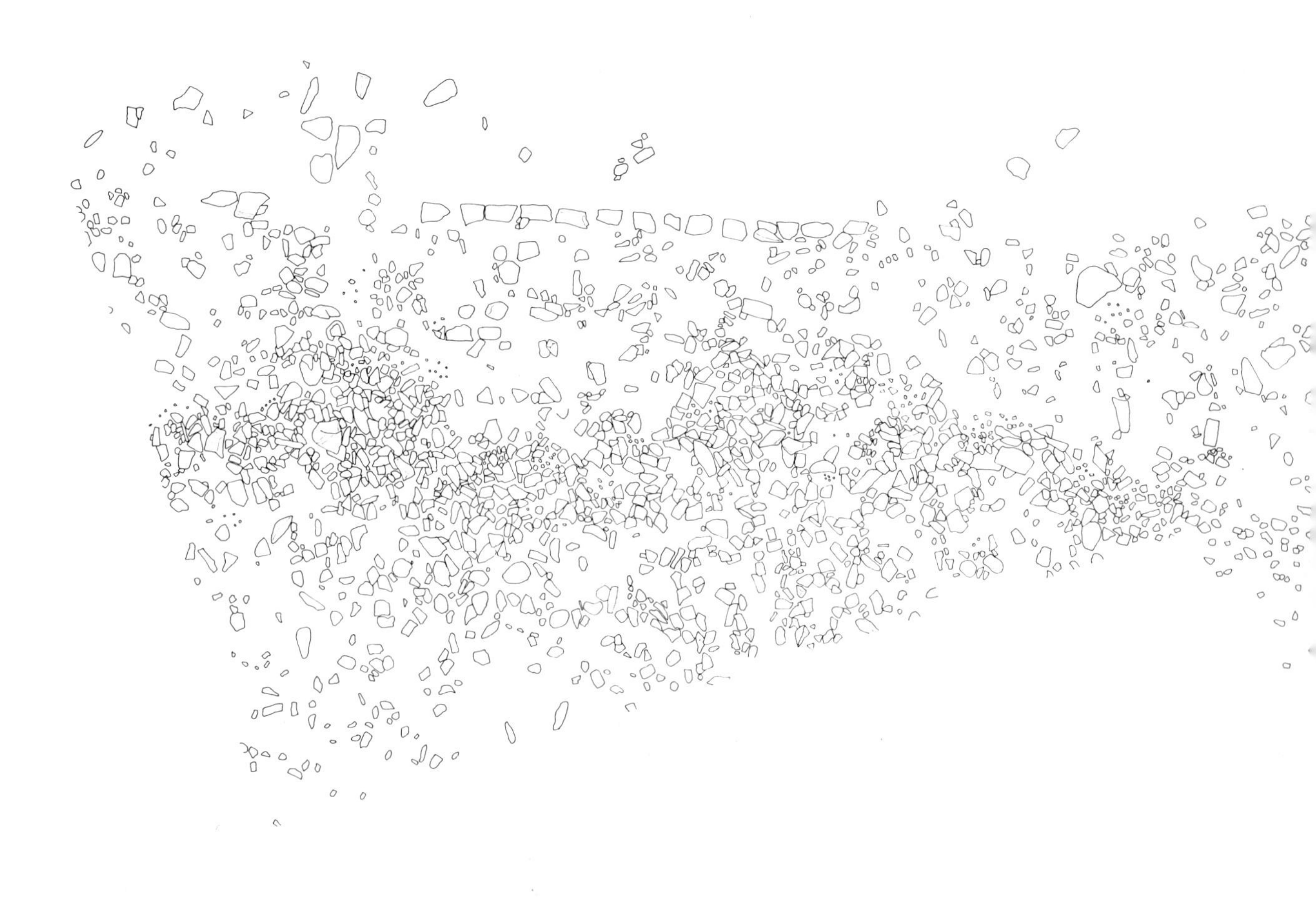

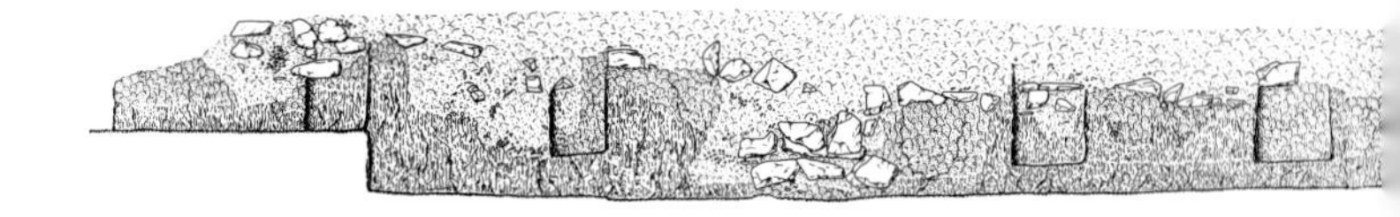

TAFEL 122 – 123

Montegrande. Ansichten der südlichen Terrassenmauer mit vorgelagertem Versturz (1 – 2) und der Nordfront von Huaca Grande (3). M. 1 : 100

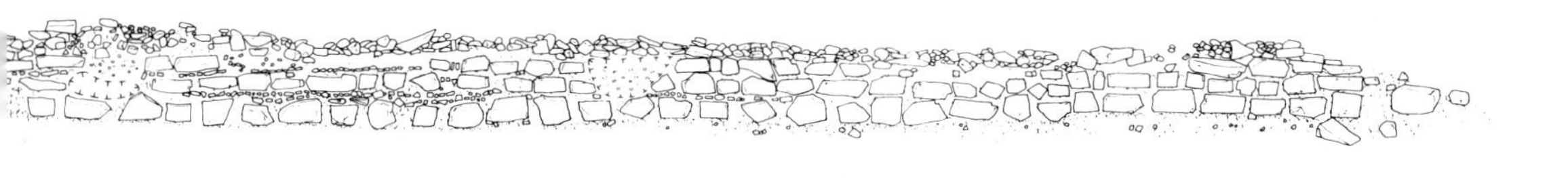

2

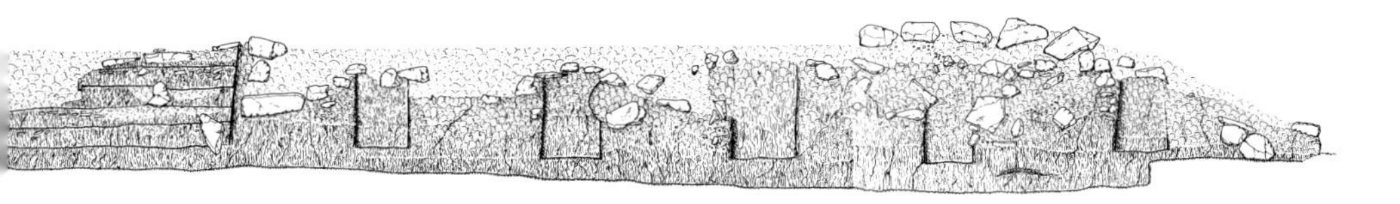

Montegrande. Vistas del muro sur de la grán terraza con derrumbe delantero (1 – 2) y del frente norte de la Huaca Grade (3).
Esc. 1 : 100

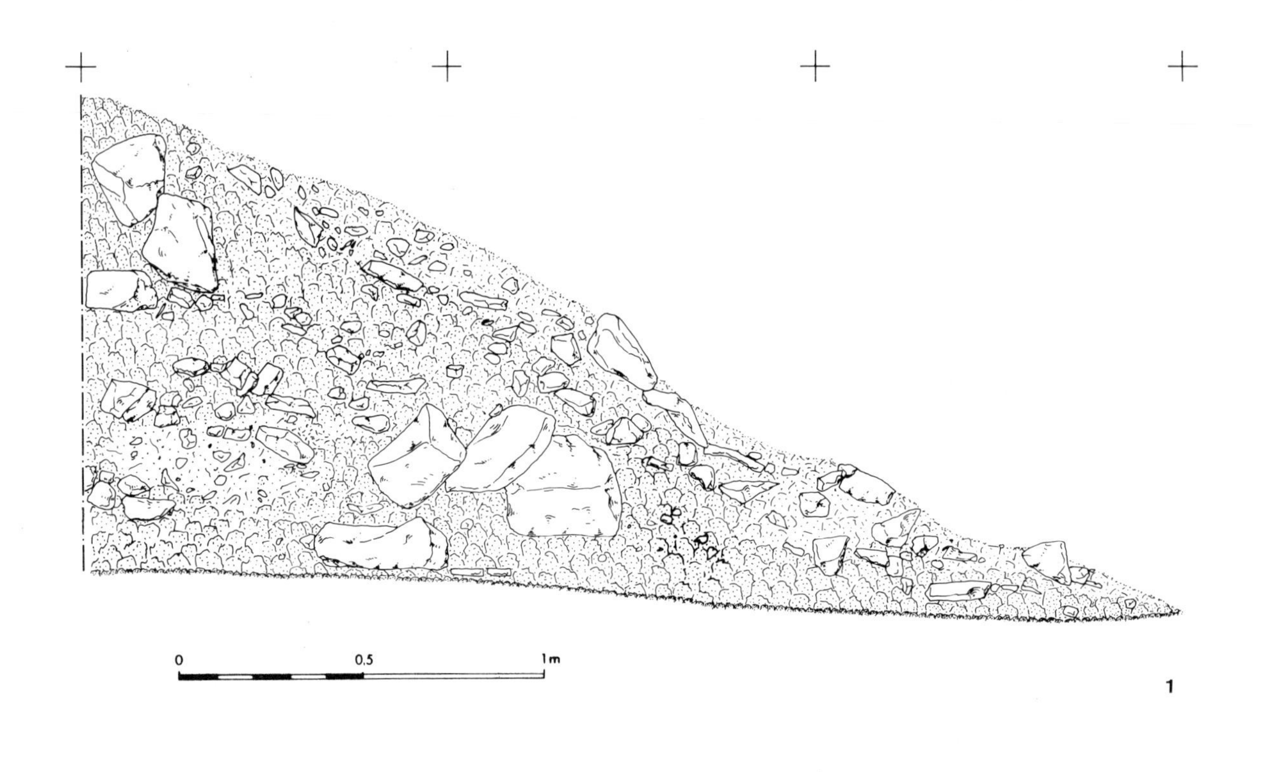

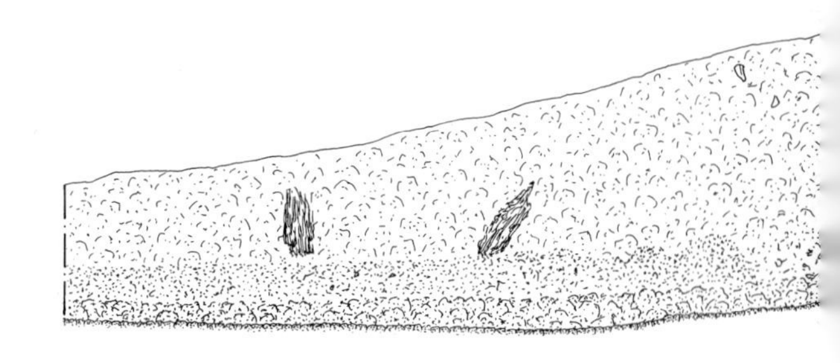

TAFEL 124 – 125

Montegrande. Profile von Schnitten durch Ablagerungen südlich (1) und westlich (2 – 3) vor der Huaca Grande (1: siehe *Taf. 90,1 u. 96*; 2 – 3 siehe *Taf. 85*). M. 1 : 20

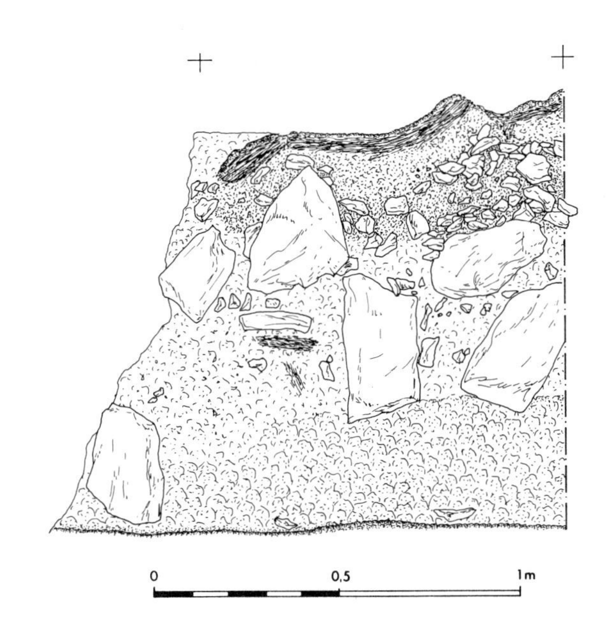

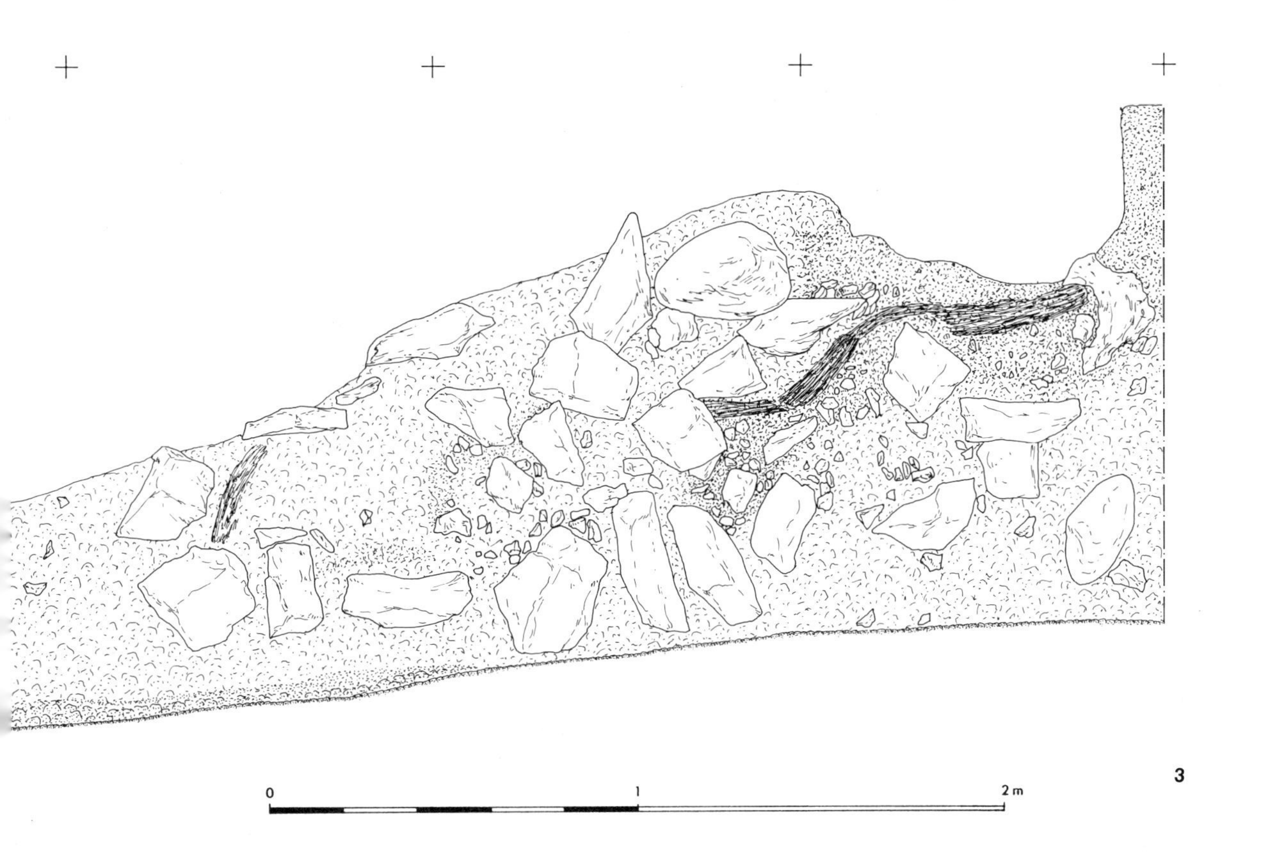

Montegrande. Perfiles de cortes a través de derrumbes al sur (1) y oeste (2 – 3) de la Huaca Grande
(1: vea *láms. 90,1 y 96*; 2 – 3: véa *lám. 85*). Esc. 1 : 20

TAFEL 126 – 127

Montegrande. Profil durch den Südteil der Huaca Grande (siehe *Taf. 90*). M. 1 : 20

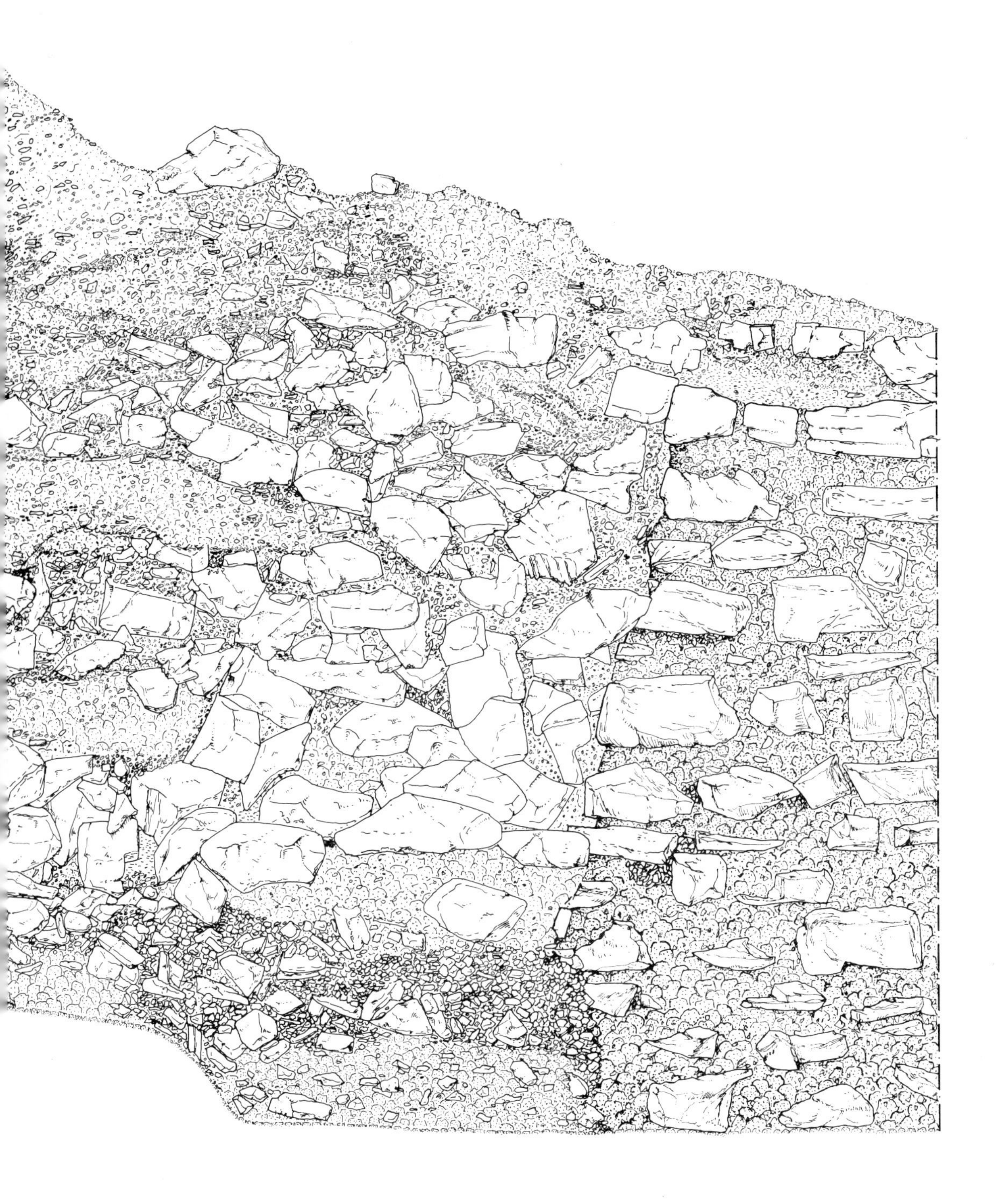

Montegrande. Perfil del corte a través de la parte sur de la Huaca Grande (véa *lám. 90*). Esc. 1 : 20

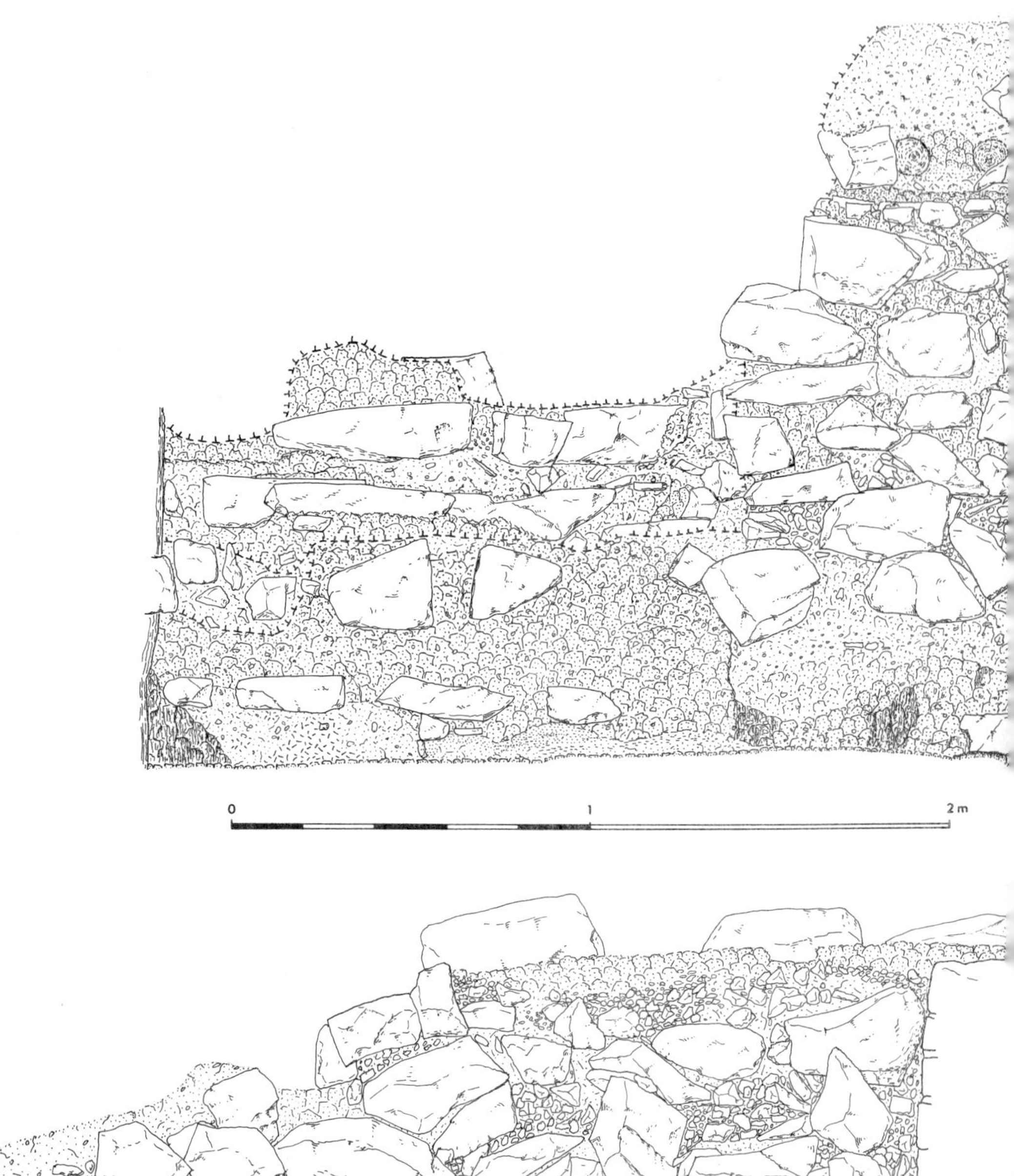

TAFEL 128–129

Montegrande. Profile von Schnitten durch die Huaca Grande. 1 südlich der Südstützmauer des eingetieften Raumes; 2 quer durch den Nordteil, den eingetieften Raum und die Füllung zwischen diesem und der Nordfront. (siehe *Taf. 87*) M. 1:20

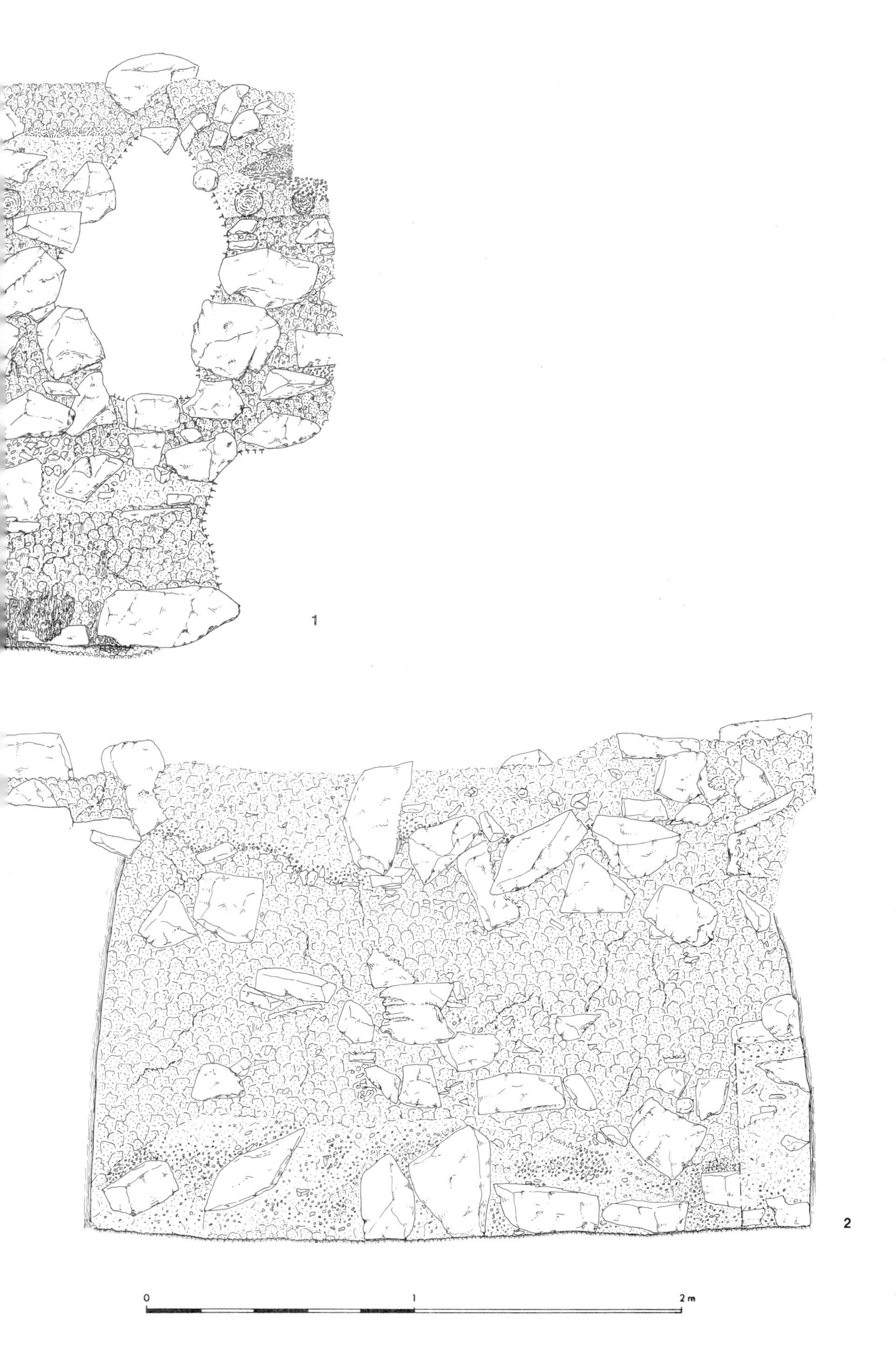

Montegrande. Perfiles de cortes a través de la Huaca Grande. 1 El lado sur del muro de contención sur del cuarto hundido. 2 En la parte norte, el cuarto hundido y el relleno entre este y el frente norte. (véa *lám. 87*) Esc. 1:20

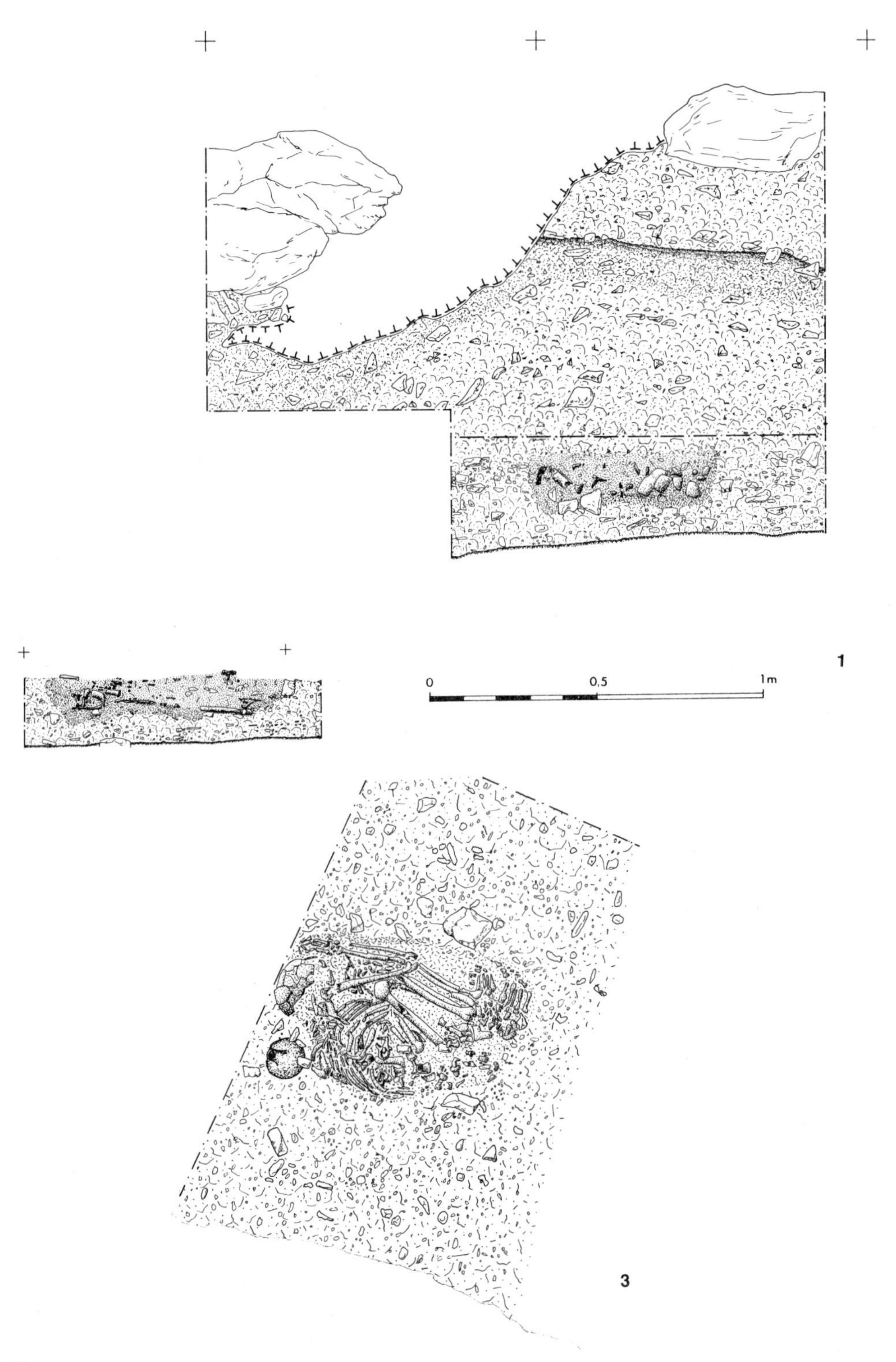

TAFEL 130 – 131

Montegrande. Profile von Schnitten durch die Huaca Grande und das Grab (1 – 2), Aufsicht des Grabes (3) und Grabbeigabe (4) (Lage der Profile siehe *Taf. 86*). Versch. M.

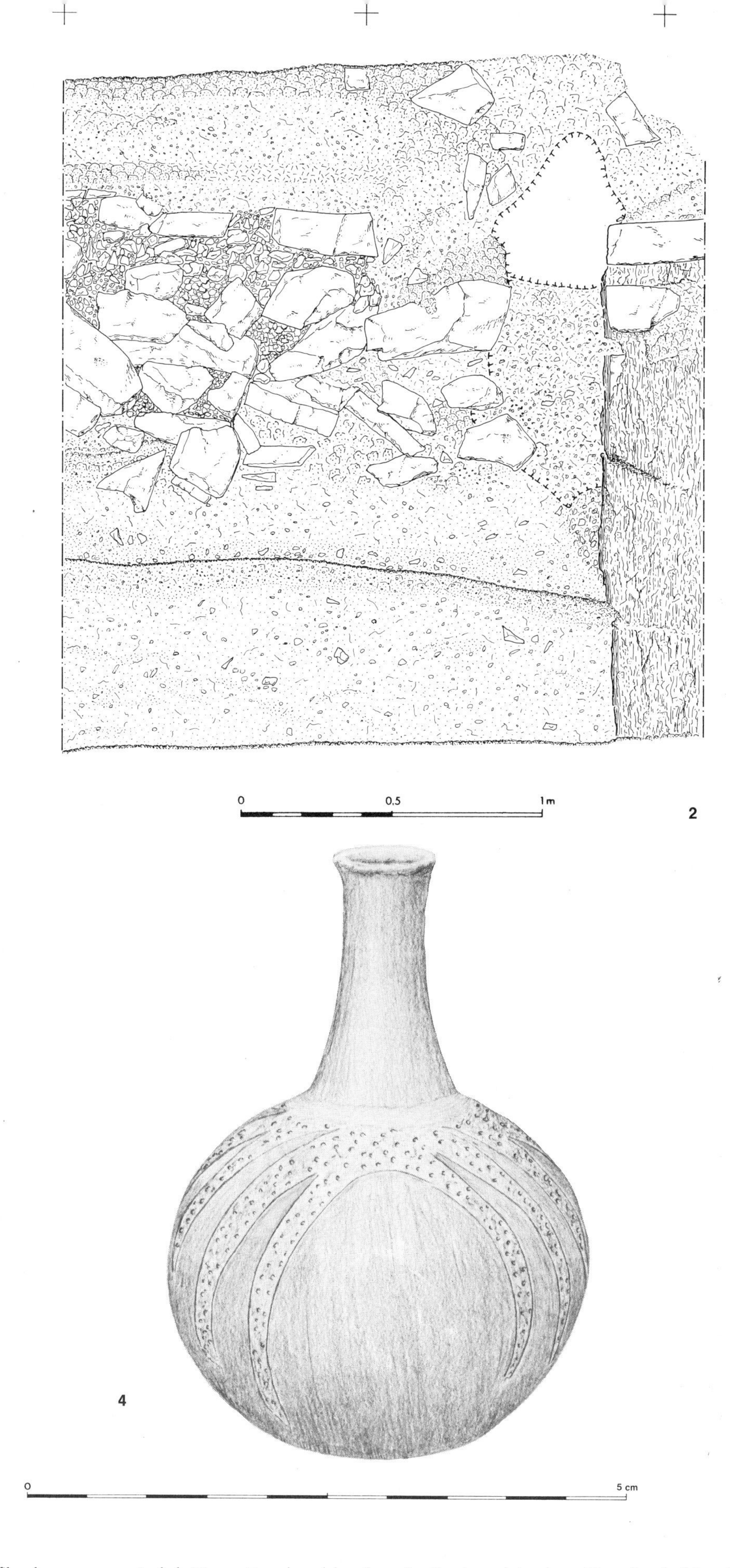

Montegrande. Perfiles de cortes a través de la Huaca Grande y del entierro (1 – 2), planta del entierro (3) y ofrenda del entierro (4) (ubicación de los perfiles véa *lám. 86*). Esc. dif.

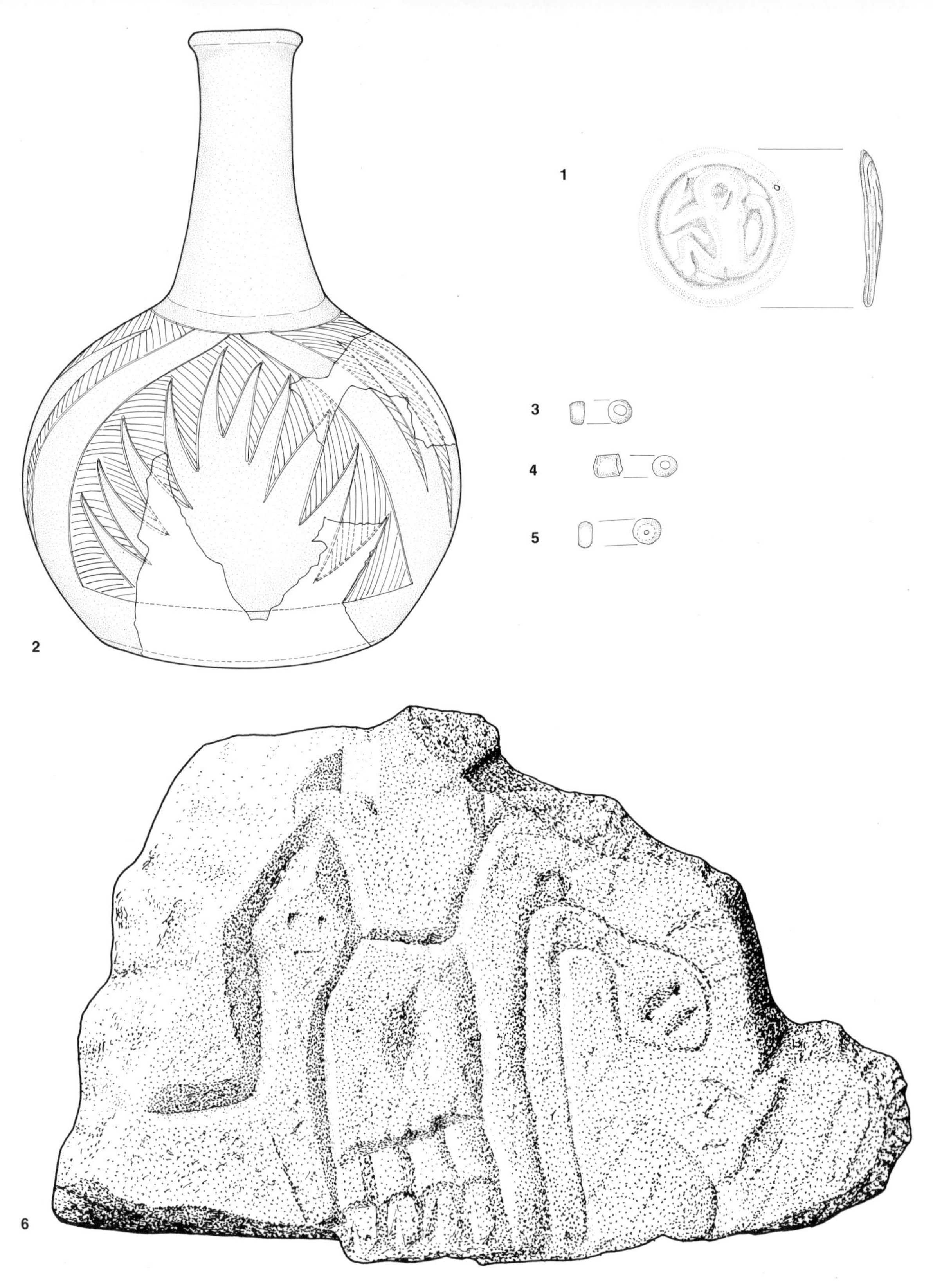

TAFEL 132

Montegrande. 1 Bauopfer von der Huaca Grande (aus Spondylusmuschel); 2–5 Beigaben von in die Huaca Grande eingetieften – heute gestörten – Gräbern (3 und 4 Türkis; 5 Spondylusmuschel); 6 in die große, südliche Terrassenmauer eingelassene Reliefplatte. M. 1 : 2

Montegrande. 1 Ofrenda de la Huaca Grande (de spondylus); 2–5 Ofrendas de entierros hundidos en la Huaca Grande – hoy disturbados – (3 y 4 turquesa; 5 spondylus); 6 laja escupida, integrada al gran muro doble al sur de la terraza en forma de "L". Esc. 1 : 2

1

2

TAFEL 133

Montegrande. Die Huaca Grande vor der Ausgrabung; 1 Blick von Osten; 2 Blick von Norden.

Montegrande. La Huaca Grande antes de la excavación. 1 Vista desde el este. 2 Vista desde el norte.

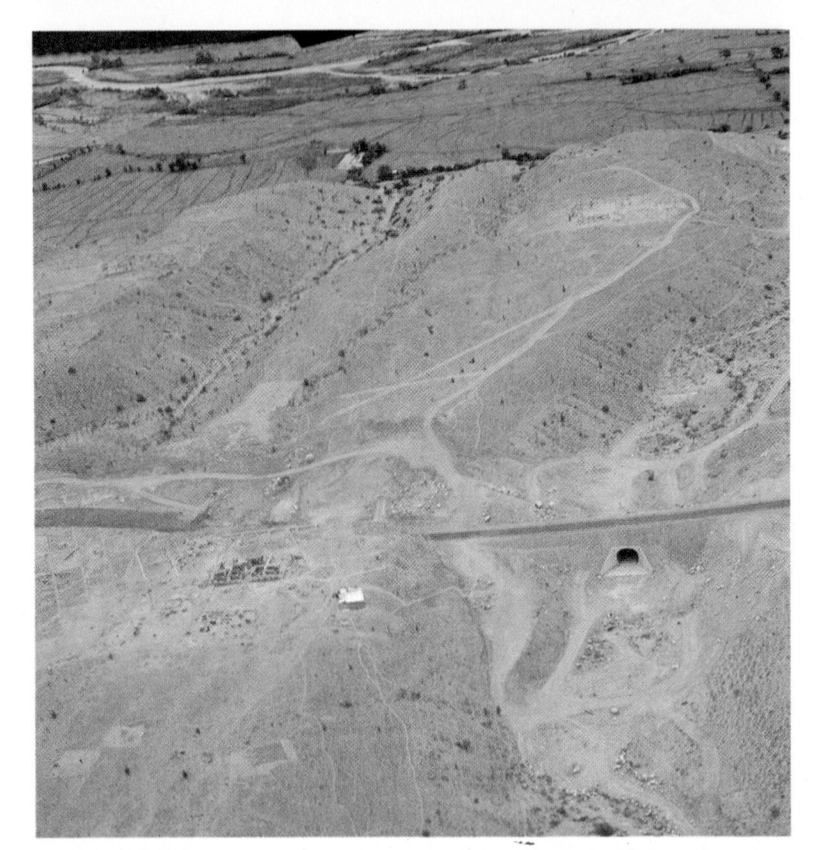

1

2

TAFEL 134

Montegrande. 1 Blick von Nordwesten auf die Meseta 2; 2 Blick von Norden auf die Hauptplattformenanlage.

Montegrande. 1 La Meseta, 2, vista desde el noroeste. 2 El conjunto de plataformas principales visto desde el norte.

TAFEL 135

Montegrande. Blick von Südosten auf die Hauptplattformenanlage vor der Ausgrabung. Im Vordergrund Straßentrasse und freigelegte Mauer der großen L-förmigen Terrasse.

Montegrande. El conjunto de plataformas principales antes de la exvacación, visto del sureste. En el primer plano el trazo de la carretera nueva y el muro excavado de la terraza grande en forma de “L”.

TAFEL 136

Montegrande. Blick von Süden auf die Hauptplattformenanlage. Im Vordergrund Huaca Grande und Südseite des älteren Treppenbaus, dahinter Huaca Antigua.

Montegrande. El conjunto de plataformas principales, visto desde el sur. En el primer plano la Huaca Grande y el frente sur del antiguo edificio de las escaleras, atrás la Huaca Antigua.

1

2

TAFEL 137

Montegrande. 1 Blick von Westen auf die große, L-förmige Terrasse, links oben Huaca Grande vor der Ausgrabung. 2 Blick von der großen, L-förmigen Terrasse auf den Ostteil der Siedlung mit Huaca Chica.

Montegrande. 1 La terraza grande en forma de "L", vista desde el oeste, hacia la izqierda arriba la Huaca Grande antes de excavarse. 2 Vista de la terraza grande en forma de "L" hacia la parte oriental del asentamiento con la Huaca Chica.

1

2

TAFEL 138

Montegrande. 1 Blick von Norden auf die Fläche IV F (vgl. *Taf. 16*). 2 Hauswand mit herauspräparierten Pfostenabdrücken im Lehmmörtel.

Montegrande. 1 El cuadrángulo IV F, visto desde el norte (compare *lám. 16*). 2 Pared de una casa con las improntas de postes en el mortero de barro.

TAFEL 139

Montegrande. Blick von Norden auf Teile der Flächen VIII und IX C mit herauspräparierten Wänden, Boden- und Hofflächen des Hauses 202 (Südteil der Fläche VIII C bereits tiefer gegraben; im Nord- und Westteil zeichnen sich zahlreiche Raubgräberstörungen ab; vgl. *Taf. 102; 103*).

Montegrande. Partes de los cuadrángulos VIII y IX C, vistas desde el norte con las paredes, el piso y los patios excavados de la casa 202 (la parte sur del cuadrángulo VIII C ya está excavada más abajo; en las partes norte y oeste se reconocen varios pozos de huaqueros; compare *láms. 102 y 103*).

1

2

TAFEL 140

Montegrande. 1 Blick von Osten auf Nordostteil der Fläche XV F mit den Häusern 95 und 100 (Estrich- und Feuerstellenreste, rechts: Pfostenverfärbungen und aufgeschüttete Bereiche; vgl. *Taf. 30*). 2 Teile einer Hauswand mit herauspräparierten Pfostenabdrücken im Lehmmörtel.

Montegrande. 1 La parte noreste del cuadrángulo XV F, vista desde el este von las casas 95 y 100 (restos de piso y de fogones, a la derecha: coloraciones de postes y areas rellenadas; compare *lám. 30*). 2 Partes de una pared de casa con las improntas de postes en el mortero de barro.

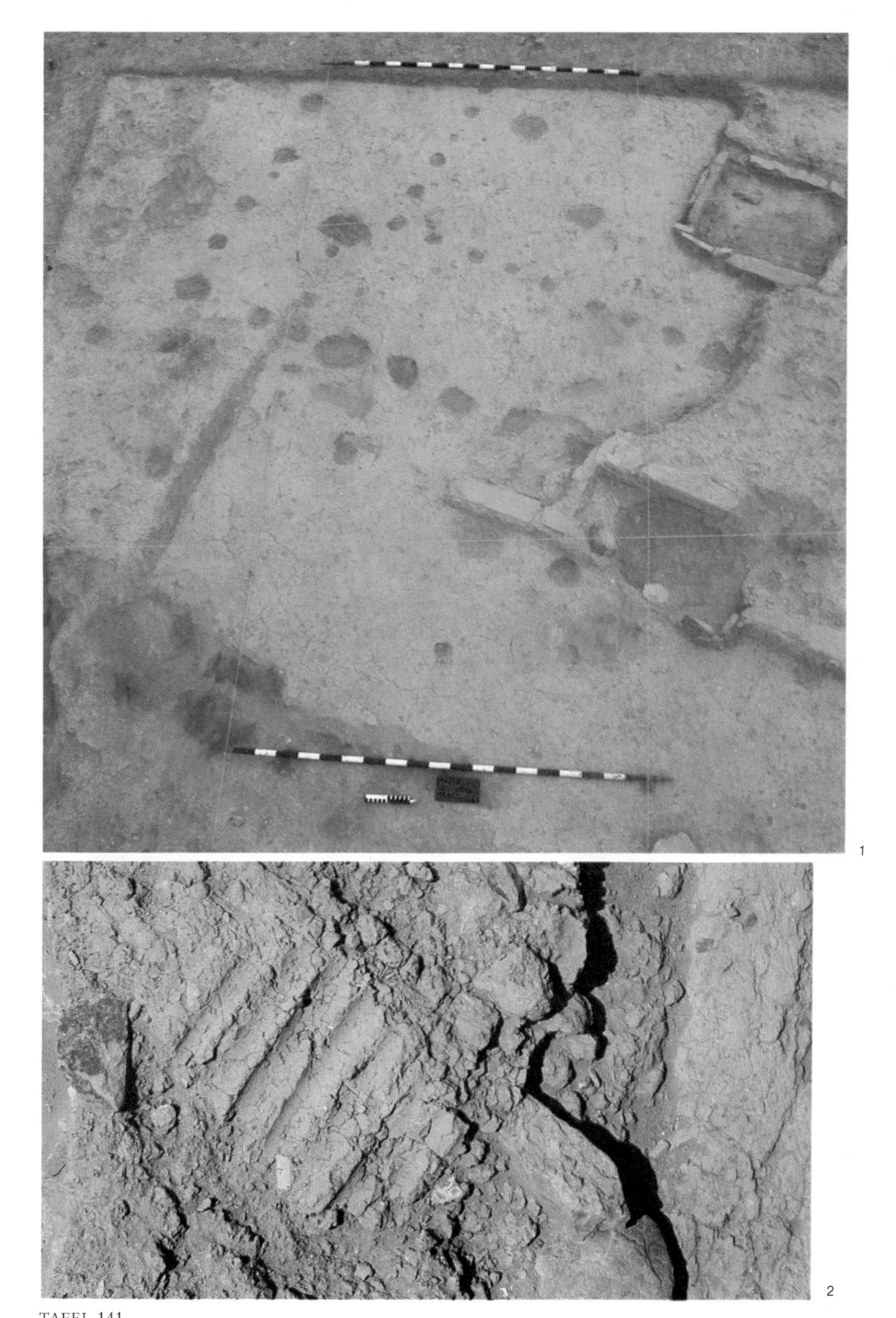

1

2

TAFEL 141

Montegrande. 1 Blick von Westen auf die Fläche IX B, Südwestecken der Häuser 229 (mit Pfostenlöchern im Estrich), 227 (mit Pfostenlöchern im Estrich, Feuerstelle), des Sockels (mit steingesetztem Rand), des Hauses 225 (mit verbrannten Pfosten und -gräbchen), Raubgräberstörungen (vgl. *Taf. 97*). 2 Abdrücke von Rohrstäben im Lehmmörtel.

Montegrande. 1 El cuadrángulo IX B, visto desde el oeste con las esquinas suroeste de las casas 229 (huecos de poste en el piso) y 227 (huecos de poste en el piso, fogón), del podio (borde reforzado con piedras), de la casa 225 (con postes quemados), además varios pozos de huaquero (compare *lám. 97*). 2 Improntas de cañas en el mortero de barro.

1

2

3

TAFEL 142

Montegrande. 1 Wandteile des Hauses 231 mit herauspräparierten Pfostenabdrücken in Lehmmörtel, dazwischengesetzten Steinen und lamellenförmig abplatzendem Lehmverputz, rechts Raubgräberstörung (vgl. *Taf. 88; 89*). 2 Estrichoberfläche. 3 Feuerstelle von Haus 216 (vgl. *Taf. 103*).

Montegrande. 1 Parte de una pared de la casa 231 con improntas de postes en el mortero de barro, piedras intermedias y capas de enlucido, a la derecha: pozo de huaquero (compare *láms. 88; 89*). 2 Superficie de piso. 3 Fogón de la casa 216 (compare *lám. 103*).

1

2

TAFEL 143

Montegrande. Blick von Norden auf die Fläche XI Y (vgl. *Taf. 83*). 1 Haus 233, Höfe und Haus 231, verschiedene Raubgräberstörungen. 2 Der eingetiefte Raum 234.

Montegrande. El cuadrángulo XI Y, visto desde el norte (compare *lám. 83*). 1 Casa 233, patios y casa 231, diversos pozos de huaqueros. 2 El cuarto hundido 234.

1

2

Montegrande. 1 Rundbau 212 mit Feuerstelle und eingetieftem Eingang, Raubgräberstörungen östlich und westlich. 2 Verstürzte Westkante der großen Terrassierung im Südteil der Siedlung.

Montegrande. 1 Construcción circular 212 con fogón y entrada hundida, pozos de huaqueros al este y oeste. 2 Borde oeste derrumbado del gran terrazamiento en la parte sur del asentamiento.

1

2

TAFEL 145

Montegrande. 1 Blick von Norden auf die Fläche IX C (vgl. *Taf. 104*) mit zahlreichen Raubgräberstörungen sowie den Feuerstellen und Pfostenreihen der Häuser 214, 211, 213, 209. 2 Blick von Westen auf die Fläche XII D (vgl. *Taf. 23*) mit dem Ostrand des freien Platzes auf der Ostseite der großen, L-förmigen Terrasse.

Montegrande. 1 El cuadrángulo IX C, visto desde el norte (compare *lám. 104*), con fogones e hileras de poste de las casas 214, 211, 213, 209 y con diversos pozos de huaqueros. 2 El cuadrángulo XII D, visto desde el oeste (compare *lám. 23*), con el borde este de la plaza abierta al este de la gran terraza en forma de "L".

1

2

TAFEL 146

Montegrande. Treppenaufgänge auf die große, L-förmige Terrasse. 1 Zweiphasiger östlicher Treppenaufgang, im Vordergrund Teil der Außenschale der jüngeren zweischaligen Mauer. 2 Ostkante des südlichen Treppenaufgangs mit Verputzresten von Terrassenmauer, Treppenwange und Boden.

Montegrande. Escaleras hacía la gran terraza en forma de "L". 1 Escalera de dos fases al este, en el primer plano parte de la cara exterior del muro de a dos más reciente. 2 Borde de la escalera sur con restos de enlucido del muro de la terraza, del lado exterior de la escalera y del piso.

1

2

TAFEL 147

Montegrande. Huaca Chica (vgl. *Taf. 160–161*). 1 Blick von Westen mit älterer verputzter Südfassade, dahinter Raubgräberstörungen und Mauern der vorgebauten, jüngeren Südfassade mit Sockel. 2 Blick von Süden auf die durch Raubgräber gestörten Treppenaufgänge beider Phasen.

Montegrande. La Huaca Chica (compare *láms. 160–161*). 1 Vista desde el oeste con la fachada sur enlucida más antigua, atrás pozos de huaqueros, adelante muros de la fachada sur antepuesta, más reciente y de la banqueta. 2 Escaleras de las dos fases, disturbadas por los huaqueros, vistas desde el sur.

1

2

TAFEL 148

Montegrande. Huaca Grande. 1 Blick auf den Ostteil der nördlichen Nischenfront. 2 Die nördliche Einziehung in der westlichen Längsmauer und der vorgelagerte Sockel (vgl. *Taf. 86*).

Montegrande. La Huaca Grande. 1 La parte oriental del frente de nichos al norte. 2 La hendidura norte en el muro longitudinal oeste y la banqueta delantera (compare *lám. 86*).

1

2

Montegrande. Huaca Grande und Treppenbau. 1 Blick von Huaca Antigua auf Huaca Grande, im Hintergrund das Fruchtland
2 Der eingetiefte Raum während der Ausgrabung, rechts die teilweise gestörte Ostseite des Treppenbaus (vgl. *Taf. 86–87*).

Montegrande. La Huaca Grande y el edificio de las escaleras. 1 La Huaca Grande vista desde la Huaca Antigua, al fondo las vegas del río.
2 El cuarto hundido durante la excavación, a la derecha el lado oriental, parcialmente disturbado, del edificio de las escaleras (compare *láms. 86–87*).

1

2

TAFEL 150 Montegrande. Huaca Grande und Treppenbau. Zwei Ansichten von Norden her.
Montegrande. La Huaca Grande y el edificio de las escaleras. Dos Vistas desde el norte.

1

2

TAFEL 151

Montegrande. Treppenbau. 1 Jüngere Bauphase. 2 Die westliche Hälfte in der älteren Bauphase.

Montegrande. El edificio de las escaleras. 1 Fase más reciente. 2 La mitad occidental en la fase de construcción más antigua.

1

2

TAFEL 152

Montegrande. Huaca Antigua. 1 Blick von Süden, im Hintergrund Nordteil der Meseta 2 und Quebrada Honda (links im Bild) 2. Blick von Südosten, im Vordergrund links die von Aufschüttungen der Huaca Grande überlagerte Südostecke des eingetieften Platzes, rechts die Häuser 231 und 233.

Montegrande. Huaca Antigua. 1 Vista del sur, al fondo la parte norte de la Meseta 2 y la Quebrada Honda (a la izquierda). 2 Vista desde el sureste, en el primer plano a la izquierda la esquina sureste superpuesta de la plaza hundida, a la derecha las casas 231 y 233.

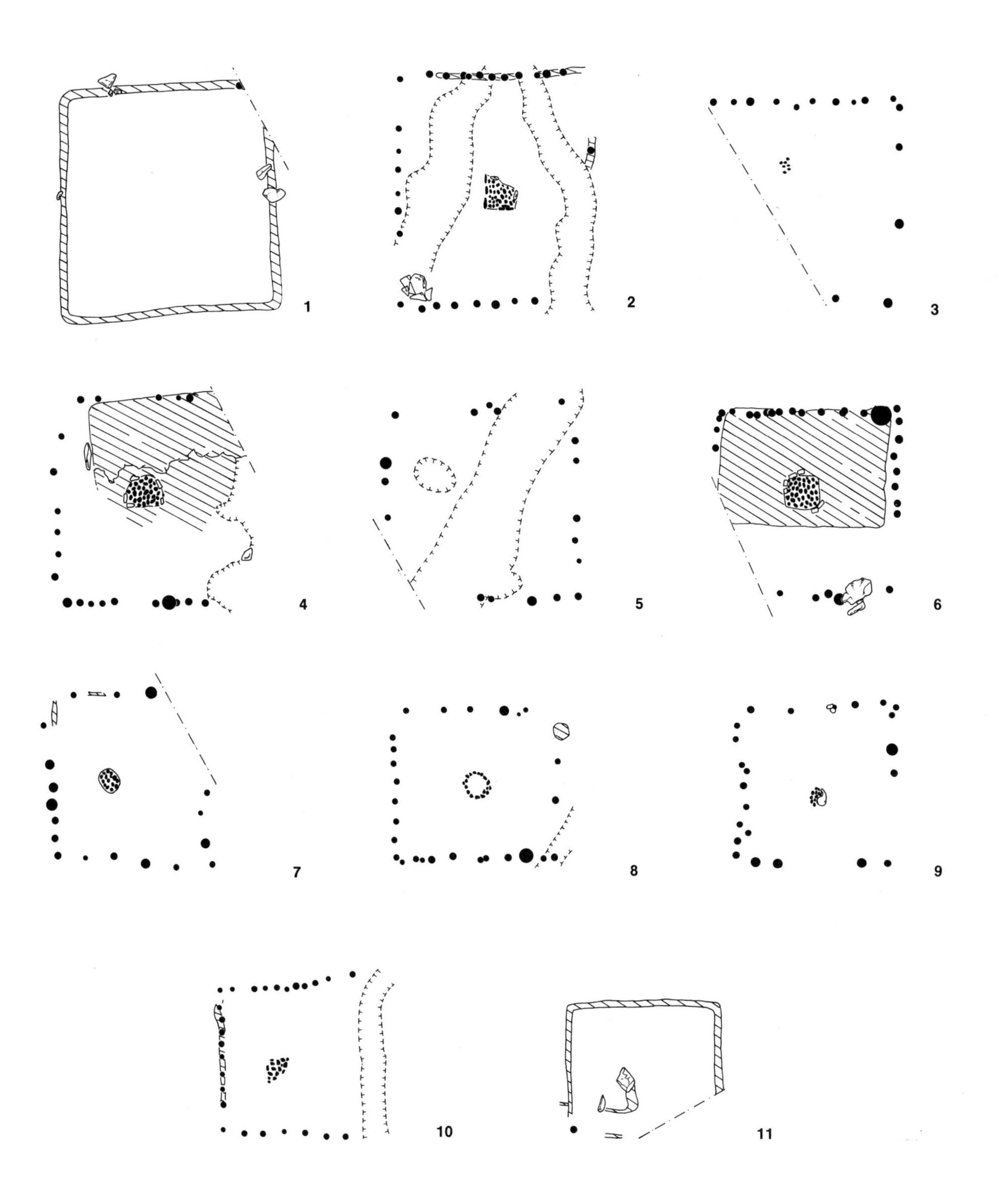

TAFEL 153

Montegrande. Quadratische Häuser ohne Unterteilung; ältere Siedlungsphase (1: Haus 16; 2: Haus 84; 3: Haus 34; 4: Haus 100; 5: Haus 140; 6: Haus 98; 7: Haus 32; 8: Haus 152; 9: Haus 8; 10: Haus 108; 11: Haus ohne Nr. – Fläche I I: vgl. Liste S. 73). M. 1 : 100

Montegrande. Casas cuadradas sin subdivisión; fase de ocupación más antigua (1: casa 16; 2: casa 84; 3: casa 34; 4: casa 100; 5: casa 140; 6: casa 98; 7: casa 32; 8: casa 152; 9: casa 8; 10: casa 108; 11: casa s/n. en el cuadránglo I I; compare lista p. 216). *Esc. 1 : 100.*

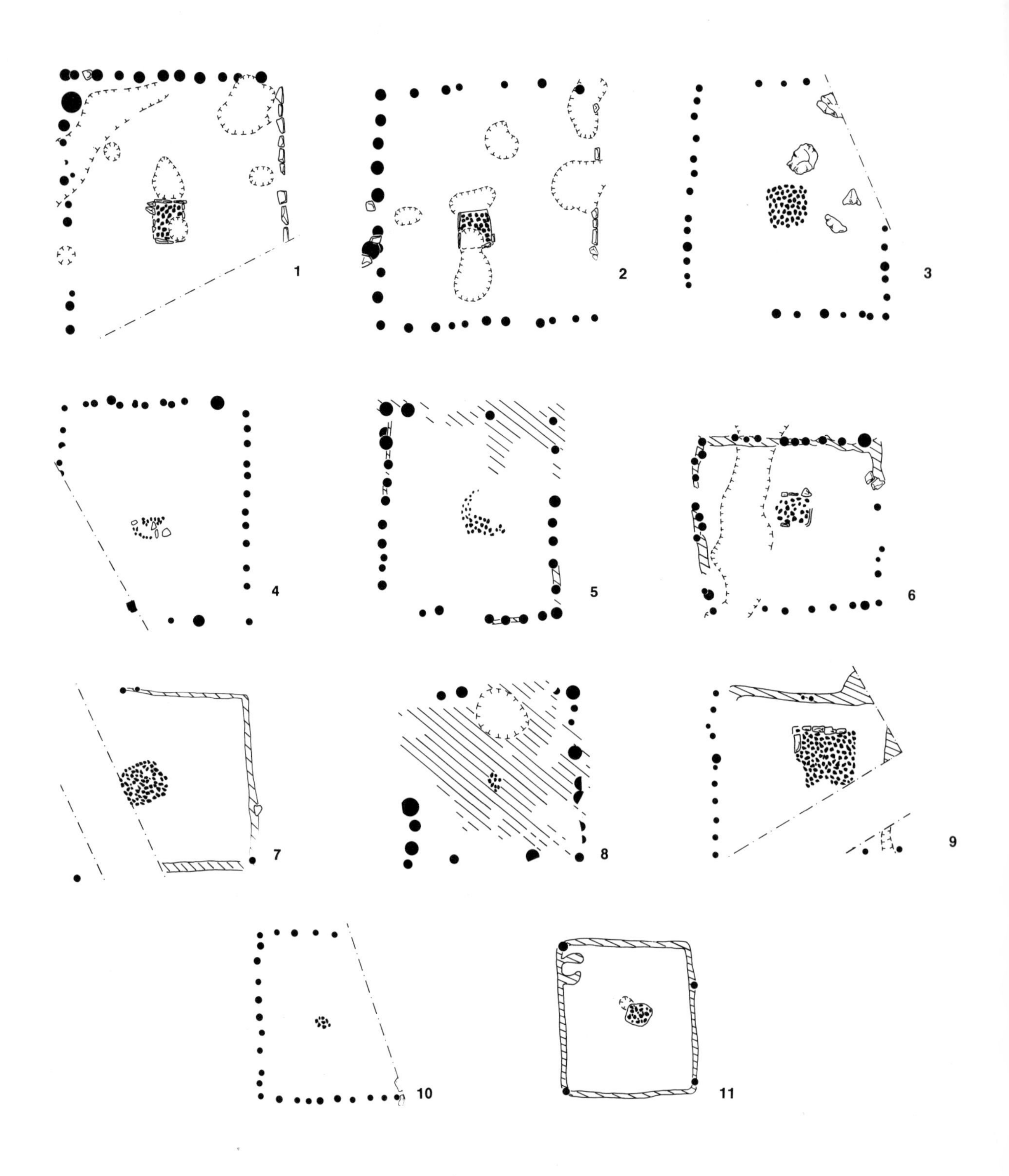

TAFEL 154

Montegrande. Quadratische Häuser ohne Unterteilung; jüngere Siedlungsphase (1: Haus 129; 2: Haus 127; 3: Haus 163; 4: Haus 93; 5: Haus 17; 6: Haus 33; 7: Haus 133; 8: Haus 19; 9: Haus 89; 10: Haus 167; 11: Haus 87; vgl. Liste S. 74). M. 1 : 100

Montegrande. Casas cuadradas sin subdivisión; fase de ocupación más reciente (1: casa 129; 2: casa 127; 3: casa 163; 4: casa 93; 5: casa 17; 6: casa 33; 7: casa 133; 8: casa 19; 9: casa 89; 10: casa 89; 10: casa 167; 11: casa 87; compare lista p. 217). Esc. 1 : 100

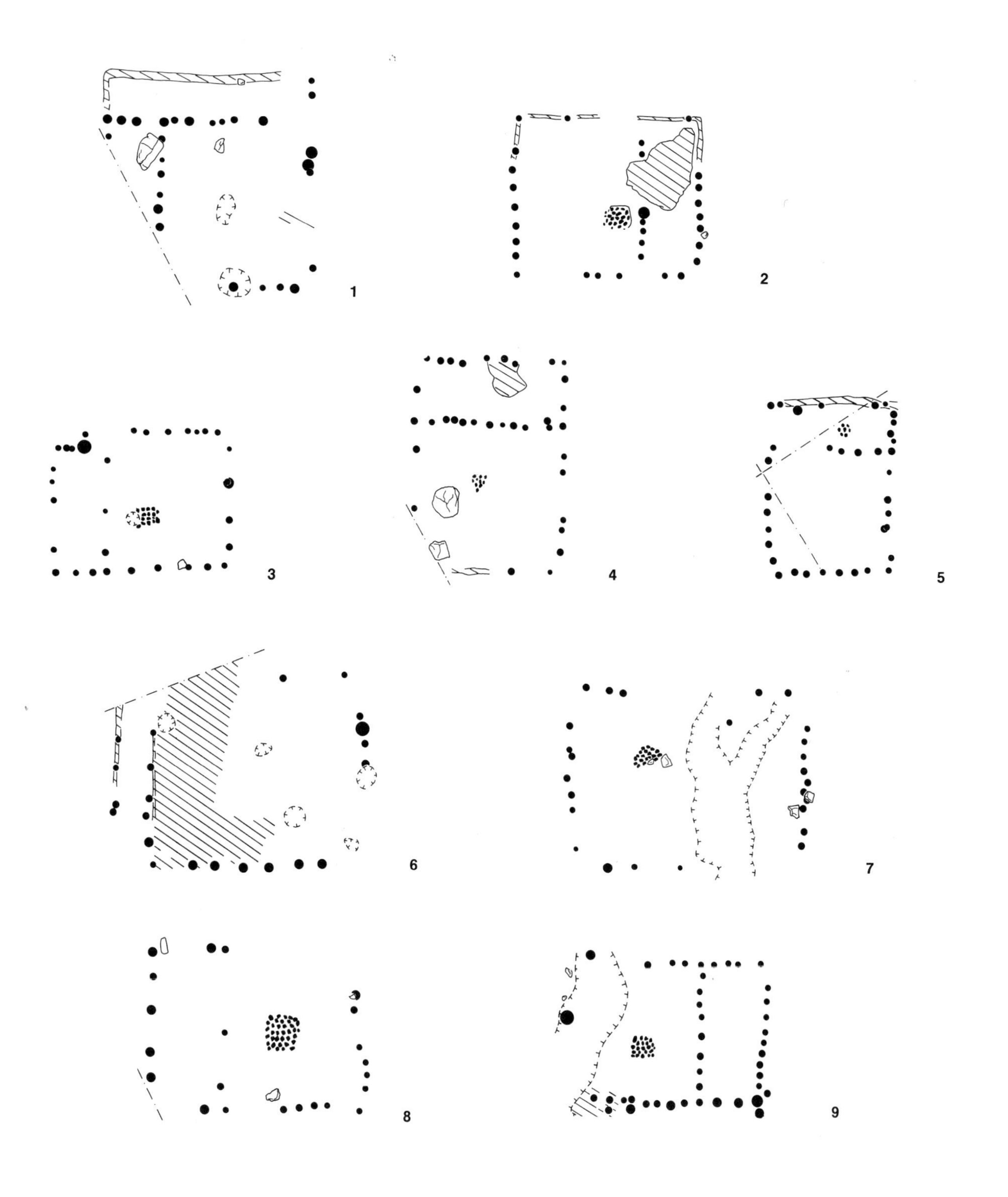

TAFEL 155

Montegrande. Quadratische Häuser, mit Unterteilung (1–2) oder mit angebautem Nebenraum (3–9); 1, 3–5 ältere Siedlungsphase (1: Haus 148; 2: Haus 5; 3: Haus 48; 4: Haus 136; 5: Haus 46; 6: Haus 113; 7: Haus 143; 8: Haus 141; 9: Haus 9; vgl. Listen S. 74, 75). M. 1:100

Montegrande. Casas cuadradas con subdivisión (1–2) o con cuarto lateral añadido (3–9); 1, 3–5 fase de ocupación más antigua; 2, 6–9 fase de ocupación más reciente (1: casa 148; 2: casa 5; 3: casa 48; 4: casa 136; 6: casa 113; 7: casa 143; 8: casa 141; 9: casa 9 ; compare listas p. 217, 218). Esc. 1:100.

TAFEL 156

Montegrande. Einräumige rechteckige Häuser; 1 – 6, 12 ältere Siedlungsphase; 7 – 11 jüngere Siedlungsphase (1: Haus 82; 2: Haus 128; 3: Haus 24; 4: Haus 22; 5: Haus 6; 6: Haus 36; 7: Haus 55; 8: Haus 155; 9: Haus 43; 10: Haus 65; 11: Haus 41; 12: Haus 146; vgl. Listen S. 76). M. 1 : 100

Montegrande. Casas rectangulares de un cuarto; 1 – 6, 12 fase de ocupación más antigua; 7 – 11 fase de ocupación más reciente (1: casa 82; 2: casa 128; 3: casa 24; 4: casa 22; 5: casa 6; 6: casa 36; 7: casa 55; 8: casa 155; : casa 43; 10: casa 65; 11: casa 41; 12: casa 146; compare listas p. 219, 220). Esc. 1 : 100

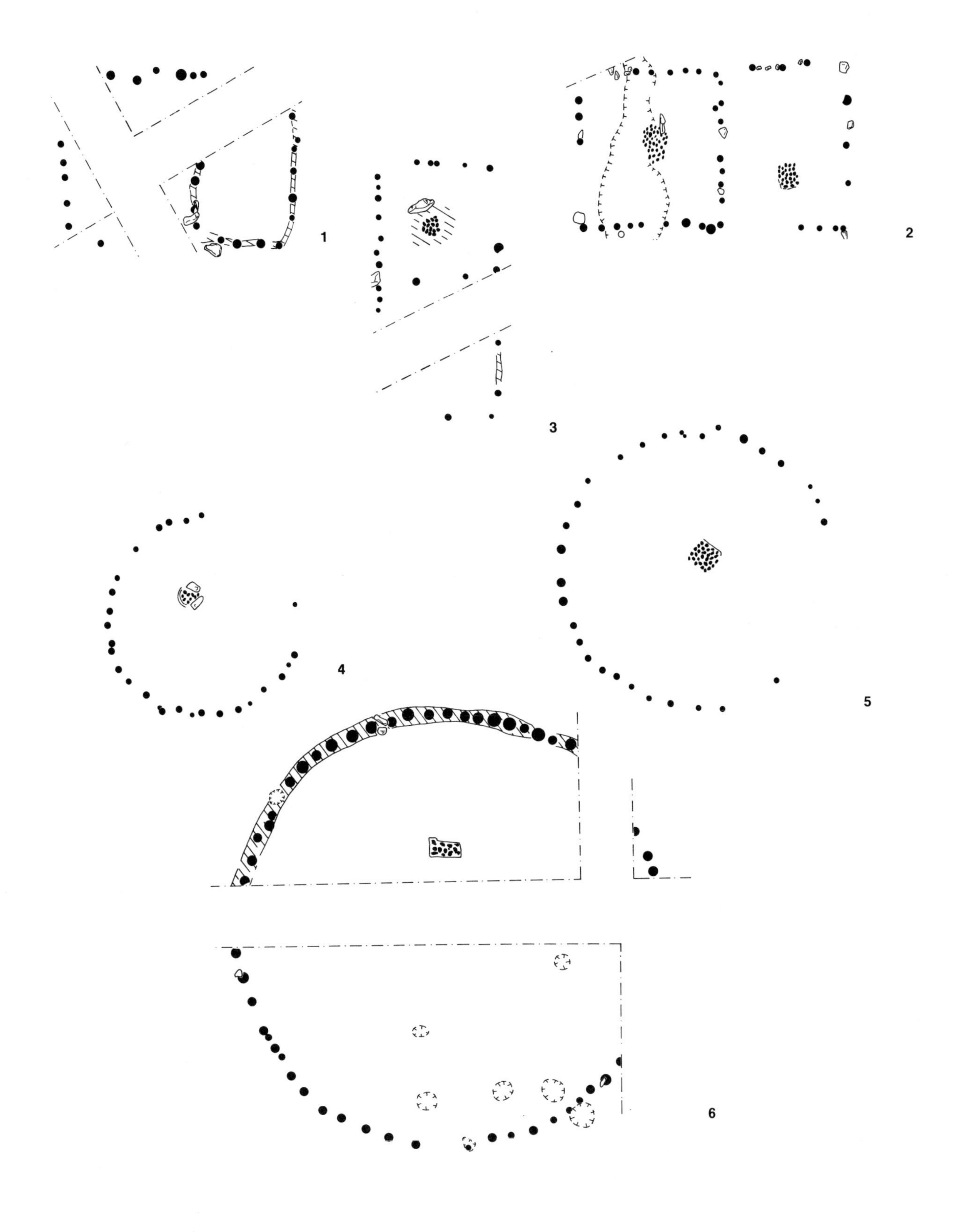

TAFEL 157

Montegrande. Zweiräumige (1–3) und runde Häuser (4–6); 1 ältere Siedlungsphase; 2–3 jüngere Siedlungsphase (1: Haus 18; 2: Haus 35; 3: Haus 53; 4: Haus 50; 5: Haus 1; 6: Haus ohne Nr., Hauptbau der großen Terrassenfolge im Südostteil der Siedlung; vgl. Liste S. 77). M. 1:100

Montegrande. Casas de dos cuartos (1–3) y circulares (4–6); 1 fase de ocupación más antigua; 2–3 fase de ocupación más reciente (1: casa 18; 2: casa 35; 3: casa 53; 4: casa 50; 5: casa 1; 6: casa s/n., construcción principal de la secuencia grande de terrazas en la parte sureste del asentamiento; compare lista p. 221). Esc. 1:100.

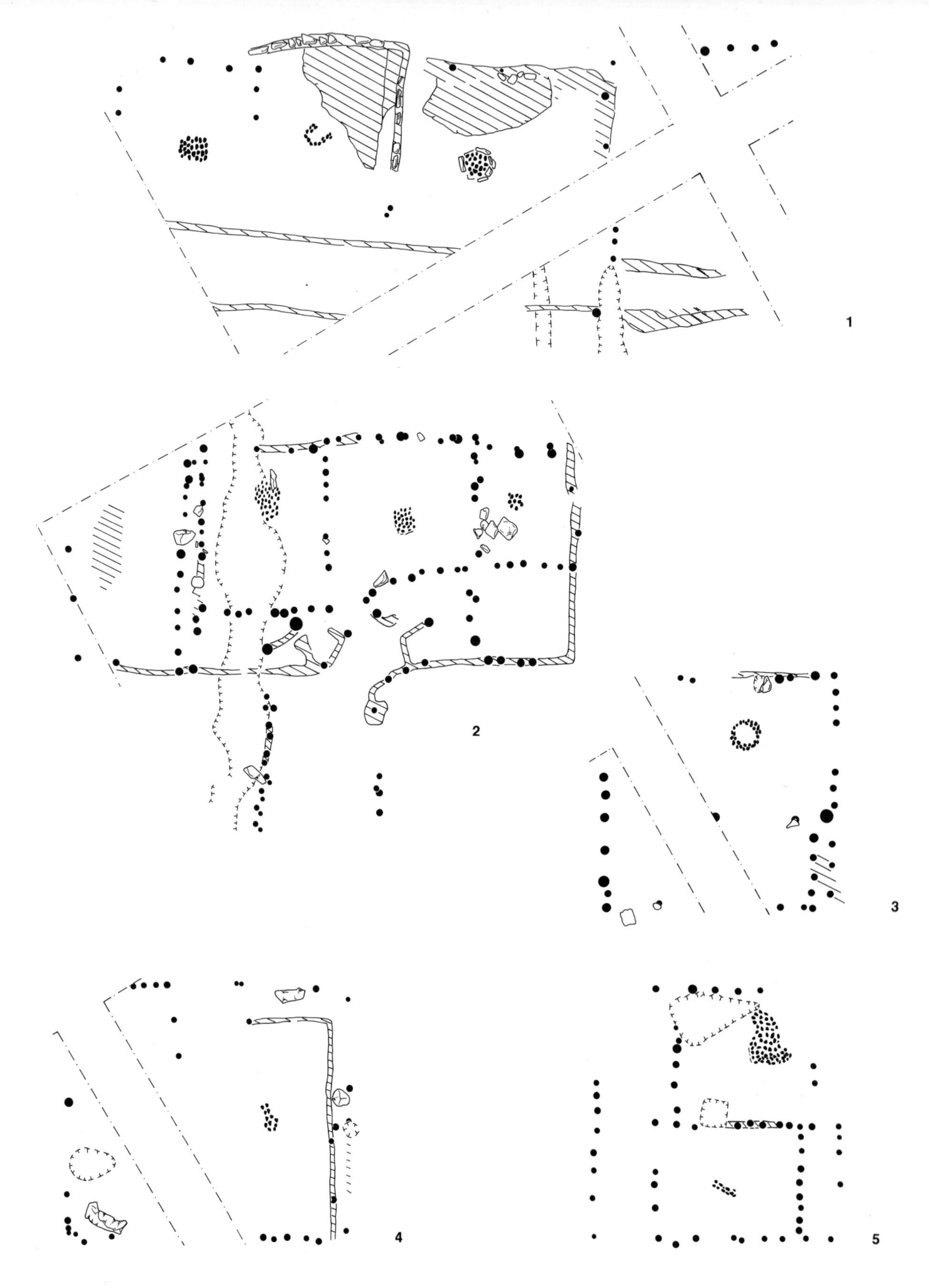

TAFEL 158

Montegrande. Große, mehrräumige Häuser der älteren Siedlungsphase (1: Haus 74; 2: Haus 40; 3: Haus 12; 4: Haus 144; 5: Haus 4; vgl. Liste S. 78). M. 1:100

Montegrande. Casas grandes de varios cuartos, fase de ocupación más antigua (1: casa 74; 2: casa 40; 3: casa 12; 4: casa 144; 5: casa 4; compare lista p. 222). Esc. 1:100.

TAFEL 159

Montegrande. Große, mehrräumige Häuser der jüngeren Siedlungsphase (1: Haus 29; 2: Haus 11; 3: Haus 25; 4: Haus 149; 5: Haus 51; 6: Haus 105; vgl. Liste S. 79). M. 1 : 100

Montegrande. Casas grandes de varios cuartos, fase de ocupación más reciente (1: casa 29; 2: casa 11; 3: casa 25; 4: casa 149; 5: casa 51; 6: casa 105; compare lista p. 223). Esc. 1 : 100.

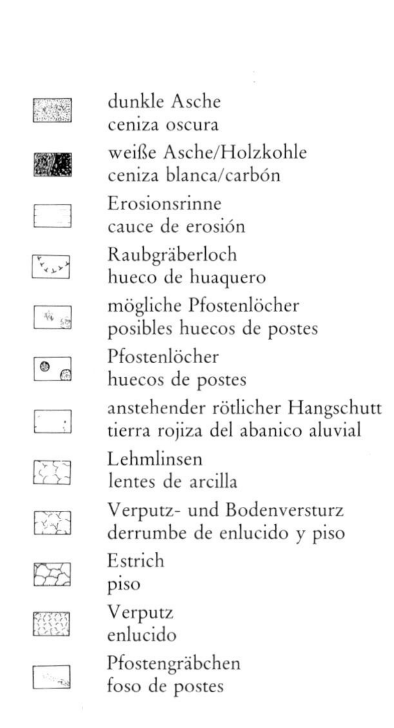

TAFEL 160 – 161

Montegrande. Der Plattformbau Huaca Chica im Ostteil der Siedlung (Beschreibung s. S. 144ff). M. 1:100

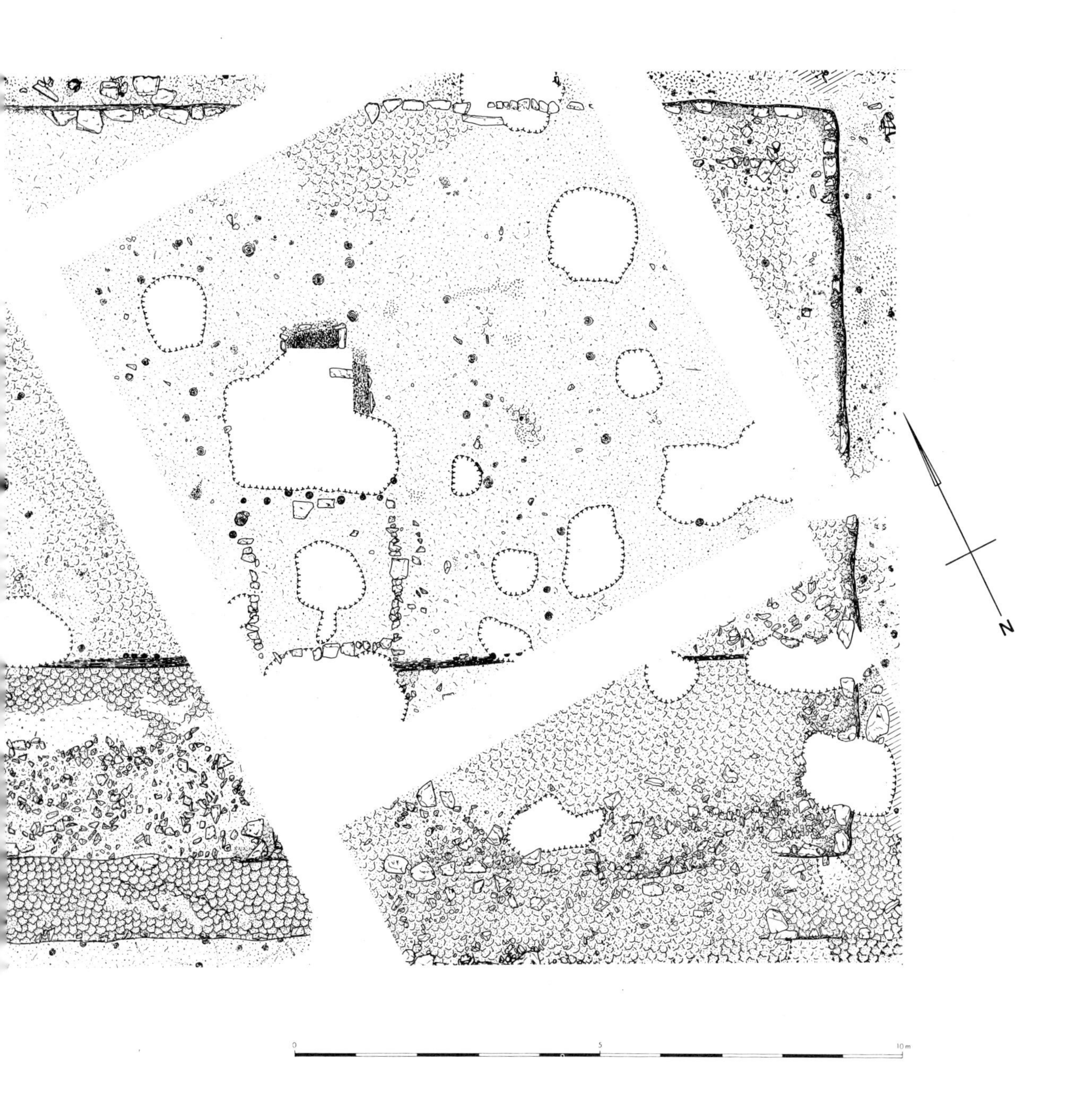

Montegrande. La plataforma Huaca Chica en la parte este del asentamiento (descripción véa p. 287–289). Esc. 1:100.

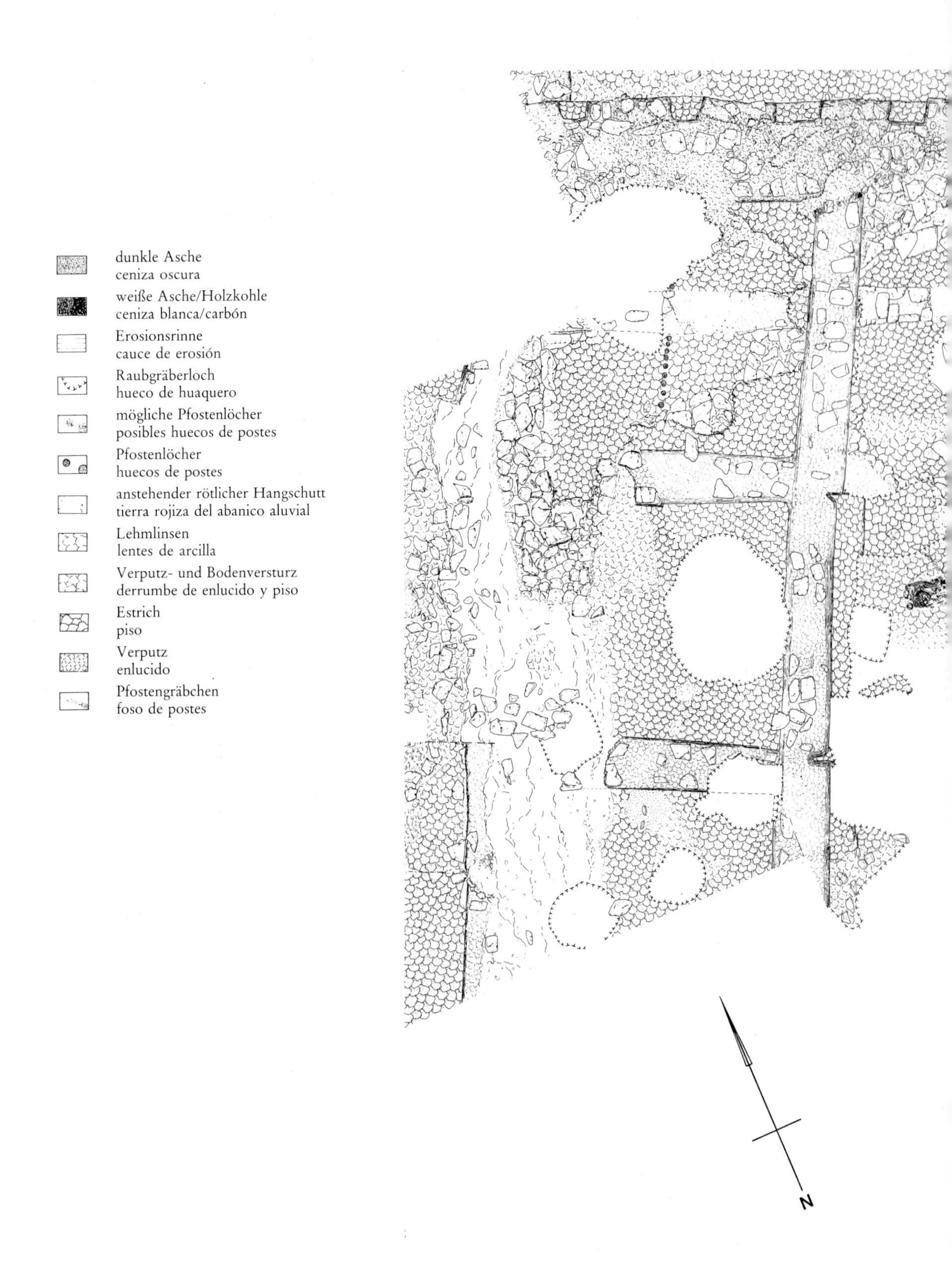

TAFEL 162–163

Montegrande. Der Plattformbau Huaca Grande (Beschreibung siehe S. 122–129). M. 1:100

Montegrande. La plataforma Huaca Grande (descripción véa p. 266–273). Esc. 1:100.

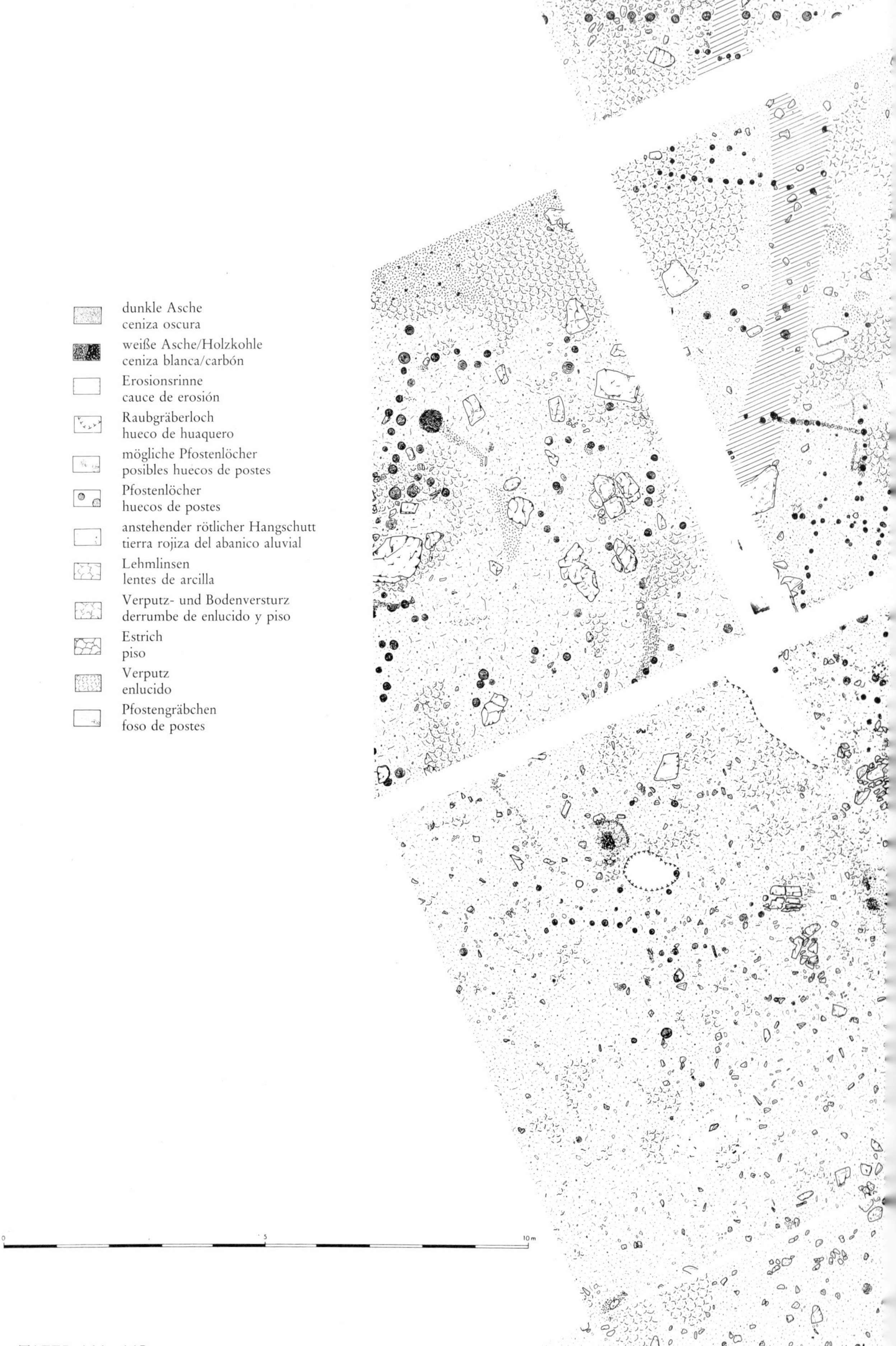

TAFEL 164 – 165

Montegrande. Die große Terrassenanlage im Südostteil der Siedlung (Beschreibung siehe S. 146f.). M. 1:100

Montegrande. La secuencia grande de terrazas en la parte sureste del asentamiento (descripción véa p. 289 – 290). Esc. 1 : 100.

dunkle Asche
ceniza oscura

weiße Asche/Holzkohle
ceniza blanca/carbón

Erosionsrinne
cauce de erosión

Raubgräberloch
hueco de huaquero

mögliche Pfostenlöcher
posibles huecos de postes

Pfostenlöcher
huecos de postes

anstehender rötlicher Hangschutt
tierra rojiza del abanico aluvial

Lehmlinsen
lentes de arcilla

Verputz- und Bodenversturz
derrumbe de enlucido y piso

Estrich
piso

Verputz
enlucido

Pfostengräbchen
foso de postes

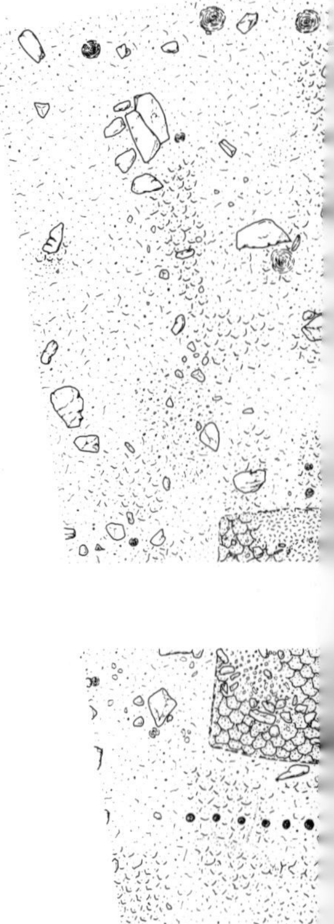

TAFEL 166 – 167

Montegrande. Die kleine Terrassenanlage im Südostteil der (Beschreibung siehe S. 147). M. 1 : 60

Montegrande. La secuencia chica de terrazas en la parte sureste del asentamiento (descripción véa p. 290). Esc. 1:100.

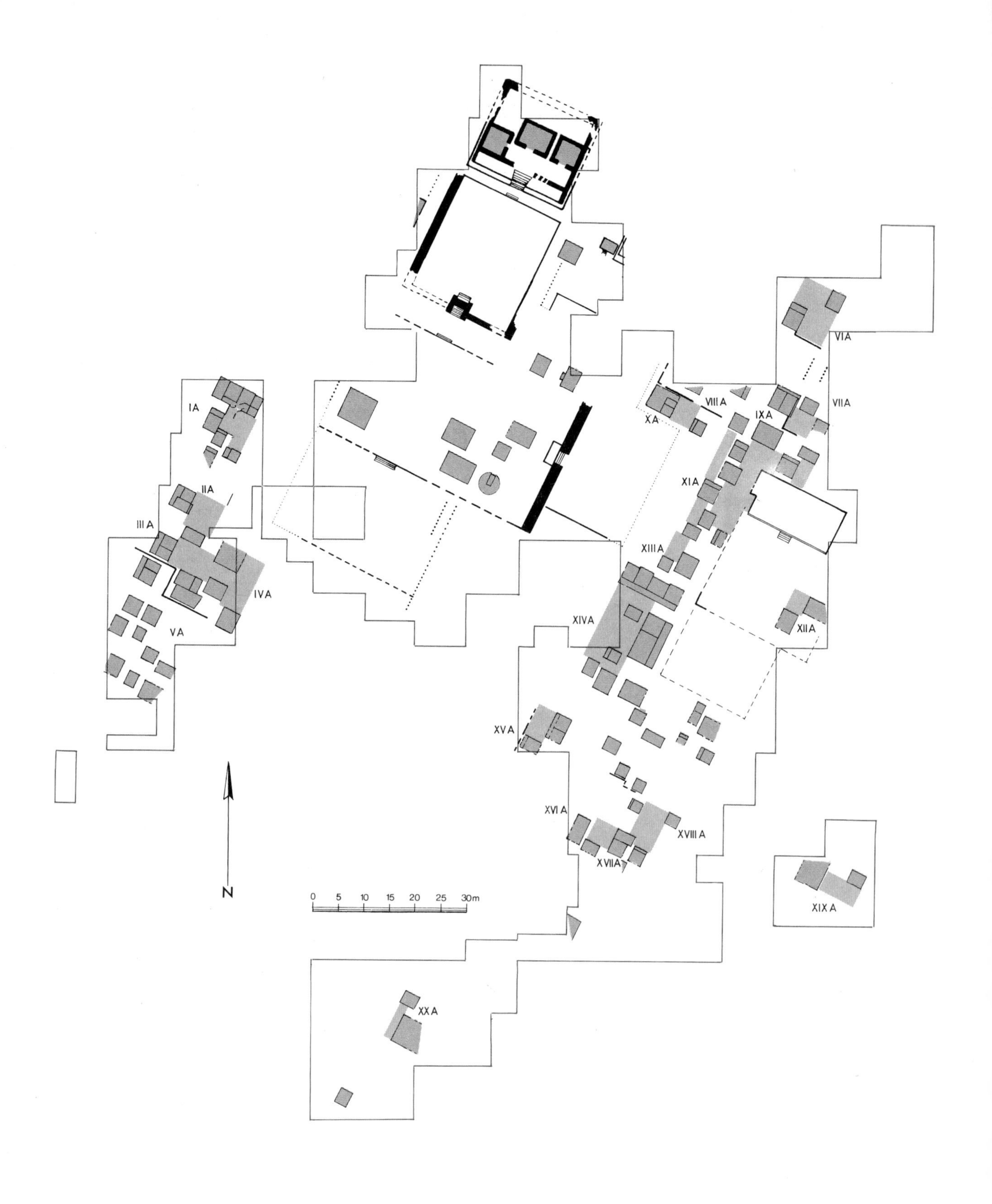

TAFEL 168

Montegrande. Schematische Darstellung der Bebauungsstruktur in der älteren Siedlungsphase; rot: nachweislich überdachte Flächen; grau: Hofflächen; breite schwarze Linien: Zweischalenmauern; schmalere schwarze Linien: einschalige Stützmauern. M. 1:1000

Montegrande. Representación esquemática de la estructura del asentamiento en la fase de ocupación más reciente; rojo: partes techadas; gris: patios; lineas negras anchas: muros de dos caras; lineas negras más angostas: muros de contención. Esc. 1:1000.

TAFEL 169

Montegrande. Schematische Darstellung der Bebauungsstruktur in der jüngeren Siedlungsphase; rot: nachweislich überdachte Flächen; grau: Hofflächen; breite schwarze Linien: Zweischalenmauern; schmalere schwarze Linien: einschalige Stützmauern. M. 1:1000

Montegrande. Representación esquemática de la estructura del asentamiento en la fase de ocupación más reciente; rojo: partes techadas; gris: patios; lineas negras anchas: muros de dos caras; lineas negras más angostas: muros de contención. Esc. 1:1000.

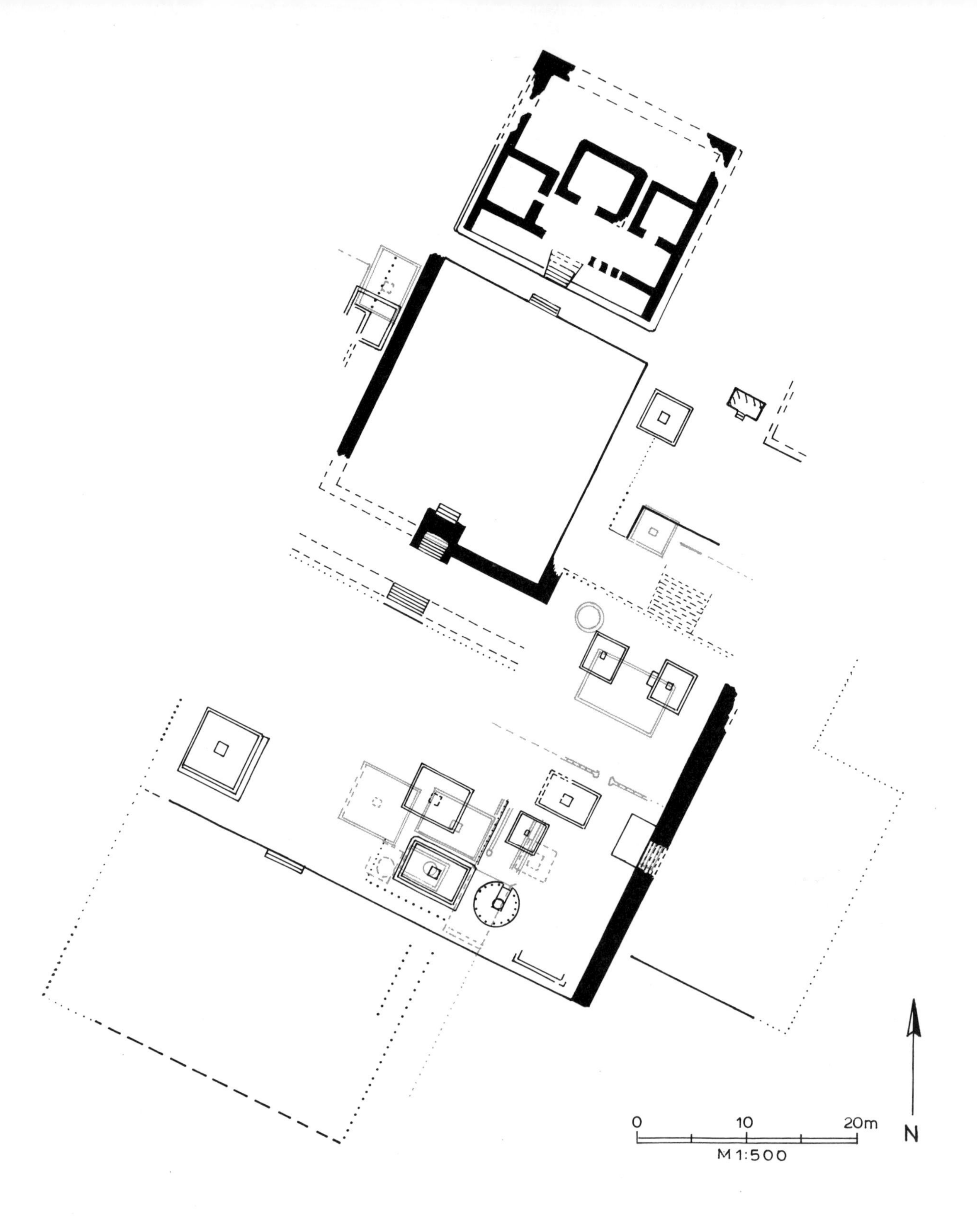

TAFEL 170

Montegrande. Schematische Darstellung der Hauptplattformenanlage in der älteren Siedlungsphase; grau: ältere Bauphase; schwarz: jüngere Bauphase. M. 1 : 500

Montegrande. Representación esquemática del conjunto de plataformas principales en la fase de ocupación más antigua; gris: fase de construcción más antigua; negro: fase de construcción más reciente. Esc. 1 : 500.

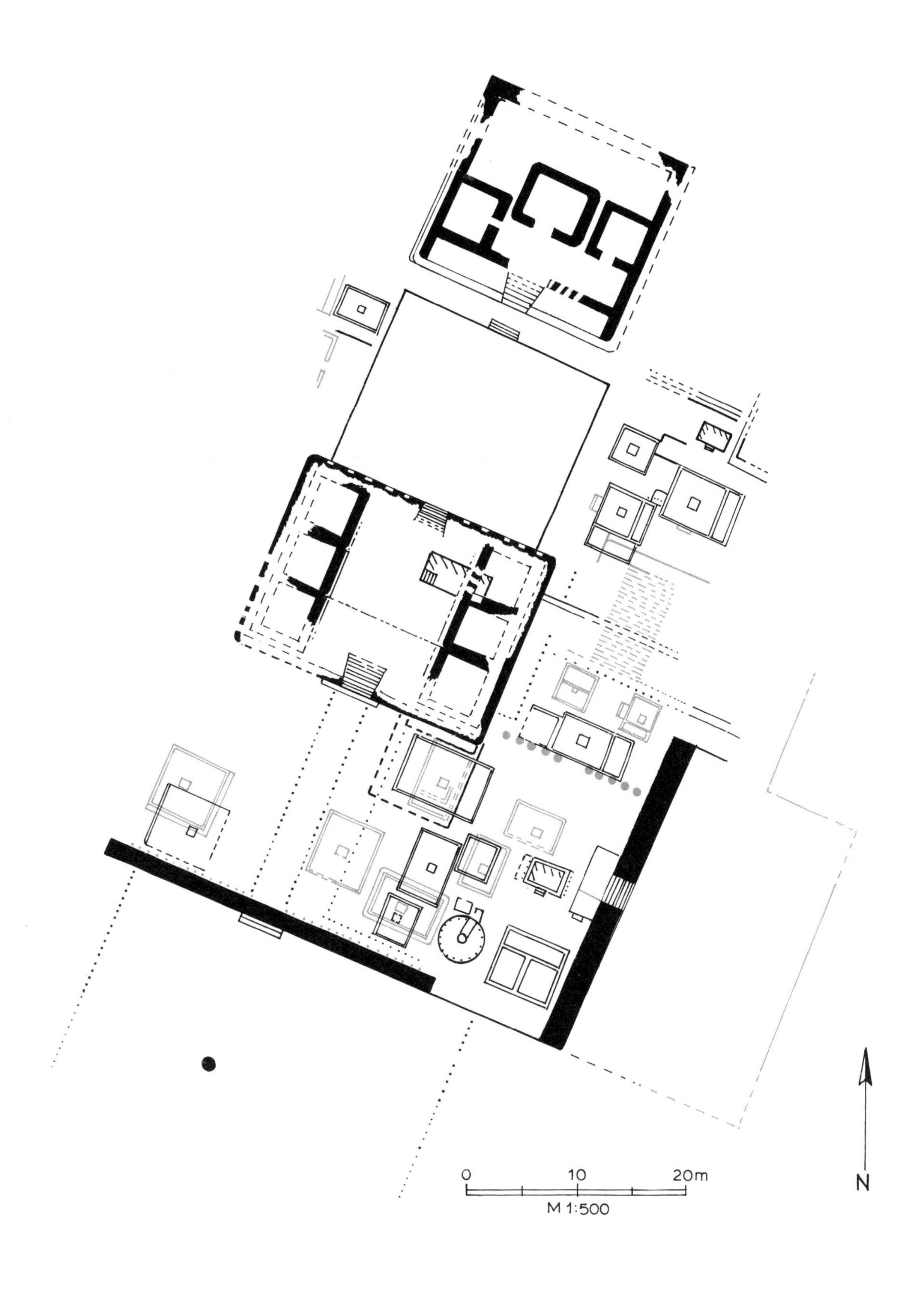

TAFEL 171

Montegrande. Schematische Darstellung der Hauptplattformenanlage in der jüngeren Siedlungsphase; schwarz: jüngere Bauphase. M. 1 : 500

Montegrande. Representación esquemática del conjunto de plataformas principales en la fase de ocupación más reciente; gris: fase de construcción más antigua; negro: fase de construcción más reciente. Esc. 1 : 500.

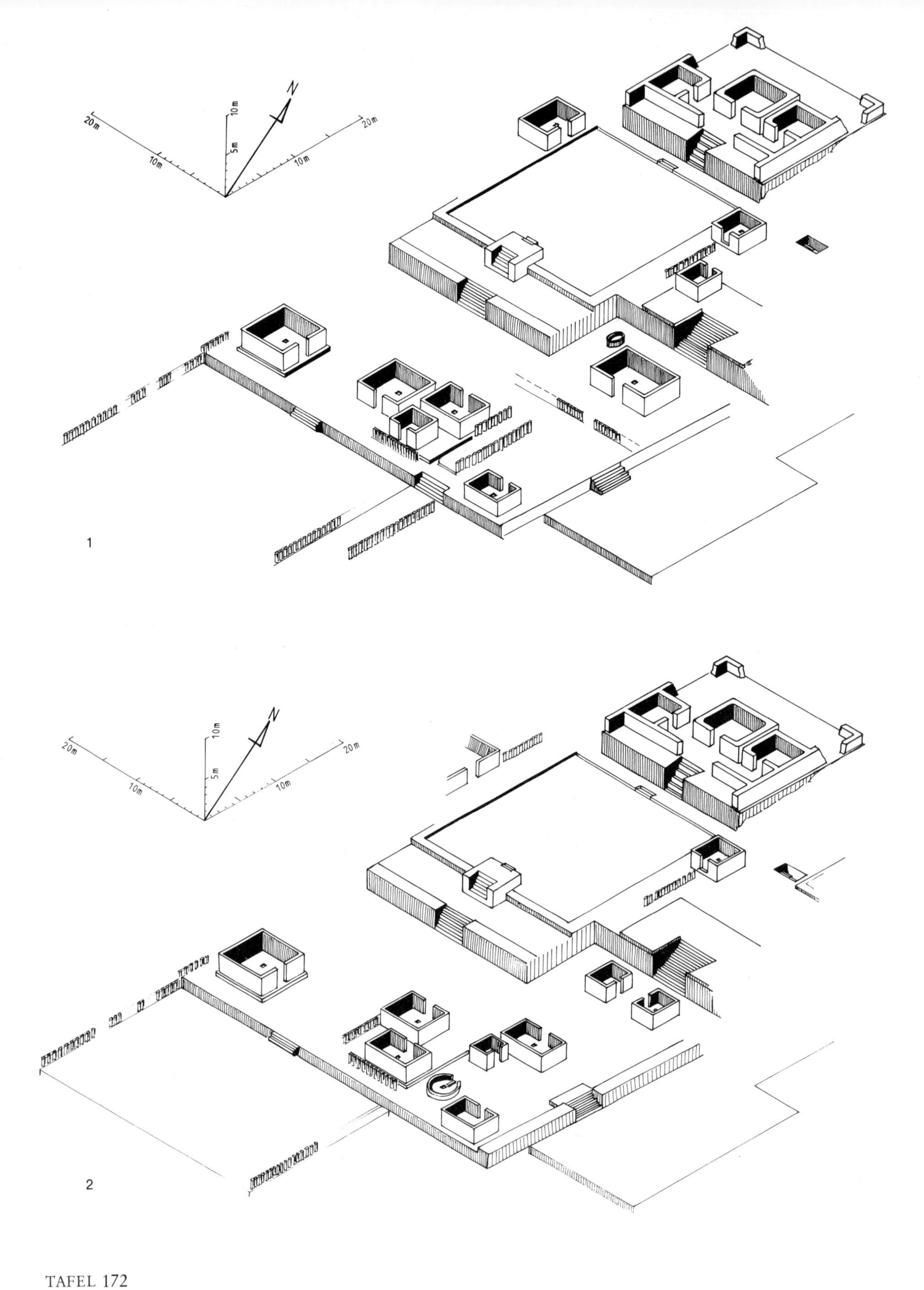

TAFEL 172

Montegrande. Isometrische Darstellungen der Hauptplattformenanlage in der älteren Siedlungsphase; 1 ältere Bauphase; 2 Jüngere Bauphase. M. 1:1000

Montegrande. Representaciónes isométricas del conjunto de plataforma principales en la fase de ocupación más antigua; 1 fase de construcción más antigua; 2 fase de construcción más reciente. Esc. 1:1000.

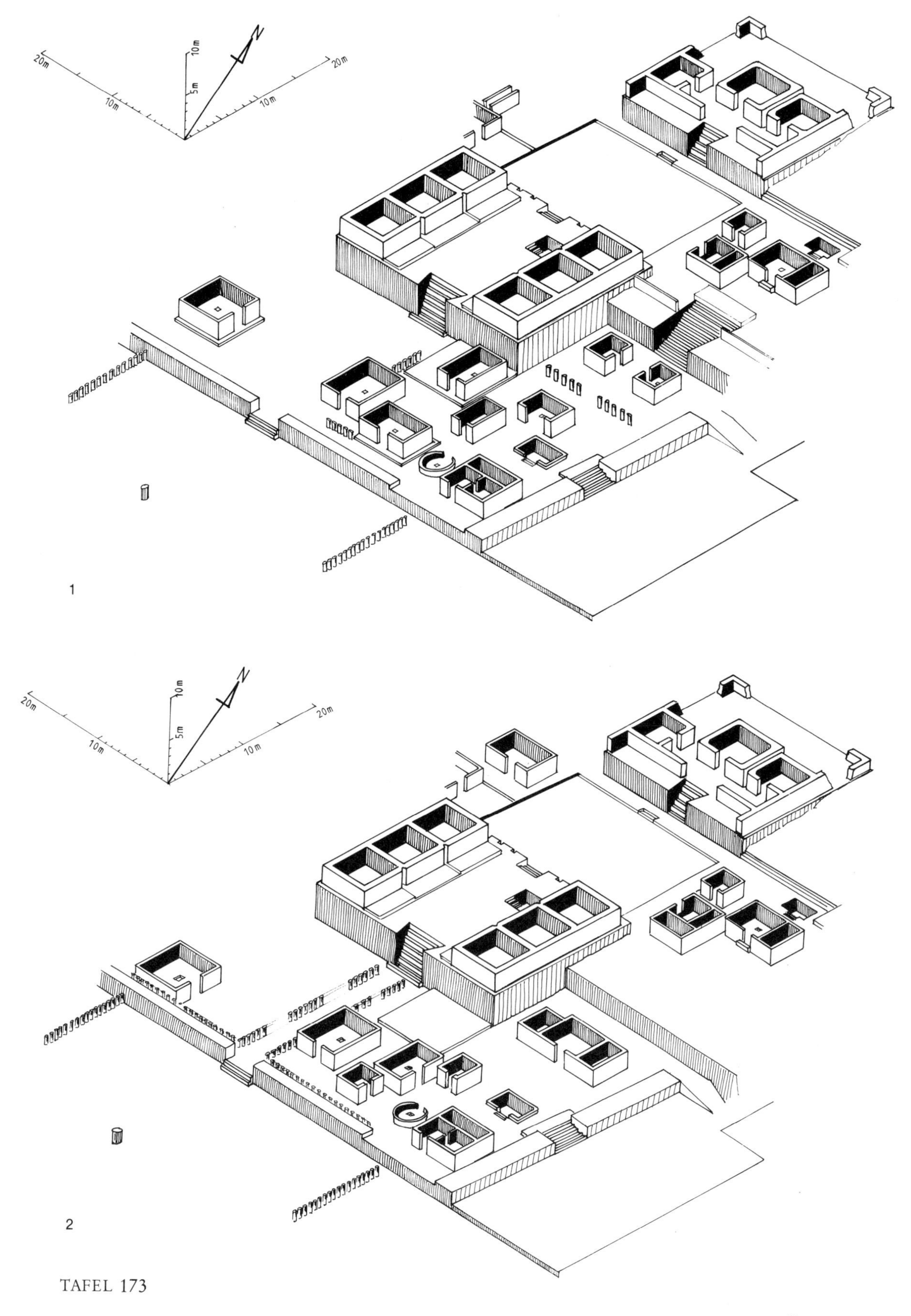

TAFEL 173

Montegrande. Isometrische Darstellungen der Hauptplattformenanlage in der jüngeren Siedlungsphase; 1 Ältere Bauphase; 2 jüngere Bauphase. M. 1:1000

Montegrande. Representaciones isométricas del conjunto de plataformas principales en la fase de ocupación más reciente; 1 fase de construcción más antigua; 2 fase de construcción más reciente. Esc. 1:1000.

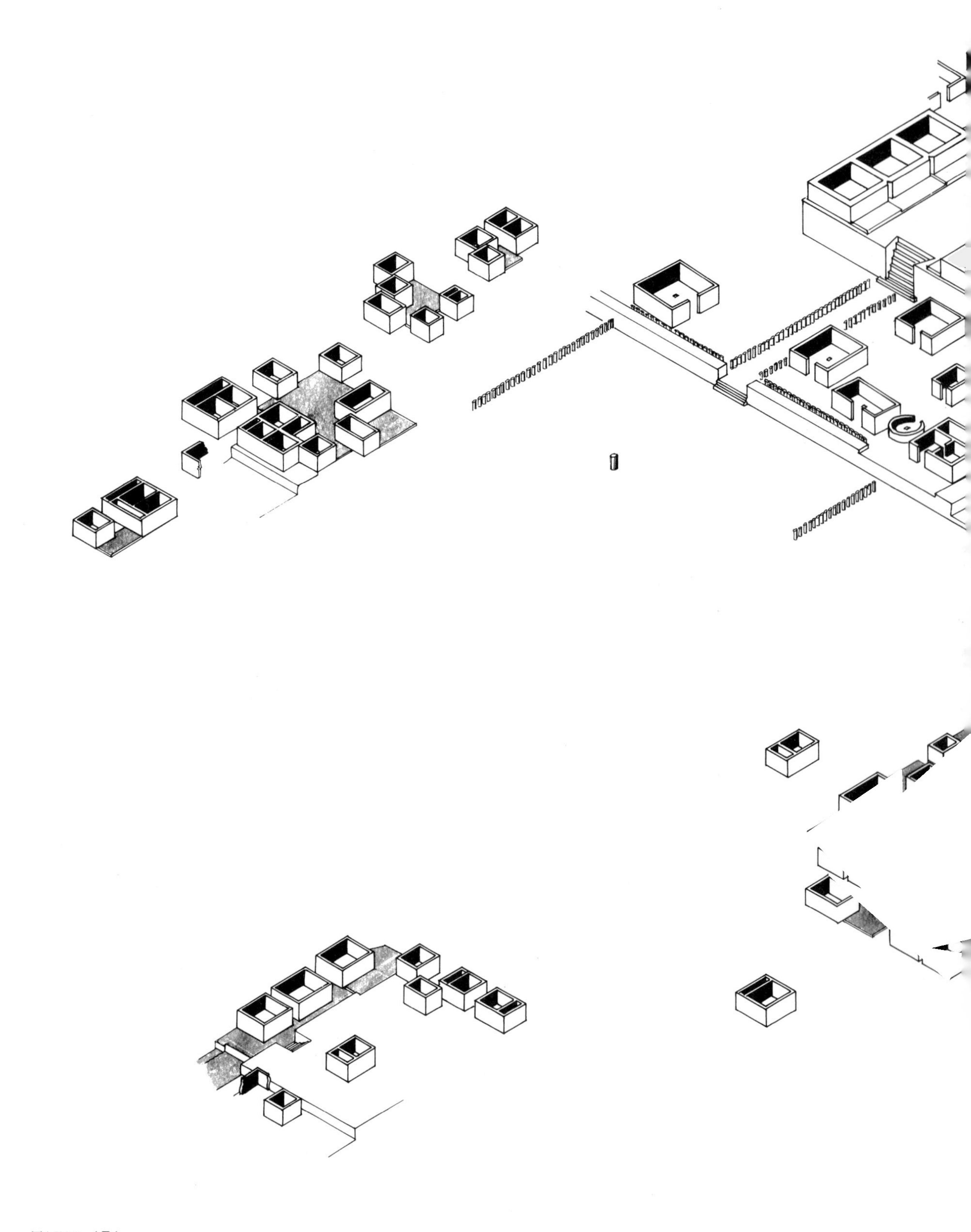

TAFEL 174

Montegrande. Isometrische Darstellung des Gesamtbefundes der jüngeren Siedlungsphase.

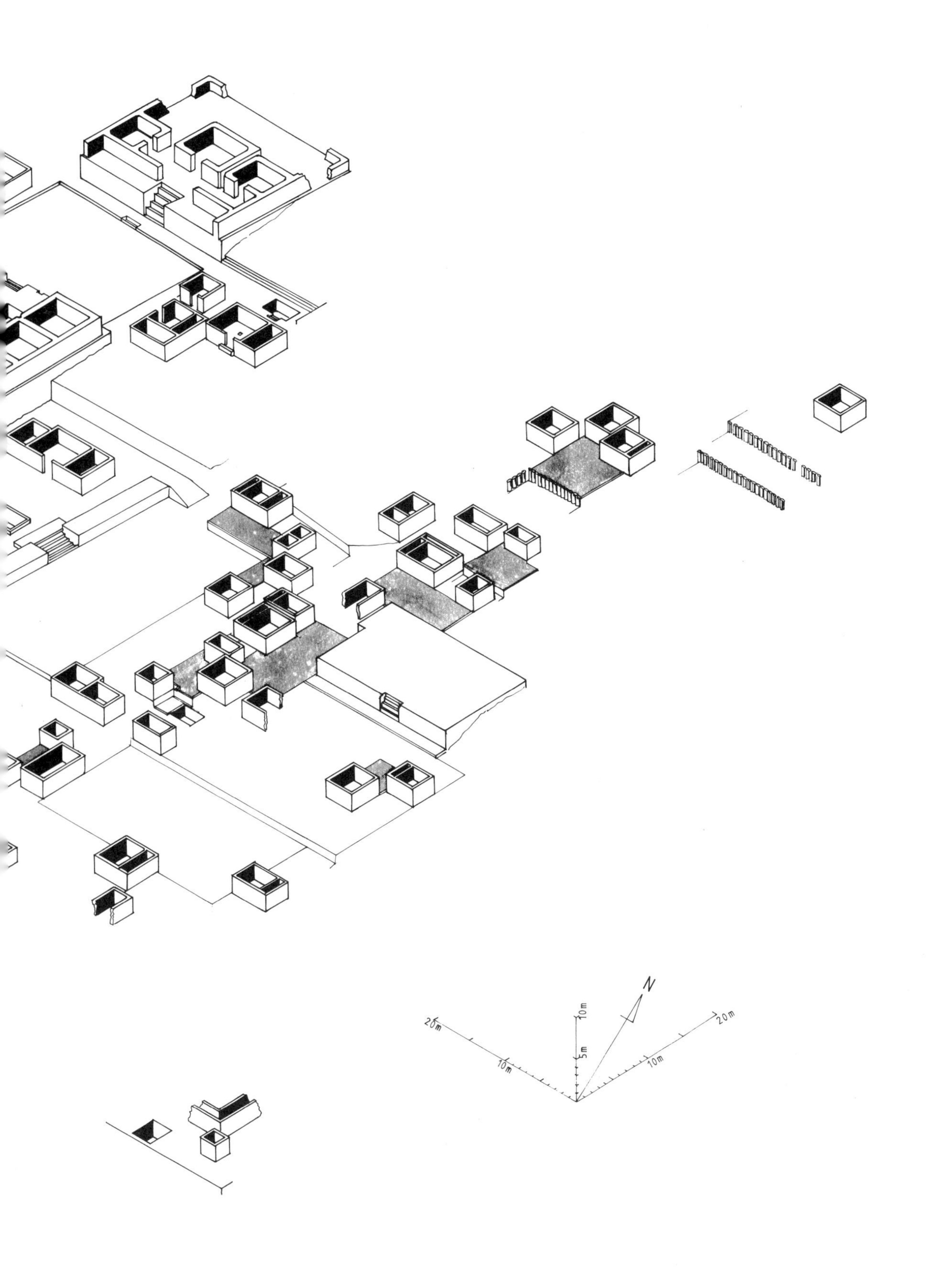

Montegrande. Representación isométrica del asentamiento en la fase de ocupación más reciente.

TAFEL 175

Luftbild der Talerweiterung vom Montegrande mit der Mündung der Quebrada Cerro Zapo (bzw. Montegrande), den Mesetas und der Quebrada Honda (hierzu siehe S. 151).

Foto áerea del ensanchamiento del valle de Montegrande con la desembocadura de la Quebrada Cerro Zapo o Montegrande, las Mesetas y la Quebrada Honda (véa p. 294).